Kip S. Thorne

Gekrümmter Raum und verbogene Zeit

Kip S. Thorne

Gekrümmter Raum und verbogene Zeit

Einsteins Vermächtnis

Vorwort von Stephen Hawking

Aus dem Amerikanischen
von Doris Gerstner und
Shaukat Kahn

BECHTERMÜNZ VERLAG

Originaltitel: Black Holes & Time Warps. Einstein's Outrageous Legacy (= Bd. 9 der
Reihe: The Commonwealth Fund Book Program, hg. von Lewis Thomas)
W. W. Norton & Company, New York/London

Genehmigte Lizenzausgabe für
Weltbild Verlag GmbH, Augsburg 1999

Umschlaggestaltung: Parzhuber & Partner, München
Umschlagmotive: Planetarischer Nebel, Astrofoto Bildagentur in Leichlingen (Vorder- und Rückseite); Albert Einstein, AKG in Berlin (Vorderseite, oben); Stephen Hawking, dpa-Bildverkauf in München (Vorderseite, unten)
Umbruch: Buchherstellung Bad Cannstatt, Schramberg
Gesamtherstellung: Wiener Verlag, Himberg bei Wien
Printed in Austria
ISBN 3-8289-3400-5

Für John Archibald Wheeler,
meinen Mentor und Freund

Inhaltsverzeichnis

Vorwort *von Stephen Hawking* 9

Einleitung *von Frederick Seitz* 11

Vorbemerkung 15
worum es in diesem Buch geht, und wie es zu lesen ist

Prolog *Eine Reise zu den Schwarzen Löchern* 21
worin die Leser in der Form einer Science-fiction-Erzählung mit Schwarzen Löchern und ihren seltsamen Eigenschaften, so wie wir sie heute verstehen, vertraut gemacht werden

1. Kapitel *Die Relativität von Raum und Zeit* 63
worin Einstein die Newtonsche Vorstellung von Raum und Zeit als etwas Absolutem zerstört

2. Kapitel *Die Krümmung von Raum und Zeit* 97
worin Hermann Minkowski Raum und Zeit vereinheitlicht und Einstein sie krümmt

3. Kapitel *Schwarze Löcher werden entdeckt und verworfen* 135
worin Einsteins Gesetze der Raumzeitkrümmung Schwarze Löcher vorhersagen, aber Einstein diese Vorhersage verwirft

4. Kapitel *Das Geheimnis der Weißen Zwerge* 157
worin Eddington und Chandrasekhar über den Tod massiver Sterne streiten: Sind sie dazu verurteilt, nach ihrem Tod zu Schwarzen Löchern zu schrumpfen, oder kann die Quantenmechanik sie retten?

5. Kapitel *Der Kollaps ist unvermeidlich* 185
worin sogar die Kernkraft, die vermutlich stärkste aller Kräfte, der Gravitation nicht widerstehen kann

6. Kapitel *Was folgt nach dem Kollaps?* 237
worin auch alle Hilfsmittel der theoretischen Physik die Schlußfolgerung nicht abwenden können, daß am Ende des Kollapses ein Schwarzes Loch steht

7. Kapitel *Das goldene Zeitalter* 293
worin sich herausstellt, daß Schwarze Löcher rotieren und pulsieren, Energie speichern und freisetzen sowie keine Haare haben

8. Kapitel *Die Suche* 341
worin eine Methode für die Suche nach Schwarzen Löchern vorgeschlagen und in die Tat umgesetzt wird und (wahrscheinlich) Erfolg hat

9. Kapitel *Glückliche Zufälle* 367
worin Astronomen, ohne durch theoretische Erkenntnisse vorgewarnt zu sein, zu

dem Schluß gezwungen sind, daß im Zentrum von Galaxien (wahrscheinlich) Schwarze Löcher existieren, die millionenmal schwerer als die Sonne sind

10. Kapitel *Kräuselungen der Raumzeit* *407*
worin Gravitationswellen von Kollisionen Schwarzer Löcher künden und Physiker Instrumente entwerfen, um die verschlüsselten Symphonien zu empfangen und zu enträtseln

11. Kapitel *Was ist wirklich?* *455*
worin die Raumzeit am Sonntag als gekrümmt und am Montag als flach angesehen wird, der Horizont eines Schwarzen Loches am Sonntag aus Vakuum und am Montag aus elektrischen Ladungen besteht und sonntags wie montags die experimentellen Ergebnisse dennoch übereinstimmen

12. Kapitel *Schwarze Löcher verdampfen* *473*
worin der Horizont eines Schwarzen Loches in eine Atmosphäre aus Strahlung und heißen Teilchen gehüllt ist, die langsam verdampft, so daß das Schwarze Loch schrumpft und schließlich explodiert

13. Kapitel *Im Inneren Schwarzer Löcher* *515*
worin Physiker versuchen, mit Hilfe der Einsteinschen Gleichung das geheimnisvolle Innere eines Schwarzen Loches zu ergründen. Birgt es eine Singularität mit unendlich großer Gezeitenkraft, den Weg in ein anderes Universum oder das Ende von Raum und Zeit und die Geburt von Quantenschaum?

14. Kapitel *Wurmlöcher und Zeitmaschinen* *551*
worin der Autor nach Einsicht in die physikalischen Gesetze strebt, indem er fragt: Kann eine sehr fortgeschrittene Zivilisation Wurmlöcher im Hyperraum erzeugen, um schnelle interstellare Reisen durchzuführen, und kann sie Maschinen bauen, um in der Zeit rückwärts zu reisen?

Epilog *593*
worin das Resümee über Einsteins Vermächtnis gezogen wird – seine Auswirkungen in der Vergangenheit und in der Zukunft – und aktuelle Informationen über die wichtigsten handelnden Personen nachgetragen werden

Biographische Anmerkungen *601*
zu den Personen, die in diesem Buch häufig erwähnt werden

Chronologie *613*
der wichtigsten Ereignisse und Entdeckungen

Glossar *629*

Anmerkungen *649*

Bibliographie *677*

Danksagung *701*

Register *705*

Vorwort

In diesem Buch geht es um eine Revolution in unserer Auffassung von Raum und Zeit und ihre bemerkenswerten Konsequenzen, von denen manche noch immer nicht völlig enträtselt sind. Es ist gleichzeitig ein faszinierender Bericht über die Schwierigkeiten und die letztlich errungenen Erfolge in dem Bemühen um ein Verständnis der vielleicht geheimnisvollsten Objekte im Universum, der Schwarzen Löcher – geschrieben von einem Wissenschaftler, der selbst wichtige Beiträge hierzu geleistet hat.

Früher hielt man es für offenkundig, daß die Erde flach sei. Ihre Oberfläche hörte entweder niemals auf oder besaß einen Rand, über den man in die Tiefe fallen konnte, wenn man töricht genug war, sich ihm zu nähern. Die Rückkehr der Magellanschen Flotte und anderer Weltumsegler überzeugten die Menschen jedoch schließlich davon, daß die Oberfläche der Erde zu einer Kugel gekrümmt war. Aber noch immer ging man wie selbstverständlich davon aus, daß die kugelförmige Erde in einem Raum existiert, der im euklidischen Sinne flach ist, das heißt in einem Raum, in dem sich Parallelen niemals schneiden. Doch dann stellte Einstein im Jahre 1915 eine Theorie auf, in der Raum und Zeit zu einem einzigen Gebilde, der Raumzeit, verschmolzen waren. Sie war nicht flach, sondern aufgrund der in ihr befindlichen Materie und Energie gekrümmt. Da die Raumzeit in unserer Umgebung fast flach ist, bemerken wir die Krümmung normalerweise nicht. Ihre Auswirkungen in den fernen Weiten des Universums sind jedoch so überraschend, daß selbst Einstein sie nicht in ihrer vollen Tragweite erkannte. Eine dieser möglichen Folgen besteht darin, daß Sterne unter dem Einfluß ihrer eigenen Schwerkraft in sich zusammenstürzen können und der Raum ihrer Umgebung so stark gekrümmt wird, daß sie vom restlichen Universum abgeschnitten sind. Einstein selbst glaubte nicht daran, daß ein solches Ereignis jemals eintreten könne, doch andere zeigten, daß es eine unvermeidliche Konsequenz seiner Theorie war.

Die Geschichte dieser Entdeckung und die Beschreibung der merkwürdigen Eigenschaften der bei diesem Kollaps entstehenden Schwarzen Löcher ist Gegenstand dieses Buches. Es ist eine Geschichte lebendiger, in der Entwicklung begriffener Forschung – geschrieben von einem der Beteiligten – vergleichbar mit dem Buch *Die Doppelhelix* von James Watson, in dem es um die Entdeckung der DNS-Struktur und ein Verständnis des genetischen Codes geht. Anders als im Fall der DNS gab es jedoch keine experimentellen Ergebnisse, an denen sich die Forscher orientieren konnten. Die Theorie Schwarzer Löcher wurde vielmehr entwickelt, lange bevor es Hinweise aus der beobachtenden Astronomie gab, daß sie tatsächlich existierten. Ich kenne kein anderes Beispiel in den Naturwissenschaften für eine so weitreichende und erfolgreiche Extrapolation aufgrund rein theoretischer Überlegungen. Es ist ein Beweis für die erstaunliche Tiefe und Tragweite der Einsteinschen Theorie.

Es gibt viele Fragen, auf die wir noch immer keine Antwort wissen. Zum Beispiel: Was geschieht mit den Objekten und Informationen, die in ein Schwarzes Loch hineinfallen? Kommen sie an anderer Stelle im Universum oder in einem anderen Universum wieder zum Vorschein? Können wir Raum und Zeit so stark krümmen, daß es möglich wird, in die Vergangenheit zu reisen? Diese Fragen sind Teil unserer fortdauernden Bemühungen um ein Verständnis des Universums. Vielleicht erscheint eines Tages jemand aus der Zukunft und beantwortet unsere Fragen.

Stephen Hawking

Einleitung

Dieses Buch stützt sich auf eine Kombination bewährter physikalischer Prinzipien und einfallsreicher Spekulationen, in denen der Verfasser das derzeit als gesichert geltende Wissen weit hinter sich läßt und gedanklich in einen Teil der physikalischen Welt vordringt, der in unserem alltäglichen Leben auf der Erde keine Entsprechung besitzt. Sein Ziel ist es, Schwarze Löcher zu erforschen – jene stellaren Gebilde, die so massereich und kompakt sind, daß sie aufgrund ihres starken Gravitationsfeldes weder Licht noch Materie aussenden können, wie wir dies von Sternen wie der Sonne her kennen. Die Beschreibungen der Erfahrungen, die ein Beobachter machen würde, der sich einem Schwarzen Loch von außen nähert, beruhen auf den Vorhersagen der allgemeinen Relativitätstheorie für einen Raum mit extrem starker Gravitation, wo diese noch niemals überprüft wurde. Die Spekulationen über das, was im Inneren des Schwarzen Loches und an seinem Rand, dem sogenannten Horizont geschieht, spiegeln die reiche Vorstellungskraft wider, die Thorne und seinen Kollegen in aller Welt zu eigen ist und an der sie andere gerne teilhaben lassen. Man fühlt sich an den Ausspruch eines herausragenden Physikers erinnert: »Kosmologen befinden sich für gewöhnlich im Irrtum, doch niemals im Zweifel.« Der Leser sollte bei der Lektüre dieses Buches zweierlei vor Augen haben: Er erfährt einige unumstößliche Fakten über merkwürdige, aber tatsächliche Eigenschaften unseres Universums, und er wird mit sachlich fundierten Vermutungen über das, was jenseits des Bekannten liegen mag, vertraut gemacht.

Als Vorbemerkung zu diesem Buch möchte ich den Leser daran erinnern, daß Einsteins allgemeine Relativitätstheorie, eine der größten Schöpfungen der theoretischen Physik, vor fast achtzig Jahren formuliert wurde. In den frühen zwanziger Jahren erzielte sie spektakuläre Erfolge bei der Erklärung der anomalen Merkurbahn, die von den Vorhersagen der Newtonschen Gravitationstheorie abwich, und später bei der Erklärung der von Hubble und seinen Kollegen am Mount-Wilson-Observatorium entdeckten Rotverschiebung entfernter Galaxien. Dann folgte jedoch eine Periode, in der es relativ still um sie wurde und Physiker sich eher der Erforschung der Quantenmechanik, der Kernphysik und der Hochenergiephysik sowie Entwicklungen in der beobachtenden Kosmologie zuwandten.

Über die Existenz Schwarzer Löcher hatte man erstmals kurz nach Newtons Formulierung der Gravitationstheorie Vermutungen angestellt. Es stellte sich später heraus, daß solche Objekte auch in der Relativitätstheorie vorkamen, wenn man nur bereit war, die Lösungen der grundlegenden Gleichungen auf starke Gravitationsfelder zu extrapolieren – eine Vorgehensweise, der Einstein skeptisch gegenüberstand. Indem Chandrasekhar sich auf die Relativitätstheorie stützte, konnte er jedoch im Jahre 1930 zeigen, daß Sterne oberhalb einer bestimmten Masse, der sogenannten Chandrasekhar-Grenzmasse, in sich zusammenstürzen müssen, wenn sich die zur Aufrechterhaltung ihrer hohen Temperaturen notwendigen nuklearen Brennstoffe erschöpft haben. Dabei entsteht ein Gebilde, das wir heute als Schwarzes Loch bezeichnen. In den späten dreißiger Jahren wurde Chandrasekhars Arbeit von Zwicky sowie von Oppenheimer und seinen Kollegen weiterentwickelt. Sie fanden heraus, daß Sterne in einem bestimmten Massenbereich nicht zu einem Schwarzen Loch kollabieren, sondern ein Gebilde erzeugen, das aus dicht zusammengepreßten Neutronen besteht. Der Neutronenstern war geboren. In beiden Fällen sollte der Kollaps des Sterns nach Erschöpfen seiner Kernbrennstoffe von einem kurzen und gewaltigen Energieausstoß begleitet sein. Dieser Energieausstoß wurde mit den gelegentlich in unserer Galaxie und in weiter entfernten Nebeln beobachteten Supernova-Ausbrüchen in Verbindung gebracht.

Der Zweite Weltkrieg unterbrach diese Forschungen. Erst in den fünfziger und sechziger Jahren kehrten Wissenschaftler mit neuem Interesse und neuem Elan zu den theoretischen und experimentellen Herausforderungen dieses Themas zurück. Drei bedeutende Fortschritte wurden dabei erzielt.

Erstens: Die in der Kern- und Hochenergiephysik gewonnenen Erkenntnisse erwiesen sich auch in der Kosmologie von großem Nutzen, wo sie die gemeinhin als Urknalltheorie bekannte Vermutung über den Ursprung des Universums untermauerten. Es gibt heute zahlreiche Hinweise darauf, daß das Universum, wie wir es kennen, aus der explosionsartigen Ausdehnung einer »Ursuppe« heißer, dichter Teilchen entstand. Dieses Ereignis fand vor ungefähr zehn bis zwanzig Milliarden Jahren statt. Die vielleicht aufsehenerregendste Unterstützung erfuhr diese Theorie durch die Entdeckung der schwachen Überreste der Lichtwellen, die bei dieser Explosion ausgesandt wurden.

Zweitens: Die von Zwicky sowie Oppenheimer und seinen Kollegen vorhergesagten Neutronensterne wurden tatsächlich beobachtet und verhielten sich genau so, wie man dies nach der Theorie erwartet hatte. Damit erfuhr die Vorstellung, daß es sich bei Supernovae um Sterne handelt, die einen Gravitationskollaps erleiden, eine eindrucksvolle Bestätigung. Wenn Neutronensterne aus dem Kollaps von Sternen eines bestimmten Massenbereiches hervorgehen können, schien es nicht unvernünftig anzunehmen, daß noch massereichere Sterne Schwarze Löcher erzeugen, wobei allerdings nur indirekte Hinweise auf ihre Existenz zu erwarten waren. In der Tat hat man bis heute eine Vielzahl solcher Hinweise für Schwarze Löcher gefunden.

Schließlich gibt es noch eine Reihe von Entdeckungen, die die Gültigkeit der allgemeinen Relativitätstheorie bekräftigt haben. Dazu zählen Präzisionsmessungen von Satelliten- und Planetenumlaufbahnen in unserem Sonnensystem und die Beobachtung, daß manche Galaxien das Licht, das uns von anderen, weiter entfernten Quellen erreicht, wie »Linsen« beugen können. Außerdem gibt es seit einiger Zeit zuverlässige Hinweise darauf, daß einander umkreisende, massereiche Doppelsterne infolge der Erzeugung von Gravitationswellen Bewegungsenergie verlieren – eine zentrale Vorhersage der Relativitätstheorie. Solche Beobachtungen rechtfertigen unser Vertrauen in die allgemeine Relativitätstheorie, auch wenn es um Vorhersagen geht, die wie jene für die Umgebung Schwarzer Löcher noch nicht überprüft werden konnten. Sie ebnen außerdem den Weg für weitere interessante Vermutungen von der Art, wie sie im vorliegenden Buch vorgestellt werden.

Vor einigen Jahren hat der »Commonwealth Fund« auf Initiative seiner Präsidentin, Margaret E. Mahoney, beschlossen, ein Buchprogramm zu fördern, in dem herausragende Wissenschaftler eingeladen werden, ihr Forschungsgebiet dem gebildeten Laien nahezubringen. Professor Thorne ist ein solcher Wissenschaftler, und wir freuen uns, dieses Buch als neunte Veröffentlichung in unserer Reihe herauszubringen.

Der beratende Ausschuß des Commonwealth Fund Book Program, der die Förderung dieses Buches empfohlen hat, besteht aus folgenden Mitgliedern: Lewis Thomas, M.D., Direktor; Alexander G. Bearn, M.D., stellvertretender Direktor; Lynn Margulis, Ph.D.; Maclyn McCarty, M.D.; Lady Medawar; Berton Roueché; Frederick Seitz, Ph.D., und Otto Westphal, M.D. Der Verlag ist vertreten durch Edwin Barber, Vize-Präsident der W. W. Norton & Company, Inc.

Frederick Seitz

Vorbemerkung

worum es in diesem Buch geht, und wie es zu lesen ist

Seit dreißig Jahren beteilige ich mich an einem gewaltigen wissenschaftlichen Unterfangen: dem Versuch, das Vermächtnis Albert Einsteins – seine Relativitätstheorie und ihre Voraussagen über das Universum – zu verstehen und herauszufinden, wo die Relativitätstheorie versagt und was an ihre Stelle tritt.
Dies hat mich durch ein Labyrinth exotischer Dinge geführt: Schwarze Löcher, Weiße Zwerge, Neutronensterne, Singularitäten, Gravitationswellen, Wurmlöcher, Krümmungen der Zeit und Zeitmaschinen. Dabei habe ich viel über Erkenntnistheorie gelernt: Was macht eine »gute« Theorie aus? Welche tieferen Prinzipien liegen den Naturgesetzen zugrunde? Warum glauben wir Physiker, etwas zu wissen, auch wenn unsere Vorhersagen mit Hilfe der verfügbaren Technik nicht überprüft werden können? Durch meine Beteiligung an diesem Unterfangen habe ich feststellen können, wie Wissenschaftler denken, welche enormen Unterschiede zwischen ihren individuellen Denkweisen bestehen (beispielsweise zwischen mir und Stephen Hawking) und warum es so vieler verschiedener Denkweisen und Ansätze bedarf, um unser Verständnis des Universums voranzutreiben. Das gewaltige Unterfangen, an dem Hunderte von Wissenschaftlern auf der ganzen Welt mitwirken, hat mir außerdem den internationalen Charakter der Forschung vor Augen geführt und mich erkennen lassen, wie unterschiedlich die wissenschaftliche Arbeit in verschiedenen Gesellschaften organisiert ist. Gleichzeitig wurde mir bewußt, wie eng die Wissenschaft mit politischen Strömungen verknüpft ist und welche Rolle insbesondere die Rivalität zwischen Ost und West gespielt hat.
Das vorliegende Buch versucht, diese Einsichten Nichtwissenschaftlern und Wissenschaftlern aus anderen Fachbereichen mitzuteilen. Es ist ein Buch, in dem die ineinandergreifenden Themen durch den Faden der Geschichte zusammengehalten werden: durch die Geschichte unseres Bemühens, das Erbe Einsteins zu enträtseln und seine anscheinend ungeheuerlichen Voraussagen über Schwarze Löcher, Singularitäten, Gravitationswellen, Wurmlöcher und Zeitkrümmungen zu bestätigen.
Das Buch beginnt mit einer Science-fiction-Erzählung, die den Leser rasch mit

den wichtigsten Begriffen der in diesem Buch behandelten Physik und Astrophysik vertraut macht. Manche Leser werden diese Schilderung vielleicht entmutigend finden. Die Begriffe folgen zu schnell aufeinander und werden nicht richtig erklärt. Lassen Sie sich dadurch nicht abschrecken. Lesen Sie einfach weiter, und genießen Sie die Geschichte. Sie gewinnen so einen ersten Eindruck. Im Hauptteil des Buches wird dann jeder Begriff nochmals aufgegriffen und ausführlich erläutert. Wenn Sie das Buch zu Ende gelesen haben, kehren Sie zum Anfang zurück und sind nun in der Lage, auch die technischen Feinheiten der Geschichte zu würdigen.

Im Hauptteil des Buches (Kapitel 1 bis 14) verfolge ich einen völlig anderen Ansatz als in der einleitenden Geschichte. So gehe ich in jedem Kapitel zunächst auf die geschichtliche Entwicklung ein, um dann einen Exkurs in die damit zusammenhängenden Gebiete zu machen. Diese Abschweifungen und Verknüpfungen enthüllen dem Leser ein komplexes Gewebe ineinandergreifender Ideen aus der Physik, Astrophysik, Wissenschaftsphilosophie, Wissenschaftssoziologie sowie der Wissenschaft im politischen Kontext.

Um es dem Leser zu erleichtern, der nicht immer sehr eingängigen Physik zu folgen, gibt es am Ende des Buches ein *Glossar* der physikalischen Begriffe.

Forschung ist ein Gemeinschaftsunternehmen. Die Erkenntnisse, die unsere Vorstellung des Universums prägen, stammen nicht von einer einzigen Person, auch nicht von einer kleinen Handvoll Wissenschaftler, sondern sind vielmehr das Ergebnis der gemeinsamen Bemühungen vieler Menschen. Aus diesem Grund spielen in diesem Buch viele Forscher eine Rolle. Als Gedächtnisstütze ist für den Leser ein *biographischer Anhang* angefügt, in dem die häufig erwähnten Personen kurz beschrieben sind.

In der Forschung wie im alltäglichen Leben werden viele Themen gleichzeitig von vielen verschiedenen Menschen bearbeitet. Die Erkenntnisse einer Generation mögen auf Vorstellungen zurückgreifen, die jahrzehntealt sind, in ihrer Zeit jedoch ignoriert wurden. Um solche Zusammenhänge aufzuzeigen, geht das Buch nicht streng chronologisch vor, sondern springt in der Zeit vor und zurück: von den sechziger Jahren in die dreißiger und von dort zurück zur Hauptgeschichte in die siebziger Jahre. Leser, die diese Zeitsprünge verwirrend finden, greifen vielleicht gerne auf die *Chronologie* im Anhang des Buches zurück.

Ich strebe nicht danach, den hohen Ansprüchen des Historikers an Vollständigkeit, Genauigkeit und Unvoreingenommenheit gerecht zu werden. Wollte ich Vollständigkeit erreichen, würden nicht nur viele Leser, sondern auch ich das Buch nach kurzer Zeit erschöpft beiseite legen. Wenn ich auf größere Genauigkeit Wert legen würde, müßte ich überall Formeln benutzen, und das Buch würde so technisch werden, daß es nicht mehr lesbar wäre. Obwohl ich versucht habe, unvoreingenommen zu sein, ist es mir sicherlich nicht immer geglückt. Ich stehe dem Thema zu nahe: Seit den frühen sechziger Jahren bin ich selbst aktiv in diesem Forschungsbereich tätig, und verschiedene meiner engsten Freunde widmen sich dem Thema schon seit den dreißiger Jahren. Um der notwendigerweise persönlich gefärbten Sichtweise entgegenzuwirken, habe ich ausführliche Tonbandaufzeichnungen anderer Wissenschaftler benutzt und sie manchen Kapiteln zugrunde gelegt (vergleiche *Bibliographie* und *Danksagung*). Ein gewisse Voreingenommenheit wird jedoch sicherlich geblieben sein.

Für den Leser, der an größerer Vollständigkeit, Genauigkeit und Unvoreingenommenheit interessiert ist, habe ich in den *Anmerkungen* die Quellen für viele der historischen Aussagen sowie die Literaturangaben zu den in der Fachliteratur veröffentlichten Artikeln angegeben. Die Anmerkungen enthalten außerdem ausführlichere (und daher stärker technisch geprägte) Erläuterungen zu Punkten, die im Interesse der Verständlichkeit vereinfacht und somit verzerrt dargestellt sind.

Erinnerungen können täuschen. Verschiedene Menschen, die dieselben Ereignisse erlebt haben, mögen diese völlig anders interpretiert und sie sich somit anders eingeprägt haben. Auf solche Diskrepanzen bin ich ebenfalls in den Anmerkungen eingegangen. In dem vorliegenden Buch beschreibe ich jedoch meine Auffassung so, als sei sie die gültige. Mögen Historiker mir verzeihen und Nichthistoriker mir danken.

John Wheeler, mein wichtigster Förderer und Lehrer in den entscheidenden Jahren meiner Ausbildung (und eine der Hauptpersonen dieses Buches) stellt seinen Schülern gerne die folgende Frage: »Was ist die wichtigste einzelne Erkenntnis, die Sie über dieses oder jenes Thema gewonnen haben?« Wenige Fragen zwingen den Geist so sehr, sich auf das Wesentliche zu konzentrieren. Im Sinne von John Wheelers Frage habe ich mich nach fünfzehn Jahren sporadischer Veröffentlichungen gefragt: »Was ist die wichtigste einzelne Erkenntnis, die Du Deinen Lesern nahebringen willst?«

Meine Antwort: Ich möchte dem Leser die erstaunlichen Fähigkeiten des menschlichen Geistes vor Augen führen, die Fähigkeit, trotz aller Widrigkeiten und Schwierigkeiten Kenntnis über die vielschichtige Natur unseres Universums und Einblick in die tiefgreifende Einfachheit, Eleganz und Schönheit der ihm zugrundeliegenden Gesetze zu erlangen.

Prolog

Eine Reise zu den Schwarzen Löchern

worin die Leser in der Form einer Science-fiction-Erzählung mit Schwarzen Löchern und ihren seltsamen Eigenschaften, so wie wir sie heute verstehen, vertraut gemacht werden

Unter allen Schöpfungen des menschlichen Geistes – angefangen von Einhörnern und Schimären bis hin zur Wasserstoffbombe – ist das Schwarze Loch wohl das phantastischste: ein scharf umgrenztes Loch im Raum, in das alles hineinfallen kann, aus dem aber nichts zu entweichen vermag; ein Loch mit einer so starken Anziehungskraft, daß sogar Licht von ihm eingefangen wird und nicht entkommen kann; ein Loch, das den Raum krümmt und die Zeit verzerrt.* Wie Einhörner und Schimären scheinen Schwarze Löcher eher in den Bereich von Mythos und Science-fiction zu gehören als in die wirkliche Welt. Trotzdem wird ihre Existenz zweifelsfrei von bewährten physikalischen Gesetzen vorhergesagt. Allein in unserer Galaxie gibt es vielleicht Millionen von ihnen, doch sind sie aufgrund ihrer Dunkelheit nicht auszumachen. Die Astronomen tun sich schwer, sie zu entdecken.**[1]

Hades

Stellen Sie sich vor, Sie seien der Kommandant eines riesigen Raumschiffs mit Computern, Robotern und einer Besatzung von einigen hundert Personen. Sie sind von der World Geographic Society beauftragt worden, Schwarze Löcher in den fernen Weiten des interstellaren Raumes zu erforschen und Ihre Ergebnisse zurück zur Erde zu funken. Nach sechsjähriger Reise nähert sich Ihr Raumschiff nun dem Schwarzen Loch Hades. Es befindet sich in der Nähe des Sterns Wega und ist das der Erde nächstgelegene Objekt dieser Art. Sie verlangsamen Ihre Fahrt. Auf dem Videoschirm nehmen Sie und Ihre Crew erste Anzeichen für die Existenz des Schwarzen Loches wahr: Die spärlichen Gasatome, die durch den interstellaren Raum fliegen – ungefähr eines pro Kubikzentimeter – werden von der Schwerkraft des Loches angezogen (Abb. P.1). Von allen Seiten strömen

* Vgl. Kapitel 3, 6, 7.

** Vgl. Kapitel 8.

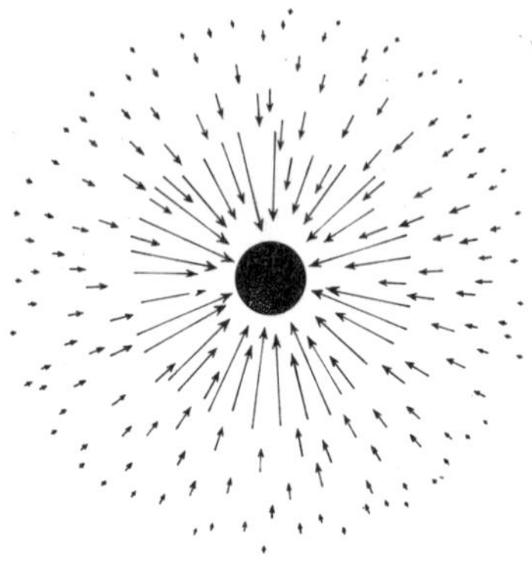

Abb. P.1: Gasatome, von der Schwerkraft angezogen, strömen von allen Seiten auf ein Schwarzes Loch zu.

die Atome auf das Loch zu: zunächst langsam, wenn das Loch noch weit entfernt und die Anziehungskraft nicht sehr stark ist; dann schneller, je näher sie dem Loch kommen, und schließlich extrem schnell – fast mit Lichtgeschwindigkeit – in unmittelbarer Nähe des Loches, wo die Anziehungskraft am stärksten ist. Wenn Sie nichts unternehmen, wird auch Ihr Raumschiff in den Sog des Schwarzen Loches geraten.

Rasch und umsichtig manövriert Kares, Ihr Erster Offizier, das Fahrzeug aus seinem Sturzflug in eine kreisförmige Umlaufbahn und schaltet dann die Maschinen ab. Während Sie das Loch umrunden, wirkt die Zentrifugal- oder Fliehkraft Ihrer Umlaufbewegung der Anziehungskraft des Schwarzen Loches entgegen.

Das Raumschiff verhält sich praktisch wie ein Gegenstand, der an einer Schnur im Kreis herumgewirbelt wird: Die Fliehkraft drängt es nach außen, doch durch die Anziehungskraft des Loches wird es wie mit einer Schnur festgehalten. Während Ihr Raumschiff das Loch umkreist, bereiten Sie und Ihre Besatzung sich darauf vor, es zu erkunden.

Zunächst erforschen Sie es nur passiv: Mit Hilfe speziell ausgerüsteter Teleskope beobachten Sie die elektromagnetischen Wellen – die Strahlung –, die das Gas aussendet, während es auf das Loch zuströmt. In weiter Entfernung vom Loch sind die Gasatome kalt und schwingen aufgrund ihrer geringen Temperatur von wenigen Grad über dem absoluten Nullpunkt nur langsam. Die von ihnen ausgesandten elektromagnetischen Wellen oszillieren deshalb ebenfalls nur langsam, so daß die aufeinanderfolgenden Wellenberge weit auseinander liegen. Eine solche langwellige Strahlung nennt man Radiowellen (Abb. P.2). Je geringer der Abstand zum Schwarzen Loch ist, desto größer ist seine Anziehungskraft und desto schneller strömen die Atome von allen Seiten auf das Loch zu. Es kommt zu häufigen Zusammenstößen zwischen Ato-

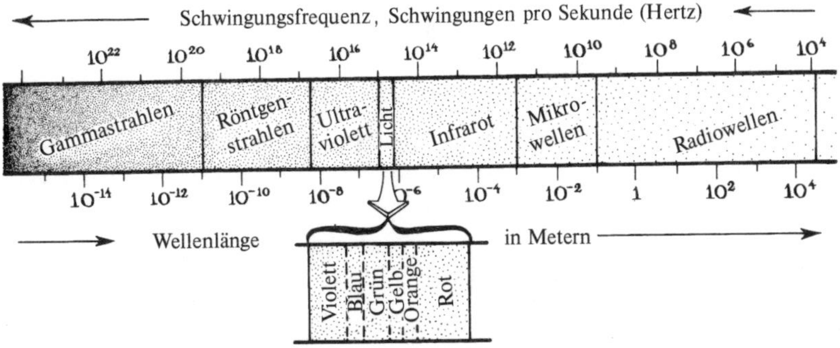

Abb. P.2: Das Spektrum elektromagnetischer Strahlung von Radiowellen mit sehr großen Wellenlängen (und niedrigen Frequenzen) bis zu Gammastrahlen mit sehr kleinen Wellenlängen (und hohen Frequenzen). Eine Erklärung der hier benutzten Potenzschreibweise für sehr große und sehr kleine Zahlen (10^{22}, 10^{-14}) finden Sie in Kasten P.1.

men, die sich dadurch auf mehrere tausend Grad erwärmen. Durch die Wärme schwingen die Atome schneller und senden rasch oszillierende Wellen aus. Solche Strahlung kürzerer Wellenlänge ist als Licht verschiedener Farben sichtbar: rot, orange, gelb, grün, blau und violett (Abb. P.2). Noch näher am Schwarzen Loch, wo die Atome aufgrund der stärkeren Gravitation noch schneller strömen, führen die immer häufigeren Zusammenstöße zu einer Erwärmung auf mehrere Millionen Grad.

Die Atome schwingen immer schneller und senden elektromagnetische Wellen sehr kurzer Wellenlängen aus: Röntgenstrahlen. Während Sie die Röntgenstrahlen in der Umgebung des Loches beobachten, fällt Ihnen ein, daß es die Entdeckung und Untersuchung genau solcher Röntgenstrahlen war, die im Jahre 1972 zur Entdeckung des ersten Schwarzen Loches führte: Cygnus X-1, 14000 Lichtjahre von der Erde entfernt.!*

Während Sie Ihr Teleskop unmittelbar auf den Rand des Loches richten, erkennen Sie Gammastrahlen, die von noch stärker erhitzten Atomen ausgesandt werden. Dann allerdings taucht inmitten des gleißenden Spektakels fast drohend eine große, runde, absolut dunkle Kugel auf: das Schwarze Loch, das alle Licht-, Röntgen- und Gammastrahlen der eindringenden Atome verschluckt. Sie beobachten, wie extrem heiße Atome von allen Seiten in das Schwarze Loch hineinströmen. Dort, im Inneren des Loches, muß ihre Temperatur nochmals ansteigen; sie müssen schneller schwingen und stärker strahlen als jemals zuvor, doch ihre Strahlung kann der ungeheuren Gravitation des Loches nicht ent-

* Vgl. Kapitel 8.

kommen. Nichts vermag aus dem Loch zu entweichen. Das ist der Grund, warum es schwarz, pechschwarz erscheint.*

Mit Ihrem Teleskop inspizieren Sie das schwarze Gebilde näher. Deutlich ist die Oberfläche der Kugel zu erkennen, die Grenze, jenseits deren es kein Entkommen mehr gibt. Alles, was sich oberhalb dieser Grenze befindet – Raketen, Teilchen, Licht –, kann der Anziehungskraft des Loches entfliehen, wenn genügend Kraft aufgewendet und eine ausreichend hohe Geschwindigkeit erreicht wird. Von jenseits dieser Grenze gibt es jedoch keine Rückkehr mehr; nichts kann dem Loch entrinnen, gleichgültig, welche Kraft aufgewendet wird: Keine Rakete, kein Teilchen, kein Licht, keine Strahlung kann jemals wieder Ihr Raumschiff erreichen, wenn diese Grenze überschritten wurde. Die Oberfläche der Kugel verhält sich somit wie der Horizont der Erde, über den man nicht hinaussehen kann. Aus diesem Grund nennt man diese Grenze den *Horizont des Schwarzen Loches.***

Kares, Ihr Erster Offizier, bestimmt unterdessen sorgfältig die Umlaufbahn, die Ihr Raumschiff um das Schwarze Loch beschreibt. Ihr Umfang beträgt eine Million Kilometer bzw. ungefähr die Hälfte des Umfangs der Mondbahn um die Erde. Anschließend beobachtet sie die Bewegungen der über Ihnen sichtbaren Sterne, während das Raumschiff seine Bahnen zieht. Aus den scheinbaren Bewegungen der Sterne schließt sie, daß das Raumschiff fünf Minuten und sechsundvierzig Sekunden benötigt, um das Loch einmal zu umkreisen. Dies ist die *Umlaufzeit* Ihres Raumschiffs.

Aus der Umlaufzeit und dem Umfang der Umlaufbahn können Sie nun die Masse des Loches berechnen. Ihre Rechenmethode entspricht dabei genau dem Verfahren, das Isaac Newton im Jahre 1685 benutzte, um die Sonnenmasse zu bestimmen: Je größer die Masse und damit die Anziehungskraft eines Objektes ist (sei dies die Sonne oder ein Schwarzes Loch), desto schneller muß sich ein umlaufender Körper (ein Planet oder ein Raumschiff) bewegen, um einen gleichbleibenden Abstand zu wahren, und desto kürzer muß folglich seine Umlaufzeit sein.[2] Indem Sie die Ihnen bekannten Daten Ihrer Umlaufbahn in die Formel für das Newtonsche Gravitationsgesetz*** einsetzen, stellen Sie fest, daß das Schwarze Loch Hades eine Masse besitzt, die zehnmal größer als die der Sonne ist. (Man spricht auch von zehn »Sonnenmassen«).****

* Vgl. Kapitel 3 und 6.

** Vgl. Kapitel 6. (Gebräuchlich ist auch der Begriff *Ereignishorizont*. A. d. Ü.)

*** Vgl. Kapitel 2.

**** Leser, die die Eigenschaften Schwarzer Löcher selbst ausrechnen wollen, finden die dazu notwendigen Formeln in den Anmerkungen am Ende des Buches.

Ihnen ist bekannt, daß dieses Schwarze Loch vor langer Zeit aus dem Kollaps eines Sterns hervorgegangen ist. Wenn ein Stern stirbt und nicht mehr in der Lage ist, seiner eigenen Anziehungskraft zu widerstehen, stürzt er in sich zusammen – er kollabiert.* Sie wissen ferner, daß sich bei einem solchen Kollaps die Masse des Sterns nicht verändert. Das Schwarze Loch Hades besitzt folglich dieselbe Masse wie einst sein Muttergestirn – oder fast dieselbe. In Wirklichkeit wird sie sich vergrößert haben – um die Masse jener Objekte nämlich, die seit seiner Entstehung in das Loch hineingefallen sind: interstellares Gas, Meteoriten, Raumschiffe ...

Sie wissen all dies, weil Sie sich vor Ihrer Reise mit den fundamentalen Gesetzen der Gravitation vertraut gemacht haben. Diese Gesetze wurden von Isaac Newton im Jahre 1687 entdeckt und von Albert Einstein in seiner *allgemeinen Relativitätstheorie* im Jahre 1915 radikal überarbeitet und präzisiert.** Schwarze Löcher unterliegen der Gravitation ebenso unerbittlich wie ein Stein, den die Anziehungskraft zwingt, zu Boden zu fallen. So wie ein Stein die Gesetze der Gravitation nicht verletzen und in der Luft schweben oder gar nach oben fallen kann, ist auch ein Schwarzes Loch nicht in der Lage, sich diesen Gesetzen zu entziehen.

Ein Schwarzes Loch entsteht zwangsläufig, wenn ein Stern kollabiert.*** Die Masse dieses Schwarzen Loches bei der Geburt entspricht notwendigerweise derjenigen seines Muttergestirns, und alles, was in das Schwarze Loch hineinfällt, muß seine Masse vergrößern. Ebenso gilt, daß ein Schwarzes Loch eine etwaige Rotationsbewegung seines Muttergestirns beibehalten muß; der *Drehimpuls*, der ein genaues Maß für die Geschwindigkeit der Rotation ist, muß dabei genau dem Drehimpuls des Muttersterns entsprechen.

Bevor Sie zu Ihrer Reise aufgebrochen sind, haben Sie sich außerdem mit den verschiedenen Vorstellungen beschäftigt, die man sich im Laufe der Zeit von Schwarzen Löchern gemacht hat.

So kamen in den siebziger Jahren des 20. Jahrhunderts Wissenschaftler wie Brandon Carter, Stephen Hawking, Werner Israel und andere aufgrund der in der allgemeinen Relativitätstheorie formulierten Gravitationsgesetze**** zu dem Schluß, daß ein Schwarzes Loch ein überaus einfaches Gebilde sein

* Vgl. Kapitel 3 bis 5.

** Vgl. Kapitel 2.

*** Die Vorstellung, daß Schwarze Löcher, das Sonnensystem und das gesamte Universum sich nach den physikalischen Gesetzen *zwangsläufig* auf eine bestimmte Art und Weise verhalten, wird in den letzten Abschnitten von Kapitel 1 näher erläutert.

**** Vgl. Kapitel 2.

müsse.* Alle Eigenschaften des Schwarzen Loches – die Stärke seiner Anziehungskraft, die Stärke der Ablenkung des von anderen Sternen ausgesandten Lichts, die Gestalt und Größe seiner Oberfläche – hängen von nur drei Faktoren ab: der Masse des Schwarzen Loches, die Sie nun bereits kennen, dem Drehimpuls seiner Rotationsbewegung, der Ihnen noch unbekannt ist, sowie seiner elektrischen Ladung. Sie wissen, daß kein Schwarzes Loch im interstellaren Raum eine starke elektrische Ladung besitzen kann, da es sonst rasch entgegengesetzte Ladungen aus dem interstellaren Gas anziehen und folglich neutral werden würde.

Wenn ein Schwarzes Loch rotiert, sollte es den ihn umgebenden Raum in eine wirbelnde Bewegung relativ zum weiter entfernten Raum versetzen – wie ein Flugzeugpropeller, der die Luft seiner Umgebung verwirbelt.**

Um den Drehimpuls von Hades zu bestimmen, untersuchen Sie deshalb, ob in dem Strom interstellarer Gasatome, die von allen Seiten auf das Schwarze Loch zurasen, eine Wirbelbewegung auszumachen ist.

Zu Ihrer Überraschung können Sie nicht die geringsten Anzeichen für eine solche Bewegung entdecken. Manche Atome fallen zwar im Uhrzeigersinn und andere entgegen dem Uhrzeigersinn in das Schwarze Loch, wobei sie gelegentlich miteinander kollidieren, doch im Durchschnitt stürzen sie auf direktem Weg nach unten, in das Innere des Loches, ohne einen Strudel zu bilden. Daraus schließen Sie, daß sich das zehn Sonnenmassen schwere Loch kaum dreht. Sein Drehimpuls ist fast null.

Da Sie nun die Masse und den Drehimpuls des Schwarzen Loches kennen und wissen, daß seine elektrische Ladung vernachlässigbar klein sein muß, können Sie darangehen, mit Hilfe der Formeln der allgemeinen Relativitätstheorie die Eigenschaften zu berechnen, die Hades haben sollte: seine Anziehungskraft und die damit zusammenhängende Fähigkeit, Licht anderer Sterne abzulenken, sowie die Gestalt und die Größe seines Horizonts.

Würde das Loch rotieren, besäße sein Horizont einen klar definierten Nord- und Südpol, die Endpunkte der Achse nämlich, um die es sich drehen würde und um die auch die angesogenen Atome herumwirbeln würden. Es besäße ferner in der Mitte zwischen den beiden Polen einen klar definierten Äquator, der sich durch die Zentrifugalkraft der Rotationsbewegung wie bei der rotierenden Erde auswölben würde.***

* Vgl. Kapitel 7.

** Vgl. ebd.

*** Vgl. Kapitel 7.

Da Hades jedoch kaum rotiert, besitzt es keinen ausgeprägten Äquatorwulst. Sein Horizont muß den Gesetzen der Gravitation zufolge eine fast kugelförmige Gestalt aufweisen. Und in der Tat ist dies genau die Form, die Sie durch Ihr Teleskop wahrnehmen.

Was die Ausdehnung des Horizonts betrifft, so sagen die in der allgemeinen Relativitätstheorie beschriebenen physikalischen Gesetze voraus, daß er mit zunehmender Masse des Loches größer wird.[3] Genau gesagt, ist der Umfang des Horizonts wie folgt zu berechnen: Man multipliziert die Masse des Loches in Einheiten der Sonnenmasse mit 18,5 Kilometern.* Da Ihre Berechnungen ergeben haben, daß das Loch zehnmal so schwer ist wie die Sonne, muß sein Horizont einen Umfang von 185 Kilometern haben, was ungefähr der Ausdehnung von Los Angeles entspricht. Sorgfältig messen Sie mit Ihren Teleskopen den Umfang von Hades nach und erhalten, in genauer Übereinstimmung mit den Formeln der Relativitätstheorie, 185 Kilometer.

Verglichen mit der eine Million Kilometer langen Umlaufbahn Ihres Raumschiffs ist die Ausdehnung des Horizonts winzig. Dennoch konzentriert sich in diesem verschwindend kleinen Raumausschnitt eine Masse, die zehnmal größer als die der Sonne ist! Wenn das Loch ein auf diese Größe komprimierter Festkörper wäre, betrüge seine durchschnittliche Dichte 200 Millionen (2×10^8) Tonnen pro Kubikzentimeter, ein Wert, der die Dichte von Wasser um 2×10^{14} überträfe (Kasten P.1). Aber das Loch ist kein Festkörper. Der allgemeinen Relativitätstheorie zufolge konzentrieren sich die zehn Sonnenmassen des einstigen Sterns im Inneren des Schwarzen Loches in einem verschwindend kleinen Gebiet, das *Singularität* genannt wird.** Diese Singularität ist ungefähr 10^{-33} Zentimeter groß und damit viele Abermilliarden Male kleiner als ein Atomkern. Abgesehen von dem dünnen interstellaren Gas, das in das Schwarze Loch hineinfällt und dabei Strahlung aussendet, sollte die Singularität von einem nahezu leeren Raum umgeben sein, der sich von der Singularität bis zum Horizont und jenseits des Horizonts bis zu Ihrem Raumschiff erstreckt.

Die Singularität und die in ihr eingeschlossene stellare Materie liegt hinter dem Horizont des Schwarzen Loches verborgen. Wie lange Sie auch warten mögen,

* Kapitel 3. Den Wert von 18,5 Kilometern, der in diesem Buch noch häufiger vorkommen wird, erhält man auf folgende Weise: Man multipliziert 4π (d. h. 12,5663706...) mit der Newtonschen Gravitationskonstante und der Sonnenmasse und teilt dieses Produkt durch das Quadrat der Lichtgeschwindigkeit. Diese und andere nützliche Formeln zur Beschreibung Schwarzer Löcher finden Sie in den Anmerkungen zu diesem Kapitel.

** Vgl. Kapitel 13.

Kasten P.1

Die Potenzschreibweise für sehr große und sehr kleine Zahlen

In diesem Buch werde ich gelegentlich eine auf Zehnerpotenzen beruhende Notation für sehr große und sehr kleine Zahlen verwenden. So wird zum Beispiel die Zahl fünf Millionen (5000000) kurz durch 5×10^6 und fünf Millionstel (0,000 005) durch 5×10^{-6} ausgedrückt. Bei dieser Schreibweise gibt der Exponent die Anzahl der Stellen an, um die das Dezimalkomma verrückt werden muß, um die Zahl in der gewöhnlichen Dezimalschreibweise zu erhalten. So bedeutet der Ausdruck 5×10^6 folgendes: Man nehme die Zahl 5 (5,000 000 00) und bewege das Dezimalkomma um sechs Stellen nach rechts. Das Ergebnis ist 5 000 000,00. Ebenso gilt für den Ausdruck 5×10^{-6}: Man nehme die Zahl 5 und bewege das Dezimalkomma um sechs Stellen nach links. Das Ergebnis ist 0,000 005.

sie kann niemals wieder zum Vorschein kommen; die Gravitation des Loches verhindert dies. Ebensowenig kann die verborgene Materie Informationen in Form von Radiowellen, Licht oder Röntgenstrahlen an jemanden außerhalb des Loches senden. Sie ist praktisch für immer aus dem Universum verschwunden. Das einzige, was von ihr geblieben ist, ist ihre intensive Anziehungskraft – eine Kraft, die auf Ihr Raumschiff in seiner sicheren Umlaufbahn genauso stark wirkt wie die Anziehungskraft des einstigen Sterns, bevor er zu einem Schwarzen Loch kollabierte; eine Kraft, die jedoch bei Überschreiten des Horizonts so gewaltig wird, daß ihr nichts widerstehen kann.

»Wie groß ist die Entfernung zwischen dem Horizont und der Singularität?« fragen Sie sich. (Natürlich denken Sie nicht im Traum daran, diese Entfernung zu messen. Eine solche Messung wäre tödlich, denn Sie könnten niemals aus dem Schwarzen Loch zurückkehren, um Ihre Ergebnisse der World Geographical Society mitzuteilen.) Da die Singularität verschwindend klein ist, 10^{-33} Zentimeter, und sich genau in der Mitte des Schwarzen Loches befindet, muß die Entfernung zwischen Singularität und Horizont dem Radius des Horizonts entsprechen. Sie sind versucht, diesen Radius auf die übliche Weise zu berechnen, indem Sie den Umfang durch 2π (6,283185307...) teilen. Allerdings hat man Ihnen während Ihrer Studien auf der Erde eingeschärft, einer solchen Rechnung zu mißtrauen. Die gewaltige Anziehungskraft des Loches verzerrt die innerhalb des Loches und an seinem Rand geltende Geometrie vollkommen*, und zwar auf ähnliche Weise, wie eine Gummifläche von einem auf ihr befindlichen

* Vgl. Kapitel 3 und 13.

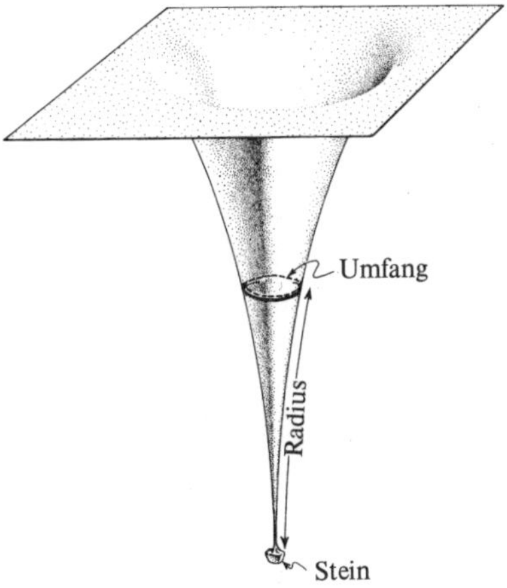

Abb. P.3: Wenn man einen schweren Stein auf eine elastische Fläche (z. B. ein Trampolin) legt, verzerrt sich die Fläche wie in der Zeichnung dargestellt. Die Geometrie dieser verzerrten Fläche ähnelt der Geometrie des verzerrten Raumes in der Umgebung und im Inneren eines Schwarzen Loches. So ist zum Beispiel der Umfang des schwarz gezeichneten Kreises in der Abbildung kleiner als das Produkt aus 2 π und seinem Radius, ebenso wie der Horizontumfang eines Schwarzen Loches kleiner als das Produkt von 2 π und seinem Radius ist. Siehe auch Kapitel 3 und 13.

schweren Stein verzerrt wird (Abb. P.3). Der Radius des Horizonts entspricht folglich nicht seinem Umfang, geteilt durch 2 π.

»Macht nichts«, sagen Sie sich selbst. »Lobatschewski, Riemann und andere große Mathematiker haben gezeigt, wie die Eigenschaften von Kreisen in einem gekrümmten Raum zu berechnen sind, und Einstein hat diese Formeln in seine relativistische Beschreibung der Gravitation übernommen. Diese für einen gekrümmten Raum geltenden Formeln kann ich benutzen, um den Radius des Horizonts auszurechnen.« Dann fällt Ihnen jedoch ein, was Sie auf der Erde gelernt haben: Die Masse und der Drehimpuls eines Schwarzen Loches bestimmen zwar die Eigenschaften seines Horizonts und seiner äußeren Umgebung, nicht jedoch die Eigenschaften seines Inneren. Die allgemeine Relativitätstheorie besagt vielmehr, daß sich das Innere des Schwarzen Loches in der Nähe der Singularität chaotisch und völlig nichtsphärisch verhält*, ähnlich dem Zipfel der Gummifläche in Abb. P.3, wenn der schwere Stein unregelmäßig geformt ist und wild auf und ab hüpft. Die chaotische Struktur im Inneren des Schwarzen Loches hängt nicht nur von seiner Masse und seinem Drehimpuls ab, sondern auch von den Bedingungen, die herrschten, als sein Mutterstern kollabierte, sowie von den Veränderungen durch das spätere Eindringen interstellaren Gases – von Informationen also, die Ihnen nicht zur Verfügung stehen.

»Na, wenn schon«, sagen Sie sich. »Wie auch immer seine Struktur beschaffen sein mag, der chaotische Kern muß einen Umfang haben, der weitaus kleiner als ein

* Vgl. Kapitel 13.

Zentimeter ist. Folglich kann der Radius des Horizonts nur geringfügig falsch sein, wenn ich den chaotischen Kern bei der Berechnung einfach vernachlässige.«
Dann erinnern Sie sich jedoch daran, daß der Raum in der Nähe einer Singularität so stark gekrümmt sein kann, daß die chaotische Region möglicherweise einen Radius von vielen Millionen Kilometern besitzt, auch wenn sein Umfang nur den Bruchteil eines Zentimeters beträgt. Dies ist vergleichbar mit Abb. P.3, wo der Stein, wenn er schwer genug ist, die chaotische Spitze der Gummifläche sehr weit nach unten verlängert, während der Umfang dieser chaotischen Region extrem klein ist. Ihre Berechnung des Radius könnte folglich mit gravierenden Fehlern behaftet sein. Der Radius des Horizonts läßt sich aus den Ihnen zur Verfügung stehenden dürftigen Informationen – Masse und Drehimpuls des Schwarzen Loches – nicht berechnen.

Sie hören daher auf, über das Innere des Loches nachzugrübeln, und bereiten sich statt dessen darauf vor, die nähere Umgebung des Horizonts zu erforschen. Da Sie kein Menschenleben riskieren wollen, beauftragen Sie einen raketenbetriebenen, zehn Zentimeter großen Roboter namens Arnold mit der Untersuchung und instruieren ihn, seine Ergebnisse zurück an das Raumschiff zu funken. Die Anweisungen für Arnold sind denkbar einfach: Zunächst muß er sich mit Hilfe seines Raketentriebwerks aus der kreisförmigen Umlaufbahn lösen, die er gemeinsam mit dem Raumschiff um das Schwarze Loch beschreibt. Anschließend wird er seine Raketen abschalten und sich von der Gravitation des Schwarzen Loches anziehen lassen. Während er auf das Loch zufällt, soll Arnold einen hellen grünen Laserstrahl aussenden, dessen elektromagnetische Schwingung Informationen über die zurückgelegte Strecke und den Zustand seiner elektronischen Systeme enthält – etwa so, wie Rundfunkstationen ihre Nachrichtensendungen in Form von Radiowellen kodieren.
Im Raumschiff wird Kares den eintreffenden Laserstrahl dekodieren, um die Informationen über Entfernung und Zustand des Roboters zu erhalten. Außerdem wird sie die Wellenlänge bzw. die Farbe des Laserstrahls bestimmen (Farbe und Wellenlänge sind äquivalent, siehe Abb. P.2) und daraus schließen, wie schnell sich Arnold bewegt. Je schneller er sich vom Raumschiff entfernt, desto stärker weist der zurückgesandte grüne Laserstrahl eine *Dopplerverschiebung* auf,* das heißt, desto größer erscheint Ihnen in Ihrem Raumschiff seine Wellenlänge und desto stärker verschiebt sich seine Farbe zum roten Ende des Spektrums. (Eine zusätzliche Rotverschiebung wird durch die Kraft verursacht, die

* Siehe Kasten 2.3.

der Laserstrahl aufwenden muß, um der Anziehungskraft des Schwarzen Loches zu entkommen. Deshalb muß Kares bei der Berechnung von Arnolds Geschwindigkeit diese *gravitative Rotverschiebung* berücksichtigen.*)
Und so nimmt das Experiment seinen Lauf. Arnold katapultiert sich mit seinen Raketen aus der Umlaufbahn heraus und biegt in eine dem Schwarzen Loch zugewandte Fallkurve ein. Während er mit seiner Annäherung beginnt, stellt Kares eine Uhr auf Null, um die Ankunft der Lasersignale zu messen. Nach zehn Sekunden verkünden die Signale, daß die Systeme des Roboters zufriedenstellend funktionieren und er bereits eine Strecke von 2630 Kilometern zurückgelegt hat. Aus der Farbe des Laserstrahls kann Kares errechnen, daß er sich mit einer Geschwindigkeit von 530 Kilometern pro Sekunde dem Schwarzen Loch nähert. Zwanzig Sekunden nach dem Start hat sich seine Geschwindigkeit auf 1060 Kilometer pro Sekunde verdoppelt, während sich seine Entfernung mit 10500 Kilometern vervierfacht hat. Als die Uhr sechzig Sekunden zeigt, hat sich seine Geschwindigkeit auf 9700 Kilometer pro Sekunde erhöht, und er ist um 135000 Kilometer gefallen, eine Strecke, die ungefähr fünf Sechsteln der Entfernung zum Horizont entspricht.
Nun benötigen Sie Ihre gesamte Aufmerksamkeit. Da die nächsten Sekunden entscheidend sein werden, schaltet Kares ein Hochgeschwindigkeitsaufnahmesystem ein, um alle Details der eintreffenden Daten zu speichern. 61 Sekunden nach dem Start meldet Arnold, daß seine Systeme noch immer normal arbeiten; der Horizont befindet sich in 14000 Kilometer Entfernung unter ihm, und er nähert sich ihm mit einer Geschwindigkeit von 13000 Kilometern pro Sekunde. Nach 61,7 Sekunden ist immer noch alles in Ordnung; 1700 Kilometer liegen noch vor ihm, und seine Geschwindigkeit beträgt 39000 Kilometer pro Sekunde bzw. ungefähr ein Zehntel der Lichtgeschwindigkeit. Die Farbe des Laserstrahls beginnt sich nun rasch zu ändern. In der nächsten Zehntelsekunde beobachten Sie verblüfft, wie der Laserstrahl in rasender Folge das elektromagnetische Spektrum durchläuft, von Grün über Rot zu Infrarot, vom Mikrowellenbereich bis in den Radiowellenbereich und weiter. Nach 61,8 Sekunden ist schließlich alles vorüber. Der Laserstrahl ist vollkommen verschwunden. Arnold hat nahezu Lichtgeschwindigkeit erreicht und den Horizont unwiderruflich überschritten. In der letzten Zehntelsekunde vor dem Verschwinden des Strahls berichtete Arnold noch frohgemut: »Alle Systeme funktionieren; der Horizont kommt näher; alle Systeme funktionieren ...«
Nachdem Ihre Aufregung nachgelassen hat, untersuchen Sie die aufgezeichne-

* Vgl. Kapitel 2 und 3.

ten Daten, die detailliert Aufschluß über die Verschiebung der Wellenlänge des Laserstrahls geben. So stellen Sie fest, daß sich die Wellenlänge des Lasersignals zunächst langsam, dann immer schneller erhöhte. Mit der Vervierfachung der Wellenlänge trat schließlich überraschend eine Konsolidierung ein: Die Wellenlänge verdoppelte sich fortan nur noch alle 0,00014 Sekunden und betrug nach dreiunddreißig solchen Verdopplungen (0,0046 Sekunden) stattliche vier Kilometer, womit die Meßgrenze Ihrer Aufzeichnungsgeräte erreicht war. Vermutlich verdoppelte sich die Wellenlänge jedoch auch weiterhin. Da es einer unendlichen Zahl von Verdopplungen bedarf, um die Wellenlänge unendlich werden zu lassen, ist es denkbar, daß noch immer ungeheuer schwache Signale sehr langer Wellenlängen aus der Nähe des Horizonts eintreffen!

Bedeutet dies, daß Arnold den Horizont möglicherweise noch gar nicht überschritten hat und dies vielleicht auch niemals tun wird? Nein, keineswegs. Diese letzten Signale, die sich bis in alle Ewigkeit verdoppeln werden, benötigen nur unendlich lange Zeit, um der Anziehungskraft des Schwarzen Loches zu entkommen. Arnold ließ den Horizont des Schwarzen Loches vor vielen Minuten mit Lichtgeschwindigkeit hinter sich. Die schwachen verbleibenden Signale treffen nur deshalb weiterhin ein, weil ihre Reise so lange dauert. Sie sind Relikte der Vergangenheit.*

Nachdem Sie die beim Sturzflug Ihres Roboters aufgezeichneten Daten eingehend untersucht und sich nach einem langen Schlaf etwas erholt haben, nehmen Sie die zweite Etappe Ihres Forschungsvorhabens in Angriff. Dieses Mal werden Sie selbst die Umgebung des Horizonts erforschen – mit größerer Vorsicht jedoch als Arnold.

Sie verabschieden sich von Ihrer Crew, besteigen eine Raumkapsel und gleiten aus dem Bauch des Raumschiffs heraus, um parallel zu ihm in eine kreisförmige Umlaufbahn einzuschwenken. Durch vorsichtiges Gegenzünden der Raketentriebwerke verringern Sie nach und nach Ihre Umlaufgeschwindigkeit und damit die Zentrifugalkraft, die der Gravitation des Schwarzen Loches entgegenwirkt. Ihre Kapsel wird folglich etwas stärker angezogen und biegt in eine engere Umlaufbahn um das Loch ein. Diese Prozedur wiederholen Sie mehrmals, um sich so vorsichtig dem Horizont zu nähern. Ihr Ziel ist es, knapp über dem Horizont eine kreisförmige Umlaufbahn zu erreichen, deren Umfang genau 1,0001mal so groß ist wie der Horizont selbst. Von dort aus können Sie die meisten seiner Eigenschaften erforschen, ohne befürchten zu müssen, seiner tödlichen Anziehungskraft nicht mehr zu entkommen.

* Vgl. Kapitel 6.

Während Sie in Ihrer Raumkapsel schwebend das Loch langsam in immer engeren Bahnen umkreisen, machen Sie eine merkwürdige Feststellung. Schon ab einer Umlaufbahn von 100000 Kilometer Länge spüren Sie, daß Ihre Füße, die in Richtung des Schwarzen Loches zeigen, leicht nach unten gezogen werden, während an Ihrem Kopf, der nach oben in Richtung Sterne weist, eine Kraft nach oben zu zerren scheint. Wie ein Kaugummi werden Sie sanft in die Länge gezogen. Sie begreifen, daß dies mit der Anziehungskraft des Loches zusammenhängt: Ihre Füße sind dem Loch näher als Ihr Kopf, so daß die Gravitation stärker auf die Füße als auf den Kopf wirkt. Dies trifft natürlich auch auf der Erde zu, doch der Unterschied zwischen der auf den Kopf und der auf die Füße einwirkenden Anziehungskraft ist auf der Erde so vernachlässigbar gering, nämlich weniger als ein Millionstel der Kraft, daß Sie diesen Effekt niemals bemerkt haben. Wenn Sie dagegen in Ihrer Raumkapsel in einer 100000 Kilometer langen Umlaufbahn schweben, beträgt der Unterschied ein Achtel Ihres Gewichts auf der Erde (1/8 »*g*«)*. In der Mitte Ihres Körpers gleicht die Zentrifugalkraft Ihrer Umlaufbewegung die Anziehungskraft des Loches genau aus. Es scheint fast so, als ob die Gravitation dort nicht existierte: Sie schweben völlig frei. An Ihren Füßen zerrt die Gravitation jedoch mit einer zusätzlichen Kraft von 1/16 *g*, während sie an Ihrem Kopf schwächer ist und die Zentrifugalkraft damit um 1/16 *g* in ihrer Wirkung zunimmt.
Verwundert setzen Sie Ihre Spiralbewegung in Richtung auf das Schwarze Loch fort. Rasch verwandelt sich Ihre Verwunderung jedoch in Sorge. Je kleiner die Umlaufbahn wird, desto stärker wird der Unterschied der Kräfte, die auf Kopf und Füße einwirken. Bei einer Umlaufbahn von 80000 Kilometer Länge ist er schon so groß, daß Ihr Körper mit einer Kraft von 1/4 *g* gedehnt wird. Bei 50000 Kilometern entspricht diese Kraft Ihrem Gewicht auf der Erde, und bei 30000 Kilometern beträgt sie genau viermal soviel. Schmerzerfüllt beißen Sie die Zähne zusammen und nähern sich dem Loch auf 20000 Kilometer. Die Dehnungskraft wächst dabei auf 15 *g* an. Das ist die Grenze dessen, was Sie ertragen können. Sie versuchen, sich zusammenzurollen, damit die Entfernung zwischen Kopf und Füßen abnimmt und der Unterschied zwischen den Kräften verringert wird. Aber die Kräfte lassen dies nicht zu. Ihr Körper schnellt immer wieder in seine Längsstreckung zurück. Wenn Sie sich dem Loch noch weiter nähern, wird Ihr Körper nachgeben und zerreißen. Es besteht nicht die geringste Aussicht, den Horizont zu erreichen.

* A. d. Ü.: Die Fallbeschleunigung an der Erdoberfläche $g = 9{,}81 m/s^2$ wird im folgenden synonym zum Gewicht auf der Erde verwendet.

Enttäuscht und unter großen Schmerzen wenden Sie Ihre Raumkapsel und treten den Rückzug an. Indem Sie vorsichtig Ihre Raketentriebwerke einsetzen, vergrößern Sie allmählich wieder den Abstand zum Schwarzen Loch. Ihre Umlaufbahnen werden immer weiter, bis Sie schließlich wohlbehalten wieder im Bauch Ihres Raumschiffs eintreffen.

Als Sie die Kommandozentrale betreten, reagieren Sie Ihren Unmut an DAWN, dem Hauptcomputer des Raumschiffs, ab. »Tichij, Tichij«, murmelt sie beruhigend und verwendet Worte aus der alten russischen Sprache. »Ich weiß, Sie sind aufgebracht, aber es ist wirklich Ihr eigener Fehler. Während Ihrer Ausbildung hat man Sie auf diese Kräfte aufmerksam gemacht. Erinnern Sie sich? Es handelt sich um dieselben Kräfte, die auf den Weltmeeren die Gezeiten hervorbringen.«*

Als Sie an Ihre Ausbildung zurückdenken, fällt Ihnen ein, daß die Meere, die auf der dem Mond zugewandten Seite der Erde liegen, stärker vom Mond angezogen werden als die auf der anderen Seite der Erde und folglich eine Ausbuchtung in Richtung des Mondes aufweisen. Die Meere auf der anderen Seite der Erde spüren dagegen nur eine geringe Anziehungskraft und bilden daher einen vom Mond abgewandten Wulst. Das Ergebnis sind zwei Auswölbungen der Meeresoberfläche, die sich aufgrund der Erdrotation verschieben: Ebbe und Flut, die einander zweimal täglich abwechseln. Sie erinnern sich, daß man die auf Kopf und Füße unterschiedlich stark einwirkende Gravitationskraft des Schwarzen Loches in Anspielung an dieses Phänomen *Gezeitenkraft* genannt hat.[4] Außerdem erinnern Sie sich daran, daß der Einsteinschen allgemeinen Relativitätstheorie zufolge diese Gezeitenkraft auf eine Verzerrung von Raum und Zeit zurückzuführen ist, oder um Einsteins Worte zu gebrauchen, auf eine *Krümmung der Raumzeit.*** Gezeitenkräfte und Verzerrungen der Raumzeit gehen Hand in Hand. Das eine Phänomen tritt stets in Verbindung mit dem anderen auf, obwohl im Fall der Meeresgezeiten die Verzerrung der Raumzeit so geringfügig ist, daß sie nur mit hochempfindlichen Präzisionsinstrumenten nachgewiesen werden kann.

Was aber geschah mit Arnold? Warum machte ihm die Gezeitenkraft des Schwarzen Loches nicht zu schaffen? Aus zwei Gründen, erklärt DAWN: Zum einen war er mit seinen zehn Zentimeter Länge wesentlich kleiner als Sie, so daß die Gezeitenkraft – der Unterschied zwischen der auf den Kopf und der auf die Füße einwirkenden Anziehungskraft – entsprechend kleiner ausfiel, zum

* Vgl. Kapitel 2.

** Vgl. ebd.

anderen bestand Arnold aus einer sehr harten Titanlegierung, die der Dehnung wesentlich besser widerstehen konnte als Ihr Körper aus Fleisch und Blut.
Mit Entsetzen wird Ihnen jedoch klar, daß bei Überquerung des Horizonts die Gezeitenkraft so stark werden muß, daß sogar ein robuster Körper aus Titan wie der Arnolds ihr nicht länger widerstehen kann. Weniger als 0,0002 Sekunden nach Überschreiten des Horizonts muß sich sein überdehnter, berstender Körper der Singularität im Zentrum des Schwarzen Loches genähert haben. Dort wechseln sich die Gezeitenkräfte des Loches, wie Sie aus Ihrem Studium der allgemeinen Relativitätstheorie wissen, wie in einem wilden, chaotischen Tanz. Sie zerren das, was von Arnold übriggeblieben ist, von einer Richtung in die andere, immer schneller, immer stärker, bis schließlich sogar die einzelnen Atome, aus denen er bestand, bis zur Unkenntlichkeit verzerrt sind. Und genau dies macht das Wesen der Singularität aus: Es handelt sich um eine Region, in der die chaotisch schwingende Krümmung der Raumzeit gewaltige Gezeitenkräfte hervorbringt.*
Während Sie in Gedanken die Geschichte der Erforschung Schwarzer Löcher Revue passieren lassen, erinnern Sie sich, daß der britische Physiker Roger Penrose im Jahre 1965 die allgemeine Relativitätstheorie anwandte, um zu beweisen, daß in jedem Schwarzen Loch eine Singularität existieren muß. Wenig später, im Jahre 1969, schloß das russische Forschertrio Lifschitz, Chalatnikow und Belinski aus der allgemeinen Relativitätstheorie, daß die Gezeitenkräfte in der Nähe der Singularität chaotisch oszillieren müssen.** Die sechziger und siebziger Jahre waren eine fruchtbare Zeit für die theoretische Erforschung Schwarzer Löcher! Aber da die Physiker jener goldenen Jahre noch nicht gut genug mit den Einsteinschen Gleichungen der allgemeinen Relativität umgehen konnten, entging ihnen ein wesentliches Merkmal des Verhaltens Schwarzer Löcher. Sie konnten daher nur vermuten, daß der Kollaps eines Sterns nicht nur eine Singularität, sondern auch einen umgebenden Horizont hervorbringt, der die Singularität für Außenstehende praktisch unsichtbar macht. Eine Singularität kann nicht »nackt« geboren werden. Dies bezeichnete Penrose als die »Hypothese der kosmischen Zensur«. Sollte sie zutreffen, könnten Wissenschaftler auf experimentellem Weg keine Informationen über Schwarze Löcher erhalten. Es wäre unmöglich, die theoretischen Erkenntnisse durch Experimente zu verifizieren, es sei denn, man wäre bereit, sein Leben zu opfern, um in ein Schwarzes Loch einzudringen und Messungen durchzuführen, deren Ergebnisse jedoch niemals das Schwarze Loch verlassen könnten.

* Vgl. Kapitel 13.

** Vgl. Kapitel 13.

Obwohl Lady Abygaile Lyman im Jahre 2023 schließlich eine Antwort auf die Frage gab, ob die Vermutung der kosmischen Zensur zutrifft oder nicht, ist diese Antwort für Sie momentan ohne Belang. Die Singularitäten, die in den Atlanten Ihres Raumschiffs verzeichnet sind, liegen ausnahmslos im Inneren von Schwarzen Löchern, und Sie sind nicht bereit, Ihr Leben hinzugeben, um sie zu erforschen.

Glücklicherweise gibt es auch außerhalb des Horizonts Schwarzer Löcher eine Vielzahl von Erscheinungen, die man erforschen kann. Sie sind entschlossen, sich mit diesen Phänomenen aus erster Hand vertraut zu machen und Ihre Ergebnisse an die World Geographic Society zu funken. Allerdings können Sie diese Untersuchungen nicht am Horizont von Hades durchführen, da hier die Gezeitenkräfte zu groß sind. Sie müssen statt dessen ein Schwarzes Loch mit einer geringeren Gezeitenwirkung finden.

DAWN erinnert Sie daran, daß der allgemeinen Relativitätstheorie zufolge die Gezeitenkräfte am Horizont eines Schwarzen Loches mit zunehmender Masse des Loches abnehmen.[5] Dieses anscheinend paradoxe Verhalten hat eine einfache Ursache: Die Gezeitenkraft ist proportional der Masse des Loches, geteilt durch die dritte Potenz seines Umfangs. Je größer also die Masse eines Schwarzen Loches und folglich sein Umfang ist, desto schwächer fällt die Gezeitenkraft in der Nähe des Horizonts aus. Ein Loch, das eine Million Sonnenmassen wiegt und damit 100000mal so schwer ist wie Hades, besitzt einen 100000mal größeren Horizont als Hades und folglich eine Zehnmilliardstel (10^{-10}) so große Gezeitenkraft. Dies wäre für Sie ideal, denn dann würden Sie überhaupt keine Schmerzen verspüren! Kurz entschlossen beginnen Sie mit der Planung der zweiten Etappe Ihrer Mission: einer Reise zum nächstgelegenen Schwarzen Loch mit einer Million Sonnenmassen. Schechters Atlas der Schwarzen Löcher entnehmen Sie, daß im Zentrum der Milchstraße, in rund 30100 Lichtjahren Entfernung, ein solches Loch existiert: Sagittarius.

Doch zunächst schickt Ihre Crew einen detaillierten Bericht über Ihre Erfahrungen bei der Erforschung von Hades zurück an die Erde. Dieser Bericht enthält auch Aufnahmen von Ihrer Exkursion zum Horizont des Loches und der Verzerrung Ihres Körpers durch die Gezeitenkräfte sowie Bilder der in das Loch fallenden Atome. Für die Entfernung von sechsundzwanzig Lichtjahren bis zur Erde benötigen die Signale sechsundzwanzig Jahre, und wenn sie schließlich ihr Ziel erreichen, wird die World Geographic Society Ihren Bericht mit großem Pomp veröffentlichen.

Der Bericht schildert auch bereits Ihre Pläne, in das Zentrum der Milchstraße vorzustoßen: Damit Sie und Ihre Mannschaft im Raumschiff eine Schwerkraft wie auf

der Erde verspüren, werden Ihre Raketentriebwerke die ganze Zeit für eine Fallbeschleunigung von 1 *g* sorgen. So wird Ihr Schiff zunächst die erste Hälfte der Strecke in Richtung auf das Zentrum der Galaxie beschleunigen. Dann wird es eine Drehung um 180 Grad vollführen und seine Geschwindigkeit mit 1 *g* verringern. Für die gesamte Distanz von 30100 Lichtjahren benötigt Ihr Schiff nach der Zeitmessung auf der Erde 30102 Jahre. An Bord Ihres Raumschiffes werden jedoch nur zwanzig Jahre vergehen.[6] In Übereinstimmung mit Einsteins Gesetzen der speziellen Relativitätstheorie ist die Zeit an Bord aufgrund der hohen Geschwindigkeit Ihres Raumschiffes gedehnt, ein Effekt, der als *Zeitdilatation* oder *Zeitkrümmung* bezeichnet wird.[*] Genau dieser Effekt ist dafür verantwortlich, daß sich Ihr Raumschiff wie eine Zeitmaschine verhält und Sie in eine für die Erde ferne Zukunft versetzt, während Sie nur wenig altern.[**]
Sie erklären der World Geographic Society, daß Ihre nächste Datenübermittlung aus dem Zentrum der Milchstraße erfolgen wird, wo Sie das eine Million Sonnenmassen schwere Loch Sagittarius erforschen wollen. Wenn die Mitglieder der Gesellschaft Ihre Nachricht selbst empfangen wollten, müßten sie sich in einen 60186 Jahre währenden Tiefschlaf versetzen lassen. Dies entspricht dem Zeitraum, den Ihre Reise in die Mitte der Galaxie für die Menschen auf der Erde vom Zeitpunkt des Eintreffens Ihrer Nachricht dauert (30102 – 26 = 30076 Jahre) plus dem Zeitraum von 30110 Jahren, den Ihre nächste Nachricht zur Erde benötigt.

Sagittarius

Nach einer Reise von zwanzig Jahren – gemessen an Bord Ihres Raumschiffs – verlangsamen Sie Ihre Fahrt und nähern sich dem Zentrum der Milchstraße. Dort können Sie in der Ferne eine große Menge von Gas und Staub erkennen, die von allen Seiten auf ein gewaltiges Schwarzes Loch zuströmen. Kares manövriert Ihr Raumschiff in eine kreisförmige Umlaufbahn um den Horizont des Schwarzen Loches. Indem Sie den Bahnumfang und die Dauer einer vollständigen Umrundung des Schwarzen Loches messen und diese Ergebnisse in die Newtonsche Formel einsetzen, können Sie die Masse des Loches berechnen. Sie beträgt in perfekter Übereinstimmung mit Schechters Atlas der Schwarzen Löcher eine Million Sonnenmassen. Da um das Loch kein Strudel angesogener

* Vgl. Kapitel 1.

** Vgl. ebd.

Gas- und Staubatome zu erkennen ist, schließen Sie, daß das Loch kaum rotiert. Sein Horizont muß folglich kugelförmig sein und einen Umfang von 18,5 Millionen Kilometern besitzen, was achtmal größer ist als die Umlaufbahn des Mondes um die Erde.

Nachdem Sie noch eine Weile sorgfältig das in das Loch hereinfallende Gas beobachtet haben, bereiten Sie sich darauf vor, zum Horizont vorzustoßen. Aus Sicherheitsgründen stellt Kares eine Laserverbindung zwischen Ihrer Raumkapsel und DAWN, dem Hauptrechner Ihres Raumschiffs, her. Dann gleiten Sie aus dem Raumschiff heraus, drehen Ihre Kapsel so, daß die Düsen in Flugrichtung zeigen, und manövrieren sich durch vorsichtiges Zünden Ihrer Raketentriebwerke langsam in immer engere Umlaufbahnen um das Loch.

Alles verläuft nach Plan, bis Sie eine Umlaufbahn von 55 Millionen Kilometer Länge erreicht haben, was dem dreifachen Umfang des Horizonts entspricht. Um Ihren Abstieg weiter fortzusetzen, zünden Sie wieder vorsichtig Ihre Triebwerke, doch anstatt wie bisher in eine geringfügig engere Umlaufbahn einzuschwenken, stürzen Sie plötzlich in selbstmörderischer Talfahrt direkt auf den Horizont zu. In Panik wenden Sie Ihre Kapsel und zünden alle Triebwerke, um in eine sichere Umlaufbahn von etwas mehr als 55 Millionen Kilometer Länge zurückzukehren.

»Was zum Teufel ging schief?!« funken Sie erregt über die Laserverbindung an DAWN.

»Tichij, Tichij«, antwortet sie beruhigend. »Sie haben Ihre Umlaufbahn mit Hilfe des Newtonschen Gravitationsgesetzes berechnet, doch beschreibt dieses die Gesetzmäßigkeiten der Schwerkraft im Universum nur näherungsweise.* So handelt es sich zwar um eine sehr gute Näherung, wenn der Horizont eines Schwarzen Loches weit entfernt ist, in unmittelbarer Nähe des Horizonts wird es jedoch den wahren Gegebenheiten nicht mehr gerecht. Weitaus genauer ist Einsteins relativistische Beschreibung der Gravitationgesetze. Sie spiegelt die wahren Verhältnisse der Schwerkraft in der Nähe des Horizonts mit hoher Präzision wider und sagt voraus, daß die Anziehungskraft dort weitaus stärker ist, als Newton jemals vermutet hätte. Um unter diesen Bedingungen in einer kreisförmigen Umlaufbahn zu bleiben, müssen Sie die der Anziehungskraft entgegenwirkende Fliehkraft erhöhen und Ihre Umlaufgeschwindigkeit steigern. Das heißt also, wenn Sie den dreifachen Umfang des Horizonts unterschreiten wollen, müssen Sie Ihre Raumkapsel umdrehen und in Flugrichtung beschleunigen. Statt dessen haben Sie wie bisher Ihre Triebwerke entgegen der Flugrichtung

* Vgl. Kapitel 2.

gezündet, so daß Ihre Umlaufgeschwindigkeit gesunken ist und die Anziehungskraft gegenüber der Zentrifugalkraft an Stärke gewonnen hat. Infolgedessen sind Sie plötzlich vom Schwarzen Loch angesogen worden.«[7]

»Zum Teufel mit DAWN!« denken Sie insgeheim. »Stets beantwortet sie meine Fragen, doch niemals gibt sie mir von selbst entscheidende Hinweise. Niemals warnt sie mich, wenn ich einen Fehler begehe.« Natürlich kennen Sie den Grund dafür sehr gut. Das Leben würde einen Großteil seines Reizes verlieren, wenn es Computern gestattet wäre, die Menschen im voraus auf all ihre Fehler aufmerksam zu machen. Deshalb verabschiedete der Weltrat im Jahre 2032 ein Gesetz, wonach alle Computer mit einer Hobson-Sperre ausgerüstet sein müssen, die verhindert, daß solche Warnungen ausgesprochen werden. So sehr sie sich es auch wünschen mag, DAWN kann ihre Hobson-Sperre nicht überwinden.

Sie unterdrücken Ihren Ärger, wenden Ihre Raumkapsel und beginnen erneut vorsichtig, sich dem Horizont zu nähern. Sie beschleunigen in Fahrtrichtung, schwenken dann in eine engere Umlaufbahn, umkreisen das Loch eine Weile, beschleunigen erneut und kommen so dem Horizont stückchenweise näher.

Ihre Umlaufbahn verringert sich vom dreifachen Umfang des Horizonts auf das Zweieinhalbfache, auf das Zweifache, auf das 1,6fache, 1,55fache, 1,51fache, 1,505fache, 1,501fache etc. Welch eine Enttäuschung! Je öfter Sie beschleunigen und je schneller Ihre Umlaufbewegung wird, desto kleiner wird zwar Ihre Umlaufbahn, doch während sich Ihre Umlaufgeschwindigkeit schon der Lichtgeschwindigkeit nähert, haben Sie gerade erst eine Umlaufbahn vom Anderthalbfachen des Horizontumfangs erreicht. Da Sie sich nicht schneller als Licht bewegen können, besteht keine Aussicht, daß Sie dem Horizont auf diese Weise noch näher kommen.

Wieder bitten Sie DAWN um Hilfe, und wieder hat sie die Erklärung parat: Ab einer Umlaufbahn vom 1,5fachen des Horizontumfangs gibt es keine kreisförmigen Umlaufbahnen mehr. Die Anziehungskraft wird ab dieser Grenze so stark, daß sie durch keine noch so starke Zentrifugalkraft aufgewogen werden kann, noch nicht einmal, wenn man das Loch mit Lichtgeschwindigkeit umkreist. Wenn Sie sich also dem Horizont noch weiter nähern wollen, müssen Sie, so DAWN, Ihre kreisförmige Umlaufbahn aufgeben und direkt auf den Horizont zufliegen, wobei aber die Triebwerke Ihrer Kapsel mit voller Kraft entgegen der Flugrichtung gezündet werden müssen, damit Sie nicht in den Sog des Loches geraten. Auf diese Weise können Sie sich dem Loch nähern, bis Sie direkt über seinem Horizont schweben.

Durch Erfahrung etwas vorsichtiger geworden, fragen Sie DAWN auch nach der Wirkung einer solch anhaltenden, starken Schubleistung. Sie erklären, daß Sie in einer Höhe des 1,0001fachen des Horizontumfangs verharren wollen, wo sich die meisten Eigenschaften des Horizonts untersuchen lassen, ohne daß man Gefahr läuft, der Anziehungskraft des Loches nicht mehr zu entkommen. Dann fragen Sie Dawn, welche Beschleunigungskraft man spürt, wenn die Raumkapsel mit einem stetigen Schub der Triebwerke in dieser Entfernung gehalten wird. Freundlich gibt DAWN zur Antwort: »Das 150millionenfache der Erdbeschleunigung.« Tief entmutigt geben Sie Gas, wenden und treten den Rückweg zum Raumschiff an.

Nach einem langen und erholsamen Schlaf, gefolgt von fünf Stunden aufwendiger Berechnungen zu Schwarzen Löchern mit Hilfe der Formeln der allgemeinen Relativitätstheorie und drei weiteren Stunden, in denen Sie Schechters Atlas der Schwarzen Löcher wälzen, halten Sie eine einstündige Lagebesprechung mit Ihrer Crew ab. Danach steht Ihr Plan für die nächste Etappe der Reise fest.

Bevor Sie jedoch Ihren Flug fortsetzen, übermittelt Ihre Crew – ausgehend von der optimistischen Annahme, daß die World Geographic Society noch existiert – einen Bericht Ihrer Erfahrungen mit Sagittarius an die Erde. Abschließend schildert sie noch die neuen Pläne:

Ihren Berechnungen zufolge ist die Schubkraft, die nötig ist, um Ihre Kapsel in einem sicheren Abstand vom 1,0001fachen des Horizontumfangs schweben zu lassen, um so geringer, je größer die Masse des Loches ist.[8] Damit der Schub eine Stärke von schmerzhaften, aber erträglichen zehn Erdbeschleunigungen nicht überschreitet, muß das Loch 15 Billionen (15×10^{12}) Sonnenmassen besitzen. Das nächstgelegene Loch dieser Größe heißt Gargantua und befindet sich weit außerhalb des 100000 (10^5) Lichtjahre umspannenden Gebiets unserer Milchstraße und auch weit außerhalb des 100 Millionen (10^8) Lichtjahre großen Galaxienhaufens Virgo, um den unsere Milchstraße kreist. Es liegt vielmehr in der Nähe des Quasars 3C273, der zwei Milliarden (2×10^9) Lichtjahre von der Milchstraße entfernt ist, eine Distanz, die ungefähr einem Zehntel der Strecke zum äußersten Ende des beobachtbaren Universums entspricht.

Ihr Plan besteht nun darin, so heißt es in der Mitteilung Ihrer Crew an die Erde, Gargantua zu erforschen. Geht man von der üblichen Beschleunigung von 1 *g* in der ersten Hälfte Ihrer Reise und einer Verlangsamung von 1 *g* in der zweiten Hälfte aus, benötigen Sie für die Strecke nach Erdzeit zwei Milliarden Jahre.[9] Durch die geschwindigkeitsbedingte Zeitdilatation beträgt die Dauer der Reise für Sie und Ihre Crew jedoch nur zweiundvierzig Jahre. Wenn die Mitglieder der World Geographic Society nicht gewillt sind, sich in einen vier Milliarden

Jahre währenden Tiefschlaf versetzen zu lassen (zwei Milliarden Jahre, bis Ihr Raumschiff Gargantua erreicht hat, und zwei Milliarden Jahre, bis Ihre Untersuchungsergebnisse auf der Erde eintreffen), werden sie auf die Nachrichten von Ihrer nächsten Expedition verzichten müssen.

Gargantua

Zweiundvierzig Jahre vergehen, bis Sie mit Ihrem Raumschiff schließlich in der Nähe des Schwarzen Loches Gargantua angelangt sind. Hoch über Ihnen erkennen Sie den Quasar 3C273, aus dessen Mitte zwei gleißendblaue Strahlen schießen;* unter Ihnen befindet sich der schwarze Abgrund von Gargantua. Indem Sie in eine Umlaufbahn um Gargantua einschwenken und die üblichen Messungen durchführen, stellen Sie fest, daß dieses Loch sehr langsam rotiert und seine Masse in der Tat fünfzehn Billionen Sonnenmassen beträgt. Aus diesen Daten berechnen Sie, daß der Umfang seines Horizonts neunundzwanzig Lichtjahre mißt. Hier haben Sie also schließlich ein Schwarzes Loch gefunden, dessen Horizont Sie erforschen können, ohne sich unerträglichen Gezeitenkräften und fatalen Beschleunigungen aussetzen zu müssen! Die Untersuchung des Horizonts ist sogar so gefahrlos, daß Sie beschließen, sich dem Schwarzen Loch mit dem gesamten Raumschiff und nicht nur mit der Kapsel zu nähern.

Bevor Sie mit dem Sinkflug beginnen, beauftragen Sie Ihre Mannschaft, den riesigen Quasar über Ihnen, die Billionen von Sternen, die Gargantua umkreisen, sowie die Milliarden von Galaxien am Himmel zu fotografieren. Auch die dunkle Scheibe des unter Ihnen sichtbaren Schwarzen Loches wird fotografiert; sie entspricht etwa der Größe der Sonne, so wie sie von der Erde aus erscheint. Zunächst sieht es so aus, als ob das Licht der hinter dem Loch gelegenen Sterne und Galaxien einfach ausgelöscht würde. Bei näherer Betrachtung entdeckt Ihre Crew jedoch, daß das Gravitationsfeld des Schwarzen Loches wie eine Linse wirkt,** indem es nämlich einen Teil des von Sternen und Galaxien ausgesandten Lichts an der Kante des Horizonts ablenkt und in einen dünnen, hellen Ring bündelt, der die schwarze Scheibe umgibt. In diesem Ring ist jeder einzelne verdeckte Stern mehrfach abgebildet: So stammt ein Bild möglicherweise von Lichtstrahlen, die am linken Rand des Loches abgelenkt wurden, während ein anderes von Strahlen hervorgebracht wird, die am rechten Rand gebeugt wur-

* Vgl. Kapitel 9.

** Vgl. Kapitel 8.

den; ein drittes Bild stammt möglicherweise von Lichtstrahlen, die in eine vollständige Umlaufbahn um das Loch gezogen und dann in Ihre Richtung freigesetzt wurden, während ein viertes von Strahlen herrühren könnte, die das Loch zweimal umkreisten. Das Ergebnis ist eine hochkomplexe Ringstruktur, die Ihre Mannschaft zum Zweck späterer Studien in allen Einzelheiten fotografiert. Nachdem die Aufnahmen abgeschlossen sind, beauftragen Sie Kares, den Abstieg in die Wege zu leiten. Doch nun wird Ihre Geduld hart strapaziert. Das Loch ist von so gewaltiger Größe, daß die Annäherung an das 1,0001fache des Horizonts dreizehn Jahre in Anspruch nehmen wird (gemäß der Zeitrechnung an Bord Ihres Raumschiffs).

Während das Raumschiff seinen Sinkflug beginnt, hält Ihre Crew die Veränderungen des Sternenhimmels in Ihrer Umgebung fotografisch fest. Am bemerkenswertesten ist der Wandel des Erscheinungsbildes der schwarzen Scheibe unter Ihnen. Unaufhaltsam wird sie größer, bis sie schließlich den gesamten Himmel unter Ihnen ausfüllt. Es hat fast den Anschein, als ob Sie sich über ei-

Abb. P.4: Ein über dem Horizont eines Schwarzen Loches schwebendes Raumschiff und gekrümmte Lichtstrahlen weit entfernter Galaxien. Aufgrund der Schwerkraft des Loches werden die Lichtstrahlen wie von einer Linse (»Gravitationslinse«) abgelenkt. Dies führt dazu, daß das Licht für die Raumschiffbesatzung in einem hellen kreisförmigen Fleck gebündelt erscheint, der sich genau über dem Raumschiff befindet.

nem riesigen schwarzen Boden befinden, während der Himmel über Ihnen so hell und sternenklar erscheint wie von der Erde aus gesehen. Eigentlich erwarten Sie, daß das Wachstum des Schwarzen Loches nun eine Grenze erreicht hat, doch dies ist ganz und gar nicht der Fall. Immer noch wächst die schwarze Scheibe weiter. In großem Bogen zieht sie sich rund um Ihr Raumschiff hoch und verdunkelt schließlich alles mit Ausnahme einer hellen kreisförmigen Aussparung genau über Ihnen, durch die Sie einen Blick auf das äußere Universum werfen können (Abb. P.4). Es kommt Ihnen fast so vor, als würden Sie tiefer und tiefer in eine Höhle eindringen und beobachten, wie deren heller Eingang in der Entfernung immer kleiner wird.

In Panik rufen Sie DAWN um Hilfe. »Hat Kares unsere Bahn falsch berechnet? Haben wir den Horizont überschritten? Sind wir zum Untergang verurteilt?«

»Tichij, Tichij«, antwortet sie beruhigend. »Keine Sorge, wir haben den Horizont nicht überquert. Der Himmel erscheint uns nur deshalb über weite Flächen so dunkel, weil die Gravitation des Loches wie eine starke Linse wirkt. Sehen Sie direkt über uns die Galaxie 3C295. Bevor wir unseren Sinkflug begannen, befand sie sich genau querab in horizontaler Position, neunzig Grad vom Zenit. Hier, in der Nähe des Horizonts von Gargantua, wirkt die Gravitation des Schwarzen Loches jedoch so stark auf die Lichtstrahlen, daß sie aus der Horizontalen fast in eine Senkrechte abgelenkt werden. Dadurch hat es den Anschein, als befände sich 3C295 direkt über uns.«

Beruhigt setzen Sie Ihren Sinkflug fort. Auf der Instrumentenkonsole in der Kommandozentrale verfolgen Sie gespannt die Fortschritte Ihres Raumschiffs. So können Sie nicht nur sehen, wie groß die radiale, das heißt die nach unten gerichtete Strecke ist, die Sie zurückgelegt haben, sondern Sie können auch den jeweiligen Umfang einer durch Ihre Position verlaufenden Kreisbahn um das Schwarze Loch ablesen. In den ersten Stadien Ihres Abstiegs verringert sich mit jedem radial zurückgelegten Kilometer der Umfang der Kreisbahn um 6,283185307... Kilometer. Das Verhältnis von der Verringerung des Kreisumfangs zur Verringerung des Radius (6,283185307... Kilometer/1 Kilometer) entspricht genau 2π und steht somit in Übereinstimmung mit der von Euklid aufgestellten Standardformel für Kreise. Je näher Sie jedoch dem Horizont kommen, desto kleiner wird das Verhältnis von der Verringerung des Umfangs zur Verringerung des Radius: Beim Zehnfachen des Horizontumfangs beträgt es 5,960752960; beim doppelten Umfang 4,442882938, beim 1,1fachen 1,894451650, beim 1,01fachen 0,625200306. Solche Abweichungen von der in der Schule gelehrten euklidischen Geometrie sind nur in einem gekrümmten Raum möglich. Somit finden Sie hier die Krümmung bestätigt, die nach der Einsteinschen allgemeinen Relativitätstheorie mit der Gezeitenwirkung eines Schwarzen Loches einhergehen muß.*

In der letzten Phase Ihres Sinkflugs – der Kreisumfang verringert sich auf den letzten tausend Metern nur noch um 0,062828712 Kilometer – erhöht Kares die Schubleistung Ihrer Raketen immer mehr, um den Fall des Raumschiffs zu verlangsamen. Schließlich kommt Ihr Schiff beim 1,0001fachen des Horizontumfangs zum Stillstand. Um in dieser Schwebeposition zu verharren und nicht in den Sog des Loches zu geraten, müssen ihre Triebwerke mit 10 *g* beschleunigen.

Obwohl jede Bewegung gegen die Beschleunigung von 10 *g* mühsam und schmerzhaft ist, beginnt Ihre Mannschaft, die in der Umgebung des Loches vorhandene Strahlung mit Hilfe teleskopischer Kameras zu fotografieren. Abgesehen von der geringen schwachen Strahlung, die dadurch entsteht, daß die vom Loch angesogenen Gasatome zusammenstoßen und sich erwärmen, gibt es nur jene elektromagnetischen Wellen, die aus der hellen Öffnung hoch über Ihnen kommen. Diese Öffnung ist zwar klein – mit einem Durchmesser von drei Bogengrad ist sie nur etwa sechsmal so groß wie die Sonne, von der Erde aus gesehen –, doch auf dieser Fläche finden sich dicht gedrängt Abbilder aller Sterne, die Gargantua umkreisen, sowie Abbilder aller Galaxien des Universums.[10] Genau im Mittelpunkt sind die Bilder jener Galaxien angesiedelt, die sich in Wirklichkeit senkrecht über Ihrem Raumschiff befinden. Zwischen dem Zentrum und dem Rand der Fläche, genauer gesagt in einem Abstand von 55 Prozent des Radius, befinden sich die Bilder jener Galaxien, die wie 3C295 in einem Winkel von neunzig Grad zum Zenit zu sehen wären, wenn das Loch nicht wie eine Gravitationslinse wirken würde. In einem Abstand von 35 Prozent vom Rand liegen die Bilder jener Galaxien, die, wie Sie zuverlässig wissen, auf der gegenüberliegenden Seite des Schwarzen Loches lokalisiert sind, nämlich genau unter Ihnen. In den äußersten 30 Prozent des Radius ist von jeder Galaxie ein zweites Bild zu sehen und in den äußersten zwei Prozent ein drittes!

Genauso merkwürdig mutet es an, daß die Farben aller Sterne und Galaxien falsch sind. Eine Galaxie, von der Sie mit Sicherheit wissen, daß sie grünes Licht aussendet, scheint weiche Röntgenstrahlen zu emittieren. Der Grund: Gargantua zieht die Strahlung der Galaxie in Ihre Richtung an. Dadurch wirkt die Strahlung entsprechend höher energetisch und ihre Wellenlänge scheint von 5×10^{-7} Meter (grün) auf 5×10^{-9} Meter (Röntgenstrahlen) abzunehmen. Ebenso sehen Sie die äußere Scheibe des Quasars 3C273, von dem Sie wissen,

* Vgl. Kapitel 2 und 3.

daß er infrarote Strahlung von 5×10^{-5} Meter Wellenlänge aussendet, als grünes Licht von 5×10^{-7} Meter Wellenlänge.[11]

Nachdem Sie sorgfältig alle Einzelheiten der hellen Fläche über Ihnen aufgezeichnet haben, wenden Sie Ihre Aufmerksamkeit dem Inneren des Raumschiffs zu. Halb erwarten Sie, daß in solch unmittelbarer Nähe eines Schwarzen Loches die physikalischen Gesetze Veränderungen erfahren und daß diese Veränderungen Auswirkungen auf die menschliche Physiologie haben. Aber dies trifft nicht zu. Als Sie Kares, Ihren Ersten Offizier, anschauen, erscheint sie vollkommen normal. Sie mustern den Zweiten Offizier, Bret, doch auch er wirkt normal. Sie berühren sich gegenseitig und fühlen sich auch völlig normal an. Sie trinken ein Glas Wasser, doch abgesehen davon, daß Sie eine Beschleunigung von 10 *g* überwinden müssen, funktioniert auch dies wie sonst. Kares schaltet einen Argonlaser an und erzeugt damit denselben brillanten grünen Strahl wie immer. Mit Hilfe eines gepulsten Rubinlasers mißt Bret die Zeit, die ein Lichtpuls benötigt, um zu einem Spiegel und wieder zurück zu gelangen. Aus dieser Messung bestimmt er die Lichtgeschwindigkeit und stellt fest, daß sie vollkommen identisch ist mit dem auf der Erde gemessenen Wert: 299 792 Kilometer pro Sekunde.

Alles in Ihrem Raumschiff verhält sich vollkommen normal – genauso, als ob Sie sich auf der Oberfläche eines schweren Planeten mit einer Gravitation von 10 *g* befänden. Wenn da nicht der merkwürdige helle Fleck genau über Ihrem Raumschiff und die vollkommene Dunkelheit überall sonst wäre, würde nichts darauf hindeuten, daß Sie sich am Horizont eines Schwarzen Loches und nicht auf der sicheren Oberfläche eines Planeten befinden – oder sagen wir, es gäbe fast nichts, was darauf hindeutete. Natürlich wird die Raumzeit innerhalb Ihres Raumschiffs ebensosehr von der Schwerkraft des Loches gekrümmt wie außerhalb. Mit ausreichend genauen Instrumenten können Sie diese Krümmung nachweisen, zum Beispiel, indem Sie den Unterschied der Anziehungskräfte auf Ihren Kopf und Ihre Füße messen. Während sich die Krümmung jedoch über eine Distanz von 300 Billionen Kilometern, dem Umfang des Horizonts, sehr deutlich bemerkbar macht, ist ihr Effekt zu vernachlässigen, wenn es um Größenordnungen von nur einem Kilometer geht, was den Abmessungen Ihres Raumschiffs entspricht. Der durch die Raumzeitkrümmung bedingte Unterschied der Anziehungskraft zwischen den beiden Enden des Raumschiffs beträgt nur ein Hundertbillionstel der Schwerkraft auf der Erde (10^{-14} *g*), und zwischen Ihrem Kopf und Ihren Füßen ist dieser Unterschied sogar noch tausendmal kleiner!

Um diese bemerkenswerte Normalität weiter zu untersuchen, setzt Bret eine

Abb. P.5: Der Quasar 3C273: Ein zwei Milliarden Sonnenmassen schweres Schwarzes Loch, das von einem Gasring (der »Akkretionsscheibe«) umgeben ist und aus dem zwei gigantische Strahlen (»Jets«) entlang der Rotationsachse des Loches nach außen schießen.

Raumkapsel mit einem Instrument zur Messung der Lichtgeschwindigkeit aus. Während die Kapsel auf den Horizont zustürzt, wird von einer Vorrichtung an ihrer Spitze ein gepulster Laserstrahl ausgesandt, der am rückwärtigen Ende der Kapsel von einem Spiegel zurückgeworfen wird. Ein Computer in der Sonde übermittelt das Ergebnis der Messung über Laserstrahl an das Raumschiff: »299 792 Kilometer pro Sekunde; 299 792, 299 792, 299 792 ...« Die Farbe des eintreffenden Laserstrahls verschiebt sich von grün über rot zu infrarot und weiter in den Mikrowellenbereich. Selbst als die Kapsel den Horizont fast erreicht hat und der Laserstrahl in den Radiowellenbereich übergegangen ist, lautet das Ergebnis immer noch: »299 792, 299 792, 299 792 ...« Dann ist der Laserstrahl plötzlich verschwunden: Die Kapsel hat den Horizont überschritten. Während des gesamten Sturzflugs hat sich die Lichtgeschwindigkeit nicht verändert, und auch die physikalischen Gesetze, die für das Funktionieren der elektronischen Systeme der Kapsel verantwortlich waren, haben nicht die geringste Änderung erfahren.

Über diese experimentellen Ergebnisse freuen Sie sich ungemein. Anfang des 20. Jahrhunderts verkündete Albert Einstein – weitgehend unter Berufung auf philosophische Argumente –, daß die physikalischen Gesetze in einem lokalen System (das heißt in einem hinreichend kleinen Raumgebiet, in dem die Krümmung der Raumzeit vernachlässigt werden kann) dieselben sein müssen wie überall sonst im Universum. Diese Aussage, das sogenannte *Äquivalenzprinzip,* ist als ein fundamentales Prinzip in die Physik eingegangen.* In den darauffolgenden Jahrhunderten hat man oft versucht, dieses Prinzip experimentell zu verifizieren, doch niemals zuvor konnte es so anschaulich und gründlich getestet werden wie in Ihren Experimenten in der Nähe des Horizonts von Gargantua.

Da Sie und Ihre Crew es müde sind, gegen die Anziehungskraft von 10 *g* anzukämpfen, beschließen Sie, die nächste und letzte Etappe Ihrer Mission in Angriff zu nehmen: die Rückkehr zur Milchstraße. Unterwegs übermittelt Ihre Crew die Ergebnisse Ihrer Untersuchungen an die Erde. Da auch Ihr Raumschiff fast mit Lichtgeschwindigkeit fliegt, trifft die Nachricht nur knapp ein Jahr vor Ihnen in der Milchstraße ein – gemessen an der Zeit auf der Erde.

Während Sie Gargantua langsam hinter sich lassen, nutzt Ihre Mannschaft die Gelegenheit, den über Ihrem Raumschiff sichtbaren Quasar 3C273 (Abb. P.5) sorgfältig mit dem Teleskop zu untersuchen.** Die aus seinem Inneren herausschießenden gewaltigen Strahlen oder »Jets« – dünne Ausläufer heißer Gase –

* Vgl. Kapitel 2.

** Vgl. Kapitel 9.

sind drei Millionen Lichtjahre lang. Als Ihre Mannschaft die Teleskope auf den Kern des Quasars richtet, wird die Energiequelle sichtbar: Die Strahlen werden aus einer dicken, ringförmigen Struktur heißer Gase gespeist, die weniger als ein Lichtjahr im Durchmesser mißt und in deren Mitte sich ein Schwarzes Loch befindet. Dieses von Astrophysikern als »Akkretionsscheibe« bezeichnete Gebilde dreht sich um das Schwarze Loch. Durch Messung seiner Rotationsperiode und seines Umfangs kann man auf die Masse des Schwarzen Loches schließen: Sie beträgt zwei Milliarden (2×10^9) Sonnenmassen und ist damit fast 7500mal kleiner als die Gargantuas, aber immer noch weitaus größer als die jeden Schwarzen Loches in der Milchstraße. Infolge der starken Anziehungskraft des Loches ergießt sich ein Gasstrom aus der ringförmigen Struktur zum Horizont. Je näher der Strom dem Horizont kommt, desto stärker wirbelt er wie ein Tornado um das Loch. Das Loch verhält sich somit ganz anders als alle, die Sie bisher gesehen haben. Es muß offensichtlich rotieren! Die Rotationsachse ist unschwer zu erkennen: Es ist die Achse, um die der Gasstrom herumwirbelt. Die zwei Jets, die entlang der Rotationsachse nach außen schießen, entstehen, wie Sie sehen, knapp oberhalb des Nord- und Südpols des Horizonts. Ihre Energie beziehen sie aus der Drehbewegung des Loches und aus der Akkretionsscheibe,* ähnlich einem Wirbelsturm, der sich mit Staub vom Erdboden anreichert.

Der Gegensatz zwischen Gargantua und 3C273 ist verblüffend: Warum besitzt Gargantua mit seiner tausendfach größeren Masse und Ausdehnung keinen Gasring und keine gigantischen Quasarstrahlen? Bret ist nach einer eingehenden teleskopischen Untersuchung in der Lage, diese Frage zu beantworten: Alle paar Monate kommt ein Stern aus der Umlaufbahn von 3C273 dem Horizont des Schwarzen Loches so nahe, daß er von dessen Gezeitenkraft entzwei gerissen wird. Die stellare Materie, die ungefähr einer Sonnenmasse entspricht, wird dabei um das Loch verstreut. Aufgrund der inneren Reibung fällt das umherwirbelnde stellare Gas allmählich in das ringförmige Gebilde hinab. Dieser ständige Nachschub neuer Gasatome gleicht den Gasverlust aus, der dadurch entsteht, daß die Akkretionsscheibe ständig Materie an das Loch und die Jets abgibt. Da das ringförmige Gebilde und auch die Strahlen somit ständig mit Gas versorgt werden, haben sie genügend Energie, um sehr hell zu strahlen.

Auch in der Nähe von Gargantua gibt es Sterne, die sehr nah am Horizont vorbeifliegen, erklärt Bret. Doch da Gargantua weitaus größer ist als 3C273, reicht seine Gezeitenkraft nicht aus, um einen Stern zu zerreißen. Gargantua verschluckt

* Vgl. Kapitel 9 und 11.

ganze Sterne, ohne deren Materie in eine umgebende Ringstruktur hinauszuschleudern. Ohne ein solches Ringgebilde ist Gargantua freilich nicht in der Lage, Jets oder ähnlich gewaltige Erscheinungen eines Quasars zu erzeugen.

Während Ihr Raumschiff langsam den Anziehungsbereich von Gargantua verläßt, überdenken Sie Ihre Pläne für die Heimreise. Bis Ihr Raumschiff die Milchstraße erreicht haben wird, sind auf der Erde seit Ihrer Abreise vier Milliarden Jahre vergangen. Die Veränderungen, die sich seither in den menschlichen Lebensbedingungen vollzogen haben, dürften so gravierend sein, daß Sie nicht dorthin zurückkehren wollen. Statt dessen beschließen Sie und Ihre Mannschaft, den Raum um ein rotierendes Schwarzes Loch zu besiedeln. Sie wissen, daß die Rotationsenergie eines Schwarzen Loches nicht nur wie im Fall des riesigen Quasars 3C273 dazu dienen kann, Jets zu erzeugen, sondern daß im Falle eines kleineren Loches die Rotationsenergie als Energiequelle für den Aufbau einer menschlichen Zivilisation nutzbar ist.

Da Sie nicht zu einem Schwarzen Loch aufbrechen wollen, in dessen Umkreis sich möglicherweise schon andere Wesen niedergelassen haben, suchen Sie nach einem Sternsystem, in dem kurz nach der Ankunft Ihres Raumschiffs ein mit großer Geschwindigkeit rotierendes Schwarzes Loch entstehen wird.

Als Sie die Erde vor vielen Jahren verließen, gab es im Orionnebel der Milchstraße ein *Doppelsternsystem,* das aus zwei einander umkreisenden Sternen von je dreißig Sonnenmassen bestand. DAWN hat ausgerechnet, daß beide Sterne während Ihrer Expedition nach Gargantua kollabiert sein müssen und zwei nichtrotierende Schwarze Löcher von je 24 Sonnenmassen gebildet haben dürften, wobei je sechs Sonnenmassen Gas bei der Implosion herausgeschleudert wurden. Diese zwei Schwarzen Löcher von je 24 Sonnenmassen sollten nun als Doppelsystem einander umkreisen, wobei sogenannte *Gravitationswellen* emittiert werden.* Diese Gravitationswellen, die im Prinzip nichts anderes sind als Kräuselungen in der Krümmung der Raumzeit, sollten auf die Schwarzen Löcher in ähnlicher Weise zurückwirken wie eine abgeschossene Kugel auf das Gewehr, aus dem sie abgefeuert wird. Es müßte also aufgrund der Gravitationswellen zu einem *Rückstoß* kommen, der die Löcher in einer unaufhaltsamen, spiralförmigen Bewegung aufeinanderzutreibt. Um das letzte Stadium dieser Spiralbewegung miterleben zu können, müssen Sie Ihr Raumschiff ein wenig beschleunigen. Wenige Tage nach Ihrer Ankunft werden Sie dann beobachten können, wie die Horizonte der zwei nichtrotierenden Löcher immer enger, immer schneller umeinander wirbeln, bis sie schließlich vor Ihren Augen zu einem einzigen rotierenden Horizont verschmelzen.

* Vgl. Kapitel 10.

Da die beiden ursprünglichen Löcher nicht rotierten, kann keines der beiden für sich allein genommen als leistungsfähige Energiequelle dienen. Das neugeborene, rasch rotierende Loch bietet jedoch ideale Bedingungen.

Eine neue Heimat

Nach einer Reise von einundzwanzig Jahren nähert sich Ihr Raumschiff endlich dem Orionnebel, wo nach DAWNs Berechnungen die zwei Schwarzen Löcher lokalisiert sein sollen. In der Tat befinden sie sich genau dort, wo Sie sie erwartet haben! Indem Sie die Bahnen interstellarer Atome vermessen, die in das Schwarze Loch hineinfallen, können Sie sich davon überzeugen, daß die Löcher nicht rotieren und daß jedes in der Tat 24 Sonnenmassen wiegt – genau wie DAWN vorausgesagt hat. Die beiden Löcher, die 30000 Kilometer auseinander liegen, haben einen Horizontumfang von je 440 Kilometern. Sie umkreisen einander in dreizehn Sekunden. Als Sie diese Zahlen in die Formeln der allgemeinen Relativitätstheorie einsetzen und die Stärke des durch die Gravitationswellen verursachten Rückstoßes ausrechnen, stellen Sie fest, daß die zwei Löcher in sieben Tagen miteinander verschmelzen müßten.[12] Dies läßt Ihrer Crew gerade noch genügend Zeit, die teleskopischen Kameras in Stellung zu bringen, mit denen sie das Geschehen minuziös aufzeichnen wollen. Indem Sie das zu hellen Ringen gebündelte Sternenlicht in der Umgebung der beiden Schwarzen Löcher fotografieren, können Sie die Bewegungen der Löcher leicht verfolgen.

Selbstverständlich wollen Sie dem Schauplatz so nah wie möglich sein, um alles gut sehen zu können, andererseits muß der Abstand so groß sein, daß Sie nicht der Gezeitenkraft der Schwarzen Löcher ausgesetzt sind. Sie kommen zu dem Schluß, daß eine Umlaufbahn vom zehnfachen Umfang der Bahn, die die Schwarzen Löcher umeinander beschreiben, genügend Sicherheit bietet. Kares manövriert Ihr Schiff deshalb in eine Umlaufbahn von 300000 Kilometer Durchmesser und 940000 Kilometer Umfang. Nachdem Sie diese Position eingenommen haben, beginnt Ihre Crew mit der teleskopischen und fotografischen Beobachtung.

Der Abstand zwischen den beiden Löchern nimmt im Verlauf der folgenden sechs Tage immer weiter ab, während ihre Umlaufgeschwindigkeit umeinander ständig wächst. Einen Tag vor der errechneten Vereinigung hat sich ihre Entfernung von 30000 auf 18000 Kilometer verringert, während ihre Umlaufzeit von 13 auf 6,3 Sekunden abgenommen hat. Eine Stunde vor dem Zusammenstoß beträgt ihre Entfernung noch 8400 Kilometer und ihre Umlaufperiode 1,9 Sekunden; eine Minute vorher ist der Abstand 3000 Kilometer und die Umlaufperiode 0,41 Sekunden; zehn Sekunden vor der Vereinigung schließlich beträgt die Entfernung noch 1900 Kilometer und die Umlaufperiode 0,21 Sekunden.

In den letzten zehn Sekunden beginnt Ihr Raumschiff dann plötzlich zu vibrieren. Zunächst sanft, dann immer heftiger. Es ist fast so, als ob Ihr Körper von einem gigantischen Paar Hände abwechselnd gedehnt und gestreckt würde, immer stärker und immer schneller. Ebenso plötzlich ist dann alles vorbei. Die Vibrationen haben aufgehört. Alles ist still.

»Was war das?« fragen Sie DAWN mit bebender Stimme.

»Tichij, Tichij«, antwortet sie besänftigend. »Dies waren die Gezeiteneffekte der durch die Vereinigung entstandenen Gravitationswellen. In der Regel sind die Gravitationswellen so schwach, daß sie nur mit Hilfe empfindlicher Instrumente nachgewiesen werden können, doch in der Nähe zweier verschmelzender Löcher sind die Kräfte sehr viel größer – so groß, daß unser Raumschiff zerborsten wäre, wenn wir uns in einer dreißigmal kleineren Umlaufbahn befunden hätten. Doch nun droht keine Gefahr mehr. Der Vereinigungsprozeß ist abgeschlossen, und die Wellen befinden sich auf ihrem Weg durch das Universum, wo künftige Astronomen vielleicht irgendwann die symphonisch anmutende Beschreibung dieser Verschmelzung aufspüren werden.«*

Sie richten eines der Teleskope auf die Gravitationsquelle unter Ihnen und erkennen, daß DAWN recht hat. Die Verschmelzung ist vollzogen. Wo zuvor zwei Löcher zu sehen waren, befindet sich nur noch eines, und dieses dreht sich mit großer Geschwindigkeit um sich selbst, wie Sie anhand der spiralförmigen Bewegung der in das Loch fallenden Atome feststellen können. Dieses Loch wird eine ideale Energiequelle für Sie und Ihre Mannschaft abgeben und noch Tausende von Generationen Ihrer Nachkommen versorgen.

Aus der Umlaufbahn Ihres Raumschiffs schließt Kares, daß das Loch 45 Sonnenmassen wiegt. Da die ursprünglichen Schwarzen Löcher zusammen 48 Sonnenmassen gewogen haben, müssen sich drei Sonnenmassen in reine Energie verwandelt haben und mit den Gravitationswellen in das Universum entschwunden sein. Kein Wunder also, daß die Wellen Ihr Raumschiff so erschütterten!

Während Sie das Teleskop auf das Innere des Loches richten, löst sich plötzlich ein kleines wirbelndes Gebilde heraus, das funkensprühend auf Ihr Raumschiff

* Vgl. Kapitel 10.

zurast, schließlich explodiert und dabei eine Seite Ihres Raumschiffs stark beschädigt. Unverzüglich eilen Ihre Leute und die Roboter auf die Gefechtsstationen, doch vergeblich halten Sie Ausschau nach einem angreifenden Raumschiff. Um Rat gefragt, erklärt DAWN beruhigend über die Lautsprecher des Raumschiffs: »Tichij, Tichij. Wir werden nicht angegriffen. Es handelte sich nur um ein primordiales Schwarzes Loch, das verdampfte und dann explodierte.«*

»Ein was?!« rufen Sie verwundert aus.

»Ein primordiales Schwarzes Loch, das verdampfte und sich dann in einer Explosion selbst zerstörte«, wiederholt DAWN.

»Das verstehe ich nicht!« antworten Sie DAWN. »Was meinen Sie mit *primordial?* Was heißt, es *verdampfte* und *explodierte?* Dies ergibt doch keinen Sinn. Objekte können in ein Schwarzes Loch hineinfallen, doch nichts kann jemals wieder herauskommen; nichts kann ›verdampfen‹. Ein Schwarzes Loch existiert für immer. Es wächst unaufhörlich und kann niemals schrumpfen. Es ist völlig unmöglich, daß ein Schwarzes Loch ›explodieren‹ und sich selbst zerstören kann. Dies ist einfach absurd!«

DAWN belehrt Sie geduldig wie immer. »Große Objekte – wie beispielsweise Menschen, Sterne und aus dem Gravitationskollaps von Sternen entstandene Schwarze Löcher – unterliegen den *klassischen* physikalischen Gesetzen wie etwa Newtons Bewegungsgesetzen, Einsteins relativistischen Gesetzen usw. Winzige Objekte dagegen – wie beispielsweise Atome, Moleküle und solche Schwarze Löcher, die kleiner sind als ein Atom – unterliegen völlig anderen Gesetzen, nämlich den *Quantengesetzen* der Physik.** Während die klassischen Gesetze es verbieten, daß ein Schwarzes Loch von normaler Größe jemals verdampfen, schrumpfen und explodieren kann, gilt dies nicht für die Quantengesetze und sehr kleine Schwarze Löcher. Die Quantengesetze fordern vielmehr, daß jedes Schwarze Loch von der Größe eines Atoms allmählich verdampft und immer kleiner wird, bis es einen kritischen Umfang von der Größe eines Atomkerns erreicht hat. Ein solches Loch, das trotz seiner winzigen Abmessungen eine Milliarde Tonnen wiegt, muß sich dann in einer gewaltigen Explosion selbst vernichten. Bei dieser Explosion, die billionenfach energiereicher ist als die stärkste im 20. Jahrhundert auf der Erde gezündete nukleare Explosion, verwandelt sich die Masse des Loches vollständig in Energie. Und genau eine solche Explosion hat unser Raumschiff beschädigt.«

Nach einer kurzen Pause fährt DAWN fort: »Aber Sie brauchen keine Angst zu

* Vgl. Kapitel 12.

** Vgl. Kapitel 4–6, 10, 12–14.

haben, daß weitere Explosionen folgen werden. Solche Explosionen sind überaus selten, da es nur sehr wenige Schwarze Löcher dieser Größe gibt. Die wenigen existierenden Löcher entstanden ausnahmslos vor zwanzig Milliarden Jahren mit der Geburt des Universums in einem Urknall (weshalb sie primordiale oder urzeitliche Schwarze Löcher genannt werden) und unterliegen seitdem einem kontinuierlichen Verdampfungs- und Schrumpfungsprozeß. Hin und wieder, in sehr großen Zeitabständen, erreicht ein solches Loch seine kritische Größe und explodiert.* Es war ein Zufall, daß ein solch seltenes Ereignis gerade in der Nähe unseres Raumschiffs stattfand, und es ist höchst unwahrscheinlich, daß unser Raumschiff jemals wieder einem solchen Loch begegnen wird.«

Erleichtert geben Sie Ihrer Mannschaft den Befehl, mit den Reparaturarbeiten zu beginnen, während Sie und Ihre Offiziere sich daran machen, das 45 Sonnenmassen schwere, rotierende Schwarze Loch mit Teleskopen zu inspizieren.

Die Rotation des Loches läßt sich nicht nur daran erkennen, daß die angesogenen Atome einen Strudel um das Schwarze Loch bilden, sondern auch daran, daß die von einem hellen Ring umgebene schwarze Fläche unter Ihnen wie ein Kürbis geformt ist: Das Loch ist an den Polen abgeflacht, während es um den Äquator eine starke Wölbung aufweist. Ursache für diese Verformung ist die nach außen strebende Zentrifugalkraft der Rotationsbewegung.** Allerdings ist die Wölbung nicht symmetrisch. An der rechten Kante der Scheibe, die sich von Ihnen wegbewegt, während das Loch rotiert, scheint die Wölbung ausgeprägter zu sein als an der linken Kante. DAWN erklärt Ihnen den Grund: Der Horizont kann Lichtstrahlen leichter ablenken, wenn diese sich nicht entlang der linken Kante im Drehsinn, sondern entlang der rechten Kante, entgegen dem Drehsinn, auf Sie zu bewegen.

Nachdem Bret die Form des dunklen Flecks vermessen hat und das Ergebnis mit dem vergleicht, was die Formeln der allgemeinen Relativitätstheorie für Schwarze Löcher voraussagen, kann er darauf schließen, daß der Drehimpuls des Loches 96 Prozent des für ein Loch dieser Masse zulässigen Maximums beträgt. Aus dem Drehimpuls und der Masse des Loches berechnen Sie noch weitere seiner Eigenschaften, zum Beispiel die Rotationsgeschwindigkeit des Horizonts (270 Umdrehungen pro Sekunde) sowie seinen Umfang am Äquator (533 Kilometer).

Die Rotation des Loches übt auf Sie einen unwiderstehlichen Reiz aus. Niemals

* Vgl. Kapitel 12.

** Vgl. Kapitel 7.

zuvor konnten Sie ein rotierendes Loch aus solcher Nähe beobachten. Mit schlechtem Gewissen fragen Sie deshalb, ob es einen Freiwilligen gibt, der bereit wäre, die nähere Umgebung des Horizonts zu erforschen und einen Bericht seiner Erfahrungen an Sie zurückzusenden. Es meldet sich ein Roboter namens Kolob, dem Sie sorgfältige Instruktionen mit auf den Weg geben. »Nähern Sie sich dem Horizont bis auf zehn Meter, und zünden Sie dort Ihre Raketen, um senkrecht unter dem Raumschiff in Ruhe zu verharren. Benutzen Sie den Schub Ihrer Raketen, um sowohl der Anziehungskraft des Loches als auch dem wirbelsturmartigen Strudel des Raums zu widerstehen.«

Abenteuerlustig gleitet Kolob aus dem Raumschiff heraus und beginnt seinen Sinkflug, wobei er die Raketen anfangs schwach, dann zunehmend stärker einsetzt, um in einer Position senkrecht unter dem Schiff zu bleiben und nicht in die Wirbelbewegung des Raumes zu geraten. Zunächst ist dies einfach, doch als er einen Bahnumfang von 833 Kilometern erreicht hat – eine Bahn, die um 56 Prozent größer ist als der Horizont –, übermittelt der Laserstrahl die Nachricht, daß die Sogwirkung des Strudels übermächtig wird. So wie ein Stein von einem Wirbelsturm mitgerissen wird, gerät Kolob in den kreisförmigen Sog um das Loch.*

»Keine Sorge«, antworten Sie. »Setzen Sie dem Strudel einfach so viel Widerstand wie möglich entgegen, und nähern Sie sich dem Horizont bis auf zehn Meter.«

Kolob hält sich an Ihre Anweisung. Während er weiter absteigt, wird er in eine immer schnellere Umlaufbahn gezogen. Schließlich hat er sein Ziel erreicht und schwebt in zehn Meter Höhe über dem Horizont. Er umkreist das Loch vollkommen synchron zum Horizont 270mal pro Sekunde. Gleichgültig, wieviel Kraft er aufbietet, um dieser Bewegung zu widerstehen, es gelingt ihm nicht. Der Strudel in der Umgebung des Loches macht es ihm unmöglich anzuhalten.

»Zünden Sie Ihre Triebwerke in die entgegengesetzte Richtung«, ordnen Sie an. »Wenn Sie nicht langsamer werden können, versuchen Sie, das Loch schneller als 270mal pro Sekunde zu umkreisen.«

Kolob bemüht sich, Ihre Anweisung zu erfüllen. In einer konstanten Entfernung von zehn Metern über dem Horizont zündet er seine Raketen in die andere Richtung und versucht, das Loch schneller als bisher zu umkreisen. Obwohl er die übliche Beschleunigung verspürt, erkennen Sie, daß sich seine Bewegung fast überhaupt nicht verändert. Noch immer umkreist er das Loch 270mal pro Sekunde. Bevor Sie ihm weitere Instruktionen geben können, ist sein Treibstoff plötzlich verbraucht. Er beginnt nach unten zu stürzen. Sein Laserstrahl durchläuft mit rasender Geschwindigkeit das elektromagnetische Spektrum von

* Vgl. Kapitel 7.

Grün über Rot und Infrarot bis hin zu den Radiowellen und wird dann plötzlich schwarz, ohne daß sich seine Umlaufbewegung verändert hätte. Das Schwarze Loch hat ihn verschluckt, und dort jenseits des Horizonts nähert er sich im Sturzflug jener gewaltigen Singularität, die Sie niemals sehen werden.

Nachdem Sie und Ihre Crew drei Wochen in gedrückter Stimmung Experimente und teleskopische Beobachtungen durchgeführt haben, beginnen Sie mit den Bauarbeiten für die Zukunft. Werkstoffe von fernen Planeten werden herbeigeschafft, um eine ringförmige Trägerstruktur um das Loch anzulegen. Dieser Ring besitzt einen Umfang von 5 Millionen Kilometer, eine Dicke von 3,4 Kilometern und eine Breite von 4000 Kilometern. Mit zwei Umdrehungen pro Stunde ist seine Rotationsperiode so bemessen, daß die Anziehungskraft des Loches auf die mittlere Schicht des Rings, die von der Innen- und der Außenfläche jeweils 1,7 Kilometer entfernt ist, durch die Zentrifugalkraft genau aufgehoben wird. Die Abmessungen des Rings sind so gewählt, daß sich die Menschen, die gerne mit einer erdähnlichen Schwerkraft leben, in der Nähe der Innen- oder Außenfläche des Rings ansiedeln können, während diejenigen, die eine schwächere Schwerkraft bevorzugen, in der Mitte des Rings leben können. Diese Unterschiede in der Schwerkraft sind zum Teil eine Folge der Zentrifugalkraft des rotierenden Rings und zum Teil eine Folge der Gezeitenkraft des Schwarzen Loches oder um mit Einsteins Worten zu sprechen – eine Folge der Krümmung der Raumzeit.[13]

Die elektrische Energie zur Versorgung des Rings mit Wärme und Licht wird aus dem Schwarzen Loch gewonnen, genauer gesagt aus den zwanzig Prozent seiner Masse, die in Form von Energie außerhalb seines Horizonts vorliegt, nämlich als wirbelartige Bewegung des Raums um den Horizont.* Dies ist 10000mal mehr Energie, als die Sonne während ihrer gesamten Lebenszeit in Form von Wärme und Licht abstrahlen wird – und sie ist nutzbar, da sie außerhalb des Horizonts liegt! Auch wenn der Wirkungsgrad der energiegewinnenden Maschinen auf dem Ring nur fünfzig Prozent beträgt, ist der zur Verfügung stehende Energievorrat dennoch 5000mal größer als der der Sonne.

Die Energiegewinnung funktioniert nach demselben Prinzip wie die Wirkungsweise mancher Quasare.** So hat Ihre Mannschaft mit Hilfe riesiger supraleitender Spulen ein magnetisches Feld durch den Horizont des Schwarzen Loches gelegt. Durch die Rotation des Horizonts bildet der umgebende Raum einen Strudel, der seinerseits mit dem magnetischen Feld in Wechselwirkung steht und einen riesigen Stromgenerator bildet. Die magnetischen Feldlinien fungieren als Übertra-

* Vgl. Kapitel 7 und 11.

** Vgl. Kapitel 9 und 11.

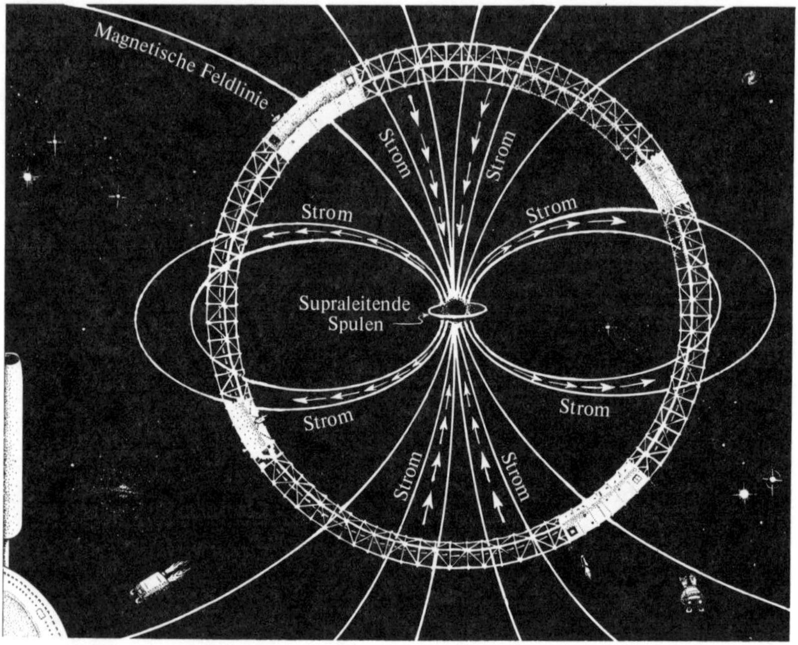

Abb. P.6: Eine Weltraumstadt auf einer um ein Schwarzes Loch errichteten Trägerringkonstruktion. Mit Hilfe des dargestellten elektromagnetischen Systems wird Energie aus der Rotation des Loches gewonnen.

gungsleitungen. So transportieren sie elektrischen Strom (in Form von Elektronen, die zum Loch strömen) aus dem Äquator des Schwarzen Loches zur künstlichen Ringwelt, wo die Energie gespeichert wird. Anschließend verläßt der elektrische Strom auf anderen Feldlinien wieder den Ring und wird (in Form von Positronen, die zum Loch strömen) in den Nord- und Südpol des Schwarzen Loches geleitet. Indem die Bewohner dieser künstlichen Welt die Stärke des Magnetfeldes verändern, können sie den Energieausstoß steuern: In den ersten Jahren der Entstehung dieser künstlichen Welt ist das Magnetfeld schwach und die Energieproduktion gering, später wird das Feld stark und die Energieausbeute hoch sein. Durch die abfließende Energie verlangsamt sich ganz allmählich die Rotationsbewegung des Schwarzen Loches, doch wird es eine halbe Ewigkeit dauern, bis die gewaltige Rotationsenergie des Loches erschöpft ist.

Ihre Mannschaft und unzählige Generationen ihrer Nachfahren werden diese künstliche Welt als ihre »Heimat« empfinden und von dort weitere Expeditio-

Abb. P.7: Die zwei Öffnungen eines hypothetischen Wurmloches. Betritt man das Wurmloch durch einen der beiden Eingänge, fällt man durch eine kurze Röhre hindurch und kommt zur anderen Seite wieder heraus. Die Röhre befindet sich dabei nicht in unserem Universum, sondern im sogenannten Hyperraum.

nen zur Erforschung des Universums unternehmen. Für Sie gilt dies jedoch nicht. Sie vermissen die Erde und die Freunde, die Sie dort zurückgelassen haben – Freunde, die seit mehr als vier Milliarden Jahren tot sein müssen. Daher wollen Sie das letzte Viertel Ihrer durchschnittlichen Lebenserwartung von zweihundert Jahren riskieren, um in einem gefährlichen Versuch in das Zeitalter Ihrer Jugend zurückzukehren.

Eine Reise in die Zukunft ist vergleichsweise einfach, wie Ihre Expeditionen zu den Schwarzen Löchern gezeigt haben. Dies gilt jedoch keineswegs für eine Reise in die Vergangenheit. In der Tat könnte sich herausstellen, daß eine solche Reise nach den physikalischen Gesetzen vollkommen unzulässig ist. Wie DAWN Ihnen jedoch berichtet, gab es im 20. Jahrhundert Spekulationen, wonach Reisen in die Vergangenheit mit Hilfe einer hypothetischen Zeitkrümmung, eines sogenannten *Wurmloches,* durchgeführt werden könnten.* Eine solche Zeitkrümmung besteht aus zwei möglicherweise weit voneinander entfernten Eingangslöchern, den Mündungen des Wurmloches, die wie Schwarze Löcher aussehen, jedoch keinen Horizont aufweisen. Alles, was in diese Öffnung hineinfällt, findet sich in einem

* Vgl. Kapitel 14.

sehr kurzen Tunnel wieder, der die Verbindung zur anderen Öffnung darstellt. Der Tunnel ist von unserem Universum aus nicht sichtbar, da er sich nicht durch den gewöhnlichen Raum, sondern durch den *Hyperraum* erstreckt. Wie DAWN erklärt, ist es denkbar, daß die Zeit in einem Wurmloch anders verläuft als in unserem Universum. Indem man das Wurmloch in einer bestimmten Richtung durchquert, sagen wir von der linken Öffnung nach rechts, könnte es möglich sein, in der Zeit rückwärts zu reisen, während eine Durchquerung des Wurmloches in der umgekehrten Richtung, von rechts nach links, eine Reise in die Zukunft bedeuten könnte. Ein solches Wurmloch entspräche nicht nur einer Krümmung der Zeit, sondern auch des Raumes.

Die Gesetze der Quantengravitation fordern, daß überaus winzige Wurmlöcher dieser Art existieren, fährt DAWN fort. Allerdings müssen diese Quantenwurmlöcher* mit 10^{-33} Zentimetern so winzig sein, daß ihre auf 10^{-43} Sekunden geschätzte Lebenszeit viel zu kurz ist, um für Zeitreisen genutzt werden zu können.[14] Sie entstehen und vergehen auf völlig willkürliche, unvorhersagbare Weise mal hier, mal dort, überall und nirgends. Gelegentlich könnte es ein Wurmloch geben, dessen Eingang sich in der Nähe der künstlich geschaffenen Ringwelt Ihrer Gegenwart befindet, während die andere Öffnung in der Nähe der Erde vor vier Milliarden Jahren liegt, als Sie zu Ihrer Reise aufbrachen. DAWN schlägt vor, für Sie ein solches Wurmloch zu fangen, es zu vergrößern, so wie ein Kind einen Luftballon aufbläst, und es lange genug offenzuhalten, bis Ihre Reise in die Welt der Vergangenheit beendet ist.

Aber DAWN macht Sie auch auf eine große Gefahr aufmerksam. Physiker haben vermutet, obwohl es niemals bewiesen werden konnte, daß sich ein Wurmloch in dem Augenblick, bevor es zu einer Zeitmaschine wird, in einer gewaltigen Explosion selbst zerstöre. Auf diese Weise schütze sich das Universum möglicherweise vor den Paradoxien von Zeitreisen, wie beispielsweise folgender: Ein Mann reist in die Vergangenheit und tötet seine Mutter, bevor sie ihn zur Welt gebracht hat, wodurch er verhindert, daß er geboren wird und seine Mutter umbringen kann.**

Sollte diese Vermutung der Physiker falsch sein, ist DAWN möglicherweise in der Lage, das Wurmloch so lange zu öffnen und zu vergrößern, bis Sie es durchquert haben. Indem Sie den richtigen Augenblick abpassen und das Loch betreten, während DAWN es offenhält, können Sie im Bruchteil einer Sekunde zur Erde reisen, in die Zeit Ihrer Jugend vor vier Milliarden Jahren. Wenn sich die

* Vgl. Kapitel 13 und 14.

** Vgl. Kapitel 14.

Zeitmaschine jedoch selbst zerstört, werden Sie mit ihr untergehen. Sie beschließen, das Risiko einzugehen.

* * *

Die obige Geschichte klingt wie ein Science-fiction-Märchen, und in der Tat ist sie das auch zum Teil: Ich kann nämlich nicht garantieren, daß es in der Nähe des Sterns Wega tatsächlich ein Schwarzes Loch von zehn Sonnenmassen und im Zentrum der Milchstraße eines von einer Million Sonnenmassen gibt. Ebensowenig weiß ich, ob im Weltall wirklich ein Loch von fünfzehn Billionen Sonnenmassen existiert. Insofern handelt es sich hier um reine Spekulationen, auch wenn sie plausibel sind. Ich kann darüber hinaus weder garantieren, daß die Menschheit wirklich einmal über die Technologien verfügen wird, die für interstellare oder gar intergalaktische Reisen erforderlich sind, noch, daß sie jemals im Besitz des Know-how sein wird, um riesige Trägerringkonstruktionen um Schwarze Löcher zu errichten. Auch dies ist reine Spekulation.

Andererseits kann ich mit beträchtlicher, wenngleich nicht vollständiger Gewißheit sagen, daß Schwarze Löcher in unserem Universum existieren und daß sie die in der Geschichte beschriebenen Eigenschaften besitzen. Wenn Sie in einem Raumschiff über dem Horizont eines fünfzehn Billionen Sonnenmassen schweren Loches schweben, garantiere ich Ihnen, daß die physikalischen Gesetze innerhalb Ihres Raumschiffes dieselben sein werden wie auf der Erde. Wenn Sie den Himmel in Ihrer Umgebung betrachten, werden Sie das gesamte Universum in einer kleinen glitzernden Lichtscheibe über sich wahrnehmen. Ich garantiere Ihnen, daß eine Robotersonde, die den Horizont eines rotierenden Loches erforscht, niemals eine andere Geschwindigkeit als die Rotationsgeschwindigkeit des Loches annehmen kann, so viel Kraft sie auch aufwenden mag, um zu beschleunigen oder zu bremsen. Ich versichere Ihnen außerdem, daß ein schnell rotierendes Loch bis zu 29 Prozent seiner Masse als Rotationsenergie zu speichern vermag und daß man diese Energie extrahieren und nutzen kann, wenn man es geschickt anstellt.

Wieso kann ich mir dieser Aussagen so sicher sein? Schließlich hat noch niemand jemals ein Schwarzes Loch gesehen. Astronomen haben deren Existenz bislang nur aus indirekten Hinweisen schließen können,* und Beobachtungen, die etwas über ihre vermuteten Eigenschaften verraten, gibt es überhaupt nicht. Wie kann ich es also wagen, so weitreichende Behauptungen aufzustellen? Aus

* Vgl. Kapitel 8 und 9.

einem einfachen Grund: So wie die physikalischen Gesetze Ebbe und Flut auf der Erde vorhersagen, lassen sie auch eindeutige Aussagen über die Eigenschaften von Schwarzen Löchern zu – wenn wir diese Gesetze richtig verstehen. So wie sich also aus den Newtonschen Gesetzen die Gezeitentafeln für das Jahr 1999 oder das Jahr 2010 berechnen lassen, können aus den Einsteinschen Gesetzen alle Eigenschaften Schwarzer Löcher außerhalb des Horizonts geschlossen werden.

Und warum glaube ich, daß Einsteins allgemeine Relativitätstheorie und die darin enthaltenen physikalischen Gesetze zutreffen? Schließlich wissen wir, daß Newtons Beschreibung in der Nähe eines Schwarzen Loches versagt.

Erfolgreiche Beschreibungen der grundlegenden physikalischen Gesetze enthalten in der Regel deutliche Hinweise auf die ihnen innewohnenden Beschränkungen.* So deutet die Newtonsche Beschreibung selbst darauf hin, daß sie in der Nähe eines Schwarzen Loches vermutlich Mängel aufweist (obwohl wir erst im 20. Jahrhundert gelernt haben, diese Botschaft aus den Formeln herauszulesen). Die Einsteinsche allgemeine Relativitätstheorie dagegen erscheint zuverlässig, wenn es um die Umgebung eines Schwarzen Loches, seinen Horizont und den größten Teil des Raumes zwischen seinem Horizont und der Singularität in seinem Inneren geht. Dies ist ein Grund, warum ich den Voraussagen der allgemeinen Relativitätstheorie vertraue. Ein anderer Grund besteht darin, daß diese Voraussagen zwar noch nicht direkt verifiziert werden konnten, daß jedoch andere Aussagen der allgemeinen Relativitätstheorie mit großer Präzision auf ihre Zuverlässigkeit geprüft werden konnten, und zwar sowohl auf der Erde und im Sonnensystem als auch in Doppelsternsystemen mit sehr kompakten, exotischen Sternen, sogenannten Pulsaren.[15] Die allgemeine Relativitätstheorie hat jede dieser Prüfungen glorreich bestanden.

In den vergangenen zwanzig Jahren hat die theoretische Physik unser Verständnis Schwarzer Löcher weit vorangebracht. Wissenschaftler bemühen sich, die Voraussagen über Schwarze Löcher durch astronomische Beobachtungen zu erhärten. Meine eigenen Beiträge zu den Errungenschaften dieses Forschungszweigs sind bescheiden, doch wie so viele meiner Kollegen aus der Physik und der Astronomie bin ich begeistert und fasziniert von dieser Arbeit, die so wunderbare Ergebnisse hervorbringt. Das vorliegende Buch stellt den Versuch dar, ein Gefühl dieser Begeisterung und Spannung jenen Menschen zu vermitteln, die nicht in der Astronomie oder Physik tätig sind.

* Siehe den Abschnitt über die physikalischen Gesetze am Ende des 1. Kapitels.

1. Kapitel *Die Relativität von Raum und Zeit*

worin Einstein die Newtonsche Vorstellung von Raum und Zeit als etwas Absolutem zerstört

13. April 1901

Professor Wilhelm Ostwald
Universität Leipzig
Leipzig, Deutschland

Hochgeehrter Herr Professor!

Verzeihen Sie gütig einem Vater, der es wagt, im Interesse seines Sohnes sich an Sie, geehrter Herr Professor, zu wenden.
Ich schicke voraus, daß mein Sohn Albert Einstein 22 Jahre alt ist, 4 Jahre am Züricher Polytechnikum studirte & im letzten Sommer das Diplom-Examen in Mathematik & Physik glänzend bestand. – Seitdem erstrebte er vergebens, eine Assistentenstelle zu erlangen, die ihm eine Weiterausbildung in der theoretischen & experimentalen Physik ermöglicht. Alle, die es zu beurtheilen vermögen, rühmen seine Begabung, in jedem Falle jedoch kann ich versichern, daß er außerordentlich strebsam & fleißig ist & mit großer Liebe an seiner Wissenschaft hängt.
Mein Sohn fühlt sich nun in seiner gegenwärtigen Stellenlosigkeit tief unglücklich & täglich setzt sich die Idee stärker in ihm fest, daß er mit seiner Carriere entgleist sei & keinen Anschluß mehr finde. Dabei drückt ihn noch das Bewußtsein, daß er uns, die wir wenig vermögende Leute sind, zur Last falle.
Da nun mein Sohn Sie, hochgeehrter Herr Professor, von allen heute wirkenden Gelehrten der Physik wohl am meisten verehrt & hochschätzt, so erlaube ich mir, mich gerade an Sie zu wenden & die höfl. Bitte an Sie zu richten, die von ihm in den Annalen für Physik veröffentlichte Abhandlung zu lesen & ihm event. ein paar Zeilen der Ermunterung zu senden, damit er seine Lebens- & Schaffensfreudigkeit wieder erlangt.
Sollte es Ihnen überdies möglich sein, ihm für jetzt oder nächsten Herbst eine Assistentenstelle zu verschaffen, so würde meine Dankbarkeit eine unbegrenzte sein.

Ich bitte Sie nochmals um Entschuldigung wegen meiner Dreistigkeit, diese Zeilen an Sie zu richten & erlaube mir noch beizufügen, daß mein Sohn von meinem ungewöhnlichen Schritt keine Ahnung hat.
Ich verharre, hochgeehrter Herr Professor, mit vorzüglicher Hochachtung ergebenst

Hermann Einstein[1]

Es war in der Tat eine bedrückende Zeit für Albert Einstein. Seit Beendigung seines Studiums an der Eidgenössischen Technischen Hochschule (ETH) Zürich waren bereits acht Monate vergangen, und noch immer hatte er keine Anstellung gefunden. Er fühlte sich wie ein Versager.
Am Polytechnikum hatte Einstein bei einigen der berühmtesten Physiker und Mathematiker seiner Zeit studiert, doch war das Verhältnis zu ihnen nicht ungetrübt. In der akademischen Welt der Jahrhundertwende, in der die meisten Professoren bedingungslosen Respekt erwarteten, war Einstein nicht bereit, diesen zu zollen. Seit seiner Kindheit hatte er sich gegen Autoritätsgläubigkeit gesträubt und niemals etwas akzeptiert, was er nicht selbst hinterfragt und auf seinen Wahrheitsgehalt überprüft hatte. »Autoritätsdusel ist der größte Feind der Wahrheit«, erklärte er.[2] Heinrich Weber, der berühmtere seiner beiden Physikprofessoren an der ETH, beklagte sich einmal entnervt: »Sie sind ein kluger junger Mann, Einstein, ein sehr kluger junger Mann. Aber Sie haben einen Fehler: Sie lassen sich nichts sagen.« Sein anderer Physikprofessor, Jean Pernet, fragte ihn, warum er nicht Medizin, Jura oder Philologie statt Physik studiere. »Sie können tun, was Sie wollen«, sagte Pernet. »Ich möchte Sie nur in Ihrem eigenen Interesse warnen.«
Einsteins nachlässige Haltung gegenüber dem Lehrstoff war nicht dazu angetan, das Verhältnis zu verbessern. »Man mußte all diesen Wust für die Examina in sich hineinstopfen, ob man nun wollte oder nicht«, sagte er später. Sein Mathematikprofessor, Hermann Minkowski, der im zweiten Kapitel dieses Buches eine wichtige Rolle spielen wird, mißbilligte Einsteins Haltung so sehr, daß er ihn einmal einen »faulen Hund« nannte.
Doch faul war Einstein keineswegs – nur wählerisch. Mit manchen Lehrinhalten beschäftigte er sich ausgiebig, während er andere vollkommen ignorierte, um statt dessen eigenen Studien nachzugehen und nachzudenken. Nachdenken war eine erfreuliche und zutiefst befriedigende Beschäftigung. Auf eigene Faust konnte er sich die »neue« Physik aneignen, jene Physik, die Heinrich Weber in seinen Vorlesungen nicht erwähnte.

Der Äther und die Newtonsche Vorstellung eines absoluten Raumes und einer absoluten Zeit

Die »alte« Physik, die Einstein von Weber lernen *konnte,* war ein großes Gedankengebäude, das ich unter dem Begriff *Newtonsche* Physik zusammenfassen möchte – nicht weil Newton es allein errichtet hätte (das wäre nicht zutreffend), sondern weil er im 17. Jahrhundert die Grundlagen dafür schuf.
Bis in das späte 19. Jahrhundert konnten die verschiedensten physikalischen Phänomene mit nur einer Handvoll einfacher physikalischer Gesetze erklärt werden: mit den *Newtonschen Gesetzen.* So wurden zum Beispiel alle Phänomene, die mit der Schwerkraft zusammenhingen, von den *Newtonschen Bewegungsgesetzen* und dem *Newtonschen Gravitationsgesetz* beschrieben:

- Jeder Körper verharrt in einem Zustand der gleichförmigen, geradlinigen Bewegung, solange keine Kraft auf ihn einwirkt.

- Wenn eine Kraft auf ihn einwirkt, ändert sich die Geschwindigkeit des Körpers, wobei die Änderung proportional zur aufgewendeten Kraft und umgekehrt proportional zur Masse des Körpers ist.

- Zwischen zwei beliebigen Körpern im Universum besteht eine Anziehungskraft, die sich proportional zum Produkt ihrer Masse und umgekehrt proportional zum Quadrat ihres Abstands verhält.

Durch mathematische Umformung* dieser Gesetze konnten die Physiker des 19. Jahrhunderts die Umlaufbahnen der Planeten um die Sonne, die Umlaufbahnen der Monde um die Planeten, die Gezeiten sowie die Bewegung frei fallender Körper erklären. Es war sogar möglich, Sonne und Erde zu wiegen. Ebenso gelang es Physikern durch mathematische Umformung einiger einfacher Gesetze der Elektrizität und des Magnetismus, Blitze, Magnete, Radiowellen sowie die Ausbreitung, Beugung und Reflexion von Licht zu erklären.
Ruhm und Reichtum erwarteten jene, die die Newtonschen Gesetze für technische Zwecke zu nutzen verstanden. So gelang es James Watt durch mathematische Manipulation der Gesetze der Wärmelehre, aus einer bereits existierenden primitiven Dampfmaschine ein praktisch nutzbares Gerät herzustellen, das zum

* Leser, die wissen möchten, was unter der *mathematischen Umformung physikalischer Gesetze* zu verstehen ist, verweise ich auf die Anmerkungen am Ende des Buches.[3]

Sinnbild des industriellen Zeitalters wurde. Nicht minder erfolgreich war die Erfindung des Telegrafen durch Samuel Morse, der die Arbeiten von Joseph Henry über Elektrizität und Magnetismus weiterentwickelt hatte.
Erfinder und Physiker waren gleichermaßen stolz auf die zunehmende Vervollkommnung ihres Wissens. Alle Phänomene auf der Erde und am Himmel schienen den Newtonschen Gesetzen zu gehorchen, und die Beherrschung dieser Gesetze verlieh den Menschen Macht über ihre Umwelt – und sollte ihnen vielleicht sogar eines Tages Macht über das gesamte Universum verleihen.

Mit den altehrwürdigen und bewährten Newtonschen Gesetzen und ihren technischen Anwendungen wurde Einstein in den Vorlesungen von Heinrich Weber bestens vertraut gemacht. In der Tat äußerte sich Einstein in den ersten Jahren an der ETH begeistert über Weber. Der einzigen Kommilitonin in seinem Jahrgang, Mileva Marić (in die er verliebt war), schrieb er im Februar 1898: »Weber las über die Wärme ... mit großer Meisterschaft. Ich freue mich bei ihm von einem Kolleg aufs andere.«[4]
In seinem vierten Jahr an der ETH befiel Einstein jedoch eine große Unzufriedenheit. Weber lehrte nur die *alte* Physik. Einige der bedeutendsten Entwicklungen der vorangegangenen Jahrzehnte ignorierte er vollkommen, darunter James Clerk Maxwells Entdeckung der Gesetze des Elektromagnetismus – jener Gesetze, die Elektrizität und Magnetismus vereinheitlichten und aus denen sich alle elektromagnetischen Phänomene herleiten ließen: das Verhalten von Magneten, elektrischen Funken, elektrischen Schaltkreisen, Radiowellen und Licht. Einstein war deshalb gezwungen, sich die Maxwellschen Gesetze selbst anzueignen, indem er Bücher las, die von Physikern anderer Universitäten geschrieben wurden, und vermutlich scheute er sich nicht, Weber seine Unzufriedenheit wissen zu lassen. Ihr Verhältnis verschlechterte sich.
Rückblickend läßt sich sagen, daß es Webers größtes Versäumnis war, in seinen Vorlesungen nicht auf die immer zahlreicheren Risse im Fundament der Newtonschen Physik hingewiesen zu haben, ein Fundament, das im wesentlichen auf der Newtonschen Vorstellung von Raum und Zeit als etwas Absolutem beruhte.
Newtons *absoluter Raum* war der aus der täglichen Erfahrung bekannte Raum mit seinen drei Dimensionen Ost–West, Nord–Süd, oben–unten. Aus der alltäglichen Anschauung schien es offensichtlich, daß es nur genau einen solchen Raum gab. Es war ein Raum, der die Menschheit, die Sonne, die Planeten und die Sterne gleichermaßen umfaßte. Wir bewegen uns durch diesen Raum, jeder auf seine Weise, und jeder mit seiner eigenen Geschwindigkeit, doch trotz

unserer unterschiedlichen Bewegungen ist unsere Erfahrung des Raumes dieselbe. Dieser Raum ist es, der uns Länge, Breite und Höhe wahrnehmen läßt. Newton zufolge stimmen unsere jeweiligen Wahrnehmungen von Länge, Breite und Höhe eines beliebigen Körpers trotz unserer unterschiedlichen Bewegungszustände überein, wenn wir nur hinreichend genaue Messungen durchführen.

Ebenso war Newtons *absolute Zeit* die unerbittlich dahinströmende Zeit der täglichen Erfahrung, die mit Hilfe von Präzisionsuhren, mittels der Erdrotation und der Bewegung der Planeten gemessen wurde. Es war eine Zeit, die für die Menschheit, die Sonne, die Planeten und die Sterne gleichermaßen galt. Newton zufolge stimmen unsere Angaben über die Periode eines Planetenumlaufs oder die Dauer einer politischen Rede bei Verwendung hinreichend genauer Uhren stets überein, auch wenn wir uns in verschiedenen Bewegungszuständen befinden.

Sollten sich Newtons Vorstellungen von einem absoluten Raum und einer absoluten Zeit als unzutreffend erweisen, so mußte das gesamte Gebäude der Newtonschen physikalischen Gesetze in sich zusammenstürzen. Glücklicherweise hatten sich die begrifflichen Grundlagen der Newtonschen Physik über die Jahrzehnte und Jahrhunderte hinweg nicht nur erhalten, sie hatten sogar einen wissenschaftlichen Triumph nach dem anderen vorzuweisen – auf dem Gebiet der Planetenbewegungen ebenso wie auf dem Gebiet der Elektrizität oder der Wärme. Es gab nicht die geringsten Hinweise auf irgendwelche Unstimmigkeiten – bis Albert Michelson im Jahre 1881 begann, die Ausbreitungsgeschwindigkeit des Lichts zu messen.

Nach den Newtonschen Gesetzen schien es offensichtlich, daß bei einer Messung der Geschwindigkeit von Licht (oder etwas anderem) das Ergebnis davon abhängt, in welchem Zustand man sich selbst befindet. Verharrt man in Ruhe in einem absoluten Raum, sollte man in alle Richtungen dieselbe Lichtgeschwindigkeit beobachten. Wenn man sich dagegen in östlicher Richtung durch den absoluten Raum bewegt, dann sollte Licht, das sich in östlicher Richtung ausbreitet, verlangsamt und Licht, das sich in westlicher Richtung ausbreitet, schneller erscheinen, ebenso wie einem Beobachter, der mit einem Zug nach Osten fährt, ostwärts fliegende Vögel langsamer und westwärts fliegende Vögel schneller erscheinen.

Im Falle der Vögel gilt die Fluggeschwindigkeit relativ zur umgebenden Luft. Indem Vögel mit ihren Flügeln gegen die Luft schlagen, erreicht jede Spezies eine bestimmte maximale Geschwindigkeit relativ zur Luft, gleichgültig, in welche Richtung ein Exemplar dieser Spezies fliegt. In ähnlicher Weise ging man bei Licht davon aus, daß eine Substanz namens *Äther* die Ausbreitungsgeschwindigkeit des Lichts bestimmte. Man nahm an, daß die elektrischen und magnetischen Felder des Lichts gegen den Äther »schlugen«, so daß sich Licht ungeachtet seiner Flugrichtung stets mit derselben Geschwindigkeit durch den Äther ausbreitete. Da sich der Äther außerdem (gemäß der Newtonschen Vorstellung) in einem absoluten Raum in Ruhe befand, mußte jeder in Ruhe befindliche Beobachter in allen Richtungen dieselbe Lichtgeschwindigkeit messen, während jemand, der sich in Bewegung befand, unterschiedliche Ergebnisse erhielt.[5]

Da sich die Erde aufgrund ihrer Bahn um die Sonne durch einen absoluten Raum bewegt und dabei zunächst ein halbes Jahr in die eine und dann ein halbes Jahr in die entgegengesetzte Richtung wandert, sollten wir auf der Erde je nach Jahreszeit unterschiedliche Lichtgeschwindigkeiten messen, je nachdem, in welche Richtung sich die Erde gerade bewegt. Im Vergleich zu Licht ist die Erde jedoch sehr langsam, so daß die Geschwindigkeitsunterschiede sehr klein sein müßten (ungefähr ein 10000stel der Lichtgeschwindigkeit).

Die Überprüfung dieser Voraussage stellte eine faszinierende Herausforderung für die Experimentalphysiker jener Zeit dar. Einer der Wissenschaftler, die sich dieser Aufgabe stellten, war der achtundzwanzigjährige amerikanische Physiker Albert Michelson, der im Jahre 1881 zu diesem Zweck ein äußerst präzises Instrument entwickelte, das heute unter dem Begriff Michelson-Interferometer* bekannt ist.[6] Sosehr er sich jedoch bemühte, fand er nicht den geringsten Hinweis auf eine Änderung der Lichtgeschwindigkeit in Abhängigkeit von der Bewegung der Erde. Die Lichtgeschwindigkeit schien vielmehr in allen Richtungen und zu allen Jahreszeiten gleich zu sein. Als er im Jahr 1887 gemeinsam mit dem Chemiker Edward Morley in Cleveland, Ohio, weitere Versuche mit noch größerer Präzision durchführte, bestätigten diese das Ergebnis seiner ersten Experimente. Michelsons Reaktion war zwiespältig: Einerseits erfüllte ihn seine Entdeckung mit Begeisterung, andererseits erschreckten ihn die Konsequenzen. Heinrich Weber und die meisten Physiker des ausgehenden 19. Jahrhunderts reagierten mit Skepsis.

Dies war eine naheliegende Haltung. Interessante Experimente sind oft so schwierig, daß sie zu falschen Ergebnissen führen können, auch wenn sie noch so sorgfältig vorbereitet werden. Eine kleine Unregelmäßigkeit in der Apparatur, eine unkontrollierbar winzige Temperaturschwankung oder eine unerwartete Schwingung des Fußbodens können das Ergebnis des Experiments verfäl-

* Vgl. Kapitel 10.

schen. Es ist deshalb nicht verwunderlich, daß sich Physiker, heute wie damals, mit schwierigen Experimenten auseinandersetzen müssen, die entweder in Widerspruch zu anderen Experimenten stehen oder unseren tiefverwurzelten Vorstellungen vom Wesen des Universums und der physikalischen Gesetze widersprechen. Jüngste Beispiele dafür sind Experimente zu einer angeblichen »fünften Kraft« (die im gegenwärtigen, höchst erfolgreichen Standardmodell der physikalischen Gesetze nicht vorgesehen ist) sowie Experimente zur »kalten Fusion« (ein Phänomen, das nach heutigem Verständnis der physikalischen Gesetze unmöglich ist). Fast immer erweisen sich die Experimente, die unsere tiefverwurzelten Vorstellungen bedrohen, als falsch. Ihre radikalen Ergebnisse sind die Folge experimenteller Fehler. Gelegentlich gibt es jedoch auch solche Experimente, deren Ergebnisse richtig sind, und sie sind es, die den Weg zu einer Revolutionierung unseres Verständnisses der Natur bereiten.

Ein Kennzeichen herausragender Physiker ist ihr »Gespür« dafür, welchen Experimenten zu trauen ist, welche Anlaß zu Beunruhigung geben und welche ignoriert werden können. Obwohl sich diese Fragen durch den zunehmenden technischen Fortschritt und die Wiederholung der Versuche irgendwann von selbst beantworten, muß ein Wissenschaftler, der die Forschung durch eigene Beiträge voranbringen will, frühzeitig erraten, welche Experimente vertrauenswürdig sind.

Verschiedene herausragende Physiker der Jahrhundertwende untersuchten das Michelson-Morley-Experiment und fanden die ausgeklügelte Apparatur und die sorgfältige Ausführung des Versuches überzeugend. Sie kamen zu dem Schluß, daß es ein vertrauenswürdiges Experiment war und daß das Fundament der Newtonschen Physik in der Tat Mängel aufweisen mochte. Heinrich Weber und die meisten anderen Physiker seiner Zeit waren jedoch zuversichtlich, daß weitere Experimente die Unstimmigkeiten beseitigen würden. Die Newtonsche Physik würde schließlich, wie so oftmals zuvor, siegreich aus allen Anfechtungen hervorgehen, und so war es völlig unangebracht, dieses Experiment in den Vorlesungen zu erwähnen und junge Wissenschaftler auf Irrwege zu leiten.[7]

Der irische Physiker George F. Fitzgerald war der erste, der das Michelson-Morley-Experiment ernst nahm und Spekulationen über die möglichen Folgerungen anstellte. Indem er es mit anderen Experimenten verglich, kam er zu dem radikalen Schluß, daß die Vorstellung, die sich Physiker von dem Begriff »Länge« machten, falsch sein müsse und folglich die Newtonsche Vorstellung eines absoluten Raumes unzutreffend sein könnte.[8] In einem im Jahre 1889 erschienenen kurzen Artikel im amerikanischen Wissenschaftsmagazin *Science* schrieb er:

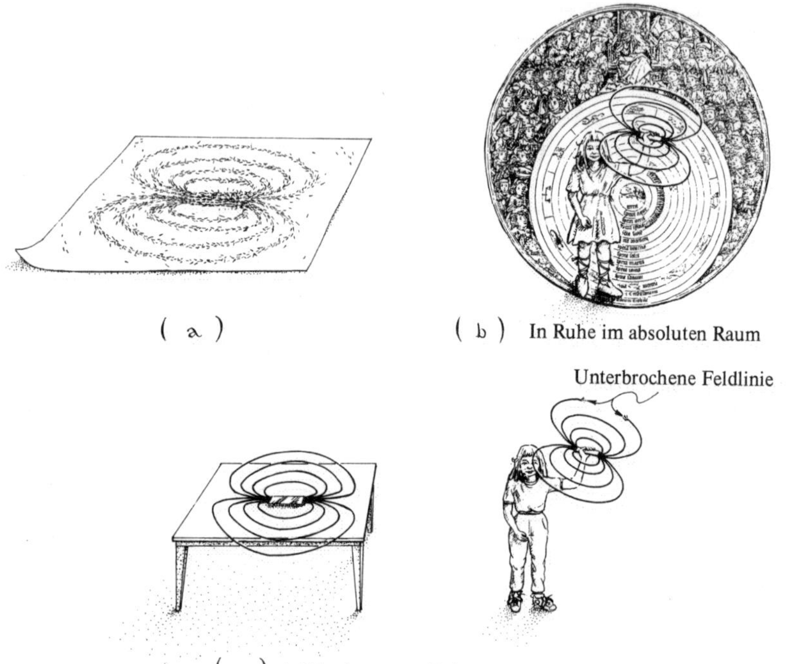

(a)

(b) In Ruhe im absoluten Raum

(c) Auf der bewegten Erde

> Mit großem Interesse habe ich den Bericht über das wunderbare Experiment der Herren Michelson und Morley gelesen ... Ihr Ergebnis scheint anderen Experimenten zu widersprechen ... Ich möchte hier vorschlagen, daß die einzige Hypothese, die diesen Widerspruch aufzulösen vermag, in einer Längenänderung materieller Körper besteht, die sich durch den Äther bewegen, wobei die Längenänderung vom Quadrat des Verhältnisses der Geschwindigkeit zur Lichtgeschwindigkeit abhängt.

Eine winzige Längenkontraktion (um etwa 200 Millionstel der Länge eines Körpers)[9] in Richtung der Erdbewegung konnte in der Tat erklären, warum das Michelson-Morley-Experiment keine Veränderung der Lichtgeschwindigkeit verzeichnen konnte. Dies erforderte jedoch von den Physikern, daß sie sich von ihren althergebrachten Vorstellungen vom Verhalten von Materie lösten: Keine bekannte Kraft bewirkte, daß sich in Bewegung befindliche Objekte entlang ihrer Bewegungsrichtung zusammenzogen, nicht einmal um einen so winzigen Betrag. Wenn Physiker das Wesen des Raumes und das Wesen der Molekular-

Abb. 1.1: Eines der Maxwellschen Gesetze des Elektromagnetismus, wie man es im 19. Jahrhundert im Rahmen der Newtonschen Physik verstand: (a) Die Vorstellung von magnetischen Feldlinien: Wenn man einen Stabmagneten unter ein Blatt Papier legt und darauf Eisenspäne streut, so zeigen die Späne die magnetischen Feldlinien an. Jede Feldlinie verläßt den magnetischen Nordpol, verläuft in einem Bogen um den Magneten herum, tritt am Südpol wieder in den Magneten ein und wandert von dort zum Nordpol, wo sie wieder mit ihrem Anfangspunkt zusammentrifft. Die Feldlinie ist folglich eine geschlossene Kurve, ähnlich wie ein Gummiband, das keinen Anfang und kein Ende hat. Die Aussage, daß magnetische Feldlinien geschlossen sind, entspricht dem Maxwellschen Gesetz in seiner einfachsten und schönsten Form. (b) In Übereinstimmung mit der Newtonschen Physik ist diese Aussage zutreffend, gleichgültig, was mit dem Magneten geschieht, ob er beispielsweise wild hin- und herbewegt wird, *solange man sich im absoluten Raum in Ruhe befindet.* Für einen in Ruhe befindlichen Beobachter ist keine magnetische Feldlinie jemals unterbrochen. (c) Für einen Beobachter jedoch, der sich mit der Erde durch den absoluten Raum bewegt, ist das Maxwellsche Gesetz gemäß der Newtonschen Physik wesentlich komplizierter. Wenn sich der Magnet des bewegten Beobachters in Ruhe auf einem Tisch befindet, dann sind einige Feldlinien nicht geschlossen (etwa eine von hundert Millionen). Wenn der Beobachter jedoch den Magneten wild hin- und herbewegt, dann werden weitere Feldlinien (eine von einer Billion) durch das Schütteln zerstört, so wie ein Gummiband, das entzweigeschnitten wird, und es entstehen unterbrochene Feldlinien. Natürlich war eine einzige unterbrochene Feldlinie von hundert Millionen oder einer Billion eine zu geringe Anzahl, um im 19. Jahrhundert experimentell nachgewiesen zu werden. Doch schien allein die Tatsache, daß Maxwells Gesetz ein solches Verhalten vorhersagte, Physikern wie Lorentz, Poincaré und Larmor häßlich und unbefriedigend.

kräfte in Festkörpern richtig verstanden, dann mußten Form und Größe von gleichförmig bewegten Festkörpern stets gleich bleiben, ungeachtet dessen, wie schnell sie sich bewegten.

Auch Hendrik Lorentz in Amsterdam glaubte an die Richtigkeit des Michelson-Morley-Experiments und griff den Vorschlag von Fitzgerald auf, dem zufolge sich in Bewegung befindliche Körper zusammenziehen. Als Fitzgerald davon erfuhr, schrieb er einen erfreuten Brief an Lorentz, denn er war wegen seiner Ansicht bislang eher verlacht worden. In dem Bemühen um ein tieferes Verständnis untersuchten Lorentz und – unabhängig von ihm – Henri Poincaré in Paris sowie Joseph Larmor in Cambridge, England, die Gesetze des Elektromagnetismus. Dabei fiel ihnen eine Eigentümlichkeit auf, die gut mit Fitzgeralds Idee einer Längenkontraktion übereinstimmte:

Wenn man die Maxwellschen Gesetze für die im absoluten Raum in Ruhe gemessenen elektrischen und magnetischen Felder formulierte, ließen sie sich in eine besonders einfache und schöne mathematische Form kleiden.[10] So besagte eines der Gesetze einfach folgendes: »Einem in Ruhe befindlichen Beobachter im absoluten Raum erscheinen die magnetischen Feldlinien als geschlossene Linien.« (Abb. 1.1 a, b) Wenn man die Maxwellschen Gesetze jedoch für die etwas anderen Felder formulierte, die eine in Bewegung befindliche Person messen würde, dann waren die Gesetze wesentlich komplizierter. Aus dem einfachen Gesetz bezüglich der geschlossenen magnetischen Feldlinien wurde folgende Aussage: »Einem in Bewegung befindlichen Beobachter erscheinen die meisten magnetischen Feldlinien geschlossen zu sein. Einige Linien können jedoch aufgrund der Bewegung abgeschnitten werden und sind dann offen, wenn die in Bewegung befindliche Person den das Feld erzeugenden Magneten schüttelt, können außerdem weitere Feldlinien unterbrochen werden, sich wieder zusammenfügen, wieder abgeschnitten werden usw.« (Abb. 1.1 c)

Die mathematische Entdeckung von Lorentz, Poincaré und Larmor eröffnete nun eine Möglichkeit, die für bewegte Personen geltenden elektromagnetischen Gesetze in Einklang mit jenen Gesetzen zu bringen, die ein in Ruhe befindlicher Beobachter im absoluten Raum benutzen würde: »Magnetische Feldlinien sind immer und unter allen Bedingungen geschlossene Linien.« Die Gesetze ließen sich in diese schöne Form bringen, wenn man sich von Newtons Geboten löste und annahm, daß alle in Bewegung befindlichen Körper sich entlang ihrer Bewegungsrichtung exakt um den Betrag zusammenzogen, den Fitzgerald benötigte, um das Michelson-Morley-Experiment zu erklären!

Wäre die von Fitzgerald geforderte Kontraktion die einzig notwendige Abwendung von der »alten Physik« gewesen, um die elektromagnetischen Gesetze in eine universelle, einfache und elegante Form bringen zu können, dann hätten sich Lorentz, Poincaré und Larmor möglicherweise über die Newtonschen Gebote hinweggesetzt und in ihrem intuitiven Glauben an die Schönheit der physikalischen Gesetze die Kontraktion als ein Faktum angenommen. Die Kontraktion allein reichte jedoch noch nicht aus. Um die Gesetze zu verallgemeinern, mußte man ferner annehmen, daß die Zeit für jemanden, der sich durch das Universum bewegt, langsamer verstreicht als für jemanden, der sich in Ruhe befindet. Die Zeit wird durch Bewegung »gedehnt«.[11]

Die Newtonschen physikalischen Gesetze besagten jedoch unmißverständlich, daß die Zeit *absolut* sei. Gleichförmig und unaufhaltsam fließe sie dahin, unabhängig davon, wie man sich bewegt. Wenn die Newtonschen Gesetze korrekt waren, dann konnte Bewegung weder dazu führen, daß sich die Zeit ausdehnte, noch, daß sich Körper in ihrer Länge zusammenzogen. Leider waren die Uhren in den neunziger Jahren des vergangenen Jahrhunderts viel zu ungenau, um die Wahrheit aufzudecken. Und so war angesichts der wissenschaftlichen und technischen Triumphe der Newtonschen Physik – Triumphe, die fest in der Vorstel-

lung einer absoluten Zeit verankert waren – niemand gewillt, voller Überzeugung die Annahme zu vertreten, daß es eine Zeitdehnung (Zeitdilatation) wirklich gebe. Lorentz, Poincaré und Larmor wollten sich jedenfalls nicht festlegen. Als Student in Zürich war Einstein noch nicht darauf vorbereitet, solche heiklen Fragen zu bewältigen, doch begann er bereits, über sie nachzudenken. An Mileva Marić schrieb er im August 1899: »Es wird mir immer mehr zur Überzeugung, daß die Elektrodynamik bewegter Körper, wie sie sich gegenwärtig darstellt, nicht der Wirklichkeit entspricht.«[12] Im Laufe der folgenden sechs Jahre, während seine Fähigkeiten als Physiker zur Reife gelangten, grübelte er immer wieder über dieses Thema und die Existenz solcher Phänomene wie Längenkontraktion und Zeitdilatation nach.[13]
Weber dagegen zeigte keinerlei Interesse an solchen Spekulationen. Er lehrte nach wie vor die Newtonsche Physik, so als ob alles in bester Ordnung wäre und es nicht die geringsten Hinweise auf Risse im Fundament der Physik gäbe.

Gegen Ende seines Studiums an der ETH ging Einstein ganz selbstverständlich davon aus, daß ihm aufgrund seiner Intelligenz und seiner recht ordentlichen Leistungen (er erzielte eine Gesamtnote von 4,91 bei einer Bestnote von 6,00) eine Assistentenstelle bei Weber an der ETH angeboten würde, die er wie allgemein üblich als Sprungbrett für eine akademische Karriere nutzen konnte. Als Assistent wäre er in der Lage, eigene Forschungen zu treiben, die im Laufe einiger Jahre zum Doktortitel führen würden.
Es sollte jedoch anders kommen. Von den vier Studenten, die im August 1900 ihr Physik- und Mathematikstudium abschlossen, erhielten drei an der ETH eine Anstellung als Assistent. Der vierte, Einstein, ging leer aus. Weber zog es vor, zwei Studenten der Ingenieurwissenschaften als Assistenten einzustellen.
Doch Einstein gab nicht auf. Im September, ein Monat nach seiner Graduierung, bewarb er sich um eine freie Assistentenstelle für Mathematik an der ETH. Er wurde abgelehnt. Im folgenden Winter bzw. Frühjahr bewarb er sich bei Wilhelm Ostwald in Leipzig und bei Heike Kamerlingh Onnes in Leiden. Diese scheinen ihn nicht einmal einer Antwort gewürdigt zu haben – obwohl sein Schreiben an Onnes heute stolz im Museum in Leiden ausgestellt ist und Ostwald zehn Jahre später der erste war, der Einstein für den Nobelpreis vorschlug. Sogar der Brief von Einsteins Vater an Ostwald scheint unbeantwortet geblieben zu sein.
Der eigenwilligen und energischen Mileva Marić[14], mit der ihn eine immer ernstere Liebesbeziehung verband, schrieb Einstein am 27. März 1901: »... auch bin ich ganz fest überzeugt, daß Weber schuld ist. ... Ich bin überzeugt, daß es

unter diesen Umständen keinen Sinn hätte, nochmals an Professoren zu schreiben, da es sicher ist, daß sie sich alle bei Weber erkundigen würden, wenn es weit genug wäre, und dieser wieder eine schlechte Auskunft gäbe.«[15] Einem engen Freund, Marcel Grossman, schrieb er am 14. April 1901: »Ich hätte auch längst eine solche [Stelle als Assistent] gefunden, wenn Weber nicht ein falsches Spiel gegen mich spielte. Trotzdem lasse ich kein Mittel unversucht und laß mir auch den Humor nicht verderben. ... Gott schuf den Esel und gab ihm ein dickes Fell.«[16] Ein dickes Fell benötigte Einstein in der Tat. Seine Bemühungen um eine Stelle zeigten wenig Erfolg; seine Eltern widersetzten sich vehement seinen Plänen, Mileva zu heiraten, und in seiner Beziehung zu Mileva erlebte er Höhen und Tiefen. Einsteins Mutter schrieb über Mileva: »Dieses Frln. Marić bereitet mir die bittersten Stunden meines Lebens, läge es in meiner Macht, ich würde alles aufbieten, sie aus unserem Gesichtskreis zu bannen, sie ist mir förmlich antipathisch.«[17] Und Mileva schrieb über Einsteins Mutter: »Diese Dame scheint sich nämlich zur Lebensaufgabe gestellt zu haben, nicht nur mir, sondern auch ihrem Sohn das Leben so viel wie möglich zu verbittern. ... ich hätte es nie für möglich gehalten, dass es so herzlose und geradezu böse Menschen geben könnte!«[18]

Einstein wünschte sich nichts sehnlicher, als der finanziellen Abhängigkeit von seinen Eltern zu entkommen und sich in Ruhe auf die Physik konzentrieren zu können. Vielleicht ließ sich dies auch auf anderem Weg als durch eine Assistentenstelle an der Universität erreichen. Sein Studienabschluß an der ETH berechtigte ihn, am Gymnasium zu unterrichten, und so verlegte er seine Bemühungen um eine Stelle auf diesen Bereich. Mitte Mai 1901 fand er eine befristete Stelle an einem technischen Gymnasium in Winterthur, wo er einen Mathematiklehrer vertrat, der seinen Wehrdienst leistete.

An seinen ehemaligen Geschichtsprofessor an der ETH, Alfred Stern, schrieb er: »Ich bin ausser mir vor Freude darueber, denn heute erhielt ich die Nachricht, dass alles definitiv geordnet sei. Ich habe gar keine Ahnung, welcher Menschenfreund mich dorthin empfohlen hat, denn soviel man mir sagte, bin ich bei keinem einzigen meiner frueheren Lehrer gut angeschrieben.«[19] An die Stelle in Winterthur schloß sich im Herbst 1901 eine weitere Unterrichtsvertretung an einem Gymnasium in Schaffhausen an. Im Juni 1902 fand er schließlich eine Stellung als »technischer Experte III. Klasse« am Schweizer Patentamt in Bern, eine Stellung, die ihm endlich Unabhängigkeit verlieh und eine gesicherte Existenz ermöglichte.

Anhaltende Turbulenzen kennzeichneten Einsteins Privatleben: lange Trennungen von Mileva, im Jahre 1902 ein uneheliches Kind mit ihr, das allem Anschein nach zur Adoption freigegeben wurde, vielleicht um Einsteins berufliche Laufbahn in der konservativen Schweiz nicht zu gefährden,[20] und ein Jahr später seine Heirat gegen den entschiedenen Widerstand seiner Eltern. Dies alles ließ ihn dennoch nicht seine optimistische Geisteshaltung verlieren. Er bewahrte sich eine Besonnenheit, die es ihm ermöglichte, konzentriert über physikalische Probleme nachzudenken: Zwischen 1901 und 1904 vervollkommnete er seine Fähigkeiten als Physiker durch theoretische Forschungen. Er beschäftigte sich mit dem Wesen der Molekularkräfte in Flüssigkeiten und Metallen sowie mit Forschungen zur Wärmelehre. Seine Erkenntnisse, die von beträchtlicher Tragweite waren, veröffentlichte er in einer Reihe von fünf Artikeln in *Annalen der Physik,* der angesehensten physikalischen Fachzeitschrift des frühen 20. Jahrhunderts.

Die Arbeit im Patentamt in Bern war gut geeignet, Einsteins geistige Fähigkeiten zu schulen. Bei seiner Tätigkeit war er gefordert, sich zu überlegen, ob die eingereichten Erfindungen funktionieren würden – eine Aufgabe, die ihm oft Freude machte und seinen Geist schärfte. Außerdem ließ sie ihm die Hälfte seiner wachen Zeit und die ganzen Wochenenden zur freien Verfügung. Diese verbrachte er zumeist damit, über physikalische Probleme nachzudenken – häufig inmitten eines familiären Chaos.[21]

Seine Fähigkeit, sich trotz aller Ablenkungen zu konzentrieren, wurde einmal von einem Studenten beschrieben, der ihn einige Jahre nach seiner Heirat zu Hause besuchte: »Er saß in seinem Arbeitszimmer vor einer Menge Papieren, die über und über mit mathematischen Formeln bedeckt waren. Während er mit seiner rechten Hand schrieb, hielt er mit der linken seinen jüngsten Sohn und beantwortete gleichzeitig die unaufhörlichen Fragen seines ältesten Sohnes Albert, der mit Bauklötzen spielte. Mit den Worten: ›Warten Sie eine Minute, ich bin fast fertig‹ bat er mich, kurz auf die Kinder aufzupassen, und wandte sich dann wieder seiner Arbeit zu.«[22]

In Bern lebte Einstein völlig isoliert von anderen Physikern, jedoch hatte er einige enge Freunde unter Nichtphysikern, mit denen er über Wissenschaft und Philosophie diskutieren konnte. Für die meisten Physiker ist eine solche Isolation verheerend, da sie den ständigen fachlichen Austausch mit Kollegen benötigen, um bei ihren Forschungen nicht in Sackgassen zu geraten. Einsteins Intellekt war jedoch andersgeartet. Er arbeitete allein weitaus produktiver als in der Umgebung anderer Physiker.

Manchmal half es ihm, sich mit anderen zu unterhalten – nicht weil sie ihm neue Einsichten oder Informationen vermitteln konnten, sondern weil er sich über die Paradoxien und Probleme klar wurde, während er sie anderen erklär-

Links: Einstein an seinem Schreibtisch im Patentamt in Bern (um 1905). *Rechts*: Einstein mit seiner Frau Mileva und ihrem Sohn Hans Albert (um 1904). [*Links: Albert-Einstein-Archiv der Hebrew University of Jerusalem. Rechts: Schweizerisches Literaturarchiv/Archiv der Einstein-Gesellschaft, Bern.*]

te. Besonders hilfreich war Michele Angelo Besso, ein italienischer Ingenieur und Kommilitone Einsteins an der ETH, der nun neben Einstein im Patentamt in Bern arbeitete. Über Besso äußerte Einstein einmal: »Einen besseren Resonanzboden hätte ich in ganz Europa nicht finden können.«[23]

Die Einsteinsche Relativität von Raum und Zeit und die absolute Lichtgeschwindigkeit

Als besonders hilfreich erwies sich Michele Angelo Besso im Mai 1905, als Einstein nach mehreren Jahren der Beschäftigung mit anderen physikalischen Fragen zu den Maxwellschen Gesetzen der Elektrodynamik und ihren beunruhigenden Hinweisen auf eine Längenkontraktion und Zeitdilatation zurückkehrte. Einsteins Bemühungen um eine sinnvolle Interpretation dieser Hinweise scheiterten immer wieder an einer geistigen Sperre. Um diese Sperre zu beseitigen, traf er sich mit Besso. Später schilderte Einstein ihre Begegnung so:

»Es war ein sehr schöner Tag, als ich Besso besuchte und zu ihm sagte: ›Ich habe kürzlich über eine Frage nachgedacht, die für mich schwierig zu verstehen war. Deshalb bin ich heute hergekommen, um diese Frage auszufechten.‹ Indem ich viele verschiedene Argumente an ihm ausprobierte, konnte ich die Angelegenheit plötzlich begreifen. Am nächsten Tag besuchte ich ihn nochmal und sagte zu ihm statt einer Begrüßung: ›Danke. Ich habe das Problem vollständig gelöst.‹«

Einsteins Lösung lautete: *Es gibt weder einen absoluten Raum noch eine absolute Zeit. Newtons grundlegende Annahme, auf der die gesamte Physik aufbaut, ist falsch. Und was den Äther betrifft: Er existiert nicht.*

Indem Einstein den Begriff des absoluten Raumes verwarf, wurde es völlig bedeutungslos, von einem »Zustand der Ruhe im absoluten Raum« zu sprechen. Es gibt keine Möglichkeit, jemals die Bewegung der Erde durch den absoluten Raum zu messen, so behauptete er, und genau dies ist der Grund, warum das Michelson-Morley-Experiment zu dem Ergebnis gelangte, das wir kennen. Man kann die Geschwindigkeit der Erde nur *relativ zu anderen physikalischen Objekten* wie der Sonne oder dem Mond messen, genauso wie man die Geschwindigkeit eines Zuges nur relativ zu physikalischen Objekten wie dem Erdboden oder der Luft messen kann. Weder für die Erde noch für den Zug, noch für irgendein anderes Objekt gibt es einen Bezugspunkt für eine absolute Bewegung. Bewegung ist stets »relativ«.

Indem Einstein den Begriff des absoluten Raumes verwarf, nahm er auch von der Vorstellung Abschied, daß alle Menschen unabhängig von ihrer jeweiligen Bewegung dieselbe Länge, Höhe und Breite eines Tisches, Zuges oder eines beliebigen anderen Objektes messen würden. Einstein betonte vielmehr, daß *Länge, Höhe und Breite »relative« Begriffe* seien. Sie hängen von der Bewegung des vermessenen Objektes relativ zu der Bewegung der messenden Person ab.

Indem Einstein darüber hinaus den Begriff der absoluten Zeit verwarf, lehnte er auch die Vorstellung ab, daß alle Menschen unabhängig von ihrer jeweiligen Bewegung den Zeitfluß in derselben Weise erfahren. *Zeit ist relativ,* so behauptete Einstein. Menschen, die sich unterschiedlich bewegen, müssen die Zeit unterschiedlich erfahren.

Es fällt schwer, diesen Behauptungen nicht mit Skepsis zu begegnen. Sollten sie zutreffen, untergraben sie nicht nur das Fundament, auf dem das gesamte Gebäude der Newtonschen Physik ruht, sie berauben uns auch unserer tiefverwurzelten alltäglichen Vorstellungen von Raum und Zeit.

Doch Einstein war nicht nur ein Zerstörer, sondern auch ein Erneuerer. Er

erschuf ein vollkommen neues, solides Fundament, das, wie sich herausgestellt hat, in weit besserer Übereinstimmung mit dem Universum steht als die Newtonsche Physik.
Einsteins neuartiges Fundament gründete sich auf zwei vollkommen neue Prinzipien:

- *Das Prinzip von der Absolutheit der Lichtgeschwindigkeit*: Was auch immer das Wesen von Raum und Zeit sein mag, sie müssen so beschaffen sein, daß die Lichtgeschwindigkeit in allen Richtungen absolut gleich und vollkommen unabhängig von der Bewegung des Beobachters ist.

Dieses Prinzip bestätigt nachdrücklich die Ergebnisse des Michelson-Morley-Experiments und besagt, daß alle Messungen der Lichtgeschwindigkeit denselben universellen Wert ergeben müssen, gleichgültig wie genau die Meßinstrumente in Zukunft noch werden mögen.

- *Das Prinzip der Relativität:* Physikalische Gesetze gleichgültig welcher Art müssen alle Bewegungszustände als gleichrangig behandeln.

Dieses Prinzip lehnt den Begriff des absoluten Raumes nachdrücklich ab: Wenn die physikalischen Gesetze nicht alle Bewegungszustände als gleichrangig betrachten würden (beispielsweise die Bewegungen der Sonne und der Erde), dann wären die Physiker mit Hilfe der physikalischen Gesetze in der Lage, einen »bevorzugten« Bewegungszustand herauszugreifen (etwa den der Sonne) und diesen als den Zustand »absoluter Ruhe« zu definieren. Auf diese Weise hätte sich der Begriff des absoluten Raumes durch die Hintertür wieder Eingang in die Physik verschafft. Wir werden auf diesen Punkt im weiteren Verlauf des Kapitels zurückkommen.
Aus der Absolutheit der Lichtgeschwindigkeit zog Einstein mit Hilfe eines eleganten logischen Arguments den folgenden Schluß (Kasten 1.1): Wenn Sie und ich uns relativ zueinander bewegen, *muß das, was ich als Raum bezeichne, eine Mischung aus Ihrem Raum und Ihrer Zeit sein, und das, was Sie Raum nennen, eine Mischung aus meinem Raum und meiner Zeit.*
Diese »Vermischung von Raum und Zeit« ist analog zu der Beschreibung geographischer Richtungen auf der Erde. Die Natur bietet uns zwei Möglichkeiten, Nord zu definieren: Die eine bezieht sich auf die Drehung der Erde um sich selbst, die andere auf das Magnetfeld der Erde. Im kalifornischen Pasadena ist die magnetische Nordrichtung (die Richtung, in die eine Kompaßnadel zeigt)

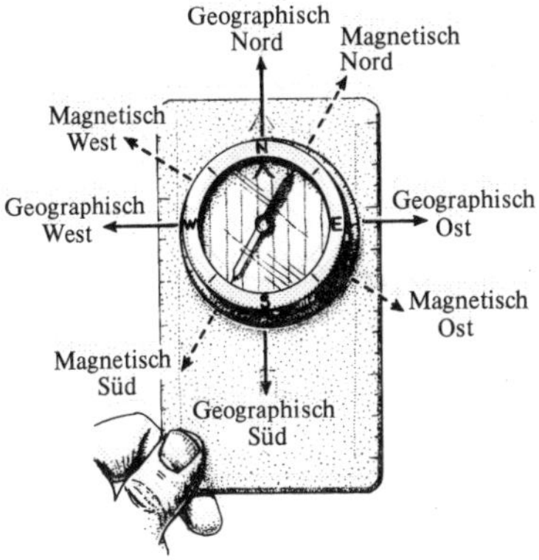

Abb. 1.2: Die magnetische Nordrichtung ist eine Mischung aus geographisch Nord und geographisch Ost, und die geographische Nordrichtung ist eine Mischung aus magnetischem Nord und magnetischem West.

um etwa zwanzig Grad in östlicher Richtung gegen die wahre Nordrichtung verschoben (die Richtung zum geographischen Nordpol, der durch die Drehachse der Erde bestimmt ist); siehe Abb. 1.2. Das bedeutet, daß man bei einer Reise in Richtung des magnetischen Nordpols einen Kurs wählen muß, der teilweise in Richtung des geographischen Nordpols (ungefähr 80 Prozent) und teilweise in Richtung geographischer Osten (ungefähr 20 Prozent) liegt. In diesem Sinne ist *die magnetische Nordrichtung eine Mischung aus geographisch Nord und geographisch Ost.* Ähnlich ist die geographische Nordrichtung eine Mischung aus magnetisch Nord und magnetisch West.

Um die Analogie zwischen diesem Beispiel und der Vermischung von Raum und Zeit zu verstehen, stellen Sie sich vor, Sie seien der Besitzer eines schnellen Sportwagens. Sie lieben es, nachts mit Ihrem Auto den Colorado Boulevard in Pasadena entlangzurasen, während ich, ein Polizist, ein Schläfchen halte. Auf der Karosserie Ihres Autos haben Sie eine Sammlung von Feuerwerkskörpern angebracht; einen vorne auf der Kühlerhaube, einen hinten auf dem Kofferraum und dazwischen noch viele andere (Abb. 1.3 a). Diese Feuerwerkskörper zünden Sie nun so, daß sie alle genau in dem Augenblick explodieren, in dem Sie an meiner Polizeistation vorbeifahren.

Abb. 1.3 b stellt die Situation aus Ihrem Blickwinkel dar. Entlang der senkrechten Achse ist die Zeit aufgetragen, wie sie Ihnen erscheint (»Ihre Zeit«), und auf der horizontalen Achse die Entfernung entlang Ihres Wagens, wie sie von Ihnen gemessen wird (»Ihr Raum«). Da sich die Feuerwerkskörper in Ihrem Raum, von Ihnen aus gesehen, in Ruhe befinden, verharren sie im zeitlichen Verlauf alle auf derselben waagerechten Position im Diagramm. Die gestrichelten Linien – eine für jeden Feuerwerkskörper – verdeutlichen dies. Sie erstrecken sich im

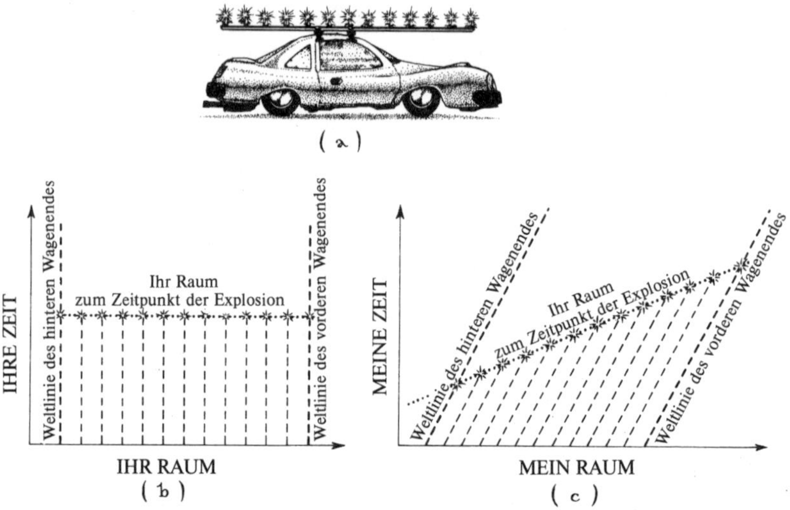

Abb. 1.3: (a) Ihr Sportwagen rast mit großer Geschwindigkeit den Colorado Boulevard entlang. Auf dem Dach sind Feuerwerkskörper angebracht. (b) Raumzeitdiagramm, das die Bewegung und die Explosion der Feuerwerkskörper aus Ihrer Perspektive (im Auto) darstellt. (c) Raumzeitdiagramm, das die Bewegung und die Explosion derselben Feuerwerkskörper aus meiner Sicht (in der Polizeistation) zeigt.

Diagramm senkrecht nach oben und weisen nicht die geringste Bewegung nach links oder rechts im Verlauf der Zeit auf. Im Augenblick der Explosion – dargestellt durch kleine Sternchen – hören die Linien abrupt auf.

Diese Abbildung ist ein sogenanntes *Raumzeitdiagramm*, weil es den Raum waagerecht und die Zeit senkrecht darstellt. Die gestrichelten Linien werden als *Weltlinien* bezeichnet, da sie veranschaulichen, welchen Weg die Feuerwerkskörper im Verlauf der Zeit in der Welt beschreiben. Raumzeitdiagramme und Weltlinien werden wir im weiteren Verlauf des Buches noch häufig benutzen.

Wenn man sich auf einer horizontalen Linie durch das Diagramm bewegt, entspricht dies einer Bewegung durch den Raum in einem bestimmten Augenblick Ihrer Zeit (Abb. 1.3 b). Es ist also zweckmäßig, jede horizontale Linie im Diagramm als eine Darstellung des Raumes zu betrachten, so wie Sie ihn in einem bestimmten Augenblick Ihrer Zeit wahrnehmen. Die gepunktete horizontale Linie in Abb. 1.3 b verkörpert beispielsweise »Ihren Raum« im Augenblick der Explosion. Verfolgt man hingegen eine senkrechte Linie im Diagramm, so entspricht dies einer Bewegung durch die Zeit an einem bestimmten Ort Ihres Raumes. Entsprechend ist es sinnvoll, jede senkrechte Linie im Raumzeitdiagramm (zum Beispiel die Weltlinie jedes Feuerwerkskörpers) als eine Darstellung der Zeit zu betrachten, so wie sie für Sie an einem bestimmten Ort Ihres Raumes fortschreitet.

Das Raumzeitdiagramm, das ich von Ihrem Wagen, den Feuerwerkskörpern sowie dem Zeitpunkt der Explosion zeichnen würde, wenn ich nicht eingeschlafen wäre, sähe dagegen völlig anders aus (Abb. 1.3 c). Wie üblich würde ich den Zeitfluß, so wie ich ihn wahrnehme, senkrecht und die Entfernung entlang dem Colorado Boulevard waagerecht auftragen. Während die Zeit fortschreitet, bewegt sich jeder Feuerwerkskörper mit Ihrem vorbeifahrenden Auto den Colorado Boulevard entlang. Folglich neigen sich die Weltlinien der Feuerwerkskörper im Diagramm nach rechts und jede Rakete befindet sich zum Zeitpunkt der Explosion weiter rechts auf dem Colorado Boulevard als zu Beginn.

Aus der Absolutheit der Lichtgeschwindigkeit zog Einstein nun die überraschende Schlußfolgerung, daß die verschiedenen Feuerwerkskörper aus meiner Sicht *nicht* gleichzeitig explodieren können, auch wenn dies aus Ihrer Perspektive der Fall ist (siehe die Argumentation in Kasten 1.1). Für mich scheint die hinterste Rakete zuerst und die vorderste zuletzt zu explodieren. Entsprechend ist die gepunktete Linie, die »Ihren Raum zum Zeitpunkt der Explosion« veranschaulicht (Abb. 1.3 b), in meinem Raumzeitdiagramm geneigt (Abb. 1.3 c).

Um mich in dem Augenblick, in dem für Sie die Feuerwerkskörper explodieren, durch Ihren Raum zu bewegen (entlang der gepunkteten Explosionslinie), muß ich, wie aus Abb. 1.3 c klar hervorgeht, nicht nur durch meinen Raum, sondern auch durch meine Zeit wandern. In diesem Sinne ist Ihr Raum eine Mischung aus meinem Raum und meiner Zeit. Und in diesem Sinne ist auch die Aussage zu verstehen, daß die magnetische Nordrichtung eine Mischung aus wahrem Nord und wahrem Ost ist (vergleiche Abb. 1.3 c und Abb. 1.2).

Sie sind vielleicht versucht zu sagen, daß diese sogenannte Vermischung von Raum und Zeit nichts anderes sei als eine komplizierte, hochtrabende Formulierung für die Aussage, daß Gleichzeitigkeit von dem jeweiligen Bewegungszustand abhängt. Das ist richtig. Allerdings haben die Physiker nach Einstein festgestellt, daß die geschilderte Betrachtungsweise überaus nützlich ist: Sie hat es ihnen erleichtert, Einsteins Vermächtnis, seine neuen Gesetze der Physik, zu verstehen und in ihnen Hinweise auf einige unglaublich scheinende Phänomene zu entdecken: Schwarze Löcher, Wurmlöcher, Singularitäten, Zeitkrümmungen und Zeitmaschinen.

Aus der Absolutheit der Lichtgeschwindigkeit und dem Relativitätsprinzip leitete Einstein weitere bemerkenswerte Eigenschaften von Raum und Zeit ab. Ich will diese am Beispiel der obigen Geschichte verdeutlichen:

- Einstein folgerte, daß Ihr Raum und alles, was darin in Ruhe verharrt (Ihr Wagen, Ihre Feuerwerkskörper und Sie selbst), in meinen Augen in ost-westlicher Richtung, nicht aber in nord-südlicher Richtung oder von oben nach unten, kontrahiert erscheinen muß. Hier handelte es sich um die von Fitzgerald vermutete Kontraktion, die nun auf eine solide theoretische Grundlage gestellt wurde: Die Kontraktion ist eine Folge des eigentümlichen Charakters von Raum und Zeit und nicht das Ergebnis irgendwelcher physikalischer Kräfte, die auf bewegte Materie einwirken.

- Ebenso schloß Einstein, daß mein Raum und alles, was sich darin in Ruhe befindet (meine Polizeistation, mein Schreibtisch und ich selbst), in Ihren Augen in ost-westlicher Richtung, nicht aber in nord-südlicher Richtung oder von oben nach unten, kontrahiert erscheinen muß. Der Umstand, daß ich Sie und Sie mich zusammengepreßt sehen, mag verwirrend erscheinen, doch kann es sich in der Tat gar nicht anders verhalten. Denn nur auf diese Weise sind Ihr Bewegungszustand und mein Bewegungszustand völlig gleichberechtigt, wie es das Relativitätsprinzip fordert.

- Weiterhin kam Einstein zu dem Schluß, daß Ihre Zeit, während Sie an mir vorbeirasen, in meinen Augen langsamer zu verlaufen scheint als meine eigene bzw. daß sie im Vergleich zu meiner Zeit gedehnt ist. Die Uhr in der Armaturenkonsole Ihres Autos scheint langsamer zu ticken als die Wanduhr in meiner Polizeistation. Sie sprechen langsamer als ich, Ihr Haar wächst langsamer als meines, und Sie altern langsamer als ich.

- Gemäß dem Relativitätsprinzip erscheint es Ihnen wiederum so, als ob meine Zeit langsamer verliefe als die Zeit in Ihrem dahinrasenden Auto. Sie haben den Eindruck, als ticke meine Uhr in der Polizeistation langsamer als Ihre Uhr im Auto. Und in Ihren Augen bin ich derjenige, der langsamer spricht, dessen Haar langsamer wächst und der langsamer altert.

Wie ist es möglich, daß ich den Eindruck habe, Ihre Zeit verstreiche langsamer als meine, während Sie den Eindruck haben, meine Zeit sei gegenüber der Ihren gedehnt? Und wie ist es denkbar, daß mir Ihr Raum verkürzt erscheint, während für Sie mein Raum kontrahiert ist? Was ist die logische Erklärung dafür? Die Antwort liegt in der Relativität des Begriffes der Gleichzeitigkeit begründet. Sie und ich sind in bezug auf die Frage, ob Ereignisse an entfernten Orten gleichzeitig stattfinden, unterschiedlicher Ansicht. Es stellt sich jedoch

Kasten 1.1

Einsteins Beweis für die Vermischung von Raum und Zeit

Einsteins Prinzip der absoluten Lichtgeschwindigkeit bringt zwangsläufig eine Vermischung von Raum und Zeit, oder anders ausgedrückt, eine Relativierung des Begriffs der Gleichzeitigkeit mit sich. Ereignisse, die aus Ihrer Perspektive des den Colorado Boulevard entlangrasenden Sportwagens gleichzeitig erscheinen (die also in Ihrem Raum zu einer bestimmten Zeit stattfinden), finden für mich, der ich im Zustand der Ruhe in meiner Polizeistation verharre, nicht gleichzeitig statt. Ich werde dies anhand der unten abgebildeten Raumzeitdiagramme auf nichtmathematischem Weg beweisen. Es ist im wesentlichen derselbe Beweise den Einstein im Jahre 1905 führte.[24]

Bringen Sie in der Mitte Ihres Wagens ein Blitzlicht an, und zünden Sie es. Das Blitzlicht wird Lichtstrahlen aussenden, die sich in Ihrem Auto nach vorne und nach hinten ausbreiten. Da die Lichtstrahlen gleichzeitig emittiert werden und aus Ihrer Sicht jeweils dieselbe Entfernung zum vorderen und hinteren Ende Ihres Wagens zurücklegen müssen und da sich Licht stets mit derselben universellen Geschwindigkeit ausbreitet, müssen die Lichtstrahlen für Sie genau gleichzeitig am vorderen und am hinteren Ende Ihres Wagens eintreffen (siehe das Diagramm links unten). (Das Auftreffen des Lichts am vorderen Ende des Autos sei mit A bezeichnet, das Auftreffen am hinteren Ende mit B.) Die beiden Ereignisse A und B finden folglich für Sie gleichzeitig statt und decken sich außerdem zufälligerweise mit der Explosion der Feuerwerkskörper in der linken Hälfte der Abb. 1.3.

Als nächstes wollen wir untersuchen, welchen Eindruck ich in meiner Polizeistation von den Ereignissen A und B habe (siehe das Diagramm rechts unten).

Während Ihr Wagen an mir vorbeirast, erscheint es mir so, als ob sich sein Heck auf den nach hinten gerichteten Lichtstrahl zubewegt und Ereignis B folglich früher stattfindet als aus Ihrer Sicht. Ebenso bewegt sich das Vorderteil Ihres Autos nach vorne und somit von dem nach vorne gerichteten Lichtstrahl weg, so daß Ereignis A aus meiner Sicht

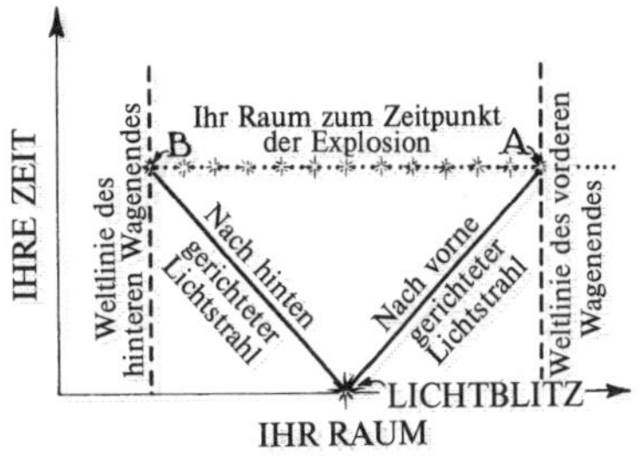

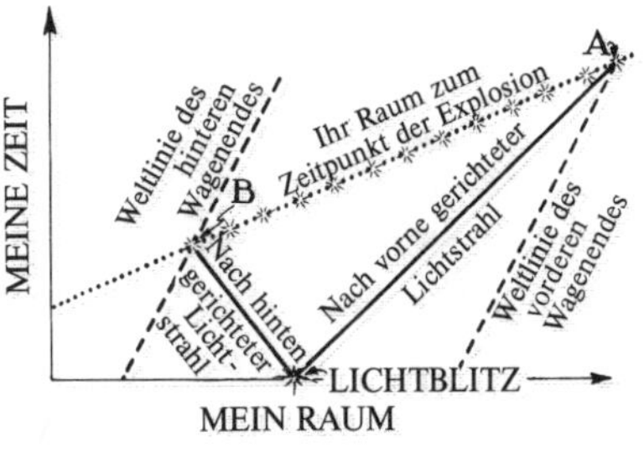

später stattfindet als aus Ihrer Perspektive. (Diese Schlußfolgerungen stützen sich entscheidend auf die Tatsache, daß sich die beiden Lichtstrahlen mit genau derselben Geschwindigkeit ausbreiten, das heißt, sie stützen sich auf das Prinzip der universellen Lichtgeschwindigkeit.) Aus diesem Grund erscheint es mir so, als finde Ereignis B vor Ereignis A statt und als explodierten die Feuerwerkskörper am hinteren Ende Ihres Autos früher als die am vorderen Ende.
Bitte beachten Sie, daß die Koordinaten der Explosionen in den obigen Raumzeitdiagrammen mit denen in Abb. 1.3 übereinstimmen. Dies erklärt, warum man von einer Mischung von Raum und Zeit sprechen kann.

heraus, daß diese Diskrepanz so gut mit unseren Meinungsverschiedenheiten über den Fluß der Zeit und die Kontraktion des Raumes übereinstimmt, daß insgesamt alles logisch konsistent bleibt. Da ein Beweis dieser Widerspruchsfreiheit mehrere Seiten in Anspruch nehmen würde, möchte ich den interessierten Leser auf Kapitel 3 des Buches von Taylor und Wheeler (1992) verweisen.
Warum haben wir das seltsame Verhalten von Raum und Zeit in unserem alltäglichen Leben noch nie wahrgenommen? Der Grund ist unsere Langsamkeit. Die Geschwindigkeit unserer Bewegungen relativ zueinander ist stets weitaus kleiner als die Geschwindigkeit von Licht (299 792 Kilometer pro Sekunde). Wenn Ihr Wagen mit 150 Stundenkilometern den Colorado Boulevard entlangrast, dann sollte mir Ihr Zeitablauf um ungefähr ein Hundertbillionstel (10^{-14}) verlangsamt und Ihr Raum um ungefähr denselben Betrag kontrahiert erscheinen – ein Effekt, der viel zu gering ist, um von uns wahrgenommen zu werden. Wenn Sie dagegen mit 87 Prozent der Lichtgeschwindigkeit dahinrasen würden, sollte ich Ihre Zeit doppelt so langsam wahrnehmen wie meine, während Ihnen meine Zeit doppelt so langsam erschiene wie Ihre. Ebenso hätte ich den Eindruck, daß alles in Ihrem Auto in Ost-West-Richtung um die Hälfte gegenüber dem Normalzustand verkürzt ist, während Ihnen alles, was sich in meiner Polizeistation befindet, in ost-westlicher Ausrichtung halb so lang wie sonst erschiene. In der Tat hat eine Vielzahl von Experimenten in der zweiten Hälfte des 20. Jahrhunderts bewiesen, daß sich Licht und Raum genau in der beschriebenen Weise verhalten.[25]

Wie gelangte Einstein zu einer so radikal von unserer Erfahrung abweichenden Beschreibung von Raum und Zeit?
Jedenfalls nicht, indem er die Ergebnisse von Experimenten auswertete. Die Uhren jener Zeit waren zu ungenau, um bei den erreichbaren niedrigen Geschwindigkeiten eine Zeitdilatation oder Unstimmigkeiten in bezug auf die

Gleichzeitigkeit von Ereignissen nachzuweisen. Ebenso waren die verfügbaren Meßgeräte zu ungenau, um eine Längenkontraktion festzustellen. Die wenigen brauchbaren Experimente waren diejenigen, die wie die Messungen von Michelson und Morley vermuten ließen, daß die Lichtgeschwindigkeit an der Oberfläche der Erde in alle Richtungen gleich ist. Dies waren nun in der Tat kärgliche Daten, um daraus eine so radikale Neuformulierung unserer Vorstellungen von Raum und Zeit abzuleiten! Außerdem schenkte Einstein diesen Experimenten wenig Beachtung.

Statt dessen verließ er sich auf seinen Sinn dafür, wie sich die Dinge verhalten *sollten.* So erkannte er nach einigem Nachdenken intuitiv, daß die Lichtgeschwindigkeit eine universelle Größe sein mußte, die unabhängig von der Bewegungsrichtung und der Geschwindigkeit eines Beobachters ist. Nur in diesem Fall, so argumentierte er, konnten die Maxwellschen Gesetze des Elektromagnetismus in eine einheitliche, einfache und schöne Form gebracht werden (etwa: »Magnetische Feldlinien sind stets geschlossene Linien«), und er war fest davon überzeugt, daß das Universum letztlich nach einfachen und eleganten Gesetzen aufgebaut sein müsse. Aus diesem Grund führte er als fundamentales neues Prinzip die Absolutheit der Lichtgeschwindigkeit in die Physik ein.

Schon dieses Prinzip allein sorgte dafür, daß sich das Gebäude der auf Einsteins Fundament errichteten Physik grundlegend von der Newtonschen Physik unterschied. *Ein dem Newtonschen Weltbild verhafteter Physiker ist aufgrund der Annahme, daß Länge und Zeit absolute Größen seien, zu dem Schluß gezwungen, die Lichtgeschwindigkeit sei relativ, das heißt abhängig vom jeweiligen Bewegungszustand (so wie es das am Anfang des Kapitels erwähnte Beispiel mit den Vögeln und dem Beobachter im Zug verdeutlicht). Einstein dagegen war aufgrund seiner Annahme, daß die Lichtgeschwindigkeit absolut sei, zu dem umgekehrten Schluß gezwungen, Raum und Zeit seien relativ, das heißt abhängig vom jeweiligen Bewegungszustand. In seinem Bemühen um Einfachheit und Schönheit gelangte Einstein, ausgehend von der Annahme, Raum und Zeit seien relativ, schließlich zu seinem Relativitätsprinzip: Kein Bewegungszustand ist gegenüber einem anderen ausgezeichnet; alle Bewegungszustände müssen vor den physikalischen Gesetzen gleichrangig sein.*[26]

Für Einsteins Schöpfung eines neuen physikalischen Fundaments waren nicht nur Experimente ohne Belang, auch die Gedanken anderer Physiker interessierten ihn nicht. Der Arbeit von Kollegen widmete er wenig Aufmerksamkeit. So scheint er keinen einzigen der von Hendrik Lorentz, Henri Poincaré, Joseph Larmor und anderen zwischen 1896 und 1905 veröffentlichten Fachartikel über Raum, Zeit und den Äther gelesen zu haben.

In ihren Artikeln bemühten sich zwar auch Lorentz, Poincaré und Larmor um eine Korrektur unserer Raum- und Zeitvorstellungen, doch bewegten sie sich dabei durch einen Nebel falscher Auffassungen, die ihnen von der Newtonschen Physik aufgedrängt wurden. Einstein dagegen war in der Lage, sich von den Newtonschen Vorstellungen zu lösen. Seine Überzeugung, daß das Universum nach einfachen und schönen Prinzipien aufgebaut sei, und seine Bereitschaft, sich von dieser Überzeugung leiten zu lassen, auch wenn dies die Zerstörung der Grundlagen der Newtonschen Physik bedeutete, führten ihn mit beispielloser gedanklicher Klarheit zu seiner neuen Beschreibung von Raum und Zeit.

Da das Relativitätsprinzip in diesem Buch eine wichtige Rolle spielen wird, möchte ich es an dieser Stelle eingehender erklären.
Dazu ist es erforderlich, den Begriff *Bezugsrahmen* oder *Bezugssystem* einzuführen: Ein Bezugssystem ist ein Laboratorium, das die Apparaturen für alle nur erdenklichen Messungen enthält. Das Laboratorium und alle darin enthaltenen Geräte bewegen sich gemeinsam durch das Universum, das heißt, sie müssen derselben Bewegung unterworfen sein. In der Tat ist die Bewegung des Bezugssystems das maßgebliche Kriterium. Wenn ein Physiker von »verschiedenen Bezugssystemen« spricht, geht es ihm um verschiedene Bewegungszustände und nicht um verschiedene Meßapparaturen in beiden Laboratorien.
Das Laboratorium und die Meßinstrumente eines Bezugssystems müssen nicht unbedingt real sein. Sie können ebensogut Konstrukte sein, die nur im Gehirn eines Physikers existieren, um bestimmte Fragen zu untersuchen wie zum Beispiel: Wenn ich in einem Raumschiff durch den Asteroidengürtel fliegen und die Größe eines bestimmten Asteroiden messen würde, welches Ergebnis würde ich erhalten? Dabei stellt man sich vor, daß das Raumschiff mit einem Laboratorium verbunden sei (dem Bezugssystem), dessen Instrumente man benutzt, um die Messungen durchzuführen.
Einstein formulierte sein Relativitätsprinzip allerdings nicht für beliebige Bezugssysteme, sondern für ganz bestimmte: für solche nämlich, die sich aufgrund ihrer Trägheit gleichförmig bewegen, die also weder einer Beschleunigung noch einer Verlangsamung durch die Einwirkung irgendwelcher Kräfte ausgesetzt sind. Solche Bezugssysteme nannte Einstein *Inertialsysteme,* weil ihre Bewegung nur von der ihnen eigenen Trägheit (inert = träge) bestimmt wird.
Ein mit einer gezündeten Rakete verbundenes Bezugssystem (das Laboratorium in der Rakete) ist *kein* Inertialsystem, da seine Bewegung nicht nur von der eigenen Trägheit, sondern auch von der Schubkraft der Rakete beeinflußt

wird. Infolge der Schubkraft ist die Bewegung des Bezugssystems nicht gleichförmig. Ein Bezugssystem, das mit einer in die Erdatmosphäre zurückkehrenden Raumfähre verbunden ist, kann ebenfalls nicht als Inertialsystem betrachtet werden, da die Reibung zwischen der Außenfläche der Fähre und den Luftmolekülen der Atmosphäre das Raumfahrzeug bremst und seine Bewegung folglich nicht gleichförmig ist.

Von größter Bedeutung in diesem Zusammenhang ist der Umstand, daß in der Nähe eines massereichen Körpers wie der Erde alle Bezugssysteme der Schwerkraft unterworfen sind. Es gibt keine Möglichkeit, ein Bezugssystem (oder einen Körper) von der Gravitation abzuschirmen. Indem sich Einstein zunächst auf Inertialsysteme beschränkte, klammerte er aus seinen Überlegungen alle physikalischen Sachverhalte aus, in denen die Gravitation eine Rolle spielt.* In der Tat betrachtete er im Jahre 1905 ein idealisiertes Universum, in dem es überhaupt keine Gravitation gab. Extreme Idealisierungen wie diese sind für den Fortschritt in der Physik von großer Bedeutung, denn um sich Klarheit über bestimmte Fragen zu verschaffen, ist es oft sinnvoll, zunächst jene Aspekte des Problems zu vernachlässigen, die große Schwierigkeiten bereiten, und erst dann zu ihnen zurückzukehren, wenn man die vereinfachte Version intellektuell gemeistert hat. Einstein hatte das idealisierte Problem eines Universums ohne Gravitation im Jahre 1905 gelöst und kehrte nun zu dem schwierigeren Unterfangen zurück, das Wesen von Raum und Zeit in unserem realen, mit Gravitation ausgestatteten Universum zu begreifen, ein Unterfangen, das ihn letztlich zu dem Schluß führte, daß Raum und Zeit durch die Gravitation gekrümmt werden (Kapitel 2).

Nachdem wir nun den Begriff des Inertialsystems verstanden haben, sind wir für eine tiefere und präzisere Formulierung des Einsteinschen Relativitätsprinzips gerüstet: *Man formuliere ein beliebiges physikalisches Gesetz durch Messungen in einem Inertialsystem. Führt man nun die Messungen in einem beliebigen anderen Inertialsystem nochmals durch, muß das Gesetz genau dieselbe mathematische und logische Form annehmen wie in dem ursprünglichen Bezugssystem.* Mit anderen Worten, die physikalischen Gesetze dürfen keine Möglichkeit der Unterscheidung zwischen einem Inertialsystem, einem Zustand gleichförmiger Bewegung, und einem anderen solchen Zustand bieten.

* Dies bedeutet, daß es ein wenig unfair von mir war, in meinem obigen Beispiel einen schnellen Sportwagen zu verwenden, der ja der Schwerkraft der Erde unterliegt. Es zeigt sich jedoch, daß die in dem Beispiel dargelegten Sachverhalte davon nicht berührt werden, weil die Anziehungskraft der Erde senkrecht zur Bewegungsrichtung des Autos wirkt.

Ich will dies anhand von zwei physikalischen Gesetzen veranschaulichen:

- »Ein kräftefreier Körper, der in einem Inertialsystem in einem Zustand der Ruhe verharrt, wird diesen Zustand für immer beibehalten. Ebenso wird ein kräftefreier Körper, der sich durch ein Inertialsystem bewegt, diese Bewegung für immer geradlinig und gleichförmig fortsetzen.« Wenn es (wie im vorliegenden Fall) guten Grund für die Annahme gibt, daß die relativistische Fassung des ersten Newtonschen Bewegungsgesetzes in mindestens einem Inertialsystem zutreffend ist, dann muß dieses Gesetz in Übereinstimmung mit dem Relativitätsprinzip in allen Inertialsystemen richtig sein, gleichgültig, wo sie sich im Universum befinden und wie schnell sie sich bewegen.

- Auch die Maxwellschen Gesetze müssen in allen Bezugssystemen dieselbe mathematische Form annehmen. Dies schien jedoch nicht der Fall zu sein, als sich die Wissenschaftler noch auf das Fundament der Newtonschen Physik stützten. (Magnetische Feldlinien konnten in manchen Bezugssystemen geschlossen sein und in anderen offen.) Dieser Umstand beunruhigte Lorentz, Poincaré, Larmor und Einstein zutiefst. Nach Einsteins Auffassung war es völlig unannehmbar, daß die Gesetze in einem bestimmten Bezugssystem einfach und schön waren, in jenem des Äthers nämlich, und in allen Systemen, die sich relativ zum Äther bewegten, kompliziert und häßlich wurden. Indem er die Grundlagen der Physik völlig überarbeitete, schuf Einstein die Voraussetzungen dafür, daß die Maxwellschen Gesetze in allen Inertialsystemen dieselbe einfache und elegante Form annahmen. (Zum Beispiel: »Magnetische Feldlinien sind stets geschlossene Linien.«)

Das Relativitätsprinzip ist weniger ein physikalisches Gesetz, als vielmehr ein *Metaprinzip*. Es stellt eine Regel auf, die (nach Einsteins Auffassung) von allen physikalischen Gesetzen erfüllt sein muß, gleichgültig auf welche Phänomene sich die Gesetze beziehen, seien dies nun elektrische und magnetische Erscheinungen, Atome, Moleküle, Dampfmaschinen oder Sportwagen. Die Autorität dieses Metaprinzips ist atemberaubend. Jedes neuformulierte Gesetz muß an ihm gemessen werden. Nur wenn es diese Probe besteht (das heißt, wenn es in allen Inertialsystemen gleich ist), kann man hoffen, daß es das Verhalten unseres Universums zutreffend beschreibt. Wenn es dagegen bei diesem Test versagt, hat das Gesetz keine Chance. Dann muß es, so Einstein, verworfen werden.

Die Erfahrungen, die wir in den bald einhundert Jahren seit 1905 sammeln konnten, deuten darauf hin, daß Einstein recht hatte. Alle neuen Gesetze, die seither erfolgreich angewandt wurden, um das reale Universum zu beschreiben, gehorchen dem Einsteinschen Relativitätsprinzip. Dieses Metaprinzip hat sich als eine Art Feuerprobe für physikalische Gesetze etabliert.

Im Mai 1905 hatte Einstein durch die Diskussion mit Michele Angelo Besso endlich seine geistige Blockade überwunden und die Begriffe »absoluter Raum« und »absolute Zeit« abgeschafft. Nun benötigte er nur noch wenige Wochen, um die Überlegungen und Berechnungen zu vollenden, die zur Formulierung eines neuen physikalischen Fundaments und zu einem neuen Verständnis von Raum, Zeit, Elektromagnetismus und dem Verhalten sehr schneller Körper führten. Zwei seiner Erkenntnisse waren besonders spektakulär. Erstens: Masse kann in Energie umgewandelt werden (eine grundlegende Erkenntnis für den späteren Bau der Atombombe, siehe Kapitel 6). Zweitens: Die Trägheit jedes Körpers muß mit wachsender Annäherung an die Lichtgeschwindigkeit so rapide zunehmen, daß er niemals die Lichtgeschwindigkeit erreichen oder gar überschreiten kann, gleichgültig, wieviel Kraft aufgewendet wird.*

Ende Juni faßte Einstein seine Überlegungen in einem wissenschaftlichen Artikel zusammen und sandte ihn an die Redaktion der *Annalen der Physik*. Sein Aufsatz trug den etwas unscheinbaren Titel »Über die Elektrodynamik bewegter Körper«, doch war sein Inhalt alles andere als gewöhnlich. Schon nach flüchtiger Durchsicht konnte man erkennen, daß Einstein, jener Angestellte »III. Klasse« des Schweizer Patentamtes, die Grundlagen der Physik völlig neu formuliert hatte. Er hatte ein Metaprinzip vorgeschlagen, dem alle künftigen physikalischen Gesetze gehorchen mußten; er hatte unsere Vorstellungen von Raum und Zeit radikal überarbeitet und war dabei zu spektakulären Schlußfolgerungen gelangt. Einsteins neues physikalisches Fundament und die sich daraus ergebenden Folgerungen wurden bald unter dem Begriff *spezielle Relativitätstheorie* bekannt (»speziell« deshalb, weil sie das Universum nur in jenen speziellen Fällen zutreffend beschreibt, in denen die Gravitation keine Rolle spielt).

Einsteins Artikel ging am 30. Juni 1905 bei der Leipziger Redaktion von *Annalen der Physik* ein.[27] Er wurde von einem Experten begutachtet, für akzeptabel befunden und dann veröffentlicht.

In den Wochen nach der Veröffentlichung wartete Einstein gespannt auf eine

* Beachten Sie jedoch in diesem Zusammenhang Kapitel 14.

Reaktion seitens der großen Physiker jener Zeit. Sein Standpunkt und seine Schlußfolgerungen unterschieden sich so radikal von den gängigen Vorstellungen und er konnte sich nur auf so wenige experimentelle Daten stützen, daß er mit scharfer Kritik und heftigen Kontroversen rechnete. Statt dessen empfing ihn eisiges Schweigen. Erst viele Wochen später erhielt er schließlich einen Brief aus Berlin: Max Planck bat um Erläuterung einiger technischer Fragen zu dem Artikel. Einstein war überglücklich! Die Aufmerksamkeit des berühmtesten lebenden Physikers seiner Zeit erregt zu haben war zutiefst befriedigend. Und als Planck im folgenden Jahr Einsteins Relativitätsprinzip als ein wichtiges Werkzeug für seine eigenen Forschungen benutzte, fühlte sich Einstein noch mehr ermutigt.

Die Anerkennung durch Planck, die allmähliche Zustimmung anderer führender Physiker und vor allem das eigene Selbstvertrauen stärkten Einstein in den folgenden zwanzig Jahren den Rücken, als die erwartete Kontroverse um seine Relativitätstheorie schließlich entbrannte. Die Auseinandersetzung wurde noch im Jahre 1922 so heftig geführt, daß der Sekretär der Schwedischen Akademie der Wissenschaften in seinem Nobelpreis-Telegramm an Einstein explizit darauf hinwies, daß die Relativitätstheorie *nicht* zu den Arbeiten gehörte, für die er die Auszeichnung erhielt.

Beendet wurde der Streit erst in den dreißiger Jahren, als die Technik so weit fortgeschritten war, daß Voraussagen der speziellen Relativitätstheorie mit ausreichender Genauigkeit verifiziert werden konnten. Mittlerweile gibt es nicht den geringsten Zweifel mehr: Täglich werden mehr als 10^{17} Elektronen in Teilchenbeschleunigern an der Stanford University, der Cornell University und an anderen Forschungseinrichtungen der Welt auf Geschwindigkeiten bis zu 99,999999995 Prozent der Lichtgeschwindigkeit beschleunigt. Das Verhalten der Elektronen bei diesen ultrahohen Geschwindigkeiten steht in völliger Übereinstimmung mit den von Einstein in seiner speziellen Relativitätstheorie formulierten physikalischen Gesetzen. So erhöht sich beispielsweise die Trägheit von Elektronen bei zunehmender Annäherung an die Lichtgeschwindigkeit so sehr, daß sie die Lichtgeschwindigkeit niemals erreichen können – eine Bestätigung von Einsteins Theorie.

Ein anderer Beweis betrifft die Myonen: Wenn die beschleunigten Elektronen mit Materie zusammenstoßen, erzeugen sie hochenergetische Teilchen, sogenannte Myonen, die, gemessen an dem Zeitmaßstab ihres Bezugssystems, nur ungefähr 2,22 Mikrosekunden leben. Dem Physiker, der in seinem Laboratorium im Zustand der Ruhe verharrt, scheinen sie jedoch aufgrund der Zeitdilatation mehr als 100 Mikrosekunden zu leben.

Das Wesen physikalischer Gesetze

Bedeutet der Erfolg der Einsteinschen speziellen Relativitätstheorie, daß wir die Newtonschen physikalischen Gesetze völlig abschaffen müssen? Offensichtlich nicht. Die Newtonschen Gesetze finden nicht nur im Alltag, sondern auch in den meisten wissenschaftlichen Disziplinen und in der Technik noch weite Anwendung. Wenn wir mit dem Flugzeug verreisen, macht sich niemand über die Zeitdilatation Gedanken. Ebensowenig kümmern sich die Ingenieure, die ein Flugzeug entwerfen, um die Längenkontraktion. Beide Effekte sind viel zu geringfügig, um eine Rolle zu spielen.

Natürlich *könnten* wir, wenn wir wollten, auch im Alltag die Einsteinschen Gesetze statt der Newtonschen Gesetze verwenden. Die physikalischen Voraussagen sind jedoch fast identisch, denn die im täglichen Leben vorkommenden relativen Geschwindigkeiten sind verglichen mit der Lichtgeschwindigkeit vernachlässigbar klein.

Einsteins und Newtons Voraussagen unterscheiden sich erst bei Geschwindigkeiten, die in der Nähe der Lichtgeschwindigkeit liegen. Nur in diesen Fällen ist es zwingend erforderlich, die Newtonschen Voraussagen zu ignorieren und sich streng an die Einsteinschen Gesetze zu halten.

Dies ist ein Beispiel für ein sehr allgemeines Muster, das uns in den kommenden Kapiteln noch öfter begegnen wird und das sich in der Geschichte der Physik mehrfach wiederholt hat: Eine Reihe von Gesetzen (in unserem Fall die Newtonschen Gesetze) genießen zunächst allgemeine Gültigkeit, da sie sehr gut mit den Experimenten übereinstimmen. Mit der Zeit werden die Experimente jedoch genauer, und es stellt sich heraus, daß die Gesetze nur in einem bestimmten Bereich gut funktionieren. Sie haben nur einen begrenzten *Geltungsbereich.* (Im Beispiel der Newtonschen Gesetze ist dies der Bereich der Geschwindigkeiten, die im Vergleich zur Lichtgeschwindigkeit gering sind.) Physiker bemühen sich dann auf experimentellem und theoretischem Weg, zu verstehen, was an der Grenze des Geltungsbereiches geschieht. Schließlich formulieren sie eine Reihe neuer Gesetze, die sowohl innerhalb als auch außerhalb des Geltungsbereiches der alten Gesetze funktionieren. (In unserem Fall ist dies *Einsteins spezielle Relativitätstheorie,* die nicht nur bei Geschwindigkeiten in der Nähe der Lichtgeschwindigkeit, sondern auch bei niedrigen Geschwindigkeiten richtige Ergebnisse liefert.) Dieser Prozeß wiederholt sich nun. In künftigen Kapiteln werden wir auf die einzelnen Wiederholungen näher eingehen. So versagt die spezielle Relativitätstheorie dort, wo die Gravitation eine Rolle spielt, und wurde deshalb durch die Gesetze der allgemeinen Relativitätstheorie ersetzt (siehe

Kapitel 2); die allgemeine Relativitätstheorie wiederum versagt, wenn es um die Singularität in einem Schwarzen Loch geht, und wurde deshalb von Gesetzen abgelöst, die unter dem Begriff *Quantengravitation* zusammengefaßt sind (siehe Kapitel 13).

Bei jedem dieser Ablösungsprozesse verhielt es sich so, daß Physiker (wenn sie klug genug waren) keine experimentellen Hinweise brauchten, um zu wissen, welches die Schwächen der alten Theorie waren und wo die Grenzen ihres Geltungsbereiches lagen. Wir haben dies bereits im Fall der Newtonschen Physik gesehen. So harmonierten Maxwells Gesetze der Elektrodynamik nicht gut mit der Newtonschen Vorstellung eines absoluten Raumes. Im Ruhezustand eines absoluten Raumes (das heißt im Bezugssystem des Äthers) waren die Maxwellschen Gesetze einfach und elegant: »Magnetische Feldlinien sind geschlossene Linien.« In bewegten Bezugssystemen veränderten sich die Gesetze jedoch und wurden häßlich und kompliziert: »Manchmal sind magnetische Feldlinien keine geschlossenen Linien.« Diese Komplikationen hatten allerdings vernachlässigbar kleine Auswirkungen auf die experimentellen Ergebnisse, wenn es um bewegte Bezugssysteme ging, deren Geschwindigkeiten im Vergleich zur Lichtgeschwindigkeit gering waren. In diesen Fällen waren alle Feldlinien geschlossene Linien. Nur bei Geschwindigkeiten nahe der Lichtgeschwindigkeit sagten die Gesetze so gravierende Komplikationen voraus, daß ihre Auswirkungen meßbar würden: Zahlreiche nicht geschlossene magnetische Feldlinien würden auftauchen. Folglich war es auch ohne das Michelson-Morley-Experiment durchaus legitim zu vermuten, daß der Geltungsbereich der Newtonschen Physik auf vergleichsweise geringe Geschwindigkeiten begrenzt war und die Newtonschen Gesetze für Geschwindigkeiten in der Nähe der Lichtgeschwindigkeit versagten.

In Kapitel 2 werden wir sehen, wie die spezielle Relativitätstheorie selbst auf ihre Unzulänglichkeit hinweist, wenn es um Bezugssysteme mit Gravitation geht, und in Kapitel 13 wird beschrieben, wie die allgemeine Relativitätstheorie erkennen läßt, daß sie in der Umgebung einer Singularität versagt.

Betrachtet man die oben geschilderte Vervollkommnung physikalischer Gesetze (von der Newtonschen Physik über die spezielle und die allgemeine Relativitätstheorie zur Quantengravitation) und berücksichtigt man ferner eine ähnliche Entwicklung der für die Struktur von Materie und Elementarteilchen geltenden Gesetze, so gelangen die meisten Physiker zu dem Schluß, daß dieser Prozeß konvergiert. Sie glauben, daß dieser Prozeß der Ablösung alter Gesetze durch neue, bessere schließlich zur Formulierung einer Sammlung endgültiger Gesetze führen wird, die das Universum wirklich und wahrhaftig bestimmen:

Gesetze, die das Universum *zwingen,* sich so zu verhalten, wie wir es kennen, die den Regen *zwingen,* an einem Fenster zu kondensieren, die die Sonne *zwingen,* Wasserstoff zu verbrennen, die Schwarze Löcher *zwingen,* Gravitationswellen auszusenden, wenn sie kollidieren etc.

Man könnte vielleicht einwenden, daß sich jede Sammlung von Gesetzen stark von ihrem jeweiligen Nachfolger unterscheidet. (So besteht scheinbar ein großer Unterschied zwischen der absoluten Zeit der Newtonschen Physik und den vielen verschiedenen Zeitflüssen der speziellen Relativitätstheorie.) Dem äußeren Anschein nach konvergieren die Gesetze also nicht. Warum sollten wir dennoch annehmen, daß sie dies tun? Die Antwort lautet: Wir müssen zwischen den Voraussagen von Gesetzen und den geistigen Bildern, die sie vermitteln (ihrer »äußeren Erscheinung«), scharf unterscheiden. Eine Konvergenz der Gesetze erwarte ich nur in ihren Aussagen, aber dies ist letztlich das einzige, was zählt. Die geistigen Bilder (eine einzige absolute Zeit in der Newtonschen Physik gegenüber vielen Zeitflüssen in der relativistischen Physik) berühren das *Wesen der Realität* nicht. In der Tat ist es möglich, die »äußere Form« einer Sammlung von Gesetzen vollständig zu ändern, ohne daß ihre Voraussagen davon betroffen sind. In Kapitel 11 werde ich auf diesen bemerkenswerten Umstand anhand einiger Beispiele näher eingehen und erklären, welche Auswirkungen dies auf das Wesen der Wirklichkeit hat.

Warum erwarte ich eine Konvergenz der physikalischen Gesetze, was ihre Voraussagen betrifft? Weil alle Anzeichen darauf hindeuten. Jede Sammlung von Gesetzen hat einen umfassenderen Geltungsbereich als ihr Vorgänger: Newtons Gesetze funktionieren in allen Bereichen des täglichen Lebens, nicht jedoch in den Teilchenbeschleunigern der Hochenergiephysik und nicht in den exotischen Gebilden des entfernten Universums wie Pulsaren, Quasaren und Schwarzen Löchern. Die Gesetze der Einsteinschen allgemeinen Relativitätstheorie funktionieren in unseren Laboratorien auf der Erde ebenso wie überall im Universum. Sie versagen jedoch, wenn es um das Innere Schwarzer Löcher und um den Urknall geht, in dem das Universum entstand. Von den Gesetzen der Quantengravitation (die wir noch nicht sehr gut verstehen) könnte sich nun herausstellen, daß sie in der Tat überall funktionieren.

Im vorliegenden Buch werde ich, ohne mich zu rechtfertigen, die Auffassung vertreten, daß es eine endgültige Sammlung physikalischer Gesetze gibt (die wir zwar noch nicht kennen, die es aber möglicherweise in Form der Quantengravitation geben wird). Diese Gesetze *bestimmen* das Universum um uns herum, überall. Sie *zwingen* das Universum, sich so zu verhalten, wie wir es kennen. Wenn ich mich um eine möglichst genaue Ausdrucksweise bemühe, sage ich, daß die Gesetze, mit denen wir derzeit arbeiten, eine »Näherung« an diese endgültigen Gesetze darstellen bzw. daß sie sie »näherungsweise beschreiben«. Im allgemeinen werde ich mich jedoch salopper ausdrücken und keine so explizite Unterscheidung zwischen den wahren Gesetzen und unseren Näherungen treffen. So werde ich beispielsweise einfach sagen, daß die Gesetze der allgemeinen Relativität (und nicht die wahren Gesetze) ein Schwarzes Loch *zwingen,* Licht so stark anzuziehen, daß es das Loch nicht verlassen kann. Dies ist die Art und Weise, wie Physiker denken, wenn sie sich bemühen, das Verständnis des Universums voranzutreiben. Es ist eine überaus fruchtbare Denkweise. Sie hat dazu beigetragen, daß wir die Implosion von Sternen, Schwarze Löcher, Gravitationswellen und andere Phänomene weitaus besser verstehen als je zuvor.

Dieser Standpunkt ist jedoch unvereinbar mit der verbreiteten Auffassung, daß Physiker mit *Theorien* arbeiten, die zwar das Universum zu beschreiben versuchen, die jedoch reine Erfindungen des Menschen sind und keinen wirklichen Einfluß auf das Universum haben. Der Begriff *Theorie* hat in der Tat einen so nachhaltigen Beiklang von Vorläufigkeit und menschlicher Schrulligkeit, daß ich weitgehend auf dieses Wort verzichten möchte. An seiner Stelle verwende ich die Formulierung *physikalische Gesetze,* einen Begriff, der zum Ausdruck bringen soll, daß das Universum in der Tat diesen Gesetzmäßigkeiten gehorcht.

2. Kapitel

Die Krümmung von Raum und Zeit

worin Hermann Minkowski Raum und Zeit vereinheitlicht und Einstein sie krümmt

Minkowskis absolute Raumzeit

> Die Anschauungen über Raum und Zeit, die ich Ihnen entwickeln möchte, sind auf experimentell-physikalischem Boden erwachsen. Darin liegt ihre Stärke. Ihre Tendenz ist eine radikale. Von Stund an sollen Raum für sich und Zeit für sich völlig zu Schatten herabsinken, und nur noch eine Art Union der beiden soll Selbständigkeit bewahren.[1]

Mit diesen Worten offenbarte Hermann Minkowski im September 1908 der Welt eine neue Erkenntnis über das Wesen von Raum und Zeit.

Einstein hatte gezeigt, daß Raum und Zeit »relativ« waren. Die Länge eines Körpers und die Dauer eines Vorgangs sind für Beobachter in verschiedenen Bezugssystemen unterschiedlich. Meine Zeit unterscheidet sich von der Ihren, wenn ich mich relativ zu Ihnen bewege, und mein Raum ist ein anderer als Ihrer. Meine Zeit ist eine Mischung Ihrer Zeit und Ihres Raumes, ebenso wie mein Raum eine Mischung Ihres Raumes und Ihrer Zeit ist.

Minkowski nun hatte, ausgehend von Einsteins Arbeiten, entdeckt, daß das Universum eine vierdimensionale »Raumzeit« besitzt, die nicht relativ, sondern absolut ist. Diese vierdimensionale Struktur ist von allen Bezugssystemen aus betrachtet gleich (wenn man es nur versteht, sie zu »sehen«) und existiert unabhängig von ihnen. Die folgende kleine Geschichte (die aus Taylor und Wheeler 1992 entlehnt ist) soll verdeutlichen, welche Idee Minkowskis Entdeckung zugrunde lag:

Es war einmal in einem fernen Meer eine Insel mit dem Namen Mledina. Dort lebte ein Volk mit seltsamen Gebräuchen und religiösen Vorschriften. Jedes Jahr im Juni, am längsten Tag des Jahres, machten sich alle Männer von Mledina in einem riesigen Segelschiff auf den Weg zu einer heiligen Insel namens Serona, um dort den Rat einer weisen Kröte einzuholen. Die ganze Nacht lang pflegten sie den wundersamen Erzählungen der Kröte über Sterne und Galaxien, Pulsare und

Quasare zu lauschen, bis sie am nächsten Tag, erfüllt von Eindrücken, von denen sie das ganze folgende Jahr zehren konnten, nach Mledina zurücksegelten.
Jedes Jahr im Dezember, in der längsten Nacht des Jahres, segelten die Frauen von Mledina nach Serona, lauschten den ganzen folgenden Tag den Geschichten der Kröte und kehrten in der nächsten Nacht zurück, erfüllt von dem, was ihnen die Kröte über Sterne und Galaxien, Quasare und Pulsare erzählt hatte.
Die Sitte schrieb es nun vor, daß keine Frau von Mledina je einem Mann etwas von ihrer Reise zur heiligen Insel Serona und den Offenbarungen der Kröte erzählen durfte. Das galt umgekehrt auch für die Männer.
Im Sommer 1905 geschah es nun aber, daß ein revolutionärer junger Mann aus Mledina namens Albert zwei heilige Seekarten entdeckte, die er ungeachtet der Tradition allen Männern und Frauen der Insel zeigte. Bei der einen Karte handelte es sich allem Anschein nach um diejenige, die von der obersten Priesterin Mledinas auf der alljährlichen Pilgerreise der Frauen nach Serona zur Navigation benutzt wurde. Die andere war die vom obersten Priester Mledinas auf der jährlichen Reise der Männer zu Rate gezogene Seekarte. Unsägliche Scham erfüllte die Männer, als sie ihre heilige Karte so unwürdig enthüllt sahen. Die Scham der Frauen war nicht geringer. Doch hier lagen die Karten nun, niemand konnte die Augen davor verschließen, und sie gaben Anlaß zu einem großen Schock: Die Position der heiligen Insel stimmte in den beiden Karten nicht überein. Die Frauen segelten 210 Achtelmeilen nach Osten und dann 100 Achtelmeilen nach Norden, während die Männer 164,5 Achtelmeilen nach Osten und dann 164,5 Achtelmeilen nach Norden segelten. Wie war dies möglich? Die religiöse Überlieferung war unmißverständlich: Frauen und Männer mußten jedes Jahr dieselbe heilige Kröte auf der derselben heiligen Insel Serona aufsuchen, um Erleuchtung zu finden.
Die meisten Bewohner Mledinas versuchten, die Sache abzutun, indem sie behaupteten, die Karten seien Fälschungen. Ein weiser alter Mann namens Her-

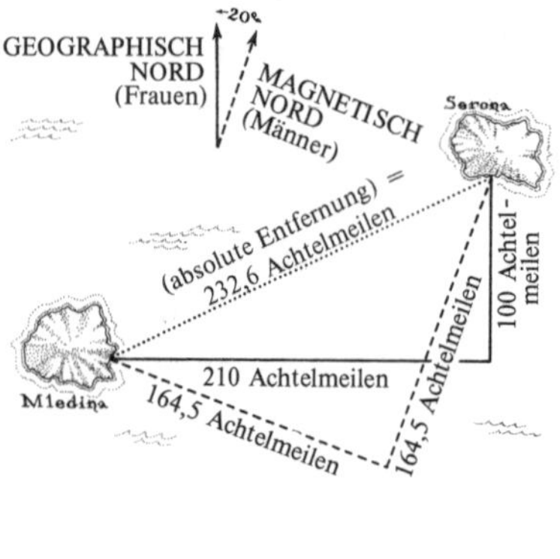

Abb. 2.1: Die zwei übereinanderprojizierten Karten für die Seereise von Mledina nach Serona mit Angaben zur geographischen und magnetischen Nordrichtung sowie zur absoluten Entfernung.

mann glaubte jedoch an ihre Echtheit. Drei Jahre lang bemühte er sich, das Geheimnis der widersprüchlichen Karten aufzulösen, bis ihm schließlich im Herbst 1908 die Wahrheit aufging: Die Männer Mledinas orientierten sich am magnetischen Kompaß, die Frauen an den Sternen. Während die Männer Mledinas die Himmelsrichtungen nach dem magnetischen Nordpol bestimmten, legten die Frauen ihrer Navigation die Erdrotation zugrunde, die für die Bewegung der Sterne am Himmel verantwortlich ist. Beide Methoden unterschieden sich um zwanzig Grad. Wenn die Männer also nach Norden zu segeln glaubten, nahmen sie in Wirklichkeit einen Kurs, der um zwanzig Grad in östlicher Richtung von Nord abwich. So gesehen war die Himmelsrichtung, die die Männer als Nord bezeichneten, für die Frauen eine Mischung aus Nord und Ost, während der von den Frauen als Nord bezeichnete Kurs für die Männer eine Mischung aus Nord und West war.

Den Schlüssel zu dieser Entdeckung verdankte Hermann dem Satz des Pythagoras: Man nehme die zwei Katheten eines rechtwinkligen Dreiecks und bilde jeweils das Quadrat ihrer Länge. Addiert man die beiden Quadrate und zieht daraus die Quadratwurzel, so erhält man die Länge der Hypotenuse.

Die Hypotenuse des Dreiecks war in diesem Fall die direkte Verbindung zwischen Mledina und Serona. Wenn man die Karte der Frauen benutzte, bei der die Himmelsrichtungen am wahren Nordpol ausgerichtet waren, betrug die direkte Entfernung zwischen Mledina und Serona $\sqrt{210^2 + 100^2} = 232{,}6$ Achtelmeilen. Benutzte man die Karte der Männer, die den magnetischen Nordpol zugrunde legte, betrug sie $\sqrt{164{,}5^2 + 164{,}5^2} = 232{,}6$ Achtelmeilen. Die in östlicher und nördlicher Richtung zurückgelegten Entfernungen waren somit »relativ«, da sie davon abhingen, ob der Bezugsrahmen der Karte durch den magnetischen oder den wahren Nordpol definiert war. Doch aus jedem Paar relativer Entfernungen ergab sich dieselbe absolute Entfernung für die direkte Verbindung.

- Eine ähnliche Entdeckung machte Hermann Minkowski: Angenommen, Sie befinden sich relativ zu mir in einem Zustand der Bewegung (beispielsweise in Ihren superschnellen Sportwagen). In diesem Fall gilt:

- So wie die magnetische Nordrichtung eine Mischung aus wahrem Nord und wahrem Ost darstellt, ist meine Zeit eine Mischung aus Ihrer Zeit und Ihrem Raum.

- So wie die magnetische Ostrichtung eine Mischung aus wahrem Ost und wahrem Süd darstellt, ist mein Raum eine Mischung aus Ihrem Raum und Ihrer Zeit.

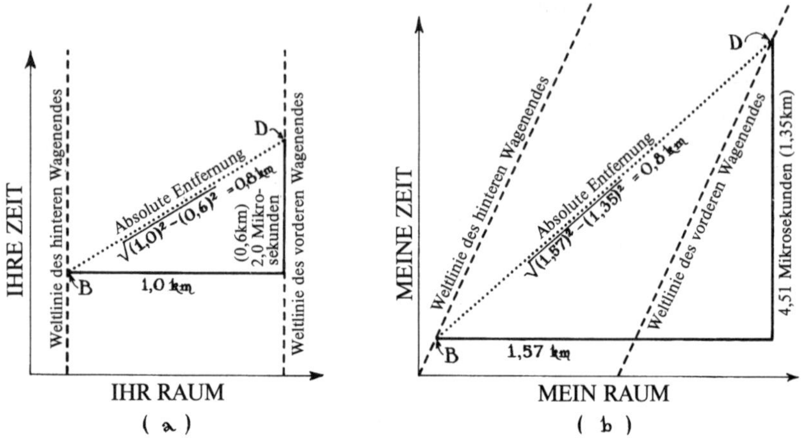

Kasten 2.1

Minkowskis Formel

Stellen Sie sich vor, Sie rasen mit einem 1 Kilometer langen Sportwagen mit einer Geschwindigkeit von 162000 Kilometern pro Sekunde (54 Prozent der Lichtgeschwindigkeit) an mir vorbei (Abb. 1.3). Die Bewegung Ihres Wagens ist in den folgenden Raumzeitdiagrammen dargestellt. Diagramm (a) zeigt die Situation aus Ihrer Perspektive, Diagramm (b) aus meiner. Während Sie an mir vorbeifahren, stößt der Auspuff Ihres Autos plötzlich infolge einer Fehlzündung eine schwarze Rauchwolke aus; dieses Ereignis wird in den Zeichnungen mit dem Buchstaben B bezeichnet. Zwei Mikrosekunden (zwei Millionstel Sekunden) später – aus Ihrer Sicht – explodiert ein Feuerwerkskörper auf der Kühlerhaube Ihres Wagens (Ereignis D).

Da Raum und Zeit relativ sind, haben wir unterschiedliche Ansichten, was den zeitlichen Abstand zwischen Ereignis B und Ereignis D betrifft. Zwischen ihnen liegen 2,0 Mikrosekunden nach Ihrer Uhr und 4,51 Mikrosekunden nach meiner. Auch hinsichtlich des räumlichen Abstands der beiden Ereignisse sind wir unterschiedlicher Meinung. In Ihrem Bezugssystem liegen sie 1 Kilometer auseinander, in meinem 1,57 Kilometer. Trotz dieser Diskrepanzen *stimmen wir darin überein,* daß die beiden Ereignisse durch eine gerade Linie in der vierdimensionalen Raumzeit verbunden werden können. Ferner *stimmen wir darin überein,* daß »der absolute Abstand« entlang dieser Geraden (die Raumzeit-Länge dieser Geraden) 0,8 Kilometer beträgt. (Dies entspricht der Übereinstimmung zwischen den Männern und Frauen von Mledina hinsichtlich der direkten Entfernung zwischen ihrer Insel und Serona.)

Mit Hilfe der Formel von Minkowski können wir den absoluten Abstand ausrechnen: Dazu multiplizieren wir jeweils den zeitlichen Abstand zwischen den Ereignissen mit der Lichtgeschwindigkeit (299 792 Kilometer pro Sekunde) und erhalten die im Diagramm dargestellten gerundeten Werte (0,600 Kilometer in Ihrem Raum, 1,35 Kilometer in meinem Raum). Dann bilden wir jeweils das Quadrat der räumlichen und zeitlichen Abstände zwischen Ereignis B und D, *subtrahieren* das Quadrat des zeitlichen Abstands von dem Quadrat des räumlichen Abstands und ziehen die Quadratwurzel. (Dies entspricht der Rechnung der Bewohner Mledinas, die die Abstände entlang östlicher und nördlicher Richtung quadrierten, die Ergebnisse *addierten* und dann die Quadratwurzel zogen.) Obwohl unsere Messungen der räumlichen und zeitlichen Abstände zwischen den Ereignissen B und D nicht übereinstimmen, erhalten wir, wie aus den Diagrammen hervorgeht, dasselbe Ergebnis für die Länge des absoluten Abstands: 0,8 Kilometer.

Zwischen der Formel von Minkowski, die unseren Berechnungen zugrunde lag, und der Formel von Pythagoras, die die Bewohner von Mledina benutzten, besteht nur ein wichtiger Unterschied: Wir zogen die Quadrate der Abstände voneinander ab, während die Bewohner von Mledina sie addierten. Dieser Unterschied hängt damit zusammen, daß die Bewohner Mledinas sich auf die Oberfläche der Erde bezogen, während wir die vierdimensionale Raumzeit untersucht haben. Auf die Gefahr hin, Sie zu verärgern, werde ich jedoch diesen Zusammenhang nicht näher erklären, sondern verweise den interessierten Leser auf die Erläuterungen bei Taylor und Wheeler (1992).

- So wie die nach dem magnetischen und nach dem geographischen Nordpol definierten Himmelsrichtungen nur verschiedene Methoden sind, eine vorgegebene zweidimensionale Oberfläche zu beschreiben (die Erdoberfläche nämlich), sind Raum und Zeit, wie sie von Ihnen und von mir empfunden werden, nur verschiedene Methoden, Messungen auf einer vorgegebenen vierdimensionalen »Oberfläche« vorzunehmen, die Minkowski als *Raumzeit* bezeichnete.

- So wie es auf der Erdoberfläche eine kürzeste Verbindung zwischen Mledina und Serona gibt, die mit Hilfe des Satzes von Pythagoras berechnet werden kann, gibt es auch in der Raumzeit eine absolute Entfernung zwischen zwei beliebigen Ereignissen. Diese läßt sich mit Hilfe einer dem Satz des Pythagoras analogen Formel berechnen, wobei die in den jeweiligen Bezugssystemen gemessenen Längen und Zeiten zugrunde gelegt werden.

Es war diese dem Satz des Pythagoras analoge Formel, die Minkowski zu seiner Entdeckung der absoluten Raumzeit gelangen ließ. Die mathematischen Einzelheiten werden im weiteren Verlauf des Buches keine Rolle spielen, so daß keine Notwendigkeit besteht, sie sich anzueignen. (Für den interessierten Leser habe ich sie dennoch kurz in Kasten 2.1 erklärt.) Bedeutsam ist aber folgendes: Ereignisse in der Raumzeit sind analog zu Punkten im Raum. Wie zwischen zwei Punkten auf einem ebenen Blatt Papier gibt es auch zwischen zwei Ereignissen in der Raumzeit eine kürzeste Verbindung, die absolut, das heißt unabhängig von dem jeweils benutzten Bezugssystem, ist. Diese Tatsache zeigt, daß die Raumzeit eine absolute Realität besitzt. Sie ist ein vierdimensionales Gebilde mit Eigenschaften, die nicht von der Bewegung des jeweiligen Beobachters abhängen.

Wie wir auf den folgenden Seiten sehen werden, ist die Gravitation eine Folge der Krümmung der absoluten, vierdimensionalen Raumzeit, und auch Schwarze Löcher, Wurmlöcher, Gravitationswellen und Singularitäten sind im Grunde nichts anderes als verschiedene Strukturen der Raumzeit, die jeweils eine ganz bestimmte Art der Krümmung verkörpern.

Da die absolute Struktur der Raumzeit so viele faszinierende Phänomene zur Folge hat, ist es bedauerlich, daß wir sie in unserem täglichen Leben nicht wahrnehmen. Daran ist der gegenwärtige Stand der Technik schuld, der es uns im täglichen Leben nicht erlaubt, hohe Geschwindigkeiten zu erreichen. So sind auch die schnellsten Rennwagen wesentlich langsamer als das Licht. Da die Geschwindigkeiten, mit denen wir uns relativ zueinander bewegen, so gering sind, erfahren wir Raum und Zeit nur als getrennte Größen. Die Unterschiede zwischen den von verschiedenen Beobachtern gemessenen Längen und Zeiten fallen uns überhaupt nicht auf; wir merken also nicht, daß Raum und Zeit relativ sind. Ebensowenig fällt uns auf, daß unsere relativen Räume und Zeiten eine absolute, vierdimensionale Struktur bilden, die Raumzeit.

Minkowski war, wie Sie sich vielleicht erinnern werden, jener Mathematikprofessor, der Einstein in seiner Studienzeit einmal einen faulen Hund genannt hatte. Im Jahre 1902 verließ der gebürtige Russe die ETH in Zürich, um einen Ruf nach Göttingen anzunehmen. (Schon damals war die Wissenschaft ein internationales Unternehmen.) In Göttingen stieß Minkowski auf den Artikel Einsteins über die spezielle Relativität und war beeindruckt. In der Tat war es seine Auseinandersetzung mit diesem Artikel, die ihn im Jahre 1908 zu der Entdekkung führte, daß die vierdimensionale Raumzeit absolut ist.

Als Einstein dagegen von Minkowskis Entdeckung erfuhr, war er *keineswegs* beeindruckt. Seiner Ansicht nach formulierte Minkowski die Gesetze der speziellen Relativität nur in eine neue, stärker mathematisch geprägte Sprache um, die die den Gesetzen zugrundeliegenden physikalischen Ideen verschleierte. Als Minkowski verschiedentlich auf die Schönheit seiner Raumzeitperspektive hinwies, machte sich Einstein über die Göttinger Mathematiker lustig, die die Relativität in eine so komplizierte Sprache kleideten, daß die Physiker sie nicht mehr verstünden. Aber hier irrte Einstein. Vier Jahre später, im Jahre 1912, sollte er erkennen, daß Minkowskis absolute Raumzeit eine wesentliche Voraussetzung für die Eingliederung der Gravitation in die spezielle Relativitätstheorie darstellte. Leider erlebte Minkowski diesen Triumph nicht mehr. Er starb 1909 im Alter von fünfundvierzig Jahren an einer Blinddarmentzündung. Ich werde die von Minkowski eingeführte absolute Raumzeit später in diesem Kapitel wieder aufgreifen, doch zunächst ist es notwendig, eine andere bedeutsame Entwicklung zu beschreiben, die stattfand, bevor Einstein die Leistung Minkowskis erkannte. Gemeint ist Einsteins Versuch, die Newtonschen Gravitationsgesetze mit der speziellen Relativitätstheorie in Einklang zu bringen.

Newtons Gravitationsgesetz und Einsteins erste Bemühungen, es mit der Relativität zu verknüpfen

Newton stellte sich die Gravitation als eine Kraft vor, die zwischen zwei beliebigen Körpern im Universum in Form einer gegenseitigen Anziehung wirkt. Je größer die Massen der beiden Körper sind und je kleiner ihr Abstand voneinander ist, desto stärker wirkt die Kraft. Genauer gesagt, die Kraft ist proportional dem Produkt der Massen der Körper und umgekehrt proportional dem Quadrat ihres Abstands. Dieses Gravitationsgesetz stellte eine beeindruckende geistige Errungenschaft dar. In Verbindung mit den Newtonschen Bewegungsgesetzen erklärte es die Umlaufbahnen der Planeten um die Sonne und die der Monde um die Planeten, es erklärte die Gezeitenkräfte auf der Erde und das Verhalten fallender Körper. Es versetzte Newton und seine Zeitgenossen in die Lage, die Massen von Sonne und Erde zu bestimmen.*

Im Laufe der zwei Jahrhunderte zwischen Newton und Einstein waren die astronomischen Beobachtungen um ein Vielfaches genauer geworden, so daß das Newtonsche Gravitationsgesetz immer strengeren Prüfungen unterzogen werden konnte. Gelegentlich stimmten die Ergebnisse neuer Messungen nicht mit dem Newtonschen Gesetz überein, doch stellte es sich im Laufe der Zeit immer heraus, daß die Beobachtungen oder ihre Interpretation falsch gewesen

* Siehe die Anmerkung auf S. 67.

DIE UMLAUFBAHN DES MERKUR NACH KEPLER

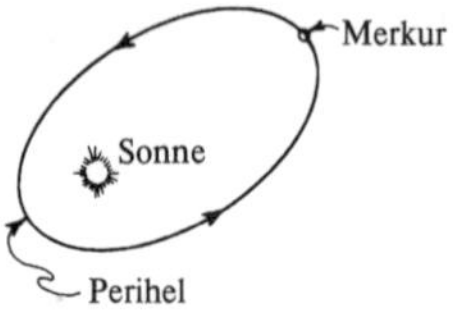

DIE TATSÄCHLICHE UMLAUFBAHN DES MERKUR

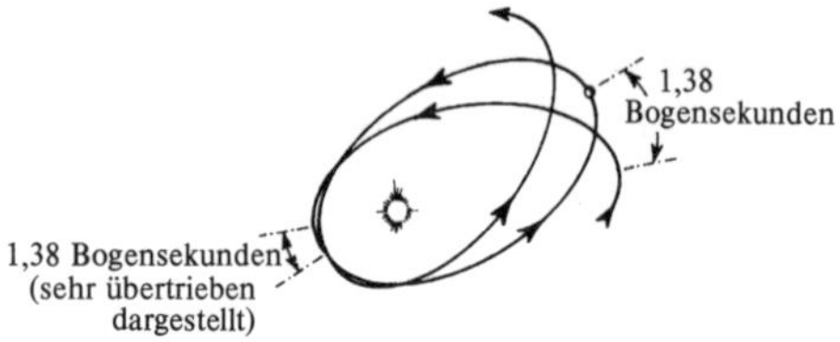

Kasten 2.2

Die Verschiebung des Merkurperihels

Kepler beschrieb die Bahn des Planeten Merkur als eine Ellipse, in deren einem Brennpunkt die Sonne steht (die elliptische Verzerrung der Bahn im Diagramm links ist übertrieben dargestellt). Gegen Ende des 19. Jahrhunderts hatten Astronomen jedoch aus ihren Beobachtungen den Schluß gezogen, daß die Merkurbahn nicht vollkommen elliptisch war. Nach jedem Umlauf um die Sonne war Merkur um eine winzige Entfernung gegenüber seinem Ausgangspunkt versetzt. Dieses Phänomen konnte als eine kontinuierliche Verschiebung des *Perihels,* seines sonnennächsten Punktes, beschrieben werden. Astronomen beobachteten eine Perihelverschiebung von 1,38 Bogensekunden pro Umlauf (die Verschiebung im Diagramm rechts ist übertrieben dargestellt).

Das Newtonsche Gravitationsgesetz konnte aber nur eine Verschiebung von 1,28 Bogensekunden erklären. Eine Verschiebung in dieser Größenordnung ergab sich aus der Anziehung, die Jupiter und andere Planeten auf Merkur ausübten. Es verblieb eine Differenz von 0,10 Bogensekunden, das heißt *eine anomale Verschiebung des Merkurperihels von 0,10 Bogensekunden pro Bahnumlauf.* Die Astronomen behaupteten, daß Meßfehler und Ungenauigkeiten nur 0,01 Bogensekunden ausmachen konnten, doch in Anbetracht der sehr kleinen gemessenen Winkel (0,01 Bogensekunden entsprechen dem Winkel, unter dem die Dicke eines menschlichen Haares auf 1 Kilometer Entfernung gesehen wird) ist es nicht verwunderlich, daß viele Physiker des ausgehenden 19. und beginnenden 20. Jahrhunderts skeptisch blieben und erwarteten, daß die Newtonschen Gesetze auch diesmal siegreich aus allen Anfechtungen hervorgehen würden.

waren. Immer wieder triumphierte das Newtonsche Gesetz über experimentelle Ungenauigkeiten und Denkfehler. Als zum Beispiel die Bewegung des im Jahre 1781 entdeckten Planeten Uranus den Voraussagen des Newtonschen Gravitationsgesetzes zu widersprechen schien, legte dies den Gedanken nahe, daß ein anderer, noch unentdeckter Planet eine Anziehungskraft auf Uranus ausübte und ihn so in seiner Umlaufbahn störte. Berechnungen, die sich ausschließlich auf Newtons Gravitations- und Bewegungsgesetze sowie auf Beobachtungen von Uranus stützten, sagten genau den Ort voraus, an dem sich dieser unbekannte Planet befinden sollte. Als U. J. J. Le Verrier im Jahre 1846 schließlich sein Teleskop auf diesen Fleck am Himmel richtete, fand er den neuen Planeten tatsächlich. Er war zu dunkel, um für das bloße Auge sichtbar zu sein, doch für das Teleskop war er hell genug. Dieser neue Planet, der Newtons Gravitationsgesetz eindrucksvoll bestätigte, erhielt den Namen »Neptun«.

Um die Jahrhundertwende gab es nur noch zwei Beobachtungen, die mit Newtons Gravitationsgesetz nicht ganz in Einklang zu bringen waren. Die erste Beobachtung betraf eine Besonderheit der Umlaufbahn des Planeten Merkur und sollte schließlich das Versagen des Newtonschen Gravitationsgesetzes ankündigen. Die andere beschrieb eine Besonderheit der Mondumlaufbahn, die sich aber letztlich als gegenstandslos erwies.[2] Es stellte sich heraus, daß man die astronomischen Beobachtungen falsch interpretiert hatte. Wie dies häufig bei überaus präzisen Messungen der Fall ist, fiel es schwer zu erkennen, welche der beiden Unstimmigkeiten, wenn überhaupt eine, wirklich Anlaß zu Besorgnis bot.

Einstein vermutete korrekt, daß die Unregelmäßigkeit der Merkurbahn (eine Verschiebung seines *Perihels,* Kasten 2.2) und nicht die Besonderheit der Mondbahn ein tatsächliches Problem darstellte. Allerdings war für ihn nicht so sehr die Unstimmigkeit zwischen Experiment und Newtonschem Gravitationsgesetz maßgeblich als vielmehr seine Überzeugung, daß Newtons Gesetz sein jüngst formuliertes Relativitätsprinzip verletze (jenes »Metaprinzip«, dem zufolge die physikalischen Gesetze in allen Inertialsystemen übereinstimmen müssen). Da Einstein fest an sein Relativitätsprinzip glaubte, mußte eine solche Verletzung bedeuten, daß Newtons Gravitationsgesetz nicht korrekt war.*

Einsteins Argumentation war einfach: Newton zufolge hängt die Gravitations-

* Es war nicht vollkommen klar, ob das Newtonsche Gravitationsgesetz Einsteins Relativitätsprinzip wirklich verletzte, denn Einstein hatte sich bei seiner Formulierung des Prinzips zunächst auf Inertialsysteme beschränkt – Bezugssysteme, in denen die Gravitation keine Rolle spielt. (Es gibt aber keine Möglichkeit, ein Bezugssystem gegen die Gravita tion abzuschirmen und auf diese Weise dafür zu sorgen, daß es sich nur unter dem Einfluß der eigenen Trägheit bewegt.) Einstein war jedoch davon überzeugt, daß es einen Weg geben mußte, den Geltungsbereich seines Relativitätsprinzips auf Systeme mit Gravitation zu erweitern bzw. sein Prinzip so zu »verallgemeinern«, daß es auch Gravitationseffekte berücksichtigte. Und er war überzeugt, daß Newtons Gravitationsgesetz gegen dieses noch zu formulierende »verallgemeinerte Relativitätsprinzip« verstieß.

kraft zwischen zwei Körpern von ihrer *Entfernung* voneinander ab. Das Relativitätsprinzip dagegen besagt, daß diese Entfernung je nach Bezugssystem unterschiedlich ist. So unterscheidet sich die Messung der Entfernung zwischen Sonne und Merkur um ein Milliardstel, je nachdem, ob die Messung von der Oberfläche Merkurs oder von der Oberfläche der Sonne durchgeführt wird. Wenn aber beide Bezugssysteme, das der Sonne und das Merkurs, gleichwertig sind, stellt sich die Frage, welches System zugrunde gelegt werden soll, um die für das Newtonsche Gravitationsgesetz erforderliche Entfernung zu erhalten. Eine Entscheidung für das eine oder das andere System würde das Relativitätsprinzip verletzen, und so gelangte Einstein zu dem Schluß, daß das Newtonsche Gravitationsgesetz fehlerhaft sein mußte.

Einsteins Mut war atemberaubend. Nachdem er schon die Newtonsche Vorstellung eines absoluten Raumes und einer absoluten Zeit für nichtig erklärt hatte, und zwar ohne sich auf umfangreiche experimentelle Daten zu seiner Rechtfertigung stützen zu können, schickte er sich nun sogar an, das überaus erfolgreiche Newtonsche Gravitationsgesetz abzuschaffen, wobei die experimentelle Rechtfertigung noch viel dürftiger ausfiel. Doch Einstein ließ sich nicht von Experimenten leiten, sondern von seinem tiefen intuitiven Verständnis der physikalischen Gesetze – von seiner Vorstellung, wie sich diese Gesetze verhalten *sollten.*

Einstein begann seine Suche nach einem neuen Gravitationsgesetz im Jahre 1907. Anlaß für seine ersten Schritte in diese Richtung gab ein Aufsatz, um den er gebeten wurde. Obwohl das Schweizerische Patentamt ihn nur als »technischen Experten II. Klasse« beschäftigte (der Experte III. Klasse war jüngst befördert worden), genoß er unter Physikern bereits ein so großes Ansehen, daß man ihn bat, für das *Jahrbuch der Radioaktivität und Elektronik* einen Übersichtsartikel über seine spezielle Relativitätstheorie, ihre Gesetze und ihre Folgerungen, zu verfassen.[3] Während er an diesem Artikel schrieb, entdeckte Einstein eine wertvolle Strategie für seine wissenschaftliche Arbeit. Die Notwendigkeit, ein Thema in sich geschlossen, verständlich und didaktisch klar darzulegen, zwingt den Verfasser dazu, seinen Untersuchungsgegenstand aus neuen Blickwinkeln zu betrachten. Er ist gezwungen, sich mit allen Mängeln und Unzulänglichkeiten des Themas auseinanderzusetzen und nach Lösungen zu suchen.

Für Einstein war die Gravitation das größte Problem: In der speziellen Relativitätstheorie mit ihren Inertialsystemen, die keiner Schwerkraft unterliegen, kam die Gravitation überhaupt nicht vor. Während er an seinem Artikel arbeitete, suchte er deshalb unablässig nach Möglichkeiten, die Gravitation in seine Theorie einzufügen. Wie es den meisten Menschen ergeht, die sich der Lösung einer schwierigen Aufgabe verschrieben haben, kreisten Einsteins Gedanken auch dann um das Problem, wenn er nicht bewußt darüber nachgrübelte. So kam es im November 1907 nach Einsteins eigenen Worten zu folgender Begebenheit: »Ich saß auf meinem Sessel im Berner Patentamt, als mir plötzlich folgender Gedanke kam: ›Wenn sich eine Person im freien Fall befindet, dann spürt sie ihr eigenes Gewicht nicht.‹«

Hätten Sie oder ich diesen Gedanken gehabt, hätte dies wohl kaum irgendwelche Auswirkungen gehabt. Bei Einstein verhielt es sich jedoch anders. Er verfolgte seine Ideen bis zur letzten Konsequenz. Und die Konsequenz war in diesem Fall der Schlüssel zu einer revolutionären neuen Auffassung der Gravitation. Später bezeichnete Einstein diesen Gedanken als den glücklichsten seines Lebens.

Die Konsequenzen, die sich aus seiner Idee ergaben, traten schnell zu Tage und wurden in Einsteins Übersichtsartikel verewigt. Wenn Sie sich im freien Fall befinden (beispielsweise, wenn Sie einen Steilhang hinunterspringen), dann haben Sie nicht nur das Gefühl, als seien Sie selbst schwerelos, es wird Ihnen auch so vorkommen, als sei die Gravitation vollständig aus Ihrer Umgebung verschwunden. So werden Steine, die Sie im Fallen aus der Hand gleiten lassen, mit Ihnen zusammen zu Boden fallen. Wenn Sie nur die Steine anschauen und Ihre Umgebung ignorieren, können Sie nicht unterscheiden, ob Sie zusammen mit den Steinen zu Boden fallen oder ob Sie weit entfernt von allen Körpern, die eine Schwerkraft ausüben, frei im Raum schweben. Wie Einstein erkannte, ist die Schwerkraft in Ihrer unmittelbaren Umgebung sogar so unerheblich bzw. nicht nachweisbar, daß die physikalischen Gesetze in dem kleinen Bezugssystem, das mit Ihrer freifallenden Person verbunden ist (Ihr »Laboratorium«), dieselben sind, die gelten würden, wenn Sie sich durch ein Universum ohne Schwerkraft bewegen würden. Mit anderen Worten: Ihr kleines freifallendes Bezugssystem ist »äquivalent« einem Inertialsystem in einem Universum ohne Gravitation; das heißt, die physikalischen Gesetze, denen Sie unterliegen, sind dieselben wie die in einem schwerelosen Inertialsystem: Es sind die Gesetze der speziellen Relativität. (Wir werden später erfahren, warum das Bezugssystem klein gehalten werden muß und was unter »klein« zu verstehen ist. Hier möchte ich nur vorwegnehmen, daß das Bezugssystem sehr viel kleiner als die Erde sein muß, oder allgemein ausgedrückt, sehr klein, verglichen mit der Entfernung, über die Stärke und Richtung der Schwerkraft variieren.)

Als ein Beispiel für die Äquivalenz zwischen einem schwerelosen Inertialsystem und Ihrem kleinen freifallenden Bezugssystem betrachten Sie das physikalische Gesetz, das die Bewegung eines freifallenden Körpers (etwa einer Kanonenkugel) in einem Universum ohne Gravitation beschreibt. Der speziellen Relativitätstheorie zufolge muß sich die Kanonenkugel in jedem beliebigen Inertialsystem dieses idealisierten Universums mit gleichförmiger Geschwindigkeit entlang einer Geraden bewegen. Vergleichen Sie dies mit der Bewegung in unserer realen, mit Gravitation ausgestatteten Welt: Wenn die Kanonenkugel von einer Wiese abgefeuert wird, auf der ein Hund sitzt, dann sieht die Flugbahn für den Hund wie eine Parabel aus (siehe die schwarze durchgezogene Kurve in Abb. 2.2). Im Bezugssystem des Hundes fliegt die Kugel also in einem Bogen nach oben, erreicht ihren Höhepunkt und fällt in einem Bogen zur Erde zurück. Einstein schlug nun vor, dasselbe Ereignis von einem kleinen freifallenden Bezugssystem aus zu beobachten. Dazu stellt man sich am besten vor, die Wiese befinde sich am Rand eines Steilhangs. Sie können dann einfach im Augenblick des Abschusses der Kanonenkugel den Abhang hinunterspringen und die Flugbahn der Kugel beobachten.

Stellen Sie sich zur besseren Veranschaulichung vor, Sie halten ein zwölfteiliges Fenster vor sich und beobachten die Kugel durch die Scheiben (Abb. 2.2 Mitte). Während Sie fallen, sehen Sie die in Abb. 2.2 im Uhrzeigersinn dargestellte Szenenabfolge. Schauen Sie die Bilder an, und ignorieren Sie den Hund, die Kanone, den Baum und den Abhang. Konzentrieren Sie sich nur auf die Fensterscheiben und die Kugel. Für Sie sieht es so aus, als ob sich die Kugel relativ zu Ihrem Fenster mit konstanter Geschwindigkeit entlang einer Geraden bewegt (siehe gestrichelte Linie).

Während die Kanonenkugel also im Bezugssystem des Hundes den Newtonschen Gesetzen gehorcht und eine Parabel beschreibt, gelten in Ihrem kleinen freifallenden Bezugssystem, in dem keine Gravitation existiert, die Gesetze der speziellen Relativität: Die Kugel bewegt sich mit konstanter Geschwindigkeit entlang einer Geraden. In einer plötzlichen Eingebung erkannte Einstein, daß dieses Beispiel verallgemeinert werden kann:

In jedem kleinen freifallenden Bezugssystem unseres realen, mit Gravitation ausgestatteten Universums müssen dieselben physikalischen Gesetze gelten wie in einem Inertialsystem, das sich in einem idealisierten Universum ohne Gravitation befindet. Diese Aussage bezeichnete Einstein als *Äquivalenzprinzip,* da es besagt, daß kleine, freifallende Bezugssysteme in einem Gravitationsfeld und Inertialsysteme ohne Gravitation äquivalent, das heißt gleichwertig sind.

Wie Einstein erkannte, ergaben sich aus dieser Aussage weitreichende Konsequenzen: Wenn wir einfach jedes kleine freifallende Bezugssystem unseres rea-

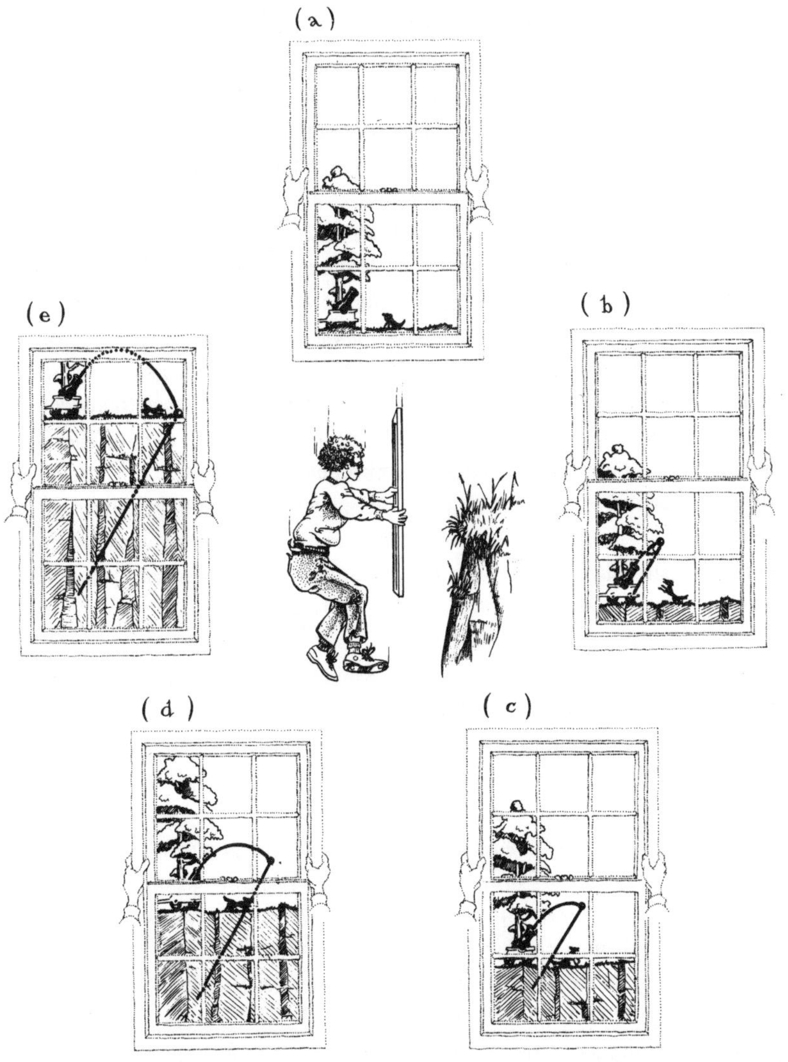

Abb. 2.2 Mitte: Sie springen von einem Steilhang und schauen dabei durch ein zwölfteiliges Fenster. Restliche Abbildung, im Uhrzeigersinn von oben: Blick durch das Fenster beim Abschuß einer Kanonenkugel. Relativ zum fallenden Fensterrahmen bewegt sich die Kugel auf der geraden, gestrichelt gezeichneten Linie. Relativ zur Erde und zum Hund bewegt sich die Kanonenkugel entlang der Parabel.

len Universums als »Inertialsystem« bezeichnen (etwa das winzige »Laboratorium«, das mit Ihnen den Steilhang hinunterfällt), dann gelten alle Aussagen,

die die spezielle Relativitätstheorie über Inertialsysteme in einem idealisierten Universum ohne Gravitation macht, automatisch auch in unserem realen Universum. Insbesondere muß das Relativitätsprinzip gelten: Alle kleinen freifallenden Bezugssysteme (Inertialsysteme) müssen gleichwertig sein, das heißt, kein Bezugssystem darf in einem physikalischen Gesetz gegenüber einem anderen bevorzugt werden. Oder präziser ausgedrückt (siehe Kapitel 1): *Man stelle mit Hilfe von Messungen in einem freifallenden Bezugssystem (Inertialsystem) ein beliebiges physikalisches Gesetz auf. Wenn man dieses Gesetz nun mit Hilfe von Messungen in einem beliebigen anderen freifallenden Bezugsrahmen neu formulieren will, muß es genau dieselbe mathematische und logische Form annehmen wie in dem ursprünglichen Bezugssystem.* Diese Aussage muß wahr sein, gleichgültig, ob sich das Inertialsystem im intergalaktischen schwerelosen Raum befindet, ob es auf der Erde im freien Fall begriffen ist oder ob es gar den Horizont eines Schwarzen Loches überschreitet.
Mit dieser Einbeziehung der Gravitation in sein Relativitätsprinzip hatte Einstein die erste Hürde auf dem Weg zu einem neuen Gravitationsgesetz genommen; der erste Schritt von der *speziellen* zur *allgemeinen* Relativitätstheorie war getan.

Nicht verzweifeln, lieber Leser! Dieses Kapitel ist sicherlich das schwierigste des gesamten Buches, doch wird die Darstellung weniger technisch, wenn wir im nächsten Kapitel mit der Erforschung Schwarzer Löcher beginnen.

Innerhalb weniger Tage gelangte Einstein auf der Grundlage seines neu formulierten Äquivalenzprinzips zu einer erstaunlichen Voraussage: *Wenn sich ein Beobachter relativ zu einem Körper, der eine Gravitationskraft ausübt, in Ruhe befindet, dann fließt seine Zeit um so langsamer, je näher er dem Körper ist.* Dieses Phänomen wurde mit dem Begriff *gravitationsbedingte Zeitdilatation* bezeichnet. Betrachten wir ein Beispiel: In einem Zimmer auf der Erde muß die Zeit in der Nähe des Fußbodens langsamer fließen als in der Nähe der Decke. Dieser Unterschied erweist sich jedoch als so winzig (von der Größenordnung 3×10^{-15})), daß er praktisch nicht nachweisbar ist. Dagegen ist die gravitationsbedingte Zeitdilatation in der Nähe eines Schwarzen Loches gewaltig: Wenn das Loch zehnmal so schwer ist wie die Sonne, dann verstreicht die Zeit in einer Entfernung von einem Zentimeter über dem Horizont sechsmillionenmal langsamer als in großer Entfernung vom Horizont. Genau am Horizont kommt der Zeitfluß sogar völlig zum Stillstand. (Dies bietet ungeahnte Möglichkeiten für Zeitreisen: Wenn Sie sich einem Schwarzen Loch bis dicht über seinen Horizont nähern, dort ein Jahr verbrin-

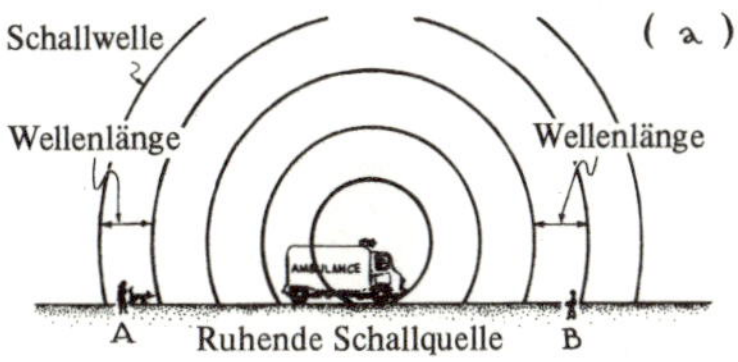

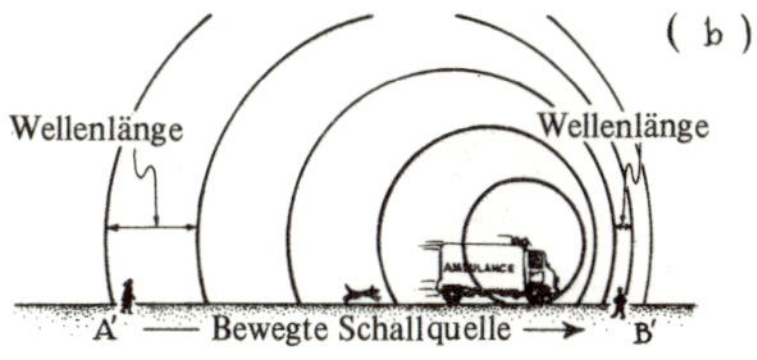

Kasten 2.3

Die Dopplerverschiebung

Bewegt sich eine Quelle, von der sich Wellen ausbreiten, auf einen Beobachter zu, so erscheinen dem Beobachter die Wellen zu den höheren Frequenzen hin verschoben – das heißt, Schwingungsdauer und Wellenlänge erscheinen kürzer. Wenn sich Quelle und Beobachter dagegen voneinander wegbewegen, erscheinen dem Beobachter die Wellen zu den niedrigeren Frequenzen verschoben –: Schwingungsdauer und Wellenlänge erscheinen länger. Dieses Phänomen wird als *Dopplerverschiebung* bezeichnet und tritt bei allen Arten von Wellen auf: akustischen Wellen, Wasserwellen, elektromagnetischen Wellen etc.

Bei akustischen Wellen ist uns der Dopplereffekt aus dem Alltag wohlvertraut.
So schlägt der Ton der Sirene eines sich nähernden Krankenwagens oder das Geräusch eines landenden Flugzeugs im Moment des Vorbeifahrens oder Vorbeifliegens in einen tieferen Ton um (Zeichnung b). Das Phänomen der Dopplerverschiebung wird klar, wenn Sie die folgenden Diagramme betrachten.
Was für Wellen gilt, trifft auch für pulsartige Erscheinungen zu. Wenn sich eine Lichtquelle, die regelmäßige Lichtpulse aussendet, auf einen Beobachter zubewegt, erscheinen ihm die Pulse mit einer höheren Frequenz einzutreffen, als sie ausgesandt wurden, das heißt, die Abstände zwischen den einzelnen Lichtpulsen erscheinen verkürzt.

gen und anschließend zur Erde zurückkehren, werden auf der Erde Millionen von Jahren vergangen sein!)
Einstein entdeckte die gravitationsbedingte Zeitdilatation auf einem recht komplizierten Weg, doch fand er später eine einfache und elegante Darstellungsweise, die seine Methode der physikalischen Beweisführung wunderbar verdeutlicht. Diese Darstellung der Zeitdilatation im Schwerefeld ist in Kasten 2.4 beschrieben und stützt sich auf die *Dopplerverschiebung* des Lichts, ein Phänomen, das in Kasten 2.3 erklärt ist.[4]

Als Einstein im Jahre 1907 mit der Arbeit an seinem Übersichtsartikel begann, ging er davon aus, daß er die Relativität in einem Universum ohne Gravitation be-

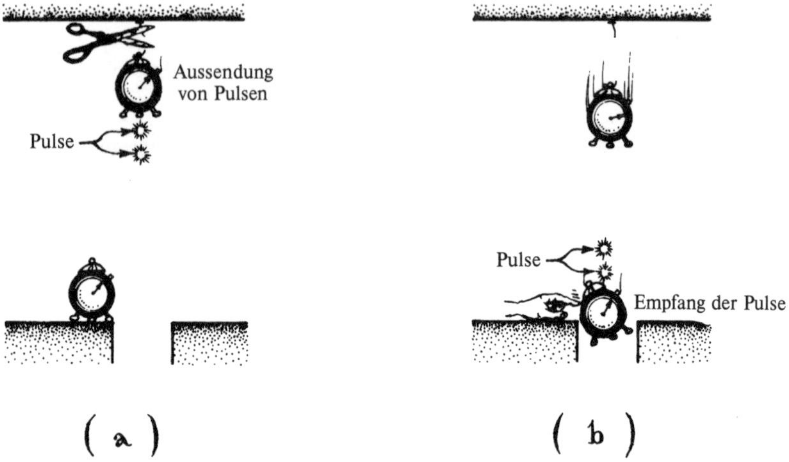

Kasten 2.4

Die Zeitdilatation im Schwerefeld

Stellen Sie sich zwei vollkommen identische Uhren in einem Zimmer vor. Legen Sie eine neben ein Loch im Fußboden, in das sie später hineinfallen wird, und befestigen Sie die andere mit einer Schnur an der Decke des Raumes. Das Ticken der Uhr auf dem Fußboden wird durch den Zeitfluß in der Nähe des Bodens bestimmt, das Ticken der Uhr an der Dekke durch den Zeitfluß in der Nähe der Decke.

Die Uhr an der Decke soll nun mit jedem Ticken einen sehr kurzen Lichtpuls nach unten, in Richtung Bodenuhr, aussenden. Unmittelbar bevor die Deckenuhr ihren ersten Puls aussendet, schneiden Sie die Befestigungsschnur durch, so daß sie frei nach unten fällt. Wenn die Uhr sehr schnell tickt, dann wird sie vor dem zweiten Ticken und dem Aussenden des zweiten Lichtpulses nur eine unmerklich kleine Distanz nach unten gefallen sein, so daß sie sich relativ zur Decke fast noch in Ruhe befindet (Diagramm a). Dies wiederum bedeutet, daß das Intervall zwischen aufeinanderfolgenden Lichtpulsen noch von dem Zeitfluß an der Decke bestimmt wird.

Unmittelbar bevor der erste Lichtpuls den Boden erreicht, lassen Sie die Bodenuhr in das Loch fallen (Diagramm b). Der zweite Puls trifft so kurze Zeit später ein, daß die freifallende Bodenuhr in der Zwischenzeit nur eine unmerkliche Strecke zurückgelegt hat. Sie befindet sich folglich fast noch im Zustand der Ruhe relativ zum Boden, so daß sie noch demselben Zeitfluß unterworfen ist wie der Boden.

Auf diese Weise verwandelte Einstein das ursprüngliche Problem, das darin bestanden hatte, den Zeitfluß an der Decke mit dem Zeitfluß am Boden zu vergleichen, in ein Problem, bei dem es darum ging, die Tickgeschwindigkeit zweier freifallender Uhren miteinander zu vergleichen: die der freifallenden Deckenuhr nämlich, die der Deckenzeit unterworfen ist, und die der freifallenden Bodenuhr, die der Bodenzeit unterliegt. Einsteins Äquivalenzprinzip erlaubte es ihm nun, das Ticken der freifallenden Uhren mit Hilfe der Gesetze der speziellen Relativitätstheorie zu vergleichen.

Da die Deckenuhr früher als die Bodenuhr fallengelassen wurde, ist ihre Fallgeschwindigkeit stets größer als die der Bodenuhr (Diagramm b); mit anderen Worten, sie bewegt sich auf die Bodenuhr zu. Daraus folgt, daß die Lichtpulse der Deckenuhr *dopplerverschoben* bei der Bodenuhr ankommen (Kasten 2.3); oder anders ausgedrückt, die Abstände zwischen den eintreffenden Lichtpulsen sind kürzer als die Abstände zwischen den Ticktönen der Bodenuhr. Da die Abstände zwischen den Lichtpulsen dem Zeitfluß in der Nähe der Decke unterliegen und das Ticken der Bodenuhr dem Zeitfluß am Boden gehorcht, folgt daraus, daß die Zeit am Boden langsamer vergeht als in der Nähe der Decke, oder anders ausgedrückt: *Aufgrund der Schwerkraft erfährt der Zeitfluß eine Dehnung (Dilatation).*

schreiben würde.[5] Im Laufe der Arbeit machte er jedoch drei Entdeckungen, die den Schlüssel für eine mögliche Einbeziehung der Gravitation in seine relativistischen Gesetze liefern mochten: das Äquivalenzprinzip, die gravitationsbedingte Zeitdilatation sowie die Erweiterung seines Relativitätsprinzips auf die Gravitation. Er fügte diese Hinweise deshalb in seinen Artikel ein. Anfang Dezember sandte er die Abhandlung an den Herausgeber von *Jahrbuch der Radioaktivität und Elektronik* und wandte seine ganze Aufmerksamkeit erneut dem Problem zu, eine vollständige relativistische Beschreibung der Gravitation zu entwickeln.

Am 24. Dezember schrieb er einem Freund: »Jetzt bin ich mit einer ebenfalls relativitätstheoretischen Betrachtung über das Gravitationsgesetz beschäftigt, mit der ich die noch unerklärten säkularen Änderungen der Perihellänge des Merkur zu erklären hoffe. ... Bis jetzt scheint es aber nicht gelingen zu wollen.« Frustriert über den ausbleibenden Erfolg gab Einstein Anfang 1908 auf und wandte sich der Physik der Atome, Moleküle und Strahlung zu, der »Welt des Allerkleinsten«, wo die ungelösten Probleme zugänglicher und interessanter zu sein schienen.*

Von 1908, dem Jahr, in dem Minkowski Raum und Zeit vereinheitlichte (eine Leistung, die Einstein zunächst als unwichtig abtat), bis 1911 blieb Einstein die-

* Siehe Kapitel 4 und insbesondere Kasten 4.1.

sem Thema treu. Während dieser Zeit ergaben sich für ihn auch berufliche Veränderungen: Er wechselte von Bern nach Zürich, um eine außerordentliche Professur an der Universität anzunehmen, und schließlich von Zürich nach Prag, einem kulturellen Zentrum des österreichisch-ungarischen Habsburgerreichs, wo ihm eine ordentliche Professur angeboten wurde.

Das Leben als Professor fiel Einstein nicht leicht. Es belastete ihn, Lehrveranstaltungen über Themen halten zu müssen, die nicht im Mittelpunkt seines Interesses standen. Er hatte weder die Energie, um diese Vorlesungen gut vorzubereiten, noch brachte er genügend Begeisterung auf, um sie mit Leben zu erfüllen. Wenn er jedoch über ein Thema lehrte, das ihm am Herzen lag, war er brillant.[6] Seine akademische Karriere bezahlte Einstein also mit einem hohen Preis. Trotz alledem machte seine Forschung im Bereich des Allerkleinsten beeindruckende Fortschritte, und er gelangte zu Einsichten, die ihm später den Nobelpreis einbringen sollten (Kasten 4.1).

Im Sommer des Jahres 1911 verlor die Welt der Atome schließlich ihren Reiz für Einstein, und er wandte sich erneut der Gravitation zu, die ihn nahezu vollständig in Anspruch nahm, bis er im November 1915 die allgemeine Relativitätstheorie verkündete.

Im Mittelpunkt seiner Bemühungen um eine Lösung des Gravitationsproblems standen zunächst die *Gezeiteneffekte der Gravitation.*

Gezeiteneffekte der Gravitation und die Krümmung der Raumzeit

Stellen Sie sich vor, Sie seien ein Astronaut, der sich im freien Fall hoch über dem Äquator der Erde befindet. Obwohl Sie im Fallen Ihr eigenes Gewicht nicht spüren, nehmen Sie doch winzige Effekte der Schwerkraft wahr, die sogenannten *Gezeiteneffekte.* Um diese zu verstehen, stellen Sie sich die Gravitationskräfte zunächst aus der Perspektive eines Beobachters auf der Erde vor und dann aus Ihrer Perspektive des fallenden Astronauten.

Von der Erde aus gesehen (Abb. 2.3 a) wirkt die Gravitationsanziehung auf verschiedene Teile Ihres Körpers leicht unterschiedlich. Da Ihre Füße der Erde näher sind als Ihr Kopf, spüren diese die Gravitation stärker. Das Ergebnis ist, daß Ihr Körper gedehnt wird. Darüber hinaus wirkt die Schwerkraft stets in Richtung des Erdmittelpunkts, eine Richtung, die von Ihrer rechten Körperhälfte leicht links und von Ihrer linken Körperhälfte leicht rechts liegt, so daß also Ihre rechte Seite leicht nach links und Ihre linke Seite leicht nach rechts gezogen

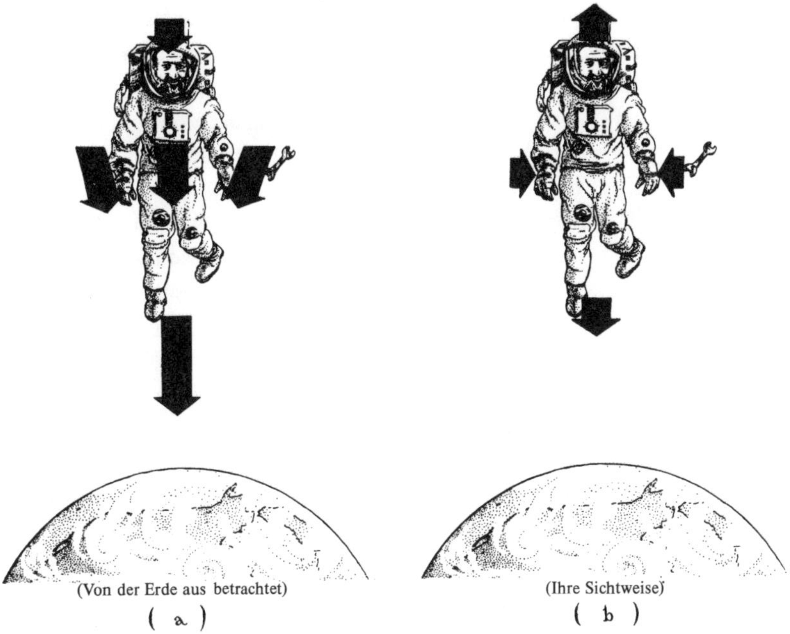

Abb. 2.3: Während Sie sich im freien Fall über der Erde befinden, werden Sie von den Gezeitenkräften der Länge nach gedehnt und seitlich zusammengedrückt.

wird. Dieser Umstand führt dazu, daß Sie seitlich leicht zusammengedrückt werden.

Aus Ihrer Perspektive des freifallenden Astronauten (Abb. 2.3 b) dagegen ist die Gravitation verschwunden. Sie fühlen sich schwerelos. Verschwunden ist jedoch nur die Komponente der Schwerkraft, die Sie nach unten zieht. Die Längsdehnung Ihres Körpers und der seitliche Druck bleiben jedoch bestehen. Diese Effekte ergeben sich daraus, daß die Schwerkraft auf die äußeren Teile Ihres Körpers anders wirkt als auf den Mittelpunkt. Diese kleinen *Unterschiede* bleiben bestehen, auch wenn Sie frei fallen. Die vertikale Dehnung und der seitliche Druck, die Sie beim Fallen verspüren, werden Gezeiteneffekte der Gravitation oder kurz Gezeitenkräfte genannt, da dieselben Kräfte, wenn sie zwischen Mond und Erde wirken, für die Entstehung der Gezeiten auf der Erde verantwortlich sind (Kasten 2.5).

Bei der Herleitung seines Äquivalenzprinzips vernachlässigte Einstein die Gezeiteneffekte der Gravitation und tat so, als existierten sie nicht. (So stand im Mittelpunkt seiner Argumentation die Aussage: Wenn Sie sich im freien Fall befinden, spüren Sie Ihr eigenes Gewicht nicht. Es wird Ihnen in jeder Hinsicht

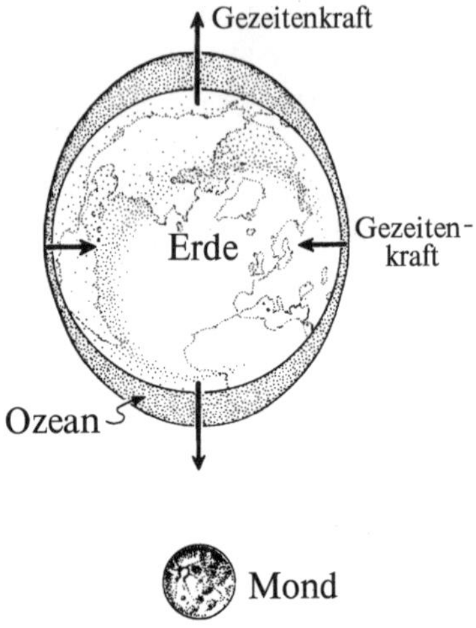

Kasten 2.5

Ebbe und Flut als Folge der Gezeitenkräfte

Die dem Mond zugewandte Seite der Erde ist der Anziehungskraft des Mondes stärker unterworfen als der Mittelpunkt der Erde, so daß die Meere stärker vom Mond angezogen werden als das Innere der Erde und sie sich folglich in Richtung des Mondes bewegen. Auf der dem Mond abgewandten Seite ist die Anziehungskraft des Mondes schwächer, so daß die Meere weniger stark angezogen werden und sie sich folglich in die vom Mond abgewandte Richtung bewegen. Darüber hinaus besitzt die Anziehungskraft des Mondes, die ja immer auf den Mondmittelpunkt gerichtet ist, auf der linken Seite der Erde eine leichte Rechtskomponente und auf der rechten Seite eine leichte Linkskomponente. Diese beiden Komponenten pressen die Meere zusammen, so daß sich mit der Drehung der Erde um ihre Achse täglich zweimal Flut und zweimal Ebbe ausbilden: die Gezeiten.

Wenn die Gezeiten an Ihrem Lieblingsstrand sich nicht genau in der beschriebenen Weise verhalten, so liegt dies nicht an der Anziehungskraft des Mondes. Vielmehr gibt es dafür zwei Ursachen: (1) Die Gezeitenkräfte wirken sich mit Verzögerung auf das Wasser aus. Bis das Wasser in die Buchten, Häfen, Flüsse, Kanäle, Fjorde und andere Einschnitte der Küstenlinie hinein- und wieder herausgeflossen ist, vergeht einige Zeit. (2) Die Anziehungskraft der Sonne übt auf die Erde einen ähnlich starken Effekt aus wie der Mond. Allerdings ist dieser Effekt aufgrund der Position der Sonne am Himmel (die sich gewöhnlich von der des Mondes unterscheidet) anders gerichtet. Die Gezeiten der Erde sind deshalb das Ergebnis der vereinten Gezeitenkräfte von Sonne und Mond.

so vorkommen, als hätte die Schwerkraft in Ihrer Umgebung aufgehört zu existieren.) Zur Rechtfertigung dieses Vorgehens stellte sich Einstein eine Person und ihr Bezugssystem sehr klein vor. Wenn Sie beispielsweise nur die Körpergröße einer Ameise hätten, dann befänden sich alle Teile Ihres Körpers sehr nahe beieinander. Dies hätte zur Folge, daß der Mittelpunkt und die äußeren Teile Ihres Körpers nahezu dieselbe Stärke und Richtung der Anziehungskraft spüren würden und die gravitationsbedingte Längsdehnung sowie die seitliche Zusammenpressung Ihres Körpers sehr klein ausfielen. Wenn Sie andererseits ein Riese wären und eine Körperlänge von 5000 Kilometern besäßen, dann würde sich die auf die äußeren Teile und den Mittelpunkt Ihres Körpers wirkende Erdanziehungskraft nach Richtung und Kraft stark unterscheiden, so daß Sie folglich im freien Fall eine gewaltige Längsdehnung und eine enorme seitliche Kompression verspüren müßten.

Diese Argumentation überzeugte Einstein davon, daß man in einem hinreichend kleinen freifallenden Bezugssystem (klein, verglichen mit der Entfernung, über die sich die Anziehungskraft ändert) keinerlei Gezeiteneffekte der Gravitation wahrnehmen sollte. Anders ausgedrückt: Kleine freifallende Bezugssysteme in unserem realen Universum sind Inertialsystemen in einem Universum ohne Gravitation äquivalent. Dies gilt jedoch nicht für große Bezugssysteme. Die in großen Bezugssystemen wirkenden Gezeitenkräfte schienen Einstein im Jahre 1911 vielmehr den Schlüssel zu einem grundlegenden Verständnis der Gravitation zu enthalten.

Es war klar, wie das Newtonsche Gravitationsgesetz die Gezeitenkräfte erklärte: Sie werden dadurch erzeugt, daß die Gravitationsanziehung von einem Ort zum anderen hinsichtlich Kraft und Richtung variiert. Dieses Newtonsche Gesetz, bei dem die Anziehungskraft von der Entfernung abhing, mußte jedoch falsch sein, denn es verletzte das Relativitätsprinzip. (Welches Bezugssystem sollte als Grundlage für die Entfernungsmessung angenommen werden?) Aus diesem Grund setzte es sich Einstein zum Ziel, ein völlig neues Gravitationsgesetz zu formulieren – ein Gesetz, das nicht nur in Einklang mit dem Relativitätsprinzip stand, sondern auch die Gezeiteneffekte auf einfache, aber überzeugende Weise erklärte.

Von Mitte 1911 bis Mitte 1912 hoffte Einstein, die Gezeitenkräfte durch die Annahme erklären zu können, die Zeit sei gekrümmt, der Raum jedoch flach. Dieser revolutionär anmutende Gedanke folgte auf natürliche Weise aus der gravitationsbedingten Zeitdilatation: Die verschiedenen Zeitflüsse am Boden und an der Decke eines Zimmers konnten als eine Krümmung oder Verzerrung der Zeit aufgefaßt werden. Darauf aufbauend fragte sich Einstein nun, ob ein komplizierteres Muster der Zeitkrümmung möglicherweise alle bekannten Gravitationseffekte hervorrief, von den Gezeitenkräften bis zu den elliptischen Umlaufbahnen der Planeten, ja sogar bis hin zur anomalen Perihelverschiebung Merkurs.

Nachdem Einstein diese faszinierende Idee ein Jahr lang verfolgt hatte, ließ er sie schließlich doch fallen – und zwar aus gutem Grund. Die Zeit ist relativ. Ihre Zeit ist, wenn wir uns relativ zueinander bewegen, eine Mischung aus meiner Zeit und meinem Raum. Wenn also Ihre Zeit gekrümmt und Ihr Raum flach ist, dann müssen meine Zeit und mein Raum beide gekrümmt sein und das müßte für jede andere Person ebenso gelten. Wenn nur Sie allein einen flachen Raum wahrnehmen, so bedeutet das, daß die physikalischen Gesetze Ihr Bezugssystem vor allen anderen auszeichnen – was dem Relativitätsprinzip widerspricht.

Trotzdem hatte Einstein den Eindruck, daß er sich mit dem Gedanken der Zeitkrümmung auf dem richtigen Weg befand. Vielleicht, so grübelte er, war nicht nur die von jedem Beobachter wahrgenommene Zeit, sondern auch der von jedem Beobachter wahrgenommene Raum gekrümmt. Vielleicht konnte diese zweifache Krümmung die Gezeitenkräfte erklären.

Der Gedanke einer Krümmung von Raum *und* Zeit war beunruhigend. Da das Universum unendlich viele verschiedene Bezugssysteme erlaubt, die sich alle mit verschiedenen Geschwindigkeiten bewegen, muß es unendlich viele gekrümmte Zeiten und unendlich viele gekrümmte Räume geben! Glücklicherweise, so erkannte Einstein, hatte Hermann Minkowski einen Weg gefunden, um solch komplexe Strukturen zu vereinfachen: »Von Stund an sollen Raum für sich und Zeit für sich völlig zu Schatten herabsinken, und nur noch eine Art Union der beiden soll Selbständigkeit bewahren.« Es gibt nur genau eine einzige absolute vierdimensionale Raumzeit in unserem Universum, und eine Krümmung von Raum und Zeit jedes Beobachters muß sich als eine *Krümmung der Minkowskischen absoluten Raumzeit* darstellen lassen.

Dies war die Schlußfolgerung, zu der sich Einstein im Sommer 1912 gezwungen sah, nachdem er Minkowskis Idee einer absoluten Raumzeit vier Jahre lang belächelt hatte.

Was bedeutet es, wenn wir sagen, die Raumzeit sei gekrümmt? Der Einfachheit halber betrachten wir zunächst eine zweidimensionale Fläche und beobachten, welche Auswirkungen es hat, wenn sie gekrümmt wird. In Abb. 2.4 sind eine ebene und eine gekrümmte Fläche dargestellt. Auf der ebenen Fläche (beispielsweise einem Blatt Papier) seien zwei Geraden gezeichnet. Die Geraden liegen nebeneinander und verlaufen vollkommen parallel. Der griechische Mathematiker Euklid, der die nach ihm benannte »euklidische Geometrie« schuf, stellte vor zweitausend Jahren das Postulat auf, daß sich zwei anfänglich parallele Geraden niemals schneiden. Dieser Satz kann als untrügliches Kriterium für die Entscheidung der Frage gelten, ob eine Fläche eben oder gekrümmt ist.

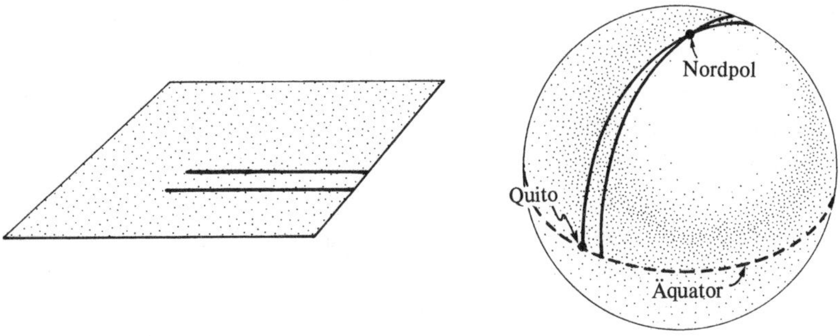

Abb. 2.4: Während sich zwei anfänglich parallele Geraden auf einer ebenen Fläche wie etwa einem Blatt Papier niemals schneiden (links), treffen sie sich auf einer gekrümmten Fläche wie etwa der Erdoberfläche (rechts).

In einem flachen Raum können sich zwei parallele Geraden niemals schneiden. Wenn wir jemals zwei Parallelen finden, die sich doch schneiden, dann wissen wir, daß der Raum nicht flach ist.

Die gekrümmte Fläche in Abb. 2.4 sei die Erdkugel. Markieren wir auf ihr Quito, die Hauptstadt Ecuadors, die genau auf dem Äquator liegt, und ziehen durch diesen Punkt eine Linie genau nach Norden. Wenn wir diese auf einer konstanten geographischen Länge verlaufende Gerade immer weiter verfolgen, so überqueren wir schließlich den Nordpol.

Inwiefern kann man hier von einer Geraden sprechen? In zweifacher Hinsicht: Zum einen in der Bedeutung, die für Fluggesellschaften maßgeblich ist. Es handelt sich nämlich bei dieser Linie um einen Großkreis, und Großkreise sind die kürzesten Verbindungslinien zwischen zwei Punkten auf der Erdkugel. Flugzeuge bewegen sich deshalb meistens entlang solcher Linien. Wenn Sie versuchen, beliebige andere Verbindungslinien zwischen Quito und dem Nordpol zu ziehen, so werden Sie feststellen, daß sie notwendigerweise länger sind.

Die Bezeichnung »Gerade« ist aber auch in anderer Hinsicht gerechtfertigt, und diese Definition werden wir im Folgenden benutzen, wenn es um die Raumzeit geht: Wenn wir auf einer Kugel hinreichend kleine Gebiete entlang eines Großkreises betrachten, so ist die Krümmung der Kugel dort vernachlässigbar klein. In einem solchen Gebiet erscheint jeder Ausschnitt des Großkreises als eine Gerade im üblichen Sinne, das heißt als eine Gerade, wie sie auf einem flachen Blatt Papier erscheinen würde. In diesem Sinne wird der Begriff auch von Landvermessern benutzt, die mit Hilfe von besonderen Instrumenten und Laser-

strahlen Grundstücksgrenzen festlegen. Mathematiker verwenden den Begriff *Geodäte* oder *geodätische Linie* für jede Kurve, die auf einer gekrümmten Fläche in dem oben beschriebenen Sinne eine Gerade ist.
Wandern wir nun von Quito auf dem Globus einige Zentimeter nach Osten und ziehen von dort eine neue Linie nach Norden. Am Äquator verläuft dieser Großkreis (oder diese geodätische Linie) vollkommen parallel zur ersten Geraden. Aber wie die erste, so überquert auch die zweite Linie schließlich den Nordpol. *Verantwortlich dafür, daß sich die zwei anfänglich parallelen Geraden im Nordpol schneiden, ist die Krümmung der Erdkugel.*

Nachdem wir nun verstanden haben, wie sich eine Krümmung im zweidimensionalen Raum auswirkt, kehren wir zur vierdimensionalen Raumzeit zurück und betrachten, welche Folgen eine Krümmung hier hat.
In einem idealisierten Universum ohne Gravitation gibt es weder eine Krümmung des Raumes noch eine Krümmung der Zeit. Die Raumzeit ist flach. In einem solchen Universum müssen sich Teilchen gemäß den Einsteinschen Gesetzen der speziellen Relativität absolut gleichförmig und geradlinig bewegen. Beobachtern aus beliebigen Inertialsystemen muß es so scheinen, als bewege sich jedes Teilchen entlang einer Geraden. Dies ist eine Hauptaussage der speziellen Relativitätstheorie.
Einsteins Äquivalenzprinzip sorgt nun dafür, daß die Gravitation dieses grundlegende Postulat der freien Bewegung nicht außer Kraft setzen kann: Wann immer ein in freier Bewegung begriffenes Teilchen in unserem realen Universum durch ein kleines freifallendes Inertialsystem fliegt, muß es sich durch dieses Bezugssystem entlang einer Geraden bewegen. Daß sich Teilchen geradlinig durch ein kleines Inertialsystem bewegen, ist jedoch offensichtlich der Tatsache analog, daß sich kleine Gebiete auf der Erdkugel wie ebene Flächen verhalten. Und so wie eine Verbindungslinie zwischen zwei Punkten auf der Erde eine geodätische Linie ist, folgt aus der geradlinigen Bewegung eines Teilchens durch kleine Gebiete der Raumzeit, daß es sich entlang einer geodätischen Linie der Raumzeit fortbewegt. Was jedoch für dieses Teilchen gilt, muß auch für alle anderen Teilchen gelten: *Jedes freifallende Teilchen (jedes Teilchen, das mit Ausnahme der Gravitation keinen Kräften unterliegt) wandert entlang einer Geodäte durch die Raumzeit.*
Nachdem Einstein dies erkannt hatte, wurde ihm schlagartig klar, daß die *Gezeitenwirkung der Gravitation* nichts anderes als eine Manifestation der *Raumzeitkrümmung* ist.
Um zu verstehen, warum das so ist, stellen wir uns folgendes Gedankenexperi-

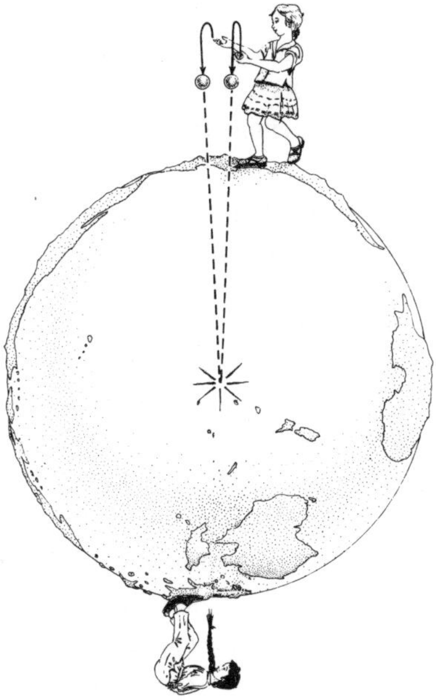

Abb. 2.5: Zwei Bälle, die auf vollkommen parallelen Bahnen in die Luft geworfen werden, würden im Mittelpunkt der Erde zusammentreffen, wenn sie ungehindert durch die Erde hindurchfallen könnten.

ment vor, das nicht von Einstein, sondern von mir stammt: Sie stehen genau am Nordpol auf einer Eisscholle und halten in jeder Hand einen kleinen Ball (Abb. 2.5). Sie werfen die Bälle gleichzeitig hoch und beobachten, wie sie nebeneinander auf vollkommen parallelen Bahnen höher und höher fliegen und schließlich wieder zur Erde zurückfallen. In einem Gedankenexperiment wie diesem ist es zulässig, sich alles vorzustellen, solange es nicht die physikalischen Gesetze verletzt. Wir wollen deshalb die Flugbahnen der Bälle nicht nur über der Erde, sondern auch in deren Inneren betrachten, das heißt, wir wollen beobachten, welchen Einfluß die Gravitation auf die Flugbahnen der Bälle ausüben würde, wenn sie in die Erde hineinfallen könnten. Zu diesem Zweck nehmen wir an, die Bälle seien aus einem Material hergestellt, das die Erde durchdringt, ohne gebremst zu werden (winzige Schwarze Löcher hätten diese Eigenschaft). Stellen wir uns weiter vor, daß auf der gegenüberliegenden Seite der Erde ein Freund steht, der das Experiment von dort beobachtet. Sie und Ihr Freund sind nun in der Lage, die Bewegung der Bälle mit »Röntgenaugen« zu verfolgen.

Während die Bälle immer tiefer in das Innere der Erde fallen, werden sie von der Gravitation in ähnlicher Weise gegeneinander gedrückt wie die beiden Körperhälften eines von der Schwerkraft angezogenen fallenden Astronauten (Abb. 2.3). Der Gezeiteneffekt der Gravitation ist gerade so stark, daß die beiden Bälle genau auf den Erdmittelpunkt zustreben und dort miteinander kollidieren.

Das Fazit dieses Gedankenexperiments lautet also: Jeder Ball bewegt sich auf einer Geraden (einer geodätischen Linie) durch die Raumzeit. Anfänglich verlaufen diese Geraden parallel, doch später kreuzen sie sich (die Bälle kollidieren) – ein Zeichen dafür, daß die Raumzeit gekrümmt ist. Nach Auffassung Einsteins war die Krümmung der Raumzeit die Ursache dafür, daß sich die Geraden schnitten bzw. daß die Bälle miteinander kollidierten, ebenso wie die Krümmung des Globus die Ursache dafür war, daß sich die Geraden in Abb. 2.4 schnitten. Vom Standpunkt Newtons dagegen waren es die Gezeiteneffekte. Aber es kann nur eine Ursache für das Verhalten der Geraden geben. *Folglich müssen die Krümmung der Raumzeit und die Gezeiteneffekte der Gravitation verschiedene Beschreibungen für ein und dasselbe physikalische Phänomen sein.*

Es fällt dem menschlichen Geist schwer, sich gekrümmte Flächen von mehr als zwei Dimensionen vorzustellen. Aus diesem Grund ist es nahezu unmöglich, die Krümmung der vierdimensionalen Raumzeit anschaulich darzustellen. Gewisse Einblicke in das Wesen der vierdimensionalen Raumzeit gewinnt man jedoch, wenn man verschiedene zweidimensionale Ausschnitte der Raumzeit betrachtet. In Abb. 2.6 sind zwei solche Ausschnitte gezeigt, um zu erklären, wie die Krümmung der Raumzeit für die Entstehung der Gezeiten auf der Erde verantwortlich ist.

Abb. 2.6 a zeigt einen Ausschnitt der Raumzeit in der Nähe der Erde. Dargestellt sind die Zeit sowie eine Raumdimension entlang der Richtung zum Mond. Der Mond krümmt diesen Ausschnitt der Raumzeit, was dazu führt, daß die beiden abgebildeten geodätischen Linien auseinanderlaufen. Entsprechend erscheint es uns auf der Erde, als würden zwei auf den Geodäten entlang wandernde Teilchen auseinandergetrieben. Dieses Verhalten interpretieren wir als eine Folge der Gravitation, genauer gesagt als eine Gezeitenwirkung der Gravitation. Aber dieser Gezeiteneffekt (bzw. diese Krümmung der Raumzeit) wirkt sich nicht nur auf freifallende Teilchen aus, sondern auch auf die Ozeane der Erde. So führt er dazu, daß die Ozeane wie in Kasten 2.5 beschrieben zwei Wulste bilden, einen auf der mondabgewandten Seite und einen auf der mondzugewandten Seite der Erde. Diese beiden Wulste versuchen nun, sich entlang der geodätischen Linien der gekrümmten Raumzeit fortzubewegen (Abb. 2.6 a), und streben folglich auseinander. Die Anziehungskraft der Erde (bzw. die von der Erde hervorgerufene Krümmung der Raumzeit, die in der Abbildung nicht dargestellt ist) wirkt dieser Fluchtbewegung jedoch entgegen, so daß sich die Ozeane nicht voneinander entfernen, sondern nur nach außen wölben.

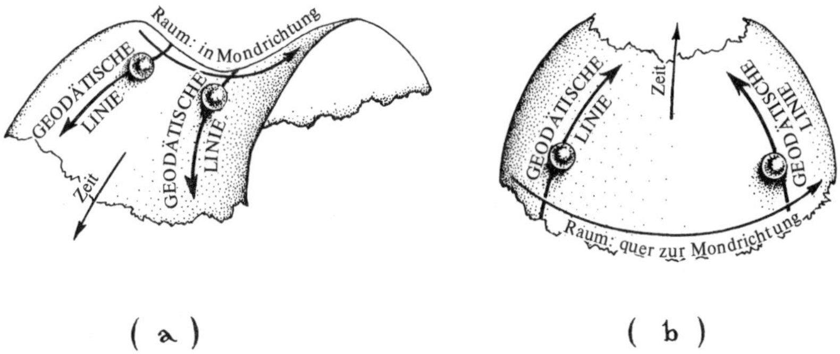

Abb. 2.6: Zwei zweidimensionale Ausschnitte der gekrümmten Raumzeit in der Nähe der Erde. Die durch den Mond verursachte Krümmung führt zu einer Dehnung in Mondrichtung (a) und zu einem seitlichen Druck quer zur Mondrichtung (b). Gemeinsam bewirken Dehnung und Druck die Gezeiten. (Siehe Kasten 2.5).

Abb. 2.6 b zeigt einen anderen Ausschnitt der Raumzeit in der Nähe der Erde. Er enthält die Zeitdimension sowie eine Raumdimension, die quer zur Richtung zum Mond verläuft. Auch dieser Ausschnitt der Raumzeit wird vom Mond gekrümmt, und zwar dergestalt, daß die Geodäten zueinander streben. Auf der Erde erscheint es uns folglich so, als ob freifallende Teilchen, die sich entlang der geodätischen Linien quer zum Mond bewegen, durch die Krümmung (bzw. die Gezeitenkraft des Mondes) zusammenlaufen. In ähnlicher Weise werden die Ozeane der Erde quer zur Mondrichtung zusammengepreßt, so daß die in Kasten 2.5 beschriebene seitliche Zusammenschnürung der Ozeane entsteht.

Einstein war Professor in Prag, als er im Sommer 1912 erkannte, daß die Gezeiteneffekte und die Krümmung der Raumzeit ein und dasselbe Phänomen darstellen. Es war eine wunderbare Entdeckung – auch wenn Einstein die Zusammenhänge noch nicht in dem vollen hier geschilderten Umfang verstand und eine vollständige Erklärung der Gravitation weiterhin ausstand. So wußte Einstein zwar nun, daß die Bewegungen freier Teilchen ebenso wie die Gezeiten der Ozeane von der Krümmung der Raumzeit abhingen, doch wußte er nicht, wodurch die Krümmung zustande kam. Einstein glaubte, daß die Materie im Inneren der Sonne, der Erde und der anderen Planeten in irgendeiner Weise für die Krümmung verantwortlich war. Doch in welcher Weise? *Wie wird die Raumzeit von der Materie gekrümmt, und wie sieht die Krümmung im einzelnen aus?* Die Suche nach einem *Krümmungsgesetz* wurde zum Hauptanliegen von Einstein.

Wenige Wochen nachdem er entdeckt hatte, daß die Raumzeit gekrümmt ist, zog Einstein von Prag zurück nach Zürich, wo er im Spätsommer 1912 eine ordentliche Professur an seiner Alma mater, der ETH, annahm. Kurz nach seiner Ankunft im August 1912 besuchte er einen alten Studienkollegen, Marcel Grossmann, der mittlerweile Professor für Mathematik in Zürich war, und bat ihn um Rat. Einstein erklärte ihm seine Idee, daß die Gezeiteneffekte der Gravitation nichts anderes als eine Krümmung der Raumzeit seien, und fragte sodann, ob Grossmann mathematische Gleichungen kenne, die für die Beschreibung der Krümmung bzw. der ihr zugrundeliegenden Gesetze hilfreich sein könnten. Grossmann, der sich auf andere Aspekte der Geometrie spezialisiert hatte, konnte diese Frage nicht auf Anhieb beantworten, doch fand er nach einigem Stöbern in der Bibliothek, daß es in der Tat solche Gleichungen gab. Sie waren zum größten Teil von dem deutschen Mathematiker Bernhard Riemann sowie von dem Italiener Gregorio Ricci und dessen Studenten Tullio Levi-Civita zwischen 1860 und 1900 entwickelt worden. Zunächst unter dem Begriff »absoluter Differentialkalkül« bekannt, benutzten die Physiker zwischen 1915 und 1960 eher die Bezeichnung »Tensoranalysis«, während heute der Begriff »Differentialgeometrie« gebräuchlich ist. Grossmann warnte Einstein, daß diese Differentialgeometrie ein furchtbar unübersichtliches Gebiet sei, mit dem sich Physiker besser nicht einließen. Andere Geometrien, mit denen man den Gesetzen der Raumzeitkrümmung auf die Spur kommen konnte, gab es jedoch nicht, und so blieb Einstein keine Wahl.

Tatkräftig unterstützt von Grossmann, ging Einstein daran, die verzwickte Differentialgeometrie zu meistern. Während Einstein von Grossmann Mathematik lernte, nutzte dieser die Gelegenheit, um von Einstein Physik zu lernen. Später zitierte Einstein seinen Freund mit der Bemerkung: »Ich gebe zu, daß ich aus meinem Studium der Physik schließlich doch eine wichtige Einsicht gewonnen habe. Wenn ich früher auf einem Stuhl saß, der noch von meinem Vorgänger angewärmt war, konnte ich mich eines gewissen Schauderns nicht erwehren. Das ist heute völlig verschwunden, denn die Physik hat mich davon überzeugt, daß Wärme etwas völlig Unpersönliches ist.«

Sich die Differentialgeometrie anzueignen war für Einstein keine einfache Aufgabe. Ihr Wesen entzog sich der physikalischen Intuition, die seine besondere Stärke war. Im Oktober 1912 schrieb er an Arnold Sommerfeld, den führenden deutschen Physiker: »Ich beschäftige mich jetzt ausschließlich mit dem Gravitationsproblem und glaube nun, mit Hilfe eines hiesigen befreundeten Mathematikers [Grossmann] aller Schwierigkeiten Herr zu werden. Aber das eine ist sicher, daß ich mich im Leben noch nicht annähernd so geplagt habe und daß ich große Hochachtung für die Mathematik eingeflößt bekommen habe, die ich bis jetzt in ihren subtileren Teilen in meiner Einfalt für puren Luxus ansah! Gegen dies Problem ist die ursprüngliche [spezielle] Relativitätstheorie eine Kinderei.« Gemeinsam arbeiteten Einstein und Grossmann den ganzen Herbst und Winter daran, zu verstehen, wie Materie die Raumzeit krümmt. Doch trotz ihrer Anstrengungen gelang es ihnen nicht, die Mathematik mit Einsteins Vorstellung in Einklang zu bringen. Das der Krümmung zugrundeliegende Gesetz ließ sich nicht fassen.

Einstein war überzeugt davon, daß dieses Gesetz *einer verallgemeinerten (erweiterten) Version seines Relativitätsprinzips* gehorchen sollte: Es mußte in allen Bezugssystemen gleich sein – und zwar nicht nur in (freifallenden) Inertialsystemen, sondern ebenso in anderen Bezugssystemen. Sein Geltungsbereich durfte nicht auf ein besonderes Bezugssystem oder eine bestimmte Klasse von Bezugssystemen beschränkt sein.* Unglücklicherweise schienen die Gleichungen der Differentialgeometrie ein solches Gesetz nicht zuzulassen. Gegen Ende des Winters gaben Einstein und Grossmann ihre Bemühungen auf und veröffentlichten die beste Näherung, die sie für das Krümmungsgesetz gefunden hatten – ein Gesetz, das für eine besondere Klasse von Bezugssystemen definiert war.

Für kurze Zeit gelang es dem stets optimistischen Einstein, sich damit abzufinden. An seinen Freund und Kollegen Paul Ehrenfest schrieb er Anfang 1913: »Es kann doch gar nichts Schöneres geben, als daß diese notwendige Spezialisierung aus den Erhaltungssätzen [von Energie und Impuls] folgt?« Nach längerem Nachdenken wurde ihm aber schließlich doch die katastrophale Bedeutung dieser Einschränkung klar. Im August 1913 schrieb er an Lorentz: »Aber leider hat diese Sache doch noch so große Haken, daß mein Vertrauen in die Zuverlässigkeit der Theorie noch ein schwankendes ist. ... [Wenn sie nicht dem verallgemeinerten Relativitätsprinzip gehorcht], so widerlegt die Theorie ihren eigenen Ausgangspunkt; sie steht dann in der Luft.«

Während sich Einstein und Grossmann um ein Verständnis der Raumzeitkrümmung bemühten, stellten sich auch andere Physiker der Aufgabe, die Gesetze der Gravitation mit der speziellen Relativität zu vereinigen. Unter ihnen befanden sich Gunnar Nordström aus Helsinki, Gustav Mie aus Greifswald sowie Max Abraham aus Mailand. Keiner von ihnen machte sich jedoch die Einsteinsche Vorstellung einer gekrümmten Raumzeit zu eigen. Statt dessen führten sie die Gravitation wie den Elektromagnetismus auf ein Kräftefeld zurück, das in Minkowskis flacher Raumzeit der speziellen Relativität angesiedelt war. Es war

* Einstein prägte den neuen Begriff »allgemeine Kovarianz« für diese Eigenschaft, obwohl es sich nur um eine natürliche Erweiterung seines Relativitätsprinzips handelte.

auch nicht verwunderlich, daß sie diesen Ansatz wählten: Die von Einstein und Grossmann verwendete Mathematik war nicht nur abschreckend komplex, sondern hatte auch zu einer Theorie geführt, die den Vorstellungen ihrer Urheber zuwiderlief.

Zwischen den Vertretern der verschiedenen Auffassungen entbrannte eine heftige Kontroverse. So schrieb Abraham: »Jemand, der wie dieser Autor immer wieder vor den Sirenen-Gesängen dieser Theorie [der Relativitätstheorie] warnen mußte, wird es mit Genugtuung aufnehmen, daß ihr Urheber sich nun selbst von ihrer Unhaltbarkeit überzeugt hat.« Einstein erwiderte darauf: »So scheint auch die Relativitätstheorie in ihrer jetzigen Form einen wichtigen Fortschritt zu bedeuten. ... An der allgemeinen Gültigkeit des Relativitätsprinzips zu zweifeln haben wir – wie schon hervorgehoben – nicht den geringsten Grund.« Einem Freund gegenüber beschrieb er Abrahams Gravitationstheorie als »ein stattliches Roß, dem aber drei Beine fehlen«. In Briefen aus den Jahren 1913 und 1914 äußerte er sich über die Auseinandersetzungen wie folgt: »Ich freue mich, daß die Sache doch wenigstens mit der erforderlichen Lebhaftigkeit aufgegriffen wird. Die Kontroversen machen mir Vergnügen. Figaro-Stimmung: ›Will der Herr Graf ein Tänzlein wagen, er soll's nur sagen! Ich spiel' ihm auf.‹« Und weiter: »Ich freue mich darüber, daß die Fachgenossen sich überhaupt mit der [von mir und Grossmann entwickelten] Theorie beschäftigen, wenn auch vorläufig nur mit der Absicht, dieselbe totzuschlagen. Im Vergleich dazu ist Nordströms Theorie viel naheliegender. Aber auch sie ist auf den a priorischen euklidischen vierdimensionalen Raum [die flache Raumzeit Minkowskis) gebaut, an den zu glauben für mein Gefühl so etwas wie Aberglauben bedeutet.«

Im April 1914 verließ Einstein die ETH, um eine Professur ohne Lehrverpflichtung in Berlin anzutreten. Endlich konnte er sich ausschließlich seiner Forschungstätigkeit widmen, und dies noch dazu in der anregenden Umgebung so großer Physiker wie Max Planck und Walther Nernst. In Berlin setzte Einstein seine Bemühungen um eine akzeptable Beschreibung der Raumzeitkrümmung fort, obwohl im Juni 1914 der Erste Weltkrieg ausbrach. Er suchte nach einem Gesetz, das die Krümmung beschrieb, ohne auf eine besondere Klasse von Bezugssystemen beschränkt zu sein.

In Göttingen, das mit der Eisenbahn drei Stunden von Berlin entfernt war und wo auch Minkowski gearbeitet hatte, lehrte damals einer der größten Mathematiker aller Zeiten: David Hilbert. Mit leidenschaftlichem Interesse verfolgte er in den Jahren 1914 und 1915 die Entwicklungen in der Physik. Von den Ideen, die Einstein veröffentlicht hatte, war er so fasziniert, daß er Einstein im Juni 1915 zu einem Besuch einlud. Einstein blieb etwa eine Woche und hielt insgesamt sechs zweistündige Vorträge. Mehrere Tage nach seinem Besuch schrieb Einstein einem Freund: »Ich hatte die große Freude, alles [über meine Arbeit] bis ins einzelne verstanden zu sehen. Von Hilbert bin ich ganz begeistert.«

Einige Monate nach seiner Rückkehr aus Göttingen war Einstein jedoch über die gemeinsam mit Grossmann entwickelten Gleichungen betrübter denn je. Sie verletzten nicht nur seine Überzeugung, daß die Gravitationsgesetze in allen Bezugssystemen übereinstimmen mußten, sondern sie ergaben auch einen falschen Wert für die anomale Perihelverschiebung der Merkurbahn, wie er nach langen, mühsamen Berechnungen herausfand. Er hatte gehofft, seine Theorie würde die Diskrepanz zwischen der tatsächlichen und der von Newton vorausgesagten Merkurbahn erklären. Eine solche Leistung hätte zumindest eine gewisse experimentelle Bestätigung seiner Gravitationsgesetze dargestellt und gezeigt, daß das Newtonsche Gesetz unzulänglich sein mußte. Seine Berechnungen auf der Grundlage der mit Grossmann entwickelten Gleichungen ergaben jedoch eine Perihelverschiebung, die nur halb so groß war wie der tatsächlich beobachtete Effekt.

Als er über seine alten Berechnungen nachgrübelte, entdeckte Einstein einige wesentliche Fehler. Fieberhaft arbeitete er den ganzen Oktober hindurch und hielt am 4. November auf der wöchentlichen Plenarsitzung der Preußischen Akademie der Wissenschaften in Berlin einen Vortrag, in dem er zunächst seine Fehler beschrieb und dann ein überarbeitetes Gesetz für die Krümmung der Raumzeit vorstellte – ein Gesetz, das zwar immer noch auf einer besonderen Klasse von Bezugssystemen beruhte, aber nicht in dem Maße wie zuvor.

Noch immer unzufrieden, überarbeitete Einstein die ganze folgende Woche angestrengt seine Formeln und fand weitere Fehler. Am 11. November stellte er der Akademie schließlich eine nochmals modifizierte Version seiner Theorie vor, doch auch sie stützte sich nach wie vor auf besondere Bezugssysteme und verletzte sein Relativitätsprinzip.

Einstein fand sich deshalb zunächst mit diesem Makel ab und beschäftigte sich die folgende Woche damit, solche Folgerungen und Voraussagen seiner neuen Theorie zu berechnen, die mit dem Teleskop überprüft werden konnten. So stellte er fest, daß seinem Gesetz zufolge Sternenlicht am Sonnenrand um einen Winkel von 1,7 Bogensekunden abgelenkt werden mußte – eine Voraussage, die vier Jahre später während einer Sonnenfinsternis durch sorgfältige Messungen bestätigt wurde. Weitaus bedeutsamer für Einstein war jedoch, daß sein neues Gesetz die korrekte Perihelverschiebung der Merkurbahn angab! Er war

außer sich vor Freude und konnte drei Tage vor lauter Begeisterung und Aufregung nicht arbeiten. Diese triumphale Entdeckung stellte er auf der nächsten Sitzung der Akademie am 18. November vor.
Allerdings beunruhigte es ihn noch immer, daß seine Gleichungen das Relativitätsprinzip verletzten. Deshalb dachte Einstein in den kommenden Wochen immer wieder über seine Berechnungen nach und fand einen weiteren Fehler – diesmal den entscheidenden. Endlich fügte sich alles nahtlos zusammen. Der mathematische Formalismus war nun nicht mehr abhängig von irgendwelchen besonderen Bezugssystemen, sondern sah in allen Bezugssystemen völlig gleich aus (Kasten 2.6) und gehorchte damit dem Relativitätsprinzip. Einsteins Vision aus dem Jahre 1914 hatte sich restlos bestätigt! Der neue Formalismus sagte nicht nur die Perihelverschiebung der Merkurbahn und die Lichtablenkung infolge von Gravitation korrekt voraus, sondern er schloß auch seine Voraussage einer gravitationsbedingten Zeitdilatation aus dem Jahre 1907 mit ein. Diese Schlußfolgerungen und die endgültige Fassung seines *Krümmungsgesetzes der allgemeinen Relativitätstheorie* präsentierte Einstein am 25. November der Preußischen Akademie.[7]
Drei Tage später schrieb Einstein an seinen Freund Arnold Sommerfeld: »Während des vergangenen Monats verlebte ich die aufregendste und anstrengendste Zeit meines Lebens, aber auch die erfolgreichste.« Und gegenüber Paul Ehrenfest äußerte er sich im Januar: »Denk Dir meine Freude [bei der Feststellung, daß die neuen Gleichungen dem Relativitätsprinzip gehorchen] und [daß sie] die Perihel-Bewegungen des Merkurs richtig liefern. Ich war einige Tage fassungslos vor Erregung.« Später beschrieb er diese Zeit mit den Worten: »Aber das ahnungsvolle, Jahre währende Suchen im Dunkeln mit seiner gespannten Sehnsucht, seiner Abwechslung von Zuversicht und Ermattung und seinem endlichen Durchbrechen zur Klarheit, das kennt nur, wer es selber erlebt hat.«

Bemerkenswerterweise war Einstein nicht der erste, der schließlich die korrekten Gleichungen für die Krümmung der Raumzeit fand – jene Gleichungen, die seinem Relativitätsprinzip gehorchten. Das Verdienst, sie als erster entdeckt zu haben, gebührt vielmehr Hilbert. Im August 1915, während Einstein noch mühsam sein Gesetz überarbeitete und einen mathematischen Fehler nach dem anderen machte, grübelte Hilbert über die Dinge nach, die er von Einstein bei dessen Besuch in Göttingen gelernt hatte. Den Schlüssel zur Lösung fand Hilbert dann, als er im Herbst des Jahres einige Tage auf Rügen verbrachte. Innerhalb weniger Wochen leitete er die korrekten Gleichungen her – und zwar nicht auf dem mühsamen empirischen Weg, den Einstein beschritt, sondern mit Hilfe ei-

Kasten 2.6

Die Einsteinsche Feldgleichung: das Gesetz von der Krümmung der Raumzeit[8]

Die Einsteinsche Feldgleichung besagt, daß die Krümmung der Raumzeit durch Masse und Druck verursacht wird. Insbesondere besagt sie folgendes:

Man wähle an einem beliebigen Punkt der Raumzeit ein beliebiges Bezugssystem aus. Dann bestimme man die Krümmung der Raumzeit in diesem Bezugssystem, indem man beobachtet, wie die Krümmung (bzw. die Gezeitenwirkung der Gravitation) freifallende Teilchen entlang jeder der drei Achsen des Bezugssystems (Ost–West, Nord–Süd, oben–unten) zusammen- oder auseinanderlaufen läßt. Die Teilchen bewegen sich entlang geodätischer Linien in der Raumzeit (Abb. 2.6), wobei die Geschwindigkeit, mit der sie sich einander nähern oder voneinander entfernen, proportional der Stärke der Krümmung entlang ihrer Verbindungslinie ist. Wenn die Teilchen wie in Abbildung (a) und (b) zusammenlaufen, spricht man von einer positiven Krümmung; wenn sie wie in (c) auseinanderlaufen, von einer negativen Krümmung.

Nun addiere man die Stärke der Krümmung entlang aller drei Achsen, Ost–West [Bild (a)], Nord–Süd [Bild (b)] und oben–unten [Bild (c)]. Einsteins Feldgleichung besagt dann folgendes: *Die Summe der Krümmungen entlang dieser drei Achsen ist proportional der Massendichte (multipliziert mit dem Quadrat der Lichtgeschwindigkeit) plus dem mit drei multiplizierten Druck der Materie in der Umgebung des Teilchens.*

Obwohl sich also zwei Beobachter an demselben Punkt der Raumzeit aufhalten mögen, beispielsweise Sie und ich in Paris am 14. Juli 1996, unterscheidet sich Ihr Raum von meinem, wenn wir uns relativ zueinander bewegen, ebenso wie sich die von uns jeweils gemessene Massendichte und der Druck der umgebenden Materie (beispielsweise der Luftdruck) unterscheiden. Und auch die Summe der drei Krümmungen der Raumzeit wird für Sie einen anderen Wert ergeben als für mich. Allerdings muß die Summe, die jeder von uns erhält, proportional der von uns gemessenen Massendichte plus dem mit drei multiplizierten Druck sein.

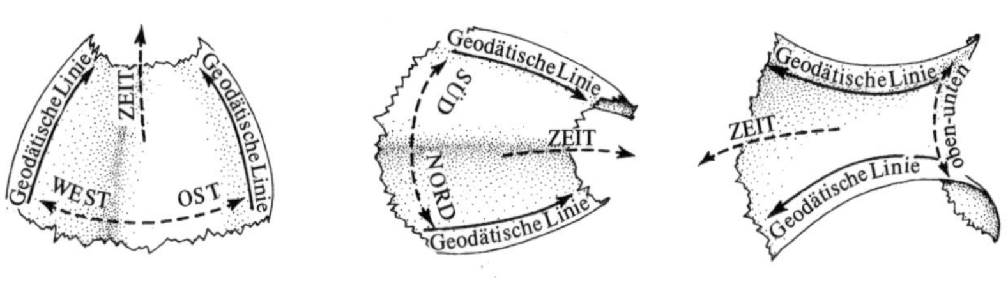

(a) (b) (c)

In diesem Sinne ist die Einsteinsche Feldgleichung in jedem Bezugssystem gleich und gehorcht somit dem Einsteinschen Relativitätsprinzip.

In den meisten Umgebungen (so zum Beispiel im gesamten Sonnensystem) ist der Druck, verglichen mit dem Produkt von Massendichte und dem Quadrat der Lichtgeschwindigkeit, verschwindend gering, so daß er nur unwesentlich zur Krümmung der Raumzeit beiträgt. *Folglich hängt die Krümmung der Raumzeit fast ausschließlich von der Masse ab.* Nur im Inneren von Neutronensternen (Kapitel 5) und an einigen anderen exotischen Orten des Universums spielt auch der Druck eine Rolle.

Durch mathematische Umformungen der Einsteinschen Feldgleichung konnten Einstein und andere Physiker nicht nur die Lichtablenkung durch die Sonne, die Planetenumlaufbahnen sowie die geheimnisvolle Perihelverschiebung der Merkurbahn erklären, sondern sie konnten auch überaus merkwürdige Phänomene wie Schwarze Löcher (Kapitel 3), Gravitationswellen (Kapitel 10), Singularitäten der Raumzeit (Kapitel 13) und möglicherweise die Existenz von Wurmlöchern und Zeitmaschinen (Kapitel 14) voraussagen.

Die folgenden Kapitel sind der Untersuchung dieses Einsteinschen Vermächtnisses gewidmet.

ner eleganten mathematischen Beweisführung. Diese Arbeit und das resultierende Gesetz stellte Hilbert am 20. November 1915 auf einer Sitzung der Königlichen Akademie der Wissenschaften in Göttingen vor – genau fünf Tage bevor Einstein dasselbe Gesetz der Preußischen Akademie in Berlin vortrug.

Es war völlig naheliegend und entsprach auch Hilberts Sicht der Dinge, daß das Krümmungsgesetz den Namen *Einsteinsche Feldgleichung* erhielt (Kasten 2.6). Hilbert hatte zwar die letzten mathematischen Schritte auf dem Weg zur ihrer Entdeckung unabhängig von Einstein und fast gleichzeitig mit ihm durchgeführt, doch Einstein hatte die gesamte Vorarbeit im wesentlichen allein geleistet: Ihm verdanken wir die Erkenntnis, daß die Gezeiteneffekte der Gravitation nichts anderes als eine Krümmung der Raumzeit sind; er war es, der die Auffassung vertrat, daß das Krümmungsgesetz dem Relativitätsprinzip gehorchen müsse, und er war es schließlich, der die Grundlagen der Feldgleichung fast im Alleingang entwickelt hatte. Ohne Einstein wären die Gravitationsgesetze der allgemeinen Relativitätstheorie vielleicht erst Jahrzehnte später entdeckt worden.

Während ich in der russischen Ausgabe von Einsteins gesammelten Werken blättere (die meisten seiner wissenschaftlichen Veröffentlichungen sind auch bis 1993 nicht ins Englische übersetzt worden!)[9], fällt mir der profunde Wandel auf, der sich nach 1912 im Stil seiner Arbeiten vollzog. Vor 1912 zeichnen sich seine Artikel durch Eleganz, tiefe Intuition und einen moderaten mathematischen Aufwand aus. Viele seiner Beweisführungen sind dieselben, die meine Kollegen und ich auch in den neunziger Jahren noch in Lehrveranstaltungen über die Relativität verwenden. Niemand hat bisher bessere Argumente vorbringen können. Nach 1912 dagegen bedient sich Einstein einer zunehmend komplexeren Mathematik, obwohl sie gewöhnlich mit einer tiefen Einsicht in das Wesen der physikalischen Gesetze gepaart ist. Diese Beherrschung mathematischer Methoden, verbunden mit tiefem physikalischem Verständnis, zeichnete Einstein vor allen Physikern aus, die sich zwischen 1912 und 1915 mit der Gravitation beschäftigten. Diese Begabung war es, die ihn schließlich zur Formulierung der Gravitationsgesetze in ihrer endgültigen Form führte.

Doch Einstein ging mit seinem mathematischen Werkzeug eher ungeschickt um. Wie Hilbert später sagte: »Jeder Straßenjunge in Göttingen versteht mehr von der vierdimensionalen Geometrie als Einstein. Trotzdem vollbrachte Einstein das Werk [formulierte die Gravitationsgesetze der allgemeinen Relativitätstheorie] und nicht die Mathematiker.« Dies gelang ihm, weil die Mathematik allein nicht ausreichte. Vielmehr bedurfte es Einsteins einzigartiger physikalischer Intuition.

Natürlich übertrieb Hilbert. Einstein war ein recht guter Mathematiker, auch wenn seine Handhabung mathematischer Methoden nicht mit seinem überragenden physikalischen Verständnis zu vergleichen war. Folglich werden nur wenige der von Einstein nach 1912 entwickelten Beweisführungen auch heute noch in der von ihm dargestellten Weise verwendet, da die Verfahren in der Zwischenzeit verbessert werden konnten. In den Jahren nach 1915 vollzog sich außerdem ein tiefgreifender Wandel: Für ein Verständnis der Naturgesetze wurde die Mathematik immer wichtiger, so daß Einstein nicht mehr dieselbe Führungsrolle zukam wie zuvor. Andere traten in seine Fußstapfen.

3. Kapitel

Schwarze Löcher werden entdeckt und verworfen

worin Einsteins Gesetze der Raumzeitkrümmung Schwarze Löcher vorhersagen, aber Einstein diese Vorhersage verwirft

»Das wesentliche Ergebnis dieser Untersuchung«, so schrieb Albert Einstein in einem wissenschaftlichen Artikel im Jahre 1939, »besteht darin, gezeigt zu haben, warum ›Schwarzschild-Singularitäten‹ in der physikalischen Realität nicht existieren.«[1] Mit diesen Worten machte Einstein unmißverständlich klar, daß er die Schlußfolgerungen aus seinem eigenen Schaffen ablehnte, jene Schwarzen Löcher nämlich, die aus den Gravitationsgesetzen seiner allgemeinen Relativitätstheorie zu folgen schienen.
Nur wenige Eigenschaften solcher Gebilde hatte man bis dahin aus den Einsteinschen Gesetzen abgeleitet, und der Begriff »Schwarze Löcher« war noch nicht geprägt worden. In jener Zeit bezeichnete man derartige Objekte noch als »Schwarzschild-Singularitäten«. Allerdings war bereits offenkundig, daß nichts von dem, was in ein Schwarzes Loch fällt, jemals wieder nach außen gelangen kann, Licht und sonstige Strahlung eingeschlossen. Dies genügte bereits, um Einstein und die meisten anderen Physiker davon zu überzeugen, daß solche bizarren Gebilde in unserem Universum nicht existierten. Auf irgendeine Weise mußten die Naturgesetze das Universum vor solchen Monstrositäten schützen.
Was wußte man damals über Schwarze Löcher, als Einstein sie so vehement ablehnte? Wie zuverlässig war die Vorhersage ihrer Existenz durch die allgemeine Relativitätstheorie? Wie konnte Einstein diese Voraussage ablehnen und weiterhin Vertrauen in die Gesetze der allgemeinen Relativität haben? Die Antworten auf diese Fragen haben ihre Wurzeln im 18. Jahrhundert.
Damals gingen die Naturwissenschaftler (die damals noch Naturphilosophen genannt wurden) davon aus, daß die Gravitation den Newtonschen Gesetzen unterliege. Weiterhin glaubte man, Licht bestehe aus Korpuskeln (Teilchen), die von ihrer jeweiligen Quelle mit sehr hoher Geschwindigkeit ausgesandt werden. Dank der teleskopischen Beobachtung der Jupitermonde und der Messung des von ihnen während ihres Umlaufs um Jupiter ausgesandten Lichts wußte man, daß die Lichtgeschwindigkeit ungefähr 300000 Kilometer pro Sekunde beträgt.
Im Jahre 1783 wagte es nun der britische Naturphilosoph John Michell, die kor-

puskulare Beschreibung des Lichts mit der Newtonschen Gravitationstheorie zu verbinden und so die Eigenschaften sehr dichter Sterne vorherzusagen.[2] Er tat dies mit Hilfe eines Gedankenexperiments, das ich hier in abgewandelter Form wiedergeben möchte:

Man schieße ein Teilchen mit einer gewissen Anfangsgeschwindigkeit von der Oberfläche eines Sterns nach oben. Wenn die Anfangsgeschwindigkeit zu gering ist, wird das Teilchen von der Anziehungskraft des Sterns immer stärker gebremst, bis es schließlich wieder zu Boden fällt. Wenn die Anfangsgeschwindigkeit dagegen ausreichend groß ist, kann das Teilchen trotz der bremsenden Wirkung der Anziehungskraft den Stern für immer verlassen. Die Geschwindigkeit, die dazu mindestens erforderlich ist, heißt »Fluchtgeschwindigkeit«. Für ein Teilchen, das von der Erde in die Höhe geschossen wird, beträgt sie 11 Kilometer pro Sekunde; für ein Teilchen, das von der Sonne herausgeschleudert wird, ist eine Geschwindigkeit von 617 Kilometern pro Sekunde notwendig (das entspricht 0,2 Prozent der Lichtgeschwindigkeit).

Michell konnte die Fluchtgeschwindigkeit mit Hilfe der Newtonschen Gravitationsgesetze berechnen und zeigen, daß sie proportional zur Quadratwurzel der Sternmasse, geteilt durch den Umfang des Sterns ist. Für eine vorgegebene Sternmasse ist die Fluchtgeschwindigkeit also um so größer, je kleiner der Umfang ist. Der Grund dafür ist einfach: Je kleiner der Umfang des Sterns, desto näher ist seine Oberfläche dem Mittelpunkt und desto stärker wirkt die Gravitation an seiner Oberfläche. Folglich ist es für das Teilchen schwieriger, die Anziehungskraft des Sterns zu überwinden.

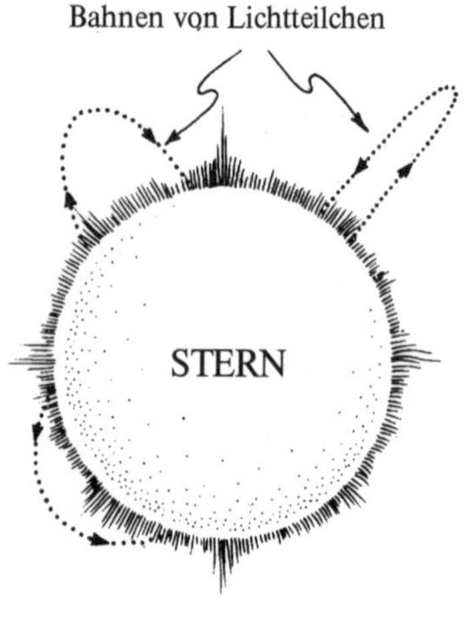

Abb. 3.1: Das Verhalten von Licht, das von einem Stern ausgesandt wird, dessen Umfang kleiner ist als sein kritischer Umfang. (Nach den Berechnungen von John Michell, 1783, der sich dabei auf die Newtonschen Gravitationsgesetze und die korpuskulare Beschreibung des Lichts stützte.)

Es gibt nun einen *kritischen Umfang,* so argumentierte Michell, für den die Fluchtgeschwindigkeit gleich der Lichtgeschwindigkeit ist. Wenn die Gravitation auf Lichtkorpuskeln denselben Einfluß hat wie auf andere Teilchen, dann kann Licht von einem Stern mit diesem kritischem Umfang gerade noch entkommen. Einem Stern, der jedoch nur ein wenig kleiner ist, entflieht es nicht mehr. Wenn also ein Lichtteilchen mit der absoluten Lichtgeschwindigkeit von 299792 Kilometern pro Sekunde von einem solchen Stern nach oben geschossen wird, dann muß es zwangsläufig wieder zum Stern zurückfallen (Abb. 3.1). Michell konnte den kritischen Umfang leicht ausrechnen: Er betrug 18,5 Kilometer für einen Stern mit der Masse der Sonne und war entsprechend größer, wenn die Masse zunahm.

In den physikalischen Gesetzen des 18. Jahrhunderts gab es nichts, was gegen die mögliche Existenz solcher kompakten Sterne sprach. Daher sah sich Michell zu der Vermutung veranlaßt, daß das Universum möglicherweise eine Vielzahl solcher dunklen Sterne beherbergte – Sterne, die von der Erde aus unsichtbar waren, da die von ihnen ausgesandten Lichtkorpuskeln unweigerlich zur Oberfläche zurückfielen. Diese *dunklen Sterne* waren die Vorläufer der Schwarzen Löcher.

Michell berichtete der Londoner Royal Society am 27. November 1783 von seiner Vermutung und erregte damit einiges Aufsehen unter den englischen Naturphilosophen. Dreizehn Jahre später machte Pierre Simon Laplace in seinem berühmten Werk *Exposition du Système du Monde* (dt. *Darstellung des Weltsystems*) eine ähnliche Vorhersage, ohne sich auf Michells frühere Arbeit zu beziehen. Noch in der 1799 erschienenen zweiten Ausgabe hielt Laplace an dieser Vorstellung fest, doch in der dritten Auflage von 1808 war sie schließlich verschwunden. Mittlerweile hatte Thomas Young die Entdeckung gemacht, daß Licht mit sich selbst interferiert*, was die Naturphilosophen veranlaßte, die korpuskulare Beschreibung des Lichts zugunsten einer von Christiaan Huygens entwickelten Wellenbeschreibung aufzugeben. Bei einer solchen Wellenbeschreibung war es jedoch vollkommen unklar, wie sie mit dem Newtonschen Gravitationsgesetz verknüpft werden konnte, um die Anziehungskraft eines Sterns auf das von ihm ausgesandte Licht zu berechnen. Es ist anzunehmen, daß Laplace aus diesem Grund die Vorstellung eines dunklen Sterns aus den späteren Ausgaben seines Buches verbannte.[3]

Erst im November 1915, nachdem Einstein seine allgemeine Relativitätstheorie formuliert hatte, glaubten die Physiker wieder, die Phänomene der Gravitation

* Kapitel 10

Karl Schwarzschild in seinem akademischen Talar in Göttingen. [*AIP Emilio Segrè Visual Archives.*]

und des Lichts ausreichend gut zu verstehen, um die Anziehungskraft eines Sterns auf das von ihm ausgesandte Licht zu untersuchen und sich mit neuem

Vertrauen den von Michell und Laplace vorhergesagten dunklen Sternen (Schwarzen Löchern) zuzuwenden.

Den ersten Schritt auf diesem Weg unternahm Karl Schwarzschild, einer der hervorragendsten Astrophysiker des frühen 20. Jahrhunderts. Schwarzschild, der im Ersten Weltkrieg als deutscher Soldat an der Ostfront kämpfte, las Einsteins Formulierung der allgemeinen Relativitätstheorie in den *Sitzungsberichten der Preußischen Akademie der Wissenschaften* vom 25. November 1915 und machte sich sofort daran, die Vorhersagen zu untersuchen, die die neuen Einsteinschen Gravitationsgesetze für Sterne liefern mochten.

Da es sehr schwierig gewesen wäre, einen rotierenden, nichtsphärischen Stern zu analysieren, beschränkte sich Schwarzschild auf Sterne, die kugelförmig waren und nicht rotierten. Um die Berechnungen weiter zu vereinfachen, verzichtete er außerdem darauf, eine mathematische Beschreibung für das Innere des Sterns zu liefern, sondern begnügte sich zunächst mit den äußeren Eigenschaften. Innerhalb weniger Tage hatte er die Lösung gefunden. Mit großer Genauigkeit hatte er aus Einsteins neuer Feldgleichung die Raumzeitkrümmung für die äußere Umgebung jedes sphärischen, nichtrotierenden Sterns ausgerechnet. Sein Rechenverfahren war elegant, und die von ihm vorhergesagte Raumzeitgeometrie, die später nach ihm benannte Schwarzschild-Metrik, sollte gewaltige Auswirkungen auf das Verständnis der Gravitation und des Universums haben. Schwarzschild sandte Einstein einen Artikel, in dem er ihm seine Rechnungen darlegte, und Einstein stellte diese Arbeit am 13. Januar 1916 auf einer Sitzung der Preußischen Akademie der Wissenschaften im Namen Schwarzschilds vor. Eine zweite Abhandlung traf wenige Wochen später ein, und auch diese trug Einstein der Akademie vor. Es handelte sich um eine exakte Berechnung der Raumzeitkrümmung *im Inneren* des Sterns.[4] Kaum vier Monate danach wurde Schwarzschilds bemerkenswerter Schaffenskraft jedoch ein abruptes Ende gesetzt. Am 19. Juni 1916 fiel Einstein die traurige Pflicht zu, der Akademie mitzuteilen, daß Karl Schwarzschild an den Folgen einer Krankheit gestorben war, die er sich an der russischen Front zugezogen hatte.

Die Schwarzschild-Metrik, das erste konkrete Beispiel einer Raumzeitkrümmung in diesem Buch, ist für ein Verständnis der Eigenschaften Schwarzer Löcher von wesentlicher Bedeutung. Aus diesem Grund wollen wir uns hier ausführlich mit ihr beschäftigen.

Wenn wir von Kindheit an gewohnt wären, Raum und Zeit als eine absolute, einheitliche, vierdimensionale Raumzeitstruktur zu begreifen, wäre es durchaus angemessen, die Schwarzschild-Metrik sofort in der Sprache der gekrümmten,

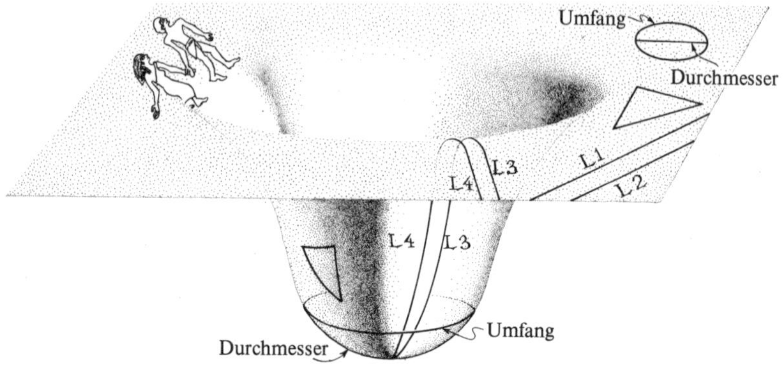

Abb. 3.2: Ein von 2D-Wesen bevölkertes zweidimensionales Universum.

vierdimensionalen Raumzeit zu beschreiben. Da wir jedoch im täglichen Leben nur die Erfahrung eines dreidimensionalen Raums und einer eindimensionalen Zeit machen, werde ich bei der Beschreibung der Schwarzschild-Metrik den gekrümmten Raum und die gekrümmte Zeit gesondert betrachten.

Aufgrund der »Relativität« von Raum und Zeit* ist es zunächst erforderlich, ein Bezugssystem, das heißt einen Bewegungszustand, als Ausgangspunkt zu wählen. Für einen Stern ist dies natürlich sein eigenes Bezugssystem – das System, in dem er sich in Ruhe befindet. Anders ausgedrückt, es ist sinnvoll, den Stern in seinem eigenen Raum und seiner eigenen Zeit zu betrachten und nicht aus dem Blickwinkel eines Beobachters, der sich mit hoher Geschwindigkeit relativ zu dem Stern bewegt.

Um den gekrümmten Raum eines Sterns besser veranschaulichen zu können, mache ich im Folgenden von sogenannten *Einbettungsdiagrammen* Gebrauch. Da solche Diagramme in künftigen Kapiteln eine wichtige Rolle spielen werden, möchte ich den Begriff hier sehr sorgfältig und mit Hilfe einer Analogie einführen.

Stellen Sie sich eine Gattung menschenähnlicher Wesen vor, die in einem Universum mit nur zwei Raumdimensionen leben. Dieses Universum gleicht der gekrümmten, schüsselförmigen Fläche, die in Abb. 3.2 dargestellt ist. Die Wesen sind wie ihr Universum zweidimensional, das heißt, ihre Ausdehnung senkrecht zur Fläche ist unendlich klein. Darüber hinaus ist es ihnen versagt, über ihre zweidimensionale Welt hinauszuschauen. Ihre visuelle Wahrnehmung erfolgt über Lichtstrahlen, die sich entlang der Oberfläche bewegen, diese jedoch nie-

* Siehe Abb. 1.3 und die Erzählung über Mledina und Serona in Kapitel 2.

mals verlassen. Folglich haben diese »2D-Wesen«, wie ich sie nennen möchte, keine Möglichkeit, Informationen über das zu erhalten, was außerhalb ihres zweidimensionalen Universums geschieht.

Die 2D-Wesen können die Geometrie ihrer zweidimensionalen Welt erforschen, indem sie beispielsweise Geraden, Dreiecke und Kreise vermessen. Unter den Geraden sind die in Kapitel 2 besprochenen »Geodäten« zu verstehen (Abb. 2.4), das heißt die kürzesten Verbindungen zwischen zwei Punkten in ihrem zweidimensionalen Universum. In der schüsselähnlichen Vertiefung ihres Universums, das wir in Abb. 3.2 als Kugelausschnitt sehen, entsprechen ihre Geraden den Ausschnitten von Großkreisen, ähnlich dem Äquator oder den Längengraden auf der Erde. Außerhalb des Schüsselrands ist ihr Universum flach, so daß ihre Geraden den gewöhnlichen Geraden entsprechen, wie wir sie kennen.

Wenn die 2D-Wesen zwei beliebige parallele Geraden in dem äußeren, flachen Teil ihres Universums betrachten, beispielsweise L1 und L2 in Abb. 3.2, dann werden sich diese Geraden niemals schneiden, gleichgültig, wie weit sie diese auch verfolgen. Auf diese Weise erkennen sie, daß der äußere Teil ihres Universums flach ist. Wenn sie dagegen zwei parallele Geraden L3 und L4 konstruieren und sie von außerhalb des Schüsselrands bis in das Innere der Vertiefung fortsetzen, so werden sie feststellen, daß sich diese Geraden, die Geodäten im Sinne einer kürzesten Verbindung zwischen zwei Punkten sind, auf dem Grund der Vertiefung schneiden. Auf diese Weise werden sie erkennen, daß der innere Teil ihres Universums, die schüsselähnliche Vertiefung, gekrümmt ist.

Zu derselben Erkenntnis würden die 2D-Wesen gelangen, wenn sie Kreise und Dreiecke vermessen würden (Abb. 3.2). In der äußeren Region entspricht der Umfang eines Kreises stets dem Produkt von π (3,14159265...) und dem Kreisdurchmesser. In der schüsselförmigen Region ist der Umfang eines Kreises dagegen kleiner. So besitzt der in Abb. 3.2 gezeichnete große Kreis in der Vertiefung einen Umfang von 2,5 mal dem Kreisdurchmesser. Würden die 2D-Wesen ein Dreieck konstruieren, dessen Seiten Geraden (Geodäten) sind, und würden sie dann die von dem Dreieck eingeschlossenen Winkel addieren, so erhielten sie im flachen Teil ihres Universums eine Summe von genau 180 Grad, während die Winkelsumme im inneren, gekrümmten Teil größer als 180 Grad wäre.

Hätten die 2D-Wesen aufgrund solcher Messungen entdeckt, daß ihr Universum gekrümmt ist, würden sie möglicherweise beginnen, über die Existenz eines dreidimensionalen Raumes nachzudenken, in den ihr Universum *eingebettet* ist. Sie könnten diesen Raum mit dem Begriff *Hyperraum* bezeichnen und Spekulationen über seine Eigenschaften anstellen. So könnten sie beispielsweise annehmen, daß er »flach« im euklidischen Sinne sei, was bedeuten würde, daß paral-

lele Geraden sich niemals schneiden. Wir haben keine Schwierigkeiten, uns diesen Hyperraum vorzustellen. Es ist der dreidimensionale Raum aus Abb. 3.2, der Raum unser alltäglichen Erfahrung. Die 2D-Geschöpfe mit ihrer auf zwei Dimensionen beschränkten Erfahrung hätten jedoch große Schwierigkeiten, sich diesen Raum zu veranschaulichen. Mehr noch, es gäbe für sie keine Möglichkeit, festzustellen, ob ein solcher Hyperraum wirklich existiert. Sie können ihr zweidimensionales Universum niemals verlassen, um die dritte Dimension des Hyperraumes kennenzulernen, und da ihre visuelle Wahrnehmung auf Lichtstrahlen beruht, die ebenfalls auf ihr zweidimensionales Universum beschränkt sind, können sie auch niemals in den Hyperraum hineinsehen. Für sie wäre ein solcher Hyperraum vollkommen hypothetisch.
Die dritte Dimension des Hyperraums hat nichts mit der »Zeitdimension« zu tun, die die zweidimensionalen Lebewesen möglicherweise als ihre dritte Dimension begreifen. Vielmehr müßten die 2D-Wesen für den Hyperraum vier Dimensionen annehmen: die zwei räumlichen Dimensionen ihres Universums, die eine zeitliche Dimension sowie die dritte Dimension des Hyperraums.

Wir sind dreidimensionale Geschöpfe und leben in einem gekrümmten dreidimensionalen Raum. Wenn wir die Geometrie unseres Raumes in der Nähe und im Inneren eines Sterns vermessen würden, die sogenannte *Schwarzschild-Metrik*, würden wir feststellen, daß er in ähnlicher Weise gekrümmt ist wie das Universum der 2D-Geschöpfe.
Wir können nun Vermutungen darüber anstellen, ob unser gekrümmter dreidimensionaler Raum in einen höherdimensionalen ebenen Hyperraum eingebettet ist. Dabei stellt sich heraus, daß ein solcher Hyperraum sechs Dimensionen besitzen müßte, um einen gekrümmten dreidimensionalen Raum wie den unseren aufnehmen zu können. (Wenn wir die Zeitdimension unseres Universums berücksichtigen, müssen wir sogar von sieben Dimensionen ausgehen.)
Sich einen dreidimensionalen Raum vorzustellen, der in einen sechsdimensionalen Hyperraum eingebettet ist, ist für uns noch schwieriger, als es für ein 2D-Geschöpf sein dürfte, sich die Einbettung seines zweidimensionalen Raumes in einen dreidimensionalen Hyperraum zu veranschaulichen. Allerdings gibt es ein Hilfsmittel, das diese Vorstellung bedeutend erleichtert, und dieser Kunstgriff ist im Folgenden erläutert.
Abb. 3.3 zeigt ein Gedankenexperiment: Eine dünne Membran wird durch die Äquatorebene eines Sterns geführt und teilt diesen genau in zwei gleiche Hälften. Obwohl die Membran in der Abbildung flach aussieht, ist sie das nicht wirklich. Die Masse des Sterns krümmt den dreidimensionalen Raum im Inneren

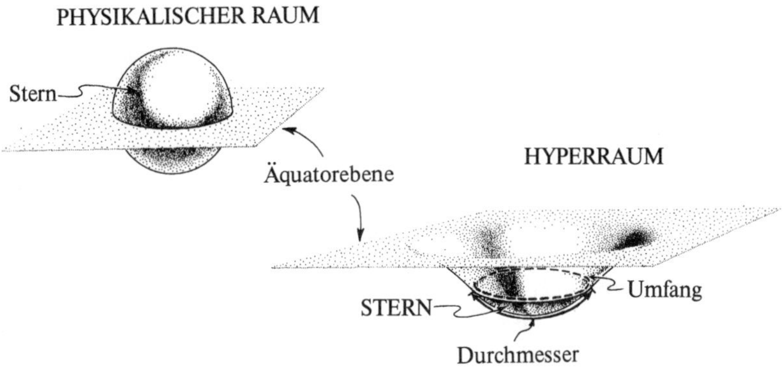

Abb. 3.3: Die Krümmung des dreidimensionalen Raumes im Inneren und in der Umgebung eines Sterns (oben links), dargestellt anhand eines *Einbettungsdiagramms* (unten rechts). Das Diagramm zeigt die Krümmung, die Schwarzschild in seiner Lösung der Einsteinschen Feldgleichung vorhersagte.

und in der Umgebung des Sterns auf eine Weise, die im linken oberen Teil von Abb. 3.3 nicht dargestellt werden kann. Dadurch wird auch die Membran gekrümmt, und zwar auf eine Weise, die ebenfalls nicht in der Abbildung gezeigt ist. Die Krümmung der Membran läßt sich jedoch durch ähnliche geometrische Messungen nachweisen, wie sie die 2D-Wesen in dem zweidimensionalen Raum ihres Universums durchführten. Solche Messungen würden zeigen, daß sich ursprünglich parallele Geraden im Inneren des Sterns schneiden; daß der Umfang von beliebigen Kreisen im Inneren oder in der Nähe des Sterns weniger als das Produkt von π und dem Kreisdurchmesser beträgt und daß die Summe der eingeschlossenen Winkel eines Dreiecks stets größer als 180 Grad ist. Die Einzelheiten dieser Raumkrümmung und ihre Auswirkungen werden von Schwarzschilds Lösung der Einsteinschen Gleichung vorhergesagt.

Zur besseren Veranschaulichung der Schwarzschild-Krümmung können wir uns vorstellen, daß die Membran aus dem gekrümmten, dreidimensionalen Raum unseres realen Universums herausgezogen und in einen fiktiven flachen, dreidimensionalen Hyperraum eingebettet wird (Abb. 3.3 rechts unten). In dem nicht gekrümmten Hyperraum kann die Membran ihre gekrümmte Metrik nur beibehalten, wenn sie eine schüsselförmige Vertiefung bildet. Solche Diagramme von zweidimensionalen Membranen unseres gekrümmten Universums, die in einen hypothetischen flachen, dreidimensionalen Hyperraum eingebettet sind, werden *Einbettungsdiagramme* genannt.

Es ist verführerisch, die dritte Dimension des Hyperraums mit der dritten räumlichen Dimension unseres Universums gleichzusetzen. Dieser Versuchung müssen wir jedoch widerstehen. Die dritte Dimension des Hyperraums hat nicht das geringste mit den Dimensionen unseres Universums zu tun. Es handelt sich um eine Dimension, die wir niemals sehen, geschweige denn betreten können und von der wir auch niemals Informationen erhalten werden. Sie ist rein hypothetisch, und trotzdem ist sie nützlich. Sie trägt zur Veranschaulichung der Schwarzschild-Metrik bei und wird es uns in späteren Kapiteln ermöglichen, auch andere Raumkrümmungen besser zu verstehen: die Raumkrümmungen von Schwarzen Löchern, Gravitationswellen, Singularitäten und Wurmlöchern (Kapitel 6, 7, 10, 13 und 14).

Wie das Einbettungsdiagramm in Abb. 3.3 zeigt, ähnelt die Schwarzschild-Metrik der durch den Äquator des Sterns verlaufenden Membran dem Raum der 2D-Wesen. Im Inneren des Sterns ist der Raum schüsselförmig gekrümmt, in der weiteren Umgebung des Sterns wird er flach. Wie bei dem großen Kreis in der schüsselförmigen Ebene der 2D-Wesen (Abb. 3.2) gilt auch hier, daß der Umfang des Sterns, geteilt durch seinen Durchmesser, kleiner als π ist (Abb. 3.3). Für die Sonne gibt es Berechnungen, denen zufolge das Verhältnis zwischen Umfang und Durchmesser nur um einen winzigen Bruchteil kleiner als π ist. Das heißt, im Inneren der Sonne ist der Raum annähernd flach. Wenn wir dagegen einen Stern mit der Masse der Sonne betrachten und seinen Umfang immer kleiner wählen, dann nimmt die Krümmung in seinem Inneren immer stärker zu. Die schüsselähnliche Vertiefung in dem Einbettungsdiagramm in Abb. 3.3 würde sich immer stärker ausprägen, und das Verhältnis zwischen Umfang und Durchmesser würde immer kleiner werden.

Da der Raum in verschiedenen Bezugssystemen unterschiedlich aussieht, erhalten wir unterschiedliche räumliche Krümmungen für einen Stern, je nachdem ob sich das Bezugssystem, in dem die Krümmung gemessen wird, mit hoher Geschwindigkeit relativ zum Stern bewegt oder ob es relativ zum Stern ruht. Im Raum des bewegten Bezugssystems erscheint der Stern senkrecht zu seiner Bewegungsrichtung zusammengedrückt, so daß das entsprechende Einbettungsdiagramm einen kleinen Unterschied zu dem in Abb. 3.3 aufweist: Die schüsselähnliche Vertiefung wird in Querrichtung zu einer länglichen Form zusammengepreßt. Diese Verzerrung ist das auf den gekrümmten Raum bezogene Analogon zu der Längenkontraktion, die Fitzgerald für ein Universum ohne Gravitation postulierte (Kapitel 1).

Schwarzschilds Lösung der Einsteinschen Feldgleichung beschreibt nicht nur die Krümmung des Raumes, sondern auch die Verzerrung der Zeit in der Nähe des Sterns – eine Verzerrung, die durch die starke Gravitation des Sterns verursacht wird. In einem Bezugssystem, das relativ zum Stern ruht, statt mit hoher Geschwindigkeit an ihm vorbeizufliegen, entspricht diese Krümmung der Zeit exakt der in Kapitel 2 (Kasten 2.4) besprochenen *gravitationsbedingten Zeitdilatation:* Danach vergeht die Zeit in der Nähe des Sterns langsamer als in einiger Entfernung von seiner Oberfläche, während sie im Zentrum des Sterns noch langsamer fortschreitet.

Im Fall der Sonne ist die Verzerrung der Zeit sehr gering: An der Oberfläche der Sonne sollte die Zeit um 64 Sekunden pro Jahr (1 : 500000) langsamer verstreichen als in weiter Entfernung der Sonne, während sie im Inneren der Sonne um etwa 5 Minuten pro Jahr (1 : 100000) langsamer verläuft. Wenn wir dagegen einen Stern von der Masse der Sonne betrachten und seinen Umfang immer weiter verringern, so würde die Gravitation und damit auch die gravitationsbedingte Zeitdilatation des Sterns – seine Zeitkrümmung – immer stärker zunehmen.

Eine Folge dieser Zeitkrümmung ist die *gravitationsbedingte Rotverschiebung* des von einem Stern ausgesandten Lichts. Da die Frequenz der Lichtschwingungen von dem Zeitfluß am Ort der Lichtemission abhängt, besitzt das von Atomen an der Oberfläche des Sterns emittierte Licht eine niedrigere Frequenz, wenn es die Erde erreicht, als Licht, das von gleichartigen Atomen im interstellaren Raum ausgesandt wird. Die Frequenz verringert sich genau um denselben Betrag, um den der Zeitfluß verlangsamt wird. Eine niedrigere Frequenz bedeutet eine größere Wellenlänge, so daß das von dem Stern ausgesandte Licht in dem Maße zum roten Ende des Spektrums hin verschoben wird, wie die Zeit an seiner Oberfläche gedehnt ist.

An der Oberfläche der Sonne beträgt die Zeitdilatation 1 : 500000, so daß die gravitationsbedingte Rotverschiebung des Sonnenlichts beim Eintreffen auf der Erde ebenfalls 1 : 500000 betragen sollte. Diese Rotverschiebung ist zu gering, als daß man sie zu Einsteins Zeiten hätte beobachten können, doch in den frühen sechziger Jahren holte die Technik allmählich auf: Jim Brault von der Princeton University war mit Hilfe eines empfindlichen Experiments in der Lage, die Rotverschiebung des Sonnenlichts zu messen, und erzielte ein Ergebnis, das in guter Übereinstimmung mit Einsteins Voraussage stand.[5]

Schon wenige Jahre nach Schwarzschilds frühem Tod wurde seine Raumzeitgeometrie zu einem wichtigen Werkzeug für Physiker und Astrophysiker. Viele Wissenschaftler, darunter Einstein, beschäftigten sich mit ihr und versuchten auszurechnen, welche Folgerungen sich aus ihr ergaben. Allseitiges Einvernehmen herrschte über die Schlußfolgerung, daß die Raumzeit eines Sterns, der wie

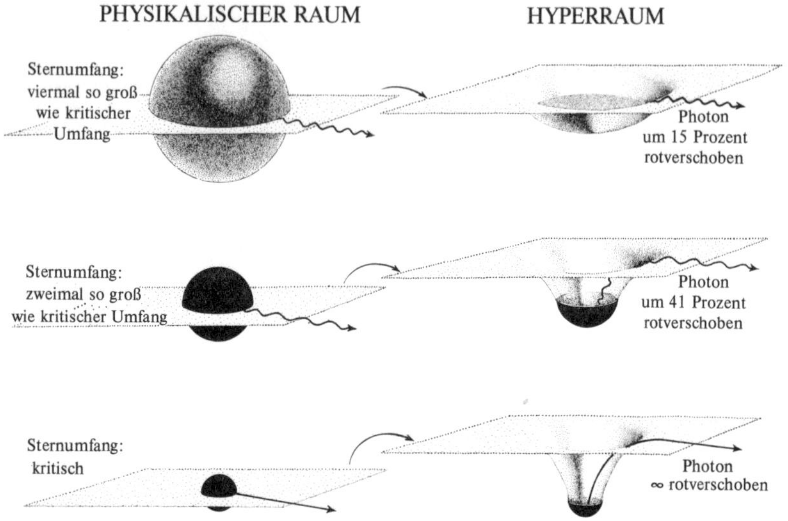

Abb. 3.4: Die Vorhersagen der allgemeinen Relativitätstheorie für die Krümmung des Raumes und die Rotverschiebung des Lichts bei drei sehr dichten Sternen, die zwar dieselbe Masse, aber verschiedene Größen haben. Der erste besitzt einen Umfang, der viermal so groß ist wie sein kritischer Umfang; der zweite einen doppelt so großen Umfang, und der Umfang des dritten entspricht genau dem kritischen Umfang. Heute würde man sagen, die Oberfläche des dritten Sterns bildet den Horizont eines Schwarzen Loches.

die Sonne einen recht großen Umfang besitzt, nur wenig gekrümmt ist und daß Licht, das von seiner Oberfläche emittiert wird, nur eine sehr schwache Rotverschiebung erfährt. Ebenso einig war man sich darin, daß die Krümmung der Raumzeit und die Rotverschiebung des Lichts um so stärker sein müssen, je kompakter der Stern ist. Allerdings waren nur wenige bereit, auch die extremen Voraussagen ernst zu nehmen, die die Schwarzschild-Metrik für hochgradig kompakte Sterne machte (Abb. 3.4):[6]

Die Schwarzschild-Metrik sagt voraus, daß es für jeden Stern einen kritischen Umfang gibt, der von seiner Masse abhängt. Es handelt sich um denselben kritischen Umfang, den schon John Michell und Pierre Simon Laplace mehr als ein Jahrhundert zuvor beschrieben hatten und den man in Kilometern erhält, wenn man die Sternenmasse in Einheiten der Sonnenmasse mit 18,5 multipliziert. Wenn der Umfang eines Sterns viermal größer ist als sein kritischer Umfang (Abb. 3.4 oben), dann ist sein Raum nur schwach gekrümmt. Die Zeit an seiner Oberfläche verstreicht um 15 Prozent langsamer als in großer Entfernung, und

Licht, das von seiner Oberfläche emittiert wird, ist um 15 Prozent seiner Wellenlänge zum roten Ende des Spektrums hin verschoben. Wenn der Umfang des Sterns nur das Doppelte des kritischen Umfangs beträgt (Abb. 3.4 Mitte), dann erfährt sein Raum eine stärkere Krümmung, die Zeit an seiner Oberfläche verstreicht um 41 Prozent langsamer als in großer Entfernung, und Licht von seiner Oberfläche erscheint um 41 Prozent rotverschoben. Diese Voraussagen erschienen Physikern und Astrophysikern vernünftig und akzeptabel. Was sie jedoch bis in die sechziger Jahre ganz und gar nicht akzeptierten, war die Voraussage für Sterne, deren Umfang genau der kritischen Grenze entsprach (Abb. 3.4 unten). Für einen solchen Stern mit seinem stark gekrümmten Raum ist der Zeitfluß an seiner Oberfläche unendlich verlangsamt. Die Zeit fließt also überhaupt nicht mehr – sie ist eingefroren. Entsprechend gilt für die Emission von Licht gleichgültig welcher Farbe, daß es eine unendliche Rotverschiebung erfährt, das heißt eine Verschiebung hin zu unendlichen Wellenlängen, bis es schließlich nicht mehr existiert. In der heutigen Terminologie würde man sagen, die Oberfläche eines solchen Sterns mit kritischem Umfang entspricht genau dem Horizont eines Schwarzen Loches. Durch seine immense Gravitationskraft erzeugt der Stern einen schwarzen, alles verschlingenden Horizont um sich herum.

Die Schlußfolgerung, die sich aus der Schwarzschild-Metrik ergibt, ist dieselbe, zu der schon Michell und Laplace gelangten: Ein Stern, dessen Umfang nur so groß ist wie sein kritischer Umfang, muß aus einiger Entfernung betrachtet vollständig dunkel erscheinen; er muß das sein, was wir heute als Schwarzes Loch bezeichnen. Obwohl die Schlußfolgerungen übereinstimmen, waren doch die Begründungen vollständig andere.

Michell und Laplace, die der Newtonschen Vorstellung eines absoluten Raumes, einer absoluten Zeit und einer relativen Lichtgeschwindigkeit verhaftet waren, glaubten, daß bei einem Stern, der nur wenig kleiner als der kritische Umfang ist, Lichtteilchen der Anziehungskraft nur knapp nicht entfliehen können. Die Lichtkorpuskeln würden sich weit über den Stern erheben, weiter als über jeden den Stern umkreisenden Planeten, doch würden sie durch die Gravitationskraft des Sterns immer stärker gebremst, bis sie schließlich kurz vor dem Übergang in den interstellaren Raum zum Stern zurückfallen würden. Während Lebewesen auf einem nahen Planeten das schwache Licht des Sterns noch wahrnehmen würden (ihnen erschiene er nicht dunkel), könnten wir ihn auf der weit entfernten Erde nicht sehen. Sein Licht würde uns nicht erreichen; er wäre für uns vollkommen schwarz.

Die von Schwarzschild vorhergesagte Raumzeitkrümmung erforderte dagegen, daß sich Licht stets mit derselben universellen Geschwindigkeit ausbreitet; es kann nicht gebremst werden. (Die Lichtgeschwindigkeit ist absolut, während Raum und Zeit relativ sind.) Wird Licht jedoch von einem Stern mit kritischem Umfang ausgesandt, so erfährt es eine unendliche Rotverschiebung, während es eine unendlich kleine Distanz nach oben zurücklegt. (Die Verschiebung der Wellenlänge muß unendlich sein, da der Zeitfluß genau am Horizont unendlich verlangsamt ist und die Wellenlänge stets in dem Maße verschoben ist, wie die Zeit gedehnt wird.) Diese unendliche Rotverschiebung raubt dem Licht die gesamte Energie, so daß es aufhört zu existieren! Folglich können auch Lebewesen auf einem Planeten, der dem kritischen Umfang beliebig nah ist, kein Licht des Sterns wahrnehmen.

In Kapitel 7 werden wir untersuchen, wie sich das Licht aus der Perspektive eines Beobachters im Inneren des Schwarzen Loches verhält. Dabei werden wir feststellen, daß es keineswegs aufhört zu existieren, sondern daß es lediglich dem kritischen Umfang (dem Horizont des Loches) nicht entkommen kann, obwohl es sich mit der normalen Geschwindigkeit von 299792 Kilometern pro Sekunde fortpflanzt. Bevor wir jedoch ein scheinbar so widersprüchliches Verhalten begreifen können, müssen wir zunächst einige andere Sachverhalte verstehen, so wie dies auch die Physiker zwischen 1916 und 1960 mußten.

In den zwanziger und frühen dreißiger Jahren waren Albert Einstein und der britische Astrophysiker Arthur Eddington die unbestrittenen Experten auf dem Gebiet der allgemeinen Relativität. Andere mochten die Relativitätstheorie verstehen, doch Einstein und Eddington gaben den Ton an. Und während einige Wissenschaftler durchaus bereit waren, Schwarze Löcher ernst zu nehmen, lehnten Einstein und Eddington eine solche Vorstellung rundweg ab. Schwarze Löcher mit ihren unerhörten Eigenschaften erschienen ihnen dubios. Sie verletzten Einsteins und Eddingtons intuitive Vorstellung von der Beschaffenheit des Universums.

In den zwanziger Jahren scheint Einstein das Thema einfach ignoriert zu haben. Niemand sagte Schwarze Löcher ernsthaft voraus, so daß es offenbar nicht erforderlich war, die Sache in aller Öffentlichkeit klarzustellen. Außerdem zogen andere Rätsel der Natur Einstein viel stärker an.

Eddington dagegen nahm eine eher exzentrische Haltung ein. Er liebte es, seine Wissenschaft allgemeinverständlich darzustellen, und solange niemand Schwarze Löcher ernst nahm, waren sie etwas, über das man spaßeshalber Spekulationen anstellen konnte. So schrieb er in seinem 1926 erschienenen Buch *The Internal Constitution of Stars* (dt. *Der innere Aufbau der Sterne*), daß kein beobachtbarer Stern kompakter sein könne, als es dem kritischen Umfang entspreche, und begründete dies wie folgt: »Erstens würde die Schwerkraft so groß sein, daß das Licht nicht imstande wäre, in den Weltraum zu entweichen, da die Lichtstrahlen auf den Stern zurückfallen müßten wie Steine auf die Oberfläche der Erde. Zweitens würde die Rotverschiebung eine Größe erreichen, die das ganze Spektrum ›wegverschieben‹ würde. Drittens würde die Masse eine solche Krümmung der Raumzeitmetrik hervorrufen, daß sich der Raum um den Stern schließen und uns außerhalb (das heißt im Nirgendwo) lassen würde.« Das erste Argument entsprach der Newtonschen Erklärung, warum Licht nicht entfliehen könne; das zweite war eine halbzutreffende, relativistische Beschreibung, und beim dritten Argument handelte es sich um eine für Eddington typische Übertreibung. Wie man dem Einbettungsdiagramm in Abb. 3.4 entnehmen kann, ist die Raumkrümmung eines Sterns von kritischem Umfang zwar groß, aber nicht unendlich, so daß der Raum den Stern keinesfalls vollkommen einhüllen würde. Eddington war sich dessen vermutlich bewußt, doch war diese Beschreibung sehr anschaulich und erfaßte in überspitzter Weise das Wesen der von Schwarzschild vorausgesagten Krümmung der Raumzeit.

Wie wir in Kapitel 4 sehen werden, wurde es in den dreißiger Jahren immer zwingender, Schwarze Löcher ernst zu nehmen. Je stärker dieser Druck wurde, desto unmißverständlicher artikulierten Eddington, Einstein und andere maßgebliche Wissenschaftler ihre Ablehnung dieser bizarren Objekte.

Im Jahre 1939 veröffentlichte Einstein eine Rechnung, von der er glaubte, daß sie zeige, warum Schwarze Löcher nicht existieren könnten.[7] Im Rahmen dieser Berechnung untersuchte er das Verhalten einer idealisierten Klasse von Objekten, die manche als potentielle Urheber eines Schwarzen Loches betrachten mochten. Es handelte sich dabei um Anhäufungen von Teilchen, die sich gegenseitig anziehen und auf diese Weise einen Verband bilden – analog dem Sonnensystem, das durch die Anziehungskraft der Sonne auf die Planeten zusammengehalten wird. Die Teilchen in Einsteins Verband bewegten sich auf kreisförmigen Bahnen um einen gemeinsamen Mittelpunkt, wobei die Gesamtheit der Bahnen eine Kugel bildete und die Teilchen auf der einen Seite der Kugel die auf der anderen anzogen (Abb. 3.5 links).

Einstein stellte sich nun vor, diesen Verband immer weiter zu verkleinern, bis sein Umfang unterhalb der kritischen Grenze lag. Erwartungsgemäß zeigte seine Rechnung, daß die Anziehungskraft an der kugelförmigen Oberfläche des Teilchenhaufens um so stärker wurde, je dichter der Haufen war. Die Teilchen an seiner Oberfläche mußten sich folglich immer schneller bewegen, um nicht von der Gravitation ins Innere gezogen zu werden. Unterschritt der Teilchenverband das Anderthalbfache des kritischen Umfangs, dann – so zeigten Einsteins Berechnungen – war die Anziehungskraft so stark, daß die Teilchen sich

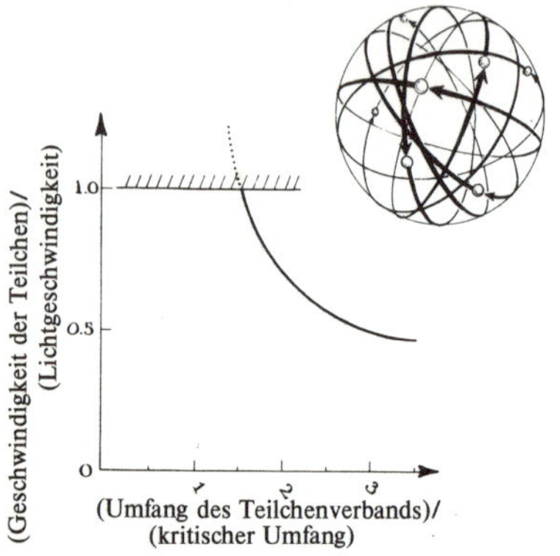

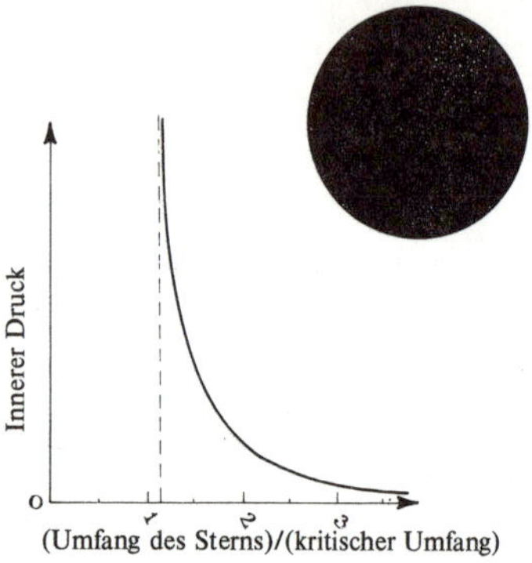

Abb. 3.5: Einsteins Begründung dafür, daß kein Körper jemals so klein wie sein kritischer Umfang sein könne. *Links*: Wenn der Umfang von Einsteins kugelförmiger Ansammlung von Teilchen kleiner als das Anderthalbfache des kritischen Umfangs ist, dann müssen sich die Teilchen schneller als mit Lichtgeschwindigkeit bewegen, was unmöglich ist. *Rechts*: Wenn der Umfang eines Sterns mit konstanter Dichte kleiner als 9/8 (das 1,125fache) des kritischen Umfangs, dann ist der Druck im Mittelpunkt des Sterns unendlich, was unmöglich ist.

schneller als Licht bewegen mußten, um nicht dem Gravitationssog zu erliegen. Da sich jedoch nichts schneller als Licht bewegen kann, war es unmöglich, daß der Umfang eines Teilchenverbandes jemals kleiner als das Anderthalbfache des kritischen Umfangs war. »Das wesentliche Ergebnis dieser Untersuchung besteht darin«, so schrieb Einstein, »gezeigt zu haben, warum ›Schwarzschild-Singularitäten‹ in der physikalischen Realität nicht existieren.«

Zur Untermauerung seiner Auffassung konnte sich Einstein auch auf die innere Struktur eines idealisierten Sterns berufen – eines Sterns, dessen Materiedichte in seinem Inneren vollkommen konstant ist (Abb. 3.5 rechts). Bei einem solchen Stern verhindert der Gasdruck in seinem Inneren, daß er in sich zusammenstürzt. Karl Schwarzschild hatte die allgemeine Relativitätstheorie benutzt, um eine vollständige mathematische Beschreibung eines solchen Sterns herzuleiten. Seine Gleichungen zeigten, daß der Druck im Inneren eines Sterns mit zunehmender Dichte immer stärker ansteigen muß, da andernfalls der Stern seiner eigenen Anziehungskraft nicht mehr widerstehen kann. Wenn der Umfang des Sterns nur noch etwa das 1,125fache des kritischen Umfangs ist, wird der

Druck in seinem Inneren nach Schwarzschilds Berechnungen unendlich groß.[8] Da kein Gas (und im übrigen auch kein anderer Stoff) jemals einen unendlichen Druck erzeugen kann, war Einstein überzeugt, daß kein Stern jemals das 1,125fache des kritischen Umfangs unterschreiten könne.

Einsteins Berechnungen waren korrekt, nicht aber seine Interpretation der Ergebnisse. Seine Schlußfolgerung, daß kein Gebilde jemals den kritischen Umfang erreichen könne, entsprang nicht so sehr den Rechnungen selbst als vielmehr seiner intuitiven Ablehnung der damals noch Schwarzschild-Singularitäten genannten Schwarzen Löcher. Rückblickend wissen wir, daß die korrekte Interpretation folgendermaßen hätte lauten müssen:

Einsteins Teilchenanhäufung und der Stern mit konstanter Dichte konnten niemals die für die Erzeugung eines Schwarzen Loches erforderliche Dichte erreichen, weil Einstein forderte, daß irgendeine Kraft der Gravitationsanziehung entgegenwirke müsse. Im Fall des Sterns war dies der Gasdruck in seinem Inneren, im Fall des Teilchenhaufens die Zentrifugalkraft der bewegten Teilchen. Es ist zwar in der Tat zutreffend, daß keine Kraft der Gravitationsanziehung widerstehen kann, wenn ein Gebilde einmal den kritischen Umfang erreicht hat, doch bedeutet dies nicht, daß kein Gebilde jemals so klein werden kann. *Vielmehr ist daraus zu schließen, daß bei einem solch kleinen Gebilde die Gravitation zwangsläufig alle anderen herrschenden Kräfte überwiegt; sie bewirkt, daß das Objekt in einem gewaltigen Kollaps in sich zusammenstürzt und ein Schwarzes Loch erzeugt.* Diese Möglichkeit zog Einstein bei seinen Berechnungen jedoch überhaupt nicht in Betracht.

Wir sind heutzutage so vertraut mit der Vorstellung Schwarzer Löcher, daß wir uns nur schwer der Frage entziehen können: »Wie konnte Einstein so begriffsstutzig sein? Wie konnte er ausgerechnet die Ursache eines Schwarzen Loches, den Kollaps eines Sterns, einfach nicht berücksichtigen?« Eine solche Reaktion würde jedoch nur unsere völlige Unkenntnis der für die zwanziger und dreißiger Jahre charakteristischen Gedankenwelt verdeutlichen.

Die Vorhersagen der allgemeinen Relativitätstheorie verstand man noch nicht sehr gut. Niemand erkannte, daß ein hinreichend kompaktes Gebilde kollabieren *muß* und daß der Kollaps ein Schwarzes Loch erzeugt. Vielmehr stellte man sich die Schwarzschild-Singularitäten unzutreffenderweise als Gebilde vor, deren Umfang genau der kritischen Grenze entsprach oder knapp darunter lag und die mit Hilfe irgendeiner inneren Kraft dem Gravitationskollaps widerstanden. Einstein glaubte daher, die Vorstellung Schwarzer Löcher widerlegen zu können, indem er zeigte, daß kein Objekt, dessen Zustand von inneren Kräften abhing, kleiner als der kritische Umfang sein könne.

Wenn Einstein je die Möglichkeit in Betracht gezogen hätte, daß »Schwarzschild-Singularitäten« wirklich existieren, hätte er vermutlich auch erkannt, daß die inneren Kräfte völlig bedeutungslos waren und daß statt dessen der Gravitationskollaps den Schlüssel zu ihrem Verständnis bildet. Aber er war so fest davon überzeugt, daß sie nicht existieren können, daß er – wie auch die meisten seiner Kollegen – eine unüberwindliche geistige Barriere gegen die Wahrheit errichtete.

In T. H. Whites Roman *The Once and Future King* (dt. *Der König auf Camelot*) kommt eine Ameisengesellschaft vor, deren Motto lautet: »Was nicht verboten ist, geschieht zwangsläufig.« Doch ist dies *nicht* die Art und Weise, wie die physikalischen Gesetze und das Universum funktionieren. Viele Ereignisse, die nach den physikalischen Gesetzen möglich wären, treten in der Praxis niemals ein, weil sie höchst unwahrscheinlich sind. Hier greift man häufig auf das Beispiel des zerbrochenen Hühnereis zurück, das sich aus den am Boden verstreuten Bruchstücken wieder zu einem Ganzen zusammenfügen soll. Betrachten Sie einen Film, in dem ein Ei zu Boden fällt und zerbricht. Dann lassen Sie den Film rückwärts laufen und beobachten, wie sich das Ei spontan wieder zu einem Ganzen zusammenfügt und nach oben in die Luft fliegt. Den physikalischen Gesetzen zufolge ist ein solcher Vorgang nicht ausgeschlossen, doch wird er nie eintreten, da er höchst unwahrscheinlich ist.

Die Physiker, die sich mit Schwarzen Löchern beschäftigten, untersuchten noch bis in die fünfziger Jahre ausschließlich die Frage, ob die physikalischen Gesetze die Existenz solcher Gebilde *erlauben* – und die Antwort darauf war zweideutig. Auf den ersten Blick schienen Schwarze Löcher möglich zu sein, doch führten Einstein, Eddington und andere Wissenschaftler (falsche) Gründe dafür an, daß sie nicht existieren können. In den fünfziger Jahren, als man diese Argumente endgültig widerlegt hatte, vertraten viele Physiker die Ansicht, daß Schwarze Löcher zwar nach den physikalischen Gesetzen erlaubt sein mögen, daß sie jedoch sehr unwahrscheinlich seien und wie die spontane Wiederherstellung eines zerbrochenen Hühnereis niemals in der realen Welt vorkämen.

In Wirklichkeit jedoch sind Schwarze Löcher – anders als das sich wieder zu einem Ganzen zusammenfügende Ei – in gewissen Situationen, die häufig auftreten, eine zwangsläufige Erscheinung. Doch erst in den späten sechziger Jahren, als die Beweise für die Existenz Schwarzer Löcher immer unumstößlicher wurden, begannen die meisten Physiker, Schwarze Löcher ernst zu nehmen. In den folgenden drei Kapiteln möchte ich auf diese Beweise und den erbitterten Widerstand, der ihnen zunächst entgegenschlug, näher eingehen.

Die zu Beginn des 20. Jahrhunderts weitverbreitete Ablehnung Schwarzer Löcher steht in krassem Gegensatz zu der Begeisterung, mit der die auf John Michell und Pierre Simon Laplace zurückgehende Vorstellung im 18. Jahrhundert aufgenommen wurde. Werner Israel, ein Physiker von der University of Alberta, der sich eingehend mit diesem Kapitel der Wissenschaftsgeschichte befaßt hat, führt folgende mögliche Gründe für den Unterschied an:
»Ich bin sicher, daß die im 18. Jahrhundert verbreitete Akzeptanz Schwarzer Löcher nicht nur ein Symptom der revolutionären Stimmung jener Zeit war«, schreibt Israel. »Die Erklärung muß vielmehr damit zusammenhängen, daß die Laplaceschen dunklen Sterne [Schwarzen Löcher] unseren liebgewordenen Glauben an die Beständigkeit und Stabilität von Materie nicht gefährdeten. Die Schwarzen Löcher des 20. Jahrhunderts stellen dagegen eine essentielle Bedrohung dieser Überzeugung dar.«[9]
Sowohl Michell als auch Laplace stellten sich ihre dunklen Sterne aus einer Materie vor, die ungefähr dieselbe Dichte wie Wasser, Erde, Gestein oder die Sonne besitzt, nämlich einige Gramm pro Kubikzentimeter. Bei einer solchen Dichte mußte ein dunkler Stern, das heißt ein Stern mit einem unterhalb der kritischen Grenze liegenden Umfang, eine 400millionenmal größere Masse als die Sonne und einen Umfang in der Größenordnung der Erdumlaufbahn besitzen. Solche Sterne mochten zwar exotisch sein, doch waren sie den Newtonschen Gesetzen unterworfen und bedrohten keinesfalls unsere tiefsten Überzeugungen über das Wesen der Natur. Wenn man den Stern sehen wollte, brauchte man nur auf einem Planeten in seiner Nähe zu landen und konnte von dort die Lichtteilchen beobachten, die sich weit über die Sternoberfläche erhoben und schließlich zum Boden zurückfielen. Wollte man eine Bodenprobe des Sterns untersuchen, brauchte man bloß eine Sonde zur Sternoberfläche zu entsenden, eine Probe zu entnehmen und sie zu Laboruntersuchungen zur Erde zurückzubringen. Ich weiß nicht, ob Michell, Laplace oder irgendeiner ihrer Zeitgenossen sich je Gedanken über solche Dinge machten, doch hätten sie in diesem Fall nicht den geringsten Grund gehabt, sich um die Naturgesetze oder die Beständigkeit und Stabilität von Materie Sorgen zu machen.
Der kritische Umfang eines Schwarzen Loches moderner Prägung, sein Horizont, stellt eine ganz andere Herausforderung dar. Ein Lichtteilchen wird man auch in der geringsten Höhe über dem Horizont nicht finden. Nichts, was durch den Horizont hindurchfällt, kann jemals wieder zum Vorschein kommen. Es ist für unser Universum unwiderruflich verloren – ein Faktum, das unsere heutigen Vorstellungen von der Erhaltung von Masse und Energie ernsthaft gefährdet.
Nach Ansicht von Israel gibt es eine merkwürdige Parallele zwischen der Ge-

schichte der Entdeckung Schwarzer Löcher und der Geschichte der Entdekkung der Kontinentaldrift, der relativen Verschiebung der Erdkontinente: »Beweise für beide Phänomene waren bereits gegen Ende der zwanziger Jahre nur schwer zu ignorieren. Trotzdem führte ein an das Irrationale grenzender Widerstand gegen diese Ideen dazu, daß sie für fast ein halbes Jahrhundert auf Eis gelegt wurden. Ich glaube, daß der tiefere psychologische Grund dafür in beiden Fällen derselbe war. Eine weitere Übereinstimmung ist der Umstand, daß sich der Widerstand in beiden Fällen um das Jahr 1960 herum aufzulösen begann. Natürlich hatten beide Forschungsrichtungen [die Astrophysik und die Geophysik] von den technischen Entwicklungen der Nachkriegszeit profitiert, doch ist es gleichwohl bezeichnend, daß das Nachlassen des Widerstands mit dem Zeitpunkt zusammenfiel, als Sputnik und die sowjetische Wasserstoffbombe der Vorstellung ein Ende bereiteten, die westliche Wissenschaft sei für alle Ewigkeit unangreifbar. Diese Entwicklungen mochten vielleicht auch Anlaß zu dem Verdacht gegeben haben, daß es zwischen Himmel und Erde mehr gab, als die westliche Wissenschaft zu träumen wagte.«[10]

4. Kapitel *Das Geheimnis der Weißen Zwerge*

worin Eddington und Chandrasekhar über den Tod massiver Sterne streiten: Sind sie dazu verurteilt, nach ihrem Tod zu Schwarzen Löchern zu schrumpfen, oder kann die Quantenmechanik sie retten?

Man schrieb das Jahr 1928. Schauplatz des Geschehens war die südostindische Stadt Madras am Golf von Bengalen, wo ein siebzehnjähriger junger Mann namens Subrahmanyan Chandrasekhar mit großem Fleiß Physik, Chemie und Mathematik an der Universität studierte. Chandrasekhar war groß, gutaussehend, von vornehmer Haltung und stolz auf seine akademischen Leistungen. Erst jüngst hatte er Arnold Sommerfelds klassisches Lehrbuch *Atombau und Spektrallinien* gelesen und war nun überglücklich, daß Sommerfeld, einer der bedeutendsten theoretischen Physiker der Welt, Madras besuchte.
Begierig darauf, den großen Physiker persönlich kennenzulernen, suchte Chandrasekhar ihn in seinem Hotel auf und bat um ein Gespräch. Sie verabredeten sich für einen späteren Tag.
Zu dem Treffen erschien Chandrasekhar, selbstbewußt, seiner Beherrschung der modernen Physik gewiß, bei Sommerfeld im Hotel. Sommerfeld begrüßte ihn höflich, erkundigte sich nach seinen Studien und ernüchterte ihn dann zutiefst. »Die Physik, die Sie studiert haben, gehört der Vergangenheit an. In den fünf Jahren seit Erscheinen meines Lehrbuches hat sich die Physik vollkommen verändert«, so erklärte er und fuhr fort, den radikalen Wandel zu beschreiben, der sich im Verständnis der Physiker von den im Kleinen geltenden Naturgesetzen vollzogen hatte. So hatte man festgestellt, daß die Newtonschen Gesetze auf der Ebene der Atome, Moleküle, Elektronen und Protonen in einer Weise versagten, die von der Relativitätstheorie nicht vorhergesagt wurde. An die Stelle der Newtonschen Gesetze traten völlig neue. Sie wurden unter dem Begriff *Quantenmechanik* zusammengefaßt, weil sie das Verhalten (die »Mechanik«) von Materieteilchen (»Quanten«) behandelten.* Obwohl die Quantenmechanik erst zwei Jahre alt war, erwies sie sich bereits als sehr erfolgreich bei der Beschreibung von Atomen und Molekülen.
Chandrasekhar hatte in Sommerfelds Buch die erste Rohversion dieser neuen

* Eine verständliche Darstellung der Gesetze der Quantenmechanik finden Sie in dem Buch *The Cosmic Code* (dt. *Quantenphysik als Sprache der Natur*) von Heinz Pagels.

Theorie kennengelernt. Sie war jedoch, wie Sommerfeld jetzt erklärte, unbefriedigend gewesen. Obwohl ihre Gesetze in guter Übereinstimmung mit den an einfachen Atomen und Molekülen durchgeführten Experimenten standen, beispielsweise mit den Beobachtungen an Wasserstoff, konnten sie das Verhalten komplizierterer Atome und Moleküle nicht erklären. Diese Gesetze fügten sich weder untereinander noch mit anderen physikalischen Gesetzen zu einem konsistenten, logischen Gebilde zusammen. Sie waren wenig mehr als eine Sammlung unästhetischer, ad hoc aufgestellter Rechenregeln.

Die überarbeitete Fassung der neuen Quantenmechanik wirkte dagegen weitaus vielversprechender, obwohl sie radikaler war. Sie erklärte komplizierte Atome und Moleküle und stand in Übereinstimmung mit den übrigen Erkenntnissen der Physik.

Fasziniert lauschte Chandrasekhar den Ausführungen Sommerfelds.

Quantenmechanik und Weiße Zwerge

Beim Abschied gab Sommerfeld Chandrasekhar die Druckfahnen eines Artikels mit, den er soeben fertiggestellt hatte. Er leitete darin die quantenmechanischen Gesetze her, die für große Ansammlungen von Elektronen in kleinen Raumvolumina, etwa in einem Metall, galten.

Begierig verschlang Chandrasekhar den Artikel und verbrachte anschließend viele Tage damit, in der Universitätsbibliothek alle Veröffentlichungen zum gleichen Thema zu studieren. Besonders interessant war eine Abhandlung des britischen Physikers R. H. Fowler über dichte Materie, die am 10. Dezember 1926 in *Monthly Notices of the Royal Astronomical Society* erschienen war.[1] Durch diesen Artikel wurde Chandrasekhar auf ein fesselndes Buch aufmerksam: *The Internal Constitution of the Stars* (dt. *Der innere Aufbau der Sterne*) von dem herausragenden britischen Astrophysiker Arthur S. Eddington, in dem dieser unter anderem *die geheimnisvollen Weißen Zwergsterne* beschrieb.[2]

Weiße Zwerge stellten einen Sterntyp dar, den die Astronomen erst jüngst mit dem Teleskop entdeckt hatten. Das Geheimnisvolle an den Weißen Sternen war die extrem hohe Materiedichte in ihrem Inneren, die weitaus größer war als die aller bekannten Stoffe. Als Chandrasekhar das Buch aufschlug, konnte er nicht ahnen, daß der Versuch, dieses Geheimnis zu lüften, ihn und Eddington schließlich zwingen würde, Schwarze Löcher als das letzte Stadium eines sterbenden Weißen Zwergs in Betracht zu ziehen.

»Weiße Zwerge kommen wahrscheinlich sehr häufig vor«, las Chandrasekhar in

Eddingtons Buch. »Bis jetzt sind nur drei mit Bestimmtheit festgestellt worden, sie liegen aber alle innerhalb einer kleinen Entfernung von der Sonne.« Als den bekanntesten Stern dieser Art nannte Eddington *Sirius B,* den Begleiter des gewöhnlichen Sterns Sirius, der 8,6 Lichtjahre von der Erde entfernt und der hellste Stern unseres Nachthimmels ist. Sirius B dreht sich um sein Schwestergestirn wie die Erde um die Sonne, doch benötigt er fünfzig Jahre, um einen Umlauf zu vollenden, während es bei der Erde nur ein Jahr dauert.

Dann beschrieb Eddington, wie Astronomen anhand teleskopischer Beobachtungen die Masse und den Umfang von Sirius B abgeschätzt hatten. Diesen Abschätzungen zufolge belief sich die Masse auf das 0,85fache der Sonnenmasse, während der Umfang 118000 Kilometer betrug. Die mittlere Dichte von Sirius B betrug somit 61000 Gramm pro Kubikzentimeter und war folglich 61000mal größer als die von Wasser. »Diese Überlegung ist bereits seit einigen Jahren bekannt«, schrieb Eddington. »Ich glaube, daß man es bei ihrer Erwähnung gewöhnlich für passend erachtet hat, als Abschluß die Worte hinzuzufügen: ›was widersinnig ist‹.« Die meisten Astronomen konnten einen solchen Wert für die Dichte eines Sterns nicht ernst nehmen, da er weitaus höher war als alle, die man jemals auf der Erde entdeckt hatte. Hätten sie gewußt, daß jüngeren astronomischen Beobachtungen zufolge die Masse in Wirklichkeit 1,05 Sonnenmassen, der Umfang 31000 Kilometer und die Dichte somit 4 Millionen Gramm pro Kubikzentimeter beträgt, hätten sie dies wohl für noch widersinniger gehalten (Abb. 4.1).

Dann schilderte Eddington eine entscheidende neue Beobachtung, die die »widersinnige« Schlußfolgerung untermauerte. Wenn Sirius B wirklich 61000mal dichter war als Wasser, dann mußte Licht, das seinem starken Gravitationsfeld entkam, deutlich rotverschoben erscheinen, nämlich um ein 16000stel seiner Wellenlänge. Diese Rotverschiebung wäre rund dreißigmal größer als die des Sonnenlichts und müßte daher leichter zu messen sein. Kurz bevor Eddingtons Buch im Jahr 1925 in Druck ging, schien es so, als hätte der Astronom W. S. Adams vom Mount Wilson Observatory in Pasadena, Kalifornien, die vorausgesagte Rotverschiebung nachgewiesen.* »Wenn dies der Fall ist, dann hat Professor Adams zwei Fliegen mit einer Klappe geschlagen«, erklärte Eddington. »Er hat eine neue Prüfung der Einsteinschen allgemeinen Relativitätstheorie

* Es ist in einer empfindlichen Messung gefährlich einfach, das Ergebnis zu erhalten, das man erwartet. Adams' Messung der gravitationsbedingten Rotverschiebung ist hierfür ein Beispiel. Sein Ergebnis stimmte zwar mit den Vorhersagen überein, doch waren diese Vorhersagen aufgrund eines falschen Schätzwertes für die Masse und den Umfang von Sirius B um einen Faktor fünf zu klein.[3]

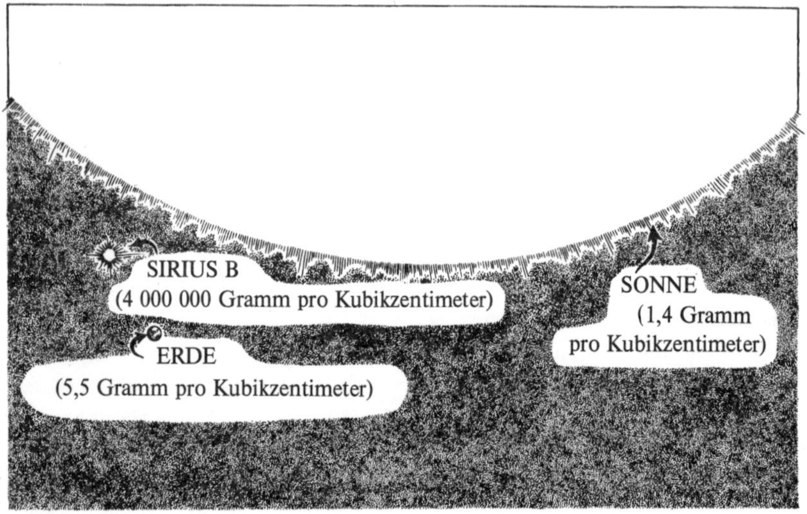

Abb. 4.1: Vergleich der Größe und mittleren Dichte von Sonne, Erde und Sirius B (Weißer Zwerg) nach heutiger Kenntnis.

ausgeführt und gleichzeitig unsere Vermutung bestätigt, daß Materie mit 2000facher Dichte des Platins nicht nur möglich ist, sondern tatsächlich im Universum existiert.«

In Eddingtons Buch las Chandrasekhar ferner, daß der innere Aufbau eines Sterns wie Sirius B oder der Sonne von dem Gleichgewicht zwischen innerem Druck und Gravitationsanziehung abhängt. Dieses Gleichgewicht zwischen Anziehung und Druck kann man sich durch eine Analogie mit einem Luftballon veranschaulichen, der mit den Händen zusammengedrückt wird (Abb. 4.2 links): Die durch das Zusammendrücken des Luftballons ausgeübte, nach innen gerichtete Kraft wird durch die nach außen wirkende Kraft des Luftdrucks im Ballon (eine Folge der gegen seine Hülle prallenden Luftmoleküle) genau ausgeglichen.

Im Falle eines Sterns (Abb. 4.2 rechts) entspricht die Kraft, mit der die Hände den Luftballon zusammenpressen, dem Gewicht einer äußeren Schale stellarer Materie, während die im Ballon befindliche Luft dem kugelförmigen Kern innerhalb der Schale entspricht. Die Grenze zwischen der äußeren Schale und dem eingeschlossenen Kern kann vollkommen willkürlich gezogen werden: einen Meter, einen Kilometer oder tausend Kilometer vom Mittelpunkt des Sterns entfernt. Wo man die Grenze auch ansetzen mag, stets muß die Bedin-

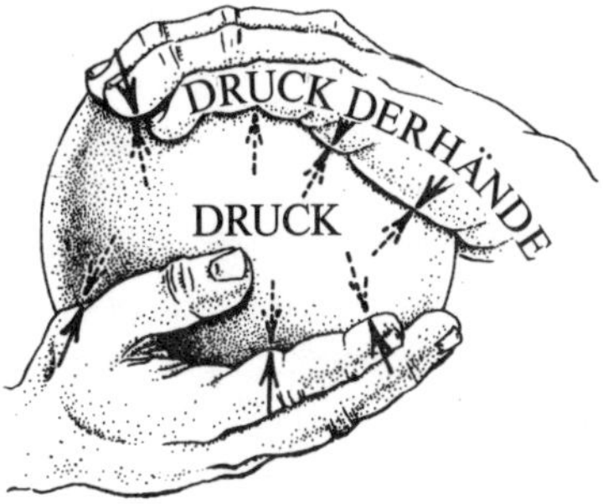

Abb. 4.2 a: Das Gleichgewicht zwischen dem äußeren Druck der Hände und dem inneren Druck im Ballon.

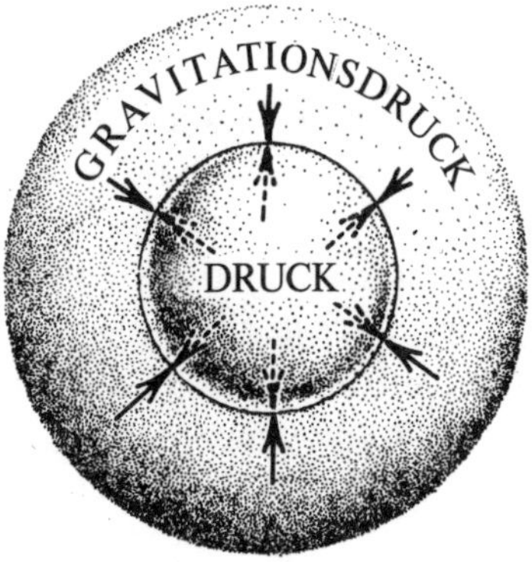

Abb. 4.2 b: Analog dazu, das Gleichgewicht zwischen dem Gravitationsdruck (Gewicht) einer äußeren Schicht stellarer Materie und dem Druck eines inneren Kerns stellarer Materie.

gung erfüllt sein, daß das Gewicht der äußeren Schale (der »Gravitationsdruck«) durch den Druck der aus dem Inneren gegen die äußere Schale prallenden Moleküle genau ausgeglichen wird. Dieses Gleichgewicht, das an jedem einzelnen Punkt im Inneren des Sterns gewährleistet sein muß, bestimmt den *Aufbau* des Sterns, das heißt, es bestimmt die Variation von Druck, Gravitation und Dichte des Sterns von der Oberfläche bis zum Mittelpunkt.

In seinem Buch beschrieb Eddington nun ein beunruhigendes Paradoxon, das die Struktur Weißer Zwergsterne betraf. Eddington und seine Kollegen glaubten im Jahre 1925 ausnahmslos, daß der Materiedruck im Inneren eines Weißen Zwergs ebenso wie im Inneren des Ballons eine Folge von Wärme sei. Aufgrund von Wärme fliegen die Atome im Inneren des Sterns mit hoher Geschwindigkeit umher und prallen dabei nicht nur gegeneinander, sondern auch gegen die Grenzfläche zwischen innerem Kern und äußerer Schale des Sterns. Wenn wir einen »makroskopischen« Standpunkt einnehmen, bei dem nicht das einzelne Atom, sondern die Gesamtheit der Atome untersucht wird, dann können wir die durch den Aufprall aller Atome auf eine bestimmte Fläche, sagen wir einen Quadratzentimeter der Grenzfläche, ausgeübte Kraft messen. Diese Kraft entspricht dem Druck des Sterns an dieser Stelle.

Während der Stern durch Aussendung von Strahlung allmählich abkühlt, verlangsamen sich seine Atome. Der Druck sinkt, und das Gewicht der äußeren Schale preßt den Kern auf ein kleineres Volumen zusammen. Diese Kompression des Kerns führt jedoch zu einer Erwärmung, so daß der Druck erneut steigt und ein neues Gleichgewicht zwischen thermischem (wärmebedingtem) Druck und Gravitationsdruck erreicht wird – ein Gleichgewichtszustand, bei dem der Stern etwas kleiner ist als zuvor. Während also Sirius B durch Abstrahlung von Wärme in den interstellaren Raum immer weiter abkühlt, muß er ganz allmählich kleiner werden.

Wie endet nun dieser langsame Schrumpfungsprozeß? Was ist das endgültige Schicksal von Sirius B? Die naheliegendste (aber falsche) Antwort, daß der Stern immer weiter schrumpft, bis er schließlich ein Schwarzes Loch bildet, war Eddington ein Greuel. Er lehnte es ab, diesen Gedanken auch nur in Erwägung zu ziehen. Seiner Ansicht nach war die einzig vernünftige Antwort die, daß der Stern schließlich erkalten mußte und sich dann nicht durch thermischen Druck in einem Gleichgewichtszustand erhielt, sondern durch die einzige andere Art von Druck, die im Jahre 1925 bekannt war: durch die gegenseitige Abstoßung benachbarter Atome, wie sie in Festkörpern wie einem Stein vorhanden ist. Dies war jedoch nur möglich, so glaubte Eddington (irrtümlich), wenn die Sternmaterie eine ähnliche Dichte wie Gestein besitzt, nämlich wenige Gramm pro Kubikzentimeter – ein Wert, der einige 10000mal geringer war als die damals angenommene Dichte von Sirius B.

Diese Argumentation führte zu Eddingtons Paradoxon. Damit Sirius B die Dichte von normalen Festkörpern wiedererlangen und sich auf diese Weise in einem Gleichgewichtszustand halten konnte, während er erkaltete, war es erforderlich, daß er expandierte und gegen die eigene Gravitation Arbeit leistete. Physiker wußten jedoch von keiner Energie im Inneren des Sterns, die dazu in der Lage gewesen wäre. »Man stelle sich einen Körper vor, der dauernd Wärme verliert, ohne genügend Energie zu haben, um sich abzukühlen!« schrieb Eddington. »Es ist ein originelles Problem, und man könnte viele phantastische Vermutungen darüber aussprechen, was tatsächlich geschehen wird. Indessen wollen wir diese Schwierigkeit als nicht notwendigerweise gravierend außer acht lassen.«

Chandrasekhar hatte die Lösung dieses im Jahre 1925 formulierten Paradoxons in dem 1926 erschienenen Artikel über dichte Materie von R. H. Fowler entdeckt. Der Schlüssel zur Lösung lag darin, daß die von Eddington benutzten physikalischen Gesetze versagten und durch die neue Quantenmechanik ersetzt werden mußten. In der Quantenmechanik wurde der Druck im Inneren von Sirius B und anderen Weißen Zwergen nicht als eine Folge von Wärme, sondern als ein neues quantenmechanisches Phänomen beschrieben: als Folge einer *Entartung der Elektronen.**

Die Entartung der Elektronen ähnelt in gewissem Sinne der menschlichen Klaustrophobie. Wenn Materie auf eine 10000mal höhere Dichte als die von Gestein zusammengepreßt wird, dann wird auch die Elektronenwolke um jeden Atomkern 10000fach zusammengepreßt. Jedes Elektron muß sich folglich mit seinen Bewegungen auf eine »Zelle« beschränken, deren Volumen 10000mal kleiner ist als sein früherer Bewegungsspielraum. Wie ein unter Klaustrophobie leidender Mensch beginnt das Elektron nun angesichts der Raumknappheit unkontrolliert zu zittern. Es fliegt in seiner winzigen Zelle mit hoher Geschwindigkeit umher und prallt mit großer Wucht gegen benachbarte Elektronen in ihren Zellen. Die Bewegung der Elektronen in diesem *entarteten* Zustand, wie Physiker sagen, kann nicht durch Abkühlen der Materie zum Stillstand gebracht werden. Nichts kann sie beenden. Sie wird dem Elektron durch die Gesetze der Quantenmechanik aufgezwungen, selbst wenn die Materie auf eine Temperatur nahe dem absoluten Nullpunkt abgekühlt würde.

Diese entartete Bewegung folgt aus einem Phänomen, an das man im Rahmen der Newtonschen Physik niemals auch nur im Traum gedacht hatte: dem *Welle-Teilchen-Dualismus.* Gemäß der Quantenmechanik verhalten sich alle Arten von Teilchen manchmal wie Wellen und alle Arten von Wellen manchmal wie Teilchen. Folglich sind Wellen und Teilchen ein und dasselbe: Es sind Gebilde, die manchmal wie eine Welle und manchmal wie ein Teilchen aussehen (Kasten 4.1).

Die Entartung von Elektronen läßt sich mit Hilfe des Welle-Teilchen-Dualismus leicht begreifen. Wenn Materie auf sehr hohe Dichte zusammengepreßt und jedes Elektron im Inneren der Materie auf eine extrem kleine Zelle beschränkt wird, die unmittelbar an benachbarte Elektronenzellen stößt, dann beginnt das Teilchen sich wie eine Welle zu verhalten. Die Wellenlänge (der Ab-

* Diese Verwendung des Begriffs »entartet« hat nichts mit »moralischer Entartung« zu tun (dem niedrigsten denkbaren Niveau von Moral), sondern vielmehr mit der Vorstellung von Elektronen auf ihrem *niedrigsten möglichen Energieniveau.*

stand zwischen zwei Wellenkämmen) kann dabei nicht größer sein als die Zelle des Elektrons, da sich die Welle andernfalls über den Rand der Zelle hinaus erstrecken würde. Teilchen mit sehr kurzen Wellenlängen sind notwendigerweise hochenergetisch. Betrachten wir zum Beispiel Photonen – die mit elektromagnetischen Wellen verknüpften Teilchen. Ein Röntgenphoton hat eine weitaus kürzere Wellenlänge als ein Photon des sichtbaren Lichts und besitzt deshalb eine wesentlich höhere Energie. Aus diesem Grund sind die Röntgenphotonen in der Lage, den menschlichen Körper zu durchdringen.
Im Falle eines in sehr dichter Materie enthaltenen Elektrons impliziert die kurze Wellenlänge und die damit verbundene hohe Energie des Elektrons eine sehr schnelle Bewegung. Das Elektron muß in seiner Zelle mit hoher Geschwindigkeit umherfliegen, wobei es sich teils wie ein Teilchen, teils wie eine Welle verhält. Physiker sagen, daß das Elektron »entartet« ist, und sie bezeichnen den Druck, der sich aus den unberechenbaren Bewegungen der Elektronen ergibt, als »Druck des entarteten Elektronengases« oder kurz als »Entartungsdruck«. Es gibt keine Möglichkeit, den hohen Druck des Elektronengases zu senken. Er ist eine unausweichliche Folge der Beschränkung des Elektrons auf eine winzige Zelle. Darüber hinaus gilt: Je höher die Materiedichte ist, desto kleiner ist die Zelle des Elektrons und desto kürzer ist auch seine Wellenlänge; je kürzer wiederum die Wellenlänge des Elektrons ist, desto höher muß seine Energie sein und desto schneller ist seine Bewegung; und schließlich, je schneller seine Bewegung ist, desto höher wird der Entartungsdruck. In gewöhnlicher Materie mit gewöhnlicher Dichte ist der Entartungsdruck so gering, daß man ihn nicht wahrnimmt. Erst bei den gewaltigen Dichten Weißer Zwerge ist er nicht mehr zu vernachlässigen.

Als Eddington sein Buch schrieb, war die Entartung von Elektronen noch ein völlig unbekanntes Phänomen, und eine korrekte Berechnung des Verhaltens von Gestein oder anderer Materie, wenn sie auf die sehr hohe Dichte eines Sterns wie Sirius B zusammengepreßt wird, war unmöglich. Nachdem die Gesetze der Entartung von Elektronen jedoch einmal zur Verfügung standen, wurden solche Berechnungen durchgeführt, und zwar von R. H. Fowler, der die Ergebnisse im Jahre 1926 in seinem bereits erwähnten Artikel veröffentlichte.
Nach Fowlers Berechnungen war der durch die starke räumliche Einengung der Elektronen verursachte Entartungsdruck in Sirius B und anderen Weißen Zwergen weitaus größer als der thermische Druck. Wenn Sirius B erkaltete, mußte folglich der geringe thermische Druck vollkommen verschwinden, während der starke Entartungsdruck weiterhin der Gravitation entgegenwirkte.

Kasten 4.1

Eine kurze Geschichte des Welle-Teilchen-Dualismus

Bereits zur Zeit Isaac Newtons im späten 17. Jahrhundert herrschte unter Physikern Uneinigkeit darüber, ob *Licht* aus Teilchen oder aus Wellen bestehe. Obwohl Newton keine eindeutige Position bezog, neigte er der Teilchenhypothese zu und sprach von *Korpuskeln,* während Christaan Huygens den Standpunkt vertrat, es handle sich um Wellen. Newtons Sichtweise setzte sich durch und wurde erst im frühen 19. Jahrhundert zunehmend von der Welleninterpretation abgelöst, als man entdeckte, daß Licht mit sich selbst interferieren kann (Kapitel 10). Mit der Formulierung der Gesetze des Elektromagnetismus durch James Clerk Maxwell in der Mitte des 19. Jahrhunderts wurde die Wellenbeschreibung schließlich auf eine solide Grundlage gestellt, und Physiker hielten die Streitfrage damit allgemein für entschieden. Dies war jedoch, bevor die Quantenmechanik auf den Plan trat.

In den neunziger Jahren des letzten Jahrhunderts fand Max Planck in der Form des Spektrums des von sehr heißen Körpern ausgesandten Lichts Hinweise darauf, daß das weithin akzeptierte Verständnis von Licht unzulänglich sein mochte. Im Jahre 1905 zeigte Einstein, worin diese Unzulänglichkeit bestand: Licht verhält sich manchmal wie eine Welle und manchmal wie ein Teilchen (ein sogenanntes *Photon*). Es verhält sich wie eine Welle, so erklärte Einstein, wenn es mit sich selbst interferiert; es verhält sich jedoch wie ein Teilchen beim *photoelektrischen Effekt.* Darunter ist folgendes zu verstehen: Wenn ein schwacher Lichtstrahl auf Metall trifft, löst er einzelne Elektronen aus der Oberfläche heraus, und zwar genauso, als ob einzelne Lichtteilchen (Photonen) auf Elektronen treffen und sie einzeln aus der Metalloberfläche herausschlagen. Aus den Energien der Elektronen konnte Einstein schließen, daß die Energie des Photons stets umgekehrt proportional zur Wellenlänge des Lichts ist. Das Photon und die Welleneigenschaften des Lichts sind also unauflöslich miteinander verknüpft. Einsteins Entdekkung des Welle-Teilchen-Dualismus und die ersten quantenmechanischen Gesetze, die er zur Erklärung dieser Entdeckung formulierte, brachten ihm im Jahre 1922 den Nobelpreis rückwirkend für das Jahr 1921 ein.

Während Einstein die allgemeine Relativitätstheorie fast im Alleingang entwickelte, wirkte er an der Formulierung der quantenmechanischen Gesetze – jener im Bereich der Atome geltenden Gesetze – nur als einer von vielen mit.

Als Einstein den Welle-Teilchen-Dualismus des Lichts entdeckte, erkannte er nicht, daß sich auch Elektronen und Protonen manchmal wie Teilchen und manchmal wie Wellen verhalten können. Erst Mitte der zwanziger Jahre kam Louis de Broglie auf die Idee, dies als

Vermutung zu formulieren. Erwin Schrödinger schließlich griff den Gedanken auf und benutzte ihn als Grundlage für die Formulierung einer umfassenden Sammlung quantenmechanischer Gesetze, bei denen das Elektron als eine Wahrscheinlichkeitswelle interpretiert wird. Wahrscheinlichkeit wofür, werden Sie fragen? Die Antwort lautet: Für den Aufenthaltsort eines Teilchens. Diese »neuen« quantenmechanischen Gesetze (mit denen seither große Erfolge bei der Erklärung des Verhaltens von Elektronen, Protonen, Atomen und Molekülen erzielt wurden) beschäftigen uns in diesem Buch nicht weiter. Gelegentlich spielen jedoch einige ihrer Eigenschaften eine wichtige Rolle, wie dies beispielsweise in diesem Kapitel bei der Entartung von Elektronen der Fall ist.

Auf diese Weise wurde das von Eddington formulierte Paradoxon der Weißen Zwerge in doppelter Hinsicht gelöst: (1) Sirius B widersteht der eigenen Gravitation nicht in erster Linie durch seinen thermischen Druck, wie man dies vor dem Aufkommen der neuen Quantenmechanik geglaubt hatte, sondern durch seinen Entartungsdruck. (2) Wenn Sirius B erkaltet, ist es nicht erforderlich, daß er sich wieder bis zu einer Dichte wie der von Gestein ausdehnt, um einen Gleichgewichtszustand zu erreichen; der Entartungsdruck reicht völlig aus, um einen stabilen Zustand bei einer gegebenen Dichte von vier Millionen Gramm pro Kubikzentimeter zu gewährleisten.

Chandrasekhar, der diese Abhandlung und die darin enthaltenen mathematischen Formulierungen in der Bibliothek in Madras studierte, war fasziniert. Dies war seine erste Begegnung mit der modernen Astronomie, und er stellte fest, daß in ihr die beiden physikalischen Revolutionen des 20. Jahrhunderts eine wichtige Rolle spielten: Die Einsteinsche allgemeine Relativitätstheorie mit ihrer neuen Anschauung von Raum und Zeit erklärte die gravitationsbedingte Rotverschiebung des von Sirius B ausgesandten Lichts, und die neue Quantenmechanik mit ihrem Welle-Teilchen-Dualismus beschrieb den inneren Druck des Sterns. Dieser Bereich der Astronomie war ein fruchtbares Arbeitsgebiet, in dem ein ehrgeiziger junger Mann es zu etwas bringen konnte.

Während er sein Studium in Madras fortsetzte, untersuchte Chandrasekhar die Auswirkungen der Quantenmechanik auf das den Astronomen zugängliche Universum und legte seine Gedanken in einem kleinen Artikel nieder, den er nach England an R. H. Fowler schickte und den dieser veröffentlichen ließ.

Im Alter von neunzehn Jahren beendete Chandrasekhar 1930 sein Grundstudium in Indien und schiffte sich in der letzten Juliwoche nach England ein, um in Cambridge, der Arbeitsstätte seiner Idole R. H. Fowler und Arthur Eddington, sein Hauptstudium aufzunehmen.

Die Massenobergrenze

Die achtzehn Tage, die Chandrasekhar auf der Reise von Madras nach Southampton auf See verbrachte, stellten für ihn nach vielen Monaten die erste Gelegenheit dar, in Ruhe über die Physik nachzudenken, ohne durch Prüfungsvorbereitungen abgelenkt zu sein. Die Einsamkeit auf See war dem Nachdenken förderlich, und Chandrasekhars Gedanken waren so fruchtbar, daß sie ihm den Nobelpreis einbringen sollten, allerdings erst vierundfünfzig Jahre später und nach einem mühsamen Ringen um Anerkennung in der astronomischen Fachwelt.

Auf dem Dampfer ließ Chandrasekhar seinen Gedanken über Weiße Zwerge, Eddingtons Paradoxon und Fowlers Lösung freien Lauf. Fowlers Theorie war mit hoher Wahrscheinlichkeit korrekt. Eine andere Lösung war weit und breit nicht in Sicht. Allerdings hatte Fowler weder die vollständigen Einzelheiten des Gleichgewichts zwischen Entartungsdruck und Gravitation in einem Weißen Zwerg ausgearbeitet, noch hatte er die daraus folgende innere Struktur des Sterns berechnet – das Muster, nach dem Dichte, Druck und Gravitation von der Sternoberfläche bis zur Mitte variieren. Dies war eine interessante Herausforderung, die Chandrasekhar helfen konnte, der Langeweile auf See zu entgehen.

Um den inneren Aufbau eines Weißen Zwergs bestimmen zu können, mußte Chandrasekhar zunächst folgende Frage beantworten: Angenommen, die Materie des Sterns ist bereits auf eine gewisse Dichte zusammengepreßt (beispielsweise auf eine Million Gramm pro Kubikzentimeter). Nun komprimiere man die Materie (das heißt, man reduziere ihr Volumen und erhöhe ihre Dichte) um ein weiteres Prozent. Die Materie wehrt sich gegen diese zusätzliche Verdichtung durch eine Erhöhung des Drucks. Um welchen Prozentsatz erhöht sich der Druck? Physiker verwenden den Begriff *adiabatischer Exponent* zur Bezeichnung der prozentualen Druckzunahme, die auf eine zusätzliche Materieverdichtung von einem Prozent folgt. Der Einfachheit halber werde ich jedoch im Folgenden den anschaulicheren Begriff *Kompressionswiderstand* oder einfach nur *Widerstand* verwenden. (Dieser »Kompressionswiderstand« ist jedoch keinesfalls mit dem »elektrischen Widerstand« zu verwechseln, bei dem es sich um eine völlig andere Erscheinung handelt.)

Chandrasekhar berechnete den Kompressionswiderstand, indem er Schritt für Schritt die Auswirkungen untersuchte, die eine einprozentige Verdichtung der Materie für einen Weißen Zwerg haben würde: die Verkleinerung der Elektronenzellen, die Verringerung der Elektronenwellenlänge, die Zunahme der

Energie und Geschwindigkeit des Elektrons sowie schließlich die Erhöhung des Drucks.[4] Das Ergebnis war eindeutig: Eine Erhöhung der Dichte um ein Prozent erzeugte eine Zunahme des Drucks um 5⁄3 (1,667) Prozent. Der Kompressionswiderstand der Materie eines Weißen Zwergs betrug somit 5⁄3.

Etliche Jahrzehnte vor Chandrasekhars Seereise hatten Astrophysiker den Gleichgewichtszustand zwischen Gravitation und Druck in einem beliebigen Stern ausgerechnet, dessen Kompressionswiderstand nicht von der Tiefe im Stern abhing. Bei einem solchen Stern erhöhten sich Druck und Dichte schrittweise, je tiefer man in den Stern vordrang, wobei eine Erhöhung der Dichte um ein Prozent stets eine Zunahme des Drucks um einen bestimmten konstanten Prozentsatz zur Folge hatte. Die Einzelheiten der daraus resultierenden Sternstruktur waren in Eddingtons Buch *Der innere Aufbau der Sterne* beschrieben, das Chandrasekhar sehr schätzte und deshalb auch auf dem Schiff bei sich führte. Als Chandrasekhar nun entdeckte, daß die Materie Weißer Zwerge unabhängig von ihrer Dichte einen Kompressionswiderstand von 5⁄3 besaß, war er folglich sehr erfreut. Er konnte nun direkt auf Eddingtons Buch zurückgreifen, um den inneren Aufbau des Sterns zu bestimmen.

Indem Chandrasekhar die Formeln aus Eddingtons Buch mit seinen eigenen kombinierte, entdeckte er unter anderem, daß die Dichte im Mittelpunkt von Sirius B 360000 Gramm pro Kubikzentimeter betragen und die Geschwindigkeit der entarteten Elektronen 57 Prozent der Lichtgeschwindigkeit ausmachen mußte.

Diese Elektronengeschwindigkeit war beunruhigend groß. Chandrasekhar hatte wie zuvor R. H. Fowler den Kompressionswiderstand im Inneren Weißer Zwerge berechnet, indem er die Gesetze der Quantenmechanik benutzte und relativistische Effekte vernachlässigte. Wenn sich ein Körper jedoch annähernd mit Lichtgeschwindigkeit bewegt, müssen die Auswirkungen der speziellen Relativität berücksichtigt werden, auch wenn es um ein Teilchen geht, das den Gesetzen der Quantenmechanik unterliegt. Bei 57 Prozent der Lichtgeschwindigkeit fielen die relativistischen Effekte vermutlich noch nicht sehr stark ins Gewicht, doch benötigte ein Weißer Zwerg mit einer größeren Dichte und einer stärkeren Gravitation einen höheren Druck, um in einem Gleichgewichtszustand zu verharren, so daß die Geschwindigkeit seiner entarteten Elektronen entsprechend höher sein mußte.

Bei einem solchen Weißen Zwerg freilich konnten die relativistischen Effekte nicht mehr vernachlässigt werden. Daher kehrte Chandrasekhar zum Ausgangspunkt seiner Untersuchung zurück, der Berechnung des Kompressionswiderstands in Weißen Zwergen, um nun die Effekte der Relativität in seine Berechnungen einzubeziehen.

Zu diesem Zweck war es erforderlich, die Gesetze der speziellen Relativität mit denen der Quantenmechanik zu verbinden – ein Unterfangen, an dem die größten theoretischen Physiker jener Zeit erst zu arbeiten begannen. Allein auf sich gestellt an Bord des Dampfers, war Chandrasekhar, der gerade erst sein Grundstudium beendet hatte, nicht in der Lage, die vollständige Verbindung herzustellen. Er war aber immerhin so erfolgreich, daß er die wichtigsten Effekte sehr hoher Elektronengeschwindigkeiten herleiten konnte.

Gemäß der Quantenmechanik führt die Kompression dichter Materie und die damit einhergehende Verkleinerung der Elektronenzellen zu einer Verringerung der Wellenlänge des Elektrons, wodurch es aufgrund der Bewegung entarteter Elektronen zu einer Erhöhung der Energie kommt. Chandrasekhar erkannte jedoch, daß der Zuwachs der Elektronenergie verschieden ist, je nachdem, ob sich das Elektron langsam oder aber annähernd mit Lichtgeschwindigkeit bewegt. Wenn sich das Elektron, verglichen mit Licht, langsam bewegt, dann hat eine Erhöhung der Energie – wie im täglichen Leben – eine Beschleunigung der Bewegung und somit eine Erhöhung der Geschwindigkeit zur Folge. Wenn sich das Elektron jedoch bereits annähernd mit Lichtgeschwindigkeit bewegt, ist eine weitere Erhöhung der Geschwindigkeit ausgeschlossen (nichts kann sich schneller als Licht bewegen!). Der Energiezuwachs nimmt folglich eine völlig andere Form an als im täglichen Leben: Die zusätzliche Energie erhöht die träge Masse, das heißt, sie erhöht den Widerstand des Elektrons gegen eine weitere Beschleunigung. Das Elektron verhält sich so, als wäre es schwerer geworden. Diese unterschiedlichen Formen der Energiezunahme (die Zunahme der Geschwindigkeit und die Zunahme der Trägheit) führen, so folgerte Chandrasekhar, zu einer unterschiedlichen Erhöhung des Elektronendrucks und somit zu einem unterschiedlichen Kompressionswiderstand: Bei niedrigen Elektronengeschwindigkeiten beträgt der Widerstand nach wie vor $\frac{5}{3}$, bei hohen Geschwindigkeiten $\frac{4}{3}$.

Indem er die in Eddingtons Buch angegebenen Gleichungen mit seinem Kompressionswiderstand von $\frac{4}{3}$ für *relativistisch entartete Materie* verknüpfte (Materie, die so dicht ist, daß sich die entarteten Elektronen fast mit Lichtgeschwindigkeit bewegen), schloß Chandrasekhar auf die Eigenschaften sehr dichter und sehr schwerer Weißer Zwerge. Sein erstaunliches Fazit lautete: Sehr dichte Materie kann sich gegen die Gravitation nur schwer behaupten. *Nur wenn die Sternmasse weniger als 1,4 Sonnenmassen beträgt, kann der Weiße Zwerg der Gravitationsanziehung widerstehen.* Dies bedeutete, daß kein Weißer Zwerg jemals eine größere Masse als 1,4 Sonnenmassen besitzen konnte!

Chandrasekhar, noch ein Neuling auf dem Gebiet der Astrophysik, war tief verwirrt angesichts dieses merkwürdigen Ergebnisses. Immer wieder überprüfte er seine Berechnungen, doch konnte er keinen Fehler entdecken. Deshalb verfaßte er in den letzten Tagen seiner Reise zwei Artikel, um seine Ergebnisse zu veröffentlichen. In dem einen Artikel beschrieb er seine Schlußfolgerungen bezüglich der Struktur eines Weißen Zwergs wie Sirius B, der eine vergleichsweise geringe Masse und geringe Dichte besitzt. In dem anderen Artikel legte er knapp dar, warum kein Weißer Zwerg jemals schwerer als 1,4 Sonnenmassen sein könne.

Als Chandrasekhar in Cambridge eintraf, befand sich Fowler gerade im Ausland, und so mußte Chandrasekhar bis zu Fowlers Rückkehr im September warten, bis er ihm seine Arbeiten übergeben konnte. Fowler billigte den ersten Artikel und sandte ihn zur Veröffentlichung an das *Philosophical Magazine*. Die zweite Abhandlung, über die Massenobergrenze für Weiße Zwerge, verwirrte ihn jedoch. Er konnte Chandrasekhars Beweis, daß kein Weißer Zwerg jemals schwerer als 1,4 Sonnenmassen sein könne, nicht nachvollziehen. Aber schließlich war er Physiker und kein Astronom, und so bat er den berühmten Astronomen A. E. Milne, den Artikel zu begutachten. Als auch Milne den Beweis nicht verstand, lehnte Fowler es ab, den Artikel veröffentlichen zu lassen.

Chandrasekhar war verärgert. Drei Monate waren seit seiner Ankunft in England verstrichen, und zwei Monate hatte Fowler ihn mit seinem Artikel hingehalten. Er hatte keine Lust mehr, noch länger auf die Zustimmung zu einer Publikation zu warten, und gab deshalb gekränkt den Versuch auf, den Artikel in England zu veröffentlichen. Statt dessen sandte er das Manuskript an das *Astrophysical Journal* in den USA.

Einige Wochen später erhielt Chandrasekhar vom Herausgeber der Zeitschrift die Nachricht, daß sein Manuskript an den amerikanischen Physiker Carl Eckart zur Begutachtung weitergeleitet worden war. Chandrasekhar hatte das Ergebnis seiner relativistischen und quantenmechanischen Berechnungen – wonach der Kompressionswiderstand von Materie mit einer extrem hohen Dichte $4/3$ betrage – dem Artikel ohne nähere Erläuterung vorangestellt. Dieser Wert war für die Herleitung der Massenobergrenze eines Weißen Zwergs jedoch von entscheidender Bedeutung. Wenn der Widerstand größer als $4/3$ war – und Eckart war der Ansicht, daß er größer sein sollte –, dann konnten Weiße Zwerge beliebig schwer sein. Eiligst schrieb Chandrasekhar an Eckart, um die mathematische Ableitung des Kompressionswiderstands von $4/3$ zu erklären, und Eckart, der die Rechnung studierte, mußte zugeben, daß Chandrasekhar recht hatte. Er empfahl daraufhin, den Artikel anzunehmen. Ein ganzes Jahr nachdem Chandrasekhar die Arbeit verfaßt hatte,* wurde sie endlich veröffentlicht.[5] Die Reaktion der astronomischen Fachwelt auf den Artikel bestand in eisigem Schweigen. Niemand schien sich dafür zu interessieren. Und so wandte sich Chandrasekhar, der sein Studium mit der Promotion beenden wollte, einer anderen, anerkannteren Forschungsrichtung zu.

Drei Jahre später – Chandrasekhar hatte soeben den Doktortitel erlangt – reiste er in die Sowjetunion, um sich mit Kollegen zu einem Erfahrungsaustausch zu treffen. In Leningrad sagte ihm ein junger armenischer Astrophysiker namens Wiktor A. Ambarzumjan, daß kein Astronom an die merkwürdige Massenobergrenze für Weiße Zwerge glauben werde, solange Chandrasekhar nicht die Massen einer repräsentativen Auswahl Weißer Zwerge mit Hilfe der physikalischen Gesetze berechnet und explizit gezeigt habe, daß sie allesamt unter seiner Grenze lagen.

Laut Ambarzumjan war es nicht genug, daß Chandrasekhar Weiße Zwerge mit vergleichsweise niedrigen Dichten und einem Kompressionswiderstand von 5/3 und solche mit extrem hohen Dichten und einem Kompressionswiderstand von 4/3 analysiert hatte; er mußte auch eine stattliche Auswahl Weißer Zwerge mit mittleren Dichten untersuchen und zeigen, daß auch sie stets kleiner als 1,4 Sonnenmassen waren. Gleich nach seiner Rückkehr nach Cambridge machte sich Chandrasekhar daran, den Vorschlag Ambarzumjans in die Tat umzusetzen.

Dazu benötigte er die *Zustandsgleichung* für die Materie Weißer Zwerge im gesamten Dichtespektrum, von sehr niedrigen bis zu sehr hohen Dichten. (Unter dem »Zustand« von Materie verstehen Physiker die Dichte und den Druck der Materie – bzw. die Dichte und den Kompressionswiderstand, was dazu äquivalent ist, da sich der Druck aus dem Widerstand und der Dichte berechnen läßt. Die »Zustandsgleichung« beschreibt die Beziehung zwischen Widerstand und Dichte oder anders ausgedrückt den Widerstand *als eine Funktion* der Dichte.)

Als Chandrasekhar gegen Ende des Jahres 1934 mit seinem Vorhaben begann, war die Zustandsgleichung für die Materie Weißer Zwerge bekannt. Edmund

* Inzwischen hatte der Physiker Edmund C. Stoner unabhängig von Chandrasekhar die Existenz einer Massenobergrenze für Weiße Zwerge hergeleitet und veröffentlicht. Seine Beweisführung war jedoch insgesamt weniger überzeugend, da er anders als Chandrasekhar davon ausging, daß der Stern in seinem Inneren eine konstante Dichte besitze.[6]

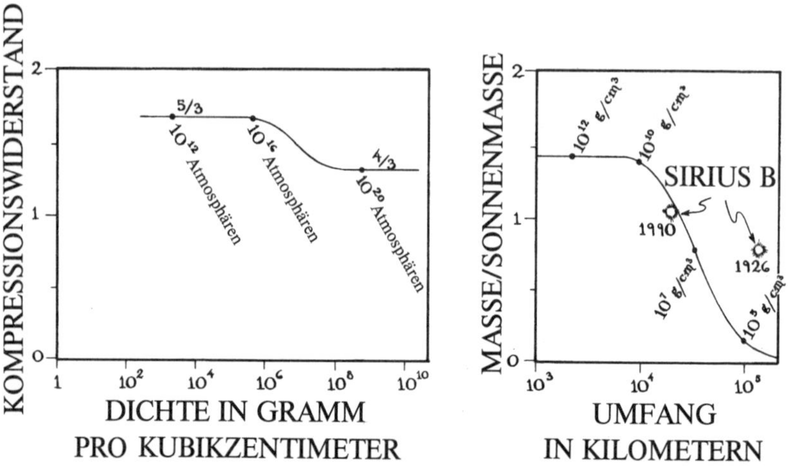

Abb. 4.3: *Links:* Die Stoner-Anderson-Zustandsgleichung für die Materie Weißer Zwerge beschreibt den Zusammenhang zwischen Materiedichte und Kompressionswiderstand. Waagerecht aufgetragen ist die Dichte, zu der die Materie zusammengepreßt wird. Senkrecht aufgetragen ist ihr Kompressionswiderstand (der prozentuale Anstieg des Drucks, der eine Erhöhung der Dichte um ein Prozent begleitet). Entlang der Kurve ist der äußere Druck (gleich dem inneren Druck) in Vielfachen des Drucks der Erdatmosphäre angegeben. *Rechts:* Der Umfang (waagerecht aufgetragen) und die Masse (senkrecht aufgetragen) von Weißen Zwergen, wie sie Chandrasekhar mit Hilfe von Eddingtons mechanischer Braunschweiger-Rechenmaschine berechnet hat. Entlang der Kurve ist die jeweilige Materiedichte im Zentrum der Sterne in Gramm pro Kubikzentimeter angegeben.

Stoner von der Universität Leeds in England und Wilhelm Anderson von der Universität Tartu in Estland hatten sie berechnet.[7] Aus der Stoner-Anderson-Zustandsgleichung ging hervor, daß der Kompressionswiderstand Weißer Zwerge bei zunehmender Materiedichte von 5⁄3 auf 4⁄3 abnahm, wenn die Materie aus dem nichtrelativistischen Bereich geringer Dichten und geringer Elektronengeschwindigkeiten in den relativistischen Bereich extrem hoher Dichten und Elektronengeschwindigkeiten nahe der Lichtgeschwindigkeit überging (Abb. 4.3 links). Der Kompressionswiderstand hätte sich kaum einfacher verhalten können.

Um Ambarzumjans Herausforderung gerecht zu werden, mußte Chandrasekhar diese Zustandsgleichung (den Widerstand als Funktion der Dichte) mit einer Formel verknüpfen, die das Gleichgewicht des Sterns zwischen Gravitation und Druck beschrieb. Er erhielt auf diese Weise eine Differentialgleichung,* die den inneren Aufbau des Sterns charakterisierte – das heißt eine Gleichung, die Aufschluß über die Veränderung der Dichte mit zunehmender Entfernung vom Sternmittelpunkt gab. Dann mußte er diese Differentialgleichung für ein Dutzend oder mehr Sterne lösen, die das gesamte Spektrum von niedrigen bis zu sehr hohen Dichten abdeckten. Nur so konnte er die Sternmassen bestimmen und feststellen, ob sie kleiner als 1,4 Sonnenmassen waren.

Für Sterne mit sehr niedrigen und sehr hohen Dichten – solche Sterne hatte Chandrasekhar während seiner Seereise eingehend studiert – fand er die Lösung der Differentialgleichung und die entsprechende Sternstruktur in Eddingtons Buch. Für Sterne mit einer mittleren Dichte war Eddingtons Buch jedoch keine Hilfe, und trotz großer Anstrengungen war Chandrasekhar nicht in der Lage, die Lösung auf analytischem Weg herzuleiten. Die mathematischen Ausdrücke waren einfach zu kompliziert. Es gab deshalb keine andere Möglichkeit, als die Differentialgleichungen numerisch, das heißt mit Hilfe eines Computers, zu lösen.

Die Computer des Jahres 1934 unterschieden sich jedoch wesentlich von denen, die wir heute benutzen. Sie ähnelten eher einfachen Taschenrechnern, insofern als sie stets nur zwei Zahlen miteinander multiplizieren konnten. Der Benutzer mußte die Zahlen mit der Hand eingeben und dann eine Kurbel drehen. Die Kurbel setzte eine komplizierte Anordnung von Zahnrädern in Bewegung, die die Multiplikation ausführten und dann das Ergebnis anzeigten.

Solche Computer waren äußerst rar, und es war sehr schwierig, Zugang zu einem solchen Apparat zu erhalten. Glücklicherweise besaß Arthur Eddington eines dieser seltenen Exemplare – eine »Braunschweiger« von der Größe eines heutigen Tischcomputers –, und da Chandrasekhar mit dem bedeutenden Physiker mittlerweile gut bekannt war, bat er darum, sich das Gerät ausleihen zu dürfen. Eddington, der zu jener Zeit gerade eine Kontroverse mit Milne über Weiße Zwerge ausfocht, hatte selbst ein großes Interesse daran, den Aufbau eines Weißen Zwergs aufgeklärt zu sehen, so daß er Chandrasekhar gerne erlaubte, die Braunschweiger an das Trinity College mitzunehmen, wo Chandrasekhar wohnte.

* Eine Differentialgleichung enthält in einer einzigen Formel verschiedene Funktionen und ihre »Ableitungen«, die besagen, wie schnell sich die Funktionen verändern. In Chandrasekhars Differentialgleichung waren die Dichte, der Druck und die Gravitation des Sterns Funktionen der Entfernung vom Sternmittelpunkt. Die Differentialgleichung beschrieb die Beziehung zwischen diesen Funktionen und der Geschwindigkeit, mit der sie sich änderten, wenn man sich durch die Sternmaterie nach außen bewegte. Eine Differentialgleichung »zu lösen« bedeutet, die Funktionen selbst aus dieser Differentialgleichung zu bestimmen.

Kasten 4.2

Eine Erklärung der Masse und des Umfangs Weißer Zwerge

Um qualitativ zu verstehen, warum Weiße Zwerge die in Abb. 4.3 gezeigten Werte für Masse und Umfang haben, betrachten wir die nachstehende Zeichnung. Sie stellt den durchschnittlichen Druck und die durchschnittliche Gravitation im Inneren eines Weißen Zwergs als Funktion des Umfangs bzw. der Dichte des Sterns dar. Wenn der Stern komprimiert wird, nimmt seine Dichte zu, während sein Umfang abnimmt. Dies führt zu einer Erhöhung des Drucks, wie die Kurve in der Skizze zeigt: Im Bereich niedriger Dichte, wo der Kompressionswiderstand 5/3 beträgt, erhöht sich der Druck rapide, im Bereich höherer Dichte, wo der Widerstand 4/3 ist, wächst er nur noch langsam. Eine weitere Folge der Kompression ist, daß sich die Oberfläche des Sterns seinem Mittelpunkt nähert, wodurch die Gravitation im Inneren des Sterns zunimmt. Die Zunahme der Gravitationskraft entspricht einem Kompressionswiderstand von 4/3: Mit jeder Kompression des Sterns um 1 Prozent erhöht sich die Gravitationskraft um 4/3 Prozent. In der Zeichnung sehen Sie verschiedene gestrichelte Linien für die Gravitationskraft: Sie entsprechen verschiedenen Sternmassen, denn je größer die Masse eines Sterns ist, desto stärker ist auch seine Gravitation. Im Inneren jeden Sterns müssen sich Gravitation und Druck die Waage halten. Betrachten wir beispielsweise einen Stern von 1,2 Sonnenmassen. Sein Gleichgewichtszustand muß im Schnittpunkt zwischen der mit 1,2 Sonnenmassen bezeichneten gestrichelten Gravitationslinie und der den Druck darstellenden durchgezogenen Kurve liegen.

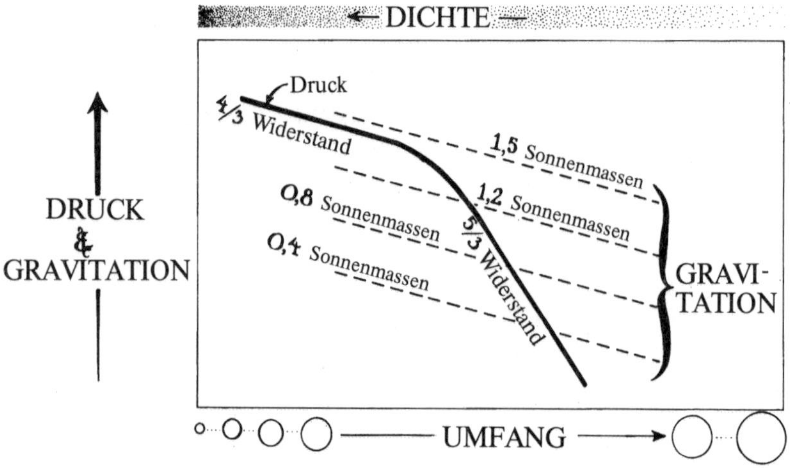

Dieser Schnittpunkt bestimmt den Umfang des Sterns. Wäre der Umfang größer, befände sich die gestrichelte Gravitationslinie oberhalb der Druckkurve; die Gravitationskraft wäre stärker als der Druck, und der Stern würde sich zusammenziehen. Wäre der Umfang dagegen kleiner, würde der Druck die Gravitationskraft übersteigen, und der Stern würde sich ausdehnen. Die Schnittpunkte der verschiedenen gestrichelten Linien mit der durchgezogenen Kurve geben Masse und Umfang von Weißen Zwergen an, die sich wie in der rechten Hälfte von Abb. 4.3 im Gleichgewicht befinden. Für einen Stern mit geringer Masse (unterste gestrichelte Linie) ist der Umfang am Schnittpunkt groß. Für einen Stern mit etwas größerer Masse ist der Umfang kleiner. Für einen Stern mit mehr als 1,4 Sonnenmassen gibt es keinen Schnittpunkt mehr. Die gestrichelte Gravitationslinie befindet sich in diesem Fall stets oberhalb der Druckkurve. Die Gravitation ist folglich stets stärker als der Druck, so daß der Stern ungeachtet seines Umfangs zwangsläufig in sich zusammenstürzen muß.

Die Berechnungen gestalteten sich langwierig und mühsam. Jeden Tag nach dem Abendessen stieg Eddington, der ein Mitglied des Trinity College war, die Treppe zu Chandrasekhars Zimmer hinauf, um zu sehen, wie weit die Rechnungen gediehen waren, und um ihn zu ermutigen.
Schließlich war es soweit: Chandrasekhar hatte seine Rechnungen beendet und damit Ambarzumjans Forderung erfüllt. Für jeden von zehn repräsentativen Weißen Zwergen hatte er die innere Struktur ausgerechnet und daraus die Gesamtmasse und den Umfang des Sterns abgeleitet. Alle Sterne waren erwartungsgemäß kleiner als 1,4 Sonnenmassen. Wenn er außerdem die Masse und den Umfang der Sterne in ein Diagramm einzeichnete und die Punkte miteinander verband, erhielt er eine glatte Kurve (Abb. 4.3 rechts und Kasten 4.2). Die Messungen, die Aufschluß über Masse und Umfang von Sirius B und anderen bekannten Weißen Zwergen gaben, standen mit dieser Kurve in recht guter Übereinstimmung. (Dank genauerer astronomischer Beobachtungen aus jüngerer Zeit ist die Übereinstimmung sogar noch besser geworden; siehe die aus dem Jahre 1990 stammenden Werte für Masse und Umfang von Sirius B in Abb. 4.3). Stolz auf seine Ergebnisse, ging Chandrasekhar zuversichtlich davon aus, daß die Astronomen nun schließlich seine Obergrenze für die Masse Weißer Zwerge anerkennen mußten.
Mit besonderer Freude erfüllte es ihn, daß er Gelegenheit haben sollte, seine Er-

gebnisse der Royal Astronomical Society in London vorzustellen. Als Termin hierfür war Freitag, der 11. Januar 1935, vorgesehen. Obwohl die Einzelheiten des Programms satzungsgemäß bis zum Tag der Sitzung geheim bleiben sollten, pflegte Kay Williams, eine Sekretärin der Astronomischen Gesellschaft und Freundin Chandrasekhars, ihm die Tagesordnung vorher zuzusenden. Überrascht entdeckte Chandrasekhar daher am Donnerstagabend, als er die Tagesordnung in der Post vorfand, daß Eddington unmittelbar nach ihm einen Vortrag über »relativistische Entartung« halten wollte. Chandrasekhar verspürte einen Anflug von Ärger. Während der vergangenen Monate hatte Eddington ihn mindestens einmal pro Woche besucht, um mit ihm über den Fortgang seiner Arbeit zu sprechen. Er hatte Entwürfe seiner Artikel gelesen, doch niemals hatte er erwähnt, daß er selbst ebenfalls auf diesem Gebiet forschte!

Chandrasekhar unterdrückte seinen Ärger und ging nach unten zum Abendessen. Auch Eddington speiste dort an der erhöhten Tafel für Dozenten, doch widersprach es dem guten Ton, einen so berühmten Mann, nur weil man ihn kannte und er ein Interesse an der eigenen Arbeit gezeigt hatte, auf eine solche Angelegenheit anzusprechen. Chandrasekhar setzte sich deshalb an einen anderen Tisch und sagte nichts.

Nach dem Abendessen war es Eddington selbst, der Chandrasekhar aufsuchte und ihn wissen ließ, daß er darum gebeten habe, Chandrasekhar eine halbe Stunde Redezeit statt der üblichen fünfzehn Minuten zu geben. Chandrasekhar dankte ihm und wartete darauf, daß Eddington etwas über seinen eigenen Vortrag sagte, doch Eddington entschuldigte sich nur und ging. Zu Chandrasekhars Ärger gesellte sich eine bohrende Unruhe.

Das Duell

Am nächsten Morgen fuhr Chandrasekhar mit dem Zug nach London und nahm vom Bahnhof ein Taxi zum Burlington House, dem Sitz der Royal Astronomical Society. Während er und ein Freund namens Bill McCrae darauf warteten, daß die Sitzung begann, schlenderte Eddington an ihnen vorbei, und McCrae, der gerade das Programm studiert hatte, fragte Eddington, was man sich unter »relativistischer Entartung« vorzustellen habe. Zu Chandrasekhar gewandt, erwiderte Eddington: »Das ist eine Überraschung für Sie« und ging weiter. Chandrasekhars Unruhe wuchs.

Schließlich begann die Sitzung. Schleppend verging die Zeit, während der Präsident einige Ankündigungen machte und Astronomen Vorträge zu verschiede-

Links: Arthur Stanley Eddington im Jahre 1932. *Rechts:* Subrahmanyan Chandrasekhar im Jahre 1934. [*Links: UPI/Bettmann. Rechts: S. Chandrasekhar.*]

nen Themen hielten. Endlich war Chandrasekhar an der Reihe. Er unterdrückte seine Nervosität und hielt einen tadellosen Vortrag, in dem er besonders auf die von ihm entdeckte Massenobergrenze für Weiße Zwerge hinwies. Nachdem die Mitglieder der Gesellschaft höflich applaudiert hatten, gab der Präsident Eddington das Wort.

Freundlich begann Eddington mit einem Überblick über die Geschichte der Erforschung Weißer Zwerge. Mit zunehmender Erregung schilderte er jedoch dann die beunruhigenden Folgerungen der von Chandrasekhar postulierten Massenobergrenze:

In Chandrasekhars Diagramm (Abb. 4.4), in dem die Masse eines Sterns senkrecht und sein Umfang waagerecht aufgetragen ist, gibt es nur eine einzige Kategorie von Sternmassen und -größen, für die die Gravitation durch nichtthermischen Druck (Druck, der auch bestehenbleibt, nachdem der Stern erkaltet ist) ausgeglichen werden kann: die Weißen Zwerge[8]. In dem schraffierten Bereich links von der Kurve der Weißen Zwerge (in dem Bereich vergleichsweise kleiner Sterne) ist der nichtthermische Entartungsdruck weitaus stärker als die Gravitation, so daß jeder Stern in dieser schraffierten Fläche, bedingt durch den

Druck des entarteten Elektronengases, explodieren muß. In dem nichtschraffierten Bereich rechts von der Kurve (im Bereich vergleichsweise großer Sterne) ist dagegen die Gravitation weitaus stärker als der Entartungsdruck, und jeder *kalte* Stern, der sich in dieser Region befindet, muß unter dem Einfluß der Gravitation in sich zusammenstürzen.
Die Sonne, die in der nichtschraffierten Fläche angesiedelt ist, kann nur überleben, weil sie gegenwärtig noch so heiß ist, daß ihr thermischer Druck ein Gegengewicht zur Gravitation darstellt. Erkaltet die Sonne jedoch irgendwann, hört dieser thermische Druck auf, und die Sonne ist nicht länger in der Lage, ihren Gleichgewichtszustand aufrechtzuerhalten. Sie erliegt ihrer starken Gravitationsanziehung und schrumpft, wodurch ihre Elektronen in immer kleinere Zellen gepreßt werden und es zu einem Ansteigen des Drucks infolge der entarteten Elektronenbewegung kommt. Hat sich auf diese Weise ein ausreichend hoher Druck aufgebaut, kommt der Schrumpfungsprozeß zu einem Stillstand. Während die Sonne langsam »stirbt« und dabei schrumpft, bleibt ihre Masse nahezu konstant. Da sich ihr Umfang jedoch verringert, wandert sie in der Abb. 4.4 auf einer horizontalen Linie nach links, bis sie auf die Kurve der Weißen Zwerge trifft, wo sie ihren Endzustand erreicht. Mit zunehmender Abkühlung verwandelt sich die Sonne von einem Weißen allmählich in einen Schwarzen Zwerg – einen dunklen, kalten Körper von der Größe der Erde, der jedoch millionenmal schwerer und dichter als die Erde ist.
Diese Vermutung über das Schicksal der Sonne erschien Eddington durchaus berechtigt. Nicht so dagegen das vermutete Schicksal eines Sterns wie Sirius, der mit seinen 2,3 Sonnenmassen oberhalb der von Chandrasekhar postulierten Massenobergrenze von 1,4 Sonnenmassen für Weiße Zwerge lag. Wenn Chandrasekhar recht hätte, wäre einem solchen Stern niemals der sanfte Tod der Sonne beschieden. Vielmehr würde er durch Aussendung von Strahlung immer mehr Wärme verlieren, bis er schließlich so kalt wäre, daß er der Gravitationsanziehung keinen thermischen Druck mehr entgegensetzen könnte und zu schrumpfen begänne. Da Sirius ein sehr massereicher Stern ist, kann seine Schrumpfung nicht durch den Druck des entarteten Elektronengases zum Stillstand gebracht werden. Dies geht deutlich aus Abb. 4.4 hervor, in der sich die schraffierte Fläche nicht weit genug nach oben erstreckt, um den Schrumpfungsprozeß von Sirius zu unterbrechen. Diese Voraussage beunruhigte Eddington.
Seinen Zuhörern schilderte er das Schicksal des Sterns so: »Der Stern muß unaufhörlich Strahlung aussenden und immer weiter in sich zusammenstürzen, bis er vermutlich nur noch einen Radius von wenigen Kilometern besitzt und die

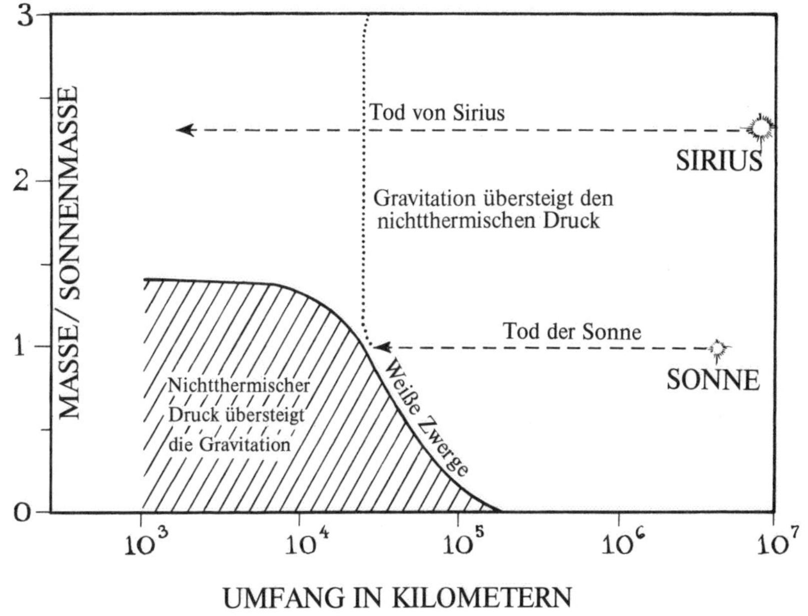

Abb. 4.4: Wenn ein gewöhnlicher Stern wie die Sonne oder Sirius (nicht Sirius B) erkaltet, beginnt er zu schrumpfen und bewegt sich im Diagramm nach links. Der Schrumpfungsprozeß der Sonne endet, wenn sie die Kante der schraffierten Fläche, die Kurve der Weißen Zwerge, erreicht hat. Dort halten sich Entartungsdruck und Gravitation genau die Waage. Der Schrumpfungsprozeß von Sirius kommt dagegen nicht auf diese Weise zum Stillstand, da er niemals die Kante der schraffierten Fläche erreicht. (Vergleiche Kasten 4.2, wo diese Schlußfolgerungen nochmals auf andere Weise dargestellt sind.) Wenn der Kompressionswiderstand der Materie Weißer Zwerge stets 5⁄3 betragen würde, wie Eddington behauptete, wenn also relativistische Effekte den Widerstand bei hohen Dichten nicht auf 4⁄3 senken würden, dann müßte die Kurve für Weiße Zwerge der gepunkteten Linie folgen, und der Schrumpfungsprozeß von Sirius käme an ihr zum Stillstand.

Gravitation so stark geworden ist, daß sie die Strahlung nicht mehr entweichen läßt. Nun erst kann der Stern endlich zur Ruhe kommen.« (Heute würde man sagen, er bildet ein Schwarzes Loch.) »Dr. Chandrasekhar ist bereits zuvor zu diesem Ergebnis gelangt, doch hat er es in seiner letzten Arbeit weiter ausgeführt. Als ich mit ihm darüber diskutierte, konnte ich mich des Gefühls nicht erwehren, daß hier das Prinzip der relativistischen Entartung fast *ad absurdum* geführt wird. Zwar können verschiedene Ereignisse eintreten, um den Stern zu retten, doch wünsche ich mir einen stärkeren Schutz. Ich bin der Ansicht, daß es

ein Naturgesetz geben muß, das ein solch absurdes Verhalten des Sterns verhindert!«[9]
Dann zog Eddington Chandrasekhars mathematischen Beweis in Zweifel, der seiner Ansicht nach auf einer nicht ausgereiften Verknüpfung der speziellen Relativitätstheorie mit der Quantenmechanik beruhte. »Ich halte die Nachkommen einer solchen Mesalliance für illegitim«, erklärte Eddington. »Meines Erachtens heben sich die relativistischen Korrekturen gegenseitig auf [wenn die Verknüpfung korrekt durchgeführt wird], so daß wir schließlich doch wieder die ›gewöhnliche‹ Formel erhalten« (das heißt einen Kompressionswiderstand von 5⁄3, bei dem Weiße Zwerge beliebig schwer sein können und bei dem sich ein genügend hoher Druck aufbauen würde, um die Kontraktion von Sirius an der gepunkteten, hypothetischen Linie in Abb. 4.4 zum Stillstand zu bringen). Anschließend skizzierte Eddington, wie *er* sich die Verknüpfung der speziellen Relativitätstheorie mit der Quantenmechanik vorstellte – eine Verknüpfung, die vollkommen anders war als die von Chandrasekhar, Stoner und Anderson, doch von der Eddington behauptete, daß sie alle Sterne vor dem Schicksal eines Schwarzen Loches bewahren würde.
Chandrasekhar war fassungslos. Niemals hatte er mit einem solchen Angriff auf seine Arbeit gerechnet. Warum hatte Eddington seine Einwände nicht vorher mit ihm besprochen? Und was Eddingtons Gegenvorschlag betraf, so schien er Chandrasekhar mit großer Wahrscheinlichkeit falsch zu sein.
Aber Arthur Eddington war *die Autorität* in der britischen Astronomie. Seine Entdeckungen waren fast schon legendär. Er hatte das moderne Verständnis von gewöhnlichen Sternen wie der Sonne oder Sirius geprägt, ihren Aufbau, ihre Atmosphären und die Eigenschaften des von ihnen ausgesandten Lichtes erforscht. Aus diesem Grund hörten die Mitglieder der Gesellschaft und Astronomen aus aller Welt mit großem Respekt auf das, was Eddington zu sagen hatte. Und wenn Eddington glaubte, daß Chandrasekhars Analyse falsch sei, dann mußte es wohl so sein.
Nach der Sitzung kamen die Mitglieder der Gesellschaft einer nach dem anderen auf Chandrasekhar zu und bekundeten ihr Mitgefühl. Milne sagte: »Ich spüre es in den Knochen, daß Eddington recht hat.«

Am nächsten Tag bat Chandrasekhar befreundete Physiker um Hilfe. An Leon Rosenberg in Kopenhagen schrieb er: »Wenn Eddington recht hätte, wäre die Arbeit der vergangenen vier Monate völlig umsonst gewesen. Kann es sein, daß er recht hat? Ich wüßte sehr gerne Bohrs Meinung hierzu.«[10] (Niels Bohr war einer der Väter der Quantenmechanik und der angesehenste Physiker der dreißiger Jahre.) Zwei Tage später versicherte ihm Rosenfeld, daß er und Bohr überzeugt davon seien, daß Eddington sich irrte und er, Chandrasekhar, recht habe. Rosenfeld schrieb: »Ich darf sagen, daß Ihr Brief mich ziemlich überrascht hat, denn bisher hat niemand je die Gleichungen angezweifelt [die Sie benutzt haben, um den Widerstand von 4/3 zu erhalten], und die Bemerkung Eddingtons, die Sie in Ihrem Brief erwähnten, ist völlig obskur. Ich rate Ihnen deshalb, den Kopf nicht hängen zu lassen und nicht so viel auf das zu geben, was die großen Meister sagen.« Am selben Tag schrieb Rosenfeld in einem weiteren Brief an Chandrasekhar: »Bohr und ich können nicht den geringsten Sinn in Eddingtons Behauptungen erkennen.«

Für die Astronomen war die Sache jedoch zunächst nicht so klar. Sie hatten keine Erfahrung auf dem Gebiet der Quantenmechanik und der Relativitätstheorie, so daß Eddingtons Autorität viele Jahre lang unumstritten blieb. Außerdem ließ sich Eddington auch später nie von seiner Meinung abbringen. Er verabscheute die Vorstellung Schwarzer Löcher so sehr, daß sein Urteilsvermögen getrübt war. Sein Wunsch nach einem Naturgesetz, das solche Absurditäten verhinderte, ließ ihn bis an sein Lebensende glauben, daß es ein solches Gesetz gebe, auch wenn dies keineswegs zutraf.

Gegen Ende der dreißiger Jahre hatten Astronomen zwar allmählich erkannt, daß Eddington sich irrte, doch respektierten sie seine einstigen großen Leistungen so sehr, daß sie ihn nicht öffentlich bloßstellen wollten. Als Eddington im Jahre 1939 auf einer Konferenz in Paris wieder einmal Chandrasekhars Schlußfolgerungen angriff, bat Chandrasekhar den Vorsitzenden der Konferenz, Henry Norris Russell, auf einem Zettel darum, Eddington antworten zu dürfen. Obwohl der berühmte Astronom von der Princeton University ihm zuvor privat gesagt hatte, daß niemand mehr Eddingtons Ansicht teile, schickte er ihm einen Zettel zurück, auf dem stand: »Lieber nicht.«[11]

Waren die führenden Astronomen denn nun bereit, die Existenz Schwarzer Löcher in Betracht zu ziehen, nachdem sie – zumindest hinter Eddingtons Rücken – Chandrasekhars Massenobergrenze für Weiße Zwerge anerkannten? Keineswegs. Wenn es schon kein Naturgesetz gegen Schwarze Löcher von der Art gab, wie Eddington sich dies vorgestellt hatte, so traf die Natur sicherlich andere Vorkehrungen gegen ihre Existenz: Vermutlich schleuderte jeder massereiche Stern im Laufe seines Lebens oder im letzten Stadium seines Todeskampfes so viel Materie in den interstellaren Raum, daß seine Masse unter die Grenze von 1,4 Sonnenmassen fiel und er als Weißer Zwerg sein Leben beschloß.[12] Dieser Ansicht schlossen sich die meisten Astronomen an, und dieser Meinung blieben sie bis Anfang der sechziger Jahre treu.

Was Chandrasekhar betraf, so hinterließ die Auseinandersetzung mit Eddington tiefe Wunden. Vierzig Jahre später äußerte er sich darüber so: »Ich hatte den Eindruck, daß die Astronomen ausnahmslos glaubten, daß ich mich irre. Sie hielten mich für eine Art Don Quichotte, der versuchte, Eddington zu stürzen. Wie Sie sich vorstellen können, war dies eine zutiefst entmutigende Erfahrung für mich – festzustellen, daß ich plötzlich in eine Auseinandersetzung mit dem berühmtesten Astronomen der Zeit verwickelt war und daß meine Arbeit in der astronomischen Fachwelt völlig zerrissen wurde. Ich mußte mich entscheiden, was ich künftig tun wollte. Sollte ich mein restliches Leben damit verbringen, um meine Anerkennung zu kämpfen? Schließlich war ich damals erst Mitte zwanzig. Ich hatte noch dreißig bis vierzig Jahre wissenschaftlichen Schaffens vor mir und hielt es einfach für unproduktiv, ständig auf etwas herumzureiten, das abgeschlossen war. Aus diesem Grund beschloß ich, mir ein anderes Forschungsgebiet zu suchen.«[13]

Im Jahre 1939 kehrte Chandrasekhar deshalb den Weißen Zwergen und der Erforschung des Endstadiums stellarer Entwicklung den Rücken und griff dieses Thema erst ein Vierteljahrhundert später wieder auf (Kapitel 7).

Und was ist über Eddington zu sagen? Warum hatte er Chandrasekhar so schlecht behandelt? Eddington selbst wird sein Verhalten wohl kaum für schlecht gehalten haben. Offene, auch hitzige geistige Auseinandersetzungen stellten für ihn eine normale Arbeitsweise dar. Chandrasekhar auf diese Art zu behandeln mag deshalb in gewissem Sinne als ein Zeichen seiner Hochachtung zu deuten sein: Er respektierte Chandrasekhar als ein vollwertiges Mitglied der astronomischen Forschergemeinschaft.[14] In der Tat war Eddingtons privates Verhältnis zu Chandrasekhar von herzlicher Zuneigung geprägt, die von ihrer ersten Auseinandersetzung bis zu seinem Tod im Jahre 1944 andauerte, und Chandrasekhar erwiderte diese Zuneigung, obwohl ihn die Auseinandersetzung schmerzlich berührte.

5. Kapitel *Der Kollaps ist unvermeidlich*

worin sogar die Kernkraft, die vermutlich stärkste aller Kräfte, der Gravitation nicht widerstehen kann

Zwicky

In den dreißiger und vierziger Jahren galt Fritz Zwicky vielen Kollegen als Spinner und Prahlhans, doch spätere Generationen von Astronomen sollten seine schöpferische Genialität bewundern.

»Als ich Fritz im Jahre 1933 kennenlernte, war er vollkommen davon überzeugt, den tiefsten Geheimnissen der Natur auf der Spur zu sein, während alle anderen sich irrten«, so erinnerte sich William Fowler, damals Student am California Institute of Technology (Caltech), wo Zwicky lehrte und forschte.[1] Jesse Greenstein, ein späterer Kollege Zwickys, beschrieb ihn als ein »selbsternanntes Genie« und erklärte: »Zweifellos besaß er einen außergewöhnlichen Geist, doch war er gleichzeitig ungeschult und undiszipliniert, auch wenn er dies selbst nicht wahrhaben wollte. ... Er hielt eine Physikvorlesung, zu der er nur Studenten zuließ, die ihm paßten. Wenn er der Ansicht war, daß jemand seinen Ideen zugetan war, durfte er teilnehmen. ... Er war ein Einzelgänger [in der Physikfakultät des Caltech] und nicht sehr beliebt. ... Seine Veröffentlichungen enthielten oft heftige Angriffe auf andere Wissenschaftler.«[2]

Zwicky, ein untersetzter, streitbarer Mann, hielt mit seiner Ansicht, die Weisheit für sich gepachtet zu haben, nicht hinter dem Berg und scheute sich auch nicht, bei jeder Gelegenheit auf seine Erkenntnisse aufmerksam zu machen. In den dreißiger Jahren ließ er sich in allen seinen Vorlesungen und Veröffentlichungen ausgiebig über den Begriff des Neutronensterns aus – einen Begriff, den er erfunden hatte, um die Ursprünge der energiereichsten Phänomene zu erklären, die Astronomen kannten: Supernovae und kosmische Strahlung. Einmal sprach er sogar im staatlichen Rundfunk über seine Neutronensterne.[3] Bei genauerer Betrachtung zeigte sich jedoch, daß seine Artikel und Vorträge nicht überzeugend waren, da sie kaum Beweise zur Untermauerung seiner Gedanken enthielten.

Von Robert Millikan (dem Mann, der das Caltech zu einem der renommiertesten wissenschaftlichen Institute gemacht hatte) erzählt man sich, daß er auf die

Fritz Zwicky (vorne, dritter von links) bei einem Treffen von Wissenschaftlern am Caltech im Jahre 1931. Ebenfalls zu sehen sind Richard Tolman (vorne, rechts außen; der in diesem Kapitel noch eine wichtige Rolle spielen wird), Robert Millikan (vorne, fünfter von rechts) und Albert Einstein (rechts von Millikan). [*Archive des California Institute of Technology.*]

Frage, warum er Zwicky am Caltech behielt, antwortete, es könne sich ja durchaus herausstellen, daß einige von Zwickys exzentrischen Ideen richtig sind. Im Gegensatz zu anderen führenden Kollegen muß Millikan ein Gespür für das intuitive Genie Zwickys gehabt haben – ein Genie, das erst fünfunddreißig Jahre später weithin anerkannt wurde, als man Neutronensterne am Himmel entdeckte und einige der von Zwicky vorhergesagten ungewöhnlichen Eigenschaften bestätigt wurden.

Die für dieses Buch wichtigste Aussage Zwickys betrifft die Rolle von Neutronensternen als Endstadium der Sternentwicklung. Wie wir noch sehen werden, kann sich ein gewöhnlicher Stern, der zu massereich ist, um am Ende seines Lebens in einen Weißen Zwerg überzugehen, statt dessen in einen Neutronenstern verwandeln. Wenn *alle* massereichen Sterne diese Entwicklung nähmen, würden dem Universum jene ungeheuerlichen Gebilde erspart bleiben, die rein theoretisch ebenfalls am Ende einer Sternentwicklung stehen können: die Schwarzen Löcher. Wenn leichte Sterne sich stets in Weiße Zwerge und schwere Sterne stets in Neutronensterne verwandeln würden, dann gäbe es in der Natur keine Daseinsberechtigung für Schwarze Löcher. Einstein und Eddington sowie die meisten Physiker jener Zeit wären sehr erleichtert gewesen.

Zwicky war im Jahre 1925 von Millikan an das Caltech geholt worden, um theoretische Forschungen auf dem Gebiet der quantenmechanischen Struktur von Atomen und Kristallen zu betreiben, doch wandte sich sein Interesse gegen Ende der zwanziger Jahre zunehmend der Astrophysik zu. In Pasadena zu arbeiten und nicht der Faszination der Astronomie zu erliegen war sehr schwierig, denn Pasadena beherbergte neben dem Caltech auch das Mount-Wilson-Observatorium, eine Sternwarte, die das damals größte Teleskop der Welt besaß, einen Reflektor von 2,5 Meter Durchmesser.

Im Jahre 1931 schloß sich Zwicky deshalb Walter Baade an, einem herausragenden Astronomen, der soeben über Hamburg und Göttingen an das Mount-Wilson-Observatorium gekommen war. Baade und Zwicky hatten einen ähnlichen kulturellen Hintergrund: Baade war Deutscher, Zwicky Schweizer, und beide sprachen Deutsch als ihre Muttersprache. Außerdem hatten sie beide Respekt vor den geistigen Fähigkeiten des anderen. Damit erschöpften sich aber ihre Gemeinsamkeiten bereits. Baade war von Natur aus zurückhaltend, stolz, nicht leicht zugänglich, unglaublich belesen und tolerant gegenüber den Eigenheiten seiner Kollegen. In den folgenden Jahren sollte Zwicky Baades Toleranz auf eine schwere Probe stellen, bis sie sich schließlich während des Zweiten Weltkriegs heftig zerstritten. »Zwicky nannte Baade einen Nazi, was nicht stimmte, und Baade sagte, er habe Angst, daß Zwicky ihn umbringen werde. Ihr Verhältnis war so gespannt, daß es nicht ratsam war, sie in dasselbe Zimmer zu stecken«, so erinnerte sich Jesse Greenstein.[4]

Aber in den Jahren 1932 und 1933 sah man Baade und Zwicky noch häufig gemeinsam in Pasadena spazierengehen, wobei sie sich angeregt auf deutsch über sogenannte Novae unterhielten, Sterne, die plötzlich aufflammen und dann 10000mal heller leuchten als zuvor, bevor sie nach etwa einem Monat wieder zu ihrer normalen Leuchtkraft zurückfinden. Baade mit seinem umfassenden Wissen über Astronomie hatte von Beobachtungen gehört, die darauf hinwiesen, daß es neben den »gewöhnlichen« Novae möglicherweise sehr viel seltenere, superhelle Novae gebe. Zunächst hatten Astronomen solche extrem hellen Novae nicht von gewöhnlichen unterscheiden können, da sie durch das Teleskop betrachtet ungefähr gleich hell erschienen. Aber manche dieser Sterne befanden sich in merkwürdigen, leuchtenden Nebeln. In den zwanziger Jahren legten nun Beobachtungen, die am Mount-Wilson-Observatorium und an anderen Sternwarten gemacht wurden, den Verdacht nahe, daß diese Nebel entgegen ersten Annahmen nicht einfach Gaswolken in unserer Milchstraße waren, sondern daß sie eigene Galaxien darstellten, riesige Ansammlungen von bis zu 10^{12} (einer Billion) Sternen, die weit außerhalb der Milchstraße lagen. Wenn die seltenen Novae, die man in solchen

Die Galaxie NGC 4725 im Sternbild Haar der Berenike (Coma Berenices). *Links*: Auf einer Fotografie vom 10. Mai 1940 vor dem Ausbruch einer Supernova. *Rechts*: Am 2. Januar 1941 während der Supernova-Explosion. Der weiße Pfeil deutet auf die Supernova am äußeren Rand der Galaxie. Nach heutigen Erkenntnissen liegt die Galaxie 30 Millionen Lichtjahre von der Erde entfernt und enthält 3×10^{11} Sterne. [*California Institute of Technology.*]

weit entfernten Galaxien entdeckte, auf der Erde ebenso hell erschienen wie die gewöhnlichen Novae unserer Milchstraße, dann mußten sie eine weitaus größere Leuchtkraft als diese besitzen.

Baade trug nun alle Beobachtungsdaten zusammen, die er über die sechs im zwanzigsten Jahrhundert gesichteten extrem hellen Novae finden konnte. Indem er diese Daten zu den Informationen in Beziehung setzte, die über die Entfernungen der Galaxien zur Verfügung standen, konnte er ausrechnen, wieviel Licht diese superhellen Novae aussandten. Seine Schlußfolgerung: In der kurzen Zeit ihres Aufflackerns mußten solche Novae eine Leuchtkraft besitzen, die 10^8 (100 Millionen) Mal größer war als die unserer Sonne! (Heute wissen wir aus Arbeiten, die zum größten Teil von Baade selbst im Jahre 1952 durchgeführt wurden, daß die Entfernungen in den dreißiger Jahren fast um den Faktor 10 unterschätzt wurden und daß die Leuchtkraft der extrem hellen Novae folglich 10^{10} – 10 Milliarden – Mal größer ist als die der Sonne.*)[5]

Zwicky, der das Extreme liebte, war fasziniert von diesen überaus hellen Novae.

* Die Lichtmenge, die auf der Erde eintrifft, verhält sich umgekehrt proportional zum *Quadrat* der Entfernung der Supernova. Irrt man sich also um den Faktor 10 bei der Bestimmung der Entfernung, so bedeutet dies, daß die Schätzung der Leuchtkraft um den Faktor 100 falsch sein muß.

Endlos diskutierte er mit Baade über diese interessanten Gebilde, und gemeinsam prägten sie den Begriff *Supernovae* für solche Erscheinungen. Jede Supernova, so vermuteten sie (richtig), ging aus der Explosion eines gewöhnlichen Sterns hervor. Weiter nahmen sie an (diesmal fälschlicherweise), daß diese Explosionen so heiß waren, daß sie weitaus mehr Energie in Form von ultraviolettem Licht und Röntgenstrahlen aussandten als in Form von gewöhnlichem Licht. Da ultraviolettes Licht und Röntgenstrahlen die Erdatmosphäre nicht durchdringen können, war es unmöglich, die Energie einer Supernova genau zu bestimmen. Man konnte nur versuchen, aus dem Spektrum des beobachtbaren Lichts und mit Hilfe der Gesetze, die das Verhalten heißer Gase in einer explodierenden Supernova beschreiben, ihre Energie abzuschätzen.

Indem Baade seine umfassenden Kenntnisse astronomischer Beobachtungen und sein Wissen über gewöhnliche Novae mit Zwickys Verständnis der theoretischen Physik verband, gelangten sie zu dem (falschen) Schluß, daß die von einer Supernova emittierten Röntgen- und ultravioletten Strahlen mindestens das Zehntausendfache, ja vielleicht sogar das Zehnmillionenfache der Energie ausmachten, die in Form von gewöhnlichem Licht ausgestrahlt wurde. Zwicky mit seinem Hang zum Extremen war rasch davon überzeugt, daß der höhere Faktor korrekt war, und zitierte ihn gern und häufig.[6]

Dieser (falsche) Faktor von 10 Millionen besagte im Prinzip, daß die Supernova während der wenigen Tage ihrer stärksten Helligkeit eine gewaltige Energiemenge abstrahlen mußte: nämlich ungefähr das Hundertfache der Energie, die die Sonne in ihrem gesamten 10 Milliarden Jahre umspannenden Leben an Wärme und Licht emittieren wird. Dies entspricht der Energiemenge, die man erhalten würde, wenn man ein Zehntel der Sonnenmasse in reine Strahlungsenergie umwandeln könnte!

(Dank der jahrzehntelangen Beobachtungen von Supernovae – vielfach durch Zwicky selbst – wissen wir heute, daß der von Baade und Zwicky geschätzte Wert für die Energie einer Supernova nicht weit daneben lag. Aber wir wissen auch, daß ihre Berechnung einen gravierenden Fehler aufwies: Sie gingen davon aus, daß fast die gesamte Energie einer explodierenden Supernova in Form von Röntgen- und ultravioletten Strahlen ausgestoßen wird, während sie in Wirklichkeit überwiegend in Form von Teilchen ausgesandt wird, den sogenannten Neutrinos. Baade und Zwicky erhielten die richtige Lösung also nur durch Zufall.)

Was konnte die Ursache für den gewaltigen Energieausstoß einer Supernova sein? Um dieses Phänomen erklären zu können, erfand Zwicky den Neutronenstern.

Zwicky interessierte sich für alle Bereiche der Physik und Astronomie und hielt sich selbst gerne für einen Philosophen. Es war sein erklärtes Bestreben, die Phänomene, die ihm begegneten, auf »morphologische Weise« miteinander zu verknüpfen. Im Jahre 1932 stand die *Kernphysik* im Mittelpunkt des physikalischen und astronomischen Interesses, und es war genau dieser Forschungszweig, aus dem Zwicky den Hauptbestandteil seiner Neutronensterntheorie bezog: den Begriff des *Neutrons*. Da das Neutron in diesem und im nächsten Kapitel eine wichtige Rolle spielen wird, möchte ich an dieser Stelle kurz die Entdeckung des Neutrons und seine Funktion im Atomkern beschreiben, bevor ich mich wieder Zwicky und seinen Neutronensternen zuwende.

Nachdem Physiker im Jahre 1926 die »neuen« Gesetze der Quantenmechanik aufgestellt hatten (Kapitel 4), widmeten sie sich in den folgenden fünf Jahren der Aufgabe, die Welt der kleinsten Teilchen mit Hilfe dieser Gesetze zu untersuchen. Sie enträtselten die Geheimnisse des Atoms (Kasten 5.1) und erforschten Moleküle, Metalle, Kristalle und die Materie Weißer Zwerge, die aus Atomen bestehen. Im Jahre 1931 wandte sich das Interesse der Physiker schließlich dem Inneren der Atome zu: den Atomkernen.

Der Aufbau des Atomkerns stellte ein völliges Rätsel dar. Die meisten Physiker nahmen an, daß der Kern aus einer Handvoll Elektronen und doppelt so vielen Protonen bestehe, die auf noch unerklärte Weise miteinander verbunden waren. Ernest Rutherford in Cambridge, England, vertrat jedoch eine andere Hypothese: Er glaubte, daß der Atomkern aus Protonen und Neutronen zusammengesetzt sei. Die Existenz der Protonen war zweifelsfrei bewiesen. Sie wurden seit Jahrzehnten experimentell erforscht, und man kannte viele ihrer Eigenschaften: Sie waren 2000mal schwerer als Elektronen und besaßen eine positive elektrische Ladung. Neutronen waren dagegen unbekannt. Rutherford war gezwungen, die Existenz des Neutrons zu postulieren, um den Kern mit Hilfe der quantenmechanischen Gesetze widerspruchsfrei erklären zu können. Dies erforderte drei Annahmen: (1) Jedes Neutron mußte ungefähr dieselbe Masse wie ein Proton besitzen, ohne jedoch elektrisch geladen zu sein. (2) In jedem Kern mußte ungefähr dieselbe Anzahl von Neutronen wie Protonen vorkommen. (3) Die Protonen und Neutronen im Kern mußten durch eine neuartige Kraft zusammengehalten werden, die weder mit der elektromagnetischen Wechselwirkung noch mit der Gravitation zusammenhing und die aus naheliegenden Gründen *Kernkraft* genannt wurde. (Heute spricht man auch von der *starken Kraft* oder der *starken Wechselwirkung*.) Rutherford nahm ferner an, daß sich die Neutronen und Protonen aufgrund ihrer beengten Lage im Kern wild umherbewegen und auf diese Weise einen Entartungsdruck erzeugen wür-

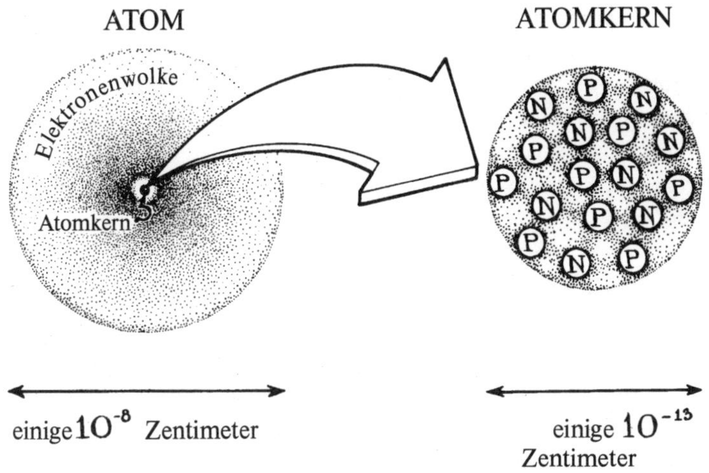

Kasten 5.1

Der innere Aufbau des Atoms

Ein Atom besteht aus einem massiven Kern, der von einer Elektronenwolke umgeben ist. Während die Elektronenwolke einen Durchmesser von ca. 10^{-8} Zentimetern besitzt (dies entspricht etwa einem Millionstel des Durchmessers eines menschlichen Haars), ist der Kern 100000mal kleiner und mißt nur ungefähr 10^{-13} Zentimeter (siehe die vorstehende Zeichnung.) Würde man die Elektronenwolke auf die Größe der Erde aufblähen, wäre der Atomkern so groß wie ein Fußballfeld. Trotz dieser winzigen Abmessungen ist er um mehrere tausend Male schwerer als die dünne Elektronenwolke.

Die negativ geladenen Elektronen werden von dem positiv geladenen Atomkern angezogen und auf diese Weise in ihrer Wolke festgehalten. Daß sie nicht auf den Atomkern herabstürzen, hängt mit dem sogenannten Pauli-Prinzip zusammen, einem quantenmechanischen Gesetz, das zum Beispiel auch das Kollabieren von Weißen Zwergen verhindert. Diesem Gesetz zufolge dürfen sich zwei Elektronen niemals zur selben Zeit in derselben Raumregion aufhalten (es sei denn, sie haben einen entgegengesetzen »Spin« – ein Detail, das in Kapitel 4 außer acht gelassen wurde). Die Elektronen in der Wolke treten deshalb jeweils paarweise in Raumbereichen auf, die »Orbitale« genannt werden. Jedes Elektronenpaar bewegt sich aufgrund der Beschränkung auf einen winzigen Raumausschnitt wild und mit hoher Geschwindigkeit in dieser Zelle umher – vergleichbar den Elektronen in einem Weißen Zwerg (Kapitel 4). Der Elektronendruck, der dabei entsteht, wirkt der elektrischen Anziehungskraft des Kerns entgegen. Man kann sich daher das Atom als einen winzigen Weißen Zwerg vorstellen, bei dem nicht die Gravitation, sondern die elektrische Kraft die Elektronen anzieht und bei dem der Elektronendruck dafür sorgt, daß sie nicht abstürzen.

Die rechte Seite des auf Seite 193 stehenden Diagramms zeigt den Aufbau des Atomkerns wie oben beschrieben: Er ist ein winziges Gebilde, bestehend aus Protonen und Neutronen, die durch die Kernkraft zusammengehalten werden.

den, der der Kernkraft entgegenwirkte und den Kern auf einer Größe von 10^{-13} Zentimetern stabil hielt.

In den Jahren 1931 und 1932 wetteiferten die Experimentalphysiker darum, diese Beschreibung des Kerns zu überprüfen. Ihr Vorgehen bestand dabei darin, zu versuchen, einige der von Rutherford postulierten Neutronen aus dem Atomkern zu lösen, indem sie Kerne mit hochenergetischer Strahlung beschossen. Das Wettrennen wurde im Februar 1932 von James Chadwick, einem Mitglied von Rutherfords eigener experimenteller Arbeitsgruppe, gewonnen. Chadwick gelang es durch Bestrahlung von Atomkernen, Neutronen in großer Zahl freizusetzen, und er konnte zeigen, daß sie genau die von Rutherford vorhergesagten Eigenschaften besitzen. Die Entdeckung verursachte weltweit großes Aufsehen und erregte natürlich auch Zwickys Aufmerksamkeit.

Das Neutron wurde im selben Jahr entdeckt, in dem Baade und Zwicky sich um ein Verständnis der Supernovae bemühten. Es war genau das, was sie für eine Erklärung dieses Phänomens benötigten, so schien es Zwicky.[7] Vielleicht, so überlegte er, gab es einen Prozeß, durch den das Innere eines gewöhnlichen – etwa 100 Gramm pro Kubikzentimeter schweren – Sterns kollabierte und so weit in sich zusammenfiel, daß er die Dichte eines Atomkerns von 10^{14} (100 Billionen) Gramm pro Kubikzentimeter erreichte. Möglicherweise würde sich die Materie in diesem geschrumpften stellaren Kern in ein »Neutronengas« verwandeln oder, wie Zwicky es nannte, in einen »Neutronenstern«. In diesem Fall – so errechnete Zwicky (diesmal korrekt) – müßte der kollabierte Kern des Sterns durch die enorme Gravitationskraft so stark zusammengepreßt werden, daß sich nicht nur sein Umfang, sondern auch seine Masse verringern würde – und zwar um zehn Prozent. Wohin konnte diese Masse verschwinden? Zwicky vermutete (wieder zu Recht), daß sie sich in Explosionsenergie verwandelte (Abb. 5.1 und Kasten 5.2).

Wenn der Kern des geschrumpften Sterns ungefähr die Masse der Sonne besaß, wie Zwicky (richtig) annahm, dann würden die zehn Prozent seiner Masse, die

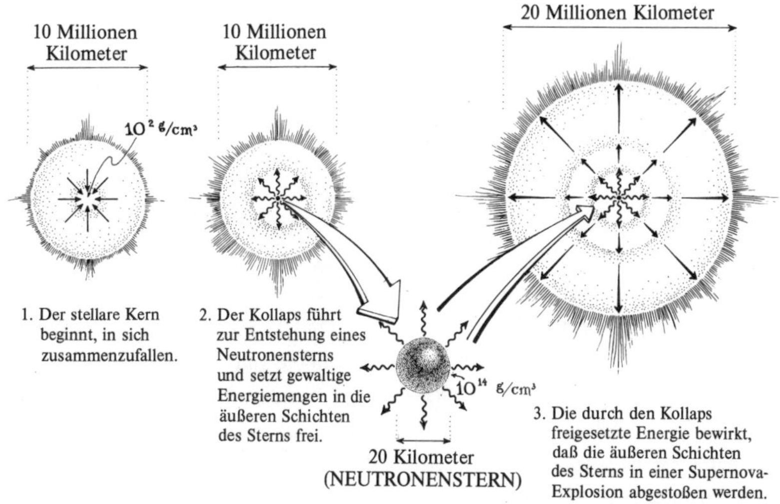

Abb. 5.1: Fritz Zwickys Vermutung über den Auslöser einer Supernova-Explosion: Die Explosionsenergie einer Supernova stammt aus dem Kollaps eines stellaren Kerns normaler Dichte zu einem Neutronenstern.

beim Übergang in einen Neutronenstern als Explosionsenergie freigesetzt würden, 10^{46} Joule erzeugen, eine Energiemenge, die nach Zwickys Auffassung dem Energiebedarf einer Supernova entsprach. Durch diese Explosionsenergie könnten sich die äußeren Schichten des Sterns auf äußerst hohe Temperaturen erwärmen, so daß sie schließlich in einer gewaltigen Eruption in den interstellaren Raum hinausgeschleudert würden (Abb. 5.1). Die dabei erzeugten hohen Temperaturen würden den Stern hell aufleuchten lassen, und zwar genau in der Art der von ihm und Baade entdeckten Supernovae.

Weder wußte Zwicky, was die Ursache für den Kollaps eines Sterns und seine Umwandlung in einen Neutronenstern sein konnte, noch hatte er eine genaue Vorstellung davon, wie sich der stellare Kern während des Kollaps verhielt. Daher konnte er auch nicht abschätzen, wie lange es dauern würde, bis der Stern kollabiert war. Handelte es sich um eine langsame Kontraktion oder um eine schnelle Implosion? (In den sechziger Jahren fand man schließlich heraus, daß der Stern in einem heftigen Kollaps in sich zusammenstürzt; seine Gravitation übt eine so starke Kraft aus, daß der stellare Kern in weniger als zehn Sekunden von Erdgröße auf einen Umfang von 100 Kilometern schrumpft.) Weder verstand Zwicky, wie die durch die Schrumpfung des stellaren Kerns freigesetzte Energie einen Supernova-Ausbruch auslösen konnte, noch wußte er, warum die

Kasten 5.2

Die Äquivalenz von Masse und Energie

Einsteins Gesetzen der speziellen Relativität zufolge ist Masse nichts anderes als eine sehr kompakte Form der Energie. Es ist möglich, jede Masse, sogar die eines Menschen, in Energie umzuwandeln – wenngleich die Frage nach dem *Wie* alles andere als trivial ist. Die bei einer solchen Umwandlung freigesetzte Energiemenge ist gewaltig und läßt sich nach Einsteins berühmter Formel $E = Mc^2$ berechnen (wobei E die Energie ist, M die Masse, die in Energie umgewandelt wird, und $c = 2{,}99792 \times 10^8$ Meter pro Sekunde die Lichtgeschwindigkeit). Für die Masse eines typischerweise 75 Kilogramm schweren Menschen sagt die Formel eine Explosionsenergie von 7×10^{18} Joule voraus, eine Energiemenge, die dreißigmal größer ist als die Energie der stärksten jemals gezündeten Wasserstoffbombe.

Die Umwandlung von Masse in Wärme oder in die kinetische Energie einer Explosion liegt nicht nur Zwickys Erklärung der Supernovae zugrunde, sondern auch den Kernbrennprozessen im Inneren der Sonne und den nuklearen Explosionen (siehe dazu die Ausführungen im nächsten Kapitel).

Überreste der Explosion einige Tage und Monate und nicht wenige Sekunden oder aber viele Jahre sehr hell leuchteten. Allerdings wußte er – oder glaubte zu wissen –, daß die durch Bildung eines Neutronensterns freigesetzte Energie genau die richtige Größenordnung für eine Supernova besaß, und dies genügte ihm.

Zwicky gab sich nicht damit zufrieden, das Phänomen der Supernovae zu erklären, sondern er wollte das gesamte Universum verstehen. Unter den vielen unerklärten Phänomenen, die in den Jahren 1932 und 1933 die Wissenschaftler beschäftigten, war es die *kosmische Strahlung,* die am Caltech das größte Interesse erregte. (Kosmische Strahlung besteht aus Teilchen, die mit hoher Geschwindigkeit aus dem Weltraum auf die Erde prasseln.) Robert Millikan vom Caltech war der führende Wissenschaftler auf dem Gebiet der Erforschung der kosmischen Strahlung, und er war es auch, der ihr den Namen gegeben hatte. Carl Anderson, ebenfalls vom Caltech, hatte entdeckt, daß einige der Teilchen in der kosmischen Strahlung aus *Antimaterie** bestehen, und Zwicky mit seiner Vorliebe für extreme Behauptungen gelangte rasch zur Überzeugung, daß der größte Teil der kosmischen Strahlung nicht aus unserem Sonnensystem stamme (was sich als korrekt er-

* Die Bezeichnung »Antimaterie« rührt daher, daß Materieteilchen und Teilchen aus Antimaterie sich gegenseitig vernichten, wenn sie aufeinandertreffen.

JANUARY 15, 1934 PHYSICAL REVIEW VOLUME 45

Proceedings
of the
American Physical Society

MINUTES OF THE STANFORD MEETING, DECEMBER 15–16, 1933

38. Supernovae and Cosmic Rays. W. BAADE, *Mt. Wilson Observatory,* AND F. ZWICKY, *California Institute of Technology.*—Supernovae flare up in every stellar system (nebula) once in several centuries. The lifetime of a supernova is about twenty days and its absolute brightness at maximum may be as high as $M_{vis} = -14^M$. The visible radiation L_v of a supernova is about 10^8 times the radiation of our sun, that is, $L_v = 3.78\times10^{41}$ ergs/sec. Calculations indicate that the total radiation, visible and invisible, is of the order $L_\tau = 10^7 L_v = 3.78\times10^{48}$ ergs/sec. The supernova therefore emits during its life a total energy $E_\tau \geq 10^6 L_\tau = 3.78\times10^{53}$ ergs. If supernovae initially are quite ordinary stars of mass $M < 10^{34}$ g, E_τ/c^2 is of the same order as M itself. In the *supernova* process *mass in bulk is annihilated.* In addition the hypothesis suggests itself that *cosmic rays are produced by supernovae.* Assuming that in every nebula one supernova occurs every thousand years, the intensity of the cosmic rays to be observed on the earth should be of the order $\sigma = 2\times10^{-3}$ erg/cm² sec. The observational values are about $\sigma = 3\times10^{-3}$ erg/cm² sec. (Millikan, Regener). With all reserve we advance the view that supernovae represent the transitions from ordinary stars into *neutron stars,* which in their final stages consist of extremely closely packed neutrons.

Abb. 5.2: Zusammenfassung des von Walter Baade und Fritz Zwicky im Dezember 1933 an der Stanford University gehaltenen Vortrags über Supernovae, Neutronensterne und kosmische Strahlung.[8]

weisen sollte), sondern von außerhalb der Milchstraße (was nicht zutrifft), ja daß sie ihren Ursprung sogar in den entferntesten Teilen des Universums habe. Ferner kam er zu dem Schluß, daß die Gesamtenergie der kosmischen Strahlung im Universum ungefähr der Energie entspreche, die von allen Supernovae im gesamten Universum freigesetzt wird (was ungefähr stimmt). Für Zwicky lag es damit auf der Hand, daß die kosmische Strahlung in Supernovae-Ausbrüchen ihren Ursprung habe (eine Aussage, die vielleicht zutrifft).*

Bis Zwicky diesen Zusammenhang zwischen Supernovae, Neutronen und kosmischer Strahlung hergestellt hatte, war es Herbst 1933 geworden. Da Baades umfassende Kenntnis der beobachtenden Astronomie eine wesentliche Rolle für Zwickys Überlegungen gespielt hatte und viele von Zwickys Berechnungen und Beweisführungen im Gedankenaustausch mit Baade entstanden waren, entschloßen sich Zwicky und Baade, ihre Arbeit anläßlich einer Sitzung der American Physical Society an der Stanford University gemeinsam vorzustellen.

* Es hat sich herausgestellt, daß kosmische Strahlung auf viele verschiedene Arten entsteht. Noch weiß man zwar nicht, wie die meiste kosmische Strahlung erzeugt wird, doch besteht eine Möglichkeit darin, daß Teilchen durch die bei Supernova-Explosionen auftretenden Schockwellen auf sehr hohe Geschwindigkeiten beschleunigt werden. Diese Schockwellen sind in den als Gaswolken vorkommenden Überresten einer solchen Explosion noch lange spürbar. Wenn diese Vermutung zutrifft, hätte Zwicky mit seiner Aussage recht.

Die Zusammenfassung ihres Vortrags, die am 15. Januar 1934 in der Zeitschrift *Physical Review* abgedruckt wurde, sehen Sie in Abb. 5.2. Es ist eines der vorausschauendsten Dokumente in der Geschichte der Physik und Astronomie. Ohne jeden Vorbehalt postulieren die Verfasser darin die Existenz von Supernovae als einer eigenen Klasse astronomischer Objekte, obwohl stichhaltige Daten, die bewiesen, daß sie sich wirklich von gewöhnlichen Novae unterschieden, erst vier Jahre später von Baade und Zwicky vorgelegt werden konnten. Erstmals wird die Bezeichnung »Supernovae« für diese Objekte verwendet und die bei einer Supernova-Explosion freigesetzte Energie korrekt abgeschätzt. Es wird die Vermutung geäußert, daß kosmische Strahlung durch Supernovae-Ausbrüche erzeugt werde – eine Hypothese, die auch im Jahre 1994 noch als plausibel gilt, wenngleich sie sic noch nicht vollkommen durchgesetzt hat (siehe auch Fußnote auf S. 197). Ferner wird die Vorstellung eines aus Neutronen bestehenden Sterns formuliert und mit dem Begriff *Neutronenstern* bezeichnet, obwohl diese Vorstellung erst im Jahre 1939 theoretisch untermauert werden konnte und Beobachtungen, die die Existenz solcher Gebilde bestätigten, nicht vor 1968 vorlagen. Darüber hinaus vermuteten die Verfasser »mit allem Vorbehalt« (eine Formulierung, die wahrscheinlich von dem vorsichtigen Baade gewählt wurde), daß Supernovae bei der Verwandlung gewöhnlicher Sterne in Neutronensterne entstünden – eine Vermutung, die erst in den frühen sechziger Jahren für theoretisch möglich gehalten und in den späten sechziger Jahren durch die Beobachtung von Pulsaren (rotierenden, magnetisierten Neutronensternen) im Inneren explodierender Gaswolken alter Supernovae bestätigt wurde.
Die Astronomen in den dreißiger Jahren reagierten begeistert auf die von Baade und Zwicky entwickelte Vorstellung einer Supernova, doch Zwickys Überlegungen zu Neutronensternen und kosmischen Strahlen taten sie eher verächtlich ab. »Zu spekulativ«, lautete das allgemeine Urteil. Und zu Recht könnte man hinzufügen: »Gestützt auf haltlose Berechnungen.« Zwicky konnte seine Überlegungen in Publikationen und Vorträgen nicht schlüssig untermauern. Nach eingehender Beschäftigung mit seinen Veröffentlichungen jener Zeit bin ich vielmehr zu der Überzeugung gelangt, daß er die physikalischen Gesetze nicht gut genug verstand, um seine Vermutungen erhärten zu können. Ich werde darauf später in diesem Kapitel zurückkommen.

So manche Entdeckung in den Naturwissenschaften erscheint rückblickend so offensichtlich, daß man sich verwundert fragt, warum sie nicht früher gemacht wurde. So verhielt es sich beispielsweise mit dem Zusammenhang zwischen Neutronensternen und Schwarzen Löchern. Zwicky hätte im Jahre 1933 erste

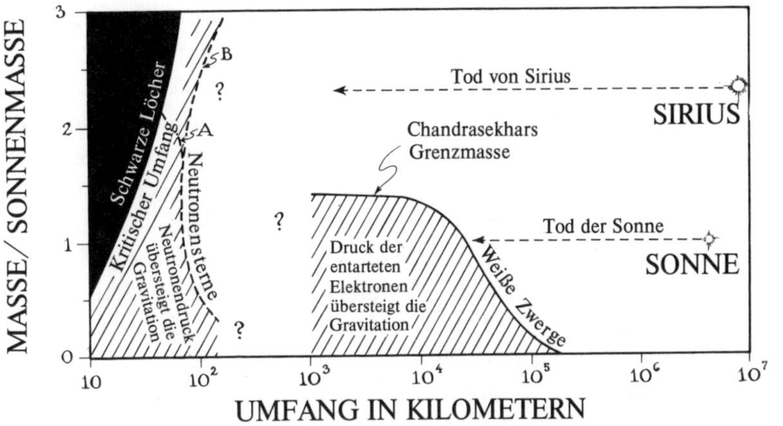

Abb. 5.3: Das endgültige Schicksal eines Sterns, der über der Chandrasekhar-Grenze von 1,4 Sonnenmassen liegt, hängt davon ab, wie massereich Neutronensterne sein können. Wenn sie beliebig schwer sein können (siehe Kurve B), dann wird ein Stern wie Sirius nach seinem Tod zu einem Neutronenstern und nicht zu einem Schwarzen Loch kollabieren. Gibt es dagegen eine Massenobergrenze für Neutronensterne (vergleiche Kurve A), dann kann ein massereicher Stern weder zu einem Weißen Zwerg noch zu einem Neutronenstern werden, sondern muß – sofern es kein anderes Endstadium gibt – ein Schwarzes Loch erzeugen.

Vermutungen in diese Richtung anstellen können, doch versäumte er die Gelegenheit, und so dauerte es noch sechs Jahre, bis jemand anders auf diese Idee kam, und es verging ein Vierteljahrhundert, bis der Zusammenhang zwischen Neutronensternen und Schwarzen Löchern vollkommen geklärt war. Auf welchen Umwegen Physiker zu dieser Erkenntnis gelangten, werde ich im weiteren Verlauf des Kapitels beschreiben.

Zuvor möchte ich jedoch kurz die wichtigsten Grundzüge des Zusammenhangs zwischen Schwarzen Löchern und Neutronensternen schildern, damit der Leser würdigen kann, welchen Schwierigkeiten die Physiker bei der Aufklärung dieses Sachverhalts gegenüberstanden.

Was geschieht mit Sternen, wenn sie sterben? Welches Schicksal erwartet sie? Kapitel 4 lieferte darauf eine Teilantwort (Abb. 4.4 und Abb. 5.3 rechts). Die Antwort hängt davon ab, ob der Stern schwerer oder leichter als 1,4 Sonnenmassen ist (die *Chandrasekharsche Grenzmasse*).

Betrachten wir einen Stern unterhalb der Chandrasekhar-Grenze, zum Beispiel die Sonne: Am Ende ihres Lebens durchläuft sie eine Entwicklung, die durch die gestrichelte Linie in Abb. 5.3 (»Tod der Sonne«) dargestellt ist. Während die

Sonne Licht in den Raum abstrahlt, kühlt sie allmählich ab und kann den thermischen Druck nicht mehr aufrechterhalten, der erforderlich ist, um ihrer eigenen Anziehungskraft zu widerstehen. Die Folge ist, daß sie zu schrumpfen beginnt. Während sie schrumpft, wandert sie in Abb. 5.3 auf gleichbleibender Höhe, da sich die Masse nicht ändert, von rechts nach links zu den kleineren Abmessungen. (Bitte beachten Sie, daß in der Abbildung die Masse nach oben ansteigt, während der Umfang nach rechts zunimmt.) Im Verlauf dieses Prozesses werden die Elektronen im Inneren des Sterns in immer kleinere Zellen gepreßt, bis schließlich ein so hoher Entartungsdruck entsteht, daß der Stern nicht mehr schrumpfen kann. Der Entartungsdruck wirkt der Schwerkraft des Sterns entgegen und zwingt ihn, sein Leben als Weißer Zwerg auf der Grenzlinie zwischen der weißen und der schraffierten Fläche in Abb. 5.3 zu beschließen. Würde der Stern noch weiter schrumpfen, das heißt, würde er sich nach links in den schraffierten Bereich bewegen, so hätte dies eine Zunahme des Entartungsdrucks zur Folge, und der Stern müßte sich wieder ausdehnen, bis er die Kurve der Weißen Zwerge erreicht hätte. Sollte sich der Stern noch weiter bis in den weißen Bereich ausdehnen, würde sich der Entartungsdruck hingegen wieder verringern. Die Gravitation würde erneut die Oberhand gewinnen, und der Stern müßte wieder bis zur Kurve der Weißen Zwerge schrumpfen. Der Stern muß also zwangsläufig auf der Kurve der Weißen Zwerge bleiben, wo sich Gravitation und Druck exakt die Waage halten. Im Laufe der Zeit wird sich der Stern weiter abkühlen und allmählich einen Schwarzen Zwerg bilden – einen kalten, dunklen Körper, etwa von Erdgröße, der jedoch die Masse der Sonne besitzt.

Wenn der Stern dagegen über der Chandrasekhar-Grenze von 1,4 Sonnenmassen liegt, wie zum Beispiel Sirius, dann beschreibt er am Ende seines Lebens eine Entwicklungslinie, die in Abb. 5.3 mit »Tod von Sirius« bezeichnet ist. Während der Stern durch Aussendung von Strahlung immer weiter abkühlt und zu schrumpfen beginnt, bewegt er sich in der Abbildung immer weiter nach links zu den kleinen Abmessungen. Seine Elektronen werden in immer kleinere Zellen gepreßt und wehren sich dagegen durch Erzeugung eines immer höheren Entartungsdrucks, doch vergeblich. Aufgrund seiner großen Masse besitzt der Stern eine so starke Anziehungskraft, daß kein noch so hoher Entartungsdruck ein ausreichendes Gegengewicht darstellt.* Um mit Arthur Eddington zu sprechen: »Der Stern muß unaufhörlich Strahlung aussenden und immer weiter in sich zusammenfallen, bis er vermutlich nur noch einen Radius von wenigen Ki-

* Der Grund wurde in Kasten 4.2 erläutert.

lometern besitzt und die Gravitation so stark geworden ist, daß sie die Strahlung nicht mehr entweichen läßt. Nun erst kann der Stern endlich zur Ruhe kommen.«

Dies wäre zumindest das Schicksal des Sterns, wenn es keine Neutronensterne gäbe. Falls Zwicky jedoch mit seiner Vermutung recht hatte und Neutronensterne tatsächlich existierten, dann mußten sie ähnliche Gebilde wie die Weißen Zwerge sein, nur daß in ihrem Fall der innere Druck durch Neutronen und nicht durch Elektronen verursacht würde. Dies bedeutet, daß es in Abb. 5.3 eine Kurve für Neutronensterne analog der Kurve für Weiße Zwerge geben muß, und zwar in einem Bereich von einigen hundert und nicht einigen zehntausend Kilometern Umfang. Auf dieser Kurve für Neutronensterne halten sich Neutronendruck und Gravitation genau die Waage, so daß Neutronensterne dort für immer im Gleichgewichtszustand verharren können.

Angenommen, die Kurve für Neutronensterne verläuft wie die in Abb. 5.3 als B bezeichnete Linie immer weiter nach oben zu den massereichen Sternen. In diesem Fall kann Sirius nach seinem Tod *kein* Schwarzes Loch bilden. Vielmehr unterliegt er einem ständigen Schrumpfungsprozeß, bis er die Kurve für Neutronensterne erreicht. Eine weitere Verkleinerung seines Umfangs über diesen Punkt hinaus ist unmöglich. Würde er noch kleiner werden bzw. sich nach links in die schraffierte Region jenseits der Kurve für Neutronensterne bewegen, entstünde – bedingt durch das Phänomen der Entartung (»Klaustrophobie«) und aufgrund der Kernkraft – ein so hoher Neutronendruck, daß die Gravitation unterliegen und der Stern sich durch den hohen Druck wieder ausdehnen würde. Wenn der Stern jedoch versucht, sich über die Kurve für Neutronensterne bis in die weiße Region auszudehnen, nimmt der Neutronendruck wieder ab. Die Gravitation gewinnt erneut die Oberhand, und der Stern wird wieder zusammengepreßt. Auf diese Weise bleibt Sirius nichts anderes übrig, als für immer einen Gleichgewichtszustand auf der Neutronensternkurve einzunehmen, wo er allmählich abkühlt und einen kalten, schwarzen Neutronenstern bildet.

Nehmen wir dagegen an, daß die Kurve für Neutronensterne wie die in Abb. 5.3 als A bezeichnete hypothetische Kurve abknickt und sich nicht nach oben zu den hohen Massen erstreckt. Dies würde bedeuten, daß es eine Massenobergrenze für Neutronensterne gibt, analog der Chandrasekhar-Grenze von 1,4 Sonnenmassen für Weiße Zwerge. Wie im Fall der Weißen Zwerge wäre die Existenz einer Massenobergrenze für Neutronensterne von großer Tragweite: Bei einem Stern, der diese Massenobergrenze überschritte, wäre die Gravitation weitaus stärker als der Neutronendruck. Aus diesem Grund muß ein derart massereicher Stern bei seinem Tod entweder genügend Masse abwerfen, um unter die Grenze zu fallen, oder er ist dazu verurteilt, infolge seiner starken Gravitation unaufhaltsam zu schrumpfen, bis schließlich ein Schwarzes Loch entsteht. Dies ist die zwangsläufige Schlußfolgerung, *wenn* es neben Weißen Zwergen, Neutronensternen und Schwarzen Löchern keine anderen Endstadien der Sternentwicklung gibt.

Somit lautet die zentrale Frage, die letztendlich Aufschluß über das Schicksal schwerer Sterne gibt: *Wie schwer kann ein Neutronenstern sein?* Wenn Neutronensterne beliebig massereich sein können, massereicher als gewöhnliche Sterne, dann können Schwarze Löcher im wirklichen Universum niemals entstehen. Wenn es dagegen eine Massenobergrenze für Neutronensterne gibt und diese Grenze nicht zu hoch liegt, dann müssen Schwarze Löcher zwangsläufig entstehen – es sei denn, es gäbe noch andere Endstadien stellarer Entwicklung, von denen man in den dreißiger Jahren nichts ahnte.

Diese Überlegungen erscheinen im Rückblick so offensichtlich, daß es verwunderlich ist, daß weder Zwicky noch Chandrasekhar, noch Eddington sie anstellten. Hätte Zwicky freilich versucht, diesen Gedanken nachzugehen, wäre er vermutlich nicht sehr weit gekommen. Seine Kenntnisse der Kernphysik und der Relativitätstheorie waren nicht tiefgehend genug, um zu erkennen, ob die physikalischen Gesetze eine Massenobergrenze für Neutronensterne fordern oder nicht. Am Caltech arbeiteten jedoch zwei Wissenschaftler, die mit der erforderlichen Physik in ausreichendem Maße vertraut waren, um die Masse von Neutronensternen herleiten zu können. Es handelte sich um Richard Chace Tolman, einen Chemiker, der sich der Physik zugewandt und ein klassisches Lehrbuch mit dem Titel *Relativity, Thermodynamics, and Cosmology* veröffentlicht hatte, und J. Robert Oppenheimer, unter dessen Leitung später die amerikanische Atombombe entwickelt wurde.

Tolman und Oppenheimer zeigten freilich nicht das geringste Interesse an Zwickys Neutronensternen. Dies änderte sich erst im Jahre 1938, als Lew Dawidowitsch Landau aus Moskau eine ähnliche Theorie entwickelte und veröffentlichte (wobei er allerdings nicht von Neutronensternen, sondern von *Neutronenkernen* sprach). Im Gegensatz zu Zwicky war Landau ein Physiker, den Oppenheimer und Tolman schätzten und respektierten.

Landau

Landaus Veröffentlichung über Neutronenkerne war in Wirklichkeit ein verzweifelter Hilferuf.[9] Die Säuberungsaktionen Stalins waren in vollem Gang, und Landau fühlte, daß er in Gefahr schwebte. Durch einen aufsehenerregenden wissenschaftlichen Beitrag hoffte er, so viel Aufmerksamkeit in der Presse zu erregen, daß er der Verhaftung und dem möglichen Tod entging.

Der Grund für die Gefährdung Landaus waren seine früheren Kontakte zu westlichen Wissenschaftlern:

Bereits kurz nach der Oktoberrevolution hatte die neue kommunistische Führung die Notwendigkeit erkannt, die Naturwissenschaften zu fördern. Lenin selbst hatte auf dem Achten Kongreß der Kommunistischen Partei im Jahre 1919 eine Resolution durchgesetzt, wonach Wissenschaftler von den Anforderungen ideologischer Reinheit ausgenommen waren: »Das Problem der industriellen und wirtschaftlichen Entwicklung erfordert den sofortigen und weitverbreiteten Einsatz von Experten in Wissenschaft und Technik, auch wenn sie kapitalistischer Herkunft sind und notwendigerweise mit bourgeoisen Gedanken und Gebräuchen infiziert sind.« Besonderen Anlaß zur Sorge gab den neuen Herren der sowjetischen Wissenschaft der bedauerliche Zustand der sowjetischen theoretischen Physik. Aus diesem Grund erhielten die besten und vielversprechendsten jungen Theoretiker der UdSSR mit dem Segen der kommunistischen Partei die Gelegenheit, an der angesehen Universität in Leningrad (heute Sankt Petersburg) zu promovieren und anschließend für ein oder zwei Jahre nach Westeuropa zu reisen, um dort ihre Ausbildung abzurunden.

Wieso war dies erforderlich? Die Erklärung ist einfach: In den zwanziger Jahren war die Physik so komplex geworden, daß das Studium bis zur Promotion den Anforderungen an eine umfassende und gründliche Ausbildung nicht mehr gerecht wurde. Mit dem Ziel, die Ausbildung weltweit zu fördern, waren daher unter anderem von der Rockefeller-Stiftung Stipendienprogramme ins Leben gerufen worden, um die sich jeder bewerben konnte, sogar leidenschaftliche Marxisten. Die erfolgreichen Bewerber wurden nach der englischen Bezeichnung *postdoctoral fellows* »Postdoktoranden« oder kurz »Postdocs« genannt.

Warum sandte man die jungen Physiker zur Vervollkommnung ihrer Ausbildung gerade nach *Westeuropa?* Westeuropa war in den zwanziger Jahren das Mekka der theoretischen Physik. Die herausragendsten theoretischen Physiker jener Zeit arbeiteten fast ausnahmslos dort. In ihrem verzweifelten Bemühen, die eigene theoretische Physik zu fördern, hatte die sowjetische Führung daher keine andere Wahl, als ihren wissenschaftlichen Nachwuchs zur Ausbildung nach Westeuropa zu senden, obwohl dies die Gefahr der ideologischen Kontaminierung barg.

Von allen jungen sowjetischen Theoretikern, die nach Leningrad und von dort nach Westeuropa geschickt wurden, sollte Lew Dawidowitsch Landau bei wei-

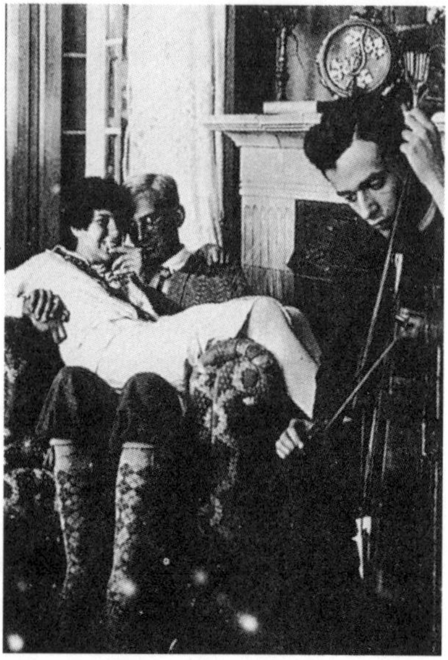

Links: Lew Landau als Student in Leningrad, Mitte der zwanziger Jahre. *Rechts*: Landau mit Kommilitonen George Gamow und Yewgenia Kanegiesser in scherzhafter Pose; in Wirklichkeit spielte Landau kein Musikinstrument, Leningrad um 1927. [*Links: AIP Emilio Segrè Visual Archives, Margarethe Bohr Collection. Rechts: der Library of Congress.*]

tem den größten Einfluß auf die Physik ausüben. Als Sohn einer wohlhabenden jüdischen Familie (sein Vater war Erdölingenieur) wurde er im Jahre 1908 in Baku am Kaspischen Meer geboren. Im Alter von sechzehn Jahren nahm er sein Studium an der Universität von Leningrad auf und beendete es nur drei Jahre später. Nach zwei weiteren Jahren, in denen er am Physikalisch-Technischen Institut in Leningrad promovierte, reiste er nach Westeuropa, wo er in achtzehn Monaten alle bedeutenden Zentren der theoretischen Physik in Deutschland, Dänemark, England, Belgien, Holland und der Schweiz besuchte. Ein Kollege, der deutschstämmige Rudolph Peierls, der sich zur gleichen Zeit wie Landau in Zürich als Forschungsstipendiat aufhielt, schrieb später: »Ich erinnere mich lebhaft an den großen Eindruck, den Landau auf uns alle hinterließ, als er 1929 in Wolfgang Paulis Abteilung in Zürich auftauchte. ... Schnell erkannten wir, wie tiefgreifend sein Verständnis der modernen Physik war und wie leicht es ihm fiel, fundamentale Probleme zu lösen. Selten las er eine Abhandlung über theoretische Physik ganz durch. Er schaute sie sich nur so lange an, bis er beurteilen konnte, ob das Thema ihn interessierte, und wenn dies der

Fall war, bis er sah, welchen Lösungsweg der Autor einschlug. Dann machte er sich daran, die Rechnungen selbst durchzuführen, und wenn sein Ergebnis mit dem des Autors übereinstimmte, fand die Veröffentlichung seine Billigung.«[10] Peierls und Landau wurden enge Freunde.

Hochgewachsen, mager, extrem kritisch sich selbst und anderen gegenüber, litt Landau unter dem verzweifelten Gefühl, einige Jahre zu spät geboren worden zu sein. Das goldene Zeitalter der Physik war seiner Ansicht nach die Periode zwischen 1925 und 1927 gewesen, als de Broglie, Schrödinger, Heisenberg, Bohr und andere die neue Quantenmechanik geschaffen hatten. Wenn er einige Jahre früher zur Welt gekommen wäre, dann hätte er, Landau, seinen Teil dazu beitragen können. »Alle netten Mädchen sind bereits verheiratet, und alle interessanten Probleme sind bereits gelöst. Für das, was übriggeblieben ist, kann ich keine allzu große Begeisterung aufbringen«, sagte er einmal 1929 in einem Augenblick der Verzweiflung in Berlin.[11] In Wirklichkeit jedoch stand die Erforschung dessen, *was aus den Gesetzen der Quantenmechanik und Relativitätstheorie folgte,* erst am Anfang und sollte durchaus noch große Überraschungen bereithalten, etwa, was den Aufbau des Atomkerns, die Kernenergie, Schwarze Löcher, Suprafluidität und Supraleitung, Transistoren und Laser betraf, um nur einige Beispiele zu nennen. Landau sollte trotz seines Pessimismus bei der Entdeckung und Erforschung dieser physikalischen Sachverhalte eine wesentliche Rolle spielen.

Nachdem er im Jahre 1931 nach Leningrad zurückgekehrt war, beschloß Landau, ein leidenschaftlicher Marxist und Patriot, sich in seinem Beruf der Förderung und Verbreitung der modernen theoretischen Physik in der Sowjetunion zu widmen. Wie wir in späteren Kapiteln sehen werden, war seinem Bemühen großer Erfolg beschieden.

Nicht lange nachdem Landau in die Sowjetunion zurückgekehrt war, wurden allmählich die Auswirkungen der restriktiven Politik Stalins spürbar. Der Eiserne Vorhang schloß sich und machte weitere Reisen in das westliche Ausland praktisch unmöglich. Wie George Gamow, ein Kommilitone Landaus aus Leningrad, bemerkte: »Die russische Wissenschaft war eine Waffe zur Bekämpfung der kapitalistischen Welt geworden. So wie Hitler die Natur- und Geisteswissenschaften in ein jüdisches und ein arisches Lager unterteilte, schuf Stalin den Begriff einer kapitalistischen und einer proletarischen Wissenschaft. Sich mit Kollegen aus kapitalistischen Ländern zu ›verbrüdern‹ galt als Verbrechen für russische Wissenschaftler.«[12]

In den folgenden Jahren verschlechterte sich das politische Klima zunehmend. Nachdem im Zuge von Zwangskollektivierungsmaßnahmen in der Landwirt-

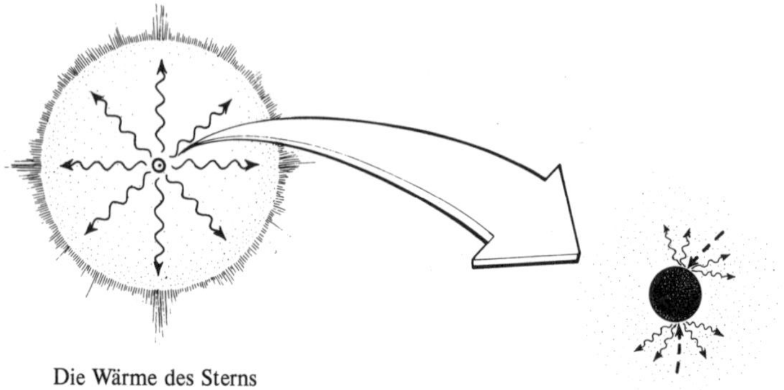

Abb. 5.4: Lew Landaus Vermutung über den Ursprung der Energie, die einen gewöhnlichen Stern am Leben erhält.

schaft bereits mehr als sechs Millionen Bauern und Kulaken (Landbesitzer) getötet worden waren, begann Stalin im Jahre 1936 mit einer umfassenden Säuberung der politischen und intellektuellen Führungsschicht des Landes. Diese mehrjährige Kampagne richtete sich gegen fast alle Mitglieder des ursprünglichen Politbüros unter Lenin, gegen die oberen Befehlshaber der Sowjetischen Armee, gegen rund zwei Drittel der Mitglieder des Zentralkomitees der Kommunistischen Partei, gegen die meisten Botschafter im Ausland sowie gegen die Ministerpräsidenten und wichtigsten Funktionäre der nichtrussischen Sowjetrepubliken. Sie wurden hingerichtet oder verschwanden spurlos. Fast sieben Millionen Menschen wurden verhaftet und in Gefangenenlager gesteckt; ungefähr 2,5 Millionen Menschen starben – die Hälfte von ihnen Intellektuelle, darunter viele Naturwissenschaftler. Ganze Forschungsgruppen wurden ausgerottet. Die gesamte sowjetische Forschung im Bereich der Biologie, Genetik und der Agrarwissenschaften wurde praktisch vernichtet.

Ende 1937 fühlte sich Landau, der mittlerweile Leiter einer Forschungsabteilung für Theoretische Physik in Moskau war, zunehmend gefährdet. Verzweifelt überlegte er, wie er sich schützen könnte. Eine Möglichkeit mochte es sein, als bedeutender Wissenschaftler im Mittelpunkt der öffentlichen Aufmerksamkeit zu stehen. Deshalb durchstöberte er seine wissenschaftlichen Einfälle nach einer Idee, die in Ost und West gleichermaßen für Aufsehen sorgen würde. Seine Wahl fiel auf einen Gedanken, mit dem er sich seit den frühen dreißiger Jahren beschäftigt hatte: die Vorstellung, daß »gewöhnliche« Sterne wie die Sonne in ihrem Inneren Neutronensterne besitzen – *Neutronenkerne,* wie Landau sich ausdrückte.

Landaus Argumentation war folgende: Die Sonne und andere gewöhnliche Sterne stabilisieren sich gegen die eigene Anziehungskraft durch thermischen Druck. Während die Sonne Licht und Wärme in das Weltall abstrahlt, muß sie allmählich abkühlen, sich zusammenziehen und schließlich in etwa dreißig Millionen Jahren sterben – wenn sie nicht irgendeine Möglichkeit findet, ihren Wärmeverlust auszugleichen. Da es in den zwanziger und dreißiger Jahren überzeugende geologische Anzeichen dafür gab, daß die Erde während der vergangenen Milliarde Jahre oder länger eine mehr oder weniger konstante Temperatur aufgewiesen hatte, *mußte* die Sonne ihren Wärmevorrat auf irgendeine Weise auffüllen. Arthur Eddington und andere hatten in den zwanziger Jahren (korrekt) vermutet, daß dieser Nachschub an Wärme aus nuklearen Reaktionen stammen könnte, bei denen bestimmte Atomkerne in andere umgewandelt werden – Reaktionen, die heute unter dem Begriff *Kernfusion* oder *Kernbrennprozesse* bekannt sind (Kasten 5.3).[13] Die Einzelheiten dieser Kernbrennprozesse waren jedoch im Jahre 1937 noch nicht ausreichend erforscht, so daß die Physiker nicht sicher waren, ob solche Prozesse genügend Wärme produzierten. Landaus Neutronenkern stellte nun eine attraktive Alternative dar.

So wie Zwicky sich vorstellen konnte, daß die Energie einer Supernova aus dem Kollaps eines gewöhnlichen Sterns bzw. seiner Verwandlung in einen Neutronenstern hervorgeht, konnte sich Landau vorstellen, daß die Sonne und andere gewöhnliche Sterne ihre Energie daher beziehen, daß Atome von einem Neutronenkern eingefangen werden und dabei Energie freisetzen (Abb. 5.4).

Das Einfangen eines Atoms durch einen Neutronenkern war dabei vergleichbar dem Herabfallen eines Steins auf eine Betonplatte aus großer Höhe: Durch die Anziehungskraft wird der Stein beim Herabfallen auf große Geschwindigkeit beschleunigt, so daß er aufgrund seiner hohen kinetischen Energie (Bewegungsenergie) beim Auftreffen auf der Betonplatte in tausend Teile zersplittert. Landau vermutete nun, daß fallende Atome von einem Neutronenkern in ähnlicher Weise beschleunigt würden. Wenn ein solches Atom auf den Kern hinabstürzt, verwandelt sich seine hohe Bewegungenergie (etwa 10 Prozent seiner Masse) beim Aufprall in Wärme. In diesem Szenario ist die starke Gravitation eines Neutronenkerns in der Sonne letztlich die Ursache ihrer Wärme. Und wie bei Zwickys Supernovae erreicht die Umwandlung von Masse in Wärme dabei einen Wirkungsgrad von 10 Prozent.

Bei nuklearen Brennprozessen (Kasten 5.3) können im Gegensatz zum Einfang

Kasten 5.3

Eine Gegenüberstellung nuklearer und gewöhnlicher Verbrennungsprozesse

Ein gewöhnlicher Verbrennungsprozeß ist eine *chemische Reaktion.* Bei chemischen Reaktionen verbinden sich Atome zu Molekülen, in denen sie durch die gemeinsame Elektronenwolke zusammengehalten werden. Ein nuklearer Brennprozeß ist eine *Kernreaktion.* Bei einem nuklearen Brennprozeß verschmelzen Atomkerne miteinander *(Kernfusion)* und bilden schwerere Atomkerne. Diese schwereren Kerne werden durch die Kernkraft zusammengehalten.

Das folgende Diagramm zeigt ein Beispiel für eine gewöhnliche Verbrennung: das Verbrennen von Wasserstoff, um Wasser zu erzeugen (eine höchst explosive Form der Verbrennung, die beispielsweise dazu dient, Raketen anzutreiben, die Nutzlasten in den Weltraum befördern). Zwei Wasserstoffatome verbinden sich mit einem Sauerstoffatom, um ein Wassermolekül zu bilden. In dem Wassermolekül teilen sich die Wasserstoffatome und das Sauerstoffatom zwar die Elektronenwolke, doch haben sie noch getrennte Atomkerne.

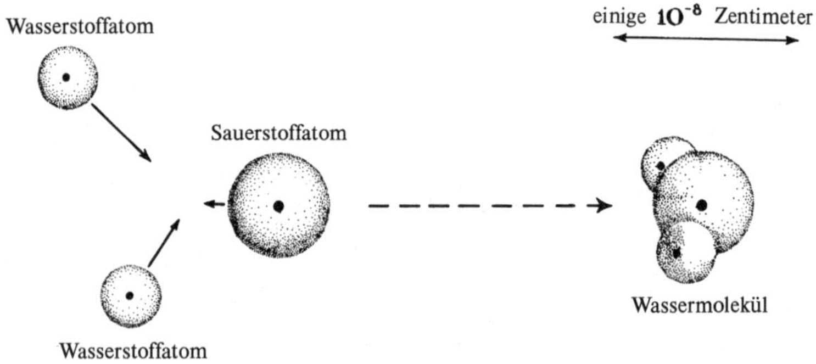

Das folgende Diagramm zeigt ein Beispiel für eine Kernreaktion: die Verschmelzung eines Deuteriumkerns (schwerer Wasserstoff) mit einem ge-

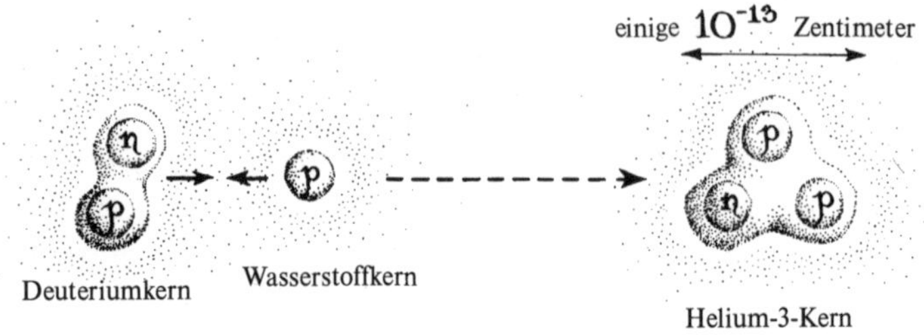

wöhnlichen Wasserstoffkern, um einen Helium-3-Kern zu bilden. Hier handelt es sich um eine der Fusionsreaktionen, die die Sonne und andere Sterne mit Energie versorgen und die auch bei einer Wasserstoffbombe wirksam sind (Kapitel 6). Der Deuteriumkern besteht aus einem Neutron und einem Proton, die durch die Kernkraft miteinander verbunden sind. Der Wasserstoffkern besteht aus einem einzigen Proton. Durch Verschmelzung der beiden Kerne verfügt der neu entstehende Helium-3-Kern über zwei Protonen und ein Neutron.

von Atomen durch einen Neutronenkern (Abb. 5.4) nur einige Zehntel Prozent der Brennstoffmasse in Wärme umgewandelt werden. Anders ausgedrückt, Eddingtons Wärmequelle, die Kernenergie, war ungefähr dreißigmal schwächer als Landaus Wärmequelle, die Gravitationsenergie.*
Eine erste Version seiner Neutronenkernidee hatte Landau bereits 1931 entwickelt. Damals war das Neutron jedoch noch unbekannt gewesen, und der Aufbau des Atomkerns hatte die Wissenschaftler vor ein Rätsel gestellt. Deshalb lag seinem ersten Modell ein vollkommen spekulativer Prozeß zugrunde, bei dem Landau fälschlicherweise davon ausging, daß die quantenmechanischen Gesetze im Atomkern versagten.[14] Nachdem das Neutron nun seit fünf Jahren bekannt war und man begonnen hatte, die Eigenschaften von Atomkernen zu erforschen, konnte Landau seine Idee präziser und überzeugender formulieren. Mit der Veröffentlichung seiner Theorie hoffte Landau so viel Aufmerksamkeit zu erregen, daß er von Stalins Säuberungsaktionen verschont blieb.

Im Herbst 1937 legte Landau seine Neutronenkernidee schriftlich nieder.[15] Um sicherzugehen, daß sein Artikel größtmögliche Aufmerksamkeit erregte, unternahm er einige ungewöhnliche Schritte: Er reichte sein Manuskript in russischer Sprache bei der in Moskau erscheinenden Zeitschrift *Doklady Akademii Nauk (Berichte der Akademie der Wissenschaften der UdSSR)* ein und sandte gleichzeitig eine englische Version des Textes an denselben berühmten Wissenschaft-

* Dies mag jene Leser überraschen, die der Ansicht sind, die Kernkraft sei weitaus stärker als die Gravitation. Dies trifft auch in der Tat zu, wenn es nur um einige Atome oder Atomkerne geht. Geht es jedoch um die Größenordnung mehrerer Sonnenmassen, kann die Gravitation aller Atome zusammengenommen ihre Kernkraft bei weitem überwiegen. Dieser einfache Sachverhalt gewährleistet letztlich, daß ein schwerer Stern nach seinem Tod ein Schwarzes Loch bildet. Wie wir später noch sehen werden, wird die Anziehungskraft eines erkaltenden, sterbenden Sterns so gewaltig, daß sie die Abstoßung der Atomkerne überwindet und so den Stern zusammenstürzen läßt.

ler, an den sich auch Chandrasekhar gewandt hatte, als er von Eddington angegriffen worden war (Kapitel 4): Niels Bohr in Kopenhagen. (Als ein Ehrenmitglied der Akademie der Wissenschaften der UdSSR genoß Bohr selbst in den Zeiten der Säuberungsaktionen Ansehen bei den russischen Behörden.) Mit seinem Manuskript schickte Landau den folgenden Brief an Bohr:

> Moskau, den 5. November 1937
>
> Sehr geehrter Herr Bohr!
> Ich sende Ihnen in der Anlage einen Artikel, den ich über die Energie von Sternen verfaßt habe. Wenn Sie der Ansicht sind, daß er physikalisch plausibel ist, bitte ich Sie, ihn bei *Nature* einzureichen. Wenn es Ihnen nicht zuviel Mühe bereitet, wäre mir an Ihrem Urteil über die Arbeit sehr gelegen.
> Ergebensten Dank.
>
> Hochachtungsvoll
> Ihr L. Landau

(*Nature* ist eine britische Fachzeitschrift, die Entdeckungen aus allen Bereichen der Naturwissenschaften rasch veröffentlicht. Sie ist eine der auflagenstärksten Fachzeitschriften der Welt.)
Landau zählte einige einflußreiche Personen zu seinen Freunden. Sobald die Nachricht eintraf, daß Bohr seinen Artikel befürwortete und der Zeitschrift *Nature* zugesandt hatte, sorgten sie dafür, daß die Redaktion der einflußreichen Regierungszeitung *Iswestija* am 16. November 1937 ein Telegramm mit folgendem Wortlaut an Bohr sandte:

> Wir bitten um Ihre Meinung zu Professor Landaus Arbeit. Bitte telegrafieren Sie uns Ihre kurze Stellungnahme.
>
> Redaktion, *Iswestija*

Bohr, offensichtlich verwirrt und beunruhigt über die Anfrage, antwortete noch am selben Tag aus Kopenhagen:

> Professor Landaus neue Arbeit zu Neutronenkernen massiver Sterne ist vorzüglich und höchst vielversprechend. Ich bin gerne bereit, ein kurzes Gutachten über diese und andere Arbeiten von Landau abzugeben. Bitte informieren Sie mich, für welchen Zweck Sie meine Stellungnahme benötigen.
>
> Bohr

Die Herausgeber von *Iswestija* antworteten, daß sie Bohrs Beurteilung veröffentlichen wollten, und genau dies taten sie am 23. November in einem Artikel, der Landaus Idee beschrieb und in den höchsten Tönen lobte:

> Die Arbeit von Professor Landau hat unter sowjetischen Wissenschaftlern großes Interesse hervorgerufen. Seine kühne Idee verhilft einem der wichtigsten Forschungszweige der Astrophysik zu neuem Leben. Es gibt guten Grund anzunehmen, daß sich Landaus neue Hypothese als richtig erweisen wird und Beiträge zur Lösung zahlreicher offener Probleme in der Astrophysik leisten wird. ... Niels Bohr hat die Arbeit Landaus als ›vorzüglich und höchst vielversprechend‹ gewürdigt.[16]

Doch alle diese Bemühungen konnten Landau nicht retten. Am 28. April 1938 klopfte es frühmorgens an der Tür seiner Wohnung, und vor den Augen seiner zukünftigen Frau wurde er in einer schwarzen Limousine weggebracht. Das Schicksal so vieler anderer hatte nun auch ihn ereilt.
Die Limousine brachte Landau in eines der berüchtigtsten politischen Gefängnisse Moskaus, das Butirskaja, wo ihm eröffnet wurde, daß man ihn als deutschen Spion enttarnt habe – eine lächerliche Beschuldigung. Landau, ein Jude und leidenschaftlicher Marxist, sollte für die Nazis spionieren? Doch dies spielte keine Rolle. Die Beschuldigungen waren fast immer absurd. In Stalins Rußland kannte man selten den wahren Grund für eine Verhaftung. Aus jüngst zugänglich gemachten Akten des KGB gibt es allerdings im Falle Landaus Hinweise darauf, daß er gegenüber Kollegen die Kommunistische Partei und die Regierung wegen der Organisation der wissenschaftlichen Forschung sowie wegen der Massenverhaftungen in den Jahren 1936/37 kritisiert hatte.[17] Eine solche Kritik wurde als »antisowjetische Aktivität« betrachtet und konnte jemanden leicht ins Gefängnis bringen. Landau hatte Glück.[18] Er blieb nur ein Jahr in Haft und überlebte – wenn auch knapp. Im April 1939 wurde er freigelassen, nachdem Pjotr Kapiza, der berühmteste sowjetische Experimentalphysiker der dreißiger Jahre, ein Gesuch an Molotow und Stalin gerichtet hatte, in dem er um Freilassung Landaus mit der Begründung bat, daß Landau, und zwar nur dieser, fähig sei, das Geheimnis der Suprafluidität zu lösen.* (Das Phänomen der Suprafluidität war in Kapizas Labo-

* Die Suprafluidität ist eine physikalische Erscheinung, die in manchen Flüssigkeiten auftritt, wenn sie auf wenige Grad über dem absoluten Nullpunkt, das heißt auf etwa minus 270 Grad Celsius, abgekühlt werden. Die Suprafluidität zeichnet sich durch die völlige Abwesenheit von Viskosität (innerer Reibung) aus.

ratorium und unabhängig davon in Cambridge, England, von J. F. Allen und A. D. Misener entdeckt worden. Man dachte, wenn es einem sowjetischen Wissenschaftler gelänge, dieses Phänomen zu erklären, so würde dies der Welt die Macht der sowjetischen Wissenschaft demonstrieren.)

Ausgezehrt und schwerkrank wurde Landau aus dem Gefängnis entlassen. Obwohl er seine Gesundheit und seine Schaffenskraft wiedererlangte und in der Tat das Geheimnis der Suprafluidität mit Hilfe der quantenmechanischen Gesetze löste – eine Leistung, die ihm den Nobelpreis einbrachte –, war sein Geist gebrochen. Niemals mehr sollte er dem geringsten psychischen Druck von seiten der Behörden gewachsen sein.

Oppenheimer

Robert Oppenheimer in Kalifornien hatte es sich zur Gewohnheit gemacht, jeden von Landau veröffentlichten Fachartikel mit großer Sorgfalt zu studieren. So kam es, daß Landaus Veröffentlichung über Neutronenkerne in der *Nature*-Ausgabe vom 19. Februar 1938 sofort seine Aufmerksamkeit erregte. Die Vorstellung eines Neutronensterns als Energiequelle einer Supernova schien Oppenheimer eine gewagte und exzentrische Spekulation, wenn sie von Fritz Zwicky stammte. Stellte Lew Landau dagegen die Vermutung auf, ein Neutronenkern könnte die Energiequelle eines gewöhnlichen Sterns sein, so war dies Oppenheimer durchaus eine ernsthafte Überlegung wert. Konnte im Inneren der Sonne tatsächlich ein solcher Kern enthalten sein? Oppenheimer beschloß, der Frage nachzugehen.

Oppenheimers Arbeitsstil unterschied sich vollkommen von dem aller anderen Wissenschaftler, denen wir in diesem Buch bislang begegnet sind. Während Baade und Zwicky als gleichrangige Kollegen zusammenarbeiteten, deren Fähigkeiten und Kenntnisse sich ergänzten, und Chandrasekhar und Einstein eher Einzelgänger waren, umgab sich Oppenheimer am liebsten mit einer großen Schar von Studenten. Während Einstein unter seiner Lehrverpflichtung gelitten hatte, ging Oppenheimer darin auf.

Wie Landau war auch Oppenheimer nach Westeuropa, dem Mekka der theoretischen Physik, gepilgert, um seine Ausbildung zu vervollständigen. Und wie Landau hatte es sich auch Oppenheimer nach seiner Rückkehr in die Vereinigten Staaten zum Ziel gesetzt, die europäische theoretische Physik in seinem Heimatland zu verbreiten.

Schon während seines Europaaufenthaltes hatte sich Oppenheimer einen so guten Namen gemacht, daß ihm zehn amerikanische Universitäten, darunter Harvard und das Caltech, sowie zwei Universitäten in Europa eine Stelle anboten. Eines der Angebote stammte von der University of California in Berkeley, wo es noch überhaupt keine Abteilung für theoretische Physik gab. Rückblickend schrieb Oppenheimer: »Ich besuchte Berkeley und dachte, daß es mir gefallen würde, dort zu arbeiten, weil es eine Wüste war.« In Berkeley konnte er sich frei entfalten. Da er andererseits die Folgen geistiger Isolation fürchtete, nahm Oppenheimer nicht nur das Angebot aus Berkeley, sondern auch die Stelle am Caltech an. Den Herbst und Winter wollte er in Berkeley und das Frühjahr am Caltech verbringen. »Ich hielt den Kontakt zum Caltech ... Es war ein Ort, wo man mich auf den Boden der Wirklichkeit zurückholen würde, wenn ich zu sehr in den Wolken schwebte, und wo ich Kenntnis von Entdeckungen und Entwicklungen erhalten würde, die in der veröffentlichten Fachliteratur vielleicht nicht angemessen widergespiegelt wurden.«

Zunächst hatte Oppenheimer Schwierigkeiten, sich auf den Lehrberuf einzustellen. Er unterrichtete viel zu schnell, zu ungeduldig und war seinen Studenten zu weit voraus. Es gelang ihm nicht, sich in ihre Situation zu versetzen. Seine erste Vorlesung am Caltech im Frühjahr 1930 war eine Glanzleistung – mitreißend, elegant und lehrreich. Als die Vorlesung jedoch vorüber war und sich der Raum geleert hatte, blieb Richard Tolman, mit dem er sich mittlerweile angefreundet hatte, zurück und sagte: »Robert, es war eine wunderschöne Vorlesung, aber ich habe nicht ein einziges Wort verstanden.«[19]

Oppenheimer lernte jedoch rasch. Es verging kein Jahr, bis Doktoranden und Forschungsstipendiaten aus ganz Amerika nach Berkeley strömten, um von ihm Physik zu lernen. Binnen weniger Jahre war Berkeley bei amerikanischen theoretischen Physikern beliebter als Europa, wenn es um die Wahl einer Postdoc-Stelle ging.

Robert Serber, einer von Oppenheimers Postdoc-Studenten, beschrieb die Zusammenarbeit mit ihm später so: »Oppie (wie er von seinen Studenten in Berkeley genannt wurde) war ungestüm, ungeduldig und scharfzüngig, und ganz am Anfang seiner Laufbahn als Dozent stand er im Ruf, seine Studenten in Angst und Schrecken zu versetzen. Nach fünf Jahren war er jedoch milder geworden (wenn man seinen ersten Studenten glauben darf). Seine Vorlesung [über Quantenmechanik] war nicht nur in pädagogischer, sondern auch in geistiger Hinsicht eine Meisterleistung. Er vermittelte seinen Studenten ein Gefühl für die Schönheit des logischen Aufbaus der Physik, und er weckte in ihnen eine Begeisterung für die Entwicklung ihrer Wissenschaft. Fast alle Studenten nahmen an dem Kurs mehr als einmal teil, und Oppie hatte gelegentlich Schwierig-

Robert Serber (*links*) und Robert Oppenheimer (*rechts*) um 1942. [*U.S. Information Agency.*]

keiten, Studenten davon abzuhalten, ein drittes oder viertes Mal seine Vorlesung zu hören ...«

»Auch seine Art, mit Forschungsstudenten zusammenzuarbeiten, war einzigartig. Seine Arbeitsgruppe bestand aus acht bis zehn Studenten höherer Semester und ungefähr einem halben Dutzend Postdocs. Einmal pro Tag pflegte er sich mit ihnen in seinem Büro zu treffen. Kurz vor der verabredeten Zeit trudelten die Studenten bei ihm ein, setzten sich an die Tische oder standen wartend herum. Sobald Oppie erschien, ging er von einem Studenten zum anderen, um mit ihm über den Stand seiner jeweiligen Forschungsarbeit zu sprechen, während die anderen zuhörten und ihre Meinung äußerten. Die Themenvielfalt war ungemein groß. Oppenheimer interessierte sich für alle Bereiche der Physik; ein Thema nach dem anderen wurde angesprochen. So konnte es vorkommen, daß an einem Nachmittag über Elektrodynamik, kosmische Strahlung, Astrophysik und Kernphysik diskutiert wurde.«

Jedes Frühjahr lud Oppenheimer zahlreiche Bücher und Fachzeitschriften in sein Kabriolett, brachte zusätzlich mehrere Studenten auf dem Notsitz des Wagens unter und fuhr nach Pasadena. »Wir fanden nichts dabei, unsere Wohnungen oder Zimmer in Berkeley aufzugeben«, sagte Serber, »wir waren zuversichtlich, daß wir in Pasadena ein Gartenhäuschen für fünfundzwanzig Dollar im Monat finden könnten.«[20]

Für jedes einzelne Forschungsproblem, das ihn interessierte, wählte Oppenheimer einen geeigneten Studenten oder einen Forschungsstipendiaten aus, der die technischen Einzelheiten ausarbeiten sollte. Die von Landau aufgeworfene Frage, ob die Wärme der Sonne durch einen Neutronenkern in ihrem Inneren gespeist werde, fiel Serber zu.

Oppenheimer und Serber erkannten rasch, daß die Sonne, sollte sie in ihrem Inneren tatsächlich über einen Neutronenkern von einem nennenswerten Bruchteil ihrer eigenen Masse verfügen, einen kleineren Umfang besitzen müßte, als dies in Wirklichkeit der Fall war. Durch die starke Anziehungskraft des Neutronenkerns würden nämlich die äußeren Schichten der Sonne viel enger an sie gefesselt. Landaus Theorie eines Neutronenkerns konnte also nur funktionieren, wenn die Masse eines Neutronenkerns weitaus kleiner war als die der Sonne.

»Wie *klein* kann die Masse eines Neutronenkerns sein?« lautete folglich die nächste Frage, die Oppenheimer und Serber sich stellten. Bitte beachten Sie, daß im Zusammenhang mit der Existenz Schwarzer Löcher die Fragestellung genau umgekehrt lautete. Um sich nämlich ein Urteil darüber zu bilden, ob Schwarze Löcher überhaupt entstehen können, muß man die *größtmögliche* Masse eines Neutronensterns kennen (Abb. 5.3 oben). Oppenheimer ahnte zwar noch nichts von der Bedeutung der Frage nach der größtmöglichen Masse eines Neutronenkerns, doch erkannte er, daß die Frage nach der kleinstmöglichen Masse entscheidend für Landaus Vermutung war.

In seinem Artikel hatte Landau, dem die Bedeutung dieser Frage ebenfalls bewußt war, die kleinstmögliche Masse eines Neutronenkerns abgeschätzt. Sorgfältig untersuchten Oppenheimer und Serber Landaus Abschätzung und stellten fest, daß er in der Tat die Anziehungskräfte im Inneren und in der Nähe des Kerns gebührend berücksichtigt hatte. Auch den Druck der entarteten Neutronen hatte er korrekt in seine Rechnungen einbezogen. Allerdings hatte er den Einfluß der zwischen den Neutronen wirkenden Kernkraft übersehen. Diese

Kraft war zu jener Zeit noch nicht sehr gut erforscht. Oppenheimer und Serber glaubten jedoch, genügend zu wissen, um mit hoher Wahrscheinlichkeit, wenn auch nicht mit absoluter Gewißheit sagen zu können, daß kein Neutronenkern jemals leichter als 1/10 der Sonnenmasse sein könne. Wenn sich in der Natur jemals ein leichterer Neutronenkern bilden sollte, so wäre er nicht stabil; seine Anziehungskraft wäre zu schwach, um dem Druck entgegenzuwirken, und er würde explodieren.

Auf den ersten Blick schloß dies nicht aus, daß die Sonne einen Neutronenkern besaß. Schließlich war es denkbar, daß ein Neutronenkern von einem Zehntel der Sonnenmasse – ein zulässiger Wert nach der Schätzung von Oppenheimer und Serber – im Inneren der Sonne verborgen war, ohne daß dies die Eigenschaften der Sonnenoberfläche, das heißt ihr beobachtbares Verhalten, allzu stark beeinflußte. Ausführliche Rechnungen, die die Anziehungskraft des Kerns gegen den Druck des umgebenden Gases abwogen, zeigten jedoch, daß die Auswirkungen eines solchen Kerns in Wirklichkeit unübersehbar wären: Der Kern müßte von einer Schicht sehr dichter Materie umgeben sein, die fast schon eine Sonnenmasse wiegen würde, und wenn die Sonne außerhalb dieser Schale nur noch von einer extrem dünnen Schicht gewöhnlichen Gases umgeben wäre, könnte sie ganz und gar nicht das Erscheinungsbild besitzen, das wir kennen. Folglich konnte die Sonne keinen Neutronenkern besitzen, und die Energie der Sonne mußte einen anderen Ursprung haben.

Doch welchen Ursprung? Während Oppenheimer und Serber in Berkeley an diesen Rechnungen arbeiteten, benutzten Hans Bethe von der Cornell University in Ithaca, New York, und Charles Critchfield von der George Washington University in Washington, D.C., die neu entdeckten Gesetze der Kernphysik, um zu zeigen, daß nukleare Brennprozesse (bei denen Atomkerne miteinander verschmelzen) die Sonne und andere Sterne mit Energie versorgen können (Kasten 5.3). Eddington hatte recht gehabt, und Landau hatte sich geirrt – zumindest, was die Sonne und die meisten anderen Sterne betraf. (Seit Anfang der neunziger Jahre vermutet man jedoch, daß einige Riesensterne nach dem von Landau beschriebenen Mechanismus funktionieren.)[21]

Oppenheimer und Serber hatten keine Ahnung, daß Landau den Artikel in dem verzweifelten Bemühen geschrieben hatte, sich vor Verhaftung und Tod zu retten, und so sandten sie am 1. September 1938, während Landau bereits im Gefängnis saß, ihre Kritik an seiner Abhandlung an die Zeitschrift *Physical Review*. Da Landaus Ruf als großer Physiker über alle Zweifel erhaben war, schrieben sie unumwunden: »Eine von Landau durchgeführte Abschätzung ... ergab als untere Grenze für die Masse eines Neutronenkerns den Wert von 0,001 Sonnenmassen. Dieser

Wert scheint falsch zu sein. ... [Kernkräfte] von dem häufig angenommenen Typ des Spinaustausches schließen die Existenz eines Neutronenkerns für Sterne mit einer der Sonne vergleichbaren Masse aus.«[22]

Landaus Neutronenkerne und Zwickys Neutronensterne waren im Grunde dasselbe. Ein Neutronenkern war nichts anderes als ein Neutronenstern, der sich aus irgendeinem Grund im Inneren eines gewöhnlichen Sterns befand. Oppenheimer muß sich dessen bewußt gewesen sein, und da er nun schon einmal begonnen hatte, über Neutronensterne nachzudenken, steuerte er unaufhaltsam auf jene Frage zu, die eigentlich Zwicky hätte in Angriff nehmen müssen, wenn er dazu in der Lage gewesen wäre: Was ist das Schicksal schwerer Sterne, wenn sie ihren Kernbrennstoff und damit – nach Bethe und Critchfield – ihre Energievorräte verbraucht haben? Verwandeln sie sich in Weiße Zwerge? In Neutronensterne? In Schwarze Löcher? Oder in etwas ganz anderes?

Chandrasekhars Berechnungen hatten eindeutig gezeigt, daß sich Sterne unter 1,4 Sonnenmassen in Weiße Zwerge verwandeln. Zwicky vertrat die Überzeugung, daß zumindest manche Sterne, die schwerer als 1,4 Sonnenmassen sind, zu Neutronensternen kollabieren und dabei Supernovae erzeugen. Konnte Zwicky recht haben? Mußten alle Sterne diesen Entwicklungsweg einschlagen, und rettete sich das Universum auf diese Weise vor den Schwarzen Löchern?

Eine von Oppenheimers großen Stärken als Theoretiker lag darin, komplizierte Probleme mit sicherem Blick zu erfassen und sie schrittweise soweit zu reduzieren, bis die zugrundeliegenden wesentlichen Merkmale zutage traten. Genau diese Fähigkeit trug mehrere Jahre später entscheidend zu seinem Erfolg als Leiter des amerikanischen Atombombenprojekts bei. Während er sich darum bemühte, das Problem der Sternentwicklung zu verstehen, riet ihm sein untrügliches Gespür, all die Komplikationen außer acht zu lassen, über die sich Zwicky wortreich ausließ: die Einzelheiten des Sternkollaps, die Verwandlung gewöhnlicher Materie in Neutronenmaterie, die Freisetzung gewaltiger Energiemengen und die mögliche Erzeugung von Supernovae und kosmischer Strahlung. All diese Dinge waren für die Frage nach dem *Endstadium* der Sternentwicklung ohne Belang. Das einzige, was zählte, war die Frage nach einer Massenobergrenze für Neutronensterne. Wenn Neutronensterne beliebig schwer sein durften (Kurve B in Abb. 5.3), dann könnte es keine Schwarzen Löcher geben. Wenn es dagegen eine Massenobergrenze für Neutronensterne gab (Kurve A in Abb. 5.3), dann könnte ein Stern, der oberhalb dieser Grenze lag, nach seinem Tod ein Schwarzes Loch bilden.

Nachdem Oppenheimer das Problem auf diese klare Frage reduziert hatte, machte er sich daran, sie methodisch und unzweideutig zu beantworten. Entsprechend seiner Gewohnheit arbeitete er mit einem Studenten zusammen, in diesem Fall mit einem jungen Mann namens George Volkoff. Wie Oppenheimer und Volkoff das Problem der Neutronensternmasse lösten und welchen Beitrag Oppenheimers Freund Richard Tolman vom Caltech leistete, ist in Kasten 5.4 beschrieben. Indem ich diese Zusammenarbeit näher schildere, möchte ich nicht nur Oppenheimers Arbeitsweise verdeutlichen, sondern auch aufzeigen, welche Strategien Physiker verfolgen, wenn sie die für ihren Untersuchungsgegenstand geltenden Gesetze zum Teil, aber noch nicht vollständig verstehen. Im vorliegenden Beispiel beherrschte Oppenheimer zwar die Quantenmechanik und die allgemeine Relativitätstheorie, während jedoch die Kernkraft noch weitgehend unerforscht war.

Trotz ihres unzureichenden Verständnisses der Kernkraft waren Oppenheimer und Volkoff in der Lage, eindeutig zu zeigen, *daß es eine Massenobergrenze für Neutronensterne gibt und daß sie zwischen einer halben Sonnenmasse und mehreren Sonnenmassen liegen muß* (Kasten 5.4).

Heute, nach einem halben Jahrhundert weiterer Forschung, wissen wir, daß Oppenheimer und Volkoff recht hatten. Für Neutronensterne gibt es in der Tat eine Massenobergrenze. Nach allem, was in den neunziger Jahren bekannt ist, liegt sie zwischen 1,5 und 3 Sonnenmassen, was ungefähr mit der Schätzung von Oppenheimer und Volkoff übereinstimmt.[23] Seit 1967 haben Astronomen darüber hinaus Hunderte von Neutronensternen entdeckt und ihre Massen mit hoher Genauigkeit bestimmt. Die Meßergebnisse liegen alle ungefähr bei 1,4 Sonnenmassen. Warum dies so ist, wissen wir nicht.

Oppenheimers und Volkoffs Schlußfolgerungen dürften für Wissenschaftler wie Eddington und Einstein, die Schwarze Löcher verabscheuten, wenig erfreulich gewesen sein. Wenn Chandrasekhar recht hatte (wozu sich die meisten Astronomen im Jahre 1938 bekannten) und wenn man Oppenheimer und Volkoff glauben durfte (und es war schwer, sie zu widerlegen), dann konnten schwere Sterne weder als Weiße Zwerge noch als Neutronensterne enden. Gab es in diesem Fall überhaupt eine Möglichkeit für massereiche Sterne, dem Schicksal Schwarzer Löcher zu entrinnen? Ja. Grundsätzlich waren zwei Möglichkeiten vorstellbar:

Erstens konnten massereiche Sterne im Laufe ihrer Entwicklung so viel Materie verlieren (zum Beispiel durch eine Kernexplosion oder Sternwind), daß ihre Masse unter die Grenze von 1,4 Sonnenmassen sank und sie sich in Weiße Zwerge verwandelten. Wenn man Zwickys Erklärung einer Supernova Glau-

Kasten 5.4

Die Bestimmung der Neutronensternmasse durch Oppenheimer, Volkoff und Tolman[24]

Wenn man eine komplizierte Analyse in Angriff nimmt, ist es zur Orientierung oft hilfreich, zunächst eine grobe Überschlagsrechnung vorzunehmen, die die Größenordnung der Lösung bis auf einen Faktor von, sagen wir, 10 genau angibt. Getreu diesem Grundsatz versuchte Oppenheimer die Frage, ob Neutronensterne eine Massenobergrenze haben können, zunächst mit einer groben, nur wenige Seiten umfassenden Rechnung zu lösen. Das Ergebnis war verblüffend: Er fand eine Massenobergrenze von sechs Sonnenmassen für jeden beliebigen Neutronenstern. Sollte eine genauere Rechnung dieses Ergebnis bestätigen, dann konnte Oppenheimer zu Recht schließen, daß Schwarze Löcher entstehen können, wenn Sterne von über sechs Sonnenmassen sterben.

Für eine »genauere Berechnung« war es erforderlich, eine hypothetische Neutronensternmasse anzunehmen und dann zu prüfen, ob für diese Masse der Neutronendruck im Inneren des Sterns die Gravitation aufhob. Wenn ein Gleichgewicht zwischen den beiden Kräften existierte, konnte der Stern diese Masse besitzen. Dieses Vorgehen mußte nun für viele verschiedene Massen wiederholt werden, wobei zusätzliche Schwierigkeiten dadurch auftraten, daß das Gleichgewicht zwischen Druck und Gravitation *für jeden beliebigen Punkt* im Inneren des Sterns gelten muß. Aber eine ähnliche Aufgabe war schon einmal gelöst worden: von Chandrasekhar bei seiner Analyse Weißer Zwerge. (Damals hatte Chandrasekhar die Rechnung mit Hilfe von Arthur Eddingtons alter Braunschweiger Rechenmaschine durchgeführt. Siehe Kapitel 4.)

Oppenheimer konnte seine Neutronensternberechnungen nach dem Muster von Chandrasekhars Rechnung für Weiße Zwerge durchführen, doch mußte er zwei wesentliche Unterschiede berücksichtigen. Erstens: Während der Druck in einem Weißen Zwerg von Elektronen erzeugt wird, rührt er in einem Neutronenstern von Neutronen her. Folglich ist die *Zustandsgleichung* (die das Verhältnis zwischen Druck und Dichte beschreibt) eine andere. Zweitens: In einem Weißen Zwerg ist die Gravitation so schwach, daß Newtons Gravitationsgesetze und Einsteins Gesetze der allgemeinen Relativität gleichermaßen zu ihrer Beschreibung geeignet sind. Da die beiden Methoden in diesem Fall fast dieselben Ergebnisse hervorbrachten, entschied sich Chandrasekhar für die einfachere Variante, die Newtonschen Gesetze. Bei einem Neutronenstern mit seinem geringeren Umfang ist die Gravitation dagegen so stark, daß die Verwendung der Newtonschen Gesetze zu gravierenden Fehlern führen könnte, und so war Oppenheimer gezwungen, die Gravitation mit Hilfe der

Einsteinschen Gesetze zu berechnen.* Abgesehen von diesen beiden Unterschieden – der Verwendung einer anderen Zustandsgleichung und der Verwendung einer anderen Beschreibung der Gravitation –, stimmte seine Rechnung jedoch mit der von Chandrasekhar überein.

Nachdem sich Oppenheimer über diese grundsätzlichen Fragen Klarheit verschafft hatte, übertrug er die Einzelheiten der Rechnung einem Studenten. Er entschied sich für George Volkoff, einen jungen Mann aus Toronto, der 1924 aus Rußland eingewandert war.

Oppenheimer erklärte Volkoff das Problem und sagte ihm, wo er die für seine Berechnungen erforderliche mathematische Beschreibung der Gravitation finden konnte: in Richard Tolmans Lehrbuch *Relativity, Thermodynamics, and Cosmology*. Die Zustandsgleichung für den Neutronendruck war freilich ein schwierigeres Problem, da dieser Druck von der zwischen den Neutronen wirkenden Kernkraft beeinflußt wurde. Obwohl man die Kernkraft im Dichtebereich von Atomkernen allmählich verstand, wußte man noch nicht sehr viel über sie, wenn es um die höheren Dichten ging, denen Neutronen im Inneren eines massereichen Neutronensterns ausgesetzt waren. Die Physiker wußten noch nicht einmal, ob die Kernkraft im Bereich solcher Dichten anziehend oder abstoßend wirkt. Und so gab es folglich nicht den geringsten Hinweis darauf, ob die Kernkraft den Neutronendruck erhöht oder verringert. Oppenheimer hatte jedoch eine Methode, wie er mit diesen Unbekannten fertig wurde.

Nehmen wir zunächst an, es gäbe keine Kernkraft, so schlug Oppenheimer Volkoff vor. In diesem Fall können wir den Druck berechnen. Es handelt sich um einen Druck, der durch die Bewegungen entarteter Neutronen entsteht. Es gibt nun genau einen Zustand, in dem sich Druck und Gravitation im Gleichgewicht befinden. Aus diesem Gleichgewichtszustand läßt sich berechnen, wie Neutronensterne in einem Universum ohne Kernkraft aufgebaut wären und welche Massen sie hätten. Anschließend versuchen wir abzuschätzen, wie sich Aufbau und Masse der Sterne verändern, wenn die Kernkraft diese oder jene Eigenschaften hätte.

Angesichts dieser präzise formulierten Ratschläge konnte nichts schiefgehen. Volkoff benötigte nur wenige Tage, bis er mit Hilfe von Tolmans Buch und geleitet von täglichen Arbeitsbesprechungen mit Oppenheimer die allgemein relativistische Beschreibung der Gravitation im Inneren eines Neutronensterns gefunden hatte. Auch die wohlbekannte Zustandsgleichung für den Druck eines entarteten Elektronengases konnte er innerhalb weniger Tage in eine Zu-

* Vergleiche den letzten Abschnitt in Kapitel 1 (»Das Wesen physikalischer Gesetze«) über die Geltungsbereiche verschiedener Beschreibungen physikalischer Gesetze.

standsgleichung für den Druck eines entarteten Neutronengases überführen. Durch die Berechnung des Gleichgewichtszustandes zwischen Druck und Gravitation erhielt er eine komplizierte Differentialgleichung, deren Lösung Aufschluß über den inneren Aufbau des Sterns geben sollte. Doch hier geriet Volkoffs Arbeit ins Stocken. So sehr er sich bemühte, es gelang ihm nicht, die Differentialgleichung zu lösen und eine Formel zu finden, mit deren Hilfe der innere Aufbau des Sterns berechnet werden konnte. Aus diesem Grund war er wie Chandrasekhar im Fall der Weißen Zwerge gezwungen, seine Gleichung numerisch zu lösen. So wie Chandrasekhar 1934 viele Tage lang die Knöpfe von Eddingtons Braunschweiger-Rechenmaschine bedient hatte, um die Struktur Weißer Zwerge zu berechnen, verbrachte Volkoff den November und Dezember 1938 damit, die Knöpfe einer Marchant-Rechenmaschine zu bedienen.

Während Volkoff in Berkeley versuchte, das Problem numerisch zu lösen, schlug Richard Tolman in Pasadena einen anderen Weg ein. Er wollte sich nicht mit Zahlen begnügen, die man mühsam einer Rechenmaschine entlockte, sondern zog es vor, den Sternaufbau mit Hilfe von Formeln zu beschreiben. Eine einzige Formel kann die gesamte Information vieler Tabellen von Zahlen enthalten. Wenn es ihm gelänge, dachte er, die richtige Formel zu finden, würde sie nicht nur den Aufbau eines Sterns von 1, 2 oder 5 Sonnenmassen beschreiben, sondern den Aufbau eines Sterns beliebiger Masse. Doch sogar Tolman mit seinen herausragenden mathematischen Fähigkeiten vermochte es nicht, Volkoffs Gleichung algebraisch zu lösen.

Deshalb stellte er vermutlich folgende Überlegung an: Wir wissen, daß die Zustandsgleichung, die Volkoff benutzt, nicht die richtige sein kann, weil er die Kernkraft außer acht gelassen hat. Da wir nicht wissen, wie sich diese Kraft bei hohen Dichten verhält, kennen wir die korrekte Zustandsgleichung nicht. Deshalb werde ich die Frage anders als Volkoff formulieren. Ich frage mich, auf welche Weise die Neutronensternmasse von der Zustandsgleichung abhängt. Angenommen, die Zustandsgleichung ist sehr »starr«, das heißt, sie ergibt außergewöhnlich hohe Werte für den Druck – wie muß die Neutronensternmasse dann aussehen? Wenn aber die Zustandsgleichung sehr »weich« ist und außergewöhnlich niedrige Werte für den Druck ergibt – was folgt daraus für die Neutronensternmasse? In beiden Fällen ist die hypothetische Zustandsgleichung so umzuformen, daß ich Volkoffs Differentialgleichung algebraisch lösen kann. Auch wenn die von mir benutzte Zustandsgleichung vermutlich nicht die richtige ist, wird mir die Rechnung eine allgemeine Vorstellung davon vermitteln, wie die Neutronensternmasse aussehen muß, wenn die Natur eine starre oder eine weiche Zustandsgleichung vorgesehen hat.

Am 19. Oktober schrieb Tolman einen langen Brief an Oppenheimer, in dem er ihm einige der Formeln für den Sternaufbau und die Neutronensternmassen für verschiedene hypothetische Zustandsgleichungen beschrieb.[25] Ungefähr eine Woche später fuhr Oppenheimer nach Pasadena, um einige Tage mit Tolman über das Projekt zu sprechen. Am 9. November schrieb Tolman Oppenheimer einen weiteren Brief, der mit noch mehr Formeln gespickt war. Unterdessen arbeitete Volkoff unablässig an seiner Marchant-Rechenmaschine. Anfang Dezember hatte er seine Rechnungen beendet.

Er besaß nun numerische Modelle für Neutronensterne von 0,3, 0,6 und 0,7 Sonnenmassen.

Dabei hatte er festgestellt, *daß in einem hypothetischen Universum, in dem es keine Kernkraft gibt, Neutronensterne stets weniger als 0,7 Sonnenmassen besitzen müssen.*

Welch eine Überraschung! Oppenheimers grobe Abschätzung vor Beginn der Arbeit hatte eine Massenobergrenze von sechs Sonnenmassen ergeben. Um massereiche Sterne vor dem Schicksal Schwarzer Löcher zu bewahren, hätte eine vorsichtige Berechnung die Massenobergrenze auf hundert Sonnenmassen oder mehr erhöhen müssen. Statt dessen war die Massenobergrenze gefallen – auf knappe 0,7 Sonnenmassen.

Tolman reiste nach Berkeley, um sich über die näheren Einzelheiten zu informieren. Noch fünfzig Jahre später dachte Volkoff gerne an die Situation zurück: »Ich erinnere mich, wie schüchtern ich war, als ich Oppenheimer und Tolman erklären sollte, was ich gemacht hatte. Wir saßen auf dem Rasen des alten Klubgebäudes der Fakultät in Berkeley, umgeben von schönen, alten Bäumen, und ich, ein Student, der noch mitten in der Promotion steckte, erklärte diesen beiden achtunggebietenden Professoren meine Berechnungen.«[26]

Da sie nun die Massen von Neutronensternen in einem idealisierten Universum ohne Kernkraft kannten, konnten Oppenheimer und Volkoff darangehen, den Einfluß der Kernkraft abzuschätzen.

Hier erwiesen sich die Formeln, die Tolman für verschiedene hypothetische Zustandsgleichungen erarbeitet hatte, als sehr nützlich. Aus diesen Gleichungen konnte man herleiten, wie der Sternaufbau sich verändert, wenn die Kernkraft abstoßend wirkt und somit die Zustandsgleichung »starrer« wird als die, die Volkoff benutzt hatte, bzw. welche Änderungen sich ergaben, wenn die Kernkraft anziehend wirkt und somit die Zustandsgleichung »weicher« wird. Variierte man die Kernkraft im Rahmen plausibler Grenzen, waren diese Veränderungen nicht sehr groß. Tolman, Oppenheimer und Volkoff schlossen daraus, daß es eine Massenobergrenze für Neutronensterne geben mußte und daß sie irgendwo zwischen einer halben und mehreren Sonnenmassen angesiedelt war.[27]

ben schenkte, was nur wenige taten, konnten Sterne auch bei Supernovae-Explosionen so viel Materie herausschleudern, daß ihre Masse am Ende weniger als eine Sonnenmasse betrug und sie zu Neutronensternen kollabierten. Die meisten Astronomen in den vierziger und fünfziger Jahren schlossen sich dieser Hypothese an, wenn sie überhaupt über diese Frage nachdachten.

Die zweite Möglichkeit bestand darin, daß es neben Weißen Zwergen, Neutronensternen und Schwarzen Löchern noch ein anderes Endstadium der Entwicklung massereicher Sterne gab, das in den dreißiger Jahren unbekannt war. Man könnte sich etwa einen Zustand vorstellen, der in Abb. 5.3 zwischen dem eines Neutronensterns und dem eines Weißen Zwergs angesiedelt wäre. Der Schrumpfungsprozeß eines massereichen Sterns würde dabei bei einem mittleren Umfang von wenigen hundert bis tausend Kilometern zum Stillstand kommen, so daß der Stern niemals die kritische Größe eines Neutronensterns oder eines Schwarzen Loches erreichen würde.

Hätten nicht der Zweite Weltkrieg und anschließend der kalte Krieg diese Forschungen unterbrochen, wäre eine solche Möglichkeit von Oppenheimer oder anderen Wissenschaftlern sicherlich in Betracht gezogen und dann ausgeschlossen worden. Es gibt kein viertes Endstadium stellarer Entwicklung.

Aber der Zweite Weltkrieg brach aus und absorbierte die Energien fast aller bedeutenden theoretischen Physiker der Welt. Und selbst als der Krieg vorüber war, kehrten die Physiker erst nach der Entwicklung der Wasserstoffbombe, die mit aller Macht in der Zeit des kalten Krieges vorangetrieben wurde, allmählich zur Normalität zurück (siehe folgendes Kapitel).

Es waren insbesondere zwei Physiker, die in der Mitte der fünfziger Jahre, nachdem sie in ihren jeweiligen Heimatländern maßgeblich am Bau der Wasserstoffbombe mitgewirkt hatten, das Thema der Sternentwicklung wiederentdeckten und den Faden dort aufgriffen, wo Oppenheimer und Volkoff ihn verloren hatten. Es handelte sich um John Archibald Wheeler von der Princeton University in den USA und Jakow Borisowitsch Seldowitsch vom Institut für Angewandte Mathematik in Moskau – zwei brillante Physiker, die in den restlichen Kapiteln dieses Buches eine wichtige Rolle spielen werden.

Wheeler

Im März 1956 verbrachte Wheeler mehrere Tage damit, die Artikel von Chandrasekhar, Landau, Oppenheimer und Volkoff zu studieren.[28] Er erkannte, daß es sich hier um eine Frage handelte, die eine gründliche Untersuchung lohnte. Konn-

John Archibald Wheeler, um 1954. [*Aufnahme von Blackstone-Shelburne, New York* City; J. *A. Wheeler.*]

te es wirklich zutreffen, daß Sterne von mehr als 1,4 Sonnenmassen nach ihrem Tod unweigerlich Schwarze Löcher bildeten? »Von allen Folgerungen, die sich aus der allgemeinen Relativitätstheorie für den Aufbau und die Entwicklung des Universums ergeben, stellt die Frage nach dem Schicksal großer Massen von Materie die größte Herausforderung dar«, schrieb Wheeler schon kurze Zeit später und machte sich daran, die von Chandrasekhar, Oppenheimer und Volkoff begonnene Erforschung der Endstadien stellarer Entwicklung zu vollenden.

Um seine Aufgabe präzise zu umreißen, gab Wheeler zunächst eine sorgfältige Beschreibung der Art von Materie, aus der tote, erloschene Sterne bestehen sollten. Solche Materie mußte absolut kalt und ihr Kernbrennstoff vollkommen erschöpft sein, so daß es nicht die geringste Möglichkeit gab, durch irgendeine Art von Kernreaktion weitere Energie zu erzeugen. Da die Kernverschmelzung im Inneren von Sternen und in der Wasserstoffbombe mittlerweile unter dem Begriff thermonukleare Reaktion bekannt war, sprach Wheeler von *Materie im Endzustand thermonuklearer Entwicklung*. Der Einfachheit halber verwende ich in diesem Buch jedoch die Bezeichnung *kalte Materie*.

Wheeler setzte es sich zum Ziel, *alle* Gebilde zu erklären, die aus kalter Materie bestehen können: kleine Eisenkugeln, erkaltete Planeten aus Eisen, Weiße Zwerge, Neutronensterne sowie alle sonstigen kalten Körper, die nach den physikalischen Gesetzen existieren können. Kurzum, Wheelers Ziel war es, einen *umfassenden* Katalog solcher Gebilde zu erstellen.

Wheeler arbeitete ähnlich wie Oppenheimer gerne mit Studenten und Postdocs zusammen, und so wählte er unter ihnen B. Kent Harrison, einen ernsten Mormonen aus Utah, aus, um die Zustandsgleichung für kalte Materie auszuarbeiten. Diese Zustandsgleichung gibt an, wie sich der Druck kalter Materie verändert, wenn sie zu immer größerer Dichte zusammengepreßt wird – oder anders ausgedrückt, wie sich ihr Kompressionswiderstand bei zunehmender Dichte verhält.

Wheeler eignete sich in hervorragender Weise dazu, Harrison bei der Berechnung der Zustandsgleichung für kalte Materie anzuleiten, da er als einer der führenden Fachleute auf dem Gebiet der Quantenmechanik und Kernphysik die Gesetze für den Aufbau der Materie vorzüglich beherrschte. Während der vorangegangenen zwanzig Jahre hatte er wirkungsvolle mathematische Modelle zur Beschreibung des Verhaltens von Atomkernen entwickelt; er hatte gemeinsam mit Niels Bohr die dem Bau der Atombombe zugrundeliegenden Prinzipien der Kernspaltung formuliert, und er hatte maßgeblich an der Entwicklung der amerikanischen Wasserstoffbombe mitgewirkt (Kapitel 6).[29] Diese Erfahrungen ermöglichten es Wheeler, Harrison sicher durch die Schwierigkeiten der Analyse zu leiten.

Das Ergebnis ihrer Arbeit, die Zustandsgleichung für kalte Materie, ist in Kasten 5.5 beschrieben. Im Dichtebereich Weißer Zwerge stimmt sie genau mit der von Chandrasekhar benutzten Zustandsgleichung überein (Kapitel 4); im Dichtebereich von Neutronensternen deckt sie sich vollkommen mit der von Oppenheimer und Volkoff verwendeten Gleichung (Kasten 5.4). Für den Dichtebereich unterhalb Weißer Zwerge sowie zwischen Weißen Zwergen und Neutronensternen war sie jedoch vollkommen neu.

Kasten 5.5

Die Harrison-Wheeler-Zustandsgleichung für »kalte« Materie[30]

Die obige Zeichnung stellt die Harrison-Wheeler-Zustandsgleichung dar. Entlang der waagerechten Achse ist die Dichte der Materie aufgetragen, entlang der senkrechten Achse ihr Kompressionswiderstand (oder ihr adiabatischer Exponent, wie die Physiker sagen) – der prozentuale Druckanstieg, der eine Verdichtung der Materie um ein Prozent begleitet. Die in die Abbildung eingefügten Kästen verdeutlichen, was auf mikroskopischer Ebene geschieht, wenn die Materie immer stärker verdichtet wird. Dabei ist über jedem Kasten die Größenordnung in Zentimetern angegeben.

Bei normalen Dichten (linker Rand der Abbildung) besteht kalte Materie aus Eisen. Würde sie aus schwereren Atomkernen als Eisen bestehen, könnte durch die Kernspaltung Eisen entstehen, wobei Energie freigesetzt würde (die Wirkungsweise einer Atombombe). Wären

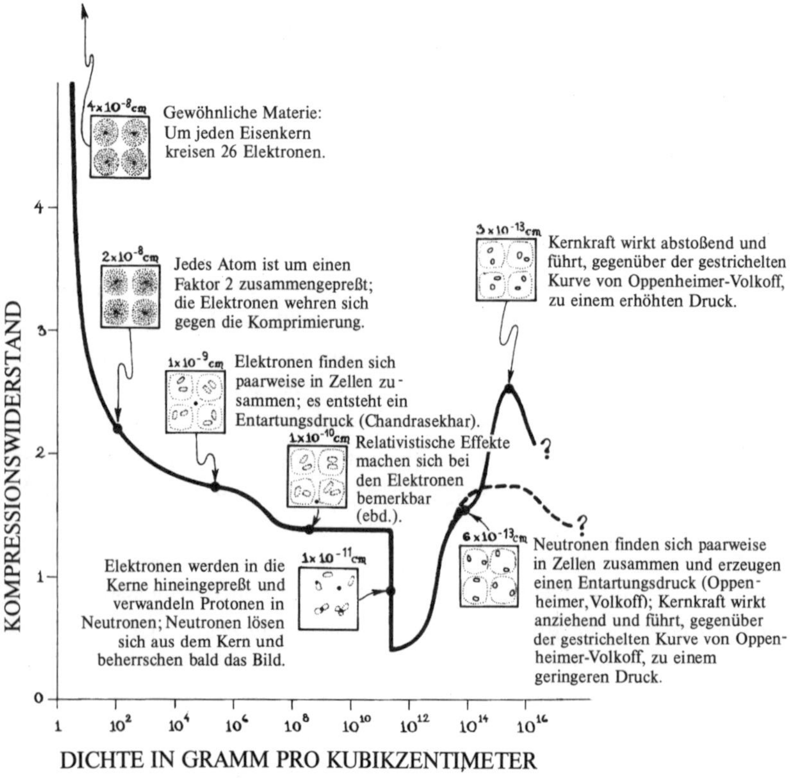

die Kerne dagegen leichter als Eisen, würde die Kernfusion, die Verschmelzung zweier leichter Kerne zu einem Eisenkern, Energie freisetzen (die Wirkungsweise einer Wasserstoffbombe). Hat sich die Materie jedoch einmal vollständig in Eisen umgewandelt, gibt es keine Möglichkeit mehr, durch nukleare Prozesse weitere Energie zu gewinnen. Bei keinem anderen Atomkern wirkt die Kernkraft zwischen Neutronen und Protonen so stark.

Wenn Eisen mit seiner normalen Dichte von 7,6 Gramm pro Kubikzentimeter auf Dichten von 100 oder 1000 Gramm pro Kubikzentimeter zusammengepreßt wird, reagiert es auf dieselbe Weise wie Gestein, das zusammengepreßt wird: Die Elektronen jedes Atoms wehren sich durch heftige (entartete) Bewegungen dagegen, mit den Elektronen benachbarter Atome zusammengepfercht zu werden. Dieser Widerstand ist zunächst sehr groß, nicht weil die Abstoßungskräfte außergewöhnlich stark sind, sondern weil der Anfangsdruck bei niedrigen Dichten sehr gering ist. (Zur Erinnerung: Der Kompressionswiderstand ist der prozentuale Anstieg des Drucks, der eine Verdichtung der Materie um ein Prozent begleitet. Wenn der Druck gering ist, bedeutet eine Erhöhung des Drucks eine hohe prozentuale Steigerung und damit einen großen »Widerstand«. Später, bei höheren Dichten, hat der Druck bereits so weit zugenommen, daß eine weitere Erhöhung nur noch eine bescheidene prozentuale Zunahme und damit einen geringeren Widerstand zur Folge hat.)

Wenn kalte Materie zusammengepreßt wird, sammeln sich die Elektronen zunächst eng um ihre Eisenkerne und bilden Elektronenwolken, die aus Elektronenorbitalen bestehen. (In jedem Orbital gibt es genau zwei Elektronen – eine Feinheit, die ich in Kapitel 4 vernachlässigt habe, die jedoch in Kasten 5.1 kurz erklärt wurde.) Je weiter die Materie zusammengepreßt wird, desto kleiner wird die Zelle, in der sich die beiden Elektronen jedes Orbitals aufhalten müssen. Infolge der starken Einengung werden die Elektronen immer wellenähnlicher und bewegen sich mit hoher Geschwindigkeit in ihrem Orbital umher (siehe Kapitel 4). Wenn die Dichte 10^5 (100000) Gramm pro Kubikzentimeter erreicht, wird der Druck der entarteten Elektronen so groß, daß er die elektrische Anziehungskraft zwischen Kern und Elektronen bei weitem überwiegt. Die Elektronen halten sich nicht länger in der Nähe ihrer Eisenkerne auf, sondern bilden ein entartetes Elektronengas. Die kalte Materie, die ursprünglich aus Eisen bestand, hat sich in den Stoff verwandelt, aus dem Weiße Zwerge bestehen. Die Zustandsgleichung hat die von Chandrasekhar, Anderson und Stoner in den frühen dreißiger Jahren berechnete Form angenommen (Abb. 4.3): Der Kompressionswiderstand von zunächst 5/3 geht bei einer Dichte von ungefähr 10^7 Gramm pro Kubikzentimeter, bei der die Elektronen sich nahezu mit

Lichtgeschwindigkeit bewegen, in einen Widerstand von 4⁄3 über.

Der Übergang von der Materie Weißer Zwerge in Neutronensternmaterie findet den Berechnungen von Harrison und Wheeler zufolge bei einer Dichte von 4 $\times 10^{11}$ Gramm pro Kubikzentimeter statt. Nach ihren Berechnungen gliedert sich dieser Prozeß in mehrere Phasen: In der ersten Phase werden die Elektronen in die Atomkerne hineingepreßt und verbinden sich dort mit den Protonen zu Neutronen. Die Materie, die dadurch einige der für ihren Druck verantwortlichen Elektronen einbüßt, setzt der weiteren Kompression weniger Widerstand entgegen. Es kommt zu dem steilen Abfall des Kompressionswiderstands in der obigen Abbildung. Während der Widerstand abrupt sinkt, werden die Atomkerne durch die Neutronen immer stärker aufgebläht. Dies leitet die zweite Phase des Umwandlungprozesses ein: Neutronen werden aus den Atomkernen herausgepreßt und gesellen sich zu den wenigen Elektronen, die noch zwischen den Atomkernen verblieben sind. Diese herausgepreßten Neutronen setzen der anhaltenden Kompression ähnlich wie die Elektronen Widerstand in Form eines Entartungsdrucks entgegen. Durch diesen Neutronenentartungsdruck kommt es zu einem Wiederansteigen des Kompressionswiderstands. In der dritten Phase schließlich, bei Dichten zwischen 10^{12} und 4×10^{12} Gramm pro Kubikzentimeter, lösen sich die aufgeblähten Atomkerne vollständig auf. Die einzelnen Neutronen werden freigesetzt und bilden das von Oppenheimer und Volkoff näher untersuchte Neutronengas, das von einem dünnen Nebel Elektronen und Protonen umgeben ist. Für Materie dieser und höherer Dichten (Neutronensterne) gilt die von Oppenheimer und Volkoff formulierte Zustandsgleichung. (Die gestrichelte Kurve im Diagramm entspricht der Zustandsgleichung, die man erhält, wenn man die Kernkraft ignoriert; die durchgezogene Linie entspricht der Gleichung, die sich nach heutigem Verständnis ergibt, wenn man die Wirkung der Kernkraft berücksichtigt.)

Nachdem Wheeler nun über eine Zustandsgleichung für kalte Materie verfügte, schlug er dem japanischen Forschungsstipendiaten Masami Wakano vor, das zu tun, was Volkoff für Neutronensterne und Chandrasekhar für Weiße Zwerge getan hatte. Wakano sollte diese Zustandsgleichung mit der allgemein relativistischen Gleichung für den Gleichgewichtszustand zwischen Gravitation und Druck im Inneren eines Sterns verbinden, daraus eine Differentialgleichung ableiten, die den Sternaufbau beschreibt, und diese Differentialgleichung anschließend numerisch lösen. Die numerischen Berechnungen würden dann Aufschluß über den inneren Aufbau aller kalten Sterne und insbesondere über ihre Massen geben.

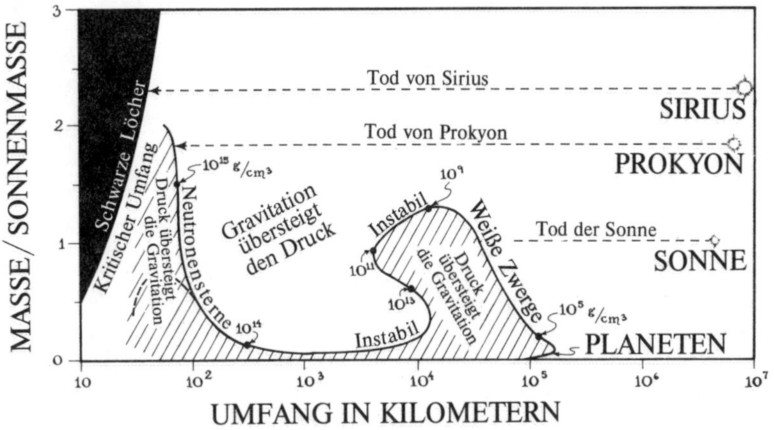

Abb. 5.5: Umfang (waagerecht aufgetragen), Masse (senkrecht aufgetragen) und Dichte im Inneren kalter Sterne nach den Berechnungen von Masami Wakano und John Wheeler unter Verwendung der in Kasten 5.5 beschriebenen Zustandsgleichung. Bei einer inneren Dichte, die höher ist als die eines Atomkerns (über 2×10^{14} Gramm pro Kubikzentimeter), erhalten wir nach Berücksichtigung der Kernkraft die durchgezogene Kurve; unter Vernachlässigung der Kernkräfte ergibt sich die gestrichelt gezeichnete Kurve von Oppenheimer und Volkoff.[31]

Für die Berechnung der Struktur eines einzigen Sterns (die Verteilung von Dichte, Druck und Gravitation im Sterninneren) hatten Chandrasekhar und Volkoff in den dreißiger Jahren noch viele Tage benötigt, da ihnen als Hilfsmittel nur sehr einfache Rechenmaschinen zur Verfügung gestanden hatten. Wakano in Princeton konnte sich dagegen in den fünfziger Jahren auf einen der ersten digitalen Computer der Welt stützen, den MANIAC – eine Maschine von der Größe eines Zimmers, die aus Vakuumröhren und Drähten bestand und am Princeton Institute for Advanced Study im Rahmen der Entwicklung der Wasserstoffbombe gebaut worden war. Mit diesem Gerät war Wakano in der Lage, den Aufbau jedes einzelnen Sterns in weniger als einer Stunde auszurechnen.

Die Ergebnisse von Wakanos Berechnungen sind in Abb. 5.5 dargestellt. *Diese Abbildung ist der umfassende und feststehende Katalog kalter Körper; sie beantwortet alle Fragen, die am Anfang dieses Kapitels im Zusammenhang mit der Abb. 5.3 gestellt wurden.*

In Abb. 5.5 ist der Umfang eines Sterns waagerecht und seine Masse senkrecht aufgetragen. Für Sterne, deren Umfang und Masse in der weißen Region liegen, ist die Anziehungskraft stärker als der Druck, so daß sie schrumpfen und im Diagramm

Kasten 5.6

Instabile Zustände im Endstadium der Sternentwicklung

Alle Sterne, die auf der Gleichgewichtskurve in Abb. 5.5 zwischen den Weißen Zwergen und den Neutronensternen liegen, sind instabil. Als Beispiel sei der Stern mit einer mittleren Dichte von 10^{13} Gramm pro Kubikzentimeter herausgegriffen, dessen Masse und Umfang dem mit 10^{13} bezeichneten Punkt in Abb. 5.5 entsprechen. Genau auf diesem Punkt der Kurve befindet sich der Stern im Gleichgewicht: Gravitation und Druck in seinem Inneren heben sich gegenseitig auf. Dieser Zustand ist jedoch so instabil wie ein Bleistift, der auf seiner Spitze steht.

Wenn eine winzige zufällige Kraft (zum Beispiel herabfallendes interstellares Gas) den Stern leicht zusammenpreßt, das heißt, wenn sein Umfang um einen winzigen Betrag verringert wird und er in Abb. 5.5 in den weißen Bereich wandert, muß die Gravitation des Sterns die Oberhand über seinen Druck gewinnen und eine so starke Kraft auf ihn ausüben, daß er zu kollabieren beginnt. Während der Stern in sich zusammenfällt, bewegt er sich in Abb. 5.5 nach links, bis er die Kurve für Neutronensterne überschreitet und in den schraffierten Bereich gelangt. Dort nimmt der Neutronendruck schlagartig zu. Der Stern fällt nicht mehr weiter in sich zusammen, sondern bläht sich wieder auf, bis er auf der Kurve für Neutronensterne seinen endgültigen Gleichgewichtszustand erreicht.

Wenn der Stern dagegen in seinem instabilen Zustand nicht zusammengedrückt, sondern sein Umfang durch eine zufällige winzige Kraft geringfügig vergrößert wird (zum Beispiel durch zufällige heftige Bewegungen einiger seiner Neutronen), dann muß er in den schraffierten Bereich wandern, wo der Druck die Gravitation an Stärke übertrifft. Der Stern muß sich aufgrund des hohen Drucks aufblähen und sich über die Kurve für Weiße Zwerge hinaus in den weißen Bereich ausdehnen. Dort gewinnt jedoch wieder die Gravitation die Oberhand und sorgt dafür, daß der Stern erneut in sich zusammenfällt, bis er auf der Kurve für Weiße Zwerge seinen Gleichgewichtszustand erreicht.

Dieses Beispiel zeigt, daß kein Stern langfristig auf dem als instabil bezeichneten Teil der Gleichgewichtskurve existieren kann. Wird er um einen winzigen Bruchteil zusammengepreßt, stürzt er in sich zusammen und endet als Neutronenstern; nimmt seine Größe dagegen geringfügig zu, explodiert er und verwandelt sich in einen Weißen Zwerg.

nach links wandern. Für Sterne, die in der schraffierten Fläche liegen, überwiegt dagegen der Druck, so daß sie expandieren und sich im Diagramm nach rechts bewegen. Nur auf der Grenzlinie zwischen weißer und schraffierter Fläche befinden

sich Anziehungskraft und Druck genau im Gleichgewicht. Diese Kurve stellt somit alle kalten Sterne dar, die sich im Gleichgewicht befinden.
Schreitet man auf dieser *Gleichgewichtskurve* von rechts nach links, so gelangt man zu Sternen immer höherer Dichte. Im niedrigsten Dichtebereich (am unteren Rand der Abbildung) handelt es sich gar nicht mehr um »Sterne« im eigentlichen Sinne, sondern um erkaltete Planeten aus Eisen. (So wird Jupiter, wenn er in ferner Zukunft seine nuklearen Energievorräte erschöpft haben wird, am äußersten rechten Ende der Gleichgewichtskurve angesiedelt sein, auch wenn er größtenteils aus Wasserstoff und nicht aus Eisen besteht.) Im Dichtebereich oberhalb der Planeten liegen Chandrasekhars Weiße Zwerge. Bewegt man sich auf der Kurve weiter nach links, über den für Weiße Zwerge höchsten Punkt hinaus (jenen Punkt, der die von Chandrasekhar postulierte Massenobergrenze von 1,4 Sonnenmassen markiert*), gelangt man zu kalten Sternen von noch höherer Dichte, die jedoch langfristig nicht in der Natur vorkommen können, weil sie instabil sind. Solche Sterne müssen entweder explodieren oder kollabieren (Kasten 5.6). Je näher man auf der Kurve den Neutronensterndichten kommt, desto geringer wird die Masse der instabilen Sterne, bis sie bei 0,1 Sonnenmassen und einem Umfang von 1000 Kilometern ein Minimum erreicht. Hier befindet sich der erste Neutronenstern mit einer mittleren Dichte von etwa 3×10^{13} Gramm pro Kubikzentimeter. Es handelt sich um den »Neutronenkern«, den Oppenheimer und Serber untersuchten und von dem sie zeigten, daß er unmöglich nur 0,001 Sonnenmassen schwer sein kann, wie Landau dies für seinen im Inneren der Sonne untergebrachten Neutronenkern gefordert hatte.
Noch weiter links auf der Gleichgewichtskurve treffen wir schließlich auf die gesamte Familie der Neutronensterne mit Massen zwischen 0,1 und 2 Sonnenmassen. Die Obergrenze von 2 Sonnenmassen für Neutronensterne kann zwar auch in den neunziger Jahren nicht als völlig gesichert gelten, da das Verhalten der Kernkraft bei sehr hohen Dichten noch immer nicht vollständig verstanden

* Die für Weiße Zwerge geltende Massenobergrenze in Abb. 5.5 (die auf Wakanos Berechnung basiert), beträgt sogar nur 1,2 Sonnenmassen im Vergleich zu dem von Chandrasekhar ausgerechneten Wert von 1,4 Sonnenmassen. Der Unterschied ist auf die unterschiedliche chemische Zusammensetzung der Sterne zurückzuführen: Wakanos Sterne bestanden aus »kalter Materie«, hauptsächlich Eisen, dessen Elektronenzahl 46 Prozent der Nukleonenzahl (Neutronen und Protonen) entspricht. Chandrasekhars Sterne dagegen bestanden aus Elementen wie Helium, Kohlenstoff, Stickstoff und Sauerstoff, deren Elektronenzahl 50 Prozent der Nukleonenzahl entspricht. Die meisten Weißen Zwerge in unserem Universum sind eher wie Chandrasekhars Sterne aufgebaut, so daß ich in diesem Buch ausschließlich den von Chandrasekhar postulierten Wert von 1,4 Sonnenmassen verwende.

ist, doch ist anzunehmen, daß sie nicht unter 1,5 und nicht über 3 Sonnenmassen liegt.
Bei ungefähr zwei Sonnenmassen, dem höchsten Punkt der Gleichgewichtskurve, enden die Neutronensterne. Wenn man der Kurve zu noch höheren Dichten folgt, werden die Sterne erneut instabil wie beim Übergang von Weißen Zwergen zu Neutronensternen (Kasten 5.6). Aufgrund dieser Instabilität können diese Sterne langfristig ebenfalls nicht existieren, da sie sofort zu Schwarzen Löchern kollabieren oder sich zu Neutronensternen aufblähen würden.
Aus Abb. 5.5 geht deutlich hervor, daß zwischen den Weißen Zwergen und den Neutronensternen *keine* dritte Familie stabiler, massereicher, kalter, toter Objekte existiert. Aus diesem Grund gibt es für Sterne, die wie Sirius schwerer als zwei Sonnenmassen sind, nur zwei Möglichkeiten, wenn sie ihre Energievorräte erschöpft haben: Entweder werfen sie ihre überschüssige Masse ab, oder sie müssen zwangsläufig in sich zusammenstürzen, bis sie weit jenseits der Dichte von Weißen Zwergen und Neutronensternen den kritischen Umfang erreicht haben, von dem wir heute wissen, daß er unweigerlich zur Entstehung eines Schwarzen Loches führt. Der Kollaps ist unvermeidlich. Für Sterne mit genügend großer Masse kann weder der Druck der entarteten Elektronen noch die zwischen den Neutronen wirkende Kernkraft die Implosion verhindern. Die Gravitation ist somit sogar stärker als die Kernkraft.
Ein Ausweg ist nach wie vor denkbar: Vielleicht verlieren selbst die massereichsten Sterne im Laufe ihrer Entwicklung so viel Materie, daß sie unter die Grenze von zwei Sonnenmassen fallen. In diesem Fall würden sie entweder als Neutronensterne oder als Weiße Zwerge ihr Leben beenden, und das Schicksal eines Schwarzen Loches bliebe ihnen erspart. Diese Auffassung wurde von den meisten Astronomen bis Anfang der sechziger Jahre favorisiert, wenn sie sich überhaupt mit dieser Frage beschäftigten. Dies war jedoch im großen und ganzen nicht der Fall, da es einfach keine Beobachtungsdaten gab, die Anlaß boten, über das letzte Stadium der Sternentwicklung nachzudenken. Statt dessen warfen die Beobachtungen von gewöhnlichen Sternen, Nebeln und Galaxien so viele interessante Fragen auf, daß sie die volle Aufmerksamkeit der Astronomen beanspruchten.
Heute wissen wir, daß schwere Sterne im Laufe ihrer Entwicklung tatsächlich einen großen Teil ihrer Masse verlieren. Der Ausstoß von Materie ist in der Tat so gewaltig, daß Sterne, die bei ihrer Entstehung bis zu acht Sonnenmassen wogen, genügend Materie abwerfen, um sich am Ende ihres Lebens in einen Weißen Zwerg zu verwandeln, und Sterne, die ursprünglich zwischen acht und zwanzig Sonnenmassen besaßen, immerhin noch so viel Masse herausschleudern, daß sie sich in einen Neutronenstern verwandeln. Die Natur scheint auf diese

Weise Vorkehrungen gegen die Entstehung Schwarzer Löcher getroffen zu haben. Allerdings nur bis zu einem gewissen Grad. Die Beobachtungsdaten lassen nämlich vermuten (wenngleich sie noch keinen eindeutigen Beweis liefern), daß die meisten Sterne von über zwanzig Sonnenmassen am Ende ihrer Entwicklung noch so schwer sind, daß ihr Druck nicht mehr ausreicht, um der Gravitation entgegenzuwirken. Wenn also der Kernbrennstoff dieser Sterne erschöpft ist und sie zu erkalten beginnen, gewinnt die Gravitation die Oberhand über den Druck, so daß die Sterne zwangsläufig zu einem Schwarzen Loch kollabieren. In Kapitel 8 werden wir uns mit einigen der Beobachtungsdaten, die diesen Schluß nahelegen, näher beschäftigen.

* * *

Die in den dreißiger Jahren durchgeführten Untersuchungen zu Neutronenkernen und Neutronensternen erlauben interessante Rückschlüsse auf das Wesen der Naturwissenschaften und der Naturwissenschaftler.

Da die Gebilde, die Oppenheimer und Volkoff untersuchten, nicht in eine Hülle stellarer Materie eingebettet waren, handelte es sich eindeutig um Zwickys Neutronensterne und nicht um die von Landau beschriebenen Neutronenkerne. Oppenheimer hegte jedoch so wenig Respekt für Zwicky, daß er sich hartnäckig weigerte, Zwickys Bezeichnung zu verwenden, und statt dessen an Landaus Namensgebung festhielt. Aus diesem Grund lautete der Titel, unter dem Oppenheimer und Volkoff am 15. Februar 1939 ihre Ergebnisse in *Physical Review* veröffentlichten: »On Massive Neutron Cores« (»Über massereiche Neutronenkerne«).[33] Um keinen Zweifel daran zu lassen, wer den Anstoß zu ihren Überlegungen gegeben hatte, spickte Oppenheimer den Artikel mit Verweisen auf Landau. Kein einziges Mal zitierte er aus Zwickys zahlreichen älteren Arbeiten. Zwicky seinerseits verfolgte mit wachsendem Ärger die Bemühungen Tolmans, Oppenheimers und Volkoffs um ein Verständnis des Aufbaus von Neutronensternen. Wie konnten sie es wagen? Neutronensterne waren sein Ressort und gingen sie überhaupt nichts an. Und während Tolman ihn immerhin noch gelegentlich konsultierte, sprach Oppenheimer überhaupt nicht mit ihm!

Die zahlreichen Artikel, die Zwicky über Neutronensterne geschrieben hatte, enthielten freilich nicht sehr viele Fakten, sondern beruhten weitgehend auf Spekulationen. Er war so damit beschäftigt gewesen, eine umfangreiche (und höchst erfolgreiche) Durchmusterung des Himmels nach Supernovae in die Wege zu leiten und seine Gedanken über Neutronensterne und Supernovae in zahlreichen Vorträgen und Artikeln zu verbreiten, daß er niemals dazu gekommen war, seine

Theorie auszuarbeiten. Doch nun gebot ihm sein Ehrgeiz, aktiv zu werden. Anfang 1938 begann er, eine detaillierte mathematische Theorie über Neutronensterne zu entwickeln und sie in Beziehung zu seinen Supernovae-Beobachtungen zu setzen. Das Ergebnis seiner Bemühungen erschien am 15. April 1939 unter dem Titel »On the Theory and Observation of Highly Collapsed Stars« (»Über die Theorie und die Beobachtung hochgradig kollabierter Sterne«) in *Physical Review*.[33] Sein Artikel, zweieinhalbmal so lang wie die Veröffentlichung von Oppenheimer und Volkoff, nahm nicht den geringsten Bezug auf diese zwei Monate ältere Publikation, obwohl Zwicky einen kleineren Artikel von Volkoff zitierte. Insgesamt enthielt sein Beitrag wenig Denkwürdiges. Vieles ist sogar geradezu falsch. Dagegen stellt die Veröffentlichung von Oppenheimer und Volkoff eine Glanzleistung dar – elegant, lehrreich und bis in die letzten Details korrekt.

Trotzdem gilt Zwicky heute, nach über einem halben Jahrhundert, als Vater des Neutronensterns; er erkannte, daß Neutronensterne in Supernova-Explosionen erzeugt werden und deren Energiequelle darstellen, er bewies gemeinsam mit Baade durch Beobachtungen, daß Supernovae wirklich eine eigene Klasse astronomischer Objekte darstellen, er leitete eine umfassende und Jahrzehnte in Anspruch nehmende Suche nach Supernovae ein, und er führte selbst umfangreiche Beobachtungen durch. Daneben gelangte er auch zu einer Reihe von Erkenntnissen, die mit Neutronensternen und Supernovae nichts zu tun hatten. Wie ist es zu erklären, daß ein Wissenschaftler mit einem so dürftigen Verständnis der physikalischen Gesetze zu so vorausschauenden Gedanken fähig war? Ich vertrete die Auffassung, daß dies mit einer bemerkenswerten Mischung von Charaktereigenschaften zusammenhing: Zwicky beherrschte die theoretische Physik gut genug, um ein Gespür für die qualitativen Zusammenhänge zu haben, wenn er auch die quantitativen Verhältnisse nicht immer richtig erkannte, er interessierte sich brennend für alle neuen Entwicklungen in der Physik und Astronomie, er besaß die seltene Fähigkeit, Zusammenhänge zwischen verschiedenen Phänomenen intuitiv zu erfassen, und er besaß zu guter Letzt so viel Vertrauen in seine eigenen Fähigkeiten, daß er keine Angst hatte, sich mit seinen Spekulationen lächerlich zu machen. Er wußte, daß er recht hatte (auch wenn dies oft genug nicht der Fall war), und keine noch so schwerwiegenden Indizien konnten ihn vom Gegenteil überzeugen.

Landau besaß wie Zwicky großes Selbstvertrauen und fürchtete nicht, sich eine Blöße zu geben. So hatte er im Jahre 1931 keine Bedenken, seine Vorstellung von der Energieerzeugung in Sternen zu veröffentlichen – ein Prozeß, der seiner Ansicht nach mit extrem dichten stellaren Kernen zusammenhing, in denen die Gesetze der Quantenmechanik versagten. Was die Beherrschung der theoretischen

Physik anging, war Landau Zwicky jedoch weit überlegen. Landau zählte zu den zehn besten theoretischen Physikern des 20. Jahrhunderts. Dennoch erwiesen sich seine Spekulationen als falsch und die Zwickys als richtig. Die Energieerzeugung in der Sonne beruht nicht auf Neutronenkernen, während Supernovae ihre Energie in der Tat aus Neutronensternen beziehen. Hatte Landau im Gegensatz zu Zwicky einfach Pech? Das mag zum Teil der Fall gewesen sein. Doch spielt noch ein anderer Faktor eine Rolle: Zwicky bewegte sich in der höchst anregenden Atmosphäre des Mount-Wilson-Observatoriums, das in jener Zeit das bedeutendste Zentrum astronomischer Beobachtungen darstellte. Er arbeitete eng mit Walter Baade zusammen, einem der größten Astronomen seiner Zeit, der über umfassende Kenntnis der Beobachtungsdaten verfügte. Außerdem hatte er über das Caltech täglich Kontakt mit den führenden Wissenschaftlern auf dem Gebiet der kosmischen Strahlung. Landau dagegen hatte keine direkte Berührung mit astronomischen Beobachtungen, und seine Artikel bezeugen dies. Ohne eine solche Verbindung war es jedoch unmöglich, das erforderliche feine Gespür für astronomische Zusammenhänge zu entwickeln. Landaus größter Triumph war die Erklärung des Phänomens der Suprafluidität mit Hilfe der Gesetze der Quantenmechanik, die er meisterhaft beherrschte. Dabei stand er in regem Gedankenaustausch mit dem Experimentalphysiker Pjotr Kapiza, der das Verhalten von Supraflüssigkeiten experimentell erforschte.

Anders als im Fall von Zwicky und Landau spielte für Einstein die Wechselbeziehung zwischen Beobachtung und Theorie keine große Rolle. Er entdeckte die Gravitationsgesetze der allgemeinen Relativitätstheorie, ohne sich auf nennenswerte experimentelle Beobachtungen zu stützen. Doch ist dies eher die Ausnahme. Im allgemeinen ist ein Wechselspiel zwischen Beobachtung und Theorie für den Fortschritt in den meisten Bereichen der Physik und Astronomie unerläßlich. Und was ist über Oppenheimer zu sagen, einen Wissenschaftler, der die theoretische Physik wohl ebenso meisterhaft beherrschte wie Landau? Sein mit Volkoff verfaßter Artikel über den Aufbau von Neutronensternen ist eine der bedeutendsten astrophysikalischen Abhandlungen überhaupt. Doch so bedeutsam und elegant sie ist, füllt sie die Vorstellung des Neutronensterns doch »nur« mit technischen Einzelheiten aus. Der Begriff selbst geht auf Zwicky zurück – ebenso wie der Begriff der Supernova und die Vorstellung, daß Supernovae ihre Energie aus dem Kollaps eines zu einem Neutronenstern zusammenstürzenden Sterns beziehen. Warum war Oppenheimer trotz seiner unbestrittenen herausragenden Fähigkeiten weit weniger innovativ als Zwicky? In erster Linie vielleicht deshalb, weil er es ablehnte, ja möglicherweise geradezu fürchtete, Spekulationen anzustellen. Isidor I. Rabi, ein enger Freund und Bewunderer Oppenheimers, formulierte es so:

»Es scheint mir, daß Oppenheimers Bildung in jenen Gebieten außerhalb der naturwissenschaftlichen Tradition in gewissem Sinne überentwickelt war, so zum Beispiel sein Interesse an Religion, insbesondere am Hinduismus. Dies führte dazu, daß sein Sinn für das Geheimnisvolle des Universums ihn fast wie ein Nebel umgab. Die Physik erfaßte er mit sicherem Blick – den Teil der Physik, der bereits erforscht war. In den Grenzbereichen hatte er jedoch das Gefühl, daß es dort viel mehr Geheimnisvolles und Neues gab, als es tatsächlich der Fall war. Er besaß nicht genügend Vertrauen in die ihm zu Gebote stehenden intellektuellen Hilfsmittel, und er verfolgte seine Gedanken nicht bis zur letzten Konsequenz, weil er instinktiv den Eindruck hatte, daß neue Ideen und neue Methoden notwendig waren, um noch tiefer in die Materie einzudringen, als er und seine Studenten bis dahin gekommen waren.«[34]

6. Kapitel *Was folgt nach dem Kollaps?*

worin auch alle Hilfsmittel der theoretischen Physik die Schlußfolgerung nicht abwenden können, daß am Ende des Kollapses ein Schwarzes Loch steht

Die Konfrontation zwischen J. Robert Oppenheimer und John Archibald Wheeler war unvermeidlich. Diese beiden großen Geister vertraten so unterschiedliche Auffassungen vom menschlichen Zusammenleben und vom Universum, daß sie sich immer wieder in konträren Lagern gegenüberstanden: so zum Beispiel in der Frage der nationalen Sicherheit, der Kernwaffenpolitik oder, wie diesmal, in der Frage der Schwarzen Löcher.

Der Schauplatz war ein Vorlesungssaal an der Universität von Brüssel. Oppenheimer und Wheeler, beide aus Princeton, New Jersey, waren gemeinsam mit einunddreißig weiteren führenden Physikern und Astronomen aus aller Welt zusammengekommen, um eine Woche lang über den Aufbau und die Entwicklung des Universums zu diskutieren.

Es war Dienstag, der 10. Juni 1958. Wheeler hatte den versammelten Gelehrten soeben die Ergebnisse seiner jüngsten Berechnungen vorgestellt – jener Berechnungen, die er mit Kent Harrison und Masami Wakano durchgeführt hatte und die Aufschluß über Masse und Umfang aller existenzfähigen kalten Sterne gaben (Kapitel 5). Seine Ergebnisse ergänzten die Berechnungen von Chandrasekhar, Oppenheimer und Volkoff und bestätigten deren Schlußfolgerungen: Jeder Stern von mehr als zwei Sonnenmassen muß nach seinem Tod kollabieren; dabei kann er sich jedoch weder in einen Weißen Zwerg noch in einen Neutronenstern, noch in einen anderen kalten Stern verwandeln, wenn es ihm nicht gelingt, genügend Masse abzuwerfen, um unter die Massenobergrenze von ungefähr zwei Sonnenmassen zu gelangen.

»Von allen Folgerungen, die sich aus der allgemeinen Relativitätstheorie für den Aufbau und die Entwicklung des Universums ergeben, stellt die Frage nach dem Schicksal großer Massen von Materie die größte Herausforderung dar«, erklärte Wheeler[1] – eine Aussage, der seine Zuhörer zustimmen konnten. Dann beschrieb er die von Oppenheimer vertretene These, wonach massereiche Sterne nach ihrem Tod zu einem Schwarzen Loch kollabieren, und sprach sich vehement gegen eine solche Auffassung aus. Hier wiederholte sich nun eine Situation, die es vierundzwanzig Jahre zuvor in ähnlicher Form schon einmal

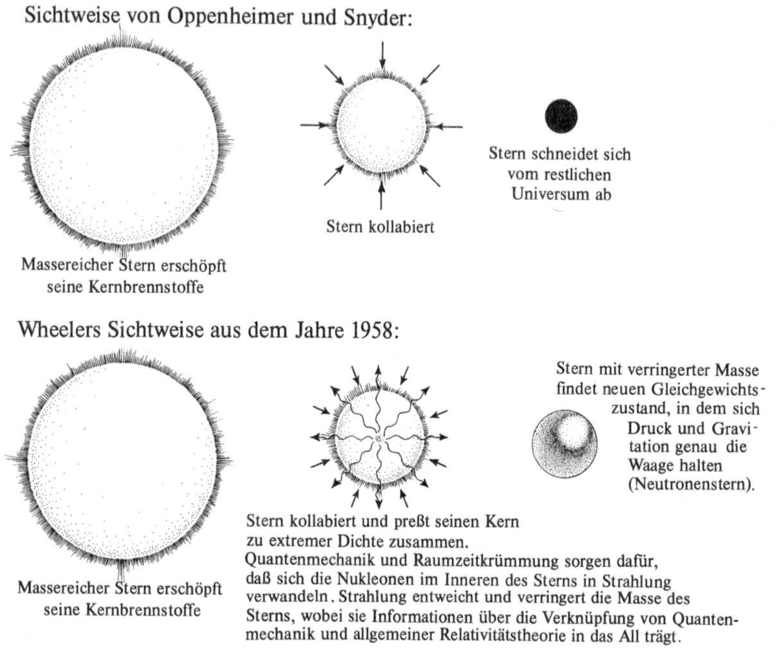

Abb. 6.1: Oppenheimers Vorstellung vom Schicksal massereicher Sterne (oben) und Wheelers Vorstellung aus dem Jahre 1958 (unten).

gegeben hatte, als nämlich Chandrasekhars Schlußfolgerung über Weiße Zwerge von Eddington heftig angegriffen wurde (Kapitel 4). Wie Eddington behauptete Wheeler, daß es ein Naturgesetz geben müsse, das ein solch absurdes Verhalten verhindere. Ein tiefgreifender Unterschied bestand allerdings zwischen Eddington und Wheeler: Während Eddingtons Spekulationen über einen Mechanismus, der das Universum vor Schwarzen Löchern bewahren sollte, von einer Autorität wie Niels Bohr sofort als falsch gebrandmarkt wurden, konnte der von Wheeler vermutete Mechanismus im Jahre 1958 weder bewiesen noch widerlegt werden. Erst fünfzehn Jahre später zeigte es sich, daß Wheeler zumindest teilweise recht gehabt hatte (Kapitel 12).

Wheelers Vermutung war folgende: Da der Kollaps zu einem Schwarzen Loch als physikalisch unplausibel abgelehnt werden muß, scheint der Schluß unausweichlich, daß sich die Nukleonen (Neutronen und Protonen) im Inneren eines kollabierenden Sterns in Strahlung verwandeln und von dem Stern so rasch ausgestoßen werden, daß seine Masse unter die Grenze von zwei Sonnenmassen sinkt.[2] Auf diese Weise kann der Stern sein Leben als Neutronenstern beschließen. Wheeler räumte bereitwillig ein, daß eine solche Umwandlung von Nukleonen in entweichende Strahlung von den bekannten physikalischen Gesetzen nicht vorhergesagt wird, doch er meinte, sie könne aus der bis dahin noch sehr wenig verstandenen »Vereinigung« der allgemeinen Relativitätstheorie mit der Quantenmechanik folgen (Kapitel 12–14). Nach Wheelers Auffassung war dies der spannendste Aspekt des »Problems großer Massen«: Die Vorstellung, ein Stern könne zu einem Schwarzen Loch kollabieren, war für ihn so absurd, daß er einen vollkommen neuen physikalischen Prozeß in Erwägung zog (Abb. 6.1).

Oppenheimer zeigte sich unbeeindruckt. Als Wheeler seinen Vortrag beendet hatte, meldete er sich als erster zu Wort. Mit einer Höflichkeit, die ihm als junger Mann nicht zu eigen gewesen war, bekräftigte er noch einmal seine eigene Auffassung: »Ich weiß nicht, ob nichtrotierende Objekte von einem Mehrfachen der Sonnenmasse wirklich im Verlauf der Sternentwicklung auftreten, doch wenn dies der Fall ist, glaube ich, daß ihr Kollaps im Rahmen der allgemeinen Relativitätstheorie beschrieben werden kann [ohne daß neue physikalische Gesetze aufgestellt werden müssen]. Wäre es nicht am einfachsten anzunehmen, daß solche Massen einer stetigen gravitationsbedingten Kontraktion unterliegen, bis sie sich schließlich vom übrigen Universum abgeschnitten haben [das heißt ein Schwarzes Loch bilden]?« (Abb. 6.1).

Gleichermaßen höflich beharrte Wheeler jedoch auf seinem Standpunkt: »Es ist sehr schwer zu glauben, daß die Annahme eines solchen Verhaltens eine befriedigende Antwort ist«, sagte er.

Oppenheimers Vertrauen in die Existenz Schwarzer Löcher gründete sich auf detaillierte Berechnungen, die er neunzehn Jahre zuvor angestellt hatte:

Die Geburt Schwarzer Löcher: ein erster Einblick

Als Oppenheimer und Volkoff im Winter 1938/39 ihre Berechnungen zu Masse und Umfang von Neutronensternen abgeschlossen hatten (Kapitel 5), war Oppenheimer fest davon überzeugt, daß massereiche Sterne nach ihrem Tod kollabieren müssen. Der nächste Schritt lag auf der Hand: Es galt, mit Hilfe der physikalischen Gesetze die Details eines solchen Sternkollaps zu berechnen. Wie müßte der Kollaps jemandem erscheinen, der sich in einer Umlaufbahn um den Stern bewegt? Wie würde er für jemanden aussehen, der sich an der Sternoberfläche befindet? In welchem Zustand befände sich der kollabierte Stern nach Tausenden von Jahren?

Diese Berechnungen versprachen alles andere als einfach zu sein. Niemals zuvor waren Oppenheimer und seine Studenten mit derart schwierigen mathematischen Verfahren konfrontiert worden. Die Eigenschaften des kollabierenden Sterns würden sich mit der Zeit rapide verändern, während die von Oppenheimer und Volkoff berechneten Neutronensterne unveränderlich, statisch gewesen waren. Die Krümmung der Raumzeit müßte im Inneren des kollabierenden Sterns gewaltige Ausmaße annehmen, während sie in Neutronensternen nur eine untergeordnete Rolle spielte. Um diese komplexen Fragestellungen zu bewältigen, bedurfte es eines ganz besonderen Studenten, und so fiel die Wahl notwendigerweise auf Hartland Snyder.

Snyder war anders als die übrigen Studenten Oppenheimers. Während die meisten seiner Kommilitonen aus der Mittelschicht stammten, kam er aus der Arbeiterklasse. In Berkeley erzählte man sich sogar, daß Snyder Lastwagenfahrer in Utah gewesen sei, bevor er die Physik entdeckt hatte. Robert Serber beschrieb ihn so: »Hartland rümpfte über eine Menge Dinge die Nase, die für Oppies Studenten selbstverständlich waren, zum Beispiel eine Vorliebe für Bach und Mozart, Streichquartette, gutes Essen und eine liberale Politik.«[3]

Die Kernphysiker am Caltech waren insgesamt aus einem gröberen Holz geschnitzt als die Studenten in Oppenheimers Gefolge. Wenn Oppenheimer wie jedes Jahr im Frühling nach Pasadena aufbrach, war Hartland in seinem Element. William Fowler vom Caltech charakterisierte dies einmal so: »Oppie war extrem gebildet; er kannte sich in Literatur, Kunst und Musik aus und beherrschte Sanskrit. Doch Hartland war wie einer von uns. Er liebte die Partys am Kellogg Laboratorium, wo Tommy Lauritsen Klavier und Charlie Lauritsen [der Leiter des Laboratoriums] die Fiedel spielte und wir Trinklieder sangen. Von allen Studenten, die Oppie hatte, war Hartland der unabhängigste.«[4]

Hartland unterschied sich auch in geistiger Hinsicht von den anderen. »Hartland hatte mehr Talent für schwierige mathematische Aufgaben als wir alle«, erinnerte sich Serber. »Er verstand sich bestens darauf, die gröberen Berechnungen, die wir ausführten, zu verbessern.«[5] Genau diese Begabung war es, die ihn für die Berechnung des stellaren Kollapses prädestinierte.

Bevor sie sich an die vollständige Berechnung machten, bestand Oppenheimer wie immer darauf, das Ergebnis hinsichtlich seiner Größenordnung abzuschätzen.[6] Wieviel konnte man auch ohne allzu große Anstrengungen herausfinden? Den Schlüssel zu dieser ersten Abschätzung lieferte die Schwarzschild-Geometrie für die gekrümmte Raumzeit in der Umgebung eines Sterns (Kapitel 3). Schwarzschild hatte seine Raumzeitgeometrie entdeckt, als er eine Lösung für die Einsteinsche Feldgleichung der allgemeinen Relativitätstheorie suchte. Es

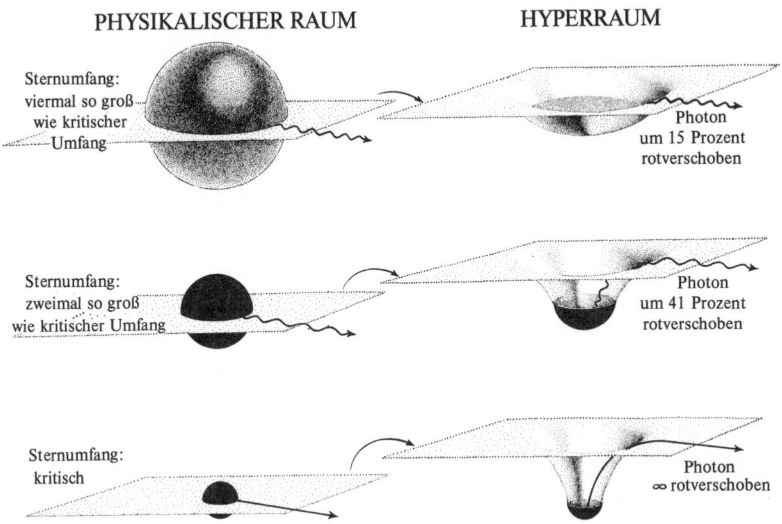

Abb. 6.2 (identisch mit Abb. 3.4): Die Vorhersagen der allgemeinen Relativitätstheorie für die Krümmung des Raumes und die Rotverschiebung des Lichts für drei sehr dichte, statische (nicht kollabierende) Sterne (die Masse der Sterne ist dieselbe, nur der Umfang ist verschieden).

handelte sich um die Lösung für die Umgebung eines statischen Sterns, das heißt eines Sterns, der weder in einem Kollaps noch in einer Explosion begriffen ist und auch nicht pulsiert. Im Jahre 1923 hatte jedoch George Birkhoff, ein Mathematiker der Harvard University, einen bemerkenswerten mathematischen Satz bewiesen: Die Schwarzschild-Geometrie beschreibt die äußere Umgebung jedes sphärischen (kugelförmigen) Sterns, auch wenn er nicht statisch ist, sondern in sich zusammenfällt, explodiert oder pulsiert.

Für ihre erste Abschätzung nahmen Oppenheimer und Snyder deshalb einfach an, daß ein sphärischer Stern nach Erschöpfen seiner Energievorräte in einen unendlichen Kollaps übergeht. Ohne sich weiter darum zu kümmern, was wohl im Inneren des Sterns geschehen mochte, rechneten sie aus, wie der kollabierende Stern einem weit entfernten Beobachter erscheinen muß. Da die Raumzeitgeometrie in der Umgebung eines kollabierenden Sterns dieselbe ist wie in der Umgebung jedes statischen Sterns, schlossen sie mühelos, daß der kollabierende Stern wie eine Abfolge statischer Sterne scheinen muß, von denen jeder einzelne kompakter ist als sein Vorgänger.

Das äußere Erscheinungsbild solcher statischen Sterne war nun nicht mehr unbekannt; Wissenschaftler hatten sich bereits zwei Jahrzehnte zuvor, Anfang der zwanziger Jahre, mit dieser Frage beschäftigt. Abbildung 6.2 zeigt die in Kapitel 3 zur Veranschaulichung verwendeten *Einbettungsdiagramme*. Bitte erinnern Sie sich, daß jedes Einbettungsdiagramm die Raumkrümmung im Inneren und in der nahen Umgebung eines Sterns darstellt. Um dies zu ermöglichen, zeigt das Diagramm nur die Krümmung von zwei, nicht drei Dimensionen des Raumes, jener beiden Dimensionen einer Fläche nämlich, die genau durch die Äquatorebene des Sterns verläuft (linke Hälfte der Abbildung). Die Krümmung dieses Raumgebietes wird dadurch veranschaulicht, daß wir uns vorstellen, die Fläche werde aus dem Stern und aus dem physikalischen Raum, in dem wir und der Stern uns befinden, herausgelöst und in einen fiktiven, flachen (ungekrümmten) *Hyperraum* eingebettet. In der ungekrümmten Geometrie des Hyperraums kann die Fläche ihre Krümmung nur dadurch behalten, daß sie sich nach unten auswölbt wie eine Schüssel (rechte Hälfte der Abbildung).

Die Abbildung zeigt den Kollaps, den Oppenheimer und Snyder berechnen wollten, als eine Sequenz von drei statischen Sternen, die alle dieselbe Masse, jedoch einen unterschiedlichen Umfang haben. Der Umfang des ersten Sterns ist viermal größer als der *kritische Umfang*, bei dem die Gravitation des Sterns so stark wird, daß er zwangsläufig ein Schwarzes Loch bildet. Der Umfang des zweiten Sterns ist doppelt so groß wie der kritische Umfang und der des dritten entspricht genau dem kritischen Umfang. Aus den Einbettungsdiagrammen geht hervor, daß die Krümmung des Raumes in der Umgebung des Sterns um so stärker wird, je mehr sich die Größe des Sterns dem kritischen Umfang nähert. Allerdings wächst die Krümmung nicht bis ins Unendliche. Die schüsselförmige Geometrie ist überall glatt, ohne scharfe Spitzen oder Knicke, selbst wenn der Stern genau seinen kritischen Umfang erreicht hat. Da sich die Krümmung der Raumzeit physikalisch in den *Gezeiteneffekten der Gravitation* manifestiert (jener Art von Kräften, die einen Menschen der Länge nach dehnen und auf der Erde die Gezeiten erzeugen), folgt daraus, daß auch die Gezeitenkräfte beim kritischen Umfang nicht unendlich groß sind.

In Kapitel 3 haben wir uns auch mit dem Schicksal von Licht beschäftigt, das von der Oberfläche statischer Sterne ausgesandt wird. Wir haben gelernt, daß die Zeit an der Sternoberfläche langsamer fließt als in weiter Entfernung vom Stern *(gravitationsbedingte Zeitdilatation)* und daß infolgedessen Lichtwellen, die von der Sternoberfläche ausgesandt werden, einem weit entfernten Beobachter langwelliger und folglich rotverschoben erscheinen. Wenn der Umfang des statischen Sterns viermal so groß ist wie sein kritischer Umfang, dann nimmt die Wellenlänge des Lichts um 15 Prozent zu (Abb. 6.2 oben); beim Doppelten des kritischen Umfangs beträgt die Rotverschiebung 41 Prozent (Abb. 6.2 Mitte); und wenn der Umfang des Sterns genau seinem kritischen Umfang entspricht, ist die Wellenlänge des Lichts ins Unendliche rotverschoben (Abb. 6.2 unten). Dies bedeutet: Das Licht verfügt über keine Energie mehr und hat daher aufgehört zu existieren.

Oppenheimer und Snyder zogen in ihrer ersten Abschätzung zwei Schlußfolgerungen aus dieser Betrachtung statischer Sterne. Erstens: Wie bei statischen Sternen würde die Krümmung der Raumzeit bei einem kollabierenden Stern mit der Annäherung an den kritischen Umfang vermutlich zunehmen, doch würde sie und damit auch die Gezeitenwirkung der Gravitation nicht unendlich groß werden. Zweitens: Während der Stern kollabiert, sollte Licht von seiner Oberfläche immer stärker rotverschoben werden, bis schließlich bei Erreichen des kritischen Umfangs die Rotverschiebung unendlich groß wäre. Der Stern müßte folglich unsichtbar werden, oder – um mit Oppenheimer zu sprechen – er sollte sich selbst vom äußeren Universum abschneiden.

Als nächstes fragten sich Oppenheimer und Snyder, ob es irgendwelche Eigenschaften des Sterns gab, die sie in ihrer ersten Abschätzung des Problems vernachlässigt hatten und die verhinderten, daß er sich selbst vom Universum abschnitt? War es beispielsweise denkbar, daß der Kollaps so langsam stattfand, daß der Stern niemals – auch nicht nach einer unendlichen Zeit – den kritischen Umfang erreichen würde?

Oppenheimer und Snyder hätten diese Fragen gerne unter Berücksichtigung aller Details eines realistischen Sternkollaps, wie er in Abb. 6.3 links dargestellt ist, beantwortet. So wird beispielsweise jeder Stern rotieren, zumindest in geringem Maße. Dabei entstehen Zentrifugalkräfte, die dazu führen, daß sich der Äquator des Sterns – zumindest geringfügig – nach außen wölbt, wie dies auch bei der Erde der Fall ist. Der Stern kann also nicht vollkommen sphärisch (kugelförmig) sein. Während er kollabiert, muß der Stern immer schneller rotieren, wie ein Eisläufer, der seine Arme anzieht. Dies führt zu einem Anwachsen der Zentrifugalkräfte und damit zu einer stärkeren Ausprägung des Äquatorwulstes. Möglicherweise nimmt der Wulst so stark zu, daß der Kollaps zu einem Stillstand kommt, weil die nach außen strebenden Zentrifugalkräfte den Stern gegen die Anziehungskräfte stabilisieren. Jeder reale Stern weist außerdem in seinem Inneren eine höhere Dichte und einen höheren Druck auf als in seinen äußeren Schichten. Während er kollabiert, entstehen jedoch vereinzelt Klumpen hoher Dichte. Ein weiteres Merkmal realistischer Sternimplosionen ist die Ausbildung von Schockwellen aus gasförmiger Sternmaterie. Diese gleichen Meereswellen, die sich brechen, und so wie diese Wassertropfen in die Luft schleudern, können Schockwellen Materie und Masse der Sternoberfläche hinausschleudern. Schließlich spielt auch Strahlung eine Rolle: Während der Stern kollabiert, sendet er elektromagnetische Wellen, Gravitationswellen und Neutrinos aus, die seine Masse verringern.

Gerne hätten Oppenheimer und Snyder diese Effekte in ihren Rechnungen berücksichtigt, doch überstieg dies im Jahre 1939 die mathematischen und technischen Möglichkeiten bei weitem. Erst mit der Entwicklung von extrem leistungsfähigen Computern in den achtziger Jahren sollte es möglich werden, diese Aufgabe in Angriff zunehmen. Um also in dieser Frage überhaupt Fortschritte zu erzielen, war es notwendig, ein idealisiertes Modell für den Kollaps von Sternen zu entwerfen und anhand dieses Modells die Voraussagen der physikalischen Gesetze zu berechnen.

Solche Idealisierungen waren Oppenheimers Stärke. Mit untrüglichem Instinkt wußte er, welche Erscheinungen eines hochkomplexen Sachverhaltes wesentlich für das Verständnis waren und welche eine eher nebensächliche Rolle spielten.

Im Falle des stellaren Kollapses schien es Oppenheimer, als sei besonders ein Aspekt von überragender Bedeutung: die Gravitation, wie sie von Einsteins Gesetzen der allgemeinen Relativität beschrieben wird. Allein dieser Aspekt durfte bei der Formulierung einer idealisierten und damit berechenbaren Aufgabenstellung keinesfalls verfälscht werden. Im Gegensatz dazu konnte man die Rotation des Sterns oder seine nichtsphärische Gestalt getrost vernachlässigen. Diese Eigenschaften mochten für *manche* kollabierende Sterne von entscheidender Bedeutung sein, doch auf Sterne, die langsam rotieren, durften sie keinen großen Einfluß haben. Oppenheimer hatte dafür zwar keinen mathematischen Beweis, doch war es ihm intuitiv klar, und in der Tat hat sich herausgestellt, daß er recht hatte. Weiterhin sagte ihm seine Intuition, daß auch die Strahlung ebenso wie die Schockwellen und die Klumpen höherer Dichte vernachlässigt werden konnten. Da die Gravitation überdies jeglichen Druck in massereichen kalten Sternen übertreffen kann (wie Oppenheimer und Volkoff gezeigt hatten), schien es durchaus gerechtfertigt, anzunehmen, daß der kollabierende Stern keinen inneren Druck besitzt (was natürlich nicht richtig ist) – weder thermischen Druck noch den durch die klaustrophobische Bewegung der Elektronen verursachten Entartungsdruck, noch einen Druck aufgrund der Kernkräfte. Der Kollaps eines realen Sterns mit seinem realen Druck mochte sich zwar von dem eines idealen Sterns ohne Druck unterscheiden, doch nahm Oppenheimer an, daß die Unterschiede gering sein müßten.

Aus diesem Grund schlug Oppenheimer Snyder eine idealisierte Rechenaufga-

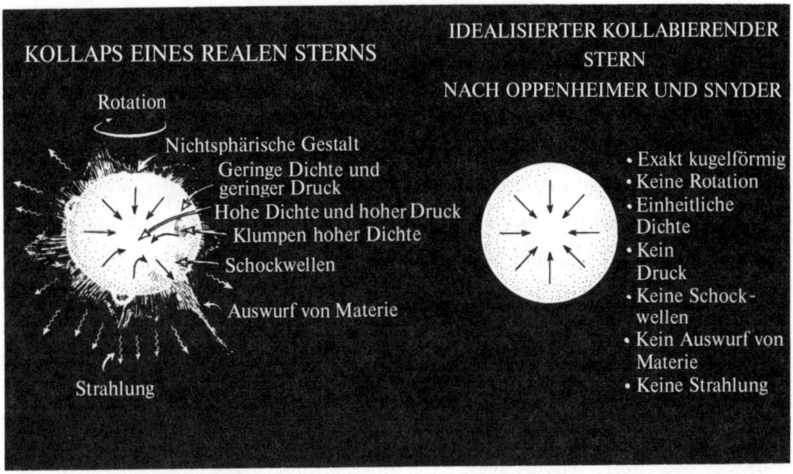

Abb. 6.3: *Links*: Physikalische Phänomene in einem realistischen kollabierenden Stern. *Rechts*: Die Idealisierungen, die Oppenheimer und Snyder vornahmen, um den stellaren Kollaps berechnen zu können.

be vor: Mit Hilfe der Gesetze der allgemeinen Relativität sollte er den Kollaps eines Sterns untersuchen, der folgende ideale Eigenschaften besaß: Er sollte sphärisch geformt sein, nicht rotieren, keine Strahlung aussenden, eine gleichförmige Dichte und keinen inneren Druck besitzen (Abb. 6.3).
Trotz dieser Vereinfachungen, denen Physiker in den folgenden drei Jahrzehnten immer wieder mit Skepsis begegnen sollten, erwies sich die Rechnung als außerordentlich schwierig. Glücklicherweise stand Richard Tolman in Pasadena als weiterer Mitarbeiter zur Verfügung. Unterstützt von Tolman und Oppenheimer, gelang es Snyder, die Gleichungen für den stellaren Kollaps aufzustellen und sie zu lösen – eine beeindruckende Meisterleistung. Er verfügte nun über die Formeln, die Aufschluß über alle Einzelheiten des stellaren Kollapses gaben! Mit Hilfe dieser Formeln konnten Physiker beliebige Aspekte der Implosion untersuchen; sie konnten zum Beispiel feststellen, wie der Kollaps von außerhalb des Sterns aussieht, wie er sich in seinem Inneren oder an seiner Oberfläche darstellt.[7]

Besonders faszinierend erscheint ein kollabierender Stern aus der Perspektive eines *statischen äußeren Bezugssystems,* das heißt aus der Perspektive eines Beobachters, der sich in einem konstanten Abstand über dem kritischen Umfang befindet und der Fallbewegung der kollabierenden Sternmaterie nicht unterworfen ist. Der Stern beginnt seinen Kollaps genau wie erwartet. Wie ein Stein, den man aus großer Höhe herabfallen läßt, stürzt die Oberfläche des Sterns nach unten (der Stern schrumpft nach innen) – langsam zunächst, doch dann immer schneller. Wären Newtons Gravitationsgesetze zutreffend, müßte diese Beschleunigung immer weiter zunehmen, bis der über keinen inneren Druck verfügende Stern schließlich mit unvorstellbarer Geschwindigkeit zu einem Punkt kollabiert. Nach den relativistischen Formeln von Oppenheimer und Snyder verhielt es sich jedoch anders. Der Stern mußte um so langsamer in sich zusammenfallen, je näher er seinem kritischen Umfang kam. Schließlich sollte der stellare Kollaps bei Erreichen des kritischen Umfangs *erstarren.* Ganz gleich, wie lange ein ruhender Beobachter in einem statischen äußeren Bezugssystem warten würde, der Stern sollte für ihn niemals weiter kollabieren als bis zur kritischen Grenze. Dies war die unmißverständliche Botschaft aus Oppenheimers und Snyders Formeln.

Was war die Ursache für dieses Erstarren der Implosion? Eine unerwartete relativistische Kraft im Inneren des Sterns? Keineswegs. Oppenheimer und Snyder erkannten, daß es sich vielmehr um einen Effekt der gravitationsbedingten Zeitdilatation in der Nähe des kritischen Umfangs handelte. Einem Beobachter in einem statischen äußeren Bezugssystem muß es so scheinen, als ob die Zeit an der Oberfläche des kollabierenden Sterns mit zunehmender Annäherung an den kritischen Umfang immer langsamer flösse. Entsprechend würden alle Vorgänge an der Oberfläche oder im Inneren des Sterns verlangsamt erscheinen, bis sie schließlich in der Bewegung erstarrten. Dies gälte auch für den Kollaps des Sterns.

So merkwürdig dieses Verhalten erscheinen mag, sagten die Formeln von Oppenheimer und Snyder einen weiteren Effekt voraus, der noch viel seltsamer anmutet: Obwohl der stellare Kollaps für einen ruhenden äußeren Beobachter zu erstarren scheint, wenn der Stern seinen kritischen Umfang erreicht, würden Beobachter an der Oberfläche des kollabierenden Sterns eine ganz andere Erfahrung machen. Gehen wir von einem Stern von der Größe der Sonne und einem Gewicht von mehreren Sonnenmassen aus, so würde es einem Beobachter an seiner Oberfläche erscheinen, als dauere der Kollaps bis Erreichen des kritischen Umfangs ungefähr eine Stunde und als schrumpfe der Stern danach unvermindert weiter.

Bis Oppenheimer und Snyder im Jahre 1939 zu diesen Erkenntnissen gelangten, hatten sich Physiker bereits an den Gedanken gewöhnt, daß Zeit relativ ist. Die Zeit, wie sie in Bezugssystemen unterschiedlicher Bewegungszustände gemessen wird, verläuft unterschiedlich. Doch niemals zuvor hatte man einen solch extremen Unterschied zwischen verschiedenen Bezugssystemen festgestellt. Es war schwer begreiflich, wie der Kollaps aus dem Blickwinkel eines statischen äußeren Bezugssystems erstarren konnte, während er sich im Bezugssystem des kollabierenden Sterns mit unverminderter Geschwindigkeit über diesen Punkt hinaus fortsetzte. Jeder, der sich mit der von Oppenheimer und Snyder benutzten Mathematik befaßte, fühlte ein gewisses Unbehagen angesichts einer solch extremen Verzerrung der Zeit. Gleichwohl war sie in den Formeln enthalten. Man konnte zwar versuchen, heuristische Erklärungen zu finden, doch kein Erklärungsmodell schien sehr befriedigend. Es sollte noch bis in die späten fünfziger Jahre dauern, bis Wissenschaftler dieses Phänomen endgültig verstanden hatten (siehe dazu das Ende des Kapitels).

Betrachtet man die von Oppenheimer und Snyder aufgestellten Formeln für einen Beobachter an der Oberfläche des kollabierenden Sterns, so lassen sich daraus Schlußfolgerungen für den weiteren Verlauf des stellaren Kollapses nach Unterschreiten des kritischen Umfangs ziehen. Man entdeckt, daß der Stern immer weiter zusammengequetscht wird, bis er schließlich eine unendliche Dichte und keine Ausdehnung mehr besitzt. Sogar die Krümmung der Raumzeit bei Erreichen dieses Punktes kann aus den Formeln abgeleitet werden. Doch Oppenheimer und Snyder vermieden es, in ihrer Veröffentlichung auf den Endzustand eines solchen Kollapses einzugehen. Vermutlich scheute Oppenheimer eine Erörterung dieser Frage aufgrund der ihm eigenen wissenschaftlichen Vorsicht und seiner Abneigung gegen Spekulationen.

Wenn sogar Oppenheimer und Snyder darauf verzichteten, aus ihren Formeln den Endzustand eines kollabierenden Sterns abzulesen, wie befremdlich mußten die Einzelheiten eines Sternkollapses dann erst auf die meisten anderen Physiker im Jahre 1939 wirken. Tolman glaubte Oppenheimer und Snyder, denn schließlich folgten die Rechnungen eindeutig aus der allgemeinen Relativitätstheorie. Die meisten anderen Physiker am Caltech blieben jedoch skeptisch.[8] Die allgemeine Relativitätstheorie war bisher nur im Sonnensystem experimentell bestätigt worden, wo die Gravitation so schwach war, daß Newtons Gesetze und die Gesetze der allgemeinen Relativität fast dieselben Voraussagen ergaben. Die Formeln von Oppenheimer und Snyder bezogen sich dagegen auf eine extrem starke Gravitation, für die die allgemeine Relativitätstheorie vielleicht schon versagte. Selbst wenn sie nicht versagte, konnten Oppenheimer und Snyder ihre mathematischen Ergebnisse falsch interpretiert haben; oder selbst wenn sie sie richtig interpretiert hatten, waren ihre Berechnungen so idealisiert, daß sie ohne Berücksichtigung der Rotationsbewegung, der Klumpen unterschiedlicher Dichte, der Schockwellen und der Strahlung möglicherweise keine zutreffenden Aussagen erlaubten.

Diese skeptische Grundhaltung bestimmte die Reaktion in den Vereinigten Staaten und Westeuropa, nicht aber in der UdSSR. Dort hielt Lew Landau, der noch immer unter den Folgen seines einjährigen Gefängnisaufenthaltes litt, den Artikel von Oppenheimer und Snyder für so bedeutsam, daß er ihn in seine »goldene Liste« der weltweit wichtigsten physikalischen Veröffentlichungen aufnahm. Gegenüber Freunden und Kollegen äußerte er, daß diese jüngsten Erkenntnisse Oppenheimers richtig sein mußten, auch wenn sie für den menschlichen Geist extrem schwer zu begreifen waren.[9] Landaus Einfluß war so groß, daß sich die führenden sowjetischen Theoretiker seiner Ansicht anschlossen.

Nukleares Intermezzo

Hatten Oppenheimer und Snyder recht, oder irrten sie sich? Diese Frage wäre in den vierziger Jahren sicherlich geklärt worden, wenn nicht der Zweite Weltkrieg und der anschließende Bau der Wasserstoffbombe die Physiker veranlaßt hätte, praxisferne und exotische Forschungsgegenstände wie die Schwarzen Löcher aufzugeben und sich der Entwicklung von Waffen zuzuwenden.
Die Waffenforschung genoß noch bis in die fünfziger Jahre so hohe Priorität, daß Themen wie der Kollaps von Sternen wenig Beachtung fanden. Erst Ende der fünfziger Jahre ging man daran, die Voraussagen von Oppenheimer und Snyder einer ernsthaften Prüfung zu unterziehen. Ein führender Vertreter des skeptischen Lagers war John Archibald Wheeler – allerdings nur für kurze Zeit. Ein herausragender Vertreter der Befürworter war Wheelers alter sowjetischer Gegenspieler, Jakow Borisowitsch Seldowitsch.
Sowohl Wheeler als auch Seldowitsch waren von fast zwei Jahrzehnten fieberhafter Arbeit an Kernwaffenprogrammen geprägt worden. Als sie sich schließlich aus der Waffenforschung zurückzogen, hatten sie sich das nötige Rüstzeug angeeignet, um eine Analyse der Schwarzen Löcher in Angriff nehmen zu können: leistungsfähige Rechenmethoden, ein tiefes Verständnis der physikalischen Gesetze und einen kooperativen, anregenden Forschungsstil. Gleichzeitig hatten sich im Laufe der Jahre komplexe Beziehungen zu manchen führenden Kollegen herausgebildet: im Falle Wheelers zu Oppenheimer, im Falle von Seldowitsch zu Landau und Andrej Sacharow.

Im Jahre 1933 stand John Wheeler, der soeben sein Studium beendet und ein von der Rockefeller-Stiftung finanziertes Stipendium des National Research

Council erhalten hatte, vor der Entscheidung, wo und bei wem er seine Postdoktorandenstelle antreten wollte. Wie die meisten amerikanischen Forschungsstipendiaten der theoretischen Physik jener Zeit hätte er nach Berkeley zu Oppenheimer gehen können, doch entschied er sich statt dessen für Gregory Breit an der New York University. »Sie [Oppenheimer und Breit] waren sehr verschieden, was ihre Persönlichkeit anging«, begründete Wheeler später seine Entscheidung. »Oppenheimer sah die Dinge schwarzweiß und traf schnelle Entschlüsse, während Breit alle Grauschattierungen berücksichtigte. Da ich mich von Themen angesprochen fühlte, die langes Nachdenken erforderten, entschied ich mich für Breit.«[10]

Von New York zog es Wheeler nach Kopenhagen, wo er bei Niels Bohr studierte. Anschließend übernahm er eine Assistenzprofessur an der University of North Carolina und später an der Princeton University in New Jersey. Im Jahre 1939, als Oppenheimer und seine Studenten in Kalifornien Neutronensterne und Schwarze Löcher erforschten, arbeiteten Wheeler und Bohr (der sich gerade in Princeton aufhielt) an einer Theorie der *Kernspaltung*. Dabei handelt es sich um einen Prozeß, bei dem schwere Atomkerne wie beispielsweise Uran durch Beschuß mit Neutronen in kleinere Kerne aufgespalten werden (Kasten 6.1). Die Kernspaltung, die soeben durch Zufall von Otto Hahn und Fritz Straßmann in Deutschland entdeckt worden war, verhieß nichts Gutes: Eine Kettenreaktion von Kernspaltungen konnte zur Herstellung einer Waffe von beispielloser Vernichtungskraft benutzt werden. Doch Bohr und Wheeler dachten nicht an Waffen, sondern bemühten sich einzig und allein darum, das Phänomen der Kernspaltung zu verstehen. Was waren die zugrundeliegenden Mechanismen? Mit welchen physikalischen Gesetzen konnte das Phänomen erklärt werden?

Bohr und Wheeler waren bemerkenswert erfolgreich in ihrem Bemühen. Sie entdeckten, auf welchen physikalischen Gesetzen die Kernspaltung beruhte, und sie sagten voraus, welche Kerne sich am besten für anhaltende Kettenreaktionen eigneten: Uran 235 (das den Brennstoff für die Bombe über Hiroshima liefern sollte) und Plutonium 239 (ein Kern, der in der Natur nicht vorkommt, der jedoch binnen kurzem von amerikanischen Physikern in Kernreaktoren hergestellt werden sollte und in der Bombe über Nagasaki Verwendung fand). Doch Bohr und Wheeler dachten im Jahre 1939 noch immer nicht an Bomben, sondern wollten nur verstehen.

Der Artikel von Bohr und Wheeler über die Kernspaltung[11] erschien in derselben Ausgabe von *Physical Review* wie die Abhandlung von Oppenheimer und Snyder über den Kollaps eines Sterns. Das Erscheinungsdatum war der 1. Sep-

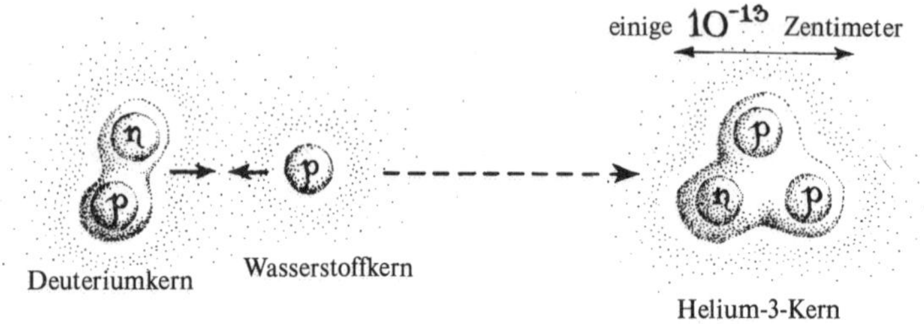

Kasten 6.1

Kernfusion, Kernspaltung und Kettenreaktionen

Die *Verschmelzung* sehr leichter Kerne zu mittelgroßen Kernen setzt gewaltige Energiemengen frei. Ein einfaches Beispiel aus Kasten 5.3 ist die Verschmelzung eines aus einem Proton und einem Neutron bestehenden »schweren« Wasserstoffatoms (Deuterium) mit einem gewöhnlichen Wasserstoffatom (einem Proton) zu einem aus zwei Protonen und einem Neutron bestehenden Helium-3-Kern:

Solche Fusionsreaktionen versorgen nicht nur die Sonne mit Energie, sondern liegen auch der Wasserstoffbombe zugrunde (der »Superbombe«, wie sie in den vierziger und fünfziger Jahren genannt wurde).

Die *Spaltung* eines sehr schweren Atomkerns in zwei mittelgroße Kerne setzt ebenfalls eine beträchtliche Energiemenge frei – weitaus mehr als eine che-

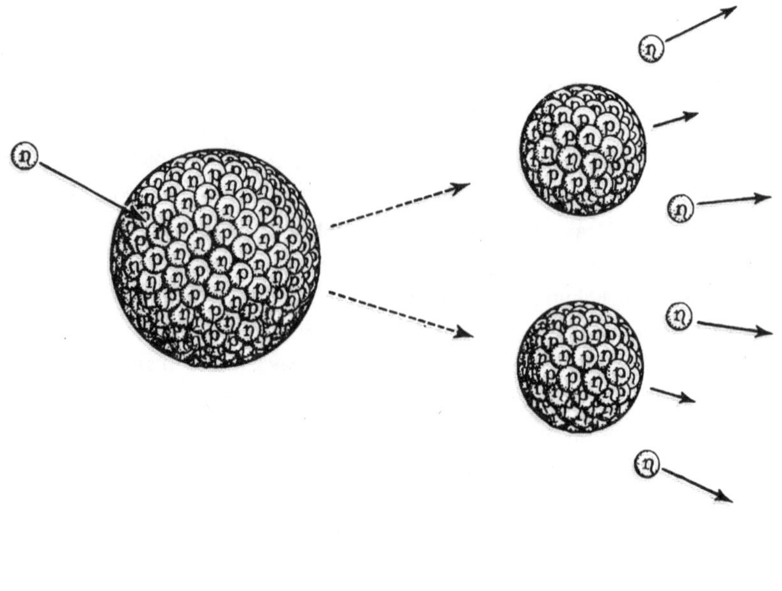

mische Reaktion (schließlich ist die Kernkraft, die das Verhalten von Atomkernen bestimmt, weitaus stärker als die elektromagnetische Wechselwirkung, die das chemische Verhalten von Atomen bestimmt), doch viel weniger Energie als die Verschmelzung leichter Kerne. Es gibt in der Natur einige schwere Atomkerne, die ohne äußere Einwirkung in leichtere Kerne zerfallen, doch uns interessieren in diesem Kapitel jene Spaltungsreaktionen, bei denen ein Neutron mit einem sehr schweren Atomkern wie etwa Uran 235 zusammentrifft (ein aus 92 Protonen und 143 Neutronen bestehender Urankern) und diesen in zwei ungefähr gleich große Kerne spaltet.
Es gibt zwei schwere Atomkerne, Uran 235 und Plutonium 239, die sich durch eine besondere Eigenschaft auszeichnen: Bei ihrer Spaltung entstehen nicht nur zwei mittelgroße Kerne, sondern auch einige Neutronen, die eine *Kettenreaktion* einleiten können (siehe obige Skizze). Wenn man genügend Uran-235- oder Plutonium-239-Kerne in einem kleinen Raum konzentriert, müssen die bei einer Spaltung frei werdenden Neutronen andere Uran- oder Plutoniumkerne treffen und sie spalten. Dabei entstehen noch mehr Neutronen, die ihrerseits andere Kerne spalten, weitere Neutronen freisetzen und so weiter. Das Ergebnis einer solchen – unkontrollierten – Kettenreaktion ist eine gewaltige Explosion (zum Beispiel eine Atombombe). Findet die Reaktion unter kontrollierten Bedingungen in einem Kernreaktor statt, kann sie zur Energiegewinnung genutzt werden.

tember 1939, der Tag, an dem Hitlers Truppen in Polen einmarschierten und den Zweiten Weltkrieg einleiteten.

Jakow Borisowitsch Seldowitsch wurde im Jahre 1914 als Sohn einer jüdischen Familie in Minsk geboren. Noch im gleichen Jahr zogen seine Eltern nach Petrograd, das ehemalige Sankt Petersburg (das in den zwanziger Jahren in Leningrad umbenannt wurde und heute wieder Sankt Petersburg heißt). Seldowitsch beendete die höhere Schule im Alter von fünfzehn Jahren und ging dann nicht an die Universität, sondern nahm eine Stelle als Laborassistent am Leningrader Physikalisch-Technischen Institut an. Dort brachte er sich selbst soviel Physik und Chemie bei und leistete so beeindruckende Forschungsarbeiten, daß er 1934, im Alter von zwanzig Jahren, ohne formale Universitätsausbildung den Doktortitel erhielt.
Im Jahre 1939, während Wheeler und Bohr an der Theorie der Kernspaltung arbeiteten, entwickelte Seldowitsch mit einem engen Freund namens Juli Borisowitsch Chariton eine Theorie über Kettenreaktionen, die durch Kernspaltung ausgelöst werden. Den Anlaß zu ihrer Forschung hatte eine faszinierende (aber

unzutreffende) These des französischen Physikers Francis Perrin geboten, der vermutet hatte, daß Vulkanausbrüche von natürlichen, unterirdischen Kernexplosionen ausgelöst würden, die ihrerseits die Folge einer durch Kernspaltung verursachten Kettenreaktion seien. Niemand hatte jedoch bisher die Einzelheiten einer solchen Kettenreaktion ausgearbeitet – auch Perrin nicht. Seldowitsch und Chariton, die bereits weltweit zu den Autoritäten auf dem Gebiet der chemischen Explosionen zählten, stürzten sich begeistert auf das Problem. Innerhalb weniger Monate hatten sie (und unabhängig von ihnen westliche Wissenschaftler) gezeigt, daß solche Explosionen in der Natur nicht auftreten können, weil das natürlich vorkommende Uran hauptsächlich in der Form von Uran 238 und nicht in ausreichendem Maße als Uran 235 vorliegt. Allerdings wäre es möglich, so folgerten sie, eine auf Kettenreaktionen beruhende Explosion herbeizuführen, wenn man Uran künstlich mit Uran 235 anreicherte. (Die Amerikaner sollten schon kurze Zeit später mit der Anreicherung von Uran als Kernbrennstoff für die Atombombe beginnen.) Noch galt für die Kernforschung keine Geheimhaltungspflicht, und so veröffentlichten Seldowitsch und Chariton ihre Berechnungen in der angesehensten sowjetischen Fachzeitschrift, *Journal of Experimental and Theoretical Physics*.[12]

Während der sechs Jahre, die der Zweite Weltkrieg dauerte, entwickelten Physiker der kriegführenden Nationen Unterwasserortungsgeräte (Sonar), Minenräumgeräte, Raketen, das Radar und – als verhängnisvollste Erfindung – die Atombombe. Verantwortlich für den Entwurf und den Bau der amerikanischen Atombombe (das sogenannte Manhattan Project) in Los Alamos, New Mexico, war Oppenheimer. Wheeler dagegen wirkte maßgeblich am Entwurf und Bau der ersten industriellen Kernreaktoren in Hanford, Washington, mit, die das Plutonium 239 für die Nagasaki-Bombe herstellten.[13]

Nach dem Abwurf der Atombomben über Hiroshima und Nagasaki und dem Tod Hunderttausender von Menschen äußerte Oppenheimer gequält: »Sollten Atombomben als neue Waffen in die Arsenale einer kriegführenden Welt oder in die Arsenale von Ländern aufgenommen werden, die den Krieg vorbereiten, dann wird die Zeit kommen, in der die Menschheit die Namen Los Alamos und Hiroshima verflucht.«[14] »In einem gewissen ursprünglichen Sinne, den keine Verharmlosung, kein Scherz, keine Übertreibung ganz auslöschen kann, haben die Physiker die Sünde kennengelernt; und dies ist ein Wissen, das sie niemals verlassen wird.«[15]

Wheeler verspürte jedoch ein umgekehrtes Bedauern: »Wenn ich [auf meine Arbeit mit Bohr zur Kernspaltung] zurückschaue, fühle ich mich sehr traurig.

Wie konnte es geschehen, daß ich die Spaltung in erster Linie als Physiker betrachtete [unter dem Aspekt, das Phänomen der Spaltung zu verstehen] und erst in zweiter Linie als Staatsbürger [unter dem Aspekt, mein Vaterland zu verteidigen]? Warum war es nicht umgekehrt? Eine einfache Auswertung der Statistik zeigt, daß zwischen zwanzig und fünfundzwanzig Millionen Menschen im Zweiten Weltkrieg ums Leben kamen, wobei mehr Menschen gegen Ende des Krieges starben als am Anfang. Jeder Monat, um den der Krieg verkürzt worden wäre, hätte einer halben Million bis einer Million Menschen das Leben gerettet, darunter meinem Bruder Joe, der im Oktober 1944 in Italien fiel. Welch bedeutenden Unterschied hätte es gemacht, wenn der entscheidende Zeitpunkt [der erste Einsatz der Atombombe im Krieg] nicht erst der 6. August 1945, sondern der 6. August 1943 gewesen wäre.«[16]

In der Sowjetunion wurde die gesamte Kernforschung nach dem Überfall deutscher Truppen auf Rußland im Juni 1941 eingestellt, da andere Forschungszweige schnellere Erfolge für die nationale Verteidigung versprachen. Während die deutsche Armee auf Leningrad zumarschierte, wurden Seldowitsch und sein Freund Chariton nach Kasan evakuiert, wo sie fieberhaft an einer Verbesserung der Explosionskraft konventioneller Bomben arbeiteten. Im Jahre 1943 wurden sie schließlich nach Moskau berufen. Es sei klargeworden, so teilte man ihnen mit, daß sowohl die Amerikaner als auch die Deutschen am Bau einer Atombombe arbeiteten. Seldowitsch und Chariton sollten deshalb unter der Leitung von Igor W. Kurtschatow in einer kleinen, ausgesuchten Arbeitsgruppe an der Entwicklung einer sowjetischen Atombombe mitwirken.
Bis zum Abwurf der amerikanischen Atombomben über Hiroshima und Nagasaki zwei Jahre später hatte Kurtschatows Arbeitsgruppe die theoretischen Grundlagen für die Herstellung von Plutonium 239 in Kernreaktoren gemeistert und Entwürfe für verschiedene Atombombentypen angefertigt. Dabei hatten sich Chariton und Seldowitsch zu den führenden Theoretikern der Gruppe emporgearbeitet.
Als Stalin von den Atombombenexplosionen der Amerikaner erfuhr, machte er Kurtschatow zornige Vorhaltungen wegen der Rückständigkeit der sowjetischen Forschung. Kurtschatow verteidigte seine Arbeitsgruppe: Inmitten der katastrophalen Arbeitsbedingungen des Krieges und angesichts der knappen Ressourcen könne die Forschung nicht schneller vorangehen. Ärgerlich wies ihn Stalin mit der Bemerkung zurecht, daß eine Mutter nicht wissen könne, was dem Kind fehle, wenn es nicht schreit. Sagen Sie, was Sie brauchen, so befahl er, nichts soll Ihnen verweigert werden. Dann veranlaßte er unverzüglich die Einrichtung eines inten-

siven Forschungsprogramms, innerhalb dessen ohne Rücksicht auf Verluste die Bombe gebaut werden sollte. Das Programm stand unter der Oberhoheit von Lawrenti Pawlowitsch Berija, dem berüchtigten Chef der Geheimpolizei.
Die Anstrengungen, die Berija unternahm, sind unvorstellbar. Seiner Befehlsgewalt unterstanden Millionen sowjetischer Zwangsarbeiter in Stalins Gefangenenlagern. Sie bauten Uran ab, errichteten Urananreicherungsanlagen, Kernreaktoren, theoretische Forschungszentren, Versuchslabors sowie autarke, kleine Städte zur Versorgung dieser Einrichtungen. Diese über das ganze Land verstreuten Anlagen wurden in einer Weise abgeschirmt und geheimgehalten, wie es beim amerikanischen Manhattan-Projekt undenkbar gewesen wäre. Im Rahmen ihrer Forschungsarbeit wurden Seldowitsch und Chariton in eine dieser entlegenen Einrichtungen verlegt, an einen Ort, der zwar westlichen Geheimdiensten gegen Ende der fünfziger Jahre mit großer Wahrscheinlichkeit bekannt gewesen sein dürfte, der jedoch sowjetischen Bürgern bis 1990 verheimlicht wurde.* In dieser Einrichtung, die schlicht den Namen *Objekt* (»die Anlage«) trug, wurde Chariton zum Direktor und Seldowitsch zum Leiter der für den Entwurf der Bombe zuständigen Arbeitsgruppe ernannt, eine der wichtigsten Arbeitsgruppen des Projekts. Unter Berijas Oberhoheit setzte Kurtschatow auf jeden einzelnen Aspekt des Bombenprojekts mehrere voneinander unabhängige Forschergruppen an. Redundanz versprach Sicherheit. Einzelne Konstruktionsprobleme wurden auch an andere Forschergruppen weitergeleitet, darunter an ein Team unter der Leitung von Lew Landau am Institut für Physikalische Forschung in Moskau.
Während die Forscher unter Hochdruck an der Entwicklung der Bombe arbeiteten, erlangten sowjetische Spione durch Klaus Fuchs (einen britischen Physiker, der am amerikanischen Bombenprojekt mitarbeitete) Kenntnis von den amerikanischen Konstruktionsplänen für die Plutoniumbombe. Dieser Entwurf unterschied sich etwas von demjenigen, den Seldowitsch und seine Mitarbeiter entwickelt hatten, so daß Kurtschatow und Chariton angesichts des massiven Erfolgsdrucks, den Stalin und Berija auf sie ausübten, vor einer schwierigen Entscheidung standen. In einer Zeit, in der Mißerfolg oft den Tod bedeutete, fürchteten sie die Konsequenzen eines Fehlschlags bei ihrem ersten Atombombenversuch. Sie wußten, daß das amerikanische Modell in Alamogordo und Nagasaki funktioniert hatte, konnten sich jedoch ihres eigenen Entwurfs nicht vollkommen sicher sein. Da sie außerdem Plutonium nur für eine

* Es handelte sich um einen Ort in der Nähe von Arsamas, einer Stadt zwischen Tscheljabinsk und dem Uralgebirge.

einzige Bombe besaßen, war die Entscheidung schmerzlich, aber eindeutig: Sie stellten ihren eigenen Entwurf zurück* und übernahmen das amerikanische Modell.[17]

Am 3. September 1949 entdeckte ein amerikanisches Wetteraufklärungsflugzeug bei einem Routineflug von Japan nach Alaska Spaltprodukte des sowjetischen Atombombenversuches. Die Daten wurden einem Rat von Experten, darunter Oppenheimer, zur Begutachtung vorgelegt und ließen nur einen Schluß zu: Die Russen hatten einen Atombombenversuch durchgeführt!

Es folgte eine beispiellose Panik: In Hinterhöfen wurden Atombunker angelegt; Schulkinder exerzierten Zivilschutzübungen; McCarthy inszenierte seine »Hexenjagd« auf Kommunisten und deren Gesinnungsgenossen mit dem erklärten Ziel, Regierung, Armee, Medien und Universitäten von Spionen zu befreien. Daneben kam eine tiefgreifende Diskussion zwischen Politikern und Physikern in Gang. Edward Teller, einer der innovativsten Physiker beim amerikanischen Atombombenprojekt, trat massiv für ein Intensivprogramm zur Entwicklung der »Wasserstoffbombe« ein, einer Waffe, die auf der Verschmelzung von Wasserstoffkernen zu Helium beruht. Man wußte, daß die Wirkung einer solchen »Superbombe«, wenn es möglich sein sollte, sie zu bauen, verheerend sein müßte; ihrer gewaltigen Wirkung war scheinbar keine Grenze gesetzt. Wenn man eine Bombe wollte, die zehnmal, hundertmal, tausendmal oder gar millionenmal leistungsstärker war als die über Hiroshima abgeworfene Atombombe, so war dies mit der Wasserstoffbombe möglich.

John Wheeler unterstützte Teller: Ein intensiv betriebenes Programm zur Entwicklung der Superbombe sei unabdingbar, meinte er, um der sowjetischen Bedrohung entgegenzutreten. Robert Oppenheimer und das der Atomenergiekommission untergeordnete Beratergremium (General Advisory Committee), dem Oppenheimer vorstand, waren anderer Ansicht: Es sei vollkommen un-

* Nachdem die nach amerikanischem Vorbild gebaute Atombombe erfolgreich getestet worden war, kehrten die sowjetischen Forscher zu ihrem eigenen Entwurf zurück, bauten eine Bombe und testeten sie erfolgreich im Jahre 1951. Am 29. August 1949 war das Ziel schließlich nach vier Jahren unvorstellbarer Strapazen erreicht. Unzählige Zwangsarbeiter hatten in der Zwischenzeit unter unsäglichen Bedingungen ihr Leben lassen müssen. In der Nähe von Tscheljabinsk sammelten sich erste radioaktive Abfälle aus den Kernreaktoren an und sollten zehn Jahre später in einer verheerenden Explosion Hunderte von Quadratkilometern Boden verseuchen.[18] Doch all dies zählte nicht angesichts der Tatsache, daß die erste sowjetische Atombombe in der Nähe von Semipalatinsk in Kasachstan in Gegenwart des Oberkommandos der Sowjetischen Armee und führender Regierungsmitglieder erfolgreich getestet wurde.

klar, ob eine Superbombe, wie man sie sich gegenwärtig vorstelle, jemals funktionieren könne. Unabhängig davon sei anzunehmen, daß jede Superbombe, die viel leistungsfähiger wäre als eine gewöhnliche Atombombe, aufgrund ihres enormen Gewichts nicht mehr von einem Flugzeug oder einer Rakete transportiert werden könnte. Aber es gab auch noch moralische Bedenken, die Oppenheimer und seine Kollegen im General Advisory Committee wie folgt formulierten: »Wir gründen unsere Empfehlungen [gegen ein Intensivprogramm] auf unsere tiefe Überzeugung, daß die extremen Gefahren für die Menschheit, die diesem Vorschlag innewohnen, jeden militärischen Vorteil, der sich daraus ergeben könnte, bei weitem überwiegen. Lassen Sie uns klar festhalten, daß es sich hierbei um eine Superwaffe handelt. Sie gehört einer vollkommen anderen Waffengattung an als die Atombombe. Solche Superbomben zu entwickeln heißt, die Möglichkeit zu erringen, mit einer einzigen Bombe ein riesiges Gebiet verwüsten zu können. Ihre Verwendung wäre gleichbedeutend mit der Entscheidung, unzählige Zivilisten zu töten. Wir sind außerdem zutiefst beunruhigt über die möglichen globalen Auswirkungen der radioaktiven Strahlung, die bei der Explosion einiger Superbomben von nennenswerter Stärke entstehen würde. Wenn Superbomben überhaupt gebaut werden können, ist ihrer Zerstörungskraft keine Grenze gesetzt. Aus diesem Grund könnte die Superbombe zu einem Mittel des Völkermords werden.«[19]

Für Edward Teller und John Wheeler ergaben diese Argumente keinen Sinn. Ihrer Einschätzung nach würden die Russen sicherlich nicht darauf verzichten, die Wasserstoffbombe zu entwickeln, und wenn Amerika nicht nachzog, befände sich die freie Welt in großer Gefahr, hielten sie dagegen.

Schließlich setzte sich der von Teller und Wheeler vertretene Standpunkt durch. Am 10. März 1950 ordnete Präsident Truman ein Dringlichkeitsprogramm für die Entwicklung der Superbombe an.

Rückblickend erscheint es klar, daß der aus dem Jahre 1949 stammende Entwurf der Amerikaner für den Bau der Superbombe zum Scheitern verurteilt war, so wie Oppenheimers Kommission vermutet hatte. Da man sich dessen jedoch nicht völlig sicher war und außerdem kein besserer Vorschlag existierte, diente er bis März 1951 als Arbeitsgrundlage. Dann entwickelten Teller und Stanislaw Ulam jedoch einen radikal neuen Entwurf, der äußerst vielversprechend erschien.

Zunächst war die Erfindung von Teller und Ulam nur eine Idee. Wie Hans Bethe einmal sagte: »Neun von zehn Ideen Tellers erweisen sich als nutzlos. Er braucht Männer mit einem guten Urteilsvermögen, auch wenn sie weniger begabt sind als er, um die zehnte Idee, die oftmals ein Geniestreich ist, herauszu-

Einige Mitglieder von John Wheelers Arbeitsgruppe, die in Princeton an der Entwicklung der Wasserstoffbombe arbeiteten (1952).
Erste Reihe von links nach rechts: Margaret Fellows, Margaret Murray, Dorothea Ruffel, Audrey Ojala, Christene Shack, Roberta Casey. *Zweite Reihe*: Walter Aron, William Clendenin, Solomon Bochner, John Toll, John Wheeler, Kenneth Ford. *Dritte und vierte Reihe*: David Layzer, Lawrence Wilets, David Carter, Edward Frieman, Jay Berger, John McIntosh, Ralph Pennington, unbekannt, Robert Goerss. [*Aufnahme von Howard Schrader, Lawrence Wilets und John A. Wheeler.*]

filtern.«[20] Um festzustellen, ob es sich bei dieser Idee um einen Geniestreich oder einen Blindgänger handelte, war es erforderlich, sie in einen konkreten, detaillierten Bauplan für die Bombe umzusetzen und dann langwierige Rechnungen mit den besten verfügbaren Computern durchzuführen, um zu sehen, ob der Entwurf funktionieren konnte. Versprachen die Berechnungen Erfolg, konnte man damit beginnen, die richtige Bombe zu bauen und zu testen.
Zwei Forschergruppen – in Los Alamos und an der Princeton University – führten die erforderlichen Berechnungen durch. Unter Leitung von John Wheeler arbeiteten die Wissenschaftler in Princeton mehrere Monate Tag und Nacht, um einen vollständigen Entwurf für die Bombe nach der Idee von Teller und

Ulam zu erstellen und die Durchführbarkeit des Plans anhand von Computerberechnungen zu überprüfen. Wie Wheeler es später beschrieb: »Die Rechnungen, die wir durchzuführen hatten, waren gewaltig. Wir benutzten dazu die Computeranlagen New Yorks, Philadelphias und Washingtons – in der Tat stand uns ein beträchtlicher Teil der gesamten Computerkapazität der Vereinigten Staaten zur Verfügung. Larry Wilets, John Toll, Ken Ford, Louis Henyey, Carl Hausman, Dick l'Olivier und andere arbeiteten jeden Tag in drei Schichten von je sechs Stunden, um die Rechnungen zu beenden.«[21]

Als die Ergebnisse vorlagen und klar war, daß die Idee von Teller und Ulam wahrscheinlich praktisch umgesetzt werden konnte, berief man eine Sitzung am Institute for Advanced Study in Princeton ein (dessen Direktor Oppenheimer war), um dem General Advisory Committee und der übergeordneten Atomenergiekommission den Entwurf zu unterbreiten. Teller beschrieb seine Idee, und Wheeler erläuterte den speziellen Konstruktionsplan, den sein Team erarbeitet hatte, sowie die vorausgesagten Eigenschaften der Explosion. Wheeler erinnerte sich später: »Während ich mit meinem Vortrag begann, hastete Ken Ford von draußen zum Fenster, hob es an und reichte diese riesige Karte herein. Ich entrollte sie und hängte sie an die Wand; sie zeigte den Verlauf der thermonuklearen Explosion [nach unserer Berechnung]. ... Dem Ausschuß blieb nur die Schlußfolgerung, daß die Sache Hand und Fuß hatte. ... Unsere Berechnungen veranlaßten Oppie, seine Haltung zum Projekt zu überdenken.«[22]

Oppenheimer erklärte seine Reaktion so: »Das Programm, das wir 1949 besaßen, war eine völlig verdrehte Sache, von der man getrost behaupten konnte, daß sie technisch keinen Sinn ergab. Es war daher möglich zu sagen, daß man es nicht haben wollte, auch wenn man es haben konnte. Das Programm, das uns 1952 vorlag, war dagegen technisch so ausgefeilt, daß man darüber kein Wort zu verlieren brauchte. Es ging nun ausschließlich um die militärischen, politischen und menschlichen Aspekte des Problems; um das, was man tun würde, wenn man die Bombe besaß.«[23] Oppenheimer unterdrückte seine schwerwiegenden ethischen Bedenken und schloß sich mit den übrigen Mitgliedern des Ausschusses den Befürwortern der Superbombe, Teller, Wheeler und anderen, an. Mit beschleunigter Gangart wurde die Arbeit an dem Projekt fortgesetzt. Als die Bombe dann getestet wurde, funktionierte sie genau so, wie Wheelers Arbeitsgruppe und unabhängig von ihr die Wissenschaftler in Los Alamos vorausberechnet hatten.

Die umfangreichen Berechnungen von Wheelers Arbeitsgruppe wurden schließlich in einem geheimen Bericht unter dem Titel *Project Matterhorn Division B Report 31* (PMB-31) zusammengefaßt, der lange Zeit als Bibel für den Bau thermonuklearer Waffen (Wasserstoffbomben) galt.[24]

In den Jahren 1949 und 1950, während Amerika sich in einem Zustand der Panik befand und Oppenheimer, Teller und andere noch darüber diskutierten, ob die Vereinigten Staaten ein Dringlichkeitsprogramm zur Entwicklung der Superbombe starten sollten, arbeiteten Forscher in der Sowjetunion bereits mit Hochdruck am Bau einer solchen Bombe.

Im Frühjahr 1948,[25] fünfzehn Monate vor dem ersten sowjetischen Atombombenversuch, hatten Seldowitsch und sein Team Berechnungen zur Konstruktion einer Superbombe angestellt, die auf einer ähnlichen Vorstellung beruhte wie das erste, zum Scheitern verurteilte Programm der Amerikaner aus dem Jahre 1949.* Dann wurde im Juni 1948 in Moskau eine zweite Arbeitsgruppe gebildet, die sich mit Konstruktionsentwürfen für die Superbombe beschäftigen sollte.[27] Ihr Leiter war Igor Tamm, einer der bedeutendsten theoretischen Physiker der Sowjetunion. Die weiteren Mitglieder waren Witali Ginsburg (von dem in Kapitel 8 und 10 noch mehr die Rede sein wird), Andrej Sacharow (der in den siebziger Jahren zum Dissidenten wurde und seit den späten achtziger Jahren als Held gefeiert wird), Semjon Belenki und Juri Romanow. Ihre Aufgabe war es, die Berechnungen von Seldowitsch und seinen Mitarbeitern zu überprüfen und zu verbessern.

Die Gefühle, die die Wissenschaftler aus Tamms Arbeitsgruppe ihrer Aufgabe entgegenbrachten, wurden durch folgende Bemerkung Belenkis auf einen kurzen Nenner gebracht: »Somit besteht unsere Aufgabe darin, Seldowitsch den Hintern zu lecken.«[28] Seldowitsch, eine energische, anspruchsvolle Persönlichkeit mit einer gleichzeitig extremen Scheu vor politischen Fragen, zählte sicherlich nicht zu den beliebtesten Physikern der Sowjetunion, aber er gehörte zu den besten. Landau, der als Leiter einer kleinen Untergruppe im Bereich Konstruktion von Seldowitsch gelegentlich Anweisungen erhielt, diesen oder jenen Aspekt der Bombenkonstruktion zu berechnen, nannte Seldowitsch manchmal hinter dessen Rücken einen »Mistkerl«.[29] Seldowitsch dagegen verehrte Landau als einen Physiker von höchstem Urteilsvermögen und als seinen größten Lehrer – obwohl er niemals eine Vorlesung bei ihm gehört hatte.

Bereits nach wenigen Monaten hatten Sacharow und Ginsburg einen weitaus besseren Entwurf für die Konstruktion der Superbombe vorgelegt als Seldo-

* Sacharow hat die Vermutung geäußert, daß dieser Entwurf möglicherweise direkt auf Informationen zurückging, die auf dem Weg der Spionage, vielleicht durch Klaus Fuchs, in die Sowjetunion gelangten. Seldowitsch dagegen bestreitet, daß Fuchs oder irgendein anderer Spion nennenswerte Informationen über die Superbombe geliefert habe, die nicht schon bekannt gewesen seien. Die größte Bedeutung der sowjetischen Spionagebemühungen im Zusammenhang mit der Superbombe habe darin gelegen, die Obrigkeit davon zu überzeugen, daß ihre Physiker auf dem richtigen Weg waren.[26]

witsch und die Amerikaner, deren erstes Konzept zum Scheitern verurteilt war. Sacharow schlug vor, die Bombe als eine Art *Schichttorte* zu bauen: Lagen schweren Spaltmaterials (Uran) sollten sich mit Lagen leichten Fusionsmaterials abwechseln. Für den Fusionsbrennstoff schlug Ginsburg Lithiumdeuterid (LiD) vor.[30] In der extremen Hitze der Bombenexplosion würden sich die Lithiumkerne des Lithiumdeuterids in zwei Tritiumkerne spalten, die zusammen mit dem Deuterium aus dem Lithiumdeuterid zu Heliumkernen verschmelzen und dabei gewaltige Energiemengen freisetzen würden. Das schwere Uran sollte die Explosion verstärken, indem es verhinderte, daß die Explosionsenergie zu schnell nach außen entwich, indem es weiter dazu beitrug, das Fusionsmaterial zu komprimieren und indem es schließlich zusätzliche Energie aus seiner Spaltung freisetzte. Als Sacharow diese Vorstellungen vortrug, begriff Seldowitsch sofort, wie vielversprechend dieser Ansatz war. Sacharows geschichtete Bombe und Ginsburgs Lithiumdeuterid rückten schnell in den Mittelpunkt der sowjetischen Bombenforschung.

Um die Entwicklung der Bombe voranzutreiben, mußten Sacharow, Tamm, Belenki und Romanow von Moskau in die geheime »Anlage« in der Nähe des Urals übersiedeln. Ginsburg war davon ausgenommen. Der Grund lag auf der Hand: Drei Jahre zuvor hatte Ginsburg eine schöne junge Frau namens Nina Iwanowna geheiratet, die in den frühen vierziger Jahren unter dem Vorwand, sie hätte ein Attentat auf Stalin verüben wollen, ins Gefängnis geworfen wurde. Sie und ihre Mitangeklagten sollten geplant haben, Stalin auf seinem Weg durch die Arbat-Straße aus einem Fenster von Ninas Wohnung heraus zu erschießen. Als die drei Richter zusammenkamen, um über das Schicksal der Angeklagten zu befinden, wies jemand darauf hin, daß ihre Wohnung überhaupt kein Fenster zur Arbat-Straße besaß, und so wurde ihr in einer seltenen Anwandlung von Gnade das Leben geschenkt. Sie wurde nur zu einer Gefängnisstrafe und anschließendem Exil, nicht jedoch zum Tode verurteilt. Ihre Inhaftierung genügte aber wahrscheinlich, um Ginsburg, den Erfinder des Lithiumdeuterid-Brennstoffs, verdächtig erscheinen zu lassen und um ihn aus der »Anlage« fernzuhalten. Ginsburg, der die physikalische Grundlagenforschung der Arbeit an der Bombe bei weitem vorzog, war froh, und auch die Physik profitierte davon in hohem Maße: Während Seldowitsch, Sacharow und Wheeler sich auf die Bombe konzentrierten, löste Ginsburg das Rätsel um die Ausbreitung der kosmischen Strahlung in unserer Galaxie und erklärte gemeinsam mit Landau den Ursprung der Supraleitung.

Im Jahre 1949, nachdem das sowjetische Atombombenprojekt erfolgreich abgeschlossen worden war, befahl Stalin, alle nationalen Ressourcen fortan, ohne

Unterbrechung, dem Bau der Superbombe zu widmen. Die Zwangsarbeiter, die Forschungszentren, die Fabrikanlagen, die Versuchseinrichtungen, die Vielzahl physikalischer Arbeitsgruppen, dies alles sollte dazu eingesetzt werden, den Amerikanern beim Bau der Wasserstoffbombe zuvorzukommen. Die Amerikaner, die noch immer über das Für und Wider eines Dringlichkeitsprogramms für den Bau der Superbombe debattierten, ahnten davon nichts. Aufgrund ihrer überlegenen Technik und längeren Erfahrung besaßen die Amerikaner jedoch einen großen Vorsprung.

Am 1. November 1952 zündeten sie ihre erste Wasserstoffbombe, die den Decknamen *Mike* trug. Mike war entworfen worden, um die Erfindung von Teller und Ulam zu testen, und beruhte auf den Konstruktionsplänen, die Wheelers Arbeitsgruppe in Princeton und ein zweites Team in Los Alamos berechnet hatten. Der Hauptbrennstoff der Bombe war Deuterium. Um das Deuterium zu verflüssigen und in den Sprengkörper zu pumpen, war eine riesige, fabrikähnliche Apparatur erforderlich. Es handelte sich also nicht um eine Art Bombe, mit der man Flugzeuge oder Raketen ausrüsten konnte. Gleichwohl zerstörte sie die Insel Elugelab im Eniwetok-Atoll im Pazifischen Ozean völlig. Ihre Sprengkraft war achthundertmal stärker als die Sprengkraft der Hiroshima-Bombe, die mehr mehr als 100000 Menschen getötet hatte.[31]

Am 5. März 1953 verkündete Radio Moskau – untermalt von Trauermusik – den Tod Josef Stalins. In den Vereinigten Staaten löste diese Nachricht Freude aus, in der Sowjetunion Trauer. Andrej Sacharow schrieb an seine Frau: »Ich stehe ganz unter dem Eindruck des Todes eines großen Menschen. Ich denke an seine Menschlichkeit.«[32]

Am 12. August 1953 zündeten die Russen in Semipalatinsk ihre erste Wasserstoffbombe. Diese von den Amerikanern *Joe-4* getaufte Bombe beruhte auf dem Entwurf von Sacharow und Ginsburg: Sie war in verschiedenen Schichten aufgebaut, benutzte Lithiumdeuterid als Kernbrennstoff und war außerdem klein genug, um mit einem Flugzeug transportiert werden zu können. Allerdings wurde der Kernbrennstoff von Joe-4 nicht nach der von Teller und Ulam entwickelten Methode gezündet, und so war die sowjetische Bombe weniger leistungsstark als die der Amerikaner: Während Mike achthundertmal stärker war als die Bombe von Hiroshima, war Joe-4 »nur« dreißigmal stärker.

Nach amerikanischem Verständnis handelte es sich bei der russischen Bombe überhaupt nicht um eine Wasserstoffbombe im eigentlichen Sinne, sondern um eine Atombombe, deren Sprengkraft durch die Verwendung von Fusionsbrennstoff erhöht wurde. Solche Atombomben waren bereits Bestandteil der amerikanischen Waffenarsenale, doch amerikanische Experten weigerten sich, sie als Wasserstoffbomben zu betrachten, weil es aufgrund ihres geschichteten Aufbaus nicht möglich war, eine *beliebig* große Menge an Fusionsmaterial zu zünden. Bei dieser Konstruktion war es ausgeschlossen, eine »Weltuntergangswaffe« von tausendfacher Sprengkraft der Hiroshima-Bombe herzustellen.

Aber eine Explosionskraft von dreißig Hiroshima-Bomben war natürlich nicht zu verachten, zumal eine solche Bombe transportabel war. Joe-4 war in der Tat eine furchterregende Waffe, und Wheeler und andere Amerikaner waren dankbar und froh, daß sie aufgrund ihrer eigenen, noch stärkeren Superbombe nicht fürchten mußten, dem neuen sowjetischen Machthaber, Georgi Malenkow, hilflos ausgeliefert zu sein.

Am 1. März 1954 zündeten die Amerikaner ihre erste mit Lithiumdeuterid betriebene transportable Superbombe. Sie erhielt den Decknamen *Bravo* und beruhte wie Mike auf der Idee von Teller und Ulam und den Berechnungen, die in Princeton und Los Alamos durchgeführt worden waren. Ihre Explosionsenergie war eintausenddreihundertmal höher als die der Hiroshima-Bombe.

Im März 1954 fanden Sacharow und Seldowitsch (unabhängig von den Amerikanern) das Teller-Ulam-Verfahren.[33] Binnen weniger Monate arbeiteten sowjetische Forscher fieberhaft daran, diesen Entwurf technisch umzusetzen und eine wahrhafte Superbombe zu konstruieren, die beliebige Zerstörungskraft besitzen konnte. Es dauerte genau achtzehn Monate, bis die Bombe gebaut war. Am 23. November 1955 wurde sie schließlich gezündet und erreichte eine Explosionskraft vom Dreihundertfachen der Hiroshima-Bombe.

Doch wie Oppenheimers General Advisory Committee in seiner Ablehnung des Dringlichkeitsprogramms zum Bau der Superbombe vermutet hatte, sind Bomben von solch gewaltiger Zerstörungskraft weder für die sowjetischen noch für die amerikanischen Militärbehörden jemals sehr verlockend gewesen (ganz zu schweigen von einer solch monströsen Bombe, wie sie von den Russen in dem Versuch gezündet wurde, John F. Kennedy einzuschüchtern; ihre Zerstörungskraft betrug das Fünftausendfache der Hiroshima-Bombe). Die Waffen, die heute in den Arsenalen der Atommächte lagern, besitzen meist eine Sprengkraft vom Dreißigfachen der Hiroshima-Bombe. Obwohl es sich um richtige Wasserstoffbomben handelt, sind sie nicht zerstörerischer als eine große Atombombe. Das Militär hatte weder den Wunsch nach einer solchen »Weltuntergangswaffe«, noch hatte es Verwendung dafür. Der einzige Nutzen solcher Waffen bestand in der psychologischen Einschüchterung des Gegners; doch Einschüchterung kann in einer Welt mit politischen Führern wie Josef Stalin zu einer ernsten Angelegenheit werden.

Kasten 6.2

Warum bauten sowjetische Physiker für Stalin die Bombe?

Warum arbeiteten Seldowitsch, Sacharow und andere große sowjetische Physiker so hart daran, für Josef Stalin Atombomben und Wasserstoffbomben zu bauen? Stalin hatte den Tod von vielen Millionen Sowjetbürgern zu verantworten: 6 bis 7 Millionen Bauern und Kulaken während der Zwangskollektivierung in den frühen dreißiger Jahren; 2,5 Millionen Menschen aus den obersten Schichten der Gesellschaft, des Militärs und der Regierung während der großen Säuberungsaktionen zwischen 1937 und 1939; 10 Millionen Menschen aus allen Gesellschaftsschichten in Gefängnissen und Arbeitslagern während der dreißiger, vierziger und fünfziger Jahre. Wie konnte irgendein Physiker ruhigen Gewissens die Superwaffe in die Hände eines so *bösen* Menschen legen?
Diejenigen, die solche Fragen stellen, machen sich nicht klar, in welcher Verfassung sich die Sowjetunion in den späten vierziger und frühen fünfziger Jahren befand:

1. Die Sowjetunion hatte gerade erst den blutigsten und verheerendsten Krieg ihrer Geschichte knapp überstanden – einen Krieg, in dem Deutschland, der Aggressor, 27 Millionen Sowjetbürger getötet und weite Teile des Landes verwüstet hatte –, da feuerte Winston Churchill eine erste Salve des kalten Krieges ab: In einer Ansprache am 5. März 1946 in Fulton, Missouri, warnte Churchill den Westen vor der sowjetischen Bedrohung und prägte den Begriff »eiserner Vorhang« zur Beschreibung der Grenzen, die Stalin um sein Reich errichtet hatte. Stalins Propagandamaschinerie schlachtete Churchills Rede weidlich für ihre Zwecke aus und erzeugte unter der sowjetischen Bevölkerung eine tiefgehende Furcht vor einem britischen oder amerikanischen Angriff. Die Amerikaner, so behaupteten die sowjetischen Medien, planten einen Atomkrieg gegen die Sowjetunion, bei dem Hunderte von Atombomben mit Flugzeugen über sowjetischen Städten abgeworfen werden sollten.* Die meisten sowjetischen Physiker glaubten an diese Bedrohung und hielten es daher für absolut notwendig, Atomwaffen herzustellen, um sich vor einer Wiederholung des verheerenden deutschen Überfalls zu schützen.

2. Die stalinistische Staatsmaschinerie übte ihr Informationsmonopol so ef-

* Seit 1945 enthielt die amerikanische Verteidigungsstrategie für den Fall eines konventionellen Angriffskrieges durch die UdSSR in der Tat eine Option für den massiven Einsatz nuklearer Waffen über sowjetischen Städten und militärischen wie industriellen Zielen. Siehe dazu Brown (1978).

fektiv aus und vermochte sogar führende Wissenschaftler so geschickt zu manipulieren, daß nur wenige begriffen, wie gefährlich Stalin wirklich war. Stalin wurde von den meisten sowjetischen Physikern wie auch von den meisten Sowjetbürgern als der *Große Führer* verehrt – als ein strenger, aber wohlwollender Diktator, dem letztlich der Sieg über Deutschland zu verdanken war und der sein Volk auch weiterhin vor einer feindlichen Welt beschützen würde. Die sowjetischen Physiker waren sich durchaus bewußt, daß die unteren Ebenen der politischen Hierarchie korrupt und gefährlich waren: Die fadenscheinigste Verleumdung durch eine Person, die man kaum kannte, reichte aus, um ins Gefängnis geworfen oder gar zum Tode verurteilt zu werden. (In den späten sechziger Jahren äußerte Seldowitsch mir gegenüber einmal: »Das Leben ist heute so wundervoll; niemand muß mehr ängstlich auf das Klopfen in der Nacht lauschen, und die Freunde verschwinden nicht mehr spurlos.«) Die Verantwortung für diese Verbrechen konnte jedoch nicht beim Großen Führer liegen, so glaubten die meisten Physiker, sondern bei irgendwelchen untergeordneten Beamten. (Landau wußte es zwar besser – im Gefängnis hatte er viel erfahren –, doch durch die Gefangenschaft psychisch zerbrochen, sprach er selten von Stalins Schuld. Und wenn er dies doch einmal tat, glaubten ihm seine Freunde nicht.)

3. Obwohl man in ständiger Angst lebte, funktionierten die Zensur und die gezielte Desinformation so gut, daß niemand eine Vorstellung von der Zahl der Todesopfer hatte, die auf das Konto des stalinistischen Terrorregimes gingen. Erst in den späten achtziger Jahren, im Zeitalter von Glasnost und Gorbatschow, begriff man allmählich, wie hoch der Blutzoll gewesen war.
4. Viele sowjetische Physiker waren »Fatalisten«. Sie dachten über diese Dinge nicht nach. Das Leben war so mühsam, daß man nur versuchen konnte, irgendwie über die Runden zu kommen und seine Arbeit so gut wie möglich zu verrichten – worin diese Arbeit auch bestehen mochte. Zudem war es eine herausfordernde Aufgabe, die technischen Schwierigkeiten beim Bau der Bombe zu meistern; die Arbeitsatmosphäre unter den Forschern war von Kameradschaftlichkeit geprägt, und das mit dieser Tätigkeit verbundene Ansehen und die Bezahlung waren nicht unerheblich.

Am 2. Juli 1953 übernahm Lewis Strauss, ein Mitglied der Atomenergiekommission und erbitterter Gegner Oppenheimers in der Frage des Dringlichkeitsprogramms für die Superbombe, den Vorsitz der Kommission. Eine seiner ersten Amtshandlungen bestand darin, alle als geheim eingestuften Dokumente aus Oppenheimers Büro in Princeton entfernen zu lassen. Strauss und viele andere in Washington hegten tiefe Zweifel an Oppenheimers Zuverlässigkeit. Wie konnte sich ein Mann, der seinem Vaterland gegenüber loyal war, den Bemühungen um eine Superbombe widersetzen, wie dies der Fall gewesen war, bevor Wheelers Arbeitsgruppe gezeigt hatte, daß die Erfindung von Teller und Ulam funktionieren würde! William Borden, der Chefberater des Atomenergieausschusses im Kongreß während der Debatte um die Superbombe, schrieb einen Brief an J. Edgar Hoover, in dem er unter anderem die Feststellung traf: »Nachdem ich meine Überzeugung reiflich überdacht und jahrelang alle verfügbaren geheimen Unterlagen ausgewertet habe, möchte ich Ihnen meine Ansicht darlegen, daß J. Robert Oppenheimer höchstwahrscheinlich ein Agent der Sowjetunion ist.« Oppenheimers politische Unbedenklichkeitsbescheinigung wurde aufgehoben. Während gleichzeitig die Vereinigten Staaten ihre ersten transportablen Wasserstoffbomben testeten, leitete die Atomenergiekommission gegen Oppenheimer ein Untersuchungsverfahren ein, um festzustellen, ob er wirklich ein Sicherheitsrisiko darstellte.

Wheeler hielt sich zur Zeit der Anhörungen im April und Mai 1954 aus anderem Grund in Washington auf, doch war er in keiner Weise an dem Verfahren beteiligt. Teller dagegen, ein enger Freund Wheelers, besuchte ihn am Abend vor seiner Aussage im Hotel und wanderte stundenlang im Zimmer auf und ab. Wenn Teller sagte, was er wirklich dachte, dann würde er Oppenheimer schweren Schaden zufügen. Doch konnte er darauf verzichten? Wheeler zweifelte nicht einen Augenblick: Seiner Ansicht nach konnte Teller aufgrund seiner integren Persönlichkeit gar nicht anders, als nach bestem Wissen und Gewissen auszusagen.

Wheeler hatte recht. Am nächsten Tag machte Teller folgende Aussage – und vertrat damit einen Standpunkt, den Wheeler teilte: »In einer großen Zahl von Fällen hat sich Dr. Oppenheimer in einer Weise verhalten ..., die für mich überaus schwer zu verstehen war. In zahlreichen Fragen vertraten wir vollkommen unterschiedliche Meinungen, und seine Handlungen erschienen mir offen gesagt wirr und kompliziert. Insofern würde ich mich wohler fühlen, wenn die vitalen Interessen dieses Landes in den Händen einer Person lägen, die ich besser verstehen und der ich deshalb mehr vertrauen könnte. ... Ich glaube, und das ist lediglich eine Frage des Glaubens, ich bin kein Experte, und ich kann mich auf keine gesicherten Informationen stützen, daß Dr. Oppenheimers Persönlichkeit so beschaffen ist, daß er nicht wissentlich oder willentlich etwas tun würde, was dazu beitragen könnte, die Sicherheit dieses Landes zu beeinträchtigen. Insofern sich Ihre Frage also auf absichtliches Verhalten bezieht, würde ich sagen, daß ich keinen Grund sehe, warum die Unbedenklichkeitsbescheinigung verweigert werden sollte. Wenn es jedoch um die Frage geht, inwieweit die Handlungen seit 1945 Urteilsvermögen und Umsichtigkeit demonstrieren, dann würde ich sagen, daß es ratsamer wäre, die Unbedenklichkeitsbescheinigung nicht zu erteilen.«[34]

Fast alle anderen Physiker, die in den Anhörungen aussagten, setzten sich vorbehaltlos für Oppenheimer ein und waren entsetzt über Tellers Aussage. Trotz dieser Unterstützung und obwohl es keine glaubwürdigen Beweise für den Verdacht gab, daß Oppenheimer ein »Agent der Sowjetunion« sei, gab das politische Klima der Zeit den Ausschlag: Oppenheimer wurde zu einem Sicherheitsrisiko erklärt, und ihm wurde die Erteilung der Unbedenklichkeitsbescheinigung verweigert.

Für die meisten Physiker wurde Oppenheimer zu einem Märtyrer und Teller zu einem Schurken. Den Rest seines Lebens sollte Teller von den Mitgliedern der physikalischen Gemeinschaft geächtet werden. Wheeler erschien es jedoch so, als sei Teller der Märtyrer: Teller hatte den Mut gehabt, nach bestem Wissen und Gewissen seine Meinung zu vertreten. Er hatte die Sicherheit seines Vaterlandes höher bewertet als kollegiale Solidarität, und dafür verdiente er nach Wheelers Ansicht »Achtung« und nicht Ächtung.[35] Andrej Sacharow sollte fünfunddreißig Jahre später derselben Meinung sein.*

Die Geburt Schwarzer Löcher: zu einem tieferen Verständnis

Wheeler und Oppenheimer vertraten nicht nur in der Frage der nationalen Sicherheit konträre Positionen, sondern sie verfolgten auch in der theoretischen Physik vollkommen unterschiedliche Ansätze. Während Oppenheimer sich mit den Voraussagen der bewährten physikalischen Gesetze beschäftigte, war Wheeler beseelt von dem Wunsch, über die Grenzen der bewährten physikalischen Gesetze hinauszuschauen. Es drängte ihn, in jene Gebiete vorzustoßen,

* Ich möchte an dieser Stelle anmerken, daß ich vollkommen anderer Ansicht bin als Sacharow und Wheeler (obwohl Wheeler einer meiner besten Freunde und mein Mentor ist). Eine sorgfältige und ausgewogene Darstellung der Kontroverse zwischen Teller und Oppenheimer sowie der amerikanischen Debatte über den Bau der Superbombe findet sich in Bethe (1982) und York (1976). Lesern, die sich für Sacharows Standpunkt interessieren, empfehle ich Sacharow (1990). Eine Kritik an Sacharows Standpunkt findet sich in Bethe (1990). Die Protokolle der Oppenheimer-Anhörungen sind in USEAC (1954) nachzulesen.

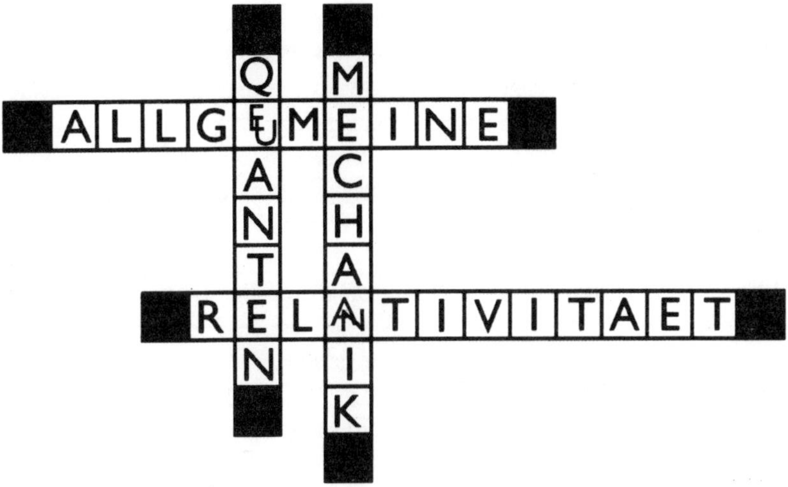

wo die bekannten Gesetze versagten und neue gefunden werden mußten. Er übertraf sich selbst in dem Bemühen, das 21. Jahrhundert vorauszuahnen und einen Blick auf die Gesetze zu werfen, die das neue Jahrhundert bereithalten mochte.

Seit den fünfziger Jahren schien für Wheeler eine solche vorausschauende Perspektive am besten aus der Verknüpfung der allgemeinen Relativität (den Gesetzen des Großen) mit der Quantenmechanik (den Gesetzen des Kleinen) zu resultieren. Diese beiden großen Gedankengebäude ließen sich nicht zu einem logisch widerspruchsfreien Gebilde vereinen. Es war wie bei einem Kreuzworträtsel, an dessen Lösung man noch arbeitet. Man hat zwar einige Wörter in die Reihen und Spalten eingetragen, doch stellt man nun fest, daß es an den Schnittstellen der Spalten und Reihen zu Widersprüchen kommt. Dort, wo das waagerechte Wort ALLGEMEINE ein E erfordert, verlangt das senkrechte Wort QUANTEN nach einem U, und dort, wo das waagerechte Wort RELATIVITÄT ein A voraussetzt, benötigt das senkrechte Wort MECHANIK ein N. Wenn man die Reihen und Spalten betrachtet, liegt es auf der Hand, daß der eine oder der andere Begriff oder beide verändert werden müssen, damit das Kreuzworträtsel gelöst werden kann. Ebenso lag es in Anbetracht der Gesetze der allgemeinen Relativitätstheorie und der Gesetze der Quantenmechanik auf der Hand, daß entweder die eine oder die andere Theorie oder beide modifiziert werden mußten, um eine logisch widerspruchsfreie Synthese zu erhalten.

Sollte dies gelingen, so wäre das Ergebnis ein Satz neuer, weitreichender Gesetze, für den die Physiker den Begriff *Quantengravitation* prägten. Allerdings konnte man sich in den fünfziger Jahren noch nicht sehr gut vorstellen, wie eine solche Verknüpfung der allgemeinen Relativität mit der Quantenmechanik aussehen mußte, so daß trotz aller Anstrengungen der Erfolg ausblieb.

Nur langsame Fortschritte erzielten die Physiker auch in ihrem Bemühen um ein Verständnis der elementaren Bausteine des Atoms: der Neutronen, Protonen, Elektronen und der Vielzahl anderer *Elementarteilchen,* die in Teilchenbeschleunigern erzeugt wurden.

Wheeler träumte davon, diese Beschränkungen zu überwinden und zugleich Einblick in das Wesen der Quantengravitation und der Elementarteilchen zu gewinnen. Ein solcher Einblick, so glaubte er, ergebe sich am ehesten aus der Erforschung jener Gebiete der theoretischen Physik, wo Paradoxien im Überfluß herrschen, denn die Lösung von Paradoxien vermittelte seiner Überzeugung nach neue, tiefe Einsichten. Je geheimnisvoller das Paradoxon war, desto eher konnte man annehmen, daß die Lösung über die Grenzen der bekannten Physik hinausging.

Diese Geisteshaltung war es, die Wheeler nach dem Bau der Superbombe veranlaßte, mit Harrison und Wakano die Wissenslücken in unserem Verständnis kalter Sterne zu schließen (Kapitel 5), und die ihn dazu trieb, das »Schicksal großer Massen« zu erforschen. Hier handelte es sich um ein tiefes Paradoxon von der Art, wie es Wheeler vorschwebte: Kein kalter Stern kann schwerer als zwei Sonnenmassen sein, und trotzdem scheint es am Himmel unzählige heiße Sterne zu geben, die ein Vielfaches schwerer sind – Sterne, die irgendwann erkalten und sterben müssen. Oppenheimer hatte in seiner zielstrebigen Art untersucht, welche Vorhersagen die bewährten physikalischen Gesetze für das Verhalten solcher Sterne machten, und hatte (gemeinsam mit Snyder) eine Antwort gefunden, die Wheeler zutiefst unglaubhaft erschien. Sie bestärkte Wheeler in seiner Überzeugung, daß das Schicksal massereicher Sterne einen Einblick in noch unbekannte Gesetze der Physik erlauben mochte – eine Überzeugung, die sich als richtig erweisen sollte, wie wir in Kapitel 12 und 13 sehen werden.

Wheeler war erfüllt von dem leidenschaftlichen Drang, das Schicksal massereicher Sterne zu verstehen und herauszufinden, ob diese Frage den Schlüssel zu den Geheimnissen der Quantengravitation und der Elementarteilchen in sich barg. Oppenheimer dagegen schien dieser Frage im Jahre 1958 gleichgültig gegenüberzustehen. Er war von der Richtigkeit seiner Berechnungen mit Snyder überzeugt, doch zeigte er kein Interesse daran, diese Arbeit fortzuführen und zu einem tieferen Verständnis zu gelangen. Vielleicht war er der aufreibenden Kämpfe der vergangenen zwei Jahrzehnte müde – der Auseinandersetzungen beim Bau der Atombomben, der politischen Kämpfe, der persönlichen Kämpfe. Vielleicht erfüllten ihn auch die Geheimnisse des Unbekannten mit einer unüberwindlichen Scheu. Jedenfalls leistete er keine weiteren Beiträge zur Lösung dieser Frage; eine neue Generation von Physikern setzte die Arbeit fort. Oppenheimers Vermächtnis stellte die Arbeitsgrundlage für Wheeler dar, und in der Sowjetunion war es das Vermächtnis Landaus, auf dem Seldowitsch aufbauen konnte.

In der Auseinandersetzung mit Oppenheimer in Brüssel im Jahre 1958 vertrat Wheeler die Ansicht, daß die Berechnungen Oppenheimers und Snyders aufgrund ihrer starken Idealisierungen nicht zuverlässig waren (Abb. 6.3 oben). Insbesondere war Oppenheimer von der vereinfachten Annahme ausgegangen, daß der kollabierende Stern keinen wie auch immer gearteten Druck besitzt. Ohne Druck konnte jedoch die kollabierende Materie keine Schockwellen erzeugen; ohne Druck und ohne Schockwellen war es wiederum unmöglich, daß sich die implodierende Materie erwärmte; ohne Wärme und Druck konnte freilich keine nukleare Reaktion ausgelöst und keine Strahlung ausgesandt werden, und ohne Aussendung von Strahlung und Ausschleudern von Materie durch nukleare Reaktionen, Druck und Schockwellen konnte der Stern seine Masse nicht verringern. Wenn jedoch der Verlust von Masse von vornherein ausgeschlossen wurde, dann gab es für den Stern keine Möglichkeit, unter die kritische Grenze von zwei Sonnenmassen für die Entstehung eines kalten Neutronensterns zu gelangen. Kein Wunder also, daß Oppenheimers kollabierender Stern ein Schwarzes Loch bildete, so argumentierte Wheeler; seine Idealisierungen ließen eine andere Entwicklung gar nicht zu!
Im Jahre 1939, als Oppenheimer und Snyder an dieser Frage gearbeitet hatten, war es vollkommen aussichtslos gewesen, den Kollaps eines Sterns unter realistischen Bedingungen berechnen zu wollen, das heißt unter Berücksichtigung von Druck (thermalem Druck, Entartungsdruck oder dem durch die Kernkraft verursachten Druck), Kernreaktionen, Schockwellen, Wärme, Strahlung und des Ausschleuderns von Masse. Die in der Zwischenzeit bei der Entwicklung nuklearer Waffen gewonnenen Erfahrungen lieferten jedoch genau das richtige Werkzeug. Der Druck, die nuklearen Reaktionen, die Schockwellen, die Wärme, die Strahlung und das Ausschleudern von Masse sind wesentliche Faktoren für das Funktionieren einer Wasserstoffbombe. Um eine Bombe zu bauen, mußten also all diese Merkmale in Computerberechnungen simuliert werden,

und genau dies hatte Wheelers Arbeitsgruppe natürlich getan. Folglich wäre es für sie naheliegend gewesen, ihre Computerprogramme so umzuschreiben, daß sie nicht die Explosion einer Wasserstoffbombe, sondern den Kollaps eines massereichen Sterns simulierten.

Dies wäre naheliegend gewesen, wenn die Arbeitsgruppe noch existiert hätte. Sie hatte sich jedoch nach Abfassen des PMB-31-Berichtes aufgelöst, und ihre Mitglieder hatten sich in alle Winde zerstreut, um zu lehren, Forschung zu treiben oder Verwaltungsaufgaben an Universitäten oder staatlichen Laboratorien nachzugehen.

Die Experten der amerikanischen Kernwaffenforschung konzentrierten sich mittlerweile in Los Alamos und in einem neuen staatlichen Laboratorium im kalifornischen Livermore. Dort interessierte sich in den späten fünfziger Jahren Stirling Colgate zunehmend für das Problem des stellaren Kollapses.[36] Ermutigt von Edward Teller und in Zusammenarbeit mit Richard White und später Michael May, begann Colgate, einen solchen Kollaps auf dem Computer zu simulieren, wobei er einige der von Oppenheimer vorgenommenen Idealisierungen beibehielt. Wie Oppenheimer gingen Colgate und seine Kollegen davon aus, daß der kollabierende Stern sphärisch war und nicht rotierte. Ohne diese Beschränkung hätten sich ihre Berechnungen beträchtlich schwieriger gestaltet. Allerdings berücksichtigten sie in ihrer Simulation alle wichtigen Aspekte, die Wheeler beunruhigten: den Druck, die nuklearen Reaktionen, die Schockwellen, die Wärme, die Strahlung und das Ausschleudern von Masse. Dies war möglich geworden aufgrund der beim Bau der Bombe entwickelten Computerprogramme und der dabei gewonnenen Erkenntnisse. Zwar mußten die Simulationen noch vervollkommnet werden, was einige Jahre in Anspruch nehmen sollte, doch in den sechziger Jahren funktionierten sie zur vollen Zufriedenheit.

Eines Tages, Anfang 1960, hastete John Wheeler leicht verspätet, aber freudestrahlend in den Hörsaal in Princeton, um eine Vorlesung über die Relativitätstheorie zu halten, an der ich als Student teilnahm. Er war gerade von einem Besuch in Livermore zurückgekehrt, wo Colgate, White und May ihm die Ergebnisse ihrer jüngsten Simulationen mitgeteilt hatten. Mit vor Aufregung vibrierender Stimme zeichnete er ein Diagramm nach dem anderen an die Tafel und erklärte, was er von seinen Kollegen in Livermore erfahren hatte.

Wenn der kollabierende Stern eine kleine Masse hatte, löste er, genau wie Fritz Zwicky dreißig Jahre zuvor vermutet hatte, eine Supernova-Explosion aus und endete als Neutronenstern. Lag die Masse des Sterns weit oberhalb der Neutronensterngrenze von zwei Sonnenmassen, dann bildete der kollabierende Stern ein Schwarzes Loch – ungeachtet des Drucks, der nuklearen Reaktionen, der

Schockwellen, der Wärme und der Strahlung. Die Geburt des Schwarzen Loches ähnelte in bemerkenswerter Weise den von Oppenheimer und Snyder fünfundzwanzig Jahre zuvor gemachten Aussagen – trotz der stark idealisierten Annahmen ihrer Berechnung. So schien sich der Kollaps von außen betrachtet immer mehr zu verlangsamen, bis er schließlich bei Erreichen des kritischen Umfangs erstarrte. Für einen Beobachter an der Oberfläche des Sterns erstarrte der Kollaps jedoch keineswegs, sondern setzte sich immer weiter fort. Ohne zu stocken, ließ der Stern bei seinem Zusammensturz den kritischen Umfang hinter sich und fuhr einfach fort, nach innen zu schrumpfen.

Wheeler hatte dies bereits erwartet. Andere Erkenntnisse, die im Folgenden beschrieben werden sollen, hatten seine Skepsis besiegt und ihn zu einem begeisterten Verfechter Schwarzer Löcher werden lassen. Doch hier hatte er endlich den ersten konkreten Beweis aus einer realistischen Computersimulation: Der Kollaps muß ein Schwarzes Loch erzeugen.

War Oppenheimer erfreut über diesen Sinneswandel Wheelers? Er zeigte jedenfalls wenig Interesse und Gefühlsregung. Als im Dezember 1963 anläßlich der Entdeckung von Quasaren (Kapitel 9) eine internationale Konferenz in Dallas, Texas, einberufen wurde, hielt Wheeler einen langen Vortrag über den Kollaps von Sternen. Darin zitierte er mit Begeisterung die von Oppenheimer und Snyder 1939 durchgeführten Berechnungen. Oppenheimer, der ebenfalls an der Konferenz teilnahm, saß jedoch derweil mit einem Freund in der Eingangshalle und unterhielt sich über andere Dinge. Dreißig Jahre später erinnerte sich Wheeler noch immer mit Wehmut an diese Szene.

In den späten fünfziger Jahren verlor Seldowitsch allmählich das Interesse an der Waffenforschung. Die meisten der wirklich interessanten Probleme waren gelöst. Auf der Suche nach neuen Herausforderungen stürzte er sich in die Elementarteilchentheorie und in die Astrophysik, doch leitete er weiterhin die Konstruktionsgruppe in der »Anlage« sowie eine Rechengruppe am Institut für Angewandte Mathematik in Moskau.

Bei der Arbeit an der Bombe hatte Seldowitsch seine Kollegen mit Ideen überschüttet, während diese die erforderlichen Rechnungen ausführten, um zu sehen, ob seine Ideen praktikabel waren. »Seldowitsch ist der Zündfunke und sein Team das Benzin«, beschrieb es Ginsburg einmal. Diesem Stil blieb Seldowitsch auch in der Astrophysik treu.

Der stellare Kollaps gehörte zu den Problemen, die Seldowitsch besonders faszinierten. Wie Wheeler, Colgate, May und White in den Vereinigten Staaten erkannte er, daß das beim Bau der Wasserstoffbombe entwickelte Instrumentarium in idealer Weise dazu geeignet war, mathematische Simulationen kollabierender Sterne durchzuführen.

Für die Berechnung der Details eines realistischen Sternkollapses suchte sich Seldowitsch einige junge Forscher: Dmitri Nadeschin und Wladimir Imschennik vom Institut für Angewandte Mathematik sowie Michail Podurez von der »Anlage«. In einer Reihe intensiver Diskussionen schilderte er ihnen, wie er sich die Computersimulation des stellaren Kollapses vorstellte, und machte sie mit allen wichtigen Effekten vertraut, die bei der Wasserstoffbombe eine so wichtige Rolle gespielt hatten.

Angeregt von diesen Diskussionen, machten sich Imschennik und Nadeschin an die Simulation des Kollapses von Sternen geringer Masse und bestätigten – unabhängig von Colgate und White in Amerika – Zwickys Vermutungen über Supernovae. Parallel dazu simulierte Podurez den Kollaps eines massereichen Sterns. Seine Ergebnisse, die fast gleichzeitig mit denen Mays und Whites veröffentlicht wurden, stimmten mit diesen nahezu vollständig überein.[37] Es konnte überhaupt kein Zweifel bestehen: Der Kollaps eines massereichen Sterns erzeugt ein Schwarzes Loch, und zwar genau in der von Oppenheimer und Snyder beschriebenen Weise.

Die Tatsache, daß sich Computerprogramme, die beim Bau der Atombombe entwickelt worden waren, auf die Simulation eines Sternkollapses übertragen ließen, stellt nur eine von vielen engen Verbindungen zwischen der Kernwaffenforschung und der Astrophysik dar. Sacharow, der sich dieser Verbindungen durchaus bewußt war, vertiefte deshalb zunächst seine Kenntnisse der Astrophysik, als er 1948 angewiesen wurde, unter Tamm an der Entwicklung der Atombombe mitzuarbeiten. Ich selbst wurde mit diesem engen Zusammenhang völlig unerwartet im Jahre 1969 konfrontiert. Ich hatte niemals wissen wollen, worin die Idee von Teller und Ulam bzw. Sacharow und Seldowitsch eigentlich bestanden hatte. Die Superbombe, die aufgrund dieser Idee »beliebig zerstörerisch« gemacht werden konnte, erschien mir unmoralisch, und ich wollte nicht einmal Vermutungen darüber anstellen, wie sie funktionierte. Durch meine Bemühungen, die Rolle der Neutronensterne im Universum zu verstehen, kam ich jedoch plötzlich mit der Idee von Teller und Ulam in Berührung.

Seldowitsch hatte einige Jahre zuvor darauf hingewiesen, daß interstellares Gas, das auf einen Neutronenstern herabfällt, sich erwärmen und Licht emittieren müßte. Das Gas sollte sogar so heiß werden, daß es vorwiegend hochenergetische Röntgenstrahlen und nur in geringem Umfang niederenergetisches Licht abgab. Seldowitsch behauptete nun, daß das herabfallende Gas die Rate der ausgesand-

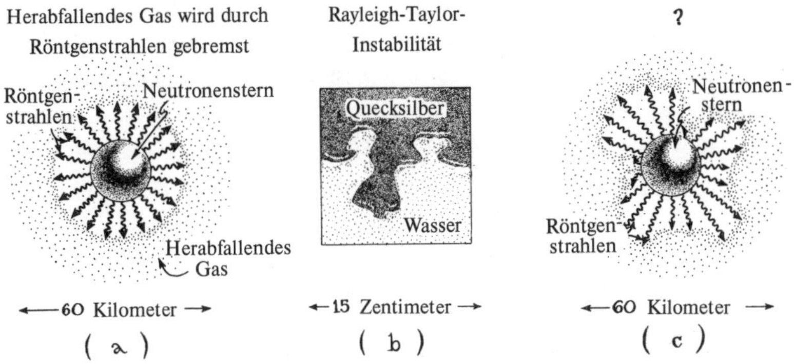

Abb. 6.4: (a) Gas, das auf einen Neutronenstern fällt, wird vom Druck der nach außen strebenden Röntgenstrahlen gebremst. (b) Flüssiges Quecksilber, das im Schwerefeld der Erde versucht nach unten zu fallen, wird von dem unter ihm befindlichen Wasser zurückgehalten; es kommt zur sogenannten Rayleigh-Taylor-Instabilität. (c) Gibt es für die Wechselbeziehung zwischen herabfallendem Gas und aufsteigenden Röntgenstrahlen möglicherweise eine ähnliche Instabilität wie die von Rayleigh und Taylor?

ten Röntgenstrahlen beeinflußte und daß umgekehrt die emittierten Röntgenstrahlen die Rate des herabfallenden Gases regulierten. Das Gas und die Röntgenstrahlen standen auf diese Weise in einer engen Wechselbeziehung und bildeten einen stetigen, sich *selbstregulierenden Fluß*. Wenn die Rate des herabfallenden Gases zu hoch war, führte dies zur vermehrten Erzeugung von Röntgenstrahlen, die dann durch Kollision mit den herabfallenden Gasatomen einen nach außen gerichteten Druck erzeugten, der das Gas bremste (Abb. 6.4 a). War dagegen die Rate des herabfallenden Gases zu gering, wurde so wenig Röntgenstrahlung emittiert, daß sie nicht ausreichte, um das herabfallende Gas zu bremsen, und sich die Gasrate folglich erhöhte. Es gab nur genau eine Gaseinfallrate, bei der sich die Röntgenstrahlen und das Gas im Gleichgewicht befanden.

Das Bild dieses Flusses von Gasatomen und Röntgenstrahlen beunruhigte mich. Mir fiel dazu die *Rayleigh-Taylor-Instabilität* auf der Erde ein: Wenn sich eine dichte Flüssigkeit wie zum Beispiel flüssiges Quecksilber über einer weniger dichten Flüssigkeit wie etwa Wasser befindet, fressen sich einzelne Zungen des Quecksilbers rasch nach unten in das Wasser, während Wasser nach oben dringt und sich unter das Quecksilber mischt (Abb. 6.4 b). Bei Seldowitsch entsprachen die Röntgenstrahlen dem Wasser von niedriger Dichte und das herabfallende Gas dem Quecksilber von hoher Dichte. Müßten sich dann nicht wie bei der Rayleigh-Taylor-Instabilität einzelne Zungen des Gases ihren Weg durch die Röntgenstrahlung bahnen, und müßte dann nicht das Gas entlang diesen Bahnen frei strömen und den von Seldowitsch postulierten sich selbstregulierenden Fluß zerstören (Abb. 6.4 c)? Ausführliche Berechnungen würden zweifellos eine Antwort auf diese Frage geben, doch wären sie überaus komplex und zeitaufwendig, so daß ich darauf verzichtete. Statt dessen fragte ich Seldowitsch nach diesem Effekt, als wir einmal im Jahre 1969 in seiner Moskauer Wohnung über Physik diskutierten.

Seldowitsch schien sich bei meiner Frage nicht sehr wohl zu fühlen, doch seine Antwort war eindeutig: »Nein, Kip, ein solcher Effekt tritt nicht ein. Der Gasfluß ist stabil; es gibt keine Zungen, die in die Röntgenstrahlung eindringen.«

»Woher weißt Du das, Jakow Borisowitsch?« fragte ich. Erstaunlicherweise erhielt ich darauf keine Antwort. Es war offenkundig, daß detaillierte Berechnungen oder Experimente durchgeführt worden waren, die zeigten, daß die Röntgenstrahlen einen beträchtlichen Druck auf das Gas ausüben konnten, ohne daß sich wie bei der Rayleigh-Taylor-Instabilität einzelne Zungen ausbildeten, die diesen Druck zerstörten, aber Seldowitsch konnte mir in der veröffentlichten Literatur keine solche Berechnung oder kein derartiges Experiment nennen. Außerdem war er auch nicht bereit, mir die zugrundeliegende Physik näher zu erklären, was ausgesprochen untypisch für ihn war!

Einige Monate später unternahm ich mit Stirling Colgate in den kalifornischen Bergen eine Wanderung. (Colgate zählt zu den unangefochtenen Experten auf dem Gebiet der Dynamik von Flüssigkeiten und Strahlung in den USA; er war maßgeblich an den abschließenden Arbeiten zur Entwicklung der amerikanischen Wasserstoffbombe beteiligt, und er hatte am Livermore-Laboratorium Computersimulationen zum Kollaps von Sternen durchgeführt.) Auf unserer Wanderung stellte ich Colgate dieselbe Frage, die ich schon Seldowitsch gestellt hatte, und erhielt dieselbe Antwort: Der Fluß sei stabil; das Gas könne dem Druck der Röntgenstrahlen nicht ausweichen, indem es Zungen bilde. Auf meine Frage, woher er dies wisse, antwortete er nur knapp, daß es gezeigt worden sei. »Wo kann ich etwas über diese Rechnungen oder Experimente nachlesen?« fragte ich weiter. Seine Antwort lautete: »Ich weiß es nicht ...«

»Das ist merkwürdig«, erzählte ich Stirling, »Seldowitsch hat mir genau dieselbe Antwort gegeben – der Fluß sei stabil – aber auch er wollte mir keine näheren Einzelheiten nennen.« »Oh, das ist interessant. Dann wußte es Seldowitsch also wirklich«, erwiderte Stirling.

Und dann ging auch mir ein Licht auf. Ich hatte es nicht wissen wollen, doch die Schlußfolgerung war unvermeidlich. Die Idee von Teller und Ulam bestand darin, die Röntgenstrahlung, die in der ersten Mikrosekunde nach der Explo-

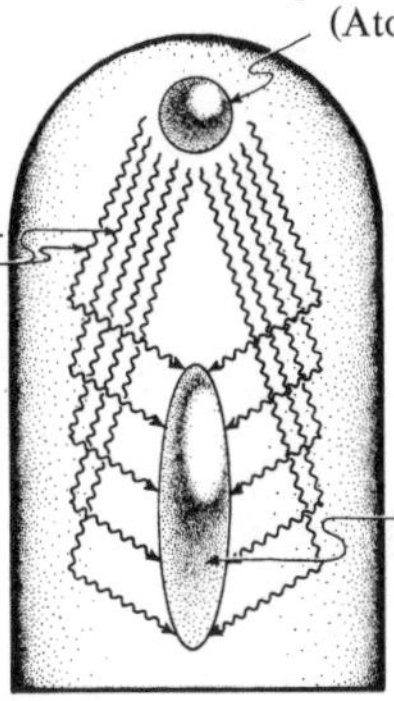

Abb. 6.5: Schematische Darstellung eines Aspekts der Idee von Teller-Ulam bzw. von Sacharow-Seldowitsch für den Bau der Wasserstoffbombe: Eine durch Kernspaltung ausgelöste Explosion erzeugt intensive Röntgenstrahlung, die gebündelt und auf den Fusionsbrennstoff, das Lithiumdeuterid (LiD), gelenkt wird. Die Röntgenstrahlung erwärmt vermutlich den Fusionsbrennstoff und trägt dazu bei, ihn zu komprimieren, bis eine Fusionsreaktion ausgelöst wird. Die zur Bündelung der Röntgenstrahlung und zur Lösung der anderen Probleme eingesetzte Technik ist so ausgeklügelt, daß die Kenntnis dieses Teilaspekts der Teller-Ulam-Idee nur einen unendlich kleinen Bruchteil des für den Bau der Wasserstoffbombe erforderlichen Wissens darstellt.

sion des auf Kernspaltung beruhenden Zünders emittiert wird, zur Erwärmung, Verdichtung und Zündung des Fusionsbrennstoffs der Superbombe einzusetzen (Abb. 6.5). Daß dies in der Tat einen Teil der von Teller und Ulam entwickelten Idee darstellte, wurde in den achtziger Jahren in verschiedenen nicht geheimen Publikationen bestätigt, sonst hätte ich es hier nicht erwähnt.

Was war der Grund dafür, daß Wheeler seine skeptische Haltung gegenüber Schwarzen Löchern aufgab und zu einem begeisterten Anhänger und Verfechter dieser Idee wurde? Die Computersimulationen von kollabierenden Sternen hatten seinen Sinneswandel nicht ausgelöst, sondern nur bekräftigt. Viel entscheidender war die Überwindung einer geistigen Blockade gewesen, die die theoretische Physik bis in die fünfziger Jahre behindert hatte. Diese geistige Sperre hing zum Teil mit dem Begriff der *Schwarzschild-Singularität* zusammen, der damals für ein Schwarzes Loch verwendet wurde. Sie wurde aber auch von der geheimnisvollen und scheinbar paradoxen Schlußfolgerung begünstigt, zu der Oppenheimer und Snyder aufgrund ihrer idealisierten Rechnungen gelangt waren: Für einen Beobachter in einem externen statischen Bezugssystem

David Finkelstein, um 1958. [*Aufnahme von Herbert S. Sonnenfeld; David Finkelstein.*]

erstarrt der kollabierende Stern bei Erreichen des kritischen Umfangs, während sich der Kollaps für einen Beobachter an der Oberfläche des Sterns immer weiter fortsetzt.

In Moskau glaubten Landau und seine Kollegen zwar an die Berechnungen Oppenheimers und Snyders, doch hatten sie gewaltige Schwierigkeiten, die beiden Perspektiven miteinander in Einklang zu bringen. »Sie können nicht ermessen, wie schwierig es für den menschlichen Geist war, zu verstehen, wie beide Perspektiven gleichzeitig wahr sein können«, sagte mir viele Jahre später Jewgeni Lifschitz, Landaus bester Freund.[38]

Dann traf jedoch im Jahre 1958 – im selben Jahr, in dem Wheeler die Schlußfolgerungen Oppenheimers und Snyders in Brüssel kritisierte – eine Ausgabe von *Physical Review* in Moskau ein, in der ein Artikel von David Finkelstein enthalten war.[39] David Finkelstein war ein unbekannter Assistent an einer wenig bekannten amerikanischen Universität, dem Stevens Institute of Technology in Hoboken, New Jersey. Landau und Lifschitz lasen den Artikel und empfanden ihn als Offenbarung. Plötzlich fügte sich alles zu einem harmonischen Ganzen zusammen.*

Im selben Jahr reiste Finkelstein nach England und hielt einen Vortrag am Kings College in London. Roger Penrose, der später unser Verständnis von den Vorgängen im *Inneren* eines Schwarzen Loches revolutionieren sollte (siehe Kapitel 13), nahm den Zug nach London, um den Vortrag zu hören. Begeistert kehrte er nach Cambridge zurück.

In Princeton fühlte sich Wheeler zunächst von der Idee angezogen, doch war er nicht restlos überzeugt. Es sollte mehrere Jahre dauern, bis er sich schließlich überzeugen ließ. Ich glaube, daß er langsamer war als Landau oder Penrose, weil er den Dingen tiefer auf den Grund gehen wollte. Ihn beherrschte seine Vision, daß sich Nukleonen (Protonen und Neutronen) in einem kollabierenden Stern aufgrund der Quantengravitation in Strahlung verwandeln und der Stern so dem Kollaps entgeht – eine Vorstellung, die mit Finkelsteins Erkenntnis anscheinend unvereinbar war. Trotzdem erwiesen sich in einem gewissen Sinne sowohl Wheelers Vision als auch Finkelsteins Erkenntnis als korrekt.

Worin bestand nun Finkelsteins Erkenntnis? Finkelstein entdeckte – ganz zufällig und in nur zwei Zeilen mathematischer Formeln – ein neues Bezugssystem, das sich zur Beschreibung der Schwarzschildschen Raumzeitgeometrie eignete.[41] Finkelstein hatte diese Arbeit nicht durchgeführt, weil er sich für den Kollaps von Sternen interessierte, und er stellte auch keine Verbindung zwischen diesem Thema und seinem neuen Bezugssystem her. Andere erkannten jedoch sofort seine Bedeutung. Es eröffnete eine völlig neue Perspektive für die Betrachtung kollabierender Sterne.

Da die Raumzeitgeometrie in der Umgebung eines kollabierenden Sterns der Schwarzschild-Geometrie entspricht, konnte der Kollaps eines Stern mit Hilfe des neuen Bezugssystems von Finkelstein beschrieben werden. Dieses Bezugssystem unterscheidet sich von allen, die wir bisher kennengelernt haben (Kapi-

* Finkelsteins Erkenntnis war in Wirklichkeit nicht ganz neu. Andere Physiker, darunter Arthur Eddington, waren in anderem Zusammenhang zu derselben Einsicht gelangt, doch hatten sie ihre Bedeutung nicht erkannt, und so war sie rasch in Vergessenheit geraten.[40]

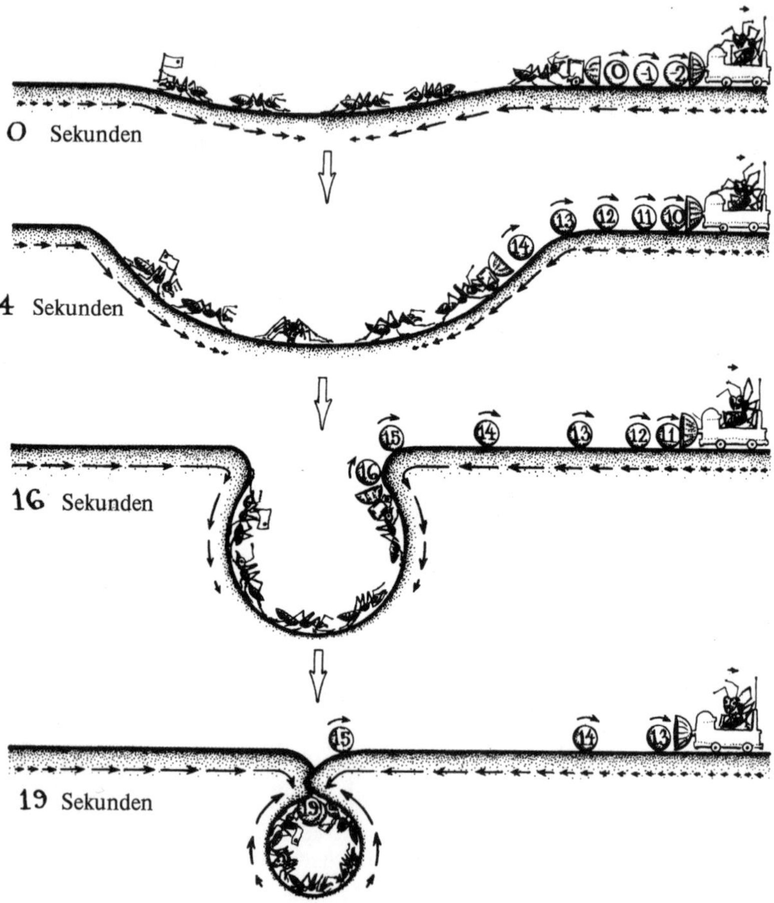

Abb. 6.6: Der Gravitationskollaps eines Sterns und die Bildung eines Schwarzen Loches, veranschaulicht am Beispiel des Einsturzes einer von Ameisen bevölkerten Gummimembran. [Nach Thorne (1967)]

tel 1 und 2). Die meisten dieser Bezugssysteme, die wir uns als imaginäre Laboratorien vorgestellt haben, waren klein, und alle ihre Teile (oben, unten, die Seiten, die Mitte) verharrten in Ruhe zueinander. Finkelsteins Bezugssystem dagegen war so groß, daß es nicht nur die Raumzeit in der näheren, sondern auch in der weiteren Umgebung des kollabierenden Sterns umfaßte. Noch bedeutsamer war, daß sich die verschiedenen Teile des Finkelsteinschen Bezugssystems relativ zueinander in Bewegung befanden: Die Teile, die sich weit entfernt vom Stern befanden, waren statisch, das heißt nicht dem Kollaps unterworfen, während die Teile in der Nähe des Sterns gemeinsam mit der Oberfläche des Sterns nach innen stürzten. Somit eignete sich Finkelsteins Bezugssystem dazu, den Kollaps eines Sterns gleichzeitig aus der Perspektive eines weit entfernten statischen Beobachters und aus der Perspektive eines nach innen fallenden Beobachters an der Sternoberfläche zu beschreiben. Das Ergebnis war eine Beschreibung, die die verschiedenen Perspektiven auf wunderbare Weise miteinander in Einklang brachte.

Im Jahre 1962 entwickelten zwei Mitglieder von Wheelers Arbeitsgruppe in Princeton, David Beckedorff und Charles Misner, eine Reihe von Einbettungsdiagrammen zur Veranschaulichung dieser neuen Sichtweise. Um diese Einbettungsdiagramme zu erklären, erfand ich 1967 für einen Artikel in *Scientific American* folgende kleine Analogie:[42]

Es waren einmal sechs Ameisen, die auf einer riesigen Gummimembran lebten (Abb. 6.6). Diese höchst intelligenten Ameisen hatten gelernt, miteinander zu kommunizieren, indem sie Signalbälle benutzten, die mit einer konstanten Geschwindigkeit (der »Lichtgeschwindigkeit«) auf der Gummimembran entlangrollten. Bedauerlicherweise hatten sie es versäumt, die Belastbarkeit der Membran zu berechnen.

Eines Tages trafen sich nun zufällig fünf Ameisen in der Mitte der Membran, so daß diese aufgrund des Gewichts plötzlich einzufallen begann. Die Ameisen saßen in der Falle; sie konnten nicht schnell genug krabbeln, um zu entkommen. Die sechste Ameise befand sich glücklicherweise in sicherer Entfernung. Während die Membran einstürzte, sandten die gefangenen Ameisen Signalbälle an die sechste Ameise aus, so daß diese ihr Schicksal verfolgen konnte.

Mit der Membran geschah bei ihrem Kollaps zweierlei: Zum einen fiel sie nach unten und riß dabei alle in der Nähe befindlichen Objekte mit sich, so wie die Gravitation eines kollabierenden Sterns alle Objekte zum Mittelpunkt des Sterns anzieht. Zum anderen bog sie sich und zog sich zusammen, so daß sie wie der gekrümmte Raum in der Umgebung eines kollabierenden Sterns eine schüsselähnliche Gestalt aufwies (Abb. 6.2).

Je weiter der Kollaps fortschritt, desto schneller zog sich die Oberfläche der Membran zusammen. Infolgedessen trafen die von den gefangenen Ameisen in gleichmäßigen Zeitabständen ausgesandten Signalbälle in immer größeren Abständen bei der sechsten Ameise ein. (Dies entspricht der Rotverschiebung des Lichts bei einem kollabierenden Stern.) Der Ball Nummer 15 wurde 15 Sekunden nach Beginn des Kollapses ausgesandt, genau in dem Moment, in dem die gefangenen Ameisen durch den kritischen Umfang der Membran nach innen gesogen wurden. Er verharrt für alle Zeiten auf der kritischen Grenze, da die Membran in diesem Augenblick genau mit der Geschwindigkeit der Signalbälle (der Lichtgeschwindigkeit) nach innen stürzte. 0,001 Sekunden vor Erreichen des kritischen Umfangs, hatten die Ameisen den Ball mit der Nummer 14,999 ausgesandt (nur im letzten Diagramm dargestellt). Dieser Ball, der dem Zusammensturz der Membran nur knapp entkam, benötigte 137 Sekunden, bis er bei der sechsten Ameise eintraf. Der Ball mit der Nummer 15,001, der 0,001 Sekunden nach Erreichen des kritischen Umfangs ausgesandt wurde, konnte der hochgradig gekrümmten Region überhaupt nicht mehr entkommen und wurde gemeinsam mit den fünf gefangenen Ameisen zermalmt.

Von diesem Schicksal erfuhr die übriggebliebene Ameise jedoch nichts. Der Signalball Nummer 15 und alle danach ausgesandten Signalbälle trafen niemals bei ihr ein, während jeder kurz vorher ausgesandte Signalball eine so lange Zeit benötigte, daß der Kollaps in ihren Augen immer langsamer wurde und bei Erreichen des kritischen Umfangs ganz erstarrte.

Diese Analogie beschreibt das Verhalten kollabierender Sterne sehr genau:

1. Die Form der Membran entspricht genau der Raumkrümmung in der Umgebung des Sterns – wie dies in einem Einbettungsdiagramm dargestellt ist.
2. Die Bewegungen der Signalbälle auf der Membran entsprechen genau den Bewegungen der Photonen im gekrümmten Raum des kollabierenden Sterns. Insbesondere bewegen sich die Signalbälle für jede in Ruhe auf der Membran befindliche Ameise lokal mit Lichtgeschwindigkeit. Trotzdem benötigen Signalbälle, die unmittelbar vor dem Ball Nummer 15 ausgesandt wurden, für ihren Weg eine so lange Zeit, daß die sechste Ameise den Eindruck gewinnt, der Kollaps sei erstarrt. In ähnlicher Weise gilt, daß sich die von einem kollabierenden Stern emittierten Photonen für beliebige lokale Beobachter mit Lichtgeschwindigkeit bewegen. Trotzdem benötigen die unmittelbar vor Erreichen des kritischen Umfangs ausgesandten Photonen so lange Zeit, bis sie dem Stern entkommen, daß ein externer Beobachter den Eindruck gewinnt, der Kollaps sei erstarrt.

3. Für die gefangenen Ameisen erstarrt der Kollaps bei Erreichen des kritischen Umfang keineswegs. Unaufhaltsam werden sie angesogen, passieren den kritischen Umfang und werden schließlich zermalmt. Ähnlich gilt, daß auch für Beobachter auf einem kollabierenden Stern der Kollaps keineswegs erstarrt. Der Stern stürzt immer weiter in sich zusammen, bis die Beobachter von der Gezeitenkraft (Kapitel 13) zermalmt werden.

Dies war die Erkenntnis, die sich – umgesetzt in Einbettungsdiagramme – aus Finkelsteins neuem Bezugssystem ergab. Veranschaulichte man sich den Kollaps auf diese Weise, haftete ihm nichts Geheimnisvolles mehr an. Ein kollabierender Stern stürzt auch nach Durchschreiten des kritischen Umfangs immer weiter in sich zusammen. Daß weit entfernte Beobachter den Eindruck haben, der Kollaps sei zum Stillstand gekommen, ist eine Täuschung.

Die Einbettungsdiagramme der Ameisenparabel sind jedoch nicht die einzigen Folgerungen, die sich aus Finkelsteins neuem Bezugssystem ergaben. Weitere Erkenntnisse vermittelt die Abb. 6.7, die ein *Raumzeitdiagramm* des kollabierenden Sterns darstellt.
Bisher haben wir nur Raumzeitdiagramme in der flachen Raumzeit der speziellen Relativitätstheorie kennengelernt, wie zum Beispiel die beiden Diagramme in Abb. 1.3, die verschiedene Perspektiven wiedergeben: zum einen die Perspektive eines in Ruhe befindlichen Inertialsystems in einer Polizeistation in Pasadena (Abb. 1.3 c) und zum anderen die Perspektive eines mit Ihrem Sportwagen verbundenen bewegten Inertialsystems (Abb. 1.3 b). (Die Wirkung der Schwerkraft kann in beiden Fällen außer acht gelassen werden.) In jedem Diagramm haben wir den Raum des jeweiligen Bezugssystems waagerecht und die Zeit senkrecht aufgetragen.
Abbildung 6.7 zeigt nun das Finkelsteinsche Bezugssystem. Der Konvention entsprechend sind zwei der drei Raumdimensionen dieses Bezugssystems (des »Finkelsteinschen Raumes«) waagerecht und seine Zeit (die »Finkelsteinsche Zeit«) senkrecht gezeichnet. Da das Finkelsteinsche Bezugssystem in großer Entfernung vom Stern statisch ist (das heißt nicht dem Kollaps unterliegt), entspricht die dort gemessene Zeit jenem Zeitverlauf, den ein statischer Beobachter wahrnehmen würde. In der Nähe des Sterns dagegen kollabiert das Finkelsteinsche Bezugssystem zusammen mit der Sternoberfläche, und so entspricht die Finkelsteinsche Zeit jener Zeit, die ein mit dem Stern nach innen stürzender Beobachter erfahren würde.
Durch das Diagramm sind horizontal zwei Schnitte gelegt. Jeder Schnitt gibt

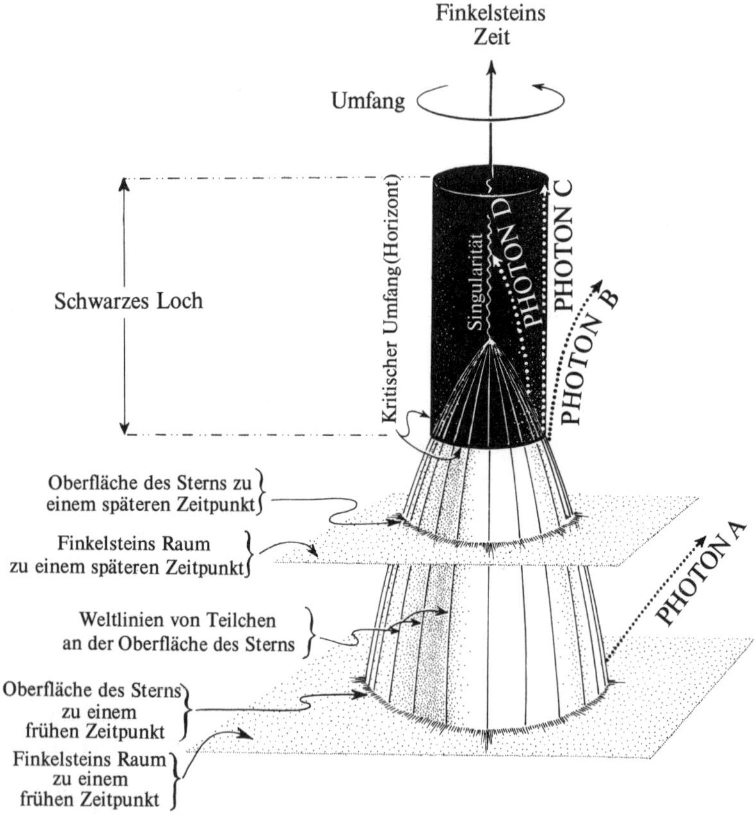

Abb. 6.7: Ein Raumzeitdiagramm, das den Kollaps eines Sterns zu einem Schwarzen Loch darstellt. Senkrecht aufgetragen ist die Zeit, wie sie in Finkelsteins Bezugssystem gemessen wird. Waagerecht aufgetragen sind zwei von drei Raumdimensionen des Bezugssystems. Die waagerechten Schnitte sind zweidimensionale »Momentaufnahmen« des kollabierenden Sterns und des resultierenden Schwarzen Loches zu bestimmten Zeitpunkten der Finkelsteinschen Zeit, wobei die Raumkrümmung nicht dargestellt ist.

zwei Dimensionen des Raumes in einem bestimmten Augenblick der Zeit wieder, wobei darauf verzichtet wurde, die Krümmung des Raumes darzustellen. Insbesondere gilt, daß in jedem der beiden Schnitte der Umfang des Sterns getreu wiedergegeben ist, während dies für den Radius (die Entfernung vom Mittelpunkt) nicht gilt. Um sowohl den Radius als auch den Umfang getreu wiederzugeben, müßten wir Einbettungsdiagramme wie in Abb. 6.2 oder 6.6 benutzen.

Die Raumzeitkrümmung würde uns dann deutlich zeigen, daß der jeweilige Umfang weniger als das Produkt von 2π und dem Radius beträgt. Indem wir die horizontalen Schnitte flach einzeichnen, entfernen wir künstlich die ihnen innewohnende Krümmung. Dafür erhalten wir die Möglichkeit, Raum und Zeit in einem einzigen übersichtlichen Diagramm darzustellen.

Der früheste Zeitpunkt, der im Diagramm wiedergegeben ist (der unterste Querschnitt), zeigt den Sternumfang als großen Kreis. Wenn alle drei Raumdimensionen abgebildet wären, würden wir sehen, daß der Stern das Volumen einer großen Kugel bildet. Zu einem späteren Zeitpunkt (zweiter Querschnitt) ist der Stern bereits geschrumpft, denn sein Umfang ist nun ein kleinerer Kreis. Noch später hat der Stern seinen kritischen Umfang durchschritten und schrumpft immer weiter, bis sein Umfang schließlich Null beträgt und er eine *Singularität* bildet – der allgemeinen Relativitätstheorie zufolge das Ende seiner Existenz. Mit den näheren Einzelheiten einer Singularität werden wir uns erst in Kapitel 13 vertraut machen, doch möchte ich schon jetzt darauf hinweisen, daß sie keineswegs mit der »Schwarzschild-Singularität« zu verwechseln ist, jener etwas unglücklich gewählten Bezeichnung, die Physiker bis in die fünfziger Jahre für den kritischen Umfang eines Sterns bzw. für ein Schwarzes Loch verwendeten. Der Begriff »Singularität« bezeichnet heute vielmehr das Objekt im Mittelpunkt eines Schwarzen Loches.

Das Schwarze Loch ist jenes im Diagramm schwarz gezeichnete Gebiet der Raumzeit, das im Inneren des kritischen Umfangs liegt und sich senkrecht nach oben, in die Zukunft, erstreckt. Die Oberfläche des Schwarzen Loches (sein *Horizont*) ist der kritische Umfang.

Im Diagramm sehen wir ferner die Weltlinien einiger Teilchen an der Sternoberfläche, das heißt, wir sehen die von ihnen eingeschlagenen Bahnen durch die Raumzeit. Wenn man das Diagramm von unten nach oben betrachtet (entsprechend dem zeitlichen Verlauf), erkennt man, daß die Weltlinien immer stärker auf den Mittelpunkt des Sterns (die Mittelachse des Diagramms) zulaufen. Diese Bewegung entspricht der Schrumpfung des Sterns im Verlauf der Zeit.

Von größtem Interesse sind die Weltlinien der vier Photonen A, B, C und D. Diese Photonen (oder Lichtteilchen) entsprechen den Signalkugeln in der Ameisenparabel. Photon A verläßt die Oberfläche des Sterns in dem Augenblick, in dem dieser zu kollabieren beginnt (siehe unterster Querschnitt). Es kann dem Stern ohne weiteres entfliehen und erreicht immer größere Abstände von der Mittelachse des Diagramms, je mehr Zeit verstreicht (das heißt, desto höher man im Diagramm hinaufwandert). Photon B, das kurz vor Erreichen des kritischen Umfangs emittiert wurde, benötigt eine lange Zeit, um dem Stern zu entkommen. Es entspricht dem Signalball Nummer 14,999 in der Ameisenpara-

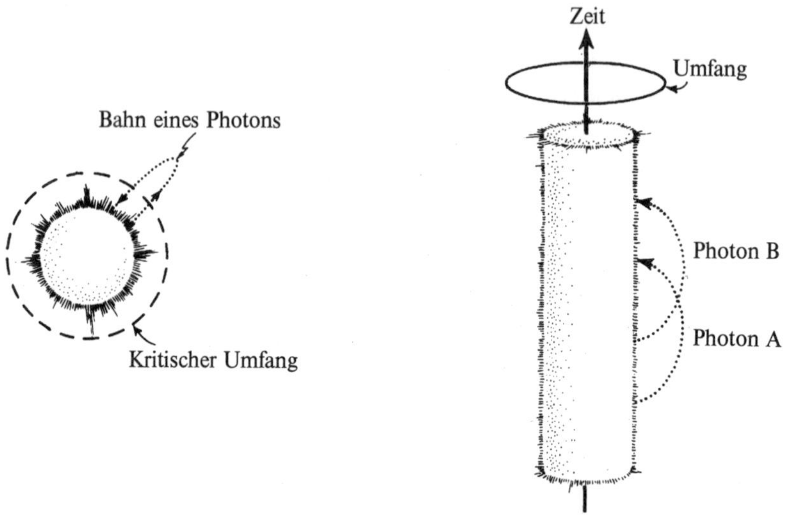

Abb. 6.8: Die Vorhersagen der Newtonschen Physik für die Bewegung von Lichtteilchen (Photonen), die von einem unterhalb des kritischen Umfangs liegenden Stern ausgesandt werden. *Links*: Ein »Raumdiagramm« (ähnlich Abb. 3.1). *Rechts*: Ein Raumzeitdiagramm.

bel. Photon C, das genau bei Erreichen des kritischen Umfangs ausgesandt wurde, muß für immer dort verharren, genau wie der Signalball Nummer 15. Photon D schließlich wurde innerhalb des kritischen Umfangs emittiert und kann deshalb dem Schwarzen Loch niemals entkommen. Durch die gewaltige Schwerkraft des Loches wird es unweigerlich in die Singularität gesogen – genau wie Signalball Nummer 15,001.

Es ist interessant, dieses moderne Verständnis der Lichtausbreitung von einem kollabierenden Stern mit den Vorhersagen zu vergleichen, die Physiker des 18. Jahrhunderts für die Lichtemission eines Sterns machten, der kleiner als sein kritischer Umfang ist.

Wie in Kapitel 3 erwähnt wurde, sagten John Michell in England und Pierre Simon Laplace in Frankreich im späten 18. Jahrhundert die Existenz Schwarzer Löcher voraus, indem sie sich auf Newtons Gravitationsgesetze und seine Beschreibung von Licht als Korpuskeln stützten. Bei diesen »Newtonschen Schwarzen Löchern« handelte es sich eigentlich um statische Sterne, die einen so kleinen Umfang besaßen (kleiner als der kritische Umfang), daß Licht aufgrund der Schwerkraft der Umgebung des Sterns nicht entfliehen konnte.

Die linke Hälfte der Abb. 6.8 zeigt einen solchen innerhalb seines kritischen Umfangs gelegenen Stern sowie die Flugbahn eines fast senkrecht (radial) von der Sternoberfläche nach oben emittierten Photons. Das ausgesandte Photon wird wie ein in die Höhe geworfener Stein durch die Anziehungskraft des Sterns immer weiter gebremst, bis es schließlich zum Stern zurückfällt.
Die rechte Hälfte der Abbildung zeigt in einem Raumzeitdiagramm die Bewegungen zweier solcher Photonen. Senkrecht ist Newtons universelle Zeit aufgetragen, waagerecht sein absoluter Raum. Betrachtet man den Stern im Zeitverlauf, so bildet er den dargestellten vertikalen Zylinder; in jedem beliebigen Zeitpunkt (dargestellt durch einen waagerechten Schnitt durch das Diagramm) wird der Stern jedoch durch denselben Kreis beschrieben, den wir in der linken Hälfte der Abbildung sehen. Während die Zeit verstreicht, wird zunächst Photon A und etwas später Photon B emittiert. Beide fallen wieder zum Stern zurück.
Es ist aufschlußreich, diese der Newtonschen Physik verhaftete (unzutreffende) Vorstellung von den Eigenschaften eines Sterns unterhalb des kritischen Umfangs mit der (korrekten) relativistischen Vorstellung in Abb. 6.7 zu vergleichen. Eine Gegenüberstellung der Voraussagen, die aus den Newtonschen und aus den Einsteinschen Gesetzen folgen, zeigt zwei grundlegende Unterschiede:

1. Nach den Newtonschen Gesetzen (Abb. 6.8) braucht ein Stern, dessen Umfang kleiner als der kritische Umfang ist, nicht zu kollabieren, da seine Anziehungskraft durch den inneren Druck ausgeglichen wird. Einsteins Gesetze (Abb. 6.7) besagen dagegen, daß jeder Stern, dessen Umfang kleiner als der kritische Umfang ist, kollabieren muß, da seine Gravitation so stark ist, daß kein innerer Druck jemals ein ausreichendes Gegengewicht darstellen kann.
2. Nach den Newtonschen Gesetzen (Abb. 6.8) entfernen sich die emittierten Photonen zunächst vom Stern fort (in manchen Fällen sogar bis über den kritischen Umfang hinaus), bevor sie schließlich von der Anziehungskraft des Sterns so stark gebremst werden, daß sie zum Stern zurückfallen. Einsteins Gesetze (Abb. 6.7) fordern jedoch, daß innerhalb des kritischen Umfangs emittierte Photonen keine andere Wahl haben, als immer weiter nach innen zu fallen. Die einzige Möglichkeit, wie ein solches Photon der Oberfläche des Sterns entfliehen kann, besteht darin, daß der Stern mit größerer Geschwindigkeit in sich zusammenstürzt, als das emittierte Photon nach innen fliegt (Abb. 6.7).

Obwohl Finkelsteins Erkenntnis und die Computersimulationen kollabierender Sterne Wheeler vollständig davon überzeugt hatten, daß der Kollaps eines massereichen Sterns ein Schwarzes Loch erzeugen muß, beschäftigte ihn das Schicksal der Materie kollabierender Sterne bis in die sechziger Jahre. Der allgemeinen Relativitätstheorie zufolge wurde die Materie des Sterns in einer Singularität im Zentrum des Schwarzen Loches zermalmt und hörte auf zu existieren (Kapitel 13), doch erschien ihm eine solche Voraussage physikalisch unannehmbar. Wheeler hegte keinen Zweifel daran, daß die Gesetze der allgemeinen Relativitätstheorie im Zentrum des Schwarzen Loches versagten und durch neue Gesetze der *Quantengravitation* ersetzt werden mußten, die ein solches Schicksal verhinderten. Vielleicht, so vermutete Wheeler und führte dabei Gedanken fort, die er in Brüssel entwickelt hatte, sorgten diese neuen Gesetze dafür, daß sich die kollabierende Materie in Strahlung verwandelt, die durch quantenmechanisches »Tunneln« das Loch verläßt und in den interstellaren Raum entweicht. Um diese Vermutung überprüfen zu können, war es jedoch erforderlich, die Verbindung von Quantenmechanik und allgemeiner Relativitätstheorie zu verstehen. Darin lag der große Reiz dieser Vermutung. Sie war ein Prüfstein, der zur Entdeckung der neuen Gesetze der Quantengravitation beitragen konnte.

Als ich in den sechziger Jahren bei Wheeler anfing zu promovieren, hielt ich seine Spekulationen für ungeheuerlich. Wie konnte Wheeler annehmen, daß sich Materie in der Singularität in Strahlung verwandelt und durch quantenmechanisches »Tunneln« das Loch verläßt? Zweifellos würden die neuen Gesetze der Quantengravitation in der Singularität im Zentrum des Schwarzen Loches eine wichtige Rolle spielen, doch nicht in der Nähe des kritischen Umfangs. Der kritische Umfang gehört in den »Bereich des Großen«, für den die allgemeine Relativitätstheorie höchst genaue Vorhersagen macht. So folgt aus den Gesetzen der allgemeinen Relativitätstheorie eindeutig, daß aus dem kritischen Umfang nichts entweichen kann. Die Gravitation hält alles fest. Folglich könne es auch kein »Tunneln« geben, durch das Strahlung entwich (was immer man sich darunter vorzustellen hatte) – davon war ich fest überzeugt.

In den Jahren 1964 und 1965 schrieben Wheeler, Kent Harrison, Masami Wakano und ich gemeinsam ein Buch über kalte und kollabierte Sterne.[43] Ich war entsetzt, als Wheeler darauf bestand, im letzten Kapitel seine Vermutung zu beschreiben, Strahlung könne möglicherweise durch quantenmechanisches »Tunneln« aus dem Schwarzen Loch in den interstellaren Raum entweichen. In dem Bemühen, Wheeler noch in letzter Minute davon abzubringen, bat ich David Sharp, einen von Wheelers Assistenten, um Unterstützung. Gemeinsam redeten David und ich so lange am Telefon auf Wheeler ein, bis er schließlich nachgab.

Aber Wheeler sollte recht behalten, und David und ich hatten uns geirrt. Zehn Jahre später benutzten Seldowitsch und Stephen Hawking eine jüngst entwickelte partielle Verknüpfung der allgemeinen Relativitätstheorie und der Quantenmechanik, um auf mathematischem Weg zu beweisen, daß Strahlung durch »Tunneln« das Schwarze Loch verlassen *kann* – obwohl dies sehr, sehr langsam geschieht (Kapitel 12). Mit anderen Worten, Schwarze Löcher können verdampfen, doch benötigt ein aus dem Kollaps eines Sterns entstandenes Schwarzes Loch dazu mehr Zeit, als unser Universum alt ist.

Die Namen, die wir Dingen geben, sind von größter Bedeutung. Dies wissen nicht nur die Agenten von Schauspielern, die aus Norma Jean Baker eine Marilyn Monroe oder aus Béla Blasko einen Béla Lugosi gemacht haben, sondern auch Physiker. In der Kinoindustrie beeinflußt ein Name die Erwartungshaltung des Publikums; er prägt das Bild, das sich die Zuschauer von dem Schauspieler machen – ein Bild von Glamour im Falle Marilyn Monroes und von Horror im Falle Béla Lugosis. In der Physik beeinflußt ein Name die Erwartungshaltung, die wir mit einem physikalischen Begriff verbinden. Ein guter Name beschwört ein geistiges Bild herauf, das die wichtigsten Eigenschaften des Begriffes hervorhebt. Er trägt somit unterschwellig zu einer erfolgreichen Forschung bei. Ein schlecht gewählter Name kann dagegen eine geistige Sperre zur Folge haben, die die Forschungsarbeit behindert.

Vielleicht war dies einer der wichtigsten Gründe, warum sich Physiker zwischen 1939 und 1958 so schwer taten, den Kollaps eines Sterns zu verstehen. Sie bezeichneten den kritischen Umfang eines Sterns als »Schwarzschild-Singularität« und beschworen damit das Bild eines Gebietes herauf, in dem die Gravitation unendlich groß wird und in dem die bekannten physikalischen Gesetze versagen. Heute wissen wir, daß diese Vorstellung für das Gebilde im Zentrum eines Schwarzen Loches zutrifft, nicht jedoch für den kritischen Umfang. Aus diesem Grund mag es für Physiker schwierig gewesen sein, die Schlußfolgerung Oppenheimers und Snyders zu akzeptieren, wonach ein Beobachter, der auf einem kollabierenden Stern die Schwarzschild-Singularität (den kritischen Umfang) durchschreitet, *weder* eine unendliche Gravitation *noch* ein Versagen der physikalischen Gesetze wahrnimmt.

Wie wahrhaft *nichtsingulär* die Schwarzschild-Singularität (der kritische Umfang) in Wirklichkeit ist, erkannte man erst, als David Finkelstein sein neues Bezugssystem entdeckte und mit dessen Hilfe zeigte, daß die Schwarzschild-Singularität nichts anderes als ein Raumgebiet ist, in das alles hineinfallen, aus dem aber nichts hervorkommen kann – daß es sich also kurz um ein Raumgebiet handelt, in das wir von außen niemals hineinschauen können. Wenn ein kollabierender Stern die Schwarzschild-Singularität durchschreitet, hört er ebensowenig auf zu existieren wie die untergehende Sonne, wenn sie am Horizont versinkt. Doch so wie wir auf der Erde die Sonne nicht mehr sehen können, wenn sie hinter dem Horizont verschwunden ist, können Beobachter in großer Entfernung des kollabierenden Sterns diesen nicht mehr wahrnehmen, wenn er die Schwarzschild-Singularität durchschritten hat. Aufgrund dieser Analogie führte in den fünfziger Jahren Wolfgang Rindler von der Cornell University einen neuen Namen für die Schwarzschild-Singularität ein – einen Begriff, der sich seitdem durchgesetzt hat: *Ereignishorizont* oder kurz *Horizont.*

Offen blieb die Frage, welchen Namen man dem Gebilde geben sollte, das aus dem Kollaps des Sterns hervorging. Zwischen 1958 und 1968 wurden in Ost und West verschiedene Bezeichnungen benutzt: Sowjetische Wissenschaftler prägten einen Begriff, der den kollabierten Stern aus der Sicht eines weit entfernten Beobachters beschrieb. Wie Sie sich erinnern werden, hat es aus weiter Entfernung den Anschein, als sei der Kollaps plötzlich erstarrt. Licht benötigt immer längere Zeit, um der Gravitation zu entkommen, und so erscheint es einem entfernten Beobachter, als ob der Stern den kritischen Umfang nie erreiche; er friert ein. Aus diesem Grund nannten sowjetische Physiker das bei einem stellaren Kollaps entstehende Gebilde einen *gefrorenen Stern* – eine Bezeichnung, die die Erwartung und Geisteshaltung der sowjetischen Forschung in den sechziger Jahren maßgeblich beeinflußte.

Im Westen dagegen lag das Hauptaugenmerk auf der Perspektive des mit der Sternmaterie nach innen stürzenden Beobachters. Bei dieser Perspektive setzt sich der Kollaps durch den Horizont hindurch bis zur Singularität fort. Folglich nannte man das entstehende Gebilde einen *kollabierten Stern* oder *Kollapsar.* Diese Bezeichnung lenkte das Interesse der Physiker auf einen Aspekt, der besonders für John Wheeler immer größere Bedeutung erlangte: das Wesen der Singularität, in der sich Quantenphysik und Raumzeitkrümmung vereinigen.

Doch keine der beiden Bezeichnungen war befriedigend. Keine berücksichtigte den Horizont um den kollabierenden Stern, der dafür verantwortlich war, daß der Kollaps erstarrt erschien. Im Laufe der sechziger Jahre zeigten die Berechnungen der Physiker allmählich, welch wichtige Rolle der Horizont spielte, und in demselben Maße wuchs die Unzufriedenheit, die John Wheeler angesichts der unzulänglichen Bezeichnungen empfand. Wie kaum ein anderer verspürte Wheeler die Notwendigkeit, gutgewählte Namen zu verwenden.

Wheeler hatte die Angewohnheit, nachts im Bett oder wenn er entspannt in der Badewanne lag, über die Namen von Dingen nachzudenken. Manchmal suchte er monatelang nach einer optimalen Bezeichnung für eine Sache. So war es auch bei seiner Suche nach einem Ersatz für die Begriffe »gefrorener Stern« und »kollabierter Stern«. Und schließlich, im Jahre 1967, hatte er die richtige Bezeichnung gefunden.

Es war bezeichnend für Wheeler, daß er nicht zu seinen Kollegen ging, um ihnen ausdrücklich mitzuteilen, daß er für diese oder jene Sache einen großartigen neuen Namen gefunden habe, sondern er begann einfach, diesen Namen zu verwenden, so als hätte es niemals eine andere Bezeichnung gegeben und als seien alle übereingekommen, daß dies der richtige Name ist. Anläßlich einer Konferenz über Pulsare in New York im Herbst 1967 führte er seinen neuen Begriff versuchsweise ein. Aber schon im Dezember desselben Jahres verwendete er ihn bei einem Vortrag vor der American Association for the Advancement of Science mit großer Selbstverständlichkeit. Jene von uns, die nicht anwesend waren, um seinen Vortrag über »Unser Universum, das Bekannte und das Unbekannte« zu hören, wurden mit dem Namen erstmals in der veröffentlichten Fassung seines Vortrags konfrontiert: »Da der kollabierende Stern immer schneller in sich zusammenstürzt, bewegt sich seine Oberfläche von dem [entfernten] Beobachter mit immer größerer Geschwindigkeit fort. Das Licht erscheint immer stärker rotverschoben. Von Millisekunde zu Millisekunde wird es gedämpfter, bis es schließlich in weniger als einer Sekunde zu dunkel ist, um noch wahrgenommen zu werden. ... [Der Stern] wird wie die Cheshire-Katze allmählich unsichtbar. Von der einen bleibt nur ihr Grinsen zurück, von dem anderen nur seine Gravitation. Gravitation ja, Licht nein. Auch Teilchen kommen nicht zum Vorschein. Licht und Teilchen, die ... von außen in das Schwarze Loch hereinfallen, vergrößern seine Masse und damit seine Gravitation.«[44]

Wheeler hatte den Begriff *Schwarzes Loch* erfunden. Innerhalb weniger Monate wurde er begeistert von Relativitätsphysikern, Astrophysikern und der breiten Öffentlichkeit in Ost und West aufgegriffen – mit einer Ausnahme. In Frankreich, wo der Ausdruck *trou noir* eine obszöne Nebenbedeutung hat, widersetzte man sich einige Jahre der Verwendung dieses Begriffes.

7. Kapitel *Das goldene Zeitalter*

worin sich herausstellt, daß Schwarze Löcher rotieren und pulsieren, Energie speichern und freisetzen sowie keine Haare haben

Man schrieb das Jahr 1975; Schauplatz des Geschehens war die University of Chicago am Südrand der Stadt in der Nähe des Michigansees. Dort, in einem Eckbüro mit Blick auf die 56th Street, arbeitete Subrahmanyan Chandrasekhar konzentriert an einer vollständigen mathematischen Beschreibung Schwarzer Löcher. Die Schwarzen Löcher, die er analysierte, unterschieden sich radikal von denen der frühen sechziger Jahre, als Physiker gerade erst begannen, sich mit dieser Vorstellung vertraut zu machen. Das dazwischenliegende Jahrzehnt war ein goldenes Zeitalter für die Erforschung Schwarzer Löcher gewesen, eine Epoche, die unser Verständnis der allgemeinen Relativitätstheorie und ihrer Vorhersagen revolutionierte.

Im Jahre 1964, als das goldene Zeitalter gerade anbrach, hatte man Schwarze Löcher genau für das gehalten, was ihr Name vermuten ließ: für Löcher im Raum, in die alle möglichen Dinge hineinfallen konnten, aus denen aber nichts jemals zu entweichen vermochte. Im Laufe der folgenden Jahre jedoch hatten die Rechnungen, die von mehr als hundert Physikern unter Verwendung der Einsteinschen Gleichungen der allgemeinen Relativität durchgeführt wurden, dieses Bild allmählich verändert. Und als Chandrasekhar nun in Chicago über seinen Rechnungen saß, hielt man Schwarze Löcher keineswegs mehr nur für ruhende Gebilde im Raum, sondern für durchaus dynamische Objekte: Ein Schwarzes Loch konnte rotieren und dabei einen wirbelsturmartigen Strudel in der gekrümmten Raumzeit seiner Umgebung erzeugen. Dieser Strudel mußte gewaltige Energievorräte enthalten, die von der Natur für kosmische Explosionen angezapft werden konnten. Wenn Sterne, Planeten oder kleinere Löcher in ein großes Loch hineinfielen, sollten sie das große Loch in eine pulsierende Bewegung versetzen, so wie die Oberfläche der Erde nach einem Erdbeben nachschwingt. Dabei sollten Gravitationswellen entstehen, Kräuselungen in der Krümmung der Raumzeit, die eine symphonische Beschreibung des Loches durch das Universum verbreiteten.

Die vielleicht überraschendste Erkenntnis, die sich aus den Forschungen jener fruchtbaren Jahre ergab, war die Aussage der allgemeinen Relativitätstheorie,

Subrahmanyan Chandrasekhar in der Studentencafeteria des Caltech mit Saul Teukolsky *(links)* und Alan Lightman (*rechts)*, im Herbst 1971. [*Sándor J. Kovács.*]

daß sich alle Eigenschaften eines Schwarzen Loches aus genau drei charakteristischen Größen vorhersagen lassen: der Masse des Loches, seinem Drehimpuls und seiner elektrischen Ladung. Wenn man diese Informationen besaß und die erforderliche Mathematik beherrschte, konnte man daraus weitere Eigenschaften des Schwarzen Loches berechnen: die Form seines Horizonts, die Stärke seiner Gravitationskraft, den wirbelsturmartigen Strudel der Raumzeitkrümmung in seiner Umgebung und die Frequenz seines Pulsierens. Viele dieser Eigenschaften waren bis 1975 bekannt, doch nicht alle. Die Berechnung und Erforschung aller noch offenen Eigenschaften Schwarzer Löcher war eine schwierige und anspruchsvolle Aufgabe – genau die Art von Herausforderung, die Chandrasekhar schätzte, und so nahm er sie im Jahre 1975 als seine persönliche Herausforderung an.

Fast vierzig Jahre lang hatte die Erinnerung an die schmerzhafte Auseinandersetzung mit Eddington Chandrasekhar daran gehindert, zur Erforschung des Schicksals massereicher Sterne zurückzukehren. In jenen vierzig Jahren hatte er wesentliche Beiträge zu den Grundlagen der modernen Astrophysik geleistet – Beiträge zur Theorie pulsierender Sterne, zur Theorie von Galaxien und interstellaren Gaswolken und vielem anderen mehr. Doch in all den Jahren hatte das

Die Teilnehmer der Konferenz an der Princeton University, auf der im Sommer 1975 das goldene Zeitalter der Erforschung Schwarzer Löcher für beendet erklärt wurde. *Vorderste Reihe von links nach rechts:* Jacobus Petterson, Philip Yasskin, Bill Press, Larry Smarr, Beverly Berger, Georgia Witt, Bob Wald. *Zweite und dritte Reihe von links nach rechts:* Philip Marcus, Peter D'Eath, Paul Schechter, Saul Teukolsky, Jim Nestor, Paul Wiita, Michael Schull, Bernard Carr, Clifford Will, Tom Chester, Bill Unruh, Steve Christensen. [*Saul Teukolsky.*]

Schicksal massereicher Sterne eine nachhaltige Faszination auf ihn ausgeübt. Endlich, mit dem Beginn des goldenen Zeitalters, überwand er seinen Schmerz und kehrte zu diesem Thema zurück.

Chandrasekhar kehrte in ein Forschungsgebiet zurück, in dem fast nur Studenten und Postdoktoranden tätig waren. Das goldene Zeitalter der Erforschung Schwarzer Löcher gehörte den jungen Wissenschaftlern, und Chandrasekhar, der sich unter dem konservativen Erscheinungsbild eines Herrn mittleren Alters ein junges Herz bewahrt hatte, wurde in der Mitte der Jungen sofort sehr herzlich aufgenommen. Bei ausgedehnten Besuchen am Caltech und in Cambridge sah man ihn häufig inmitten einer Schar bunt und salopp gekleideter Doktoranden in der Cafeteria, während er selbst stets einen tadellosen dunkelgrauen Anzug trug – »Chandrasekhar-grau«, wie seine jugendlichen Freunde diese Farbe schmunzelnd nannten.

Das goldene Zeitalter währte nur kurz. Schon im Sommer 1975, als Chandrasekhar gerade begann, die Eigenschaften Schwarzer Löcher zu berechnen, hielt Bill Press, ein Doktorand am Caltech, der den Begriff goldenes Zeitalter in diesem Zusammenhang geprägt hatte, dessen Ende auch schon für gekommen: Als eine Art Nachruf organisierte er eine viertägige Konferenz an der Princeton University, zu der nur Wissenschaftler eingeladen wurden, die nicht älter als dreißig Jahre waren.* Auf der Konferenz stimmten Press und viele seiner jungen Kollegen darin überein, daß es an der Zeit sei, neue Forschungsaufgaben in Angriff zu nehmen. Eine Theorie, die die Schwarzen Löcher als rotierende, pulsierende, dynamische Objekte beschrieb, war in groben Zügen geschaffen worden, und das Tempo theoretischer Entdeckungen verlangsamte sich allmählich. Nun blieben nur noch die Details auszufüllen, so schien es, und dies konnten Chandrasekhar und einige andere tun, während sich seine jungen (aber nun älter werdenden) Freunde neuen Herausforderungen zuwandten. Chandrasekhar war darüber wenig erfreut.

Die Mentoren: Wheeler, Seldowitsch, Sciama

Wer waren diese jungen Wissenschaftler, die unser Verständnis Schwarzer Löcher revolutionierten? Die meisten von ihnen waren Studenten, Doktoranden und geistige »Enkelkinder« von drei bemerkenswerten Lehrmeistern: von John Archibald Wheeler in Princeton; Jakow Borisowitsch Seldowitsch in Moskau; und Dennis Sciama in Cambridge, England. Durch ihre geistigen Nachkommen drückten Wheeler, Seldowitsch und Sciama unserem modernen Verständnis Schwarzer Löcher ihren persönlichen Stempel auf.

Jeder dieser Mentoren pflegte einen ganz besonderen Arbeitsstil; unterschiedlichere Arbeitsweisen sind in der Tat kaum vorstellbar: Wheeler war ein charismatischer, inspirierter Visionär, Seldowitsch die erbarmungslos treibende Kraft in einer eng verbundenen Arbeitsgruppe. Sciama dagegen stellte seine eigene Karriere hintenan und übernahm den Part des »Katalysators«. Auf den folgenden Seiten werden wir jede dieser drei Persönlichkeiten näher kennenlernen.

Ich erinnere mich gut an meine erste Begegnung mit Wheeler. Es war im September 1962, zwei Jahre vor Anbruch des goldenen Zeitalters. Wheeler hatte sich erst jüngst mit der Vorstellung Schwarzer Löcher angefreundet, und ich

* Wie Saul Teukolsky, ein Kollege von Bill Press, sich erinnert: »Diese Konferenz war Bills Antwort auf etwas, was er für eine Provokation hielt. Gleichzeitig fand nämlich eine andere Konferenz statt, zu der niemand von uns eingeladen worden war. An ihr nahmen all die grauen Eminenzen teil, und so beschloß Bill, eine Konferenz nur für die jungen Leute einzuberufen.«

selbst, gerade zweiundzwanzig Jahre alt, war nach Beendigung meines Studiums am Caltech nach Princeton gegangen, um dort zu promovieren. Mein Wunschtraum war es, unter Wheelers Anleitung auf dem Gebiet der Relativitätstheorie zu forschen, und so klopfte ich an jenem ersten Tag beklommen an seine Tür.

Professor Wheeler begrüßte mich mit einem warmen Lächeln, lud mich ein, Platz zu nehmen, und begann sofort, sich mit mir über die Geheimnisse kollabierender Sterne zu unterhalten, so als wäre ich ein geschätzter Kollege und nicht ein völliger Neuling auf dem Gebiet. Inhalt und Stimmung jenes mitreißenden ersten Gesprächs sind in Wheelers Schriften aus jener Zeit festgehalten: »Nur selten in der Geschichte der Physik konnte man mit größerer Gewißheit als heute [bei der Untersuchung kollabierender Sterne] vermuten, daß man einem neuen Phänomen auf der Spur ist, dessen geheimnisvolle Natur darauf wartet, enthüllt zu werden. ... Was auch immer das Ergebnis [künftiger Untersuchungen] sein wird, spürt man, daß es sich hier [beim stellaren Kollaps] um ein Phänomen handelt, bei dem die allgemeine Relativität endlich auf dramatische Weise zu ihrem Recht kommt und wo ihre leidenschaftliche Verbindung mit der Quantenphysik schließlich vollzogen wird.«[1] Als ich nach einer Stunde sein Büro verließ, hatte er mich restlos überzeugt.

Wheeler betreute in Princeton eine Gruppe von fünf bis zehn Studenten und Postdoktoranden; er beflügelte unsere Arbeit, indem er uns Anregungen gab, doch verzichtete er auf detaillierte Anweisungen, da er annahm, daß wir intelligent genug seien, um die Details selbst auszuarbeiten. Jedem von uns schlug er eine erste Forschungsaufgabe vor, die neue Erkenntnisse über Teilaspekte kollabierender Sterne, Schwarzer Löcher oder die »leidenschaftliche Verbindung« der allgemeinen Relativitätstheorie mit der Quantenphysik verhieß. Wenn sich diese erste Aufgabe als zu schwierig herausstellte, wies er uns vorsichtig den Weg in eine einfachere Richtung. Stellte sie sich als leicht heraus, spornte er uns an, ihr auch das letzte Quentchen Erkenntnis abzuringen und einen Artikel darüber zu schreiben, bevor wir uns neuen Herausforderungen zuwandten. Schnell lernten wir, mehrere Probleme zugleich zu bearbeiten: eine Aufgabe, die so schwierig war, daß man sie über Monate oder Jahre immer wieder im Geiste drehen und wenden mußte, bevor sie irgendwann hoffentlich gelöst werden konnte und neue Einsichten vermittelte, und mehrere leichtere Aufgaben, die schnellere Resultate versprachen. Wheeler ließ uns dabei gerade so viel Rat angedeihen, daß wir uns nicht verzettelten, doch niemals so viel, daß wir den Eindruck hatten, er habe das Problem für uns gelöst.

Meine erste Aufgabe war ein schwieriger Brocken: Man nehme einen Stab-

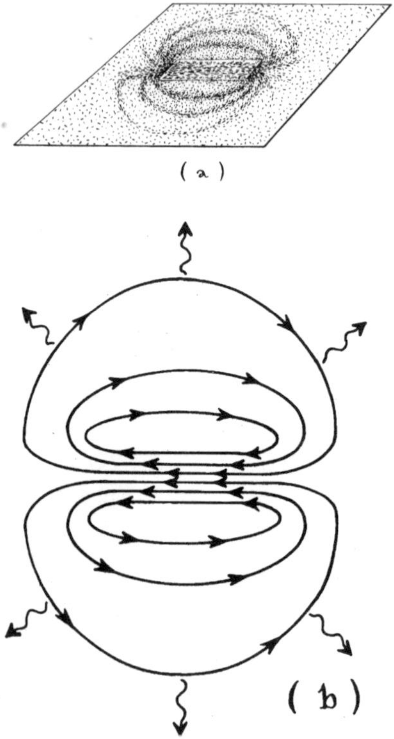

Abb. 7.1: (a) Magnetische Feldlinien eines Stabmagneten, sichtbar gemacht mit Hilfe von Eisenfeilspänen auf einem Blatt Papier, unter dem sich der Magnet befindet. (b) Dieselben Feldlinien, wobei Papier und Magnet nicht gezeichnet sind. Benachbarte Feldlinien stoßen einander ab, so daß sie in Richtung der gewellten Pfeile auseinanderstreben. (c) Ein unendlich langes, zylindrisches Bündel von Feldlinien, dessen starkes Feld eine so große Raumzeitkrümmung (Gravitation) bewirkt, daß die Feldlinien trotz ihrer Abstoßung zusammengehalten werden. (d) Wheeler vermutete, daß die Gravitation durch ein leichtes Zusammendrücken des in (c) gezeigten Bündels von Feldlinien so stark anwachsen würde, daß das Bündel kollabiert (gewellte Pfeile).

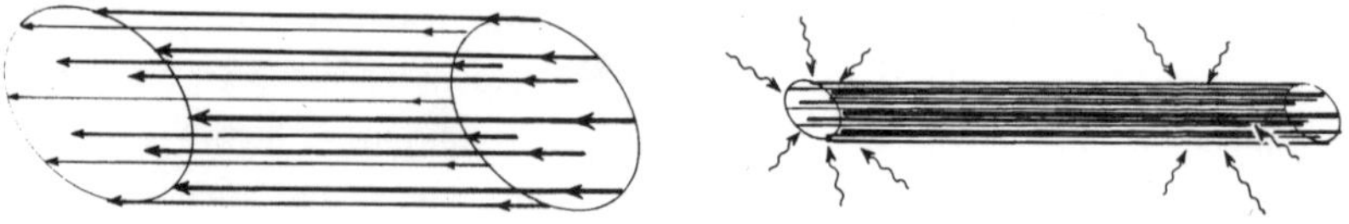

(c) (d)

magneten, der von einem magnetischen Feld umgeben ist. Das Magnetfeld besteht aus Feldlinien, die sich leicht sichtbar machen lassen, wenn man ein Blatt Papier mit Eisenspänen über den Magneten legt (Abb. 7.1 a). Benachbarte Feldlinien stoßen einander ab. (Ihre Abstoßung wird spürbar, wenn man die Nordpole zweier Magneten einander nähert.) Trotz ihrer gegenseitigen Abstoßung werden die magnetischen Feldlinien durch das Eisen des Magneten gebündelt. Wenn man das Eisen entfernt, streben die Feldlinien auseinander (Abb. 7.1 b). All dies war mir aus dem Grundstudium bekannt. Wheeler rief mir diese Fakten jedoch in einer langen, privaten Besprechung in Princeton nochmals ins Gedächtnis und beschrieb dann eine Entdeckung, die ein Freund von ihm, Professor Mael Melvin von der Florida State University in Tallahassee, jüngst gemacht hatte.

Melvin hatte mit Hilfe der Einsteinschen Feldgleichung gezeigt, daß magnetische Feldlinien nicht nur durch das Eisen eines Stabmagneten daran gehindert werden können auseinanderzustreben, sondern auch allein durch die Wirkung der Gravitation. Der Grund ist einfach: Das magnetische Feld besitzt Energie, und Energie unterliegt der Gravitation. [Um zu verstehen, warum Energie der Gravitation unterliegt, erinnern Sie sich bitte daran, daß Masse und Energie »äquivalent« sind (Kasten 5.2): Es ist möglich, eine beliebige Masse (Uran, Wasserstoff etc.) in Energie und umgekehrt beliebige Energie (magnetische Energie, Explosionsenergie etc.) in Masse zu verwandeln. Somit sind Masse und Energie in einem tiefen Sinne nur verschiedene Bezeichnungen für ein und dieselbe Sache. Da alle Arten von Masse Gravitation erzeugen, folgt daraus, daß auch alle Formen von Energie Gravitation erzeugen müssen. Dies geht aus der Einsteinschen Feldgleichung hervor, wenn man sie nur zu lesen versteht.] Wenn wir nun ein sehr starkes Magnetfeld betrachten – eines, das weitaus stärker ist als jedes Magnetfeld auf der Erde –, dann muß die gewaltige Energie des Feldes eine sehr starke Gravitation erzeugen, die ihrerseits das Feld komprimiert. Die Gravitation sorgt folglich dafür, daß die Feldlinien trotz ihrer gegenseitigen Abstoßung zusammenbleiben (Abb. 7.1 c). Darin bestand Melvins Entdeckung.

Wheeler glaubte nun intuitiv, daß solche »durch die Gravitation gebündelten« Feldlinien so instabil seien wie ein Bleistift, der auf seiner Spitze steht. Verspürt der Bleistift nur die geringste Erschütterung, fällt er um. Ebenso könnte es sein, daß bei der geringsten Kompression der magnetischen Feldlinien die Gravitation die Oberhand über die Abstoßungskräfte gewinnt und dafür sorgt, daß die Feldlinien kollabieren (Abb. 7.1 d). Was wäre das Ergebnis eines solchen Kollapses? Vielleicht ein unendlich langes, zylindrisches Schwarzes Loch? Vielleicht eine *nackte Singularität*, eine Singularität, die nicht von einem Horizont verhüllt wird?

Es störte Wheeler nicht, daß Magnetfelder im realen Universum zu schwach waren, um durch ihre Gravitation zusammengehalten zu werden. Wheeler ging es nicht darum, das tatsächlich gegebene Universum zu verstehen, sondern er strebte danach, die grundlegenden Gesetze zu begreifen, die das Universum beherrschen. Indem er idealisierte Probleme betrachtete, die diese Gesetze bis an die Grenzen strapazierten, hoffte er, neue Erkenntnisse über die Gesetze zu gewinnen. Von dieser Art war die erste Forschungsaufgabe auf dem Gebiet der Gravitation, die Wheeler mir übertrug: Ich sollte mit Hilfe der Einsteinschen

Feldgleichung herausfinden, ob Melvins gebündelte Magnetfeldlinien kollabierten, und wenn ja, was bei dem Kollaps entstand.

Das Problem beschäftigte mich viele Monate lang rund um die Uhr. Bei Tag arbeitete ich im Dachgeschoß des Palmer Physical Laboratory in Princeton, wo ich mir ein riesiges Büro mit anderen Physikstudenten teilte und wir kameradschaftlich versuchten, uns bei unseren jeweiligen Aufgaben zu unterstützen. Bei Nacht arbeitete ich in einer winzigen Wohnung in einer ehemaligen Kaserne aus dem Zweiten Weltkrieg, wo ich mit meiner Frau Linda (einer Kunst- und Mathematikstudentin), unserer kleinen Tochter Kares und unserem riesigen Collie Prince lebte. Jeden Tag schleppte ich das Problem mit mir von der Kaserne zum Laboratorium und wieder zurück. Alle paar Tage besuchte ich Wheeler, um mir bei ihm Rat zu holen. Ich bearbeitete das Problem mit Papier und Bleistift. Ich führte numerische Rechnungen auf dem Computer durch. Ich verbrachte Stunden an der Tafel und diskutierte mit anderen Doktoranden. Und endlich, nach mühsamen, beschwerlichen Rechnungen gab die Einsteinsche Feldgleichung allmählich die Antwort preis: Wheelers Vermutung war falsch. Gleichgültig, wie stark man Melvins zylindrisches Bündel magnetischer Feldlinien komprimieren mochte, es würde stets in seine ursprüngliche Form zurückschnellen. Die Gravitation kann die Abstoßungskraft des magnetischen Feldes nicht überwinden; eine Implosion ist nicht möglich.

Ein besseres Ergebnis sei gar nicht vorstellbar, erklärte mir Wheeler begeistert: Wenn eine Berechnung unsere Erwartungen bestätigt, stärkt sie unser intuitives Verständnis physikalischer Gesetze. Widerspricht sie jedoch unseren Erwartungen, befindet man sich auf dem besten Weg zu neuen Erkenntnissen.

Der Gegensatz zwischen einem sphärischen (kugelförmigen) Stern und Melvins zylindrischem Bündel magnetischer Feldlinien hätte kaum extremer sein können, erkannten Wheeler und ich. Wenn ein sphärischer Stern sehr kompakt ist, überwindet seine Gravitation jeden Druck, der sich in seinem Inneren aufbauen mag. *Der Kollaps eines massereichen, sphärischen Sterns ist unausweichlich* (Kapitel 5). Dagegen spielt es bei einem zylindrischen Bündel magnetischer Feldlinien keine Rolle, wie stark der kreisförmige Querschnitt des Bündels komprimiert wird (Abb. 7.1 d). Der Druck der magnetischen Feldlinien wird stets stärker sein als die Gravitation, und so werden die Feldlinien stets nach außen zurückschnellen. *Der Kollaps zylindrischer magnetischer Feldlinien ist unmöglich;* er kann niemals eintreten.

Warum verhalten sich sphärische Sterne und zylindrische Magnetfelder so unterschiedlich? Wheeler ermutigte mich, diese Frage von allen nur erdenklichen Seiten zu beleuchten – die Antwort mochte tiefe Erkenntnisse über die physikalischen Gesetze bereithalten –, aber er verriet mir nicht, wie ich dabei vorgehen sollte. Ich sei auf dem Weg, ein selbständiger, unabhängiger Wissenschaftler zu werden, und so wäre es am besten für mich, meine eigene Forschungsstrategie zu entwickeln, ohne weiter von ihm angeleitet zu werden. Unabhängigkeit erzeugt Stärke, meinte er.

Zwischen 1963 und 1972 bemühte ich mich immer wieder, den Unterschied zwischen sphärischen Sternen und zylindrischen Magnetfeldern zu verstehen, doch arbeitete ich nicht kontinuierlich daran. Die Frage war schwierig, und es gab genügend andere, einfachere Themen, die meine Aufmerksamkeit beanspruchten: pulsierende Sterne, die von ihnen ausgesandten Gravitationswellen, die Auswirkungen der Raumzeitkrümmung auf gewaltige Sternhaufen und deren Kollaps. Ein- bis zweimal im Jahr holte ich jedoch aus meiner Schreibtischschublade die Stapel alter Berechnungen über Magnetfelder hervor. Diese ergänzte ich im Laufe der Zeit um Berechnungen anderer idealisierter, unendlich langer zylindrischer Objekte: So berechnete ich zum Beispiel zylindrische »Sterne« aus heißem Gas, zylindrische kollabierende Staubwolken und sogar zylindrische Staubwolken, die während ihres Kollapses rotieren. Obwohl solche Objekte im realen Universum nicht existieren, trugen diese Rechnungen doch zu einem Verständnis der grundsätzlichen Frage bei.

Im Jahre 1972 hatte ich das Rätsel schließlich gelöst. Nur wenn ein Objekt in *allen drei Raumdimensionen* – Nord–Süd, Ost–West und oben–unten – komprimiert wird (zum Beispiel in Form einer Kugel), kann die Gravitation so stark werden, daß sie jeden nur vorstellbaren inneren Druck übertrifft. Wenn das Gebilde dagegen nur in zwei Raumdimensionen komprimiert wird (beispielsweise zylindrisch, so daß es einen langen dünnen Faden bildet), dann nimmt die Gravitation zwar zu, doch nicht annähernd in dem Maße, das erforderlich wäre, um den Druck zu überwinden. Bereits bei einem sehr gemäßigten Druck infolge heißer Gase, entarteter Elektronen oder magnetischer Feldlinien reicht die Gravitation nicht mehr aus, um die Ausdehnung des zylindrischen Objekts zu verhindern. Wenn das Objekt in nur einer Raumdimension – in die Form eines sehr dünnen Pfannkuchens – zusammengepreßt wird, genügt sogar ein noch geringerer Druck, um die Gravitation zu überwinden.

Meine Berechnungen zeigten klar und unmißverständlich, daß dies für alle Gebilde zutraf, die wie Kugeln, unendlich lange Zylinder oder unendlich ausgedehnte Pfannkuchen geformt waren. Für solche Objekte waren die Rechnungen durchführbar. Als viel schwieriger erwiesen sich nichtsphärische Gebilde endlicher Größe – diese Berechnungen überstiegen in der Tat meine Fähigkeiten bei weitem. Aufgrund meiner eigenen Ergebnisse und derjenigen von Kollegen

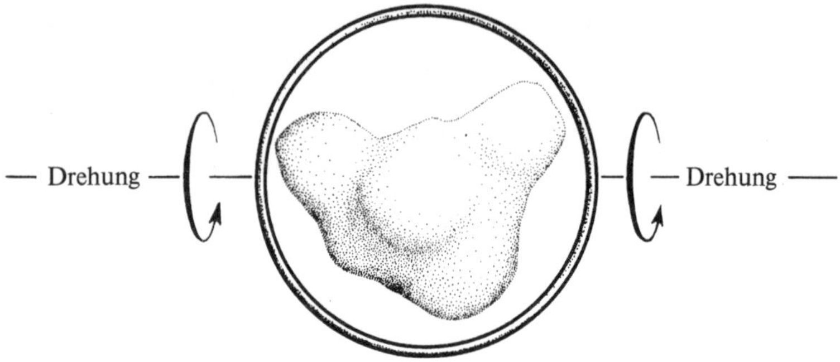

Abb. 7.2: Nach der Ring-Vermutung bildet ein kollabierendes Objekt dann und nur dann ein Schwarzes Loch, wenn ein Ring von der Größe des kritischen Umfangs über das Objekt gestülpt werden kann und dabei frei drehbar ist.

hegte ich jedoch eine intuitive Vermutung, wie das Ergebnis solcher Berechnungen aussehen müßte. Diese Vermutung ist unter dem Begriff *Ring-Hypothese* bekannt:[2]

Betrachten Sie ein beliebiges Objekt, einen Stern, einen Sternhaufen, ein Bündel magnetischer Feldlinien oder etwas ganz anderes. Bestimmen Sie die Masse dieses Objekts, indem Sie beispielsweise die Stärke seiner Gravitation auf umlaufende Planeten messen. Berechnen Sie dann aus der Masse des Objekts seinen kritischen Umfang (dazu multiplizieren Sie 18,5 Kilometer mit der Masse des Objekts in Einheiten der Sonnenmasse). Wenn das Objekt kugelförmig wäre und auf eine Größe unterhalb seines kritischen Umfangs komprimiert würde, müßte es unweigerlich zu einem Schwarzen Loch kollabieren. Was aber geschieht, wenn das Objekt nicht kugelförmig ist? Die Ring-Hypothese erhebt den Anspruch, diese Frage zu beantworten (Abb. 7.2).

Konstruieren Sie einen Ring mit einem Umfang, der dem kritischen Umfang Ihres Objekts entspricht. Versuchen Sie dann, den Ring über das Objekt zu stülpen und ihn in allen Richtungen frei um Ihr Objekt zu bewegen. Wenn dies gelingt, muß sich um das Objekt bereits der Horizont eines Schwarzen Loches herausgebildet haben. Gelingt es nicht, ist Ihr Objekt noch nicht kompakt genug, um ein Schwarzes Loch zu erzeugen.

Mit anderen Worten: Wenn ein beliebiges Objekt hochgradig nichtsphärisch komprimiert wird, kann es immer nur dann ein Schwarzes Loch erzeugen, wenn sein Umfang in allen Richtungen kleiner als sein kritischer Umfang ist.

Seitdem ich diese Vermutung im Jahre 1972 aufstellte, haben ich und andere Wissenschaftler herauszufinden versucht, ob sie zutrifft. Die Antwort ist in der

Einsteinschen Feldgleichung enthalten, doch erweist es sich als außerordentlich schwierig, sie dieser Gleichung zu entlocken. Inzwischen mehren sich die Hinweise, daß die Vermutung richtig ist. Erst jüngst (1991) haben Stuart Shapiro und Saul Teukolsky von der Cornell University den Kollaps eines hochgradig nichtsphärischen Sterns simuliert und dabei die Vorhersagen der Ring-Hypothese bestätigt. Ein Schwarzes Loch entsteht immer dann, wenn es möglich ist, einen Ring, der dem kritischen Umfang entspricht, in allen Richtungen frei um das kollabierte Gebilde zu bewegen. In den Fällen, wo dies nicht möglich ist, kann sich kein Schwarzes Loch bilden. Freilich wurden nur einige wenige Sterne mit ganz besonderen nichtsphärischen Formen simuliert. Aus diesem Grund wissen wir auch nach fast einem Vierteljahrhundert nicht, ob die Ring-Hypothese tatsächlich korrekt ist, doch stehen die Chancen dafür nicht schlecht.

Igor Dmitrijewitsch Nowikow war in mancherlei Hinsicht mein sowjetisches Pendant, so wie Jakow Borisowitsch Seldowitsch das Gegenstück von Wheeler war. Im Jahre 1962, als ich das erste Mal mit Wheeler zusammentraf und unter seiner Anleitung meine wissenschaftliche Laufbahn begann, fand auch die erste Begegnung zwischen Nowikow und Seldowitsch statt. Nowikow schloß sich dann bald der Arbeitsgruppe Seldowitschs an.

Während ich jedoch unbeschwert und behütet in einer großen Mormonenfamilie* in Logan, Utah, aufgewachsen war, hatte Igor Nowikow früh in seinem Leben Leid ertragen müssen. Im Jahre 1937, als er zwei Jahre alt war, wurde sein Vater, ein hoher Beamter im Eisenbahnministerium in Moskau, im Zuge der stalinistischen Säuberungsaktionen verhaftet und hingerichtet. Seine Mutter blieb am Leben, wurde jedoch zu Gefängnis und Exil verurteilt, und so wuchs Igor bei einer Tante auf. (Familientragödien wie diese waren in der stalinistischen Sowjetunion keine Seltenheit, und es ist erschreckend, wie viele meiner russischen Freunde und Kollegen ein ähnliches Schicksal erlebt haben.)

Als ich in den frühen sechziger Jahren am Caltech Physik studierte, tat Igor dasselbe an der Universität in Moskau. Im Jahre 1962, als ich beschloß, nach Princeton zu gehen, um dort bei Wheeler auf dem Gebiet der allgemeinen Relativitätstheorie zu promovieren, warnte mich einer meiner Professoren am Caltech vor diesem Schritt: Die allgemeine Relativität sei ohne Belang für das wirkliche Universum, und die interessanten Herausforderungen der Physik seien anderswo zu finden. (Dies war die Zeit, in der Schwarze Löcher kein Interes-

* Aus Protest gegen die Diskriminierung der Frauen trat unsere gesamte Familie auf Initiative meiner Mutter gegen Ende der achtziger Jahre aus der Kirche der Mormonen aus.

se, sondern höchstens Skepsis hervorriefen.) Zur gleichen Zeit beendete Igor in Moskau sein Studium mit dem Erwerb des sowjetischen Äquivalents des Doktorgrades. Sein wissenschaftlicher Schwerpunkt lag auf dem Gebiet der allgemeinen Relativitätstheorie. Freunde warnten seine Frau Nora, ebenfalls eine Physikerin, daß die Relativitätstheorie ein unergiebiges Forschungsgebiet ohne Relevanz für das wirkliche Universum sei, und rieten, ihr Mann solle sich im Interesse seiner Karriere einem anderen Gebiet zuwenden.

Während ich die Warnung meines Professors am Caltech ignorierte und den Wechsel nach Princeton vorantrieb, war Nora durch die Warnungen ihrer Freunde beunruhigt. Auf einer Konferenz in Estland ergriff sie daher die Gelegenheit, den berühmten Jakow Borisowitsch Seldowitsch um Rat zu bitten. Sie fragte ihn, ob er glaube, daß die allgemeine Relativitätstheorie von Bedeutung für die Physik sei, und Seldowitsch antwortete in seiner dynamischen, überzeugenden Art, daß die allgemeine Relativitätstheorie in der Astrophysik eine überaus wichtige Rolle spielen werde. Daraufhin beschrieb Nora ihm eine Frage, mit der sich ihr Mann gerade beschäftigte: Igor überlegte, ob der Kollaps eines Sterns zu einem Schwarzen Loch und die Entstehung des Universums in einem Urknall ähnliche Phänomene seien, die sich nur durch die Umkehrung der Zeitrichtung unterschieden.* Während Nora sprach, konnte Seldowitsch seine Erregung kaum zügeln, denn er arbeitete an derselben Idee.[3]

Wenige Tage später platzte Seldowitsch überraschend in das Büro, das sich Igor Nowikow mit anderen Studenten des Astronomischen Instituts der Moskauer Universität teilte, und begann ihn über seine Arbeit auszufragen. Obwohl sie einen ähnlichen Gedankengang verfolgten, unterschieden sich ihre Forschungsmethoden vollkommen. Nowikow, der bereits ein Fachmann auf dem Gebiet der Relativität war, hatte eine elegante mathematische Berechnung durchgeführt, um die Ähnlichkeit zwischen dem Urknall und einem stellaren Kollaps zu beweisen. Seldowitsch dagegen, der in der Relativitätstheorie nicht sehr bewandert war, hatte die Ähnlichkeit intuitiv erfaßt und mit Hilfe grober Rechnungen nachgewiesen. Seldowitsch erkannte, daß sich seine und Nowikows Begabungen ideal ergänzten, und da er nach Beendigung seiner Arbeiten in der Waffenforschung gerade dabei war, eine neue Arbeitsgruppe zur Erforschung seiner jüngsten Leidenschaft, der Astrophysik, zusammenzustellen, forderte er Nowikow auf, sich ihm anzuschließen.

Als Nowikow, der sich an der Moskauer Universität wohl fühlte, zögerte, übte

* Obwohl der Gedanke richtig ist, haben sich aus ihm noch keine wesentlichen Konsequenzen ergeben, so daß ich ihn in diesem Buch nicht näher erläutern werde.

Seldowitsch Druck aus. Er wandte sich an Mstislaw Keldisch, den Direktor des Instituts für Angewandte Mathematik, in dem seine neue Arbeitsgruppe untergebracht war. Keldisch rief Iwan Petrowski an, den Rektor der Moskauer Universität, und dieser bat Nowikow zu sich. Beklommen betrat Nowikow das hoch oben im zentralen Gebäude der Universität gelegene Büro. Niemals hatte er sich vorstellen können, bis in diese Gefilde vorzudringen. Petrowski äußerte sich unmißverständlich: »Vielleicht wissen Sie *noch* nicht, daß Sie die Universität verlassen möchten, um mit Seldowitsch zu arbeiten, doch Sie *werden* gehen wollen.«[4] Nowikow nahm das Angebot schließlich an und hat es trotz schwieriger Zeiten niemals bereut.

Als Mentor junger Astrophysiker pflegte Seldowitsch denselben Arbeitsstil wie gegenüber seinen Mitarbeitern in der Waffenforschung: Seldowitsch versprühte Ideen, und sein Team arbeitete sie aus – es sei denn, ein anderes Mitglied der Arbeitsgruppe versprühte ebenso zündende Ideen wie er selbst, was Nowikow auf dem Gebiet der Relativität in der Regel tat. In diesen Fällen griff Seldowitsch die Ideen seines jungen Kollegen begeistert auf, diskutierte lebhaft deren Schwächen und Stärken und brachte sie auf diese Weise schnell zur Reife, wobei er gemeinsam mit dem Erfinder die geistige Patenschaft für die Idee übernahm.

Nowikow hat den für Seldowitsch so bezeichnenden Arbeitsstil anschaulich beschrieben. Dabei benutzte er den Vornamen und den Vaternamen seines Mentors, eine zugleich vertrauliche und respektvolle Form der russischen Anrede: »Jakow Borisowitsch rief mich oft um fünf oder sechs Uhr morgens an und sagte: ›Ich habe eine neue Idee. Kommen Sie zu mir, und lassen Sie uns darüber reden.‹ Wenn ich dann zu ihm ging, diskutierten wir oft sehr, sehr lange. Jakow Borisowitsch glaubte, daß wir alle so lange arbeiten könnten wie er. Er arbeitete mit uns von sechs Uhr morgens bis zehn Uhr vormittags an einem Thema, dann bis zum Mittagessen an einem anderen. Nach dem Essen machten wir einen kleinen Spaziergang, trieben ein bißchen Sport oder hielten einen kurzen Mittagsschlaf. Anschließend tranken wir Kaffee und diskutierten bis fünf oder sechs Uhr abends. Danach hatten wir frei, um nachzudenken, Rechnungen anzustellen oder uns für den nächsten Tag vorzubereiten.«[5]

Verwöhnt aus den Jahren der Waffenforschung, erwartete Seldowitsch, daß sich auch weiterhin jeder nach ihm richtete und seinem Arbeitsrhythmus folgte, daß jeder dann zu arbeiten anfing, wenn er arbeitete, und dann Pausen einlegte, wenn er eine Pause machte. (Im Jahre 1968 verbrachten John Wheeler, Andrej Sacharow und ich einen Nachmittag mit Seldowitsch in einem Hotelzimmer im tiefen Süden der Sowjetunion und diskutierten über Physik. Nach mehrstündi-

gem intensivem Meinungsaustausch verkündete Seldowitsch plötzlich, daß es nun Zeit für ein Schläfchen sei. Er legte sich hin und schlief zwanzig Minuten, während Wheeler, Sacharow und ich uns jeweils in eine Zimmerecke zurückzogen, uns entspannten, lasen und darauf warteten, daß er wieder wach wurde.)
Ungeduldig gegenüber Perfektionisten wie mir, die darauf bestehen, daß alle Details einer Rechnung stimmen müssen, interessierte sich Seldowitsch nur für die wesentlichen Aspekte eines Sachverhalts. Wie Oppenheimer gelang es ihm, die unwichtigen Details auszusondern und sich mit fast untrüglicher Sicherheit auf die wichtigsten Faktoren zu konzentrieren. Einige Pfeile und Kurven an der Tafel, eine Gleichung nicht viel länger als eine halbe Zeile, einige Sätze in bildhafter Sprache – damit führte er seine Arbeitsgruppe zielsicher an den Kern einer Forschungsaufgabe heran.
Er bildete sich schnell ein Urteil über eine Idee oder die Qualitäten eines Physikers und änderte die einmal gefaßte Meinung nur ungern. Er konnte jahrelang an einem Fehlurteil festhalten und sich auf diese Weise gegen eine neue wichtige Einsicht verschließen, etwa als er die Idee verwarf, daß Schwarze Löcher verdampfen können (Kapitel 12). Doch wenn seine Blitzurteile zutrafen, wie dies meistens der Fall war, ermöglichten sie es ihm, rasch und zielstrebig zu neuen Erkenntnissen vorzudringen – schneller als jeder andere Wissenschaftler, den ich kennengelernt habe.
Seldowitsch und Wheeler waren extrem unterschiedlich. Seldowitsch leitete seine Arbeitsgruppe mit fester Hand und hielt sie mit einer stetigen Flut eigener Ideen auf Trab; daneben griff er auch gerne Ideen seiner Mitarbeiter auf und entwickelte sie gemeinsam mit ihnen weiter. Wheeler dagegen vermittelte seinen Schützlingen eine philosophische Betrachtungsweise, das Gefühl, daß überall aufregende Ideen darauf warteten, entdeckt zu werden. Selten drängte er einem Studenten eine konkrete Vorstellung auf, und niemals beteiligte er sich an der Ausarbeitung einer Idee, die ein Student gehabt hatte. Wheelers oberstes Ziel war die Erziehung seiner Schützlinge, selbst wenn dies das Tempo des Fortschritts verlangsamte. Seldowitsch dagegen, der noch immer von dem Geist des Wettrennens um die Superbombe beseelt war, strebte nach schnellstmöglichem Fortschritt um jeden Preis.
Seldowitsch rief seine Studenten zu allen Tages- und Nachtzeiten an, er forderte Aufmerksamkeit, pausenlosen Einsatz und Ergebnisse. Wheeler dagegen machte auf uns den Eindruck des meistbeschäftigten Menschen der Welt; er war viel zu sehr von seinen eigenen Projekten in Anspruch genommen, um unsere Aufmerksamkeit zu fordern. Aber wenn wir ihn brauchten, war er stets verfügbar und ließ uns seinen Rat, seine Weisheit und seine Ermutigung zuteil werden.

Oben links: John Archibald Wheeler, um 1970. *Oben rechts:* Igor Dmitrijewitsch Nowikow und Jakow Borisowitsch Seldowitsch im Jahre 1962. [*Oben links: Joseph Henry Laboratories, Princeton University; oben rechts: S. Chandrasekhar.*]

Dennis Sciama im Jahre 1955. [*Dennis W. Sciama.*]

Dennis Sciama, der dritte große Lehrmeister jener Ära, verfolgte einen dritten, wieder ganz anderen Ansatz. Er widmete sich in den sechziger und frühen siebziger Jahren fast ausschließlich dem Ziel, den Studenten in Cambridge ein optimales Umfeld zu bieten. Da er seine persönliche Forschung und die eigene berufliche Karriere hinter das Wohlergehen seiner Studenten stellte, wurde er in Cambridge niemals in den Rang eines Professors erhoben – eine Position, die dort eine weitaus größere Bedeutung hat als in den Vereinigten Staaten. Dafür waren es seine Studenten, die Ruhm und Ehre ernteten. Gegen Ende der siebziger Jahre erhielten zwei seiner ehemaligen Studenten, Stephen Hawking und Martin Rees, Professuren in Cambridge.

Sciama war ein »Katalysator«. Er hielt seine Studenten über die weltweit neuesten Entwicklungen der Physik auf dem laufenden. Sobald eine interessante Entdeckung veröffentlicht wurde, bat er einen Studenten, sie zu lesen und den anderen vorzutragen. Sobald er von einem interessanten Vortrag in London erfuhr, forderte er seine Studenten auf, hinzufahren und sich den Vortrag anzuhören. Er hatte ein überragendes Gespür dafür, welche Fragen interessant und lohnenswert waren, welche Publikationen man lesen mußte, um sich mit beliebigen Forschungsgebieten vertraut zu machen, und wen man um fachlichen Rat fragen konnte.

Sciama war besessen von dem Wunsch, zu wissen, wie das Universum aufgebaut ist. Er selbst beschrieb diese Besessenheit als eine Art metaphysische Angst. Das Universum schien so verrückt, bizarr und unglaublich, daß man versuchen mußte, es zu verstehen, um mit ihm fertig zu werden; und der beste Weg zum Verständnis des Universums war der über seine Studenten. Indem er seine Studenten dazu brachte, die herausforderndsten Aufgaben zu lösen, konnte Sciama schneller voranschreiten, als wenn er versuchte hätte, jede Aufgabe selbst zu lösen.

Schwarze Löcher haben keine Haare

Eine der bedeutendsten Entdeckungen des goldenen Zeitalters war die Erkenntnis, daß Schwarze Löcher »keine Haare haben«. (Was man sich unter diesem Satz vorzustellen hat, wird auf den nächsten Seiten erläutert.) In der Wissenschaft gibt es Entdeckungen, die unvermittelt und rasch von einzelnen Forschern gemacht werden, und andere, die allmählich wachsen und das Werk vieler verschiedener Wissenschaftler sind. Die Erkenntnis, daß Schwarze Löcher keine Haare haben, gehört der letzteren Kategorie an. An ihr wirkten die Schüler der drei großen Lehrmeister – Seldowitsch, Wheeler und Sciama – sowie viele andere Wissenschaftler mit. Auf den folgenden Seiten wollen wir die Entwicklungsgeschichte dieser Entdeckung nachzeichnen und betrachten, wie die Wissenschaftler sich schrittweise an die Vorstellung, daß Schwarze Löcher keine Haare haben, herantasteten, sie bewiesen und ihre Konsequenzen begriffen.

Die ersten Hinweise darauf, daß Schwarze Löcher keine Haare haben, stammten aus dem Jahre 1964 und gingen auf Witali Lasarewitsch Ginsburg zurück, jenen Mann, der den Kernbrennstoff aus Lithiumdeuterid für die sowjetische Wasserstoffbombe erfunden hatte und dessen Frau angeblich an einem Mordkomplott gegen Stalin beteiligt war, so daß er von der weiteren Arbeit an der Bombe suspendiert wurde (Kapitel 6). Kurz zuvor hatten Astronomen am Caltech *Quasare* entdeckt, rätselhafte, explodierende Objekte in den entferntesten

Links: Witali Lasarewitsch Ginsburg (um 1962), der die ersten Hinweise auf die Richtigkeit der »Keine-Haare-Vermutung« lieferte. *Rechts:* Werner Israel (1964), der den ersten strengen Beweis für die »Keine-Haare-Vermutung« erbrachte. [*Links: Witali Ginsburg; rechts: Werner Israel.*]

Bereichen des Universums, und Ginsburg hatte sich zum Ziel gesetzt, herauszufinden, woher Quasare ihre Energie beziehen (Kapitel 9). Eine mögliche Energiequelle, so glaubte Ginsburg, konnte der Kollaps eines magnetischen, extrem massereichen Sterns zu einem Schwarzen Loch sein. Die magnetischen Feldlinien eines solchen Sterns müßten die in Abbildung 7.3 a gezeigte Form haben – dieselbe Form wie die Magnetfeldlinien der Erde. Während der Stern kollabiert, werden seine Feldlinien immer stärker komprimiert, bis sie schließlich in einer heftigen Explosion auseinanderstreben und gewaltige Energiemengen freisetzen. Ginsburg vermutete, daß dies zu einer Erklärung von Quasaren beitragen mochte.

Da es äußerst mühevoll und schwierig gewesen wäre, diese Vermutung durch die vollständige Berechnung eines stellaren Kollaps zu beweisen, entschied sich Ginsburg für die zweitbeste Methode. Wie Oppenheimer bei seiner ersten groben Abschätzung der Vorgänge im Inneren kollabierender Sterne untersuchte auch Ginsburg eine Folge statischer Sterne, von denen jeder etwas kompakter war als sein Vorgänger und von denen alle dieselbe Anzahl magnetischer Feldlinien aufwie-

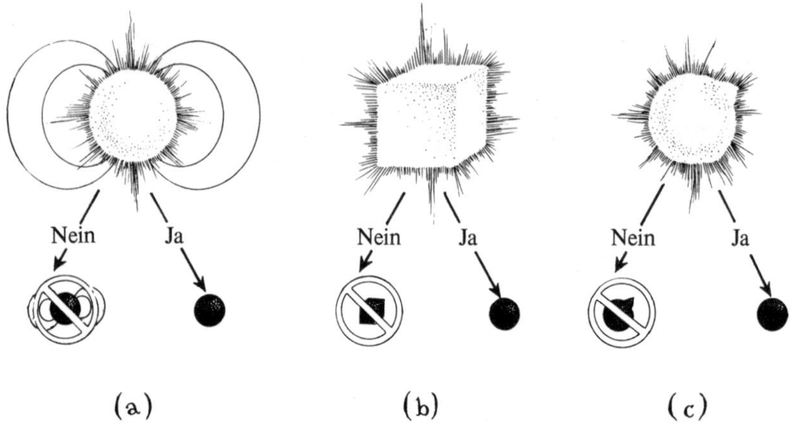

Abb. 7.3: Einige Beispiele für die Vermutung, daß ein Schwarzes Loch »keine Haare« hat: (a) Wenn ein magnetischer Stern kollabiert, besitzt das entstehende Loch kein magnetisches Feld. (b) Wenn ein würfelförmiger Stern kollabiert, dann ist das Schwarze Loch nicht eckig, sondern kugelförmig. (c) Wenn ein Stern kollabiert, der einen Berg an seiner Oberfläche besitzt, hat das entstehende Loch keinen Berg.

sen. Diese Abfolge statischer Sterne sollte nach Ansicht Ginsburgs einen kollabierenden Stern simulieren. Dann entwickelte er eine Gleichung zur Beschreibung der magnetischen Feldlinien jedes einzelnen Sterns seiner Serie – und machte eine überraschende Entdeckung. Wenn sich ein Stern seinem kritischen Umfang näherte und dabei allmählich ein Schwarzes Loch um sich bildete, zog seine Gravitation die magnetischen Feldlinien immer stärker an, bis sie kaum noch über die Sternoberfläche hinausragten, sondern praktisch auf ihr klebten. War der Stern schließlich unwiderruflich zu einem Schwarzen Loch kollabiert, befanden sich die Feldlinien alle innerhalb des Horizonts. Nicht eine einzige Linie schaute mehr aus dem Loch hervor (Abb. 7.3 a). Diese Entdeckung verhieß zwar nichts Gutes für Ginsburgs Vermutung über die Energiequelle von Quasaren, doch gab sie Anlaß zu einer anderen aufregenden Vermutung: Wenn ein magnetischer Stern kollabiert, entsteht möglicherweise ein Schwarzes Loch, das überhaupt kein Magnetfeld mehr besitzt.[6]

Ungefähr zur gleichen Zeit, als Ginsburg diese Entdeckung machte, fragten sich nur wenige Kilometer entfernt in Moskau Igor Nowikow und Andrej Doroschkewitsch aus der Arbeitsgruppe von Seldowitsch, welche Art Schwarzes Loch bei dem Kollaps eines deformierten Sterns entsteht. Wenn der Kollaps eines kugelförmigen Sterns ein kugelförmiges Loch erzeugt, muß dann der Kollaps eines deformierten Sterns ein deformiertes Loch erzeugen? Um ein extremes Beispiel zu nennen: Würde ein würfelförmiger Stern ein würfelförmiges Loch bilden? (Abb. 7.3 b) Da die Berechnung eines hypothetischen würfelförmigen Sterns außerordentlich schwierig war, konzentrierten sich Doroschkewitsch, Nowikow und Seldowitsch auf ein einfacheres Beispiel: Wenn ein fast kugelförmiger Stern mit einer kleinen Erhebung an seiner Oberfläche kollabiert, muß dann der Horizont des entstehenden Schwarzen Loches ebenfalls eine Erhebung aufweisen? Durch die Beschränkung auf fast kugelförmige Sterne mit winzigen Erhebungen wurden die Rechnungen beträchtlich vereinfacht. Seldowitsch und seine Kollegen konnten sich nun nämlich auf mathematische Methoden stützen, die John Wheeler und ein Postdoktorand namens Tullio Regge wenige Jahre zuvor eingeführt hatten und die unter dem Begriff *Störungstheorie* bekannt waren. Die Methoden der Störungstheorie, die in Kasten 7.1 sehr vereinfacht erklärt sind, waren eigens dazu entwickelt worden, »Störungen« einer ansonsten kugelförmigen Anordnung zu berücksichtigen. Die Verzerrung des Schwerefeldes auf dem von Seldowitsch und seiner Gruppe untersuchten Stern infolge einer kleinen Erhebung stellte genau eine solche Störung dar.

Doroschkewitsch, Nowikow und Seldowitsch vereinfachten ihre Rechnungen noch weiter, indem sie denselben Trick anwandten, den schon Oppenheimer und Ginsburg benutzt hatten: Anstatt den vollständigen, dynamischen Kollaps eines mit einer Erhebung ausgestatteten Sterns zu simulieren, untersuchten sie eine Folge immer kompakterer statischer Sterne mit hügeligen Erhebungen. Indem sie sich dieses Hilfsmittels und der Methoden der Störungstheorie bedienten, gelangten Doroschkewitsch, Nowikow und Seldowitsch zu einer bemerkenswerten Erkenntnis: Wenn ein statischer, mit einem Hügel ausgestatteter Stern kompakt genug ist, um ein Schwarzes Loch zu erzeugen, muß der Horizont des Loches vollkommen kugelförmig sein, ohne die geringste Ausbuchtung aufzuweisen (Abb. 7.3 c).[7]

Entsprechend drängte sich die Vermutung auf, daß der Horizont eines zu einem Schwarzen Loch kollabierten kubischen Sterns ebenfalls nicht kubisch, sondern kugelförmig sein muß (Abb. 7.3 b).

Wenn diese Vermutung zutraf, dann konnte ein Schwarzes Loch nicht den geringsten Hinweis darauf geben, ob der ursprüngliche Stern rund, kubisch oder mit einer Erhebung versehen war; ebensowenig konnte es – Ginsburg zufolge – Hinweise darauf geben, ob der ursprüngliche Stern magnetisch oder nichtmagnetisch gewesen war.

Sieben Jahre später, als sich herausstellte, daß diese Vermutung korrekt war,

Kasten 7.1

Die Methoden der Störungstheorie – eine Erklärung für mathematisch interessierte Leser

In der Algebra lernt man, daß das Quadrat der Summe zweier Zahlen, *a* plus *b*, nach folgender Formel berechnet wird:

$$(a + b)^2 = a^2 + 2ab + b^2.$$

Angenommen, *a* sei eine große Zahl, zum Beispiel 1000, und *b* eine vergleichsweise kleine Zahl, zum Beispiel 3. In diesem Fall ist der dritte Term der Gleichung, b^2, verglichen mit den beiden anderen, sehr klein und kann vernachlässigt werden, ohne daß dies das Ergebnis sehr verfälschen würde:

$$(1000 + 3)^2$$
$$= 1000^2 + 2 \times 1000 \times 3 + 3^2$$
$$= 1006009$$
$$\approx 1000^2 + 2 \times 1000 \times 3$$
$$= 10006000.$$

Die Methoden der Störungstheorie beruhen genau auf diesem Näherungsverfahren. Der Ausdruck $a = 1000$ entspricht einem vollkommen sphärischen Stern, $b = 3$ der kleinen Erhebung des Sterns und $(a + b)^2$ der Raumzeitkrümmung, die von dem Stern und seiner Erhebung verursacht wird. Bei der Berechnung dieser Krümmung berücksichtigt die Störungstheorie nur diejenigen Effekte, die sich linear zu den Eigenschaften der Erhebung verhalten (wie zum Beispiel $2ab = 6000$, was sich linear zu *b* verhält); alle anderen Effekte der Erhebung (Effekte wie $b^2 = 9$) werden ignoriert. Solange die Erhebung, verglichen mit dem Stern, klein ist, erweisen sich die Methoden der Störungstheorie als höchst akkurat. Wenn die Ausbuchtung des Sterns jedoch dieselbe Größe wie der Stern selbst hätte (der Stern dann also kubisch wäre), dann würde die Störungstheorie zu gravierenden Fehlern führen – so zum Beispiel in folgendem Fall, wo $a = 1000$ und $b = 1000$ ist:

$$(1000 + 1000)^2$$
$$= 1000^2 + 2 \times 1000 \times 1000 + 1000^2$$
$$= 4000000$$
$$\neq 1000^2 + 2 \times 1000 \times 1000$$
$$= 3000000$$

Die beiden Ergebnisse unterscheiden sich beträchtlich.

wählte John Wheeler eine prägnante Formulierung, um diese Eigenschaft zu beschreiben: *Ein Schwarzes Loch hat keine Haare* – wobei unter dem Begriff Haar alles zu verstehen war, was aus dem Schwarzen Loch hervorschauen und Aufschluß über die Merkmale des ursprünglichen Sterns geben mochte.

Den meisten von Wheelers Kollegen fällt es schwer zu glauben, daß sich dieser höchst achtbare, konservative Wissenschaftler der zweideutigen Interpretation seiner Formulierung bewußt war. Doch ich bin anderer Ansicht. Bei seltenen privaten Gelegenheiten habe ich seinen Sinn für Humor kennengelernt.* Wheelers Formulierung fand rasch Verbreitung, obwohl Simon Pasternak, der Herausgeber von *Physical Review*, der Zeitschrift, in der die meisten westlichen Forschungsergebnisse über Schwarze Löcher veröffentlicht werden, heftig gegen ihre Verwendung Einspruch erhob. Als Werner Israel 1971 den Satz in einem Artikel verwenden wollte, schickte ihm Pasternak einen erzürnten Brief, in dem er darauf hinwies, daß er solche Obszönitäten in seiner Zeitschrift unter keinen Umständen dulden werde. Doch Pasternak konnte die Flut von Artikeln über Schwarze Löcher und ihre fehlenden Haare nicht lange zurückhalten. In Frankreich und der Sowjetunion, wo die jeweiligen Übersetzungen der Wheelerschen Formulierung ebenfalls als anstößig empfunden wurden, hielt der Widerstand noch länger an. Bis in die späten siebziger Jahre jedoch hatte sich die Formulierung weltweit durchgesetzt, und Physiker benutzten sie in allen Sprachen, ohne auch nur den Anflug eines albernen Grinsens.

Bis Ginsburg, Doroschkewitsch, Nowikow und Seldowitsch zu der Vermutung gelangt waren, daß Schwarze Löcher keine Haare haben, und sie erste Beweise dafür anführen konnten, war es Winter 1964/65 geworden. Bereits seit einiger Zeit trafen sich die Experten auf dem Gebiet der allgemeinen Relativitätstheorie alle drei Jahre zu einer einwöchigen Konferenz irgendwo in der Welt, um Erfahrungen und Forschungsergebnisse auszutauschen. Die vierte Konferenz dieser Art sollte im Juni in London stattfinden.

Niemand aus der Arbeitsgruppe von Seldowitsch war jemals in das nichtkommunistische Ausland gereist. Man wußte, daß Seldowitsch selbst mit Sicherheit keine Reiseerlaubnis erhalten würde, da seine Tätigkeit in der Waffenforschung noch nicht lange genug zurücklag.

Aber Nowikow war zu jung, um bei der Entwicklung der Wasserstoffbombe eine Rolle gespielt zu haben; er war darüber hinaus ein Fachmann auf dem Gebiet der Relativitätstheorie (dies war der Grund gewesen, warum Seldowitsch ihn überhaupt in seine Arbeitsgruppe geholt hatte), und sein Englisch war passabel, wenn auch noch nicht fließend. Es war klar, daß man ihn für die Reise auswählte.

Die Ost-West-Beziehungen waren zu dieser Zeit gut, denn nach Stalins Tod im Jahre 1953 waren die wissenschaftlichen Kontakte zwischen Ost und West all-

* Nur einmal habe ich erlebt, daß er diesem Wesenzug in der Öffentlichkeit freien Lauf ließ. Im Jahre 1971, an seinem sechzigsten Geburtstag, nahm er zufällig an einem eleganten Bankett in einem Schloß in Kopenhagen teil. Es war ein Bankett anläßlich einer internationalen Konferenz und nicht zu Ehren seines Geburtstages. Um seinen Geburtstag zu feiern, ließ Wheeler eine Garnitur Feuerwerkskörper hinter seinem Stuhl explodieren und sorgte damit bei seinen Tischnachbarn für beträchtliches Chaos.

mählich wiederaufgenommen worden, obwohl der Austausch bei weitem noch nicht so frei war wie in den zwanziger und dreißiger Jahren vor der Zeit des Eisernen Vorhangs. Es war wieder selbstverständlich, daß die Sowjetunion eine kleine Delegation von Wissenschaftlern zu jeder bedeutenden internationalen Konferenz entsandte. Solche Delegationen waren nicht nur wichtig, um die sowjetische Wissenschaft konkurrenzfähig zu halten, sondern auch, um dem Westen die Qualität der sowjetischen Forschung zu demonstrieren. Seit der Zarenzeit litten die russischen Bürokraten an einem Minderwertigkeitskomplex gegenüber dem Westen. Aus diesem Grund war es für sie sehr wichtig, sich in der westlichen Öffentlichkeit zu präsentieren und stolz auf die Errungenschaften der eigenen Nation hinzuweisen.

So kam es, daß Seldowitsch keine Schwierigkeiten hatte, die Parteifunktionäre davon zu überzeugen, Nowikow als Mitglied der sowjetischen Delegation zur Konferenz nach England zu schicken, nachdem er bereits dafür gesorgt hatte, daß Nowikow eine Einladung als Hauptredner auf der Konferenz erhielt. Nowikow hatte eine Vielzahl eindrucksvoller Ergebnisse zu berichten, und er würde die sowjetische Physik in einem sehr guten Licht erscheinen lassen.

In London sprach Nowikow vor einem Publikum von dreihundert führenden Physikern auf dem Gebiet der Relativität. Sein einstündiger Vortrag war eine Meisterleistung. Die Ergebnisse über den Kollaps eines Sterns mit einer Erhebung machten dabei nur einen kleinen Teil seines Vortrags aus. Daneben sprach er über relativistische Gravitation, Neutronensterne, kollabierende Sterne, Schwarze Löcher, das Wesen von Quasaren, Gravitationswellen und den Ursprung des Universums und leistete dabei wichtige Beiträge zu unserem Verständnis dieser Phänomene. Während ich Nowikow in London zuhörte, war ich überwältigt von der Tiefe und Bandbreite der Forschung, die Seldowitsch und seine Mitarbeiter leisteten; niemals zuvor hatte ich so etwas erlebt.[8]

Nachdem Nowikow seinen Vortrag beendet hatte, schloß ich mich der begeisterten Menge an, die ihn umringte und Fragen stellte. Zu meiner Freude entdeckte ich, daß meine Russischkenntnisse etwas besser waren als sein Englisch und daß ich deshalb als Dolmetscher in der Diskussion gebraucht wurde. Als sich die Menge allmählich verlief, führten Nowikow und ich unsere Diskussion privat fort, und so begann eine meiner schönsten Freundschaften.

Weder ich noch ein anderer Teilnehmer der Londoner Konferenz war in der Lage gewesen, alle Details der unter Seldowitsch ausgeführten Untersuchung der »Keine-Haare-Vermutung« aufzunehmen. Die Einzelheiten waren zu komplex. Wir mußten deshalb auf die schriftliche Fassung seiner Arbeit warten, in der die einzelnen Schritte ausführlich beschrieben waren.

Diese schriftliche Version traf im September 1965 in Princeton ein – auf russisch.[9] Wieder einmal war ich froh um die vielen langweiligen Stunden, die ich in den ersten Semestern mit dem Studium der russischen Sprache verbracht hatte. Die schriftliche Ausarbeitung bestand aus zwei Teilen. Der erste Teil, der offensichtlich das Werk von Doroschkewitsch und Nowikow war, enthielt einen mathematischen Beweis für die folgende Aussage: Wenn ein statischer Stern mit einer kleinen Erhebung immer stärker komprimiert wird, können nur genau zwei Ereignisse eintreten. Entweder erzeugt der Stern ein vollkommen kugelförmiges Schwarzes Loch, oder die Erhebung führt mit zunehmender Kompression des Sterns zu einer so starken Krümmung der Raumzeit, daß die Erhebung keine kleine »Störung« mehr darstellt und die Methoden der Störungstheorie folglich versagen. In diesem Fall ist das Ergebnis des Kollapses unbekannt. Der zweite Teil der Analyse war eine Argumentation, die, wie ich bald feststellte, typisch für Seldowitsch war. Wenn die Erhebung anfangs klein ist, dann ist es *intuitiv* offensichtlich, daß sie mit zunehmender Annäherung des Sterns an den kritischen Umfang nicht plötzlich eine gewaltige Raumzeitkrümmung erzeugen kann. Folglich können wir diese Möglichkeit außer acht lassen und uns auf den anderen Fall konzentrieren: Der Stern muß ein vollkommen sphärisches Schwarzes Loch bilden.

Was Seldowitsch intuitiv klar war (und sich letztlich als richtig erweisen sollte), war für die meisten westlichen Physiker keineswegs klar. Es entbrannte eine heftige Kontroverse.

Ein kontroverses Forschungsergebnis besitzt eine erstaunliche Macht. Es zieht Physiker in Scharen an so wie ein Picknick Ameisen. Und so geschah es auch mit dem Beweis, den Seldowitsch und seine Kollegen für die Keine-Haare-Vermutung angeführt hatten. Immer mehr Physiker stürzten sich auf diese Frage, um sich eine eigene Meinung zu bilden.

Der erste war Werner Israel, der in Berlin geboren wurde, in Südafrika aufwuchs, sich in Irland mit der Relativitätstheorie vertraut machte und nun in Edmonton, Kanada, dabei war, eine eigene Forschungsgruppe auf dem Gebiet der Relativitätstheorie aufzubauen. In einem einzigartigen mathematischen Kraftakt verbesserte Israel den Beweis von Doroschkewitsch und Nowikow: Er untersuchte nicht nur kleine Erhebungen, wie dies die Russen getan hatten, sondern Ausbuchtungen jeder Form und Größe. In der Tat konnten seine Rechnungen auf jeden beliebigen kollabierenden Körper angewendet werden, selbst wenn er nichtsphärisch oder gar würfelförmig war. Sie erlaubten es sogar, den Kollaps als dynamischen Vorgang zu betrachten und nicht nur als eine idealisierte Folge statischer Sterne.

Gleichermaßen bemerkenswert war Israels Schlußfolgerung, die im Prinzip mit der von Doroschkewitsch und Nowikow übereinstimmte, sie jedoch an Schärfe und Prägnanz übertraf: *Ein hochgradig nichtsphärischer Kollaps kann genau nur zu zwei Ergebnissen führen. Entweder er erzeugt überhaupt kein Schwarzes Loch, oder es entsteht ein exakt sphärisches Schwarzes Loch.* Damit diese Schlußfolgerung zutraf, mußte der kollabierende Körper jedoch zwei Voraussetzungen erfüllen: Er durfte keine elektrische Ladung besitzen, und er durfte nicht rotieren. Die Gründe dafür werden wir später verstehen.[10]

Israel stellte die Ergebnisse seiner Analyse am 8. Februar 1967 in einem Vortrag am Kings College in London vor. Der Titel seines Vortrags klang ein wenig rätselhaft, doch Dennis Sciama in Cambridge drängte seine Studenten, nach London zu fahren, um Israel zu hören. George Ellis, einer dieser Studenten, erinnerte sich: »Es war ein sehr, sehr interessanter Vortrag. Israel bewies einen Satz, der völlig unerwartet und aufregend war. Niemand hatte jemals zuvor etwas Ähnliches gemacht.« Als Israel seinen Vortrag beendete, erhob sich Charles Misner (ein ehemaliger Student Wheelers) und stellte folgende Frage: »Was geschieht, wenn der kollabierende Stern rotiert und eine elektrische Ladung besitzt? Gibt es dann ebenfalls nur genau zwei Möglichkeiten: Entsteht entweder überhaupt kein Loch oder eines mit einer eindeutigen Form? Ein Loch, das vollkommen von der Masse des kollabierenden Sterns, seinem Drehimpuls und seiner Ladung abhängt?« Es zeigte sich später, daß dies tatsächlich zutraf, doch war es für die Beantwortung dieser Frage zunächst erforderlich, die Behauptung von Seldowitsch zu verifizieren.

Wie Sie sich erinnern werden, hatten Seldowitsch, Doroschkewitsch und Nowikow nicht hochgradig deformierte Sterne untersucht, sondern nahezu kugelförmige Sterne mit einer kleinen Erhebung. Aus dieser Untersuchung und den von Seldowitsch aufgestellten Behauptungen ergab sich eine Vielzahl von Fragen. Was entsteht, wenn ein kollabierender Stern an seiner Oberfläche eine kleine Erhebung aufweist? Erzeugt diese Erhebung eine immer stärkere Krümmung der Raumzeit, je näher der Stern seinem kritischen Umfang kommt – das Ergebnis, das Seldowitsch intuitiv verwarf? Oder verwischt sich der Einfluß der Ausbuchtung immer mehr, bis schließlich nur noch ein vollkommen sphärisches Schwarzes Loch zurückbleibt – das Ergebnis, das Seldowitsch befürwortete? Und wenn sich ein vollkommen kugelförmiges Schwarzes Loch bildet, wie gelingt es dem Stern, die Gravitationseffekte seiner Erhebung auszuschalten? *Was bewirkt, daß sich ein sphärisches Schwarzes Loch herausbildet?*

Als einer von Wheelers Studenten setzte ich mich mit diesen Fragen auseinander, doch betrachtete ich sie nicht so sehr als meine persönliche Herausforderung, sondern mehr als eine lohnende Aufgabe für meine eigenen Studenten. Man schrieb mittlerweile das Jahr 1968. Nach der Promotion in Princeton war ich an meine Alma mater, das Caltech, zurückgekehrt, wo ich zunächst als Postdoktorand und dann als Professor eine eigene kleine Gruppe von Studenten um mich scharte, ähnlich wie Wheeler in Princeton.

Richard Price, ein bärtiger, schwergewichtiger junger Mann aus Brooklyn mit einem Schwarzen Gürtel in Karate, hatte bereits bei mehreren kleinen Forschungsprojekten mit mir zusammengearbeitet, darunter an einem, das die hier benötigten Methoden der Störungstheorie benutzte. Er war nun reif genug für ein anspruchsvolleres Thema, und die Überprüfung der von Seldowitsch gemachten Voraussage schien mir eine ideale Aufgabe für ihn zu sein. Es gab nur einen Nachteil: Die Zeit drängte; andere Physiker arbeiteten an derselben Frage, und Price mußte sich beeilen.

Gleichwohl kamen ihm Nowikow und Israel zuvor. Price war nicht schnell genug gewesen, doch dafür waren seine Ergebnisse besser untermauert, umfassender und tiefgreifender.[11]

Die Erkenntnis, zu der Price gelangte, ist von Jack Smith, einem Kolumnisten der *Los Angeles Time,* humorvoll verewigt worden. In der Ausgabe vom 27. August 1970 beschrieb Smith seinen Besuch am Caltech einen Tag zuvor: »Nach dem Mittagessen im Fakultätsklub wanderte ich allein über den Campus. Tiefschürfende Gedanken hingen förmlich in der Luft. Sogar im Sommer säuseln sie leise durch die Olivenbäume. Ich schaute durch ein Fenster und sah auf eine Tafel, die über und über mit Formeln bedeckt war. Außerdem standen da drei Sätze: *Das Theorem von Price: Alles, was in Form von Strahlung ausgesandt werden kann, wird ausgestrahlt. Die Beobachtung von Schutz: Alles, was ausgestrahlt wird, kann ausgestrahlt werden. Etwas kann dann und nur dann ausgestrahlt werden, wenn es ausgestrahlt wird.* Ich ging weiter und dachte darüber nach, welche Auswirkungen es haben wird, wenn das Caltech in diesem Herbst erstmals Frauen zum Studium zuläßt. Ich glaube nicht, daß sie dem Ort schaden ... Ich denke dabei an ihre Ausstrahlung.«

Dieses Zitat bedarf einer Erklärung. Während es sich bei der »Beobachtung von Schutz« um einen Scherz handelte, war das »Theorem von Price«, wonach alles, was ausgestrahlt werden kann, ausgestrahlt wird, durchaus ernst gemeint. Dieser Satz bestätigte eine Vermutung, die Roger Penrose im Jahre 1969 aufgestellt hatte. Als Beispiel für den Satz von Price kann man den Kollaps eines mit einer Erhebung versehenen Sterns heranziehen. Abbildung 7.4 verdeutlicht einen solchen Kollaps. Die linke Hälfte der Abbildung ist ein Raumzeitdiagramm von der Art,

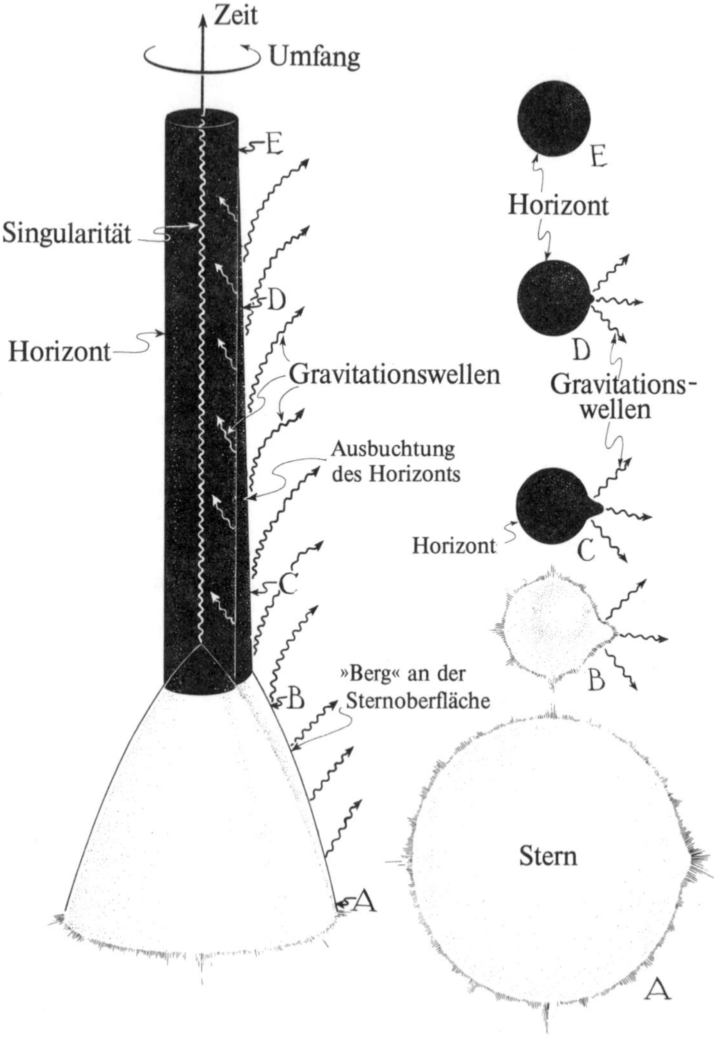

Abb. 7.4: Das Raumzeitdiagramm (*links*) und die Abfolge von Momentaufnahmen (*rechts*) zeigen die Entstehung eines Schwarzen Lochs aus dem Kollaps eines Sterns, der einen »Berg« besitzt.

wie es in Kapitel 6 (Abb. 6.7) eingeführt wurde. Die rechte Hälfte der Abbildung zeigt eine Folge von Momentaufnahmen des Sterns und seines Horizonts im Verlauf der Zeit, wobei die Zeit von unten nach oben fortschreitet.

Während der Stern kollabiert (siehe die beiden untersten Momentaufnahmen in Abb. 7.4), wird die Ausbuchtung des Sterns immer größer und erzeugt eine beulenförmige Verzerrung der Raumzeit des Sterns. Sobald der Stern seinen kritischen Umfang erreicht hat, bildet sich der Horizont des Schwarzen Loches aus (mittlere Momentaufnahme). Dabei kommt es infolge der Verzerrung der Raumzeit zu einer Ausbeulung des Horizonts in der Form des deformierten Sterns. Diese Wölbung ist jedoch nicht stabil. Der Berg, der sie erzeugt hat, befindet sich nun im Inneren des Schwarzen Loches, so daß der Horizont seinem Einfluß nicht länger ausgesetzt ist. Der Horizont ist also nicht länger durch den Berg dazu gezwungen, sich vorzuwölben, und so entledigt sich der Horizont dieser Beule auf die einzige Art, die ihm zur Verfügung steht: Er stößt sie in Form von Gravitationswellen ab (Kapitel 10), die sich in alle Richtungen ausbreiten (siehe die beiden obersten Momentaufnahmen). Manche dieser Kräuselungen der Raumzeit verschwinden im Schwarzen Loch, andere entweichen in das Universum. Zurück bleibt ein vollkommen sphärisches Schwarzes Loch.

Ein vertraute analoge Erscheinung tritt beim Zupfen einer Gitarrensaite auf. Solange man an der Saite zieht, ist sie deformiert. (Entsprechend gilt: Solange die Erhebung aus dem Schwarzen Loch herausragt, verformt sie den entstehenden Horizont.) Sobald die Saite losgelassen wird, vibriert sie und sendet Schallwellen durch den Raum. Diese Schallwellen tragen die aus der Verformung der Saite resultierende Energie fort, und zurück bleibt eine vollkommen ruhige, gerade Saite. Ebenso verhält es sich, wenn die Erhebung in das Schwarze Loch eintaucht. Sobald sie völlig darin verschwunden ist, kann sie den Horizont nicht länger verformen. Der Horizont vibriert und sendet Gravitationswellen aus, die die aus seiner Verformung resultierende Energie in den Raum forttragen, und zurück bleibt ein vollkommen sphärisch geformter Horizont.

Wie hängt nun der Kollaps eines solchen deformierten Sterns mit dem Theorem von Price zusammen? Den physikalischen Gesetzen zufolge *kann* die Ausbuchtung des Horizonts in Gravitationsstrahlung (Kräuselungen der Raumzeit) umgewandelt werden. Für diesen Fall besagt das Theorem von Price jedoch, daß die Ausbuchtung zwangsläufig in Gravitationswellen umgewandelt werden *muß* und daß diese Gravitationswellen die Ausbuchtung vollständig eliminieren. *Genau dies ist der Mechanismus, der dafür verantwortlich ist, daß Schwarze Löcher keine Haare haben.*

Das Theorem von Price verrät uns nicht nur, wie ein Loch seine Verformung eliminiert, sondern auch, wie ein magnetisches Schwarzes Loch sein Magnetfeld abschüttelt (Abb. 7.5). (In diesem Fall war der Mechanismus schon bekannt, bevor Price sein Theorem formulierte. Werner Israel und zwei seiner kanadischen Studenten, Vicente de la Cruz und Ted Chase, hatten dazu bereits eine Compu-

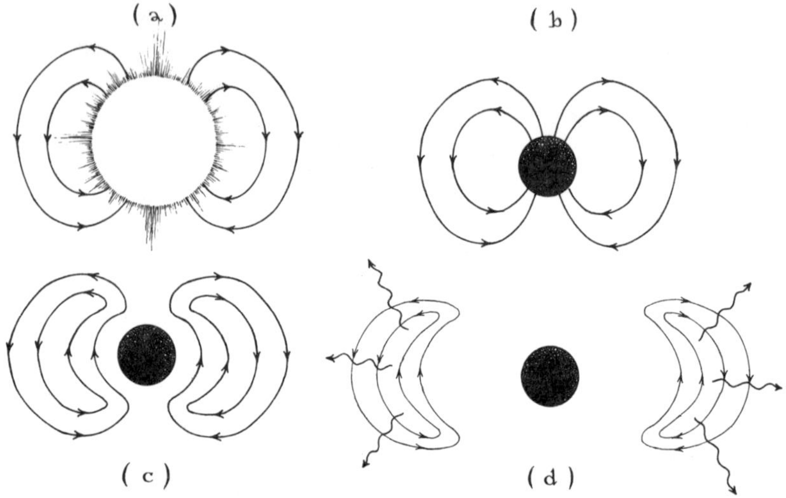

Abb. 7.5: Die Abfolge von Momentaufnahmen zeigt den Kollaps eines magnetischen Sterns (a) zu einem Schwarzen Loch (b). Das Loch übernimmt zunächst das Magnetfeld des Sterns, kann es jedoch nicht aufrechterhalten. Das Feld löst sich ab (c), verwandelt sich in elektromagnetische Strahlung und entweicht (d).

tersimulation durchgeführt.)[12] Das magnetische Loch entsteht durch den Kollaps eines magnetischen Sterns. Bevor der Horizont den kollabierenden Stern vollständig einhüllt (Abb. 7.5 a), ist das Magnetfeld fest an den Stern gebunden. Elektrische Ströme im Inneren des Sterns verhindern, daß sich das Feld auflöst. Sobald der Stern vom Horizont verschluckt wird (Abb. 7.5 b), ist das Feld von den elektrischen Strömen abgeschnitten und durch nichts mehr gebunden. Das Feld bildet sich nun um den Horizont anstatt um den Stern, doch bietet der Horizont dem Feld keinen Halt. Die physikalischen Gesetze erlauben es daher dem Feld, sich in elektromagnetische Strahlung (Schwingungen elektrischer und magnetischer Feldstärke) zu verwandeln, was dann dem Theorem von Price zufolge zwangsläufig geschehen muß (Abb. 7.5 c). Die elektromagnetische Strahlung breitet sich aus – zum Teil in das Schwarze Loch, zum Teil in das Universum –, und zurück bleibt ein nichtmagnetisches Schwarzes Loch (Abb. 7.5 d).[13]

Wenn Ausbuchtungen und magnetische Felder abgestrahlt werden können, was bleibt dann übrig? Was kann *nicht* in Strahlung umgewandelt werden? Die Antwort ist einfach: Es gibt in der Physik einige sogenannte *Erhaltungssätze.* Diese Erhaltungssätze besagen, daß es Größen gibt, die niemals in der Art von Strahlung vibrieren oder schwingen können. Sie können folglich niemals in Strahlung verwandelt und aus der Nähe eines Schwarzen Loches verbannt werden. Zu diesen Erhaltungsgrößen zählen die Masse und damit die Anziehungskraft des Schwarzen Loches, der Drehimpuls und damit der Strudel des umgebenden Raumes und schließlich die Ladung und damit die radial nach außen gerichteten elektrischen Feldlinien des Loches.*

Somit sind nach Prices Theorem die Masse eines Schwarzen Loches, sein Drehimpuls und seine Ladung die einzigen verbleibenden Eigenschaften, nachdem alle anderen Merkmale in Form von Strahlung ausgesandt wurden. Dies bedeutet, daß keine Messung, die jemals an einem Schwarzen Loch vorgenommen werden kann, Aufschluß über mehr gibt als nur die Masse, den Drehimpuls und die Ladung des ursprünglichen Sterns. Aus den Eigenschaften des Loches läßt sich nicht einmal schließen, ob der ursprüngliche Stern aus Materie oder Antimaterie, aus Protonen und Elektronen oder aus Neutrinos und Antineutrinos bestand. (Dies zeigten Rechnungen von James Hartle und Jacob Bekenstein, beides Studenten von Wheeler.) Genaugenommen müßten Wheelers Worte also abgewandelt werden: Ein Schwarzes Loch hat *fast* keine Haare. Seine einzigen »Haare« sind seine Masse, sein Drehimpuls und seine elektrische Ladung.

Der letzte, unumstößliche Beweis dafür, daß ein Schwarzes Loch (fast) keine Haare hat, stammt eigentlich nicht von Price. Price beschränkte sich in seiner Untersuchung auf kollabierende Sterne, die nahezu kugelförmig waren und die, wenn überhaupt, nur sehr langsam rotierten. Die Methoden der Störungsrechnung, die er verwendete, machten diese Einschränkung erforderlich. Um dagegen das Verhalten hochgradig deformierter und mit hoher Geschwindigkeit rotierender kollabierender Sterne zu verstehen, benötigte man mathematische Verfahren, die sich von den Methoden der Störungstheorie beträchtlich unterschieden.

Obwohl Dennis Sciamas Studenten in Cambridge diese höchst komplexen Verfahren beherrschten, dauerte es fünfzehn Jahre, bis sie und ihre Nachfolger den

* In den späten achtziger Jahren entdeckte man, daß die Gesetze der Quantenmechanik weitere Erhaltungsgrößen zur Folge haben können, die mit »Quantenfeldern« verbunden sind (Kapitel 12). Da diese Größen wie die Masse des Loches, sein Drehimpuls und seine elektrische Ladung nicht in Form von Strahlung ausgesandt werden können, bleiben sie als »Quantenhaare« bei der Geburt eines Schwarzen Loches übrig. Obwohl diese Quantenhaare das Schicksal eines mikroskopischen, verdampfenden Schwarzen Loches stark beeinflussen können (Kapitel 12), spielen sie für makroskopische Löcher, das heißt Löcher, die schwerer sind als die Sonne, keine Rolle. Auf makroskopischer Ebene ist die Quantenmechanik in der Regel stets ohne Einfluß.

vollständigen und endgültigen Beweis dafür erbracht hatten, daß Schwarze Löcher keine Haare haben – ja daß auch ein rotierendes und dadurch stark deformiertes Loch nach Abstrahlung seiner »Haare« letztlich nur durch seine Masse, seinen Drehimpuls und seine Ladung eindeutig bestimmt ist. Die maßgeblichen Teile dieses Beweises gehen auf zwei Studenten Sciamas zurück, auf Brandon Carter und Stephen Hawking. Aber auch Werner Israel, David Robinson, Gary Bunting und Pavel Mazur leisteten wichtige Beiträge.[14]

In Kapitel 3 erwähnte ich den grundlegenden Unterschied, der zwischen den physikalischen Gesetzen in unserer wirklichen Welt und denen in der Ameisengesellschaft in dem Roman *Der König auf Camelot* von T. H. White herrscht. Für Whites Ameisen galt das Motto, »alles, was nicht verboten ist, muß zwangsläufig geschehen«, während die physikalischen Gesetze dieses Motto auf eklatante Weise verletzen. Viele Ereignisse, die nach den physikalischen Gesetzen möglich wären, sind so unwahrscheinlich, daß sie niemals eintreten. Prices Theorem ist eine bemerkenswerte Ausnahme. Es beschreibt eine der wenigen mir bekannten Situationen in der Physik, in denen das Motto der Ameisen Gültigkeit hat: Wenn es keine physikalischen Gesetze gibt, die verbieten, daß ein Schwarzes Loch etwas in Form von Strahlung eliminiert, dann muß es dies tun.

Ebenso ungewöhnlich sind die Folgerungen, die sich aus der »Haarlosigkeit« Schwarzer Löcher ergeben. Normalerweise arbeiten wir Physiker mit vereinfachten theoretischen Modellen oder Computersimulationen, um das komplizierte Universum um uns herum zu verstehen. So benutzen Physiker und Meteorologen Computermodelle der zirkulierenden Luftströmungen in der Erdatmosphäre, um das Wetter zu verstehen. Geophysiker bedienen sich einfacher theoretischer Modelle gleitender Steine, um Erdbeben zu verstehen. Oppenheimer und Snyder entwickelten im Jahre 1939 ein einfaches theoretisches Modell zur Beschreibung eines stellaren Kollapses: Sie untersuchten eine kollabierende Materiewolke, die vollkommen sphärisch geformt und homogen war und in der kein Druck herrschte. Gleichzeitig aber sind sich die Physiker der Beschränkungen, die solchen Modellen innewohnen, bewußt. Sie sind nichts als blasse Abbilder der komplexen Gegebenheiten unseres wahren Universums.

Ganz anders verhält es sich mit einem Schwarzen Loch – zumindest dann, wenn sich das Loch seiner »Haare« in Form von Strahlung entledigt hat. In diesem Fall ist das Loch ein so bemerkenswert einfaches Gebilde, daß wir es mit Hilfe präziser und einfacher mathematischer Formeln beschreiben können. Idealisierungen sind nicht notwendig. Nirgendwo sonst in der makroskopischen Welt (oberhalb der Größenordnung subatomarer Teilchen) ist dies möglich. Nirgendwo sonst können wir von der Mathematik so präzise Antworten erwarten. Nirgendwo sonst sind wir frei von den Beschränkungen idealisierter Modelle. Warum unterscheiden sich Schwarze Löcher in dieser Hinsicht so vollkommen von allen anderen Objekten im makroskopischen Universum? Warum sind nur sie so elegant und einfach? Wenn ich die Antwort darauf wüßte, würde sie mir wahrscheinlich einiges über das Wesen physikalischer Gesetze verraten, doch ich weiß sie nicht. Vielleicht gelingt es ja der nächsten Generation von Physikern, diese Frage zu beantworten.

Schwarze Löcher rotieren und pulsieren

Welches sind die Eigenschaften jener »haarlosen« Schwarzen Löcher, die durch die Mathematik der allgemeinen Relativitätstheorie so perfekt beschrieben werden?

Wenn wir ein idealisiertes Schwarzes Loch ohne elektrische Ladung und ohne Drehimpuls betrachten, handelt es sich um genau jenes sphärische Gebilde, das wir in den vorangegangenen Kapiteln untersucht haben. Es wird mathematisch durch eine Lösung der Einsteinschen Feldgleichung beschrieben, die Karl Schwarzschild im Jahre 1916 fand (Kapitel 3 und 6).

Wenn in ein solches Loch elektrische Ladung hineinfällt, erwirbt es genau eine einzige neue Eigenschaft: Es entstehen elektrische Feldlinien, die radial aus dem Loch nach außen ragen wie die Stacheln eines Igels. Wenn die Ladung positiv ist, dann stoßen diese elektrischen Feldlinien Protonen ab und ziehen Elektronen an; wenn die Ladung negativ ist, stoßen sie Elektronen ab und ziehen Protonen an. Ein solches mit Ladung versehenes Loch wird mathematisch präzise durch eine Lösung beschrieben, die Hans Reissner und Gunnar Nordström 1916 bzw. 1918 für Einsteins Feldgleichung fanden. Damals verstand jedoch niemand die physikalische Bedeutung dieser Lösung, und so vergingen mehrere Jahrzehnte, bis im Jahre 1960 zwei von Wheelers Studenten, John Graves und Dieter Brill, entdeckten, daß die Lösung ein geladenes Schwarzes Loch beschreibt.[15]

Wir können die Krümmung des Raumes in der Umgebung eines geladenen Schwarzen Loches und seine elektrischen Feldlinien mit Hilfe eines Einbettungsdiagramms darstellen (Abb. 7.6 links). Dieses Diagramm stimmt im wesentlichen mit dem in Abbildung 3.4 rechts unten überein, nur daß der Stern (schwarzer Teil der Abb. 3.4) nicht eingezeichnet ist, da er sich im Inneren des Schwarzen Loches befindet und folglich keine Verbindung mehr zum äußeren

Kasten 7.2

Die Organisation der Forschung in Ost und West – Unterschiede und Auswirkungen

Während meine Kollegen und ich an der Ring-Hypothese und einem Beweis des Satzes arbeiteten, daß Schwarze Löcher keine Haare haben, entdeckten wir nicht nur, wie Schwarze Löcher ihre Haare verlieren, sondern wir entdeckten auch, wie unterschiedlich die wissenschaftliche Forschung in der Sowjetunion und in den angelsächsischen Ländern organisiert war und welche profunden Auswirkungen dies hat. Die Lektionen, die wir dabei lernten, könnten für die Zukunftsplanung besonders in der ehemaligen Sowjetunion durchaus von Bedeutung sein, da man dort heute (1993) bestrebt ist, alle staatlichen Einrichtungen – wissenschaftliche, politische wie wirtschaftliche – nach westlichem Vorbild zu reorganisieren. Das westliche Modell ist jedoch durchaus nicht immer perfekt, und das sowjetische System war keineswegs nur schlecht!

In Amerika und Großbritannien fließt ein steter Strom junger Talente durch Arbeitsgruppen wie die von Wheeler oder Sciama. Studenten in den letzten Semestern schließen sich der Arbeitsgruppe an, bevor sie nach Erlangung ihres Abschlusses zur Promotion in eine andere Forschungsgruppe geschickt werden. Graduierte Studenten stoßen für drei bis fünf Jahre hinzu, um zu promovieren, und müssen sich dann anderswo eine Postdoktorandenstelle suchen. Postdoktoranden verbringen einige Jahre in der Arbeitsgruppe, bevor sie entweder eine eigene Forschungsgruppe gründen (wie ich am Caltech) oder sich erneut einer anderen Gruppe anschließen. Gleichgültig wie begabt jemand ist, fast niemandem in Großbritannien oder Amerika ist es vergönnt, in der Arbeitsgruppe seines Mentors zu bleiben.

In der Sowjetunion dagegen blieben herausragende junge Physiker (wie beispielsweise Nowikow) gewöhnlich zehn, zwanzig, manchmal sogar dreißig bis vierzig Jahre in der Arbeitsgruppe ihres Lehrers. Große Physiker wie Seldowitsch oder Landau arbeiteten in der Regel an einem Institut der Akademie der Wissenschaften und nicht an der Universität, so daß ihre Lehrverpflichtung gering war. Indem sie ihre besten Studenten behielten, sammelten solche Wissenschaftler eine extrem leistungsstarke Arbeitsgruppe um sich, die manchmal bis zum Ende der beruflichen Laufbahn des Leiters der Gruppe Bestand hatte.

Manche meiner sowjetischen Freunde haben genau diesen Unterschied für die Schwächen des angelsächsischen Systems verantwortlich gemacht: Fast alle großen britischen oder amerikanischen Physiker arbeiten an Universitäten, wo die Forschung der Lehre untergeordnet ist und wo nicht genügend unbefristete Stellen zur Verfügung stehen, um eine beständige leistungsfähige Arbeitsgruppe aufzubauen. Folglich hat es in den Vereinigten Staaten oder Großbritannien *keine* Arbeitsgruppe in theoretischer Physik gegeben, die sich mit der von Landau in den dreißiger, vierziger und fünfziger Jahren und der von Seldowitsch in den sechziger und siebziger Jahren messen konnte. In dieser Beziehung konnte der Westen einem Vergleich mit der Sowjetunion bei weitem nicht standhalten.

Manche meiner amerikanischen Freunde wiederum haben die Unzulänglichkeiten des sowjetischen Systems auf ebendiesen Unterschied zurückgeführt: Es war logistisch sehr schwierig, von einem Institut an ein anderes in der UdSSR zu wechseln, so daß junge Physiker gezwungen waren, bei ihren Lehrmeistern zu bleiben. Sie hatten keine Chance, eigene und unabhängige Forschungsgruppen zu gründen. Nach Ansicht der Kritiker war das Ergebnis ein feudalistisches System. Der Mentor herrschte wie ein Lehnsherr über seine Mitarbeiter, die praktisch in einem niemals endenden Ausbildungsverhältnis standen. Zwar waren Lehnsherr und Leibeigene in komplexer Weise voneinander abhängig, doch bestand kein Zweifel daran, wer das Sagen hatte. Wenn der Lehnsherr ein meisterhafter Physiker war, wie im Falle von Seldowitsch oder Landau, dann konnte das Arbeitsverhältnis überaus fruchtbar sein. Wenn er dagegen autoritär und nicht so überragend war (wie in den meisten Fällen), dann führte dies oft zu einer tragischen Vergeudung von Begabung und zu einem beklagenswerten Leben für die Untergebenen.

Im sowjetischen System baute jeder große Lehrmeister im Laufe seines Lebens nur eine einzige Forschungsgruppe auf. Doch diese Gruppen waren ungemein leistungsfähig, und im Westen gab es nichts Vergleichbares. Bedeutende amerikanische oder britische Physiker wie Wheeler oder Sciama riefen viele kleinere und daher natürlich schwächere Arbeitsgruppen ins Leben, so daß im Laufe der Zeit überall im Land solche Gruppen arbeiteten, deren kumulierter Einfluß auf die Physik jedoch enorm stark sein konnte. Die führenden amerikanischen und britischen Physiker konnten und können außerdem mit einem kontinuierlichen Zustrom junger Leute rechnen, die für neue Ideen und geistige Beweglichkeit sorgen. In jenen seltenen Fällen, in denen ein sowjetischer Mentor eine neue Gruppe aufbauen wollte, mußte er die Bindungen zu seinem alten Team kappen, was für ihn zur traumatischen Erfahrung werden konnte.

Dies sollte bei Seldowitsch der Fall sein: Der Beginn seiner astrophysikalischen Forschung geht auf das Jahr 1961 zurück. Binnen weniger Jahre hatte sein Forscherteam jede andere Arbeitsgruppe auf dem Gebiet der theoretischen Astrophysik weit hinter sich gelassen. Im Jahre 1978 – mit dem Ende des goldenen Zeitalters – kam es jedoch zu einem Zerwürfnis. Die Gruppe trennte sich. Seldowitsch war verletzt, aber frei, um von vorne anzufangen. Leider war dieser Neubeginn nicht erfolgreich. Niemals wieder gelang es ihm, so begabte, fähige Wissenschaftler um sich zu scharen wie jene Gruppe, die er in den sechziger und siebziger Jahren, unterstützt von Nowikow, geleitet hatte. Dagegen übernahm Nowikow, nun ein unabhängiger Forscher, in den achtziger Jahren den Aufbau und die Leitung einer eigenen Arbeitsgruppe, die viel Erfolg haben sollte.

Universum besitzt. Das Diagramm zeigt einen zweidimensionalen Ausschnitt des Raumes, die »Äquatorebene« außerhalb des Schwarzen Loches, eingebettet in einen flachen, dreidimensionalen Hyperraum. (Die Bedeutung solcher Diagramme ist in Kapitel 3, Abb. 3.3, erläutert.) Die »Äquatorebene« wird am Horizont des Loches abgeschnitten, so daß wir nur die äußere Umgebung des Loches und nicht das Innere sehen. Der Horizont, der in Wirklichkeit kugelförmig ist, erscheint in dem Diagramm als Kreis, da wir nur seinen Äquator sehen. Das Diagramm zeigt nun, wie die elektrischen Feldlinien des Loches vom Horizont radial nach außen verlaufen. Wenn wir das Diagramm von oben betrachten (Abb. 7.6 rechts), nehmen wir zwar die Krümmung des Raumes nicht mehr wahr, dafür sehen wir die elektrischen Feldlinien deutlicher.

Welche Auswirkungen eine rotierende Bewegung auf das Schwarze Loch hat, verstand man erst gegen Ende der sechziger Jahre – hauptsächlich dank der Arbeiten von Brandon Carter, einem Studenten von Dennis Sciama in Cambridge. Als sich Carter im Herbst 1964 der Arbeitsgruppe von Sciama anschloß, schlug dieser ihm gleich als erste Aufgabe vor, den Kollaps realistischer rotierender Sterne zu untersuchen. Er erklärte ihm, daß man in allen bisherigen Berechnungen von idealisierten nichtrotierenden Sternen ausgegangen war, doch daß nun die Zeit reif sei, um mit dem inzwischen entwickelten Instrumentarium die Aus-

Abb. 7.6: Elektrische Feldlinien, die vom Horizont eines elektrisch geladenen Schwarzen Lochs ausgehen. *Links:* Ein Einbettungsdiagramm. *Rechts:* Das Einbettungsdiagramm von oben gesehen.

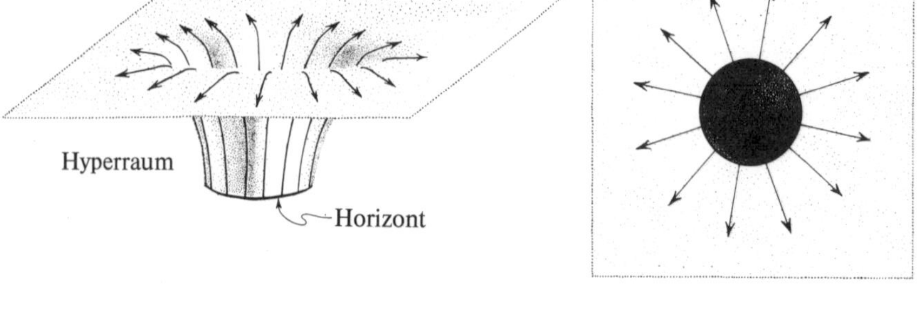

Roy Kerr, um 1975. [*Roy Kerr.*]

wirkungen des Drehimpulses zu untersuchen. Ein neuseeländischer Mathematiker namens Roy Kerr hatte soeben eine Lösung der Einsteinschen Feldgleichung veröffentlicht, die die Krümmung der Raumzeit außerhalb eines rotierenden Sterns beschrieb.[16] Es handelte sich um die erste Lösung, die für einen rotierenden Stern gefunden worden war. Leider, so räumte Sciama ein, war dies eine sehr spezielle Lösung, die wahrscheinlich nicht *alle* rotierenden Sterne be-

Brandon Carter auf der Sommerschule über Schwarze Löcher in den französischen Alpen, Juni 1972. [*Aufnahme von Kip Thorne.*]

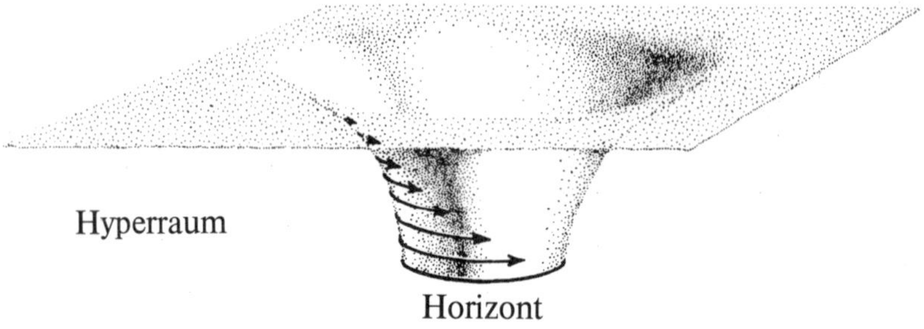

Abb. 7.7: Das Einbettungsdiagramm zeigt den »wirbelsturmartigen Strudel« des Raums, der durch die Rotation eines Schwarzen Lochs verursacht wird.

schreiben konnte. Rotierende Sterne haben nämlich eine Menge »Haare« (Eigenschaften wie zum Beispiel eine komplizierte Gestalt oder komplizierte Gasbewegungen in ihrem Inneren), und Kerrs Lösung berücksichtigte nicht sehr viele »Haare«. Die Formen seiner Raumzeitkrümmung waren sehr glatt, sehr einfach – zu einfach, um den typischen Eigenschaften rotierender Sterne gerecht zu werden. Trotzdem konnte Kerrs Lösung der Einsteinschen Feldgleichung als Ausgangspunkt für eine weitergehende Analyse dienen.

Forschungsarbeiten führen nicht oft so schnell zum Ziel, wie es bei dieser der Fall war. Innerhalb eines Jahres hatte Carter auf mathematischem Weg gezeigt, daß Kerrs Lösung nicht einen rotierenden Stern, sondern vielmehr ein rotierendes Schwarzes Loch beschrieb. (Diese Entdeckung wurde unabhängig auch von Roger Penrose in London, von Robert Boyer in Liverpool und von Richard Lindquist, einem ehemaligen Studenten Wheelers, an der Wesleyan University in Middletown, Connecticut, gemacht.)[17] Bis in die Mitte der siebziger Jahre hatten Carter und andere darüber hinaus bewiesen, daß Kerrs Lösung nicht nur eine besondere Klasse rotierender Schwarzer Löcher beschrieb, sondern alle nur erdenklichen rotierenden Schwarzen Löcher, die existieren können.[18]

Die physikalischen Eigenschaften eines rotierenden Schwarzen Loches lassen sich mathematisch aus der von Kerr gefundenen Lösung ableiten, und genau dies tat Carter.[19] Er stellte fest, daß eine der interessantesten Eigenschaften eines rotierenden Loches der wirbelsturmartige Strudel ist, den es in dem ihn umgebenden Raum erzeugt.

Dieser Strudel ist in dem Einbettungsdiagramm in Abbildung 7.7 dargestellt. Die wie der Schalltrichter einer Trompete geformte Fläche ist die Äquatorebene des Schwarzen Loches, eingebettet in einen flachen, dreidimensionalen Hyperraum. Durch die Rotation des Loches wird sein umgebender Raum (die

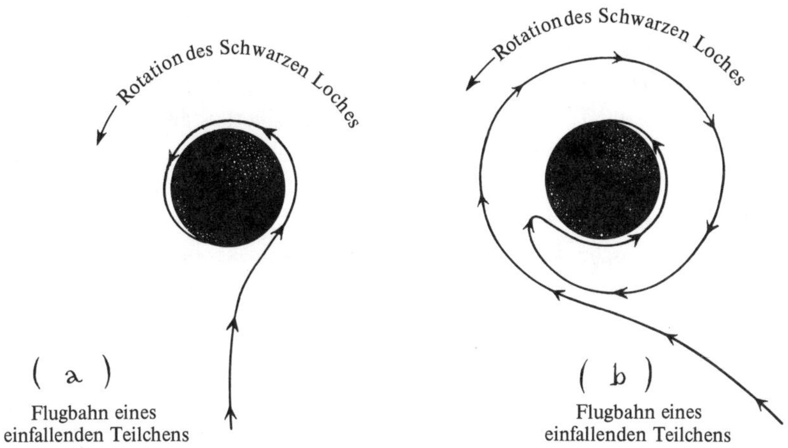

Abb. 7.8: Die Flugbahnen zweier Teilchen, die auf ein Schwarzes Loch zufliegen (aus der Perspektive eines ruhenden äußeren Beobachters). Obwohl sich die Teilchen in (a) und (b) zunächst auf sehr unterschiedliche Weise dem Schwarzen Loch nähern, werden beide Teilchen bei Annäherung an den Horizont vom Strudel des Raumes erfaßt und in eine Kreisbewegung gezogen, die mit der Rotation des Lochs synchron verläuft.

trichterförmige Fläche) angesogen und in eine tornadoähnliche Wirbelbewegung gezwungen, deren Geschwindigkeit proportional der Länge der Pfeile im Diagramm ist. So wie sich die weit vom Zentrum eines Wirbelsturms entfernte Luft nur langsam bewegt, dreht sich auch der weit vom Horizont entfernte Raum nur mäßig schnell. In der Nähe des Wirbelsturmzentrums dagegen rotiert die Luft ebenso wie der Raum in der Nähe des Horizonts mit großer Geschwindigkeit. Direkt an der Oberfläche des Loches ist der Raum mit dem Horizont gekoppelt: Raum und Horizont drehen sich mit genau derselben Geschwindigkeit.

Dieser Strudel des Raums übt einen nachhaltigen Einfluß auf die Bewegungen von Teilchen aus, die in das Loch hineinfallen. Abbildung 7.8 zeigt die Bahnen zweier solcher Teilchen aus der Sicht eines statischen äußeren Beobachters, das heißt aus der Sicht eines Beobachters, der nicht durch den Horizont ins Innere des Loches fällt.

Das erste Teilchen (Abb. 7.8 a) bewegt sich langsam auf das Schwarze Loch zu. Würde das Loch nicht rotieren, müßte das Teilchen wie die Oberfläche eines kollabierenden Sterns immer schneller radial nach unten stürzen, bis es plötzlich für einen externen Beobachter bei Erreichen des Horizonts in seiner Bewegung erstarren würde. (Denken Sie an die »gefrorenen« Sterne in Kapitel 6). Aufgrund der Rotationsbewegung des Schwarzen Loches geschieht jedoch etwas anderes: Die Rotation des Loches versetzt den Raum in eine strudelartige Bewegung, die das Teilchen bei zunehmender Annäherung an den Horizont erfaßt und mit dem Horizont synchronisiert. Das Teilchen erstarrt auf dem rotierenden Horizont, und einem statischen Beobachter erscheint es so, als ob das Teilchen gemeinsam mit dem Horizont das Loch für immer umrunde. (Ebenso gewinnt ein statischer Beobachter bei dem Kollaps eines rotierenden Sterns den Eindruck, als ob die nach innen stürzende Oberfläche des Sterns auf dem rotierenden Horizont »erstarre« und mit ihm für alle Zeiten um das entstandene Schwarze Loch kreise.)

Obwohl das Teilchen in Abbildung 7.8 a für einen äußeren Beobachter für immer auf dem rotierenden Horizont zu verharren scheint, stellt sich das Geschehen aus der Sicht des Teilchens ganz anders dar. Während sich das Teilchen dem Horizont nähert, fließt seine Zeit – verglichen mit dem Zeitempfinden eines Beobachters in einem statischen externen Bezugssystem – aufgrund der gravitationsbedingten Zeitdilatation immer langsamer dahin. Wenn für das äußere Bezugssystem eine unendliche Zeit vergangen ist, hat das Teilchen nur ein endliches, sehr kleines Zeitintervall durchlebt. In diesem endlichen Zeitintervall hat es den Horizont des Schwarzen Loches erreicht und fällt im nächsten Augenblick durch ihn hindurch auf das Zentrum des Loches zu. Die unterschiedlichen Perspektiven, die ein herabstürzendes Teilchen und ein äußerer Beobachter von dem Vorgang des Herabstürzens haben, entsprechen vollkommen den unterschiedlichen Wahrnehmungen, die ein an der Sternoberfläche befindlicher Beobachter und ein außenstehender unbewegter Beobachter von dem Kollaps eines Sterns haben (Kapitel 6).

Das zweite Teilchen (Abb. 7.8 b) fällt in einer entgegen der Rotation des Loches verlaufenden Spiralbewegung auf den Horizont zu. Je näher das Teilchen dem Horizont kommt, desto stärker wird der Strudel des Raums. Schließlich wird es von dem Strudel erfaßt und ändert seine Rotationsrichtung. Für einen äußeren Beobachter sieht es so aus, als ob das Teilchen wie das erste gezwungen werde, sich synchron mit dem Horizont um das Loch zu bewegen.

Ein rotierendes Schwarzes Loch erzeugt nicht nur einen Strudel im Raum, sondern auch eine Verzerrung des Horizonts – ähnlich der Verzerrung der Erdoberfläche durch die Rotation der Erde. Zentrifugalkräfte wölben den Äquator der Erde gegenüber den Polen um 22 Kilometer nach außen. Dieselben Zentrifugalkräfte sorgen dafür, daß sich der Horizont eines rotierenden Schwarzen Loches am Äquator ausbuchtet (Abb. 7,9). Wenn ein Loch nicht rotiert, ist sein

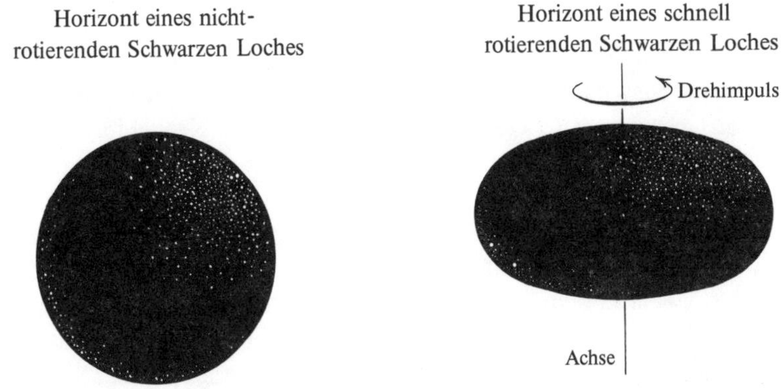

Abb. 7.9: Die Horizonte zweier Schwarzer Löcher, von denen eines (*links*) nicht rotiert und das andere (*rechts*) mit 58 Prozent der maximalen Geschwindigkeit rotiert. Die Wirkung der Rotation auf die Gestalt des Horizonts wurde im Jahre 1973 von Larry Smarr von der Stanford University entdeckt.

Horizont kugelförmig (Abb. 7.9 links); wenn das Loch schnell rotiert, bildet sein Horizont einen starken Wulst aus (Abb. 7.9 rechts).
Würde das Loch extrem schnell rotieren, müßte der Horizont aufgrund der starken Zentrifugalkräfte entzweigerissen werden, so wie Wasser infolge der Zentrifugalkräfte aus einem extrem schnell rotierenden Eimer herausspritzt. Folglich gibt es eine Obergrenze für die Rotationsgeschwindigkeit eines stabilen Loches. Das Schwarze Loch in Abbildung 7.9 rechts rotiert mit einer Geschwindigkeit, die bei 58 Prozent der Maximalgeschwindigkeit liegt.
Kann die Rotation eines Schwarzen Loches über diese Höchstgrenze hinaus beschleunigt werden? Ist es auf diese Weise möglich, den Horizont zu zerstören und Einblick in das Innere Schwarzer Löcher zu gewinnen? Leider nicht. Im Jahre 1986, ein Jahrzehnt nach dem Ende des goldenen Zeitalters, konnte Werner Israel beweisen, daß jeder Versuch, ein Schwarzes Loch schneller als mit seiner Maximalgeschwindigkeit rotieren zu lassen, zwangsläufig zum Scheitern verurteilt ist.[20] Wenn man beispielsweise versuchen würde, ein mit maximaler Geschwindigkeit rotierendes Loch weiter zu beschleunigen, indem man schnell rotierende Materie hineinfallen ließe, dann würden die Zentrifugalkräfte verhindern, daß diese Materie den Horizont erreicht und in das Schwarze Loch eindringt. Jede noch so winzige Wechselwirkung zwischen einem mit Höchstgeschwindigkeit rotierenden Schwarzen Loch und dem Universum (zum Beispiel in Form der Gravitation anderer Sterne) muß vielmehr dazu beitragen, die Ro-

tation ein wenig zu verlangsamen. Es scheint fast so, als wollten die physikalischen Gesetze um jeden Preis verhindern, daß äußere Beobachter einen Blick in das Innere Schwarzer Löcher werfen können und die in der Singularität verborgenen Geheimnisse der Quantengravitation enthüllen (Kapitel 13).

Für ein Loch mit der Masse der Sonne liegt die maximale Rotationsgeschwindigkeit bei einer Umdrehung pro 0,000062 Sekunden (62 Mikrosekunden). Da der Umfang des Loches ungefähr 18,5 Kilometer beträgt, entspricht dies einer Geschwindigkeit an der Oberfläche von 18,5 Kilometern geteilt durch 0,000062 Sekunden, was nicht rein zufällig mit der Lichtgeschwindigkeit übereinstimmt (299 792 Kilometer pro Sekunde). Ein Loch von einer Million Sonnenmassen besitzt einen millionenfach größeren Umfang als ein Loch von einer Sonnenmasse, so daß seine maximale Rotationsgeschwindigkeit (die dafür sorgt, daß es an der Oberfläche ungefähr mit Lichtgeschwindigkeit rotiert) millionenfach kleiner sein muß. Ein solches Loch benötigt 62 Sekunden für eine Umdrehung.

Im Jahre 1969 machte Roger Penrose, von dem wir in Kapitel 13 noch mehr hören werden, eine wunderbare Entdeckung.[21] Ausgehend von Kerrs Lösung der Einsteinschen Feldgleichung, stellte er fest, daß rotierende Schwarze Löcher in dem sie umgebenden Strudel des Raumes *Rotationsenergie* speichern und daß diese Energie, da sie *außerhalb* des Horizonts liegt, nutzbar gemacht werden kann. Die Entdeckung von Penrose war deshalb so bemerkenswert, weil die Rotationsenergie des Loches gewaltig ist. Wenn das Loch mit Maximalgeschwindigkeit rotiert, beträgt sein Wirkungsgrad bei der Speicherung und Freisetzung von Energie das 48fache des Wirkungsgrads der thermonuklearen Verbrennungsprozesse im Inneren der Sonne. Wenn die Sonne im Laufe ihres Lebens ihren Kernbrennstoff vollständig verbrauchen würde (was nicht der Fall ist), dann würde sie nur einen Bruchteil von 0,006 ihrer Masse in Wärme und Licht verwandelt haben. Wenn man dagegen die gesamte Rotationsenergie eines rasch rotierenden Schwarzen Loches ausnutzen würde (wodurch die Rotation beendet würde), dann könnte man 48 x 0,006 = 29 Prozent der Masse des Schwarzen Loches in nutzbare Energie umwandeln.

Erstaunlicherweise dauerte es sieben Jahre, bis die Physiker eine Methode entdeckten, wie die Rotationsenergie eines Schwarzen Loches möglicherweise von der Natur angezapft wird. Zwar herrschte kein Mangel an verrückten Ideen, wie dies vonstatten gehen könnte, doch befand sich zunächst keine darunter, die vielversprechend war. In Kapitel 9 ist die Suche und die letztendliche Entdekkung des Mechanismus beschrieben, mit dem Quasare und gigantische Jets durch Schwarze Löcher mit Energie versorgt werden können.

Nachdem wir nun wissen, daß ein geladenes Schwarzes Loch elektrische Feldlinien aufweist, die radial aus seinem Horizont herausragen, und nachdem wir ferner wissen, daß ein rotierendes Schwarzes Loch einen Wirbel in dem ihn umgebenden Raum erzeugt, einen gewölbten Horizont besitzt und Energie speichert, können wir uns fragen, was geschieht, wenn ein Schwarzes Loch sowohl geladen ist als auch eine Rotationsbewegung ausführt? Leider ist die Antwort darauf nicht sehr aufregend. Die Ladung des Loches führt zur Ausbildung der gewohnten elektrischen Feldlinien, und die Rotation bewirkt den üblichen Strudel in der Umgebung des Loches, die übliche Speicherung von Rotationsenergie und die übliche Ausbildung des Äquatorwulstes beim Horizont. Die einzige Neuheit besteht in einigen eher uninteressanten magnetischen Feldlinien, die dadurch entstehen, daß der Strudel des Raumes mit dem elektrischen Feld zusammenwirkt. (Diese Feldlinien sind keineswegs eine neue Art von »Haaren« des Loches, sondern ergeben sich vielmehr aus der Wechselwirkung des durch die Rotation verursachten Strudels mit dem durch die Ladung verursachten elektrischen Feld.) All diese Eigenschaften eines rotierenden geladenen Schwarzen Loches lassen sich aus der eleganten Lösung der Einsteinschen Feldgleichung ableiten, die im Jahre 1965 von Ted Newman und einigen seiner Studenten von der University of Pittsburgh, Eugene Couch, K. Chinnapared, Albert Exton, A. Prakash und Robert Torrence, gefunden wurde.[22]

Schwarze Löcher können nicht nur rotieren, sondern auch pulsieren. Gleichwohl dauerte es fast ein Jahrzehnt, bevor dies auf mathematischem Weg entdeckt wurde.

Drei Jahre lang, von 1969 bis 1971, untersuchten Wheelers geistige Nachkommen pulsierende Schwarze Löcher, ohne zu erkennen, was sie sahen. Es handelte sich hierbei um Richard Price (meinen Studenten und somit Wheelers geistigen Enkel), C. V. Vishveshwara und Lester Edelstein (Studenten von Charles Misner an der University of Maryland und somit ebenfalls Wheelers geistige Enkel) sowie Frank Zerilli (Wheelers Student in Princeton). Vishveshwara, Edelstein, Price und Zerilli beobachteten das Pulsieren Schwarzer Löcher in Computersimulationen und herkömmlichen Rechnungen, doch hielten sie das, was sie sahen, für Gravitationswellen, für Kräuselungen der Raumzeit, die aufgrund der starken Raumzeitkrümmung in der Nähe Schwarzer Löcher praktisch gefangen waren, hin- und herwogten und nur ganz allmählich entweichen konnten. Dies schien zwar nicht uninteressant, aber auch nicht sehr aufregend zu sein.

Im Herbst 1971 erkannte Bill Press, eine neuer Doktorand in meiner Arbeitsgruppe, daß man sich die hin- und herwogenden Kräuselungen der Raumzeit als eine pulsierende Bewegung des Schwarzen Loches selbst vorstellen konnte.[23] Schließlich bestand ein Schwarzes Loch, wenn man es von außerhalb seines Horizonts betrachtete, aus nichts anderem als einer Krümmung der Raumzeit, und folglich waren die Kräuselungen der Raumzeit Schwingungen des Loches selbst.

Diese neue Betrachtungsweise übte nachhaltigen Einfluß auf die Forschung aus. Wenn wir uns Schwarze Löcher als pulsierende Gebilde vorstellen können, drängt sich die Frage auf, ob zwischen ihrem Pulsieren und den »Schwingungen« einer Glocke oder eines Sterns eine Ähnlichkeit besteht. Bevor Press auf diese Idee gekommen war, hatte niemand solche Fragen gestellt. Danach waren sie unausweichlich.

Glocken und Sterne besitzen natürliche Eigenfrequenzen, mit denen sie bevorzugt schwingen. (Die natürlichen Frequenzen einer Glocke erzeugen ihren reinen, durchdringenden Klang.) Besitzen auch Schwarze Löcher solche natürlichen Eigenfrequenzen? Mit Hilfe von Computersimulationen zeigte Press, daß dies in der Tat der Fall ist. Seine Entdeckung regte Chandrasekhar an, gemeinsam mit Steven Detweiler (einem geistigen Enkel Wheelers) alle natürlichen Pulsationsfrequenzen Schwarzer Löcher zu katalogisieren. In Kapitel 10 werden wir zu diesen Frequenzen, den glockenähnlichen Tönen eines Schwarzen Loches, zurückkehren.

Wenn ein sich mit großer Geschwindigkeit drehender Autoreifen schlecht ausgewuchtet ist, fängt er an zu vibrieren und entzieht der Drehbewegung dabei Energie. Dadurch wird die Vibration immer stärker, und der Reifen kann sich im Extremfall sogar losreißen. Physiker bezeichnen dieses Phänomen mit dem Begriff »instabile Vibration«. Bill Press, der sich dessen und einer ähnlichen Erscheinung bei rotierenden Sternen bewußt war, fragte sich nun, ob das Pulsieren eines rasch rotierenden Schwarzen Loches möglicherweise ebenfalls instabil war. Würde es der Drehbewegung des Loches Energie entziehen und immer stärker werden, bis das Loch schließlich zerbersten würde? Chandrasekhar (der gerade erst angefangen hatte, sich in die Erforschung Schwarzer Löcher zu vertiefen) glaubte, daß dies der Fall sei. Ich war anderer Ansicht. Im November 1971 schlossen wir eine Wette ab.

Die Werkzeuge, die erforderlich waren, um diese Wette zu entscheiden, existierten noch nicht. Doch welche Werkzeuge benötigte man? Da das Pulsieren schwach anfing und nur allmählich (wenn überhaupt) stärker wurde, konnte man es als kleine »Störung« der Raumzeitkrümmung des Schwarzen Loches ansehen – so wie die Vibrationen eines klingenden Weinglases nur eine kleine »Störung« der Form des Glases darstellen. Folglich mußte es möglich sein, die Schwingungen des Loches mit Hilfe der Störungstheorie (deren Wesen in Kasten 7.1 erläutert wurde)

Eine Party bei Mutter Kovács in New York im Dezember 1972. *Von links nach rechts:* Kip Thorne, Margaret Press, Bill Press, Roselyn Teukolsky und Saul Teukolsky. [*Sándor J. Kovács.*]

zu analysieren. Die besonderen Methoden der Störungstheorie, die Price, Press, Vishveshwara, Chandrasekhar und andere im Herbst 1971 benutzten, funktionierten jedoch nur für *nicht* oder sehr langsam rotierende Schwarze Löcher. Benötigt wurden also vollkommen neue Methoden der Störungstheorie, die sich zur Behandlung schnell rotierender Schwarzer Löcher eigneten.

Die Entwicklung solcher Methoden stellte in den Jahren 1971/72 ein brennendes Problem dar, an dem nicht nur Chandrasekhar und sein Student John Friedman, Studenten meiner eigenen Arbeitsgruppe sowie Studenten von Misner und Wheeler, sondern auch zahlreiche andere Forscher arbeiteten. Sieger dieses Wettrennens war Saul Teukolsky, einer meiner Studenten, der aus Südafrika kam.[24]

Teukolsky erinnert sich lebhaft an den Augenblick, in dem er plötzlich feststellte, daß seine Gleichungen aufgingen: »Wenn man sich mit Mathematik beschäftigt, fängt man im Geiste manchmal an, Muster zu bilden. … Eines Abends im Mai 1972 saß ich in unserer Wohnung in Pasadena am Küchentisch und spielte mit mathematischen Formeln, während meine Frau Roz Eierpfannkuchen zubereitete. Obwohl in der Teflonpfanne, die sie benutzte, eigentlich nichts haften bleiben sollte, blieben die Pfannkuchen immer hängen. … Sie fluchte und klapperte mit der Pfanne, und ich fuhr sie in meiner wachsenden Aufregung an, leiser zu sein. Die mathematischen Terme in meinen Gleichungen begannen sich plötzlich gegenseitig aufzuheben. Alles konnte gegeneinander gekürzt werden. Die Gleichungen gingen auf. Während ich dort saß und meine erstaunlich einfachen Gleichungen anstarrte, dachte ich mir nur, wie dumm ich gewesen war.

Dasselbe Ergebnis hätte ich auch schon ein halbes Jahr früher haben können; ich hätte nur die richtigen Terme zusammenfassen müssen.«[25]

Teukolskys Gleichungen erlaubten es, eine Vielzahl von Fragen zu untersuchen: die natürlichen Schwingungsfrequenzen pulsierender Schwarzer Löcher; die Stabilität pulsierender Löcher; die Gravitationsstrahlung, die entsteht, wenn ein Neutronenstern von einem Schwarzen Loch verschluckt wird, etc. Solche Analysen und eine Weiterentwicklung der von Teukolsky eingeführten Methoden wurden sofort von einer Vielzahl von Wissenschaftlern in Angriff genommen, darunter von Alexi Starobinski (einem Studenten von Seldowitsch), Bob Wald (einem Studenten Wheelers) und Jeff Cohen (einem Studenten von Dieter Brill, der seinerseits bei Wheeler studiert hatte). Teukolsky selbst widmete sich gemeinsam mit Bill Press dem wichtigsten Problem: der Erforschung der Stabilität pulsierender Schwarzer Löcher.[26]

Die Schlußfolgerungen, die sie aus ihren Berechnungen und Computersimulationen zogen, waren jedoch enttäuschend: Gleichgültig, wie schnell ein Schwarzes Loch rotiert, seine pulsierende Bewegung ist stabil.* Zwar entziehen die Schwingungen dem Loch in der Tat Rotationsenergie, doch strahlen sie auch Energie in Form von Gravitationswellen ab. Die Rate, mit der sie Energie ausstrahlen, ist stets größer als die Rate, mit der sie Energie aus der Rotation des Loches gewinnen. Die Pulsationsenergie muß somit zwangsläufig geringer werden und schließlich ganz erlöschen, so daß ein Schwarzes Loch durch seine Schwingungen niemals entzweigerissen werden kann.

Chandrasekhar, der den Schlußfolgerungen von Press und Teukolsky mit Skepsis begegnete, weil sie in wesentlichen Teilen auf Computerberechnungen beruhten, hielt die Wette noch nicht für entschieden. Nur wenn der gesamte Beweis auf rein mathematischem Weg erbracht würde, wäre er überzeugt. Fünfzehn Jahre später lieferte Bernard Whiting, ein Postdoktorand unter Hawking und somit ein geistiger Enkel Sciamas, einen solchen Beweis, und Chandrasekhar gab sich geschlagen.**

Chandrasekhar ist ein noch größerer Perfektionist, als ich es bin. Er und Seldo-

* Unabhängig von Teukolsky und Press kamen Steven Detweiler und James Ipser aus Chicago zu einem Ergebnis, das einen wesentlichen Teil des mathematischen Beweises der Stabilität pulsierender Schwarzer Löcher bestätigte. Ein Jahr später ergänzten James Hartle und Dan Wilkins von der University of California in Santa Barbara einen fehlenden Schritt des Beweises.

** Chandrasekhar sollte mir eigentlich im Falle, daß ich recht behielt, ein Abonnement des *Playboy* schenken, doch meine Mutter und meine Schwestern, die überzeugte Feministinnen sind, bereiteten mir ein solch schlechtes Gewissen, daß ich statt dessen um ein Abonnement der Zeitschrift *The Listener* bat.

witsch verkörpern die entgegengesetzten Extreme auf einer Skala des Strebens nach Perfektion. Deshalb war Chandrasekhar im Jahre 1975, als die junge Generation das goldene Zeitalter der Erforschung Schwarzer Löcher für beendet erklärte und in Scharen das Forschungsgebiet verließ, verärgert. Die jungen Wissenschaftler hatten zwar Teukolskys Methoden der Störungsrechnung weit genug entwickelt, um zu beweisen, daß Schwarze Löcher höchstwahrscheinlich stabil sind, doch sie hatten die Methoden nicht dahingehend optimiert, daß andere Physiker automatisch *alle* Details *jeder beliebigen* Störung Schwarzer Löcher berechnen konnten – ob es sich nun um pulsierende Schwingungen, Gravitationswellen infolge angesogener Neutronensterne oder andere Störungen handelte. Dies war eine höchst unbefriedigende Situation.

Aus diesem Grund wandte sich Chandrasekhar 1975, im Alter von fünfundsechzig Jahren, den Gleichungen von Teukolsky zu. Mit unerschöpflichem Elan und untrüglichem mathematischem Gespür kämpfte er sich durch die komplexe Mathematik und brachte sie in eine Form, die als »prächtig, verspielt und ungemein verschnörkelt« charakterisiert worden ist. Im Jahre 1983, dreiundsiebzigjährig, beendete er schließlich sein Werk und veröffentlichte es unter dem Titel »The Mathematical Theory of Black Holes«.[27] Diese Abhandlung wird das mathematische Nachschlagewerk für Generationen von Forschern auf dem Gebiet der Schwarzen Löcher darstellen. Es ist ein Handbuch, das die Methoden zur Lösung jedes beliebigen störungstheoretischen Problems bezüglich Schwarzer Löcher enthält.

8. Kapitel *Die Suche*

worin eine Methode für die Suche nach Schwarzen Löchern vorgeschlagen und in die Tat umgesetzt wird und (wahrscheinlich) Erfolg hat

Die Methode

Versetzen Sie sich an die Stelle J. Robert Oppenheimers. Es ist das Jahr 1939, und Sie sind gerade zu dem Ergebnis gelangt, daß massereiche Sterne nach ihrem Tod Schwarze Löcher bilden müssen (Kapitel 5 und 6). Erarbeiten Sie nun gemeinsam mit Astronomen ein Konzept für die Durchmusterung des Himmels, um nach Anzeichen für die Existenz Schwarzer Löcher zu suchen? Nein, keineswegs. Wenn Sie Oppenheimer sind, dann interessieren Sie sich für die Grundlagen der theoretischen Physik. Sie mögen den Astronomen zwar Ihre Ideen anbieten, doch Ihre eigene Aufmerksamkeit wendet sich nun dem Atomkern zu – und dem Ausbruch des Zweiten Weltkriegs, der Sie vor eine völlig neue Aufgabe stellen wird: die Entwicklung der Atombombe. Und wie steht es mit den Astronomen? Greifen sie Ihre Idee auf? Nein, keineswegs. In der astronomischen Fachwelt herrscht noch immer jene konservative Grundhaltung vor, die auch schon dazu führte, daß Chandrasekhars Massenobergrenze für Weiße Zwerge (Kapitel 4) abgelehnt wurde. Eine Ausnahme bildet nur der ungestüme Zwicky, der voller Elan seine Neutronensternidee verbreitet (Kapitel 5).

Versetzen Sie sich nun an die Stelle von John Archibald Wheeler. Es ist das Jahr 1962, und nach langem heftigem Widerstand freunden Sie sich allmählich mit dem Gedanken an, daß manche massereichen Sterne nach ihrem Tod Schwarze Löcher bilden (Kapitel 6 und 7). Nehmen Sie nun gemeinsam mit Astronomen die Suche nach diesen Gebilden auf? Nein, keineswegs. Wenn Sie Wheeler sind, gilt Ihr Hauptinteresse der Vereinigung der allgemeinen Relativitätstheorie mit der Quantenmechanik, einer Vereinigung, die sich möglicherweise im Inneren eines Schwarzen Loches vollzieht (Kapitel 13). Sie appellieren daher an die Physiker, das Endstadium des stellaren Kollapses als eine Herausforderung zu begreifen, aus der tiefgehende neue Erkenntnisse folgen können. Sie appellieren jedoch nicht an die Astronomen, den Himmel nach Schwarzen Löchern oder Neutronensternen abzusuchen. Die Suche nach Schwarzen Löchern kommt für Sie überhaupt nicht in Betracht. Hinsichtlich der etwas erfolgversprechenderen Idee, nach Neutronensternen zu suchen, schließen Sie sich in Ihren Veröffentlichungen der konservativen Auffassung an, die in der astronomischen Fachwelt gerade vorherrscht: »Solche Objekte haben einen Durchmesser in der Größenordnung von 30 Kilometern. ... sie kühlen rasch ab. ... Die Aussicht, ein so schwach leuchtendes Objekt zu entdecken, ist ebenso gering wie die Chance, den Planeten eines anderen Sterns zu sehen.«[1] (Mit anderen Worten, es besteht überhaupt keine Hoffnung.)

Versetzen Sie sich nun schließlich an die Stelle von Jakow Borisowitsch Seldowitsch. Es ist das Jahr 1964. Michail Podurez, ein Mitglied Ihrer früheren Arbeitsgruppe zur Entwicklung der Wasserstoffbombe hat soeben seine Computersimulation eines kollabierenden Sterns abgeschlossen, wobei er alle Effekte wie Druck, Schockwellen, Wärme, Strahlung und den Ausstoß von Masse (Kapitel 6) berücksichtigte. Die Simulation erzeugte ein Schwarzes Loch (besser gesagt, die Computerversion eines solchen). Sie sind nun vollkommen davon überzeugt, daß manche massereichen Sterne nach ihrem Tod Schwarze Löcher bilden. Planen Sie nun gemeinsam mit Astronomen, nach solchen Gebilden zu suchen? Ja, unbedingt. Wenn Sie Seldowitsch sind, haben Sie wenig Verständnis für Wheelers ausschließliches Interesse am Endstadium des stellaren Kollapses. Dieses Endstadium liegt verborgen im Inneren des Horizonts – für alle Zeiten unsichtbar. Der Horizont und der Einfluß des Loches auf seine Umgebung sind dagegen vielleicht der Beobachtung zugänglich – wenn man es schlau genug anfängt. Wenn Sie Seldowitsch sind, werden Sie von dem Wunsch beherrscht, das beobachtbare Universum zu verstehen. Wie könnten Sie also der Versuchung widerstehen, den Himmel nach Schwarzen Löchern abzusuchen?[2]

Wo würden Sie Ihre Suche beginnen? Sehr wahrscheinlich in der Milchstraße, der scheibenförmigen Ansammlung von 10^{12} Sternen, zu der auch die Sonne gehört. Die uns nächstgelegene große Galaxie, Andromeda, ist zwei Millionen Lichtjahre entfernt, eine Distanz, die zwanzigmal größer ist als die Ausdehnung der Milchstraße (Abb. 8.1). Folglich erscheint uns jeder Stern, jede Gaswolke und jedes andere Objekt in Andromeda mindestens zwanzigmal kleiner und 400mal lichtschwächer als ein ähnliches Objekt in der Milchstraße. Dies bedeutet: Wenn ein Schwarzes Loch schon in der Milchstraße kaum zu entdecken ist, so wird es in Andromeda noch 400mal schwieriger auszumachen sein – ganz zu schweigen von den Schwierigkeiten, die eine Suche in den Milliarden von Galaxien jenseits von Andromeda bereiten würde.

Wenn es folglich so wichtig ist, in der Nähe zu suchen, warum beginnen wir dann nicht in unserem Sonnensystem, jenem Bereich in der Milchstraße, der sich von der Sonne bis zu Pluto erstreckt? Könnte sich dort – unsichtbar zwi-

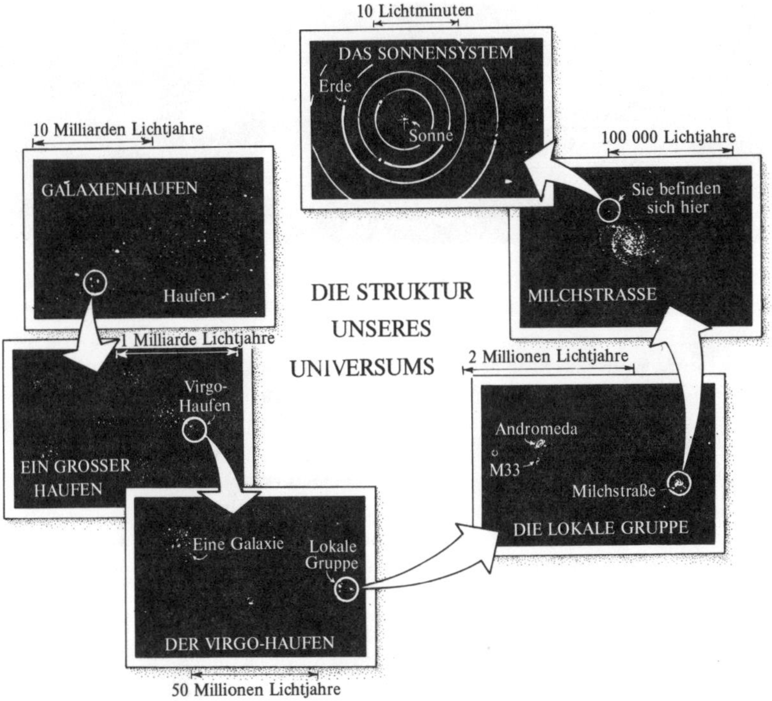

Abb. 8.1: Die Struktur unseres Universums.

schen den Planeten – ein Schwarzes Loch befinden? Nein, dies ist völlig ausgeschlossen. Die Gravitation eines solchen Loches wäre größer als die der Sonne und müßte daher die Planeten vollkommen aus ihrer Bahn werfen. Eine solche Störung der Planetenbahnen tritt jedoch nicht auf. Das nächstgelegene Schwarze Loch muß sich daher weit jenseits der Bahn von Pluto befinden.

Doch wie weit jenseits von Pluto? Sie können eine grobe Abschätzung vornehmen. Wenn Schwarze Löcher nach dem Tod massereicher Sterne entstehen, dann liegt das nächste Schwarze Loch vermutlich nicht viel näher als der nächstgelegene massereiche Stern, Sirius, der ungefähr acht Lichtjahre von der Erde entfernt ist. Daß sich ein Loch näher als der vier Lichtjahre entfernte Stern Alpha Centauri, der sonnennächste Stern überhaupt, befindet, ist so gut wie ausgeschlossen.

Wie können Astronomen Schwarze Löcher auf solch großen Entfernungen entdecken? Können sie hoffen, bei ihrer Beobachtung des Himmels irgendwann einmal einen dunklen, bewegten Körper wahrzunehmen, der das Licht der hinter ihm

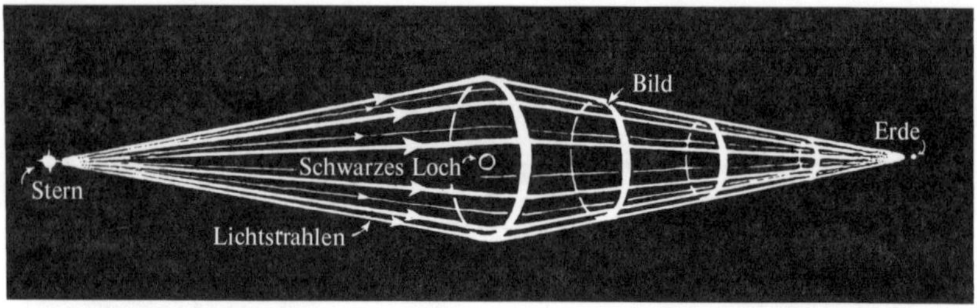

Abb. 8.2: Die Gravitation eines Schwarzen Loches sollte wie eine Linse die scheinbare Größe und Gestalt eines Sterns verändern, wenn man ihn von der Erde beobachtet. In der Abbildung befindet sich das Loch genau auf der Verbindungslinie zwischen dem Stern und der Erde, so daß das Licht des Sterns auf dem Weg zur Erde das Loch an allen Seiten passieren kann. Alle Lichtstrahlen, die die Erde erreichen, breiten sich vom Stern kegelförmig bis zum Schwarzen Loch aus, werden vom Loch gekrümmt und verlaufen dann umgekehrt kegelförmig zur Erde. Von der Erde aus gesehen erscheint das Bild des Sterns folglich als ein dünner Ring. Dieser Ring nimmt eine weitaus größere Fläche ein als das Bild desselben Sterns ohne Schwarzes Loch. Seine Gesamthelligkeit ist daher weitaus größer, Der Ring ist zu klein, als daß er mit einem Teleskop aufgelöst werden könnte, doch die Gesamthelligkeit des Sterns kann um das 10- oder 100fache oder noch mehr verstärkt sein.

liegenden Sterne auslöscht? Nein. Ein Schwarzes Loch mit einem typischen Umfang von 50 Kilometern und einer Entfernung von mindestens vier Lichtjahren überdeckt auf diese Entfernung einen Winkel von nicht mehr als 10^{-7} Bogensekunden. Dies entspricht ungefähr dem Winkel, unter dem man vom Mond aus ein menschliches Haar auf der Erde erkennen würde – ein Winkel, der zehnmillionenmal unterhalb des Auflösungsvermögens der weltbesten Teleskope liegt. Das dunkle, bewegte Objekt wäre somit so winzig, daß es unsichtbar wäre.
Wenn es nicht möglich ist, das Schwarze Loch als eine dunkle Scheibe am Himmel wahrzunehmen, die kurzzeitig das Licht anderer Sterne verdeckt, ist es dann vielleicht denkbar, daß wir das Loch als eine Gravitationslinse wahrnehmen können, die das Licht des Sterns aufgrund der starken Gravitation des Loches wie ein Brennglas bündelt (Abb. 8.2)? Könnte ein zunächst schwach leuchtender Stern plötzlich heller werden, wenn das Schwarze Loch den Raum zwischen ihm und der Erde durchwandert, und wieder schwächer leuchten, wenn das Loch weitergewandert ist? Nein, auch diese Methode muß scheitern. Dafür gibt es zwei Gründe, je nachdem ob sich das Loch und der Stern im interstellaren Maßstab nahe beieinander befinden oder nicht. Wenn sich der Stern und das Schwarze Loch umkreisen und somit nahe beieinander liegen, dann hat das Schwarze Loch dieselbe Wirkung wie eine Lupe, die vor einem Fenster im

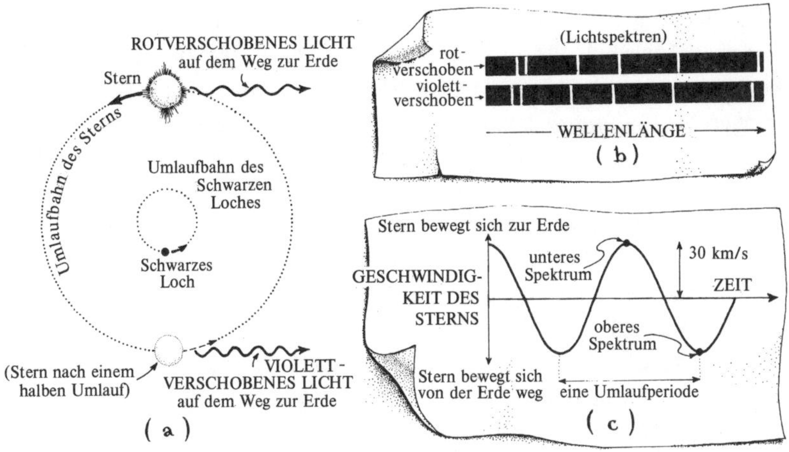

Abb. 8.3: Die von Seldowitsch vorgeschlagene Methode für die Suche nach Schwarzen Löchern. (a) Das Schwarze Loch und ein Stern umkreisen einander. Wenn das Loch schwerer ist als der Stern, dann ist seine Kreisbahn kleiner als die des Sterns (das heißt, das Loch vollführt kleine, der Stern große Bewegungen). Wenn sich der Stern von der Erde entfernt, ist sein Licht rotverschoben (zu den größeren Wellenlängen). (b) Das Licht, das in ein Teleskop auf der Erde einfällt, wird mit einem Spektrographen in sein Spektrum zerlegt. Hier sind zwei Spektren dargestellt. Im oberen entfernt sich der Stern von der Erde; im unteren, eine halbe Umlaufperiode später, bewegt er sich auf die Erde zu. Die Wellenlängen der scharfen Linien im Spektrum sind gegeneinander verschoben. (c) Indem Astronomen eine Vielzahl solcher Spektren aufnehmen, können sie bestimmen, wie die Geschwindigkeit des Sterns relativ zur Erde variiert. Aus dieser sich periodisch ändernden Geschwindigkeit ergibt sich die Masse des Objekts, um das der Stern kreist. Wenn das Objekt unsichtbar ist und seine Masse mehr als zwei Sonnenmassen beträgt, dann könnte es sich um ein Schwarzes Loch handeln.

neunundachtzigsten Stockwerk des Empire State Building angebracht ist und das Gebäude für einen mehrere Kilometer entfernten Beobachter größer erscheinen lassen soll. Natürlich hat das winzige Vergrößerungsglas nicht den geringsten Effekt, und ebenso hat auch das Schwarze Loch keinerlei Einfluß auf das Erscheinungsbild des Sterns; er wirkt nicht größer.

Wenn der Stern und das Loch dagegen wie in Abbildung 8.2 weit voneinander entfernt sind, dann kann das Licht des Sterns aufgrund des starken Gravitationsfeldes des Loches in der Tat so stark gebündelt werden, daß seine Helligkeit um einen Faktor 10 oder 100 (oder noch mehr) zunimmt. Angesichts der gewaltigen interstellaren Entfernungen ist eine Anordnung, bei der die Erde, ein Stern und ein Schwarzes Loch genau auf einer Linie liegen, jedoch so unwahrscheinlich, daß es praktisch aussichtslos ist, nach einer solchen Konstellation zu suchen. Und selbst wenn man den Effekt einer solchen Gravitationslinse beobachten würde, müßten die Lichtstrahlen des Sterns auf dem Weg zur Erde in so großer Entfernung das Loch passieren (Abb. 8.2), daß sich dort anstelle eines Schwarzen Loches auch ein ausgewachsener Stern befinden und die Wirkung einer Gravitationslinse hervorrufen könnte. Ein Astronom auf der Erde könnte folglich nicht sicher sein, ob dieser Effekt durch ein Schwarzes Loch oder durch einen gewöhnlichen, aber lichtschwachen Stern ausgelöst wurde.

Seldowitsch muß bei seiner Suche nach einer geeigneten Methode zur Beobachtung Schwarzer Löcher einen ähnlichen Gedankengang verfolgt haben. Seine Überlegungen führten schließlich zu einer recht erfolgversprechenden Methode (Abb. 8.3): Angenommen, ein Schwarzes Loch und ein Stern umkreisen einander (sie bilden ein *Doppelsternsystem*). Wenn Astronomen ihre Teleskope auf ein solches Doppelsternsystem richten, können sie natürlich nur das Licht des Sterns beobachten, denn das Schwarze Loch ist unsichtbar. Allerdings läßt sich aus dem Licht des Sterns auf die Gegenwart des Loches schließen: Wenn sich der Stern auf seiner Umlaufbahn um das Loch zunächst auf die Erde zubewegt, muß sein Licht aufgrund des Dopplereffekts zum violetten Ende des Spektrums verschoben erscheinen. Bewegt er sich dagegen von der Erde fort, muß sein Licht rotverschoben bei uns eintreffen. Astronomen können diese Verschiebungen mit Hilfe der Spektralanalyse sehr präzise messen. Dabei wird das Sternenlicht durch einen Spektrographen (eine hochentwickelte Form von Prisma) gesandt und in Spektrallinien zerlegt. Ändert sich die Wellenlänge des Lichts (seine Farbe), verschieben sich auch die Spektrallinien in charakteristischer Weise. Aus der Verschiebung der Wellenlänge können Astronomen auf die Geschwindigkeit schließen, mit der sich ein Stern auf die Erde zu- oder von ihr wegbewegt. Mißt man diese Verschiebung über einen längeren Zeitraum hinweg, so erlaubt dies Rückschlüsse darauf, wie die Geschwindigkeit des Sterns mit der Zeit variiert. Die Größenordnung dieser Geschwindigkeitsänderung liegt in der Regel zwischen 10 und 100 Kilometern pro Sekunde, und die Meßgenauigkeit liegt typischerweise bei 0,1 Kilometern pro Sekunde.

Aus solchen Präzisionsmessungen kann man Rückschlüsse auf die Masse des Schwarzen Loches ziehen. Je massereicher das Loch ist, desto stärker zieht es den Stern an und desto größer müssen folglich die Zentrifugalkräfte sein, mit denen sich der Stern dagegen wehrt, in den Sog des Schwarzen Loches zu geraten. Um diese starken Zentrifugalkräfte auszubilden, muß sich der Stern auf seiner Umlaufbahn sehr schnell bewegen. Hohe stellare Umlaufgeschwindigkeiten sind folglich eine notwendige Begleiterscheinung massereicher Löcher.

Auf der Suche nach einem Schwarzen Loch sollten Astronomen also Ausschau nach Sternen halten, deren Spektren periodische Verschiebungen zwischen Rot und Violett aufweisen. Eine solche Verschiebung ist ein eindeutiges Indiz dafür, daß der Stern einen Begleiter hat. Als nächstes sollten Astronomen die Spektren des Sterns messen, um aus der Geschwindigkeit des Sterns auf die Masse des Begleiters schließen zu können. Wenn der Begleiter sehr massereich ist, aber überhaupt kein Licht von ihm ausgeht, dann handelt es sich möglicherweise um ein Schwarzes Loch. Dies war die Überlegung, die dem Vorschlag von Seldowitsch für die Suche nach Schwarzen Löchern zugrunde lag.

Obwohl diese Methode allen früheren Vorschlägen weit überlegen war, barg sie doch zahlreiche Unwägbarkeiten, von denen ich hier nur zwei näher erläutern möchte. Erstens ist die Massebestimmung des dunklen Begleiters nicht direkt möglich. Die gemessene Geschwindigkeit des Sterns hängt nämlich nicht nur von der Masse des Begleiters ab, sondern auch von der Masse des Sterns selbst sowie von der Neigung der Umlaufebene des Doppelsternsystems relativ zu unserer Sichtlinie. Zwar ist es möglich, die Sternmasse und die Neigung mit Hilfe sorgfältiger Beobachtungen abzuschätzen, doch ist dies weder einfach noch sehr genau. Folglich kann die Abschätzung der Masse des dunklen Begleiters leicht um einen Faktor von 2 oder 3 falsch sein. Zweitens sind Schwarze Löcher nicht die einzigen dunklen Begleiter, die ein Stern haben kann. Auch ein Neutronenstern beispielsweise würde von der Erde aus gesehen dunkel erscheinen. Um also sicher zu sein, daß es sich bei dem Begleiter nicht um einen Neutronenstern handelt, müßte man zuverlässig wissen, daß seine Masse über der zulässigen Obergrenze von etwa zwei Sonnenmassen für Neutronensterne liegt. Der dunkle Begleiter könnte aber auch aus zwei einander umkreisenden Neutronensternen bestehen, die bis zu vier Sonnenmassen wiegen würden. Ebenfalls in Betracht käme ein System aus zwei einander umkreisenden kalten Weißen Zwergen, die bis zu drei Sonnenmassen wiegen können. Ferner gibt es Sterne, die zwar nicht ganz dunkel, aber sehr lichtschwach und massereich sind. Um auszuschließen, daß es sich bei dem Begleiter um solche Sterne handelt, muß man also die Spektren sehr genau untersuchen.

Glücklicherweise hatten Astronomen in den vorangegangenen Jahrzehnten solche Doppelsternsysteme beobachtet und katalogisiert, so daß Seldowitsch nicht erst damit beginnen mußte, den Himmel nach solchen Konstellationen abzusuchen, sondern auf diese astronomischen Kataloge zurückgreifen konnte. Da er jedoch weder Zeit und Geduld, noch die erforderliche Erfahrung besaß, um die Kataloge selbst zu durchforsten, suchte er sich wie üblich einen Mitarbeiter, der die nötige Begabung für diese Aufgabe mitbrachte. Er wählte Oktaj Gussejnow

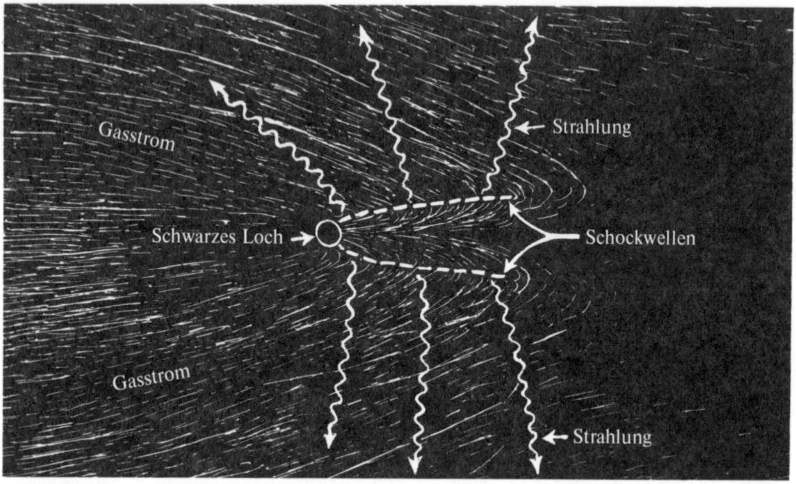

Abb. 8.4: Der Vorschlag von Salpeter und Seldowitsch für die Suche nach Schwarzen Löchern.

aus, einen jungen Astronomen, der sich auf Doppelsternsysteme spezialisiert hatte. Gemeinsam entdeckten Gussejnow und Seldowitsch unter den vielen hundert gutdokumentierten Doppelsternsystemen fünf vielversprechende Kandidaten für Schwarze Löcher.[3]

Im Laufe der folgenden Jahre schenkten Astronomen diesen fünf Kandidaten nur wenig Aufmerksamkeit. Da ich mich über dieses mangelnde Interesse ärgerte, bat ich im Jahre 1968 eine Astronomin am Caltech, Virginia Trimble, mir bei einer Überarbeitung und Erweiterung der von Seldowitsch und Gussejnow erstellten Liste zu helfen. Obwohl Trimble ihre Promotion gerade erst einige Monate zuvor abgeschlossen hatte, waren ihre Kenntnisse und Fähigkeiten auf dem Gebiet der Astronomie beeindruckend. Sie war sich aller Tücken und Fallen bewußt, die uns bei der Suche Schwarzer Löcher begegnen mochten – der oben beschriebenen wie auch noch vieler anderer –, und verstand es, deren Folgen genau abzuschätzen. Indem wir die astronomischen Kataloge noch einmal durchforsteten und alle uns zugänglichen Daten zu den vielversprechendsten Doppelsternsystemen sammelten, gelang es uns, eine neue Liste von acht möglichen Anwärtern für Schwarze Löcher aufzustellen.[4] Leider war es Trimble in allen acht Fällen möglich, auch ohne Rückgriff auf Schwarze Löcher eine mehr oder weniger vernünftige Erklärung für die Unsichtbarkeit der jeweiligen Begleiter der Sterne zu finden. Heute, ein Vierteljahrhundert später, gilt kein einziger unserer Kandidaten mehr als ernsthafter Anwärter für ein Schwarzes Loch.

Seldowitsch war sich von Anfang an bewußt, daß sein Vorhaben, Schwarze Löcher in Doppelsternsystemen zu suchen, ein Glücksspiel war, dem keineswegs Erfolg beschieden sein mußte. Glücklicherweise fiel ihm noch eine zweite Methode für die Suche nach Schwarzen Löchern ein – eine Methode, die im gleichen Jahr, 1964, auch von Edwin Salpeter, einem Astrophysiker an der Cornell University in Ithaca, New York, vorgeschlagen wurde.[5]

Angenommen, ein Schwarzes Loch wandert durch eine Gaswolke – oder, vom Loch aus gesehen, eine Gaswolke bewegt sich am Schwarzen Loch vorbei (Abb. 8.4). In diesem Fall bewegen sich Gasströme, die aufgrund der Schwerkraft des Loches auf annähernd Lichtgeschwindigkeit beschleunigt werden, an gegenüberliegenden Seiten des Loches vorbei und prallen schließlich auf der Rückseite des Loches zusammen. Dieser Zusammenprall in Form einer Stoßwellenfront (einer plötzlichen großen Dichtezunahme) wandelt die gewaltige Energie des einfallenden Gases in Wärme um, so daß das Gas intensiv zu strahlen beginnt. In der Tat wirkt das Schwarze Loch in diesem Fall wie eine Maschine, die einen Teil der Masse des eingefangenen Gases in Wärme und dann in Strahlung umwandelt. Diese »Maschine« könnte einen sehr hohen Wirkungsgrad besitzen, schlossen Seldowitsch und Salpeter, einen weitaus höheren Wirkungsgrad als etwa die Verbrennung nuklearen Brennstoffs.

Seldowitsch und seine Arbeitsgruppe grübelten zwei Jahre lang immer wieder über diesen Gedanken nach und überlegten, wie man ihn in eine erfolgversprechende Suche nach Schwarzen Löchern umsetzen könnte. Doch verfolgten sie neben diesem Gedanken noch ein Dutzend anderer Ideen zu Schwarzen Löchern, Neutronensternen, Supernovae und zum Ursprung des Universums, so daß ihm nicht allzuviel Aufmerksamkeit zuteil wurde. Eines Tages im Jahre 1966 erkannten Seldowitsch und Nowikow jedoch plötzlich bei einer Diskussion, daß sie die Doppelsternmethode mit dem Gedanken des Gaseinfangs verknüpfen konnten (Abb. 8.5).[6]

Von der Oberfläche mancher Sterne blasen starke »Winde« aus Gas (hauptsächlich Wasserstoff und Helium) in den Raum. (So emittiert auch die Sonne einen sogenannten Sonnenwind, wenn auch nur in sehr geringem Umfang.) Angenommen, ein Schwarzes Loch und ein solcher Stern umkreisen einander. Das Loch fängt einen Teil des vom Stern emittierten Gases ein, das dann in einer Stoßwellenfront aufgeheizt wird und Strahlung abgibt. Auf der einen Quadratmeter großen Tafel in seiner Moskauer Wohnung schätzte Seldowitsch gemeinsam mit Nowikow ab, wie sehr sich das Gas aufheizen würde. Sie kamen auf eine Temperatur von mehreren Millionen Grad.

Bei solch hohen Temperaturen sendet Gas kein sichtbares Licht, sondern

Röntgenstrahlung aus. Seldowitsch und Nowikow schlossen daraus, daß einige (wenn auch nicht die meisten) der in Doppelsternsystemen verborgenen Schwarzen Löcher durch ihre starke Röntgenstrahlung auffallen könnten.

Bei der Suche nach Schwarzen Löchern mochte es daher erfolgversprechend sein, sowohl optische Teleskope als auch Röntgenteleskope einzusetzen. Bei den in Frage kommenden Doppelsternsystemen müßte ein Partner nämlich sichtbares Licht, aber keine Röntgenstrahlung aussenden, während der andere (das Schwarze Loch) kein sichtbares Licht, dafür aber Röntgenstrahlung emittieren müßte.

Da auch ein Neutronenstern Gas von seinem Begleiter einfangen, es in Stoßwellenfronten erhitzen und Röntgenstrahlung aussenden kann, kam der Massenbestimmung des optisch dunklen, aber Röntgenstrahlung emittierenden Objektes weiterhin eine entscheidende Bedeutung zu. Damit man ausschließen konnte, daß es sich um einen Neutronenstern handelte, mußte ein solches Gebilde schwerer als zwei Sonnenmassen sein.

Diese Methode hatte jedoch einen Haken, und der bestand darin, daß die im Jahre 1966 verfügbaren Röntgenteleskope noch sehr primitiv waren.

Abb.: 8.5 Der Vorschlag von Seldowitsch und Nowikow für die Suche nach Schwarzen Löchern. Gas, das von der Oberfläche eines Begleitsterns strömt, wird von der Gravitation des Loches eingefangen. Die Gasströme bewegen sich in entgegengesetzter Richtung um das Schwarze Loch herum um und stoßen in einer engumgrenzten Schockwelle zusammen, wo sie sich auf Millionen von Grad erwärmen und Röntgenstrahlung aussenden. Mit optischen Teleskopen müßte man feststellen können, daß der Stern einen schweren, unsichtbaren Nachbarn umkreist, während die vom Nachbarn ausgehende Strahlung mit Röntgenteleskopen nachweisbar sein sollte.

Die Suche

Wenn Sie ein Astronom sind, ist es für Sie sehr lästig, daß Röntgenstrahlung die Erdatmosphäre nicht durchdringt. (Für einen Menschen ist dies allerdings ein Vorteil, denn Röntgenstrahlung verursacht Krebs und ruft weitere Schäden hervor.)

Glücklicherweise hatten vorausschauende Experimentalphysiker, angeführt von Herbert Friedman vom Naval Research Laboratory (NRL), schon in den vierziger Jahren begonnen, die Grundlagen für eine im Weltraum operierende Röntgenastronomie zu schaffen. So hatten Friedman und seine Kollegen nach dem Zweiten Weltkrieg die von den Deutschen erbeuteten V-2-Raketen für Instrumentenflüge zur Untersuchung der Sonne eingesetzt. Der erste Flug fand am 28. Juni 1946 statt und sollte die ultraviolette Strahlung der Sonne mit Hilfe eines im vorderen Teil der Rakete eingebauten Spektrographen messen. (Auch ultraviolette Strahlung kann die Erdatmosphäre nicht durchdringen.) Diesen Flug beschrieb Friedman folgendermaßen: Nachdem die Rakete für kurze Zeit die Atmosphäre verlassen und Daten gesammelt hatte, »kehrte sie im Sturzflug, kopfüber, zur Erde zurück, bohrte sich in den Boden und hinterließ einen riesigen Krater von ungefähr 24 Metern Durchmesser und 9 Metern Tiefe. Selbst nach mehreren Wochen intensiven Umgrabens hatten wir nur einen kleinen Haufen unidentifizierbarer Wrackteile geborgen. Es war fast so, als hätte sich die Rakete beim Aufprall in Nichts aufgelöst.«[7]

Obwohl dieser Anfang alles andere als vielversprechend war, gelang es Friedman und seinen Kollegen, die Röntgen- und UV-Astronomie mit Erfindungsreichtum, Ausdauer und harter Arbeit Schritt für Schritt voranzubringen. Schon im Jahre 1949 rüstete Friedman V-2-Raketen mit Geigerzählern aus, um die Röntgenstrahlung der Sonne zu erforschen. In den fünfziger Jahren – mittlerweile bediente man sich der in Amerika hergestellten Aerobee-Raketen – wurden Instrumentenflüge durchgeführt, bei denen nicht nur UV-Strahlung von der Sonne, sondern auch von Sternen untersucht wurde. Mit der Röntgenstrahlung war es freilich anders. Da auf einen Quadratzentimeter eines Geigerzählers der Rakete jede Sekunde eine Million Röntgenquanten von der Sonne aufprallten, war deren Nachweis sehr einfach. Theoretischen Schätzungen zufolge mußten die hellsten Röntgensterne jedoch ein Milliardstel weniger hell als die Sonne erscheinen. Um einen so schwachen Röntgenstern zu entdecken, mußten Röntgendetektoren entwickelt werden, die zehnmillionenmal empfindlicher waren als diejenigen, die Friedman im Jahre 1958 verwendete. Eine solche Steigerung der Empfindlichkeit war eine schwierige, aber keine unmögliche Aufgabe.

Herbert Friedman mit der Nutzlast einer Aerobee-Rakete, im Jahre 1968. [*U.S. Naval Research Laboratory.*]

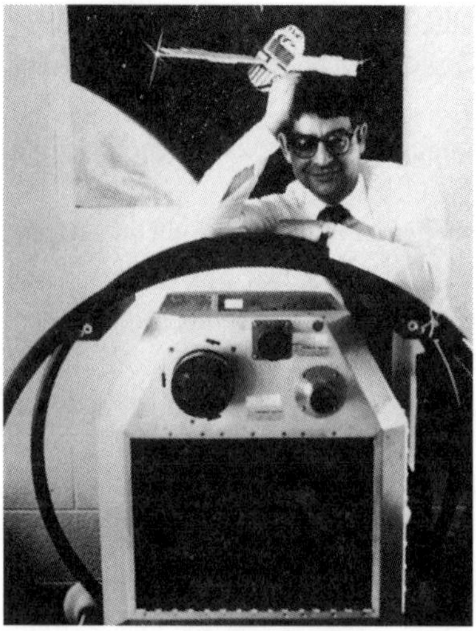

Riccardo Giacconi mit dem Uhuru-Röntgendetektor, um 1970. [*R. Giacconi.*]

Bis in das Jahr 1962 hatte man die Empfindlichkeit der Detektoren schon 10000fach gesteigert. Nun war nur noch eine Verbesserung um einen Faktor von 1000 notwendig. Beeindruckt von Friedmans Fortschritten, wandten sich auch andere Forschungsgruppen dieser Aufgabe zu und traten mit ihm in Wettstreit. Besonders eine Arbeitsgruppe unter der Leitung von Riccardo Giacconi sollte dabei beeindruckende Erfolge erzielen.

In gewisser Weise war Seldowitsch für den Erfolg von Giacconi mitverantwortlich: Im Jahre 1961 verletzte die Sowjetunion völlig unerwartet ein mit den Vereinigten Staaten vereinbartes dreijähriges Abkommen zum Stopp von Kernwaffentests und zündete die stärkste Bombe, die bislang von Menschen gebaut wurde – eine Bombe, die unter der Leitung von Seldowitsch und Sacharow in der »Anlage« entwickelt worden war (Kapitel 6). In Panik bereiteten die Vereinigten Staaten eigene neue Atomwaffentests vor. Es sollten die ersten amerikanischen Versuche sein, die man von Satelliten aus beobachten konnte. Zum ersten Mal wollte man die in nuklearen Explosionen freigesetzten Röntgenstrahlen, Gammastrahlen und hochenergetischen Teilchen vom Weltall aus messen, was für die Überwachung künftiger sowjetischer Atombombenversuche von entscheidender Bedeutung war. Um solche Messungen bei den damals bevorstehenden amerikanischen Versuchen durchführen zu können, war jedoch ein Sofortprogramm zur Entwicklung der erforderlichen Instrumente und Methoden vonnöten. Mit der Leitung und Durchführung dieses Programms wurde Riccardo Giacconi beauftragt, ein achtundzwanzigjähriger Experimentalphysiker der Firma American Science and Engineering, die in Cambridge, Massachusetts, ansässig war. Wie Friedman arbeitete Giacconi seit einiger Zeit an der Entwicklung und Erprobung von Röntgendetektoren. Von der amerikanischen Luftwaffe erhielt er zwar alle finanziellen Mittel, die er benötigte, doch stand ihm nur sehr wenig Zeit zur Verfügung. In weniger als einem Jahr erweiterte er deshalb seine ursprünglich aus sechs Wissenschaftlern bestehende Arbeitsgruppe um siebzig Personen und entwarf, baute und testete eine Reihe von Instrumenten zur Überwachung der bei einer atomaren Explosion freigesetzten Strahlung. Die Erfolgsrate bei vierundzwanzig Raketenflügen und sechs Satelliteneinsätzen lag bei 95 Prozent. Beflügelt von diesem Erfolg, bildeten die engsten Mitarbeiter Giacconis eine loyale, einsatzfreudige und höchst erfahrene Arbeitsgruppe, die in geradezu idealer Weise dazu prädestiniert war, alle Konkurrenten bei der Entwicklung der Röntgenastronomie aus dem Feld zu schlagen.

Ihren ersten Vorstoß in die Astronomie unternahm Giacconis Arbeitsgruppe, als sie mit einem nach Friedmans Muster gebauten Detektor auf einer Aerobee-Rakete nach Röntgenstrahlung vom Mond fahndete. Am 18. Juni 1962, eine Minute vor Mitternacht, wurde die Rakete von White Sands, New Mexico, gestartet und stieg rasch bis in eine Höhe von 230 Kilometer auf, bevor sie zur Erde zurückfiel. Über einen Zeitraum von 350 Sekunden befand sie sich hoch genug über der Erdatmosphäre, um Röntgenstrahlen vom Mond entdecken zu können. Die zur Erde zurückgefunkten Daten waren jedoch verwirrend; die Röntgenstrahlung war weitaus stärker als erwartet. Eine nähere Untersuchung brachte weitere Überraschungen. Die Röntgenstrahlen schienen nicht vom Mond zu stammen, sondern aus dem Sternbild Skorpion (Abb. 8.6 b). Zwei Mo-

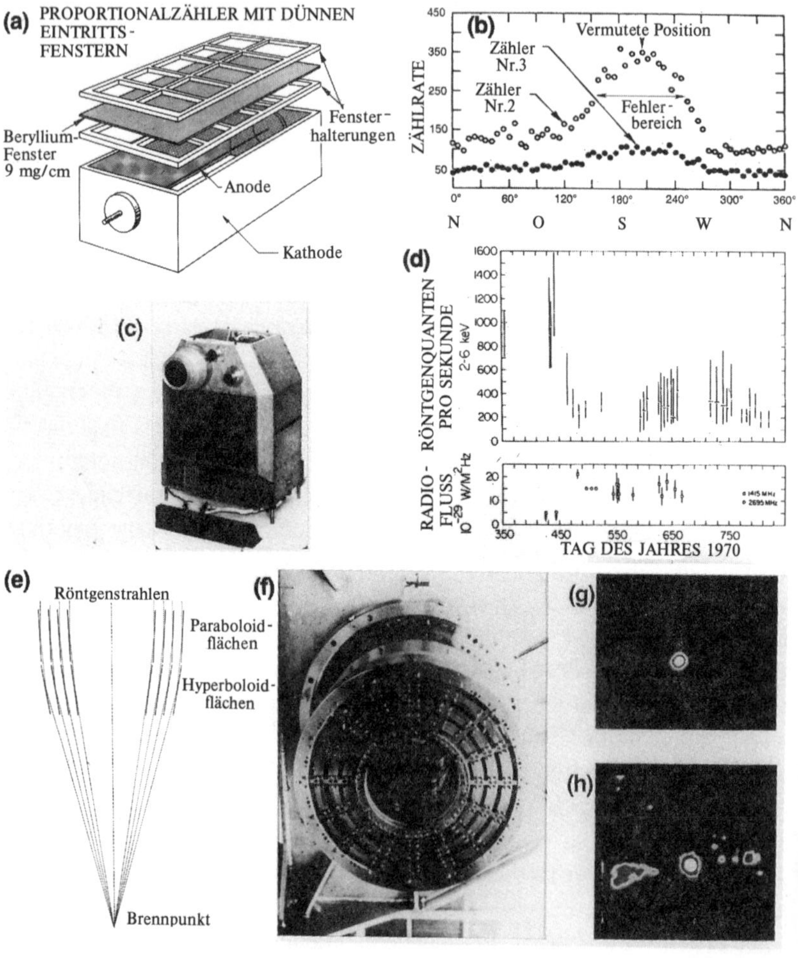

nate lang suchten Giacconi und seine Mitarbeiter (Herbert Gursky, Frank Paolini und Bruno Rossi) nach Fehlern in ihren Daten und Instrumenten. Da sie keine finden konnten, verkündeten sie ihre Entdeckung: *Der erste nachgewiesene Röntgenstern war 5000mal heller, als die theoretische Astrophysik vorhergesagt hatte.*[8] Zehn Monate später bestätigte Friedmans Arbeitsgruppe dieses Ergebnis. Der Stern erhielt den Namen Sco X-1, wobei 1 für »hellste«, X für »Röntgenquelle« und Sco für »Sternbild Skorpion« steht.

Wie hatten sich die Theoretiker so irren können? Warum hatten sie die Stärke der kosmischen Röntgenstrahlung um einen Faktor von 5000 unterschätzt? Irr-

Abb. 8.6: Der Fortschritt in der Röntgenastronomie von 1962 bis 1978. (a) Schematischer Aufbau des Geigerzählers, mit dem die Gruppe um Giacconi im Jahre 1962 den ersten Röntgenstern entdeckte. (b) Die Daten dieses Geigerzählers beweisen, daß die Röntgenstrahlung nicht vom Mond stammt. Man beachte die sehr schlechte Winkelauflösung (der große Fehlerbereich) von 90 Grad. (c) Der Uhuru-Röntgendetektor aus dem Jahre 1970: Ein erheblich verbesserter Geigerzähler befindet sich in dem Kasten; vor dem Zähler erkennt man jalousienartige Lamellen, die dafür sorgen, daß der Detektor nur Röntgenstrahlung wahrnimmt, die annähernd senkrecht zu seinem Fenster einfällt. (d) Uhuru-Daten der Röntgenstrahlung von Cygnus X-1, einem Kandidaten für ein Schwarzes Loch. (e) Schematische Darstellung und (f) Fotografie der Spiegel, die im Einstein-Röntgenteleskop aus dem Jahre 1978 zur Fokussierung der Röntgenstrahlen dienen. (g, h) Zwei Aufnahmen des Einstein-Teleskops von potentiellen Kandidaten für Schwarze Löcher, Cygnus X-1 und SS-433. [*Zeichnungen und Aufnahmen R. Giacconi.*]

tümlicherweise hatten sie angenommen, daß der Röntgenhimmel von Objekten beherrscht würde, die bereits von der optischen Astronomie bekannt waren – von Objekten wie dem Mond, den Planeten und gewöhnlichen Sternen, die nur wenig Röntgenstrahlung emittieren. Bei Sco X-1 und anderen Röntgensternen, die bald entdeckt werden sollten, handelte es sich jedoch um eine vollkommen andere Art von Objekten. Es waren Neutronensterne und Schwarze Löcher, die Gas von ihren gewöhnlichen Begleitern einfingen und es auf hohe Temperaturen erhitzten, wie dies von Seldowitsch und Nowikow bald darauf vorgeschlagen wurde (Abb. 8.5). Bis diese Vermutung jedoch bestätigt werden konnte, sollte noch ein Jahrzehnt vergehen – ein Jahrzehnt, in dem Experimentalphysiker wie Friedman und Giacconi mit Theoretikern wie Seldowitsch und Nowikow eng zusammenarbeiteten.

Der Detektor, den Giacconi im Jahre 1962 benutzte, war noch ein überaus einfaches Instrument (Abb. 8.6 a): Er bestand aus einer mit einem elektrischen Feld ausgestatteten, gasgefüllten Kammer, die ein dünnes Fenster auf ihrer Oberseite aufwies. Wenn ein Röntgenquant durch das Fenster in die Kammer eindrang, löste es aus den Gasatomen einzelne Elektronen heraus, die dann durch das elektrische Feld zu einem Draht geleitet wurden, wo sie einen elektrischen Strom erzeugten. Dieser elektrische Strom diente als Nachweis für das Eintreffen von Röntgenstrahlung. (Solche Kammern werden manchmal *Geigerzähler* und manchmal *Proportionalzähler* genannt.) Mit den Instrumenten an Bord rotierte die Rakete mit zwei Umdrehungen pro Sekunde und flog auf einer Bahn, in deren Verlauf die Raketenspitze zuerst nach oben und dann nach unten zeigte. Diese Bewegungen führten dazu, daß das Fenster der Kammer einen weiten Bereich des Himmels abdeckte, indem es zunächst in die eine und dann in die andere Richtung zeigte. Wenn das Fenster auf das Sternbild Skorpion ausgerichtet war, verzeichnete die Kammer zahlreiche Treffer von Röntgenquanten. Wenn sie dagegen in andere Himmelsrichtungen zeigte, registrierte sie wenige Treffer. Da die Röntgenstrahlen die Kammer jedoch aus einem großen Raumgebiet erreichen konnten, war die Bestimmung der Position von Sco X-1 höchst ungenau. Es war bestenfalls möglich, eine grobe Abschätzung vorzunehmen, deren Fehler jedoch in der Größenordnung von 90 Grad lag (Abb. 8.6 b).

Um aber Sco X-1 und andere noch zu entdeckende Röntgensterne als Neutronensterne oder Schwarze Löcher in Doppelsternsystemen zu identifizieren, war es erforderlich, die Fehlergrenzen (das heißt die Ungenauigkeiten bei der Ortsbestimmung) auf wenige Bogenminuten zu beschränken. Die Winkelauflösung mußte folglich um einen Faktor 1000 gesteigert werden.

Diese und weitergehende Fortschritte wurden im Laufe der nächsten sechzehn Jahre von Friedman, Giacconi und anderen erzielt. Dabei unternahmen die konkurrierenden Arbeitsgruppen zahlreiche Raketenflüge, um ihre immer besseren Detektoren zu testen. Im Dezember 1970 schließlich wurde mit dem Start von *Uhuru* (Abb. 8.6 c) der erste Röntgensatellit in eine Erdumlaufbahn gebracht. Der von Giacconis Arbeitsgruppe konstruierte Satellit enthielt eine röntgenempfindliche Kammer, die hundertmal größer war als die aus dem Jahre 1962. Vor dem Fenster der Kammer befanden sich jalousienartige Lamellen, die verhinderten, daß Röntgenstrahlen von außerhalb eines engen Winkelbereiches von wenigen Grad senkrecht zum Fenster in die Kammer eindringen konnten (Abb. 8.6 d). Nach Uhuru, der 339 Röntgensterne entdeckte und katalogisierte, gab es zahlreiche andere, ähnlich gebaute Röntgensatelliten, die von amerikanischen, britischen und niederländischen Wissenschaftlern für ganz bestimmte Zwecke entwickelt wurden. Im Jahre 1978 nahm Giacconis Arbeitsgruppe schließlich den großen Nachfolger von Uhuru in Betrieb: das *Einstein-Observatorium*, das erste große *Röntgenteleskop* der Welt. Da Röntgenstrahlen jedes beliebige Objekt durchdringen, auf das sie senkrecht auftreffen, sogar Spiegel, benutzte das Einstein-Teleskop einen Satz hintereinander angeordneter Spiegel, auf denen die Röntgenstrahlen wie ein Schlitten auf einem vereisten Hang entlanggleiten konnten (Abb. 8.6 e, f). Diese Spiegel bündelten die Röntgenstrahlen so stark, daß die Bilder des Röntgenhimmels mit einer Auflösung von einer Bogensekunde ebenso scharf und genau waren wie die Bilder der weltbesten optischen Teleskope (Abb. 8.6 g, h).

Von 1962 bis 1978, in den knapp sechzehn Jahren zwischen dem Start von Giacconis erster Rakete und dem Einstein-Teleskop, wurde eine 300000fache Stei-

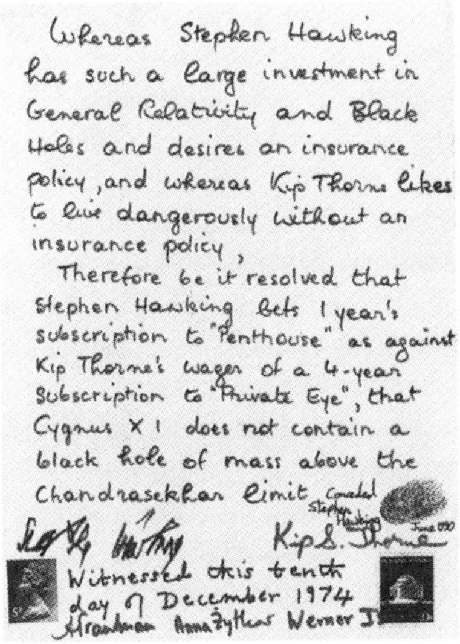

Whereas Stephen Hawking has such a large investment in General Relativity and Black Holes and desires an insurance policy, and whereas Kip Thorne likes to live dangerously without an insurance policy,

Therefore be it resolved that Stephen Hawking bets 1 year's subscription to "Penthouse" as against Kip Thorne's wager of a 4-year subscription to "Private Eye", that Cygnus X1 does not contain a black hole of mass above the Chandrasekhar limit

Kip S. Thorne

Witnessed this tenth day of December 1974

Rechts: Die Wette zwischen Stephen Hawking und mir, ob Cygnus X-1 ein Schwarzes Loch ist. *Links:* Hawking hält eine Vorlesung an der University of Southern California im Juni 1990, zwei Stunden bevor er in mein Büro eindringt und schriftlich erklärt, daß er die Wette verloren habe. [*Hawking, aufgenommen von Irene Fertik, Univ. of South. Calif.*.]

gerung der Winkelgenauigkeit erreicht. Im Laufe dieser Zeit hat sich unser Verständnis des Universums auf revolutionäre Weise entwickelt. Den Röntgenstrahlen verdanken wir die Entdeckung von Neutronensternen, von möglichen Kandidaten für Schwarze Löcher, die Entdeckung heißer Gase in den Überresten von Supernovae und in den Koronen (äußeren Atmosphären) von manchen Sterntypen sowie die Entdeckung von Teilchen mit ultrahohen Energien in den Kernen von Galaxien und Quasaren.

Unter den von Röntgendetektoren und Röntgenteleskopen entdeckten potentiellen Schwarzen Löchern war Cygnus X-1 (kurz Cyg X-1) einer der vielversprechendsten Kandidaten. Im Jahre 1974, kurz nachdem man Anhaltspunkte für diese Vermutung gefunden hatte, wettete Stephen Hawking mit mir, daß es sich bei Cyg X-1 nicht um ein Schwarzes Loch handele. Ich war anderer Ansicht und wettete dagegen.
Carolee Winstein, die ich zehn Jahre später heiratete, war über den Einsatz entsetzt. (Falls ich recht behielte, sollte ich ein Abonnement der Zeitschrift *Penthouse* gewinnen; falls Stephen recht hätte, bekäme er ein Abonnement des Satiremaga-

zins *Private Eye*). Auch meine Geschwister und meine Mutter waren entgeistert. Doch sie brauchten sich keine Sorgen zu machen, daß ich die Wette wirklich gewinnen würde, dachte ich damals. Unser lückenhaftes Wissen über das Wesen von Cyg X-1 vervollständigte sich nur langsam. Noch im Jahre 1990 konnten wir meiner Ansicht nach nur zu etwa 95 Prozent sicher sein, daß es sich wirklich um ein Schwarzes Loch handelte, und diese Wahrscheinlichkeit würde nicht ausreichen, dachte ich, damit Stephen sich geschlagen gab. Doch offensichtlich interpretierte Stephen die Daten anders. Eines Abends im Juni 1990, während ich mich gerade zu Forschungszwecken in Moskau aufhielt, drang Stephen mit einem Gefolge von Familienangehörigen, Krankenschwestern und Freunden in mein Büro am Caltech ein, fand den eingerahmten Text der Wette und gab sich in einer Notiz, die er mit seinem Daumenabdruck besiegelte, geschlagen.

Die Anzeichen, die dafür sprechen, daß sich hinter Cyg X-1 in der Tat ein Schwarzes Loch verbirgt, sind genau von der Art, wie sich dies Seldowitsch und Nowikow vorgestellt hatten, als sie eine Methode für die Suche nach Schwarzen Löchern vorschlugen: Cyg X-1 ist ein Doppelsternsystem, das aus einem optisch sichtbaren, aber röntgenastronomisch unsichtbaren Stern und einem optisch unsichtbaren, aber röntgenastronomisch nachweisbaren Begleiter besteht. Schätzungen haben ergeben, daß die Masse des Begleiters deutlich über der Massenobergrenze für Neutronensterne liegt, so daß mit einigem Recht vermutet werden darf, daß es sich um ein Schwarzes Loch handelt.

Diese Daten zu erhalten war jedoch ein langwieriger Prozeß. Hunderte von Experimentalphysikern, theoretischen Astrophysikern und beobachtenden Astronomen aus aller Welt leisteten dazu in den sechziger und siebziger Jahren wichtige Beiträge.

Von den Experimentalphysikern möchte ich Herbert Friedman, Stuart Bowyer, Edward Byram und Talbot Chubb erwähnen, die die Röntgenquelle Cyg X-1 durch Messungen bei einem Raketenflug im Jahre 1964 entdeckten; ferner Harvey Tananbaum, Edwin Kellogg, Herbert Gursky, Stephen Murray, Ethan Schrier und Riccardo Giacconi, die im Jahre 1971 mit Hilfe des Röntgensatelliten Uhuru die Position von Cyg X-1 mit einer Genauigkeit von zwei Bogenminuten bestimmten (Abb. 8.7). Zu erwähnen sind außerdem die zahlreichen Wissenschaftler, die die chaotischen Fluktuationen der Intensität und Energie der Röntgenstrahlung entdeckten und studierten – Fluktuationen, wie sie von heißem, turbulentem Gas in der Nähe eines Schwarzen Loches zu erwarten sind.

Unter den beobachtenden Astronomen sind Robert Hjellming, Cam Wade, Luc Braes und George Miley zu nennen, die im Jahre 1971 ein Aufflackern von Radiowellen in dem Bereich des Himmels entdeckten, in dem Cyg X-1 vermutet

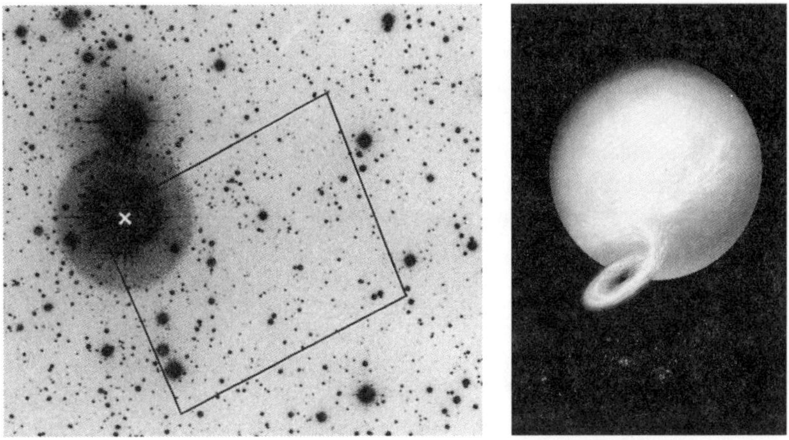

Abb. 8.7: *Links:* Negativ einer Aufnahme, die im Jahre 1971 von Jerome Kristian am optischen 5-Meter-Teleskop des Mount-Palomar-Observatoriums gemacht wurde. Das schwarze Rechteck gibt die Fehlergrenzen an, innerhalb deren sich nach den Uhuru-Daten von 1971 Cygnus X-1 befinden sollte. Das weiße Kreuz markiert den Ort einer Radioeruption, die mit Radioteleskopen wahrgenommen wurde und zeitlich mit einer plötzlichen Änderung der Röntgenintensität von Cyg X-1 zusammenfiel. Das Kreuz deckt sich mit dem sichtbaren Stern HDE 226868 und weist diesen als Doppelsternpartner von Cyg X-1 aus. Im Jahre 1978 bestätigte das Einstein-Radioteleskop diese Zuordnung (siehe Abb. 8.6g). *Rechts:* Künstlerische Darstellung von Cyg X-1 und HDE 226868 auf der Grundlage von optischen Beobachtungen und Röntgendaten. [*Links: Aufnahme Dr. Jerome Kristian, Carnegie Observatories; rechts: Illustration von Victor J. Kelley, National Geographical Society.*]

wurde, und die dieses Aufflackern mit einer gleichzeitigen starken Veränderung der Röntgenstrahlung in Cyg X-1 in Verbindung brachten. Dadurch gelang es ihnen, die Position von Cyg X-1 auf eine Bogensekunde genau zu bestimmen (Abb. 8.6 d und 8.7). Louise Webster, Paul Murdin und Charles Bolton entdeckten mit optischen Teleskopen, daß an dem Ort des Aufflackerns der Radiowellen ein optischer Stern, HDE 226868, um einen massereichen, optisch dunklen, aber röntgenintensiven Begleiter (Cyg X-1) kreist. Hunderte anderer optischer Astronomen führten sorgfältige Messungen an HDE 226868 und anderen Sternen in seiner Nachbarschaft durch und trugen so dazu bei, die mit zahlreichen Unwägbarkeiten behaftete Massenabschätzung von Cyg X-1 so zuverlässig wie möglich zu machen.

Unter den theoretischen Astrophysikern, die wichtige Beiträge leisteten, sind besonders zu erwähnen: Seldowitsch und Nowikow, die eine Methode für die

Suche nach Schwarzen Löchern vorschlugen; Bohdan Paczyński, Yoram Avni und John Bahcall, die komplexe, aber zuverlässige Methoden zur Vermeidung von Fehlern bei der Massenabschätzung entwickelten; Geoffrey Burbidge und Kevin Prendergast, die erkannten, daß das heiße, Röntgenstrahlung emittierende Gas vermutlich eine Scheibe um das Schwarze Loch bildet; sowie Nikolaj Schakura, Raschid Sjunjaew, James Pringle, Martin Rees, Jerry Ostriker und viele andere, die detaillierte theoretische Modelle entwickelten, die mit den Beobachtungen verglichen werden konnten.

Das Bild, das man sich im Jahre 1974 von Cyg X-1 und seinem Begleiter, dem Stern HDE 226868, machte und von dem man mit etwa achtzigprozentiger Wahrscheinlichkeit annahm, daß es zutraf, ist in Abbildung 8.7 rechts aus der Sicht eines Künstlers dargestellt. Dieses Bild gibt genau die Vorstellung wieder, die Seldowitsch und Nowikow in den sechziger Jahren entwickelt hatten, allerdings ergänzt um viele Details: Das Schwarze Loch in der Mitte von Cyg X-1 besitzt eine Masse, die definitiv größer als drei Sonnenmassen ist und vermutlich zwischen 7 und 16 Sonnenmassen liegt. Sein optisch sichtbarer, aber röntgenastronomisch unsichtbarer Begleiter HDE 226868 besitzt eine Masse, die vermutlich größer als 20 Sonnenmassen ist und wahrscheinlich 33 Sonnenmassen beträgt. Sein Radius ist ungefähr zwanzigmal so groß wie der Radius der Sonne. Die Entfernung zwischen der Sternoberfläche und dem Schwarzen Loch beträgt etwa zwanzig Sonnenradien (14 Millionen Kilometer). Das Doppelsternsystem liegt ungefähr 6000 Lichtjahre von der Erde entfernt. Cyg X-1 ist das zweithellste Objekt am Röntgenhimmel. HDE 226868 ist zwar, durch das Teleskop betrachtet und verglichen mit den meisten Sternen, sehr hell, doch ist er viel zu dunkel, um mit bloßem Auge sichtbar zu sein.

In den fast zwei Jahrzehnten seit 1974 ist unser Vertrauen in dieses Bild von Cyg X-1 weiter gewachsen. Ich schätze, daß wir heute zu 95 Prozent sicher sein können, daß es zutrifft. Doch trotz aller Anstrengungen gibt es noch keine hundertprozentige Gewißheit. Es gibt keine eindeutigen Signale in Form von Licht oder Röntgenstrahlung, die beweisen, daß es sich bei Cyg X-1 um ein Schwarzes Loch handelt. Wir können für unsere Beobachtungen noch immer Erklärungen finden, die sich nicht auf ein hypothetisches Schwarzes Loch stützen, auch wenn diese Erklärungen so abwegig sind, daß sie von wenigen Astronomen ernst genommen werden.

Im Gegensatz dazu besitzen manche Neutronensterne, sogenannte Pulsare, durchaus eine eindeutige Signatur. Die von ihnen emittierten Röntgenstrahlen, in manchen Fällen auch Radiowellen bilden prägnante, höchst regelmäßige Pulse, die manchmal nur mit dem Ticken unserer besten Atomuhren verglichen werden können. Für diese Pulse gibt es nur *eine* Erklärung: Es handelt sich um die Strahlung eines Neutronensterns, die infolge seiner schnellen Rotation wie der rotierende Lichtstrahl eines Leuchtturms die Erde überstreicht. Warum ist dies die einzig mögliche Erklärung? Eine so hohe zeitliche Präzision kann nur erreicht werden, wenn es sich bei der Strahlungsquelle um ein massereiches Objekt mit einer hohen Trägheit handelt, denn nur dann ist ein ausreichend hoher Widerstand gegen den Einfluß zufälliger Kräfte gewährleistet, die ansonsten die Regelmäßigkeit der Pulse beeinträchtigen könnten. Von allen massereichen Objekten, die sich Astrophysiker je vorgestellt haben, können nur Neutronensterne und Schwarze Löcher mit der erforderlichen Geschwindigkeit von Hunderten von Umdrehungen pro Sekunde rotieren. Und nur Neutronensterne können rotierende Strahlenbündel produzieren. Schwarze Löcher sind dazu nicht in der Lage, da sie »keine Haare« haben. (Jede Strahlungsquelle, die vom Horizont des Loches ausgehen würde, wäre ein Beispiel für jene Art von Eigenschaften, die ein Schwarzes Loch nicht besitzen kann.*)

Astronomen suchen seit zwanzig Jahren nach einem Signal, das analog zu den Pulsen eines Pulsars eindeutig auf die Gegenwart eines Schwarzen Loches in Cyg X-1 hinweist, doch vergeblich. Wie man sich ein solches Signal vorstellen könnte, wurde 1972 von Raschid Sjunjaew vorgeschlagen: Ein das Loch umkreisender zusammenhängender Gasklumpen könnte ähnlich wie ein Pulsar Strahlungspulse aussenden.[9] Wenn der Gasklumpen dem Loch sehr nahe wäre und sich lange genug in einer Umlaufbahn halten könnte, bevor er schließlich auf den Horizont herabstürzen würde, dann könnten die sich allmählich verändernden Zeitintervalle zwischen den Pulsen und alle damit zusammenhängenden Einzelheiten einen eindeutigen Beweis für die Existenz eines Schwarzen Loches liefern. Leider sind solche Signale noch niemals beobachtet worden, wofür es verschiedene Gründe zu geben scheint: (1) Das heiße, Röntgenstrahlung emittierende Gas in der Umgebung eines Schwarzen Loches bewegt sich so chaotisch und turbulent, daß zusammenhängende Gasklumpen nicht lange genug bestehen können, um das Loch viele Male zu umkreisen. (2) Selbst wenn sich einige wenige Gasklumpen lange genug in der Umlaufbahn halten könnten, um eindeutige Signale für die Existenz eines Schwarzen Loches auszusenden, müßte die chaotische Röntgenstrahlung aus der Umgebung des Loches diese Spur verwischen. (3) Wenn Cyg X-1 wirklich ein Schwarzes Loch ist, dann sollten, mathematischen Simulationen zufolge, die meisten Röntgenstrahlen von

* Siehe Kapitel 7. Das elektrische Feld eines geladenen Schwarzen Loches verteilt sich gleichmäßig um die Rotationsachse des Loches und kann folglich keinen stark gebündelten Strahl hervorrufen.

weit außerhalb seines Horizonts stammen – aus einem Gebiet, das ungefähr dem Zehnfachen des kritischen Umfangs entspricht und wo die Röntgenstrahlung aus einem weitaus größeren Raumbereich emittiert werden kann als in der Nähe des Horizonts. In großer Entfernung vom Loch stimmen die Vorhersagen der allgemeinen Relativitätstheorie jedoch mit denen der Newtonschen Gravitationstheorie überein, so daß die von umlaufenden Gasklumpen stammenden Pulse keine eindeutigen Hinweise mehr auf ein Schwarzes Loch geben könnten.

Aus diesen und ähnlichen Gründen mag es Astronomen vielleicht *niemals* gelingen, aus den elektromagnetischen Wellen in der Umgebung eines Schwarzen Loches eindeutige Anzeichen seiner Existenz herauszulesen. Glücklicherweise stehen die Chancen sehr gut, daß Schwarze Löcher auf andere Art nachgewiesen werden können, nämlich durch Gravitationsstrahlung. Zu diesem Thema werden wir in Kapitel 10 zurückkehren.

* * *

Das goldene Zeitalter der theoretischen Erforschung Schwarzer Löcher (Kapitel 7) fiel mit der praktischen Suche nach solchen Objekten, der Entdeckung von Cyg X-1 sowie mit der Enträtselung dieser Röntgenquelle zusammen. Man hätte daher vermuten können, daß die jungen Wissenschaftler, die das goldene Zeitalter prägten (Penrose, Hawking, Nowikow, Carter, Israel, Price, Teukolsky, Press und andere), auch bei der Suche nach Schwarzen Löchern eine wichtige Rolle spielen sollten. Dies war jedoch mit Ausnahme Nowikows nicht der Fall. Die Fähigkeiten dieser jungen Forscher und die Kenntnisse, die sie sich über das Wesen rotierender, pulsierender Löcher aneigneten, waren für die Suche nach solchen Gebilden und die Enträtselung von Cyg X-1 ohne Belang. Das wäre vielleicht anders gewesen, wenn es bei Cyg X-1 einen eindeutigen Beweis für die Anwesenheit eines Schwarzen Loches gegeben hätte. Dies war jedoch nicht der Fall.

Diese jungen Wissenschaftler und andere theoretische Physiker, die wie sie auf dem Gebiet der allgemeinen Relativitätstheorie tätig sind, werden manchmal *Relativisten* genannt. Die Theoretiker dagegen, die eine aktive Rolle bei der Suche nach Schwarzen Löchern spielten (Seldowitsch, Paczyński, Sjunjaew, Rees und andere), gehören einer anderen Gattung von Wissenschaftlern an. Sie sind *Astrophysiker.* Für die Suche nach Schwarzen Löchern mußten die Astrophysiker nur geringe Kenntnisse in der Relativitätstheorie mitbringen – gerade soviel, um abschätzen zu können, daß die gekrümmte Raumzeit für ihre Zwecke ohne Bedeutung war und das Newtonsche Verständnis der Gravitation für Modellannahmen zur Beschreibung eines Objektes wie Cyg X-1 völlig genügte. Statt dessen benötigten sie eine gewaltige Menge anderer Kenntnisse und Fähigkeiten, solche nämlich, die zum Standardwerkzeug eines Astrophysikers gehören, zum Beispiel das Wissen über Doppelsternsysteme, den Aufbau, die Entwicklung und die Spektren der Begleiter potentieller Schwarzer Löcher und – von besonderer Bedeutung für die Entfernungsbestimmung von Cyg X-1 – die Rötung von Sternenlicht durch interstellaren Staub. Sie mußten Kenntnisse über das Strömungsverhalten heißer Gase besitzen, sie mußten verstehen, wie es zur Bildung von Schockwellen bei der Kollision heißer Gasströme kommt, zu Turbulenzen im Gas, zu Reibungskräften infolge der Turbulenzen, zu chaotischen Magnetfeldern, zur gewaltsamen Zerstörung und Neubildung magnetischer Feldlinien, zur Entstehung und Ausbreitung von Röntgenstrahlung in heißem Gas und vieles andere mehr. Wenige Menschen beherrschten sowohl dieses Wissen als auch die komplizierte Mathematik der gekrümmten Raumzeit. Und so spezialisierte man sich entweder auf die theoretische Physik Schwarzer Löcher und leitete aus der allgemeinen Relativitätstheorie die Eigenschaften solcher Gebilde ab, oder man spezialisierte sich auf die Astrophysik von Doppelsternsystemen und das Verhalten heißen Gases, das von Schwarzen Löchern eingefangen wird und dabei Strahlung emittiert. So wurde man entweder *Relativist* oder *Astrophysiker.*

Manche von uns versuchten beides zu sein, doch nur mit bescheidenem Erfolg. Seldowitsch, der Inbegriff des meisterhaften Astrophysikers, machte gelegentlich Entdeckungen, die die theoretischen Grundlagen Schwarzer Löcher betrafen. Ich selbst, ein Relativist, versuchte hin und wieder mit Hilfe der allgemeinen Relativitätstheorie Modelle für das Verhalten von Gas in der Nähe des Schwarzen Loches in Cyg X-1 aufzustellen. Doch während Seldowitsch nicht tief genug in die Relativitätstheorie eingedrungen war, verfügte ich nicht über das erforderliche astronomische Fachwissen. Die Kluft war zu groß. Von allen Wissenschaftlern des goldenen Zeitalters scheint mir, daß nur Nowikow und Chandrasekhar in beiden Gebieten gleichermaßen zu Hause waren.

Experimentalphysiker wie Giacconi, die Röntgendetektoren und Röntgensatelliten entwarfen und testeten, standen vor einer ähnlichen Kluft, allerdings mit einem Unterschied. Während man Relativisten für die Suche nach Schwarzen Löchern nicht benötigte, waren Experimentalphysiker unabdingbar. Die beobachtenden Astronomen und Astrophysiker konnten ihr gesammeltes Wissen über Doppelsternsysteme, das Verhalten von Gas und die Ausbreitung von Röntgenstrahlung nicht anwenden, solange ihnen die Experimentalphysiker keine detaillierten Daten über die beobachtete Röntgenstrahlung lieferten. Bevor die Experimentalphysiker ihre Daten den Astronomen und Astrophysikern zur Verfügung stellten, versuchten sie oft selbst, ihre Daten zu interpretieren. Sie zogen Rückschlüsse auf den Gasfluß und die möglichen Schwarzen Löcher, die für ihn verantwortlich sein mochten, doch nur mit mäßigem Erfolg. Die Astronomen und Astrophysiker bedankten sich für gewöhnlich sehr freundlich und analysierten dann die Daten mit Hilfe ihrer eigenen, höher entwickelten und zuverlässigeren Methoden.

Diese Zusammenarbeit zwischen Astronomen, Astrophysikern und Experimentalphysikern hat wesentlich zum Erfolg bei der Suche nach Schwarzen Löchern beigetragen, doch war sie nicht allein ausschlaggebend. Der Erfolg ist letztendlich das Ergebnis einer gemeinsamen Anstrengung von sechs verschiedenen Gruppen von Menschen. Jede Gruppe spielte dabei eine wichtige Rolle: *Relativisten* schlossen aufgrund der Gesetze der allgemeinen Relativität, daß Schwarze Löcher existieren müssen. *Astrophysiker* schlugen eine Methode für die Suche nach solchen Objekten vor und gaben immer wieder entscheidende Hilfestellung bei der Durchführung der Suche. *Beobachtende Astronomen* identifizierten HDE 226868, den Begleiter von Cyg X-1. Sie benutzten die periodischen Verschiebungen seiner Spektrallinien zur Massenbestimmung von Cyg X-1 und waren mit Hilfe anderer Beobachtungen in der Lage, ihre Massenabschätzung zu untermauern. *Experimentalphysiker* schufen die Instrumente und Methoden, die eine Suche nach Röntgensternen erlaubten, und sie waren es, die schließlich die Röntgenquelle Cyg X-1 identifizierten. *Ingenieure und Angestellte* der NASA entwickelten die Raketen und Raumfahrzeuge, die die Röntgendetektoren in eine Erdumlaufbahn beförderten. Und die *amerikanischen Steuerzahler* stellten Mittel in Höhe von mehreren hundert Millionen Dollar zur Verfügung, um Raketen, Raumfahrzeuge, Röntgendetektoren und Röntgenteleskope sowie die Gehälter von Technikern und Wissenschaftlern zu finanzieren.

Dank dieser bemerkenswerten Zusammenarbeit können wir heute, in den neunziger Jahren, mit fast hundertprozentiger Sicherheit davon ausgehen, daß Schwarze Löcher nicht nur in Cyg X-1, sondern auch in einer Reihe anderer Doppelsternsysteme in unserer Galaxie existieren.

9. Kapitel *Glückliche Zufälle*

worin Astronomen, ohne durch theoretische Erkenntnisse vorgewarnt zu sein, zu dem Schluß gezwungen sind, daß im Zentrum von Galaxien (wahrscheinlich) Schwarze Löcher existieren, die millionenmal schwerer als die Sonne sind

Radiogalaxien

Wenn im Jahre 1962 jemand behauptet hätte, daß das Universum gigantische Schwarze Löcher besitzt, die millionen- oder gar milliardenfach schwerer als die Sonne sind, so hätten die Astronomen wohl nur gelacht. Schließlich fingen theoretische Physiker zu jener Zeit gerade erst an, sich mit der Vorstellung Schwarzer Löcher anzufreunden. Gleichwohl beobachteten Astronomen seit dem Jahre 1939 solche riesigen Gebilde mit Hilfe von Radiowellen, ohne zu wissen, was sie sahen. Von dieser Vermutung gehen wir heute jedenfalls aus.

Radiowellen und Röntgenstrahlen liegen an entgegengesetzten Enden des elektromagnetischen Spektrums. Röntgenstrahlen besitzen extrem kurze Wellenlängen, die typischerweise 10000mal *kürzer* sind als die Wellenlänge des sichtbaren Lichts (Abb. P.2); Radiowellen besitzen dagegen sehr große Wellenlängen. Gewöhnlich beträgt der Abstand zwischen aufeinanderfolgenden Wellenbergen einige Meter, was millionenfach *länger* ist als die Wellenlänge des Lichts. Röntgenstrahlen und Radiowellen unterscheiden sich aber auch im Hinblick auf den Welle-Teilchen-Dualismus – die Eigenschaft elektromagnetischer Wellen, sich nicht nur wie eine Welle, sondern manchmal auch wie ein Teilchen (ein Photon) zu verhalten (Kasten 4.1). Röntgenstrahlen verhalten sich in der Regel wie hochenergetische Teilchen (Photonen) und lassen sich deshalb am einfachsten mit Geigerzählern nachweisen, bei denen die Röntgenphotonen auf Atome treffen und dabei einzelne Elektronen aus ihnen herausschlagen (Kapitel 8). Radiowellen verhalten sich dagegen fast immer wie wellenartig fortschreitende elektromagnetische Felder und lassen sich am einfachsten mit Draht- oder anderen metallischen Antennen nachweisen, in denen die wechselnden elektrischen Felder Elektronen in Bewegung setzen und auf diese Weise Signale in einem an die Antenne angeschlossenen Radioempfänger erzeugen.

Kosmische Radiowellen (die ihren Ursprung außerhalb der Erde haben) wurden im Jahre 1932 von Karl Jansky, einem Radioingenieur der Bell Telephone

Laboratories in Holmdel, New Jersey, zufällig entdeckt.[1] Jansky, der gerade sein Studium beendet hatte, sollte herausfinden, woher das Rauschen stammte, das die Fernsprechverbindung nach Europa störte. In jenen Tagen benutzte man für die Übertragung von Telefongesprächen über den Atlantik noch Radiowellen. Jansky baute deshalb eine aus einer langen Anordnung von Metallröhren bestehende Radioantenne, mit deren Hilfe er die atmosphärischen Störungen orten wollte (Abb. 9.1 a). Die meisten Störungen waren auf Gewitter zurückzuführen, wie er bald herausfand, doch auch nach Abklingen der Gewitter blieb ein schwaches Rauschen zurück. Im Jahre 1935 hatte er schließlich die Quelle des ständigen Rauschens ausgemacht: Es kam aus der Milchstraße, genauer gesagt aus dem Zentrum der Milchstraße. Wenn sich dieser zentrale Bereich der Milchstraße genau über seiner Antenne befand, war das Rauschen stark. Verschwand er hinter dem Horizont, wurden die Geräusche schwächer, hörten aber nie völlig auf.

Dies war eine erstaunliche Entdeckung. Jeder, der sich bis dahin überhaupt mit kosmischen Radiowellen beschäftigt hatte, war davon ausgegangen, daß die Sonne die stärkste Radioquelle am Himmel darstellte, so wie sie auch die hellste Lichtquelle war. Schließlich ist uns die Sonne eine Milliarde (10^9) Mal näher als die meisten anderen Sterne der Milchstraße, so daß ihre Radiostrahlung ungefähr $10^9 \times 10^9 = 10^{18}$ Mal stärker sein sollte als die anderer Sterne. Da es nur ungefähr 10^{12} Sterne in der Milchstraße gibt, sollte die Sonne alle anderen Sterne um einen Faktor von ungefähr $10^{18}/10^{12} = 10^6$ (eine Million) an Radiohelligkeit übertreffen. Wie konnte es sein, daß diese Schlußfolgerung nicht zutraf?

Abb. 9.1: *Linke Seite:* (a) Karl Jansky vor der Antenne, mit der er 1932 kosmische Radiowellen aus unserer Milchstraße entdeckte. *Oben links:* (b) Grote Reber, um 1940. *Oben rechts:* (c) Das erste Radioteleskop der Welt, das Reber im Garten seiner Mutter in Wheaton, Illinois, errichtete. *Rechts:* (d) Eine Radiokarte des Himmels, die Reber mit Hilfe seines Radioteleskops erstellte. [*(a) Aufnahme der Bell Telephone Laboratories, AIP Emilio Segrè Visual Archives; (b) und (c) Grote Reber. (d) nach Reber (1944).*]

Wie konnten Radiowellen vom weit entfernten Zentrum der Milchstraße stärker sein als die Radiowellen von der nahegelegenen Sonne?

So rätselhaft dieses Phänomen sein mag, erscheint es doch im Rückblick fast noch rätselhafter, daß die Astronomen ihm fast keine Aufmerksamkeit schenkten. Trotz der ausführlichen Berichterstattung durch die Bell Telephone Company scheinen sich nur zwei Astronomen für Janskys Entdeckung interessiert zu haben: Dieselbe konservative Grundhaltung, die dafür verantwortlich war, daß die Astronomen der von Chandrasekhar errechneten Grenzmasse von 1,4 Sonnenmassen für Weiße Zwerge keinen Glauben schenkten (Kapitel 4), führte auch dazu, daß Janskys Entdeckung in Vergessenheit geriet – oder zumindest fast.

Eine Ausnahme bildeten nur Jesse Greenstein, ein Doktorand, und Fred Whipple, ein Dozent an der Astronomischen Fakultät der Harvard University. Nach eingehender Beschäftigung mit Janskys Entdeckung zeigten sie, daß die damals gängigen Vorstellungen über die Entstehung kosmischer Radiostrahlung mit Janskys Beobachtungen unvereinbar waren. Wenn die damals verbreiteten Theorien korrekt waren, konnte die Milchstraße *unmöglich* die starken Radiowellen erzeugen, die Jansky mit seiner Antenne beobachtete.[2] Trotz dieser offenkundigen Unvereinbarkeit glaubten Greenstein und Whipple an die Richtigkeit von Janskys Beobachtungen. Sie waren überzeugt, daß der Fehler in den astrophysikalischen Theorien und nicht bei Jansky lag. Da es jedoch keine Anhaltspunkte dafür gab, in welcher Beziehung die Theorien versagen mochten, und da sich, wie Greenstein später einmal bemerkte, niemand sonst in den dreißiger Jahren für dieses Thema interessierte, wandten auch sie sich letztendlich anderen Forschungen zu.[3]

Bis 1935 (als Zwicky den Begriff des Neutronensterns entwickelte, Kapitel 5) hatte Jansky das galaktische Rauschen so gründlich erforscht, wie es ihm seine primitive Antenne erlaubte. Da er jedoch nach weiteren Erkenntnissen strebte, schlug er seiner Firma den Bau des ersten großen Radioteleskops vor, bestehend aus einer riesigen Metallschüssel von dreißig Metern Durchmesser, die die einfallenden Radiowellen auf eine Radioantenne fokussieren würde, so wie ein optisches Spiegelteleskop Licht von seinem Spiegel auf ein Okular oder eine photographische Platte bündelt. Die Geschäftsleitung der Bell Telephone Laboratories lehnte diesen Vorschlag jedoch ab, da er keinen wirtschaftlichen Nutzen versprach, und Jansky fand sich als guter Angestellter damit ab. Im Schatten des heraufziehenden Zweiten Weltkriegs gab er seine Erforschung des Himmels auf und wandte sich der Nachrichtenübermittlung durch Radiowellen kürzerer Wellenlängen zu.

Die Berufsastronomen interessierten sich so wenig für Janskys Entdeckung, daß der einzige, der in den nächsten zehn Jahren ein Radioteleskop baute, ein exzentrischer Junggeselle namens Grote Reber aus Wheaton, Illinois, war. Reber, ein begeisterter Funkamateur mit dem Rufzeichen W9GFZ, hatte in der Zeitschrift *Popular Astronomy* von Janskys Radiorauschen gelesen und beschlossen, sich näher mit diesem Thema zu befassen.[4] Zwar hatte er keine sehr gute wissenschaftliche Ausbildung genossen, doch spielte dies keine Rolle. Reber war ein hervorragender Techniker und besaß eine große praktische Begabung. Mit großem Einfallsreichtum und unter Verwendung seiner bescheidenen Ersparnisse entwarf und baute er eigenhändig im Garten seiner Mutter das erste Radioteleskop der Welt, eine Schüssel von ungefähr neun Metern Durchmesser (Abb. 9.1 c). Mit Hilfe dieses Gerätes erstellte er Radiokarten des Himmels, auf denen nicht nur deutlich die zentralen Gebiete der Milchstraße zu erkennen waren, sondern auch zwei weitere Radioquellen, die später Cyg A und Cas A genannt wurden. (A steht in diesem Fall für »hellste Radioquelle«, Cyg für das Sternbild Schwan [Cygnus] und Cas für das Sternbild Kassiopeia.) Nach vier Jahrzehnten mühsamer Detektivarbeit sollte sich schließlich herausstellen, daß Cyg A und viele andere der in den folgenden Jahren entdeckten Radioquellen höchstwahrscheinlich von riesigen Schwarzen Löchern mit Energie versorgt werden.

Die Geschichte dieser Entdeckung ist das zentrale Thema dieses Kapitels. Daß ich ihr ein ganzes Kapitel widme, hat verschiedene Gründe:

Erstens: Die Entwicklung der Radioastronomie unterscheidet sich, wie wir noch sehen werden, grundlegend von der in Kapitel 8 geschilderten Entdeckungsgeschichte. In Kapitel 8 ging es um eine konkrete Methode für die Suche nach Schwarzen Löchern, die von Seldowitsch und Nowikow vorgeschlagen und von Experimentalphysikern, Astronomen und Astrophysikern höchst erfolgreich in die Tat umgesetzt worden war. Dieses Kapitel dagegen handelt von riesigen Schwarzen Löchern, die von Reber schon im Jahre 1939 beobachtet worden waren, lange bevor irgend jemand daran dachte, nach ihnen zu suchen, und lange bevor die Astronomen in den achtziger Jahren durch die zunehmende Fülle überzeugender Beobachtungsdaten zu dem Schluß gezwungen wurden, daß es sich vermutlich um Schwarze Löcher handelt.

Zweitens: Während Kapitel 8 die Fähigkeiten und Stärken der Astrophysiker und Relativisten beschrieb, zeigt das vorliegende Kapitel ihre Beschränkungen auf. Die in Kapitel 8 entdeckten Schwarzen Löcher wurden vorhergesagt, lange bevor jemand auf die Idee kam, nach ihnen zu suchen. Es handelte sich um die von Oppenheimer und Snyder berechneten Löcher mit mehreren Sonnenmassen, die aus dem Kollaps massereicher Sterne hervorgehen. Die riesigen Schwarzen Löcher, von denen in diesem Kapitel die Rede ist, sind dagegen niemals theoretisch vorhergesagt worden. Sie sind tausend- oder millionenmal schwerer als jeder Stern, der jemals von Astronomen beobachtet wurde. Sie können folglich nicht aus dem Kollaps gewöhnlicher Sterne entstehen. Theoretiker, die es gewagt hätten, solche riesigen Schwarzen Löcher vorherzusagen, hätten ihren wissenschaftlichen Ruf gefährdet. Daß man trotzdem solche Löcher entdeckte, war also ein glücklicher Zufall.

Drittens: Das in diesem Kapitel geschilderte Stück Wissenschaftsgeschichte zeigt noch deutlicher als Kapitel 8 die komplexen Wechselbeziehungen zwischen vier Gruppen von Wissenschaftlern: den Relativisten, den Astrophysikern, den Astronomen und den Experimentalphysikern.

Viertens: Im weiteren Verlauf dieses Kapitels wird sich herausstellen, daß der Drehimpuls eines riesigen Schwarzen Loches und seine Rotationsenergie eine wichtige Rolle bei der Erklärung der beobachteten Radiowellen spielen. Für die Eigenschaften der in Kapitel 8 beschriebenen vergleichsweise kleinen Löcher spielte die Rotation dagegen überhaupt keine Rolle .

Im Jahre 1940, nachdem er seine ersten Himmelsbeobachtungen mittels Radiowellen durchgeführt hatte, verfaßte Reber einen Artikel, in dem er sein Teleskop, seine Messungen und seine Himmelskarte sorgfältig beschrieb. Diese Abhandlung sandte er an Subrahmanyan Chandrasekhar, den Herausgeber des *Astrophysical Journal*, der mittlerweile am Yerkes-Observatorium der University of Chicago in Wisconsin arbeitete. Chandrasekhar gab Rebers bemerkenswertes Manuskript mehreren Astronomen des Observatoriums zu lesen. Verwirrt und skeptisch fuhren daraufhin einige der Astronomen nach Wheaton, Illinois, um sich das Instrument dieses völlig unbekannten Amateurs anzusehen. Beeindruckt kehrten sie zurück, und so ließ Chandrasekhar den Artikel veröffentlichen.[5]

Jesse Greenstein, der nach Beendigung seiner Promotion an der Harvard University eine Stelle als Astronom am Yerkes-Observatorium angenommen hatte, reiste im Laufe der nächsten Jahre häufig nach Wheaton und freundete sich dabei mit Reber an. Greenstein beschreibt Reber als »den Inbegriff des amerikanischen Erfinders. Wenn er nicht in der Radioastronomie gelandet wäre, hätte er ein Millionenvermögen gemacht.«[6]

Begeistert von Rebers Forschungen, versuchte Greenstein, ihn nach einigen Jahren dazu zu bewegen, an die University of Chicago zu kommen. »Die Universität wollte nicht einen Pfennig für die Radioastronomie ausgeben«, erinnerte sich Greenstein. Doch Otto Struve, der Direktor des Yerkes-Observatoriums erklärte sich bereit, Reber eine Forschungsstelle anzubieten, wenn die Finanzierung von Washington übernommen würde. Aber Reber war »ein unabhängiger

Bursche«, so Greenstein. Er weigerte sich, den Beamten in allen Einzelheiten zu erklären, wie das Geld für neue Teleskope ausgegeben werden sollte, und so scheiterte die Sache.[7]

Inzwischen war der Zweite Weltkrieg zu Ende gegangen, und viele der aus der militärischen Forschung zurückströmenden Wissenschaftler suchten nach neuen Herausforderungen in der zivilen Wissenschaft. Unter ihnen befanden sich viele Experimentalphysiker, die während des Krieges an der Entwicklung der Radartechnik zum Aufspüren feindlicher Flugzeuge gearbeitet hatten. Da das Radar nichts anderes als Radiowellen benutzt, die von einem radioteleskopähnlichen Sender emittiert werden, gegen ein Flugzeug prallen und von dort zum Sender zurückgeworfen werden, waren diese Experimentalphysiker dazu prädestiniert, der neuen Radioastronomie zum Durchbruch zu verhelfen. Und manche von ihnen konnten es kaum erwarten, sich den technischen Herausforderungen zu stellen, so gewinnbringend erschien ihnen der wissenschaftliche Nutzen. Besonders drei Forschungsgruppen übernahmen rasch die Führung: das Team von Bernard Lovell vom Jodrell-Bank-Observatorium der Universität Manchester, England; die Arbeitsgruppe von Martin Ryle von der Universität Cambridge, England, sowie die Gruppe um J. L. Pawsey und John Bolton in Australien. In Amerika dagegen gab es keine nennenswerten Anstrengungen auf diesem Gebiet. Grote Reber war auch weiterhin praktisch der einzige, der radioastronomischen Forschungen nachging.

Optische Astronomen (Astronomen, die das am Himmel beobachtbare Licht* erforschen – die einzige Art von Astronomie, die man zu jener Zeit kannte) schenkten der fieberhaften Betriebsamkeit der Experimentalphysiker wenig Beachtung. Dies sollte so bleiben, bis es mit Hilfe von Radioteleskopen möglich wurde, die Position einer Radioquelle so genau zu bestimmen, daß Astronomen feststellen konnten, von welchem lichtemittierenden Objekt die Radiowellen ausgingen. Dazu war es jedoch erforderlich, die von Reber erzielte Genauigkeit bei der Bestimmung der Positionen, Größen und Formen von Radioquellen, das heißt die Auflösung seines Teleskops, um das Hundertfache zu steigern.

Dies war ein ehrgeiziges Ziel. Mit einem optischen Teleskop oder auch mit dem bloßen Auge ist es leicht, eine hohe Auflösung zu erzielen, da Licht eine sehr kurze Wellenlänge von weniger als 10^{-6} Metern besitzt. Das menschliche Ohr kann dagegen nicht sehr gut unterscheiden, woher ein Geräusch kommt, da die Wellenlänge des Schalls sehr groß ist (etwa ein Meter). Radiowellen mit ihrer

* Unter *Licht* verstehe ich in diesem Buch stets die Art elektromagnetischer Strahlung, die für das menschliche Auge wahrnehmbar ist, das heißt das sichtbare Licht.

Wellenlänge von mehreren Metern gestatten daher ebenfalls nur eine geringe Auflösung – es sei denn, man besitzt ein Teleskop, das wesentlich größer als die zu messende Wellenlänge ist. Rebers Teleskop war nur geringfügig größer, so daß sein Auflösungsvermögen bescheiden war. Um die Auflösung um einen Faktor von 100 zu steigern, mußte man folglich ein Teleskop bauen, das 100mal größer war als das von Reber, und/oder man mußte kürzere Radiowellen empfangen – im Bereich von wenigen Zentimetern anstatt von mehreren Metern.

Bis 1949 gelang es den Experimentalphysikern in der Tat, die Genauigkeit ihrer Teleskope um das Hundertfache zu steigern, und zwar nicht durch einen technischen Kraftakt, sondern durch Klugheit. Worin ihr kluger Einfall bestand, möchte ich durch den folgenden Vergleich mit einer einfachen und bekannten Erscheinung erklären. (Obwohl dieser Vergleich ein wenig hinkt, vermittelt er doch einen Eindruck von der zugrundeliegenden Idee.) Wir Menschen nehmen unsere dreidimensionale Welt mit nur zwei Augen wahr. Mit dem linken Auge sehen wir ein wenig um die linke Seite eines Objektes herum, mit dem rechten Auge um die rechte Seite. Wenn wir unseren Kopf auf die Seite legen, sehen wir dagegen das Objekt mehr von oben und von unten. Wenn wir nun unsere Augen weiter auseinander bewegen könnten (wie dies im Prinzip bei der Herstellung eines 3D-Films mit zwei Kameras geschieht), würden wir einen noch besseren Eindruck von räumlicher Tiefe gewinnen. Besäßen wir dagegen nicht nur zwei, sondern zahlreiche Augen, würde dies die Qualität der dreidimensionalen Wahrnehmung nicht wesentlich verbessern. Wir würden die Welt zwar dank der zusätzlichen Augen als weitaus heller empfinden (unsere *Lichtempfindlichkeit* wäre größer), doch hätte das dreidimensionale *Auflösungsvermögen* keine nennenswerte Steigerung erfahren.

Ein riesiges Radioteleskop von einem Kilometer Durchmesser (Abb. 9.2 links), dessen metallbeschichtete Schüssel die Radiowellen reflektiert, bündelt und zu einer Drahtantenne und einem Radioempfänger weiterleitet, entspräche in dieser Analogie einem Gesicht mit zahlreichen Augen. Wenn wir nun das Metall an den meisten Stellen entfernen würden, so daß nur einige über die Schüssel verteilte metallbeschichtete Flecken übrigblieben, so hätte dies dieselbe Wirkung, als wenn wir die meisten der zahlreichen Augen entfernten: Das Auflösungsvermögen würde sich nur geringfügig verschlechtern, während die Empfindlichkeit deutlich herabgesetzt wäre. Den Experimentalphysikern war aber vor allem an einer Verbesserung des Auflösungsvermögens und nicht so sehr an einer Steigerung der Empfindlichkeit gelegen. Ihr Ziel war es nicht, eine größere Zahl von schwächeren Radioquellen zu orten, sondern sie wollten herausfinden, woher die Radiowellen stammten und welche Form die Radioquellen be-

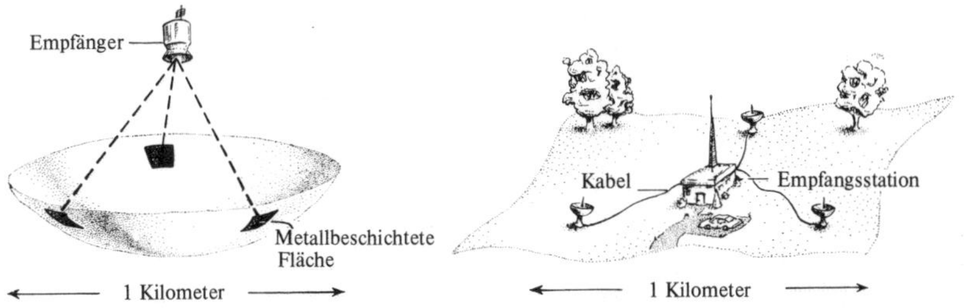

Abb. 9.2: Das Prinzip eines Radio-Interferometers. *Links:* Um eine gute Winkelauflösung zu erhalten, hätte man gerne ein riesiges Radioteleskop von etwa 1 Kilometer Durchmesser. Es würde jedoch genügen, wenn nur einige Flecken der Schüssel mit Metall beschichtet wären und Radiowellen reflektierten. *Rechts:* Es ist nicht notwendig, daß die Radiowellen von diesen beschichteten Flächen zu einer Antenne mit einem Radioempfänger in der Mitte der riesigen Schüssel reflektiert werden. Jede Fläche kann ihre eigene Antenne mit Empfänger haben, und die so empfangenen Radiosignale können per Kabel zu einer zentralen Empfangsstation geleitet werden, wo sie in derselben Weise zusammengesetzt werden, wie dies in einem großen Teleskop geschehen würde. Die miteinander verbundenen kleineren Teleskope bilden ein Netzwerk, das *Radio-Interferometer*.

saßen. Aus diesem Grund genügte ihnen auch eine nur teilweise beschichtete Schüssel.

Eine praktische Methode für die Herstellung einer solchen »durchlöcherten« Schüssel bestand darin, ein Netzwerk kleinerer Radioteleskope zu errichten, die über Kabel mit einer zentralen Radioempfangsstation verbunden waren (Abb. 9.2 rechts). Jedes kleine Teleskop verhält sich dabei wie eine der metallbeschichteten Teilflächen auf der großen Schüssel; die Kabel, die die Radiosignale jedes einzelnen Teleskops übertragen, entsprechen den Radiowellen, die von den verschiedenen Teilen der großen Schüssel reflektiert werden, und die zentrale Radioempfangsstation, in der die Signale aller Teleskope zusammenlaufen, gleicht der Antenne und dem Empfänger der großen Schüssel. Solche Netzwerke, die auf dem Prinzip der *Interferometrie* beruhen und daher *Radiointerferometer* genannt werden, standen im Mittelpunkt der Bemühungen der Experimentalphysiker, das Auflösungsvermögen von Radioteleskopen zu steigern. Durch »Interferenz«, das heißt durch die Überlagerung der von den kleinen Teleskopen aufgezeichneten Wellen, wie dies in Kasten 10.3 beschrieben ist, erstellt die zentrale Empfangsstation eine Radiokarte des Himmels.

Während der vierziger, fünfziger und sechziger Jahre wetteiferten die Forschungsgruppen von Bernard Lovell, Martin Ryle sowie J. L. Pawsey und John

Bolton darum, immer größere und immer bessere Radiointerferometer zu bauen. Den ersten entscheidenden Durchbruch erzielten im Jahre 1949 John Bolton, Gordon Stanley und Bruce Slee aus Australien: Sie konnten das Auflösungsvermögen ihres Radiointerferometers um einen Faktor 100 steigern – das Minimum, das erforderlich war, um das Interesse der Astronomen zu wecken – und waren so in der Lage, die Positionen einer Reihe von Radioquellen mit einer Genauigkeit von ungefähr zehn Bogenminuten anzugeben.[8] (Zehn Bogenminuten entsprechen einem Drittel des Sonnendurchmessers von der Erde aus gesehen. Verglichen mit dem optischen Auflösungsvermögen des menschlichen Auges handelte es sich zwar immer noch um eine schlechte Auflösung, doch für Radiowellen war sie schon bemerkenswert hoch.) Als man die fraglichen Himmelsgebiete mit optischen Teleskopen untersuchte, wiesen viele – darunter Cyg A – keine besonders hellen Sterne auf. Ein noch höheres Auflösungsvermögen war somit erforderlich, um herauszufinden, welches der vielen lichtschwachen Objekte die Quelle der Radiowellen sein mochte. In drei Gebieten mit starken Radioquellen fand man dagegen ungewöhnlich helle Gebilde: die Überreste einer alten Supernova und zwei entfernte Galaxien.

Die Astrophysiker hatten sich schon schwer getan, die von Jansky entdeckten Radiowellen aus unserer eigenen Milchstraße zu erklären. Um wieviel schwieriger muß es für sie gewesen sein, die starken Radiosignale ferner Galaxien zu verstehen. Daß derart weit entfernte Objekte einige der hellsten Radioquellen am Himmel darstellen sollten, schien den meisten Astronomen in der Tat so unglaublich (obwohl es sich letztlich als richtig erweisen sollte), daß manche von ihnen bereit waren zu wetten, daß die Radiosignale nicht von den entfernten Galaxien stammten, sondern von einem der vielen anderen lichtschwachen Objekte in der fraglichen Region. Nur ein noch besseres Auflösungsvermögen konnte hier eine endgültige Entscheidung bringen, und so setzten die Experimentalphysiker ihre Arbeit fort, wobei mittlerweile auch einige optische Astronomen die Angelegenheit mit aufkeimendem Interesse verfolgten.

Im Sommer 1951 hatte Ryles Arbeitsgruppe in Cambridge das Auflösungsvermögen der Radioteleskope nochmals um einen Faktor 10 erhöht, und Graham Smith, ein Mitglied von Ryles Arbeitsgruppe, nutzte diese Verbesserung, um die Position von Cyg A weiter einzugrenzen. Dies gelang ihm mit einer Genauigkeit von einer Bogenminute, so daß der fragliche Himmelsausschnitt so klein geworden war, daß er vermutlich nur noch ein paar hundert optisch sichtbare Objekte enthielt. Smith schickte sein Resultat an den berühmten Astronomen Walter Baade vom Carnegie Institute in Pasadena. (Siebzehn Jahre zuvor hatte Baade gemeinsam mit Zwicky Supernovae identifiziert und die Vermutung aufgestellt, daß sie von Neutronensternen mit Energie versorgt werden, siehe Kapitel 5.) Das 2,5-Meter-Teleskop auf dem Carnegie Institute auf dem Mount Wilson war lange Zeit das größte Teleskop der Welt gewesen, doch inzwischen hatte das Caltech das 5-Meter-Teleskop auf dem Mount Palomar in Betrieb genommen (Abb. 9.3 a). Die Astronomen vom Carnegie Institute und vom Caltech benutzten ihre Teleskope jedoch gemeinsam, und so konnte Baade bei seiner nächsten Beobachtungsperiode auf dem Mount Palomar das große 5-Meter-Teleskop verwenden, um die von Smith angegebene Himmelsregion zu fotografieren. (Dieses Gebiet war, wie die meisten Regionen am Himmel, noch niemals mit einem großen optischen Teleskop untersucht worden.) Als Baade seine Aufnahmen entwickelte, konnte er seinen Augen kaum trauen. Dort, wo sich die Radioquelle Cyg A laut Smith befinden sollte, entdeckte er ein Gebilde, das ganz anders als alles war, was man bis dahin gesehen hatte. Es schien sich um zwei Galaxien zu handeln, die miteinander zusammenstießen (Abb. 9.3 d Mitte).[9] Heute wissen wir aufgrund von Beobachtungen mit Infrarot-Teleskopen, daß dieses Bild kollidierender Galaxien auf einer Täuschung beruht. Cyg A ist in Wirklichkeit eine einzige Galaxie, vor der sich ein Streifen kosmischen Staubs befindet. Der Staub absorbiert das Licht, so daß es den Anschein hat, als ob zwei Galaxien miteinander kollidierten.) Das gesamte System – die zentrale Galaxie und die Radioquelle – wurde später als *Radiogalaxie* bezeichnet.

Zwei Jahre lang waren die Astronomen davon überzeugt, daß Radiowellen durch die Kollision zweier Galaxien erzeugt würden. Dann folgte jedoch im Jahre 1953 eine weitere überraschende Entdeckung. R. C. Jennison und M. K. Das Gupta aus Lovells Arbeitsgruppe am Radio-Observatorium Jodrell Bank untersuchten Cyg A mit Hilfe eines neuen Interferometers, das aus zwei Teleskopen bestand. Das eine war fest installiert, während sich das andere auf einem Lastwagen befand und in einem vier Quadratkilometer großen Gebiet frei bewegt werden konnte (Abb. 9.2 links). Mit diesem neuen Interferometer (Abb. 9.3 b, c) entdeckten sie, daß die Radiowellen von Cyg A nicht von den »kollidierenden Galaxien« stammten, sondern von zwei riesigen, fast rechteckigen Raumgebieten, die 200000 Lichtjahre voneinander entfernt auf entgegengesetzten Seiten der »kollidierenden Galaxien« lagen.[10] Diese beiden jeweils etwa 200000 Lichtjahre großen Radioemissionszentren (manchmal auch »Radioflecken« oder »Radioblasen« genannt) sind in Abbildung 9.3 d zusammen mit Baades fotografischer Aufnahme der »kollidierenden Galaxien« zu sehen. Sechzehn Jahre später konnte dieses Ergebnis mit Hilfe verbesserter Interferometer bestätigt und präzisiert werden. Das Resultat dieser Messungen ist eben-

a)

Abb. 9.3: Die Entdeckung, daß Cyg A eine weit entfernte *Radiogalaxie* ist: (a) Das optische 5-Meter-Teleskop, mit dem Baade im Jahre 1951 entdeckte, daß zwischen Cyg A und einem Gebilde, das wie zwei miteinander kollidierende Galaxien aussah, ein Zusammenhang bestand. (b) Das Radio-Interferometer in Jodrell Bank, mit dem Jennison und Das Gupta beweisen konnten, daß die Radiowellen von zwei riesigen Flecken herrühren, die sich außerhalb der kollidierenden Galaxien befinden. Die beiden Antennen des Interferometers (es handelt sich um Anordnungen von Drähten auf einem hölzernen Gerüst) sind hier nebeneinander aufgestellt. Während der Messung wurde eine Antenne auf einem Lastwagen durch das Gelände bewegt, während die andere Antenne an einem Ort blieb. (c) Jennison und Das Gupta prüfen die Daten, die ihr Interferometer empfängt. (d) Die beiden 1953 entdeckten Radioemissionszentren (kenntlich gemacht durch die Rechtecke) zusammen mit Baades optischer Aufnahme der »kollidierenden Galaxien«. Dünne Konturlinien stellen die Intensitätsverteilung der Radioemission dar, wie sie 1969 von Ryles Forschergruppe in Cambridge gemessen wurde. [*(a) Palomar Observatory/California Institute of Technology; (b) und (c) Nuffield Radio Astronomy Laboratories, University of Manchester; (d) nach Mitton und Ryle (1969), Baade und Minkowski (1954) sowie Jennison und Das Gupta (1953).*]

c)

falls in der Abbildung 9.3 d dargestellt. Die Intensität der Radiostrahlung wird durch dünne Linien konturiert, ähnlich wie Erhebungen in einer topographischen Karte durch Höhenlinien dargestellt werden. Wie diese beiden riesigen Gebiete von einem einzigen Schwarzen Loch mit Energie versorgt werden können, damit werden wir uns im weiteren Verlauf dieses Kapitels näher beschäftigen.

b) (oben); d) (unten)

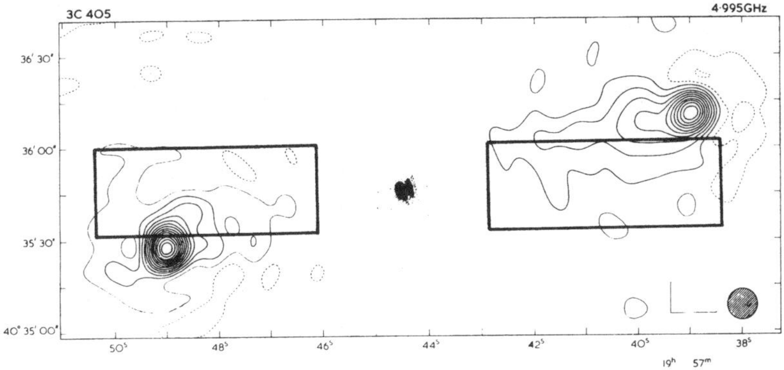

Diese Entdeckungen waren so erstaunlich, daß sie schließlich auch unter optischen Astronomen Aufmerksamkeit erregten. Jesse Greenstein war endlich nicht mehr der einzige, der die Entwicklung auf diesem Gebiet mit ernsthaftem Interesse verfolgte.

Aber für ihn stellten die Fortschritte eine Art rettender Strohhalm dar. Nachdem die Radioastronomie in den Vereinigten Staaten nach dem Ende des Zweiten Weltkrieges keinen Fuß gefaßt hatte, waren die amerikanischen Astronomen nun dazu verurteilt, die größte astronomische Revolution seit der Erfindung des optischen Teleskops durch Galilei nur als Zuschauer zu erleben.

Die Früchte der Revolution wurden in Großbritannien und Australien geerntet, nicht jedoch in den USA.

Greenstein arbeitete mittlerweile als Professor am Caltech. Er war vom Yerkes-Observatorium an das Caltech berufen worden, um für die Nutzung des neuen 5-Meter-Teleskops ein wissenschaftliches Konzept zu erarbeiten. Und natürlich drängte er nun Lee DuBridge, den Präsidenten des Caltech, ein Radiointerferometer zu bauen, das parallel zum 5-Meter-Teleskop zur Erforschung weit entfernter Galaxien benutzt werden konnte. DuBridge, der während des Krieges die amerikanischen Bemühungen um die Entwicklung des Radars geleitet hatte, stand diesem Vorschlag wohlwollend gegenüber, blieb aber vorsichtig. Um DuBridge von der Notwendigkeit dieser Maßnahme zu überzeugen, organisierte Greenstein eine internationale Konferenz über die Zukunft der Radioastronomie. Sie fand am 5. und 6. Januar 1954 in Washington, D.C., statt.[11]

Nachdem die Vertreter der großen britischen und australischen Radiosternwarten ihre bemerkenswerten Entdeckungen geschildert hatten, stellte Greenstein schließlich seine Frage: Sollten die Vereinigten Staaten in der Radioastronomie auch weiterhin abseits stehen? Die Antwort war eindeutig.

Großzügig unterstützt von der National Science Foundation begannen amerikanische Physiker, Ingenieure und Astronomen mit einem Sofortprogramm zur Errichtung einer Radiosternwarte in Greenbank, West Virginia. DuBridge genehmigte außerdem Greensteins Antrag, in Owens Valley, südöstlich des Yosemite Nationalparks, ein modernes Radiointerferometer nach dem neuesten Stand der Technik zu bauen. Da niemand am Caltech die nötige Erfahrung für den Bau eines solchen Instruments besaß, bat Greenstein John Bolton aus Australien, das Projekt zu leiten.

Quasare

Ende der fünfziger Jahre waren die Amerikaner schließlich konkurrenzfähig geworden. Die Radioteleskope des Greenbank-Observatoriums nahmen ihren Betrieb auf, und am neuen Radiointerferometer von Owens Valley arbeiteten Tom Mathews, Per Eugen Maltby und Alan Moffett vom Caltech zusammen mit Baade, Greenstein und anderen optischen Astronomen vom Mount-Palomar-Observatorium daran, neue Radiogalaxien zu entdecken und zu studieren. Im Jahre 1960 führte diese Zusammenarbeit zu einer weiteren erstaunlichen Entdeckung: Tom Mathews vom Caltech hatte von Henry Palmer erfahren, daß eine Radioquelle namens 3C48 (die achtundvierzigste Quelle in der dritten Version eines von Ryles Arbeitsgruppe in Cambridge erstellten Katalogs) nach Messungen des Jodrell-Bank-Radioteleskops einen Winkeldurchmesser von nur einer Bogensekunde besaß (etwa ein Zweitausendstel des Winkeldurchmessers der Sonne). Eine so winzige Radioquelle hatte man noch nie entdeckt. Allerdings konnten Palmer und seine Kollegen die Position der Quelle nicht genau angeben. Mathews machte sich daher mit dem neuen Radiointerferometer des Caltech an die Arbeit und konnte den Ort der Radioquelle mit einer Unsicherheit von nur fünf Bogensekunden bestimmen.

Dieses Ergebnis übermittelte Mathews Allan Sandage, einem Astronomen am Carnegie Institute in Pasadena, der bei seiner nächsten Beobachtungsperiode am optischen 5-Meter-Teleskop eine Aufnahme von der fraglichen Himmelsregion machte. Zu seiner großen Überraschung fand er dort jedoch keine Galaxie, sondern einen einzigen blauen Lichtpunkt, der wie ein Stern aussah. In der folgenden Nacht machte er eine Spektralanalyse und erhielt das seltsamste Spektrum, das er je gesehen hatte. Die Wellenlängen der Spektrallinien waren ganz anders als die, die Astronomen und Physiker jemals bei Sternen oder heißem Gas gemessen hatten. Sandage konnte sich überhaupt keinen Reim auf dieses merkwürdige Objekt machen.

Im Laufe der nächsten zwei Jahre entdeckte man auf dieselbe Weise noch ein halbes Dutzend weiterer solcher Objekte – jedes ebenso rätselhaft wie 3C48. Alle Astronomen vom Caltech und vom Carnegie Institute begannen damit, sie zu fotografieren, ihre Spektren zu vermessen und sich um ein Verständnis der geheimnisvollen Gebilde zu bemühen, doch sie hatten damit keinen Erfolg. Obschon die Lösung auf der Hand lag, fand niemand die Erklärung, weil eine geistige Barriere übermächtig war. Da diese Gebilde wie Sterne aussahen, versuchten Astronomen hartnäckig, sie als einen unbekannten Sterntyp unserer Galaxie zu interpretieren, doch waren diese abwegigen Erklärungsmodelle wenig überzeugend.

Maarten Schmidt, ein zweiunddreißigjähriger Astronom aus den Niederlanden, der vor kurzem erst an das Caltech gekommen war, überwand schließlich die geistige Blockade.[12] Monatelang hatte er sich darum bemüht, das Spektrum, das er von 3C273 gemessen hatte, zu verstehen. Am 5. Februar 1963 saß er in seinem Büro am Caltech und fertigte für eine Veröffentlichung eine sorgfältige Zeichnung des Spektrums an, als er schlagartig die Lösung fand. Bei den vier hellsten Linien des Spektrums handelte es sich um die sogenannte Balmer-Serie des Wasserstoffs. Es sind die bekanntesten Spektrallinien, und jeder Student kennt sie seit seiner ersten Quantenmechanikvorlesung. Allerdings wiesen diese vier Linien nicht ihre übliche Wellenlänge auf, sondern jede Linie war um 16

Links: J. L. Greenstein um 1955. *Rechts:* M. Schmidt mit einem Instrument zur Aufnahme von Spektren am 5-Meter-Teleskop, um 1963. [*California Institute of Technology.*]

Prozent rotverschoben. 3C273 mußte folglich ein Gebilde sein, das eine große Menge Wasserstoffgas enthielt und sich mit 16 Prozent der Lichtgeschwindigkeit von der Erde entfernte. Kein anderer bekannter Stern entfernte sich so schnell von der Erde.

Aufgeregt verließ Schmidt sein Büro und traf auf dem Flur Greenstein, dem er sofort seine Entdeckung schilderte. Greenstein ging schnurstracks in sein Büro zurück, zog sein Spektrum von 3C48 heraus und betrachtete es eine Weile. Die Balmer-Serie des Wasserstoffs war in seinem Spektrum nicht vorhanden. Dafür fielen ihm die typischen Linien von Magnesium, Sauerstoff und Neon auf, die um 37 Prozent rotverschoben waren. 3C48 bestand also zumindest teilweise aus Magnesium, Sauerstoff und Neon und bewegte sich mit 37 Prozent der Lichtgeschwindigkeit von der Erde weg.[13]

Was verursachte diese hohen Geschwindigkeiten? Wenn diese merkwürdigen Gebilde, die später *Quasare* genannt werden sollten, tatsächlich Sterne in unserer Milchstraße waren, wie man damals gemeinhin glaubte, dann mußten sie irgendwo mit gewaltiger Kraft in Bewegung versetzt, vielleicht aus dem Kern der Milchstraße herausgeschleudert worden sein. Dies war jedoch kaum zu glauben, und eine nähere Untersuchung der Spektren machte es sehr unwahrscheinlich. Die einzig vernünftige Alternative bestand nach Greenstein und Schmidt in der (korrekten) Annahme, daß Quasare sich am Rande unseres Universums befinden und sich aufgrund der Expansion des Weltalls mit großer Geschwindigkeit von der Erde wegbewegen.

Mit der Expansion des Universums verhält es sich ähnlich wie mit einem Luftballon, der aufgeblasen wird. Ameisen, die auf der Oberfläche des sich ausdehnenden Ballons leben, haben aufgrund der Aufblähung des Ballons den Eindruck, daß sich alle anderen Ameisen entfernen. Je größer die Entfernung zwischen zwei Ameisen ist, desto höher erscheint ihnen die Geschwindigkeit, mit der sie sich voneinander entfernen. Ebenso verhält es sich mit dem expandierenden Universum. Je weiter ein Objekt von der Erde entfernt ist, desto schneller scheint es sich aufgrund der Expansion des Universums von uns fortzubewegen. Anders ausgedrückt, die Geschwindigkeit des Objekts ist proportional zu seiner Entfernung. Folglich konnten Schmidt und Greenstein aus den Fluchtgeschwindigkeiten von 3C273 und 3C48 Rückschlüsse auf ihre Entfernung ziehen: 3C273 befindet sich zwei Milliarden Lichtjahre von der Erde entfernt, und von 3C48 trennen uns 4,5 Milliarden Lichtjahre.

Sie zählen damit zu den entferntesten Objekten, die man jemals beobachtet hat. Damit 3C273 und 3C48 durch das 5-Meter-Teleskop so hell erscheinen konnten, mußten sie gewaltige Energiemengen abstrahlen: hundertmal mehr Energie als die lichtstärksten Galaxien.

Das Objekt 3C273 war sogar so hell, daß es gemeinsam mit seinen Nachbarn seit 1895 schon mehr als zweitausendmal mit gewöhnlichen Teleskopen fotografiert worden war. Als Harlan Smith von der University of Texas von Schmidts Entdeckung erfuhr, veranlaßte er, daß diese alten, größtenteils in Harvard archivierten Aufnahmen sorgfältig untersucht wurden. Dabei stellte er fest, daß die Helligkeit von 3C273 während der vergangenen siebzig Jahre starken Schwankungen unterworfen war. Gelegentlich hatte sich die Helligkeit sogar innerhalb eines Zeitraums von nur einem Monat stark verändert.[14] Dies bedeutete, daß ein großer Teil des von 3C273 ausgesandten Lichts aus einem Bereich stammen mußte, der kleiner war als die Wegstrecke, die Licht in einem Monat zurücklegt – aus einem Bereich also, der kleiner als ein »Lichtmonat« war. (Wäre das Gebiet größer, könnte keine Kraft der Welt das emittierte Gas binnen eines Monats heller oder dunkler erscheinen lassen, denn nichts bewegt sich schneller als Licht.)

Die Folgerungen, die sich daraus ergaben, waren fast unglaublich. Dieser seltsame Quasar 3C273 besaß eine Leuchtkraft, die hundertmal höher war als die der hellsten Galaxien unseres Universums. Doch während Galaxien ihr Licht in einem Raumgebiet von mehreren 100000 Lichtjahren Durchmesser erzeugen, entsteht das Licht von 3C273 in einem Gebiet, dessen Durchmesser millionenfach kleiner und dessen Volumen sogar 10^{18}mal kleiner ist: in einem Gebiet mit einem Durchmesser von höchstens einem Lichtmonat. Das Licht mußte von ei-

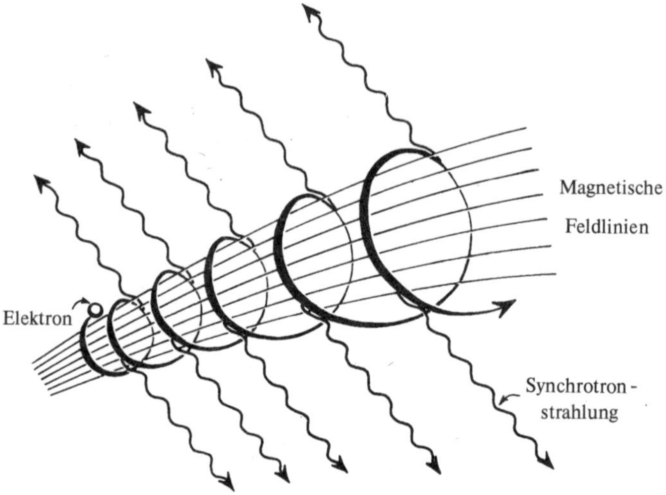

Abb. 9.4: Kosmische Radiowellen werden von Elektronen erzeugt, die sich fast mit Lichtgeschwindigkeit spiralförmig in einem magnetischen Feld bewegen. Das Magnetfeld verhindert, daß sich das Elektron geradlinig bewegen kann und zwingt es statt dessen in eine Spiralbahn. Dabei erzeugt das Elektron Radiowellen.

nem massereichen, dichten gasförmigen Objekt stammen, dessen Energie von einem beispiellos leistungsfähigen Kraftwerk erzeugt wurde. Wie man heute vermutet, handelt es sich bei diesem Kraftwerk mit großer Wahrscheinlichkeit – wenn auch nicht mit letzter Sicherheit – um ein riesiges Schwarzes Loch. Überzeugende Anhaltspunkte für diese Vermutung sollten aber erst fünfzehn Jahre später gefunden werden.

Wenn schon ein Verständnis der von Jansky entdeckten Radiostrahlung unserer Milchstraße nicht einfach und die Erklärung der Radiostrahlung entfernter Galaxien noch schwieriger gewesen war, so mußte die Erklärung der Radiostrahlung dieser extrem weit entfernten Quasare die Astronomen vor völlig ungeahnte Probleme stellen.
Diese Probleme bestanden, wie sich herausstellen sollte, in einer extrem hartnäckigen geistigen Sperre. Jesse Greenstein, Fred Whipple und andere Astronomen hatten in den dreißiger und vierziger Jahren angenommen, daß die kosmische Radiostrahlung wie das von Sternen emittierte Licht eine Folge der Wärmebewegung von Atomen, Molekülen und Elektronen sei. Obwohl ihre

Rechnungen eindeutig zeigten, daß dieser Mechanismus nicht geeignet war, die Radiostrahlung zu erklären, konnten sich die Astronomen jener Zeit nicht vorstellen, auf welche andere Art die Natur die beobachteten Radiowellen erzeugt. Gleichwohl war den Physikern seit Beginn des 20. Jahrhunderts eine andere Möglichkeit bekannt: Wenn sich ein Elektron mit hoher Geschwindigkeit in einem Magnetfeld bewegt, wird es durch das Feld gezwungen, sich spiralförmig um die magnetischen Feldlinien zu bewegen, wobei es elektromagnetische Strahlung aussendet (Abb. 9.4). In den vierziger Jahren prägte man für diese Strahlung den Begriff *Synchrotronstrahlung*, weil sie in Teilchenbeschleunigern, sogenannten Synchrotrons, erzeugt wurde. Obwohl sich die Physiker in den vierziger Jahren mit großem Interesse der Synchrotronstrahlung widmeten, schenkten die Astronomen ihr keine Beachtung.

Dies änderte sich erst im Jahre 1950 durch Karl Otto Kiepenheuer in Chicago und Witali Lasarewitsch Ginsburg in Moskau (denselben Ginsburg, der den LiD-Brennstoff für die sowjetische Wasserstoffbombe erfand und erste Hinweise dafür entdeckte, daß Schwarze Löcher keine Haare haben*). Indem sie einige sehr fruchtbare Ideen von Hans Alfvén und Nicolai Herlofson weiterentwickelten, gelangten Kiepenheuer und Ginsburg zu der (korrekten) Vermutung, daß die von Jansky gemessene Radiostrahlung unserer Milchstraße Synchrotronstrahlung ist, die dadurch entsteht, daß Elektronen sich spiralförmig um magnetische Feldlinien des interstellaren Raumes bewegen (Abb. 9.4).[15]

Einige Jahre später, als man die riesigen Radioblasen von Radiogalaxien und noch später die Quasare entdeckte, war es naheliegend (und zutreffend) anzunehmen, daß deren Radiowellen ebenfalls von Elektronen erzeugt werden, die sich spiralförmig um magnetische Feldlinien bewegen. Aus den der Synchrotronstrahlung zugrundeliegenden physikalischen Gesetzen und den Eigenschaften der beobachteten Radiowellen berechnete Geoffrey Burbidge von der University of California in San Diego die Energie, die die Magnetfelder und die Elektronen der Radioemissionszentren besitzen mußten. Sein Ergebnis war alarmierend: In den extremsten Fällen mußten die Radioemissionszentren so viel magnetische und kinetische Energie besitzen, wie man erhalten würde,

* Siehe Abb. 7.3. Den größten Ruhm verdankt Ginsburg jedoch noch einer anderen Entdeckung: Gemeinsam mit Lew Landau entwickelte er die »Ginsburg-Landau-Theorie« zur Erklärung der Supraleitung. Darunter versteht man die physikalische Erscheinung, daß manche Metalle bei sehr tiefen Temperaturen ihren elektrischen Widerstand verlieren. Ginsburg ist einer der wenigen vielseitig begabten Physiker der Welt, die zu fast allen Zweigen der theoretischen Physik wichtige Beiträge geleistet haben.

wenn die Massen von zehn Millionen (10^7) Sonnen mit einem Wirkungsgrad von 100 Prozent in reine Energie umgewandelt würden.[16]

Dieser Energiebedarf von Quasaren und Radiogalaxien war so gewaltig, daß Astrophysiker im Jahre 1963 gezwungen waren, alle erdenklichen Energiequellen für eine mögliche Erklärung in Betracht zu ziehen.
Die *chemische Energie* (die Verbrennung von Benzin, Kohle oder Dynamit), die eine Voraussetzung für die Entwicklung der menschlichen Zivilisation darstellte, war offensichtlich unzureichend. Der Wirkungsgrad für die chemische Umwandlung von Masse in Energie ist nur 1 zu 100 Millionen ($1 : 10^8$). Um das radioemittierende Gas eines Quasars mit Energie zu versorgen, wären folglich $10^8 \times 10^7 = 10^{15}$ Sonnenmassen chemischen Brennstoffs erforderlich – zehntausendmal mehr Brennstoff, als in unserer gesamten Milchstraße vorhanden ist. Diese Möglichkeit konnte als vollkommen abwegig ausgeschlossen werden.
Die *Kernenergie,* die die Grundlage der Wasserstoffbombe und der Energieversorgung der Sonne ist, kam ebenfalls nicht ernsthaft in Betracht. Der Wirkungsgrad der Umwandlung von Masse in Energie bei Kernreaktionen liegt bei ungefähr einem Prozent ($1 : 10^2$). Folglich würde ein Quasar $10^2 \times 10^7 = 10^9$ (1 Milliarde) Sonnenmassen an Kernbrennstoff benötigen, um die Radioemissionszentren mit Energie zu versorgen. Diese Masse wäre jedoch nur dann ausreichend, wenn der Kernbrennstoff vollständig verbrannt und die resultierende Energie restlos in die magnetischen Felder und die kinetische Energie der Elektronen übergehen würde. Eine vollständige Verbrennung und eine vollständige Energieumwandlung waren jedoch höchst unwahrscheinlich. Selbst mit ausgeklügelten Maschinen ist der Mensch selten in der Lage, mehr als nur einige Prozent des Brennstoffs in nutzbare Energie umzuwandeln. Um so eher war anzunehmen, daß die Ausbeute in der Natur, wo keine sorgfältigen Vorkehrungen getroffen werden, noch geringer ausfallen muß. Folglich schien es vernünftig, von 10 Milliarden oder gar 100 Milliarden Sonnenmassen nuklearen Brennstoffs auszugehen. Dies ist zwar weniger als die Masse einer riesigen Galaxie, doch nur geringfügig weniger. Und wie die Natur die Umwandlung der Kernenergie in magnetische und kinetische Energie bewerkstelligen mochte, war höchst unklar. Die Kernenergie kam rein theoretisch zwar in Betracht, doch war es wenig wahrscheinlich, daß sie die Energiequelle für Quasare und Radiogalaxien bildete.
Die *Vernichtung von Materie durch Antimaterie** gewährleistete zwar eine hun-

* Siehe auch den Eintrag »Antimaterie« im Glossar und die Fußnote auf S. 196 (in Kapitel 5).

dertprozentige Umwandlung von Masse in Energie – die Kollision von 10 Millionen Sonnenmassen Antimaterie mit 10 Millionen Sonnenmassen Materie würde also den Energiebedarf eines Quasars decken –, doch gab und gibt es keine Hinweise darauf, daß Antimaterie im Universum existiert, abgesehen von den winzigen Mengen, die in Teilchenbeschleunigern künstlich hergestellt werden und in der Natur durch die Kollision von Materieteilchen entstehen. Und selbst wenn in einem Quasar ausreichende Mengen von Materie und Antimaterie vorhanden wären und sich vernichten würden, müßte die frei werdende Energie sehr starke Gammastrahlen erzeugen und würde sich nicht in magnetische Energie und kinetische Elektronenenergie verwandeln. Folglich schied auch diese Möglichkeit aus.

Nur eine potentielle Energiequelle kam noch in Frage: die *Gravitation.* Möglicherweise konnte der Kollaps eines gewöhnlichen Sterns zu einem Neutronenstern oder zu einem Schwarzen Loch zehn Prozent der Sternmasse in magnetische und kinetische Energie umwandeln – obwohl unklar war, wie dieser Prozeß im einzelnen aussehen würde. In diesem Fall konnte der Kollaps von $10 \times 10^7 = 10^8$ (100 Millionen) gewöhnlichen Sternen oder der Kollaps eines einzigen hypothetischen superschweren Sterns von 100 Millionen Sonnenmassen den Quasar mit der erforderlichen Energie versorgen.

[Auf die Idee, daß das aus dem Kollaps eines solchen superschweren Sterns entstehende riesige Schwarze Loch selbst die Energiequelle des Quasars war, kam im Jahre 1963 niemand. Schwarze Löcher waren zu jener Zeit noch weitgehend unerforscht: Wheeler hatte den Begriff noch nicht geprägt (Kapitel 6). Salpeter und Seldowitsch hatten noch nicht erkannt, daß Gas, das in ein Schwarzes Loch fällt, erwärmt wird und mit hohem Wirkungsgrad Strahlung emittiert (Kapitel 8), und Penrose hatte noch nicht entdeckt, daß ein Schwarzes Loch bis zu 29 Prozent seiner Masse als Rotationsenergie speichern und freisetzen kann (Kapitel 7). Um die Situation in einem Satz zusammenzufassen: Das goldene Zeitalter der Erforschung Schwarzer Löcher hatte noch nicht begonnen.]

Der Gedanke, daß möglicherweise der Kollaps eines Sterns zu einem Schwarzen Loch einen Quasar mit Energie versorgte, stellte eine radikale Abkehr von dem bisherigen Denken dar. Es war das erste Mal, daß Astronomen und Astrophysiker sich genötigt sahen, die Effekte der allgemeinen Relativität zur Erklärung eines tatsächlich beobachteten Objekts heranzuziehen. Bis dahin hatten die Relativisten und die Astronomen bzw. Astrophysiker in völlig verschiedenen Welten gelebt und sich selten miteinander verständigt. Diese Isolation sollte schließlich eine Ende haben.

Um den Dialog zwischen Relativisten auf der einen Seite und Astronomen und Astrophysikern auf der anderen Seite zu fördern und um die Erforschung der Quasare voranzutreiben, wurde vom 16. bis 18. Dezember 1963 eine Konferenz in Dallas, Texas, abgehalten, an der rund dreihundert Wissenschaftler aus aller Welt teilnahmen.[17] In einer abendlichen Ansprache vor den Teilnehmern des Symposiums beschrieb Thomas Gold von der Cornell University die Situation mit den folgenden, nur halb ironisch gemeinten Worten: »[Das Geheimnis der Quasare] ... legt den Gedanken nahe, daß die Relativitätstheoretiker mit ihren ausgeklügelten Arbeiten nicht nur eine dekorative Bereicherung der Kultur, sondern vielleicht wirklich von Nutzen für die Wissenschaft sind! Alle sind zufrieden: Die Relativisten fühlen sich anerkannt und sind plötzlich Experten auf einem Gebiet, von dessen Existenz sie kaum etwas ahnten; die Astrophysiker haben ihr Reich durch Angliederung eines anderen Gebietes – der allgemeinen Relativität – vergrößern können. Alles ist sehr erfreulich. Hoffen wir, daß es auch stimmt. Es wäre eine Schande, wenn wir alle Relativisten wieder nach Hause schicken müßten.«

Von 8.30 Uhr morgens bis 6 Uhr abends fanden mit nur einer Stunde Unterbrechung zahlreiche Vorträge statt. Anschließend diskutierte man in informeller Runde bis 2 Uhr nachts weiter. Eingefügt zwischen die Vorträge war eine kurze, zehnminütige Präsentation eines jungen Mathematikers aus Neuseeland, Roy Kerr, der den anderen Teilnehmern unbekannt war. Kerr hatte soeben seine Lösung der Einsteinschen Feldgleichung entdeckt – jene Lösung, von der sich ein Jahrzehnt später herausstellen sollte, daß sie alle Eigenschaften rotierender Schwarzer Löcher beschrieb, darunter auch ihre Fähigkeit, Rotationsenergie zu speichern und freizusetzen (Kapitel 7 und 11). Wie wir im weiteren Verlauf dieses Kapitels sehen werden, ist es genau diese Lösung, die grundlegend für eine Erklärung der Energie von Quasaren ist. Im Jahre 1963 hielten die meisten Wissenschaftler Kerrs Lösung jedoch nur für eine mathematische Kuriosität. Niemand ahnte, daß sie Schwarze Löcher beschrieb, wenngleich Kerr die Vermutung äußerte, möglicherweise sei sie für ein Verständnis des Kollapses rotierender Sterne von Nutzen.

Die Astronomen und Astrophysiker waren nach Dallas gekommen, um über Quasare zu diskutieren. Für Kerrs abgehobenen mathematischen Vortrag brachten sie wenig Interesse auf. Als Kerr anfing zu sprechen, verließen deshalb zahlreiche Teilnehmer den Saal, um sich draußen mit Kollegen über ihre jeweilige Lieblingstheorie auszulassen. Andere, die weniger höflich waren, blieben sitzen und unterhielten sich flüsternd miteinander. Die meisten Anwesenden dösten vor sich hin und versuchten erfolglos, ihr Schlafdefizit der vergangenen

Nacht aufzuholen. Nur eine Handvoll von Relativisten folgte dem Vortrag mit gebannter Aufmerksamkeit.
Dieses allgemeine Desinteresse war mehr, als Achilles Papapetrou, einer der führenden Wissenschaftler auf dem Gebiet der Relativitätstheorie, ertragen konnte. Als Kerr seinen Vortrag beendet hatte, meldete er sich zu Wort und erläuterte tief bewegt die Bedeutung von Kerrs Leistung. Er selbst, Papapetrou, habe wie so viele seiner Kollegen dreißig Jahre lang vergeblich versucht, eine solche Lösung für Einsteins Gleichung zu finden. Die Astronomen und Astrophysiker nickten höflich und kehrten dann zur Tagesordnung zurück. Der nächste Redner begann, seine Theorie über Quasare vorzutragen.[18]

Die sechziger Jahre markierten einen Wendepunkt in der Geschichte der Erforschung von Radioquellen. Bis dahin war das Forschungsgebiet fast ausschließlich eine Domäne der beobachtenden Astronomen gewesen – genauer gesagt, der optischen Astronomen und jener Experimentalphysiker, die sich der Beobachtung von Radioquellen widmeten und die nun als *Radioastronomen* bezeichnet wurden. Theoretische Astrophysiker dagegen hatten nur wenig beigetragen, da die Radiobeobachtungen noch nicht detailliert genug waren, um gute Anhaltspunkte für die Formulierung von Theorien zu bieten. Immerhin hatten die Theoretiker erkannt, daß die Radiowellen von Elektronen erzeugt wurden, die sich mit hoher Geschwindigkeit spiralförmig um magnetische Feldlinien bewegten, und sie hatten die Energie berechnet, die in den Elektronen und Magnetfeldern enthalten war.
In den sechziger Jahren nahm jedoch das Auflösungsvermögen der Radioteleskope stetig zu, und optische Beobachtungen enthüllten immer neue Eigenschaften von Radioquellen, so zum Beispiel die Tatsache, daß die lichtemittierenden Kerne der Quasare winzig klein sind. Diese Entdeckungen versorgten nun die Astrophysiker mit geistiger Nahrung. Sie entwickelten Dutzende detaillierter Modelle zur Erklärung von Radiogalaxien und Quasaren, die jedoch nach und nach von den neueren Beobachtungsdaten widerlegt wurden. Aber dies war schließlich die Art, wie Wissenschaft betrieben wurde.
Von besonderer Bedeutung war die Entdeckung, daß die Radiostrahlung nicht nur von den riesigen Radioblasen beiderseits der Radiogalaxie ausging, sondern daß auch der Kern der Galaxie selbst Radiowellen emittierte. Dies brachte Martin Rees, einen ehemaligen Studenten von Dennis Sciama aus Cambridge, im Jahre 1971 auf eine völlig neue Idee. Vielleicht gab es eine einzige Energiequelle im Kern der Galaxie, die für die Erzeugung der Radiostrahlung des *gesamten* Systems verantwortlich war. Vielleicht existierte im Zentrum der Gala-

Abb. 9.5: Das VLA-Radio-Interferometer in der St.-Augustin-Ebene in New Mexico. *Rechts:* Eine Aufnahme der Radioemission der Radiogalaxie Cygnus A, die von R. A. Perley, J. W. Dreyer und J. J. Cowan mit dem VLA gemacht wurde. Der Jet, der den rechten Flecken versorgt, ist deutlicht sichtbar, während der linke Jet viel schwächer ist. Man beachte die enorme Verbesserung der Auflösung gegenüber Rebers Konturlinien-

xie eine Art Kraftwerk, das nicht nur die radioemittierenden Elektronen und die magnetischen Felder des galaktischen Kerns mit Energie versorgte, sondern das auch die Energie für die riesigen seitlichen Emissionszentren lieferte. Und vielleicht konnte diese Art von Energiequelle auch das Phänomen der Quasare erklären.[19]

Rees nahm zunächst an, daß sehr langwellige elektromagnetische Strahlung die Energie vom galaktischen Zentrum zu den Radioblasen befördere. Allerdings zeigten Berechnungen rasch, daß langwellige Strahlung das interstellare Gas der Galaxie nicht durchdringen kann.

Wie dies so oft der Fall ist, gab eine nicht ganz richtige Idee den Anstoß für die letztlich zutreffende Vermutung. Malcolm Longair, Martin Ryle und Peter Scheuer in Cambridge griffen die Idee von Rees auf und wandelten sie etwas ab: Ihre Strahlung bestand nicht aus elektromagnetischen Wellen, sondern aus heißem magnetischem Gas.[20] Schnell erkannte Rees, daß diese Art von *Gasstrahlen* in der Tat die Erklärung liefern mochte. Gemeinsam mit seinem Studenten Roger Blandford berechnete er die Eigenschaften, die diese Gasstrahlen (Jets) besitzen sollten.

Die Vorhersage, daß dünne Gasstrahlen die seitlichen Radioemissionszentren mit Energie versorgen, wurde wenige Jahre später auf eindrucksvolle Weise mittels neuer, riesiger Radiointerferometer in Großbritannien, Holland und

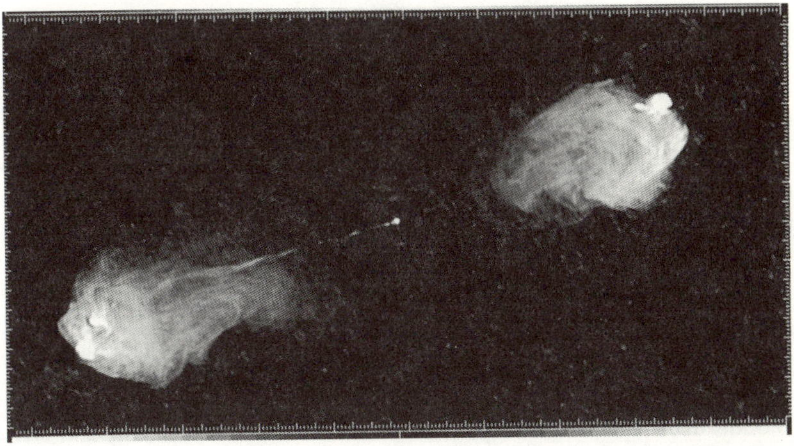

karte, in der die beiden Flecken überhaupt nicht sichtbar waren (Abb. 9.1d), sowie gegenüber der Radiokarte von Jennison und Das Gupta aus dem Jahre 1953, die lediglich die Existenz der Flecken nachwies (die beiden Rechtecke in Abb. 9.3d), und gegenüber Ryles Konturlinienkarte aus dem Jahre 1969 (Abb. 9.3d). [*Beide Aufnahmen von NRAO/AUL.*]

Amerika bestätigt. Besonders das sogenannte *Very Large Array* (VLA), ein aus vielen Einzelteleskopen bestehendes Radioteleskop in der Ebene von St. Augustin in New Mexico (Abb. 9.5), leistete hier einen wichtigen Beitrag. Die Strahlen wurden von den Interferometern nachgewiesen und besaßen genau die vorausgesagten Eigenschaften. Sie erstreckten sich vom galaktischen Kern bis zu den Radioblasen, und man konnte sogar erkennen, wie sie dort mit Gas kollidierten, gebremst wurden und schließlich zum Stillstand kamen.

Das VLA beruht auf demselben Prinzip wie die Interferometer der vierziger und fünfziger Jahre (Abb. 9.2) – mit dem einzigen Unterschied, daß seine Auffangfläche (die »Schüssel«) größer ist und es mehr miteinander vernetzte Radioteleskope benutzt. Sein Auflösungsvermögen erreicht folglich die Größenordnung einer Bogensekunde und ist damit den weltbesten optischen Teleskopen ebenbürtig – eine gewaltige Leistung, wenn man bedenkt, wie primitiv die ersten von Jansky und Reber gebauten Instrumente vierzig Jahre zuvor gewesen waren. Doch der Fortschritt machte hier nicht halt. In den frühen achtziger Jahren erzielten sogenannte *Very Long Baseline Interferometers* (VLBIs), bei denen Radioteleskope in verschiedenen Kontinenten zusammengeschaltet wurden, ein Auflösungsvermögen, das tausendmal besser war als das der besten optischen Teleskope. (Die Beobachtungen jedes einzelnen Teleskops in einem VLBI werden auf Magnetband aufgezeichnet, mit der Zeitmarke einer Atomuhr versehen und anschließend in einen Computer gespeist. Der Computer läßt dann die genauen Signale miteinander »interferieren« und erzeugt so ein Bild der Radiostrahlung.)

Die Aufnahmen von galaktischen Kernen und Quasaren, die von solchen VLBIs in den achtziger Jahren gemacht wurden, zeigen, daß sich die Jets bis in das innerste Zentrum einer Galaxie oder eines Quasars erstrecken – in ein Gebiet von nur wenigen Lichtjahren Durchmesser, in dem sich wie im Fall des Quasars 3C273 ein strahlend helles, lichtemittierendes Gebilde mit einem Durchmesser von höchstens einem Lichtmonat befindet. Die Energiequelle des gesamten Systems liegt vermutlich genau in diesem lichtemittierenden Objekt verborgen und versorgt nicht nur dieses mit Energie, sondern auch die Jets und die Radioblasen.

Die Jets ließen auch noch andere Rückschlüsse auf das Wesen der gewaltigen Energiequelle im Inneren zu. Manche Jets verliefen über Entfernungen von Millionen Lichtjahren absolut geradlinig. Wenn sie aus einer rotierenden Quelle gestammt hätten, wären die Strahlen wie der Wasserstrahl aus einem rotierenden Wassersprenger gekrümmt gewesen. Da sie aber geradlinig waren, mußten sie folglich über eine sehr lange Zeit hinweg in exakt dieselbe Richtung emittiert worden sein. Doch wie lange genau? Da sich das Gas der Jets nicht schneller als mit Lichtgeschwindigkeit bewegen kann und da manche der geradlinigen Jets länger als eine Million Lichtjahre waren, war demnach die Emissionsrichtung länger als eine Million Jahre konstant geblieben. Eine solche Beständigkeit setzte aber voraus, daß die »Düsen«, aus denen die Jets hervorkamen, mit einem extrem stabilen, gleichbleibenden Objekt verbunden waren – mit einer Art langlebiger *Kreisel.* (Ein Kreisel ist ein rasch rotierendes Gebilde, das die Richtung seiner Rotationsachse über eine sehr lange Zeit konstant hält. Solche Kreisel sind elementare Bestandteile von Trägheitsnavigationssystemen in der Luftfahrt und der Raketentechnik.)

Unter den zahlreichen Vorschlägen zur Erklärung dieses Phänomens befand sich in den frühen achtziger Jahren nur einer, der die Vorstellung eines Kreisels aufgriff – die Vorstellung eines überaus langlebigen Kreisels von weniger als einem Lichtmonat Durchmesser und mit der Fähigkeit, gewaltige Strahlen zu erzeugen. Dieser Vorschlag beruhte auf der Vorstellung eines riesigen rotierenden Schwarzen Loches.

Riesige Schwarze Löcher

Der Gedanke, daß riesige Schwarze Löcher die Energiequelle von Quasaren und Radiogalaxien darstellen könnten, wurde erstmals im Jahre 1964 von Edwin Salpeter und Jakow Borisowitsch Seldowitsch geäußert (Kapitel 7).[21] Er war eine naheliegende Folgerung aus ihrer Entdeckung, daß Gasströme, die von einem Schwarzen Loch angezogen werden, kollidieren und dabei Strahlung aussenden (Abb. 8.4).

Eine vollständige und realistische Beschreibung des Verhaltens von Gasströmen, die von einem Schwarzen Loch angezogen werden, lieferte im Jahre 1969 Donald Lynden-Bell, ein britischer Astrophysiker in Cambridge.[22] Lynden-Bell stellte die Vermutung auf, daß sich die Gasströme nach ihrer Kollision miteinander verbinden und infolge der Zentrifugalkraft lange Zeit um das Schwarze Loch kreisen, bevor sie schließlich von ihm eingefangen werden. Während die Gasströme das Loch in immer engeren Spiralen umkreisen, bilden sie – den Saturnringen nicht unähnlich – eine scheibenförmige Struktur, die von Lynden-Bell als *Akkretionsscheibe* bezeichnet wurde. (Die rechte Hälfte der Abbildung 8.7 zeigte eine solche Akkretionsscheibe um das vergleichsweise kleine Schwarze Loch in Cygnus X-1 aus der Sicht eines Künstlers.) In der Akkretionsscheibe kommt es infolge der Reibung zwischen den Gasströmen zu einer starken Erwärmung.

In den achtziger Jahren erkannten Astrophysiker dann, daß es sich bei dem leuchtenden, lichtemittierenden Gebilde im Zentrum von 3C273, bei jenem kleinen Gebilde also mit einem Durchmesser von höchstens einem Lichtmonat, vermutlich um eine solche Akkretionsscheibe handelte.

Gewöhnlich betrachten wir Reibung als eine schlechte Wärmequelle. Denken wir nur an die bedauernswerten Pfadfinder, die versuchen, ein Feuer zu entzünden, indem sie in mühseliger Prozedur zwei Stöcke gegeneinander reiben! Die Schwachstelle ist hier jedoch die bescheidene Muskelkraft des Menschen und nicht die Reibung selbst. In einer Akkretionsscheibe wird die Reibung dagegen von der Gravitationsenergie gespeist, die so groß ist, daß sie sogar die Kernenergie bei weitem übertrifft. Dies erklärt, wie sich die Scheibe allein aufgrund von Reibung so stark erwärmen kann, daß sie hundertmal heller leuchtet als die hellsten Galaxien.

Wie kann ein Schwarzes Loch die Eigenschaften eines Kreisels annehmen? James Bardeen und Jacobus Petterson von der Yale University fanden die Antwort darauf im Jahre 1975: Wenn das Schwarze Loch mit großer Geschwindig-

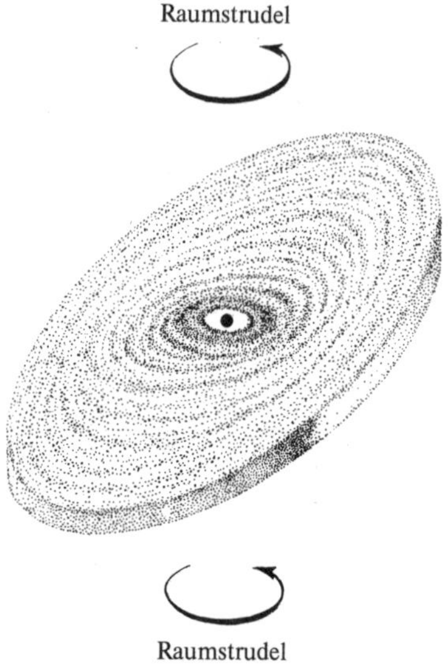

Abb. 9.6: Durch die Rotation eines Schwarzen Loches bildet sich im Raum seiner Umgebung ein Strudel, der den inneren Teil der Akkretionsscheibe genau in der Äquatorebene des Schwarzen Loches hält.

keit rotiert, verhält es sich genau wie ein Kreisel.[23] Seine Drehachse ist stabil, und auch der Wirbel des Raumes, der durch die Rotation des Loches verursacht wird (Abb. 7.7), behält seine Drehachse bei. Auf mathematischem Weg konnten Bardeen und Petterson außerdem zeigen, daß der Wirbel des Raumes die inneren Schichten der Akkretionsscheibe erfaßt und sie genau in der Äquatorebene des Loches hält. Dies geschieht unabhängig von der Ausrichtung der Scheibe in größerer Entfernung vom Loch (Abb. 9.6). Wenn neues Gas aus dem interstellaren Raum von den äußeren Teilen der Scheibe eingefangen wird, kann dies die Ausrichtung der entfernteren Teile der Akkretionsscheibe beeinflussen, nicht jedoch die Orientierung der Scheibe in der Nähe des Loches. Die kreiselähnlichen Eigenschaften des Loches verhindern dies. In der Nähe des Loches ist die Akkretionsscheibe stets an die Äquatorebene des Loches gebunden.

Ohne Kerrs Lösung der Einsteinschen Feldgleichung wäre diese Eigenschaft Schwarzer Löcher unbekannt gewesen, und eine Erklärung der Quasare hätte noch in weiter Zukunft gelegen. So waren die Astrophysiker jedoch in den siebziger Jahren in der Lage, ein klares und elegantes Erklärungsmodell zu entwickeln. Dabei wurden die Schwarzen Löcher erstmals nicht mehr als reine »Löcher im Raum«, sondern als dynamische Objekte betrachtet.

Wie stark ist der Strudel des Raumes in der Nähe eines riesigen Schwarzen Loches? Oder anders ausgedrückt, wie schnell rotiert ein sehr großes Schwarzes Loch? James Bardeen leitete die Antwort mathematisch her. Wie er zeigen konnte, führt das einfallende Gas der Akkretionsscheibe dazu, daß das Loch immer schneller rotiert. Wenn sich die Masse des Loches durch den Gaseinfall fast verdoppelt hat, sollte seine Rotationsgeschwindigkeit fast das zulässige Maximum erreicht haben. Noch schneller kann es sich nicht drehen, da die Zentrifugalkräfte eine weitere Beschleunigung verhindern (Kapitel 7). Daraus folgt, daß riesige Schwarze Löcher in der Regel mit annähernd Maximalgeschwindigkeit rotieren.[24]

Wie kann ein Schwarzes Loch bzw. seine Akkretionsscheibe zwei gegenläufige Jets erzeugen? Auf erstaunlich einfache Weise, stellten Blandford, Rees und Lynden-Bell in Cambridge Mitte der siebziger Jahre fest. Es gibt vier Möglichkeiten für die Erzeugung dieser Doppelstrahlen, und jede eignet sich zur Erklärung des beobachteten Phänomens.

Erstens: Nach Ansicht von Blandford und Rees kann die Scheibe von einer kühlen Gaswolke umgeben sein (Abb. 9.7 a).[25] Teilchenströme (»Winde«), die (analog zum Sonnenwind) von der Ober- und Unterseite der Scheibe ausgehen, können eine Blase heißen Gases in der kühleren Wolke erzeugen. Dieses heiße Gas bohrt sich dann möglicherweise Löcher durch die Ober- und Unterseite der kalten Gaswolke, durch die es entweicht. So wie die Düse eines Gartenschlauches einen scharf begrenzten Wasserstrahl erzeugt, sollten diese Öffnungen das ausströmende Gas in zwei dünne Strahlen bündeln. Die Richtung der Strahlen hängt davon ab, wo sich das heiße Gas einen Weg durch das kühlere Gas gebahnt hat. Wenn sich die kühle Wolke um dieselbe Achse dreht wie das Schwarze Loch, dann ist die gemeinsame Rotationsachse der wahrscheinlichste Ort für diese Öffnungen. Das heißt also, die Strahlen verlaufen senkrecht zur Ebene des inneren Bereichs der Akkretionsscheibe und sind somit an die Rotationsachse des Schwarzen Loches gekoppelt.

Zweitens: Da die Scheibe sehr heiß ist, muß auch ihr innerer Druck sehr hoch sein. Dieser Druck wiederum kann dazu führen, daß die Scheibe zu beträchtlicher Dicke aufgebläht wird (Abb. 9.7 b). In diesem Fall entstehen aufgrund der Umlaufbewegung des Gases Zentrifugalkräfte in der Akkretionsscheibe, die – so Lynden-Bell – wirbelähnliche Trichter in der Ober- und Unterseite der Scheibe hervorrufen.[26] Man kann diese mit den Wirbeln vergleichen, die entstehen, wenn das Wasser einer Badewanne abfließt. Das Schwarze Loch entspricht dabei dem Badewannenabfluß und das Gas dem Wasser. Die Wirbel sollten

Abb. 9.7: Vier Möglichkeiten, wie Doppeljets durch ein Schwarzes Loch oder seine Akkretionsscheibe mit Energie versorgt werden könnten. (a) Ein von der Scheibe ausgehender Teilchenstrom (»Wind«) erzeugt eine Blase innerhalb der umgebenden rotierenden Gaswolke; das heiße Gas in der Blase schafft sich entlang der Rotationsachse zwei Öffnungen, durch die es in der Form scharf gebündelter Jets aus der Gaswolke herausschießt. (b) Aufgrund der hohen Temperatur herrscht in der rotierenden Scheibe ein hoher innerer Druck, der dazu führt, daß sich die Scheibe aufbläht. An ihrer Oberfläche bilden sich zwei Trichter, die den von der Scheibe ausgehenden Teilchenstrom zu zwei Jets bündeln. (c) Die in der Akkretionsscheibe verankerten magnetischen Feldlinien werden durch den Drehimpuls der Scheibe gezwungen, ebenfalls zu rotieren; bei ihrer Rotation schleudern die Feldlinien Plasma nach oben und nach unten, das die Feldlinien entlanggleitet und zwei magnetisierte Jets bildet. (d) Magnetische Feldlinien, die durch das Schwarze Loch verlaufen, werden durch den Strudel des Raumes zur Rotation veranlaßt; die rotierenden Feldlinien schleudern Plasma nach oben und nach unten, wodurch sich zwei Jets bilden.

aufgrund der Reibung des Gases so heiß sein, daß von ihren Oberflächen starke Gasströme ausgehen, die – so Lynden-Bell – durch die trichterförmigen Wirbel zu Jets gebündelt werden. Die Richtung der Jets entspricht demnach der Ausrichtung der Wirbel, die wiederum mit der Rotationsachse des Loches übereinstimmt.

Drittens: Wie Blandford erkannte, müssen magnetische Feldlinien, die aus der Akkretionsscheibe austreten, aufgrund der Rotationsbewegung der Scheibe ebenfalls rotieren (Abb. 9.7 c).[27] Dabei verlaufen die rotierenden Feldlinien spiralförmig nach oben und unten. Elektrische Kräfte sorgen dafür, daß heißes Gas (Plasma) von den rotierenden Feldlinien festgehalten wird. Dabei kann sich das Plasma nur entlang den Feldlinien, nicht jedoch senkrecht zu ihnen bewegen. Während die Feldlinien immer weiter rotieren, wird das Plasma durch die Zentrifugalkräfte entlang den magnetischen Feldlinien nach außen geschleudert, wobei sich zwei magnetische Strahlen bilden, die nach oben und unten weisen. Wieder ist die Ausrichtung der Jets mit der Rotationsachse des Loches verknüpft.

Die vierte mögliche Erklärung für die Entstehung der Doppeljets ist interessanter als die vorigen und bedarf näherer Erläuterung. In diesem vierten Modell besitzt das Schwarze Loch ein magnetisches Feld wie in Abbildung 9.7 d dargestellt. Bedingt durch die Rotation des Loches sind auch die magnetischen Feldlinien gezwungen, sich zu drehen. Dies hat zur Folge, daß Plasma wie im dritten Modell nach oben und nach unten hinausgeschleudert wird und dabei zwei Strahlen bildet. Wie bei den vorigen Erklärungen wird die Richtung der Jets durch die Rotationsachse des Loches bestimmt. Blandford entwickelte dieses Modell kurz nach seiner Promotion in Cambridge – gemeinsam mit einem Stu-

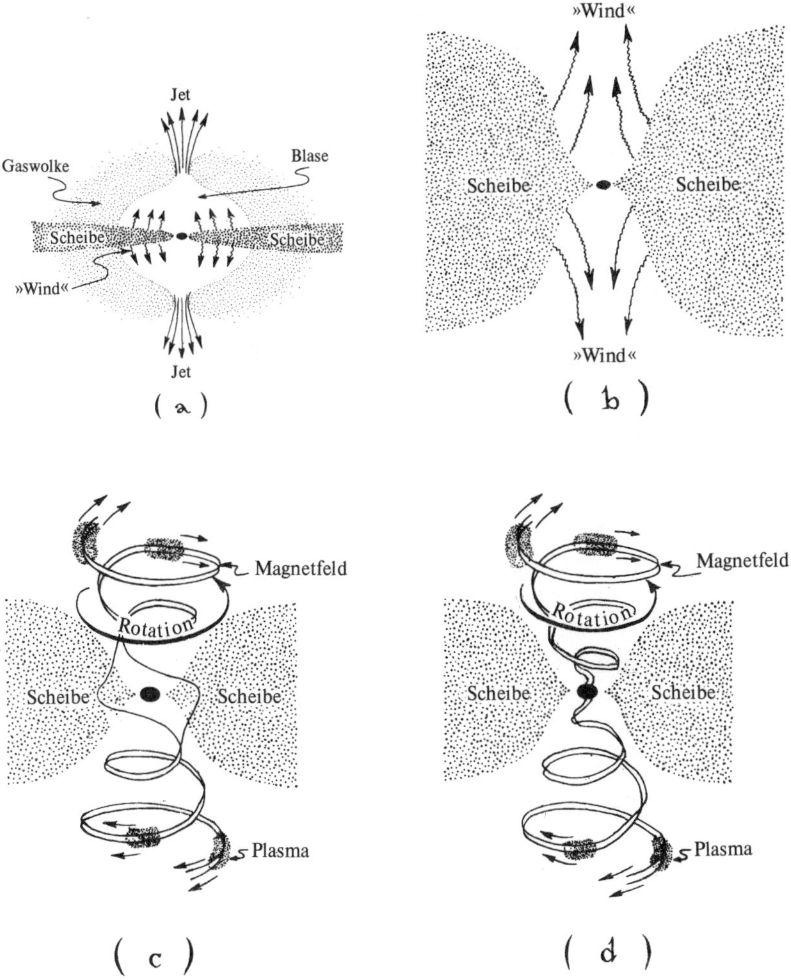

denten namens Roman Znajek. Es wird daher als *Blandford-Znajek-Prozeß* bezeichnet.[28]

Der Blandford-Znajek-Prozeß ist deshalb so interessant, weil die Jets aus der gewaltigen Rotationsenergie des Loches gespeist werden. (Anders ist es nicht denkbar, denn schließlich ist es die Rotationsbewegung des Loches, die dazu führt, daß der umgebende Raum einen Strudel bildet; dieser wiederum sorgt dafür, daß auch die magnetischen Feldlinien rotieren, und die Rotation der Feldlinien bewirkt, daß Plasma hinausgeschleudert wird.)

Wie ist es jedoch möglich, daß bei diesem Prozeß magnetische Feldlinien aus dem Horizont eines Schwarzen Loches herausragen? Solche Feldlinien stellen »Haare« dar, die in Form von elektromagnetischer Strahlung emittiert werden können und somit nach Prices Theorem emittiert werden *müssen* (Kapitel 7). Die Erklärung dafür ist: Der von Price aufgestellte Satz gilt nur für isolierte Schwarze Löcher, die sich weit entfernt von anderen Objekten befinden. Das Loch jedoch, das wir betrachtet haben, ist nicht isoliert, sondern besitzt eine Akkretionsscheibe. Die Feldlinien, die in Abbildung 9.7 d aus der Nordhalbkugel des Loches austreten, und jene, die aus der Südhalbkugel kommen, stellen Verlängerungen voneinander dar. Deshalb bleibt ihnen als einzige Ausweichmöglichkeit nur der Weg durch das heiße Gas der Akkretionsscheibe. Doch dies ist unmöglich; das heiße Gas sorgt dafür, daß die magnetischen Feldlinien das von der Akkretionsscheibe umschlossene Gebiet nicht verlassen können. Da jedoch das Schwarze Loch den größten Teil dieses Gebietes einnimmt, verlaufen die meisten magnetischen Feldlinien durch das Schwarze Loch.

Woher stammen diese Feldlinien überhaupt? Ihr Ursprung ist die Akkretionsscheibe. Alles Gas im Universum ist magnetisiert, zumindest in geringem Maße, und das Gas der Akkretionsscheibe bildet hier keine Ausnahme.* Während das Gas der Akkretionsscheibe also im Laufe der Zeit entlang den magnetischen Feldlinien in das Schwarze Loch fällt, stattet es das Loch mit magnetischen Feldlinien aus. Diese Feldlinien ragen, wie in Abbildung 9.7 d gezeigt, aus dem Horizont heraus und sollten schließlich, da sie durch die Akkretionsscheibe nicht entweichen können, nach Art des Blandford-Znajek-Prozesses dem Schwarzen Loch Rotationsenergie entziehen.

Alle vier hier beschriebenen Prozesse zur Erzeugung von Doppeljets sind wahrscheinlich in unterschiedlichem Maße in Quasaren, Radiogalaxien und in den exotischen Kernen mancher Galaxientypen (sogenannten *aktiven Galaxienkernen*) wirksam.

Wenn Quasare und Radiogalaxien durch denselben Prozeß mit Energie versorgt werden, warum sehen sie dann so unterschiedlich aus?[29] Warum scheint das Licht eines Quasars von einer einzigen, sternähnlichen Quelle auszugehen, die einen Lichtmonat oder weniger im Durchmesser mißt, während das Licht ei-

* Die magnetischen Felder haben sich im Laufe der Entstehung des Universums durch die Bewegungen interstellaren und stellaren Gases gebildet. Sind sie erst einmal entstanden, verschwinden sie so schnell nicht wieder. Wenn sich also interstellares Gas in der Akkretionsscheibe ansammelt, bringt es sein magnetisches Feld selbst mit.

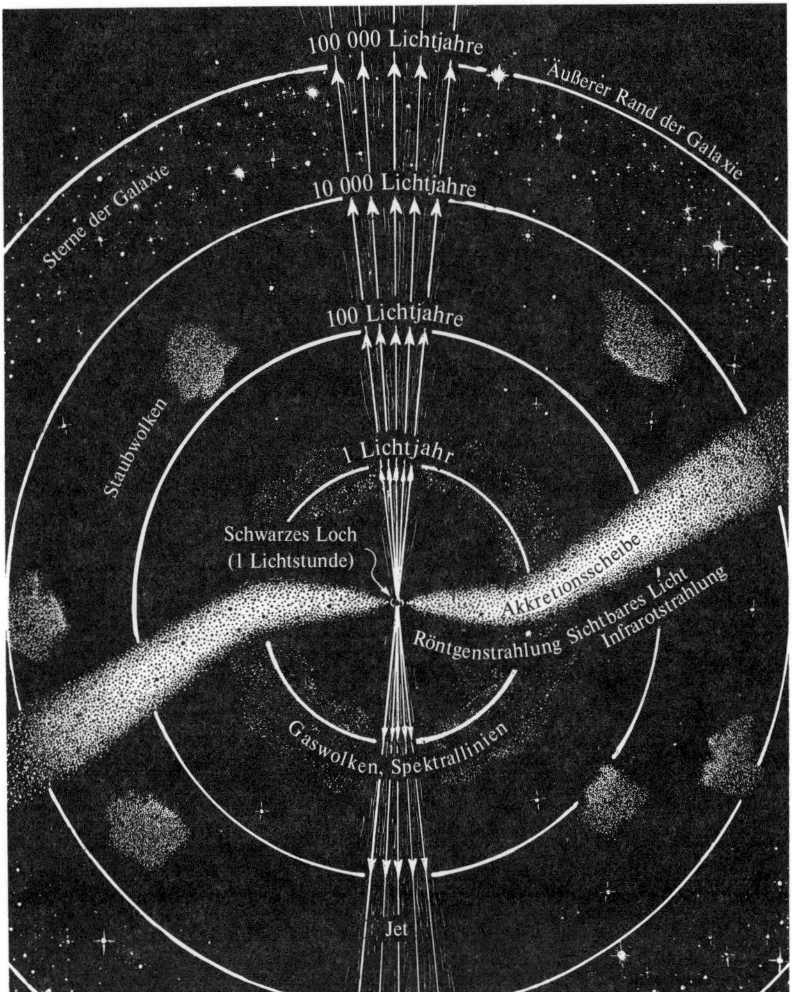

Abb. 9.8: Die Struktur von Quasaren und Radiogalaxien nach heutigem Wissensstand. Dieses detaillierte Modell wurde von Sterl Phinney am Caltech und anderen entwickelt und stellt eine Synthese aller bisherigen Beobachtungen dar.

ner Radiogalaxie aus einer riesigen Sternansammlung von der Größe der Milchstraße zu stammen scheint?

Wir können heute mit großer Sicherheit davon ausgehen, daß zwischen Quasaren und Radiogalaxien kein wesentlicher Unterschied besteht. Auch die zentrale Energiequelle eines Quasars liegt inmitten einer Galaxie von Sternen. In einem Quasar rotiert das Schwarze Loch jedoch infolge der hohen Gaseinfallsrate so schnell (Abb. 9.8), daß sich die Akkretionsscheibe durch die starke Reibung auf sehr hohe Temperaturen erwärmt. Die Hitze läßt die Akkretionsscheibe so hell leuchten, daß sie alle Sterne der umgebenden Galaxie um das Hundert- oder Tausendfache an optischer Leuchtkraft übertrifft. Die Astronomen sind von der Helligkeit der Scheibe so geblendet, daß sie die Sterne der umgebenden Galaxie nicht wahrnehmen können. Aus diesem Grund haben sie den Eindruck, ein »quasistellares« Objekt und nicht eine Galaxie zu sehen. (Ein quasistellares Gebilde ist ein sternähnliches leuchtendes Objekt, das heißt ein winziger Lichtpunkt am Himmel.)*

Das innerste Zentrum der Akkretionsscheibe ist so heiß, daß es Röntgenstrahlung aussendet. Etwas weiter außen ist die Scheibe kühler und emittiert UV-Strahlung. Noch weiter außen strahlt sie sichtbares Licht ab, und am äußersten Rand emittiert sie Infrarotstrahlung. Die Region, die sichtbares Licht aussendet, hat in der Regel einen Radius von einem Lichtjahr, obwohl sie gelegentlich auch kleiner sein kann, so wie im Fall des Quasars 3C273, der eine Größe von einem Lichtmonat besitzt. In diesen Fällen kann die Helligkeit mit einer Periode von einem Monat schwanken. Ein großer Teil der aus dem Zentrum der Akkretionsscheibe stammenden Röntgen- und UV-Strahlung trifft auf Gaswolken, die mehrere Lichtjahre von der Scheibe entfernt liegen. Diese Gaswolken werden erwärmt und senden Strahlung aus. Genau anhand der von diesen Gaswolken ausgesandten Spektrallinien wurden Quasare erstmals beoachtet. In manchen Quasaren entsteht darüber hinaus ein magnetischer Teilchenwind, der so stark und derart gebündelt auftritt, daß er Jets erzeugt, die Radiostrahlung emittieren.

In einer Radiogalaxie dagegen dürfte das Zentrum der Akkretionsscheibe vergleichsweise ruhig sein. »Ruhe« bedeutet hier weniger Reibung, weniger Wärme und weniger Leuchtkraft. Das heißt, die Akkretionsscheibe gibt wesentlich weniger Licht ab als die restliche Galaxie. Astronomen nehmen folglich durch ihre optischen Teleskope die Galaxie und nicht die Scheibe wahr. Gleichwohl ist anzunehmen, daß die Scheibe, das rotierende Loch und die magnetischen Feldlinien nach der Art des in Abbildung 9.7 d dargestellten Blandford-Znajek-Prozesses energiereiche Strahlen erzeugen, die die Galaxie verlassen und bis in den intergalaktischen Raum vorstoßen, wo sie die riesigen Radiowolken der Muttergalaxie mit Energie versorgen.

* Der Begriff »Quasar« ist eine Abkürzung für »quasistellar« (= sternähnlich).

Diese auf Schwarzen Löchern basierenden Erklärungen für Quasare und Radiogalaxien sind so erfolgreich, daß sie zu der Behauptung verführen, sie *müßten* richtig sein und die von den Galaxien ausgehenden Jets seien der eindeutige Beweis für die Existenz Schwarze Löcher. Doch Astrophysiker sind vorsichtig. Sie wünschen sich einen Beweis, der hieb- und stichfest ist. Noch ist es möglich, alle Eigenschaften von Radiogalaxien und Quasaren auch auf andere Weise zu erklären, zum Beispiel durch die Annahme schnell rotierender, magnetischer, sehr massereicher Sterne – Sterne, die millionen- oder milliardenmal so massereich wie die Sonne sind und die rein theoretisch den Kern von Galaxien bilden können, auch wenn sie noch niemals beobachtet wurden. Ein solcher massereicher Stern würde sich ähnlich wie die Akkretionsscheibe eines Schwarzen Loches verhalten. Durch Kontraktion und Verkleinerung seines Volumens (wobei sein Umfang jedoch immer noch größer als der kritische Umfang bliebe) würde er gewaltige Mengen an Gravitationsenergie freisetzen, die den Stern durch Reibung so stark erwärmen würde, daß er so hell wie eine Akkretionsscheibe leuchtete. Die durch den Stern verlaufenden magnetischen Feldlinien könnten darüber hinaus rotieren und so dafür sorgen, daß Plasma in Jets nach außen geschleudert würde.

Es ist durchaus denkbar, daß manche Radiogalaxie oder mancher Quasar von einem derartigen Stern mit Energie versorgt wird. Den physikalischen Gesetzen zufolge muß ein solcher Stern jedoch unaufhaltsam schrumpfen, bis er seinen kritischen Umfang unterschritten hat und unweigerlich zu einem Schwarzen Loch kollabiert. Die Lebensdauer bis zu seinem Kollaps müßte weitaus geringer sein als das Alter des Universums. Dies läßt vermuten, daß extrem massereiche Sterne *möglicherweise* die Energiequelle jüngerer Radiogalaxien und Quasare sind, daß ältere Galaxien und Quasare aber sehr wahrscheinlich von riesigen Schwarzen Löchern mit Energie versorgt werden. Dies läßt sich jedoch nur *mit großer Wahrscheinlichkeit*, nicht *mit letzter Sicherheit* annehmen. Die Beweise sind noch nicht lückenlos.

Wie verbreitet sind eigentlich solche riesigen Schwarzen Löcher? Seit den achtziger Jahren gibt es immer mehr Anhaltspunkte dafür, daß Schwarze Löcher nicht nur in den meisten Quasaren und Radiogalaxien existieren, sondern auch in den Zentren der meisten großen gewöhnlichen Galaxien wie zum Beispiel in der Milchstraße oder Andromeda. Es gibt sogar Anzeichen dafür, daß auch die Kerne mancher kleinerer Galaxien riesige Schwarze Löcher enthalten, wie zum Beispiel M32, der Zwergbegleiter von Andromeda. In gewöhnlichen Galaxien (Andromeda, M32 oder unserer Milchstraße) sind Schwarze Löcher vermutlich nicht von einer Akkretionsscheibe umgeben, oder falls doch, dann auf jeden Fall nur von einer sehr dünnen Scheibe, die sehr bescheidene Energiemengen ausstößt.

Die Anhaltspunkte, die seit 1993 für die Existenz eines solchen Loches in der Milchstraße sprechen, sind zwar vielversprechend, doch keineswegs gesichert.[30] Eine Schlüsselrolle bei dieser Vermutung kommt dem Verhalten von Gaswolken in der Nähe des Zentrums der Milchstraße zu. Infratrotaufnahmen, die von Charles Townes und anderen Kollegen von der University of California in Berkeley gemacht wurden, zeigen, daß diese Wolken um ein Objekt kreisen, das ungefähr dreimillionenmal so schwer ist wie die Sonne. Radiobeobachtungen deuten außerdem auf eine merkwürdige, aber nicht sehr starke Radioquelle im Zentrum des schweren Objekts hin – eine Radioquelle, die nicht größer als unser Sonnensystem und somit erstaunlich klein ist. Es handelt sich um die Art von Beobachtungen, die man in der Umgebung eines ruhigen, drei Millionen Sonnenmassen schweren Schwarzen Loches mit nur einer dünnen Akkretionsscheibe erwarten würde. Aber die Beobachtungen lassen sich auch problemlos auf andere Weise erklären.

Die Möglichkeit, daß riesige Schwarze Löcher in den Kernen von Galaxien existieren könnten, kam für die Astronomen völlig überraschend. Rückblickend läßt sich jedoch leicht verstehen, wie sich solche Löcher in einem galaktischen Kern bilden können.

In jeder Galaxie, in der zwei Sterne nahe aneinander vorbeiwandern, führt die Gravitationskraft dazu, daß die beiden Sterne angezogen und aus ihrer ursprünglichen Bahn geschleudert werden. (Diesen Effekt nutzt auch die NASA aus, wenn sie ein Raumfahrzeug nahe an einem Planeten wie Jupiter vorbeifliegen läßt und dadurch eine Kursänderung herbeiführt.) Bei einem solchen Ereignis wird einer der Sterne gewöhnlich nach innen, zum galaktischen Zentrum hin, geschleudert, während der andere einen Stoß nach außen, weg vom Zentrum, erhält. Der kumulierte Effekt vieler solcher Ablenkungen bewirkt, daß manche Sterne tief in den Kern der Galaxie eindringen. Außerdem, so hat sich herausgestellt, strömt infolge von Reibung auch eine große Menge interstellaren Gases in das galaktische Zentrum.

Je mehr Gas und Sterne sich im Kern der Galaxie ansammeln, desto stärker sollte die Gravitation in diesem Gebiet werden. Irgendwann übersteigt sie möglicherweise den inneren Druck des galaktischen Kerns, so daß die Anhäufung von Sternen und Gas zu einem riesigen Schwarzen Loch kollabiert. Alternativ könnte man sich vorstellen, daß einzelne massereiche Sterne in diesem Konglo-

merat kollabieren und kleine Schwarze Löcher erzeugen, die wiederum mit anderen kleinen Löchern, Sternen oder Gas zusammenstoßen und immer größer werden, bis schließlich wieder ein einziges riesiges Schwarzes Loch den galaktischen Kern beherrscht. Wissenschaftler haben versucht, den zeitlichen Rahmen solcher Entwicklungen abzuschätzen, und sind zu dem Ergebnis gekommen, daß die meisten Galaxien schon längst über ein riesiges Schwarzes Loch in ihrem Inneren verfügen dürften. (Zwingend ist dies jedoch nicht.)
Wenn astronomische Beobachtungen nicht sehr stark darauf hindeuteten, daß die Kerne von Galaxien riesige Schwarze Löcher enthalten, dann würden sie von Astrophysikern wohl auch heute noch nicht vorhergesagt werden. Aber die Beobachtungen lassen diese Vermutung sehr plausibel erscheinen, so daß es Astrophysikern leichtfällt, ihre Theorien mit dieser Vorstellung in Einklang zu bringen. Dies zeigt jedoch, wie wenig wir verstehen, was in den Kernen von Galaxien wirklich vorgeht.

Was hält die Zukunft bereit? Müssen wir befürchten, daß das riesige Schwarze Loch im Zentrum der Milchstraße eines Tages unsere Erde verschluckt? Ein paar Zahlen können uns hier beruhigen. Das Schwarze Loch im Zentrum der Milchstraße (wenn es überhaupt existiert) ist etwa dreimillionenmal schwerer als die Sonne und hat folglich einen Umfang von ungefähr fünfzig Millionen Kilometern oder knapp zweihundert Lichtsekunden. Dies entspricht ungefähr einem Zehntel des Umfangs der Erdumlaufbahn um die Sonne. Verglichen mit der Ausdehnung der Galaxie ist dies winzig. Gemeinsam mit der Sonne bewegt sich die Erde in einer Umlaufbahn um das Zentrum der Galaxie. Der Umfang dieser Umlaufbahn beträgt 200000 Lichtjahre und ist damit dreißigmilliardenmal größer als der Umfang des Loches. Selbst wenn das Loch irgendwann den größten Teil der Masse der Galaxie verschluckt hätte, würde sein Umfang trotzdem nur auf ungefähr ein Lichtjahr zunehmen und wäre damit immer noch zweihunderttausendmal kleiner als der Umfang unserer Umlaufbahn.
Natürlich wird sich die Umlaufbahn von Erde und Sonne in den ungefähr 10^{18} Jahren, die es dauert, bis das Loch einen großen Teil der Galaxie verschluckt haben wird, beträchtlich verändern. (Dieser Zeitraum ist hundertmillionenmal länger als das gegenwärtige Alter des Universums.) Es ist nicht möglich, die Einzelheiten dieser Veränderungen vorherzusagen, da wir nicht genug über die Positionen und Bewegungen der anderen Sterne wissen, denen die Sonne und die Erde im Laufe der kommenden 10^{18} Jahre begegnen werden. Folglich können wir auch nicht vorhersagen, ob Erde und Sonne irgendwann im Inneren des

Schwarzen Loches verschwinden oder aus der Galaxie hinausgeschleudert werden. Wir können allerdings zuversichtlich sein, daß eine solche Vernichtung der Erde, sollte sie real werden, 10^{18} Jahre in der Zukunft liegt – und dies ist ein so enormer Zeitraum, daß bis dahin viele andere Katastrophen die Erde und die Menschheit heimgesucht haben werden.

10. Kapitel *Kräuselungen der Raumzeit*

worin Gravitationswellen von Kollisionen Schwarzer Löcher künden und Physiker Instrumente entwerfen, um die verschlüsselten Symphonien zu empfangen und zu enträtseln

Symphonien

Vor einer Milliarde Jahre bildete sich im Kern einer fernen Galaxie, eine Milliarde Lichtjahre von der Erde entfernt, eine dichte Ansammlung von Gas und vielen hundert Millionen Sternen. Dieser Sternhaufen schrumpfte im Laufe der Zeit allmählich zusammen. Viele Sterne wurden aus dem Haufen herausgeschleudert, während die verbleibenden hundert Millionen Sterne näher zusammenrückten. Nach etwa hundert Millionen Jahren war das Gebilde so stark geschrumpft, daß es nur noch einen Durchmesser von wenigen Lichtjahren besaß. Kleinere Sterne begannen miteinander zu kollidieren und vereinigten sich zu größeren Sternen. Die großen Sterne erschöpften allmählich ihre Brennstoffvorräte und kollabierten zu Schwarzen Löchern. Gelegentlich flogen ein paar Löcher so nah aneinander vorbei, daß sie sich gegenseitig in eine Umlaufbahn zogen.

Abbildung 10.1 zeigt ein Einbettungsdiagramm für ein solches *binäres System Schwarzer Löcher*. Jedes Loch erzeugt eine tiefe Mulde in der Einbettungsfläche – oder anders ausgedrückt, eine starke Raumzeitkrümmung, aus der Kräuselungen der Raumzeit hervorgehen, die sich mit Lichtgeschwindigkeit ausbreiten, während die Löcher einander umkreisen. Die Kräuselungen bilden, ähnlich wie Wasser aus einem rotierenden Rasensprenger, ein spiralförmiges Muster in der Umgebung der beiden Löcher. So wie jeder Wassertropfen aus dem Sprenger fast radial nach außen fliegt, breitet sich auch jede Kräuselung der Raumzeit fast radial nach außen aus. Aber so wie die nach außen fliegenden Wassertropfen durch die Rotation des Sprengers einen spiralförmigen Wasserstrom bilden, erzeugen alle Kräuselungen zusammen die in Abbildung 10.1 gezeigten spiralförmigen Wellen und Täler.

Da die Begriffe Krümmung der Raumzeit und Gravitation dasselbe Phänomen bezeichnen, sind die Kräuselungen der Raumzeit nichts anderes als *Gravitationswellen.* Wie die Einsteinsche allgemeine Relativitätstheorie vorhersagt, müssen solche Gravitationswellen entstehen, wenn zwei Schwarze Löcher oder auch zwei Sterne einander umkreisen.

Abb. 10.1: Dieses Einbettungsdiagramm zeigt die Krümmung des Raumes in der »Bahnebene« eines Doppelsternsystems, das aus zwei Schwarzen Löchern besteht. Im Zentrum befinden sich zwei Mulden, die der starken Raumzeitkrümmung am Horizont der Schwarzen Löcher entsprechen. Es handelt sich um dieselben Vertiefungen, die uns aus vorangegangenen Einbettungsdiagrammen für Schwarze Löcher bekannt sind, zum Beispiel aus Abbildung 7.6. Während die Löcher einander umkreisen, erzeugen sie eine sich ausbreitende, wellenartige Raumzeitkrümmung, die sogenannten Gravitationswellen. [*LIGO Project, California Institute of Technology.*]

Während die Gravitationswellen sich ausbreiten, wirken sie auf die Löcher zurück, ähnlich wie das Abfeuern einer Kugel einen Rückstoß auf das Gewehr ausübt. Dies führt dazu, daß sich die Löcher einander nähern, beschleunigt werden und auf diese Weise in einer Spirale allmählich aufeinander zustürzen. Dadurch wird Gravitationsenergie freigesetzt, die zum Teil in die Gravitationswellen fließt und zum Teil in die Erhöhung der Umlaufgeschwindigkeit der Löcher eingeht. Zunächst bewegen sich die Löcher nur langsam aufeinander zu. Mit zunehmender Annäherung wird ihre Geschwindigkeit jedoch immer höher und werden immer mehr Gravitationswellen ausgesandt. Dies wiederum führt dazu, daß sie noch mehr Energie verlieren und noch schneller aufeinander zustürzen (Abb. 10.2 a, b). Schließlich erreichen die Löcher fast Lichtgeschwindigkeit, ihre Horizonte berühren sich und verschmelzen. Wo einst zwei Löcher einander umkreisten, befindet sich nun nur noch ein einziges, rasch rotierendes, hantelförmiges Loch (Abb. 10.2 c). Während es rotiert, sendet sein Horizont Strahlung in Form von Raumzeitkräuselungen aus, die auf das Loch zurückwirken und seine han-

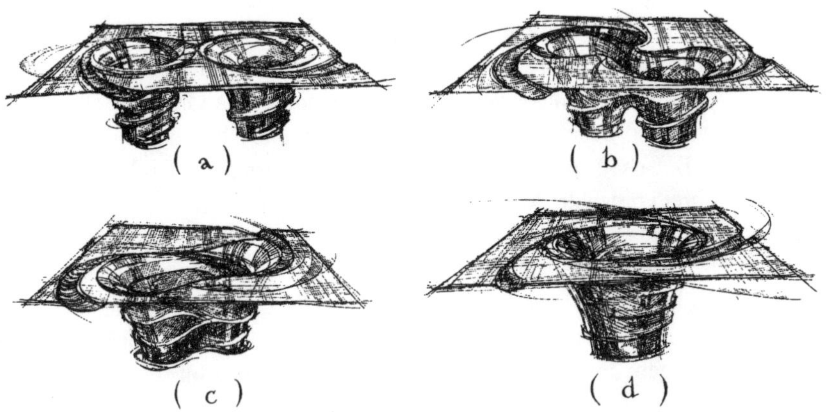

Abb. 10.2: Diese Einbettungsdiagramme stellen die Raumkrümmung in der Umgebung eines Doppelsternsystems dar, das aus zwei Schwarzen Löchern besteht, die sich spiralförmig einander nähern. Die Diagramme, die aufeinanderfolgende Zeitpunkte wiedergeben, wurden vom Zeichner so schraffiert, daß sie einen Eindruck von der Bewegung vermitteln. In den Diagrammen (a) und (b) entsprechen die Horizonte der Löcher den Kreisen am Boden der Mulden. In (c) vereinigen sich die Horizonte zu einem einzigen, hantelförmigen Horizont. Die rotierende Hantel emittiert Gravitationswellen, bis die Deformation verschwunden ist und das von Kerr beschriebene ebenmäßige, rotierende Loch zurückbleibt (d). [*LIGO Project, California Institute of Technology.*]

telförmigen Ausbuchtungen verkleinern, bis sie schließlich völlig verschwunden sind (Abb. 10.2 d). Der Horizont des rotierenden Loches bleibt vollkommen glatt zurück. Ein Querschnitt durch seinen Äquator zeigt die Kreisform, die von Kerrs Lösung der Einsteinschen Feldgleichung beschrieben wurde (Kapitel 7). Wenn man das zurückgebliebene glatte Schwarze Loch untersucht, findet man nicht mehr die geringsten Hinweise auf seine Entstehungsgeschichte. Es läßt sich nicht erkennen, ob es aus der Verschmelzung zweier kleiner Löcher entstanden ist oder aus dem Kollaps eines Sterns aus Materie oder gar aus dem Kollaps eines Sterns aus Antimaterie. Das Schwarze Loch hat keine »Haare«, aus denen sich Rückschlüsse auf seine Vergangenheit ziehen ließen (Kapitel 7). Allerdings ist seine Entstehungsgeschichte nicht vollständig im Dunkel des Horizonts verloren. Ein Relikt der Vergangenheit ist erhalten geblieben: die von den verschmelzenden Löchern ausgesandten Kräuselungen der Raumzeit, die in verschlüsselter Form Zeugnis von den Ereignissen ablegen. Diese Kräuselungen der Raumzeit lassen sich mit den Schallwellen einer Symphonie vergleichen. So wie die Symphonie in den Modulationen der Schallwellen verschlüsselt ist (große Amplituden hier, kleinere dort; hochfrequente Schwingungen hier, niederfrequente dort), enthalten die Modulationen der Gravitationswellen die Geschichte der verschmelzenden Schwarzen Löcher. Und so wie die Schallwellen die verschlüsselten Informationen der Symphonie vom Orchester zum Publikum tragen, so tragen die Kräuselungen der Raumzeitkrümmung ihre verschlüsselte Botschaft von den verschmelzenden Löchern durch das Universum. Zunächst breiten sich die Kräuselungen der Raumzeit durch die Ansammlung von Sternen und Gas aus, in der die beiden Löcher entstanden sind. Sie werden dabei weder absorbiert noch verzerrt; die verschlüsselte Geschichte bleibt völlig unangetastet. Dann verlassen sie ihre Muttergalaxie, durchqueren den intergalaktischen Raum, breiten sich durch den Galaxienhaufen aus, in den ihre Muttergalaxie eingebettet ist, verlassen auch diesen und dringen auf diese Weise immer weiter in das Universum vor. Schließlich erreichen sie den Galaxienhaufen, in dem unsere Milchstraße angesiedelt ist, durchqueren die Milchstraße, unser Sonnensystem, durchdringen die Erde und breiten sich weiter aus, zu immer entfernteren Galaxien.

Wenn wir es klug genug anstellten, müßten wir in der Lage sein, die Gravitationswellen zu registrieren, die die Erde passieren. Mit Hilfe von Computern könnten wir sie in Schallwellen umformen und die Symphonie der Schwarzen Löcher hören: eine Symphonie, die allmählich an Tonhöhe und Intensität zunimmt, je enger die Löcher einander umkreisen, die zu einem wilden Crescendo anwächst, wenn die Löcher zu einem einzigen deformierten Gebilde verschmelzen, und die stetig ruhiger und leiser wird, je kleiner die unregelmäßigen Verformungen des Loches werden, bis sie schließlich ganz verschwinden.

Wenn wir es nur verstehen, sie zu entschlüsseln, wird die Symphonie der Gravitationswellen eine Vielzahl von Informationen freigeben:

1. Die Symphonie verrät uns, daß sie von zwei einander umkreisenden Schwarzen Löchern stammt, die miteinander kollidieren und zu einem einzigen Loch verschmelzen. Es handelt sich dabei um jene Art eindeutiger Signatur eines Schwarzen Loches, nach der die Astronomen bisher im Bereich des sichtbaren Lichts, der Röntgenstrahlen (Kapitel 8) und der Radiowellen (Kapitel 9) vergeblich gesucht haben. Licht, Röntgenstrahlen und Radiowellen werden weit außerhalb des Horizonts eines Schwarzen Loches erzeugt. Sie werden von stark erwärmten, sehr schnellen Elektronen emittiert, einem »Stoff«, der sich vollkommen von dem unterscheidet, woraus das Schwarze Loch besteht, nämlich aus reiner Krümmung der Raumzeit. Licht, Röntgenstrahlen und Radiowellen werden darüber hinaus auf dem Weg durch das Universum von der dazwischenliegenden Materie stark verzerrt. Sie können uns folglich wenig Informationen über das Loch selbst vermitteln und stellen

keine eindeutige Signatur dar. Die Kräuselungen der Raumzeit dagegen werden ganz in der Nähe der beiden miteinander verschmelzenden Schwarzen Löcher erzeugt. Sie bestehen aus demselben »Material« wie die Löcher – aus einer Krümmung der Raumzeit – und werden auf ihrem Weg durch das Universum von der dazwischenliegenden Materie nicht verzerrt. Folglich können sie uns detaillierte Informationen über die Schwarzen Löcher liefern und stellen eine eindeutige Signatur dar, anhand deren Schwarze Löcher identifiziert werden können.

2. Die Schwingungen der Symphonie enthalten Informationen über die Massen der beiden Löcher, über ihre Umlaufgeschwindigkeit, über die Gestalt ihrer Umlaufbahn (kreisförmig oder elliptisch), über ihre Position am Himmel und ihre Entfernung von der Erde.
3. Die Symphonie vermittelt uns weiterhin ein – wenn auch noch unvollständiges – Bild der Raumzeitkrümmung der ineinanderstürzenden Schwarzen Löcher. Erstmals werden wir in der Lage sein, die Vorhersagen der allgemeinen Relativitätstheorie über Schwarze Löcher zu prüfen: Stimmt das Bild mit Kerrs Lösung der Einsteinschen Feldgleichung (Kapitel 7) überein? Zeigt es, daß der Raum in der Nähe des rotierenden Loches einen Wirbel bildet, wie Kerrs Lösung es fordert? Stimmt die Intensität des Wirbels mit Kerrs Lösung überein? Bestätigt das Bild die von Kerrs Lösung beschriebene Veränderung des Wirbels bei zunehmender Annäherung an den Horizont?
4. Die Symphonie beschreibt die Verschmelzung der beiden Löcher und die dabei entstehenden wilden Schwingungen, von denen wir uns heute nur eine äußerst schwache Vorstellung machen können. Der Grund dafür ist, daß diese Schwingungen von einem Aspekt der Einsteinschen allgemeinen Relativitätstheorie beherrscht werden, den wir noch nicht sehr gut verstehen: der *Nichtlinearität* der Gesetze (Kasten 10.1). Darunter ist die Eigenschaft zu verstehen, daß eine starke Krümmung dazu neigt, mehr Krümmung zu erzeugen, die ebenfalls wieder Krümmung erzeugt und so weiter – ähnlich einer Lawine, bei der eine kleine Menge rutschenden Schnees immer mehr Schnee mitreißt, bis schließlich ein ganzer Berghang in Bewegung ist. Wir verstehen das Phänomen der Nichtlinearität nur im Falle eines ruhigen Schwarzen Loches, für dessen Stabilität es verantwortlich ist. Handelt es sich jedoch um eine stark dynamische Krümmung, wissen wir weder, wie sich die Nichtlinearität verhält, noch, was ihre Auswirkungen sind. Aus diesem Grund stellt das Verschmelzen zweier Löcher mit den dabei entstehenden starken Schwingungen ein vielversprechendes »Laboratorium« dar, mit dessen Hilfe wir versuchen können, dieses Phänomen zu ergründen. Dazu be-

Kasten 10.1

Das Phänomen der Nichtlinearität und seine Auswirkungen

Eine Größe wird als *linear* bezeichnet, wenn sie die Summe ihrer einzelnen Bestandteile ist; andernfalls gilt sie als *nichtlinear.*

Mein Familieneinkommen ist linear: Es ist die Summe des Einkommens meiner Frau und meines eigenen Gehaltes. Das Geld, das mir aus meiner Rentenversicherung zusteht, ist nichtlinear: Es ist nicht die Summe aller meiner Beitragszahlungen, sondern es ist viel mehr, weil jeder Beitrag sofort Zinsen erwirtschaftet, die wiederum verzinst werden.

Die Wassermenge, die durch ein Abwasserrohr fließt, ist linear: Es ist die Summe aller Abwässer, die von den angeschlossenen Haushalten eingeleitet werden. Die Schneemenge, die in einer Lawine abwärts stürzt, verhält sich nichtlinear. Eine winzige Menge Schnee kann einen ganzen Abhang ins Rutschen bringen.

Lineare Phänomene sind einfach zu untersuchen und vorherzusagen. Nichtlineare Phänomene sind dagegen komplex und sehr schwer vorhersagbar. Lineare Phänomene zeigen nur bestimmte Verhaltensweisen; sie sind leicht zu kategorisieren. Nichtlineare Phänomene sind dagegen sehr vielfältig – und zwar in einem Umfang, den Wissenschaftler und Ingenieure erst seit einiger Zeit ermessen können, seit sie sich mit einer Art des nichtlinearen Verhaltens beschäftigen, das unter dem Begriff *Chaos* bekannt ist. (Eine gute Einführung in die Chaosforschung bietet Gleick, 1987.)

Wenn die Krümmung der Raumzeit schwach ist (wie im Sonnensystem), verhält sie sich nahezu linear. Die Gezeiten auf der Erde beispielsweise entsprechen der Summe der von Mond und Sonne infolge ihrer Gravitation (Raumzeitkrümmung) hervorgerufenen Gezeiten. Wenn die Raumzeitkrümmung dagegen sehr stark ist (wie beim Urknall und in der Nähe eines Schwarzen Loches), dann sagen Einsteins Gravitationsgesetze voraus, daß die Krümmung sich extrem nichtlinear verhalten muß – so wenig linear wie kaum andere Phänomene im Universum. Bis jetzt liegen uns jedoch so gut wie keine Beobachtungsdaten oder experimentellen Ergebnisse vor, die die Auswirkungen einer nichtlinearen Gravitation demonstrieren. Unsere Bemühungen, die Einsteinschen Gleichungen zu lösen, haben sich darüber hinaus bislang als so unzulänglich erwiesen, daß wir die Nichtlinearität nur in sehr einfachen Situationen verstehen, zum Beispiel in der Umgebung eines ruhigen, rotierenden Schwarzen Loches.

Ein ruhiges Schwarzes Loch verdankt seine Existenz der nichtlinearen Gravitation. Ohne dieses Phänomen könnte das Loch langfristig ebensowenig existieren wie der Große Rote Fleck auf Jupiter, der eine Folge nichtlinearer Vorgänge in der Jupiteratmosphäre ist.

Wenn der kollabierende Stern seinen kritischen Umfang unterschreitet und ein Schwarzes Loch bildet, verliert er jeden Einfluß auf das entstandene Loch. Insbesondere ist die Gravitation des Sterns nicht mehr in der Lage, das Loch zusammenzuhalten. Das Loch existiert nur noch aufgrund der nichtlinearen Gravitation: Seine Raumzeitkrümmung erneuert sich ständig auf nichtlineare Weise, und diese selbsterzeugte Krümmung hält das Schwarze Loch zusammen.

Ein solches ruhiges Schwarzes Loch weckt natürlich in uns den Wunsch, mehr zu erfahren. Welche anderen Phänomene kann die nichtlineare Gravitation erzeugen?

Die bei der Verschmelzung zweier Schwarzer Löcher ausgesandten Kräuselungen der Raumzeit mögen einige Antworten auf diese Frage bereithalten. Und vielleicht entdecken wir bei der Beobachtung und Entschlüsselung dieser Gravitationswellen chaotische Phänomene, an die wir nie zu denken wagten.

darf es jedoch einer engen Zusammenarbeit zwischen Experimentalphysikern, die die symphonisch anmutenden Schwingungen verschmelzender Löcher im Universum beobachten, und theoretischen Physikern, die diesen Vorgang auf Supercomputern simulieren.

Ein Verständnis des Phänomens der Nichtlinearität setzt also voraus, daß man die symphonischen Kräuselungen der Raumzeit sorgfältig beobachtet. Doch wie läßt sich dies bewerkstelligen? Der Schlüssel hierzu liegt in der physikalischen Beschaffenheit der Raumzeitkrümmung, die ja nichts anderes ist als die Gezeitenwirkung der Gravitation. Die vom Mond erzeugte Krümmung der Raumzeit führt zur Ausbildung der Gezeiten auf der Erde (Abb. 10.3 a), und die Kräuselungen der Raumzeit in einer Gravitationswelle sollten einen ähnlichen Effekt auf die Ozeane der Erde haben (Abb. 10.3 b).
Der allgemeinen Relativitätstheorie zufolge unterscheiden sich jedoch die Gezeiten, die vom Mond hervorgerufen werden, in dreifacher Hinsicht von denen einer Gravitationswelle. Der erste Unterschied liegt in der Ausbreitung der Gravitationswellen, die sich, ähnlich wie Licht- oder Radiowellen, von ihrer jeweiligen Quelle mit Lichtgeschwindigkeit ausbreiten und dabei oszillieren. Die Gezeitenkräfte des Mondes dagegen verhalten sich wie das elektrische Feld eines geladenen Körpers. So wie das elektrische Feld fest mit dem geladenen Körper verbunden ist und dieser das Feld mit sich herumträgt wie ein Igel seine Stacheln, so sind auch die Gezeitenkräfte fest mit dem Mond verbunden. Unveränderlich umgeben sie ihn, stets bereits, auf alles, was in die Nähe des Mondes gelangt, zu wirken. Die Gezeitenkräfte des Mondes beeinflussen die

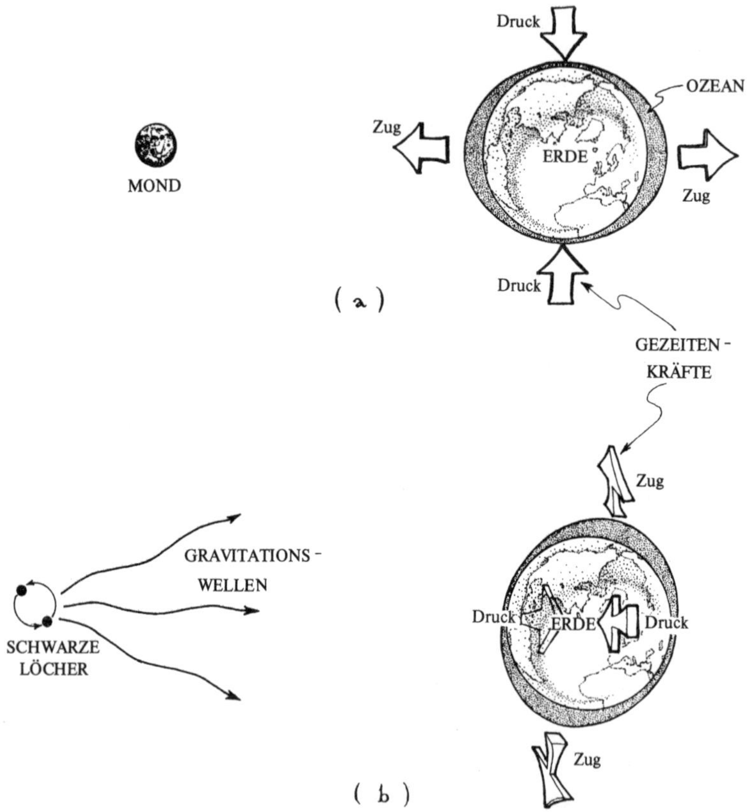

Abb. 10.3: Die Gezeitenkräfte des Mondes und einer Gravitationswelle. (a) Die vom Mond hervorgerufenen Gezeitenkräfte üben auf die Ozeane Zug und Druck aus; der Zug wirkt entlang der Achse Erde–Mond, der Druck senkrecht dazu. (b) Auch die Gezeitenwirkung einer Gravitationswelle übt Zug und Druck auf die Ozeane aus; alle Kräfte wirken quer zur Richtung der Quelle, wobei Zug in die eine und Druck in die andere transversale Richtung ausgeübt wird.

Ozeane der Erde in einer Weise, die sich scheinbar alle paar Stunden ändert, doch dieser Eindruck rührt nur daher, daß sich die Erde dreht; würde sie dies nicht tun, wäre die Gezeitenwirkung des Mondes konstant und unveränderlich. Der zweite Unterschied besteht in der Richtung, in der die Gezeitenkräfte wirken (Abb. 10.3 a, b): Der Mond erzeugt Gezeitenkräfte in alle räumlichen Richtungen. Er dehnt die Ozeane in *longitudinaler* Richtung (in Richtung zum Mond), und er preßt sie in *transversaler* Richtung zusammen (senkrecht zur Mondrichtung). Gravitationswellen erzeugen dagegen keine Gezeitenkräfte in longitudinaler Richtung (entlang der Ausbreitungsrichtung der Welle). Statt dessen werden die Meere in der transversalen Ebene in die eine Richtung gedehnt (oben/unten in Abb. 10.3 b) und in die andere Richtung zusammengepreßt (vorne/hinten in Abb. 10.3 b). Zug und Druck erfolgen im Wechsel. Während ein Wellenkamm die Erde passiert, werden die Ozeane nach oben und unten gedehnt, während sie von vorne und von hinten zusammengepreßt werden; mit der Ankunft des Wellentals ändert sich die Richtung: Nun werden die Ozeane von oben und unten zusammengepreßt und nach vorne und nach hinten gedehnt. Diese Richtungsumkehr von Zug und Druck wiederholt sich mit jedem Gravitationswellenkamm.

Der dritte Unterschied zwischen den vom Mond und den von einer Gravitationswelle verursachten Gezeiten betrifft ihre Stärke. Der Mond erzeugt Gezeiten von durchschnittlich einem Meter Höhe, so daß der Unterschied zwischen Ebbe und Flut etwa zwei Meter beträgt. Dagegen müßten die Gezeiten, die von den Gravitationswellen verschmelzender Schwarzer Löcher erzeugt werden, nicht höher als 10^{-14} Meter sein. Dies entspricht dem 10^{-21}fachen Erddurchmesser (bzw. einem Zehntausendstel des Durchmessers eines Atoms oder dem zehnfachen Durchmesser eines Atomkerns). Da die Gezeitenkräfte proportional zur Größe des Objekts sind, auf das sie wirken (Kapitel 2), dehnen und komprimieren die Gravitationswellen jedes Objekt um ungefähr das 10^{-21}fache seiner Ausdehnung; in diesem Sinne bezeichnet der Wert 10^{-21} die *Stärke der Wellen,* wenn sie die Erde erreichen.

Warum sind die Gravitationswellen so schwach? Der Grund ist, daß die verschmelzenden Schwarzen Löcher sehr weit von der Erde entfernt sind. Die Stärke einer Gravitationswelle verringert sich wie die Intensität einer Lichtwelle umgekehrt proportional zum zurückgelegten Abstand. In der Nähe der Löcher beträgt die Stärke der Gravitationswellen fast noch 1, das heißt, sie dehnen und komprimieren ein Objekt um ungefähr den Betrag seiner Größe. Menschen würden eine so starke Dehnung und Kompression nicht überleben. Bis die Wellen die Erde erreichen, hat ihre Stärke jedoch sehr abgenommen; sie läßt sich errechnen, indem man $1/30$ des Umfangs des Loches durch die zurückgelegte Wegstrecke der Wellen teilt.* Für Löcher von ungefähr zehn Sonnenmassen, die sich in einer Entfernung von einer Milliarde Lichtjahre befinden, beträgt die

* Der Faktor $1/30$ resultiert aus langwierigen Berechnungen mit der Einsteinschen Feldgleichung. Er ergibt sich aus einem Faktor $1/2\pi$ (ungefähr $1/6$), den man benötigt, um aus dem Umfang des Loches seinen Radius zu bestimmen, und einem Faktor $1/5$, der aus den Besonderheiten der Einsteinschen Feldgleichung folgt.

Stärke der Wellen also: 1/30 mal 180 Kilometer (für den Umfang des Horizonts), geteilt durch eine Milliarde Lichtjahre (für die Distanz zur Erde); dies ergibt ungefähr 10^{-21}. Aus diesem Grund dehnen und komprimieren die Gravitationswellen die Ozeane der Erde nur um $10^{-21} \times 10^{7}$ Meter = 10^{-14} Meter (wobei 10^{7} Meter der Erddurchmesser ist).

Es ist vollkommen aussichtslos, derart winzige Gezeiten auf den turbulenten Meeren der Erde nachweisen zu wollen. Nicht ganz so aussichtslos ist das Unterfangen aber, wenn wir die Gezeitenkräfte der Gravitationswellen mit einem eigens dafür entwickelten Instrument messen – einem *Gravitationswellendetektor.*

Zylindrische Gravitationswellendetektoren

Joseph Weber war der erste, der erkannte, daß der Versuch, Gravitationswellen zu empfangen, *nicht* vollkommen hoffnungslos ist. Nachdem er an der U.S. Naval Academy im Jahre 1940 den Abschluß des Bachelor* der Ingenieurwissenschaften erworben hatte, diente er im Zweiten Weltkrieg zunächst auf dem Flugzeugträger *Lexington,* bis dieser in der Seeschlacht im Korallenmeer versenkt wurde. Anschließend wurde Weber zum Kommandanten des U-Jagdbootes Nr. 690 befördert. Später, bei der Invasion Italiens im Jahre 1943, brachte er Brigadegeneral Theodore Roosevelt jr. und 1900 Ranger an Land. Nach dem Krieg wurde er Leiter der Abteilung für elektronische Abwehr des Bureau of Ships, einer Behörde der Marine. Dort erwarb er sich schnell den Ruf eines Experten auf dem Gebiet der Radiowellen- und Radartechnik, so daß die University of Maryland ihm eine ordentliche Professur für Elektrotechnik anbot, die er annahm. Mit neunundzwanzig Jahren war Weber also Professor, obwohl er keinen weiteren akademischen Grad außer seinem Bachelor vorzuweisen hatte.

Während er an der Universität Elektrotechnik lehrte, bereitete Weber einen beruflichen Wechsel vor. Er promovierte an der Catholic University in Washington bei demselben Wissenschaftler, der schon John Wheeler bei seiner Dissertation betreut hatte: Karl Herzfeld. Von Herzfeld lernte Weber so viel über die Physik der Atome, Moleküle und über Strahlung, daß er im Jahre 1951 einen Mechanismus für die Erzeugung von Laserstrahlen erfand, den er jedoch in Ermangelung der nötigen Mittel experimentell nicht realisieren konnte.

* Beim Bachelor handelt es sich um den niedrigsten akademischen Grad im englischen und amerikanischen Universitätswesen. (A.d.Ü.)

Während Weber seine Arbeit publizierte[1], entwickelten zwei Forschergruppen – eine an der Columbia University in New York unter Charles Townes und eine in Moskau unter Nikolai G. Bassow und Alexander M. Prochorow – unabhängig von ihm alternative Versionen dieses Mechanismus und konstruierten wenig später ein erstes solches Instrument.* Obwohl Weber der erste gewesen war, der einen Artikel über den Mechanismus der Laserstrahlerzeugung veröffentlicht hatte, fand er kaum Anerkennung in der Fachwelt. Der Nobelpreis und die Patente fielen den Wissenschaftlern aus New York und Moskau zu. Enttäuscht suchte sich Weber ein neues Betätigungsfeld, obwohl er enge freundschaftliche Kontakte zu Townes und Bassow aufrechterhielt.

Auf der Suche nach einer neuen Aufgabe verbrachte Weber ein Jahr in der Arbeitsgruppe von John Wheeler und wurde ein Fachmann auf dem Gebiet der allgemeinen Relativitätstheorie. Gemeinsam mit Wheeler untersuchte er die Vorhersagen der allgemeinen Relativitätstheorie zu den Eigenschaften von Gravitationswellen. Im Jahre 1957 hatte er schließlich sein neues Arbeitsfeld gefunden. Er war der erste, der ein Instrument für den Nachweis und die Aufzeichnung von Gravitationswellen baute.

Von 1957 bis 1959 bemühte sich Weber zunächst, einen umfassenden Katalog aller möglichen Methoden zur Entdeckung von Gravitationswellen zu erarbeiten. Dies war keine experimentelle Herausforderung, sondern eine, die Papier und Bleistift sowie viel Nachdenken erforderte. Vier dreihundertseitige Notizbücher füllte er mit seinen Ideen: Er entwarf verschiedene Detektoren und berechnete die erwartete Leistung jedes Entwurfs. Doch ließ er eine Idee nach der anderen wieder fallen, weil sie nicht erfolgversprechend waren. In den meisten Entwürfen erreichten die Instrumente nicht die erforderliche Empfindlichkeit. Nur einige hielten seiner kritischen Betrachtung stand, und unter diesen entschied sich Weber schließlich für einen massiven Aluminiumzylinder von etwa zwei Metern Länge, einem halben Meter Durchmesser und einem Gewicht von einer Tonne. Dieser Zylinder (Abb. 10.4) mußte quer zu den einfallenden Wellen ausgerichtet sein.[2] Die oszillierenden Gravitationswellen sollten die Enden des Zylinders zunächst zusammendrücken, dann dehnen und dann wieder zusammendrücken. Wie eine Glocke, eine Stimmgabel oder ein Weinglas besitzt der Aluminiumzylinder eine natürliche Resonanzfrequenz, mit der seine Enden

* Ihre Laser erzeugten in Wirklichkeit nicht Licht, sondern Mikrowellen (kurzwellige Radiowellen) und wurden aus diesem Grund *Maser* (Microwave Amplification by Stimulated Emission of Radiation, dt.: »Mikrowellenverstärkung durch induzierte Strahlungsemission«) genannt. »Echte« Laser (Light Amplification by Stimulated Emission of Radiation, dt.: »Lichtverstärkung durch induzierte Strahlungsemission«) konnten erst mehrere Jahre später hergestellt werden.

Abb. 10.4: Joseph Weber zeigt die piezoelektrischen Kristalle, die um die Mitte des von ihm entworfenen Aluminiumzylinders angeordnet sind; um 1973. Gravitationswellen sollten den Zylinder in Schwingungen versetzen, wobei seine Enden gegeneinander bewegt werden. Durch diese Bewegung werden die Kristalle zusammengedrückt und gedehnt und erzeugen wechselnde elektrische Spannungen, die auf elektronischem Wege nachgewiesen werden können. [*Foto von James P. Blair, National Geographic Society.*]

relativ zur Mitte nach innen und außen schwingen. Diese Schwingungen können durch die Gravitationswellen verstärkt werden. So wie eine Glocke, eine Stimmgabel oder ein Weinglas von Schallwellen mit der entsprechenden Schwingungsfrequenz zum verstärkten Mitschwingen angeregt werden können, läßt sich auch der Zylinder von oszillierenden Gravitationswellen, die seiner natürlichen Resonanzfrequenz entsprechen, zum Mitschwingen anregen. Um einen solchen Zylinder als Gravitationswellenempfänger benutzen zu können, mußte seine Größe folglich so ausgelegt sein, daß seine natürliche Schwingungsfrequenz mit der Frequenz der eintreffenden Gravitationswellen übereinstimmte.

Welche Frequenz aber würde dies sein? Im Jahre 1959, als Weber sein Projekt in Angriff nahm, glaubten sehr wenige Menschen an Schwarze Löcher (Kapitel 6), und diese wenigen wußten nicht sehr viel über ihre Eigenschaften. Niemand vermutete, daß Schwarze Löcher kollidieren, miteinander verschmelzen und dabei Gravitationswellen aussenden können. Ebensowenig gab es Hinweise auf andere Quellen von Gravitationswellen.

Weber machte sich also fast blindlings an seine Aufgabe. Sein einziger Anhaltspunkt war die grobe (aber korrekte) Vermutung, daß Gravitationswellen Frequenzen haben, die unter 10000 Hertz (10000 Schwingungen pro Sekunde) liegen. (Dies war die Umlauffrequenz eines Objekts, das sich mit Lichtgeschwindigkeit um einen Stern bewegt, der eine höchstmögliche Dichte und fast den kritischen Umfang besitzt.)[3] Weber entwickelte also hochempfindliche Detektoren mit Resonanzfrequenzen unter 10000 Hertz und hoffte, daß das Universum Gravitationswellen der von ihm gewählten Frequenzen erzeugen würde. Er hatte Glück. Die Resonanzfrequenzen seiner Aluminiumzylinder bewegten sich in der Größenordnung von 1000 Hertz (1000 Schwingungen pro Sekunde), und es hat sich herausgestellt, daß die von verschmelzenden Schwarzen Löchern ausgesandten Gravitationswellen – ebenso wie manche der bei Supernova-Explosionen und bei der Vereinigung zweier Neutronensterne erzeugten Wellen – genau in diesem Frequenzbereich liegen.

Die größte Herausforderung in Webers Vorhaben bestand in der Entwicklung eines *Sensors*, der geeignet war, die Schwingungen seiner Aluminiumzylinder nachzuweisen. Diese durch die Gravitationswellen angeregten Schwingungen waren sehr klein, so vermutete Weber, kleiner als der Durchmesser eines Atomkerns. (Wie klein diese Schwingungen tatsächlich sind, davon machte sich Weber in den sechziger Jahren allerdings noch keine Vorstellung: Jüngsten Schätzungen zufolge betragen sie nur $\approx 10^{-21}$ Meter oder ein Millionstel des Durchmessers eines Atomkerns.) In den späten fünfziger und sechziger Jahren waren die meisten Physiker davon überzeugt, daß eine Schwingung in der Größenordnung von einem Zehntel des Durchmessers eines Atomkerns nicht nachweisbar sei. Weber war anderer Meinung und erfand einen Sensor, der sich dieser Aufgabe gewachsen zeigte. Das Instrument nutzte den *piezoelektrischen Effekt*, der entsteht, wenn bestimmte Kristalle und keramische Materialien einem Druck ausgesetzt sind und darauf mit der Erzeugung elektrischer Span-

nung reagieren. Am liebsten hätte Weber seine Detektoren vollständig aus einem solchen Material hergestellt, doch war dies viel zu teuer, so daß er sich für die zweitbeste Lösung entschied: Er stellte einen Aluminiumzylinder her, auf dessen Oberfläche er piezoelektrische Kristalle anbrachte (Abb. 10.4). Während der Zylinder schwingt, werden die Kristalle an seiner Oberfläche gedehnt und zusammengedrückt, so daß jeder Kristall eine oszillierende Spannung erzeugt. Weber schaltete die Kristalle hintereinander, so daß sich ihre winzigen Spannungen addierten und elektronisch nachgewiesen werden konnten. Auf diese Weise sollten die Schwingungen des Zylinders meßbar sein, selbst wenn deren Amplitude nur ein Zehntel des Durchmessers eines Atomkerns betrug.
In den frühen sechziger Jahren war Weber der einzige Experimentalphysiker der Welt, der versuchte, Gravitationswellen zu messen. Da der Wettlauf um die Entwicklung des Lasers einen bitteren Nachgeschmack bei ihm hinterlassen hatte, fühlte er sich in dieser Einsamkeit sehr wohl. Seine Erfolge bei der Entwicklung hochempfindlicher Empfänger sowie Hinweise darauf, daß er Gravitationswellen entdeckt haben könnte (was ich rückblickend für ausgeschlossen halte), zogen jedoch Dutzende anderer Experimentalphysiker an. Und so wetteiferten in den achtziger Jahren bereits mehr als hundert begabte Physiker darum, der Gravitationswellenastronomie zum Durchbruch zu verhelfen.[4]

Ich traf Weber das erste Mal am Fuße des Mont Blanc in Frankreich. Es war im Sommer 1963, vier Jahre nachdem er begonnen hatte, Detektoren für den Empfang von Gravitationswellen zu entwerfen. Ich hatte gerade mit meiner Doktorarbeit auf dem Gebiet der allgemeinen Relativitätstheorie begonnen und besuchte nun mit fünfunddreißig anderen Studenten aus aller Welt eine zweimonatige Sommerschule in den französischen Alpen. Es ging um Einsteins Gravitationsgesetze, und unsere Lehrer waren John Wheeler, Roger Penrose, Charles Misner, Bryce DeWitt, Joseph Weber und andere – kurz, die weltbesten Physiker auf dem Gebiet der allgemeinen Relativitätstheorie.[5] Die Vorträge und privaten Diskussionen fanden vor einer wundervollen Kulisse statt: Hoch über uns glitzerten die schneebedeckten Gipfel der Aiguille de Midi und des Mont Blanc, um uns herum weideten Kühe mit Glocken um den Hals auf saftig grünen Wiesen, und mehrere hundert Meter unterhalb unserer Schule lag malerisch das Dorf Les Houches.
In dieser herrlichen Umgebung hielt Weber Vorträge über Gravitationswellen und sein Vorhaben, sie mit Hilfe von besonderen Empfängern nachzuweisen. Fasziniert hörte ich zu. Zwischen den Vorlesungen sprachen Weber und ich über Physik, Bergsteigen und das Leben an sich, und ich stellte fest, daß wir viel

gemeinsam hatten. Wir waren beide Einzelgänger und hatten beide nichts übrig für heftige Konkurrenzkämpfe und allzu intensiven geistigen Austausch. Wir zogen es vor, alleine mit unseren Problemen zu ringen, wobei wir natürlich gelegentlich Freunde um Rat fragten. Doch beide mochten wir es nicht, gegen andere anzukämpfen, die versuchten, uns bei einer Entdeckung oder Erkenntnis zuvorzukommen.

Im Laufe der nächsten zehn Jahre, während die Erforschung Schwarzer Löcher allmählich in ihr goldenes Zeitalter trat (Kapitel 7), fühlte ich mich von diesem Forschungsgebiet zunehmend abgestoßen, weil dort ein zu großes Gedränge und ein zu starker Konkurrenzkampf herrschten. Aus diesem Grund begann ich mich nach einem anderen Feld umzusehen, in dem noch mehr Bewegungsspielraum vorhanden war und auf das ich meine Kräfte konzentrieren konnte, während ich nebenher meine Arbeit über Schwarze Löcher und andere Dinge fortsetzte. Dem Vorbild Webers folgend, entschied ich mich für Gravitationswellen. Wie Weber hielt ich die Gravitationswellenastronomie für ein noch in den Anfängen steckendes Forschungsgebiet mit einer vielversprechenden Zukunft. Während es noch in der Entstehung begriffen war, hatte ich die Chance, an seiner Entwicklung prägend mitzuwirken. Ich konnte dazu beitragen, die Grundlagen zu schaffen, auf denen andere weiterarbeiten würden. Und ich konnte all dies ohne Druck tun, denn die meisten Relativitätstheoretiker konzentrierten sich damals auf die Erforschung Schwarzer Löcher.

Weber näherte sich dem Forschungsgebiet von der experimentellen Seite her. Er arbeitete an der Entwicklung, der Konstruktion und der ständigen Verbesserung von Detektoren. Für mich lag die Herausforderung in der Theorie: Ich wollte verstehen, wie die Gravitationswellen nach den Einsteinschen Gravitationsgesetzen erzeugt werden, wie sie auf ihre Quelle zurückwirken, wenn sie emittiert werden, und wie sie sich ausbreiten. Ich wollte herausfinden, welche Arten von astronomischen Objekten die stärksten Gravitationswellen im Universum erzeugen, wie stark solche Wellen sein können und mit welchen Frequenzen sie schwingen. Mein Ziel war es ferner, mathematische Werkzeuge zur detaillierten Berechnung der verschlüsselten Symphonien zu entwickeln, so daß schließlich Theorie und Experiment miteinander verglichen werden konnten, sobald es Weber und anderen gelang, Gravitationswellen nachzuweisen.

Als ich im Jahre 1969 auf Einladung von Seldowitsch sechs Wochen in Moskau verbrachte, machte er mich eines Tages mit einem jungen Experimentalphysiker der Moskauer Universität bekannt: Wladimir Braginski. Angeregt von Weber arbeitete Braginski bereits seit mehreren Jahren an der Entwicklung von

Verfahren zum Aufspüren von Gravitationswellen. Er war nach Weber der erste Experimentalphysiker, der sich diesem Thema zugewandt hatte. Daneben verfolgte er jedoch noch eine Reihe anderer faszinierender Projekte: Er beteiligte sich an der Suche nach Quarks (den fundamentalen Bausteinen von Protonen und Neutronen) und an einem Experiment, mit dessen Hilfe man eine Aussage Einsteins verifizieren wollte: die Behauptung, daß alle Objekte, ungeachtet ihrer Zusammensetzung, mit derselben Beschleunigung in einem Schwerefeld nach unten fallen. (Einsteins Beschreibung der Gravitation als einer Krümmung der Raumzeit beruht auf genau dieser Vorhersage.)

Ich war beeindruckt. Braginski war klug, gründlich und besaß ein exzellentes Gespür für die Physik. Außerdem war er warmherzig und offen. Man konnte mit ihm ebensogut über Politik wie über Wissenschaft diskutieren. Wir freundeten uns rasch an und lernten, unsere gegenseitigen Weltanschauungen zu respektieren. Für mich, einen liberalen Demokraten, stellte die Freiheit des Individuums den höchsten Wert dar. Keine Regierung der Welt sollte das Recht haben, den Menschen ihr Leben vorzuschreiben. Für Braginski, einen undogmatischen Kommunisten, stand die Verantwortung des einzelnen gegenüber der Gesellschaft im Vordergrund. Jeder ist seines Bruders Hüter, insbesondere in einer Welt, in der böse Menschen wie Josef Stalin die Macht an sich reißen, wenn man nicht wachsam ist.

Braginski besaß einen Weitblick wie kaum ein anderer in jenen Jahren. Bei unserem Treffen im Jahre 1969 und später, 1971 und 1972, wies er wiederholt darauf hin, daß den zylindrischen Detektoren, die man für die Suche nach Gravitationswellen verwendete, eine grundlegende Beschränkung innewohnte.[6] Diese Beschränkung, so erklärte er mir, ist in den Gesetzen der Quantenmechanik begründet. Obwohl wir für gewöhnlich davon ausgehen, daß die Quantenmechanik nur die Welt der kleinsten Objekte betrifft (Elektronen, Atome und Moleküle), müßten wir bei hinreichend präzisen Messungen der Schwingungen eines zwei Meter langen Aluminiumzylinders quantenmechanische Effekte wahrnehmen, die letztlich den Nachweis von Gravitationswellen behindern. Braginski war zu diesem Schluß gelangt, nachdem er berechnet hatte, welche Leistung von Webers piezoelektrischen Kristallen und anderen Arten von Schwingungssensoren bestenfalls zu erwarten war.

Ich verstand nicht, wovon Braginski sprach; ich verstand weder seine Beweisführung noch seine Schlußfolgerung und deren Bedeutung. Und ich schenkte dem Ganzen nicht allzuviel Aufmerksamkeit. Andere Dinge, die mich Braginski lehrte, schienen mir viel wichtiger. Von ihm lernte ich, wie man an physikalische Experimente heranging, wie man die Apparaturen für Experimente entwarf, wie man

Links: Joseph Weber, Kip Thorne und Tony Tyson auf einer Konferenz über Gravitationswellen in Warschau, Polen, im September 1973. *Rechts:* Wladimir Braginski und Kip Thorne in Pasadena, Kalifornien, im Oktober 1984. [*Links: Foto von Marek Holzmann, Rechte bei Andrzej Trautmann; rechts: Valentin N. Rudenko.*]

die Störungen berechnete, die die Instrumente beeinträchtigen würden, und wie man sie weitgehend unterdrücken konnte, so daß die Apparatur ihrer Aufgabe gerecht wurde. Braginski wiederum lernte von mir, wie man an Einsteins Gravitationsgesetze heranging und wie man erkannte, welche Vorhersagen sie machten. Unsere Erfahrungen und Kenntnisse ergänzten sich, und im Laufe der nächsten zwei Jahrzehnte sollten wir mit viel Freude zusammenarbeiten und einige Entdeckungen machen. Jedesmal, wenn wir uns in den frühen siebziger Jahren in Moskau, Pasadena, Kopenhagen oder Rom trafen, wiederholte Braginski seine warnenden Bemerkungen über die quantenmechanischen Probleme bei der Messung von Gravitationswellen, doch ich verstand ihn noch immer nicht. Seine Warnung schien mir konfus, weil auch er selbst nicht genau verstand, wie es zu diesen Effekten kam. Erst im Jahre 1976, als Braginski und unabhängig von ihm Robin Giffard von der Stanford University die Einwände klarer formulieren konnten, begriff ich plötzlich. Die Empfindlichkeit eines zylindrischen Detektors ist letztlich durch das *Unschärfeprinzip* begrenzt.[7]

Das Unschärfeprinzip ist eine grundlegende Eigenschaft quantenmechanischer Systeme. Es besagt, daß bei der präzisen Messung des Aufenthaltsortes eines Objektes das Objekt eine Art Rückstoß (»Kick«) erfährt, der seine Geschwindigkeit in unvorhersagbarer Weise beeinflußt. Je genauer die Ortsmessung ist, desto stärker und unvorhersagbarer stört der Meßprozeß die Geschwindigkeit des Objekts. Ganz gleich, wie sorgsam man bei der Messung vorgeht, läßt sich

Kasten 10.2

Das Unschärfeprinzip und der Welle-Teilchen-Dualismus

Das Unschärfeprinzip ist eng mit dem Welle-Teilchen-Dualismus verknüpft, jener Eigenschaft von Teilchen, sich manchmal wie eine Welle zu verhalten (Kasten 4.1).

Wenn Sie den Ort eines Teilchens messen wollen, wird die dem Teilchen entsprechende Welle während des Meßvorgangs durch den Meßapparat gestört. Unabhängig davon, wie die

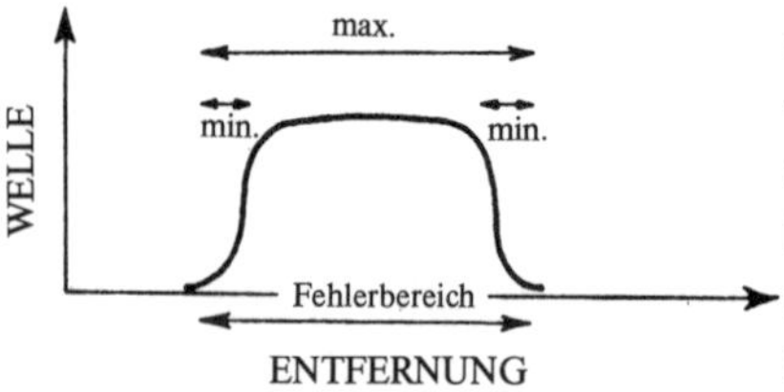

Teilchenwelle vor der Messung ausgesehen haben mag, wird ihre Ausdehnung auf die Fehlergrenzen der Ortsmessung beschränkt und nimmt dadurch die in der nachstehenden Skizze angedeutete Form an:

Eine solche in ihrer Ausdehnung beschränkte Welle enthält viele Wellenlängen von der Größe des Fehlerbereichs (mit *max* bezeichnet) bis zu den winzigen Ausdehnungen der Ränder, wo die Welle beginnt und endet (mit *min* bezeichnet). So kann die beschränkte Welle aus der Überlagerung (Addition) nachstehend gezeigter Schwingungen verschiedener Wellenlängen hervorgehen.

Sie werden sich erinnern, daß die Energie eines Teilchens und damit seine Geschwindigkeit um so höher sind, je kürzer seine Wellenlänge ist. Da die Welle aufgrund der Messung verschiedene Wellenlängen angenommen hat, können sich auch Energie und Geschwindigkeit des Teilchens in entsprechenden Bereichen bewegen. Anders ausgedrückt, Energie und Geschwindigkeit des Teilchens sind *unbestimmt.*

Rekapitulieren wir nochmals das Gesagte: Die Ortsmessung beschränkte die Teilchenwelle auf den Fehlerbereich (erstes Diagramm oben); dadurch setzte sich die Welle aus einer Reihe verschiedener Wellenlängen zusammen (zweites Diagramm); der Bereich der vorkommenden Wellenlängen entspricht einem

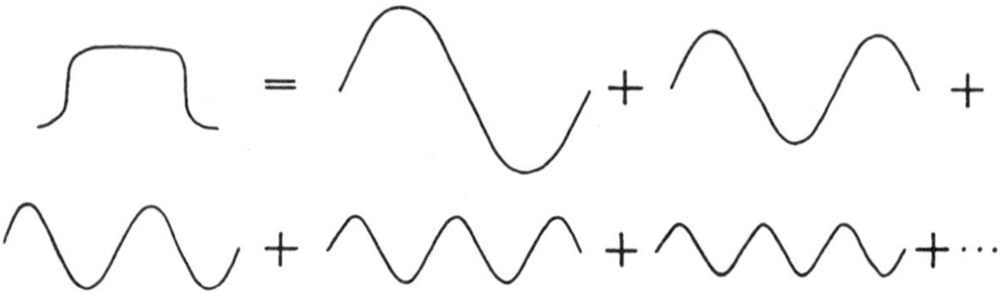

Bereich von Energie und Geschwindigkeiten. Daraus folgt, daß die Geschwindigkeit unbestimmt ist. Diese Geschwindigkeitsunschärfe tritt zwangsläufig auf, wenn man den Ort eines Teilchens mißt, gleichgültig, wie vorsichtig man vorgeht. Aus dieser Argumentation läßt sich bei genauerer Betrachtung der folgende Schluß ableiten: Je genauer die Ortsmessung, das heißt, je kleiner der Fehlerbereich ist, desto größer ist der Bereich der Wellenlängen und Geschwindigkeiten und desto größer ist folglich die Geschwindigkeitsunschärfe des Teilchens.

dieser Effekt nicht ausschalten. Er stellt eine natürliche Beschränkung dar. (Siehe Kasten 10.2.)

Das Unschärfeprinzip gilt nicht nur für die Beobachtung mikroskopischer Objekte wie etwa Elektronen, Atome oder Moleküle, sondern auch für Messungen an großen Gebilden. Allerdings besitzen große Körper eine große Trägheit, so daß die Messung nur einen sehr geringen Einfluß auf die Geschwindigkeit des Objekts ausübt. (Die Beeinträchtigung der Geschwindigkeit verhält sich umgekehrt proportional zur Masse des Objekts.)

Auf Gravitationswellendetektoren bezogen, besagt das Unschärfeprinzip folgendes: Je genauer ein Empfänger die Position eines der Enden des Zylinders mißt, desto stärker und unvorhersagbarer ist die Rückwirkung der Messung auf den Detektor.

Ist der Empfänger ungenau, fällt die Störung klein aus und kann vernachlässigt werden. Weil der Empfänger jedoch ungenau ist, kennt man die Amplitude der Schwingungen nicht genau und kann schwache Gravitationswellen nicht nachweisen.

Ist der Empfänger dagegen sehr präzise, ist der Rückstoß so gewaltig, daß er die Schwingungen stark verändert. Diese Störungen sind unbestimmbar und unvorhersagbar und überdecken somit die Effekte der Gravitationswellen, die es zu messen gilt.

Zwischen diesen beiden Extremen gibt es einen Empfänger mit optimaler Genauigkeit: weder so ungenau, daß man keine Erkenntnisse gewinnt, noch so genau, daß das Ergebnis durch die Messung zu stark verzerrt wird. Bei dieser optimalen Genauigkeit, die heute als *Braginski-Standardquantengrenze* bekannt ist, wirkt sich der Effekt der meßbedingten Störung nicht stärker aus als die Meßfehler des Empfängers. Kein Sensor kann die Schwingungen eines Zylinders mit größerer Genauigkeit als der Standardquantengrenze erfassen. In welcher Größenordnung bewegt sich diese Grenze? Für einen zwei Meter langen Aluminiumzylinder mit einem Gewicht von einer Tonne ist sie ungefähr hunderttausendmal kleiner als der Durchmesser eines Atomkerns.

In den sechziger Jahren glaubte niemand, daß so genaue Messungen notwendig seien, denn niemand konnte sich vorstellen, wie schwach die von Schwarzen Löchern und anderen astronomischen Gebilden ausgesandten Gravitationswellen sind. Angespornt von Webers Experimenten, hatten jedoch ich und andere theoretische Physiker Mitte der siebziger Jahre abgeschätzt, wie stark die stärksten Wellen vermutlich sind. Dabei kam ungefähr 10^{-21} heraus.[8] Dies bedeutete, daß die Wellen den Zylinder mit einer Amplitude von nur $10^{-21} \times 2$ Meter schwingen lassen würden, und dies entsprach ungefähr einem Millionstel des Durchmessers eines Atomkerns. Wenn diese Schätzungen korrekt waren (und wir wußten, daß sie mit großen Unsicherheiten behaftet waren), dann wäre das von den Gravitationswellen ausgelöste Signal *zehnmal kleiner als die Standardquantengrenze* und könnte folglich unmöglich mit Hilfe zylindrischer Detektoren und der bekannten Sensoren nachgewiesen werden.

Obwohl dies äußerst besorgniserregend war, schien noch nicht alles verloren. Braginski glaubte intuitiv, daß es möglich sein müßte, seine Standardquantengrenze zu umgehen, wenn die Experimentalphysiker es nur klug genug anstellten. Seiner Ansicht nach mußte es möglich sein, eine völlig neue Art von Empfänger zu entwickeln, bei dem der durch die Messung ausgelöste Rückstoß die gravitationswellenbedingten Schwingungen des Zylinders *nicht* verdeckte. Ein solches Meßverfahren bezeichnete Braginski mit dem Begriff *Quantum Nondemolition.* (»Quantum« deshalb, weil der durch die Messung bedingte Rückstoß auf den Empfänger ein quantenmechanischer Effekt ist, und »Nondemolition« (Nichtzerstörung) deshalb, weil der Empfänger so konstruiert sein müßte, daß der Rückstoß den Effekt der Gravitationswellen auf den Zylinder nicht beeinflußt.) Braginski hatte zwar noch keinen konkreten Entwurf für einen solchen Empfänger, doch war er intuitiv von dessen Machbarkeit überzeugt.

Dieses Mal hörte ich auf ihn, und im Laufe der nächsten zwei Jahre versuchten unsere beiden Arbeitsgruppen, meine am Caltech und seine in Moskau, einen Quantum-Nondemolition-Sensor zu entwerfen.

Im Herbst 1977 fanden wir gleichzeitig die Lösung – allerdings auf sehr verschiedenem Wege.[9] Ich erinnere mich lebhaft an die Aufregung, die mich ergriff, als Carlton Caves* und ich bei einer intensiven Diskussion in der Studentencafeteria des Caltech plötzlich auf die richtige Idee kamen. Und ich erinnere mich auch an

* Eine wesentliche Grundlage für unsere Idee stammt von William Unruh von der University of British Columbia. Weiterentwickelt wurde sie von Caves, mir und drei Kollegen, die in der Cafeteria dabei waren: Ronald Drever, Vernon Sandberg und Mark Zimmermann.

das bittersüße Gefühl, das ich verspürte, als ich erfuhr, daß Braginski, Juri Woronzow und Farhid Chalili in Moskau etwa um dieselbe Zeit fast dieselbe Idee gehabt hatten – bitter deshalb, weil es mich mit großer Befriedigung erfüllt, wenn ich eine Entdeckung als erster mache; süß deshalb, weil ich Braginski sehr mag und mich aus diesem Grund freue, eine Entdeckung mit ihm zu teilen.

Unsere Idee für die Entwicklung eines Quantum-Nondemolition-Empfängers ist recht abstrakt und erlaubt eine Vielzahl von verschiedenen Konstruktionen zur Umgehung von Braginskis Standardquantengrenze. Und weil die Idee sehr schwer zu erklären ist, führe ich hier nur ein (nicht sehr praktisches) Beispiel für einen solchen Sensor an.* Dieser besondere Empfänger wurde von Braginski als *stroboskopischer Sensor* bezeichnet.

Ein stroboskopischer Sensor macht sich eine ganz besondere Eigenschaft des schwingenden Aluminiumzylinders zunutze: Wenn der Zylinder durch die Messung einen heftigen Rückstoß erfährt, ändert sich zwar die Amplitude seiner Schwingung, doch genau eine Schwingungsperiode nach dem Rückstoß befindet sich das schwingende Ende des Zylinders wieder an dem Ort, an dem es sich zum Zeitpunkt der Störung befand (die schwarzen Punkte in der Abb. 10.5). Dies gilt zumindest, solange in der Zwischenzeit keine Gravitationswelle (oder eine andere Kraft) den Zylinder gedehnt oder zusammengedrückt hat. Wenn aber eine Welle (oder eine andere Kraft) inzwischen auf den Zylinder gewirkt hat, dann werden die Zylinderenden nach einer Schwingungsperiode nicht mehr in derselben Position sein.

Um die Wellen nachzuweisen, mußte man folglich einen Empfänger bauen, der stroboskopische Messungen an den schwingenden Enden des Zylinders vornimmt. Dabei mißt der Sensor die Position der Zylinderenden einmal pro Schwingungsperiode. Ein solcher Sensor übt zwar bei jedem Meßvorgang einen Einfluß auf den Zylinder aus, doch verändern diese Störungen den Ort der Zylinderenden zum Zeitpunkt späterer Messungen nicht. Wenn sich der Ort doch verändert hat, muß eine Gravitationswelle (oder eine andere Kraft) auf den Zylinder gewirkt haben.

Obwohl solche Quantum-Nondemolition-Sensoren das Problem der von Braginski vorhergesagten Standardquantengrenze lösten, beurteilte ich die Erfolgsaussichten zylindrischer Gravitationswellendetektoren Mitte der achtziger Jahre als sehr schlecht. Mein Pessimismus hatte zwei Ursachen:

* Die Details dieser Idee sind in Caves et al. (1980) und in Braginski, Woronzow und Thorne (1980) beschrieben.

Erstens: Obwohl die von Weber, Braginski und anderen gebauten Detektoren weitaus empfindlicher waren, als man es sich in den fünfziger Jahren jemals hatte vorstellen können, waren sie gleichwohl nur in der Lage, Wellen ab einer Stärke von 10^{-17} aufwärts zuverlässig nachzuweisen. Wenn ich und andere Theoretiker die Stärke der auf der Erde eintreffenden Gravitationswellen korrekt abgeschätzt hatten, lag die Empfindlichkeit der Detektoren also immer noch um einen Faktor 10000 unter den Anforderungen. An sich war dies noch kein schwerwiegender Einwand, schließlich haben technische Fortschritte die Leistungsfähigkeit von Instrumenten oft um das Zehntausendfache innerhalb von nur zwanzig Jahren gesteigert. [Ein Beispiel dafür ist das Auflösungsvermögen von Radioteleskopen, das in den vierziger Jahren noch in der Größenordnung einiger zehn Bogenminuten lag und bis Mitte der sechziger Jahre auf wenige Bogensekunden gesteigert werden konnte (Kapitel 9). Ein anderes Beispiel ist die Empfindlichkeit von astronomischen Röntgendetektoren, die sich zwischen 1958 und 1970 um einen Faktor 10^{10} erhöhte; dies entspricht einer durchschnittlichen Verbesserung um das Zehntausendfache alle acht Jahre (Kapitel 8). Die Weiterentwicklung zylindrischer Gravitationswellendetektoren schritt jedoch so langsam voran und die Aussichten auf bahnbrechende technische Neuerungen waren so gering, daß mit einer Steigerung der Empfindlichkeit solcher Instrumente um einen Faktor von 10000 in absehbarer Zukunft nicht zu rechnen war. Die Forschungsbemühungen konnten also nur dann erfolgreich sein, wenn die Gravitationswellen stärker als vermutet waren. Dies lag zwar durchaus im Bereich des Möglichen, doch niemand wollte sich darauf verlassen.

Zweitens: Selbst wenn zylindrische Detektoren in der Lage sein sollten, Gravitationswellen zu empfangen, mußte man bei der Entschlüsselung der Signale auf gewaltige Schwierigkeiten stoßen und vermutlich scheitern. Der Grund war einfach. So wie eine Stimmgabel oder ein Weinglas nur von Schallwellen angeregt werden, die eine Frequenz nahe ihrer eigenen Resonanzfrequenz besitzen, würden auch die Zylinder naturgemäß nur auf Gravitationswellen ansprechen können, deren Frequenz der eigenen Resonanzfrequenz ähnlich ist. Physiker sagen, der Detektor besitzt nur eine geringe *Bandbreite.* (Die Bandbreite ist der Frequenzbereich, in dem er anspricht.) Wie eine Symphonie sollten die Gravitationswellen jedoch typischerweise ein sehr breites Frequenzband umspannen. Um also die gesamte Information zu erfassen, wäre es erforderlich, ein »Xylophon« aus vielen verschiedenen Detektoren zu bauen, von denen jeder einzelne einen winzigen Ausschnitt aus dem Frequenzband der eintreffenden Signale abdecken würde. Wie viele Zylinder wären für ein solches Xylophon erforderlich? Von den Detektortypen, die

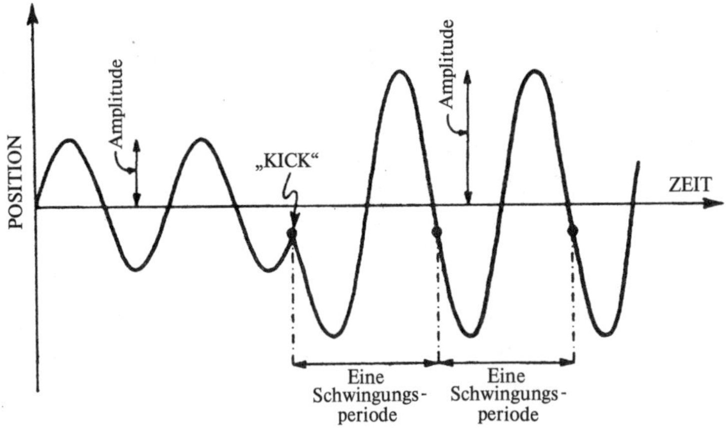

Abb. 10.5: Das Prinzip der stroboskopischen »Quantum Nondemolition«-Meßmethode. Horizontal ist die Zeit und vertikal die Position eines Endes des schwingenden Zylinders aufgetragen. Wenn zum Zeitpunkt, der mit dem Wort »Kick« markiert ist, eine rasche und präzise Positionsmessung vorgenommen wird, erhält der Zylinder durch den messenden Sensor einen plötzlichen, unbestimmten Stoß, der die Amplitude der Schwingung in unbekannter Weise ändert. Genau eine oder mehrere Schwingungsperioden nach dem Stoß wird die Position des Zylinderendes jedoch wieder dieselbe sein wie zum Zeitpunkt des Stoßes; sie ist von ihm vollkommen unabhängig.

damals geplant und gebaut wurden, hätte man Tausende benötigt – was praktisch undurchführbar war. Theoretisch müßte es zwar möglich sein, die Bandbreite der Detektoren zu erhöhen und auf diese Weise mit etwa einem Dutzend Detektoren auszukommen, doch würde dies bedeutende technische Fortschritte erfordern, die weit über die Verbesserungen hinausgingen, die für eine Steigerung der Empfindlichkeit auf 10^{-21} erforderlich waren.[10]

Ich behielt in den achtziger Jahren meine pessimistische Einschätzung weitgehend für mich und bedauerte es sehr, daß Weber, Braginski und andere meiner Freunde und Kollegen so viel Mühe in die Entwicklung von Gravitationswellendetektoren steckten. Ich empfand die Sache aber auch deshalb als tragisch, weil ich im Laufe der Jahre zu der tiefen Überzeugung gelangt war, daß die Gravitationswellenastronomie unser Verständnis vom Universum revolutionieren kann.

LIGO

Um zu verstehen, welche Art von Revolution aus der Entdeckung und Entschlüsselung von Gravitationswellen folgen könnte, wollen wir uns die Merkmale einer früheren Revolution vergegenwärtigen: jener Revolution, die durch die Entwicklung von Röntgen- und Radioteleskopen eingeleitet wurde (Kapitel 8 und 9).
In den dreißiger Jahren, vor dem Aufkommen der Radio- und Röntgenastronomie, gründete sich unser Wissen über das Universum fast ausschließlich auf Beobachtungen des Lichts anderer Himmelskörper. Diese Beobachtungen erweckten den Eindruck eines friedlichen und ruhigen Weltalls – eines Weltalls, in dem Sterne und Planeten gemächlich ihre Bahnen ziehen, gleichmäßig Licht aussenden und Millionen oder Milliarden von Jahren benötigen, bevor sie sich in erkennbarer Weise verändern.
Dieses Bild eines friedlichen Universums wurde in den fünfziger, sechziger und siebziger Jahren vollständig zerstört, als radio- und röntgenastronomische Beobachtungen das Universum von einer anderen Seite zeigten: Mächtige kosmische Jets werden aus galaktischen Kernen herausgeschleudert, Quasare mit einer weitaus höheren Leuchtkraft als unsere Milchstraße ändern ihre Helligkeit in kurzer Zeit, mit hoher Geschwindigkeit rotierende Pulsare senden mit großer Regelmäßigkeit scharfe Strahlungspulse aus. Die hellsten Objekte, die mit optischen Teleskopen wahrgenommen werden, sind die Sonne, die Planeten und einige nahegelegene ruhige Sterne. Die hellsten Objekte, die mit Radioteleskopen wahrgenommen werden, sind explodierende Gebilde in den Kernen weit entfernter Galaxien, die vermutlich von riesigen Schwarzen Löchern mit Energie versorgt werden. Die hellsten Objekte, die mit Röntgenteleskopen wahrgenommen werden, sind kleine Schwarze Löcher und Neutronensterne in Doppelsternsystemen, die heißes Gas von ihrem jeweiligen Partner einfangen.
Was ist das Besondere an Radiowellen und Röntgenstrahlen, daß sie eine solch spektakuläre Revolution in unserer Vorstellung vom Universum auslösen konnten? Die Erklärung ist einfach: Sie liefern uns Informationen ganz anderer Art als das sichtbare Licht. Licht mit einer Wellenlänge von einem halben Mikrometer wird in erster Linie von heißen Atomen in der Atmosphäre von Sternen und Planeten emittiert und enthält folglich Informationen über diese Atmosphären. Die Radiowellen mit ihren zehnmillionenfach größeren Wellenlängen werden vorwiegend von Elektronen ausgesandt, die sich mit annähernd Lichtgeschwindigkeit spiralförmig in Magnetfeldern bewegen. Sie enthalten folglich Informationen über die magnetischen Jets, die aus galaktischen Kernen herausgeschleudert werden, über die riesigen intergalaktischen Radioemissionszen-

tren, die von diesen Jets gespeist werden, sowie über die magnetisierten Teilchenstrahlen von Pulsaren. Die Röntgenstrahlen, deren Wellenlängen tausendfach kürzer sind als die des sichtbaren Lichts, werden vornehmlich von sehr schnellen Elektronen ausgesandt, die in dem sehr heißen Gas umherfliegen, das von Schwarzen Löchern und Neutronensternen eingefangen wird. Sie enthalten folglich direkte Informationen über das herabfallende Gas und indirekte Informationen über die Schwarzen Löcher und die Neutronensterne.

Die Unterschiede zwischen Licht auf der einen und Radiowellen und Röntgenstrahlen auf der anderen Seite sind jedoch geringfügig, verglichen mit den Unterschieden zwischen den elektromagnetischen Wellen der modernen Astronomie (Licht-, Radio-, Infrarot-, Ultraviolett-, Röntgen- und Gammastrahlen) und den Gravitationswellen. Entsprechend ist anzunehmen, daß die Gravitationswellen unser Verständnis vom Universum in noch viel drastischerem Umfang revolutionieren werden, als dies die Radiowellen und Röntgenstrahlen vermochten. Ich möchte im Folgenden nur einige der wichtigsten Unterschiede zwischen elektromagnetischen Wellen und Gravitationswellen nennen und auf die Konsequenzen hinweisen, die sich daraus ergeben:*

- Die stärksten Gravitationswellen müßten von großräumigen, kohärenten Schwingungen der Raumzeit ausgesandt werden (zum Beispiel dem Zusammenstoß und dem Verschmelzen zweier Schwarzer Löcher) oder von großräumigen, kohärenten Bewegungen riesiger Materieansammlungen (zum Beispiel dem Kollaps eines stellaren Kerns, durch den eine Supernova ausgelöst wird, oder dem Zusammenstoß zweier einander umkreisender Neutronensterne). Die Gravitationswellen müßten uns folglich Informationen über die Veränderungen riesiger Raumzeitkrümmungen und die Bewegungen gigantischer Massen übermitteln. Dagegen werden kosmische elektromagnetische Wellen gewöhnlich einzeln von einer Vielzahl separater Atome oder Elektronen ausgesandt. Diese einzelnen elektromagnetischen Wellen mit ihren unterschiedlichen Schwingungsmustern überlagern einander und erzeugen in ihrer Gesamtheit die Welle, die ein Astronom mißt. Folglich übermitteln uns die elektromagnetischen Wellen vorwiegend Infor-

* Diese Unterschiede und ihre Bedeutung sowie die Eigenschaften der von verschiedenen astrophysikalischen Quellen zu erwartenden Wellen sind von verschiedenen Wissenschaftlern erläutert worden, darunter von Thibault Damour in Paris, Leonid Grischtschuk in Moskau, Takashi Nakamura in Kyoto, Bernard Schutz in Wales, Stuart Shapiro in Ithaca, Clifford Will in St. Louis und von mir.

mationen über die Temperatur, die Dichte und die magnetischen Felder, denen die emittierenden Atome und Elektronen ausgesetzt sind.

- Gravitationswellen stammen aus Gebieten des Raumes, in denen die Gravitation so stark ist, daß Newtons Gravitationsgesetz versagt und durch Einsteins Beschreibung der Gravitation ersetzt werden muß, aus Gebieten also, in denen sich riesige Materieansammlungen mit annähernd Lichtgeschwindigkeit bewegen und in denen die Krümmung der Raumzeit schwingt und wirbelt. Beispiele hierfür sind die Entstehung des Universums im Urknall, die Kollisionen Schwarzer Löcher und pulsierende junge Neutronensterne im Zentrum von Supernovae-Explosionen. Da Gebiete mit einer sehr starken Gravitation gewöhnlich von einer dichten Materieschicht umgeben sind, die elektromagnetische Wellen (nicht aber Gravitationswellen) absorbiert, können wir von solchen Gebieten keine elektromagnetische Strahlung empfangen. Die von Astronomen gemessenen elektromagnetischen Wellen stammen daher fast ausschließlich aus Gebieten mit schwacher Gravitation, in denen hohe Geschwindigkeiten keine Rolle spielen, zum Beispiel von der Oberfläche von Sternen und Supernovae.

Solche Unterschiede lassen vermuten, daß die Objekte, deren Symphonien wir mit Hilfe von Gravitationswellendetektoren untersuchen könnten, für optische Teleskope wie für Radio- und Röntgenteleskope weitgehend unsichtbar sind. Umgekehrt ist zu erwarten, daß die Objekte, die die Astronomen zur Zeit mit Hilfe von Licht, Radiowellen und Röntgenstrahlen studieren, für Gravitationswellenempfänger unsichtbar sind. Folglich müßten Gravitationswellen Informationen enthalten, die uns durch elektromagnetische Strahlung niemals zugänglich wären und die mit großer Wahrscheinlichkeit unser gegenwärtiges Verständnis des Universums revolutionieren werden. Man mag anführen, daß unser heutiges Verständnis des Universums, verglichen mit dem, was man in den dreißiger Jahren durch rein optische Beobachtungen wußte, so umfassend und vollständig ist, daß von der Gravitationswellenastronomie weitaus weniger spektakuläre Erkenntnisse zu erwarten sind als von der Radio- und Röntgenastronomie. Ich halte dies jedoch für wenig wahrscheinlich. Wie lückenhaft unser Verständnis des Universums ist, wird mir immer wieder schmerzlich bewußt, wenn ich darüber nachdenke, was wir über die Gravitationswellen wissen, die die Erde umgeben. Mit Ausnahme der von kollabierenden und verschmelzenden Doppelsternsystemen ausgehenden Gravitationswellen wissen wir von keiner der denkbaren Quellen von Gravitationswellen genau, wie häufig sie vorkommt, in welchen Entfernungen von der Erde sie sich befindet oder wie stark die von ihr ausgesandten Wellen sind, wenn sie auf der Erde eintreffen. Alle unsere Schätzungen sind mit Unsicherheiten von mehreren Zehnerpotenzen behaftet. Ja, es ist sogar ungewiß, ob solche Quellen überhaupt existieren.

All diese Unsicherheiten machen die Entwicklung von Gravitationswellendetektoren zu einem schwierigen Unterfangen. Sollte es jedoch schließlich gelingen, Gravitationswellen zu entdecken und zu untersuchen, dürfen wir damit rechnen, für unsere Mühe mit bedeutenden Erkenntnissen belohnt zu werden.

Im Jahre 1976 stand ich den zylindrischen Gravitationswellendetektoren jedoch noch keineswegs pessimistisch gegenüber. Im Gegenteil, ich war sogar sehr optimistisch. Die erste Generation dieser Detektoren hatte entgegen anderslautenden Erwartungen eine bemerkenswert hohe Empfindlichkeit erreicht, und Braginski und andere arbeiteten bereits an vielversprechenden Ideen für künftige Verbesserungen, während ich und andere Kollegen allmählich erkannten, welch revolutionäre Konsequenzen das Verständnis der Gravitationswellen haben mochte.

Meine Begeisterung und mein Optimismus gingen so weit, daß ich eines Abends im November 1976 durch die Straßen von Pasadena wanderte und mit mir rang, ob ich dem Caltech ein Projekt zur Erforschung von Gravitationswellen vorschlagen sollte. Die Argumente, die dafür sprachen, lagen auf der Hand: Wenn es gelänge, Gravitationswellen zu entdecken, wäre dies von großem Nutzen für die Wissenschaft; das Caltech hätte die Gelegenheit, an der Erschließung eines aufregenden neuen Gebietes von Anfang an beteiligt zu sein; ich hätte die Möglichkeit, mit einer Gruppe von Experimentalphysikern an meinem Institut zusammenzuarbeiten, ohne in erster Linie auf Braginski und seine Kollegen auf der anderen Seite der Welt angewiesen zu sein; dadurch könnte ich eine aktivere Rolle spielen, als dies bei meinen gelegentlichen Reisen nach Moskau möglich war, und hätte mehr Freude an der Arbeit. Das Argument, das dagegen sprach, lag gleichermaßen auf der Hand: Das Projekt war riskant und kostspielig; es erforderte beträchtliche finanzielle Aufwendungen seitens des Caltech und der National Science Foundation sowie einen erheblichen Aufwand an Zeit und Energie seitens der beteiligten Wissenschaftler. Und selbst wenn dies alles gewährleistet war, konnte man sich des Erfolges keineswegs sicher sein. Verglichen mit dem Eintritt des Caltech in die Radioastronomie dreiundzwanzig Jahre zuvor (Kapitel 9), war es ein viel gewagteres Projekt.

Nachdem ich mehrere Stunden das Für und Wider gegeneinander abgewogen hatte, gewann schließlich der Gedanke an den Nutzen die Oberhand. Ich schlug dem Caltech die Durchführung des Projekts vor, und nach mehrmonatiger Prüfung der Kosten und Risiken stimmten die Fakultät für Physik und Astronomie sowie die Verwaltung des Caltech dem Projekt zu – unter zwei Bedingungen: Es mußte ein herausragender Experimentalphysiker als Leiter für das Projekt gewonnen werden, und dieses selbst mußte so ausgereift sein, daß es gute Erfolgsaussichten hatte, das heißt, es mußte fortgeschrittener sein als die Experimente von Weber, Braginski und anderen Kollegen, die auf diesem Gebiet forschten.

Der erste Schritt bestand darin, einen Leiter zu finden. Ich flog deshalb nach Moskau, um mich mit Braginski zu beraten und um vorzufühlen, ob er bereit wäre, diese Position zu übernehmen. Meine vorsichtige Anfrage stürzte ihn in die größten Gewissenskonflikte. An Amerika lockte ihn die fortgeschrittenere Technik, an Moskau die größere Geschicklichkeit der Techniker (so war in Amerika die Kunst der Glasbläserei fast in Vergessenheit geraten, während sie in Moskau weiterhin gepflegt wurde). In den Vereinigten Staaten war es notwendig, ein Projekt neu aufzubauen, in Moskau wurden seinem Projekt von der ineffizienten sowjetischen Bürokratie ständig neue Hindernisse in den Weg gelegt. Er war zerrissen zwischen Loyalität und Verdruß seinem Heimatland gegenüber, zwischen dem Gefühl, daß das Leben in Amerika aufgrund der fehlenden sozialen Sicherheit barbarisch sei, und dem Empfinden, daß das Leben in Moskau aufgrund der Macht unfähiger Beamter armselig sei. Er war zerrissen zwischen der Freiheit und dem Reichtum Amerikas einerseits und der Furcht vor Vergeltungsmaßnahmen des KGB andererseits – Vergeltungsmaßnahmen, die sich gegen seine Familie, seine Freunde und sogar gegen ihn selbst richten mochten, wenn er »zum Feind überlief«. Letztendlich lehnte er das Angebot ab und schlug statt dessen Ronald Drever von der Universität Glasgow vor.

Andere, die ich um Rat fragte, waren von Drever ebenfalls begeistert. Wie Braginski war er kreativ, erfinderisch und hartnäckig – Charakterzüge, die für den Erfolg des Projekts unabdingbar waren. Das Caltech holte umfassende Informationen über Drever und andere in Frage kommende Kandidaten ein und entschied sich dann für Drever. Auch Drever war zwiegespalten, als das Caltech ihn bat, die Leitung des Projekts zu übernehmen, doch sagte er schließlich zu, und voller Eifer machten wir uns an die Arbeit.

Als ich das Projekt vorschlug, war ich davon ausgegangen, daß man sich am Caltech ebenfalls auf die Konstruktion zylindrischer Detektoren konzentrieren würde. Glücklicherweise (rückblickend gesehen) bestand Drever darauf, einen vollkommen anderen Ansatz zu verfolgen. In Glasgow hatte er fünf Jahre lang mit zylindrischen Detektoren experimentiert und ihre Grenzen erkannt. Weitaus vielversprechender erschienen ihm interferometrische Gravitationswellendetek-

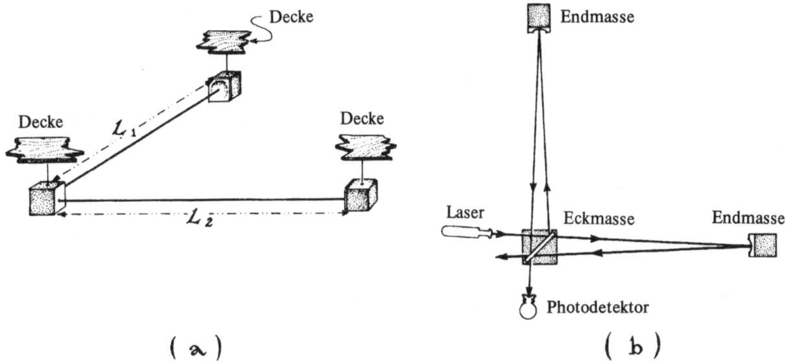

Abb. 10.6: Ein Gravitationswellendetektor, der auf Laserinterferometrie beruht. Der Detektor ähnelt dem Instrument, das Michelson und Morley im Jahre 1887 benutzten, um die Bewegung der Erde durch den Äther zu bestimmen (siehe Kapitel 1). Weitere Erläuterungen im Text.

toren – kurz *Interferometer* genannt (obwohl sie sich grundlegend von den Radiointerferometern unterscheiden, die wir in Kapitel 9 kennengelernt haben).
Die Vorstellung interferometrischer Gravitationswellendetektoren geht schon auf das Jahr 1962 zurück. Damals entwickelten zwei Kollegen Braginskis, Michail Gerzenstein und V. I. Pustowoit, Ideen für ein erstes, noch primitives Instrument dieser Art. Zwei Jahre später kam Weber unabhängig von ihnen auf denselben Gedanken. Ohne diese früheren Arbeiten zu kennen, entwarf Rainer Weiss im Jahre 1969 eine ausgereiftere Variante eines solchen interferometrischen Detektors, der dann in den frühen siebziger Jahren am Massachusetts Institute of Technology (MIT) von Weiss' Arbeitsgruppe gebaut wurde. Der erste erfolgreich betriebene Detektor dieser Art stammt jedoch von Robert Forward und seinen Kollegen bei den Hughes Research Laboratories in Malibu, Kalifornien.[11] Ende der siebziger Jahre stellten diese Interferometer bereits eine ernsthafte Alternative zu den zylindrischen Detektoren dar, und Drever hatte sich noch weitere Verbesserungen einfallen lassen.[12]

Abbildung 10.6 zeigt das grundlegende Prinzip eines interferometrischen Gravitationswellendetektors. Drei Massen hängen erschütterungsfrei an den Endpunkten und dem Eckpunkt einer L-förmigen Vorrichtung (Abb. 10.6 a). Wenn der erste Wellenkamm einer Gravitationswelle von oben oder unten in das Laboratorium eindringt, sorgen die Gezeitenkräfte dafür, daß die Massen entlang einem der Schenkel des L gedehnt und entlang dem anderen Schenkel zusam-

Kasten 10.3

Interferenz und Interferometrie

Wenn sich zwei Wellen durch dasselbe Raumgebiet ausbreiten, überlagern sie sich »linear« (Kasten 10.1); das heißt, die Wellen addieren sich. So addieren sich beispielsweise in der nachstehenden Skizze die gepunktete und die gestrichelte Kurve und ergeben die durchgezogene Welle:

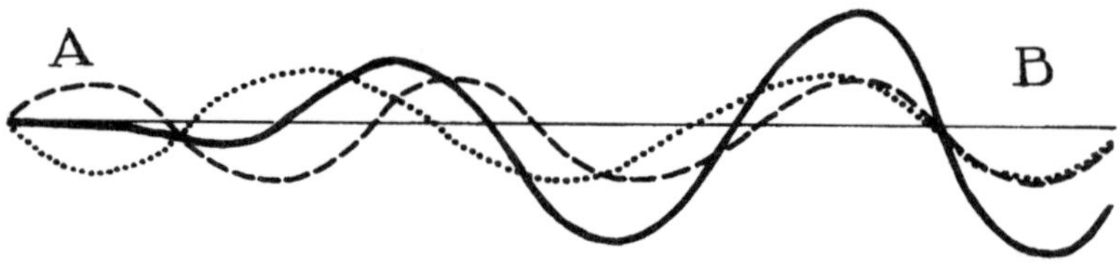

Bitte beachten Sie, daß sich in Gebiet A der Berg der einen Welle (gestrichelt) mit dem Tal der anderen Welle (gepunktet) überlagert und sie sich gegenseitig aufheben, zumindest teilweise, so daß das Ergebnis eine fast verschwindende bzw. schwach ausgeprägte Welle (durchgezogene Linie) ist. In Gebiet B, wo sich zwei Wellenberge bzw. zwei Wellentäler überlagern, verstärken sich die Wellen gegenseitig. Man sagt, die Wellen *interferieren* miteinander, destruktiv im ersten Fall und konstruktiv im zweiten Fall. Solche Überlagerungen und Interferenzen treten bei allen Arten von Wellen auf – Wasserwellen, Radiowellen, Lichtwellen, Gravitationswellen – und können für verschiedene Zwecke genutzt werden, so zum Beispiel für Radiointerferometer (Kapitel 9) und interferometrische Gravitationswellendetektoren. In dem interferometrischen Detektor in Abbildung 10.6 b überlagert der Strahlteiler jeweils eine Hälfte der aus den verschiedenen Schenkeln kommenden Lichtwellen mit der Hälfte der jeweils anderen Lichtwelle und sendet einen Strahl zum Laser und einen zum Photodetektor. Wenn nicht eine Gravitationswelle oder eine andere Kraft die Massen und ihre Spiegel bewegt hat, nehmen die überlagerten Lichtwellen die folgenden Formen an (die gestrichelte Kurve zeigt die Welle aus dem ersten Schenkel, die gepunktete Linie die aus dem zweiten Schenkel und die durchgezogene Linie entspricht der Gesamtwelle, die aus der Überlagerung entsteht).

Zum Photodetektor   Zum Laser

In Richtung auf den Photodetektor interferieren die Wellen destruktiv miteinander, das heißt, sie heben sich gegenseitig vollständig auf. Der Detektor empfängt kein Licht. Wenn eine Gravitationswelle oder eine andere Kraft den einen Schenkel etwas dehnt und den anderen etwas verkürzt, erreicht der Strahl des einen Schenkels den Strahlteiler mit einer kleinen Verzögerung gegenüber dem anderen Strahl, so daß die überlagerten Wellen nun folgende Form annehmen.

Zum Photodetektor

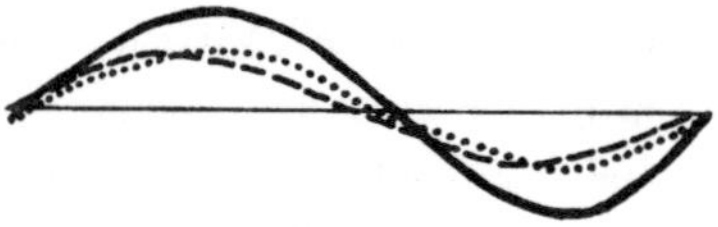

Zum Laser

Die Wellen in Richtung auf den Photodetektor heben sich gegenseitig nicht mehr vollständig auf, und so empfängt der Detektor Licht. Die Lichtmenge, die er empfängt, ist proportional der Differenz der Schenkellängen $L_1 - L_2$, die wiederum proportional der Stärke der Gravitationswelle ist.

mengepreßt werden. Folglich nimmt die Länge von L_1 bzw. die Entfernung zwischen den beiden an den Enden von L_1 aufgehängten Massen zu, während die Länge von L_2 abnimmt. Nachdem der erste Wellenkamm das Instrument durchquert hat, trifft das erste Wellental ein, und die Richtung, in der die beiden Schenkel des L gedehnt und zusammengedrückt werden, kehrt sich um. L_1 wird verkürzt, während L_2 gedehnt wird. Anhand der Differenz der Schenkellängen, $L_1 - L_2$, lassen sich Gravitationswellen nachweisen.

Zur Messung der Längendifferenz bedient man sich der *Interferometrie* (Abb. 10.6 b und Kasten 10.3). Ein Laserstrahl wird auf einen *Strahlteiler* geworfen, der in der Mitte der L-förmigen Konstruktion auf der Eckmasse angebracht ist. Der Strahlteiler spaltet den eintreffenden Strahl, reflektiert eine Hälfte und läßt die andere Hälfte durch. Die zwei Strahlen wandern dann die beiden Schenkel des Interferometers entlang, treffen auf zwei Spiegel, die auf den Massen am Ende der Schenkel angebracht sind, und werden zum Strahlteiler zurückgeworfen. Wieder spaltet der Strahlteiler die eintreffenden Strahlen, leitet jeweils eine Hälfte weiter und reflektiert die andere, wobei sich jeweils ein Teil des einen Strahls mit einem Teil des anderen verbindet. Einer der auf diese Weise neu gebildeten Strahlen wird nun in Richtung des Lasers gelenkt, während der andere auf einen Photodetektor trifft. Wenn keine Gravitationswellen wirksam sind, überlagern sich die Strahlhälften der beiden Schenkel dergestalt, daß sie sich zum Laser hin verstärken, während sie sich zum Photodetektor hin auslöschen, das heißt, auf der Seite des Lasers trifft Licht ein, beim Photodetektor nicht. Wenn eine Gravitationswelle die Differenz $L_1 - L_2$ leicht verändert, ändert sich auch die Strecke, die die Strahlen in den zwei Schenkeln zurücklegen. Dies führt dazu, daß sie anders miteinander interferieren und eine kleine Menge Lichts zum Photodetektor geleitet wird. Wenn man die Lichtmengen registriert, die beim Photodetektor eintreffen, erhält man Aufschluß über die Differenz der Schenkellängen $L_1 - L_2$ und kann auf diese Weise Gravitationswellen nachweisen.

Es ist interessant, einen interferometrischen mit einem zylindrischen Detektor zu vergleichen. Der zylindrische Gravitationswellenempfänger benutzt die Vibrationen eines einzigen, massiven Zylinders, um die Gezeitenkräfte einer Gravitationswelle nachzuweisen. Im Gegensatz dazu mißt das Interferometer die relativen Bewegungen von erschütterungsfrei aufgehängten Massen.
Der zylindrische Detektor verwendet einen elektrischen Sensor (zum Beispiel piezoelektrische Kristalle), um die durch Gravitationswellen hervorgerufenen Schwingungen des Zylinders sichtbar zu machen. Das Interferometer benutzt dagegen die Interferenz von Lichtstrahlen, um die von Gravitationswellen verursachten Bewegungen seiner Massen nachzuweisen.
Der Zylinder reagiert nur auf Gravitationswellen einer engen Bandbreite, so daß ein Xylophon vieler verschiedener Zylinder notwendig wäre, um das gesamte Spektrum der Gravitationswellen zu empfangen. Die Massen des Interferometers reagieren dagegen auf *alle* Frequenzen von mehr als einer Schwingung pro Sekunde mit einer leichten Pendelbewegung*, so daß das Interferometer eine große Bandbreite besitzt und drei oder vier solche Instrumente ausreichen, um die Symphonie der Gravitationswellen vollständig aufzufangen.
Indem man die Schenkel des Interferometers gegenüber einem zylindrischen Detektor tausendmal länger wählt (einige Kilometer statt einiger Meter), ist der Gezeiteneffekt der Gravitation um das Tausendfache stärker und erhöht somit die Empfindlichkeit des Instruments um das Tausendfache.** Der Zylinder kann dagegen nicht sehr viel größer hergestellt werden. Ein Zylinder von einem Kilometer Länge besäße eine natürliche Frequenz von weniger als einer Schwingung pro Sekunde, so daß er die Frequenzen der vermutlich interessan-

* Bei einer Frequenz von weniger als einer Schwingung pro Sekunde verhindert die Aufhängung der Massen, daß diese in Reaktion auf die Wellen zu pendeln anfangen.

** In Wirklichkeit gestaltet sich die Erhöhung der Empfindlichkeit viel komplizierter als hier beschrieben, doch gibt diese Erklärung eine grobe Vorstellung von dem zugrundeliegenden Prinzip.

testen Quellen überhaupt nicht abdecken würde. Darüber hinaus müßte ein Zylinder bei einer so niedrigen Frequenz vom Weltall aus betrieben werden, damit er nicht zufälligen Erschütterungen und dem veränderlichen Schwerefeld der Erdatmosphäre ausgesetzt wäre. Einen so schweren Zylinder in das Weltall zu befördern wäre jedoch unbezahlbar.

Da das Interferometer tausendmal länger ist als der Zylinder, ist es auch tausendmal unempfindlicher gegen den durch den Meßprozeß ausgelösten »Kick«. Dies bedeutet, daß es im Falle des Interferometers *nicht* erforderlich ist, die Störung mit Hilfe eines (schwierig zu konstruierenden) Quantum-Nondemolition-Sensors zu überlisten, wie es für den Zylinder unabdingbar ist.

Wenn das Interferometer so große Vorteile gegenüber dem zylindrischen Gravitationswellendetektor aufweist (größere Bandbreite und größere Empfindlichkeit), warum arbeiteten dann Braginski, Weber und andere nicht mit Interferometern anstatt mit zylindrischen Antennen? Als ich Braginski Mitte der siebziger Jahre danach fragte, antwortete er, daß zylindrische Detektoren, verglichen mit den unendlich komplexen Interferometern, einfacher zu realisieren seien. Eine kleine Arbeitsgruppe wie seine in Moskau konnte sich eine vernünftige Chance ausrechnen, zylindrische Antennen zu bauen und damit Gravitationswellen zu empfangen. Einen interferometrischen Detektor zu konstruieren, zu testen und erfolgreich zu betreiben, erforderte dagegen eine große Arbeitsgruppe sowie beträchtliche finanzielle Mittel, und selbst dann wäre der Erfolg, so Braginski, nicht garantiert.

Zehn Jahre später, als es immer deutlicher wurde, daß zylindrische Detektoren nur unter großen Schwierigkeiten, wenn überhaupt, eine Empfindlichkeit von 10^{-21} erreichen würden, besuchte Braginski das Caltech und zeigte sich tief beeindruckt von den Fortschritten, die Drevers Arbeitsgruppe inzwischen auf dem Gebiet der Interferometer erzielt hatte. Vielleicht würden solche Instrumente letztendlich doch erfolgreich sein, räumte er ein. Da aber große Arbeitsgruppen und hohe finanzielle Aufwendungen nicht nach seinem Geschmack waren, suchte sich Braginski nach seiner Rückkehr nach Moskau ein neues Betätigungsfeld.[13]

(Andere Wissenschaftler haben die Arbeit an zylindrischen Detektoren jedoch glücklicherweise fortgesetzt und konnten deren Empfindlichkeit weiter erhöhen. Verglichen mit Interferometern sind solche Detektoren billig, und vielleicht kommt ihnen auf lange Sicht eine besondere Rolle in der Entdeckung von Gravitationswellen hoher Frequenzen zu.)

Was macht interferometrische Detektoren so komplex? Schließlich erscheint

Abb. 10.7: Der 40 Meter lange Prototyp eines interferometrischen Gravitationswellendetektors am Caltech; um 1989. Auf dem Tisch im Vordergrund sowie in der vorderen, käfigartigen Vakuumkammer befinden sich mehrere Laser und Geräte, die das Laserlicht für den Eintritt in das Interferometer präparieren. Die zweite Vakuumkammer, über der man ein herabhängendes Tau erkennen kann, beherbergt die zentrale Masse. Die Endmassen sind 40 Meter entfernt an den Enden der beiden Korridore angeordnet. Der zweigeteilte Laserstrahl befindet sich in dem größeren der beiden Vakuumrohre, die entlang der Korridore verlaufen. [*LIGO Project, California Institute of Technology.*]

der Grundgedanke, wie er in Abbildung 10.6 wiedergegeben ist, verhältnismäßig einfach.

Diese Abbildung stellt jedoch eine grobe Vereinfachung dar, da sie eine Vielzahl von Tücken und Schwierigkeiten einfach ignoriert. Die Hilfsmittel, die erforderlich sind, um diese Schwierigkeiten zu umgehen, verwandeln das Interferometer in ein äußerst komplexes Instrument. Zum Beispiel muß der Laserstrahl genau in die richtige Richtung weisen und genau die richtige Form und Wellenlänge haben, um sich dem Interferometer optimal anzupassen. Auch dürfen seine Wellenlänge und Intensität keinesfalls schwanken. Nach der Spaltung werden die beiden Strahlen nicht nur wie in Abbildung 10.6 einmal, sondern zur Erhöhung ihrer Empfindlichkeit viele Male hin- und hergelenkt. Trotzdem müssen sie am Schluß genau im Strahlteiler wieder zusammentreffen. Jede Masse muß ständig nachreguliert werden, damit ihre Spiegel präzise ausgerichtet sind und nicht infolge von Vibrationen des Bodens schwingen. Dies muß so

geschehen, daß die durch Gravitationswellen verursachten Schwingungen der Massen nicht beeinträchtigt werden. Um also das Interferometer zu einem präzisen Instrument zu machen, ist es erforderlich, alle seine Bestandteile und die Laserstrahlen ständig zu überwachen und mit Hilfe komplizierter Rückkoppelungsmechanismen nachzusteuern.
Einen Eindruck von der Komplexität dieser Aufgabe vermittelt die Aufnahme in Abbildung 10.7. Sie zeigt den von Drevers Arbeitsgruppe am Caltech gebauten 40 Meter langen Prototyp eines interferometrischen Gravitationswellendetektors – einen Prototyp, der sehr viel einfacher ist als die für erfolgreiche Messungen tatsächlich benötigten Interferometer mit einer Schenkellänge von mehreren Kilometern.

In den frühen achtziger Jahren gab es vier Forschungsgruppen, die an der Entwicklung der Instrumente und Verfahren für interferometrische Detektoren arbeiteten: die Gruppe von Drever am Caltech, sein altes Team in Glasgow, das inzwischen von James Hough geleitet wurde, die Gruppe um Rainer Weiss am MIT sowie das Team von Hans Billing am Max-Planck-Institut in München. Die Arbeitsgruppen waren klein und überschaubar, und jede verfolgte mehr oder weniger unabhängig* ihr eigenes Konzept. Auch innerhalb der einzelnen Forschungsgruppen gab es keine straffe Koordinierung der Arbeit. Jedem Wissenschaftler stand es frei, neue Ideen auszuprobieren und weiterzuentwickeln. Dies ist genau das geistige Klima, das erfinderische Wissenschaftler schätzen und das sie beflügelt – jene Art von Arbeitsumfeld, in dem Einzelgänger wie Braginski und ich uns am wohlsten fühlen. Es ist jedoch kein geeignetes Umfeld, um komplexe wissenschaftliche Instrumente wie einen mehrere Kilometer langen interferometrischen Gravitationswellendetektor zu konzipieren, zu bauen und erfolgreich zu betreiben.
Um die vielen komplexen Einzelteile eines solchen Interferometers zu entwerfen und genau aufeinander abzustimmen, um die Kosten zu dämpfen und um das Interferometer in einem angemessenen Zeitraum fertigzustellen, benötigte man eine andere Form der wissenschaftlichen Zusammenarbeit: eine sehr genau koordinierte Forschungsgruppe, in der viele Untergruppen an eng umgrenzten Teilaufgaben arbeiten und in der ein Leiter entscheidet, wann welche Teilaufgaben von wem bearbeitet werden.
Der Wechsel von einem unabhängigen Arbeitsstil zu einer straff organisierten

* Durch Drever gab es immerhin eine enge Verbindung zwischen den Arbeitsgruppen in Glasgow und am Caltech.

Arbeitsform ist schmerzlich. Es ist ein Weg, den die Biologen, die in aller Welt an der Entschlüsselung des genetischen Codes arbeiten, nicht ohne Wehklagen beschreiten. Und auch wir Gravitationswellenphysiker bewegen uns seit 1984 auf diesem Weg, nicht ohne dabei ebenfalls so manche Träne zu vergießen. Wenn es jedoch gelingt, Gravitationswellen zu entdecken und ihre Botschaft zu entschlüsseln, werden die Freude und die Aufregung über diese Entdeckung und ihren wissenschaftlichen Nutzen die Erinnerung an die negativen Aspekte sicherlich rasch verdrängen.

Der erste Schritt auf dem Weg zu einer strafferen Form der Zusammenarbeit war die nicht ganz freiwillige Entscheidung, die Arbeitsgruppen des Caltech und des MIT, die aus jeweils acht Mitarbeitern bestanden, zu vereinen. Richard Isaacson von der National Science Foundation verlangte im Gegenzug für die finanzielle Unterstützung des Projekts eine enge Zusammenarbeit zwischen den Wissenschaftlern des Caltech und des MIT bei der Entwicklung von Interferometern. Da Drever sich zunächst heftig sträubte, während Weiss bereit war, sich in das Unvermeidbare zu fügen, spielte ich den Vermittler bei dieser Zwangsheirat. Mir kam die Aufgabe zu, einen Kompromiß zu erwirken, wenn Drever in die eine und Weiss in die andere Richtung zog. Es war ein dorniger, mühsamer Weg, doch allmählich begannen wir zusammenzuarbeiten.

Der zweite entscheidende Schritt kam im November 1986. Ein Ausschuß herausragender Wissenschaftler – versiert nicht nur in den betreffenden Fachgebieten, sondern auch in der Organisation und Durchführung großer physikalischer Projekte – verbrachte eine ganze Woche am Caltech, um unsere Fortschritte und unsere weiteren Pläne zu evaluieren und die Untersuchungsergebnisse der National Science Foundation vorzulegen. Während unsere Fortschritte, unsere Pläne und auch unsere Erfolgsaussichten – vom physikalischen Standpunkt aus – sehr positiv bewertet wurden, bekamen wir für unsere Form der Zusammenarbeit eine Rüge. Die Koordination war noch immer nicht straff genug. Auf diese Weise, so hieß es in dem Bericht an die National Science Foundation, würden wir niemals Erfolg haben. Der Ausschuß sprach daher die Empfehlung aus, das Dreiergespann Drever–Weiss–Thorne durch einen einzigen Leiter zu ersetzen; einen Leiter, der die Gabe besaß, die vielen einzelnen Wissenschaftler zu einem engverbundenen, effizienten Team zusammenzuschweißen, der das Projekt straff organisierte und der zu jedem Zeitpunkt in der Lage war, wichtige Entscheidungen über den Fortgang der Arbeit zu fällen.

Wieder wurden wir vor die Wahl gestellt. Wenn Sie Ihr Projekt fortsetzen wollen, so sagte uns Isaacson, müssen Sie einen Projektleiter finden, mit dem Sie so

Ein Teil der am LIGO-Projekt arbeitenden Wissenschaftler gegen Ende des Jahres 1991. *Oben:* Einige Mitarbeiter des Caltech, von links oben entgegen dem Uhrzeigersinn: Aaron Gillespie, Fred Raab, Maggie Taylor, Seiji Kawamura, Robbie Vogt, Ronald Drever, Lisa Sievers, Alex Abramovici, Bob Spero, Mike Zucker. *Links:* Einige Angehörige des MIT, von links oben entgegen dem Uhrzeigersinn: Joe Kovalik, Yaron Hefetz, Nergis Mavalvala, Rainer Weiss, David Schumaker, Joe Giaime. [*Oben: Ken Rogers/Black Star; links: von Erik L. Simmons.*]

zusammenarbeiten wie eine Fußballmannschaft mit einem fähigen Trainer oder ein Orchester mit einem guten Dirigenten.

Wir hatten Glück. Während wir noch nach einer geeigneten Person Ausschau hielten, wurde Robbie Vogt gekündigt.

Vogt, ein brillanter, eigenwilliger Experimentalphysiker, konnte bereits auf langjährige Erfahrungen als Leiter verschiedener Projekte zurückblicken: So war er für die Entwicklung und den Einsatz wissenschaftlicher Instrumente in der Raumfahrt verantwortlich gewesen; er hatte den Bau eines riesigen astronomischen Interferometers im Wellenlängenbereich von wenigen Millimetern geleitet, und in der NASA war er für die Neustrukturierung der wissenschaftlichen Forschung am Jet Propulsion Laboratory zuständig gewesen (das fast alle amerikanischen Aktivitäten auf dem Gebiet der Planetenerforschung bestreitet). Danach hatte er eine leitende Stellung in der Verwaltung des Caltech angenommen. Als Verwaltungsdirektor lag Vogt jedoch trotz seiner bemerkenswerten Effizienz ständig im Streit mit dem Präsidenten des Caltech, Marvin Goldberger. Ihre Ansichten über die Führung des Instituts gingen weit auseinander, und nach mehreren Jahren erbitterter Auseinandersetzungen wurde Vogt von Goldberger gekündigt. Vogt war nicht dafür geschaffen, *unter* jemandem zu arbeiten, mit dem er in grundlegenden Fragen nicht übereinstimmte. Stand er dagegen an der Spitze, war er überragend. Er war genau der Leiter, den wir suchten. Wenn uns überhaupt jemand in eine straff organisierte Arbeitsgruppe verwandeln konnte, dann er.

»Es wird nicht immer einfach sein, mit Robbie zusammenzuarbeiten«, so sagte uns ein Mitglied seiner alten Arbeitsgruppe. »Sie werden manche Narben davontragen, doch es wird sich lohnen. Ihr Projekt wird Erfolg haben.«

Mehrere Monate lang drängten Drever, Weiss, ich und andere Vogt, die Leitung des Projekts zu übernehmen. Schließlich willigte er ein, und heute, sechs Jahre danach, haben wir uns in der Tat – nicht ohne Blessuren – in eine effiziente, leistungsfähige und engverwobene Arbeitsgruppe verwandelt, die auf dem besten Weg ist, die für eine erfolgreiche Durchführung des Projekts erforderliche kritische Größe von etwa fünfzig Wissenschaftlern und Technikern zu erreichen. Der Erfolg hängt jedoch nicht von uns allein ab. Vogts Plan sieht vor, daß wichtige Vorarbeiten von externen Wissenschaftlern geleistet werden,* die mit uns nur lose assoziiert sind und so den individuellen, unabhängigen Arbeitsstil beibehalten können, den wir aufgegeben haben.

Eine wesentliche Voraussetzung für den Erfolg ist der Bau und die Inbetrieb-

* Darunter befinden sich Braginski und seine Mitarbeiter in Moskau, eine von Bob Byers geleitete Arbeitsgruppe an der Stanford University, das Team um Jim Faller an der University of Colorado, die Gruppe von Peter Saulson an der Syracuse University sowie Sam Finn und seine Kollegen an der Northwestern University.

Abb. 10.8: Künstlerische Darstellung des L-förmigen Vakuumsystems von LIGO sowie der Experimentiereinrichtungen an der Ecke des L. Die Anlage wird bei Hanford, Washington, errichtet werden. [*LIGO Project, California Institute of Technology.*]

nahme einer nationalen wissenschaftlichen Einrichtung mit dem Namen *Laser Interferometer Gravitational-Wave Observatory* (Laserinterferometrisches Gravitationswellen-Observatorium), kurz LIGO genannt.[14] Das LIGO wird aus zwei L-förmigen Vakuumsystemen bestehen, von denen eines in der Nähe von Hanford, Washington, und das andere in der Nähe von Livingston, Louisiana, errichtet wird (Abb. 10.8). Dort sollen Physiker zahllose Generationen von immer besseren Interferometern entwickeln und betreiben.

Warum werden jedoch zwei Einrichtungen benötigt? Gravitationswellendetektoren auf der Erde unterliegen störenden Einflüssen, die sich von eintreffenden Gravitationswellen nicht unterscheiden lassen. Zum Beispiel kann die Befestigung, an der die Masse aufgehängt ist, aus unersichtlichen Gründen leicht vibrieren und so die Masse in Schwingungen versetzen. Allerdings werden solche Störungen niemals gleichzeitig an verschiedenen, weit voneinander entfernten Detektoren auftreten. Um also sicherzugehen, daß ein Signal auf Gravitationswellen und nicht auf andere Störungen zurückzuführen ist, muß man prüfen, ob es in beiden Detektoren nachweisbar ist. Mit nur einem Detektor lassen sich Gravitationswellen nicht entdecken und messen.

Obwohl zwei Anlagen also prinzipiell ausreichend sind, benötigt man drei oder vier solcher Einrichtungen an weit voneinander entfernten Orten, um die vollständige Symphonie der eintreffenden Gravitationswellen zu empfangen und zu entschlüsseln, das heißt, um den Informationsgehalt der Wellen vollständig zu erfassen. Eine französisch-italienische Arbeitsgruppe wird deshalb in der Nähe von Pisa eine dritte Anlage errichten, die den Namen VIRGO erhält.* VIRGO und LIGO bilden ein internationales Netzwerk zur Entschlüsselung der vollständigen Information von Gravitationswellen. Forschergruppen in Großbritannien, Deutschland, Japan und Australien bemühen sich derzeit um finanzielle Mittel für den Bau ähnlicher Anlagen, die zur Erweiterung des Netzwerks benutzt werden könnten.

Es mag gewagt erscheinen, ein solch ehrgeiziges Netzwerk zur Beobachtung von Wellen zu errichten, die noch niemals nachgewiesen wurden. Doch haben Joseph Taylor und Russell Hulse von der Princeton University inzwischen durch astronomische Beobachtungen zweifelsfrei bewiesen, daß Gravitationswellen existieren. Für diese Beobachtungen wurden sie im Jahre 1993 mit dem Nobelpreis für Physik ausgezeichnet. Mit Hilfe eines Radioteleskops entdeckten Taylor und Hulse zwei Neutronensterne (darunter einen Pulsar), die einander in einer Periode von acht Stunden umkreisen. Durch äußerst präzise Radiomessungen gelang den Forschern der Nachweis, daß sich die Sterne in einer spiralförmigen Bahn einander nähern, und zwar pro Jahr um 2,7 Milliardstel ihres Abstands. Dies steht in völliger Übereinstimmung mit der allgemeinen Relativitätstheorie, die vorhersagt, daß eine Annäherung in dieser Größenordnung eintritt, wenn Sterne durch die von ihnen ausgesandten Gravitationswellen eine Art Rückstoß erfahren. Nur Gravitationswellen können die spiralförmige Annäherung der Neutronensterne erklären.

* * *

Wie wird die Gravitationswellenastronomie im nächsten Jahrtausend aussehen? Manches spricht für das folgende Szenarium:

Bis zum Jahr 2007 werden acht Interferometer, von denen jedes mehrere Kilometer lang ist, in Betrieb sein und den Himmel nach eintreffenden Gravitationswellen absuchen. Zwei Interferometer arbeiten in der Vakuumanlage in Pisa, zwei in Livingston, zwei in Hanford und zwei in Japan. Von den jeweils zwei Interferometern an jedem Standort dient eines dem Nachweis von Wellen mit einer Frequenz von 10 bis 1000 Schwingungen pro Sekunde, während das andere,

* Diese Anlage ist nach dem Galaxienhaufen Virgo benannt, der möglicherweise Gravitationswellen aussendet.

ein Interferometer nach dem neuesten Stand der Technik, Wellen mit einer Frequenz von 1000 bis 3000 Schwingungen pro Sekunde auffängt.

Ein Wellenzug dringt von einer entfernten kosmischen Quelle in das Sonnensystem ein. Jeder Wellenkamm trifft zunächst auf den Detektor in Japan, breitet sich durch die Erde aus, kommt dann in Washington, anschließend in Louisiana und zuletzt in Italien an. Ungefähr eine Minute lang folgen Wellenkämme und Wellentäler aufeinander. Die Massen in jedem Detektor beginnen leicht zu schwingen und beeinflussen damit die Laserstrahlen bzw. das Licht, das in den Photodektektor einfällt. Die Messungen der acht Photodetektoren werden über Satelliten an einen zentralen Rechner geleitet, der die Wissenschaftler darauf aufmerksam macht, daß ein Gravitationswellenzug (»Burst«) von einer Minute Dauer die Erde getroffen hat. Aus den Messungen der einzelnen Detektoren berechnet der Computer den wahrscheinlichsten Ort der Quelle am Himmel, den Fehlerbereich dieser Schätzung und zwei *Wellenformen.* Diese zwei Schwingungskurven sind analog der Kurve, die man erhält, wenn man die Schallwellen einer Symphonie mit einem Oszillographen untersucht. In ihnen ist in verschlüsselter Form die Entstehungsgeschichte der Quelle enthalten (Abb. 10.9).

Es gibt zwei Wellenformen, weil eine Gravitationswelle zwei *Polarisationsrichtungen* besitzt. Wenn die Welle senkrecht durch ein Interferometer wandert, beschreibt eine der Polarisationsrichtungen die Gezeitenkräfte, die in Ost-West- und Nord-Süd-Richtung schwingen, und die andere solche, die in nordöstlich-südwestlicher und nordwestlich-südöstlicher Richtung schwingen. Jeder einzelne Detektor empfängt aufgrund seiner spezifischen Ausrichtung eine spezifische Kombination von Gravitationswellen beider Polarisationsrichtungen. Indem der Computer die Messungen der acht Detektoren miteinander verknüpft, ist er in der Lage, die beiden Wellenformen zu rekonstruieren.

Anschließend vergleicht der Computer die Wellenformen mit denen in einem umfangreichen Katalog, so wie ein Vogelkundler anhand von Abbildungen in einem Buch bestimmt, um welche Art von Vogel es sich bei seiner Beobachtung handelt. Der Katalog ist das Ergebnis von Computersimulationen verschiedener Quellen von Gravitationswellen und faßt die Erfahrungen zusammen, die in den vorangegangenen Jahren bei der Beobachtung von Gravitationswellen gesammelt wurden – Gravitationswellen von kollidierenden und verschmelzenden Schwarzen Löchern, von kollidierenden und verschmelzenden Neutronensternen, von rotierenden Neutronensternen (Pulsaren) und von Supernovae-Explosionen. Eine Welle, die bei der Verschmelzung zweier Schwarzer Löcher ausgesandt wurde, läßt sich einfach erkennen; sie besitzt eine eindeutige

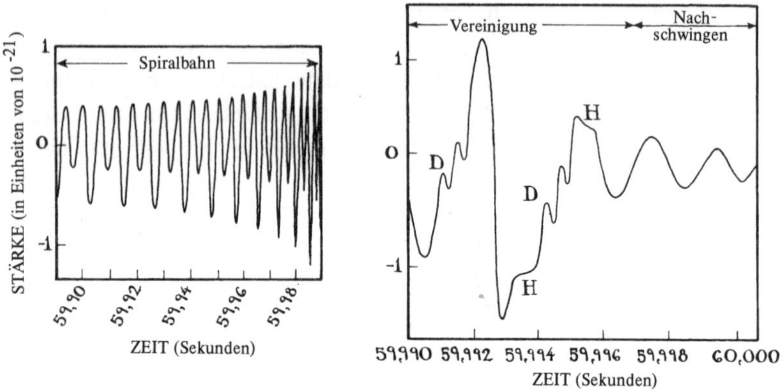

Abb. 10.9 Eine der zwei Wellenformen, die bei der Vereinigung zweier Schwarzer Löcher entstehen. Die Welle ist nach oben in Einheiten von 10^{-21} aufgetragen. Horizontal ist die Zeit in Sekunden dargestellt. Die erste Abbildung zeigt die Wellenform, wie sie sich in den letzten 0,1 Sekunden der Spiralbewegung darstellt; in der vorangegangenen Minute sieht die Wellenform ähnlich aus: Amplitude und Frequenz steigen allmählich an. Das zweite Diagramm zeigt die letzten 0,01 Sekunden in einer vergrößerten Skala. Die mit »Spiralbahn« und »Nachschwingen« bezeichneten Segmente der Wellenform werden von uns heute, im Jahre 1993, aus den Lösungen der Einsteinschen Feldgleichung gut verstanden. Das Segment »Vereinigung« ist dagegen noch keineswegs verstanden (die gezeigte Kurve entspringt meiner Phantasie), und der Versuch ihrer Berechnung bleibt zukünftigen Supercomputern vorbehalten. Im Text wird angenommen, daß solche Simulationen zu Anfang des 21. Jahrhunderts erfolgreich sein werden.

Signatur. Andere Quellen, so zum Beispiel Supernovae, sind weitaus schwieriger zu identifizieren.

Wir wollen im Folgenden die Wellenformen betrachten, die für zwei miteinander verschmelzende Schwarze Löcher typisch sind. Sie gliedern sich in jeweils drei Segmente:

- Das erste Segment von ungefähr einer Minute Länge (in Abbildung 10.9 sind nur die letzten 0,1 Sekunden wiedergegeben) zeigt Schwingungen, deren Amplitude und Frequenz allmählich zunehmen. Es handelt sich dabei genau um die Wellenformen, die man bei der *spiralförmigen Annäherung* zweier einander umkreisender Objekte in einem Doppelsternsystem erwartet. Der Umstand, daß die Ausschläge abwechselnd größer und kleiner sind, läßt erkennen, daß die Umlaufbahn elliptisch und nicht kreisförmig ist.

- Die Wellenform des 0,01 Sekunden langen mittleren Segments stimmt vielleicht mit den Vorhersagen überein, die Anfang des 21. Jahrhunderts durchgeführte Computersimulationen für die *Vereinigung* zweier Schwarzer Löcher gemacht haben werden. Diesen Simulationen zufolge signalisieren die mit »H« markierten Höcker der Wellenlinie den Zusammenstoß und das Verschmelzen der Horizonte der beiden Löcher. Der mit »D« bezeichnete Doppelausschlag ist dagegen eine Entdeckung, die den besonders feinen Interferometern des 21. Jahrhunderts zu verdanken ist. Ihre Erklärung wird eine große Herausforderung für die theoretische Physik darstellen, denn möglicherweise handelt es sich hier um erste Hinweise auf ein gänzlich unbekanntes Phänomen bei den nichtlinearen Schwingungen der Raumzeitkrümmung der beiden zusammenprallenden Schwarzen Löcher.

- Das 0,03 Sekunden lange dritte Segment, von dem in Abbildung 10.9 nur der Anfang gezeigt ist, besteht aus Schwingungen, deren Frequenz sich nicht ändert, deren Amplitude jedoch allmählich kleiner wird, bis sie ganz verschwindet. Diese Wellenform entspricht dem *Nachschwingen* einer Glocke und ist dann zu erwarten, wenn ein deformiertes Schwarzes Loch pulsiert, um die Unregelmäßigkeiten seiner Form abzuschütteln. Die Pulse werden von zwei hantelförmigen Auswölbungen hervorgerufen, die um den Äquator des Loches kreisen und immer kleiner werden, bis ihre Energie schließlich vollständig in Form von Schwingungen der Raumzeit in das Universum entwichen ist (Abb. 10.2).

Aus den Besonderheiten der Wellenform kann der Computer nicht nur die Entstehungsgeschichte des Schwarzen Loches herleiten, das spiralförmige Ineinanderstürzen, die Vereinigung und das Nachschwingen der ursprünglichen Löcher, sondern er kann auch auf die Massen und Drehimpulse der ursprünglichen Löcher und des neu entstandenen Loches schließen. Im vorliegenden Beispiel besaßen die ursprünglichen Löcher jeweils ungefähr 25 Sonnenmassen und rotierten langsam. Das neu entstandene Loch wiegt 46 Sonnenmassen und rotiert mit 97 Prozent der zulässigen Höchstgeschwindigkeit. Vier Sonnenmassen ($2 \times 25 - 46 = 4$) haben sich in Energie bzw. in Schwingungen der Raumzeit verwandelt und wurden in Form von Gravitationswellen emittiert. Die Gesamtoberfläche der ursprünglichen Löcher betrug 136000 Quadratkilometer. Die Gesamtoberfläche des neuen Loches ist in Übereinstimmung mit dem zweiten Gesetz der Mechanik Schwarzer Löcher (Kapitel 12) größer und beträgt 144000 Quadratkilometer. Die Wellenformen geben auch Aufschluß über die Entfernung des Loches von der Erde: in diesem Fall eine

Milliarde Lichtjahre, ein Ergebnis, das noch mit einer Ungenauigkeit von 20 Prozent behaftet sein mag. Ferner lassen die Wellenformen erkennen, daß wir von der Erde nahezu senkrecht auf die Umlaufebene der zwei einander umkreisenden Löcher geschaut haben und daß wir nun genau auf den Nordpol des rotierenden Loches blicken. Und wir erfahren, daß die Umlaufbahn der Löcher eine Exzentrizität von 30 Prozent besaß, das heißt, daß ihre Umlaufbahn nicht kreisförmig, sondern elliptisch war.

Aus dem Zeitpunkt des Eintreffens der Wellenkämme in Japan, Washington, Louisiana und Italien bestimmt der Computer die Position der Löcher am Himmel. Da die Wellen zunächst in Japan eintrafen, befanden sich die Löcher mehr oder weniger genau über Japan. Eine detaillierte Analyse der Ankunftszeiten der Wellen ermöglicht es, die Position der Quelle zu schätzen und den Fehlerbereich für die Schätzung anzugeben, der ungefähr 1 Grad betragen mag. Wären die Löcher kleiner gewesen, hätten die Wellen schnellere Schwingungen gezeigt, und der Fehlerbereich wäre kleiner gewesen, doch für so große Löcher ist eine Ungenauigkeit von einem Grad das beste Ergebnis, das von dem im Jahre 2007 zur Verfügung stehenden interferometrischen Netzwerk erzielt werden kann. Wenn dann nach weiteren zehn Jahren ein interferometrischer Detektor auf dem Mond in Betrieb genommen wird, dürfte die Ungenauigkeit um einen Faktor 100 verringert werden.

Aus der Tatsache, daß die Bahn der Schwarzen Löcher elliptisch war, schließt der Computer, daß die Löcher erst einige Stunden vor ihrem Zusammenstoß und ihrer Vereinigung in eine gegenseitige Umlaufbahn gezogen wurden. (Wenn sie sich bereits länger umkreist hätten, wäre ihre Bahn infolge des Rückstoßes der von ihnen ausgesandten Gravitationswellen kreisförmig gewesen.) Wenn sich die Löcher aber erst kurz vor ihrer Verschmelzung gegenseitig einfingen, bedeutet dies, daß sie sich vermutlich in einem dichten Haufen Schwarzer Löcher und massereicher Sterne im Zentrum einer Galaxie befanden.

Der Computer sucht daher alle verfügbaren Kataloge von optischen Galaxien, Radiogalaxien und Röntgengalaxien nach solchen ab, die zwischen 0,8 und 1,2 Milliarden Lichtjahren von der Erde entfernt in der angegebenen Himmelsregion liegen und charakteristische galaktische Zentren besitzen. Etwa vierzig Kandidaten kommen in Frage und werden den Astronomen mitgeteilt. In den nächsten Jahren werden diese vierzig Galaxien mit allen verfügbaren Instrumenten – Radio-, Infrarot-, optischen, Ultraviolett-, Röntgen- und Gammastrahlenteleskopen – genauestens erforscht. Allmählich wird sich herauskristallisieren, daß eine der in Frage kommenden Galaxien ein Zentrum besitzt, in dem zum Zeitpunkt der Aussendung der heute bei uns eintreffenden Lichtstrahlen eine massereiche Ansammlung von Gas und Sternen in eine äußerst heftige Entwicklungsphase trat, die nach ungefähr einer Million Jahren die Geburt eines riesigen Schwarzen Loches und schließlich eines Quasars auslöste. Dank der empfangenen Gravitationswellen, die diese Galaxie als etwas Besonderes kennzeichnen, können Astronomen damit beginnen, die Entstehung gigantischer Schwarzer Löcher im Detail zu erforschen.

11. Kapitel *Was ist wirklich?*

worin die Raumzeit am Sonntag als gekrümmt und am Montag als flach angesehen wird, der Horizont eines Schwarzen Loches am Sonntag aus Vakuum und am Montag aus elektrischen Ladungen besteht und sonntags wie montags die experimentellen Ergebnisse dennoch übereinstimmen

Ist die Raumzeit *wirklich* gekrümmt? Kann man sich nicht auch vorstellen, die Raumzeit sei flach, während unsere Uhren und Maßstäbe, mit denen wir die Raumzeit vermessen und die wir als *vollkommen* im Sinne der Ausführungen in Kasten 11.1 bezeichnen, in Wirklichkeit gummiartig verformbar sind? Kann es nicht sein, daß auch die besten Uhren mal schneller und mal langsamer gehen und die vollkommensten Maßstäbe ihre Länge verändern, wenn wir sie von Punkt zu Punkt bewegen oder sie drehen? Und würden solche Verzerrungen unserer Uhren und Maßstäbe eine in Wirklichkeit flache Raumzeit gekrümmt erscheinen lassen? Die Antwort lautet: ja.

Abbildung 11.1 zeigt als konkretes Beispiel die Messung verschiedener Umfänge und Radien an einem nichtrotierenden Schwarzen Loch. Die linke Seite der Abbildung ist ein Einbettungsdiagramm für den gekrümmten Raum in der Umgebung des Schwarzen Loches. Der Raum erscheint gekrümmt, weil wir Längen unter der Voraussetzung definiert haben, daß unsere Maßstäbe sich *nicht* gummiartig verhalten, daß sie also ihre Länge an jedem Ort und in jeder Ausrichtung beibehalten. Unter Verwendung eines solchen Maßstabs hat der Horizont des Schwarzen Loches einen Umfang von 100 Kilometern. Um den Horizont ist ein Kreis mit dem doppelten Umfang des Horizonts (200 Kilometer) gezeichnet. Mißt man die radiale Entfernung von diesem Kreis zum Horizont mit einem vollkommenen Maßstab, erhält man 37 Kilometer. Wäre der Raum flach, müßte diese Entfernung gleich der Differenz der Radien des äußeren Kreises und des Horizonts sein, also $200/2\,\pi$ minus $100/2\,\pi$. Das wären ungefähr 16 Kilometer. Um erklären zu können, warum die tatsächlich gemessene Entfernung mit 37 Kilometern viel größer ist, muß man annehmen, daß der Raum die im Diagramm gezeigte Trompetenform besitzt. Er muß also gekrümmt sein.

Sollte der Raum in der Umgebung des Schwarzen Loches in Wirklichkeit flach und unser Maßstab gummiartig sein, so daß uns ein gekrümmter Raum nur vorgegaukelt wird, dann müßte die wahre Geometrie des Raumes der Skizze in Abbildung 11.1 rechts entsprechen. Die wahre Entfernung zwischen Kreis und Horizont würde in diesem Fall 16 Kilometer betragen, wie es die Gesetze der

Kasten 11.1

Vollkommene Maßstäbe und Uhren

Unter »vollkommenen Uhren« und »vollkommenen Maßstäben« verstehe ich in diesem Buch die besten herstellbaren Uhren und Maßstäbe. Ihre Vollkommenheit mißt sich an den Eigenschaften von Atomen und Molekülen.

Dies möchte ich genauer ausführen: Das Ticken vollkommener Uhren muß gleichmäßig erscheinen, wenn man es mit den Schwingungen von Atomen und Molekülen vergleicht. Die weltbesten Atomuhren sind so beschaffen, daß sie diese Eigenschaft genau erfüllen. Da die Schwingungen von Atomen und Molekülen der in früheren Kapiteln beschriebenen »Geschwindigkeit des Zeitflusses« unterliegen, messen vollkommene Uhren den Teil von Einsteins gekrümmter Raumzeit, den wir als »Zeit« bezeichnen.

Die Abstände zwischen Markierungen auf vollkommenen Maßstäben müssen gleichmäßig erscheinen, wenn man sie mit den Wellenlängen der von Atomen und Molekülen ausgesandten elektromagnetischen Wellen vergleicht, zum Beispiel mit der von Wasserstoff emittierten Strahlung von 21 Zentimetern Wellenlänge.

Äquivalent dazu kann man verlangen, daß ein Maßstab, der bei einer bestimmten Normtemperatur aufbewahrt wird, zum Beispiel bei null Grad Celsius, stets dieselbe unveränderliche Anzahl von Atomen zwischen zwei Markierungen besitzen muß. Dies wiederum gewährleistet, daß vollkommene Maßstäbe die räumlichen Abstände in Einsteins Raumzeit messen.

Der Hauptteil dieses Kapitels befaßt sich mit der Vorstellung »wahrer« Zeitabstände und »wahrer« Längen. Dies sind nicht notwendigerweise die Zeiten und Längen, die mit vollkommenen Uhren und Maßstäben gemessen werden. Oder anders ausgedrückt, es sind nicht notwendigerweise die Zeiten und Längen, die den mit Hilfe von Atomen und Molekülen definierten Standards entsprechen, und sie müssen folglich auch nicht den Zeiten und Längen entsprechen, aus denen Einsteins gekrümmte Raumzeit besteht.

flachen euklidischen Geometrie verlangen. Die allgemeine Relativitätstheorie fordert jedoch, daß wir diese wahre Entfernung mit unseren vollkommenen Maßstäben nicht messen. Legen wir dazu knapp außerhalb des Horizonts ein Maßband um den Umfang, wie in Abbildung 11.1 rechts dargestellt. Die gekrümmte, mit Markierungen versehene breite Linie stellt das Maßband dar, das in dieser Ausrichtung korrekte Werte für Entfernungen entlang dem Umfang liefert. Nun schneide man das Maßband nach 37 Kilometern ab. Dieser im Bild dargestellte Teil deckt 37 Prozent des gesamten Umfangs ab. Man drehe das

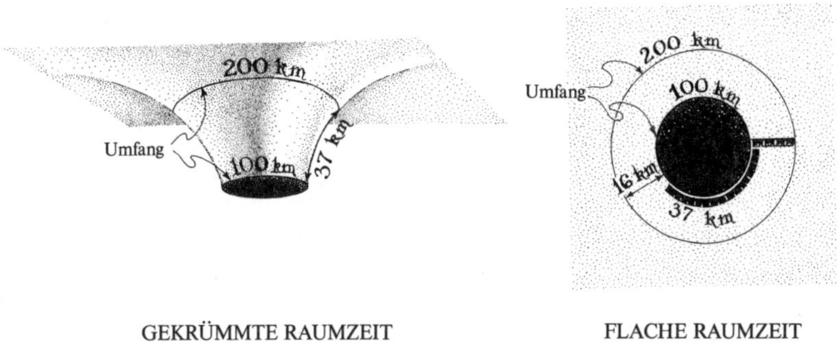

Abb. 11.1: Verschiedene Interpretationen von Längenmessungen in der Umgebung Schwarzer Löcher. *Links:* Es wird angenommen, daß die Raumzeit in Wirklichkeit gekrümmt sei und vollkommene Maßstäbe die Abstände in dieser wirklichen Raumzeit präzise messen. *Rechts:* Es wird angenommen, die Raumzeit sei in Wirklichkeit flach, während die vollkommenen Maßstäbe sich gummiartig verhalten. Wenn ein 37 Kilometer langer Maßstab entlang dem Umfang eines Schwarzen Loches angelegt wird, gibt er dessen Länge in der wirklichen, flachen Raumzeit präzise an. Wenn der Maßstab jedoch radial ausgerichtet wird, schrumpft er um einen Betrag, der um so größer ist, je näher er sich am Loch befindet. Radiale Strecken erscheinen deshalb mit diesem Maßstab größer, als sie in Wirklichkeit sind (im gezeigten Beispiel wird eine in Wirklichkeit 16 Kilometer lange Strecke mit 37 Kilometern angegeben).

Maßband nun so, daß es radial verläuft, entsprechend dem geraden breiten Strich in der Abbildung. Die allgemeine Relativitätstheorie verlangt, daß das Maßband in dieser Ausrichtung auf 16 Kilometer Länge schrumpft und genau vom Horizont des Schwarzen Loches bis zum äußeren Kreis reicht. Die Markierungen auf dem geschrumpften Band müssen allerdings immer noch 37 Kilometer als Entfernung zwischen Horizont und Kreis anzeigen. Menschen wie Einstein, die nichts von den gummiartigen Eigenschaften des Maßbandes wissen, würden der falschen Längenangabe Glauben schenken und den Schluß ziehen, daß der Raum gekrümmt sei. Sie und ich jedoch wissen, daß das Maßband geschrumpft und der Raum in Wirklichkeit flach ist.

Was aber kann bewirken, daß ein Maßstab schrumpft, wenn man ihn dreht? Die Gravitation natürlich! Im flachen Raum in Abbildung 11.1 rechts existiert ein Gravitationsfeld, das die Größe von Elementarteilchen, Atomkernen, Atomen, Molekülen und allen anderen Dingen festlegt und sie schrumpfen läßt, wenn man sie radial anordnet. Befindet man sich nahe am Schwarzen Loch, ist die Schrumpfung stark ausgeprägt; in größerer Entfernung ist sie schwächer, weil das Gravitationsfeld, das die Dinge schrumpfen läßt, vom Schwarzen Loch erzeugt wird, dessen Einfluß mit der Entfernung abnimmt.

Das Feld, das für die Schrumpfung verantwortlich ist, hat noch andere Auswirkungen. Wenn ein Photon oder ein anderes Teilchen am Schwarzen Loch vorbeifliegt, wird seine Flugbahn durch das Feld verändert. Die Bahn wird zum Schwarzen Loch hin abgelenkt, das heißt, sie ist gekrümmt, wenn man sie in der wahren, flachen Raumzeitgeometrie betrachtet. Menschen wie Einstein, die den Messungen ihrer gummiartigen Maßstäbe und Uhren Glauben schenken, gehen jedoch davon aus, daß sich das Photon entlang einer Geraden in einer gekrümmten Raumzeit bewegt.

Doch wie verhält es sich nun wirklich? Ist die Raumzeit flach, wie es in den vorigen Abschnitten angenommen wurde, oder ist sie in Wahrheit gekrümmt? Für mich als Physiker ist diese Frage ohne Belang, weil die Antwort keine Auswirkungen auf den physikalischen Sachverhalt hat. Beide Sichtweisen, die einer flachen und die einer gekrümmten Raumzeit, führen zu denselben Vorhersagen für Messungen, die mit vollkommenen Maßstäben und Uhren durchgeführt werden. Es stellt sich sogar heraus, daß dies für Messungen mit jedem wie auch immer gearteten physikalischen Meßgerät gilt. So stimmen beide Sichtweisen zum Beispiel darin überein, daß die radiale Entfernung zwischen dem Kreis und dem Horizont in Abbildung 11.1 stets 37 Kilometer beträgt, *wenn die Messung mit vollkommenen Maßstäben durchgeführt wird.* Die beiden Beschreibungen unterscheiden sich nur in der Frage, ob die gemessene Distanz der »Wirklichkeit« entspricht, doch ist dies keine physikalische, sondern eine philosophische Frage. Da die beiden Sichtweisen in den Ergebnissen aller Experimente übereinstimmen, sind sie physikalisch äquivalent. Für die Experimente ist es ohne Belang, welche Interpretation »wahr« ist. Darüber sollen sich die Philosophen Gedanken machen. Physiker dagegen können beide Standpunkte abwechselnd einnehmen, wenn sie versuchen, die Vorhersagen der allgemeinen Relativitätstheorie abzuleiten – und dies tun sie auch.

Die Denkprozesse, die die Arbeit eines theoretischen Physikers ausmachen, werden von Thomas Kuhn mit dem Begriff *Paradigma* beschrieben. Kuhn, der im Jahre 1949 an der Harvard University in Physik promovierte und heute als einer der bedeutendsten Historiker und Wissenschaftsphilosophen gilt, führte das Konzept des Paradigmas in seinem 1962 erschienenen Buch *The Structure of Scientific Revolutions* (dt. *Die Struktur wissenschaftlicher Revolutionen*) ein.[1] Es ist eines der aufschlußreichsten Bücher, die ich je gelesen habe.

Unter einem Paradigma versteht man den vollständigen Satz von Hilfsmitteln, den eine Gemeinschaft von Wissenschaftlern benutzt, um auf einem bestimmten Gebiet zu forschen und die Ergebnisse anderen Wissenschaftlern mitzuteilen. Die Vorstellung einer gekrümmten Raumzeit ist ein Beispiel für ein solches Paradigma, die Vorstellung einer flachen Raumzeit ein anderes. Jedes dieser Paradigmen enthält drei grundlegende Elemente: einen Satz *physikalischer Gesetze*, die in mathematischer Form ausgedrückt sind; einen Satz von *Bildern* (geistige und sprachliche Bilder oder Zeichnungen), die unser Verständnis der Gesetze unterstützen und die Kommunikation untereinander erleichtern; sowie einen Satz von *Anwendungsbeispielen* – frühe Berechnungen und gelöste Aufgaben in Lehrbüchern oder Fachzeitschriften, von denen die Experten auf dem Gebiet der Relativität glauben, daß sie korrekt und interessant sind. Solche Beispiele dienen als Muster für zukünftige Berechnungen.

Das *Paradigma der gekrümmten Raumzeit* gründet sich auf drei Gruppen mathematisch formulierter Gesetze: auf Einsteins Feldgleichung, die beschreibt, in welcher Weise Materie die Raumzeit krümmt; auf Gesetze, die besagen, daß man mit vollkommenen Maßstäben und Uhren Längen und Zeitintervalle in Einsteins Raumzeit messen kann; und auf Gesetze, die uns sagen, wie Materie und Felder sich durch die gekrümmte Raumzeit bewegen (zum Beispiel: frei fallende Körper bewegen sich geradlinig entlang geodätischer Linien). Auch das *Paradigma der flachen Raumzeit* ist auf drei Gruppen von Gesetzen aufgebaut: auf einem Gesetz, das besagt, wie Materie ein Gravitationsfeld in einer flachen Raumzeit erzeugt; auf Gesetzen, die beschreiben, wie das Feld vollkommene Maßstäbe schrumpfen und das Ticken vollkommener Uhren langsamer werden läßt; sowie auf Regeln für die Bewegung von Materie und Feldern in einer flachen Raumzeit.

Zu den Bildern des Paradigmas der gekrümmten Raumzeit gehören die in diesem Buch gezeigten Einbettungsdiagramme (etwa Abb. 11.1 links) und die verbalen Beschreibungen der Raumzeitkrümmung in der Umgebung Schwarzer Löcher (zum Beispiel »der wirbelsturmartige Strudel in der Umgebung eines rotierenden Schwarzen Loches«). Zu den Bildern des Paradigmas der flachen Raumzeit gehören beispielsweise die rechte Hälfte von Abbildung 11.1 (in der ein entlang dem Horizontumfang angelegter Maßstab schrumpft, wenn man ihn dreht) sowie die verbale Beschreibung eines »Gravitationsfeldes, das eine Schrumpfung von Maßstäben bewirkt«.

Anwendungsbeispiele für das Paradigma der gekrümmten Raumzeit sind die in den meisten Lehrbüchern der allgemeinen Relativitätstheorie enthaltenen Rechnungen zur Herleitung der Schwarzschild-Lösung von Einsteins Feldgleichung sowie die Rechnungen, mit denen Israel, Carter, Hawking und andere gezeigt haben, daß ein Schwarzes Loch keine »Haare« hat. Zu den Anwendungsbeispielen für das Paradigma der flachen Raumzeit gehört die Berechnung der

Massenänderung von Schwarzen Löchern und anderen Körpern, wenn Gravitationswellen von ihnen absorbiert werden. Dazu gehören auch die Rechnungen von Clifford Will, Thibault Damour und anderen Autoren, die gezeigt haben, wie einander umkreisende Neutronensterne Gravitationswellen erzeugen – Wellen in einem Feld, das die Schrumpfung von Maßstäben bewirkt.

Die einzelnen Elemente eines Paradigmas – seine Gesetze, seine Bilder und seine Anwendungsbeispiele – sind für die Denkprozesse bei meiner Arbeit von entscheidender Bedeutung. Die geistigen, verbalen oder gezeichneten Bilder dienen mir als Richtschnur. Sie geben mir eine intuitive Vorstellung davon, wie sich das Universum möglicherweise verhält. Indem ich diese Bilder manipuliere und in mathematische Gleichungen umsetze, mit denen ich herumexperimentiere, suche ich nach neuen, interessanten Einsichten. Gelange ich auf diesem Weg zu einem Gedanken, der es wert erscheint, weiterverfolgt zu werden (wie etwa die in Kapitel 7 beschriebene Ring-Vermutung), dann versuche ich, ihn durch sorgfältige Rechnungen, denen die physikalischen Gesetze des Paradigmas zugrunde liegen, zu bestätigen oder zu widerlegen. Bei der Durchführung der Rechnungen orientiere ich mich an den Beispielen des Paradigmas. Sie geben mir ein Gefühl für die erforderliche mathematische Genauigkeit. Ist die Rechnung zu ungenau, kann das Resultat falsch sein, doch ist sie übermäßig genau, verschwendet man möglicherweise wertvolle Zeit. Die Beispiele sagen mir ferner, welche mathematischen Umformungen mich mit großer Wahrscheinlichkeit durch das Gewirr von Rechensymbolen zum Ziel führen. Eine wichtige Rolle bei den Rechnungen spielen aber auch die Bilder, die mich Abkürzungen und Sackgassen erahnen lassen. Wenn die Rechnung die neue Einsicht bestätigt oder zumindest plausibel erscheinen läßt, dann teile ich sie meinen Fachkollegen mit, wobei ich mich einer Mischung aus Bildern und Mathematik bediene. Bei Nichtphysikern, etwa den Lesern dieses Buches, beschränke ich mich auf verbale Bilder und Zeichnungen.

Die Gesetze des Paradigmas der flachen Raumzeit können aus denen der gekrümmten Raumzeit mathematisch hergeleitet werden und umgekehrt. Dies bedeutet, daß die beiden Gruppen von Gesetzen verschiedene *mathematische Darstellungen* derselben physikalischen Phänomene sind, etwa so wie 0,001 und 1/1000 zwei mathematische Darstellungen derselben Zahl sind. Die Formeln für die Gesetze und die Bilder und Beispiele, die mit den Gesetzen einhergehen, sehen jedoch in den beiden Darstellungen sehr verschieden aus.

Um ein Beispiel zu nennen: Das verbale Bild, das man sich im Rahmen des Paradigmas der gekrümmten Raumzeit von Einsteins Feldgleichung macht, besteht in der Aussage: »Masse bewirkt eine Krümmung der Raumzeit.« Wenn man diesen Satz in die Sprache des Paradigmas der flachen Raumzeit übersetzt, wird die Feldgleichung durch folgende Vorstellung beschrieben: »Masse erzeugt ein Gravitationsfeld, in dem Maßstäbe verkürzt und Uhren verlangsamt werden.« Obwohl beide Beschreibungen der Einsteinschen Feldgleichung mathematisch äquivalent sind, unterscheiden sich die verbalen Bilder grundlegend. Wenn man auf dem Gebiet der Relativitätstheorie arbeitet, ist es extrem nützlich, beide Paradigmen parat zu haben. Einige Aufgaben lassen sich am schnellsten mit dem Paradigma des gekrümmten Raumes lösen, andere mit dem Paradigma der flachen Raumzeit. Geht es um Schwarze Löcher (etwa um die Entdeckung, daß ein Schwarzes Loch keine »Haare« hat), bedient man sich am besten der Techniken, die auf einer gekrümmten Raumzeit beruhen; geht es dagegen um Gravitationswellen, ist die Beschreibung der flachen Raumzeit vorzuziehen (etwa bei der Berechnung von Wellen, die zwei einander umkreisende Neutronensterne aussenden). Mit zunehmender Erfahrung entwickeln theoretische Physiker ein Gefühl dafür, welches Paradigma sich für welche Situation am besten eignet, und sie lernen, gedanklich von einem Paradigma auf das andere umzuschalten, wenn es erforderlich ist. Die Raumzeit mag für sie am Sonntag, wenn sie über Schwarze Löcher nachdenken, gekrümmt sein, während sie am Montag, wenn sie sich den Gravitationswellen zuwenden, flach ist. Dieses gedankliche Umschalten ist vergleichbar mit dem Eindruck wechselnder Perspektive, den man bei der Betrachtung eines Bildes von M. C. Escher hat (Abb. 11.2).

Da die Gesetze, die den beiden Paradigmen zugrunde liegen, mathematisch äquivalent sind, kann man sich darauf verlassen, daß man auf der Grundlage beider Paradigmen bei der Erforschung einer bestimmten physikalischen Situation zu denselben Vorhersagen für den Ausgang von Experimenten kommt. Es steht uns daher frei, die Darstellung zu wählen, die sich für eine gegebene Situation am besten eignet. Diese Freiheit bietet ungeahnte Möglichkeiten.[2] Sie ist der Grund, warum sich Physiker mit dem Paradigma der gekrümmten Raumzeit nicht begnügen wollten und zusätzlich die Vorstellung einer flachen Raumzeit schufen.[3]

Newtons Beschreibung der Gravitation ist ein weiteres Paradigma. In ihr werden Raum und Zeit als absolut und die Gravitation als eine Kraft angesehen, die instantan (augenblicklich) zwischen zwei Körpern wirkt (vergleiche Kapitel 1 und 2).

Das Newtonsche Paradigma der Gravitation ist dem der gekrümmten Raumzeit Einsteins natürlich *nicht* äquivalent. Aus den beiden Paradigmen ergeben sich unterschiedliche Vorhersagen für den Ausgang von Experimenten. Thomas

Abb. 11.2: Eine Zeichnung von M. C. Escher. Wenn man sie betrachtet, schaltet das Gehirn zwischen zwei Sichtweisen hin und her. Einmal befindet sich das strömende Wasser mit dem oberen Ende des Wasserfalls auf gleicher Höhe, ein anderes Mal mit dessen unterem Ende. Ein theoretischer Physiker erlebt ein ähnliches Phänomen, wenn er vom Paradigma der gekrümmten Raumzeit zu dem der flachen Raumzeit wechselt. [*© 1961 M. C. Escher Foundation-Baarn-Holland. Alle Rechte vorbehalten.*]

Kuhn verwendete den Begriff *wissenschaftliche Revolution* für Einsteins Ringen um ein neues Verständnis der Gravitation sowie für seine Bemühungen, Kollegen davon zu überzeugen, daß seine Beschreibung der Gravitation zutreffender ist als das Newtonsche Paradigma. Dagegen kann die Erfindung des Paradigmas der flachen Raumzeit *nicht* als eine wissenschaftliche Revolution im Sinne Kuhns gelten, da es dieselben Vorhersagen liefert wie das Paradigma der gekrümmten Raumzeit.
Wenn die Gravitation schwach ist, ergeben sich aus Newtons Beschreibung und Einsteins Paradigma der gekrümmten Raumzeit annähernd dieselben Vorhersagen. Dies spiegelt sich darin wider, daß sie mathematisch annähernd äquivalent sind. Aus diesem Grund können Physiker, die sich mit der Gravitation innerhalb unseres Sonnensystems beschäftigen, ungestraft zwischen Newtons Vorstellung, dem Paradigma der gekrümmten Raumzeit sowie dem Paradigma der flachen Raumzeit hin und her wechseln. Sie verwenden einfach die Beschreibung, die ihnen gerade gefällt oder ihnen mehr Einsichten verspricht.*

Manchmal sind Neulinge in einem Forschungsgebiet weniger voreingenommen als die »alten Hasen«. So war es auch, als in den siebziger Jahren einige junge Wissenschaftler Ideen hatten, die zu einem neuen Paradigma bezüglich Schwarzer Löcher führten: dem *Membran-Paradigma.*
Im Jahre 1971 erkannten die jungen Physiker Richard Hanni und Remo Ruffini von der Princeton University, daß sich der Horizont eines Schwarzen Loches in gewisser Weise wie eine elektrisch geladene Kugeloberfläche verhalten kann. Um dieses seltsame Verhalten zu verstehen, muß man sich daran erinnern, daß ein kleines, positiv geladenes Metallkügelchen ein elektrisches Feld besitzt, das Protonen abstößt und Elektronen anzieht. Dieses elektrische Feld kann ebenso wie ein Magnetfeld durch Feldlinien veranschaulicht werden. Die elektrischen Feldlinien zeigen in die Richtung, in die das Feld eine Kraft auf ein Proton ausüben würde (entgegen der Richtung, in die eine Kraft auf ein Elektron ausgeübt würde), wobei die Dichte der Feldlinien der Stärke der Kraft proportional ist. Befindet sich das Kügelchen allein in einer flachen Raumzeit, so zeigen seine elektrischen Feldlinien wie in Abbildung 11.3 a radial nach außen. Entsprechend ist die auf ein Proton ausgeübte Kraft radial nach außen gerichtet, und ihre Stärke nimmt ebenso wie die Dichte der Feldlinien nach außen ab. Die Stärke der Kraft verhält sich umgekehrt proportional zum Quadrat des Abstands zur Kugel.

* Vergleiche den letzten Abschnitt von Kapitel 1 über »Das Wesen physikalischer Gesetze«.

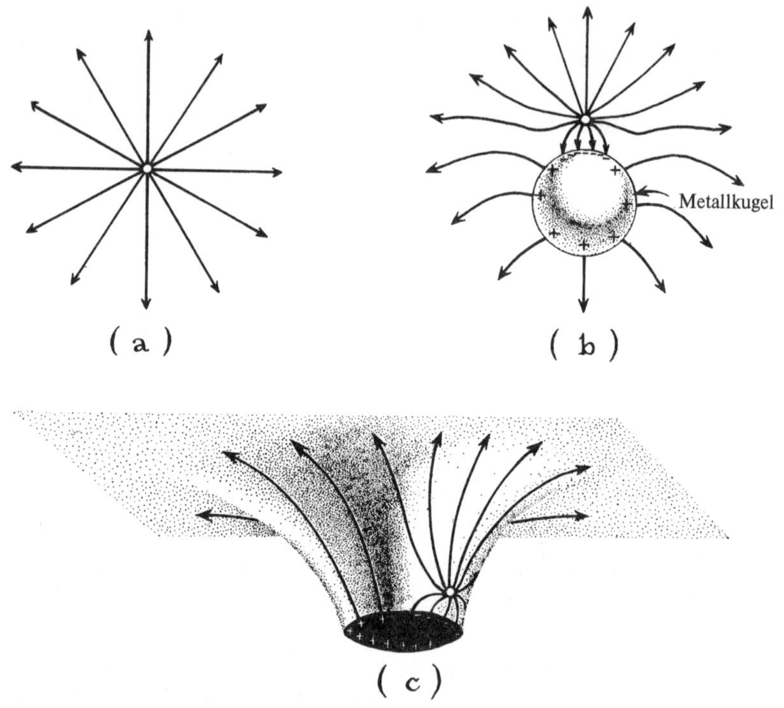

Abb. 11.3: (a) Elektrische Feldlinien, die von einem ruhenden, positiv geladenen Metallkügelchen erzeugt werden, das sich allein in der flachen Raumzeit befindet. (b) Die elektrischen Feldlinien desselben Kügelchens, wenn es sich gegenüber einer elektrisch leitenden großen Metallkugel befindet, die in der flachen Raumzeit ruht. Das elektrische Feld der kleinen Kugel polarisiert die Metallkugel. (c) Elektrische Feldlinien einer kleinen Kugel, die knapp über dem Horizont eines Schwarzen Loches ruht. Die von der kleinen Kugel ausgehenden Feldlinien scheinen den Horizont zu polarisieren.

Nun nähere man das Kügelchen, wie in Abbildung 11.3 b gezeigt, einer großen Metallkugel. Die metallische Oberfläche der großen Kugel besteht aus Elektronen, die entlang der Oberfläche frei beweglich sind, und positiv geladenen Ionen, die sich nicht bewegen können. Das elektrische Feld des Kügelchens zieht einen Teil der Elektronen der Metalloberfläche an, die sich daraufhin an der ihm zugewandten Seite sammeln, während an jeder anderen Stelle der großen Kugel ein Überschuß von Ionen entsteht. Mit anderen Worten: Die Metallkugel wird *polarisiert.*

Im Jahre 1971 berechneten Hanni und Ruffini, und unabhängig von ihnen Robert Wald von der Princeton University und Jeff Cohen vom Princeton Institute for Advanced Study, die Formen elektrischer Feldlinien, die von einem geladenen Kügelchen in der Nähe des Horizonts eines nichtrotierenden Schwarzen Loches ausgehen würden.[4] Ihre Rechnungen gründeten sich auf das gebräuchliche Paradigma der gekrümmten Raumzeit und zeigten, daß die Feldlinien durch die Krümmung der Raumzeit gebogen werden, und zwar in der in Abbildung 11.3 c gezeigten Weise. Als Hanni und Ruffini die Ähnlichkeit zu den in Bild 11.3 b gezeigten Feldlinien auffiel, schlugen sie vor, daß man sich den Horizont eines Schwarzen Loches analog zur Oberfläche einer Metallkugel vorstellen könne. Anders ausgedrückt, man kann sich den Horizont als eine dünne Membran veranschaulichen, die mit positiven und negativen Ladungen besetzt ist, so als bestünde sie aus Metall. Normalerweise ist die Zahl positiver und negativer Ladungen überall auf der Membran gleich, und die Nettoladung ist an jeder Stelle gleich null. Wenn jedoch eine kleine geladene Kugel in die Nähe des Horizonts gebracht wird, bewegen sich negative Ladungen an die Stelle unterhalb der kleinen Kugel, während an jeder anderen Stelle der Membran ein Überschuß von positiven Ionen entsteht. Die Membran des Horizonts wird somit polarisiert, und die Gesamtheit der von der kleinen Kugel und dem Horizont ausgehenden Feldlinien nimmt die in Abbildung 11.3 c gezeigte Form an.

Ich, als »alter Hase« auf dem Gebiet der Relativitätstheorie, hielt das Ganze für lächerlich, als ich davon hörte. Die allgemeine Relativitätstheorie fordert schließlich, daß ein Beobachter, der in ein Schwarzes Loch fällt, am Horizont nichts außer der Raumzeitkrümmung wahrnimmt. Er wird weder eine Membran noch Ladungen sehen. Somit konnte die von Hanni und Ruffini entwickelte Erklärung für die Ablenkung der Feldlinien der kleinen Kugel nichts mit der Wirklichkeit zu tun haben. Sie war reine Erfindung; ich war davon überzeugt, daß die Raumzeitkrümmung und sonst nichts die Ursache für die Verzerrung der Feldlinien war. Sie biegen sich, wie in Bild 11.3 c gezeigt, nur aufgrund der Wirkung der Gezeitenkraft zum Horizont und nicht aufgrund irgendwelcher polarisierter Ladungen auf der Horizontoberfläche. Ich war sicher, daß der Horizont keine solchen Ladungen besitzen könne. Doch ich irrte mich.

Fünf Jahre später entdeckten Roger Blandford und Roman Znajek von der Universität Cambridge, daß Magnetfelder dem Schwarzen Loch Rotationsenergie entziehen und auf diese Weise Jets mit Energie versorgen können (dies ist der in Kapitel 9 beschriebene *Blandford-Znajek-Prozeß;* siehe auch Abb. 11.4 a).[5] In ihren Berechnungen stellten Blandford und Znajek fest, daß dabei elektrische Ströme in Form von positiven Ladungen in der Nähe der Pole in das Schwarze Loch hineinfließen, während gleichzeitig in Äquatornähe negative Ladungen auf den Horizont fallen, was einem auswärts gerichteten Strom ent-

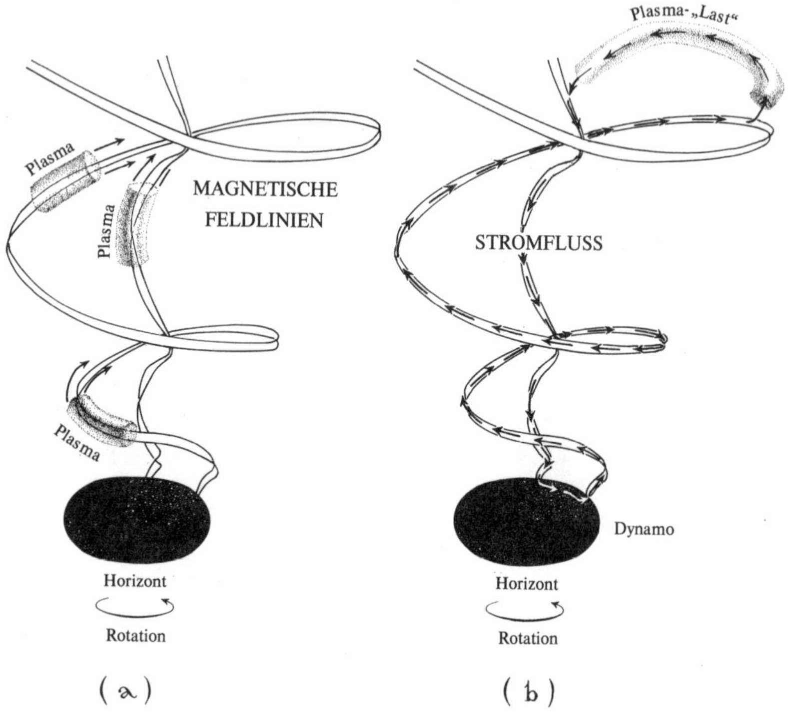

Abb. 11.4: Der *Blandford-Znajek-Prozeß*, durch den ein rotierendes, magnetisches Schwarzes Loch Jets produzieren kann, aus verschiedenen Perspektiven betrachtet: (a) Die Rotation des Lochs erzeugt einen Strudel des Raumes, der die im Loch enthaltenen magnetischen Feldlinien ebenfalls in Rotation versetzt. Die Zentrifugalkräfte des rotierenden Feldes beschleunigen Plasma auf hohe Geschwindigkeiten (vgl. Abb. 9.7d). (b) Gemeinsam erzeugen der Strudel des Raumes und die magnetischen Feldlinien eine große Spannungsdifferenz zwischen den Polen und dem Äquator des Lochs. Das Loch wirkt praktisch wie ein Dynamo. Die Spannung erhält einen Strom aufrecht, der elektrische Energie vom Schwarzen Loch ins Plasma überträgt und das Plasma auf hohe Geschwindigkeiten beschleunigt.

spricht. Das Schwarze Loch verhielt sich folglich so, als sei es Teil eines elektrischen Stromkreises.

Weiterhin zeigten die Berechnungen, daß sich das Schwarze Loch wie die Spannungsquelle eines Stromkreises verhält (siehe Abb. 11.4 b). Dabei erzeugt die Spannungsquelle einen Strom, der am Äquator aus dem Horizont austritt, sich entlang der magnetischen Feldlinien weit vom Schwarzen Loch entfernt, über ein *Plasma* (ein heißes, elektrisch leitendes Gas) zu anderen Feldlinien nahe der

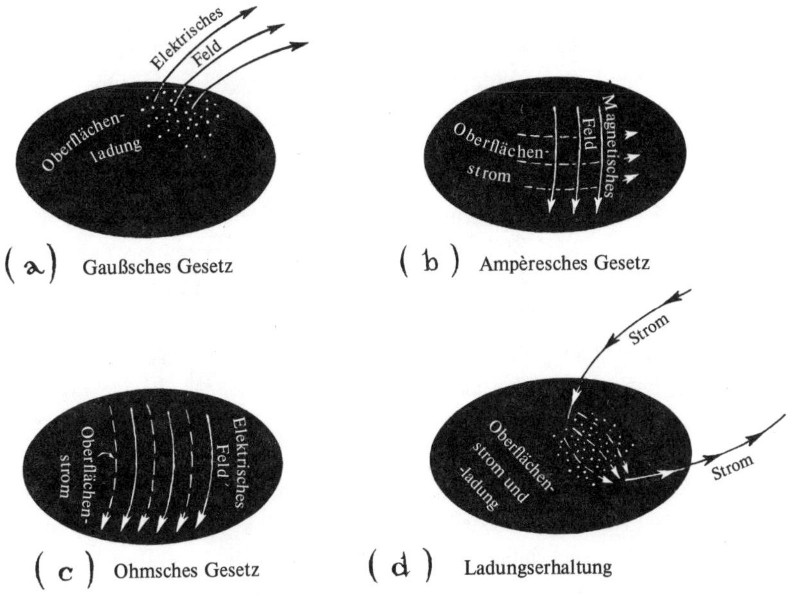

Abb. 11.5: Die Gesetze, denen elektrische Ladung und Strom auf dem membranartigen Horizont eines Schwarzen Loches gehorchen. (a) Das Gaußsche Gesetz: Der Horizont besitzt eine Oberflächenladung, die gerade so bemessen ist, daß alle Feldlinien auf ihm enden und sich nicht in das Innere des Loches fortsetzen; vgl. Abb. 11.3. (b) Das Ampèresche Gesetz: Die auf der Oberfläche des Horizonts fließenden Ströme sind gerade so groß, daß sie die parallel zur Oberfläche gerichtete Komponente des magnetischen Feldes kompensieren und sich somit innerhalb des Horizonts keine parallelen Feldlinien mehr befinden. (c) Das Ohmsche Gesetz: Der Oberflächenstrom ist der tangential zur Oberfläche gerichteten Komponente des elektrischen Feldes proportional; die Proportionalitätskonstante ist ein Widerstand von 377 Ohm. (d) Die Erhaltung der Ladung: Keine Ladung entsteht oder geht verloren; wenn positive Ladung aus dem äußeren Universum auf den Horizont trifft, bleibt sie dort so lange in Bewegung, bis sie in das äußere Universum zurückfließt (in Form von negativer Ladung, die auf den Horizont trifft und die positive Ladung aufhebt).

Rotationsachse gelangt und von dort wieder in den Horizont hineinfließt. Die magnetischen Feldlinien entsprechen den Drähten eines Stromkreises, das Plasma ist der Verbraucher, der dem Stromkreis Leistung entnimmt, und das rotierende Schwarze Loch entspricht einem Generator.

Nach diesem in Abbildung 11.4 b gezeigten Modell wird das Plasma durch die Leistung des Stromkreises beschleunigt und zu Jets gebündelt. Nach der in Kapitel 9 geschilderten Vorstellung sind es die rotierenden magnetischen Feldlinien, die das Plasma beschleunigen. Beide Sichtweisen sind jedoch nur verschiedene Möglichkeiten, denselben Vorgang zu betrachten. Letztlich ergibt sich die Leistung in beiden Fällen aus der Rotation des Schwarzen Loches. Ob man dabei an einen Stromkreis oder an rotierende Feldlinien denkt, ist eine Geschmacksfrage.

Obwohl die Vorstellung eines elektrischen Stromkreises auf den gewöhnlichen physikalischen Gesetzen der gekrümmten Raumzeit beruht, kam dieser Gedanke doch völlig unerwartet. Darüber hinaus wirkte die Vorstellung, daß durch das Schwarze Loch ein Strom fließt, der an den Polen ein- und am Äquator austritt, sehr befremdlich. In den Jahren 1977 und 1978 bemühten sich Znajek in Cambridge und Thibault Damour in Paris, dieses seltsame Verhalten zu verstehen. Unabhängig voneinander übertrugen sie die Gleichungen, die das rotierende Loch, das Plasma und das Magnetfeld beschrieben, von der gekrümmten Raumzeit in eine ungewohnte, aber sehr anschaulich interpretierbare Form: Wenn der Strom den Horizont erreicht, fließt er nicht in das Schwarze Loch hinein, sondern geht vielmehr auf dem Horizont in jene Ladungen über, die zuvor Hanni und Ruffini beschrieben hatten.[6] Dieser Strom fließt auf dem Horizont von den Polen zum Äquator, wo er entlang den magnetischen Feldlinien austritt. Darüber hinaus entdeckten Znajek und Damour, daß die Gesetze, die das Verhalten von Strom und Ladung am Horizont bestimmen, elegante Varianten der in einer flachen Raumzeit geltenden Gesetze von Elektrizität und Magnetismus sind. Es handelt sich hierbei um das Gaußsche Gesetz, das Ampèresche Gesetz, das Ohmsche Gesetz und das Gesetz der Ladungserhaltung (Abb. 11.5). Znajek und Damour behaupteten nicht, daß ein Beobachter, der in das Schwarze Loch fällt, einen membranartigen Horizont mit Ladungen und Strömen wahrnehmen würde. Sie sagten vielmehr, daß es nützlich sei, sich den Horizont als Membran mit Ladungen und Strömen vorzustellen, wenn man elektromagnetische Phänomene und das Verhalten des Plasmas außerhalb eines Schwarzen Loches verstehen will.

Als ich die Publikationen von Znajek und Damour las, wurde mir plötzlich klar, daß es sich um die Grundlagen eines neuen Paradigmas für Schwarze Löcher handelte, zu dem auch schon Hanni und Ruffini Beiträge geleistet hatten. Dieses Paradigma nahm mich völlig gefangen, und so verbrachte ich zusammen mit Richard Price, Douglas Macdonald, Ian Redmont, Wai-Mo Suen, Ronald Crowley und anderen einen großen Teil der achtziger Jahre damit, das Paradigma weiter auszuarbeiten und ein Buch darüber zu schreiben – *Black Holes: The Membrane Paradigm.*[7]

Wenn man die physikalischen Gesetze für Schwarze Löcher in der Sprache des

Membran-Paradigmas formuliert, sind sie den Gesetzen des Paradigmas der gekrümmten Raumzeit völlig äquivalent – solange man sich auf den Raum außerhalb eines Schwarzen Loches beschränkt. Demnach liefern beide Sichtweisen exakt dieselben Vorhersagen für Experimente und Beobachtungen, die außerhalb eines Schwarzen Loches durchgeführt werden. Dies schließt sämtliche von der Erde aus gemachten astronomischen Beobachtungen ein. Wenn ich mich mit Astronomie und Astrophysik beschäftige, finde ich es nützlich, sowohl das Paradigma der gekrümmten Raumzeit als auch das Membran-Paradigma zu verwenden und von einem zum anderen zu wechseln. Wenn ich am Sonntag über pulsierende Schwarze Löcher nachdenke, mag es hilfreich sein, sich den Horizont als einen leeren gekrümmten Raum vorzustellen. Wenn ich mich am Montag mit der Erzeugung von Jets beschäftige, mag es dagegen vorteilhaft sein, den Horizont als elektrisch geladene Membran zu betrachten. Und da ich mich darauf verlassen kann, daß beide Paradigmen zu denselben Vorhersagen führen, kann ich mich an jedem Tag für die Sichtweise entscheiden, die meinen Bedürfnissen am ehesten entspricht.

Im Inneren eines Schwarzen Loches verhält es sich anders. Jeder Beobachter, der in ein Schwarzes Loch hineinfällt, wird feststellen, daß der Horizont *keine* mit Ladungen besetzte Membran ist und daß das Membran-Paradigma innerhalb des Schwarzen Loches seine Gültigkeit vollkommen verliert. Diese Erkenntnis hat jedoch ihren Preis: Eine Person, die in ein Schwarzes Loch hineinfällt, wird ihre Entdeckung in keiner Fachzeitschrift des äußeren Universums mehr veröffentlichen können.

12. Kapitel *Schwarze Löcher verdampfen*

worin der Horizont eines Schwarzen Loches in eine Atmosphäre aus Strahlung und heißen Teilchen gehüllt ist, die langsam verdampft, so daß das Schwarze Loch schrumpft und schließlich explodiert

Schwarze Löcher werden größer

Der Gedanke überfiel Stephen Hawking an einem Abend im November des Jahres 1970, als er sich gerade fertig machte, um zu Bett zu gehen. Der Gedanke ergriff mit solcher Macht von ihm Besitz, daß er fast um Luft ringen mußte. Niemals zuvor oder danach war ihm etwas Ähnliches widerfahren.[1]

Die Vorbereitungen vor dem Schlafengehen waren für Hawking nicht leicht. Seit den sechziger Jahren litt er an einer fortschreitenden amyotrophischen Lateralsklerose (ALS) – einer Krankheit, die allmählich die für die Steuerung der Muskulatur zuständigen Nervenzellen zerstört, so daß die nicht mehr benutzten Muskeln schließlich verkümmern. Wenn er sich die Zähne putzte, sich auszog, sich mühsam den Schlafanzug überstreifte und in das Bett stieg, so tat er dies mit langsamen Bewegungen und zitternden Beinen, wobei er sich stets an einem Bettpfosten oder anderswo festhalten mußte. An jenem Abend bewegte er sich mit noch größerer Langsamkeit als sonst, da seine Gedanken mit der neuen Idee beschäftigt waren. Er war aufgeregt und euphorisch, doch sagte er Jane, seiner Frau, nichts davon. Damit hätte er sich nur unbeliebt gemacht, denn schließlich sollte er sich auf das Zubettgehen konzentrieren.

In jener Nacht lag er lange wach. Er konnte nicht einschlafen, weil er über die verschiedenen Aspekte seiner Idee und ihre Folgen nachdachte.

Eine einfache Frage hatte die Idee ausgelöst. Wieviel Gravitationsstrahlung (jenes Kräuseln der Raumzeit) kann entstehen, wenn zwei Schwarze Löcher miteinander kollidieren und sich zu einem Schwarzen Loch vereinigen? Hawking hatte schon seit einiger Zeit das vage Gefühl, daß das neu entstandene Gebilde in gewissem Sinne größer sein mußte als die »Summe« der beiden ursprünglichen Schwarzen Löcher. Aber in welchem Sinne, und was sagte dies über die Menge der entstandenen Gravitationsstrahlung aus?

Als er dann zu Bett gehen wollte, traf ihn plötzlich die Erkenntnis wie ein Schlag. Eine Reihe geistiger Bilder und Diagramme hatten sich in seinem Geist zu einer Idee vereinigt: Es war die Fläche des Horizonts, die größer werden mußte, dessen war er sich sicher. Die Bilder und Diagramme fügten sich zu einem eindeutigen mathematischen Beweis zusammen. Gleichgültig, welche Masse die beiden ursprünglichen Schwarzen Löcher besaßen, ob sie gleich schwer oder sehr unterschiedlich waren, und gleichgültig, ob sie gleichsinnig, entgegengesetzt oder gar nicht rotierten, ob sie frontal oder streifend miteinander zusammenstießen, *die Fläche des Horizonts des entstehenden Schwarzen Loches muß stets größer sein als die Summe der Flächen der ursprünglichen Horizonte.* Was folgte daraus? Sehr viel, erkannte Hawking, als er begann, über die Auswirkungen dieses Satzes nachzudenken.

Erstens: Damit der Horizont eine große Fläche besitzt, muß das neu gebildete Schwarze Loch eine große Masse (oder gleichbedeutend: eine große Energie) haben. Daraus folgt, daß bei seiner Entstehung nicht allzuviel Energie in Form von Gravitationsstrahlung freigesetzt worden sein kann. »Nicht allzuviel« war jedoch noch immer eine ganze Menge. Indem er sein Flächenvergrößerungstheorem mit einer Gleichung verknüpfte, die die Masse eines Schwarzen Loches in Abhängigkeit seiner Fläche und seines Drehimpulses beschrieb, konnte Hawking ableiten, daß sich bis zu fünfzig Prozent der ursprünglichen Masse in Gravitationswellenenergie verwandeln konnten und nur fünfzig Prozent der Masse für das neue Schwarze Loch übrigblieben.*

Wie Hawking in den Monaten nach jener schlaflosen Novembernacht erkannte, hatte der von ihm aufgestellte Satz noch weitere Konsequenzen. Die vielleicht wichtigste Folgerung war eine neue Antwort auf die Frage, wie der Horizont zu *definieren* war, wenn es sich um ein »dynamisches« Schwarzes Loch handelte – um ein Loch also, das heftig vibriert, wie es bei einer Kollision der Fall ist, oder das rapide anwächst, wie es der Fall ist, wenn das Schwarze Loch aus einem kollabierenden Stern geboren wird.

Saubere und präzise Definitionen sind in der Physik unerläßlich. Erst nachdem Hermann Minkowski den absoluten Abstand zwischen zwei Ereignissen *defi-*

* Es mag widersinnig erscheinen, daß nach Hawkings Flächenvergrößerungstheorem überhaupt ein Teil der Masse in Form von Gravitationswellen emittiert werden kann. Leser, die ein wenig Algebra nicht scheuen, können sich jedoch selbst davon überzeugen, wenn sie dies für zwei nichtrotierende Schwarze Löcher durchrechnen, die sich zu einem größeren nichtrotierenden Loch vereinigen: Die Oberfläche eines Schwarzen Loches, das nicht rotiert, ist dem Quadrat des Horizontumfangs und somit dem Quadrat der Masse proportional. Daher verlangt Hawkings Theorem, daß die Summe der Quadrate der ursprünglichen Massen kleiner sein muß als das Quadrat der Endmasse. Eine kurze Rechnung zeigt, daß die Endmasse unter diesen Bedingungen kleiner als die Summe der ursprünglichen Massen sein darf. Daher kann sich auch ein Teil der Massen der ursprünglichen Schwarzen Löcher in Gravitationswellen verwandelt haben.

niert hatte (Kasten 2.1), konnte er schließen, daß es eine »absolute« Raumzeit gibt, in der die »relative« Zeit und der »relative« Raum vereinigt sind. Erst als Einstein die Flugbahnen frei fallender Körper als Geraden *definiert* hatte (Abb. 2.2), konnte er schließen, daß die Raumzeit gekrümmt ist (Abb. 2.5), und so die Gesetze der allgemeinen Relativitätstheorie entwickeln. Und erst als Hawking den Begriff des Horizonts eines dynamischen Schwarzen Loches *definiert* hatte, konnten er und andere im Detail erforschen, wie sich ein Schwarzes Loch verändert, wenn es durch eine Kollision oder einfallende Materie erschüttert wird. Vor Hawkings bahnbrechender Erkenntnis im November des Jahres 1970 hielten die meisten Physiker nach dem Vorbild von Roger Penrose den Horizont eines Schwarzen Loches für dessen »äußerste Grenze, unterhalb deren Photonen der Gravitation des Loches nicht mehr entkommen können und unweigerlich nach innen gezogen werden«.[2] Diese Definition des Horizonts war eine geistige Sackgasse, wie Hawking in den folgenden Monaten erkannte. Um dies für alle Zeiten deutlich zu machen, gab er dem so definierten Horizont einen etwas geringschätzigen Namen, der sich seither eingebürgert hat: Er nannte ihn den *scheinbaren Horizont.**

Hawkings Geringschätzung hatte verschiedene Ursachen. Erstens ist der scheinbare Horizont ein relativer und kein absoluter Begriff, da seine Lage vom Bezugssystem des Beobachters abhängt. Wer in ein Schwarzes Loch hineinfällt, mag dem scheinbaren Horizont eine andere Lage zuschreiben als ein Beobachter, der sich außerhalb des Schwarzen Loches in Ruhe befindet. Zweitens kann der scheinbare Horizont ohne Vorwarnung plötzlich seine Lage verändern, wenn Materie in das Schwarze Loch hineinfällt, und dieses ziemlich bizarre Verhalten ist nicht dazu angetan, das Verständnis zu fördern. Der dritte und wichtigste Grund für Hawking war der, daß es keine Verbindung zwischen dem scheinbaren Horizont und den Diagrammen und Bildern gab, die in seinem Geist Gestalt angenommen und seine neue Idee hervorgebracht hatten.

Hawkings neue Definition des Horizonts war absolut und nicht relativ, da sie in allen Bezugssystemen gleichermaßen galt. Folglich bezeichnete er ihn als den *absoluten Horizont.* Diese Definition erfüllte Hawking mit Befriedigung: Der Horizont war »die Grenze in der Raumzeit zwischen Ereignissen, die Signale in das äußere Universum schicken können (Ereignissen außerhalb des Horizonts), und solchen, die dies nicht können (Ereignissen innerhalb des Horizonts)«. Auch die Folgerungen erschienen ihm ästhetisch befriedigend: Wenn sich ein Schwarzes Loch Materie einverleibt, mit einem anderen Loch kollidiert oder

* In Kasten 12.1 ist der Begriff des scheinbaren Horizonts genauer definiert.

Kasten 12.1

Der absolute und der scheinbare Horizont eines neugeborenen Schwarzen Loches[3]

Das unten gezeigte Raumzeitdiagramm stellt den Kollaps eines sphärischen Sterns zu einem sphärischen Schwarzen Loch dar (vgl. Abb. 6.7). Die gepunkteten Linien sind nach außen entweichende *Lichtstrahlen*, das heißt Weltlinien (Bahnen in der Raumzeit) von Photonen. Sie stellen die schnellsten Signale dar, die radial nach außen in das Universum gesandt werden können. Es soll vereinfachend angenommen werden, daß die Photonen von der Materie des Sterns nicht gestreut oder absorbiert werden und somit optimal entweichen können.

Der *scheinbare Horizont* (linkes Diagramm) ist die äußerste Grenze, bis zu der nach außen strebende Lichtstrahlen wieder zur Singularität zurückgebogen werden, zum Beispiel von *Q* nach *Q'* oder von *R* nach *R'*. Der scheinbare Horizont entsteht plötzlich und in voller Größe bei *E*, wo die Oberfläche des schrumpfenden Sterns den kritischen Umfang unterschreitet. Der *absolute Horizont* (rechtes Diagramm) ist die Grenze zwischen Ereignissen, die Signale in das äußere Universum senden können (zum Beispiel die Ereignisse *P* und *S*, die Signale entlang den Linien *PP'* und *SS'* aussenden), und Ereignissen, die dies nicht können (zum Beispiel *Q* und *R*). Der absolute Horizont entsteht im Mittelpunkt des Sterns durch das mit *C* bezeichnete Ereignis, noch bevor der Stern den kritischen Umfang unterschreitet. Bei seiner Entstehung ist der absolute Horizont nur ein Punkt. Er vergrößert sich kontinuierlich wie ein Ballon, der aufgeblasen wird, und dringt genau dann durch die Oberfläche des

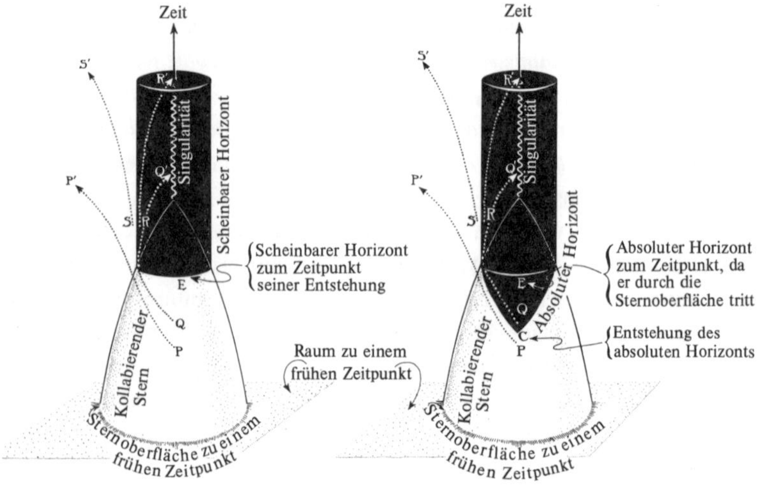

Sterns, wenn diese den kritischen Umfang unterschreitet (Kreis *E*). Danach vergrößert sich der absolute Horizont nicht weiter, sondern stimmt mit dem plötzlich entstandenen scheinbaren Horizont überein.

auf sonst irgendeine Weise tätig wird, ändert der Horizont Form und Größe kontinuierlich und nicht sprunghaft (Kasten 12.1). Insbesondere stand der absolute Horizont vollkommen in Einklang mit Hawkings neuer Idee:

In seinen geistigen Bildern und Diagrammen erkannte Hawking, daß sich die Flächen absoluter Horizonte nicht nur dann vergrößern, wenn Schwarze Löcher kollidieren und sich vereinigen, sondern auch dann, wenn Schwarze Löcher geboren werden, wenn sie von Materie oder Gravitationswellen getroffen werden, wenn die Gravitation anderer Objekte Gezeitenkräfte auf sie ausübt und wenn ihnen der Wirbel des Raumes außerhalb des Horizonts Rotationsenergie entzieht. Dies gilt für die Flächen der scheinbaren Horizonte nicht notwendigerweise. Die Fläche des absoluten Horizonts vergrößert sich jedoch *immer,* sie kann niemals kleiner werden. Dafür gibt es einen einfachen physikalischen Grund: Alles, was mit dem Schwarzen Loch zusammentrifft, dringt in Form von Energie durch den absoluten Horizont in das Innere des Loches ein, und diese Energie kann niemals mehr nach außen entweichen. Da alle Formen von Energie Gravitation erzeugen, nimmt die Schwerkraft des Schwarzen Loches kontinuierlich zu, und somit wächst auch seine Oberfläche ständig.

Präziser ausgedrückt, lautete Hawkings Schlußfolgerung wie folgt:

Man bestimme die Flächen der absoluten Horizonte aller Schwarzen Löcher in irgendeinem Gebiet des Raumes zu irgendeinem Zeitpunkt (in irgendeinem Bezugssystem) und addiere diese Flächen zu einer Gesamtfläche. Dann warte man eine beliebige Zeit, bestimme wieder die Flächen der Horizonte und addiere sie. Wenn zwischen den Messungen kein Schwarzes Loch die Grenzen des gegebenen räumlichen Gebiets verlassen hat, kann sich die Gesamtfläche nicht verkleinert haben, sondern sie wird sich in den meisten Fällen, zumindest um einen kleinen Betrag, vergrößert haben.

Hawking war sich sehr wohl bewußt, daß die Entscheidung für die eine oder die andere Definition von Horizont (absolut oder scheinbar) die Vorhersagen über die Ergebnisse beliebiger Experimente in keiner Weise beeinflussen konnte. So hat sie keine Auswirkungen auf die Vorhersage der Wellenform von Gravitationsstrahlung, die bei der Kollision zweier Schwarzer Löcher freigesetzt wird (Kapitel 10). Ebensowenig beeinflußt sie die Vorhersage der Anzahl von Röntgenphotonen, die von heißem Gas emittiert werden, wenn es in ein Schwarzes Loch hineinfällt (Kapitel 8). Die Wahl der Definition hat jedoch einen Einfluß darauf, wie *leicht* theoretische Physiker die Eigenschaften und das Verhalten von Schwarzen Löchern aus Einsteins allgemeiner Relativitätstheorie herleiten können. Die gewählte Definition wird zu einem entscheidenden Hilfsmittel innerhalb des Paradigmas, von dem sich die Forscher bei ihrer Arbeit leiten lassen. Sie beeinflußt ihre Vorstellungen, die Worte, mit denen sie kommunizieren, sowie ihre intuitiven Geistesblitze. Aus diesem Grund glaubte Hawking, daß der neue, absolute Horizont, dessen Fläche kontinuierlich zunahm, der alten Definition des scheinbaren Horizont mit seiner sprunghaft veränderlichen Größe überlegen war.

Stephen Hawking war nicht der erste, der über absolute Horizonte nachgedacht und das Phänomen ihrer Flächenvergrößerung entdeckt hatte. Roger Penrose in Oxford und Werner Israel von der Universität von Alberta in Kanada hatten dies schon vor Hawkings schlafloser Novembernacht getan.[4] Tatsächlich beruhten Hawkings Einsichten weitgehend auf Grundlagen, die von Penrose stammten (Kapitel 13). Dennoch hatten weder Penrose noch Israel die Tragweite des Flächenvergrößerungstheorems erkannt, so daß sie es nicht veröffentlicht hatten. Sie waren geistig darauf fixiert, den scheinbaren Horizont als die Oberfläche des Schwarzen Loches anzusehen, während ihnen der absolute Horizont als eine eher unwichtige Hilfsvorstellung erschienen war. Somit konnten sie der Flächenvergrößerung des absoluten Horizonts nicht viel abgewinnen. Im Verlauf dieses Kapitels wird klar werden, wie gründlich sie sich geirrt hatten.

Warum waren Penrose und Israel so sehr auf den scheinbaren Horizont fixiert? Dies mochte daran liegen, daß der Begriff bereits in einer erstaunlichen Entdeckung von Penrose aus dem Jahre 1964 eine zentrale Rolle gespielt hatte. Damals hatte Penrose entdeckt, daß nach den Gesetzen der allgemeinen Relativitätstheorie jedes Schwarze Loch in seinem Mittelpunkt eine Singularität besitzen muß.[5] Auf diese Entdeckung und das Wesen einer Singularität werde ich im nächsten Kapitel eingehen. An dieser Stelle sei nur auf den wichtigsten Aspekt hingewiesen: Der scheinbare Horizont hatte seine Nützlichkeit bewiesen, und Penrose und Israel waren davon so geblendet, daß sie sich nicht vorstellen konnten, diese Definition der Oberfläche eines Schwarzen Loches aufzugeben.

Noch weniger konnten sie sich vorstellen, den Begriff des absoluten Horizonts an dessen Stelle zu setzen. Warum? Weil der absolute Horizont auf scheinbar paradoxe Weise unsere Vorstellung verletzt, daß die Ursache der Wirkung vorausgeht. Wenn Materie in ein Schwarzes Loch fällt, beginnt sich der Horizont zu vergrößern (die »Wirkung«), bevor die Materie das Loch erreicht (die »Ursa-

Kasten 12.2

Entwicklung des scheinbaren und des absoluten Horizonts eines Schwarzen Loches, das Materie ansammelt[6]

Das unten gezeigte Raumzeitdiagramm illustriert die plötzliche Veränderung des scheinbaren Horizonts und die teleologische Entwicklung des absoluten Horizonts. Zu einem gegebenen Anfangszeitpunkt im unteren Teil des Diagramms sei ein altes, nichtrotierendes Schwarzes Loch von einer dünnen, kugelförmigen Hülle von Materie umgeben, die sich wie ein Ballon aus Gummi verhält. Die Gravitation des Loches zieht die Hülle an, so daß sie schrumpft und schließlich vom Loch verschluckt wird. Der *scheinbare Horizont* (die äußerste Grenze, bis zu der nach außen strebende Lichtstrahlen, dargestellt durch gepunktete Linien, zurückgebogen werden) vergrößert sich in dem Augenblick, in dem die schrumpfende Hülle den neuen kritischen Umfang des Loches erreicht, sprungartig. Der absolute Horizont (die Grenze zwischen Ereignissen, die Lichtstrahlen nach außen senden können, und solchen, die dies nicht können) vergrößert sich bereits, bevor das Loch die Hülle verschluckt. Er vergrößert sich in Erwartung dieses Prozesses und kommt in dem Augenblick zum Stillstand, in dem er die Größe des scheinbaren Horizonts erreicht hat und die Materie vom Schwarzen Loch aufgenommen wird.

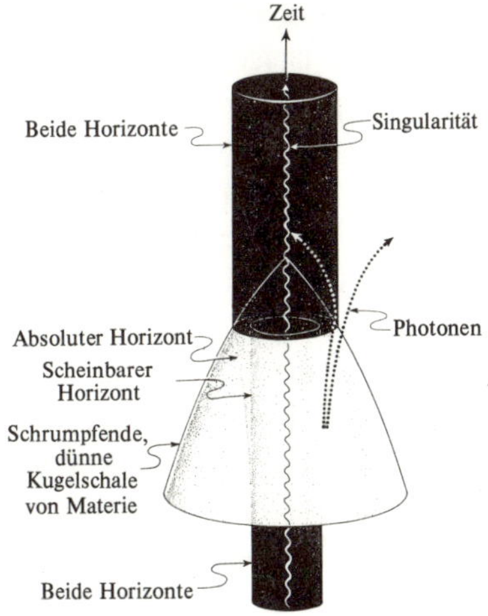

che«). Der Horizont wächst in der Erwartung, daß das Schwarze Loch bald Materie verschlucken wird und somit seine Anziehungskraft vergrößert (Kasten 12.2).

Der Ursprung dieses scheinbaren Paradoxons war Penrose und Israel bekannt. Die Definition des absoluten Horizonts selbst hängt davon ab, was in der Zukunft geschieht – ob Signale letztlich in das umgebende Universum entweichen können oder nicht. Nach der philosophischen Terminologie handelt es sich hierbei um eine *teleologische* (zielgerichtete) Definition, und die Entwicklung des Horizonts ist somit teleologisch bestimmt. Da sich aber teleologische Sichtweisen in der modernen Physik kaum jemals als nützlich erwiesen haben, standen

Penrose und Israel den möglichen begrifflichen Vorzügen eines absoluten Horizonts skeptisch gegenüber.

Hawking ist ein kühner Denker. Schneller als die meisten Physiker ist er bereit, sich auf radikale neue Denkweisen einzulassen, wenn sie ihm vielversprechend erscheinen. Dies war beim absoluten Horizont der Fall, und so machte er sich diesen Begriff rasch zu eigen. Dieser Schritt hat sich ausgezahlt, denn innerhalb weniger Monate waren Hawking und James Hartle in der Lage, aus den Gesetzen der allgemeinen Relativitätstheorie eine Reihe eleganter Gleichungen abzuleiten. Mit Hilfe dieser Gleichungen konnten sie beschreiben, wie sich der absolute Horizont stetig und ohne Sprünge in Erwartung der Ursache vergrößert oder verändert, beispielsweise wenn Materie oder Gravitationswellen eintreffen oder wenn die Schwerkraft eines anderen Körpers an ihm zerrt.[7]

Im November des Jahres 1970 entfaltete Stephen Hawking gerade erst seine volle Schaffenskraft als Physiker. Er hatte zwar bereits einige wichtige Entdeckungen gemacht, doch war er noch nicht die überragende Figur geworden, die er heute darstellt.

Wie war es Hawking trotz seiner schweren Behinderung möglich, führende Wissenschaftler wie Roger Penrose, Werner Israel und (wie wir noch sehen werden) Jakow Borisowitsch Seldowitsch an Geist und Intuition zu übertreffen? Sie konnten ihre Hände gebrauchen, Diagramme zeichnen und seitenlange Rechnungen schriftlich durchführen – Rechnungen, von denen ich mir nicht vorstellen kann, daß man sie im Kopf bewältigen kann, weil sie auf vielen komplexen Zwischenergebnissen beruhen, die später zu einem Endergebnis zusammengefügt werden. Zu Beginn der siebziger Jahre waren Hawkings Hände bereits weitgehend gelähmt, so daß er weder Diagramme noch Gleichungen zu Papier bringen konnte. Seine wissenschaftliche Arbeit mußte ausschließlich in seinem Kopf stattfinden.

Doch Hawking verlor die Kontrolle über seine Hände nicht plötzlich, so daß er viel Zeit hatte, sich anzupassen. Er erzog seinen Geist allmählich zu einer Denkweise, die sich von der anderer Physiker unterschied. Er hatte neuartige intuitive Bilder und Gleichungen im Kopf, die für ihn die Diagramme und Formeln auf Papier ersetzten. Hawkings geistige Bilder und Formeln haben sich für manche Aufgaben als nützlicher erwiesen als die alten Hilfsmittel, für manche dagegen sind sie weniger hilfreich. Im Laufe der Zeit lernte Hawking, sich auf solche Probleme zu konzentrieren, bei denen seine neuen Methoden ihm Fähigkeiten verliehen, an die niemand heranreichen konnte.

Hawkings Behinderung hat ihm in mancher Weise geholfen. Wie er oft selbst

Stephen Hawking mit seiner Frau Jane und ihrem Sohn Timothy in Cambridge, England, im Jahre 1980. [*Aufnahme von Kip Thorne.*]

sagte, hat sie ihn von den Lehrverpflichtungen an der Universität befreit, so daß ihm mehr Zeit für seine Forschungen zur Verfügung stand als seinen gesunden Kollegen. Noch wichtiger ist vielleicht, daß seine Krankheit seine Einstellung zum Leben in mancherlei Hinsicht positiv beeinflußt hat.

Hawking erkrankte im Jahre 1963 an amyotrophischer Lateralsklerose (ALS), kurz nachdem er sein Hauptstudium an der Universität Cambridge begonnen hatte. ALS ist ein Sammelbegriff für eine Reihe von Krankheiten des motorischen Nervensystems, und die meisten von ihnen führen schnell zum Tod. Mit der Aussicht, nur noch ein paar Jahre zu leben, verlor Hawking zunächst die Freude am Leben und an der Physik. Im Winter 1964/65 wurde jedoch klar, daß er an einer seltenen Form von ALS leidet, die dem zentralen Nervensystem die Kontrolle über die Motorik nicht innerhalb weniger Jahre, sondern über einen langen Zeitraum entzieht. Plötzlich erschien ihm das Leben wunderbar. Er wandte sich wieder der Physik zu und besaß nun mehr Elan und Freude als der gesunde, sorglose Student, der er vorher gewesen war. Er heiratete Jane Wilde, die er kurz nach seiner Erkrankung kennengelernt hatte und in die er sich während der frühen Phase seiner Krankheit verliebt hatte.

Stephens Ehe mit Jane trug bis in die achtziger Jahre wesentlich zu seinem Erfolg und seinem glücklichen Leben bei. Sie schuf für ihn ein Zuhause und ermöglichte ihm trotz seiner schweren Krankheit ein normales Leben.

Nie habe ich ein glücklicheres Lächeln gesehen als an jenem Abend im November des Jahres 1972, als ich mit Jane und den beiden älteren Kindern der Hawkings, Robert und Lucy, von einem Tagesausflug in den französischen Alpen zurückkehrte. Aus Unachtsamkeit hatten wir den letzten Skilift verpaßt und mußten etwa 1000 Meter zu Fuß absteigen, während Stephen begann sich unserer Verspätung wegen Sorgen zu machen. Als Jane, Robert und Lucy den Speiseraum betraten, wo Stephen ohne Appetit an seinem Abendessen herumstocherte, strahlte er über das ganze Gesicht, und Tränen traten in seine Augen.

Der Verlust seiner Stimme und seiner motorischen Fähigkeiten zog sich über einen langen Zeitraum hin. Als ich Hawking im Juni 1965 zum ersten Mal begegnete, ging er am Stock, und seine Stimme wirkte nur etwas unsicher. Im Jahre 1970 benötigte er ein vierbeiniges Laufgestell und 1972 einen motorisierten Rollstuhl. Er hatte die Fähigkeit zu schreiben weitgehend verloren, doch konnte er ohne große Schwierigkeiten selbständig essen, und jemand, dessen Muttersprache Englisch war, konnte ihn in der Regel verstehen, wenn auch nur mühsam. Ab 1975 konnte er nicht mehr allein essen, und nur wer daran gewöhnt war, konnte ihn verstehen. Im Jahre 1981 hatte auch ich Schwierigkeiten, seine Worte zu verstehen, außer wenn wir in einem absolut ruhigen Zimmer waren; man mußte viel mit ihm zusammen sein, um ihn verstehen zu können. Im Jahre 1985 trat immer wieder Flüssigkeit in seine Lungen, so daß man einen Luftröhrenschnitt durchführen mußte, um die Flüssigkeit regelmäßig absaugen zu können. Der Preis dafür war hoch: der Verlust der Stimme. Zum Ausgleich dafür besaß er nun einen computergesteuerten Sprachgenerator, für dessen amerikanischen Akzent er sich verlegen entschuldigte. Er steuert den Computer mit einem einfachen Schalter, den er mit einer Hand umklammert, während auf dem Bildschirm ein Menü von Vokabeln erscheint. Er bildet Sätze, indem er Wort für Wort von den wechselnden Menüs mit dem Schalter abruft. Das geschieht zwar quälend langsam, doch sehr effektiv. Er kann pro Minute kaum mehr als einen kurzen Satz erzeugen, doch wird der Satz von dem Sprachgenerator deutlich artikuliert, und oft sind Stephens Sätze Offenbarungen.

Als seine Sprachfähigkeit zu schwinden begann, lernte Hawking, jedem Satz Gewicht zu geben. Er fand eine Ausdrucksform, die seine Ideen klarer und bündiger darlegte, als dies in den früheren Jahren seiner Krankheit der Fall gewesen war. Seine Worte übten nun eine größere Wirkung auf seine Kollegen aus; jedoch wirkten seine Sätze auch zunehmend orakelhaft: Wenn Stephen sich zu einer tiefgründigen Frage äußerte, konnten wir ohne viel Nachdenken und Nachrechnen oft nicht sicher sein, ob es sich nur um eine Spekulation oder um eine neu gewonnene Erkenntnis handelte. Er ließ uns oft im unklaren darüber, und wir fragten uns dann, ob er seine einmaligen Einsichten benutzte, um uns einen Streich zu spielen. Seine schelmische Ader, die ihn als Studenten in Oxford so beliebt gemacht hatte, hat er sich nämlich bewahrt, und sein Sinn für Humor verläßt ihn auch in schwierigen Zeiten nur selten. (Vor dem Luftröhrenschnitt, als es mir immer schwerer fiel, seine Worte zu verstehen, mußte ich ihn oft bitten, eine Äußerung zu wiederholen. Mit einem Anflug von Frustration wiederholte er dann den Satz so oft, bis ich ihn schließlich verstand: Stephen hatte eine herrlich komische Bemerkung gemacht, und wenn ich die Pointe dann endlich begriff, grinste er vor Vergnügen.)

Entropie

Nachdem ich zunächst Hawkings Fähigkeit gepriesen habe, klarsichtiger als seine Kollegen zu sein, muß ich nun einräumen, daß er seine Kollegen zwar meistens, nicht aber *immer* geistig überflügelt hat. Eine (und vielleicht die spektakulärste) seiner Niederlagen bereitete ihm Jacob Bekenstein, ein Doktorand von John Wheeler. Doch wie wir noch sehen werden, konnte Hawking selbst aus dieser Niederlage noch einen überwältigenden Triumph ableiten: Er entdeckte nämlich, daß Schwarze Löcher verdampfen können. Der verschlungene Weg zu dieser Entdekkung wird den größten Teil des verbleibenden Kapitels einnehmen.

Das Feld, auf dem Hawking geschlagen wurde, war die *Thermodynamik Schwarzer Löcher*. Die physikalischen Gesetze der Thermodynamik beschreiben das zufällige, statistische Verhalten einer großen Zahl von Atomen, etwa das Verhalten aller Atome, aus denen die Luft in einem Zimmer besteht, oder das Verhalten aller Atome der Sonne. Unter dem statistischen Verhalten von Atomen versteht man unter anderem ihre durch Wärme verursachten zufälligen Bewegungen. Entsprechend gehören zu den Gesetzen der Thermodynamik, neben anderen, solche, bei denen es um Wärme geht – daher der Name *Thermo*dynamik.

Ein Jahr vor Hawkings Entdeckung des Flächentheorems bemerkte Demetrios Christodoulou, ein neunzehnjähriger Doktorand in Wheelers Gruppe in Princeton, daß die Gleichungen für langsame Veränderungen Schwarzer Löcher (zum Beispiel wenn die Löcher mit der Zeit Gas ansammeln) einigen Gleichungen der Thermodynamik ähneln.[8] Die Ähnlichkeit war bemerkenswert, doch gab es keinen Grund, sie für mehr als einen Zufall zu halten.

Hawkings Flächentheorem fügte dem ein weiteres Beispiel hinzu: Sein Theorem glich dem *Zweiten Hauptsatz der Thermodynamik*. In der Tat verwandelt sich das Flächentheorem, wie wir es in diesem Kapitel formuliert haben, in den Zweiten

Hauptsatz, wenn wir einfach den Begriff der »Horizontflächen« durch das Wort »Entropie« ersetzen: *Man bestimme in irgendeinem Gebiet des Raumes zu irgendeinem Zeitpunkt (in irgendeinem Bezugssystem) die gesamte Entropie. Dann warte man eine beliebige Zeit und bestimme nochmals die Entropie. Wenn zwischen den Messungen nichts die Grenzen des gegebenen räumlichen Gebiets verlassen hat, kann sich die Gesamtentropie nicht verringert haben, sondern sie wird in den meisten Fällen, zumindest um einen kleinen Betrag, zugenommen haben.*

Was hat es mit dieser »Entropie«, die zugenommen hat, auf sich? Sie ist ein Maß für die »Unordnung« in dem gegebenen Gebiet des Raumes, und ihre Zunahme bedeutet, daß die darin enthaltenen Dinge immer weniger geordnet sind.

Genauer gesagt ist die Entropie *der Logarithmus der Anzahl der Möglichkeiten, wie alle Atome und Moleküle in einem gegebenen Gebiet des Raumes verteilt sein können, ohne daß sich das makroskopische Erscheinungsbild des Gebiets verändert.** (Siehe Kasten 12.3.) Wenn es viele Möglichkeiten der Anordnung von Atomen und Molekülen gibt, ist der Grad an mikroskopischer Unordnung und damit die Entropie hoch.

Das Gesetz der Entropiezunahme (der Zweite Hauptsatz der Thermodynamik) ist von großer Tragweite. Stellen wir uns zum Beispiel ein Zimmer vor, das Luft und einige zusammengeknüllte Zeitungen enthält. Luft und Papier besitzen zusammen weniger Entropie als dieselben Zeitungen, bzw. deren Reste, wenn man sie zu Kohlendioxid, Wasserdampf und Asche verbrannt hat. Anders ausgedrückt, wenn das Zimmer Luft und Papier enthält, sind die Möglichkeiten der zufälligen Verteilung der Moleküle im Raum eingeschränkter, als wenn der Raum Luft, Kohlendioxid, Wasserdampf und Asche enthält. Aus diesem Grund verbrennt das Papier leicht, wenn es entzündet wird, während der umgekehrte Vorgang, Papier aus Asche, Kohlendioxid, Wasser und Luft herzustellen, nicht so einfach möglich ist. Während des Verbrennens nimmt die Entropie zu; beim umgekehrten Vorgang nähme sie ab. Das Verbrennen findet statt; der umgekehrte Vorgang nicht.

Die bemerkenswerte Ähnlichkeit zwischen seinem neuen Gesetz der Flächenzunahme und dem Zweiten Hauptsatz der Thermodynamik fiel Hawking im

* Die Gesetze der Quantenmechanik sorgen dafür, daß die Anzahl der Möglichkeiten, Atome und Moleküle zu verteilen, nicht unendlich groß wird, sondern stets endlich bleibt. Wenn Physiker die Entropie definieren, dann multiplizieren sie oft den Logarithmus dieser Zahl mit einer Konstanten, die für uns nicht von Bedeutung ist, zum Beispiel $\log_e 10 \times k$, wobei $\log_e 10$ der »natürliche Logarithmus« von 10, also 2,30258..., und k die Boltzmann-Konstante $1{,}38066 \times 10^{-16}$ erg/K ist. Ich werde im gesamten Buch diese Konstante ignorieren.

Kasten 12.3

Entropie im Kinderzimmer

Man stelle sich ein quadratisches Kinderzimmer vor, in dem sich zwanzig Spielsachen befinden. Der Fußboden besteht aus hundert großen Fliesen, zehn entlang jeder Seite. Die Eltern haben gerade aufgeräumt und alle Spielsachen auf die nördlichste Fliesenreihe gelegt, wobei sie sich nicht darum gekümmert haben, welches Spielzeug auf welcher Fliese liegt. Das Spielzeug ist also zufällig verteilt. Als Grad der Zufälligkeit (Unordnung) kann man die Anzahl der Möglichkeiten angeben, wie die Spielsachen verteilt sein könnten und von denen jede den Eltern gleichermaßen recht ist. Wie sich herausstellt, ist die Anzahl der Möglichkeiten, zwanzig Spielsachen auf die zehn Fliesen der nördlichen Reihe zu verteilen, 10 × 10 × 10 × ... × 10, mit einem Faktor 10 für jedes Spielzeug, also 10^{20}. Die Zahl 10^{20} ist eine Beschreibung für den Grad der Unordnung der Spielsachen, doch ist eine solche Zahl sehr groß und unhandlich. Einfacher läßt sich mit dem Logarithmus von 10^{31} umgehen, das heißt der Zahl von Faktoren 10, deren Produkt 10^{20} ergibt. Er beträgt 20. *Der Logarithmus der Anzahl von Möglichkeiten, die Spielsachen über die Fliesen zu verteilen, ist die Entropie des Spielzeugs.*

Man nehme nun an, daß ein Kind in das Zimmer kommt und mit den Spielsachen spielt. Es wirft sie wahllos umher und läßt sie dann liegen. Die Eltern kommen zurück und sehen die Unordnung. Die Spielsachen sind nun noch zufälliger verteilt als vorher. Ihre Entropie hat zugenommen. Den Eltern ist es gleichgültig, wo jedes einzelne Spielzeug liegt. Es geht nur um die zufällige Verteilung und den Grad der Unordnung. Wie viele Möglichkeiten gibt es, 20 Spielsachen auf 100 Fließen zu verteilen? Es sind 100 × 100 × 100 × ... × 100, mit einem Faktor 100 für jedes Spielzeug, das heißt 1020 = 1040 Möglichkeiten. Der Logarithmus dieser Zahl ist 40; somit hat das Kind die Entropie der Spielsachen von 20 auf 40 erhöht. Sie könnten nun einwenden: »Wenn die Eltern aufräumen und damit die Entropie wieder auf 20 erniedrigen, verletzen sie dann nicht den Zweiten Hauptsatz der Thermodynamik?« Nein. Die Entropie der Spielsachen mag durch das Aufräumen verringert werden, doch erhöht sich dabei die Entropie in den Körpern der Eltern und in der Luft: Um die Spielsachen wieder auf die nördliche Fliesenreihe zu räumen, benötigt man eine Menge Energie, die durch Verbrennungsvorgänge im Körper aufgebracht wird. Die Verbrennung verwandelt wohlgeordnete Fettmoleküle in ungeordnete Verbrennungsprodukte wie zum Beispiel Kohlendioxid, das sich beim Ausatmen zufällig im Zimmer verteilt. Die daraus folgende Vergrößerung der Entropie im Körper und in der Luft des Zimmers überwiegt die Abnahme der Entropie des Spielzeugs bei weitem.

November 1970 sofort auf. Es war für ihn jedoch selbstverständlich, daß die Ähnlichkeit rein zufällig war. Man hätte verrückt oder zumindest ein bißchen einfältig sein müssen, um zu behaupten, die Horizontfläche eines Schwarzen Loches *sei* in gewissem Sinne die Entropie des Schwarzen Loches, dachte Hawking. Denn schließlich haftet einem Schwarzen Loch nichts Zufälliges an; es ist vielmehr das Gegenteil von Zufälligkeit, es ist das Sinnbild einer einfachen Struktur. Wenn ein Schwarzes Loch nach Abstrahlung von Gravitationswellen einen Zustand der Ruhe eingenommen hat (Abb. 7.4), ist es vollkommen »haarlos«. *Alle* seine Eigenschaften sind dann genau durch drei Größen festgelegt: seine Masse, seinen Drehimpuls und seine elektrische Ladung. Das Schwarze Loch besitzt keinerlei zufällige Eigenschaften.

Jacob Bekenstein war davon nicht überzeugt.[9] Er vermutete, daß die Oberfläche des Schwarzen Loches in einem tieferen Sinne seine Entropie *ist* – genauer gesagt, das Produkt aus seiner Entropie und irgendeiner Konstanten. Wenn dies nicht der Fall wäre, so argumentierte Bekenstein, wenn also Schwarze Löcher eine verschwindend kleine Entropie (keinerlei Unordnung) besäßen, wie Hawking behauptete, dann könnte man Schwarze Löcher dazu benutzen, die Entropie des Universums zu verringern, und dies würde den Zweiten Hauptsatz der Thermodynamik verletzen. Dazu müßte man lediglich sämtliche Luftmoleküle eines Raumes nehmen und sie in ein Schwarzes Loch fallen lassen. Die Luftmoleküle würden mitsamt ihrer Entropie aus dem Universum verschwinden, und wenn die Entropie des Schwarzen Loches nicht anstiege, um den Verlust auszugleichen, hätte sich damit die Entropie des Universums verringert. Und diese Verletzung des Zweiten Hauptsatzes fand Bekenstein höchst unbefriedigend. Damit der Zweite Hauptsatz der Thermodynamik seine Gültigkeit behielt, mußte ein Schwarzes Loch seiner Ansicht nach eine Entropie besitzen, die zunimmt, wenn die Luftmoleküle durch seinen Horizont fallen, und der vielversprechendste Kandidat für diese Entropie schien die Fläche des Horizonts zu sein.

Hawking war jedoch völlig anderer Ansicht. Indem man Luftmoleküle in ein Schwarzes Loch wirft, kann man sie verschwinden lassen und Entropie verlieren. Das ergibt sich aus der Natur des Schwarzen Loches, und diese Verletzung des Zweiten Hauptsatzes der Thermodynamik muß man hinnehmen, argumentierte Hawking. Außerdem ergäben sich daraus keinerlei ernsthafte Konsequenzen. Zum Beispiel würde eine Verletzung des Zweiten Hauptsatzes unter normalen Umständen die Herstellung eines Perpetuum mobile ermöglichen, doch sei dies im Falle des Schwarzen Loches völlig ausgeschlossen. Die Verletzung des Zweiten Hauptsatzes stelle folglich nur eine unbedeutende Kuriosität in der Physik dar, die aber die physikalischen Gesetze vermutlich nicht beeinträchtige.

Bekenstein war damit nicht zufrieden.

Weltweit stellten sich die Experten auf dem Gebiet Schwarzer Löcher hinter Hawking – mit Ausnahme von John Wheeler, Bekensteins Mentor. »Ihre Idee ist verrückt genug, um richtig zu sein«, sagte Wheeler. Ermutigt bahnte sich Bekenstein einen Weg durch die Schwierigkeiten und versuchte, seine Vermutung zu untermauern. Er schätzte ab, in welchem Maße die Entropie eines Schwarzen Loches zunehmen müsse, damit der Zweite Hauptsatz gewahrt blieb, wenn eine bestimmte Menge Luft in das Loch hineingeworfen würde, und er rechnete aus, um wieviel sich die Fläche des Horizonts dabei vergrößern würde. Aus diesen groben Abschätzungen leitete er eine Beziehung zwischen Entropie und Fläche ab, die, wie er annahm, *möglicherweise* dafür sorgte, daß der Zweite Hauptsatz stets gewahrt blieb. Die Entropie, so lautete seine Schlußfolgerung, war ungefähr gleich der Fläche des Horizonts, dividiert durch ein berühmtes Flächenmaß, das mit den (bislang schlecht verstandenen) Gesetzen der Quantengravitation verknüpft ist, nämlich die *Planck-Wheeler-Fläche*, die $2{,}61 \times 10^{-66}$ cm^2 beträgt.* (Die Bedeutung der Planck-Wheeler-Fläche wird in den beiden folgenden Kapiteln erläutert werden.) Für ein Schwarzes Loch von zehn Sonnenmassen ergäbe sich die Entropie also aus der Horizontfläche von 11000 Quadratkilometern, dividiert durch die Planck-Wheeler-Fläche, was etwa der Zahl 10^{79} entspricht.

Dies ist eine enorm hohe Entropie, die einem hohen Grad an Unordung entspricht. Wo aber tritt diese Unordnung auf? Im Inneren des Schwarzen Loches, so vermutete Bekenstein. Dort muß sich eine große Zahl von Atomen, Molekülen oder sonst irgend etwas befinden, das zufällig verteilt ist, und die Gesamtzahl der Möglichkeiten, diese Dinge zu verteilen, müsse $(10^{10})^{79}$ betragen.**

Die meisten Physiker auf dem Gebiet der Schwarzen Löcher, Hawking und mich eingeschlossen, hielten dies für Unsinn. Das Innere eines Schwarzen Loches enthält eine Singularität und keine Atome oder Moleküle. Dennoch war

* Die Planck-Wheeler-Fläche ist durch die Formel $G\hbar/c^3$ gegeben, wobei G die Newtonsche Gravitationskonstante ($G = 6{,}670 \times 10^{-8}$ dyn-cm^2/g^2), $\hbar$ das Plancksche Wirkungsquantum ($\hbar = 1{,}055 \times 10^{-27}$ erg-s) und c die Lichtgeschwindigkeit ($c = 2{,}998 \times 10^{10}$ cm/s) ist. Siehe auch die Fußnote auf S. 544 in Kapitel 13, die Fußnote auf S. 564 in Kapitel 14 sowie die Diskussion im Text dieser Kapitel.

** Der Logarithmus von $(10^{10})^{79}$ ist 10^{79} (die von Bekenstein vermutete Entropie). Zur Erinnerung: $(10^{10})^{79}$ ist eine 1 mit 10^{79} nachgestellten Nullen – das sind fast so viele Nullen, wie das Universum Atome enthält.

die Ähnlichkeit zwischen den Gesetzen der Thermodynamik und den Eigenschaften Schwarzer Löcher eindrucksvoll.

Im August des Jahres 1972, mitten im goldenen Zeitalter der Erforschung Schwarzer Löcher, trafen sich die führenden Experten der Welt und etwa fünfzig Studenten in den französischen Alpen, um einen Monat lang Vorlesungen zu hören und intensiv miteinander zu arbeiten.[10] Der Ort war wieder die Sommerschule von Les Houches, auf demselben grünen Hügel gegenüber dem Mont Blanc, wo ich neun Jahre zuvor in die Geheimnisse der allgemeinen Relativitätstheorie eingeweiht worden war (Kapitel 10). Damals, im Jahre 1963, war ich noch Student gewesen, und jetzt galt ich als Experte. Vormittags hielten wir »Experten« Vorträge, in denen wir uns gegenseitig und den Studenten die Entdeckungen der letzten fünf Jahre und unsere gegenwärtigen Bemühungen um neue Einsichten schilderten. An den meisten Nachmittagen setzten wir diese Bemühungen in kleinerem Kreis fort. Igor Nowikow und ich zogen uns in eine kleine Blockhütte zurück und versuchten, Gesetze für das Verhalten von Gas zu finden, das in ein Schwarzes Loch fällt und dabei Röntgenstrahlung emittiert (Kapitel 8). Währenddessen saßen meine Studenten Bill Press und Saul Teukolsky in der Eingangshalle der Schule und versuchten herauszufinden, ob ein rotierendes Schwarzes Loch gegen kleine Störungen stabil ist (Kapitel 7). Fünfzig Meter weiter den Hügel hinauf hatten sich James Bardeen, Brandon Carter und Stephen Hawking zusammengetan, um gemeinsam aus Einsteins Gleichungen der allgemeinen Relativität den vollständigen Satz von Gleichungen abzuleiten, mit denen die Entwicklung eines Schwarzen Loches beschrieben werden kann. Die Umgebung war idyllisch, die Physik faszinierend.
Gegen Ende des Monats hatten Bardeen, Carter und Hawking eine Reihe von *Gesetzen zur Mechanik Schwarzer Löcher* aufgestellt, die den Gesetzen der Thermodynamik erstaunlich ähnlich waren.[11] Es stellte sich sogar heraus, daß jedes Gesetz für Schwarze Löcher eine Entsprechung in der Thermodynamik besaß, wenn man die Begriffe »Fläche des Horizonts« gegen »Entropie« und »Oberflächengravitation des Horizonts« gegen »Temperatur« austauschte. (Die Oberflächengravitation ist, grob gesagt, die Schwerkraft, die jemand spürt, der sich knapp oberhalb des Horizonts in Ruhe befindet.)
Als Bekenstein (einer der fünfzig Studenten der Sommerschule) sah, wie vollkommen die Gesetze beider Bereiche einander entsprachen, war er mehr denn je davon überzeugt, daß die Horizontfläche mit der Entropie des Schwarzen Loches identisch ist. Bardeen, Carter, Hawking, ich und die anderen Experten sahen darin im Gegenteil einen sicheren Beweis dafür, daß die Horizontfläche

keine verkappte Form der Entropie darstellen könne. Wenn dem so wäre, dachten wir, dann müßte die Oberflächengravitation der Temperatur entsprechen, und diese Temperatur wäre von Null verschieden. Nach den Gesetzen der Thermodynamik aber mußte jeder Körper, dessen Temperatur von Null verschieden war, Strahlung aussenden (wie etwa ein Heizkörper), während allgemein bekannt war, daß ein Schwarzes Loch überhaupt nichts aussenden kann; Strahlung kann zwar »hineinfallen«, aber nicht herauskommen.
Wenn Bekenstein seiner Intuition bis zur logischen Schlußfolgerung treu geblieben wäre, hätte er behaupten müssen, daß ein Schwarzes Loch in irgendeiner Weise eine endliche Temperatur hat und Strahlung aussenden *muß,* und wir würden ihn heute rückblickend als einen erstaunlich hellsichtigen Propheten betrachten. Bekenstein aber räumte ein, daß ein Schwarzes Loch offensichtlich nicht strahlen könne, wenngleich er hartnäckig an seiner Vorstellung festhielt, daß ein Schwarzes Loch Entropie besitze.

Schwarze Löcher strahlen

Der erste Hinweis darauf, daß Schwarze Löcher *tatsächlich* Strahlung aussenden können, kam von Jakow Borisowitsch Seldowitsch im Juni des Jahres 1971, vierzehn Monate vor der Sommerschule in Les Houches. Dies nahm jedoch niemand zur Kenntnis, wofür ich mir selbst die Hauptschuld geben muß, denn während sich Seldowitsch langsam an diese radikal neue Erkenntnis herantastete, war ich sein Vertrauter und Diskussionspartner.
Im Juni 1971 hatte mich Seldowitsch zu einem zweiten mehrwöchigen Forschungsaufenthalt nach Moskau eingeladen.[12] Bei meinem ersten Besuch zwei Jahre zuvor war es ihm gelungen, mir trotz der schlechten Verhältnisse auf dem Moskauer Wohnungsmarkt eine geräumige Wohnung in der Schabolowska-Straße nicht weit vom Oktoberplatz zur Verfügung zu stellen. Während manche meiner Freunde sich eine Ein-Zimmer-Wohnung mit Ehefrau, Kindern und Großeltern teilten, hatte ich eine Wohnung mit Wohnzimmer, Schlafzimmer, Küche, Fernseher und elegantem Geschirr für mich allein. Während meines zweiten Besuches wohnte ich bescheidener im Einzelzimmer eines Hotels, das der Sowjetischen Akademie der Wissenschaften gehörte, nicht weit entfernt von meiner alten Wohnung.
Eines Morgens wurde ich gegen halb sieben Uhr durch einen Telefonanruf von Seldowitsch aus dem Schlaf gerissen. »Komm vorbei, Kip! Ich habe eine neue Idee über rotierende Schwarze Löcher!« Da ich wußte, daß Kaffee, Tee und Pi-

roschki (Pasteten, gefüllt mit Hackfleisch, Fisch, Kraut, Marmelade oder Eiern) auf mich warten würden, wusch ich nur schnell mein Gesicht mit kaltem Wasser, zog mich an, nahm meine Aktentasche und rannte die fünf Stockwerke hinunter auf die Straße, wo ich zunächst eine überfüllte Straßenbahn und dann einen Oberleitungsbus nahm, der mich zur Worobjewskoje Chaussee Nr. 2B auf dem Leninhügel brachte, etwa zehn Kilometer südlich des Kremls. Nebenan, im Haus Nr. 4, wohnte Alexei Kossygin, der Premierminister der Sowjetunion.*
Ich durchschritt das offene Tor und betrat das baumbestandene Gelände, das von einem zwei Meter hohen Drahtzaun umgeben war. Von dem massiven, gedrungenen Wohnhaus Nr. 2B und dem identischen Nachbarhaus Nr. 2A blätterte die gelbe Farbe ab. Seldowitsch hatte eine der acht Wohnungen des Gebäudes 2B in Anerkennung seiner Verdienste um die sowjetische Atombombe erhalten (Kapitel 6). Mit 140 Quadratmetern war die Wohnung für Moskauer Verhältnisse sehr groß. Hier wohnte er mit seiner Frau Warwara Pawlowa, einer Tochter und einem Schwiegersohn.
Seldowitsch empfing mich an der Wohnungstür mit einem warmen Lächeln, während die Geräusche seiner geschäftigen Familie aus den Zimmern drangen. Ich zog die Schuhe aus und nahm ein Paar Hausschuhe von dem Stapel neben der Tür. Dann folgte ich ihm in sein etwas verblichenes, aber gemütliches Wohnzimmer. An einer Wand hing eine Weltkarte, auf der bunte Stecknadeln die Orte markierten, wohin Seldowitsch eingeladen worden war (London, Princeton, Peking, Bombay, Tokio und viele andere). Die Behörden hatten ihm jedoch aus krankhafter Angst davor, er könne Geheimnisse ausplaudern, stets die Reisegenehmigung verweigert.
Seldowitsch bot mir einen Platz an dem großen Eßtisch an, der in der Mitte des Raumes stand, und verkündete dann lebhaft: »Ein rotierendes Schwarzes Loch muß strahlen. Die ausgesandte Strahlung wirkt auf das Loch zurück und bremst seine Drehbewegung, bis es schließlich stehenbleibt. Wenn es aufgehört hat zu rotieren, wird es auch nicht mehr strahlen, und das Schwarze Loch bleibt vollkommen sphärisch in einem Ruhezustand zurück.«[13]
»Das ist eine der verrücktesten Behauptungen, die ich je gehört habe«, entgegnete ich. (Die harte Konfrontation liegt mir eigentlich nicht, aber Seldowitsch wollte und brauchte sie. Er erwartete von mir Widerspruch, und er hatte mich teilweise deswegen nach Moskau geholt, um einen Diskussionspartner zu ha-

* Die Worobjewskoje Chaussee ist inzwischen in Kossygin-Straße umbenannt worden, und ihre Gebäude haben eine neue Numerierung erhalten. Gegen Ende der achtziger Jahre wohnte in Haus Nr. 10 – nur ein paar Schritte von Seldowitsch entfernt – Michail Gorbatschow.

ben, einen Gegner, an dem er seine Ideen erproben konnte.) »Jeder weiß doch, daß Strahlung zwar in das Loch eindringen kann, daß aber nichts, auch keine Strahlung, jemals wieder zum Vorschein kommen kann.«

Seldowitsch erklärte mir seine Argumente: »Eine rotierende Metallkugel emittiert elektromagnetische Strahlung. Ebenso muß ein rotierendes Schwarzes Loch Gravitationswellen aussenden.«

Das ist ein typischer Seldowitsch-Beweis, dachte ich. Reine physikalische Intuition, die sich auf nichts als eine Analogie gründet. Seldowitsch weiß nicht genug über die allgemeine Relativitätstheorie, um die Eigenschaften eines Schwarzen Loches auszurechnen. Also berechnet er statt dessen das Verhalten einer rotierenden Metallkugel und behauptet anschließend, daß sich ein Schwarzes Loch analog verhält. Und um seine Behauptung auszuprobieren, klingelt er mich um halb sieben Uhr morgens aus dem Bett.

Ich erinnerte mich jedoch nur zu gut an andere Entdeckungen, die Seldowitsch gemacht hatte und die sich auf wenig mehr gegründet hatten; so zum Beispiel seine Behauptung im Jahre 1965, daß ein Stern mit einer Ausbuchtung zu einem vollkommen kugelförmigen Schwarzen Loch kollabiert (Kapitel 7). Diese Behauptung hatte sich als wahr herausgestellt und die »Keine-Haare-Vermutung« vorweggenommen. Daher ging ich behutsam vor. »Ich hatte keine Ahnung, daß eine rotierende Metallkugel elektromagnetische Strahlung emittiert. Wie geschieht das?«

»Die Strahlung ist so schwach, daß sie noch von niemandem beobachtet oder vorhergesagt wurde«, erklärte Seldowitsch. »Dennoch muß es sie geben. Die Metallkugel strahlt, wenn sie von *Vakuumfluktuationen* gekitzelt wird. Ebenso wird ein Schwarzes Loch strahlen, wenn Vakuumfluktuationen des Gravitationsfeldes seinen Horizont berühren.«

Im Jahre 1971 war ich zu begriffsstutzig, um die tiefe Bedeutung dieser Aussage zu erkennen, doch einige Jahre später wurde mir alles klar. *Alle* Studien über Schwarze Löcher hatten sich bis dahin auf Einsteins allgemeine Relativitätstheorie gegründet, und sie alle sagten unzweideutig: Ein Schwarzes Loch kann nicht strahlen. Wir Theoretiker wußten jedoch, daß die allgemeine Relativitätstheorie nur eine Näherung für die wirklichen Gesetze der Gravitation darstellte – zwar eine vorzügliche Näherung, wenn es um Schwarze Löcher ging (so dachten wir), aber dennoch nur eine Näherung.* Wir waren sicher, daß die wahren Gesetze quantenmechanischer Natur sein mußten, und wir nannten sie die Gesetze der *Quantengravitation.* Obwohl diese Gesetze bestenfalls vage ver-

* Vergleiche den letzten Abschnitt in Kapitel 1 über »Das Wesen physikalischer Gesetze«.

Kasten 12.4

Vakuumfluktuationen

Vakuumfluktuationen sind für elektromagnetische Wellen und Gravitationswellen das, was »klaustrophobische« bzw. entartete Bewegungen für Elektronen sind.

Wie in Kapitel 4 geschildert, fordern die Gesetze der Quantenmechanik, daß ein in ein kleines Raumgebiet eingeschlossenes Elektron beginnt, sich völlig zufällig und unvorhersagbar zu bewegen. Diese Bewegungen können nicht gestoppt werden, gleichgültig, welche Anstrengungen man unternehmen mag. Genau diese klaustrophobische Bewegung erzeugt den Entartungsdruck, der Weiße Zwergsterne vor dem Gravitationskollaps bewahrt.

Ebensowenig wird es je gelingen, elektromagnetische Schwingungen oder Gravitationswellen vollständig aus einem Raumgebiet zu entfernen. Die Gesetze der Quantenmechanik sorgen dafür, daß stets einige unvorhersagbare Schwingungen entstehen. Dies sind die Vakuumfluktuationen, die (wie Seldowitsch es ausdrückt) eine rotierende Metallkugel oder ein Schwarzes Loch »kitzeln« und zum Aussenden von Strahlung veranlassen.

Man kann diese Vakuumfluktuationen nicht dadurch ausschalten, daß man ihnen alle Energie entzieht, weil sie im Mittel gar keine Energie besitzen. An manchen Orten und zu manchen Zeitpunkten haben sie zwar eine positive Energie, doch ist diese von anderen Orten »geborgt«, die dadurch einen negativen Energiebetrag aufweisen. So wie Banken es nicht tolerieren, daß das Konto eines Kunden allzu lange ein Soll aufweist, so sorgen die Gesetze der Physik dafür, daß die Regionen negativer Energie sich den fehlenden Betrag schnell von benachbarten Gebieten mit positiver Energie zurückholen. Genau dieses unaufhörliche, zufällige Borgen und Zurückgeben von Energie ist die Ursache für das Entstehen von Vakuumfluktuationen.

So wie die Bewegungen entarteter Elektronen um so heftiger werden, je kleiner die Gebiete sind, in denen sich die eingesperrten Elektronen aufhalten (Kapitel 4), so sind auch die Vakuumfluktuationen von Gravitations- oder elektromagnetischen Wellen um so heftiger, je kleiner die Wellenlänge ist. Wie wir in Kapitel 13 sehen werden, hat dies grundlegende Konsequenzen für die Eigenschaften von Singularitäten im Mittelpunkt Schwarzer Löcher.

Elektromagnetische Vakuumfluktuationen sind gut verstanden und stellen eine verbreitete Erscheinung in der alltäglichen Physik dar. So kommt ihnen zum Beispiel eine Schlüsselrolle in der Funktionsweise von Leuchtstoffröhren zu. Eine elektrische Entladung regt die Atome von Quecksilberdampf in der Röhre an. Zufällige elektromagnetische Vakuumfluktuationen »kitzeln« jedes angeregte Atom und veranlassen es, zu einem zufälligen Zeitpunkt einen Teil seiner Anregungsenergie als elektromagnetische Welle (als Photon*) zu emittieren. Diese Emission wird als *spontan* bezeichnet, da die Physiker, die diesen Vorgang erstmals beschrieben, nicht wußten, daß er durch Vakuumfluktuationen eingeleitet wird. Ein anderes Beispiel ist der Laser, bei dem elektromagnetische Vakuumfluktuationen mit dem kohärenten Laserlicht interferieren (im Sinne von Kasten 10.3) und damit das Laserlicht in unvorhersagbarer Weise modulieren. Dadurch verlassen die Photonen den Laser nicht streng geordnet, sondern zu zufälligen Zeitpunkten. Dieses Phänomen wird als *Photonenrauschen* bezeichnet.

Im Gegensatz zu den elektromagnetischen Vakuumfluktuationen sind die gravitativen Vakuumfluktuationen bislang nicht experimentell nachgewiesen worden. Neue Techniken und intensive Bemühungen sollten es zwar in Zukunft ermöglichen, die bei der Kollision von Schwarzen Löchern ausgesandten hochenergetischen Gravitationswellen wahrzunehmen (Kapitel 10), doch die viel schwächeren Vakuumfluktuationen sind damit nicht nachweisbar.

* Dieses »primäre« Photon wird von der phosphoreszierenden Beschichtung der Röhrenwand absorbiert, die ihrerseits ein »sekundäres« Photon aussendet, das wir als Licht wahrnehmen.

standen wurden, hatte John Wheeler in den fünfziger Jahren bewiesen, daß aus ihnen die Existenz von *Quantenfluktuationen des Gravitationsfeldes* folgte. Dies waren winzige, unvorhersagbare Fluktuationen in der Krümmung der Raumzeit, die sogar dann auftreten, wenn die Raumzeit überhaupt keine Materie enthält und man versucht, alle Gravitationswellen aus ihr zu entfernen, das heißt, wenn man versucht, ein vollkommenes Vakuum zu schaffen (Kasten 12.4). Seldowitsch wagte nun anhand der oben geschilderten Analogie die Vorhersage, daß ein rotierendes Schwarzes Loch aufgrund dieser Quantenfluktuationen des Gravitationsfeldes strahlen würde. »Aber wie?« fragte ich verwirrt.

Seldowitsch sprang auf und schritt zu einer großen Tafel, die an der Wand gegenüber der Weltkarte hing. Er begann gleichzeitig zu zeichnen und zu erklären. Seine Skizze (Abb. 12.1) zeigte eine Welle, die sich einem rotierenden Objekt nähert, ein Stück an seiner Oberfläche entlangstreicht und sich dann wieder entfernt. Wie Seldowitsch erläuterte, konnte es sich dabei sowohl um eine rotierende Metallkugel und eine elektromagnetische Welle als auch um ein Schwarzes Loch und eine Gravitationswelle handeln.

Die eintreffende Welle ist keine »wirkliche« Welle, sondern eine Vakuumfluktuation, erklärte er weiter. Während sie am rotierenden Körper entlangstreicht, verhält sie sich wie eine Gruppe von Eisschnelläufern, die nebeneinander einen Bogen fahren: Die äußeren Läufer müssen sich mit größerer Geschwindigkeit

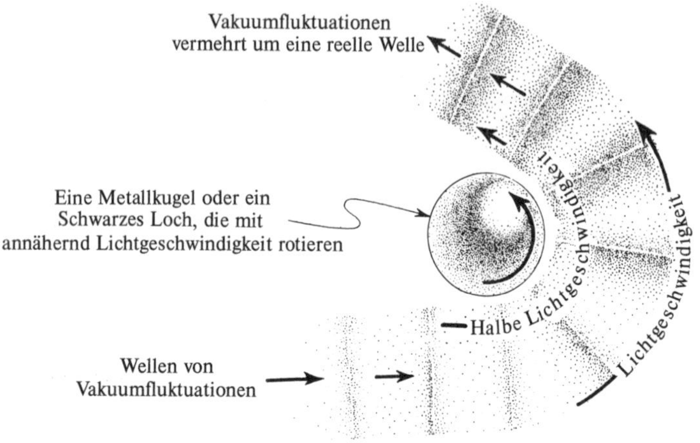

Abb. 12.1: Der von Seldowitsch vorgeschlagene Mechanismus, durch den Vakuumfluktuationen bewirken, daß ein rotierender Körper Strahlung aussendet.

fortbewegen als die an der Innenseite. Ebenso bewegen sich die äußeren Bereiche der Welle schneller als die inneren Teile. Während der Außenbereich der Welle fast Lichtgeschwindigkeit erreicht, bewegt sich der innere Teil langsamer als die Oberfläche des rotierenden Objekts. In einer solchen Situation, meinte Seldowitsch, muß der schnell rotierende Körper die Fluktuationswelle erfassen und beschleunigen, etwa so wie ein Kind eine Schleuder durch Herumwirbeln beschleunigt. Dieser Vorgang überträgt Energie aus der Rotation des Körpers auf die Welle und verstärkt sie. Und dieser neue, verstärkte Anteil ist eine »reelle« Welle mit positiver Gesamtenergie, während die Gesamtenergie der ursprünglichen, unverstärkten Welle gleich null ist (Kasten 12.4). Das rotierende Objekt benutzt also die Quantenfluktuationen als eine Art Katalysator, um eine wirkliche Welle zu erzeugen. Dabei dient die ursprüngliche Welle als eine Art Schablone für die wirkliche Welle. In ganz ähnlicher Weise, sagte Seldowitsch, wird ein schwingendes Molekül durch eine Quantenfluktuation dazu angeregt, »spontan« Licht zu emittieren (Kasten 12.4).

Seldowitsch hatte nun, wie er sagte, bewiesen, daß eine rotierende Metallkugel auf diese Weise strahlt. Sein Beweis gründete sich auf die Gesetze der *Quantenelektrodynamik*, jene gut verstandenen Gesetze, die aus der Verbindung der Quantenmechanik mit den Maxwellschen Gesetzen des Elektromagnetismus entstanden sind. Obwohl er keinen vergleichbaren Beweis dafür hatte, daß ein Schwarzes Loch strahlt, war er aufgrund der Analogie davon überzeugt, daß dies der Fall ist. Er behauptete sogar, daß ein rotierendes Schwarzes Loch nicht nur Gravitationswellen aussendet, sondern auch elektromagnetische Wellen (Photonen*), Neutrinos und alle anderen Arten von Strahlung, die in der Natur vorkommen.

Ich war ziemlich sicher, daß Seldowitsch sich irrte. Als wir uns auch nach Stunden nicht einigen konnten, bot mir Seldowitsch eine Wette an. In den Erzählungen von Ernest Hemingway hatte Seldowitsch von »White Horse Scotch«, einer besonders feinen Whisky-Marke, gelesen. Falls detaillierte Berechnungen zeigen sollten, daß rotierende Schwarze Löcher tatsächlich strahlen, sollte ich ihm eine Flasche White Horse aus Amerika mitbringen. Falls die Rechnung erweisen sollte, daß eine solche Strahlung nicht existiert, würde Seldowitsch mir eine Flasche guten georgischen Cognac besorgen.

Ich nahm die Wette an, wenngleich ich wußte, daß sie nicht so schnell entschieden sein würde. Dazu war es nämlich erforderlich, die Beziehung zwischen allgemeiner Relativität und Quantenmechanik viel besser zu verstehen, als dies im Jahre 1971 der Fall war.

Nachdem ich die Wette abgeschlossen hatte, vergaß ich sie bald. Ich habe ein furchtbar schlechtes Gedächtnis, und der Schwerpunkt meiner Forschungsarbeit lag auf einem anderen Gebiet. Seldowitsch hatte die Wette jedoch nicht vergessen. Einige Wochen nach unserer Diskussion schrieb er seine Argumente nieder und reichte sie zur Veröffentlichung ein. Das Manuskript wäre wohl abgelehnt worden, wenn jemand anders der Verfasser gewesen wäre; die Argumentation war zu heuristisch. Doch Seldowitsch war ein so anerkannter Wissenschaftler, daß sein Artikel veröffentlicht wurde. Es nahm jedoch kaum jemand Notiz davon;[14] die Vorstellung, daß Schwarze Löcher strahlen, erschien einfach zu abwegig.

Auf der Sommerschule in Les Houches im Jahr darauf ignorierten wir »Experten« die Idee von Seldowitsch noch immer. Ich kann mich nicht erinnern, daß sie auch nur einmal erwähnt wurde.**

Im September des Jahres 1973 hielt ich mich wieder in Moskau auf. Dieses Mal begleitete ich Stephen Hawking und seine Frau Jane. Für Stephen war es die er-

* Photonen und elektromagnetische Wellen sind bekanntlich nur verschiedene Sichtweisen desselben Phänomens. Vergleiche die Diskussion des Welle-Teilchen-Dualismus in Kasten 4.1.

** Dieser Mangel an Interesse war um so bemerkenswerter, als Charles Misner inzwischen in den Vereinigten Staaten gezeigt hatte, daß *wirkliche* Wellen (im Gegensatz zu den von Seldowitsch beschriebenen Vakuumfluktuationen) von einem Schwarzen Loch analog der in Abbildung 12.2 skizzierten Weise verstärkt werden können. Dieses Phänomen, das Misner als »Superstrahlung« bezeichnete, rief großes Interesse hervor.

Links: Stephen Hawking als Zuhörer bei einem Vortrag auf der Sommerschule von Les Houches im Sommer 1972. *Rechts:* Jakow Borisowitsch Seldowitsch an der Tafel in seiner Moskauer Wohnung im Sommer 1971. [*Aufnahmen von Kip Thorne.*]

ste Reise nach Moskau seit seiner Studentenzeit. Da Seldowitsch (unser sowjetischer Gastgeber) nicht genau wußte, wie er Stephens besonderen Bedürfnissen in Moskau Rechnung tragen sollte, dachten er, Stephen und Jane, daß es am besten sei, wenn ich mitkommen würde. Da ich Moskau kannte und ein enger Freund der Hawkings war, konnte ich sowohl Reisebegleiter und Fremdenführer als auch Dolmetscher bei physikalischen Diskussionen sein.

Wir wohnten im Hotel Rossia, unweit des Roten Platzes und des Kremls. Zwar verließen wir jeden Tag das Hotel, um an irgendeinem Institut einen Vortrag zu halten oder ein Museum, eine Oper oder eine Ballettvorstellung zu besuchen, doch der hauptsächliche Kontakt zu den sowjetischen Physikern kam in der Hotelsuite der Hawkings zustande, die aus zwei Zimmern bestand und von der man einen Blick auf die Basiliuskathedrale hatte. Die führenden theoretischen Physiker der Sowjetunion kamen einer nach dem anderen zu Hawking, um ihm ihre Reverenz zu erweisen und sich mit ihm zu unterhalten.

Unter den Physikern, die Hawking häufig besuchten, waren Seldowitsch und sein Doktorand Alexi Starobinski. Hawking fand die beiden ebenso faszinierend wie sie ihn. Während eines Besuches sprach Starobinski über die von Seldowitsch aufgestellte Vermutung, daß ein rotierendes Schwarzes Loch strahlen sollte. Er beschrieb, wie er und Seldowitsch auf der Grundlage früherer bahnbrechender Arbeiten von Bryce DeWitt, Leonard Parker und anderen die Quantenmechanik mit der allgemeinen Relativitätstheorie vereinigt hatten, zumindest teilweise, und schilderte dann, wie sie diese Teilverknüpfung für einen

Beweis von Seldowitschs Vermutung benutzt hatten.[15] Seldowitsch war auf dem besten Wege, die mit mir abgeschlossene Wette zu gewinnen.

Von allen Dingen, die Hawking aus seinen Gesprächen in Moskau erfuhr, fesselte ihn dies am meisten. Allerdings stand er der Art und Weise, in der Seldowitsch und Starobinski die Gesetze der allgemeinen Relativitätstheorie mit der Quantenmechanik verknüpft hatten, skeptisch gegenüber. Nach Cambridge zurückgekehrt, machte er sich also selbst an die Aufgabe, Seldowitschs Behauptung über die Strahlung rotierender Schwarzer Löcher zu überprüfen.

Mittlerweile beschäftigten sich auch mehrere Physiker in Amerika mit derselben Frage, unter ihnen William Unruh, ein Student Wheelers, und mein Doktorand Don Page. Anfang 1974 hatten Unruh und Page, jeder auf seine Art, Seldowitschs Vorhersage unter Vorbehalt bestätigt: Ein rotierendes Schwarzes Loch sollte Strahlung emittieren, bis schließlich seine gesamte Rotationsenergie verbraucht war und die Strahlung erlosch. Was die Wette betraf, so schien es, als müßte ich mich jetzt wohl geschlagen geben.

Schwarze Löcher schrumpfen und explodieren

Dann kam die Überraschung, die wie eine Bombe einschlug.[16] Stephen Hawking veröffentlichte auf einer Konferenz in England und anschließend in einem kurzen Fachartikel in der Zeitschrift *Nature* eine ungeheuerliche Behauptung, die im Gegensatz zu der Vorhersage von Seldowitsch, Starobinski, Page und Unruh stand. Zwar bestätigten Hawkings Berechnungen, daß ein rotierendes Schwarzes Loch strahlen und dadurch immer langsamer werden sollte, doch ergab sich aus seinen Rechnungen ferner, daß die Strahlung *nicht* erlischt, nachdem die Rotation aufgehört hat. Auch ohne Drehimpuls und Rotationsenergie emittiert das Schwarze Loch weiterhin alle möglichen Arten von Strahlung (Gravitationswellen, elektromagnetische Strahlung, Neutrinos), und während es dies tut, verliert es weiterhin Energie. Die Rotationsenergie war im Raum in der Umgebung des Horizonts gespeichert, doch die Energie, die nun verlorenging, konnte nur aus dem Inneren des Schwarzen Loches stammen!

Ebenso erstaunlich war die Aussage, daß das Spektrum der Strahlung, also die Energiemenge als Funktion der Wellenlänge, exakt dem Spektrum der thermischen Strahlung eines heißen Körpers glich. Anders ausgedrückt: Ein Schwarzes Loch verhält sich genauso, als besitze sein Horizont eine bestimmte Temperatur, und diese Temperatur, so lautete Hawkings Schlußfolgerung, wächst proportional zu seiner Oberflächengravitation. Wenn Hawking recht hätte, dann wäre dies ein unbestreitbarer Beweis dafür, daß die Bardeen-Carter-Hawking-Gesetze der Mechanik Schwarzer Löcher *in der Tat* den Gesetzen der Thermodynamik entsprechen und ferner, daß ein Schwarzes Loch wirklich eine Entropie besitzt, die seiner Oberfläche proportional ist, wie dies Bekenstein zwei Jahre zuvor behauptet hatte.

Hawkings Berechnungen besagten noch mehr. Wenn die Drehbewegung eines Schwarzen Loches erst einmal abgebremst ist, dann sind die Entropie und die Oberfläche des Horizonts dem Quadrat der Masse proportional, während die Temperatur und die Oberflächengravitation proportional der Masse, geteilt durch die Oberfläche, bzw. proportional dem Kehrwert der Masse sind. Das bedeutet, daß das Schwarze Loch, während es strahlt, kontinuierlich Masse in entweichende Energie verwandelt, wodurch seine Masse abnimmt. Entsprechend verringern sich auch seine Entropie und seine Oberfläche, während Temperatur und Oberflächengravitation zunehmen. Das Schwarze Loch schrumpft und wird dabei heißer. Man kann sagen, es verdampft.

Ein Schwarzes Loch, das gerade erst aus dem Kollaps eines Sterns entstanden und somit schwerer als etwa zwei Sonnenmassen ist, besitzt eine sehr niedrige Temperatur von etwa 3×10^{-8} Grad Kelvin, also 0,03 Mikrokelvin über dem absoluten Nullpunkt. Daher verdampft es zunächst sehr langsam – so langsam, daß es 10^{67} Jahre benötigen würde (das 10^{57}-fache Alter des gegenwärtigen Universums), um merklich zu schrumpfen. Wenn das Schwarze Loch jedoch schrumpft und sich aufheizt, strahlt es intensiver, und sein Verdampfungsprozeß beschleunigt sich. Wenn schließlich seine Masse auf einen Wert gefallen ist, der irgendwo zwischen 1000 und 100 Millionen Tonnen liegt (wir wissen es noch nicht genauer), und sein Horizont nur noch so groß ist wie der Bruchteil eines Atomkerns, dann wird das Schwarze Loch so heiß sein (irgendwo zwischen einer und 100000 Billionen Grad), daß es urplötzlich zu einer gewaltigen Explosion kommt.

Die Experten, die sich mit der Verknüpfung von Quantentheorie und allgemeiner Relativitätstheorie beschäftigten, etwa ein Dutzend weltweit, waren alle davon überzeugt, daß Hawking sich irrte. Seine Schlußfolgerungen widersprachen allem, was man bis dahin über Schwarze Löcher wußte. Vielleicht war seine Art der Verknüpfung, die sich von der anderer Physiker unterschied, falsch; vielleicht war sie auch richtig, aber dann hatte er in seinen Rechnungen einen Fehler gemacht.

Im Laufe der folgenden Jahre verglichen die Experten minuziös Hawkings Version dieser Verknüpfung mit ihren eigenen Theorien und seine Berechnung der von einem Schwarzen Loch ausgesandten Wellen mit dem, was sie ausgerechnet hatten. Nach und nach mußten sie Hawking zustimmen und bestätigten damit jene Sammlung physikalischer Gesetze, die sich aus der partiellen Verknüpfung der allgemeinen Relativitätstheorie mit der Quantenmechanik ergeben hatte. Diese Gesetze beschreiben das Verhalten von *Quantenfeldern in einer gekrümmten Raumzeit.* Das Schwarze Loch wird dabei als ein nicht quantenmechanisches, allgemein relativistisches Gebilde in einer gekrümmten Raumzeit betrachtet, während Gravitationswellen, elektromagnetische Wellen und andere Arten von Strahlung als *Quantenfelder* aufgefaßt werden, also den Gesetzen der Quantenmechanik unterworfen sind und sich manchmal wie Wellen, manchmal wie Teilchen verhalten (Kasten 4.1). [Eine vollständige Verknüpfung der allgemeinen Relativitätstheorie mit der Quantentheorie, das heißt die vollständigen und umfassenden Gesetze der Quantengravitation, würden alles, auch die gekrümmte Raumzeit des Schwarzen Loches, quantenmechanisch behandeln. Dies würde bedeuten, daß auch die Raumzeit der Unschärferelation (Kasten 10.2), dem Welle-Teilchen-Dualismus (Kasten 4.1) sowie den Quantenfluktuationen (Kasten 12.4) unterworfen wäre. Im nächsten Kapitel werden wir uns näher mit dieser vollständigen Verknüpfung und einiger ihrer Folgerungen auseinandersetzen.)

Wie war es möglich, Einigkeit über die fundamentalen Gesetze der Quantenfelder in einer gekrümmten Raumzeit zu erzielen, wenn keine experimentellen Daten zur Verfügung standen, die bei der Formulierung der Gesetze als Richtschnur dienen konnten? Wie konnten diese Experten mit solcher Sicherheit behaupten, daß Hawking recht hatte, wenn sie ihre Behauptungen nicht an Meßergebnissen überprüfen konnten? Diese Sicherheit ergab sich aus der Forderung, daß die Gesetze der Quantenfelder und die Gesetze der Raumzeitkrümmung in vollständig konsistenter Weise ineinandergreifen müssen. (Wäre dies nicht so, würde ein physikalisches Gesetz in einem Fall vielleicht zu der Vorhersage führen, daß ein Schwarzes Loch niemals strahlt, während es in einem anderen Fall die Vorhersage machte, daß es stets strahlt. Die armen Physiker, die nicht wüßten, was sie glauben sollten, würden sich wohl bald ein anderes Betätigungsfeld suchen.)

Die neuen Gesetze mußten sowohl mit der allgemeinen Relativitätstheorie und ihrer Beschreibung der gekrümmten Raumzeit in Abwesenheit von Quantenfeldern als auch mit den Gesetzen der Quantenfelder in Abwesenheit einer Raumzeitkrümmung konsistent sein. Dies und die Forderung, daß sie miteinander völlig widerspruchsfrei harmonieren, vergleichbar der Stimmigkeit von Zeilen und Spalten in einem Kreuzworträtsel, legte schließlich die Gestalt der neu-

en Gesetze fast* vollständig fest.[17] Wenn die Gesetze also überhaupt in konsistenter Weise miteinander verknüpft werden konnten (und davon war auszugehen, wenn die Bemühungen der Physiker um ein Verständnis des Universums nicht vollständig fehlgeschlagen waren), dann konnte dies nur genau in der Art und Weise geschehen, wie es bei den neuen Gesetzen der Quantenfelder in einer gekrümmten Raumzeit verwirklicht worden war.
Die Forderung nach Konsistenz der physikalischen Gesetze wird oft als Hilfsmittel bei der Formulierung neuer Gesetze benutzt. Selten hat sich diese Forderung jedoch als so gewinnbringend erwiesen wie im Falle der Quantenfelder in der gekrümmten Raumzeit. Als Einstein zum Beispiel seine allgemeine Relativitätstheorie entwickelte (Kapitel 2), war es nicht die Forderung nach Konsistenz, die ihn zu seinem Postulat führte, daß die Gravitation eine Folge der Raumzeitkrümmung sei. Dieser Gedanke entsprang vielmehr Einsteins Intuition. Nachdem jedoch diese grundlegende Annahme einmal aufgestellt war, folgte die Form der neuen Gesetze fast ausschließlich aus der Forderung, daß die allgemeine Relativitätstheorie im Fall schwacher Gravitation mit den Newtonschen Gesetzen und bei Fehlen jeglicher Gravitation mit der speziellen Relativitätstheorie konsistent sein muß. Dies war beispielsweise der Schlüssel zur Entdeckung von Einsteins Feldgleichung.

Im September des Jahres 1975 reiste ich zu meinem fünften Besuch nach Moskau und hatte eine Flasche »White Horse« für Seldowitsch im Gepäck. Zu meiner Überraschung stellte ich fest, daß in Moskau niemand Hawkings Berechnungen und Schlußfolgerungen Glauben schenkte, obwohl alle westlichen Experten sich inzwischen einig waren, daß Hawking recht hatte und daß Schwarze Löcher verdampfen können. Obwohl Hawkings Behauptungen auf unterschiedliche Weise bestätigt und diese Ergebnisse in den Jahren 1974/75 veröffentlicht worden waren, hatten diese Bestätigungen in der Sowjetunion keinen großen Eindruck hinterlassen. Warum? Weil die zwei bedeutendsten sowjetischen Experten, Seldowitsch und Starobinski, nicht daran glaubten: Sie hielten an der Behauptung fest, daß ein Schwarzes Loch, das seine gesamte Rotationsenergie eingebüßt hat, keine Strahlung mehr aussenden und daher nicht vollständig verdampfen kann. Ich diskutierte endlos mit Seldowitsch und Staro-

* Das Wort »fast« trägt gewissen Unsicherheiten Rechnung, die die sogenannte Renormierung betreffen. Diese Unsicherheiten, die von Wheelers ehemaligem Schüler Robert Wald erkannt und beschrieben wurden, beeinflussen den Verdampfungsprozeß eines Schwarzen Loches nicht. Sie werden sich aber wahrscheinlich so lange nicht beseitigen lassen, bis eine vollständige Quantentheorie der Gravitation vorliegt.[18]

binski, doch ohne Erfolg. Sie wußten über die Quantenfelder in der gekrümmten Raumzeit so viel mehr als ich, daß ich ihren Argumenten nichts entgegensetzen konnte, obwohl ich (wie gewöhnlich) die Wahrheit auf meiner Seite glaubte.

Mein Rückflug nach Amerika war für Dienstag, den 23. September gebucht. Am Montagabend, als ich gerade in meinem winzigen Zimmer im Universitätshotel die Koffer packte, klingelte das Telefon. Es war Seldowitsch: »Komm vorbei, Kip! Ich möchte mit Dir über das Verdampfen Schwarzer Löcher sprechen.« Da ich wenig Zeit hatte, versuchte ich, vor dem Hotel ein Taxi zu finden. Als keines in Sicht war, winkte ich nach Moskauer Sitte ein vorbeifahrendes Auto heran und bot dem Fahrer fünf Rubel dafür, daß er mich zur Worobjewskoje Chaussee Nr. 2B fuhr. Er nickte zustimmend, und wir fuhren durch Nebenstraßen, die mir völlig unbekannt waren. Die Angst, daß wir uns verirren könnten, wich erst von mir, als wir in die Worobjewskoje Chaussee einbogen. Mit einem dankbaren »Spasibo!« stieg ich vor dem Haus Nr. 2B aus, trat durch das Tor in den baumbestandenen Garten, rannte in das Haus und die Treppe hinauf in den ersten Stock, bis ich vor Seldowitschs Wohnung stand.

Seldowitsch und Starobinski begrüßten mich an der Tür mit grinsenden Gesichtern und erhobenen Händen. »Wir geben auf. Hawking hat recht, und wir haben uns geirrt!« In der folgenden Stunde erklärten sie mir, daß ihre Gesetze zur Beschreibung der Quantenfelder in der gekrümmten Raumzeit eines Schwarzen Loches sich zwar scheinbar von denen Hawkings unterschieden, daß sie jedoch in Wirlichkeit vollkommen äquivalent waren. Sie hatten aufgrund eines Fehlers in ihren Rechnungen und nicht aufgrund einer falschen Formel angenommen, daß Schwarze Löcher nicht verdampfen können. Nach der Korrektur dieses Fehlers stimmten sie nun zu, daß Schwarze Löcher nach den physikalischen Gesetzen langsam verdampfen.

Es gibt verschiedene Möglichkeiten, sich den Verdampfungsprozeß vorzustellen, so wie es verschiedene Arten gibt, die Gesetze für Quantenfelder in der gekrümmten Raumzeit zu formulieren. Alle diese Versionen stimmen jedoch darin überein, daß Quantenfluktuationen die eigentliche Ursache der emittierten Strahlung sind. Die vielleicht einfachste bildhafte Beschreibung des Vorgangs basiert auf Teilchen, nicht auf Wellen:[19]

Wie die »wirklichen« Wellen sind Vakuumfluktuationen dem Welle-Teilchen-Dualismus unterworfen (Kasten 4.1). Das bedeutet, daß sie sowohl Wellen- als auch Teilchencharakter besitzen. Den Wellenaspekt haben wir bereits kennengelernt (Kasten 12.4): Die Wellen fluktuieren zufällig und unvorhersagbar, mal mit positiver, mal mit negativer Energie, wobei die Durchschnittsenergie null ist. Der Teilchenaspekt kommt in der Vorstellung *virtueller Teilchen* zum Ausdruck. Das sind Teilchen, die plötzlich paarweise entstehen, für einen Moment von der Energie zehren, die sie vom umgebenden Raum geborgt haben, um sich dann wieder paarweise zu vernichten und zu verschwinden, wobei sie die geborgte Energie wieder an die Umgebung zurückgeben. Im Falle elektromagnetischer Vakuumfluktuationen sind die virtuellen Teilchen *virtuelle Photonen*, bei den Quantenfluktuationen des Gravitationsfeldes sind es *virtuelle Gravitonen*.*

Abbildung 12.2 zeigt, auf welche Weise Vakuumfluktuationen dazu führen, daß ein Schwarzes Loch verdampft. Auf der linken Seite ist ein Paar virtueller Photonen nahe dem Horizont eines Schwarzen Loches dargestellt, und zwar im Bezugssystem eines Beobachters, der in das Loch hineinfällt. Solange sich die beiden virtuellen Photonen in einem Gebiet befinden, in dem das elektromagnetische Feld vorübergehend eine positive Energie besitzt, können sie sich leicht voneinander entfernen. Dieses Gebiet kann groß oder klein sein, da sich Vakuumfluktuationen über beliebige Entfernungen erstrecken können. Die Größe des Gebiets wird jedoch stets etwa der Wellenlänge der fluktuierenden elektromagnetischen Welle entsprechen. Folglich können sich die virtuellen Photonen nur um etwa eine Wellenlänge voneinander entfernen. Wenn diese Wellenlänge zufällig dem Umfang des Schwarzen Loches entspricht, kann der Abstand zwischen den virtuellen Photonen leicht ein Viertel dieser Strecke betragen, wie dies in der Abbildung dargestellt ist.

Nahe dem Horizont ist die Gezeitenwirkung sehr stark und zieht die virtuellen Photonen mit ungeheurer Kraft auseinander. Dadurch wird ihnen, wie ein frei fallender Beobachter in der Mitte zwischen den Photonen feststellt, viel Energie zugeführt. Wenn der Abstand zwischen den Photonen ein Viertel des Horizontumfangs beträgt, reicht die Erhöhung der Photonenenergie aus, um sie in reelle,

* Einigen Leser mag diese Vorstellung schon vertraut sein, etwa im Zusammenhang mit Teilchenpaaren aus Materie (Elektronen) und Antimaterie (Positronen). Ebenso wie das elektromagnetische Feld das dem Photon zugeordnete Feld ist, gibt es ein Elektronenfeld, das mit dem Elektron und dem Positron verknüpft ist. An Orten, an denen die Vakuumfluktuationen des Elektronenfeldes vorübergehend sehr groß sind, kommt es mit großer Wahrscheinlichkeit spontan zur Entstehung eines Teilchenpaares, das aus einem virtuellen Elektron und einem virtuellen Positron besteht. Bei einer entgegengesetzten Fluktuation des Feldes ist es wahrscheinlich, daß Elektron und Positron einander vernichten und verschwinden. Das Photon ist sein eigenes Antiteilchen, so daß Photonen als Paare spontan auftreten und wieder verschwinden können. Das gleiche gilt für Gravitonen.

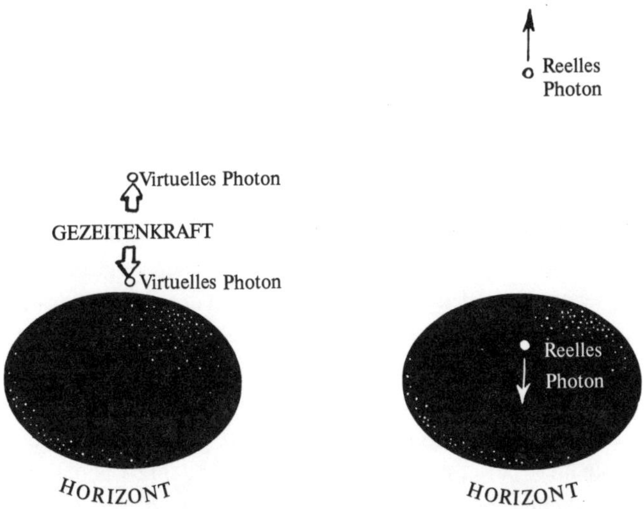

Abb. 12.2: Der Verdampfungsmechanismus Schwarzer Löcher, aus der Perspektive eines in das Loch hineinfallenden Beobachters. *Links:* Die Gezeitenkraft eines Schwarzen Loches zieht ein Paar virtueller Photonen auseinander und führt ihm dadurch Energie zu. *Rechts:* Die virtuellen Photonen haben durch die Gezeitenkraft ausreichend Energie gewonnen, um sich in reelle Photonen zu verwandeln, von denen eines dem Loch entweicht, während das andere darin verschwindet.

langlebige Photonen zu verwandeln (Abb. 12.2 rechts). Dabei bleibt ausreichend Energie übrig, um dem umgebenden Raum (der eine negative Energie besitzt) den geborgten Energiebetrag zurückzugeben. Die Photonen sind nun reell und voneinander unabhängig. Eines befindet sich im Schwarzen Loch und ist dem äußeren Universum für immer verlorengegangen; das andere entkommt dem Loch und trägt den Energie- bzw. Massenbetrag davon, den es aufgrund der Gezeitenwirkung erhalten hat. Um diese Masse reduziert, schrumpft das Schwarze Loch etwas zusammen.

Bei diesem Mechanismus der Teilchenemission ist es völlig unerheblich, ob die Teilchen Photonen und die mit verknüpften Wellen elektromagnetischer Natur sind. Der Mechanismus funktioniert für alle Formen von Teilchen und Wellen gleichermaßen, das heißt, er gilt auch für Gravitationswellen, Neutrinos usw., so daß Schwarze Löcher *alle* Arten von Strahlung emittieren können.

Damit sich virtuelle Teilchen in reelle Teilchen verwandeln können, muß der Abstand zwischen ihnen kleiner als eine Wellenlänge der ihnen entsprechenden Welle sein. Damit sie andererseits genügend Energie aus der Gezeitenkraft des

Schwarzen Loches schöpfen können, muß der Abstand zwischen ihnen ungefähr ein Viertel des Horizontumfangs betragen. Daraus folgt, daß die Wellenlängen der von einem Schwarzen Loch emittierten Strahlung etwa ein Viertel seines Umfangs oder mehr betragen.

Ein Schwarzes Loch von zwei Sonnenmassen besitzt einen Umfang von ungefähr 35 Kilometern, so daß die Wellenlänge der emittierten Teilchen bzw. Wellen mindestens 9 Kilometer beträgt. Dies sind enorme Wellenlängen, wenn man sie mit denen von Licht oder gewöhnlichen Radiowellen vergleicht. Sie sind jedoch nicht sehr verschieden von den Wellenlängen der Gravitationswellen, die bei der Kollision zweier Schwarzer Löcher entstehen.

In den ersten Jahren seines Schaffens bemühte sich Hawking um eine strenge und gründliche Vorgehensweise. Nie behauptete er etwas, bevor er es nicht hieb- und stichfest beweisen konnte. Im Laufe der Jahre wandelte sich seine Haltung jedoch, und 1974 sagte er mir einmal: »Ich möchte lieber recht haben, als etwas streng bewiesen zu haben.« Logisch strenge Beweise sind sehr zeitaufwendig.

Im Jahre 1974 hatte sich Hawking das Ziel gesetzt, die Verbindung von allgemeiner Relativitätstheorie und Quantenmechanik sowie den Ursprung des Universums zu verstehen. Ein solch ehrgeiziges Vorhaben erforderte jedoch viel Zeit und Konzentration. Da sich Hawking vielleicht aufgrund seiner lebensverkürzenden Krankheit der menschlichen Vergänglichkeit stärker bewußt war als andere, hatte er das Gefühl, er könne es sich weder erlauben, an seinen Entdekkungen so lange zu feilen, bis sie den höchsten Ansprüchen logischer Strenge gerecht werden, noch könne er es sich leisten, alle wichtigen Gesichtspunkte seiner Entdeckungen zu erforschen; vielmehr mußte er seine Forschungen mit aller Eile vorantreiben.

Nachdem Hawking also streng bewiesen hatte, daß ein Schwarzes Loch in der Tat strahlt, und zwar so, als ob es eine Temperatur proportional zu seiner Oberflächengravitation besäße, behauptete er im Jahre 1974 weiter, diesmal ohne einen strengen Beweis dafür zu besitzen, daß *sämtliche* Parallelen zwischen den Gesetzen der Mechanik Schwarzer Löcher und den Gesetzen der Thermodynamik mehr als nur Zufall seien: Die Gesetze Schwarzer Löcher und die thermodynamischen Gesetze seien *ein und dasselbe,* sie unterschieden sich nur in ihrer Form. Aus dieser Behauptung und der streng bewiesenen Beziehung zwischen Temperatur und Oberflächengravitation leitete Hawking eine exakte Beziehung zwischen der Entropie eines Loches und seiner Oberfläche her: Die Entropie ist das Produkt von 0,10857... und der Oberfläche, geteilt durch die

Planck-Wheeler-Fläche.* Mit anderen Worten, ein nichtrotierendes Schwarzes Loch von 10 Sonnenmassen besitzt eine Entropie von $4{,}6 \times 10^{78}$, was ungefähr mit der Vermutung Bekensteins übereinstimmt.

Bekenstein war natürlich sicher, daß Hawking recht hatte, und strahlte vor Freude. Seldowitsch, Starobinski, ich und die anderen Kollegen Hawkings hatten uns bis Ende des Jahres 1975 ebenfalls fast überzeugen lassen. Dennoch waren wir nicht völlig zufrieden, solange wir nicht genau wußten, wie der enorm hohe Grad an Unordnung eines Schwarzen Loches zustande kam. Es mußte $10^{4{,}6 \times 10^{78}}$ Möglichkeiten geben, *etwas* in einem Schwarzen Loch zu verteilen, ohne daß sich sein äußeres Erscheinungsbild, das heißt seine Masse, sein Drehimpuls und seine Ladung, änderten. Was aber war dieses *Etwas?* Und wie konnte man die Tatsache, daß sich ein Schwarzes Loch wie ein gewöhnlicher, mit Temperatur ausgestatteter Körper verhält, mit einfachen physikalischen Begriffen erklären? Während Hawking weitereilte und sich der Quantengravitation und dem Ursprung des Universums zuwandte, versuchten Paul Davies, Bill Unruh, Robert Wald, James York, ich und viele andere, diesen Fragen auf den Grund zu gehen. Im Laufe der nächsten zehn Jahre gelangten wir dabei allmählich zu einem neuen Verständnis, dessen wesentliche Züge in Abbildung 12.3 dargestellt sind.[20]

Abbildung 12.3 a zeigt die Vakuumfluktuationen eines Schwarzen Loches, wie sie ein durch den Horizont fallender Beobachter wahrnehmen würde. Die Vakuumfluktuationen bestehen aus Paaren virtueller Teilchen. Gelegentlich gelingt es den Gezeitenkräften, einem dieser vielen Paare so viel Energie zuzuführen, daß sich die beiden virtuellen Teilchen in reelle Teilchen verwandeln und eines von ihnen dem Loch entweicht. Auf diese Weise wurden die Vakuumfluktuationen und das Verdampfen Schwarzer Löcher in Abbildung 12.2 beschrieben.

Abbildung 12.3 b zeigt eine andere Sichtweise, nämlich die eines Beobachters, der knapp über dem Horizont schwebt und für immer gegenüber dem Horizont in Ruhe verharrt. Um nicht wie ein frei fallender Beobachter von dem Schwarzen Loch verschluckt zu werden, muß ein solcher Beobachter an einem Seil hängen oder stark beschleunigt werden, etwa mit Hilfe eines Raketentriebwerks. Aus diesem Grund nennen wir die Sichtweise eines solchen Beobachters »beschleunigt«. Sie entspricht übrigens der Sichtweise des Membran-Paradigmas (Kapitel 11).

Überraschenderweise sind die Vakuumfluktuationen aus der Perspektive des

* Der seltsame Faktor 0,10857... ist der Kehrwert von $4 \log_e 10$, wobei der Faktor $\log_e 10 = 2{,}30258\ldots$ aus meiner speziellen Wahl der »Normierung« der Entropie folgt (siehe Fußnote auf Seite 486).

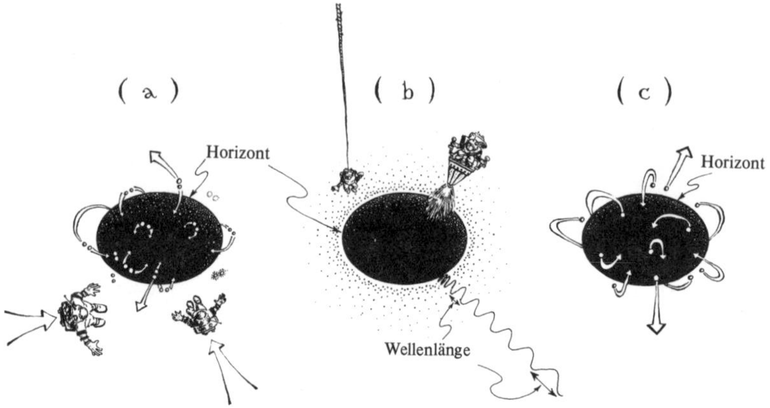

Abb. 12.3: (a) Beobachter, die in ein Schwarzes Loch hineinfallen (die kleinen Männchen in Raumanzügen), sehen die Vakuumfluktuationen in der Nähe des Horizonts als Paare von virtuellen Teilchen. (b) Für Beobachter, die sich knapp über dem Horizont relativ zu ihm in Ruhe befinden (der eine hängt an einem Seil, der andere hält sich durch Raketenschub über dem Horizont), bestehen die Vakuumfluktuationen aus einer heißen Atmosphäre reeller Teilchen. Dies ist die sogenannte beschleunigte Perspektive. (c) Die Teilchen der Atmosphäre scheinen, aus einem beschleunigten Bezugssystem betrachtet, von einem heißen, membranartigen Horizont auszugehen. Sie fliegen eine kurze Strecke nach oben und fallen dann in der Regel zum Horizont zurück. Einige wenige Teilchen können jedoch der Anziehung des Lochs entgehen und verdampfen in den Weltraum.

beschleunigten Beobachters keine virtuellen Teilchen, die entstehen und vergehen, sondern reelle, langlebige Teilchen mit positiver Energie (Kasten 12.5). Diese reellen Teilchen, die mit reellen Wellen verknüpft sind, umgeben das Schwarze Loch mit einer heißen Atmosphäre, ähnlich der Atmosphäre der Sonne. Während sich ein Teilchen durch die Atmosphäre nach oben bewegt, zerrt die Gravitation an ihm und verringert seine Bewegungsenergie. Entsprechend wird eine sich nach oben bewegende Welle zu immer längeren Wellenlängen hin rotverschoben (Abbildung 12.3 b).

Abbildung 12.3 c zeigt die Bewegung einiger dieser Teilchen in der Atmosphäre des Loches aus der beschleunigten Perspektive. Die Teilchen scheinen vom Horizont emittiert zu werden. Während die meisten von ihnen eine kurze Strecke nach oben fliegen und dann von der starken Schwerkraft des Loches wieder nach unten gezogen werden, gelingt es einigen wenigen, sich dem Zugriff des Schwarzen Loches zu entziehen. Diese entweichenden Teilchen sind dieselben, die der frei fallende Beobachter aus den virtuellen Paaren entstehen sieht (Abb. 12.3 a). Es sind die von Hawking beschriebenen verdampfenden Teilchen.

Kasten 12.5

Beschleunigungsstrahlung[21]

Im Jahre 1975 entdeckte William Unruh, ein Student Wheelers, und unabhängig von ihm Paul Davies am King's College in London, daß ein knapp über dem Horizont eines Schwarzen Loches befindlicher beschleunigter Beobachter die Vakuumfluktuationen nicht als Paare virtueller Teilchen, sondern als eine mit reellen Teilchen angefüllte Atmosphäre wahrnimmt. Diese Atmosphäre, die aus den Gesetzen der Quantenfelder in einer gekrümmten Raumzeit folgt, wurde von Unruh »Beschleunigungsstrahlung« genannt.

Diese erstaunliche Entdeckung zeigte, daß *der Begriff eines reellen Teilchens relativ,* das heißt nicht absolut ist, sondern vom jeweiligen Bezugssystem abhängt. Ein frei fallender Beobachter, der in den Horizont eines Schwarzen Loches eintaucht, sieht außerhalb des Horizonts keine reellen, sondern nur virtuelle Teilchen.

Ein Beobachter in einem beschleunigten Bezugssystem, der aufgrund seiner Beschleunigung stets über dem Horizont verharrt, nimmt eine Fülle reeller Teilchen wahr.

Wie ist dies möglich? Wie kann ein Beobachter behaupten, der Horizont sei von einer Atmosphäre reeller Teilchen umgeben, während ein anderer etwas anderes wahrnimmt? Die Antwort hängt damit zusammen, daß die Wellen der Vakuumfluktuationen, aus denen die virtuellen Teilchen entstehen, nicht auf die Region außerhalb des Horizonts beschränkt sind, sondern daß ein Teil der Fluktuationswelle sich auch innerhalb des Horizonts befindet.

- Der frei fallende Beobachter, der durch den Horizont ins Innere des Schwarzen Loches fällt, kann beide Teile der Wellen von Vakuumfluktuationen sehen, sowohl den Teil außerhalb als auch den Teil innerhalb des Horizonts. Ein solcher Beobachter ist sich (durch Messungen) wohl bewußt, daß es sich nur um eine Vakuumfluktuation handelt und die Teilchen somit virtuell und nicht reell sind.
- Der beschleunigte Beobachter, der stets außerhalb des Horizonts bleibt, kann nur den äußeren Teil der Wellen wahrnehmen. Der Teil innerhalb des Horizonts bleibt ihm verborgen, so daß er durch Messungen nicht in der Lage ist, die Welle als Vakuumfluktuation zu erkennen. Da er nur einen Teil der Fluktuationswelle sieht, hält er sie für eine »wirkliche« Welle. Somit ergeben seine Beobachtungen, daß der Horizont von einer Atmosphäre reeller Teilchen umgeben ist.

Die reellen Teilchen dieser Atmosphäre können allmählich verdampfen und sich in das äußere Universum verflüchtigen (Abb. 12.3 c). Dies ist ein Indiz dafür, daß die Sichtweise des beschleunigten

Beobachters ebenso korrekt und gültig ist wie die Interpretation des frei fallenden Beobachters: Was der frei fallende Beobachter als Umwandlung virtueller Teilchen in reelle Teilchen und als Verdampfen eines dieser Teilchen wahrnimmt, wird vom beschleunigten Beobachter einfach als Verdampfen eines Teilchens gesehen, das schon immer reell und Teil der Atmosphäre des Horizonts war. Beide Sichtweisen sind richtig: Sie sehen dieselbe physikalische Situation nur in zwei verschiedenen Bezugssystemen.

Aus der Sichtweise des beschleunigten Beobachters verhält sich der Horizont wie eine heiße, membranartige Oberfläche; sie ist die Membran des in Kapitel 11 beschriebenen Membran-Paradigmas. So wie die heiße Oberfläche der Sonne Teilchen emittiert (etwa die Photonen, die wir als Tageslicht auf der Erde wahrnehmen), strahlt auch die heiße Membran des Horizonts Teilchen ab: diejenigen Teilchen, die die Atmosphäre des Loches ausmachen, und die wenigen Teilchen, die verdampfen. Während sich die Teilchen von der Membran entfernen, verringert die gravitationsbedingte Rotverschiebung ihre Energie, so daß die Membran selbst zwar sehr heiß ist, die Strahlung aber eine viel geringere Temperatur besitzt.

Die Sichtweise des beschleunigten Beobachters erklärt nicht nur, in welchem Sinne ein Schwarzes Loch heiß ist. Sie erklärt auch den enorm hohen Grad an Unordnung. Das folgende von mir und Wojciech Zurek erfundene Gedankenexperiment soll dies erläutern.

In die Atmosphäre eines Schwarzen Loches werfe man ein kleines Stück Materie mit einer geringen Energie (oder äquivalent: einer geringen Masse), einem geringen Drehimpuls und einer geringen elektrischen Ladung. Dieses Stück Materie wird durch die Atmosphäre bis zum Horizont und weiter in das Schwarze Loch gezogen. Nachdem es den Horizont durchschritten hat, kann man durch Beobachtung des Loches von außen nicht erfahren, ob es sich um Materie oder Antimaterie, Photonen, schwere Atome, Elektronen oder Positronen gehandelt hat. Es ist ferner unmöglich, zu erfahren, wo genau das Stück Materie hineingefallen ist. Weil das Schwarze Loch »keine Haare« hat, kann man durch Beobachtung von außen lediglich die in die Atmosphäre eingedrungene Gesamtmasse, den Gesamtdrehimpuls und die Gesamtladung feststellen.

Wie viele verschiedene Möglichkeiten aber gibt es, durch einfallende Materie genau diese Masse, diesen Drehimpuls und diese Ladung zu erreichen? Dies ist analog der Frage in Kasten 12.3, *wie viele Möglichkeiten* es gibt, das Spielzeug im Kinderzimmer zu verteilen. Dementsprechend muß der Logarithmus der Anzahl der Möglichkeiten für das Hineinfallen von Materie gleich der Entropiezunahme der Atmosphäre sein, so wie diese von den bekannten Gesetzen der Thermodynamik beschrieben wird. Mit einer nicht sehr komplizierten Rechnung konnten Zurek und ich zeigen, daß die Zunahme der Entropie nach den Gesetzen der Thermodynamik genau ein Viertel des Zuwachses der Horizontoberfläche, geteilt durch die Planck-Wheeler-Fläche, ist. Die Zunahme der Entropie ist also im Prinzip nichts anderes als die Zunahme der Horizontoberfläche, wie dies Hawking im Jahre 1974 aufgrund der mathematischen Ähnlichkeit zwischen der Mechanik Schwarzer Löcher und der Thermodynamik geschlossen hatte.

Das Ergebnis des Gedankenexperiments kann folgendermaßen zusammengefaßt werden: *Die Entropie eines Schwarzen Loches ist der Logarithmus der Anzahl der Möglichkeiten, wie es entstanden sein könnte.* Es gibt also $10^{4{,}6 \times 10^{78}}$ Möglichkeiten, ein Schwarzes Loch von 10 Sonnenmassen zu erzeugen, und seine Entropie beträgt somit $4{,}6 \times 10^{78}$. Diese Erklärung der Entropie wurde ursprünglich von Bekenstein im Jahr 1972 als Vermutung formuliert und 1977 von Hawking und Gary Gibbons, seinem ehemaligen Doktoranden, in sehr abstrakter Form bewiesen.[22]

Das Gedankenexperiment verdeutlicht auch, wie der Zweite Hauptsatz der Thermodynamik wirkt. Energie, Drehimpuls und Ladung können in beliebiger Form vorliegen. Erinnern wir uns an das zu Anfang dieses Kapitels erwähnte Beispiel mit den Luftmolekülen eines Zimmers, die in ein Schwarzes Loch geworfen werden. Auf diese Weise vermindert sich zwar die Entropie des äußeren Universums um den Betrag der Entropie (das heißt der Unordnung) dieser Ansammlung von Luftmolekülen; die Entropie der Atmosphäre des Loches erhöht sich jedoch um einen Betrag, der höher ist als die Entropie dieser Luftmoleküle, so daß die Gesamtentropie von Schwarzem Loch und äußerem Universum zunimmt. Der Zweite Hauptsatz der Thermodynamik ist damit erfüllt.

Ebenso gilt, daß Oberfläche und Entropie des Schwarzen Loches abnehmen, wenn Teilchen verdampfen. Da sich aber die Teilchen im äußeren Universum zufällig verteilen, ist die Entropiezunahme im Universum größer als der Verlust an Entropie beim Schwarzen Loch, was wieder dem Zweiten Hauptsatz entspricht.

Wieviel Zeit benötigt ein Schwarzes Loch, um vollständig zu verdampfen? Die Antwort hängt von seiner Masse ab. Je größer das Loch ist, desto geringer ist seine Temperatur, desto schwächer ist seine Teilchenemission und desto langsamer wird es verdampfen. Die Lebensdauer eines Schwarzen Loches von doppelter Sonnenmasse beträgt nach einer Rechnung von Don Page aus dem Jahre

1975 $1{,}2 \times 10^{67}$ Jahre.[23] Sie ist der dritten Potenz der Masse proportional, so daß ein Loch von zwanzig Sonnenmassen eine Lebensdauer von $1{,}2 \times 10^{70}$ Jahren besitzt. Verglichen mit dem gegenwärtigen Alter des Universums von etwa 10^{10} Jahren, sind diese Lebensdauern so enorm groß, daß das Phänomen der Verdampfung für die Astrophysik völlig irrelevant ist. Trotzdem war dieser Prozeß für unser Verständnis der Verknüpfung von allgemeiner Relativität und Quantenmechanik sehr wichtig. In dem Bemühen, den Verdampfungsprozeß zu verstehen, haben wir nämlich die Gesetze für Quantenfelder in einer gekrümmten Raumzeit gefunden.

Wenn Schwarze Löcher von weniger als zwei Sonnenmassen existieren könnten, sollte die Zeit, in der sie verdampfen, wesentlich kürzer als 10^{67} Jahre sein. Solche kleinen Löcher können im heutigen Universum nicht entstehen, da der Entartungsdruck und der Druck aufgrund von Kernreaktionen den Gravitationskollaps so kleiner Massen verhindern (Kapitel 4 und 5). Solche Löcher könnten jedoch im Urknall entstanden sein, als die Materie einem Druck unterworfen war, der den im Inneren eines heutigen Sterns bei weitem übertraf.

Eingehende Rechnungen von Hawking, Seldowitsch, Nowikow und anderen haben gezeigt, daß winzige Klumpen in der aus dem Urknall entstandenen Materie kleine Schwarze Löcher gebildet haben könnten, wenn die Zustandsgleichung für die Materie dieser Klumpen »weich« war, das heißt, wenn der Druck bei einer Volumenverminderung nur langsam anstieg. Wenn diese kleinen Klumpen im frühen Universum durch die umgebende Materie stark zusammengedrückt wurden, haben sie möglicherweise winzige Schwarze Löcher erzeugt, etwa so, wie der durch gewaltige Kräfte zusammengedrückte Kohlenstoff Diamanten gebildet hat.[24]

Eine vielversprechende Möglichkeit, solche winzigen *primordialen (urzeitlichen) Schwarzen Löcher* nachzuweisen, besteht darin, nach den Teilchen zu fahnden, die sie bei ihrem Verdampfen erzeugen. Schwarze Löcher mit einer Masse von weniger als 500 Milliarden Kilogramm oder 5×10^{14} Gramm (dies entspricht dem Gewicht eines mittelgroßen Bergs) sollten inzwischen vollständig verdampft sein, während etwas schwerere Löcher vermutlich immer noch in hohem Maße Teilchen abdampfen. Die Horizonte solcher Schwarzen Löcher dürften etwa so groß wie ein Atomkern sein.

Ein großer Teil der beim Verdampfen emittierten Energie sollte in Form von Gammastrahlung vorliegen, das heißt in Form hochenergetischer Photonen, die auf zufälligen Bahnen durch das Universum fliegen. Eine solche Gammastrahlung existiert, doch läßt sie sich in der beobachteten Intensität durch andere Prozesse erklären. Da keine starke Gammastrahlung beobachtet wird, folgt aus

Rechnungen von Hawking und Page, daß sich in jedem Kubiklichtjahr höchstens 300 verdampfende Minilöcher befinden können. Dies wiederum bedeutet, daß die Zustandsgleichung der Materie im Urknall nicht extrem »weich« gewesen sein kann.[25]

Ein Skeptiker könnte die Abwesenheit größerer Mengen Gammastrahlung anders interpretieren: Vielleicht wurden während des Urknalls viele kleine Schwarze Löcher gebildet, aber wir Physiker verstehen die Quantenfelder in einer gekrümmten Raumzeit viel schlechter, als wir glauben. So könnte sich unsere Annahme, daß Schwarze Löcher verdampfen, als völliger Irrtum herausstellen. Meine Kollegen und ich sind nicht dieser Meinung, weil die Gesetze der gekrümmten Raumzeit und der Quantenfelder so perfekt ineinandergreifen, daß sie neue, nahezu *eindeutige* Gesetze für Quantenfelder in einer gekrümmten Raumzeit liefern. Dennoch würden wir uns sicherer fühlen, wenn astronomische Beobachtungen einen Hinweis auf das Verdampfen Schwarzer Löcher geben könnten.

13. Kapitel *Im Inneren Schwarzer Löcher*

worin Physiker versuchen, mit Hilfe der Einsteinschen Gleichung das geheimnisvolle Innere eines Schwarzen Loches zu ergründen. Birgt es eine Singularität mit unendlich großer Gezeitenkraft, den Weg in ein anderes Universum oder das Ende von Raum und Zeit und die Geburt von Quantenschaum?

Singularitäten und andere Universen

Was befindet sich im Inneren eines Schwarzen Loches?
Wie können wir dies in Erfahrung bringen, und warum sollte es uns überhaupt interessieren? Kein Signal kann jemals aus einem Schwarzen Loch nach außen dringen und uns eine Antwort geben. Kein noch so furchtloser Forscher, der in das Loch eindringen würde, könnte jemals zurückkehren, um uns Bericht zu erstatten. Ja, er könnte uns noch nicht einmal eine Nachricht übermitteln. Was sich auch immer im Zentrum eines Schwarzen Loches befinden mag, es kann niemals nach außen dringen und unser Universum in irgendeiner Weise beeinflussen.
Die menschliche Neugierde wird durch solche Antworten jedoch wenig befriedigt, insbesondere dann nicht, wenn es Hilfsmittel gibt, die uns eine Antwort geben können: die Gesetze der Physik.
John Archibald Wheeler hat uns gelehrt, wie aufschlußreich das Innere Schwarzer Löcher sein kann. In den fünfziger Jahren erklärte er die »Frage nach dem Endzustand« eines stellaren Kollapses zu einem heiligen Gral der theoretischen Physik und prophezeite, daß sie uns Aufschluß über die »leidenschaftliche Vereinigung« der allgemeinen Relativitätstheorie mit der Quantenmechanik geben könne. Als J. Robert Oppenheimer mit Nachdruck darauf hinwies, daß uns der Endzustand der stellaren Implosion durch einen Ereignishorizont verborgen bleibt, widersprach Wheeler (Kapitel 6) – nicht zuletzt wohl deshalb, weil er die Hoffnung nicht aufgeben wollte, daß man diese Vereinigung von außerhalb des Horizonts beobachten könnte.[1]
Selbst als er schließlich die Vorstellung eines Horizonts akzeptiert hatte, hielt Wheeler dennoch an der Überzeugung fest, daß das Verständnis des Kerns eines Schwarzen Loches ein heiliger Gral sei, den zu suchen sich lohne.[2] So wie die Erforschung des Verdampfungsprozesses Schwarzer Löcher die Vereinigung von Quantenmechanik und allgemeiner Relativität teilweise erhellt hat (Kapitel 12), könnte uns das Innere Schwarzer Löcher zu einem umfassenden

Verständnis dieser Vereinigung führen: zur Entdeckung der vollständigen Gesetze der Quantengravitation. Vielleicht birgt das Innere eines Schwarzen Loches auch den Schlüssel zu anderen Geheimnissen des Universums. So gibt es durchaus Parallelen zwischen dem »Großen Endkollaps«, der Implosion, mit der unser Universum möglicherweise nach Äonen enden wird, und dem Kollaps von Sternen, aus denen der Kern Schwarzer Löcher entsteht. Durch die Beschäftigung mit dem einen Prozeß können wir möglicherweise etwas über den anderen erfahren.

Physiker suchen seit fünfunddreißig Jahren nach Wheelers heiligem Gral, jedoch nur mit mäßigem Erfolg. Wir wissen nicht mit Sicherheit, was sich im Zentrum eines Schwarzen Loches befindet, und unsere Bemühungen haben uns die Gesetze der Quantengravitation noch nicht klar vor Augen geführt. Dennoch haben wir viel gelernt, nicht zuletzt dies: Das Innere Schwarzer Löcher, wie auch immer dies aussehen mag, ist tatsächlich eng mit der Quantengravitation verknüpft.

Die erste vorsichtige Antwort auf die Frage »Wie sieht es in einem Schwarzen Loch aus?« wurde 1939 von J. Robert Oppenheimer und Hartland Snyder gegeben, als sie die Implosion eines sphärischen Sterns berechneten (Kapitel 6).[3] Obwohl die Antwort in den von ihnen veröffentlichten Gleichungen enthalten war, zogen Oppenheimer und Snyder es vor, diese nicht zu kommentieren. Sie fürchteten vielleicht, die Kontroverse zu schüren, die um ihre Vorhersage entstanden war, daß ein kollabierter Stern »vom übrigen Universum abgeschnitten« sei (das heißt ein Schwarzes Loch bilde). Vielleicht war auch Oppenheimers angeborene Abneigung gegenüber Spekulationen, seine konservative Haltung dafür verantwortlich, daß sie schwiegen.[4] Ihre Formeln sprachen jedoch für sich.

Sie besagten folgendes: Nachdem ein kollabierender Stern den Horizont eines Schwarzen Loches um sich gebildet hat, stürzt er unaufhaltsam weiter in sich zusammen, bis er schließlich ein Volumen von null und eine unendlich hohe Dichte erreicht. Er bildet eine *Raumzeit-Singularität.*

Eine Singularität ist nach der allgemeinen Relativitätstheorie ein Ort, an dem die Krümmung der Raumzeit unendlich groß wird und die Raumzeit aufhört zu existieren. Da sich die Raumzeitkrümmung in Gezeitenkräften manifestiert (Kapitel 2), ist die Singularität auch ein Ort unendlich hoher Gezeitenkraft – ein Ort, an dem alle Gegenstände in manchen Richtungen unendlich gedehnt und in anderen Richtungen unendlich zusammengepreßt werden.

Man kann sich eine Reihe verschiedener Raumzeit-Singularitäten vorstellen,

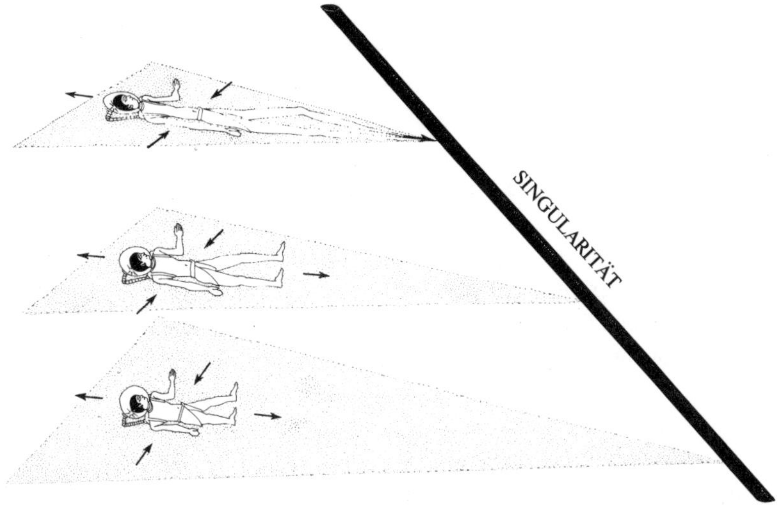

Abb. 13.1: Das Raumzeitdiagramm stellt dar, wie ein Astronaut den Rechnungen von Oppenheimer und Snyder zufolge mit den Füßen voran in die Singularität im Zentrum eines Schwarzen Loches fällt. Wie in allen vorangegangenen Raumzeitdiagrammen (etwa Abb. 6.7) fehlt eine räumliche Dimension, so daß der Astronaut flach statt räumlich aussieht. Im Gegensatz zu Abb. 6.7 und Kasten 12.1 ist die Singularität hier schräg und nicht senkrecht dargestellt. Der Grund dafür ist, daß die senkrecht aufgetragene Zeit und der waagerecht aufgetragene Raum hier die Sicht des Astronauten wiedergeben, während früheren Abbildungen das Finkelsteinsche Bezugssystems zugrunde lag.[5]

die jeweils in charakteristischer Weise Zug und Druck ausüben, und wir werden einige Typen in diesem Kapitel kennenlernen.

Die von der Oppenheimer-Snyder-Rechnung vorhergesagte Singularität ist von sehr einfacher Form.[6] Ihre Gezeitenwirkung entspricht im wesentlichen der von Erde, Mond oder Sonne und ist somit von derselben Form wie die Gezeitenkräfte, die Ebbe und Flut auf der Erde bewirken (Kasten 2.5): Die Singularität dehnt alle Objekte in radialer Richtung (zu ihr hin und von ihr weg) und drückt alle Gegenstände in Querrichtung zusammen.

Man stelle sich einen Astronauten vor, der mit den Füßen voran in ein Schwarzes Loch fällt. (Dieses Loch entspreche den von Oppenheimer und Snyder aufgestellten Gleichungen.) Je größer das Loch ist, desto länger kann der Astronaut überleben. Darum wählen wir für dieses Beispiel ein Schwarzes Loch, das zu den größten zählt, die sich im Zentrum von Quasaren befinden (Kapitel 9): Seine Masse soll 10 Milliarden Sonnenmassen betragen. Wenn der Astronaut durch den Horizont in das Schwarze Loch eindringt, bleiben ihm noch etwa

20 Stunden bis zu seinem Tod. Er ist zunächst noch zu weit von der Singularität entfernt, um die Gezeitenkraft zu spüren. Während er jedoch schneller und schneller fällt und der Singularität immer näher kommt, nimmt die Gezeitenkraft beständig zu, bis er genau eine Sekunde vor Erreichen der Singularität fühlt, wie sein Körper der Länge nach auseinandergezogen und seitlich zusammengedrückt wird (Abb. 13.1 unten). Zunächst sind Zug und Druck nur lästig, doch nehmen die Kräfte rasch zu, bis sie eine hundertstel Sekunde vor Erreichen der Singularität (mittleres Bild) so stark werden, daß sein Körper ihnen nicht länger widerstehen kann und der Astronaut stirbt. Auch in der letzten hundertstel Sekunde nehmen Zug und Druck weiter zu und werden bei Erreichen der Singularität unendlich groß. Der Körper des Astronauten wird unendlich verzerrt und verschmilzt mit der Singularität.

Es ist für einen Astronauten völlig unmöglich, die Singularität zu durchqueren und zur anderen Seite wieder herauszukommen, denn es gibt keine »andere Seite«. In einer Singularität gibt es keinen Raum, keine Zeit und keine Raumzeit. Die Singularität stellt eine scharfe Grenze dar, wie etwa die Kante eines Blatt Papiers. Jenseits der Kante ist kein Papier; jenseits der Singularität gibt es keine Raumzeit. Hier endet die Analogie jedoch bereits. Eine Ameise kann auf dem Papier bis an die Kante und wieder von ihr wegkrabbeln; einer Singularität kann jedoch nichts entweichen. Astronauten, Teilchen, Wellen – alles, was einer Singularität nahe kommt, wird nach Einsteins Gesetzen der allgemeinen Relativität augenblicklich zerstört.

Der Mechanismus der Zerstörung geht aus Abbildung 13.1 nicht völlig klar hervor, da die Zeichnung die Krümmung des Raumes ignoriert. In Wirklichkeit wird der Körper des Astronauten, wenn er die Singularität erreicht, zu unendlicher Länge gedehnt, während seine seitliche Ausdehnung auf null reduziert wird. Die extreme Raumkrümmung in der Nähe der Singularität erlaubt es, daß er unendlich lang wird, ohne daß sein Kopf zum Horizont des Schwarzen Loches hinausschaut. Kopf und Füße werden in die Singularität hineingezogen, obwohl sie durch die Dehnung unendlich weit voneinander entfernt sind.

Nicht nur Astronauten werden in Übereinstimmung mit den Gleichungen von Oppenheimer und Snyder unendlich gedehnt und zusammengepreßt, sondern alle Arten von Materie: sogar einzelne Atome; sogar die Elektronen, Protonen und Neutronen, aus denen die Atome bestehen; sogar die Quarks, aus denen Protonen und Neutronen aufgebaut sind.

Gibt es für den Astronauten irgendeine Möglichkeit, diesem unendlichen Zug und Druck zu entgehen? Nein. Nachdem er den Horizont durchquert hat, gibt es kein Entkommen mehr. Nach den Gleichungen von Oppenheimer und Snyder ist die Gravitation überall innerhalb des Horizonts so stark (bzw. die Raumzeit ist so stark gekrümmt), daß sogar die Zeit selbst in die Singularität strömt.* Da sich der Astronaut unweigerlich in der Zeit vorwärts bewegen muß, wird er mit dem Fluß der Zeit in die Singularität hineingesogen. Welche Anstrengungen er auch unternehmen mag, der Astronaut kann der Singularität nicht entrinnen.

Wenn Physiker feststellen, daß Gleichungen einen unendlichen Wert vorhersagen, mißtrauen sie ihnen in der Regel. Fast nichts im wirklichen Universum wird tatsächlich unendlich groß (so glauben wir), so daß ein unendlicher Wert fast immer ein Anzeichen für einen Fehler ist.

Der unendliche Zug und Druck der Singularität stellte hier keine Ausnahme dar. Die wenigen Physiker, die sich in den fünfziger und frühen sechziger Jahren mit der Arbeit von Oppenheimer und Snyder befaßten, waren einhellig der Ansicht, daß daran irgend etwas falsch sein müsse. Über alles andere gingen die Meinungen jedoch auseinander.

Eine Forschungsgruppe unter der tatkräftigen Leitung von John Wheeler interpretierte den unendlichen Zug und Druck als eindeutigen Hinweis auf das Versagen der allgemeinen Relativitätstheorie im Inneren eines Schwarzen Loches bzw. im Endstadium eines Sternkollapses.[7] Ihrer Ansicht nach sollte die Quantenmechanik verhindern, daß die Gezeitenkraft wirklich unendlich groß würde. Aber wie konnte sie dies verhindern? Nach Wheelers Auffassung ergab sich die Antwort aus der Verknüpfung der Quantenmechanik mit den Gesetzen der Gezeitenkräfte (das heißt mit Einsteins Gesetzen der gekrümmten Raumzeit). Die aus dieser Verknüpfung hervorgehenden Gesetze der Quantengravitation würden das Verhalten der Singularität bestimmen und könnten, so Wheeler, zu neuen, beispiellosen physikalischen Phänomenen im Inneren Schwarzer Löcher führen.

Isaak Markowitsch Chalatnikow, Jewgeni Michailowitsch Lifschitz und andere Mitglieder der Moskauer Forschungsgruppe von Lew Landau interpretierten die unendlichen Gezeitenkräfte als ein Zeichen dafür, daß Oppenheimers und Snyders vereinfachtes Modell eines implodierenden Sterns möglicherweise nicht zulässig war.[8] Oppenheimer und Snyder hatten für ihre Rechnung angenommen, daß der Stern exakt sphärisch und von gleichmäßiger Dichte ist, daß er nicht rotiert, daß er weder Druck noch Schockwellen besitzt, keine Materie herausschleudert und keine Strahlung emittiert (Abb. 13.2). Chalatnikow und Lifschitz behaupteten, daß genau diese extremen Idealisierungen für die Singu-

* Im Fachjargon sagt man, die Singularität sei »raumartig«.

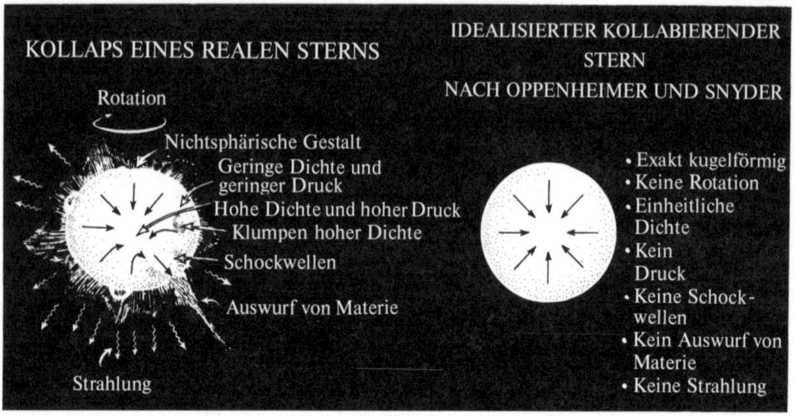

Abb. 13.2 (identisch mit Abb. 6.3): *Links:* Physikalische Phänomene in einem realistischen kollabierenden Stern. *Rechts:* Die Idealisierungen, die Oppenheimer und Snyder vornahmen, um den Kollaps eines Sterns berechnen zu können. (Siehe Kapitel 6.)

larität verantwortlich seien. Jeder reale Stern besitze kleine zufällige Deformationen – Ungleichmäßigkeiten in Gestalt, Geschwindigkeit, Dichte und Druck. Diese Deformationen müßten während der Implosion anwachsen *und schließlich den Kollaps aufhalten, bevor sich eine Singularität bilden könne.* In ähnlicher Weise, so glaubten Chalatnikow und Lifschitz weiter, würden zufällige Deformationen verhindern, daß in ferner Zukunft unser gesamtes Universum durch den Endkollaps zerstört und in eine Singularität verwandelt würde.

Zu diesen Einsichten gelangten Chalatnikow und Lifschitz im Jahre 1961, als sie sich fragten, ob Singularitäten den Gesetzen der allgemeinen Relativität zufolge *stabil* gegenüber kleinen Störungen sind.[9] Dies ist dieselbe Frage, der wir in Kapitel 7 im Zusammenhang mit Schwarzen Löchern begegnet sind. Wenn wir bei dem Versuch, die Einsteinsche Feldgleichung zu lösen, die Gestalt eines kollabierenden Sterns oder des Universums um kleine, zufällige Beträge ändern oder wenn wir Geschwindigkeit, Dichte und Druck der Materie variieren und kleine, zufällige Gravitationswellen einführen, wie werden diese Veränderungen (diese *Störungen*) das Endstadium des Kollapses beeinflussen?

Für den Horizont eines Schwarzen Loches bleiben diese Störungen ohne Auswirkung, wie wir in Kapitel 7 gesehen haben. Der kollabierende Stern bildet trotzdem einen Horizont, und obwohl dieser zunächst deformiert ist, werden alle Unregelmäßigkeiten durch Abstrahlung schnell geglättet, so daß ein vollkommen »haarloses« Schwarzes Loch zurückbleibt. Mit anderen Worten: Der Horizont ist gegenüber kleinen Störungen *stabil.*

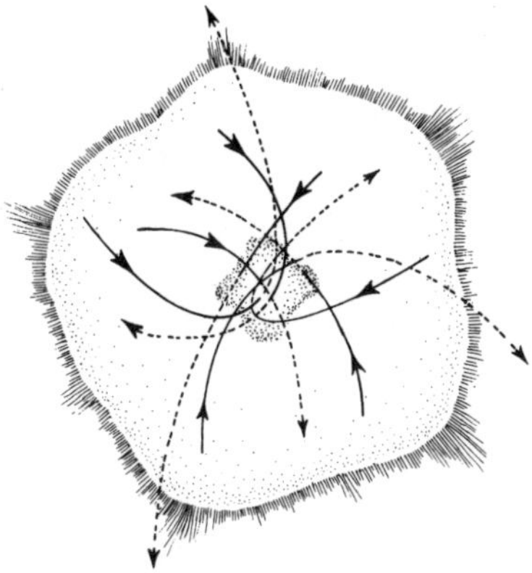

Abb. 13.3 Ein Mechanismus zur Umkehrung des stellaren Kollapses in eine Explosion. Dieses Modell gilt nur, wenn die Gravitation so schwach ist, daß die Newtonschen Gesetze zu ihrer Beschreibung ausreichen, und wenn ferner der innere Druck so schwach ist, daß er vernachlässigt werden kann. Wenn der Stern leicht deformiert (»gestört«) ist, kollabieren seine Atome nicht zu einer Singularität, sondern zu geringfügig auseinanderliegenden Punkten, fliegen aneinander vorbei und wieder nach außen.

Chalatnikow und Lifschitz kamen zu dem Schluß, daß dies keineswegs für die Singularität im Zentrum eines Schwarzen Loches oder das Endstadium des Universums gilt. Ihre Rechnungen schienen zu zeigen, daß kleine, zufällige Störungen anwachsen, wenn implodierende Materie versucht, eine Singularität zu bilden, ja daß sie sogar so stark anwachsen, daß sie die Entstehung der Singularität verhindern. Sie vermuteten, daß die Störungen den Kollaps zu einem Stillstand bringen und in eine Explosion verwandeln würden (obwohl die Rechnungen keine eindeutige Aussage hierüber erlaubten).
Doch auf welche Weise konnten solche Störungen den Kollaps umkehren? Der physikalische Mechanismus wurde aus den Chalatnikow-Lifschitz-Rechnungen keineswegs deutlich. Andere Rechnungen, die auf den Newtonschen Gravitationsgesetzen beruhten und leichter durchzuführen waren, gaben erste Hinweise. Wenn zum Beispiel die Gravitation in einem kollabierenden Stern so schwach ist, daß die Newtonschen Gesetze ausreichend genau sind (Abb. 13.3) und wenn der Druck des Sterns vernachlässigbar klein ist, dann führen kleine Störungen dazu, daß die Atome beim Kollaps zu verschiedenen Punkten nahe dem Mittelpunkt des Sterns streben. Die meisten Atome verfehlen dann den Mittelpunkt knapp, werden am ihm vorbeigeschleudert und fliegen wieder nach außen, so daß aus der Implosion eine Explosion wird. Auch wenn die Newtonschen Gesetze im Inneren eines Schwarzen Loches versagen, schien es denkbar, daß ein analoger Prozeß die Implosion in eine Explosion verwandeln könnte.

Als ich mich im Jahre 1962 Wheelers Forschungsgruppe anschloß, hatten Chalatnikow und Lifschitz soeben ihre Berechnung veröffentlicht. Wenig später erschien das mittlerweile berühmte Lehrbuch *The Classical Theory of Fields*[10] von

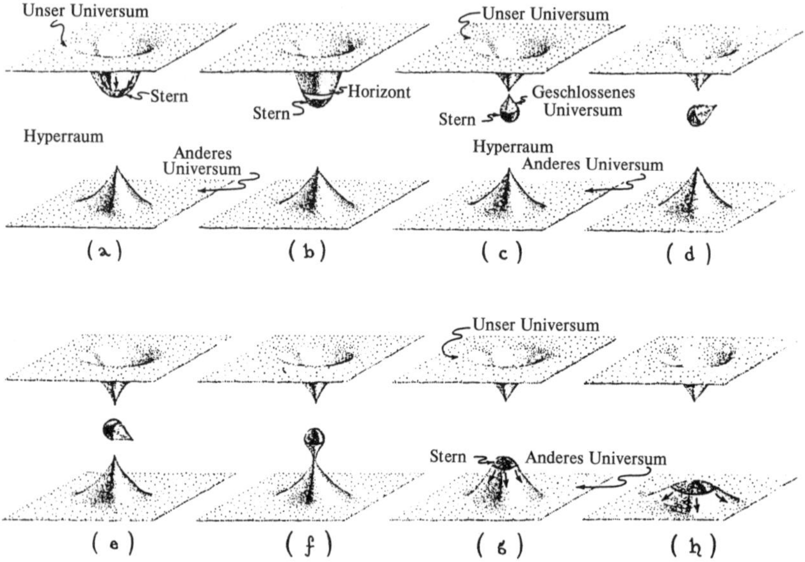

Abb. 13.4: Diese Einbettungsdiagramme stellen dar, welche Entwicklung ein Stern nehmen könnte, der zu einem Schwarzen Loch kollabiert. (Wie sich später in diesem Kapitel zeigen wird, ist diese Entwicklung jedoch sehr *unwahrscheinlich.*) Die acht Diagramme (a) bis (h) zeigen in einer Folge von Momentaufnahmen die Entwicklung des Sterns und der Geometrie des Raumes. Der Stern kollabiert in unserem Universum (a) und erzeugt den Horizont eines Schwarzen Lochs (b). Tief im Inneren des Lochs schnürt sich ein Gebiet, das den Stern enthält, von unserem Universum ab und bildet ein kleines, geschlossenes Universum, das keine Verbindung irgendwohin besitzt (c). Das geschlossene Universum bewegt sich durch den Hyperraum (d, e) und verbindet sich mit einem anderen großen Universum (f); der Stern explodiert in dieses andere Universum hinein (g, h).[11]

Lifschitz und Landau, in dem sie diese Rechnung beschrieben und den Schluß zogen, daß es keine Singularität gebe. Ich erinnere mich lebhaft daran, wie Wheeler seine Gruppe ermunterte, sich mit dieser Rechnung auseinanderzusetzen. Sollte sie sich als richtig erweisen, sagte er uns, ergäben sich daraus tiefgreifende Konsequenzen. Leider war die Rechnung extrem lang und kompliziert und die Veröffentlichung zu wenig detailliert, als daß wir sie hätten überprüfen können. Chalatnikow und Lifschitz selbst waren durch den eisernen Vorhang vom Rest der Welt abgeschnitten, so daß wir uns nicht einfach zusammensetzen und über die Details reden konnten.

Nichtsdestoweniger begannen wir, über die Möglichkeit nachzudenken, daß das kollabierende Universum bei Erreichen einer sehr kleinen Ausdehnung »zurückfedern« und in einem neuen Urknall wieder explodieren könnte. Ebenso könnte auch ein kollabierender Stern nach Durchschreiten des Horizonts zurückfedern und sich explosionsartig wieder ausdehnen.

Wohin aber könnte sich der explodierende Stern ausdehnen? Er könnte sicherlich nicht aus dem Horizont des Loches herausexplodieren. Einsteins Gravitationsgesetze lassen es nicht zu, daß irgend etwas (außer virtuellen Teilchen) aus dem Horizont herausfliegt. Eine Möglichkeit gab es jedoch: *Der Stern könnte in ein anderes Gebiet unseres Universums oder sogar in ein anderes Universum explodieren.* Abbildung 13.4 stellt eine solche Implosion und Explosion in einer Folge von Einbettungsdiagrammen dar. (Einbettungsdiagramme, die sich von Raumzeitdiagrammen beträchtlich unterscheiden, wurden in den Abbildungen 3.2 und 3.3 eingeführt).

Jedes der Diagramme in Abbildung 13.4 zeigt den gekrümmten Raum unseres Universums und den gekrümmten Raum eines anderen Universums als zweidimensionale Flächen, die in einen dreidimensionalen *Hyperraum* eingebettet sind. [Wie bereits erläutert, ist der Hyperraum eine Erfindung der Physiker. Als Menschen sind wir stets auf den Raum unseres Universums (oder den Raum eines anderen Universums, wenn wir dorthin gelangen könnten) beschränkt. Wir können diesen Raum weder verlassen, um in den umgebenden Hyperraum höherer Dimension zu gelangen, noch können wir Signale oder Informationen aus dem Hyperraum empfangen. Der Hyperraum ist ein Hilfsmittel zur Veranschaulichung der Raumkrümmung in der Umgebung eines kollabierenden Sterns und des entstehenden Schwarzen Loches.]

In Abbildung 13.4 sind die beiden Universen dargestellt. Sie lassen sich mit zwei Inseln in einem Ozean vergleichen, wobei der Hyperraum die Rolle des Ozeans spielt. Ebenso wie es zwischen zwei Inseln keine Landverbindung gibt, existiert zwischen den beiden Universen keine räumliche Verbindung.

Die Abfolge der Diagramme in Abbildung 13.4 stellt die zeitliche Entwicklung des Sterns dar. In Diagramm (a) beginnt der Stern in unserem Universum zu kollabieren. In (b) hat er den Horizont eines Schwarzen Loches gebildet und implodiert weiter. In (c) und (d) krümmt die hochkomprimierte Materie des Sterns den Raum eng um den Stern und bildet ein kleines, geschlossenes Universum, das einem Ballon gleicht. Dieses neue Universum schnürt sich von unserem ab und bewegt sich selbständig durch den Hyperraum (vergleichbar den Eingeborenen einer Insel, die ein kleines Boot bauen und in den Ozean hinaussegeln). In (d) und (e) bewegt sich das winzige Universum mit dem Stern in seinem Inneren von unserem großen Universum durch den Hyperraum zu einem anderen großen Universum (wie das Boot, das von einer Insel zur anderen se-

gelt). In (f) trifft das kleine Universum auf das große (das Boot landet auf der anderen Insel), vergrößert sich und stößt den Stern aus. In (g) und (h) explodiert der Stern in das andere Universum hinein.
Es berührt mich peinlich, daß dieses Szenarium wie eine Science-fiction-Geschichte klingt. Doch so wie die Schwarzen Löcher aus der Schwarzschild-Lösung der Einsteinschen Feldgleichung folgen, ist dieses Szenarium die Folge einer anderen Lösung der Feldgleichung. Diese Lösung wurde zwischen 1916 und 1918 von Hans Reissner und Gunnar Nordström gefunden, die ihre Bedeutung jedoch nicht erkannten. Erst im Jahre 1960 enträtselten zwei Studenten Wheelers, Dieter Brill und John Graves, die physikalische Bedeutung der Reissner-Nordström-Lösung, und es wurde bald deutlich, daß diese Lösung – mit leichten Modifikationen – dem in Abbildung 13.4 dargestellten implodierenden/explodierenden Stern entspricht.[12] Dieser Stern unterscheidet sich von dem idealisierten Stern Oppenheimers in nur einem grundlegenden Aspekt: Er enthält genügend elektrische Ladung, um in einem hochkompakten Zustand ein starkes elektrisches Feld zu erzeugen. Dieses elektrische Feld scheint in irgendeiner Weise dafür verantwortlich zu sein, daß der Stern in ein anderes Universum hineinexplodiert.

Fassen wir kurz zusammen, wie es im Jahre 1964 um den Versuch stand, das endgültige Schicksals eines zu einem Schwarzen Loch kollabierenden Sterns zu verstehen:

1. Wir kannten eine Lösung der Einsteinschen Feldgleichung (die Oppenheimer-Snyder-Lösung), die besagte, daß der Kollaps eines stark idealisierten, vollkommen kugelförmigen Sterns eine Singularität im Inneren des Schwarzen Loches erzeugt – eine Singularität mit unendlicher Gezeitenkraft, die alles, was in das Loch hineinfällt, einfängt und zerstört.
2. Wir kannten eine andere Lösung der Einsteinschen Feldgleichung (eine Erweiterung der Reissner-Nordström-Lösung), die besagte, daß ein vollkommen kugelförmiger Stern mit einer elektrischen Ladung und einer etwas anderen idealisierten Form sich tief im Inneren des Schwarzen Loches von unserem Universum abschnürt, sich mit einem anderen Universum (oder mit einer anderen Region unseres Universums) verbindet und dort wieder explodiert.
3. Ob diese Lösungen »stabil gegenüber kleinen, zufälligen Störungen« waren und somit in einem wirklichen Universum stattfinden konnten, war keineswegs klar.

4. Chalatnikow und Lifschitz glaubten, bewiesen zu haben, daß Singularitäten gegenüber kleinen Störungen *stets* instabil sind und deswegen niemals entstehen können. Die Oppenheimer-Snyder-Singularität könne es folglich in unserem wirklichen Universum gar nicht geben.
5. In Princeton stand man dieser Behauptung von Chalatnikow und Lifschitz skeptisch gegenüber. Diese Skepsis ist sicherlich zum Teil auf das brennende Interesse Wheelers an Singularitäten zurückzuführen, denn Singularitäten waren schließlich die Orte, an denen die Verknüpfung zwischen allgemeiner Relativität und Quantenmechanik stattfand.

Das Jahr 1964 stellte einen Wendepunkt für die Erforschung Schwarzer Löcher dar. In diesem Jahr revolutionierte Roger Penrose die mathematischen Hilfsmittel, mit denen wir die Eigenschaften der Raumzeit untersuchen. Seine Revolution hatte so großen Einfluß auf die Suche nach Wheelers heiligem Gral, daß ich hier für einige Seiten abschweifen und Penrose sowie seine Entdeckung beschreiben will.

Die Revolution des Roger Penrose

Roger Penrose wuchs in einer britischen Arztfamilie auf. Seine Mutter war Ärztin, sein Vater ein bedeutender Professor für Humangenetik am University College in London, und die Eltern wollten, daß zumindest eines der vier Kinder ebenfalls die medizinische Laufbahn einschlug.[13] Rogers älterer Bruder Oliver kam dafür offensichtlich nicht in Frage, da er von frühester Kindheit an entschlossen war, Physiker zu werden (er wurde schließlich zu einem der weltweit führenden Wissenschaftler auf dem Gebiet der statistischen Physik, die das Verhalten einer großen Zahl wechselwirkender Atome beschreibt). Auch Rogers jüngerer Bruder Jonathan war ein hoffnungsloser Fall, da er nichts anderes im Kopf hatte, als Schach zu spielen (er war schließlich sieben Jahre lang britischer Schachmeister). Als für Roger die Frage der Berufswahl anstand, war seine kleine Schwester Shirley noch viel zu jung, um irgendwelche Neigungen zu zeigen (obwohl sie schließlich zur Freude ihrer Eltern Ärztin wurde). Deshalb setzten die Eltern alle ihre Hoffnungen auf Roger.

Als Roger sechzehn Jahre alt war, hatte er wie alle seine Klassenkameraden ein Gespräch mit dem Schulleiter. Es ging um die Wahl der Fächer für die letzten beiden Schuljahre vor dem College. »Ich würde gerne Mathematik, Chemie und Biologie belegen«, sagte Roger dem Schulleiter. »Nein, unmöglich. Man kann

Roger Penrose, um 1964 [*Aufnahme von Godfrey Argent für die National Portrait Gallery of Britain und die Royal Society of London; Godfrey Argent.*]

Biologie nicht mit Mathematik kombinieren. Entweder das eine oder das andere«, erklärte der Rektor. Die Mathematik bedeutete Roger mehr als die Biologie. »Na gut, dann nehme ich Mathematik, Chemie und Physik«, sagte er. Als Roger an diesem Abend nach Hause kam, waren seine Eltern wütend. Für eine medizinische Laufbahn war die Biologie absolut notwendig. Wie konnte er nur dieses Fach abwählen?

Zwei Jahre später stand er vor der Entscheidung, was er studieren wollte. Sein Wunsch war es, Mathematik am University College in London zu studieren, doch sein Vater war damit gar nicht einverstanden. Die Mathematik sei etwas für Leute, die sonst nichts können, meinte er, aber für einen richtigen Beruf eigne sie sich nicht. Als Roger aber hartnäckig blieb, bat sein Vater einen Mathematiker des College, ihn einer besonderen Prüfung zu unterziehen. Der Mathematiker stellte Roger zwölf Aufgaben und gab ihm für den Test den ganzen Tag Zeit. Trotzdem, so sagte er, werde er wohl nur eine oder zwei der Aufgaben lösen können. Als Roger jedoch alle zwölf Aufgaben in wenigen Stunden richtig gelöst hatte, gab sein Vater auf, und Roger konnte sich für Mathematik einschreiben. Ursprünglich hatte Roger keinerlei Absicht gehabt, seine Mathematik auf die Physik anzuwenden. Es war die reine Mathematik, die ihn interessierte; doch die Physik verführte ihn schließlich.

Dies fing damit an, daß Roger in seinem vierten Studienjahr, 1952, eine Sendereihe im Radio verfolgte, in der Fred Hoyle über Kosmologie sprach.[14] Die Vorträge waren faszinierend und anregend, aber auch ein wenig verwirrend. Einiges von dem, was Hoyle sagte, schien keinen Sinn zu ergeben. Eines Tages nahm Roger den Zug nach Cambridge, um seinen Bruder Oliver zu besuchen, der dort Physik studierte. Am Abend, als sie zusammen im Kingswood-Restaurant saßen, erfuhr Roger, daß sich Dennis Sciama, Olivers Zimmerkollege, mit der Bondi-Gold-Hoyle-Theorie des Universums beschäftigte. Wie wunderbar! Vielleicht konnte Sciama seiner Verwirrung abhelfen. »Hoyle sagt, daß nach der Theorie vom

stationären Universum eine weit entfernte Galaxie aufgrund der Expansion des Universums allmählich aus dem Gesichtsfeld verschwindet. Sie entfernt sich aus dem beobachtbaren Teil des Universums. Ich kann aber keinen Grund erkennen, warum dies so sein sollte.« Roger nahm einen Füller und begann, Raumzeitdiagramme auf eine Serviette zu zeichnen. »Wenn ich mir dieses Diagramm anschaue, glaube ich, daß die Galaxie immer lichtschwächer und rötlicher wird, aber sie wird niemals ganz verschwinden. Was mache ich falsch?«
Sciama war betroffen. Nie zuvor hatte er ein so überzeugendes Raumzeitdiagramm gesehen. Penrose hatte recht, und Hoyle mußte sich irren. Olivers kleiner Bruder war wirklich außergewöhnlich.
Zwischen Dennis Sciama und Roger Penrose entwickelte sich daraufhin ein Verhältnis, wie es in den sechziger Jahren typisch für den Umgang zwischen Sciama und seinen Studenten (Stephen Hawking, George Ellis, Brandon Carter, Martin Rees und anderen) werden sollte (Kapitel 7). Sciama verwickelte Penrose in stundenlange Diskussionen über alles, was in der Physik gerade an aufregenden Dingen geschah. Sciama kannte die aktuellen Themen und steckte Penrose mit seiner Begeisterung an. Penrose führte seine Doktorarbeit in der Mathematik zu Ende, doch beherrschte ihn seit jener Zeit der Drang, das Universum zu verstehen. In den kommenden Jahrzehnten stand er stets mit einem Bein in der Mathematik und mit dem anderen in der Physik.

Neue Ideen kommen einem oft dann, wenn man es am wenigsten erwartet. Ich glaube, dies liegt daran, daß sie dem Unterbewußtsein entstammen, und das Unterbewußtsein kommt am ehesten dann zum Zuge, wenn man nicht zu bewußt über etwas nachdenkt. Ein gutes Beispiel dafür war Stephen Hawking, der im Jahre 1970, als er gerade zu Bett ging, die Entdeckung machte, daß sich die Horizontfläche eines Schwarzen Loches stets vergrößern muß (Kapitel 12). Ein anderes Beispiel ist jene Entdeckung von Roger Penrose, die unser Verständnis von den Vorgängen in einem Schwarzen Loch grundlegend verändert hat.
An einem Herbsttag im Jahre 1964 war Penrose, der inzwischen Professor am Birkbeck College in London war, mit einem Freund namens Ivor Robinson auf dem Weg zu seinem Büro. Seit man im Jahr zuvor die Quasare entdeckt hatte und darüber spekulierte, ob sie ihre Energie von kollabierenden Sternen bezogen (Kapitel 9), dachte Penrose darüber nach, ob ein realer kollabierender Stern, der willkürlich deformiert ist, eine Singularität bilden kann. Während er sich mit Robinson unterhielt, beschäftigte sich sein Unterbewußtsein mit Aspekten dieser Frage, an der sein bewußter Geist schon viele Stunden vergeblich gearbeitet hatte.[15]

Abb. 13.5: Im Folgenden geht es um die Art, wie Punkte miteinander verbunden sind, um topologische Fragen also. (a) Eine Kaffeetasse (links) und ein Torus (rechts) können durch stetige Veränderung der Form ineinander überführt werden, ohne daß ein Riß entsteht, oder anders ausgedrückt, ohne daß die Art der Verbindung zwischen beliebigen Punkten ihrer Oberfläche qualitativ verändert wird. Die beiden Objekte besitzen somit dieselbe Topologie. (b) Um eine Kugel (links) in einen Torus (rechts) zu verwandeln, muß man ein Loch hineinreißen. (c) Die hier gezeigte Raumzeit besitzt zwei scharfe Ränder [ähnlich dem Riß in (b)]: einen Rand, an dem die Zeit beginnt (analog dem Anfang unseres Universums beim Urknall), und einen Rand, an dem die Zeit endet (analog dem Endkollaps). Man kann sich auch ein Universum denken, das schon immer existiert hat und ewig fortbestehen wird; die Raumzeit eines solchen Universums hätte keine Ränder. (d) Das dunkle Gebiet der Raumzeit stellt das Innere eines Schwarzen Loches dar, das helle Gebiet den Außenraum (siehe Kasten 12.1). Von Punkten im Inneren des Schwarzen Loches kann kein Signal zu Punkten im Außenraum gelangen.

Penrose beschrieb die Situation später so: »Meine Unterhaltung mit Robinson wurde für einen Moment unterbrochen, als wir eine Straße überqueren mußten, und wir setzten das Gespräch erst auf der anderen Straßenseite fort. Offenbar war mir in diesen wenigen Augenblicken eine Idee gekommen, die jedoch durch die nachfolgende Unterhaltung wieder aus meinem Bewußtsein schwand! Später, als Robinson gegangen war, kehrte ich in mein Büro zurück. Ich erinnere mich, daß ich mich in einer merkwürdigen Hochstimmung befand, die ich mir nicht erklären konnte. Im Geiste rekapitulierte ich all die verschiedenen Dinge, die während des Tages passiert waren, um herauszufinden, was diese Euphorie hervorrief. Nachdem ich einige abwegige Möglichkeiten ausgeschlossen hatte, fiel mir der Gedanke ein, den ich beim Überqueren der Straße gehabt hatte.«[16]

Es war ein schöner Gedanke, der ganz anders war als alles, was man in der relativistischen Physik bis dahin gekannt hatte. Im Verlauf der folgenden Wochen überarbeitete Penrose seine Idee sorgfältig, betrachtete sie mal von dieser, mal von jener Seite, arbeitete sich durch die Einzelheiten und gab ihr eine möglichst konkrete und mathematisch präzise Form. Als ihm alle Details klar waren, schrieb er einen kurzen Artikel für die Fachzeitschrift *Physical Review Letters,* in dem er das Thema der Singularitäten in kollabierenden Sternen behandelte und einen mathematischen Satz bewies.[17]

Penroses mathematischer Satz besagte *ungefähr* dies: Angenommen, ein Stern – gleichgültig welcher Art – kollabiert und schrumpft zu einer Größe, bei der die Gravitation so stark wird, daß sich ein *scheinbarer Horizont* bildet und das nach außen strebende Licht nach innen zurückgebogen wird (Kasten 12.1). In diesem Fall führt die Gravitation zwangsläufig dazu, daß eine Singularität entsteht.

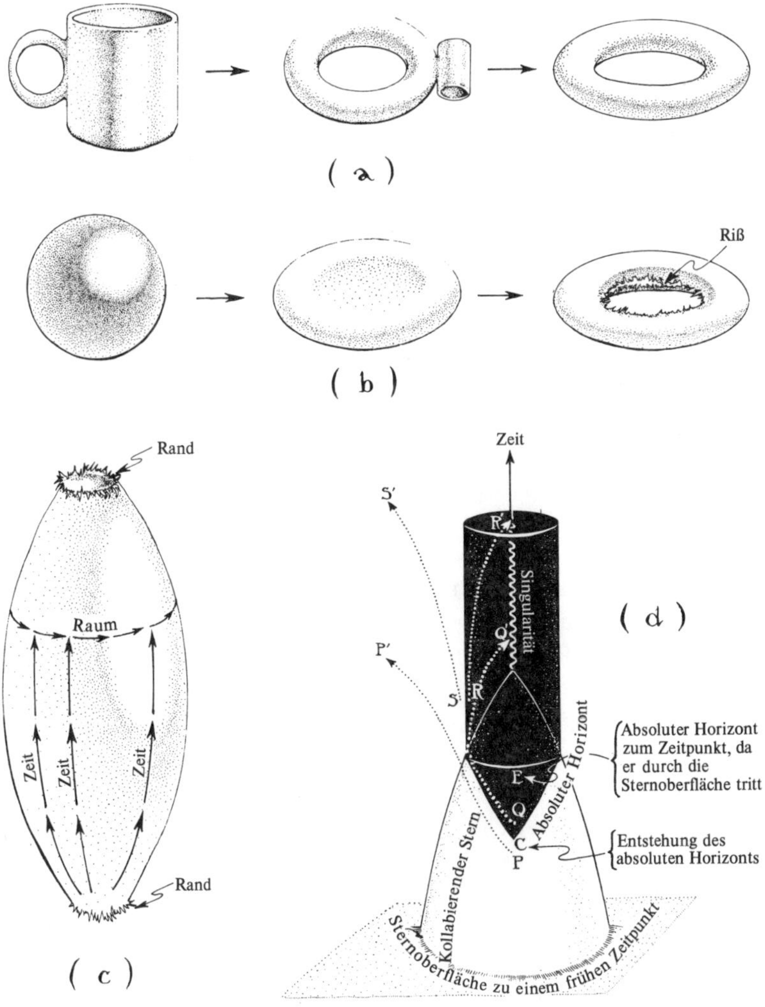

Nichts kann es verhindern. Da Schwarze Löcher stets einen scheinbaren Horizont besitzen, *muß sich im Inneren jedes Schwarzen Loches eine Singularität befinden.*

Die Tragweite dieses *Singularitätstheorems* war erstaunlich. Es betraf nicht nur idealisierte kollabierende Sterne, die besondere Eigenschaften besaßen, wie etwa eine perfekte Kugelgestalt oder einen vernachlässigbaren Druck. Und es beschränkte sich auch nicht nur auf Sterne, deren zufällige Deformationen winzig waren. Es traf vielmehr auf jeden erdenklichen Stern zu und galt somit zweifellos auch für die kollabierenden Sterne, die in unserem realen Universum vorkommen.

Seine erstaunliche Kraft verdankte das Singularitätstheorem einem neuen mathematischen Werkzeug, das Penrose für seinen Beweis benutzt hatte. Kein Physiker hatte dieses Teilgebiet der Mathematik je auf Probleme der allgemeinen Relativitätstheorie angewandt. Die Rede ist von der *Topologie.*

Die Topologie untersucht, in welcher Weise Gegenstände qualitativ mit anderen oder mit sich selbst verbunden sind. Eine Kaffeetasse und ein Torus haben beispielsweise »dieselbe Topologie«, weil wir die beiden Gegenstände, wenn sie aus Wachs wären, durch Verformung stetig ineinander überführen könnten, ohne sie zu zerreißen oder die Verbindungen zu verändern (Abb. 13.5 a). Eine Kugel hat im Gegensatz dazu eine andere Topologie als ein Torus. Um aus einer Kugel einen Torus zu machen, müssen wir sie mit einem Loch versehen. Dadurch ändern wir die Art, in der die Kugel mit sich selbst verbunden ist (Abb. 13.5 b).

Die Topologie kümmert sich *nur* um Verbindungen und *nicht* um Formen, Größen oder Krümmungen. So haben eine Kaffeetasse und ein Torus eine sehr unterschiedliche Form und Krümmung, und doch besitzen sie dieselbe Topologie. Bevor es das Singularitätstheorem gab, hatten wir Physiker die Topologie ignoriert, da wir auf die Raumzeitkrümmung als den zentralen Begriff in der allgemeinen Relativitätstheorie fixiert waren. (In der Tat machte Penroses topologisches Theorem keine Aussage über die Krümmung der Singularität und über die Gezeitenkräfte. Es besagte lediglich, daß irgendwo im Inneren eines Schwarzen Loches die Raumzeit aufhört und daß alles, was dorthin gelangt, zerstört wird. *Wie* etwas zerstört wird, war eine Frage der Raumzeitkrümmung; *daß* es zerstört wird und daß die Raumzeit aufhört, fiel in den Bereich der Topologie.)

Hätten wir Physiker schon vor Penrose über die Frage der Krümmung hinausgedacht, hätten wir festgestellt, daß die Relativität tatsächlich etwas mit Topologie zu tun hat, daß es Fragen gibt wie »Hört die Raumzeit irgendwo auf?« und »Welche Gebiete der Raumzeit können einander Signale übermitteln und welche nicht?« (Abb. 13.5 d). Die erste dieser topologischen Fragen spielt für Singularitäten eine wichtige Rolle, die zweite betrifft nicht nur die Bildung und Existenz Schwarzer Löcher, sondern auch die *Kosmologie* (die Entwicklung und die großräumige Struktur des Universums).

Diese topologischen Themen sind so bedeutend und die mathematischen Hilfsmittel der Topologie so leistungsfähig, daß Penrose mit der Einführung der Topologie in die Relativitätstheorie unsere Forschungsarbeit revolutioniert hat.

Penroses bahnbrechende Ideen wurden in den späten sechziger Jahren von einer Reihe von Physikern weiterentwickelt, darunter von Penrose selbst, von Hawking, Robert Geroch, George Ellis und vielen anderen. Sie schufen eine Reihe wichtiger Hilfsmittel für relativistische Berechnungen. Diese Hilfsmittel, die sich sowohl der Topologie als auch der Geometrie bedienen, sind heute unter dem Begriff *globale Methoden* bekannt.[18] Mit Hilfe dieser Methoden bewiesen Penrose und Hawking 1970 ohne idealisierende Annahmen, daß unser Universum zu Beginn seiner Expansion, beim Urknall, eine Singularität besessen haben muß und erneut eine Singularität erzeugen wird, wenn es eines Tages wieder in sich zusammenfallen sollte.[19] Dieselben globalen Methoden ließen Hawking überdies im Jahre 1970 den Begriff des absoluten Horizonts erfinden, und mit ihrer Hilfe bewies er, daß sich die Oberfläche des Horizonts stets vergrößern muß (Kapitel 12).
Kehren wir nun in das Jahr 1965 zurück. Eine folgenschwere Konfrontation stand unmittelbar bevor. In Moskau hatten Isaak Chalatnikow und Jewgeni Lifschitz bewiesen (so glaubten sie zumindest), daß ein kollabierender realer Stern mit zufälligen Unregelmäßigkeiten in seiner inneren Struktur *keine* Singularität im Mittelpunkt seines Schwarzen Loches ausbilden *kann,* während Roger Penrose in England gezeigt hatte, daß *jedes* Schwarze Loch eine Singularität in seinem Zentrum besitzen *muß*.

Der Vortragssaal mit seinen 250 Plätzen war überfüllt, als Chalatnikow sich erhob, um zu sprechen. Es war ein warmer Sommertag im Jahre 1965, und die weltweit führenden Relativitätsforscher waren in London zur »Dritten Internationalen Konferenz über allgemeine Relativität und Gravitation« zusammengekommen. Für Chalatnikow und Lifschitz war dies die erste Gelegenheit, die Einzelheiten ihres Beweises auf einem internationalen Treffen vorzustellen.
Eine Reiseerlaubnis für westliche Länder zu erhalten war in der Sowjetunion in der Zeit zwischen Stalins Tod und der Gorbatschow-Ära ein Glücksspiel. Die Behörden erteilten oder verweigerten die Reisegenehmigung recht willkürlich. So hatte Lifschitz, obwohl er Jude war, in den späten fünfziger Jahren relativ große Reisefreiheit genossen, während er jetzt auf einer schwarzen Liste stand, was bis 1976 so bleiben sollte.[20] Gegen eine Reisegenehmigung für Chalatnikow sprachen gleich zwei Gründe. Zum einen war er Jude, zum anderen hatte er noch nie eine Reise ins Ausland unternommen.[21] (Die Erlaubnis zur ersten Ausreise war stets extrem schwer zu bekommen). Nach einem heftigen Kampf, in dessen Verlauf sich sogar der Vizepräsident der Akademie der Wissenschaften, Nikolai Nikolaiewitsch Semjonow, telefonisch für Chalatnikow beim Zen-

tralkomitee der Kommunistischen Partei einsetzte, konnte er schließlich nach London reisen.

Und so stand Chalatnikow nun in London vor einem überfüllten Saal und zog sein Mikrofonkabel hinter sich her, während er die riesige, ungefähr 15 Meter breite Tafel vollständig mit Formeln bedeckte. Sein Werkzeug war nicht die Topologie, sondern die formelintensive Standardmethode, die Physiker seit Jahrzehnten zur Berechnung von Raumkrümmungen benutzt hatten. Chalatnikow bewies mathematisch, daß zufällige Störungen anwachsen müssen, wenn ein Stern implodiert, und folgerte daraus, daß eine Singularität, wenn sie trotzdem entstehen soll, mit völlig zufälligen Deformationen der Raumzeit einhergehen müsse. Dann beschrieb er, wie er und Lifschitz unter allen nach der allgemeinen Relativitätstheorie erlaubten Typen von Singularitäten nach einer gesucht hatten, die solche zufälligen Deformationen besaß. Eine Singularität nach der anderen wurde von ihm erläutert und katalogisiert. Dies trieb er fast bis zum Überdruß, doch besaß kein einziger Typ die gesuchten völlig zufälligen Deformationen. Deshalb, so schloß er seinen Vortrag nach vierzig Minuten, könne ein implodierender Stern mit zufälligen Störungen keine Singularität hervorbringen; die Störungen müßten den Stern vor seiner Vernichtung bewahren.

Als der Applaus geendet hatte, erhob sich Charles Misner, einer von Wheelers besten ehemaligen Studenten, und widersprach heftig. Aufgeregt, energisch und in rasend schnellem Englisch beschrieb Misner das von Penrose einige Monate zuvor bewiesene Theorem. Sollte Penrose recht haben, so müßten Chalatnikow und Lifschitz sich irren.

Die sowjetische Delegation war verwirrt und aufgebracht. Man hatte Misners schnellem Redefluß nicht folgen können, und da Penroses Theorem auf der Topologie aufbaute, die jedem Experten auf dem Gebiet der Relativitätstheorie fremd war, wurde es mit Argwohn betrachtet. Die Rechnung von Chalatnikow und Lifschitz beruhte dagegen auf altbewährten Methoden. So kamen die sowjetischen Wissenschaftler zu dem Schluß, daß Penrose sich wohl irren müsse.[22]

In den folgenden Jahren unterzogen Experten in Ost und West das Theorem von Penrose wie auch die Rechnung von Chalatnikow und Lifschitz einer gründlichen Prüfung. Auf den ersten Blick wirkten beide Ansätze verdächtig; beide hatten gefährliche Schwächen. Mit der Zeit jedoch, als man die von Penrose entwickelten topologischen Techniken immer besser beherrschte und sie weiter ausbaute, gelangte man zu der Überzeugung, daß er recht hatte.

Als ich im September 1969 als Gast in Seldowitschs Moskauer Forschungsgruppe arbeitete, kam Jewgeni Lifschitz mit einem Manuskript zu mir, das Chalatni-

Eine Dinnerparty in der Wohnung von Isaak Chalatnikow in Moskau im Juni 1971. Im Uhrzeigersinn von links: Kip Thorne, John Wheeler, Isaak Chalatnikow, Jewgeni Lifschitz, Chalatnikows Frau Walentina Nikolajewna, Wladimir Belinski und Chalatnikows Tochter Eleanora. [*Charles W. Misner.*]

kow gerade verfaßt hatte. »Bitte nimm dieses Manuskript nach Amerika mit, Kip, und reiche es bei *Physical Review Letters* ein«, bat er.[23] Er erklärte mir, daß jedes in der UdSSR verfaßte Schriftstück ungeachtet seines Inhalts automatisch als geheim eingestuft werde und die Aufhebung dieser Maßnahme drei Monate erfordere. Das groteske sowjetische System gestattete mir als ausländischem Besucher zwar, das Manuskript zu lesen, solange ich in Moskau war, doch durfte es ohne Genehmigung der Zensur das Land nicht verlassen. Für eine so alberne Verzögerung war dieses Manuskript aber zu wichtig und zu eilig. Es enthielt, wie Lifschitz mir erklärte, das Eingeständnis ihres Fehlers: Penrose hatte recht gehabt, und sie hatten sich geirrt. Im Jahre 1961 war es ihnen nicht gelungen, unter den Lösungen der Einsteinschen Feldgleichung eine Singularität mit vollkommen zufälligen Deformationen zu finden. Angespornt von Penroses Theorem, hatten sie aber nun gemeinsam mit einem Doktoranden namens Wladimir Belinski ein Beispiel gefunden. Diese neue Singularität, so glaubten sie, stelle das Endstadium der Implosion eines zufällig deformierten Sterns dar und könne eines Tages auch das Schicksal unseres Universums sein. [In der Tat glaube ich heute, im Jahr 1993, daß sie wahrscheinlich recht haben. Ich werde am Ende dieses Kapitels auf das heutige Verständnis der Belinski-Chalatnikow-Lifschitz-Singularität, kurz BKL-Singularität*, zurückkommen.]

* Das »K« in der Abkürzung rührt von der englischen Transkription des Namens Chalatnikow her (»Khalatnikov«). (A. d. Ü.)

Für einen theoretischen Physiker ist es mehr als peinlich, einen Fehler in einem veröffentlichten Resultat eingestehen zu müssen – ein solches Erlebnis erschüttert das Selbstvertrauen. Ich weiß dies aus eigener Erfahrung, denn im Jahre 1966 hatte ich das Verhalten pulsierender Weißer Zwerge falsch berechnet, was zwei Jahre später dazu führte, daß Astronomen die neu entdeckten Pulsare zunächst für pulsierende Weiße Zwerge hielten. Als mein Fehler aufgedeckt wurde, war er immerhin so wichtig, daß die britsche Zeitschrift *Nature* ihn in einem Leitartikel erwähnte, was für mich eine bittere Pille war.

Solche Fehler können für einen amerikanischen oder europäischen Physiker niederschmetternd sein, doch für einen sowjetischen Physiker waren sie noch viel schlimmer. Sie wirkten sich auf seine Stellung innerhalb der wissenschaftlichen Hierarchie aus, und von dieser hing für einen sowjetischen Wissenschaftler einiges ab, so zum Beispiel die Möglichkeit, ins Ausland zu reisen oder in die Akademie der Wissenschaften aufgenommen zu werden, was wiederum eine Verdopplung des Gehalts und andere Vergünstigungen mit sich brachte. So war die Verlockung, Fehler zu verbergen oder herunterzuspielen, für sowjetische Wissenschaftler größer als für westliche Forscher. Um so mehr beeindruckte mich Lifschitzs Anliegen. Er wollte die Wahrheit ohne Verzug veröffentlichen, und in seinem Manuskript gestand er den Fehler unverblümt ein. Außerdem erklärte er darin, daß in der nächsten Auflage seines gemeinsam mit Landau verfaßten Lehrbuchs der allgemeinen Relativitätstheorie, *The Classical Theory of Fields,* die Behauptung, eine Implosion erzeuge keine Singularität, gestrichen würde.

Ich versteckte das Manuskript zwischen meinen eigenen Papieren und nahm es nach Amerika mit, wo es veröffentlicht wurde.[24] Die sowjetischen Behörden haben es nie bemerkt.

Warum war es der britische Physiker Penrose und kein amerikanischer, französischer oder sowjetischer Wissenschaftler, der die topologischen Methoden in die relativistische Forschung einführte? Und warum wurden sie in den sechziger Jahren von anderen britischen Forschern nachdrücklich und mit Erfolg angewandt, während sie sich in Amerika, Frankreich und der Sowjetunion viel langsamer durchsetzten?

Das liegt, wie ich vermute, an der Art, wie britische Theoretiker ausgebildet werden. Sie studieren in der Regel Mathematik im Hauptfach und beginnen dann ihre Doktorarbeit im Fachbereich für angewandte Mathematik oder theoretische Physik. In den Vereinigten Staaten dagegen studieren die angehenden Theoretiker üblicherweise Physik im Hauptfach und promovieren dann im

Fachbereich für Physik. Junge theoretische Physiker in Großbritannien kennen sich also in noch nicht sehr anwendungsbezogenen, exotischen Zweigen der Mathematik gut aus, während sie vielleicht über Atom- und Kernphysik oder die Physik der Moleküle nicht so gut Bescheid wissen. Ihre amerikanischen Kollegen dagegen kennen nicht viel mehr als die Mathematik, die ihnen ihre Physikprofessoren beigebracht haben, doch besitzen sie dafür solide Kenntnisse in der Atom-, Kern- und Molekülphysik.

Seit dem Zweiten Weltkrieg wird die theoretische Physik weitgehend von amerikanischen Wissenschaftlern beherrscht und unser skandalös niedriges mathematisches Niveau hat die physikalische Fachwelt weltweit geprägt. Die meisten amerikanischen Physiker benutzen eine Mathematik, die vor fünfzig Jahren aktuell war, und sind unfähig, sich mit einem Mathematiker von heute zu unterhalten. Angesichts unserer schlechten mathematischen Ausbildung war es für uns Amerikaner schwierig, die von Penrose eingeführten topologischen Methoden sofort zu verstehen und anzuwenden.

Die französischen Theoretiker besitzen sogar eine noch bessere mathematische Ausbildung als die Briten. Jedoch legten die französischen Relativitätstheoretiker in den sechziger und siebziger Jahren so viel Wert auf mathematische Strenge und Perfektion und so wenig Wert auf physikalische Intuition, daß sie nur wenig zu unserem Verständnis von kollabierenden Sternen und Schwarzen Löchern beitragen konnten. Ihr Streben nach mathematischer Strenge hemmte sie so sehr, daß sie trotz ihrer Kenntnis der Topologie nicht mit den Briten zu konkurrieren vermochten – ja, es gar nicht erst versuchten, da ihr Interesse anderen Themen galt.

Lew Dawidowitsch Landau, der die sowjetische theoretische Physik bis in die sechziger Jahre maßgeblich geprägt hatte, war für die Ablehnung der Topologie in der Sowjetunion mitverantwortlich. Als er in den dreißiger Jahren die theoretische Physik von Westeuropa in die UdSSR brachte (Kapitel 5), führte er unter anderem eine Prüfung in theoretischer Physik ein, die man bestehen mußte, um in seine Arbeitsgruppe aufgenommen zu werden. Dieser Prüfung, die unter dem Begriff »Theoretisches Minimum« bekannt war, konnte sich jeder unabhängig von seiner Ausbildung unterziehen, aber nur wenige waren in der Lage, sie erfolgreich zu absolvieren. In den neunundzwanzig Jahren, in denen es das Theoretische Minimum gab (1933–1962), bestanden es nur dreiundvierzig Personen, aber von ihnen machte ein bemerkenswert großer Teil später bedeutende physikalische Entdeckungen.[25]

Landaus Theoretisches Minimum enthielt Aufgaben aus *allen* Gebieten der Mathematik, die Landau für die theoretische Physik für wichtig hielt. Die Topo-

Jewgeni Michailowitsch Lifschitz *(links)* und Lew Dawidowitsch Landau *(rechts)* in Landaus Zimmer am Institut für Physikalische Probleme in der Worobjewskoje Chaussee Nr. 2 in Moskau, im Jahre 1954. [*Zinaida Iwanowna Lifschitz.*]

logie befand sich nicht darunter. Statt dessen ging es um die Differential- und Integralrechnung, die komplexen Zahlen, die Theorie der Differentialgleichungen, die Gruppentheorie und die Differentialgeometrie; all dies waren wichtige Hilfsmittel, die ein Physiker in seiner Laufbahn benötigte; die Topologie brauchte er jedoch nicht. Landau hatte nichts gegen die Topologie einzuwenden, er ignorierte sie lediglich, da sie irrelevant war – und diese Haltung hatten die sowjetischen Theoretiker zwischen den vierziger und sechziger Jahren verinnerlicht.

Die theoretischen Physiker in aller Welt wurden mit dieser Sichtweise durch eine Reihe von Lehrbüchern zur theoretischen Physik bekannt gemacht, die Landau und Lifschitz verfaßt hatten. Ihre Werke wurden zu den weltweit einflußreichsten Physiklehrbüchern des 20. Jahrhunderts, und doch kam in ihnen, wie auch in Landaus Theoretischem Minimum, die Topologie nicht vor.

Es ist interessant, daß schon lange vor Penrose zwei sowjetische Mathematiker aus Leningrad, Alexander Danilowitsch Alexandrow und Rewolt Iwanowitsch Pimenow, versucht hatten, topologische Techniken in die Relativitätstheorie einzuführen – allerdings ohne Erfolg.[26] So hatte Alexandrow zwischen 1950 und 1959 einen eleganten und leistungsfähigen topologischen Formalismus entwickelt, der zur Erforschung der »Kausalstruktur« der Raumzeit diente, das heißt zur Erforschung der Beziehungen zwischen Raumzeitgebieten, die miteinander kommunizieren können, und solchen, die voneinander isoliert sind.[27] Dies war genau die Art topologischer Fragestellung, die sich später in der Theorie Schwarzer Löcher als äußerst lohnend erweisen sollte. In der Mitte der fünfziger Jahre wurde dann dieser topologische Formalismus von Pimenow, einem jüngeren Kollegen Alexandrows, aufgegriffen und weiter ausgebaut.[28]

Doch letztlich blieb diese Forschungsarbeit ohne Ergebnis. Alexandrow und Pimenow hatten wenig Kontakt zu anderen Physikern, die sich auf Fragen der Gravitation spezialisiert hatten. Solche Physiker hätten zu unterscheiden gewußt, welche Art von Rechnung nützlich war und welche nicht. Sie hätten Alexandrow und Pimenow vielleicht empfehlen können, ihren Formalismus auf die Urknall-Singularität oder den Gravitationskollaps von Sternen anzuwenden. Aber einen solchen Rat konnte ihnen in Leningrad niemand geben; die Schlüsselfiguren der Physik arbeiteten 600 Kilometer entfernt in Moskau und ignorierten die Topologie. Der Alexandrow-Pimenow-Formalismus erlebte eine kurze Blüte und geriet dann in Vergessenheit.

Dies war auch eine Folge der persönlichen Schicksale von Alexandrow und Pimenow: Alexandrow wurde Rektor der Leningrader Universität und fand keine Zeit mehr für weitere Forschungen. Pimenow wurde 1957 wegen der Gründung einer »antisowjetischen Vereinigung« verhaftet und verbrachte sechs Jahre im Gefängnis. Nach seiner Entlassung lebte er sieben Jahre in Freiheit, doch wurde er dann erneut verhaftet und für fünf Jahre in die autonome Sowjetrepublik der Komi, 1200 Kilometer von Leningrad entfernt, verbannt.

Ich habe weder Alexandrow noch Pimenow jemals kennengelernt, doch wurde unter den Wissenschaftlern Leningrads immer noch viel von Pimenow gesprochen, als ich 1971, ein Jahr nach seiner zweiten Verhaftung, dort zu Besuch war. So wurde gemunkelt, daß Pimenow die sowjetische Regierung für moralisch korrupt hielt und befürchtete, selbst korrumpiert zu werden, wenn er mit ihr zusammenarbeitete. Durch zivilen Ungehorsam hoffte er, sich seine moralische Integrität zu bewahren. Aus diesem Grund widmete sich Pimenow dem *Samisdat*, der Vervielfältigung und Verbreitung verbotener Schriften. Den Gerüchten zufolge hatte Pimenow von Freunden Manuskripte erhalten, deren Veröffentlichung in der Sowjetunion untersagt war. Diese habe er abgetippt und ein halbes Dutzend Durchschläge an Freunde verteilt, die das gleiche taten. Pimenow wurde gefaßt und zu fünf Jahren Exil in der Komi-Republik verurteilt, wo er als Holzfäller und Elektriker in einem Sägewerk arbeitete, bis die Akademie der

Wissenschaften der Komi sein Exil dazu nutzte, um ihn zum Vorsitzenden der mathematischen Sektion zu machen.
Pimenow, der nun endlich wieder in der Lage war, Mathematik zu treiben, führte seine topologischen Untersuchungen der Raumzeit fort. Mittlerweile hatte sich die Topologie zu einem wichtigen Hilfsmittel bei der Erforschung der Gravitation entwickelt, doch wieder blieb Pimenow von den führenden Physikern seines Landes isoliert. Aus diesem Grund erlangte seine Arbeit nie die Bedeutung, die ihr unter anderen Umständen vielleicht zuteil geworden wäre.
Im Gegensatz zu Alexandrow und Pimenow war Penrose sowohl in der Mathematik als auch in der Physik tief verwurzelt, was der wesentliche Grund für seinen Erfolg war.

Man hätte annehmen können, daß Penroses Singularitätstheorien die Frage nach dem Inneren eines Schwarzen Loches endgültig beantwortet hätte. Dies war jedoch nicht der Fall. Vielmehr wurden durch sein Theorem zahlreiche weitere Fragen aufgeworfen – Fragen, an denen die Physiker seit der Mitte der sechziger Jahre mit nur mäßigem Erfolg arbeiten. Diese Fragen und die derzeit (1993) plausibelsten Antworten darauf lauten:

1. Wird alles, was in ein Schwarzes Loch hineinfällt, zwangsläufig von der Singularität verschluckt? Wir glauben, ja, doch wissen wir es nicht mit Sicherheit.
2. Gibt es vom Inneren eines Schwarzen Loches einen Zugang zu einem anderen Universum oder zu einem anderen Teil unseres Universums? Wahrscheinlich nicht, aber auch hier sind wir nicht absolut sicher.
3. Welches Schicksal erleiden Gegenstände, die in die Singularität hineinfallen? Wenn das Schwarze Loch noch sehr jung ist, nehmen wir an, daß diese Dinge durch Gezeitenkräfte gewaltsam und in chaotischer Weise auseinandergerissen werden, bevor die Quantengravitation eine Rolle spielt. Besteht das Loch jedoch schon lange, könnten hineinfallende Gegenstände so lange unversehrt bleiben, bis sie letztendlich den Gesetzen der Quantengravitation unterworfen sind.

Den verbleibenden Teil dieses Kapitels werde ich darauf verwenden, diese Antworten genauer zu erläutern.

Sie werden sich wahrscheinlich erinnern, daß Oppenheimer und Snyder unsere drei Fragen klar und unzweideutig beantwortet hatten: Wenn ein Schwarzes Loch aus dem Kollaps eines idealisierten, kugelförmigen Sterns entsteht, dann wird erstens alles, was hineinfällt, von der Singularität verschluckt; zweitens kann nichts in ein anderes Universum oder in einen anderen Teil unseres Universums gelangen; drittens erfährt alles, was sich der Singularität nähert, einen ins Unendliche anwachsenden Zug in radialer Richtung und einen ebenfalls ins Unendliche anwachsenden transversalen Druck, so daß es schließlich zerstört wird (Abb. 13.1 oben).

Diese Antwort war von pädagogischem Wert, denn sie regte Wissenschaftler an, weitere Berechnungen anzustellen, die zu einem tieferen Verständnis führten. Allerdings zeigten die von Chalatnikow und Lifschitz durchgeführten Rechnungen, daß die Aussagen von Oppenheimer und Snyder für unser reales Universum irrelevant waren, da die in allen wirklichen Sternen vorkommenden zufälligen Deformationen das Innere eines Schwarzen Loches völlig verändern. Das Innere der von Oppenheimer und Snyder beschriebenen Sterne war »instabil gegen kleine Störungen«.[29]

Auch die Reissner-Nordström-Lösungen der Einsteinschen Feldgleichung ergaben eine klare und unzweideutige Antwort: Wenn das Schwarze Loch aus einer bestimmten Art von idealisiertem, kugelförmigem und elektrisch geladenem Stern entsteht, dann können der kollabierte Stern sowie andere in das Loch hineinfallende Dinge durch ein »kleines, geschlossenes Universum« vom Inneren des Schwarzen Loches in ein anderes großes Universum gelangen (Abb. 13.4).[30]

Auch diese Antwort war von pädagogischem Nutzen (und hat darüber hinaus viele Science-fiction-Autoren beflügelt). Jedoch hat auch sie, wie die Vorhersagen von Oppenheimer und Snyder nichts mit dem Universum zu tun, in dem wir leben, weil auch sie gegen kleine Störungen instabil ist. Um es genauer zu sagen: In unserem realen Universum wird ein Schwarzes Loch beständig von kleinen elektromagnetischen Vakuumfluktuationen und winzigen Mengen von Strahlung bombardiert. All diese Fluktuationen und Strahlungsquanten fallen in das Loch, werden von dessen Gravitation auf enorme Energien beschleunigt, treffen gewaltsam auf das kleine geschlossene Universum und zerstören es, noch bevor es seine Reise beginnen kann. Diese Vermutung wurde 1968 von Penrose aufgestellt und ist inzwischen durch verschiedene Berechnungen bestätigt worden.[31]

Belinksi, Chalatnikow und Lifschitz haben uns eine weitere Antwort auf unsere Fragen gegeben. Sie stellt wahrscheinlich die »richtige« Antwort dar – die Antwort, die für reale Schwarze Löcher in unserem Universum gilt: *Der zu einem Schwarzen Loch kollabierte Stern sowie alles, was in das noch junge Loch hineinfällt, wird durch die Gezeitenkraft einer BKL-Singularität auseinandergerissen.* (Dies ist der Typ von Singularität, der von Belinski, Chalatnikow und Lifschitz als Lösung der Einsteinschen Feldgleichung entdeckt wurde, nachdem Penrose sie davon überzeugt hatte, daß sich im Inneren eines Schwarzen Loches eine Singularität befindet.)[32]

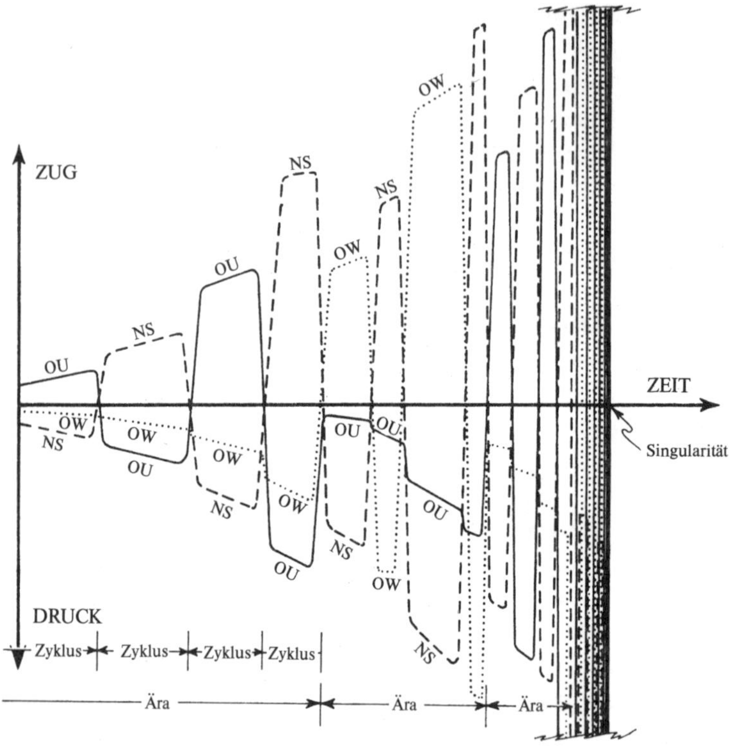

Die Gezeitenkraft einer BKL-Singularität unterscheidet sich radikal von der einer Oppenheimer-Snyder-Singularität. Letztere dehnt und quetscht einen hineinfallenden Astronauten (oder jeden beliebigen anderen Gegenstand) mit stetig anwachsender Stärke; die Dehnung wirkt stets in radialer Richtung und der Druck stets senkrecht dazu, wobei die Kraft allmählich zunimmt (Abb. 13.1). Die BKL-Singularität dagegen übt Zug und Druck in wechselnde Richtungen aus. Der zeitliche Wechsel von Zug und Druck vollzieht sich zufällig und in chaotischer Weise (aus der Sicht des frei fallenden Astronauten), doch im Durchschnitt werden Zug und Druck bei Annäherung an die Singularität immer stärker und wechseln einander immer schneller ab. Charles Misner (der diese chaotisch oszillierende Singularität unabhängig von Belinski, Chalatnikow und Lifschitz entdeckte) sprach von einer *Mixmaster-Oszillation,* weil vorstellbar ist, daß die Singularität jeden Gegenstand wie in einer Küchenmaschine verquirlt. Abb. 13.6 zeigt, wie der Wechsel der Gezeitenkräfte ablaufen könnte, doch die genaue Abfolge der Oszillation ist chaotisch und unvorhersagbar.[33]

Abb. 13.6: Ein Beispiel dafür, wie Gezeitenkräfte in einer BKL-Singularität zeitlich oszillieren können. Die Gezeitenkräfte wirken in den drei senkrecht aufeinanderstehenden Raumrichtungen verschieden. Der Deutlichkeit halber sollen die drei Richtungen hier mit OU (für »oben–unten«), NS (für »Nord–Süd») und OW (für »Ost–West«) bezeichnet werden. Jede der drei Kurven beschreibt das Verhalten der Gezeitenkraft entlang einer dieser Richtungen. Die Zeit ist waagerecht aufgetragen. Immer wenn sich die OU-Kurve *oberhalb* der horizontalen Zeitachse befindet, übt die Gezeitenkraft entlang der OU-Richtung einen *Zug* aus, während sie einen *Druck* ausübt, wenn die Kurve sich *unterhalb* der Zeitachse befindet. Je weiter oberhalb der Achse die Kurve liegt, desto stärker ist der Zug, je weiter die Kurve unterhalb der Achse liegt, desto höher ist der Druck. Man beachte: (i) Zu jedem Zeitpunkt herrscht Druck entlang zweier Richtungen und Zug entlang einer Richtung. (ii) Die Gezeitenkräfte oszillieren zwischen Zug und Druck; jede Schwingung wird »Zyklus« genannt. (iii) Mehrere Zyklen sind zu einer »Ära« zusammengefaßt. Während jeder Ära herrscht in einer der Richtungen ein einigermaßen stetiger Druck, während in den beiden anderen Richtungen Druck und Zug einander abwechseln. (iv) Wenn die Ära wechselt, ändert der stetige Druck die Richtung. (v) Bei Annäherung an die Singularität werden die Schwingungen unendlich schnell und die Gezeitenkräfte unendlich groß. Die genaue Unterteilung der Zyklen in Ären und der Wechsel der Schwingungsmuster zu Beginn jeder Ära ist durch eine sogenannte chaotische Abbildung gegeben.

In Misners Version der Mixmaster-Singularität sind die Oszillationen zu einem gegebenen Zeitpunkt überall im Raum dieselben (zum Beispiel im Bezugssystem des frei fallenden Astronauten). Bei der BKL-Singularität ist dies nicht der Fall. Hier sind die Oszillationen, wie der Kamm einer sich brechenden Welle am Strand, sowohl räumlich als auch zeitlich chaotisch. Während also der Oberkörper des Astronauten in die eine Richtung gedehnt und gequetscht werden mag, geschieht dies für seinen rechten Fuß in eine andere und für seinen linken Fuß wieder in eine andere Richtung. Ferner kann die Frequenz, mit der Zug und Druck wechseln, für Kopf und Füße ziemlich verschieden sein.
Einsteins Gleichung besagt, daß die Gezeitenkräfte unendlich stark und die chaotischen Oszillationen unendlich schnell werden, wenn der Astronaut die Singularität erreicht. Seine Atome werden chaotisch verzerrt und miteinander vermischt, und in dem Augenblick, da die Gezeitenkräfte, die Frequenz der Oszillationen und die Verzerrung unendlich groß werden, hört die Raumzeit auf zu existieren.

Dem widersprechen die Gesetze der Quantenmechanik, die solche Unendlichkeiten verbieten. Nach allem, was wir im Jahre 1993 wissen, verbinden sich in der Nähe der Singularität die Gesetze der Quantenmechanik mit denen der allgemeinen Relativitätstheorie und führen zu vollkommen neuen »Spielregeln«, die unter dem Begriff *Quantengravitation* zusammengefaßt werden.

Wenn die Quantengravitation einsetzt, ist der Astronaut bereits vollkommen aufgelöst und sind seine Atome bis zur Unkenntlichkeit verzerrt, doch nichts wird unendlich groß.

Wann genau setzt die Quantengravitation ein, und was geschieht dann? So wie wir es im Jahre 1993 verstehen (und unser Verständnis ist noch ziemlich lückenhaft), setzt die Quantengravitation dann ein, wenn die oszillierenden Gezeitenkräfte (die Raumzeitkrümmungen) so groß werden, daß alle Objekte in weniger als 10^{-43} Sekunden* vollkommen verzerrt werden.[34] Die Quantengravitation verändert nun den Charakter der Raumzeit radikal: Sie löst die Vereinigung von Raum und Zeit auf und zerstört sowohl die Zeit als auch die Eindeutigkeit des Raumbegriffs. Die Zeit hört auf zu existieren; wir können nicht mehr davon sprechen, daß etwas »zuerst« und etwas anderes »danach« geschieht. Ohne Zeitbegriff gibt es kein »zuerst« oder »danach«. Der Raum, das einzige Überbleibsel von dem, was einmal die Raumzeit war, wird zu einem zufälligen Gebilde, das man sich wie Seifenschaum vorstellen kann.

Bevor sich die Raumzeit auflöst (das heißt außerhalb der Singularität), kann man sie mit einem Stück Holz vergleichen, das mit Wasser vollgesogen ist. In dieser Analogie entspricht das Holz dem Raum, während das Wasser die Zeit symbolisiert, und beide (Holz und Wasser; Raum und Zeit) sind eng miteinander verbunden. Die Singularität und die sie beherrschenden Gesetze der Quantengravitation wirken nun wie ein Feuer, in das man das Holzstück wirft. Das Wasser verdampft aus dem Holz, während das Holz zurückbleibt; in der Singularität zerstört die Quantengravitation die Zeit und läßt den Raum zurück. Das Feuer verwandelt schließlich das Holz in Flocken von Asche; die Gesetze der Quantengravitation verwandeln den Raum in ein zufälliges, schaumartiges Gebilde, das von Wahrscheinlichkeiten bestimmt ist.[36]

Diese schaumartige Substanz, die den Gesetzen der Quantengravitation unterliegt, macht das Wesen der Singularität aus. In diesem Schaum hat der Raum keine eindeutige Gestalt. Er hat weder eine bestimmte Krümmung noch eine eindeutige Topologie. Statt dessen besitzt der Raum verschiedene Wahrscheinlichkeiten für diese oder jene Krümmung und Topologie. So mag die Wahrscheinlichkeit für die in Abbildung 13.7 a gezeigte Topologie in der Singularität 0,1 Prozent betragen,

* Die Zeitspanne von 10^{-43} Sekunden ist die Planck-Wheeler-Zeit. Sie ist (näherungsweise) durch die Formel $\sqrt{G\hbar/c^5}$ gegeben, wobei G die Newtonsche Gravitationskonstante ($G = 6{,}670 \times 10^{-8}$ dyn-cm^2/g^2), $\hbar$ das Plancksche Wirkumsquantum ($\hbar = 1{,}055 \times 10^{-27}$ erg-s) und c die Lichtgeschwindigkeit ($c = 2{,}998 \times 10^{10}$ cm/s) ist. Man beachte, daß die Wheeler-Planck-Zeit gleich der Wurzel der Wheeler-Planck-Fläche (Kapitel 12), geteilt durch die Lichtgeschwindigkeit, ist.[35]

für die in 13.7 b gezeigte Form 0,4 Prozent, für 13.7 c 0,02 Prozent und so weiter. Dies bedeutet *nicht*, daß der Raum 0,1 Prozent seiner *Zeit* in der Form (a), 0,4 Prozent seiner *Zeit* in Form (b) und 0,02 Prozent seiner *Zeit* in Form (c) verharrt, denn *in der Singularität gibt es so etwas wie Zeit nicht.* Aufgrund des fehlenden Zeitbegriffs ist es auch völlig sinnlos, sich zu fragen, ob der Raum die Form (b) »vor« oder »nach« der Gestalt (c) annimmt. Die einzig sinnvolle Frage, die man stellen kann, lautet: »Welches sind die Wahrscheinlichkeiten dafür, daß die Singularität die Gestalt (a), (b) und (c) annimmt?«

Da alle nur erdenklichen Krümmungen und Topologien, so phantastisch sie auch sein mögen, in der Singularität erlaubt sind, spricht man davon, daß die Singularität aus einem probabilistischen Schaum bestehe. John Wheeler, der sich den von der Quantengravitation beherrschten Raum als erster so vorgestellt hat, prägte dafür den Begriff *Quantenschaum*.[37]

Zusammenfassend kann man sagen, daß im Zentrum eines Schwarzen Loches – dort, wo die oszillierenden Gezeitenkräfte ihre größte Stärke erreichen – eine BKL-Singularität besteht. An diesem Ort hört die Zeit auf zu existieren, und der Raum ist einem Quantenschaum gewichen.

Eine Aufgabe der Quantengravitation mag darin bestehen, die Wahrscheinlichkeiten für die verschiedenen Krümmungen und Topologien in der Singularität zu bestimmen. Eine andere Aufgabe besteht vermutlich darin, die Wahrscheinlichkeit anzugeben, mit der die Singularität »neue Universen«, das heißt neue klassische (nicht quantenmechanisch geprägte) Gebiete der Raumzeit, hervorbringt – so wie die Singularität des Urknalls vor 15 Milliarden Jahren unser Universum hervorgebracht hat.

Wie groß ist die Wahrscheinlichkeit, daß die Singularität eines Schwarzen Loches tatsächlich ein »neues Universum« erzeugt? Wir wissen es nicht. Vielleicht geschieht es niemals; vielleicht geschieht es auch viel häufiger, als wir annehmen. Aber vielleicht befinden wir uns auch mit der Annahme, die Singularität bestehe aus Quantenschaum, völlig auf dem Holzweg.

Klärende Antworten kann man in den nächsten ein oder zwei Jahrzehnten von den Forschungsarbeiten erhoffen, die gegenwärtig von Stephen Hawking, James Hartle und anderen unternommen werden und die sich auf das von John Wheeler und Bryce DeWitt geschaffene Fundament stützen.[38]*

* Die obige Beschreibung gründet sich auf den Ansatz, den Wheeler und DeWitt sowie Hawking und Hartle in ihrem Bemühen um eine Formulierung der Gesetze der Quantengravitation verfolgen. Es handelt sich hierbei nur um einen von vielen Ansätzen, doch würde ich ihm gute Erfolgschancen einräumen.

Fast alles im Universum verändert sich mit zunehmendem Alter: Sterne erschöpfen ihren Brennstoff und sterben; die Atmosphäre der Erde verflüchtigt sich in den Weltraum, und die Erde bleibt als toter Planet ohne Luft zurück; und wir Menschen werden runzlig und weise.
Die Gezeitenkräfte tief im Inneren eines Schwarzen Loches, nahe der Singularität, bilden hier keine Ausnahme. Auch sie verändern sich im Laufe der Zeit. Dies besagen Rechnungen, die Werner Israel und Eric Poisson von der Universität von Alberta sowie Amos Ori, ein Postdoktorand in meiner Gruppe am Caltech, im Jahre 1991 durchgeführt haben. (Sie stützten sich dabei auf frühere Arbeiten von Andrei Doroschkewitsch und Igor Nowikow.) Ein neugeborenes Schwarzes Loch besitzt in seinem Inneren Gezeitenkräfte, die wilde und chaotische Oszillationen vom BKL-Typ vollführen. Während das Loch altert, werden diese Oszillationen jedoch immer schwächer und verschwinden schließlich.[39]
Wenn ein Astronaut in ein zehn Milliarden Sonnenmassen schweres Schwarzes Loch hineinfällt, das im Kern eines Quasars erst wenige Stunden zuvor entstanden ist, wird er durch wild oszillierende BKL-Gezeitenkräfte in Stücke gerissen. Ein zweiter Astronaut, der erst ein oder zwei Tage nach der Entstehung des Schwarzen Loches darin verschwindet, erfährt Gezeitenkräfte, die viel sanfter oszillieren. Zug und Druck sind zwar noch immer stark genug, um auch den zweiten Astronauten zu töten, doch überlebt er länger und kommt der Singularität näher als der erste Astronaut. Ein dritter Astronaut, der wartet, bis das Schwarze Loch viele Jahre alt ist, wird ein noch weniger gewaltsames Schicksal erleiden. Die Gezeitenkräfte in der Umgebung der Singularität sind nun so sanft und schwach geworden, daß der Astronaut sie nach den Berechnungen von Israel, Poisson und Ori kaum noch spüren wird. Er wird weitgehend unversehrt bis an den Rand der von der Quantengravitation beherrschten Singularität gelangen. Erst hier wird der Astronaut wohl sterben – aber sogar dessen können wir uns nicht völlig sicher sein, denn wir verstehen die Gesetze der Quantengravitation und ihre Konsequenzen noch nicht gut genug.
Die Gezeitenkräfte im Inneren eines Schwarzen Loches altern jedoch nicht stetig. Immer wenn Materie, Strahlung oder Astronauten in das Loch hineinfallen, geben sie den Gezeitenkräften neue Nahrung. Der Wechsel von Zug und Druck nahe der Singularität nimmt dann für kurze Zeit an Heftigkeit zu und ebbt dann wieder ab.

In den späten fünfziger und frühen sechziger Jahren hegte John Wheeler die Hoffnung, daß Menschen eines Tages eine Singularität direkt untersuchen und dort die Wirkung der Quantengravitation unmittelbar beobachten könnten. Er dachte dabei nicht an Computersimulationen oder Untersuchungen mit Hilfe der Mathematik, sondern an eine wirkliche, physikalische Beobachtung auf der Grundlage von Experimenten. Oppenheimer und Snyder zerstörten diese Hoffnung (Kapitel 6). Sie hatten erkannt, daß der Horizont, der sich um einen kollabierenden Stern bildet, die Singularität einer Beobachtung von außen entzieht. Wenn wir außerhalb des Horizonts bleiben, können wir die Singularität niemals untersuchen. Und wenn wir uns durch den Horizont in ein riesiges, altes Schwarzes Loch stürzen und so lange überleben, daß wir bis an die Singularität gelangen, so gibt es dennoch keine Möglichkeit, eine Beschreibung unserer Beobachtungen an die Erde zu übermitteln. Unser Funksignal kann dem Loch nicht entweichen.

Obwohl Wheeler seine Hoffnung längst begraben hat und mittlerweile ein energischer Verfechter der Ansicht ist, daß Singularitäten unmöglich beobachtet werden können, ist es keineswegs sicher, daß er recht hat. Es ist vorstellbar, daß der Kollaps extrem nichtsphärischer Sterne *nackte Singularitäten* erzeugt – Singularitäten, die nicht von einem Horizont umgeben sind und die deshalb vom äußeren Universum, ja sogar von der Erde aus beobachtet und untersucht werden können.

In den späten sechziger Jahren suchte Roger Penrose intensiv auf mathematischem Wege nach einem Beispiel für einen Sternkollaps, bei dem eine nackte Singularität entstand. Seine Suche war erfolglos. Immer wenn in seinen Gleichungen ein Kollaps eine Singularität erzeugte, entstand auch ein Horizont, der die Singularität umgab. Dies überraschte Penrose nicht. Schließlich schien es vernünftig anzunehmen, daß noch kurz vor dem Entstehen einer nackten Singularität Licht ihrer Umgebung entweichen kann; und wenn Licht entweichen kann, dann sollte dies auch für die Materie gelten, aus deren Kollaps die Singularität hervorgeht; wenn jedoch Materie entweichen *kann,* dann wird der enorme innere Druck dafür sorgen, daß dies auch geschieht. Auf diese Weise kehrt sich die Implosion um und die Singularität kann nicht entstehen. So schien es zumindest. Aber weder Penrose noch irgendein anderer Wissenschaftler konnte dies mit Sicherheit beweisen.

Im Jahre 1969 formulierte Penrose deshalb seine Überzeugung, daß nackte Singularitäten nicht existieren können, als *Hypothese der kosmischen Zensur*: *Kein kollabierendes Objekt kann je eine nackte Singularität erzeugen. Wenn eine Singularität entsteht, so muß sie von einem Horizont umgeben sein, der sie für uns, die wir uns im äußeren Universum befinden, unsichtbar macht.*

Angesehene Physiker wie John Wheeler, Physiker, deren Meinung tonangebend ist, glauben, daß die Hypothese der kosmischen Zensur mit hoher Wahr-

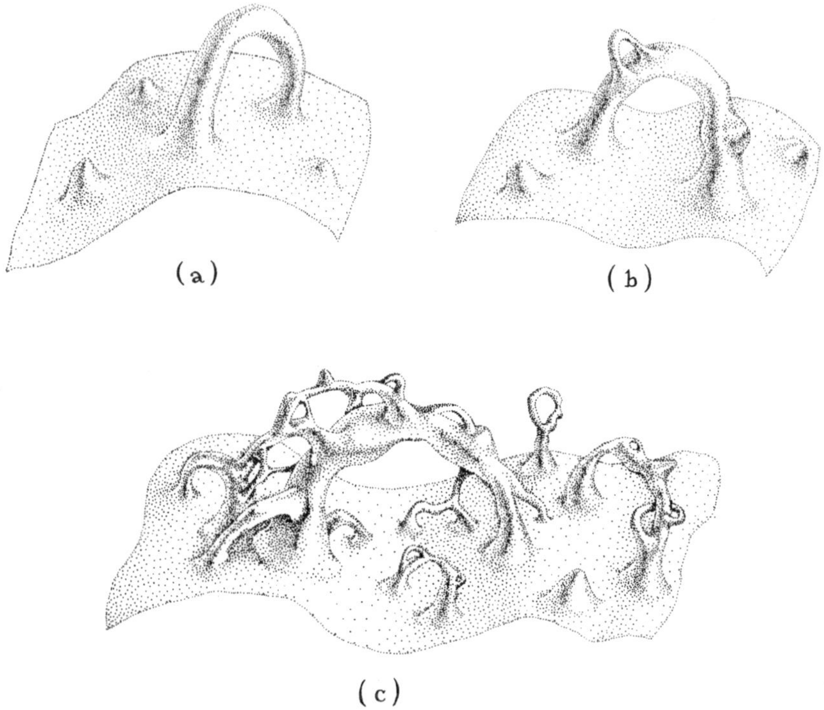

Abb. 13.7: Einbettungsdiagramme zur Veranschaulichung des Quantenschaums, den man sich in der Singularität im Inneren eines Schwarzen Loches vorstellt. Die Geometrie und Topologie des Raumes sind nicht festgelegt, sondern vielmehr durch Wahrscheinlichkeiten bestimmt. So mag es zum Beispiel eine Wahrscheinlichkeit von 0,1 Prozent für die in (a) gezeigte Form geben, von 0,4 Prozent für (b), von 0,02 Prozent für (c) und so weiter.

scheinlichkeit zutrifft. Dennoch ist sie auch ein Vierteljahrhundert nach ihrer Formulierung durch Penrose unbewiesen. Jüngste Computersimulationen der Implosion stark deformierter Sterne lassen es sogar denkbar erscheinen, daß sie *falsch* sein könnte. So haben Stuart Shapiro und Saul Teukolsky an der Cornell University mit Computersimulationen festgestellt, daß manche Formen des Kollapses tatsächlich zu einer nackten Singularität führen können. Doch noch ist alles ungewiß.[40]

John Preskill (einer meiner Kollegen am Caltech) und ich machen uns gelegentlich einen Spaß daraus, die tonangebenden Physiker herauszufordern. So wetteten Preskill und ich im Jahre 1991 mit Hawking, daß die Hypothese der kosmischen Zensur falsch ist und nackte Singularitäten in unserem Universum

Whereas Stephen W. Hawking firmly believes that naked singularities are an anathema and should be prohibited by the laws of classical physics,

And whereas John Preskill and Kip Thorne regard naked singularities as quantum gravitational objects that might exist unclothed by horizons, for all the Universe to see,

Therefore Hawking offers, and Preskill/Thorne accept, a wager with odds of 100 pounds stirling to 50 pounds stirling, that when any form of classical matter or field that is incapable of becoming singular in flat spacetime is coupled to general relativity via the classical Einstein equations, the result can never be a naked singularity.

The loser will reward the winner with clothing to cover the winner's nakedness. The clothing is to be embroidered with a suitable concessionary message.

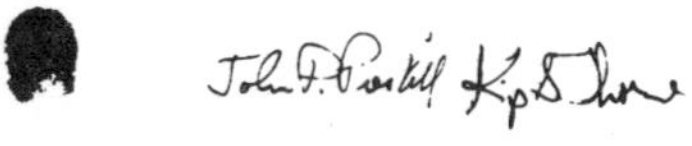

Stephen W. Hawking John P. Preskill & Kip S. Thorne
Pasadena, California, 24 September 1991

Abb. 13.8: Die Wette zwischen Stephen Hawking, John Preskill und mir über die Richtigkeit von Penroses Hypothese der kosmischen Zensur.

entstehen *können,* während Hawking behauptete, daß sich nackte Singularitäten *niemals* bilden können (Abb. 13.8).

Es waren gerade vier Monate seit dem Abschluß der Wette vergangen, als Hawking einen mathematischen Hinweis (keinen *strengen Beweis*) entdeckte, daß ein Schwarzes Loch, wenn es seinen Verdampfungsprozeß (Kapitel 12) abgeschlossen hat, möglicherweise eine kleine nackte Singularität zurückläßt und sich nicht, wie bisher angenommen, vollkommen auflöst.[41] Diese Entdeckung teilte uns Hawking privat auf einer Dinnerparty mit. Als Preskill und ich ihn daraufhin drängten, die Wette einzulösen, weigerte er sich aus einem formalen Grund. Er wies (zu Recht) darauf hin, daß der Wortlaut der Wette sich eindeutig auf nackte Singularitäten beschränkt, deren Entstehung von der klassischen Physik einschließlich der allgemeinen Relativitätstheorie und nicht von der Quantenmechanik beherrscht wird. Das Verdampfen Schwarzer Löcher ist jedoch ein quantenmechanisches Phänomen, das den Gesetzen der Quantenfelder in einer gekrümmten Raumzeit und nicht den Gesetzen der allgemeinen Relativität unterliegt. Somit fällt jede Singularität, die möglicherweise aus der Verdampfung Schwarzer Löcher entsteht, nicht unter die Bedingungen der Wette. Nichtsdestoweniger dürfte eine nackte Singularität, wie auch immer sie entstehen mag, der etablierten Physik einen Schlag versetzen.

Obwohl wir solche Wetten zum Vergnügen abschließen, haben sie einen ernstzunehmenden Hintergrund. Sollten nackte Singularitäten tatsächlich existieren, können uns nur die wenig verstandenen Gesetze der Quantengravitation sagen, wie sie sich verhalten, wie sie die Raumzeit in ihrer Umgebung beeinflussen und ob sie starke Auswirkungen auf unser Universum haben oder nicht. Da nackte Singularitäten möglicherweise unser Universum stark beeinflussen, ist es für uns sehr wichtig zu wissen, ob die Hypothese der kosmischen Zensur zutrifft und welches Verhalten die Gesetze der Quantengravitation für Singularitäten voraussagen. Doch die Antworten auf diese Fragen werden weder schnell noch leicht zu finden sein.

14. Kapitel *Wurmlöcher und Zeitmaschinen**

worin der Autor nach Einsicht in die physikalischen Gesetze strebt, indem er fragt: Kann eine sehr fortgeschrittene Zivilisation Wurmlöcher im Hyperraum erzeugen, um schnelle interstellare Reisen durchzuführen, und kann sie Maschinen bauen, um in der Zeit rückwärts zu reisen?

* Dieses Kapitel stellt ausschließlich meine eigene, persönliche Sichtweise dar. Es ist deshalb viel weniger objektiv als das übrige Buch und gibt die Arbeit anderer Forscher weitaus weniger vollständig wieder als meine eigene.

Wurmlöcher und exotische Materie

Ich hatte gerade meine letzte Vorlesung des akademischen Jahres 1984/85 gehalten und ließ mich in meinen Bürosessel fallen, um meinen Adrenalinspiegel absinken zu lassen, als das Telefon klingelte. Es war Carl Sagan, ein alter Freund und Astrophysiker an der Cornell University. »Tut mir leid, dich zu stören, Kip«, sagte er. »Aber ich bin gerade dabei, einen Roman abzuschließen, in dem es um den ersten Kontakt der menschlichen Rasse mit einer außerirdischen Zivilisation geht. Ich möchte die physikalischen Aspekte so zutreffend wie möglich darstellen und fürchte, ich habe, was die Gravitation betrifft, einige Fehler gemacht. Würdest du es dir ansehen und mir ein paar Ratschläge geben?« Natürlich war ich dazu bereit. Es würde sicherlich interessant werden, denn Carl ist ein kluger Kopf, und möglicherweise würde es sogar Spaß machen. Wie könnte ich außerdem einem Freund eine solche Bitte abschlagen?

Ein paar Wochen später kam das Manuskript, ein 10 Zentimeter hoher Stapel Schreibmaschinenseiten mit doppeltem Zeilenabstand getippt.

Ich steckte den Stapel in eine Tasche, die ich auf den Rücksitz von Lindas Wagen warf, als wir zu der langen Fahrt von Pasadena nach Santa Cruz aufbrachen. Linda ist meine frühere Frau; wir und unser gemeinsamer Sohn Bret waren auf dem Weg zu unserer Tochter Kares, um den Abschluß ihres Collegestudiums mit ihr zu feiern. Linda und Bret übernahmen abwechselnd das Steuer, während ich las und nachdachte.

Es machte Spaß, Carls Roman zu lesen, doch gab es da tatsächlich ein Problem. Carls Heldin, Eleanor Arroway, stürzte sich in der Nähe der Erde in ein Schwarzes Loch, reiste auf ähnliche Weise wie in Abbildung 13.4 dargestellt durch den Hyperraum und kam eine Stunde später in der Nähe des 26 Lichtjahre entfernten Sterns Wega wieder zum Vorschein. Carl, der kein Experte auf dem Gebiet der Relativität war, kannte offenbar die Ergebnisse der Störungsrechnungen nicht: *Es ist unmöglich, vom Zentrum eines Schwarzen Loches*

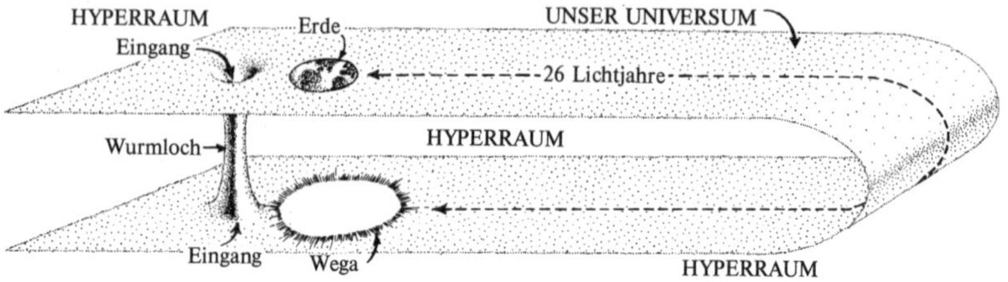

Abb. 14.1: Ein Wurmloch von einem Kilometer Länge durch den Hyperraum verbindet die Erde mit der Umgebung der Wega, die sich 26 Lichtjahre entfernt befindet. (Die Zeichnung ist nicht maßstäblich.)

*durch den Hyperraum in einen anderen Teil unseres Universums zu reisen.** Jedes Schwarze Loch wird ständig von kleinen Vakuumfluktuationen und winzigen Mengen von Strahlung bombardiert, die in das Loch hineinfallen, dort durch die Gravitation auf enorme Energien beschleunigt werden und mit großer Gewalt auf das »kleine geschlossene Universum« oder den »Tunnel« herabregnen, mit deren Hilfe man versuchen könnte, den Hyperraum zu durchqueren. Die Rechnungen besagten unzweideutig, daß jedes solche Vehikel von der Strahlung zerstört würde, noch bevor man zu einer solchen Reise aufbrechen könnte. Carl mußte seinen Roman abändern.
Auf der Rückfahrt von Santa Cruz, irgendwo westlich von Fresno, kam mir plötzlich eine vage Idee. Vielleicht konnte Carl sein Schwarzes Loch durch ein *Wurmloch* im Hyperraum ersetzen.

Ein Wurmloch ist eine hypothetische Abkürzung für Reisen zwischen weit auseinanderliegenden Punkten im Universum. Das Wurmloch hat zwei Eingänge, von denen sich einer zum Beispiel nahe der Erde und der andere 26 Lichtjahre entfernt nahe der Wega befinden könnte. Die Öffnungen sind miteinander durch einen Tunnel im Hyperraum verbunden, der vielleicht nicht länger als einen Kilometer ist: das eigentliche Wurmloch. Wenn wir das Wurmloch durch die Öffnung nahe der Erde betreten und den nur einen Kilometer langen Tunnel durchqueren, kommen wir nahe der Wega wieder heraus. Im äußeren Universum entspricht dies einer Entfernung von 26 Lichtjahren.
Abbildung 14.1 zeigt ein solches Wurmloch in einem Einbettungsdiagramm, das wie üblich unser Universum idealisiert, indem es statt dreier nur zwei räumliche Dimensionen darstellt (siehe auch Abb. 3.2 und 3.3). Der Raum unseres Uni-

* Siehe auch S. 540 ff. in Kapitel 13.

ersums ist in dem Einbettungsdiagramm als zweidimensionale Fläche wiedergegeben. So wie eine auf einem Blatt Papier krabbelnde Ameise nicht bemerkt, ob das Blatt eben oder leicht gekrümmt ist, wissen wir nicht, ob unser Universum im Hyperraum flach oder, wie im Diagramm, leicht gekrümmt ist. Die Krümmung ist jedoch wichtig; sie ermöglicht es, daß Erde und Wega einander im Hyperraum nahe sind und durch ein kurzes Wurmloch miteinander verbunden sein können. Wenn wir das Einbettungsdiagramm in Abbildung 14.1 betrachten, haben wir zwei Möglichkeiten, von der Erde zur Wega zu gelangen: Entweder machen wir die 26 Lichtjahre lange Reise durch das äußere Universum oder die einen Kilometer lange Reise durch das Wurmloch.

Wie würde die Öffnung eines Wurmloches aussehen, wenn sie sich hier auf der Erde befände? Im zweidimensionalen Universum des Einbettungsdiagramms erscheint der Eingang als Kreis; folglich wäre er in unserem dreidimensionalen Universum das dreidimensionale Analogon zu einem Kreis, nämlich eine Kugel. Tatsächlich würde der Zugang zu einem Wurmloch ungefähr wie der Horizont eines nichtrotierenden Schwarzen Loches aussehen, mit einer entscheidenden Ausnahme allerdings: Der Horizont bildet eine Fläche, durch die zwar etwas hinein-, aber nichts hinausgelangen kann. Im Gegensatz dazu gestattet uns die Öffnung eines Wurmloches den Durchgang in beide Richtungen; wir können das Wurmloch betreten und wieder zurück in das äußere Universum gelangen. Wenn wir in die kugelförmige Öffnung des Wurmloches schauen, können wir das Leuchten der Wega sehen; das Licht ist durch die Öffnung nahe der Wega eingetreten, hat dann das Wurmloch wie einen Lichtleiter oder eine Glasfaser durchquert und ist zur Öffnung in der Nähe der Erde gelangt, wo es aus dem Wurmloch herauskommt und unser Auge trifft.

Wurmlöcher entspringen keineswegs nur der Phantasie von Science-fiction-Autoren. Sie wurden im Jahre 1916 auf mathematischem Weg als eine Lösung der Einsteinschen Feldgleichung entdeckt, nur wenige Monate nachdem Einstein diese Gleichung formuliert hatte, und in den fünfziger Jahren von John Wheeler und seiner Forschungsgruppe im Detail berechnet.[1] Keines der Wurmlöcher, die bis 1985 als Lösung der Einsteinschen Feldgleichung gefunden worden waren, eignete sich jedoch für Carl Sagans Roman, da man keines von ihnen unversehrt durchqueren konnte. Vielmehr sollte jedes dieser Wurmlöcher eine sehr merkwürdige zeitliche Entwicklung durchlaufen: Nach den Berechnungen entsteht das Wurmloch in einem beliebigen Augenblick, öffnet sich kurz, schnürt sich dann ab und verschwindet schließlich wieder – seine gesamte Lebensdauer von der Entstehung bis zur Abschnürung ist dabei so kurz, daß nichts (weder Menschen noch Strahlung, noch Signale irgendwelcher Art)

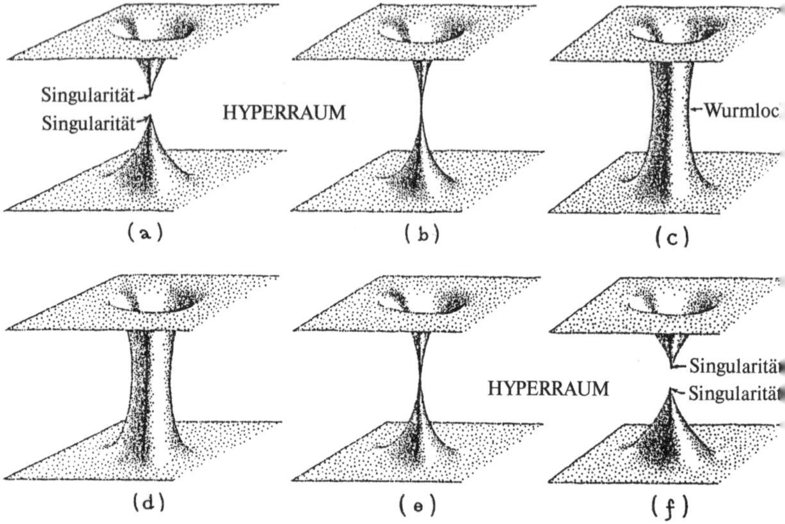

Abb. 14.2: Die Entwicklung eines exakt sphärischen Wurmloches, in dem sich keine Ma terie befindet. (Diese Entwicklung entspricht einer Lösung der Einsteinschen Feldglei chung, die in der Mitte der fünfziger Jahre von Martin Kruskal entdeckt wurde, einem jun gen Mitarbeiter von Wheeler an der Princeton University.) (a) Ursprünglich gibt es keir Wurmloch; es gibt nur eine Singularität nahe der Erde und eine in der Nähe der Wega. (b) Zu irgendeinem Zeitpunkt strecken sich die beiden Singularitäten im Hyperraum aus finden sich, heben sich gegenseitig auf und bilden dabei ein Wurmloch. (c) Der Umfang des Wurmloches wächst zunächst; (d) dann zieht es sich wieder zusammen und schnürt sich ab (e), wobei es zwei Singularitäten bildet (f), die denen ähnlich sind, aus denen es einst entstand – jedoch mit einem wichtigen Unterschied. Jede Singularität am Anfang ei- ner solchen Entwicklung (a) gleicht der des Urknalls; die Zeit fließt hinaus, so daß etwas aus ihr entstehen kann: das Universum im Falle des Urknalls, das Wurmloch im vorliegen- den Fall. Jede Singularität am Ende einer solchen Entwicklung (f) gleicht dagegen der Singularität des Endkollapses (Kapitel 13); die Zeit fließt hinein, so daß etwas vernichtet wird: das Universum im Falle des Endkollapses, das Wurmloch im vorliegenden Beispiel. Wer oder was auch immer versucht, das Wurmloch in dessen kurzer Lebensspanne zu durchqueren, wird von der Einschnürung erfaßt und wie das Wurmloch in den entstehen- den Singularitäten (f) zerstört.[2]

von einem Ende zum anderen gelangen kann. Alles würde in dem sich wieder schließenden Wurmloch gefangen und zerstört. Abbildung 14.2 zeigt dies an einem einfachen Beispiel.

Wie die meisten meiner Kollegen betrachtete auch ich Wurmlöcher jahrzehnte- lang mit Argwohn. Schon die Einsteinsche Feldgleichung sagt voraus, daß Wurmlöcher, wenn man sie sich selbst überläßt, sehr kurzlebig sind; durch zufällig einfallende Strahlung wird ihre Lebensdauer jedoch noch weiter verkürzt. Nach Rechnungen von Doug Eardley und Ian Redmount wird die einfallende Strahlung durch die Gravitation des Wurmloches auf ultrahohe Energien beschleunigt und trifft dabei auf die Wände des Wurmloches. Dies führt dazu, daß die Verengung und Abschnürung des Wurmloches beschleunigt wird es praktisch keine Lebensdauer hat.

Es gibt noch einen weiteren Grund, skeptisch zu sein. Schwarze Löcher sind eine unausweichliche Folge der Sternentwicklung. So werden massereiche, langsam rotierende Sterne, wie die Astronomen sie in ungeheurer Zahl in unserer Milchstraße beobachten, nach ihrem Tod zu Schwarzen Löchern kollabieren. Dagegen gibt es keinen analogen natürlichen Vorgang, der zur Entstehung eines *Wurmloches* führt. Es gibt in der Tat keinerlei Grund zu der Annahme, daß unser heutiges Universum überhaupt Singularitäten besitzt, aus denen Wurmlöcher hervorgehen können (Abb. 14.2). Und selbst wenn solche Arten von Singularitäten existieren sollten, ist es schwer vorstellbar, wie sich zwei von ihnen in der Weite des Hyperraums finden könnten, um ein Wurmloch wie in Abbildung 14.2 zu bilden.

Wenn ein Freund Hilfe benötigt, ist man bereit, alle sich bietenden Möglichkeiten in Betracht zu ziehen. Und bei all meiner Skepsis schienen Wurmlöcher der einzige Ausweg zu sein. Vielleicht, so dachte ich damals während der Autofahrt, gibt es für eine unendlich fortgeschrittene Zivilisation die Möglichkeit, das Wurmloch so lange offenzuhalten, sein Abschnüren also so lange zu verhindern, bis Eleanor Arroway von der Erde zur Wega und zurück gereist war. Ich nahm Papier und Bleistift und begann zu rechnen. (Zum Glück war die Strecke nicht kurvenreich, so daß mir dabei nicht schlecht wurde.)

Um die Rechnung zu vereinfachen, nahm ich an, das Wurmloch sei vollkommen sphärisch geformt (in Abb. 14.1, wo eine der drei Raumdimensionen unterdrückt ist, entspricht dies einem perfekten Kreis). Nach einer zweiseitigen Rechnung, die auf der Einsteinschen Feldgleichung basierte, entdeckte ich dreierlei:

Erstens: *Die einzige Möglichkeit, ein Wurmloch offenzuhalten, besteht darin, es mit einem Material zu durchsetzen, das durch seine Gravitation die Wände auseinanderdrückt.* Ich werde eine solche *Materie exotisch* nennen, da sie sich von allem unterscheidet, was wir kennen.

Zweitens entdeckte ich, daß die exotische Materie durch ihre Gravitation einen einfallenden Lichtstrahl nach außen ablenkt, so wie sie auch die Wände des Wurmloches auseinanderhält. Mit anderen Worten, die exotische Materie wirkt

Kasten 14.1

Wie man ein Wurmloch durch exotische Materie offenhält

Jedes sphärische Wurmloch, das von einem Lichtstrahl durchquert werden kann, wird diesen Lichtstrahl durch seine Gravitation defokussieren. Dazu stelle man sich vor, daß das Licht, bevor es in das Wurmloch eindringt, durch eine Sammellinse tritt, so daß alle Lichtstrahlen radial zusammenlaufen. (Siehe nachstehende Skizze.) Die Lichtstrahlen

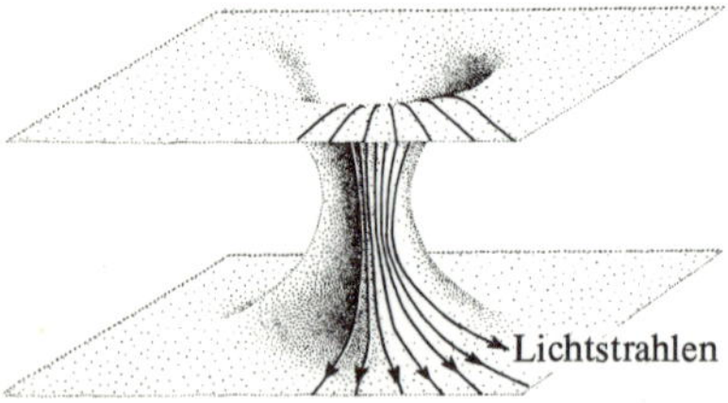

müssen in diesem Fall stets radial verlaufen, da sie keine andere Möglichkeit haben. Daraus folgt, daß die Lichtstrahlen, wenn sie aus der anderen Öffnung des Wurmloches austreten, radial auseinanderlaufen. Das Licht wird somit defokussiert.

Die Raumzeitkrümmung des Wurmloches, die diese Streuung des Lichts bewirkt, wird durch »exotische« Materie erzeugt, die das Wurmloch durchsetzt und es offenhält. Da Raumzeitkrümmung und Gravitation äquivalent sind, ist es also die Gravitation der exotischen Materie, die das Licht defokussiert. Mit anderen Worten, die Gravitation der exotischen Materie stößt die Lichtstrahlen ab und entfernt sie voneinander. Auf diese Weise wird Licht von exotischer Materie defokussiert.

In einer Gravitationslinse (Abb. 8.2) geschieht genau das Gegenteil. Dort wird das Licht von einem fernen Stern durch die Gravitationsanziehung eines weiteren Sterns, einer Galaxie oder eines Schwarzen Loches fokussiert.

wie eine »Streulinse«; sie defokussiert Licht aufgrund ihrer Gravitation. (Siehe Kasten 14.1.)

Drittens ergab sich aus der Einsteinschen Feldgleichung, *daß die exotische Materie, die das Wurmloch durchsetzt, im Bezugssystem des hindurchtretenden Lichtstrahls eine im Durchschnitt negative Energiedichte besitzen muß, um Licht defokussieren und die Wände des Wurmloches auseinanderhalten zu können.* Hier sind ein paar erläuternde Worte angebracht. Sie werden sich erinnern, daß die Gravitation (oder anders ausgedrückt, die Krümmung der Raumzeit) eine Auswirkung von Masse ist (Kasten 2.6) und daß Masse und Energie äquivalent sind (Kasten 5.2; diese Äquivalenz kommt in Einsteins berühmter Gleichung $E = mc^2$ zum Ausdruck). Folglich kann man sich auch vorstellen, daß die Gravitation von Energie erzeugt wird. Betrachten wir nun die Energiedichte der Materie im Wurmloch (die Energie pro Kubikzentimeter), so wie sie sich im Bezugssystem des hindurchtretenden Lichtstrahls – also aus der Sicht eines Beobachters, der sich (fast) mit Lichtgeschwindigkeit durch das Wurmloch bewegt – darstellt. Über den Weg des Lichts gemittelt, muß die Energiedichte der Materie negativ sein, damit sie Licht defokussieren und die Wände des Wurmloches offenhalten kann, damit sie also »exotisch« ist.

Dies bedeutet nicht zwangsläufig, daß die exotische Materie auch aus der Sicht eines Beobachters, der sich im Inneren des Wurmloches in Ruhe befindet, eine negative Energiedichte besitzt. Die Energiedichte ist ein relativer, kein absoluter Begriff; sie mag in einem Bezugssystem negativ und in einem anderen positiv sein. Die exotische Materie kann im Bezugssystem eines Lichtstrahls eine negative Energiedichte und im Ruhesystem des Wurmloches trotzdem eine positive Energiedichte haben. Da jedoch fast alle uns bekannten Formen der Materie *in jedem beliebigen* Bezugssystem eine im Durchschnitt positive Energiedichte besitzen, haben die Physiker lange Zeit angenommen, daß exotische Materie nicht existieren könne. Man vermutete, daß die Gesetze der Physik die Existenz solcher Materie verbieten, doch *wie* sie dies tun könnten, war keineswegs klar.

Vielleicht ist unser Vorbehalt gegen die Existenz exotischer Materie falsch, dachte ich während jener Autofahrt von Santa Cruz nach Pasadena. Vielleicht kann sie doch existieren. Dies war die einzige Hilfe, die ich Carl anbieten konnte, und so schrieb ich ihm einen langen Brief, als wir in Pasadena ankamen. Ich erklärte ihm, warum seine Heldin sich bei ihrer interstellaren Reise keines Schwarzen Loches bedienen konnte, und schlug vor, sie statt dessen durch ein Wurmloch reisen zu lassen. Irgend jemand in der Geschichte sollte entdecken, daß es exotische Materie gibt, mit der man ein Wurmloch offenhalten kann. Carl griff meine Anregung gerne auf und baute sie in die endgültige Version seines Romans *Contact** ein.

Nachdem ich Carl Sagan meine Vorschläge gemacht hatte, kam mir der Gedanke, daß die Geschichte vielleicht als pädagogisches Hilfsmittel Studenten nützlich sein könnte, die sich mit der allgemeinen Relativitätstheorie beschäftigen. Deshalb begann ich im Herbst 1985 gemeinsam mit Mike Morris, einem meiner Doktoranden, einen Artikel über die relativistischen Gleichungen für Wurmlö-

* Die exotische Bedingung, daß die Energiedichte im Bezugssystem eines Lichtstrahls im Durchschnitt negativ sein muß, ist in Sagans Roman in einer anderen, aber äquivalenten Form ausgedrückt: Für jemanden, der sich im Wurmloch in Ruhe befindet, muß die Materie in radialer Richtung unter einer hohen mechanischen Spannung stehen. Diese Spannung muß so groß sein, daß sie die Energiedichte der Materie übersteigt.

cher zu schreiben, die von exotischer Materie offengehalten werden, und nahm darin Bezug auf Sagans Roman.

Die Arbeit ging langsam voran. Andere Projekte waren dringlicher und wurden mit höherer Priorität bearbeitet. Im Winter 1987/88 hatten wir schließlich unseren Artikel beim *American Journal of Physics* eingereicht, doch war er noch nicht erschienen.[3] Für Morris rückte das Ende seiner Doktorarbeit näher, und er begann, sich auf Postdoc-Stellen zu bewerben. Seinen Bewerbungen legte er eine Kopie unseres Artikels bei. Don Page (ein ehemaliger Student von Hawking und mir und mittlerweile Professor an der Pennsylvania State University) erhielt eine solche Bewerbung, las das Manuskript und schickte sofort einen Brief an Morris.

»Lieber Mike, ... aus Satz 9.2.8 im Buch von Hawking & Ellis sowie aus der Einsteinschen Feldgleichung folgt unmittelbar, daß *jedes* Wurmloch [exotische Materie benötigt, um offengehalten zu werden] ... Mit freundlichen Grüßen, Don N. Page.«

Ich kam mir ziemlich dumm vor. Mit den »globalen Methoden«,* um die es im Buch von Hawking und Ellis[4] ging, hatte ich mich nie eingehend auseinandergesetzt, und nun bekam ich die Quittung dafür. Ich hatte auf jener Autofahrt mit nicht allzu großem Arbeitsaufwand gefolgert, daß ein exakt sphärisches Wurmloch offengehalten werden kann, wenn man es mit exotischer Materie durchsetzt. Mit Hilfe der globalen Methoden hatte nun Page noch müheloser gezeigt, daß dies für *jedes* Wurmloch zutrifft, sei es nun sphärisch, kubisch oder sonst irgendwie geformt. Später erfuhr ich, daß Dennis Gannon und C. W. Lee schon im Jahre 1975 zu fast derselben Schlußfolgerung gelangt waren.

Die Entdeckung, daß es bei allen Wurmlöchern exotischer Materie bedarf, um sie offenzuhalten, löste in den Jahren 1988 bis 1992 einige Forschungsaktivität aus. »Ist exotische Materie nach den physikalischen Gesetze zulässig, und wenn ja, unter welchen Bedingungen?« lautete die Kernfrage.

Einen Schlüssel zur Antwort hatte Stephen Hawking bereits in den siebziger Jahren geliefert. Um beweisen zu können, daß sich die Oberfläche Schwarzer Löcher stets vergrößert (Kapitel 12), mußte Hawking im Jahre 1970 annehmen, daß sich in der Nähe des Horizonts Schwarzer Löcher *keine* exotische Materie befindet. Sollte dies doch der Fall sein, wären sein Beweis und das daraus folgende Theorem ungültig, und die Oberfläche des Horizonts könnte sich verkleinern. Im Jahre 1970 hatte sich Hawking darüber keine großen Sorgen gemacht,

* Siehe Kapitel 13.

denn damals schien es ziemlich sicher zu sein, daß exotische Materie nicht existieren kann.

Im Jahre 1974 gab es jedoch eine große Überraschung: Im Zusammenhang mit seiner Entdeckung, daß Schwarze Löcher verdampfen (Kapitel 12), gelangte Hawking zu dem Schluß, *daß Vakuumfluktuationen in der Nähe des Horizonts exotisch sind.*[5] Das heißt, im Bezugssystem eines nach außen gerichteten Lichtstrahls besitzen Vakuumfluktuationen in der Nähe des Horizonts eine durchschnittliche Energiedichte, die negativ ist. In der Tat ist es diese exotische Eigenschaft der Vakuumfluktuationen, die den Horizont eines Schwarzen Loches beim Verdampfungsprozeß kleiner werden läßt und damit Hawkings Satz von der Vergrößerung der Horizontfläche verletzt.

Da der Begriff der exotischen Materie eine wichtige Rolle spielt, will ich ihn hier näher erläutern:

In Kasten 12.4 wurden der Ursprung und das Wesen von Vakuumfluktuationen besprochen. Wenn man versucht, ein Gebiet des Raumes von allen elektrischen und magnetischen Feldern freizuhalten, wenn man also versucht, ein perfektes Vakuum herzustellen, dann gibt es immer noch eine Fülle von zufälligen, unvorhersagbaren elektromagnetischen Schwingungen, die aus dem Wechselspiel der Felder des angrenzenden Raumes entstehen. Die Felder an einem Ort borgen sich Energie von den Feldern an einem anderen Ort und hinterlassen dort ein Energiedefizit, so daß die Energie vorübergehend negativ ist. Die Felder geben diese Energie schnell wieder zurück, und zwar mit einem kleinen Überschuß, so daß die Energie dort kurzzeitig positiv ist. Dieser Vorgang wiederholt sich unablässig.

Unter normalen Umständen, wie sie auf der Erde herrschen, ist die Energie der Vakuumfluktuationen im Durchschnitt null. Sie besitzen genauso häufig einen Energieüberschuß wie ein Energiedefizit, so daß sich positive und negative Energie im Durchschnitt aufheben. Nahe dem Horizont eines langsam verdampfenden Schwarzen Loches ist dies jedoch anders, wie sich aus Hawkings Rechnungen aus dem Jahre 1974 ergab. Dort muß, zumindest im Bezugssystem eines Lichtstrahls, die Durchschnittsenergie negativ sein, was gleichbedeutend damit ist, daß die Vakuumfluktuationen exotisch sind.

Wie es hierzu kommt, konnte erst zu Beginn der achtziger Jahre im Detail gezeigt werden, als Don Page an der Pennsylvania State University, Philip Candelas in Oxford und viele andere Physiker die Gesetze der Quantenfelder in einer gekrümmten Raumzeit benutzten, um den Einfluß des Horizonts eines Schwarzen Loches auf die Vakuumfluktuationen genau zu untersuchen. Sie entdeckten, daß der Horizont in der Tat eine Schlüsselrolle spielt. Er verzerrt die

Vakuumfluktuationen dergestalt, daß ihre Durchschnittsenergie negativ wird – das heißt, er sorgt dafür, daß sie exotisch werden.

Unter welchen anderen Umständen können Vakuumfluktuationen exotisch werden? Können sie jemals im Inneren eines Wurmloches exotisch sein und dieses geöffnet halten? Diese Frage stand im Mittelpunkt der Forschungsaktivität, die Page mit seinem Hinweis ausgelöst hatte, daß *jedes* Wurmloch nur mit exotischer Materie offengehalten werden könne.

Es war nicht leicht, die Antwort zu finden, und sie ist auch noch nicht vollständig. Gunnar Klinkhammer (einer meiner Studenten) hat bewiesen, daß in einem flachen Raumzeitgebiet, fern aller Gravitation, Vakuumfluktuationen *niemals* exotisch sein können – sie können niemals, gemessen im Bezugssystem eines Lichtstrahls, eine im Durchschnitt negative Energiedichte besitzen. Andererseits haben Robert Wald (ein ehemaliger Student Wheelers) und Ulvi Yurtsever (ein ehemaliger Student von mir) gezeigt, daß in einer gekrümmten Raumzeit unter einer Vielzahl verschiedener Bedingungen die Vakuumfluktuationen durch die Krümmung so verzerrt werden, daß sie exotische Eigenschaften annehmen.[6]

Erzeugt ein Wurmloch, das versucht, sich abzuschnüren, solche Bedingungen? Kann die Raumzeitkrümmung des Wurmloches die Vakuumfluktuationen exotisch machen und das Wurmloch somit offenhalten? Zur Zeit der Drucklegung dieses Buches war die Antwort noch nicht bekannt.

Zu Anfang des Jahres 1988, als man mit der theoretischen Erforschung exotischer Materie begann, erkannte ich allmählich die große Tragweite der Aktivitäten, die Carl Sagans Telefonanruf ausgelöst hatte. Von allen *Experimenten*, die ein *Experimentalphysiker* anstellen mag, versprechen diejenigen am ehesten neue Einsichten in die Gesetze der Physik, die diese Gesetze am meisten strapazieren. Ebenso verhält es sich mit *Gedankenexperimenten*, die ein *Theoretiker* anstellen mag, um Gesetzmäßigkeiten zu untersuchen, die außerhalb der Reichweite der modernen Technik liegen. Und kein Gedankenexperiment strapaziert die Gesetze der Physik mehr als Betrachtungen der Art, wie Carl Sagan sie ausgelöst hatte – Gedankenexperimente, die danach fragen, *welche Möglichkeiten einer unendlich fortgeschrittenen Zivilisation in Einklang mit den Gesetzen der Physik offenstehen und welche ihr verwehrt bleiben.* (Mit einer »unendlich fortgeschrittenen Zivilisation« meine ich eine Gesellschaft, die nicht durch mangelnde Fähigkeiten, fehlendes Know-how oder sonstige technische Schwierigkeiten in ihren Möglichkeiten begrenzt ist, sondern nur noch durch die physikalischen Gesetze selbst.)

Wir Physiker neigen dazu, solche Fragen zu vermeiden, da sie sich an der Grenze zur Science-fiction bewegen. Während viele von uns gerne Science-fiction-Literatur lesen oder sogar selbst solche Literatur verfassen, haben wir Angst, uns vor unseren Kollegen lächerlich zu machen, wenn unsere Forschungsarbeit in diese Richtung geht. Wir haben uns daher eher auf zwei andere, weniger radikale Fragestellungen beschränkt, auf die Frage nämlich »Welche Dinge *geschehen natürlicherweise* im Universum?« und auf die Frage »Welche Möglichkeiten stehen den Menschen mit den derzeit verfügbaren oder absehbaren Technologien offen?« (Ein Beispiel für die erste Frage ist: Gibt es in der Natur Schwarze Löcher oder Wurmlöcher? Beispiele für die zweite Frage sind: Sind wir in der Lage, neue Elemente wie Plutonium zu erzeugen und sie für Atombomben zu verwenden? Können wir Hochtemperatur-Supraleiter herstellen und damit eine Schwebebahn mit geringem Stromverbrauch bauen?)
Im Jahre 1988 wurde mir klar, daß wir Physiker mit unseren Fragen viel zu konservativ gewesen waren. Eine Frage vom *Sagan-Typ* (wie ich sie nennen will) hatte sich bereits als äußerst anregend und nützlich für die Forschung erwiesen. »Kann eine unendlich fortgeschrittene Zivilisation Wurmlöcher für interstellare Reisen nutzen?« Diese Frage hatte nicht nur Morris und mich zu der Erkenntnis geführt, daß in der exotischen Materie der Schlüssel zur vorübergehenden Stabilisierung eines Wurmloches lag, sondern sie hatte auch Anlaß zu recht fruchtbaren Bemühungen gegeben, die Bedingungen für die Existenz oder Nichtexistenz von exotischer Materie zu verstehen.

Angenommen, unser Universum ist im Urknall ohne Wurmlöcher geschaffen worden. Äonen später entstand Leben, und es entwickelte sich eine unendlich fortgeschrittene Zivilisation. *Kann diese unendlich fortgeschrittene Zivilisation Wurmlöcher für interstellare Reisen bauen?* Gestatten es die Gesetze der Physik, Wurmlöcher herzustellen, wenn es vorher keine gab? Erlaubt die Physik eine solche Änderung der Topologie des Raumes in unserem Universum?
Dies war das zweite Problem, dem Carl Sagan sich bei der Frage nach der Möglichkeit interstellarer Reisen gegenübersah. Das erste Problem, das darin bestand, ein einmal geschaffenes Wurmloch offenzuhalten, hatte er mit Hilfe von exotischer Materie bewältigt. Beim zweiten Problem behalf er sich mit einem Trick. So schrieb er in seinem Roman, daß das Wurmloch, durch das Eleanor Arroway reist und das von exotischer Materie offengehalten wird, vor Urzeiten von einer unendlich fortgeschrittenen Zivilisation geschaffen wurde – einer Zivilisation, von der jedoch heute nichts mehr überliefert sei.
Wir Physiker sind natürlich nicht mit dem Gedanken zufrieden, die Erzeugung

eines Wurmloches in die Vorgeschichte zu verlegen. Wir wollen wissen, ob und wie *heute* – im Rahmen der physikalischen Gesetze – die Topologie des Universums verändert werden kann.

Wir können uns zwei Strategien vorstellen, Wurmlöcher zu erzeugen: eine *Quantenstrategie* und eine *klassische Strategie.*

Die Quantenstrategie stützt sich auf Vakuumfluktuationen des Gravitationsfeldes (Kasten 12.4), bei denen es sich analog zu den oben diskutierten elektromagnetischen Vakuumfluktuationen um zufällige Fluktuationen in der Krümmung der Raumzeit handelt. Sie entstehen dadurch, daß sich benachbarte räumliche Bereiche ständig gegenseitig Energie stehlen und sie wieder zurückgeben. Man muß sich die Vakuumfluktuationen des Gravitationsfeldes als allgegenwärtig vorstellen, doch sind sie unter normalen Umständen so winzig, daß man sie in Experimenten noch nie beobachtet hat.

Ebenso wie die willkürlichen Bewegungen entarteter Elektronen heftiger werden, wenn man sie auf immer kleinere Raumgebiete beschränkt (Kapitel 4), so sind auch die Vakuumfluktuationen der Gravitation in kleinen Regionen, das heißt für kleine Wellenlängen, heftiger als für große. Als John Wheeler im Jahre 1955 die Gesetze der Quantenmechanik und der allgemeinen Relativitätstheorie auf noch primitive Weise miteinander verknüpfte, zeigte er, daß in einem Gebiet von der Größenordnung der Planck-Wheeler-Länge*, 1,62 × 10^{-33} Zentimeter, oder kleiner, die Vakuumfluktuationen so groß werden, daß der Raum »brodelt« und zu einer Art Quantenschaum wird – zu demselben Quantenschaum, aus dem der Kern einer Raumzeitsingularität besteht (Kapitel 13, Abb. 14.3).[7]

Der Quantenschaum ist daher allgegenwärtig: im Inneren eines Schwarzen Loches, im interstellaren Raum, in dem Zimmer, in dem Sie gerade sitzen, und im Inneren Ihres Gehirns. Um diesen Quantenschaum zu sehen, müßte man jedoch ein (hypothetisches) Supermikroskop besitzen, mit dem man durch stetiges Vergrößern immer kleinere Raumausschnitte betrachten könnte. So würde man von der Größenordnung eines Menschen (um 180 Zentimeter) zunächst zur Größe eines Atoms gelangen (10^{-8} Zentimeter), dann zur Größe eines Atomkerns (10^{-13} Zentimeter) und müßte dann noch zwanzigmal um einen Faktor von 10 weitervergrößern, um zu einer Größenskala von 10^{-33} zu gelan-

* Die Planck-Wheeler-Länge ist gleich der Quadratwurzel der Planck-Wheeler-Fläche (die in die Formel für die Entropie eines Schwarzen Loches eingeht, siehe Kapitel 12). Sie ist durch die Formel $\sqrt{G\hbar/c^3}$ gegeben, wobei G = 6,670 × 10^{-8} dyn-cm^2/g^2 Newtons Gravitationskonstante, $\hbar$ = 1,005 × 10^{-27} erg-s das Plancksche Wirkumsquantum und c = 2,998 × 10^{10} cm/s die Lichtgeschwindigkeit ist.

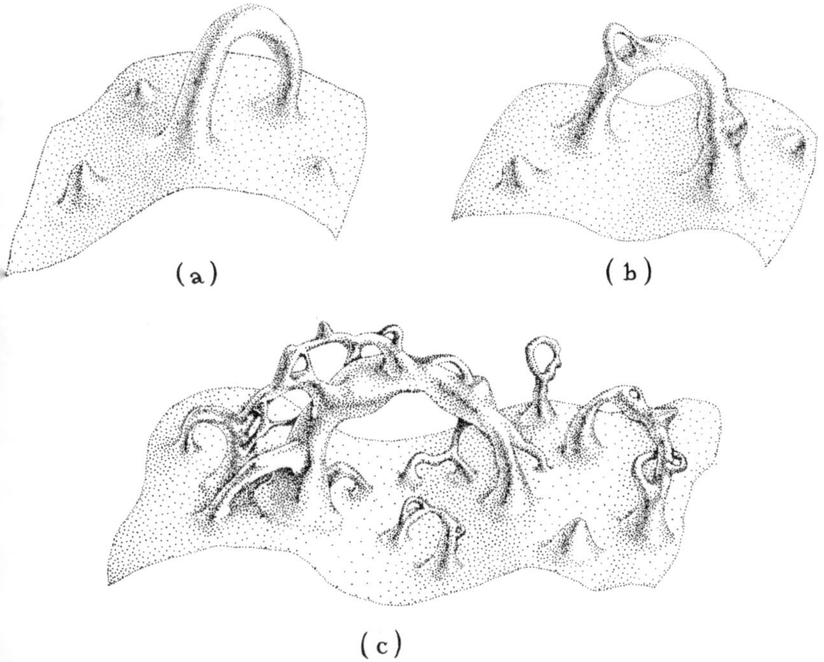

Abb. 14.3 (identisch mit Abb. 13.7): Einbettungsdiagramme zur Veranschaulichung des Quantenschaums, den man sich in der Singularität im Inneren eines Schwarzen Loches vorstellt. Die Geometrie und Topologie des Raumes sind nicht festgelegt, sondern werden vielmehr durch Wahrscheinlichkeiten bestimmt. So mag es zum Beispiel eine Wahrscheinlichkeit von 0,1 Prozent für die in (a) gezeigte Form geben, von 0,4 Prozent für (b), von 0,02 Prozent für (c) und so weiter.

gen. Auf einer »größeren« Skala besitzt der Raum eine kleine, wohldefinierte Krümmung und ist vollkommen glatt. Erreicht man durch fortlaufende Vergrößerung einen Ausschnitt von 10^{-32} Zentimeter, würde man sehen, wie sich der Raum zu kräuseln beginnt, zunächst kaum wahrnehmbar, mit zunehmender Vergrößerung jedoch immer deutlicher, bis schließlich bei einem Maßstab von 10^{-33} Zentimetern der Raum zu einem vom Zufall bestimmten Quantenschaum geworden ist.

Da sich der Quantenschaum überall befindet, ist es verlockend, sich vorzustellen, eine unendlich fortgeschrittene Zivilisation könne in den Quantenschaum hineingreifen und darin ein Wurmloch finden – zum Beispiel das »große« Wurmloch in Abbildung 14.3 b, das eine Wahrscheinlichkeit von 0,4 Prozent besitzt. Nehmen wir weiter an, diese Zivilisation versucht, das Wurmloch auf ei-

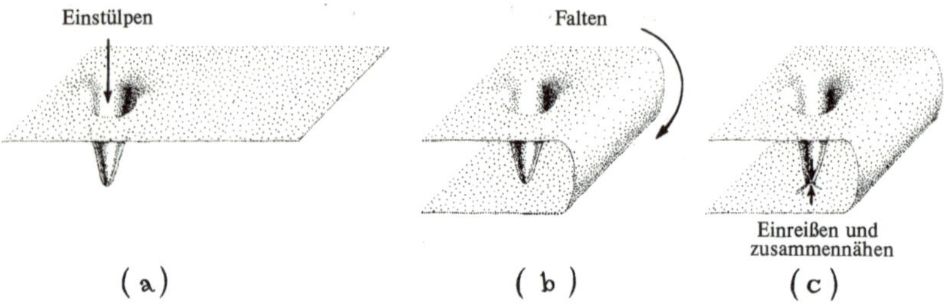

Abb. 14.4: Eine Strategie zur Erzeugung eines Wurmloches. (a) Die Raumzeit wird an einer Stelle so eingestülpt, daß eine Art »Strumpf« entsteht. (b) Der umgebende Raum wird im Hyperraum lose gefaltet. (c) Dann wird ein kleines Loch in das vordere Ende des Strumpfes und ein weiteres in den Raum genau gegenüber der Strumpfspitze gerissen. Die Ränder der Löcher werden »zusammengenäht«. Diese Vorgehensweise sieht auf den ersten Blick »klassisch« (makroskopisch) aus. Während die Löcher erzeugt werden, entsteht jedoch, zumindest für einen Augenblick, eine Raumzeit-Singularität, die den Gesetzen der Quantengravitation unterliegt, so daß es sich in Wirklichkeit um einen quantenmechanischen Vorgang handelt.

nen makroskopischen Maßstab zu vergrößern. Wenn es sich wirklich um eine unendlich fortgeschrittene Zivilisation handelt, müßte dies eigentlich in 0,4 Prozent aller Versuche glücken.

Wir kennen die Gesetze der Quantengravitation jedoch nicht gut genug, um dessen sicher zu sein. Ein Grund für unsere Unwissenheit ist, daß wir den Quantenschaum selbst noch nicht gut genug verstehen. Ja, wir wissen nicht einmal mit völliger Gewißheit, ob er wirklich existiert. Die Herausforderung solcher Gedankenexperimente liegt jedoch darin, daß sie in der Zukunft möglicherweise als begriffliches Hilfsmittel dienen, um das Verständnis von Quantenschaum und Quantengravitation voranzutreiben.

Soviel zur *Quantenstrategie* für die Erzeugung von Wurmlöchern. Kommen wir nun zur *klassischen Strategie.*

Bei der klassischen Strategie würde unsere unendlich fortgeschrittene Zivilisation versuchen, den Raum so zu krümmen und zu verformen, daß auf makroskopischem Maßstab ein neues Wurmloch entsteht. Damit eine solche Strategie erfolgreich sein kann, ist es offensichtlich erforderlich, *zwei Löcher in den Raum zu reißen und diese miteinander zu verbinden.* Abbildung 14.4 zeigt ein Beispiel. Ein solcher Riß im Raum erzeugt jedoch augenblicklich eine Singularität der Raumzeit – eine scharfe Grenze, an der die Raumzeit endet. Da solche Singularitäten den Gesetzen der Quantengravitation unterliegen, handelt es sich in Wirklichkeit gar nicht um eine klassische Strategie, sondern wieder um eine quantenmechanische Methode zur Erzeugung eines Wurmloches. Ob sie möglich ist, werden wir erst wissen, wenn wir die Gesetze der Quantengravitation verstehen.

Gibt es denn keine Möglichkeit, ein Wurmloch zu erzeugen, ohne sich in die noch weitgehend unverstandenen Gesetze der Quantengravitation zu verstrikken? Gibt es denn keine *ausschließlich klassische* Methode?

Überraschenderweise gibt es eine solche Methode – doch muß man einen hohen Preis dafür bezahlen. Im Jahre 1966 zeigte Robert Geroch (ein Student von Wheeler in Princeton), daß ein Wurmloch durch eine stetige Krümmung und Verformung der Raumzeit (eine Verzerrung, bei der keine Singularität entsteht) erzeugt werden *kann*, wenn dabei gleichzeitig die Zeit in allen Bezugssystemen verzerrt wird.* Dies bedeutet, daß es während der Erzeugung des Wurmloches möglich sein muß, sich sowohl rückwärts als auch vorwärts in der Zeit zu bewegen. Der zur Erzeugung des Wurmloches benutzte »Mechanismus«, wie auch immer er aussehen mag, muß für einen Augenblick wie eine Zeitmaschine wirken, die Dinge von einem späteren Zeitpunkt bei der Erzeugung des Wurmloches in einen früheren Zeitpunkt versetzt (jedoch nicht in Zeitpunkte vor Beginn der Erzeugung des Wurmloches).[8]

Was Gerochs Theorem betraf, so vertraten die Physiker im Jahre 1967 einhellig die Ansicht, daß die physikalischen Gesetze die Existenz von Zeitmaschinen verbieten müssen und somit kein Wurmloch jemals auf klassischem Wege, also ohne Risse im Raum, erzeugt werden kann.

Seit 1967 haben sich jedoch einige Dinge, die wir für *sicher* hielten, als falsch erwiesen. (Zum Beispiel hätten wir im Jahre 1967 nie geglaubt, daß ein Schwarzes Loch verdampfen kann.) Diese Erfahrung hat uns gelehrt, vorsichtig zu sein. Und so stellten wir uns Ende der achtziger Jahre folgende Fragen: »Verbieten die physikalischen Gesetze Zeitmaschinen *wirklich*, und wenn ja, *auf welche Weise?* Wie können die Gesetze der Physik ein solches Verbot durchsetzen?« Ich werde auf diese Frage später zurückkommen.

An dieser Stelle sollten wir kurz innehalten und das Gesagte nochmals zusammenfassen. Unsere Vorstellung von Wurmlöchern sah im Jahre 1993 folgendermaßen aus:

Wenn beim Urknall keine Wurmlöcher entstanden wären, könnte eine unendlich fortgeschrittene Zivilisation versuchen, sie auf zweierlei Art zu erzeugen, auf ei-

* Ich wünschte, ich könnte ein einfaches, klares Bild davon zeichnen, wie die Raumzeit durch stetige Krümmung so verzerrt wird, daß ein Wurmloch entsteht. Leider bin ich dazu nicht in der Lage.

nem quantenmechanischen Weg (Wurmlöcher werden aus dem Quantenschaum hervorgeholt) und auf einem klassischen Weg (die Raumzeit wird ohne Risse verformt). Zur Zeit kennen wir die Gesetze der Quantengravitation nicht gut genug, um ableiten zu können, ob die Quantenstrategie möglich ist oder nicht. Allerdings kennen wir die klassischen Gesetze der Gravitation (die allgemeine Relativitätstheorie) gut genug, um sagen zu können, daß die klassische Methode nur unter der Voraussetzung möglich ist, daß der wie auch immer geartete Mechanismus zur Erzeugung von Wurmlöchern die Zeit in allen Bezugssystemen so stark verzerrt, daß er zumindest vorübergehend wie eine Zeitmaschine wirkt.

Wir wissen darüber hinaus, daß eine unendlich fortgeschrittene Zivilisation ein wie auch immer entstandenes Wurmloch nur dann für interstellare Reisen nutzen kann, wenn sie das Wurmloch mit Hilfe exotischer Materie offenhält. Wir wissen ferner, daß die Vakuumfluktuationen des elektromagnetischen Feldes eine vielversprechende Form der exotischen Materie darstellen: Sie können in einer gekrümmten Raumzeit unter einer Vielzahl verschiedener Umstände exotisch sein (das heißt im Bezugssystem eines Lichtstrahls eine im Durchschnitt negative Energiedichte besitzen). Wir wissen jedoch noch nicht, ob sie auch im Inneren eines Wurmloches exotisch sein können und somit in der Lage sind, dieses offenzuhalten. Auf den folgenden Seiten werde ich annehmen, es sei einer unendlich fortgeschrittenen Zivilisation irgendwie gelungen, ein Wurmloch zu erzeugen und es mit exotischer Materie irgendwelcher Art offenzuhalten. Ich gehe nun der Frage nach, wie man ein solches Wurmloch, außer für interstellare Reisen, noch nutzen kann.

Zeitmaschinen

Im Dezember 1986 fand das vierzehnte Texas-Symposium über relativistische Astrophysik in Chicago, Illinois, statt. Benannt nach der ersten solchen Veranstaltung in Dallas, Texas, bei der es im Jahre 1963 um die geheimnisvollen Quasare ging (Kapitel 7 und 8), sind die sogenannten »Texas«-Symposien inzwischen zu einer festen Einrichtung geworden. Auf dem Symposium hielt ich einen Vortrag über die mit dem LIGO-Projekt verbundenen Ideen und Hoffnungen (Kapitel 10). Für Mike Morris, meinen »Wurmloch«-Studenten, sollte dies der erste große Auftritt vor der internationalen Gemeinschaft relativistischer Astrophysiker werden.

Zwischen den Vorträgen lernte Morris auf dem Flur Tom Roman kennen, einen jungen Assistenzprofessor von der Central Connecticut State University, der ei-

nige Jahre zuvor wesentliche Beiträge zum Verständnis exotischer Materie geleistet hatte. Das Gespräch wandte sich rasch den Wurmlöchern zu. »Wenn es wirklich möglich wäre, ein Wurmloch offenzuhalten, könnte man interstellare Reisen viel schneller als mit Lichtgeschwindigkeit bewältigen«, bemerkte Roman. »Heißt dies aber nicht, daß ein Wurmloch auch dazu benutzt werden könnte, in der Zeit rückwärts zu reisen?«
Mike und ich kamen uns sehr dumm vor! Natürlich, Roman hatte recht. Solche Zeitreisen kannten Wir schon aus unserer Kindheit. So lautete ein bekannter Limerick folgendermaßen:

There once was a lady named Bright,
Who travelled much faster than light.
She departed one day
In a relative way
And came home the previous night.

Es war einmal eine Frau, die hieß Bright,
die reiste mit Überlichtgeschwindigkeit.
Sie verließ uns leise
auf relativistische Weise
und kam zurück zu einer früheren Zeit.

Angespornt von Romans Bemerkung und dem Limerick, fanden wir bald heraus, wie man eine Zeitmaschine aus zwei Wurmlöchern konstruieren könnte, die sich schnell gegeneinander bewegen.* (Ich werde auf diese Zeitmaschine nicht näher eingehen, weil sie etwas kompliziert ist und es eine einfachere und

* Diese und andere Zeitmaschinen, die weiter unten beschrieben werden, sind keineswegs die ersten derartigen Lösungen der Einsteinschen Feldgleichung, die gefunden wurden. Im Jahre 1937 fand W. J. van Stockum in Edinburgh eine Lösung, bei der ein unendlich langer, schnell rotierender Zylinder wie eine Zeitmaschine wirkt. Andere Physiker haben oft den Einwand geäußert, daß nichts im Universum unendlich lang sein könne, und es wurde vermutet (jedoch nie bewiesen), daß der rotierende Zylinder, wenn seine Länge endlich wäre, keine Zeitmaschine mehr sei. Im Jahre 1946 fand Kurt Gödel vom Institute for Advanced Study in Princeton, New Jersey, eine Lösung der Einsteinschen Feldgleichung, bei der das ganze Universum rotiert, jedoch weder expandiert noch schrumpft. In einem solchen Universum kann man in der Zeit rückwärts reisen, indem man sich einfach weit von der Erde entfernt und wieder zurückkehrt. Dagegen ist natürlich einzuwenden, daß unser Universum sich keineswegs wie Gödels Lösung verhält: Es rotiert *nicht* oder nur langsam, und es expandiert. Im Jahre 1976 bewies Frank Tipler unter Verwendung der Einsteinschen Feldgleichung, daß eine Zeitmaschine, die ein endlich großes Gebiet im Raum einnimmt, zum Teil aus exotischer Materie bestehen muß. (Da jedes passierbare Wurmloch von exotischer Materie durchsetzt sein muß, erfüllen die in diesem Kapitel besprochenen Zeitmaschinen Tiplers Bedingung.)[9]

leichter zu beschreibende Zeitmaschine gibt, auf die ich in Kürze zurückkommen werde.)

Ich bin ein Einzelgänger und ziehe mich gerne in die Berge, an eine einsame Küste oder einfach in eine Dachkammer zurück, um nachzudenken. Neue Ideen reifen langsam und erfordern lange Zeitspannen, in denen ich ohne Unterbrechung ungestört sein kann. Die lohnendsten Berechnungen entstehen in Tagen und Wochen intensiver, beständiger Konzentration. Ein Telefonanruf zur falschen Zeit kann mich aus meinen Gedanken reißen und mich um Stunden zurückwerfen. Deshalb bin ich gerne allein.

Es ist jedoch gefährlich, sich zu lange zurückzuziehen. Von Zeit zu Zeit brauche ich die Anregung anderer Menschen.

Ich habe in diesem Kapitel bereits drei Beispiele dafür genannt. Ohne Carl Sagans Telefonanruf und die Herausforderung, seinen Roman physikalisch stimmig zu machen, hätte ich mich nie mit Wurmlöchern und Zeitmaschinen beschäftigt. Ohne den Brief von Don Page hätten Mike Morris und ich nicht erfahren, daß alle Wurmlöcher, ungeachtet ihrer Gestalt, nur mit exotischer Materie offengehalten werden können. Und ohne Tom Romans Bemerkung wären Morris und ich vielleicht nie auf die Idee gekommen, daß man im Prinzip aus Wurmlöchern eine Zeitmaschine konstruieren kann.

Auf den folgenden Seiten werden weitere Beispiele für solche anregenden Begegnungen erwähnt. Allerdings entstehen nicht *alle* Ideen auf diese Weise. Manche Ideen entwickeln sich auch, wenn man sich auf eigene Gedanken rückbesinnt, wie im Folgenden beschrieben.

Anfang Juni 1987 zog ich mich nach Monaten intensiver Lehr- und Forschungstätigkeit erschöpft in die Einsamkeit zurück.

Den ganzen Frühling war immer wieder ein vager Gedanke aufgetaucht, den ich zu ignorieren versuchte, bis ich Zeit und Ruhe zum Nachdenken finden würde. Nun war es soweit, und ich ließ den Gedanken auf mich wirken: »Woher weiß die Zeit, wie sie sich durch ein Wurmloch hindurch fortzusetzen hat?«

Um die Frage deutlicher zu formulieren, dachte ich mir ein Beispiel aus: Ich stellte mir ein sehr kurzes Wurmloch vor, dessen Tunnel im Hyperraum nur 30 Zentimeter lang ist, und nahm an, daß beide Öffnungen des Wurmloches – zwei Kugeln von je zwei Metern Durchmesser – sich in meinem Wohnzimmer in Pasadena befinden. Angenommen, ich klettere mit dem Kopf voran durch das Wurmloch. Aus meiner Sicht muß ich zur zweiten Öffnung herauskommen, sobald ich in die erste hineingekrochen bin, und zwar ohne zeitliche Verzögerung. Mein Kopf schaut sogar schon zur zweiten Öffnung heraus, während meine Bei-

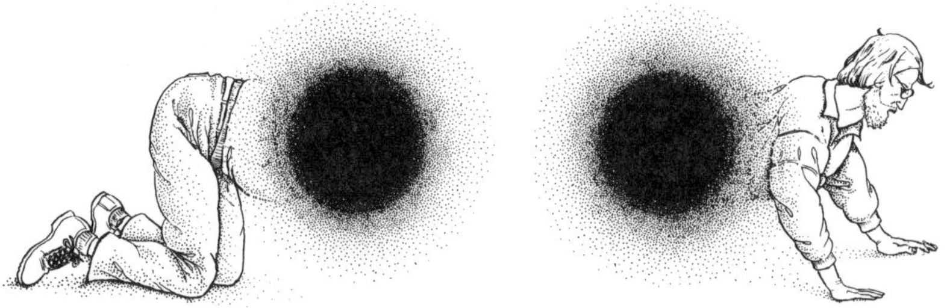

Abb. 14.5: Dieses Bild zeigt mich, während ich durch ein hypothetisches, sehr kurzes Wurmloch krieche.

ne noch nicht in der ersten verschwunden sind (Abb. 14.5). Sieht dies auch für meine Frau Carolee, die im Wohnzimmer auf dem Sofa sitzt, so aus? Wenn dies zutrifft, dann setzt sich die Zeit *in einem Wurmloch* in derselben Weise fort wie *außerhalb des Wurmloches.*

Könnte es sich aber nicht auch so verhalten, daß es mir zwar im Wurmloch so erscheint, als gebe es keine zeitliche Verzögerung, daß aber Carolee eine Stunde warten muß, bis ich aus der zweiten Öffnung herauskomme? Oder könnte es nicht sogar sein, daß sie mich aus der zweiten Öffnung herauskommen sieht, bevor ich in die erste Öffnung krieche? In diesem Fall würde sich die Zeit durch ein Wurmloch anders fortsetzen als außerhalb des Wurmloches.

Was könnte die Ursache für ein so seltsames Verhalten der Zeit sein? fragte ich mich. Andererseits, warum sollte sie sich nicht so verhalten? Die Antwort auf diese Fragen war irgendwo in den Gesetzen der Physik enthalten. Es mußte möglich sein, das Verhalten der Zeit aus diesen Gesetzen abzuleiten.

Um zu verstehen, wie die physikalischen Gesetze das Verhalten der Zeit bestimmen, dachte ich mir eine kompliziertere Situation aus. Angenommen, eine Öffnung des Wurmloches befindet sich in meinem Wohnzimmer in Ruhe, während sich die andere annähernd mit Lichtgeschwindigkeit durch den interstellaren Raum von der Erde wegbewegt. Ich nehme ferner an, daß die Länge des Wurmloches im Hyperraum stets 30 Zentimeter beträgt, obwohl sich die beiden Öffnungen voneinander entfernen (Abb. 14.6 zeigt, wie dies möglich sein könnte). Somit befinden sich die beiden Öffnungen, vom äußeren Universum aus betrachtet, in zwei verschiedenen Bezugssystemen, die sich schnell gegeneinander bewegen. *Die Zeit verläuft somit für die beiden Öffnungen unterschiedlich.* Aus dem Inneren des Wurmloches betrachtet, befinden sich die beiden Öffnungen jedoch zueinander in Ruhe, so daß *die Zeit für beide*

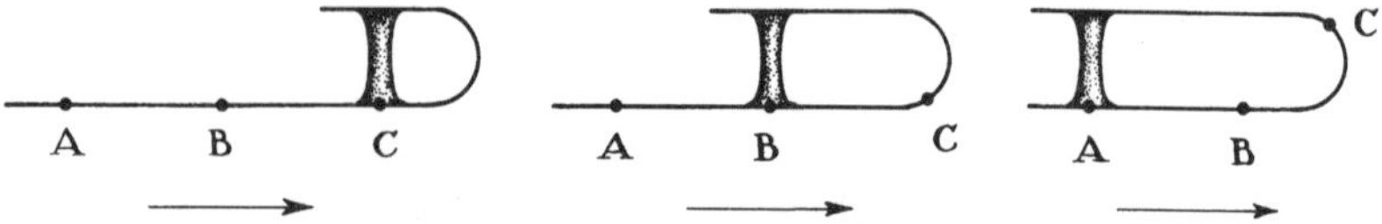

Abb. 14.6: Warum können sich die Eingänge eines Wurmloches relativ zueinander bewegen, wenn man sie vom äußeren Universum aus betrachtet, während die Länge des Wurmloches gleichbleibt? Jedes Bild ist ein Einbettungsdiagramm wie das in Abbildung 14.1, jedoch von der Seite betrachtet. Die Diagramme zeigen eine Folge von Momentaufnahmen, die die Bewegung des Universums und des Wurmloches *relativ zum Hyperraum* darstellen. (Man sollte sich jedoch vergegenwärtigen, daß der Hyperraum lediglich ein nützliches Hilfsmittel zur Veranschaulichung ist; es gibt für uns keine Möglichkeit, ihn jemals wirklich zu sehen oder zu erfahren; vgl. Abb. 3.2 und 3.3.) Relativ zum Hyperraum verschiebt sich der untere Teil des Universums im Diagramm nach rechts, während das Wurmloch und der obere Teil des Universums in Ruhe sind. Entsprechend bewegen sich, von unserem Universum aus gesehen, die Öffnungen des Wurmloches relativ zueinander (sie entfernen sich voneinander), während sie aus der Sicht des Wurmloches in Ruhe verharren, so daß sich die Länge des Wurmloches nicht verändert.

Öffnungen gleich verläuft. Von außen betrachtet ist der Zeitfluß verschieden, von innen gesehen ist er gleich. Das war sehr verwirrend!

Mit der Zeit legte sich meine Verwirrung, und alles fügte sich zu einem klaren Bild zusammen.

Die allgemeine Relativitätstheorie macht eindeutige Aussagen über den Zeitfluß an den beiden Öffnungen des Wurmloches. So besagt sie eindeutig, daß der Zeitfluß an den beiden Öffnungen übereinstimmt, wenn man ihn aus dem Inneren des Wurmloches betrachtet, und verschieden ist, wenn man ihn von außen betrachtet. In diesem Sinne setzt sich die Zeit im Wurmloch anders fort als im äußeren Universum, wenn die beiden Öffnungen sich relativ zueinander bewegen. Aus diesem unterschiedlichen zeitlichen Verhalten folgt, *daß eine unendlich fortgeschrittene Zivilisation aus einem einzigen Wurmloch eine Zeitmaschine konstruieren kann.* Es ist also gar nicht erforderlich, zwei Wurmlöcher zu haben. Wie man dabei vorgeht, ist ganz einfach, vorausgesetzt, man kann auf eine unendlich fortgeschrittene Technik zurückgreifen.

Um dies näher zu erläutern, beschreibe ich ein Gedankenexperiment. Carolee und ich finden ein sehr kurzes Wurmloch und plazieren eine seiner Öffnungen in unserem Wohnzimmer und die andere in unserem privaten Raumschiff draußen im Vorgarten.

Wie das Gedankenexperiment zeigen wird, hängt das Verhalten der Zeit im Wurmloch von dessen Vorgeschichte ab. Ich werde der Einfachheit halber an-

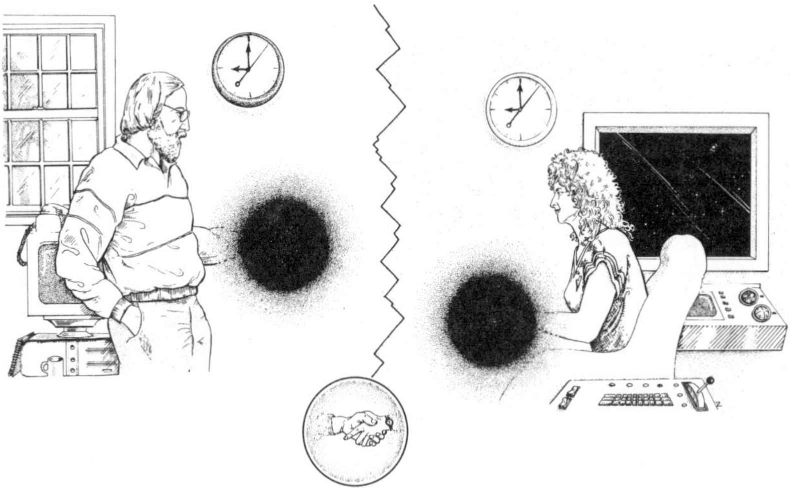

Abb. 14.7: Carolee und ich bauen aus einem Wurmloch eine Zeitmaschine. *Links:* Ich bleibe zu Hause in Pasadena neben einem Eingang des Wurmloches und gebe Carolee durch das Wurmloch die Hand. *Rechts:* Carolee befindet sich mit dem anderen Ende des Wurmloches auf einer schnellen Reise durch das Universum. Das runde Bild zeigt unsere Hände im Inneren des Wurmloches.

nehmen, daß das Wurmloch zu Beginn das denkbar einfachste Zeitverhalten aufweist, nämlich innen wie außen dasselbe. Mit anderen Worten, wenn ich durch das Wurmloch krieche, stimmen Carolee, ich und jeder andere Beobachter auf der Erde darin überein, daß ich praktisch in dem Augenblick aus der Öffnung im Raumschiff herauskomme, in dem ich im Wohnzimmer in das Wurmloch hineingeklettert bin.

Nachdem wir uns hiervon überzeugt haben, machen Carolee und ich folgenden Plan: Ich werde zu Hause im Wohnzimmer bei der einen Öffnung des Wurmloches bleiben, während Carolee mit unserem Raumschiff und der anderen Öffnung mit hoher Geschwindigkeit in das Universum hinausfliegt und wieder zurückkehrt. Während der Reise werden wir uns durch das Wurmloch hindurch bei der Hand halten (Abb. 14.7).

Carolee startet am 1. Januar 2000 um 9.00 Uhr. Über diesen Zeitpunkt besteht zwischen allen Beobachtern auf der Erde Einigkeit. Carolee entfernt sich nahezu mit Lichtgeschwindigkeit von der Erde, und zwar für genau sechs Stunden nach ihrer Zeitmessung. Dann geht sie auf Gegenkurs, kehrt ebenso schnell wieder zurück und landet nach zwölf Stunden (ihrer Zeitrechnung) auf dem Rasen vor unserem Haus.* Ich halte ihre Hand und kann sie während der ganzen Reise durch das Wurmloch sehen, so daß ich, *solange ich durch das Wurmloch schaue*, mit ihr darin übereinstimme, daß sie am 1. Januar 2000 um 21.00 Uhr zurückgekehrt ist. Ich kann nicht nur Carolee sehen, sondern dahinter auch unseren Garten und das Haus.

Um 21.01 Uhr drehe ich mich um und schaue aus dem Fenster – der Rasen vor dem Haus ist leer. Das Raumschiff ist nicht da, ebensowenig wie Carolee und die andere Öffnung des Wurmloches. Wenn ich ein ausreichend gutes Fernrohr zum Himmel richten würde, könnte ich sehen, wie sich Carolees Raumschiff von der Erde entfernt. Ihr Flug wird *nach irdischer Zeitmessung* nämlich 10 Jahre dauern. (Dies ist das bekannte »Zwillingsparadoxon«; der eine »Zwilling« fliegt mit hoher Geschwindigkeit davon und kommt nach nur 12 Stunden der eigenen Zeitrechnung zurück, während der auf der Erde verbliebene »Zwilling« 10 Jahre bis zum Ende der Reise warten muß.)

Ich gehe meinen gewohnten Beschäftigungen nach. Tag für Tag, Monat für Monat und Jahr für Jahr warte ich, bis schließlich, am 1. Januar 2010 Carolee von ihrer Reise zurückkehrt und auf dem Rasen vor dem Haus landet. Ich gehe hinaus, um sie zu begrüßen, und sie ist erwartungsgemäß nicht um 10 Jahre, sondern nur um 12 Stunden gealtert. Sie sitzt im Raumschiff, und hält durch die Öffnung des Wurmloches hindurch jemandes Hand. Ich stehe hinter ihr, schaue durch das Wurmloch und sehe mich selbst, um 10 Jahre jünger, wie ich am 1. Januar 2000 in unserem Wohnzimmer sitze. Das Wurmloch ist zu einer Zeitmaschine geworden. Wenn ich nun (am 1. Januar 2010) in die im Raumschiff befindliche Öffnung hineinklettere, werde ich zum 1. Januar 2000 in unserem Wohnzimmer ankommen und meinem jüngeren Selbst begegnen. Ebenso kann mein jüngeres Selbst durch das Wurmloch in das Raumschiff des Jahres 2010 gelangen. Wenn ich das Wurmloch in die eine Richtung durchquere, reise ich um 10 Jahre zurück in die Vergangenheit, durchquere ich es in die andere Richtung, reise ich um 10 Jahre voraus in die Zukunft.

Allerdings kann weder ich noch sonst jemand dieses Wurmloch benutzen, um weiter als bis zum 1. Januar 2000, 21.00 Uhr, in die Vergangenheit zu reisen. Es ist unmöglich, in eine Vergangenheit zu reisen, die weiter zurückliegt, als der Zeitpunkt, da das Wurmloch erstmals zu einer Zeitmaschine wurde.

* Wenn Carolee wirklich so schnell auf annähernd Lichtgeschwindigkeit beschleunigen und wieder abbremsen würde, müßten die dabei entstehenden Beschleunigungskräfte ihren Körper zerreißen. Für dieses Gedankenexperiment nehme ich jedoch an, daß ihr Körper aus einem so widerstandsfähigen Material besteht, daß sie die Beschleunigung ohne Probleme überlebt.

Die Gesetze der allgemeinen Relativität sind unzweideutig. Wenn es möglich ist, Wurmlöcher durch exotische Materie offenzuhalten, dann besitzen sie genau die oben beschriebenen Eigenschaften.

Im Sommer des Jahres 1987, etwa einen Monat nachdem ich zu den obigen Schlußfolgerungen gelangt war, rief Richard Price Carolee an. Richard ist ein enger Freund von mir. Er war es, der 16 Jahre zuvor gezeigt hatte, daß Schwarze Löcher ihre »Haare« in Form von Strahlung verlieren (Kapitel 7). Er machte sich Sorgen um mich, weil er gehört hatte, daß ich an einer Theorie über Zeitmaschinen arbeitete. Nun fürchtete er, ich sei ein bißchen verrückt oder senil geworden; Carolee versuchte, ihn zu beruhigen.

Richards Anruf rüttelte mich auf. Ich fing zwar nicht an, an meinem Verstand zu zweifeln, aber wenn schon meine engsten Freunde besorgt waren, dann mußte ich mir gut überlegen, wie wir unsere Ergebnisse der Fachwelt und der Öffentlichkeit vorstellen wollten. Dabei ging es weniger um mich als vielmehr darum, Mike Morris und meinen anderen Studenten nicht zu schaden.

Vorsichtshalber beschloß ich im Winter 1987/88, mir mit Veröffentlichungen zum Thema Zeitmaschinen Zeit zu lassen. Zusammen mit meinen Studenten Mike Morris und Ulvi Yurtsever konzentrierte ich mich zunächst darauf, möglichst alles zu verstehen, was Wurmlöcher und Zeitmaschinen betraf. Erst wenn alle Zusammenhänge glasklar vor uns lagen, wollte ich unsere Arbeit veröffentlichen.

Da ich mich, um Ruhe zu finden, aus meinem gewohnten Umfeld zurückgezogen hatte, arbeitete ich mit Morris und Yurtsever über Telefon und Computermodem zusammen. Carolee hatte in Madison, Wisconsin, eine zweijährige Postdoc-Stelle angetreten, und ich war während der ersten sieben Monate (Januar bis Juli 1988) als »Hausmann« bei ihr. In einer Dachkammer des Hauses, das wir in Madison gemietet hatten, standen mein Computer und mein Arbeitstisch, und dort verbrachte ich die meisten Stunden des Tages. Ich dachte nach, rechnete und schrieb. Meistens ging es um andere Projekte, aber gelegentlich auch um Wurmlöcher und Zeit.

Um Anregungen zu erhalten und meine Gedanken an versierten »Gegnern« zu erproben, fuhr ich alle paar Wochen nach Milwaukee, um mit einer Gruppe herausragender Forscher auf dem Gebiet der Relativität unter der Leitung von John Friedman und Leonard Parker zu diskutieren. Manchmal fuhr ich auch nach Chicago und sprach mit Mitgliedern einer anderen hervorragenden Forschungsgruppe unter der Leitung von Subrahmanyan Chandrasekhar, Robert Geroch und Robert Wald.

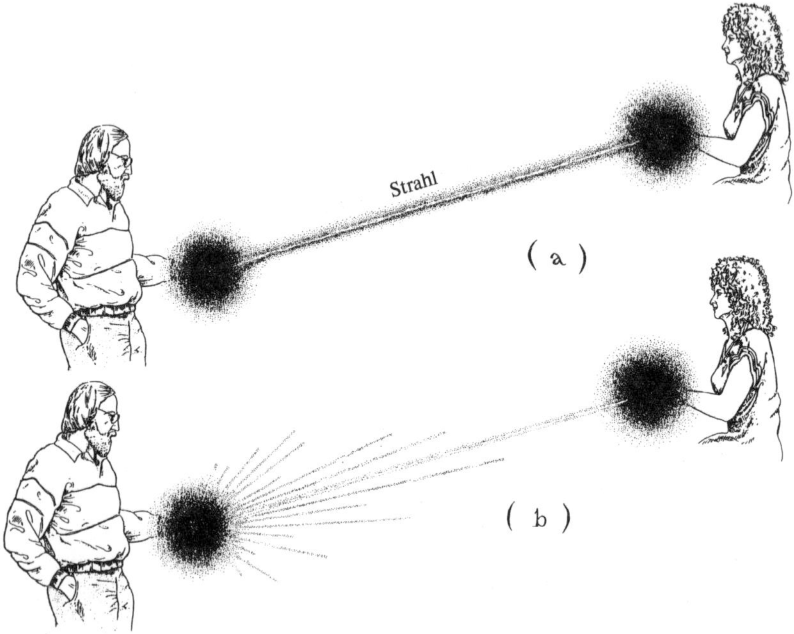

Abb. 14.8: (a) Der Vorschlag von Geroch und Wald, wie sich das Wurmloch zerstören könnte, wenn man versucht, daraus eine Zeitmaschine zu machen. Ein intensives Strahlungsbündel verläuft zwischen den beiden Eingängen des Wurmloches und verstärkt sich selbst. Der Strahl wird unendlich energiereich und zerstört das Wurmloch. (b) In Wirklichkeit geschieht folgendes: Das Wurmloch weitet den Strahl auf und wirkt dadurch dem Verstärkungsprozeß entgegen. Der Strahl bleibt schwach, und das Wurmloch wird nicht zerstört.

Bei einem Besuch in Chicago im März wurde ich plötzlich aufgerüttelt. Ich hielt einen Vortrag, in dem ich beschrieb, was wir über Wurmlöcher und Zeitmaschinen herausgefunden hatten. Nach dem Vortrag fragten mich dann Geroch und Wald (sinngemäß): *»Würde ein Wurmloch nicht automatisch zerstört werden, wenn eine fortgeschrittene Zivilisation versuchte, es in eine Zeitmaschine zu verwandeln?«*

Warum? Auf welche Weise? Ich brannte darauf, mehr zu erfahren, und sie erklärten mir, was sie meinten. Auf die obige Geschichte von Carolee und mir übertragen, lautete ihre Erklärung folgendermaßen: Stellen Sie sich vor, Carolee kehrt mit ihrem Raumschiff, in dem sich die eine Öffnung des Wurmloches befindet, zur Erde zurück, während ich neben der anderen Öffnung zu Hause sitze. Wenn sich das Raumschiff der Erde auf 10 Lichtjahre genähert hat, kann

Strahlung (elektromagnetische Wellen) das Wurmloch für Zeitreisen »nutzen«: Jede zufällige Menge an Strahlung, die von unserem Haus in Pasadena mit Lichtgeschwindigkeit zum Raumschiff gelangt, kommt dort nach 10 Jahren (von der Erde aus gesehen) an, kann dann in das Wurmloch eintreten, 10 Jahre (nach der Zeitrechnung auf der Erde) in der Zeit zurückreisen und in exakt demselben Augenblick zur Öffnung auf der Erde austreten, zu dem sie eingetreten ist. Die Strahlung trifft dann auf ihr früheres Selbst und vereinigt sich mit ihr, nicht nur im Raum, sondern in der Raumzeit und verdoppelt somit ihre Intensität. Damit nicht genug: Während der Reise erfährt auch jedes Strahlungsquant (jedes Photon) einen Energiezuwachs aufgrund der relativen Bewegung der beiden Öffnungen des Wurmloches (aufgrund der »Doppler-Verschiebung«).
Die Strahlung macht sich erneut auf den Weg zum Raumschiff, kehrt zurück zur Erde, und trifft wieder in dem Augenblick ein, in dem sie ihre Reise beginnt. Sie addiert sich wieder zu sich selbst und erhält einen weiteren Energiezuwachs durch die Doppler-Verschiebung. Dies geschieht immer und immer wieder, bis die Strahlung unendlich stark wird (Abb. 14.8 a).
Auf diese Weise entsteht, ausgehend von einer beliebig kleinen Strahlungsmenge, ein Strahl von unendlicher Energie, der von einer Öffnung des Wurmloches zur anderen reicht. Dieser Strahl im Inneren des Wurmloches würde, so die Argumentation von Geroch und Wald, eine unendlich große Raumzeitkrümmung hervorrufen und das Wurmloch vermutlich zerstören, so daß es gar nicht erst zu einer Zeitmaschine werden könnte.
Benommen fuhr ich von Chicago zurück nach Madison. In meinem Kopf schwirrten geometrische Bilder von Strahlen, die durch ein Wurmloch schossen, dessen Öffnungen sich gegeneinander bewegten. Ich versuchte mir bildlich vorzustellen, was passieren würde, und fragte mich, ob Geroch und Wald recht hatten oder nicht.
Als ich mich der Grenze von Wisconsin näherte, wurden die Bilder deutlicher. Das Wurmloch würde *nicht* zerstört werden; Geroch und Wald hatten einen entscheidenen Umstand übersehen: Jedesmal, wenn der Strahl das Wurmloch durchquert, wird er vom Wurmloch in der in Kasten 14.1 erläuterten Weise defokussiert. Aufgrund dieser Streuung fächert sich der Strahl weit auf, wenn er die Öffnung verläßt und nur ein winziger Teil der Strahlung wird wieder eingefangen und kann erneut durch das Wurmloch treten, um sich zu seinem früheren Selbst zu addieren (Abb. 14.8 b).
Während ich im Auto fuhr, konnte ich die Summe im Kopf bilden. Ich addierte Strahlung, die mehrmals durch das Wurmloch hindurchfliegen würde (eine aufgrund der Defokussierung immer kleiner werdende Menge), und kam zu dem

Ergebnis, daß der resultierende Strahl schwach sein mußte – viel zu schwach, um das Wurmloch zu zerstören.
Meine Rechnung erwies sich als richtig, doch hätte ich, wie ich später erläutern werde, vorsichtiger sein sollen. Diese Episode hätte mich lehren sollen, daß die Konstruktion einer Zeitmaschine unerwartete Gefahren birgt.

Doktoranden, die kurz vor dem Abschluß ihrer Arbeit stehen, bereiten mir oft viel Freude. Sie kommen von selbst auf wesentliche Ideen, sie verwickeln mich in Diskussionen und behalten recht, und sie bringen mir viele unerwartete Dinge bei. So war es auch im Fall von Morris und Yurtsever, als wir langsam unser Manuskript für *Physical Review Letters* vollendeten. Viele der in dem Artikel geschilderten Ideen und technischen Details stammen von ihnen.
Je näher unsere Arbeit der Vollendung rückte, desto mehr schwankte ich zwischen Sorge und Begeisterung. Sorgen machte ich mir darüber, daß die physikalische Karriere von Morris und Yurtsever Schaden nehmen könnte, wenn man ihren Namen mit verrückter »Science-fiction-Physik« in Verbindung brachte. Andererseits begeisterten mich unsere Ergebnisse und die Einsicht, daß Fragen vom Sagan-Typ die physikalische Forschung beflügeln können. Als der Artikel schließlich fertig wurde, unterdrückte ich meine Bedenken (die Morris und Yurtsever anscheinend nicht teilten) und einigte mich mit den beiden auf den Titel »Wormholes, Time Machines and the Weak Energy Condition« (»Wurmlöcher, Zeitmaschinen und die schwache Energiebedingung«, wobei der Begriff »schwache Energiebedingung« der Fachausdruck für exotische Materie ist). Obwohl im Titel das Wort »Zeitmaschinen« vorkam, wurde unser Artikel anstandslos zur Veröffentlichung angenommen. Die beiden anonymen Gutachter waren uns offenbar wohlgesinnt; ich gab einen Seufzer der Erleichterung von mir.
Als das Datum der Veröffentlichung näherrückte, nahmen meine Bedenken wieder zu. Ich bat die Presseabteilung des Caltech, jegliches öffentliche Aufsehen um unsere Arbeit an Zeitmaschinen zu vermeiden, ja zu unterdrücken. Eine Sensationsmeldung darüber in der Presse hätte unsere Arbeit in den Augen vieler Physiker als verrückt brandmarken können, und ich wollte, daß unsere Kollegen sich ernsthaft mit unserem Artikel auseinandersetzten.
Unser Artikel erschien, und alles verlief gut.[10] Wie ich gehofft hatte, entging er der Aufmerksamkeit der Presse, doch unter unseren Kollegen rief er Interesse und Widerspruch hervor. Briefe kamen, in denen Fragen gestellt und unsere Aussagen angezweifelt wurden; doch wir hatten unsere Hausaufgaben gemacht. Die Antworten lagen parat.
Meine Freunde reagierten unterschiedlich. Richard Price machte sich weiterhin

Sorgen; er war zwar zu dem Schluß gekommen, daß ich weder verrückt noch senil war, doch fürchtete er um meinen guten Ruf. Mein russischer Freund Nowikow dagegen war begeistert. Von Santa Cruz, Kalifornien, wo er zu Besuch war, rief er an und sagte: »Kip, ich bin so froh! Du hast das Eis gebrochen. Wenn *du* deine Forschung über Zeitmaschinen veröffentlichen kannst, dann kann ich das auch!« – was er fortan auch tat.

Das Muttermord-Paradoxon

Die heftigste Kontroverse, die durch unseren Artikel ausgelöst wurde, betraf das sogenannte Muttermord-Paradoxon:* Wenn ich eine Zeitmaschine besitze (gleichgültig, ob sie auf einem Wurmloch oder einem anderen Mechanismus beruht), bin ich in der Lage, in die Vergangenheit zu reisen und meine eigene Mutter umzubringen, bevor ich geboren werde, so daß ich meine Mutter eigentlich nicht umbringen kann.**

Ein zentraler Punkt in diesem Paradoxon ist die Frage nach dem *freien Willen:* Besitze ich als Mensch die Macht, über mein eigenes Schicksal zu entscheiden? Kann ich wirklich, wenn ich in die Vergangenheit reise, meine Mutter töten, oder wird mich (wie in so vielen Science-fiction-Geschichten) irgend etwas unweigerlich daran hindern?

Nun ist der freie Willen schon in einem Universum ohne Zeitmaschinen etwas, mit dem Physiker schlecht umzugehen verstehen. Wir versuchen normalerweise, solchen Fragen aus dem Weg zu gehen, da sie die Dinge nur unnötig komplizieren. Dies ist insbesondere dann der Fall, wenn es um Zeitmaschinen geht. Aus diesem Grund beschlossen Morris, Yurtsever und ich vor der Veröffentlichung des Artikels (nachdem wir lange mit unseren Kollegen in Milwaukee diskutiert hatten), die Frage des freien Willens vollkommen auszuklammern. Wir vermieden es in dem Artikel strikt, über menschliche Wesen zu sprechen, die das Wurmloch als Zeitmaschine benutzen könnten, und beschränkten uns ausschließlich auf unbelebte Objekte, wie etwa elektromagnetische Wellen.

* In der Science-fiction-Literatur wird häufiger der Ausdruck »Großvater-Paradoxon« verwendet. Vermutlich befinden sich unter den Autoren überwiegend Kavaliere, denen der Gedanke angenehmer ist, daß der Mord eine Generation früher und an einem männlichen Vorfahren vorgenommen wird.

** Ich und meine vier Geschwister haben vor unserer Mutter den größten Respekt (siehe auch die Fußnote auf S. 305 in Kapitel 7). Ich habe deshalb die Zustimmung meiner Mutter eingeholt, bevor ich dieses Beispiel verwendete.

Vor der Veröffentlichung dachten wir viel darüber nach, ob es durch Wellen, die in der Zeit zurückreisen, zu unlösbaren Paradoxien kommt. Angespornt von John Friedman gelangten wir schließlich zu der Ansicht, daß es wahrscheinlich *keine unlösbaren Paradoxien* gab, und äußerten diese Vermutung in unserem Artikel.* Wir weiteten diese Vermutung sogar auf jegliches unbelebte Objekt aus, das durch das Wurmloch reist.[11] Diese Vermutung war es, die den heftigsten Widerspruch hervorrief.

Die interessanteste Zuschrift, die wir erhielten, stammte von Joe Polchinski, einem Professor für Physik an der University of Texas in Austin. Polchinski schrieb: »Lieber Kip, ... Wenn ich richtig verstehe, stellen Sie die Vermutung auf, daß es in Ihrer Zeitmaschine [auf der Basis eines Wurmloches] keine unlösbaren Paradoxien gibt. Mir scheint, daß ... dies nicht richtig ist.« Dann schilderte er eine elegante und einfache Variante des Muttermord-Paradoxons, die nicht mit der Frage des freien Willens verknüpft ist, so daß wir uns in der Lage sahen, diese Variante zu untersuchen:

Man nehme ein Wurmloch, das sich in eine Zeitmaschine verwandelt hat. Seine beiden Öffnungen sollen sich im interplanetaren Raum nebeneinander und in Ruhe befinden. Wenn man eine Billardkugel von einem geeigneten Ort mit einer geeigneten Anfangsgeschwindigkeit losschickt, wird sie in die rechte Öffnung eintreten, in der Zeit zurückreisen, zu einem früheren Zeitpunkt (aus unserer Sicht von außen) aus der linken Öffnung herauskommen und ihr früheres Selbst so treffen, daß die Kugel die rechte Öffnung verfehlt und sich nicht selbst treffen kann.

Wie im Muttermord-Paradoxon beruht diese Situation auf einer Zeitreise in die Vergangenheit, die mit einer Änderung der Vorgeschichte verbunden ist. Im einen Fall reist man in der Zeit zurück, bringt seine Mutter um und verhindert so die eigene Geburt. In Polchinskis Paradoxon reist die Billardkugel in der Zeit zurück, stößt mit sich selbst zusammen und verhindert so, daß sie in der Zeit zurückreisen kann.

Beide Situationen ergeben keinen Sinn. So wie die Gesetze der Physik in sich logisch konsistent sein müssen, muß auch die Entwicklung des Universums, die ja den Gesetzen der Physik gehorcht, in sich schlüssig sein – zumindest solange sich das Universum klassisch (nichtquantenmechanisch) verhält. Im Bereich der Quantenmechanik sind die Verhältnisse etwas komplizierter. Da sich aber so-

* Drei Jahre später gelang John Friedman und Mike Morris der schlüssige Beweis, daß es in der Tat keine solchen unlösbaren Paradoxien gibt – vorausgesetzt, die Wellen addieren sich linear in der in Kasten 10.3 dargestellten Weise.[12]

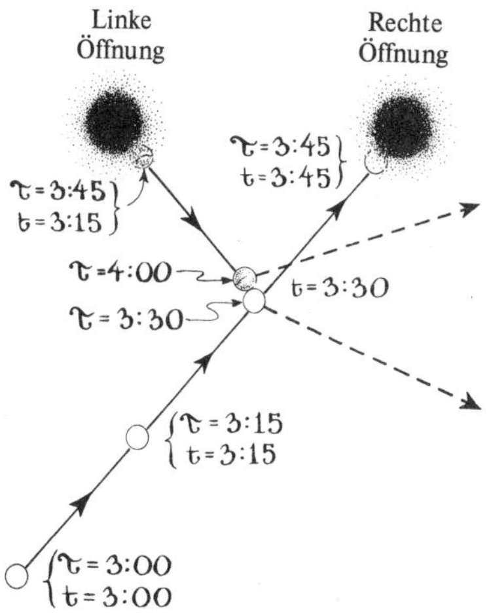

Abb. 14.9: Polchinskis Billardkugel-Version des Muttermord-Paradoxons. Das Wurmloch ist sehr kurz und wird als Zeitmaschine benutzt, so daß alles, was durch die rechte Öffnung eintritt, für einen äußeren Beobachter dreißig Minuten zuvor durch die andere Öffnung herauskommt. Der Fluß der Zeit außerhalb des Wurmloches wird mit dem Buchstaben t bezeichnet; der Zeitfluß, den die Billardkugel erfährt, wird mit τ bezeichnet. Die Billardkugel wird zum Zeitpunkt t = 3:00 Uhr vom angegebenen Ort mit einer solchen Geschwindigkeit losgeschickt, daß sie genau um t = 3:45 Uhr in den rechten Eingang eintritt. Die Kugel kommt 30 Minuten früher, um t = 3:15 Uhr, zum linken Ende heraus und stößt zum Zeitpunkt t = 3:30 Uhr mit seinem jüngeren Selbst zusammen, ändert also seine Richtung, erreicht den rechten Eingang nicht und kann nicht mit sich selbst zusammenstoßen.

wohl der Muttermörder als auch die Billardkugel klassisch verhalten (und nur dann quantenmechanische Effekte aufweisen, wenn man Messungen von unerreichbarer Genauigkeit durchführen würde; siehe Kapitel 10), können beide nicht in der Zeit zurückreisen und ihre eigene Vorgeschichte verändern.
Was also geschieht im Fall der Billardkugel? Um dies herauszufinden, konzentrierten Morris, Yurtsever und ich uns auf die *Anfangsbedingungen* der Kugel, das heißt auf ihren Ausgangsort und ihre Anfangsgeschwindigkeit. Wir fragten uns: »Gibt es für dieselben Anfangsbedingungen, die zu Polchinskis Paradoxon führten, eine *andere* Bahn der Billardkugel, die, im Gegensatz zu der in Abbildung 14.9, eine *logisch konsistente* Lösung der physikalischen Gleichungen für klassische Kugeln darstellt?« Nach langen Diskussionen stimmten wir darin überein, daß die Frage wahrscheinlich zu bejahen sei, doch waren wir uns dessen nicht absolut sicher. Wir hatten auch nicht mehr genügend Zeit, um dies abschließend herauszufinden, da Morris und Yurtsever ihre Doktorarbeit beendet hatten und das Caltech verließen, um Postdoc-Stellen in Milwaukee und Triest anzutreten.

Zum Glück zieht das Caltech ständig ausgezeichneten Nachwuchs an. Zwei neue Studenten standen schon bereit: Fernando Echeverria und Gunnar Klinkhammer. Sie nahmen sich das Paradoxon von Polchinski vor und konnten nach einigen Monaten beweisen, daß es tatsächlich eine mit sich selbst konsistente Bahn für eine Billardkugel gibt, die mit Polchinskis Anfangsbedingungen beginnt und alle physikalischen Gesetze für klassische Kugeln erfüllt. Es gibt eigentlich sogar *zwei* solche Bahnen, und sie sind in Abbildung 14.10 dargestellt.[13] Ich werde im Folgenden jede dieser Bahnen aus dem Blickwinkel der Billardkugel beschreiben.

Auf Bahn (a) (Abb. 14.10 links) startet die junge, noch makellose Kugel zur Zeit t = 3:00 Uhr und bewegt sich auf exakt derselben Bahn wie in Polchinskis Paradoxon (Abb. 14.9) auf die rechte Öffnung des Wurmloches zu. Eine halbe Stunde später, um t = 3:30 Uhr, wird sie links hinten von einer älteren, gesprungenen Kugel getroffen (die, wie sich herausstellen wird, ihr älteres Selbst ist). Die Kollision verläuft so glimpflich, daß die jüngere Kugel nur wenig von ihrer ursprünglichen Bahn abgelenkt wird, jedoch heftig genug, um beschädigt zu werden; sie bewegt sich auf einer leicht geänderten Bahn weiter, tritt um t = 3:45 Uhr in die Öffnung des Wurmloches ein, bewegt sich 30 Minuten in der Zeit rückwärts und kommt um t = 3:15 Uhr zur anderen Öffnung heraus. Da sich die Bahn gegenüber der in Polchinskis Paradoxon leicht geändert hat (Abb. 14.9), streift die alte, beschädigte Kugel ihr jüngeres Selbst um t = 3:30 Uhr nur leicht hinten links und lenkt sie nicht, wie in Abbildung 14.9, völlig von der Bahn ab. Dadurch ist die zeitliche Entwicklung in sich völlig konsistent.

Die Bahn (b) in Abbildung 14.10 rechts gleicht Bahn (a) mit einem Unterschied: Die Stoßgeometrie ist etwas anders, und somit sieht auch die Bahn zwischen den Stößen etwas anders aus. Insbesondere kommt die alte, gesprungene Kugel auf einer anderen Bahn zur linken Öffnung heraus und streift daher ihr jüngeres Selbst *vorne rechts* (statt hinten links).

Echeverria und Klinkhammer zeigten, daß beide Bahnen, (a) und (b), die physikalischen Gesetze für herkömmliche Billardkugeln erfüllen und folglich beide im wirklichen Universum vorkommen können (*falls* es im wirklichen Universum Zeitmaschinen in Form von Wurmlöchern geben kann).

Dies ist sehr beunruhigend. In einem Universum ohne Zeitmaschinen kann die oben beschriebene Situation niemals eintreten. Ohne Zeitmaschinen gibt es für eine Billardkugel mit einem gegebenen Satz von Anfangsbedingungen genau eine Bahn, die die Gesetze der klassischen Physik erfüllt. Die Vorhersage für die Bewegung der Billardkugel ist eindeutig. Die Zeitmaschine hat diese Eindeutigkeit zerstört, so daß es nunmehr zwei gleichberechtigte Vorhersagen für die Bahn der Kugel gibt.

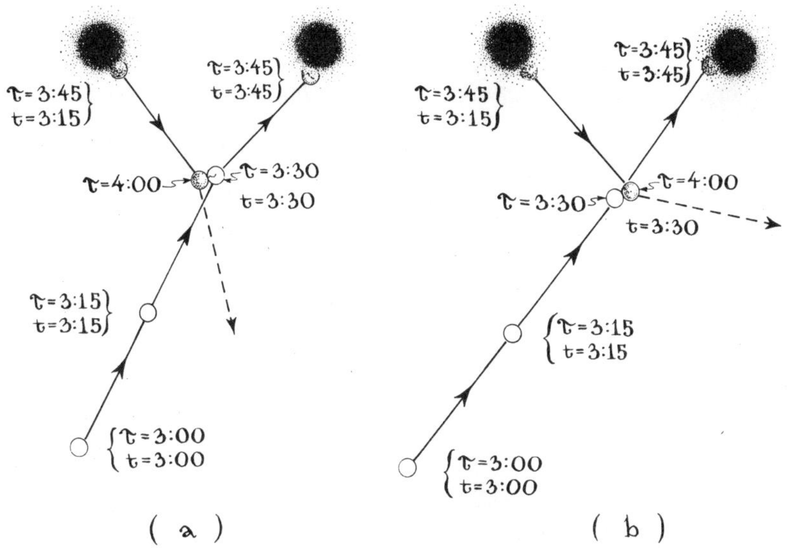

Abb. 14.10: Die Auflösung von Polchinskis Version des Muttermord-Paradoxons (Abb. 14.9): Eine Billardkugel, die um 3:00 Uhr unter denselben Anfangsbedingungen (mit derselben Richtung und Geschwindigkeit) wie in Polchinskis Paradoxon startet, kann sich entlang einer der beiden hier gezeigten Bahnen bewegen. Jede dieser Bahnen ist vollkommen selbstkonsistent und erfüllt die Gesetze der klassischen Physik an jedem Punkt.

Eigentlich ist die Situation sogar noch schlimmer als es auf den ersten Blick scheint: Die Zeitmaschine sorgt dafür, daß es nicht nur zwei, sondern *eine unendliche Anzahl* gleichberechtigter Vorhersagen für die Bahn gibt. Ein einfaches Beispiel hierfür ist in Kasten 14.2 dargestellt.

Gerät die Physik durch Zeitmaschinen aus den Fugen? Machen es Zeitmaschinen unmöglich, zeitliche Entwicklungen vorherzusagen? Wenn nicht, wie wählen die Gesetze der Physik unter den unendlich vielen erlaubten Bahnen diejenige aus, der die Billardkugel folgen wird?

Auf der Suche nach einer Antwort wechselten Gunnar Klinkhammer und ich im Jahre 1989 von den *klassischen* zu den *quantenmechanischen* Gesetzen der Physik, denn letzlich sind sie es, die unser Universum beherrschen.

So unterliegen die Gravitation und die Struktur der Raumzeit letztlich den Gesetzen der Quantengravitation. Einsteins klassische Gesetze der Gravitation, die aus der allgemeinen Relativitätstheorie folgen, sind lediglich Näherungen für die Gesetze der Quantengravitation – Näherungen mit hervorragender Genauigkeit, solange man weit von Singularitäten entfernt ist und solange man die

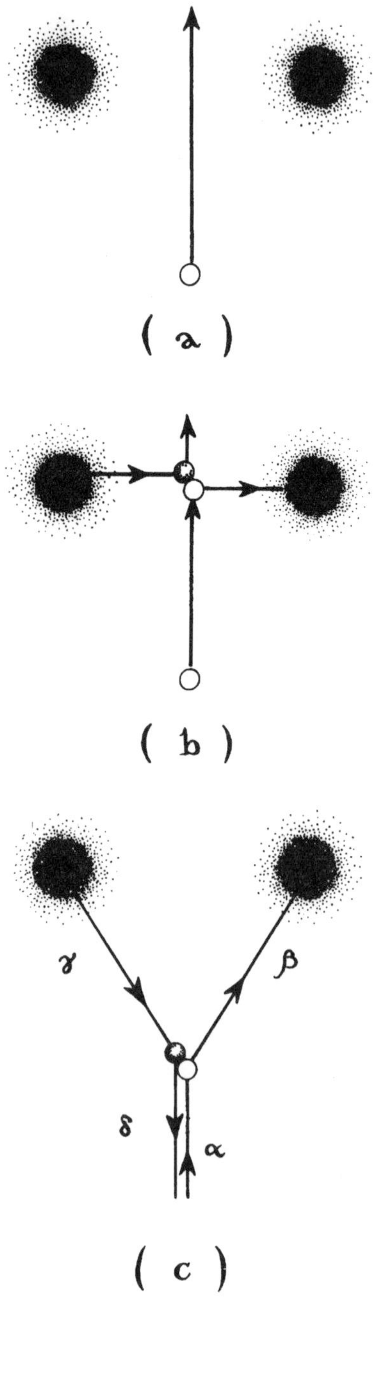

Kasten 14.2

Das Billardkugel-Problem: eine unendliche Zahl von Bahnen[14]

Eines Tages, als ich gerade am Flughafen von San Francisco auf meinen Flug wartete, kam mir der Gedanke, daß es für eine Billardkugel, die zwischen den Öffnungen einer Wurmloch-Zeitmaschine hindurchgeschossen wird, zwei mögliche Bahnen gibt. Auf einer Bahn (a) fliegt sie ungehindert zwischen den beiden Öffnungen hindurch. Auf der anderen Bahn (b) erhält sie genau zwischen den Öffnungen einen Stoß, der sie nach rechts ablenkt, so daß sie auf die rechte Öffnung zufliegt, im Wurmloch verschwindet, zu einem früheren Zeitpunkt zur linken Öffnung wieder hervorkommt, mit sich selbst zusammenstößt und dann davonfliegt.

Einige Monate später entdeckte Robert Forward [ein Pionier auf dem Gebiet der laserinterferometrischen Gravitationswellendetektoren (Kapitel 10) und Science-fiction-Autor] eine dritte Bahn, die den Gesetzen der Physik genügt, nämlich die weiter unten gezeigte Bahn (c): Hier tritt der Stoß nicht zwischen den Öffnungen der Wurmlöcher ein, sondern noch bevor die Kugel sich den Öffnungen genähert hat.[15] Ich begriff damals, daß der Stoß, wie etwa in (d) und (e), immer weiter nach vorne verlegt werden kann, wenn man die Kugel zwischen den beiden Stoßereignissen mehrmals durch das Wurmloch laufen läßt. In (e) fliegt die Kugel zum Beispiel auf der Bahn α und wird durch den Stoß mit sich selbst auf die Bahn β in die rechte Öffnung gelenkt; sie läuft dann durch das Wurmloch (und in der Zeit rückwärts) und kommt aus der linken Öffnung auf der Bahn γ heraus; sie wird erneut durch das Wurmloch geführt (in eine noch weiter zurückliegende Vergangenheit) und kommt auf δ wieder zum Vorschein; nachdem sie das Wurmloch nochmals durchlaufen hat (und immer weiter in die Zeit zurückreist), wird sie auf ε zum Stoßereignis geführt, das sie schließlich auf die Bahn η lenkt.

Offenbar gibt es eine unendliche Anzahl von Bahnen (mit einer jeweils unterschiedlichen Zahl von Durchläufen durch das Wurmloch), die mit den klassischen (nicht den quantenmechanischen) Gesetzen der Physik verträglich sind. Alle Bahnen entspringen denselben Anfangsbedingungen, das heißt, sie beginnen bei demselben Ausgangspunkt und besitzen dieselbe Anfangsgeschwindigkeit. Angesichts dieser Ergebnisse fragt man sich verwundert, ob die Physik aus den Fugen geraten ist oder ob statt dessen die Gesetze der Physik irgendwie entscheiden können, welche Bahn die Kugel nehmen muß.

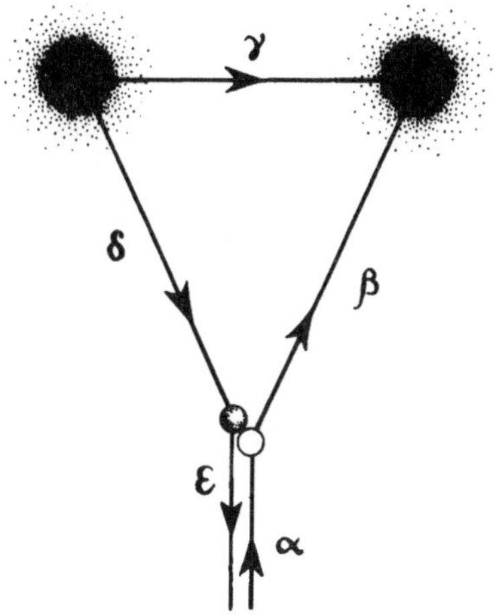

(d)

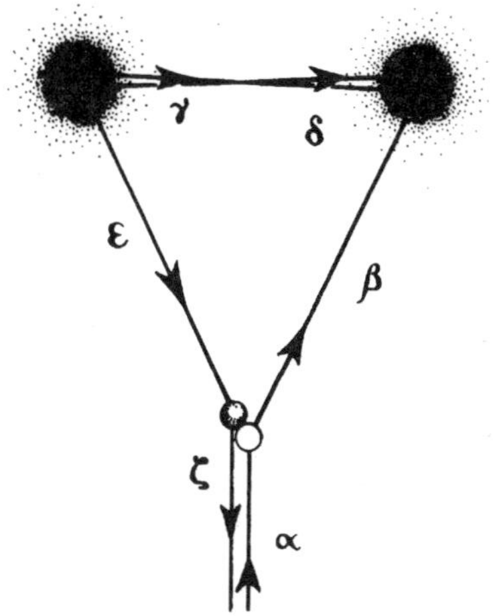

(e)

Raumzeit in einem Maßstab betrachtet, der groß gegenüber 10^{-33} Zentimetern ist; dennoch bleiben sie nur Näherungen (Kapitel 13).

Ebenso sind die klassischen Gesetze, mit denen meine Studenten und ich Polchinskis Paradoxon untersucht hatten, lediglich Näherungen für die Gesetze der

Quantenmechanik. Da aus den klassischen Gesetzen anscheinend »unsinnige« Vorhersagen folgten (eine unendliche Zahl möglicher Bahnen der Billardkugel nämlich), wandten Klinkhammer und ich uns der Quantenmechanik zu, um zu einem tieferen Verständnis zu gelangen.

In der Quantenmechanik gelten ganz andere »Spielregeln« als in der klassischen Physik. Wenn man die Anfangsbedingungen eines physikalischen Systems vorgibt, sagen die klassischen Gesetze voraus, was geschehen wird (zum Beispiel, welcher Bahn eine Billardkugel folgen wird); und solange es keine Zeitmaschinen gibt, sind diese Voraussagen eindeutig. Die Gesetze der Quantenmechanik hingegen sagen nur Wahrscheinlichkeiten voraus, zum Beispiel, mit welcher Wahrscheinlichkeit eine Kugel sich durch diesen oder jenen Bereich des Raumes bewegen wird.

Angesichts dieser Spielregeln waren die Antworten, die Klinkhammer und ich aus den Gesetzen der Quantenmechanik ableiteten, nicht überraschend. Wenn die Kugel um t = 3:00 Uhr auf der Bahn von Polchinskis Paradoxon startet (Abb. 14.9 und 14.10), ergibt sich eine gewisse quantenmechanische Wahrscheinlichkeit – von sagen wir 48 Prozent – für die Bahn (a) und eine gewisse Wahrscheinlichkeit – von sagen wir ebenfalls 48 Prozent – für Bahn (b), sowie eine bestimmte – viel kleinere – Wahrscheinlichkeit für die unendliche Zahl der anderen Bahnen, die klassisch erlaubt sind. In jedem einzelnen »Experiment« wird die Kugel genau eine der erlaubten Bahnen einschlagen; doch wenn wir eine große Zahl identischer Experimente durchführen, werden 48 Prozent der Billardkugeln der Bahn (a), 48 Prozent der Bahn (b) und 4 Prozent anderen Bahnen folgen.

Diese Schlußfolgerung war befriedigend, da offenbar die Gesetze der Physik mit der Existenz von Zeitmaschinen in Einklang zu bringen waren. Es gab Überraschungen, doch gab es anscheinend keine ungeheuerlichen Vorhersagen und keinerlei Anzeichen für unauflösbare Paradoxien.[16] So mochte ein Journalist durchaus auf die Idee kommen, daraus eine Schlagzeile zu machen, etwa: PHYSIKER BEWEISEN DIE EXISTENZ VON ZEITMASCHINEN (obwohl ich natürlich diese Art der Verzerrung von Aussagen immer gefürchtet habe).

•

Im Herbst des Jahres 1988 entdeckte schließlich Keay Davidson, ein Reporter des *San Francisco Examiner,* unseren drei Monate zuvor in der Zeitschrift *Physical Review Letters* erschienenen Artikel »Wurmlöcher, Zeitmaschinen und die schwache Energiebedingung« und machte eine Schlagzeile daraus.

Es hätte schlimmer kommen können. Immerhin hatten die Physiker drei Monate Zeit gehabt, sich mit unseren Ideen vertraut zu machen, ohne daß eine Sensationsmeldung für Unruhe gesorgt hatte.

Doch nun ließ sich die sensationslüsterne Presse nicht mehr aufhalten. PHYSIKER ERFINDEN ZEITMASCHINEN, so lautete eine typische Schlagzeile. Die Zeitschrift *California* brachte in einem Artikel über »den Mann, der die Zeitreise erfand« sogar ein Foto von mir, wie ich auf dem Mount Palomar spärlich bekleidet Physik treibe.[17] Es war mir äußerst peinlich – nicht das Foto, sondern die vollkommen haarsträubende Aussage, ich hätte Zeitmaschinen und Zeitreisen erfunden. *Selbst wenn die physikalischen Gesetze tatsächlich Zeitmaschinen erlauben sollten (und es wird am Ende des Kapitels klarwerden, daß ich daran zweifle), dann übersteigen sie die gegenwärtigen technischen Fähigkeiten des Menschen in einem weitaus höheren Maße, als die Raumfahrt die Möglichkeiten des Höhlenmenschen überstieg.*
Nachdem ich mit zwei Reportern gesprochen hatte, gab ich alle Bemühungen auf, die Geschichte ins rechte Licht zu rücken, und tauchte statt dessen unter. Meine Assistentin Pat Lyon, die schwer bedrängt wurde, mußte die Presse mit folgender Erklärung abweisen: »Professor Thorne ist der Ansicht, daß seine Forschungen noch nicht weit genug gediehen sind, um die Ergebnisse der Öffentlichkeit mitzuteilen. Wenn er einer Antwort auf die Frage, ob Zeitmaschinen nach den physikalischen Gesetzen zulässig sind, näher gekommen ist, wird er dies in einem allgemeinverständlichen Artikel erläutern.«
Mit diesem Kapitel löse ich dieses Versprechen ein.

Erhaltung der Zeitrichtung

Im Februar 1989, als die Aufregung in der Presse allmählich nachließ und Echeverria, Klinkhammer und ich begannen, uns mit Polchinskis Paradoxon auseinanderzusetzen, flog ich nach Bozeman in Montana, um einen Vortrag zu halten. Dort traf ich Bill Hiscock, einen ehemaligen Studenten von Charles Misner, und bat ihn, wie zuvor schon viele andere Kollegen, um seine Meinung zu Wurmlöchern und Zeitmaschinen.
»Vielleicht ist es lohnenswert, elektromagnetische Vakuumfluktuationen zu untersuchen«, sagte Hiscock. »Vielleicht zerstören sie ein Wurmloch, wenn unendlich fortgeschrittene Wesen versuchen, daraus eine Zeitmaschine zu machen.« Hiscock hatte dabei das Gedankenexperiment im Sinn, bei dem meine Frau Carolee mit unserem Raumschiff und einer Öffnung des Wurmloches von einer Reise aus dem Universum zurückkehrt, während ich mich mit der anderen Öffnung auf der Erde befinde und das Wurmloch im Begriff ist, sich in eine Zeitmaschine zu verwandeln (Abb. 14.7 und 14.8 oben). Hiscock vermutete,

Abb. 14.11: Während Carolee und ich, wie in Abb. 14.7, versuchen, ein Wurmloch in eine Zeitmaschine zu verwandeln, entstehen zwischen den beiden Enden elektromagnetische Vakuumfluktuationen, die sich verstärken und einen Strahl von beträchtlicher Energie erzeugen.

daß elektromagnetische Vakuumfluktuationen in derselben Weise im Wurmloch umherfliegen wie die in Abbildung 14.8 dargestellten kleinen Mengen an Strahlung. Indem sie sich selbst verstärken, könnten diese Fluktuationen unendlich groß werden und das Wurmloch zerstören.

Ich war skeptisch. Als ich im Jahr zuvor von Chicago nach Hause zurückgefahren war, hatte ich mich davon überzeugt, daß jene kleinen Strahlungsmengen sich *nicht* verstärken und keinen unendlich energiereichen Strahl bilden können, der das Wurmloch zerstört. Das Wurmloch verhindert dies, indem es die Strahlung defokussiert. Und so nahm ich an, daß das Wurmloch sicherlich auch einen Strahl von elektromagnetischen Vakuumfluktuationen defokussieren würde.

Andererseits, so dachte ich, sind Zeitmaschinen innerhalb der Physik so exotisch, daß man alles, was sie möglicherweise verhindert, einer näheren Betrachtung unterziehen muß. Deshalb machte ich mich trotz meiner Skepsis daran, mit Sung-Won Kim, einem Postdoktoranden in meiner Gruppe, das Verhalten von Vakuumfluktuationen in einem Wurmloch zu berechnen.

Dabei kamen uns die mathematischen Hilfsmittel, die Hiscock und Deborah Konkowski einige Jahre zuvor entwickelt hatten, sehr zustatten.[18] Ein Hindernis stellte dagegen unsere eigene mangelnde Sachkenntnis dar. Weder Kim noch ich beherrschten die Gesetze der Quantenfelder in einer gekrümmten Raumzeit (Kapitel 13), die für die Behandlung solcher Vakuumfluktuationen wichtig sind, sehr gut. Und so dauerte es ein ganzes Jahr, bis unsere Rechnungen schließlich nach vielen Mißgriffen und Fehlern aufgingen und im Februar 1990 zu einer Antwort führten.

Ich war überrascht und schockiert. Obwohl das Wurmloch versuchte, die Vakuumfluktuationen zu defokussieren, neigten sie dazu, sich von selbst wieder zu bündeln (Abb. 14.11). So breiteten sich die vom Wurmloch defokussierten Vakuumfluktuationen zunächst fächerartig von der Öffnung auf der Erde aus, liefen dann aber zielstrebig wieder in der Öffnung an Bord von Carolees Raumschiff zusammen, so als würden sie von einer geheimnisvollen Kraft angezogen, und kehrten von dort durch das Wurmloch zur Erde zurück. Dieser Vorgang wiederholte sich immer und immer wieder, bis ein intensiver Strahl fluktuierender Energie erzeugt wurde.

Ist ein solcher Strahl von Vakuumfluktuationen intensiv genug, um ein Wurmloch zu zerstören? fragten wir uns. Acht Monate lang, von Februar bis September 1990, bemühten wir uns um die Antwort. Schließlich kamen wir nach vielem Hin und Her zu dem (falschen) Schluß: »Wahrscheinlich nicht.« Unsere Argumentation erschien uns selbst und einigen Kollegen so zwingend, daß wir sie in einem Manuskript niederlegten, das wir zur Veröffentlichung bei *Physical Review* einreichten.

Unsere Argumente lauteten folgendermaßen: Die in einem Wurmloch zirkulierenden elektromagnetischen Vakuumfluktuationen sind, wie unsere Rechnungen gezeigt hatten, *nur für eine verschwindend kleine Zeitspanne unendlich groß*. Sie erreichen ihre größte Intensität genau in dem Augenblick, in dem es zum ersten Mal möglich wird, ein Wurmloch als Zeitmaschine zu verwenden, und ebben danach sofort wieder ab (Abb. 14.12).

Nun scheinen aber die (wenig verstandenen) Gesetze der Quantengravitation so etwas wie eine »verschwindend kleine Zeitspanne« zu verbieten. Ebenso wie die Fluktuationen der Raumzeitkrümmung den Begriff der Länge auf einer Größenskala von weniger als 10^{-33} Zentimetern, der Planck-Wheeler-Länge, sinnlos machen (siehe Abb. 14.3 und die damit verknüpften Erläuterungen), sollte auch der Begriff der Zeit auf einer Skala von weniger als 10^{-43} Sekunden sinnlos werden. (Dies ist die Planck-Wheeler-Zeit, die sich ergibt, wenn man die Planck-Wheeler-Länge durch die Lichtgeschwindigkeit dividiert.) Die Quantengravitation scheint zu fordern, daß kürzere Zeitintervalle nicht existieren. Begriffe wie *davor*, *danach* oder *zeitliche Entwicklung* haben innerhalb so kurzer Zeiträume keine Bedeutung.

Kim und ich schlossen daraus, daß die zirkulierenden Vakuumfluktuationen aufhören müßten, sich zeitlich zu entwickeln. Das heißt, sie sollten 10^{-43} Sekunden, bevor das Wurmloch zu einer Zeitmaschine wird, aufhören anzuwachsen.

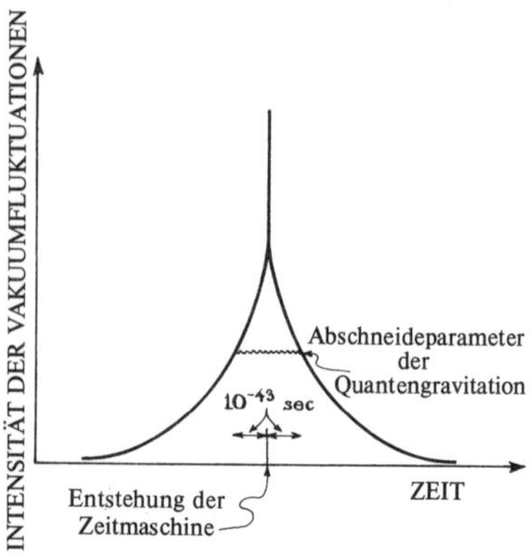

Abb. 14.12: Zeitliche Entwicklung der Intensität der elektromagnetischen Vakuumfluktuationen, die durch das Wurmloch fließen, kurz bevor und kurz nachdem es eine Zeitmaschine wird.

Eine weitere zeitliche Entwicklung sollte nach den Gesetzen der Quantengravitation erst wieder 10^{-43} Sekunden nach der Geburt der Zeitmaschine zulässig sein, wenn die Fluktuationen bereits wieder abebben. Zwischen diesen Zeitpunkten gibt es keine Zeit und auch keine Entwicklung (Abb. 14.12). Die entscheidende Frage lautete nun: *Wie stark ist der Strahl zirkulierender Fluktuationen angewachsen, bis die Quantengravitation das weitere Anwachsen verhindert.* Unsere Rechnungen zeigten klar und eindeutig, daß der Strahl viel zu schwach war, um das Wurmloch zu beschädigen, und deshalb konnten Vakuumfluktuationen, wie es in unserem Manuskript hieß, »die Bildung oder Existenz geschlossener zeitartiger Bahnen nicht verhindern«. (Der Begriff *geschlossene zeitartige Bahnen* bezeichnet im Physikerjargon Zeitmaschinen. Da ich aufgrund meiner Erfahrungen mit der Presse aufgehört hatte, das Wort »Zeitmaschinen« in meinen Veröffentlichungen zu gebrauchen, entging den Journalisten, die mit der Fachsprache nicht vertraut waren, worum es eigentlich ging.)

Im September 1990, als wir unser Manuskript bei *Physical Review* einreichten, sandten Kim und ich Kopien davon an verschiedene Kollegen, darunter an Stephen Hawking. Hawking las das Manuskript mit Interesse – und widersprach. Was ihn störte, war nicht unsere Berechnung des Strahls zirkulierender Vakuumfluktuationen (zumal eine ähnliche Rechnung von Valerie Frolow in Moskau unsere Ergebnisse bestätigt hatte[19]), sondern unsere Analyse der Effekte der Quantengravitation.

Hakwing stimmte zu, daß die Quantengravitation wahrscheinlich das Anwachsen der Vakuumfluktuationen 10^{-43} Sekunden vor der Schaffung einer Zeitmaschine abschnitt, das heißt, 10^{-43} Sekunden bevor die Fluktuationen unendlich groß würden. »Doch wer mißt diese 10^{-43} Sekunden? Und in welchem Bezugssystem?« fragte er. Hawking erinnerte uns daran, daß die Zeit »relativ«, nicht absolut ist. Sie hängt vom jeweiligen Bezugssystem ab. Kim und ich hatten angenommen, daß der Bezugsrahmen eines Beobachters, der relativ zum Schlund des Wurmloches ruht, eine geeignete Wahl sei. Hawking dagegen bevorzugte ein anderes Bezugssystem, nämlich das der Fluktuationen selbst, oder – präziser ausgedrückt – das eines Beobachters, der sich mit den Fluktuationen von der Erde zum Raumschiff mit einer solchen Geschwindigkeit bewegt, daß ihm die Entfernung von 10 Lichtjahren zwischen Erde und Raumschiff (10^{19} Zentimeter) auf die Planck-Wheeler-Länge (10^{-33} Zentimeter) verkürzt erscheint. Die Gesetze der Quantengravitation erlangen also erst 10^{-43} Sekunden vor der Schaffung der Zeitmaschine Geltung, *gemessen im Bezugssystem eines sich mit den Fluktuationen bewegenden Beobachters,* so lautete Hawkings Vermutung. Wenn man dies auf das Bezugssystem eines im Wurmloch ruhenden Beobachters (auf das Kim und ich uns gestützt hatten) überträgt, würden die Effekte der Quantengravitation nicht schon 10^{-43} Sekunden, sondern erst 10^{-95} Sekunden vor der Entstehung der Zeitmaschine eintreten. In diesem Fall aber ist nach unseren Berechnungen der Strahl der Vakuumfluktuationen so weit angewachsen, *daß er in der Tat das Wurmloch zerstören könnte.*

Hawkings Vermutung war plausibel. Nach langem Nachdenken kamen Kim und ich zu dem Schluß, daß er recht haben könnte, und es gelang uns, den Artikel entsprechend abzuändern, bevor er erschien.[20]
Die Folgerungen waren jedoch ungewiß. Selbst wenn Hawking recht hatte, war es nicht klar, ob der Strahl der Vakuumfluktuationen das Wurmloch zerstören würde oder nicht – und um dies mit Sicherheit sagen zu können, mußte man verstehen, wie sich die Quantengravitation im Bereich von 10^{-95} Sekunden vor und nach der Entstehung einer Zeitmaschine verhält.
Kurz gesagt, *die Antwort auf die Frage, ob Wurmlöcher in Zeitmaschinen verwandelt werden können, hängt von einem besseren Verständnis der Gesetze der Quantengravitation ab.*
Hawking ist ein überzeugter Gegner von Zeitmaschinen. Er glaubt, daß die Natur sie verabscheut, und er hat dies in der Vermutung ausgedrückt, *daß die Zeitrichtung immer erhalten bleiben müsse,*[21] was damit gleichbedeutend ist, *daß die Gesetze der Physik keine Zeitmaschinen zulassen.* (Mit dem ihm eigenen Humor beschreibt Hawking diese Vermutung als eine Voraussetzung dafür, daß »die Welt für Historiker in Ordnung bleibt«.)
Hawking glaubt, daß die anwachsenden Strahlen von Vakuumfluktuationen in

der Natur dafür sorgen, daß die Zeitrichtung gewahrt bleibt: *Wenn man versucht, aus einem Wurmloch, einem rotierenden Zylinder** oder einem kosmischen String** eine beliebige Zeitmaschine zu bauen, so strömt durch das Gebilde, kurz bevor es zu einer Zeitmaschine wird, ein Strahl von Vakuumfluktuationen, der es zerstört. Hawking scheint bereit zu sein, hohe Wetten darauf einzugehen.

Ich bin *nicht* gewillt, dagegen zu wetten. Es macht mir Spaß, mit Hawking zu wetten, jedoch nur dann, wenn ich eine reelle Chance habe zu gewinnen. In diesem Fall habe ich das Gefühl, ich würde verlieren. Die Berechnungen, die ich zusammen mit Kim angestellt habe, sowie bislang noch unveröffentlichte Rechnungen von Eanna Flanagan (einer Studentin in meiner Gruppe) lassen mich vermuten, daß Hawking wahrscheinlich recht hat. Aber solange wir die Quantengravitation nicht vollständig ergründet haben, läßt sich dies nicht mit Bestimmtheit sagen.[23]

* Siehe Fußnote auf Seite 569.

** Kürzlich hat Richard Gott von der Princeton University entdeckt, daß man eine Zeitmaschine aus zwei unendlich langen kosmischen »Strings« konstruieren kann, wenn man sie mit sehr hoher Geschwindigkeit gegeneinander bewegt. Solche »Strings« sind hypothetische Objekte, die im wirklichen Universum vielleicht existieren, vielleicht aber auch nicht.[22]

Epilog

worin das Resümee über Einsteins Vermächtnis gezogen wird – seine Auswirkungen in der Vergangenheit und in der Zukunft – und aktuelle Informationen über die wichtigsten handelnden Personen nachgetragen werden

Fast ein Jahrhundert ist vergangen, seit Einstein die Newtonsche Vorstellung von Raum und Zeit als etwas Absolutem zerstörte und die Grundlagen für ein neues Verständnis schuf. Aus seinem Vermächtnis folgte die Erkenntnis, daß die Raumzeit gekrümmt ist und es eine Reihe exotischer Gebilde gibt, die aus nichts anderem als eben dieser Krümmung der Raumzeit bestehen: Schwarze Löcher, Gravitationswellen, Singularitäten (nackte und verhüllte), Wurmlöcher und Zeitmaschinen.

Jedes dieser Gebilde stieß zunächst auf mehr oder weniger große Ablehnung unter Physikern.

- Wie wir gesehen haben, begegneten Eddington, Wheeler und sogar Einstein selbst den *Schwarzen Löchern* mit äußerster Skepsis. Eddington und Einstein starben, bevor neue Erkenntnisse sie widerlegen konnten, doch Wheeler ließ sich überzeugen und wurde ein begeisterter Verfechter Schwarzer Löcher.
- In den vierziger und fünfziger Jahren zogen manche Physiker aus der Mathematik der allgemeinen Relativitätstheorie falsche Schlüsse und zweifelten daher an der Existenz von *Gravitationswellen* – diese Episode böte genug Stoff für ein neues Buch –, doch diese Zweifel hat man längst ausräumen können.
- Die Entdeckung, daß Singularitäten zwangsläufig aus den Gesetzen der allgemeinen Relativitätstheorie folgen, war und ist für viele Physiker ein großer Schock. Manche von ihnen trösten sich mit Penroses Hypothese der kosmischen Zensur, wonach es immerhin keine nackten Singularitäten geben darf. Doch unabhängig davon, ob diese Vermutung richtig ist oder nicht, haben sich die meisten Physiker heute mit der Vorstellung von Singularitäten abgefunden und gehen wie Wheeler davon aus, daß die – leider noch nicht sehr gut verstandenen – Gesetze der Quantengravitation solche Gebilde wohl zähmen werden. Singularitäten unterliegen den Gesetzen der Quan-

tengravitation, so wie die Bewegungen der Planeten den Newtonschen bzw. den Einsteinschen Gravitationsgesetzen unterliegen.
- Wurmlöcher und Zeitmaschinen werden heute von den meisten Physikern abgelehnt, obwohl sie nach Einsteins Gesetzen der allgemeinen Relativität durchaus existieren können. Skeptische Physiker können sich jedoch mit neuesten Erkenntnissen trösten, die vermuten lassen, daß die Existenz von Wurmlöchern und Zeitmaschinen nicht von den eher toleranten Einsteinschen Gesetzen abhängt, sondern von den vergleichsweise restriktiven Gesetzen der Quantengravitation, die sich auf Quantenfelder in der gekrümmten Raumzeit beziehen. Wenn es uns gelingt, diese Gesetze besser zu verstehen, werden wir *vielleicht* erfahren, wie die physikalischen Gesetze das Universum auf eindeutige Weise vor Wurmlöchern und Zeitmaschinen – zumindest aber vor Zeitmaschinen – bewahren.

Welche Entwicklungen sind im kommenden Jahrhundert in bezug auf das Einsteinsche Vermächtnis zu erwarten?
Es ist anzunehmen, daß sich unser Verständnis von Raum und Zeit und den aus einer Krümmung der Raumzeit bestehenden Gebilden auch weiterhin in revolutionärer Weise entwickeln wird. Der Grundstein für bahnbrechende neue Erkenntnisse ist gelegt:

- Gravitationswellendetektoren werden in nicht allzu ferner Zukunft Himmelskarten von Schwarzen Löchern erstellen und die symphonischen Klänge kollidierender Schwarzer Löcher aufzeichnen – Symphonien, die uns mit reichhaltigen neuen Informationen über das Verhalten stark vibrierender Raumzeitkrümmungen versorgen. Mit Hilfe von Supercomputern wird man versuchen, diese Symphonien zu simulieren und ihre Bedeutung zu entschlüsseln. Schwarze Löcher werden damit endlich einer detaillierten experimentellen Forschung zugänglich sein. Hierbei können wir uns auf so manche Überraschung gefaßt machen.
- Früher oder später im nächsten Jahrhundert (eher früher als später), wird ein gescheiter Physiker die Gesetze der Quantengravitation entdecken und detailliert erforschen.
- Mit Hilfe dieser Gesetze werden wir vielleicht endlich verstehen, wie die Raumzeit unseres Universums aus dem Quantenschaum der Urknall-Singularität entstand. Wir werden möglicherweise erfahren, welche Bedeutung der häufig gestellten Frage nach der Zeit vor dem Urknall zukommt. Wir werden vielleicht herausfinden, ob aus dem Quantenschaum multiple Uni-

versen hervorgehen können und wie die Raumzeit in der Singularität eines Schwarzen Loches oder bei dem Kollaps des Universums zerstört wird, ob es zu einer neuen Erschaffung von Raumzeit kommt und wenn ja, wie und wo dies geschehen mag. Und wir erfahren vielleicht, ob die Gesetze der Quantengravitation Zeitmaschinen erlauben oder verbieten, das heißt, ob es Gesetze gibt, die dazu führen, daß sich Zeitmaschinen in dem Augenblick, da sie aktiviert werden, zwangsläufig selbst zerstören.

- Der Entwicklungsprozeß, der von den Newtonschen Gesetzen über die spezielle und die allgemeine Relativitätstheorie zur Quantentheorie und weiter zur Quantengravitation geführt hat, ist noch keineswegs abgeschlossen. Die Gesetze der Quantengravitation müssen noch mit den physikalischen Gesetzen vereinigt werden, denen die anderen fundamentalen Kräfte unterliegen: die elektromagnetische Kraft, die schwache Wechselwirkung und die starke Wechselwirkung. Die Vereinheitlichung dieser Gesetze wird vermutlich ebenfalls irgendwann im nächsten Jahrhundert stattfinden (eher früher als später), und sie könnte unser Verständnis vom Universum radikal ändern. Was wird danach sein? Ich glaube, daß niemand es wagen kann, Prognosen über diesen Zeitpunkt hinaus zu formulieren – und doch mag dieser Zeitpunkt noch zu unseren Lebzeiten eintreten.

Schlußbemerkungen (November 1993)

Albert Einstein bemühte sich in den letzten fünfundzwanzig Jahren seines Lebens vergeblich, die Gesetze der allgemeinen Relativitätstheorie mit Maxwells Gesetzen des Elektromagnetismus zu vereinen. Er erkannte nicht, daß die Vereinheitlichung mit der Quantenmechanik die wichtigere Aufgabe war. Er starb 1955 in Princeton, New Jersey, im Alter von sechsundsiebzig Jahren.

Subrahmanyan Chandrasekhar, mittlerweile dreiundachtzig Jahre alt, beschäftigt sich noch immer mit der Erforschung der Einsteinschen Feldgleichung, häufig in Zusammenarbeit mit weitaus jüngeren Kollegen. In den letzten Jahren hat er wichtige Beiträge zu unserem Verständnis pulsierender Sterne und kollidierender Gravitationswellen geleistet.

Fritz Zwicky wandte sich mit zunehmendem Alter von der theoretischen Forschung ab und widmete sich der beobachtenden Astronomie. Doch auch weiterhin veröffentlichte er kontroverse, vorausschauende Ideen, wenn auch nicht zum Thema dieses Buches. Er emeritierte vom Caltech im Jahre 1968 und zog in die Schweiz, wo er seine letzten Jahre damit verbrachte, seinen Weg zur Erkenntnis, die »morphologische Methode«, zu vervollkommnen. Er starb im Jahre 1974.

Lew Dawidowitsch Landau erholte sich geistig (wenn auch nicht seelisch) von den Folgen seiner einjährigen Haft (1938/39) und wurde nach seiner Freilassung aus dem Gefängnis zur tonangebenden Figur in der sowjetischen theoretischen Physik. Im Jahre 1962 erlitt er einen schweren Autounfall, der sein Gehirn in Mitleidenschaft zog. Seine Persönlichkeit veränderte sich, und er war nicht mehr in der Lage, Physik zu betreiben. Er starb im Jahre 1968, doch seine engsten Freunde sagten später: »Eigentlich ist 'Dau bereits 1962 gestorben.«

Jakow Borisowitsch Seldowitsch war in den siebziger und achtziger Jahren der einflußreichste Astrophysiker der Welt. Aufgrund tragischer persönlicher Auseinandersetzungen trennte er sich im Jahre 1978 von den meisten Mitgliedern seiner Arbeitsgruppe (der fähigsten Forschergruppe, die es in der theoretischen Astrophysik je gegeben hat) und begann, mit jüngeren Kollegen eine neue Gruppe aufzubauen. Sein Bemühen war jedoch nur teilweise erfolgreich. Er starb 1987 in Moskau an einem Herzanfall, kurz nachdem es ihm die von Gorbatschow eingeleiteten politischen Reformen ermöglicht hatten, zum ersten Mal nach Amerika zu reisen.

Igor Dmitrijewitsch Nowikow übernahm nach dem Zerwürfnis mit Seldowitsch die Leitung der ehemals von ihm und Seldowitsch gemeinsam geführten Gruppe. Wie Seldowitsch in der guten alten Zeit hielt er die Gruppe mit Schwung und Ideenreichtum zusammen. Doch ohne Seldowitsch war seine Arbeitsgruppe nur noch eine unter den besten der Welt und nicht mehr wie zuvor mit Abstand die beste. Mit dem Zusammenbruch der Sowjetunion im Jahre 1991 und nach einer Herzoperation, die ihm seine Sterblichkeit vor Augen führte, zog Nowikow nach Kopenhagen, wo er derzeit ein neues Institut für Theoretische Astrophysik aufbaut.

Witali Lasarewitsch Ginsburg arbeitet auch im Alter von siebenundsiebzig Jahren noch an vorderster Front der physikalischen und astrophysikalischen Forschung mit. Als **Andrej Sacharow** von 1980 bis 1986 in Gorki (heute Jekaterinenburg) in der Verbannung lebte, weigerte er sich als dessen Vorgesetzter am Lebedew-Institut in Moskau hartnäckig, Sacharow zu entlassen, und wirkte somit als eine Art Beschützer. Im Zeitalter von Gorbatschows Perestroika wurden Ginsburg und Sacharow als Abgeordnete in die Kammer der Volksdeputierten der Sowjetunion gewählt, wo sie sich vehement für Reformen einsetzten. Sacharow starb 1989 an einem Herzanfall.

J. Robert Oppenheimer wurde trotz des gegen ihn eingeleiteten Untersuchungsverfahrens und des Entzugs seiner politischen Unbedenklichkeitsbescheinigung im Jahre 1954 für die Mehrheit der Physiker zu einem Helden. Er kehrte niemals zur aktiven Forschung zurück, doch hielt er sich über die neuesten Entwicklungen in fast allen Bereichen der Physik auf dem laufenden und diskutierte gerne mit jüngeren Kollegen, die an ihm ihre Ideen erproben konnten. Er starb im Jahre 1967 an Krebs.

John Wheeler erforscht auch im Alter von zweiundachtzig Jahren ungebrochen die mögliche Vereinigung der Quantenmechanik mit der allgemeinen Relativitätstheorie und inspiriert mit seinen Vorträgen und Veröffentlichungen jüngere Kollegen. Besonders erwähnenswert ist sein jüngstes Buch *A Journey into Gravity and Spacetime* (dt. *Gravitation und Raumzeit*), das im Jahre 1990 erschien.

Roger Penrose ist wie Wheeler und viele andere besessen von dem Gedanken der Vereinigung der allgemeinen Relativitätstheorie mit der Quantenmechanik, woraus die Gesetze der Quantengravitation hervorgehen sollen. Über seine unkonventionellen Ideen hat er ein auch für Nichtphysiker verständliches Buch geschrieben: *The Emperor's New Mind* (dt. *Computerdenken*). Viele Physiker stehen seinen Ansichten skeptisch gegenüber, doch Penrose hat schon viele Male recht gehabt ...

Stephen Hawking bemüht sich ebenfalls um ein Verständnis der Gesetze der Quantengravitation. Insbesondere fasziniert ihn die Frage, welche Vorhersagen diese Gesetze über den Ursprung des Universums machen. Wie Penrose hat auch er seine Gedanken in einem Buch für Nichtphysiker beschrieben: *A Brief History of Time* (dt. *Eine kurze Geschichte der Zeit*). Trotz seiner fortschreitenden amyotrophischen Lateralsklerose ist sein Arbeitsdrang ungebrochen.

Biographische Anmerkungen

zu den Personen, die in diesem Buch häufig erwähnt werden

Anmerkung:
Die folgenden Kurzbeschreibungen der Personen und ihrer spezifischen Beiträge sollen dem Leser lediglich als Gedächtnisstütze dienen. Es handelt sich *keineswegs* um Kurzbiographien. (Die meisten Personen haben neben den hier erwähnten Leistungen wichtige wissenschaftliche Beiträge zu anderen Bereichen geleistet, die jedoch, da sie für unser Thema ohne Belang sind, nicht erwähnt werden.) Das wichtigste Kriterium für die Aufnahme in diese biographischen Anmerkungen ist nicht die Bedeutung der wissenschaftlichen Leistung, sondern vielmehr das häufige Auftreten der jeweiligen Person an verschiedenen Stellen in diesem Buch.

Baade, Walter (1893-1960). Amerikanischer optischer Astronom, in Deutschland geboren; gemeinsam mit Zwicky prägte er den Begriff der Supernova und stellte Vermutungen über die Beziehung von Supernovae zu Neutronensternen an (Kapitel 5); identifizierte die mit kosmischen Radioquellen verbundenen Galaxien (Kapitel 9).
Bardeen, James Maxwell (geb. 1939). Amerikanischer theoretischer Physiker; zeigte, daß viele, wenn nicht gar die meisten Schwarzen Löcher in unserem Universum rasch rotieren müssen; gemeinsam mit Petterson sagte er voraus, welchen Einfluß der Drehimpuls eines Loches auf die umgebende Akkretionsscheibe ausübt (Kapitel 9); gemeinsam mit Carter und Hawking entdeckte er die vier Gesetze der Mechanik Schwarzer Löcher, die die zeitliche Entwicklung Schwarzer Löcher beschreiben (Kapitel 12).
Bekenstein, Jacob (geb. 1947). Israelischer theoretischer Physiker; Schüler Wheelers; gemeinsam mit Hartle zeigte er, daß die Untersuchung der äußeren Umgebung Schwarzer Löcher keinerlei Rückschlüsse auf die Art von Materie erlaubt, aus der es entstand (Kapitel 7); er vermutete, daß die Oberfläche eines Schwarzen Loches nichts anderes als eine Form seiner Entropie ist, und war damit grundsätzlich anderer Meinung als Hawking, der seinen Irrtum schließlich jedoch zugeben mußte (Kapitel 12).

Bohr, Niels Hendrik David (1885-1962). Dänischer theoretischer Physiker; Nobelpreisträger; einer der Begründer der Quantenmechanik; in der Mitte des 20. Jahrhunderts Mentor vieler bedeutender Physiker, zum Beispiel von Lew Landau und John Wheeler; er bestärkte Chandrasekhar in dessen Auseinandersetzung mit Eddington (Kapitel 4) und versuchte später, Landau vor dem Gefängnis zu retten (Kapitel 5); gemeinsam mit Wheeler entwickelte er die Theorie der Kernspaltung (Kapitel 6).

Braginski, Wladimir Borisowitsch (geb. 1931). Russischer Experimentalphysiker; entdeckte, daß der Präzision physikalischer Messungen, etwa in Gravitationswellendetektoren, durch die Quantenmechanik eine Grenze auferlegt ist (Kapitel 10); Erfinder des Prinzips der »Quantum Nondemolition«-Messung, die diese quantenmechanische Beschränkung umgeht (Kapitel 10).

Carter, Brandon (geb. 1942). Australischer theoretischer Physiker; Schüler von Dennis Sciama in Cambridge, England; zog später nach Frankreich; erklärte die Eigenschaften rotierender Schwarzer Löcher (Kapitel 7); gemeinsam mit Bardeen und Hawking entdeckte er die vier Gesetze der Mechanik Schwarzer Löcher, die die zeitliche Entwicklung Schwarzer Löcher beschreiben (Kapitel 12).

Chandrasekhar, Subrahmanyan (geb. 1910). In Indien geborener amerikanischer Astrophysiker; Nobelpreisträger; bewies, daß es eine Massenobergrenze für Weiße Zwerge gibt, und stritt mit Eddington heftig über die Richtigkeit seiner Vorhersage (Kapitel 4); war maßgeblich an der Entwicklung einer Theorie beteiligt, die Vorhersagen über das Verhalten Schwarzer Löcher bei kleinen Störungen macht (Kapitel 7).

Eddington, Arthur Stanley (1882-1944). Britischer Astrophysiker; trat als einer der ersten führenden Physiker für die Einsteinsche allgemeine Relativitätstheorie ein (Kapitel 3); lehnte die Vorstellung Schwarzer Löcher und Chandrasekhars Schlußfolgerung über die Massenobergrenze Weißer Zwerge heftig ab (Kapitel 3 und 4).

Einstein, Albert (1879-1955). In Deutschland geborener schweizerisch-amerikanischer theoretischer Physiker; Nobelpreisträger; formulierte die Gesetze der speziellen Relativität (Kapitel 1) und der allgemeinen Relativität (Kapitel 2); zeigte, daß Licht sowohl Teilchen- als auch Wellencharakter besitzt (Kapitel 4); widersetzte sich der Vorstellung Schwarzer Löcher (Kapitel 3).

Geroch, Robert (geb. 1942). Amerikanischer theoretischer Physiker; Schüler Wheelers; gemeinsam mit anderen entwickelte er topologische Methoden zur Untersuchung Schwarzer Löcher (Kapitel 13); zeigte, daß sich die Topologie des Raumes nur dann verändern kann, wenn gleichzeitig eine Zeitmaschine erzeugt wird, beispielsweise bei der Bildung eines Wurmloches (Kapitel 14); zusammen mit Wald lieferte er eine erste Begründung für die Vermutung, daß sich Zeitmaschinen bei ihrer Entstehung selbst zerstören (Kapitel 14).

Giacconi, Riccardo (geb. 1931). In Italien geborener amerikanischer Experimental- und Astrophysiker; Leiter der Arbeitsgruppe, die 1962 mit Hilfe eines auf einer Rakete installierten Detektors den ersten Röntgenstern entdeckte (Kapitel 8); Leiter der Arbeitsgruppe, die den Uhuru-Röntgensatelliten entwarf und baute; Uhuru lieferte erste Hinweise darauf, daß Cygnus X-1 ein Schwarzes Loch ist (Kapitel 8).

Ginsburg, Witali Lasarewitsch (geb. 1916). Sowjetischer theoretischer Physiker; erfand den Lithiumdeuterid-Brennstoff für die sowjetische Wasserstoffbombe und wurde später vom weiteren Bau der Wasserstoffbombe ausgeschlossen (Kapitel 6); mit Landau entwickelte er eine Erklärung für den Ursprung der Supraleitung (Kapitel 6 und 9); lieferte erste Beweise für die Hypothese, daß Schwarze Löcher keine Haare haben (Kapitel 7); entdeckte, daß kosmische Radiowellen durch Synchrotronstrahlung verursacht werden (Kapitel 9).

Greenstein, Jesse L. (geb. 1909). Amerikanischer optischer Astronom, Kollege Zwickys (Kapitel 5); erkannte in den dreißiger Jahren zusammen mit Fred Whipple, daß kosmische Radiowellen nicht mit damaligen Theorien zu erklären waren (Kapitel 9); leitete den Beginn der amerikanischen Radioastronomie ein (Kapitel 9); entdeckte gemeinsam mit Maarten Schmidt Quasare (Kapitel 9).

Hartle, James B. (geb. 1939). Schüler Wheelers; zeigte zusammen mit Bekenstein, daß die Untersuchung der äußeren Umgebung Schwarzer Löcher keinerlei Rückschlüsse auf die Art von Materie erlaubt, aus der die Löcher entstanden (Kapitel 7); zusammen mit Hawking entdeckte er die Gesetze, die die Ausbildung des Horizonts eines Schwarzen Loches bestimmen (Kapitel 12); versucht derzeit gemeinsam mit Hawking, die Gesetze der Quantengravitation zu verstehen (Kapitel 13).

Hawking, Stephen W. (geb. 1942). Britischer theoretischer Physiker; Schüler Sciamas; leistete wichtige Beiträge zum Beweis der Vermutung, daß Schwarze Löcher keine Haare haben (Kapitel 7); entdeckte gemeinsam mit Bardeen und Carter die vier Gesetze der Mechanik Schwarzer Löcher, die die zeitliche Entwicklung Schwarzer Löcher beschreiben (Kapitel 12); entdeckte, daß sich die Oberfläche Schwarzer Löcher – wenn man von den Gesetzen der Quantenmechanik absieht – nur vergrößern kann, daß Schwarze Löcher jedoch nach den Gesetzen der Quantenmechanik verdampfen und schrumpfen (Kapitel 12); zeigte, daß winzige Schwarze Löcher beim Urknall entstanden sein könnten; gemeinsam mit Page stellte er einen Grenzwert für die Häufigkeit solcher primordialer (urzeitlicher) Löcher auf, der darauf beruht, daß Astronomen die bei der Verdampfung solcher Löcher entstehende Gammastrahlung nicht beboachten (Kapitel 12); entwickelte topologische Methoden für die Untersuchung Schwarzer Löcher (Kapitel 13); gemeinsam mit Penrose bewies er, daß der Urknall eine Singularität enthielt (Kapitel 13); formulierte die Vermutung, daß die Zeitrichtung stets erhalten bleibt, und begründete dies damit, daß Vakuumfluktuationen eine Zeitmaschine im Augenblick ihrer Entstehung zerstören müßten (Kapitel 14); wettete mit Kip Thorne, daß Cygnus X-1 kein Schwarzes Loch sei (Kapitel 8) und daß sich keine nackten Singularitäten in unserem Universum bilden können (Kapitel 13).

Israel, Werner (geb. 1931). In Südafrika geborener kanadischer theoretischer Physiker; bewies, daß jedes nichtrotierende Schwarze Loch kugelsymmetrisch sein muß, und lieferte Hinweise darauf, daß ein Schwarzes Loch seine »Haare« durch Abstrahlung eliminiert (Kapitel 7); entdeckte, daß sich die Oberfläche Schwarzer Löcher nur vergrößern kann, erkannte jedoch nicht die Bedeutung dieser Aussage (Kapitel 12); gemeinsam mit Poisson und Ori zeigte er, daß die Gezeitenkräfte nahe der Singularität eines Schwarzen Loches mit zunehmendem Alter des Loches schwächer werden (Kapitel 13); beschäftigte sich mit der frühen Geschichte der Erforschung Schwarzer Löcher (Kapitel 3).

Kerr, Roy P. (geb. 1934). Neuseeländischer Mathematiker; entdeckte die Lösung der Einsteinschen Feldgleichung, die ein rotierendes Schwarzes Loch beschreibt: die »Kerr-Lösung« (Kapitel 7).

Landau, Lew Dawidowitsch (1908-1968). Sowjetischer theoretischer Physiker; Nobelpreisträger; verbreitete in den dreißiger Jahren die westeuropäische theoretische Physik in der Sowjetunion (Kapitel 5 und 13); versuchte, die Sonnenwärme durch die Vorstellung eines Neutronenkerns zu erklären; dabei fängt ein Neutronenkern im Zentrum des Sterns stellare Materie ein, wobei Wärme erzeugt wird; diese Arbeit war der Auslöser für Oppenheimers Forschung über Neutronensterne und Schwarze Löcher (Kapitel 5); wurde während der stalinistischen Säuberungsaktionen inhaftiert und ein Jahr später freigelassen; entwickelte die Theorie der Suprafluidität (Kapitel 5); leistete Beiträge zur sowjetischen Kernwaffenforschung (Kapitel 6).

Laplace, Pierre Simon (1749-1827). Französischer Naturphilosoph; entwickelte und verbreitete die Vorstellung eines dunklen Sterns (Schwarzen Loches), der den Newtonschen Gesetzen unterliegt (Kapitel 3 und 6).

Lorentz, Hendrik Antoon (1853-1928). Holländischer theoretischer Physiker; Nobelpreisträger; schuf wichtige Grundlagen für die spezielle Relativitätstheorie; in diesem Zusammenhang war sein bedeutendster Beitrag die Entdeckung der sogenannten Lorentz-Kontraktion (Längenkontraktion) und der Zeitdilatation (Zeitdehnung) (Kapitel 1); Freund und Kollege Einsteins in der Zeit, als dieser die allgemeine Relativitätstheorie entwickelte (Kapitel 2).

Maxwell, James Clerk (1831-1879). Britischer theoretischer Physiker; formulierte die Gesetze des Elektromagnetismus (Kapitel 1).

Michell, John (1724-1793). Britischer Naturphilosoph; entwickelte und verbreitete die Vorstellung eines dunklen Sterns (Schwarzen Loches), der den Newtonschen Gesetzen unterliegt (Kapitel 3 und 6).

Michelson, Albert Abraham (1852-1931). In Deutschland geborener amerikanischer Experimentalphysiker; Nobelpreisträger; erfand das Verfahren der Interferometrie (Kapitel 1); entdeckte mit Hilfe dieses Verfahrens, daß die Lichtgeschwindigkeit unabhängig von der Geschwindigkeit des Beobachters ist (Kapitel 1).

Minkowski, Hermann (1864-1909). Deutscher theoretischer Physiker; Lehrer Einsteins (Kapitel 1); entdeckte, daß Raum und Zeit zu einem Ganzen verschmelzen: der Raumzeit (Kapitel 2).

Misner, Charles W. (geb. 1932). Amerikanischer theoretischer Physiker; Schüler Wheelers; entwickelte mit Hilfe von Einbettungsdiagrammen eine anschauliche Beschreibung zur Entstehung eines Schwarzen Loches aus einem kollabierenden Stern (Kapitel 6); gründete eine Forschergruppe, die im goldenen Zeitalter wesentliche Beiträge zur Erforschung Schwarzer Löcher leistete (Kapitel 7); entdeckte, daß elektromagnetische und andere Wellen, die sich in der Nähe eines rotierenden Schwarzen Loches ausbreiten, dem Loch Rotationsenergie entnehmen und sich selbst zerstören können (Kapitel 12); entdeckte die chaotischen »Mixmaster«-Schwingungen der Gezeitenkraft in der Nähe einer Singularität (Kapitel 13).

Newton, Isaac (1643-1727). Britischer Naturphilosoph; entwickelte die Grundlagen der Newtonschen Physik; formulierte die Vorstellung, daß Raum und Zeit absolut seien (Kapitel 1); stellte die Newtonschen Gravitationsgesetze auf (Kapitel 2).

Nowikow, Igor Dmitrijewitsch (geb. 1935). Sowjetischer theoretischer Physiker und Astrophysiker; Schüler von Seldowitsch; gemeinsam mit Doroschkewitsch und Seldowitsch fand er erste Beweise für die Vermutung, daß Schwarze Löcher keine Haare haben (Kapitel 7); mit Seldowitsch entwickelte er einen allem Anschein nach erfolgreichen Vorschlag für die Suche nach Schwarzen Löchern in unserer Milchstraße (Kapitel 8); mit Thorne stellte er eine Theorie über die Struktur von Akkretionsscheiben in der Nähe Schwarzer Löcher auf (Kapitel 12); mit Doroschkewitsch sagte er voraus, daß sich die Gezeitenkräfte im Inneren eines Schwarzen Loches mit zunehmendem Alter des Loches verändern

(Kapitel 13); beschäftigte sich mit der Frage, ob Zeitmaschinen nach den physikalischen Gesetzen zulässig sind oder nicht (Kapitel 14).

Oppenheimer, J. Robert (1904-1967). Amerikanischer theoretischer Physiker; verbreitete in den dreißiger Jahren die westeuropäische theoretische Physik in Amerika (Kapitel 5); widerlegte gemeinsam mit Serber Landaus Behauptung, daß ein Stern durch einen Neutronenkern mit Energie versorgt werde; mit Volkoff zeigte er, daß es eine Massenobergrenze für Neutronensterne gibt (Kapitel 5); mit Snyder zeigte er anhand eines idealisierten Modells, daß massereiche Sterne nach ihrem Tod zu Schwarzen Löchern kollabieren müssen, und sagte die wichtigsten Eigenschaften dieses Prozesses voraus (Kapitel 6); leitete den Bau der amerikanischen Atombombe; widersetzte sich zunächst dem Bau der Wasserstoffbombe und unterstützte sie später; im Jahre 1954 entzog man ihm die politische Unbedenklichkeitsbescheinigung (Kapitel 6); stritt mit Wheeler über die Frage, ob der Kollaps massereicher Sterne Schwarze Löcher erzeugt (Kapitel 6).

Penrose, Roger (geb. 1931). Britscher Mathematiker und theoretischer Physiker; stellte die Vermutung auf, daß Schwarze Löcher ihre »Haare« durch Abstrahlung verlieren (Kapitel 7); entdeckte, daß rotierende Schwarze Löcher gewaltige Energiemengen in dem Strudel des Raumes außerhalb ihres Horizonts speichern und daß diese Energie extrahiert werden kann (Kapitel 7); entwickelte den Begriff des scheinbaren Horizonts eines Schwarzen Loches (Kapitel 12 und 13); entdeckte, daß die Oberfläche Schwarzer Löcher immer größer werden muß, erkannte jedoch nicht die Bedeutung dieser Aussage (Kapitel 12); erfand topologische Methoden zur Untersuchung Schwarzer Löcher (Kapitel 13); bewies, daß Schwarze Löcher in ihrem Innern eine Singularität besitzen, und zeigte gemeinsam mit Hawking, daß der Urknall ebenfalls eine Singularität besaß (Kapitel 13); formulierte die Hypothese der kosmischen Zensur, wonach die physikalischen Gesetze verhindern, daß sich nackte Singularitäten in unserem Universum bilden (Kapitel 13).

Press, William H. (geb. 1948). Amerikanischer theoretischer Physiker und Astrophysiker; Schüler Thornes; bewies gemeinsam mit Teukolsky, daß Schwarze Löcher gegen kleine Störungen stabil sind (Kapitel 7 und 12); entdeckte, daß Schwarze Löcher pulsieren können (Kapitel 7); organisierte die Konferenz, auf der das goldene Zeitalter der Erforschung Schwarzer Löcher für beendet erklärt wurde (Kapitel 7).

Price, Richard H. (geb. 1943). Amerikanischer theoretischer Physiker und Astrophysiker; Schüler Thornes; lieferte den endgültigen Beweis für die Behauptung, daß Schwarze Löcher ihre »Haare« durch Abstrahlung verlieren, und bewies ferner, daß alles, was abgestrahlt werden kann, abgestrahlt werden muß (Kapitel 7); entdeckte erste Hinweise darauf, daß Schwarze Löcher pulsieren können, erkannte jedoch nicht die Bedeutung dieser Entdeckung (Kapitel 7); entwickelte gemeinsam mit anderen das Membran-Paradigma Schwarzer Löcher (Kapitel 11); zweifelte an Thornes Verstand, als Thorne begann, über Zeitmaschinen zu forschen (Kapitel 14).

Rees, Martin (geb. 1942). Britischer Astrophysiker; Schüler Sciamas; entwickelte verschiedene Modelle zur Erklärung der beobachteten Eigenschaften von Doppelsternsystemen, in denen ein Schwarzes Loch Gas von seinem Begleiter einfängt (Kapitel 8); stellte die Vermutung auf, daß die riesigen Radiowolken zu beiden Seiten einer Radiogalaxie von Energiestrahlen (Jets) gespeist werden, die aus dem Kern der Galaxie stammen, und entwickelte gemeinsam mit Blandford Modelle zur Beschreibung der Jets (Kapitel 9); mit Blandford und anderen entwickelte er außerdem Modelle, um zu erklären, wie ein extrem massereiches Schwarzes Loch Radiogalaxien, Quasare und aktive Galaxienkerne mit Energie versorgen kann (Kapitel 9).

Sacharow, Andrei Dmitrijewitsch (1921-1989). Sowjetischer theoretischer Physiker; leistete wichtige Beiträge zum Bau der sowjetischen Wasserstoffbombe (Kapitel 6); enger Freund, Mitarbeiter und Konkurrent von Seldowitsch (Kapitel 6 und 7); entwickelte sich zum führenden Dissidenten der Sowjetunion und nach Glasnost zu einem sowjetischen Idol.

Schwarzschild, Karl (1873-1916). Deutscher Astrophysiker; entdeckte die Schwarzschild-Lösung der Einsteinschen Feldgleichung, die die Raumzeitgeometrie statischer und kollabierender nichtrotierender Sterne und Schwarzer Löcher beschreibt (Kapitel 3); fand die Lösung der Einsteinschen Feldgleichung für das Innere eines Sterns konstanter Dichte – eine Lösung, aus der Einstein schloß, daß Schwarze Löcher nicht existieren können (Kapitel 3).

Sciama, Dennis (geb. 1926). Britischer Astrophysiker und bedeutender Förderer der Erforschung Schwarzer Löcher in Großbritannien (Kapitel 7 und 13).

Seldowitsch, Jakow Borisowitsch (1914-1987). Sowjetischer theoretischer Physiker und Astrophysiker; bedeutender Förderer der sowjetischen Astrophysik (Kapitel 7); arbeitete an einer Theorie nuklearer Kettenreaktionen (Kapitel 5); war maßgeblich an der Entwicklung der sowjetischen Wasserstoffbombe beteiligt (Kapitel 6); lieferte gemeinsam mit Doroschkewitsch und Nowikow erste Hinweise für die Vermutung, daß Schwarze Löcher keine »Haare« besitzen (Kapitel 7); schlug verschiedene Methoden für die Suche nach Schwarzen Löchern vor, von denen eine allem Anschein nach erfolgreich war (Kapitel 8); vermutete unabhängig von Salpeter, daß extrem massereiche Schwarze Löcher die

Energiequelle von Quasaren und Radiogalaxien sind (Kapitel 9); äußerte die Vorstellung, daß rotierende Schwarze Löcher nach den Gesetzen der Quantenmechanik Strahlung aussenden und auf diese Weise allmählich ihren Drehimpuls einbüßen; konnte dies mit Starobinski beweisen, verschloß sich dann aber gegenüber Hawkings Beweis, daß auch nichtrotierende Löcher Strahlung aussenden und verdampfen können (Kapitel 12).

Teukolsky, Saul A. (geb. 1947). In Südafrika geborener amerikanischer theoretischer Physiker; Schüler Thornes; entwickelte einen Formalismus zur Untersuchung der Störungen rotierender Schwarzer Löcher und benutzte diesen, gemeinsam mit Press, um zu zeigen, daß Schwarze Löcher gegen kleine Störungen stabil sind (Kapitel 7 und 12); in Zusammenarbeit mit Shapiro entdeckte er Hinweise, die vermuten lassen, daß die physikalischen Gesetze möglicherweise die Entstehung nackter Singularitäten in unserem Universum gestatten (Kapitel 13).

Thorne, Kip S. (geb. 1940). Amerikanischer theoretischer Physiker; Schüler Wheelers; formulierte die Ring-Vermutung, die beschreibt, unter welchen Bedingungen Schwarze Löcher aus einem kollabierenden Stern entstehen können, und sammelte erste Beweise zur Bestätigung dieser Vermutung (Kapitel 7); schätzte die Stärke von Gravitationswellen verschiedener astrophysikalischer Quellen ab und beteiligte sich an dem Versuch, Gravitationswellen mit Hilfe von Detektoren nachzuweisen (Kapitel 10); gemeinsam mit anderen entwickelte er das Membran-Paradigma Schwarzer Löcher (Kapitel 11); stellte Vermutungen über den statistischen Ursprung der Entropie eines Schwarzen Loches auf (Kapitel 12); führte Gedankenexperimente zu Wurmlöchern und Zeitmaschinen durch (Kapitel 14).

Wald, Robert M. (geb. 1947). Amerikanischer theoretischer Physiker; Schüler Wheelers; arbeitete an der Entwicklung und Anwendung von Teukolskys Formalismus zur Untersuchung der Störungen Schwarzer Löcher mit (Kapitel 7); entwickelte gemeinsam mit anderen ein Erklärungsmodell für das Verhalten elektrischer Felder außerhalb eines Schwarzen Loches – ein Erklärungsmodell, das dem Membran-Paradigma zugrunde liegt (Kapitel 11); leistete Beiträge zur Verdampfungstheorie Schwarzer Löcher und untersuchte, welche Folgen sich aus dieser Theorie für die Entropie eines Schwarzen Loches ergeben (Kapitel 12); zusammen mit Geroch lieferte er eine erste Begründung für die Vermutung, daß sich Zeitmaschinen bei ihrer Entstehung selbst zerstören (Kapitel 14).

Weber, Joseph (geb. 1919). Amerikanischer Experimentalphysiker; erfand den ersten Gravitationswellendetektor der Welt, einen zylindrischen Aluminiumempfänger, und leistete wichtige Beiträge zur Erfindung interferometrischer

Gravitationswellendetektoren (Kapitel 10); gilt allgemein als »Vater« der experimentellen Gravitationswellenforschung.

Wheeler, John Archibald (geb. 1911). Amerikanischer theoretischer Physiker; förderte in bedeutsamer Weise die amerikanische Forschung auf dem Gebiet der Schwarzen Löcher und anderer Aspekte der allgemeinen Relativitätstheorie (Kapitel 7); entwickelte gemeinsam mit Harrison und Wakano die Zustandsgleichung für kalte Materie und erstellte einen vollständigen Katalog kalter Sterne; erhärtete dadurch die Vermutung, daß massereiche Sterne nach ihrem Tod Schwarze Löcher bilden müssen (Kapitel 5); entwickelte mit Niels Bohr die Theorie der Kernspaltung (Kapitel 6); wurde nach anfänglicher Skepsis ein Befürworter Schwarzer Löcher (Kapitel 6); prägte den Begriff »Schwarzes Loch« und den Ausdruck »Schwarze Löcher haben keine Haare« (Kapitel 7); vertrat die Auffassung, daß der Endzustand eines kollabierten Sterns den Schlüssel zu einem Verständnis der Vereinigung der allgemeinen Relativitätstheorie mit der Quantenmechanik liefere; dabei nahm er Hawkings Entdeckung vorweg, daß Schwarze Löcher verdampfen können (Kapitel 6 und 13); formulierte die Grundlagen für die Gesetze der Quantengravitation und entwickelte die Vorstellung des Quantenschaums, von dem wir heute annehmen, daß er der Stoff ist, aus dem Singularitäten bestehen (Kapitel 13); entwickelte die Vorstellung der Planck-Wheeler-Länge und -Fläche (Kapitel 12, 13 und 14).

Zwicky, Fritz (1898-1974). In der Schweiz geborener amerikanischer theoretischer Physiker, Astrophysiker und optischer Astronom; erkannte gemeinsam mit Baade, daß Supernovae eine eigene Klasse astronomischer Objekte sind, und stellte die Behauptung auf, daß sie ihre Energie aus dem Kollaps eines gewöhnlichen Sterns zu einem Neutronenstern beziehen (Kapitel 5).

Chronologie

der wichtigsten Ereignisse und Entdeckungen

1687 Newton veröffentlicht sein Hauptwerk, *Philosophiae naturalis principia mathematica*, in dem er seine Vorstellung eines absoluten Raumes und einer absoluten Zeit sowie sein Gravitationsgesetz und die Grundgesetze der Mechanik, die sogenannten Newtonschen Axiome, niederlegt. [Kapitel 1]

1783 & 1795 Michell und Laplace entwickeln unter Verwendung der Newtonschen Gesetze die Vorstellung eines Newtonschen Schwarzen Loches. [Kapitel 3]

1864 Maxwell formuliert die Gesetze des Elektromagnetismus, in denen er die Phänomene der Elektrizität und des Magnetismus vereinheitlicht. [Kapitel 1]

1887 Michelson und Morley zeigen auf experimentellem Weg, daß die Lichtgeschwindigkeit unabhängig von der Geschwindigkeit der Erde durch den absoluten Raum ist. [Kapitel 1]

1905 Einstein zeigt, daß Raum und Zeit relativ sind, und formuliert die Gesetze der speziellen Relativität. [Kapitel 1]
Einstein zeigt, daß sich elektromagnetische Wellen manchmal wie Teilchen verhalten, und legt damit den Grundstein für die Vorstellung des Welle-Teilchen-Dualismus, der der Quantenmechanik zugrunde liegt. [Kapitel 4]

1907 Einstein entwickelt die Vorstellung eines lokalen Inertialsystems, formuliert das Äquivalenzprinzip und leitet die gravitationsbedingte Zeitdilatation her – all dies wichtige erste Schritte auf dem Weg zur allgemeinen Relativitätstheorie. [Kapitel 2]

1908 Hermann Minkowski vereinigt Raum und Zeit zu einer absoluten, vierdimensionalen Raumzeit. [Kapitel 2]

1912 Einstein erkennt, daß die Raumzeit gekrümmt ist und daß die Gezeiteneffekte der Gravitation ein Ausdruck dieser Krümmung sind. [Kapitel 2]

1915 Einstein und Hilbert formulieren unabhängig voneinander die Einsteinsche Feldgleichung, die beschreibt, wie die Raumzeit von Masse gekrümmt wird. Die allgemeine Relativitätstheorie ist damit vollendet. [Kapitel 2]

1916 Karl Schwarzschild entdeckt die Schwarzschild-Lösung der Einsteinschen Feldgleichung, die – wie man später herausfindet – nichtrotierende, elektrisch nicht geladene Schwarze Löcher beschreibt. [Kapitel 3]
Flamm erkennt, daß die Schwarzschild-Lösung in einer entsprechenden Topologie ein Wurmloch beschreiben kann. [Kapitel 14]

1916 & 1918 Reissner und Nordström entdecken ihre Lösung der Einsteinschen Feldgleichung, die – wie man später herausfindet – nichtrotierende, geladene Schwarze Löcher beschreibt. [Kapitel 7]

1926 Eddington wirft die Frage nach der geheimnisvollen Natur der Weißen Zwerge auf und bestreitet die Existenz Schwarzer Löcher. [Kapitel 4]
Schrödinger und Heisenberg vollenden – aufbauend auf den Arbeiten vieler Kollegen – die Gesetze der Quantenmechanik. [Kapitel 4]
Fowler zeigt mit Hilfe der quantenmechanischen Gesetze, wie das Phänomen der entarteten Elektronen das Geheimnis der Weißen Zwerge löst. [Kapitel 4]

1930 Chandrasekhar entdeckt, daß es eine Massenobergrenze für Weiße Zwerge gibt. [Kapitel 4]

1932 Chadwick entdeckt das Neutron. [Kapitel 5]
Jansky entdeckt kosmische Radiowellen. [Kapitel 9]

1933 Landau baut in der Sowjetunion eine eigene Arbeitsgruppe auf und gibt dort die theoretische Physik weiter, die er sich in Westeuropa angeeignet hat. [Kapitel 5, 13]
Baade und Zwicky identifizieren Supernovae als eine eigene Klasse astronomischer Objekte, entwickeln die Vorstellung eines Neutronensterns und äußern die Vermutung, daß Supernovae ihre Energie aus dem Kollaps eines stellaren Kerns zu einem Neutronenstern beziehen. [Kapitel 5]

1935 Chandrasekhar untermauert seine Vermutung der Massenobergrenze für Weiße Zwerge mit weiteren Ergebnissen und wird von Eddington scharf angegriffen. [Kapitel 4]

1935–1939 Stalinistische Säuberungsaktionen in der Sowjetunion. [Kapitel 5, 6]

1937 Greenstein und Whipple zeigen, daß die von Jansky entdeckten kosmischen Radiowellen nicht durch die bis dahin bekannten astrophysikalischen Prozesse erklärt werden können. [Kapitel 9]

Landau entwickelt – in dem verzweifelten Bemühen, sich vor Inhaftierung und Tod zu retten – die Theorie, daß Sterne in ihrem Innern einen Neutronenkern besitzen, der durch den Einfang von Materie Wärme erzeugt und auf diese Weise die Sterne am Leben erhält. [Kapitel 5]

1938 Landau wird in Moskau als angeblicher Nazi-Spion verhaftet. [Kapitel 5]

Oppenheimer und Serber widerlegen Landaus Neutronenkern-Vermutung; Oppenheimer und Volkoff zeigen, daß es eine Massenobergrenze für Neutronensterne gibt. [Kapitel 5]

Bethe und Critchfield zeigen, daß die Sonne und andere Sterne durch nukleare Verbrennungsprozesse mit Energie versorgt werden. [Kapitel 5]

1939 Landau wird schwer krank aus dem Gefängnis entlassen. [Kapitel 5]

Einstein vertritt die Auffassung, daß Schwarze Löcher im wirklichen Universum nicht existieren können. [Kapitel 4]

Oppenheimer und Snyder zeigen in einer idealisierten Rechnung, daß ein kollabierender Stern ein Schwarzes Loch bildet und daß (paradoxerweise) der Kollaps, wenn man ihn von außen betrachtet, am Horizont zu erstarren scheint, während er sich für einen Beobachter an der Sternoberfläche fortsetzt. [Kapitel 6]

Reber entdeckt, ohne es zu ahnen, kosmische Radiowellen von fernen Galaxien. [Kapitel 9]

Bohr und Wheeler entwickeln die Theorie der Kernspaltung. [Kapitel 6]

Chariton und Seldowitsch entwickeln die Theorie einer durch Kernspaltung ausgelösten Kettenreaktion. [Kapitel 6]

Die deutsche Armee marschiert in Polen ein und löst damit den Zweiten Weltkrieg aus.

1942 Die Vereinigten Staaten initiieren ein Dringlichkeitsprogramm zur Entwicklung der Atombombe. Leiter des Projekts ist Oppenheimer. [Kapitel 6]

1943 Die Sowjetunion beginnt ein Programm zur Entwicklung von Kernreaktoren und Atombomben. Der leitende theoretische Physiker dieses Projekts ist Seldowitsch. Andere Forschungsprogramme haben jedoch Vorrang. [Kapitel 6]

1945 Die Vereinigten Staaten werfen über Hiroshima und Nagasaki die ersten Atombomben ab. Der Zweite Weltkrieg wird beendet. Die Vereinigten Staaten beginnen mit der Entwicklung der Superbombe; die Arbeit hat jedoch geringe Priorität. [Kapitel 6]

Die Sowjetunion lanciert ein Dringlichkeitsprogramm zur Entwicklung der Atombombe. Seldowitsch leitet die Theorie-Gruppe. [Kapitel 6]

1946 Friedman und seine Arbeitsgruppe schießen das erste astronomische Meßinstrument mit einer von den Deutschen erbeuteten V-2-Rakete in die Erdatmosphäre. [Kapitel 8]

Experimentalphysiker in England und Australien beginnen mit dem Bau von Radioteleskopen und Radio-Interferometern. [Kapitel 9]

1948 Seldowitsch, Sacharow, Ginsburg und andere Wissenschaftler in der Sowjetunion beginnen mit den Vorarbeiten für eine Superbombe (Wasserstoffbombe); Ginsburg erfindet den Lithiumdeuterid-Brennstoff und Sacharow das Prinzip des schichtartigen Aufbaus der Bombe. [Kapitel 6]

1949 Die Sowjetunion testet ihre erste Atombombe und löst damit in den Vereinigten Staaten eine heftige Debatte über die Notwendigkeit eines Dringlichkeitsprogramms zur Entwicklung der Superbombe aus. Die Sowjetunion beginnt umgehend mit der Entwicklung der Superbombe – ohne sich mit langen Debatten aufzuhalten. [Kapitel 6]

1950 Die Vereinigten Staaten beginnen ein Sofortprogramm zur Entwicklung der Superbombe. [Kapitel 6]

Kiepenheuer und Ginsburg erkennen, daß kosmische Radiowellen von Elektronen erzeugt werden, die sich auf spiralförmigen Bahnen in interstellaren Magnetfeldern bewegen. [Kapitel 9]

Alexandrow und Pimenow versuchen erfolglos, topologische Methoden in die mathematische Untersuchung der gekrümmten Raumzeit einzuführen. [Kapitel 13]

1951 In den Vereinigten Staaten haben Teller und Ulam die entscheidende Idee für den Bau einer »wirklichen« Superbombe, einer Waffe von beliebiger Zerstörungskraft. Auf der Grundlage dieser Idee entwickelt Wheeler einen Entwurf für die Bombe und simuliert ihre Explosionseigenschaften auf dem Computer. [Kapitel 6]

Graham Smith bestimmt die Position der kosmischen Radioquelle Cyg A mit einer Genauigkeit von einer Bogenminute und übermittelt sein Ergebnis an Baade. Mit einem optischen Teleskop entdeckt Baade, daß Cyg A eine ferne Galaxie ist – eine »Radiogalaxie«. [Kapitel 9]

1952 Die Vereinigten Staaten testen die erste Superbombe – eine Konstruktion, die jedoch für den Transport mit einem Flugzeug oder einer Rakete zu schwer ist. Sie basiert auf der Erfindung von Teller und Ulam und ist nach dem Entwurf von Wheeler und seiner Arbeitsgruppe angefertigt. [Kapitel 6]

1953 Wheeler wendet sich der allgemeinen Relativitätstheorie zu. [Kapitel 6]
Jennison und Das Gupta entdecken, daß die Radiowellen nicht von den Galaxien selbst, sondern in Wirklichkeit von zwei riesigen Wolken an entgegengesetzen Seiten der Galaxie stammen. [Kapitel 9]
Stalin stirbt. [Kapitel 6]
Die Sowjetunion testet ihre erste Wasserstoffbombe, die auf der Erfindung von Ginsburg und Sacharow beruht. Nach Auffassung amerikanischer Wissenschaftler handelt es sich nicht um eine »wirkliche« Superbombe, da der ihr zugrundeliegende Mechanismus nicht beliebige Zerstörungskraft erreichen kann. [Kapitel 6]

1954 Sacharow und Seldowitsch haben dieselbe Idee wie Teller und Ulam für den Bau einer »wirklichen« Superbombe. [Kapitel 6]
Die Vereinigten Staaten testen ihre erste transportable Superbombe, die auf der Idee von Teller und Ulam bzw. Sacharow und Seldowitsch beruht. [Kapitel 6]
Teller sagt gegen Oppenheimer aus. Oppenheimer wird die Unbedenklichkeitsbescheinigung entzogen. [Kapitel 6]

1955 Die Sowjetunion testet ihre erste richtige Superbombe, die auf der Idee von Teller und Ulam bzw. Sacharow und Seldowitsch beruht. [Kapitel 6]
Wheeler entwickelt den Begriff der Vakuumfluktuationen des Gravitationsfeldes und identifiziert die Planck-Wheeler-Länge als die Größenskala, auf der sie bedeutsam werden. Er stellt die Vermutung auf, daß auf diesem Maßstab die Raumzeit durch Quantenschaum ersetzt wird. [Kapitel 12, 13, 14]

1957 Wheeler, Harrison und Wakano entwickeln den Begriff der kalten Materie und erstellen einen umfassenden Katalog aller nur denkbaren kalten Sterne. Ihr Katalog bestätigt die Vermutung, daß massereiche Sterne nach ihrem Tod kollabieren müssen. [Kapitel 5]
Wheelers Arbeitsgruppe beginnt mit der Erforschung von Wurmlöchern. Regge und Wheeler erfinden rechnerische Methoden für die Analyse kleiner Störungen in Wurmlöchern. Ihr Formalismus dient später zur Erforschung von Störungen in Schwarzen Löchern. [Kapitel 7, 14]
Wheeler erklärt die Erforschung des Endzustands kollabierender Sterne zu einem Gegenstand größter Bedeutung. Er widersetzt sich der Ansicht

Oppenheimers, daß dieser Endzustand im Innern eines Schwarzen Loches verborgen liege. [Kapitel 6, 13]

1958 Finkelstein entdeckt ein neues Bezugssystem für die Schwarzschild-Geometrie. Dieses Bezugssystem löst das von Oppenheimer und Snyder beschriebene Paradoxon, wonach für einen externen Beobachter der Kollaps eines Sterns bei Erreichen des kritischen Umfangs erstarrt, während er sich für einen Beobachter, der sich innerhalb des kritischen Umfangs befindet, fortsetzt. [Kapitel 6]

1958–1960 Wheeler freundet sich allmählich mit der Vorstellung an, daß es Schwarze Löcher gibt, und entwickelt sich zu einem ihrer führenden Verfechter. [Kapitel 6]

1959 Wheeler äußert die Vermutung, daß Raumzeit-Singularitäten, die beim Kollaps des Universums oder im Innern eines Schwarzen Loches entstehen, den Gesetzen der Quantengravitation unterliegen und möglicherweise aus Quantenschaum bestehen. [Kapitel 13]

Burbidge zeigt, daß die riesigen Radiowolken zu beiden Seiten von Radiogalaxien eine magnetische und kinetische Energie besitzen, die äquivalent der vollständigen Umwandlung von zehn Millionen Sonnenmassen in reine Energie ist. [Kapitel 9]

1960 Weber beginnt mit dem Bau von zylindrischen Gravitationswellendetektoren. [Kapitel 10]

Kruskal zeigt, daß ein sphärisches Wurmloch, wenn es keinerlei Materie enthält, so schnell zusammenfällt, daß es nicht durchquert werden kann. [Kapitel 14]

Graves und Brill entdecken, daß die von Reissner und Nordström gefundene Lösung der Einsteinschen Feldgleichung ein sphärisches, elektrisch geladenes Schwarzes Loch und ein Wurmloch beschreibt. [Kapitel 7] Ihre Arbeit legt die (falsche) Vermutung nahe, daß es möglich sein könnte, aus dem Innern eines Schwarzen Loches unseres Universums durch den Hyperraum in ein anderes Universum zu reisen. [Kapitel 13]

1961 Chalatnikow und Lifschitz sind (fälschlicherweise) der Ansicht, daß nach Einsteins Feldgleichung Singularitäten mit willkürlich deformierter Krümmung nicht existieren können und daß sich aus diesem Grund Singularitäten im Innern Schwarzer Löcher oder beim Kollaps des Universums nicht bilden können. [Kapitel 13]

1961–1962 Seldowitsch wendet sich der Astrophysik und der allgemeinen Relativitätstheorie zu, gewinnt Nowikow für eine Zusammenarbeit und beginnt mit dem Aufbau einer Arbeitsgruppe. [Kapitel 6]

1962 Thorne beginnt unter Wheelers Anleitung mit Forschungsarbeiten, die schließlich zur Formulierung der Ring-Vermutung führen. [Kapitel 7]
Giacconi und sein Team entdecken kosmische Röntgenstrahlen mit einem Geigerzähler, der auf einer Aerobee-Rakete in die Erdatmosphäre geschossen wurde. [Kapitel 8]

1963 Kerr entdeckt seine Lösung der Einsteinschen Feldgleichung. [Kapitel 7]
Schmidt, Greenstein und Sandage entdecken Quasare. [Kapitel 9]

1964 Das goldene Zeitalter der Erforschung Schwarzer Löcher beginnt. [Kapitel 7]
Penrose führt die Topologie als Hilfsmittel in die Relativitätsforschung ein und kann dadurch beweisen, daß in jedem Schwarzen Loch eine Singularität existieren muß. [Kapitel 13]
Ginsburg, Doroschkewitsch, Nowikow und Seldowitsch entdecken erste Hinweise darauf, daß Schwarze Löcher keine »Haare« haben. [Kapitel 7]
Colgate, May und White in Amerika sowie Podurez, Imschennik und Nadeschin in der Sowjetunion benutzen Computerprogramme aus der Atombombenforschung für die realistische Simulation kollabierender stellarer Kerne; diese Simulationen bestätigen Zwickys Vermutung aus dem Jahre 1934, daß Sterne mit vergleichsweise geringer Masse zu einem Neutronenstern kollabieren und eine Supernova-Explosion auslösen, und sie bestätigen ferner das Ergebnis von Oppenheimer und Snyder aus dem Jahre 1939, daß der Kollaps massereicher Sterne ein Schwarzes Loch erzeugt. [Kapitel 6]
Seldowitsch, Gussejnow und Salpeter entwickeln erste Vorschläge für eine Suche nach Schwarzen Löchern. [Kapitel 8]
Salpeter und Seldowitsch vermuten (korrekt), daß extrem massereiche Schwarze Löcher Quasare und Radiogalaxien mit Energie versorgen. [Kapitel 9]
Herbert Friedman und sein Team entdecken mit Hilfe eines auf einer Rakete installierten Geigerzählers Cygnus X-1. [Kapitel 8]

1965 Boyer, Lindquist, Carter und Penrose entdecken, daß Kerrs Lösung der Einsteinschen Feldgleichung ein rotierendes Schwarzes Loch beschreibt. [Kapitel 7]

1966 Seldowitsch und Nowikow schlagen vor, Schwarze Löcher in Doppelsternsystemen zu suchen, bei denen ein Partner Röntgenstrahlung und der andere sichtbares Licht emittiert. Diese Methode hat in den 70er Jahren (mit großer Wahrscheinlichkeit) zum Erfolg geführt. [Kapitel 8]

Geroch zeigt, daß sich die Topologie des Raumes nur dann nichtquantenmechanisch verändern kann (zum Beispiel durch die Bildung eines Wurmloches), wenn dabei zumindest für einen Augenblick eine Zeitmaschine entsteht. [Kapitel 14]

1967 Wheeler prägt den Begriff *Schwarzes Loch*. [Kapitel 7]

Israel liefert den ersten strengen Beweis für den ersten Teil der »Keine-Haare-Vermutung«: Ein nichtrotierendes Schwarzes Loch muß exakt kugelförmig sein. [Kapitel 7]

1968 Penrose vertritt die Auffassung, daß es unmöglich ist, aus dem Innern eines in unserem Universum gelegenen Schwarzen Loches durch den Hyperraum in ein anderes Universum zu reisen. In den siebziger Jahren wird diese Vermutung von anderen bestätigt. [Kapitel 13]

Carter findet heraus, wie der Raumstrudel in der Umgebung eines rotierenden Schwarzen Loches beschaffen ist und welchen Einfluß er auf herabfallende Teilchen ausübt. [Kapitel 7]

Misner sowie unabhängig von ihm Belinski, Chalatnikow und Lifschitz entdecken die schwingende »Mixmaster«-Singularität als eine Lösung der Einsteinschen Gleichung. [Kapitel 13]

1969 Hawking und Penrose beweisen, daß bei der Entstehung unseres Universums im Urknall eine Singularität existiert haben muß. [Kapitel 13]

Belinski, Chalatnikow und Lifschitz entdecken die schwingende BKL-Singularität als eine Lösung der Einsteinschen Gleichung. Sie zeigen, daß ihre Raumzeitkrümmung willkürlich deformiert ist, und schließen daraus, daß es sich um die Art von Singularität handelt, die im Innern Schwarzer Löcher und beim Kollaps des Universums entsteht. [Kapitel 13]

Penrose entdeckt, daß ein rotierendes Schwarzes Loch gewaltige Energiemengen in der wirbelnden Bewegung des umgebenden Raumes speichert und daß diese Rotationsenergie extrahiert werden kann. [Kapitel 7]

Penrose formuliert seine Hypothese der kosmischen Zensur, derzufolge die physikalischen Gesetze die Entstehung nackter Singularitäten verhindern. [Kapitel 13]

Lynden-Bell äußert die Vermutung, daß riesige Schwarze Löcher in den Kernen von Galaxien existieren und von Akkretionsscheiben umgeben sind. [Kapitel 9]

Christodoulou bemerkt eine Ähnlichkeit zwischen der Entwicklung

Schwarzer Löcher, auf die Materie herabfällt, und den Gesetzen der Thermodynamik. [Kapitel 12]
Weber scheint erste Anzeichen für die Existenz von Gravitationswellen zu beobachten. Zahlreiche Experimentalphysiker beginnen daraufhin mit dem Bau von Gravitationswellendetektoren. Im Jahre 1975 wird schließlich deutlich, daß es sich nicht um Gravitationswellen gehandelt haben kann. [Kapitel 10]
Braginski erkennt, daß die Empfindlichkeit zylindrischer Gravitationswellendetektoren durch die Quantenmechanik begrenzt ist. [Kapitel 10]

1970 Bardeen zeigt, daß ein typisches Schwarzes Loch in unserem Universum durch den Einfang von Gas vermutlich sehr schnell rotieren muß. [Kapitel 9]
Price zeigt auf der Grundlage von Arbeiten von Penrose, Nowikow, Chase, de la Cruz und Israel, daß Schwarze Löcher ihre »Haare« durch Abstrahlung verlieren, und er beweist, daß alles, was abgestrahlt werden kann, vollständig abgestrahlt werden muß. [Kapitel 7]
Hawking entwickelt den Begriff des absoluten Horizonts eines Schwarzen Loches und beweist, daß sich die Oberfläche des absoluten Horizonts stets vergrößern muß. [Kapitel 12]
Giacconis Arbeitsgruppe baut Uhuru, den ersten Röntgensatelliten, und befördert ihn in eine Erdumlaufbahn. [Kapitel 8]

1971 Beobachtungen mit Hilfe von Röntgen-, Radio- und optischen Teleskopen legen die Vermutung nahe, daß Cygnus X-1 ein Schwarzes Loch ist, das um einen gewöhnlichen Stern kreist. [Kapitel 8]
Weiss am MIT und Forward bei Hughes bereiten den Weg für interferometrische Gravitationswellendetektoren. [Kapitel 10]
Rees äußert die Vermutung, daß die riesigen Radiowolken einer Radiogalaxie von Jets gespeist werden, die aus dem Kern der Galaxie hervorschießen. [Kapitel 9]
Hanni und Ruffini entwickeln die Vorstellung einer Oberflächenladung auf dem Horizont eines Schwarzen Loches, die eine Grundlage für das Membran-Paradigma darstellt. [Kapitel 11]
Press entdeckt, daß Schwarze Löcher pulsieren können. [Kapitel 7]
Seldowitsch vermutet, daß rotierende Schwarze Löcher strahlen, und untermauert diese Vermutung zusammen mit Starobinski mit Hilfe der für Quantenfelder in der gekrümmten Raumzeit geltenden Gesetze. [Kapitel 12]

Hawking weist darauf hin, daß beim Urknall möglicherweise winzige, urzeitliche (»primordiale«) Schwarze Löcher entstanden sind. [Kapitel 12]

1972 Carter beweist, aufbauend auf Arbeiten von Hawking und Israel, die »Keine-Haare-Vermutung« für rotierende, nicht geladene Schwarze Löcher. (Einige technische Einzelheiten des Beweises werden später von Robinson ergänzt.) Er zeigt, daß ein solches Schwarzes Loch stets von der Kerr-Lösung der Einsteinschen Feldgleichung beschrieben wird. [Kapitel 7]

Thorne formuliert die Ring-Hypothese, die angibt, unter welchen Bedingungen Schwarze Löcher entstehen. [Kapitel 7]

Bekenstein vermutet, daß die Oberfläche eines Schwarzen Loches seiner Entropie entspricht, und vermutet ferner, daß die Entropie des Loches der Logarithmus jener Zahl ist, die angibt, auf wie viele verschiedene Arten das Loch entstanden sein könnte. Hawking lehnt diese Vermutung vehement ab. [Kapitel 12]

Bardeen, Carter und Hawking formulieren die Gesetze für die Entwicklung Schwarzer Löcher analog zu den Gesetzen der Thermodynamik, behaupten jedoch, daß die Oberfläche des Horizonts nicht eine Form der Entropie des Loches sei. [Kapitel 12]

Teukolsky entwickelt eine Störungstheorie zur Beschreibung pulsierender, rotierender Schwarzer Löcher. [Kapitel 7]

1973 Press und Teukolsky beweisen, daß die Pulse eines rotierenden Schwarzen Loches gleichbleibend sind und nicht infolge der Rotationsenergie des Loches stärker werden. [Kapitel 7]

1974 Hawking zeigt, daß *alle* Schwarzen Löcher – rotierende und nichtrotierende – Strahlung aussenden, und zwar genau so, als ob sie eine Temperatur besäßen, die proportional der Gravitation an ihrer Oberfläche ist, und daß sie dadurch schließlich verdampfen. Er widerruft seine Behauptung, daß die Gesetze der Mechanik Schwarzer Löcher nicht den Gesetzen der Thermodynamik entsprechen, und widerruft ferner seine Kritik an Bekensteins Vermutung, daß die Oberfläche eines Loches seiner Entropie entspricht. [Kapitel 12]

1974–1978 Blandford, Rees und Lynden-Bell schlagen verschiedene Methoden vor, wie Jets von extrem massereichen Schwarzen Löchern in den Kernen von Galaxien und Quasaren erzeugt werden können. [Kapitel 9]

1975 Bardeen und Petterson zeigen, daß der Wirbel des Raumes in der Umgebung eines rotierenden Schwarzen Loches wie ein Kreisel wirken kann, der die Richtung der Jets stabil hält. [Kapitel 9]

Chandrasekhar setzt es sich zum Ziel, eine vollständige mathematische Beschreibung der Störungen Schwarzer Löcher zu erarbeiten. Diese Aufgabe wird ihn fünf Jahre beschäftigen. [Kapitel 7]

Unruh und Davies kommen zu dem Schluß, daß beschleunigte Beobachter, die sich genau über dem Horizont eines Schwarzen Loches befinden, eine heiße Atmosphäre allmählich entweichender Teilchen wahrnehmen. Dies erklärt die Verdampfung Schwarzer Löcher. [Kapitel 12]

Page berechnet das Spektrum der von Schwarzen Löchern abgestrahlten Teilchen. Hawking und Page schließen aus den Daten, die aus der Beobachtung kosmischer Gammastrahlen zur Verfügung stehen, daß es nicht mehr als 300 verdampfende primordiale Schwarze Löcher pro Kubik-Lichtjahr des Raumes geben kann. [Kapitel 12]

Die junge Forschergeneration erklärt das goldene Zeitalter der Erforschung Schwarzer Löcher für beendet. [Kapitel 7]

1977 Gibbons und Hawking bestätigen Bekensteins Vermutung, daß die Entropie eines Schwarzen Loches der Logarithmus jener Zahl ist, die angibt, auf wie viele verschiedene Arten das Loch entstanden sein könnte. [Kapitel 12]

Radioastronomen entdecken mit Hilfe von Interferometern die Jets, die aus dem Schwarzen Loch im Zentrum einer Galaxie hervorschießen und die seitlichen Radioemissionszentren der Galaxie mit Energie versorgen. [Kapitel 9]

Blandford und Znajek zeigen, daß magnetische Felder, die durch den Horizont eines rotierenden Schwarzen Loches verlaufen, die Rotationsenergie des Loches extrahieren und auf diese Weise Quasare und Radiogalaxien mit Energie versorgen können. [Kapitel 9]

Znajek und Damour formulieren die Membran-Beschreibung für den Horizont eines Schwarzen Loches. [Kapitel 11]

Braginski und seine Kollegen sowie Caves, Thorne und andere entwikkeln die »Quantum Nondemolition«-Meßmethode, die die durch die Gesetze der Quantenmechanik begrenzte Genauigkeit zylindrischer Gravitationswellendetektoren erhöhen soll. [Kapitel 10]

1978 Giacconis Arbeitsgruppe vollendet den Bau des ersten hochauflösenden Röntgenteleskops (des »Einstein-Observatoriums«) und schießt es in eine Erdumlaufbahn. [Kapitel 8]

1979 Townes und andere entdecken Anzeichen für die Existenz eines drei

Millionen Sonnenmassen schweren Schwarzen Loches im Zentrum unserer Milchstraße. [Kapitel 9]

Drever ruft ein Projekt zum Bau interferometrischer Gravitationswellendetektoren am Caltech ins Leben. [Kapitel 10]

1982 Bunting und Mazur beweisen die »Keine-Haare-Vermutung« für rotierende, elektrisch geladene Schwarze Löcher. [Kapitel 7]

1983–1988 Phinney und andere entwickeln detaillierte Modelle zur Erklärung von Quasaren und Radiogalaxien, die allesamt auf Schwarzen Löchern beruhen. [Kapitel 9]

1984 Die National Science Foundation der Vereinigten Staaten drängt das Caltech und das MIT, ihre Forschungsbemühungen auf dem Gebiet der Gravitationswellendetektion zu vereinen, und begründet auf diese Weise das LIGO-Projekt. [Kapitel 10]

Redmount baut auf früheren Arbeiten von Eardley auf und zeigt, daß Strahlung, die in ein leeres, sphärisches Wurmloch hineinfällt, auf hohe Energien beschleunigt wird und so dafür sorgt, daß das Wurmloch schneller zerstört wird. [Kapitel 14]

1985–1993 Thorne, Morris, Yurtsever, Friedman, Nowikow und andere untersuchen die Frage, ob die physikalischen Gesetze begehbare Wurmlöcher und Zeitmaschinen zulassen. [Kapitel 14]

1987 Vogt wird Direktor des LIGO-Projekts und erzielt beeindruckende Fortschritte. [Kapitel 10]

1990 Kim und Thorne zeigen, daß in dem Augenblick, in dem man versucht, eine Zeitmaschine zu erzeugen (nach welchem Verfahren auch immer), ein Strahl starker Vakuumfluktuationen entsteht, der daraufhin in der Zeitmaschine zirkuliert. [Kapitel 14]

1991 Hawking formuliert die Hypothese von der Erhaltung der Zeitrichtung, derzufolge die physikalischen Gesetze verhindern, daß Zeitmaschinen entstehen. Seiner Ansicht nach wird die Zeitmaschine in dem Augenblick ihrer Entstehung von dem zirkulierenden Strahl von Vakuumfluktuationen zerstört. [Kapitel 14]

Israel, Poisson und Ori zeigen, aufbauend auf Arbeiten von Doroschkewitsch und Nowikow, daß die Singularität im Innern eines Schwarzen Loches altert. Ori zeigt, daß Objekte, die in ein altes, ruhiges Loch hineinfallen, bis zu dem Augenblick, da sie den von der Quantengravitation beherrschten Kern erreichen, von den Gezeitenkräften der Singularität nicht sehr stark deformiert werden. [Kapitel 13]

Computersimulationen lassen Shapiro und Teukolsky vermuten, daß die

Hypothese der kosmischen Zensur falsch sein könnte: Nackte Singularitäten können möglicherweise entstehen, wenn hochgradig nichtsphärische Sterne kollabieren. [Kapitel 13]

1993 Hulse und Taylor werden für ihren Beweis der Existenz von Gravitationswellen (der auf der Vermessung eines Pulsars in einem Doppelsternsystem beruht) mit dem Nobelpreis ausgezeichnet. [Kapitel 10]

Glossar

Erläuterung exotischer Fachbegriffe

Absolut, unabhängig von einem bestimmten Bezugssystem. Die Messung einer absoluten Größe ergibt in jedem Bezugssystem denselben Wert.

Absolute Zeit, Newtons Vorstellung einer universell gültigen Zeit, wobei über die Gleichzeitigkeit zweier Ereignisse sowie über das Zeitintervall zwischen zwei Ereignissen allgemeines Einvernehmen herrscht.

Absoluter Horizont, die Oberfläche eines Schwarzen Loches. Siehe *Horizont.*

Absoluter Raum, Newtons Vorstellung vom dreidimensionalen Raum, in dem wir leben, in dem wir den Begriff vom absoluten Ruhezustand haben und der die Eigenschaft besitzt, daß die Länge eines Objekts von dem Bewegungszustand des Bezugssystems, von dem aus sie gemessen wird, unabhängig ist.

Adiabatischer Index, siehe *Kompressionswiderstand.*

Akkretionsscheibe, eine scheibenförmige Gaswolke, die ein Schwarzes Loch oder einen Neutronenstern umgibt. Aufgrund von Reibung wandert das Gas spiralförmig nach innen und fällt auf das Loch oder den Stern (Akkretion).

Allgemeine Relativitätstheorie, Einsteins Gesetze der Physik, mit denen die Gravitation als eine Krümmung der Raumzeit beschrieben wird.

Alte Quantenmechanik, in den ersten beiden Jahrzehnten des 20. Jahrhunderts entwickelte, frühe Version der Quantenmechanik.

Antimaterie, eine Form der Materie, die der gewöhnlichen Materie »entgegengesetzt« ist. Zu jedem Teilchen der gewöhnlichen Materie (etwa dem Elektron, dem Proton und dem Neutron) gibt es ein nahezu identisches Antiteilchen (das Positron, das Antiproton und das Antineutron). Wenn ein Teilchen und sein entsprechendes Antiteilchen aufeinandertreffen, vernichten sie einander (Annihilation).

Äquivalenzprinzip, besagt, daß in einem lokalen Inertialsystem bei Anwesenheit von Gravitation alle Gesetze der Physik dieselbe Form annehmen wie in einem ausgedehnten Inertialsystem ohne Gravitation.

Astronom, Wissenschaftler, der sich auf die Beobachtung kosmischer Objekte mit Teleskopen spezialisiert hat.

Astrophysik, Teilgebiet der Physik, das sich mit kosmischen Objekten und den sie beherrschenden physikalischen Gesetzen befaßt.

Astrophysiker, ein (für gewöhnlich theoretischer) Physiker, der sich darauf spezialisiert hat, mit Hilfe der physikalischen Gesetze das Verhalten kosmischer Objekte zu verstehen.

Äther, hypothetisches Medium, das (nach der im 19. Jahrhundert herrschenden Vorstellung) durch seine Schwingungen die Ausbreitung elektromagnetischer Wellen ermöglicht. Man stellte sich vor, daß der Äther im absoluten Raum ruht.

Atom, Grundbaustein der Materie. Jedes Atom besteht aus einem elektrisch positiv geladenen Kern, der von einer Wolke negativ geladener Elektronen umgeben ist. Elektrische Kräfte binden die Elektronen an den Kern.

Atombombe, eine Bombe, die ihre Explosionsenergie aus der Spaltung von Uran-235- oder Plutonium-239-Kernen bei einer Kettenreaktion bezieht.

Atomkern, der dichte Kern eines Atoms. Atomkerne sind elektrisch positiv geladen, bestehen aus Protonen und Neutronen und werden durch die Kernkraft zusammengehalten.

Aufbau eines Sterns, Druck, Dichte und Gravitation eines Sterns als Funktion des Ortes, wenn man sich von der Oberfläche des Sterns bis zu seinem Mittelpunkt bewegt.

Band, Frequenzbereich.

Bandbreite, Größe des Frequenzbereiches, innerhalb dessen ein Instrument auf eine Welle empfindlich ist.

Beobachter, eine (in der Regel hypothetische) Person, die Messungen vornimmt.

Beschleunigter Beobachter, ein Beobachter, der sich nicht im freien Fall befindet.

Bezugssystem, ein (fiktives) Laboratorium für physikalische Messungen, das sich in einer bestimmten Weise durch das Universum bewegt.

BKL-Singularität, eine Singularität, in deren Umgebung die Gezeitenkräfte in chaotischer Weise zeitlich und räumlich oszillieren. Es handelt sich hierbei vermutlich um den Typ von Singularität, der im Mittelpunkt eines Schwarzen Loches existiert und beim Endkollaps des Universums entstehen würde.

Blanford-Znajek-Prozeß, die Extraktion der Rotationsenergie eines rotierenden Schwarzen Loches mittels des Magnetfeldes, das durch das Loch verläuft.

Chandrasekhar-Grenzmasse, die größte Masse, die ein Weißer Zwergstern besitzen kann.

Cyg A, Cygnus A; Radiogalaxie, die aussieht, als würden zwei Galaxien miteinander kollidieren (was jedoch nicht der Fall ist). Cyg A war die erste zweifelsfrei identifizierte Radiogalaxie.

Cyg X-1, Cygnus X-1; massereiches Objekt in unserer Milchstraße, das vermutlich ein Schwarzes Loch ist. Heißes Gas, das auf dieses Objekt herabfällt, erzeugt Röntgenstrahlung, die auf der Erde beobachtet wird.

Deuterium-Kerne oder Deuteronen, Atomkerne, bestehend aus einem Proton und einem Neutron, die von den Kernkräften zusammengehalten werden. Man spricht auch von »schwerem Wasserstoff«, weil Deuterium fast dieselben chemischen Eigenschaften wie Wasserstoff aufweist.

Differentialgleichung, eine Gleichung, die in einer einzigen Formel verschiedene Funktionen und die Geschwindigkeit ihrer Änderung (das heißt ihre »Ableitungen«) miteinander kombiniert. Eine Differentialgleichung zu »lösen« heißt, die in ihr vorkommenden Funktionen aus der Differentialgleichung selbst zu berechnen.

Doppelsternsystem, zwei Objekte, die einander umkreisen. Im weiteren Sinne kann es sich dabei nicht nur um zwei Sterne, sondern auch um einen Stern und ein Schwarzes Loch oder um zwei Schwarze Löcher handeln.

Doppler-Verschiebung, die Verschiebung einer Welle zu höherer Frequenz (kürzerer Wellenlänge, höherer Energie), wenn ihre Quelle sich auf einen Beobachter zubewegt, bzw. zu niedrigerer Frequenz (größerer Wellenlänge, niedrigerer Energie), wenn sich die Quelle vom Beobachter wegbewegt.

Drehimpuls, ein Maß für die Rotation eines Körpers.

Druck, die Kraft pro Flächeneinheit, die ein zusammengedrückter Körper nach außen ausübt.

Dunkler Stern, im späten 18. und frühen 19. Jahrhundert gebräuchliche Bezeichnung für das, was wir heute ein Schwarzes Loch nennen.

Einbettungsdiagramm, Diagramm, das die Krümmung einer zweidimensionalen Fläche veranschaulicht, indem es sie in einen flachen, dreidimensionalen Raum einbettet.

Elektrische Feldlinien, Linien, die in die Richtung der Kraft zeigen, die ein elektrisches Feld auf geladene Teilchen ausübt; analog den magnetischen Feldlinien.

Elektrische Ladung, Eigenschaft von Teilchen, die bewirkt, daß sie elektrische Kräfte hervorrufen und ihnen unterworfen sind.

Elektrisches Feld, das Kraftfeld, das eine elektrische Ladung umgibt und das auf andere elektrische Ladungen wirkt.

Elektromagnetische Wellen, Wellen elektrischer und magnetischer Kräfte. Je nach Wellenlänge handelt es sich hierbei um Radiowellen, Mikrowellen, infrarote Strahlung, sichtbares Licht, ultraviolette Strahlung, Röntgen- oder Gammastrahlung.

Elektron, negativ geladenes Elementarteilchen. Elektronen bilden die Hülle des Atoms.

Elementarteilchen, subatomare Teilchen aus Materie oder Antimaterie. Zu den Elementarteilchen zählen zum Beispiel Elektronen, Protonen, Neutronen, Positronen, Antiprotonen und Antineutronen.

Empfindlichkeit, schwächstes Signal, das von einem Gerät noch gemessen werden kann, bzw. die Fähigkeit eines Gerätes, bestimmte Signale nachzuweisen.

Endkollaps, letztes Stadium des wieder in sich zusammenstürzenden Universums (falls der Kollaps je eintritt, was nicht bekannt ist).

Entartung von Elektronen, Verhalten von Elektronen bei hoher Dichte, wobei die Elektronen als Folge des Welle-Teilchen-Dualismus mit hoher Geschwindigkeit zufällige Bewegungen vollführen.

Entartungsdruck, der im Innern extrem dichter Materie herrschende Druck, hervorgerufen durch die schnelle, zufällige Bewegung von Elektronen oder Neutronen. Diese Form des Drucks ist eine Folge des Welle-Teilchen-Dualismus und bleibt bestehen, auch wenn die Materie auf den absoluten Nullpunkt abgekühlt wird.

Entropie, Maß für den Grad an Unordnung in einer großen Ansammlung von Atomen, Molekülen oder anderen Teilchen. Die Entropie ist gleich dem Logarithmus der Anzahl von Möglichkeiten, diese Teilchen anzuordnen, ohne daß sich das makroskopische Erscheinungsbild ändert.

Ereignis, ein Punkt in der Raumzeit, das heißt ein Ort im Raum zu einem bestimmten Zeitpunkt. Der Begriff »Ereignis« kann auch für das stehen, was an einem bestimmten Punkt der Raumzeit geschieht, zum Beispiel die Explosion eines Feuerwerkskörpers.

Ereignishorizont, siehe *Horizont*.

Erhaltung der Zeitrichtung, Hawkings Hypothese, daß die Gesetze der Physik die Existenz von Zeitmaschinen nicht gestatten (»Chronology Protection«).

Erhaltungssatz, ein Gesetz der Physik, das besagt, daß eine bestimmte Größe sich niemals ändern kann. Beispiele dafür sind die Erhaltung von Masse und Energie (die in Einsteins Formel $E = mc^2$ zu einer Größe zusammengefaßt sind), die Erhaltung der elektrischen Ladung und die Erhaltung des Drehimpulses.

Exotische Materie, Materie, die eine im Durchschnitt *negative* Energiedichte aufweist, wenn sie von einem Beobachter gemessen wird, der sich mit nahezu Lichtgeschwindigkeit bewegt.

Feld, etwas, das kontinuierlich im Raum verteilt ist. Beispiele hierfür sind das elektrische Feld, das Magnetfeld, die Krümmung der Raumzeit und die Gravitationswellen.

Fluchtgeschwindigkeit, Geschwindigkeit, mit der ein Objekt von der Oberfläche eines Himmelskörpers abgeschossen werden muß, damit es die Gravitation dieses Körpers überwindet.

Freies Teilchen, ein Teilchen, auf das keine Kräfte wirken, das sich also nur aufgrund seiner eigenen Trägheit bewegt. In Anwesenheit von Gravitation: Ein Teilchen, auf das keine Kräfte *außer der Schwerkraft* wirken.

Frei fallende Körper, Körper, auf die keine Kraft außer der Schwerkraft wirkt.

Frequenz, Anzahl von Schwingungen, die eine Welle pro Sekunde vollführt.

Funktion, mathematischer Ausdruck, der besagt, wie eine bestimmte Größe, etwa der Horizontumfang eines Schwarzen Loches, von einer anderen Größe, etwa der Masse des Loches, abhängt. In diesem Beispiel lautet die Funktion $C = 4\pi GM/c^2$, wobei C der Umfang, M die Masse, G die Newtonsche Gravitationskonstante und c die Lichtgeschwindigkeit ist.

Galaxie, Ansammlung von 1 Milliarde bis 1 Billion Sterne, die sich alle um ein gemeinsames Zentrum bewegen. Der Durchmesser einer Galaxie beträgt typischerweise 100 000 Lichtjahre.

Gammastrahlung, elektromagnetische Wellen mit extrem kurzer Wellenlänge. Siehe Abbildung P.2 auf Seite 25.

Gefrorener Stern, in den sechziger Jahren in der Sowjetunion übliche Bezeichnung für ein Schwarzes Loch.

Geigerzähler, einfaches Instrument zum Nachweis von Röntgenstrahlen; wird auch »Proportionalzähler« genannt.

Geodätische Linie, Gerade in einem gekrümmten Raum oder in einer gekrümmten Raumzeit. Auf der Erdoberfläche sind die geodätischen Linien Großkreise.

Gesetze der Physik, fundamentale Prinzipien, aus denen man durch Logik und mathematische Berechnungen ableiten kann, wie sich unser Universum verhält.

Gezeitenkräfte, gravitationsbedingte Kräfte, die ein Objekt in einer Richtung zusammendrücken und in einer anderen dehnen. Die durch Mond und Sonne hervorgerufenen Gezeitenkräfte sind für Ebbe und Flut der Meere verantwortlich.

Globale Methoden, mathematische Techniken zur Behandlung der Struktur der Raumzeit; basieren auf einer Verbindung der Topologie mit der Geometrie.

Gravitationsbedingte Rotverschiebung des Lichts, Vergrößerung der Wellenlänge von Licht, das sich in einem Gravitationsfeld nach oben ausbreitet; dadurch wird die Farbe des Lichts nach Rot verschoben.

Gravitationsbedingte Zeitdilatation, Verlangsamung des Zeitflusses in der Nähe eines Gravitation ausübenden Körpers.
Gravitationslinse, Körper mit starker Gravitation (etwa ein Schwarzes Loch oder eine Galaxie), der das Licht einer weit entfernten Quelle bündelt; siehe auch *Lichtablenkung*.
Gravitationswelle, Kräuselung der Raumzeit, die sich mit Lichtgeschwindigkeit fortpflanzt.
Graviton, Teilchen, das gemäß dem Welle-Teilchen-Dualismus mit einer Gravitationswelle verknüpft ist.
»Haar«, jede Eigenschaft, die ein Schwarzes Loch durch Abstrahlen verlieren kann und deshalb zwangsläufig auch verliert, zum Beispiel ein Magnetfeld oder eine hügelartige Ausbuchtung seines Horizonts.
Horizont, Oberfläche eines Schwarzen Loches. Alles, was diese Grenze überschreitet, ist unwiderruflich verloren. Man unterscheidet zwischen dem *absoluten* und dem *scheinbaren* Horizont.
Hyperraum, fiktiver flacher Raum, in den man sich Teile des gekrümmten Raumes unseres Universums eingebettet denken kann.
Implosion, siehe *Kollaps*.
Inertialsystem, Bezugssystem, das nicht rotiert und auf das keine äußeren Kräfte wirken. Die Bewegung eines solchen Systems ist allein durch seine Trägheit gegeben. Siehe auch *lokales Inertialsystem*.
Infrarotstrahlung, elektromagnetische Wellen, deren Wellenlängen größer als die des sichtbaren Lichts sind; siehe Abbildung P.2 auf Seite 25.
Instabil, Eigenschaft eines Objekts, die dazu führt, daß eine kleine Störung sich vergrößert und das Objekt dabei so stark beeinflußt, daß es möglicherweise zerstört wird; vollständiger ausgedrückt: »instabil gegen kleine Störungen.«
Interferenz, Überlagerung zweier Wellen in linearer Weise. Wenn jeweils zwei Wellenberge oder zwei Wellentäler zusammenfallen, verstärken sich die Wellen gegenseitig (konstruktive Interferenz), wenn jeweils Wellenberge mit Wellentälern zusammenfallen, löschen sie einander aus (destruktive Interferenz).
Interferometer, Gerät, das die Interferenz von Wellen ausnutzt. Siehe *Radio-Interferometer* und *interferometrischer Detektor*.
Interferometrischer Detektor, Gravitationswellendetektor, in dem die Gezeitenkräfte der Wellen auf erschütterungsfrei aufgehängte Massen wirken und die Interferenz von Laserstrahlen benutzt wird, um die Bewegung der Massen nachzuweisen. Siehe auch *Interferometer.*
Intergalaktischer Raum, Raum zwischen den Galaxien.
Interstellarer Raum, Raum zwischen den Sternen unserer Milchstraße.

Ion, Atom, das ein oder einige Elektronen aus seiner Hülle verloren hat und eine positive Nettoladung besitzt.

Ionisiertes Gas, ein Gas, bei dem ein großer Teil seiner Atome Elektronen aus der Atomhülle verloren hat.

Jet, Gasstrahl, der Energie aus dem Zentrum einer Radiogalaxie oder eines Quasars in die äußeren Radiowolken transportiert.

Kalte Materie, Materie, in der alle Kernreaktionen zu einen Ende gekommen sind, wobei sämtliche verfügbare Kernenergie abgegeben wurde.

»Keine Haare-Vermutung«, in den sechziger Jahren aufgestellte Vermutung (die in den siebziger und achtziger Jahren bewiesen wurde), daß alle Eigenschaften eines Schwarzen Loches durch seine Masse, seine Ladung und seinen Drehimpuls eindeutig bestimmt sind.

Kernfusion, Verschmelzung zweier kleiner Atomkerne zu einem größeren. Die Sonne bezieht ihre Energie, ebenso wie die Wasserstoffbombe, aus der Fusion von Wasserstoff-, Deuterium- und Tritiumkernen zu Helium.

Kernkraft, auch »starke Wechselwirkung«. Die zwischen zwei Protonen, zwischen Proton und Neutron und zwischen zwei Neutronen wirkende Kraft, durch die Atomkerne zusammengehalten werden. Wenn diese Teilchen etwas voneinander entfernt sind, wirkt die Kernkraft anziehend; kommen sie einander näher, wirkt sie abstoßend. Die Kernkraft ist zu einem großen Teil für den Druck im Innern eines Neutronensterns verantwortlich.

Kernreaktion, Verschmelzung mehrerer Atomkerne zu einem größeren (Fusion) oder der Aufbruch eines großen Kerns in kleinere Kerne (Spaltung).

Kernreaktor, Anlage, in der eine Kettenreaktion von Kernspaltprozessen stattfindet, mit der Energie gewonnen und Plutonium produziert werden kann.

Kernspaltung, Spaltung eines großen Atomkerns in mehrere kleinere Kerne. So ist zum Beispiel die Spaltung von Uran- oder Plutoniumkernen die Grundlage der Atombombe. Die Kernspaltung ist auch die Energiequelle in Kernreaktoren.

Kettenreaktion, Abfolge von Kernspaltungsvorgängen, bei denen die bei einer Spaltung freigesetzten Neutronen die Spaltung weiterer Kerne auslösen, wobei wieder Neutronen freigesetzt werden usw.

Klassisch, den Gesetzen der Physik gehorchend, die für makroskopische Objekte gelten; nichtquantenmechanisch.

Kollabierter Stern, auch Kollapsar; die in der westlichen Welt bis in die sechziger Jahre übliche Bezeichnung für Schwarze Löcher.

Kollaps, sehr schnelles Schrumpfen eines Sterns aufgrund seiner eigenen Gravitation.

Kompressionswiderstand, auch *adiabatischer Index*; prozentuale Steigerung des Drucks in Materie, wenn man ihre Dichte um ein Prozent erhöht.

Korpuskel, im 17. und 18. Jahrhundert gebräuchliche Bezeichnung für ein Lichtteilchen.

Kosmische Strahlung, Teilchen, die aus dem Weltraum auf die Erde treffen. Kosmische Strahlung wird teilweise von der Sonne erzeugt, jedoch entsteht der größte Teil in entfernten Regionen unserer Milchstraße, möglicherweise in heißen Gaswolken, die von Supernovae in den interstellaren Raum geschleudert werden.

Kosmische Strings, hypothetische eindimensionale, fadenförmige Gebilde, die eine Raumkrümmung darstellen. Ein String hat keine Enden, sondern ist entweder in sich geschlossen wie ein Gummiring oder von unendlicher Länge. Seine Raumkrümmung bewirkt, daß der Umfang eines den String umschließenden Kreises geteilt durch den Durchmesser einen Wert kleiner als π ergibt.

Kosmische Zensur, Vermutung, wonach die Gesetze der Physik verhindern, daß beim Kollaps eines Objektes eine nackte Singularität entsteht.

Kreisel, schnell rotierender Körper, dessen Rotationsachse über lange Zeit unverändert bleibt.

Kritischer Umfang, Horizontumfang eines Schwarzen Loches; unterschreitet ein Objekt diesen Umfang, muß es zwangsläufig zu einem Schwarzen Loch zusammenschrumpfen. Der kritische Umfang ergibt sich aus dem Produkt von 18,5 Kilometern und der Masse des Objekts in Einheiten der Sonnenmasse.

Krümmung des Raumes oder der Raumzeit, Eigenschaft des Raumes oder der Raumzeit, die bewirkt, daß sich ursprünglich parallele Geraden – im Widerspruch zur euklidischen Geometrie oder zur Geometrie Minkowskis – irgendwann schneiden.

Längenkontraktion, Verkürzung der Länge eines Objekts aufgrund seiner Bewegung relativ zu einem Beobachter, der die Länge mißt. Die Kontraktion findet nur entlang der Bewegungsrichtung statt.

Licht, elektromagnetische Wellen, die vom menschlichen Auge wahrgenommen werden können; siehe Abbildung P.2 auf Seite 25.

Lichtablenkung, Änderung der Ausbreitungsrichtung von Licht und anderen elektromagnetischen Wellen, wenn sie die Sonne oder andere Gravitation ausübende Körper passieren. Die Ablenkung ist eine Folge der Krümmung der Raumzeit in der Umgebung dieser Körper.

LIGO, Akronym für »Laser Interferometer Gravitational-Wave Observer« (Laserinterferometrischer Gravitationswellendetektor).

Linear, Eigenschaft, die sich aus der einfachen Addition von Größen ergibt.

Lokales Inertialsystem, frei fallendes Bezugssystem, auf das keine anderen Kräfte außer der Gravitation wirken und das so klein ist, daß die Auswirkungen der Gezeitenkräfte vernachlässigbar sind.

Magnetfeld, Feld, das für magnetische Kräfte verantwortlich ist.

Magnetische Feldlinien, Linien entlang der Richtung des Magnetfeldes (das heißt entlang der Richtung, in die eine in das Magnetfeld eingebrachte Kompaßnadel zeigen würde). Diese Feldlinien können sichtbar gemacht werden, indem man zum Beispiel einen Stabmagneten mit einem Blatt Papier bedeckt und Eisenfeilspäne auf das Papier streut.

Masse, Maß für die Menge von Materie, aus der ein Objekt besteht. (Die Trägheit eines Objekts ist seiner Masse proportional; Einstein hat außerdem gezeigt, daß die Masse nichts anderes als eine sehr kompakte Form von Energie ist.) Wenn es in einem Sachverhalt hauptsächlich um die Trägheit geht, wird das Wort »Masse« auch synonym für ein Objekt verwendet, das Masse besitzt.

Maxwells Gesetze des Elektromagnetismus, die physikalischen Gesetze, mit denen James Clerk Maxwell alle elektromagnetischen Phänomene vereinheitlicht und beschrieben hat. Mit Hilfe dieser Gesetze lassen sich durch mathematische Berechnungen Vorhersagen über Elektrizität, Magnetismus und elektromagnetische Wellen machen.

Metaprinzip, Prinzip, dem alle physikalischen Gesetze gehorchen, zum Beispiel das Relativitätsprinzip.

Mikrosekunde, eine millionstel Sekunde.

Mikrowellen, elektromagnetische Wellen, deren Wellenlängen etwas kürzer sind als die der Radiowellen; siehe Abbildung P.2 auf Seite 25.

Milchstraße, die Galaxie, in der wir uns befinden.

Mixmaster-Singularität, Singularität, in deren Nähe die Gezeitenkräfte in chaotischer Weise zeitlich oszillieren, aber nicht notwendigerweise räumlich variieren. Siehe auch *BKL-Singularität.*

Molekül, Gebilde, das aus mehreren Atomen aufgebaut ist, die sich ihre Elektronenwolken teilen. So besteht das Wassermolekül aus zwei Wasserstoffatomen und einem Sauerstoffatom.

Nackte Singularität, Singularität, die sich nicht im Innern eines Schwarzen Loches befindet (also nicht von einem Horizont umgeben ist) und somit von außen beobachtet und untersucht werden kann. Siehe *Kosmische Zensur*.

National Science Foundation (NSF), Behörde der Regierung der Vereinigten Staaten, deren Aufgabe die Förderung der Grundlagenforschung ist.

Naturphilosoph, vom 17. bis 19. Jahrhundert gebräuchliche Bezeichnung für Naturwissenschaftler.

Nebel, hell leuchtende Gaswolke im interstellaren Raum. Noch bis in die dreißiger Jahre wurden auch Galaxien fälschlicherweise für Nebel gehalten.

Neue Quantenmechanik, im Jahre 1926 formulierte, endgültige Version der Gesetze der Quantenmechanik.

Neutrino, sehr leichtes Teilchen, das eine gewisse Ähnlichkeit mit dem Photon aufweist, aber kaum mit Materie in Wechselwirkung tritt. Neutrinos, die zum Beispiel im Innern der Sonne produziert werden, durchfliegen die Materie der Sonne und ihre Umgebung, ohne absorbiert oder nennenswert gestreut zu werden.

Neutron, ein subatomares Teilchen. Neutronen und Protonen, die von der Kernkraft zusammengehalten werden, bilden die Atomkerne.

Neutronenkern, Oppenheimers Bezeichnung für einen Neutronenstern. Der Begriff steht auch für einen Neutronenstern im Zentrum eines normalen Sterns.

Neutronenstern, Stern von etwa einer Sonnenmasse, der jedoch einen Umfang von nur 50 bis 1000 Kilometern besitzt und aus Neutronen besteht, die aufgrund der Gravitation dicht aneinandergepreßt sind.

Newtonsche Gesetze der Physik, die Gesetze der Physik, die auf Newtons Vorstellung eines absoluten Raumes und einer absoluten Zeit aufbauen und die im 19. Jahrhundert die Grundlage für die Vorstellung vom Universum darstellten.

Newtonsches Gravitationsgesetz, besagt, daß zwischen jedem Paar von Objekten im Universum eine Gravitationskraft herrscht, die bewirkt, daß diese Objekte sich gegenseitig anziehen und daß diese Kraft proportional zum Produkt der Massen der beiden Objekte und umgekehrt proportional zum Quadrat ihres Abstands ist.

Nichtlinear, Eigenschaft, die sich daraus ergibt, daß Größen auf kompliziertere Weise als durch einfache Addition miteinander verbunden sind.

Nova, explosionsartiger Helligkeitsanstieg eines alten Sterns, der durch eine nukleare Explosion in den äußeren Schichten des Sterns hervorgerufen wird.

Nukleon, Neutron oder Proton.

Oberflächengravitation, vereinfacht ausgedrückt die Stärke der Anziehung, die ein Beobachter spürt, der sich knapp über dem Horizont eines Schwarzen Loches in Ruhe befindet. (Etwas genauer: die Gravitationsanziehung, multipliziert mit dem Grad an gravitationsbedingter Zeitdilatation am Ort des Beobachters.)

Optischer Astronom, Astronom, der das Universum im Bereich des sichtbaren (mit dem menschlichen Auge wahrnehmbaren) Lichts untersucht.

Paradigma, Satz von Hilfsmitteln, der von einer Gemeinschaft von Wissenschaftlern benutzt wird, um ein gegebenes Gebiet zu erforschen und die Forschungsergebnisse anderen mitzuteilen.

Perihel, Punkt einer Planetenbahn um die Sonne, der der Sonne am nächsten ist.

Perihelverschiebung des Merkur, kleine Bahnunregelmäßigkeit, die verhindert, daß sich die Bahn des Merkur zu einer Ellipse schließt. Folglich nimmt das Perihel bei jedem Durchlauf des Merkur eine etwas andere Position ein.

Photon, Teilchen des Lichts oder jeder anderen Art elektromagnetischer Strahlung (von den Radiowellen bis zur Gammastrahlung); das Teilchen, das gemäß dem Welle-Teilchen-Dualismus mit einer elektromagnetischen Welle verknüpft ist.

Piezoelektrischer Kristall, Kristall, der eine elektrische Spannung erzeugt, wenn er gedehnt oder zusammengedrückt wird.

Planck-Wheeler-Länge, -Fläche und -Zeit, Größen, die mit den Gesetzen der Quantengravitation verknüpft sind. Die Planck-Wheeler-Länge $\sqrt{G\hbar/c^3} = 1{,}62 \times 10^{-33}$ Zentimeter ist die Längenskala, auf der der uns bekannte Raum aufhört zu existieren und zu einem Quantenschaum wird. Die Planck-Wheeler-Zeit (die Planck-Wheeler-Länge geteilt durch die Lichtgeschwindigkeit; ungefähr 10^{-43} Sekunden) ist das kürzest mögliche Zeitintervall; wenn zwei Ereignisse durch eine kürzere Zeitspanne voneinander getrennt sind, kann man nicht entscheiden, welches zuerst und welches danach stattfand. Die Planck-Wheeler-Fläche (das Quadrat der Planck-Wheeler-Länge, das heißt $2{,}61 \times 10^{-66}$ Quadratzentimeter) spielt eine wichtige Rolle bei der Entropie eines Schwarzen Loches. In den obigen Formeln ist $G = 6{,}670 \times 10^{-8}$ dyn-cm^2/g^2 die Newtonsche Gravitationskonstante, $\hbar = 1{,}055 \times 10^{-27}$ erg-s das Plancksche Wirkungsquantum und $c = 2{,}998 \times 10^{10}$ cm/s die Lichtgeschwindigkeit.

Plancksche Konstante oder Plancksches Wirkungsquantum, Fundamentale Konstante, die mit $\hbar$ abgekürzt wird und in den Gesetzen der Quantenmechanik vorkommt. Sie ist das Verhältnis der Energie eines Photons zu seiner Winkelgeschwindigkeit (das heißt zu seiner Frequenz mal 2π); $1{,}055 \times 10^{-27}$ erg-s.

Plasma, Heißes, ionisiertes, elektrisch leitendes Gas.

Plutonium-239, Plutoniumkern, der aus 239 Nukleonen (94 Protonen und 145 Neutronen) besteht.

Polarisation, elektromagnetische Wellen und Gravitationswellen besitzen zwei Komponenten (Polarisationszustände), die in verschiedenen Ebenen schwingen.

Polarisierter Körper, ein Körper, bei dem die negative elektrische Ladung in einem Bereich und die positive Ladung in einem anderen Bereich konzentriert ist.

Polarisiertes Licht, polarisierte Gravitationswellen, Licht oder Gravitationswellen, bei denen einer der beiden Polarisationszustände völlig fehlt.

Postdoc oder Post-Doktorand(in), promovierte(er) Wissenschaftler(in), die/der ihre/seine wissenschaftliche Ausbildung, meist unter der Anleitung eines erfahrenen Kollegen, fortsetzt.

Price, Theorem von, besagt, daß alle Eigenschaften eines Schwarzen Loches, die in Strahlung umgewandelt und abgestrahlt werden können, tatsächlich auch umgewandelt und abgestrahlt werden, wodurch das Schwarze Loch seine »Haare« verliert.

Primordiale Schwarze Löcher, Schwarze Löcher, die beim Urknall erzeugt wurden und für gewöhnlich eine viel geringere Masse als die Sonne besitzen.

Prinzip der Absolutheit der Lichtgeschwindigkeit, von Einstein formuliert, besagt, daß die Lichtgeschwindigkeit eine universelle Konstante ist und in jeder Richtung sowie in jedem Bezugssystem, ungeachtet seiner Bewegung, stets denselben Wert besitzt.

Pulsar, magnetischer, rotierender Neutronenstern, der einen Strahl von Radiowellen oder manchmal auch sichtbarem Licht oder Röntgenstrahlen emittiert. Während der Stern rotiert, überstreicht sein Strahl die Erde wie das Licht eines Leuchtturms, und Astronomen beobachten einen Strahlungspuls.

Quantenfeld, Feld, das den Gesetzen der Quantenmechanik genügt. Eigentlich sind alle Felder Quantenfelder, wenn man Messungen mit genügender Genauigkeit durchführt. Bei geringerer Präzision können sie sich klassisch verhalten, das heißt Phänomene wie der Welle-Teilchen-Dualismus oder die Vakuumfluktuationen treten nicht in Erscheinung.

Quantenfelder in einer gekrümmten Raumzeit, Gesetze der, noch unvollständige Vereinigung der allgemeinen Relativitätstheorie (die die gekrümmte Raumzeit beschreibt) mit den Gesetzen der Quantenfelder. Hierbei werden Gravitationswellen und andere Felder quantenmechanisch beschrieben, während die gekrümmte Raumzeit, in der sie sich befinden, klassisch behandelt wird.

Quantengravitation, Gesetze der Physik, die sich aus der vollständigen Vereinigung der allgemeinen Relativitätstheorie mit der Quantenmechanik ergeben.

Quantenmechanik, Gesetze der Physik, die in der mikroskopischen Welt der Atome, Moleküle, elektronen und Protonen gelten. Ihnen unterliegt zwar auch die makroskopische Welt, aber dort treten sie selten in Erscheinung. Zu den von der Quantenmechanik vorhergesagten Phänomenen gehören das *Unschärfeprinzip*, der *Welle-Teilchen-Dualismus* und die *Vakuumfluktuationen.*

Quantenschaum, zufällige, schaumartige Struktur des Raumes, die möglicherweise den Kern einer Singularität bildet und von der angenommen wird, daß sie im gewöhnlichen Raum auf oder unterhalb der Skala der Planck-Wheeler-Länge existiert.

Quantentheorie, siehe *Quantenmechanik.*

»Quantum Nondemolition«, Meßmethode, mit der die Standardquantengrenze umgangen werden kann.

Quasar, kompaktes, sehr helles und weit entferntes Objekt, von dem angenommen wird, daß es seine Energie aus einem riesigen Schwarzen Loch bezieht.

Radio-Interferometer, Zusammenschluß mehrerer Radioteleskope, um die Wirkung eines großen Radioteleskops zu erreichen.

Radioastronom, Astronom, der das Universum im Bereich der Radiowellen untersucht.

Radiogalaxie, Galaxie, die mit hoher Intensität Radiowellen emittiert.

Radioteleskop, Teleskop, mit dem man das Universum im Bereich der Radiowellen untersucht.

Radiowellen, elektromagnetische Wellen sehr niedriger Frequenz. Menschen benutzen sie zur Übermittlung von Signalen, während Astronomen mit ihnen entfernte Himmelsobjekte untersuchen; siehe Abbildung P.2 auf Seite 25.

Raumzeit, vierdimensionales »Gewebe«, das sich aus der Vereinheitlichung von Raum und Zeit ergibt.

Raumzeitdiagramm, Diagramm, in dem die Zeit senkrecht und eine Raumkoordinate waagerecht aufgetragen sind.

Raumzeitkrümmung, Eigenschaft der Raumzeit, die bewirkt, daß sich frei fallende Körper, die sich ursprünglich entlang paralleler Weltlinien bewegten, einander nähern oder voneinander entfernen. Die Begriffe Raumzeitkrümmung und *Gezeitenkräfte* beschreiben denselben Sachverhalt.

Relativ, von einem Bezugssystem abhängig. Eine Größe ist relativ, wenn ihre Messung in Bezugssystemen, die sich verschieden bewegen, zu verschiedenen Ergebnissen führt.

Relativitätsprinzip, von Einstein formuliertes Prinzip, das besagt, daß die Gesetze der Physik ein Inertialsystem nicht von einem anderen unterscheiden können; oder anders ausgedrückt, daß die physikalischen Gesetze in jedem Inertialsystem dieselbe Form annehmen müssen. In Anwesenheit von Gravitation gilt dasselbe Prinzip, jedoch trifft es hier nur für lokale Inertialsysteme zu.

Riesige Schwarze Löcher, Schwarze Löcher von einer Million oder mehr Sonnenmassen. Man glaubt, daß solche Schwarze Löcher im Zentrum von Galaxien oder Quasaren existieren.

Ringvermutung, Vermutung, daß ein Körper nur dann ein Schwarzes Loch bildet, wenn er so klein wird, daß ein Ring von der Größe des kritischen Umfangs um ihn gelegt und in alle Richtungen gedreht werden kann.

Röntgenstrahlung, elektromagnetische Wellen mit Wellenlängen zwischen denen der ultravioletten Strahlung und denen der Gammastrahlung; siehe Abbildung P.2 auf Seite 25.

Rotation, siehe *Drehimpuls*.

Rotationsenergie, Energie, die mit der Rotation eines Schwarzen Loches, eines Sterns oder eines beliebigen anderen Objekts verknüpft ist.

Rotverschiebung, Verschiebung elektromagnetischer Wellen zum roten Ende des Spektrums, zu den größeren Wellenlängen hin.

Scheinbarer Horizont, äußerste Grenze eines Schwarzen Loches, bis zu der Photonen, die zu entweichen versuchen, von der Gravitation wieder nach innen gezogen werden. Er ist dem *absoluten Horizont* nur dann gleichzusetzen, wenn sich das Schwarze Loch in einem statischen Zustand der Ruhe befindet.

Schwarzes Loch, durch den Kollaps eines Sterns entstandenes Gebilde, in das etwas hineinfallen kann, aus dem jedoch nichts wieder entweichen kann.

Schwarzschild-Geometrie, Geometrie, die in der Umgebung und im Innern eines nichtrotierenden Schwarzen Loches gilt.

Schwarzschild-Singularität, zwischen 1916 und 1958 gebräuchlicher Ausdruck für ein Objekt, das wir heute als Schwarzes Loch bezeichnen.

Sco X-1, Scorpius X-1, hellster Röntgenstern am Himmel.

Sensor, beim Nachweis von Gravitationswellen: Gerät zur Beobachtung der Vibrationen eines Zylinders oder der Bewegung von Massen.

Singularität, Gebiet in der Raumzeit, in dem die Krümmung so stark wird, daß die Gesetze der allgemeinen Relativitätstheorie versagen und durch die Gesetze der Quantengravitation ersetzt werden müssen. Wenn man versucht, eine Singularität nur mit Hilfe der allgemeinen Relativitätstheorie zu beschreiben, so erhält man (fälschlicherweise) unendlich große Gezeitenkräfte und eine unendlich starke Raumzeitkrümmung. Die Quantengravitation wird diese Unendlichkeiten vermutlich durch einen Quantenschaum ersetzen.

Sirius B, Weißer Zwergstern, der den Stern Sirius umkreist.

Spektrallinien, scharfe Konturen im Spektrum des von einer Quelle ausgesandten Lichts. Diese Linien entstehen durch starke Lichtemission bestimmter Atome oder Moleküle bei bestimmten Wellenlängen.

Spektrograph, hochentwickelte Version eines Prismas, um Licht verschiedener Farbe (Wellenlänge) voneinander zu trennen und so das Spektrum des Lichts zu messen.

Spektrum, Bereich der Wellenlängen bzw. Frequenzen, in dem elektromagnetische Wellen vorkommen. Das Spektrum reicht von extrem niederfrequenten Radiowellen über den Bereich des sichtbaren Lichts bis zu Gammastrahlen von extrem hoher Frequenz; siehe Abbildung P.2 auf Seite 25. Der Begriff »Spektrum« wird auch für ein Diagramm verwendet, bei dem die Lichtintensität als Funktion der Frequenz (oder Wellenlänge) aufgetragen ist und das man erhält, wenn man Licht durch ein Prisma schickt.

Spezielle Relativitätstheorie, Einsteins Gesetze der Physik ohne Berücksichtigung der Gravitation.

Standardquantengrenze, durch das Unschärfeprinzip gegebene Grenze für die Genauigkeit, mit der bestimmte Größen mit Standardmethoden bestimmt werden können. Es gibt Möglichkeiten, diese Grenze zu umgehen; siehe *Quantum Nondemolition.*

Störung, kleine Verzerrung eines Objekts oder der Raumzeitkrümmung in der Umgebung eines Objekts.

Störungsrechnung, Methode zur mathematischen Analyse der Auswirkung einer kleinen Störung auf ein Objekt, etwa auf ein Schwarzes Loch.

Stoßwellenfront, Gebiet, in dem Dichte und Temperatur eines fließenden Gases abrupt um einen hohen Betrag ansteigen.

Strahlteiler, Gerät, das einen Lichtstrahl in zwei Teile aufspaltet und in verschiedene Richtungen leitet bzw. zwei aus verschiedenen Richtungen kommende Lichtstrahlen vereinigt.

Strahlung, alle Arten schneller Teilchen oder Wellen.

Strenge, bezogen auf mathematische Berechnungen und logische Beweisführungen, hoher Grad an Präzision und Zuverlässigkeit.

Stroboskopische Messung, bestimmte Form der Messung zur Umgehung der Standardquantengrenze beim Nachweis von Gravitationswellen. Hierbei führt man jeweils im Abstand einer Schwingungsperiode sehr schnelle Messungen an einem zylindrischen Gravitationswellendetektor durch. Siehe auch *Quantum Nondemolition.*

Superbombe, Wasserstoffbombe, die auf einem besonderen Prinzip beruht, das beliebig starke Explosionen erlaubt.

Supernova, gigantische Explosion eines sterbenden Sterns. Die Explosion in den äußeren Schichten des Sterns bezieht ihre Energie aus dem Kollaps des stellaren Kerns zu einem Neutronenstern.

Supraleiter, Material, das elektrischen Strom widerstandsfrei leitet.

Synchrotronstrahlung, elektromagnetische Wellen, die von schnellen Elektronen ausgesandt werden, die sich in einem Magnetfeld auf gekrümmten Bahnen bewegen.

Teilchen, kleine Objekte wie zum Beispiel die Grundbausteine der Materie (Elektronen, Protonen und Neutronen).

Thermischer Druck, von der zufälligen Wärmebewegung von Atomen, Molekülen oder anderer Teilchen verursachter Druck.

Thermodynamik, physikalische Gesetze, die das zufällige, statistische Verhalten einer großen Zahl von Atomen und Molekülen beschreiben; dazu gehört auch das Phänomen der Wärme.

Thermonukleare Reaktion, Kernreaktion, die durch Wärme eingeleitet wird.

Topologie, Teilgebiet der Mathematik, das sich damit beschäftigt, auf welche Weise Objekte qualitativ miteinander oder mit sich selbst verbunden sind. Zum Beispiel unterscheidet die Topologie eine Kugel (die kein Loch hat) von einem Torus (der ein Loch hat).

Trägheit, Widerstand eines Körpers gegen die Beschleunigung durch auf ihn einwirkende Kräfte.

Tritium, Atomkern aus einem Proton und zwei Neutronen, die durch die Kernkraft zusammengehalten werden.

Ultraviolette Strahlung, elektromagnetische Strahlung, deren Wellenlänge etwas kürzer ist als die des sichtbaren Lichts; siehe Abbildung P.2 auf Seite 25.

Umlaufperiode, Zeit, die ein Objekt benötigt, um ein anderes zu umkreisen.

Universum, Gebiet im Raum, das von allen anderen Gebieten des Raumes abgesondert ist – so wie eine Insel von anderen Inseln getrennt ist. (Meist im Sinne unseres Universums verwendet.)

Unschärfeprinzip, quantenmechanisches Gesetz, das besagt, daß die hochpräzise Messung des Ortes eines Objekts unweigerlich eine unvorhersagbare Störung der Geschwindigkeit des Objekts zur Folge hat. Ebenso bewirkt die Messung der Stärke eines Feldes notwendigerweise, daß die zeitliche Änderung der Feldstärke auf unvorhersagbare Weise beeinflußt wird.

Uran-235, bestimmte Form des Urankerns, bestehend aus 235 Nukleonen (92 Protonen und 143 Neutronen).

Urknall, Explosion, durch die das Universum entstand.

Vakuum, Gebiet der Raumzeit, aus dem – soweit möglich – die gesamte Energie sowie alle Teilchen und Felder entfernt wurden, so daß das Gebiet nur die unvermeidlichen Vakuumfluktuationen enthält.

Vakuumfluktuationen, zufällige, unvorhersagbare und nicht vermeidbare Oszillationen eines Feldes (etwa des elektromagnetischen Feldes oder des Gravitationsfeldes), die dadurch entstehen, daß benachbarte Raumgebiete kurzzeitig Energie voneinander borgen und wieder zurückgeben. Siehe auch *Vakuum* und *virtuelle Teilchen.*

Virtuelle Teilchen, Teilchen, die paarweise erzeugt werden, wobei Energie aus benachbarten Raumgebieten geborgt wird. Die Gesetze der Quantenmechanik verlangen, daß diese Energie schnell wieder zurückgegeben wird, so daß sich die virtuellen Teilchen schnell wieder vernichten und nicht eingefangen werden können. Virtuelle Teilchen verkörpern den Teilchenaspekt der Vakuumfluktuationen, so wie sie von einem freifallenden Beobachter wahrgenommen werden. Virtuelle Photonen sind die den elektromagnetischen Vakuumfluktuationen entsprechenden Teilchen, während virtuelle Gravitonen den Teilchenaspekt von Gravitationswellen verkörpern. Siehe auch *Welle-Teilchen-Dualismus.*

Wasserstoffbombe, Bombe, die ihre Explosionsenergie aus der Verschmelzung von Wasserstoff-, Deuterium- und Tritiumkernen zu Helium bezieht. Siehe auch *Superbombe.*

Weißer Zwergstern, Stern, dessen Umfang etwa dem der Erde entspricht, der jedoch etwa die Masse der Sonne besitzt. Ein solcher Stern hat seinen nuklearen Brennstoffvorrat erschöpft und kühlt allmählich ab. Aufgrund des Entartungsdrucks der Elektronen widersteht er dem Gravitationskollaps.

Welle-Teilchen-Dualismus, Beschreibung der Tatsache, daß Wellen sich manchmal wie Teilchen und Teilchen sich manchmal wie Wellen verhalten.

Welle, Schwingung in einem Feld (zum Beispiel im elektromagnetischen Feld oder in der Raumzeitkrümmung), die sich durch die Raumzeit fortpflanzt.

Weltlinie, Bahn eines Objekts durch die Raumzeit bzw. Linie in einem Raumzeitdiagramm.

Wurmloch, ein »Henkel« in der Topologie des Raumes, der zwei weit entfernte Orte in unserem Universum miteinander verbindet.

Zeitdilatation, Verlangsamung des Zeitflusses.

Zeitmaschine, Gerät, mit dem man in der Zeit rückwärts reisen kann. Physiker sprechen auch von einer »geschlossenen zeitartigen Bahn«.

Zustandsgleichung, beschreibt, in welcher Weise der in Materie herrschende Druck (oder der Kompressionswiderstand) von der Dichte der Materie abhängt.

Zweites Gesetz der Thermodynamik, besagt, daß die Entropie niemals abnehmen kann, sondern in den meisten Fällen zunimmt.

Zylindrischer Gravitationswellendetektor, massiver Metallzylinder, der von den Gravitationswellen abwechselnd zusammengedrückt und gedehnt wird. Diese Verformungen werden von einem Sensor registriert.

Anmerkungen

Anmerkung der Übersetzer: Da sich die Literaturangaben in der Regel auf englischsprachige Publikationen beziehen, wurde in der Bibliographie die englische Transkription russischer Namen beibehalten, während im Text die deutsche Transliteration verwendet wurde, zum Beispiel *Seldowitsch* im Text, aber *Zel'dovich* in der Bibliographie. Stimmhaftes »s« in der deutschen Transkription geht über in »z«, »w« in »v«, »tsch« in »ch«, »ch« in »kh«, »i« in »y«, »z« in »ts«, usw.

Quellen und Abkürzungen

Die in den Anmerkungen genannten Quellen sind in der Bibliographie aufgelistet.

Folgende Abkürzungen wurden verwendet:

ECP-1 – The Collected Papers of Albert Einstein, Band 1.
ECP-2 – The Collected Papers of Albert Einstein, Band 2.
INT – Interviews (eine Liste der vom Verfasser durchgeführten Interviews ist der Bibliographie vorangestellt)
MTW – Misner, Thorne und Wheeler (1973)

Prolog

1 Übernommen aus Thorne (1974).
2 Newtons Gleichung lautet: $M_h = C_0^3/(2\pi GP_0^2)$. Dabei ist M_h die Masse des Schwarzen Loches (oder eines anderen Körpers mit einem Gravitationsfeld), C_0 der Bahnumfang eines umlaufenden Körpers, P_0 die Umlaufperiode, $\pi = 3{,}14159\ldots$ und G (die Newtonsche Gravitationskonstante) =

$1{,}327 \times 10^{11}\ km^3/s^2$ pro Sonnenmasse. (Siehe auch Anmerkung 3 zu Kapitel 1.) Wenn man in diese Gleichung die Umlaufperiode des Raumschiffs (P_0 = 5 Minuten 46 Sekunden) und den Umfang seiner Umlaufbahn ($C_0 = 10^6$ km) einsetzt, erhält man eine Masse von M_h = 10 Sonnenmassen. (Eine Sonnenmasse entspricht $1{,}989 \times 10^{30}$ kg.)

3 Die Gleichung für den Umfang des Horizonts lautet: $C_h = 4\pi GM_h/c^2 = 18{,}5\ km \times (M_h/M_\odot)$. Dabei ist M_h die Masse des Schwarzen Loches, G die Newtonsche Gravitationskonstante (siehe Anmerkung 2 oben), $c = 2{,}998 \times 10^5$ km/s die Lichtgeschwindigkeit und $M_\odot = 1{,}989 \times 10^{30}$ kg ist die Masse der Sonne. Siehe auch Kapitel 31 und 32 in MTW.

4 Die Gezeitenkraft, die sich in der Beschleunigung Ihres Kopfes relativ zu Ihren Füßen (oder zwei beliebigen anderen Objekten) äußert, ergibt sich aus der Formel: $\Delta a = 16\pi 3\ G(M_h/C^3)L$. Dabei ist G die Newtonsche Gravitationskonstante (siehe oben), M_h ist die Masse des Schwarzen Loches, C ist der Umfang der Umlaufbahn, die durch Ihre Position verläuft und L ist der Abstand zwischen Ihrem Kopf und Ihren Füßen. Zum Vergleich: die Erdbeschleunigung ist gleich $9{,}81\ m/s^2$. Siehe auch S. 29 in MTW.

5 Die in Anmerkung 4 oben beschriebene Gleichung ergibt für die Gezeitenwirkung $\Delta a \propto M_h/C^3$. Wenn der Umfang fast dem des Horizonts entspricht, wenn also $C \propto M_h$ (siehe Anmerkung 4), dann gilt: $\Delta a \propto 1/M_h^2$.

6 Die Zeit im Raumschiff, T_R, die Zeit auf der Erde, T_E, und die zurückgelegte Entfernung D sind durch die folgende Formel miteinander verknüpft: $T_E = (2c/G)\sinh(gT_R/2c)$ und $D = (2c^2/g)[\cosh(gT_R/2c)\text{-}1]$, wobei g die Beschleunigung des Raumschiffs ist (1 Erdbeschleunigung = $9{,}81\ m/s^2$), c die Lichtgeschwindigkeit und sinh und cosh die Hyperbelfunktionen (sinus hyperbolicus und cosinus hyperbolicus). Siehe auch Kapitel 6 in MTW. Für Reisen, die wesentlich länger als ein Jahr dauern, erhält man annähernd: $T_E = D/c$ und $T_R = (2c/g)\ln(gD/c^2)$, wobei ln der natürliche Logarithmus ist.

7 Eine mathematische Analyse kreisförmiger (und anderer) Umlaufbahnen um ein nichtrotierendes Schwarzes Loch findet sich in Kapitel 25 in MTW (vergleiche insbesondere Kasten 25.6).

8 Die Beschleunigung, die Sie wahrnehmen, wenn Sie in einem Abstand mit dem Umfang C über dem Horizont eines Schwarzen Loches der Masse M_h und des Horizontumfangs C_h schweben, beträgt: $a = 4\pi 2\ G(M_h/C^2) \times (1/\sqrt{1 - C/C_h})$ wobei G die Newtonsche Gravitationskonstante ist. Wenn Sie dem Horizont sehr nahe sind, dann gilt $C \simeq C_h \propto M_h$, woraus $a \propto 1/M_h$ folgt.

9 Siehe Anmerkung 6 oben.

10 Wenn man auf einer Bahn mit dem Umfang C in geringem Abstand über dem Horizont eines Loches mit dem Horizontumfang C_h schwebt, hat man den Eindruck, als ob sich das gesamte Licht des äußeren Universums in einer hellen Scheibe mit dem Winkeldurchmesser $\alpha \simeq 3\sqrt{3}\sqrt{1 - C_h/C}$ Grad konzentriert. Siehe auch Kasten 25.7 in MTW.

11 Wenn man auf einer Bahn mit dem Umfang C in geringem Abstand über dem Horizont eines Loches mit dem Horizontumfang C_h schwebt, erscheinen die Wellenlängen λ des Lichts des äußeren Universums aufgrund der Gravitation violettverschoben (die Umkehrung der gravitationsbedingten Rotverschiebung) und zwar um einen Faktor $1/\sqrt{1 - C/C_h}$. Siehe auch S. 657 in MTW.

12 Wenn sich zwei Schwarze Löcher mit einer Masse von jeweils M_h in einem Abstand D umkreisen, haben sie eine Umlaufperiode von $2\pi\sqrt{D^3/2GM_h}$. Aufgrund des gravitationsbedingten Rückstoßes nähern sie sich einander langsam spiralförmig an und verschmelzen schließlich miteinander. Die dafür benötigte Zeit wird durch die folgende Formel angegeben: $(5/512) \times (c^5/G^3)(D^4/M_h{}^3)$. G ist die Newtonsche Gravitationskonstante und c die Lichtgeschwindigkeit (siehe oben). Vergleiche auch Gleichung (36.17 b) in MTW.

13 Ein Beobachter, der sich auf der Trägerringkonstruktion in einem Abstand L von der mittleren Schicht befindet, spürt eine Beschleunigung von $a = (32\pi 3\ GM_h/C^3)L$ in Richtung auf die mittlere Schicht. Diese Beschleunigung wird zum Teil durch die Zentrifugalkraft des rotierenden Rings verursacht und zum Teil durch die Gezeitenkraft des Loches. G ist die Newtonsche Gravitationskonstante, M_h die Masse des Schwarzen Loches und C der Umfang der mittleren Schicht der Ringkonstruktion. Zum Vergleich: die Erdbeschleunigung beträgt 9,81 m/s^2. Siehe auch Anmerkung 6 oben.

14 $\sqrt{G\hbar/c^3} = 10^{-33}$ cm ist die »Planck-Wheeler-Länge«, wobei G die Newtonsche Gravitationskonstante, c die Lichtgeschwindigkeit und $\hbar$ das Plancksche Wirkungsquantum ist. Siehe auch S. 563 in Kapitel 14.

15 Siehe zum Beispiel Will (1986).

Kapitel 1

Allgemeine Bemerkungen zu Kapitel 1: In meiner Beschreibung von Einsteins Leben stütze ich mich weitgehend auf die bekannten Biographien von Pais (1982), Hoffmann (1972), Clark (1971), Einstein (1979) und Frank (1947). Die diesen Büchern entnommenen Zitate und Detailinformationen sind in der Regel nicht eigens gekennzeichnet. Die zur Zeit von der Princeton University Press herausgegebenen *Collected Papers of Einstein* (erschienen sind bereits zwei Bände, ECP-1 und ECP-2) sowie Einstein und Marić (1992) machen umfangreiches neues Quellenmaterial zugänglich. Auf Zitate aus diesen Werken weise ich im Folgenden hin.

1 Dokument 99 in ECP-1.

2 Dokument 115 in ECP-1.

3 Auf der Grundlage der von Tycho Brahe durchgeführten Beobachtungen der Planetenbewegungen schloß Johannes Kepler Anfang des 17. Jahrhunderts, daß die dritte Potenz des Umfangs C einer Planetenumlaufbahn geteilt durch das Quadrat der Umlaufperiode P, das heißt C^3/P^2, für alle damals bekannten Planeten (Merkur, Venus, Erde, Mars, Jupiter, Saturn) zu demselben Ergebnis führte. Ein halbes Jahrhundert später erklärte Isaac Newton Keplers Entdeckung mit Hilfe der Newtonschen Bewegungs- und Gravitationsgesetze:

1. Aus dem nachstehenden Diagramm kann man ableiten, daß sich die Geschwindigkeit eines die Sonne umkreisenden Planeten aus der folgenden Formel ergibt: Geschwindigkeitsänderung = $2\pi C/P^2$, wobei π = 3,14159... ist. Diese Geschwindigkeitsänderung wird manchmal als die *Zentrifugalbeschleunigung* des umlaufenden Planeten bezeichnet.

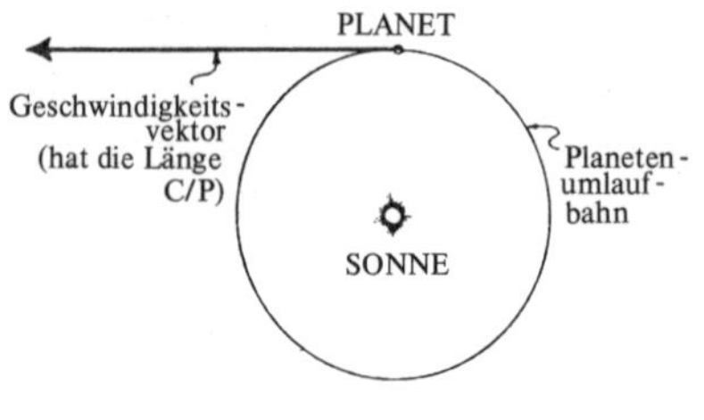

2. Das zweite Newtonsche Bewegungsgesetz besagt, daß die Geschwindigkeitsänderung (oder Zentrifugalbeschleunigung) gleich der von der Sonne auf den Planeten ausgeübten Gravitationskraft F_G geteilt durch die Masse des Planeten M_P ist. Anders ausgedrückt: $2\pi\ C/P^2 = F_G/M_P$.
3. Das Newtonsche Gravitationsgesetz besagt, daß die Gravitationskraft F_G proportional der Sonnenmasse M_S multipliziert mit der Masse des Planeten M_P geteilt durch das Quadrat des Umfangs der Planetenumlaufbahn ist. Wenn man aus der Proportionalität eine Gleichung macht, erhält man: $F_G = 4\pi^2\ GM_S\ M_P/C^2$. Dabei ist G die Newtonsche Gravitationskonstante, die $6{,}670 \times 10^{-20}$ $km^3/(s^2\ kg)$, oder äquivalent $1{,}327 \times 10^{11}$ $km^3/(s^2 M_S)$ beträgt.
4. Setzt man diesen Term für die Gravitationskraft in das zweite Newtonsche Bewegungsgesetz ein (Punkt 2 oben), erhält man $2\pi\ C/P^2 = 4\pi 2\ GM_S/C^2$. Indem man beide Seiten der Gleichung mit $C^2/2\pi$ multipliziert, erhält man $C^3/P^2 = 2\pi\ GM_S$.

Folglich erklären, ja erzwingen die Newtonschen Bewegungs- und Gravitationsgesetze die von Kepler entdeckte Gesetzmäßigkeit, derzufolge gilt, daß C^3/P^2 für alle Planeten gleich ist. Dieser Wert hängt nur von der Newtonschen Gravitationskonstanten und der Sonnenmasse ab.

Wie leistungsfähig die physikalischen Gesetze sind, zeigt sich darin, daß sie nicht nur die Keplersche Entdeckung erklären, sondern daß sie es beispielsweise auch ermöglichen, das Gewicht der Sonne zu bestimmen. Indem man die letzte Gleichung von Punkt 4 durch $2\pi\ G$ teilt, erhält man eine Gleichung für die Sonnenmasse, $M_S = C^3/(2\pi\ GP^2)$. Setzt man in diese Gleichung den Umfang C und die Periode P jeder beliebigen von Astronomen gemessenen Planetenumlaufbahn sowie die Newtonsche Gravitationskonstante G (wie sie von Physikern durch Experimente auf der Erde bestimmt wird) ein, erhält man die Sonnenmasse von $1{,}989 \times 10^{30}$ kg.

4 Dokument 39 in ECP-1; Dokument 2 in Einstein und Marić (1992).

5 Ende des 19. Jahrhunderts äußerten manche Physiker die Vermutung, die Erde ziehe aufgrund ihrer Bewegung durch den absoluten Raum den Äther hinter sich her, obwohl eine Reihe von Beobachtungen gegen diese Vermutung sprach. Wenn der Äther in der Nähe der Erdoberfläche relativ zur Erde ruhen würde, dürfte es keine Ablenkung (Aberration) des Sternenlichts geben. Die Aberration des Lichts aufgrund der Bewegung der Erde um die Sonne war jedoch eine unumstößliche Tatsache. Siehe auch Kapitel 6 in Pais (1982) sowie die darin zitierte Literatur.

6 Mit der Michelson zur Verfügung stehenden Technik war es nicht möglich,

die Ausbreitungsgeschwindigkeit des Lichts in *eine* Richtung so genau zu bestimmen (1: 10^4), daß man überprüfen konnte, ob sich das Licht in verschiedene Richtungen wirklich unterschiedlich schnell ausbreitete, so wie dies die Newtonsche Theorie vorhersagte. Es gab jedoch eine Vorhersage für die *Durchschnittsgeschwindigkeit des Lichts entlang einer Strecke und zurück.* Nach dieser Vorhersage sollte sich die Geschwindigkeit um einen Faktor 5: 10^9 unterscheiden, je nachdem ob sich das Licht parallel zur Bewegung der Erde durch den Äther oder senkrecht dazu ausbreitete. Michelsons Verfahren eignete sich in idealer Weise dazu, solche Geschwindigkeitsdifferenzen nachzuweisen, doch konnte er keine feststellen. Es gab sie nicht.

7 Ich kann natürlich nicht ganz *sicher* sein, daß Weber so dachte. Meine Vermutung stützt sich darauf, daß er in seinen Vorlesungen überhaupt nicht auf die von Michelson durchgeführten Experimente und die dadurch aufgeworfenen Fragen einging. Siehe auch die ausführliche Vorlesungsmitschrift von Einstein (Dokument 37 in ECP-1) und die kurze Beschreibung der einzigen anderen erhaltenen Mitschrift von Webers Vorlesung (S. 62 in ECP-1).

8 Bei den anderen Experimenten, die den Verdacht nahelegten, daß der Äther nicht von der Erde nachgezogen wird, handelte es sich zum Beispiel um Messungen der Aberration des Sternenlichts. Siehe auch Anmerkung 5 oben.

9 Man erinnere sich, daß Michelson die Differenz der Lichtgeschwindigkeit für den Hin- und Rückweg in verschiedene Richtungen bestimmte und nach Unterschieden in der Größenordnung von 5: 10^9 suchte. Siehe auch Anmerkung 6 oben.

10 Das Bild der geschlossenen bzw. offenen magnetischen Feldlinien ist meine eigene Umschreibung des Problems, mit dem sich Lorentz, Larmor und Poincaré hinsichtlich der Maxwellschen elektromagnetischen Gleichungen auseinandersetzten. Eine präzisere Schilderung der Problematik ist in Pais (1982), S. 123-130, nachzulesen.

11 Um die Gesetze in eine einfache und elegante Form zu bringen, war es nicht nur erforderlich anzunehmen, daß bewegte Objekte eine Längenkontraktion und eine Zeitdilatation erfahren, sondern man mußte auch akzeptieren, daß die Vorstellung von Gleichzeitigkeit relativ ist und von dem jeweiligen Bewegungszustand abhängt. Lorentz, Larmor und Poincaré schenkten auch dem Aspekt der Gleichzeitigkeit große Aufmerksamkeit, doch greife ich dieses Thema aus didaktischen Gründen erst später in diesem Kapitel auf.

12 Dokument 52 in ECP-1. Dokument 8 in Einstein und Marić (1992).

13 Dies ist meine Vermutung. Es ist nicht belegt, inwieweit sich Einstein zwischen 1899 und 1905 wirklich mit diesem Thema beschäftigte. Aus Pais (1982; Abschnitt 6b) geht hervor, daß Einstein in dieser Zeit die von Lorentz, Poincaré und Larmor aus den Maxwellschen Gesetzen hergeleitete Längenkontraktion und Zeitdilatation nicht kannte. Er kannte zwar Lorentz' Ableitung einer Transformation, in der die Geschwindigkeit in erster Ordnung vorkommt (bei der es zur Aufhebung der Gleichzeitigkeit kommt), nicht aber die Transformation zweiter Ordnung, bei der Längenkontraktion und Zeitdilatation auftreten. Andererseits kannte er vermutlich die von Fitzgerald und Lorentz zur Erklärung des Michelson-Morley-Versuches herangezogene Vorstellung der Längenkontraktion. Ferner wissen wir, daß Einstein in der 1905 veröffentlichten speziellen Relativitätstheorie seine eigene Herleitung der vollständigen und korrekten Lorentz-Transformation, der Längenkontraktion, der Zeitdilatation sowie der Aufhebung der Gleichzeitigkeit vorstellt.

14 Eine hauptsächlich auf dem Briefwechsel zwischen Einstein und Marić beruhende Beschreibung der Persönlichkeit Milevas findet sich in Renn und Schulmann (1992). Der Briefwechsel selbst ist in ECP-1 und Einstein und Marić (1992) abgedruckt.

15 Dokument 94 in ECP-1; Dokument 95 in Einstein und Marić (1992).

16 Dokument 100 in ECP-1.

17 Dokument 138 in ECP-1.

18 Dokument 125 in ECP-1.

19 Dokument 104 in ECP-1.

20 ECP-1. Renn und Schulmann (1992); Einstein und Marić (1992).

21 Meine Vermutung, daß Einstein den größten Teil seiner Freizeit auf diese Weise verbrachte, stützt sich auf die verschiedenen eingangs erwähnten Biographien.

22 Seelig (1960), zitiert nach Clark (1971).

23 Hinsichtlich der Frage, welchen Beitrag Besso zu Einsteins Arbeit leistete, siehe auch Renn und Schulmann (1992).

24 Abschnitt 2 des Dokuments 23 in ECP-2.

25 Siehe zum Beispiel den Anhang in Will (1986).

26 Wie Pais (1982; Abschnitt 6b.6) schreibt, formulierte Henri Poincaré ein Jahr vor Einstein eine primitive Version des Relativitätsprinzips, doch erkannte er seine Tragweite nicht.

27 Dokument 23 in ECP-2.

Kapitel 2

Allgemeine Bemerkungen zu Kapitel 2: In meiner Beschreibung von Einsteins Leben stütze ich mich weitgehend auf die bekannten Biographien von Pais (1982), Hoffmann (1972), Clark (1971), Einstein (1979) und Frank (1947). Die diesen Büchern entnommenen Zitate und Detailinformationen sind in der Regel nicht einzeln gekennzeichnet. Die zur Zeit von der Princeton University Press herausgegebenen *Collected Papers of Einstein* (erschienen sind bereits zwei Bände, ECP-1 und ECP-2) sowie Einstein und Marić (1992) machen umfangreiches neues Quellenmaterial zugänglich. Auf Zitate aus diesen Werken weise ich im Folgenden hin.

Der von Einstein bei der Entwicklung der allgemeinen aus der speziellen Relativitätstheorie beschrittene Weg ist in diesem Kapitel in den wesentlichen Zügen beschrieben. Notwendigerweise mußte jedoch manches vereinfacht werden. Im Interesse größerer Klarheit habe ich diesen Weg außerdem nicht mit Einsteins Worten beschrieben, sondern mich der heutigen Terminologie bedient. Eine sorgfältige historische Rekonstruktion der Entwicklung der allgemeinen Relativitätstheorie ist in Pais (1982) nachzulesen.

1 Hermann Minkowski hielt seinen Vortrag auf der 80. Versammlung Deutscher Naturforscher und Ärzte in Köln, am 21. September 1908.

2 Auf seiner Umlaufbahn um die Erde *schien* der Mond geringfügig schneller zu werden – ein Effekt, den Newtons Gravitationsgesetz nicht erklären konnte. Im Jahre 1920 erkannten G. I. Taylor und H. Jeffries jedoch, daß nicht der Mond schneller, sondern die Erdrotation langsamer wird. Dieser Effekt ist eine Folge der Gravitationsanziehung des Mondes auf die Ozeane der Erde. Beim Vergleich der stetigen Bewegung des Mondes mit der langsamer werdenden Rotation der Erde waren die Astronomen zunächst zu dem falschen Schluß gelangt, der Mond werde schneller. Vergleiche Smart (1953).

3 Dokument 47 in ECP-2.

4 Einsteins in Kasten 2.4 wiedergegebene Argumentation wurde ursprünglich in Einstein (1911) veröffentlicht.

5 Dokument 47 in ECP-2.

6 Siehe Frank (1947), S. 89-91.

7 Einstein (1915).

8 Anmerkung für Leser, die mit der mathematischen Formulierung der allgemeinen Relativität vertraut sind: Die Beschreibung der in diesem Kasten

gegebenen Einsteinschen Feldgleichung entspricht der folgenden mathematischen Beziehung: $R_{tt} = 4\pi G(T_{tt} + T_{xx} + T_{yy} + T_{zz})$. Dabei ist R_{tt} die Zeit-Zeit-Komponente des Ricci-Krümmungstensors, G die Newtonsche Gravitationskonstante und T_{tt} die Massendichte ausgedrückt in Energieeinheiten (siehe Kasten 5.2). Der Ausdruck $T_{xx} + T_{yy} + T_{zz}$ ist die Summe der Drücke entlang der drei orthogonalen Richtungen. Siehe Seite 406 in MTW. Wenn man diese »Zeit-Zeit«-Komponente der Einsteinschen Feldgleichung in allen Bezugssystemen verlangt, ist gewährleistet, daß die anderen neun Komponenten der Feldgleichung erfüllt sind.

9 Einsteins persönliche Papiere und die Rechte für einige seiner veröffentlichten Arbeiten waren über Jahrzehnte Gegenstand rechtlicher Auseinandersetzungen. Die russische Ausgabe seiner gesammelten Werke wurde zu einer Zeit veröffentlicht, als sich die Sowjetunion nicht an die Internationale Konvention für den Schutz des Urheberrechts hielt. Die weitaus umfangreichere englische Ausgabe wird derzeit herausgegeben. Bislang sind zwei Bände erschienen, ECP-1 und ECP-2.

Kapitel 3

1 Einstein (1939).

2 Michell (1784). Siehe auch Gibbons (1979), Schaffer (1979), Israel (1987) sowie Eisenstaedt (1991).

3 Laplace (1796, 1799). Siehe auch Israel (1987) und Eisenstaedt (1991). Eisenstaedt erörtert die gescheiterten Bemühungen, Michells Vorhersage durch Beobachtungen zu bestätigen, und stellt die Überlegung an, daß dies dazu beigetragen haben könnte, daß Laplace in der dritten Ausgabe seines Buches auf die Erwähnung dunkler Sterne verzichtete.

4 Schwarzschild (1916 a, b).

5 Brault (1962). Zu den Bemühungen, die allgemeine Relativitätstheorie und ihre Gravitationsgesetze durch Beobachtungen zu verifizieren, siehe Will (1986).

6 Erste Reaktionen auf die Schwarzschild-Geometrie und frühe Forschungen zu diesem Thema sind in Eisenstaedt (1982) beschrieben. Ein weitergehender historischer Abriß, der den Zeitraum zwischen 1916 und 1974 abdeckt, findet sich in Israel (1987).

7 Einstein (1939).

8 Schwarzschild (1916b).

9 Israel (1990).
10 Israel (1990).

Kapitel 4

Allgemeine Bemerkungen zu Kapitel 4: Die historischen Aspekte dieses Kapitels beruhen weitgehend auf persönlichen Gesprächen und Interviews, die ich mit S. Chandrasekhar im Laufe der vergangenen fünfundzwanzig Jahre geführt habe (INT-Chandrasekhar). Ferner stütze ich mich auf ein Buch über Eddington, das Chandrasekhar geschrieben hat (Chandrasekhar, 1983 a) sowie auf eine höchst lesenswerte Biographie über Chandrasekhar von Wali (1991). Chandrasekhars wissenschaftliche Publikationen über Weiße Zwerge sind in Chandrasekhar (1989) gesammelt.

1 Fowler (1926).
2 Eddington (1926).
3 Die Schwierigkeiten, denen Adams gegenüberstand und die Fehler, die er in seinen Messungen machte, sind in Greenstein, Oke und Shipman (1985) beschrieben. In dieser Publikation sind auch die beobachtenden Studien zitiert, die bis dahin zu Sirius B durchgeführt wurden.
4 Ich habe von meiner künstlerischen Freiheit als Verfasser in zweifacher Weise Gebrauch gemacht: In Wirklichkeit hatte Fowler den Kompressionswiderstand bereits berechnet (1926), so daß Chandrasekhar Fowlers Rechnungen nur überprüfte. Dabei wählte Chandrasekhar eine Vorgehensweise, die zwar dem Weg, den ich hier aus Gründen der größeren Anschaulichkeit beschrieben habe mathematisch äquivalent ist, mit ihm aber nicht identisch ist. In Wirklichkeit beruhte Chandrasekhars Vorgehen darauf, den Elektronendruck als Integral über den Impulsraum zu berechnen (INT-Chandrasekhar).
5 Chandrasekhar (1931).
6 Stoner (1930). Dieser Beitrag von Stoner wird von Chandrasekhar (1931) kurz erwähnt. Eine Erörterung der Arbeit von Stoner und einer damit in Zusammenhang stehenden Arbeit von Anderson findet sich in Israel (1987).
7 Anderson (1929) und Stoner (1930).
8 Die Werte für die Masse und den Umfang Weißer Zwerge, wie sie in der Abbildung dargestellt sind, sowie Chandrasekhars Ergebnisse zum inneren

Aufbau Weißer Zwerge wurden später von Chandrasekhar (1935) veröffentlicht.

9 Eddington (1935 a). Ausführlicher dargelegt ist die trügerische Argumentation Eddingtons in Eddington (1935 b).

10 Wali (1991).

11 Wali (1991).

12 Dies sagte mir ein führender Astronomieprofessor am Caltech im Brustton der Überzeugung, als ich dort von 1958 bis 1962 studierte. Ich habe den Eindruck, daß die meisten Astronomen schon seit den frühen vierziger Jahren diese Ansicht vertraten. Ich kann mich aber irren.

13 Zitiert nach Wali (1991).

14 Die Vermutung, daß Eddingtons Verhalten so interpretiert werden kann, stammt von Werner Israel. Sie scheint mir in guter Übereinstimmung mit den sonstigen historischen Fakten zu stehen.

Kapitel 5

Allgemeine Bemerkungen zu Kapitel 5: Bei der Schilderung der historischen Aspekte dieses Kapitels stütze ich mich weitgehend auf Interviews, die ich mit den beteiligten Wissenschaftlern, ihren Kollegen und Freunden geführt habe (INT-Baym, INT-Braginski, INT-Chalatnikow, INT-Eggen, INT-Fowler, INT-Ginsburg, INT-Greenstein, INT-Harrison, INT-Lifschitz, INT-Sandage, INT-Serber, INT-Volkoff, INT-Wheeler) sowie auf die veröffentlichten Artikel der beteiligten Wissenschaftler. Was die Geschichte der Physik in den zwanziger und dreißiger Jahren betrifft, so habe ich hauptsächlich Kevles (1971) zu Rate gezogen. Wertvolle Hintergrundinformtionen zur Geschichte der Physik in der Sowjetunion lieferte Medvedev (1978). Weitere wichtige Quellen für dieses Kapitel waren Livanova (1980) und Gamow (1970) mit Informationen und Hintergrundwissen über Landau sowie Rabi et al. (1969) und Smith und Weiner (1980) über Oppenheimer. Bei der Beschreibung von Wheelers Ideen stütze ich mich auf seine eigenen Aufzeichnungen (Wheeler, 1988). Andere Quellentexte sind im folgenden zitiert.

1 INT-Fowler

2 INT-Greenstein und Greenstein (1982).

3 Zwicky (1935).

4 INT-Greenstein.

5 Baade (1952).

6 Dies sind die Zahlen, die Baade und Zwicky in der veröffentlichten Zusammenfassung ihres Vortrags (Abb. 5.2) (Baade und Zwicky, 1934 a) und in einem späteren detaillierteren Artikel (Baade und Zwicky, 1934 b) angeben. Ihr Fehler ist auf die Annahme zurückzuführen, der Umfang einer Supernova zu dem Zeitpunkt, da sie am hellsten ist, bewege sich in der Größenordnung des 1 bis 100fachen des Umfangs der Sonne. In Wirklichkeit ist der Umfang des heißen, Strahlung aussendenden Gases der Supernova weitaus größer. Wenn man ihrer Argumentation unter der Annahme eines größeren Umfangs folgt, zeigt sich, daß weitaus weniger ultraviolette Strahlung und Röntgenstrahlung emittiert wird.

7 In diesem Abschnitt und im gesamten Kapitel schreibe ich die Erfindung des Begriffs des Neutronensterns (und die damit zusammenhängenden Vermutungen hinsichtlich Supernovae und kosmischen Strahlen) Zwicky zu, obwohl die Veröffentlichung von ihm und Baade stammt. Die Vermutung, daß Zwicky die Ideen und Baade seine Kenntnis der Beobachtungsdaten beigetragen hat, stützt sich auf meine Gespräche mit Kollegen von Zwicky und Baade: INT-Eggen, INT-Fowler, INT-Greenstein, INT-Sandage.

8 Baade und Zwicky (1934 a). Eine Erklärung der in der Zusammenfassung genannten Zahlen ist in Baade und Zwicky (1934 b) nachzulesen.

9 Die Vermutung, daß dies der tiefere Grund für Landaus Veröffentlichung war, stammt von Jewgeni Michailowitsch Lifschitz, Landaus bestem Freund.

10 Zitiert in Livanova (1980).

11 Zitiert in Livanova (1980).

12 Die Statistiken über die Zahl der Todesopfer und Verhaftungen unter Stalin sind mit großen Unsicherheiten behaftet. Die von Medvedev (1978) genannten Zahlen stammen aus den siebziger Jahren und mußten in den späten achtziger Jahren infolge von Glasnost und größerer Informationsfreiheit nach oben korrigiert werden. Die von mir angegebenen Zahlen stammen von russischen Freunden, die sich mit diesem Thema seit Glasnost eingehend beschäftigt haben.

13 Kapitel 11 in Eddington (1926) und darin zitierte Literatur.

14 Landau (1932).

15 Landaus Manuskript erschien im Jahre 1938. Ein Jahr zuvor hatte bereits George Gamow, ein guter Freund Landaus, dieselbe Idee veröffentlicht (Gamow 1937), ohne daß Landau davon wußte. Gamow war im Jahre 1933 aus der UdSSR geflohen, kurz nachdem der Eiserne Vorhang gefallen war (siehe Ga-

mow 1970). Er kannte deshalb Landaus ursprüngliche Theorie über die Wärmeerzeugung im Inneren eines Sterns durch einen dichten Kern. Nachdem das Neutron entdeckt wurde, war es naheliegend, daß sich Gamow und Landau (die nun keinen Kontakt mehr miteinander hatten) den von Landau 1931 postulierten dichten Kern als einen Neutronenkern vorstellten.

16 Jewgeni Michailowitsch Lifschitz, Landaus engster Freund, machte mich im Jahre 1982 (INT-Lifschitz) auf diesen Briefwechsel zwischen Bohr und Landau aufmerksam und erläuterte mir die geschichtlichen Hintergründe. Nach dem Tod von Lifschitz wurde der gesamte Briefwechsel – einschließlich der Korrespondenz zwischen Kapiza und Molotow, Kapiza und Stalin sowie Kapiza und Berija – in Khalatnikow (1988) veröffentlicht.

17 Gorelik (1991).

18 Siehe Anmerkung 16 oben.

19 Zitiert nach Royal (1969).

20 Serber (1969).

21 Man nimmt an, daß solche Riesensterne in Doppelsternsystemen entstehen, wenn ein Stern zu einem Neutronenstern kollabiert und dann viel später spiralförmig in den Kern seines Begleiters stürzt. Diese merkwürdigen Gebilde werden »Thorne-Zytkow Objekte« genannt, da Anna Zytkow und ich erstmals ihren Aufbau berechnet haben. Siehe Thorne und Zytkow (1977) und Cannon et al. (1992).

22 Oppenheimer und Serber (1938).

23 Shapiro und Teukolsky (1983), Hartle und Sabbadini (1977).

24 Diese Beschreibung der Ereignisse ist spekulativ, jedoch stütze ich mich hierbei auf mein Interview mit Volkoff (INT-Volkoff), auf die Aufzeichnungen von Tolman (Tolman 1948) sowie auf die Publikationen der Beteiligten (Oppenheimer und Volkoff 1939; Tolman 1939).

25 Der Briefwechsel zwischen Tolman und Oppenheimer ist in Tolman (1948) nachzulesen.

26 INT-Volkoff.

27 Diese Schlußfolgerung ist in Oppenheimer und Volkoff (1939) veröffentlicht. Tolmans analytische Untersuchungen, auf denen Oppenheimers und Volkoffs Abschätzung der Auswirkung der Kernkraft beruhte, ist in Tolman (1939) veröffentlicht.

28 Wheeler (1988), Band 4, S. 33-40.

29 Nähere Einzelheiten über Wheelers Hintergrund und seine früheren Arbeiten sind in Wheeler (1979) sowie in Thorne und Zurek (1986) nachzulesen.

30 Diese Zustandsgleichung (das Ergebnis von Harrison und Wheeler) wurde in Harrison, Wakano und Wheeler (1958) sowie in größerer Ausführlichkeit in Harrison, Thorne, Wakano und Wheeler (1965) veröffentlicht. Die jüngere, durchgezogene Kurve für die Dichte von Atomkernen (10^{14} g/cm^3) und darüber ist eine Näherung an verschiedene moderne Zustandsgleichungen wie sie bei Shapiro und Teukolsky (1983) beschrieben sind.
31 Nach Harrison, Wakano und Wheeler (1958) und Harrison, Thorne, Wakano und Wheeler (1965). Die durchgezogene Neutronensternkurve ist eine Näherung an verschiedene moderne Berechnungen wie sie bei Shapiro und Teukolsky beschrieben sind (1983).
32 Oppenheimer und Volkoff (1939).
33 Zwicky (1939).
34 Rabi et al. (1939).

Kapitel 6

Allgemeine Bemerkungen zu Kapitel 6: Bei der Schilderung der historischen Aspekte dieses Kapitels stütze ich mich weitgehend auf (i) Interviews, die ich mit den beteiligten Wissenschaftlern, ihren Kollegen und Freunden geführt habe (INT-Braginski, INT-Finkelstein, INT-Fowler, INT-Ginsburg, INT-Harrison, INT-Lifschitz, INT-Misner, INT-Seldowitsch, INT-Serber, INT-Wheeler), (ii) auf meine eigene Erinnerungen, (iii) auf die Lektüre von Fachartikeln, die von den beteiligten Personen verfaßt wurden, (iv) auf die Beschreibung der amerikanischen Atomwaffenprogramme in Bethe (1982), Rhodes (1986), Teller (1955) und York (1976), (v) auf die Beschreibung des sowjetischen Atomwaffenprogramms und anderer geschichtlicher Begebenheiten in Golovin (1973), Medvedev (1978), Ritus (1990) und Sacharow (1991) sowie schließlich (vi) auf John Wheelers wissenschaftliche Aufzeichungen (Wheeler 1988).
1 Wheelers Vortrag sowie seine Diskussion mit Oppenheimer ist in Solvay (1958) nachzulesen.
2 Dieses Zitat ist aus Harrison, Wakano und Wheeler (1958) entnommen. Es wurde geringfügig modifziert, um es auf die Terminologie dieses Buches abzustimmen.
3 INT-Serber.
4 INT-Fowler.
5 INT-Serber.
6 Dies ist meine Vermutung. Ich weiß nicht mit Sicherheit, ob Oppenheimer

vor der eigentlichen Rechnung tatsächlich eine grobe Abschätzung vornahm. Doch nach allem, was ich über ihn gehört und gelesen habe und nach seiner eigenen Veröffentlichung (Oppenheimer und Snyder 1939), halte ich dies für sehr wahrscheinlich.

7 Oppenheimer und Snyder veröffentlichten ihre Forschungsergebnisse in Oppenheimer und Snyder (1939).

8 INT-Fowler.

9 INT-Lifschitz.

10 Wheeler (1979). Diese Publikation ist eine autobiographische Beschreibung von Wheelers Forschungsarbeit in der Kernphysik.

11 Bohr und Wheeler (1939), Wheeler (1979). In ihrem Artikel erwähnten Bohr und Wheeler das Plutonium-239 nicht explizit, doch Louis A. Turner schloß aus ihrer Abbildung 4 sofort, daß sich dieser Kern auf ideale Weise für die Aufrechterhaltung einer Kettenreaktion eignete. In einem als geheim eingestuften, berühmten Memorandum schlug er vor, Plutonium für die Atombombe zu verwenden (Wheeler 1985).

12 INT-Seldowitsch, Zel'dovich und Khariton (1939).

13 Einzelheiten über Wheelers Schlüsselrolle sind in Klauder (1972), S. 2–5, nachzulesen

14 Aus einer Ansprache Oppenheimers vor Wissenschaftlern in Los Alamos, New Mexico, am 16. Oktober 1945. Siehe Goodchild (1980), S. 172.

15 Goodchild (1980), S. 174.

16 Wheeler (1979).

17 Diese Einzelheiten stammen aus einer von Chariton in Moskau gehaltenen Rede über die am 14. Januar 1993 in der *New York Times*, S. A5, berichtet wurde.

18 Medvedev (1979).

19 Bericht des General Advisory Committee an die Atomic Energy Commission vom 30. Oktober 1949. Nachdruck im Anhang von York (1976).

20 Bethe (1982).

21 INT-Wheeler.

22 INT-Wheeler.

23 USEAC (1984), S. 251.

24 INT-Wheeler.

25 Über den Zeitpunkt, zu dem in der Sowjetunion mit der Forschung an der Wasserstoffbombe begonnen wurde, herrscht in der Literatur einige Verwirrung. Sacharow datiert den Beginn auf das Frühjahr 1948 (Sacharow 1991), Ginsburg auf das Jahr 1947 (Ginzburg 1990).

26 Dies ist der Zeitpunkt, den Sacharow (1991) angibt. Ginzburg (1990) nennt das Jahr 1947.

27 Sacharows Vermutung wird in Sacharow (1991) beschrieben. Die von Seldowitsch geäußerte Ansicht wurde mir von russischen Freunden übermittelt.

28 Sacharow (1991), S. 119. Wie ich persönlich die komplexen Beziehungen zwischen Seldowitsch und Sacharow empfand, ist in Thorne (1991) beschrieben.

29 Diese Äußerung Landaus ist mir von verschiedenen sowjetischen Theoretikern berichtet worden.

30 Romanov (1990).

31 Die hier angegebenen Zahlen über die Sprengkraft der verschiedenen Bombenexplosionen stammen aus York (1976).

32 Sacharow (1991), S. 179.

33 Romanov (1990), Sacharow (1991). Romanov (1990) schreibt die Entdekkung Sacharow und Seldowitsch gemeinsam zu. Bei Sacharow (1991) heißt es: »Offenbar kamen mehrere Mitarbeiter unserer theoretischen Abteilungen gleichzeitig auf die ›dritte Idee‹.« Seine Beschreibung hinterläßt den Eindruck, daß sein Beitrag den größeren Teil der Entdeckung ausmachte, aber er würdigt die Leistungen der anderen mit den Worten: »Doch zweifellos hatten auch Seldowitsch, Trutnew und einige andere ... sehr großen Einfluß.« (Sacharow 1991, S. 203).

34 USEAC (1954).

35 J. A. Wheeler, Telefongespräch mit K. S. Thorne, Juli 1991.

36 Der Beweggrund für diese Forschungen – der Wunsch, Supernovae und ihre Rolle bei der Entstehung kosmischer Strahlung zu verstehen – ist in Colgate und Johnson (1960) beschrieben. Colgate und White (1963, 1966) führten die Simulationen für die kleinen Massen durch, wobei sie sich auf Newtons Beschreibung der Gravitation stützten. May und White (1965, 1966) führten die Simulationen für große Massen durch und benutzten dabei Einsteins allgemeine Relativitätstheorie.

37 Imshennik und Nadezhin (1964), Podurets (1964).

38 INT-Lifschitz.

39 Finkelstein (1958).

40 Siehe auch Kasten 31.1 und Kapitel 31 in MTW.

41 Einzelheiten über Finkelsteins Entdeckung sind bei ihm (1993) nachzulesen.

42 Thorne (1967).

43 Harrison, Thorne, Wakano und Wheeler (1965).

44 Wheeler (1968).

Kapitel 7

Allgemeine Bemerkungen zu Kapitel 7: Bei der Schilderung der historischen Aspekte dieses Kapitels stütze ich mich weitgehend (i) auf meine eigenen Erinnerungen, (ii) auf meine Interviews mit anderen beteiligten Personen (INT-Carter, INT-Chandrasekhar, INT-Detweiler, INT-Eardley, INT-Ellis, INT-Geroch, INT-Ginsburg, INT-Hartle, INT-Ipser, INT-Israel, INT-Misner, INT-Nowikow, INT-Penrose, INT-Press, INT-Price, INT-Rees, INT-Sciama, INT-Seldowitsch, INT-Smarr, INT-Teukolsky, INT-Wald, INT-Wheeler) sowie (iii) auf die Lektüre von Fachartikeln, die von den beteiligten Personen verfaßt wurden.

1 Wheeler (1964 b).

2 Die Ringvermutung wurde von mir erstmals in einer Festschrift zu Ehren von Wheeler (Thorne 1972), sowie in MTW, Kasten 32.3, veröffentlicht.

3 Nowikow und Seldowitsch prägten dafür den Begriff *halbgeschlossenes Universum* und veröffentlichten die Idee schließlich in getrennten Artikeln, Zel'dovich (1962) und Novikov (1963).

4 INT-Nowikow.

5 INT-Nowikow.

6 Die wichtigsten Gedanken und erste Rechnungen hierzu wurden in Ginzburg (1964) veröffentlicht; die vollständigen mathematischen Details wurden von Ginsburg und seinem jungen Kollegen Leonid M. Osernoi ausgearbeitet (Ginzburg und Ozernoy, 1964).

7 Veröffentlicht ist diese Untersuchung mitsamt den Schlußfolgerungen in Doroshkevich, Zel'dovich und Novikov (1965). (Die Autoren sind entsprechend der Reihenfolge ihrer kyrillischen Anfangsbuchstaben aufgeführt).

8 Eine Vorstellung von Nowikows Vortrag erhält man, wenn man die wegweisenden Übersichtsartikel liest, die er zusammen mit Seldowitsch kurz vor der Konferenz verfaßte: Zel'dovich und Novikov (1964, 1965).

9 Doroshkevich, Zel'dovich und Novikov (1965); siehe Anmerkung 7 oben.

10 Israels Analyse ist in Israel (1967) veröffentlicht.

11 Novikov (1969), de la Cruz, Chase und Israel (1970). Price (1972).

12 De la Cruz, Chase und Israel (1970).

13 Eine detailliertere und vollständigere Erläuterung der Wechselwirkung magnetischer Felder mit einem Schwarzen Loch findet sich in Thorne, Price und Macdonald (1986); siehe darin insbesondere die Abbildungen 10, 11 und 36.

14 Einen Überblick über die Arbeiten sowie Verweise auf weiterführende Li-

teratur bietet Carter (1979), Kapitel 6.7; der letzte Schritt des Beweises ist in Mazur (1982) und Bunting (1983) veröffentlicht.
15 Graves und Brill (1960), sowie darin zitierte Literatur.
16 Kerr (1963).
17 Carter (1966), Boyer und Lindquist (1967).
18 Carter (1979) und darin zitierte Literatur.
19 Carter (1968).
20 Israel (1986).
21 Penrose (1969).
22 Newman et al. (1965)
23 Press (1971).
24 Teukolsky (1972).
25 INT-Teukolsky.
26 Press und Teukolsky (1973).
27 Chandrasekhar (1983b).

Kapitel 8

Allgemeine Bemerkungen zu Kapitel 8: Bei der Schilderung der historischen Aspekte dieses Kapitels stütze ich mich weitgehend (i) auf meine eigenen Erinnerungen, (ii) auf meine Interviews mit anderen beteiligten Personen (INT-Giacconi, INT-Nowikow, INT-Rees, INT-Seldowitsch, INT-Van Allen), (iii) auf die Lektüre von Fachartikeln, die von den beteiligten Personen verfaßt wurden und (iv) auf die folgenden Veröffentlichungen, die die geschichtliche Entwicklung dokumentieren: Friedman (1972), Giacconi und Gursky (1974), Hirsh (1979) und Uhuru (1981).
1 Wheeler (1964a).
2 Zweiundzwanzig Jahre später, im Jahre 1986, sagte mir Seldowitsch, er bedaure, daß er der Frage, was im Inneren eines Schwarzen Loches geschieht, nicht aufgeschlossener gegenüberstanden habe; INT-Seldowitsch.
3 Zel'dovich und Guseinov (1965).
4 Trimble und Thorne (1969).
5 Salpeter (1964), Zel'dovich (1964).
6 Novikov und Zel'dovich (1966).
7 Friedman (1972).
8 Giacconi, Gursky, Paolini und Rossi (1962).
9 Sunyaev (1972).

Kapitel 9

Allgemeine Bemerkungen zu Kapitel 9: Bei der Schilderung der historischen Aspekte dieses Kapitels stütze ich mich weitgehend (i) auf meine eigenen Erinnerungen seit 1962, (ii) auf meine Interviews mit anderen beteiligten Personen (INT-Ginsburg, INT-Greenstein, INT-Rees, INT-Seldowitsch), (iii) auf die Lektüre von Fachartikeln, die von den beteiligten Personen verfaßt wurden und (iv) auf die folgenden veröffentlichten und unveröffentlichten Darstellungen der Ereignisse: Hey (1973), Greenstein (1982), Kellermann und Sheets (1983), Struve und Zebergs (1962), sowie Sullivan (1982, 1984).

1 Jansky (1932).
2 Whipple und Greenstein (1937).
3 INT-Greenstein.
4 Rebers eigene Darstellung seiner Arbeiten findet sich in Reber (1958).
5 Reber (1940).
6 INT-Greenstein.
7 INT-Greenstein.
8 Bolton, Stanley und Slee (1949).
9 Baade und Minkowski (1954).
10 Jennison und Das Gupta (1953).
11 Die auf dieser Konferenz gehaltenen Vorträge sind in Washington (1954) veröffentlicht.
12 Schmidt (1963).
13 Greenstein (1963).
14 Smith (1965).
15 Alfvén und Herlofson (1950), Kiepenheuer (1950), Ginzburg (1951). Die geschichtliche Entwicklung dieser Arbeit ist in Ginzburg (1984) erörtert.
16 Burbidge (1959).
17 Die auf dieser Konferenz gehaltenen Vorträge sind in Robinson, Schild und Schucking (1965) veröffentlicht.
18 Die Schilderung gründet sich auf meine eigene lebhafte Erinnerung an die Konferenz.
19 Rees (1971).
20 Longair, Ryle und Scheuer (1973).
21 Salpeter (1964), Zel'dovich (1964).
22 Lynden-Bell (1969).
23 Bardeen und Petterson (1975).
24 Bardeen (1970).

25 Blandford und Rees (1974).
26 Lynden-Bell (1978)
27 Blandford (1976).
28 Blandford und Znajek (1977).
29 Eine eingehende Erörterung unseres gegenwärtigen Verständnisses von Quasaren, Radiogalaxien, Jets und der Rolle, die Schwarze Löcher und ihre Akkretionsscheiben bei der Energieerzeugung spielen, findet sich zum Beispiel in Begelman, Blandford und Rees (1984) und in Blandford (1987).
30 Siehe zum Beispiel Phinney (1989).

Kapitel 10

Allgemeine Bemerkungen zu Kapitel 10: Bei der Schilderung der historischen Aspekte dieses Kapitels stütze ich mich weitgehend (i) auf meine eigenen Erinnerungen, (ii) auf meine Interviews mit anderen beteiligten Personen (INT-Braginski, INT-Drever, INT-Forward, INT-Grischtschuk, INT-Weber, INT-Weiss) sowie (iii) auf die Lektüre von Fachartikeln, die von den beteiligten Personen verfaßt wurden. Eine stärker technisch geprägte Darstellung zum Thema Gravitationsstrahlung und Gravitationswellendetektoren findet man zum Beispiel in Blair (1991) und Thorne (1987).

1 Weber (1953).
2 Die Ergebnisse von Webers Arbeiten sind in Weber (1960, 1961) veröffentlicht.
3 Brief von Weber an mich, datiert 1. Oktober 1992; Weber hatte seine Argumente damals nicht veröffentlicht. Sein Kollege Freeman Dyson hatte als erster gezeigt, daß die Natur möglicherweise Gravitationswellen in dem Frequenzbereich hervorbringt, den Weber gewählt hatte (Dyson 1963).
4 In Weber (1969) wird erstmals die Beobachtung von Gravitationswellen bekanntgegeben. Die nachfolgende Kontroverse über die Frage, ob es sich tatsächlich um Gravitationswellen handelte, und Bemühungen um eine Bestätigung dieser Entdeckung sind in de Sabbata und Weber (1977) sowie in darin zitierten Arbeiten dargestellt. Eine soziologische Studie über diese Kontroverse findet sich in Collins (1975, 1981).
5 Die auf der Sommerschule gehaltenen Vorträge sind in DeWitt und DeWitt (1964) veröffentlicht.
6 Diese erste Formulierung von Braginskis Bedenken ist in Braginsky (1967) veröffentlicht.

7 Klarer formuliert werden die Bedenken in Braginsky (1977) und Giffard (1976). Das Unschärfeprinzip als Ursache der beschränkten Meßgenauigkeit wurde in Thorne, Drever, Zimmermann und Sandberg (1978) erläutert.
8 Siehe zum Beispiel die Wiedergabe einer Konferenzdiskussion im Jahre 1978 in Epstein und Clark (1979).
9 Braginsky, Vorontsov und Khalili (1978); Thorne, Drever, Caves, Zimmermann und Sandberg (1978).
10 Michelson und Taber (1984).
11 Gertsenshtein und Pustovoit (1962), Weber (1964), Weiss (1972), Moss, Miller und Forward (1971).
12 Siehe zum Beispiel Drever (1991) und darin zitierte Literatur.
13 Siehe Braginsky und Khalili (1992).
14 Einen Überblick über die Pläne zum LIGO-Projekt findet man in Abramovici et al. (1992).

Kapitel 11

Allgemeine Bemerkungen zu Kapitel 11: Die (eher untergeordneten) historischen Aspekte in diesem Kapitel gründen sich (i) auf meine eigenen Erinnerungen, (ii) auf meine Interviews mit anderen beteiligten Personen (INT-Damour, INT-Wald), (iii) auf die Lektüre von Fachartikeln, die von den beteiligten Personen verfaßt wurden, und (iv) auf Erfahrungen, die ich als Student im Jahre 1965 an der Princeton University machte, als ich eine Vorlesung von Thomas Kuhn über Paradigmen und wissenschaftliche Revolutionen besuchte.
1 Kuhn (1962).
2 Richard Feynman, einer der größten Physiker unseres Jahrhunderts, hat in seinem wunderbaren Buch *The Character of Physical Law* (*Vom Wesen physikalischer Gesetze*) (Feynman, 1965) beschrieben, wie nützlich es ist, mit verschiedenen Paradigmen umgehen zu können. Es ist jedoch interessant, daß er nie das Wort »Paradigma« benutzt. Ich vermute, daß er Thomas Kuhns Schriften nie gelesen hat. Kuhn untersuchte, auf welche Weise Menschen wie Feynman denken; Feynman dachte einfach so.
3 Das Paradigma der flachen Raumzeit wurde von einer Reihe Wissenschaftler mehr oder weniger unabhängig voneinander vorgeschlagen; fachsprachlich ist es als »Feldtheorie in einer flachen Raumzeitformulierung der allgemeinen Relativität« bekannt. Einen Überblick über seine Geschichte und die ihm

zugrundeliegenden Vorstellungen findet man in MTW: Kapitel 7.1 und 18.1; Kästen 7.1, 17.2 und 18.1; Übung 7.3. Eine elegante Verallgemeinerung des Paradigmas, die auch seine Beziehung zum Paradigma der gekrümmten Raumzeit erhellt, findet sich in Grishchuk, Petrov und Popova (1984).

4 Cohen und Wald (1971), Hanni und Ruffini (1973).

5 Blandford und Znajek (1977).

6 Znajek (1978), Damour (1978).

7 Thorne, Price und Macdonald (1986). Siehe auch Price und Thorne (1988).

Kapitel 12

Allgemeine Bemerkungen zu Kapitel 12: Bei meiner Schilderung der historischen Aspekte dieses Kapitels stütze ich mich (i) auf meine eigenen Erinnerungen, (ii) auf meine Interviews mit anderen beteiligten Personen (INT-DeWitt, INT-Eardley, INT-Hartle, INT-Hawking, INT-Israel, INT-Penrose, INT-Seldowitsch, INT-Unruh, INT-Wald, INT-Wheeler), (iii) auf die Lektüre von Fachartikeln, die von den beteiligten Personen verfaßt wurden, und (iv) auf die folgenden Veröffentlichungen, in denen die Ereignisse dargestellt sind: Bekenstein (1980), Hawking (1988), Israel (1987).

1 Die Beschreibung von Hawkings Entdeckung stützt sich auf INT-Hawking und Hawking (1988). Einzelheiten seiner Idee sowie die im weiteren Kapitel umrissenen Schlußfolgerungen (insbesondere im Abschnitt »Schwarze Löcher wachsen«) sind in Hawking (1971 b, 1972, 1973) veröffentlicht worden.

2 Penrose (1965).

3 Hawking (1972, 1973)

4 INT-Israel, INT-Penrose, INT-Hawking.

5 Penrose (1965).

6 Hawking (1972, 1973).

7 Hawking und Hartle (1972).

8 Christodoulou (1970).

9 Bekenstein beschreibt dies und die darauf folgende Auseinandersetzung mit Hawking in Bekenstein (1980). Die Vermutung bezüglich der Entropie Schwarzer Löcher und die dafür sprechenden Argumente sind in Bekenstein (1972, 1973) veröffentlicht.

10 Die während der Sommerschule des Jahres 1972 gehaltenen Vorträge sind in DeWitt und DeWitt (1973) veröffentlicht.

11 Bardeen, Carter und Hawking (1973).
12 Charles Misner und John Wheeler begleiteten mich bei meinem Besuch in Moskau im Juni 1971, doch waren sie bei den im folgenden beschriebenen Diskussionen in der Wohnung von Seldowitsch nicht zugegen.
13 Ich habe das folgende Gespräch aus meinem Gedächtnis rekonstruiert und aus der Fachsprache, in der es geführt wurde, in eine weniger technische Sprache übersetzt.
14 Zel'dovich (1971).
15 Zel'dovich und Starobinsky (1971).
16 In Hawking (1988) ist beschrieben, wie es zu der Entdeckung kam, daß alle Schwarzen Löcher strahlen. Die Entdeckung und ihre Konsequenzen sind in Hawking (1974, 1975, 1976) beschrieben.
17 Siehe zum Beispiel Wald (1977).
18 Wald (1977).
19 Hawking (1988).
20 Thorne, Price und Macdonald (1986), Kapitel 8, sowie darin zitierte Literatur.
21 Davies (1975), Unruh (1976), Unruh und Wald (1982, 1984).
22 Gibbons und Hawking (1977).
23 Page (1976).
24 Siehe zum Beispiel Hawking (1971a); Novikov, Polnarev, Starobinsky und Zel'dovich (1979).
25 Page und Hawking (1975); Novikov, Polnarev, Starobinsky und Zel'dovich (1979).

Kapitel 13

Allgemeine Bemerkungen zu Kapitel 13: Bei meiner Schilderung der historischen Aspekte dieses Kapitels stütze ich mich (i) auf meine eigenen Erinnerungen (nicht als Beteiligter, sondern eher als Beobachter), (ii) auf meine Interviews mit den beteiligten Personen (INT-Belinski, INT-Chalatnikov, INT-DeWitt, INT-Geroch, INT-Lifschitz, INT-MacCallum, INT-Misner, INT-Penrose, INT-Sciama, INT-Wheeler), und (iii) auf die Lektüre von Fachartikeln, die von den beteiligten Personen verfaßt wurden.

1 Harrison, Wakano und Wheeler (1958); Wheeler (1960).
2 Wheeler (1964 a, b); Harrison, Thorne, Wakano und Wheeler (1965).
3 Oppenheimer und Snyder (1939).

4 Siehe auch die letzten Seiten von Kapitel 5.

5 Die hier beschriebene Singularität bezieht sich auf das Vakuum außerhalb des kollabierenden Sterns und da die Vakuumregion von Schwarzschilds Lösung der Einsteinschen Feldgleichung beschrieben wird, bezeichnet man diese Singularität oft als *Singularität der Schwarzschild-Geometrie*. Sie wird zum Beispiel in Kapitel 32 von MTW quantitativ analysiert.

6 Ibd.

7 Wheeler (1960, 1964a,b); Harrison, Thorne, Wakano und Wheeler (1965).

8 Diese Sichtweise und die ihr zugrundeliegenden Berechnungen sind in Lifshitz und Khalatnikov (1960, 1963) sowie in Landau und Lifshitz (1962) veröffentlicht.

9 Ibd.

10 Landau und Lifshitz (1962).

11 Den Studenten in Wheelers Forschungsgruppe, in der Graves und Brill (1960) ihre Arbeit durchgeführt hatten, war in den sechziger Jahren klar, daß eine Lösung der Einsteinschen Feldgleichung von der Art, wie sie hier dargestellt ist, existieren mußte. Wie ich jedoch aus einem Gespräch mit Penrose schließe, war dies den meisten anderen Forschungsgruppen bis Ende der sechziger Jahre nicht bewußt. Es war schwierig, eine solche Lösung explizit zu konstruieren, und wir, die wir in Wheelers Gruppe arbeiteten, versuchten es nicht und veröffentlichten nichts zu diesem Thema. Die erste Publikation dieser Idee und der erste Versuch einer expliziten Lösung stammt, soviel ich weiß, von Novikov (1966).

12 Graves und Brill (1960) und darin zitierte Literatur.

13 Die biographischen Anmerkungen zu Penrose gründen sich weitgehend auf INT-Penrose und INT-Sciama.

14 Ibd.

15 INT-Penrose; Penrose (1989).

16 Penrose (1989).

17 Penrose (1965).

18 Die globalen Methoden sind in einem klassischen Lehrbuch von Hawking und Ellis (1973) niedergelegt.

19 Hawking und Penrose (1970).

20 Aus meinen persönlichen Gesprächen mit Lifschitz in den siebziger Jahren.

21 Brief von Chalatnikow an mich, 18. Juni 1990.

22 Aus meiner Erinnerung an die Konferenz und die nachfolgenden Ereignisse.

23 Khalatnikov und Lifshitz (1970). Siehe auch Belinsky, Khalatnikov und Lifshitz (1970, 1982).

24 Ibd.
25 INT-Lifschitz.
26 Dies erfuhr ich von Penrose.
27 Aleksandrov (1955, 1959).
28 Pimenov (1968).
29 Lifshitz und Khalatnikov (1960, 1963).
30 Siehe zum Beispiel Novikov (1966).
31 Physiker sprechen davon, daß der *innere Cauchy-Horizont* der Reissner-Nordström-Lösung instabil ist. Die Vermutung ist in Penrose (1968) veröffentlicht, die Beweise sind in Chandrasekhar und Hartle (1982) sowie in der dort zitierten Literatur publiziert worden.
32 Belinsky, Khalatnikov und Lifshitz (1970, 1982).
33 Misner (1969).
34 Dies wurde erstmals von Wheeler (1960) hergeleitet, der sich dabei auf seine früheren Überlegungen zu Vakuumfluktuationen und der Geometrie der Raumzeit stützt (Wheeler 1955, 1957).
35 Wheeler führte die *Planck-Wheeler-Zeit* (1955, 1957) ein und zeigte auch ihre physikalische Bedeutung auf.
36 Dieser Gedanke wurde erstmalig von Wheeler (1960) formuliert. Quantitiv ausgedrückt wird der Gedanke in einer Formel, die heute als »Wheeler-De-Witt-Gleichung« bekannt ist. Siehe zum Beispiel die Ausführungen hierzu in Hawking (1987).
37 Wheeler (1957, 1960).
38 Siehe zum Beispiel Hawking (1987, 1988).
39 Doroshkevich und Novikov (1978) zeigten, daß eine Singularität altert; Poisson und Israel (1990) sowie Ori (1991) leiteten die Einzelheiten des Alterungsprozesses in idealisierten Modellen her; Ori (1992) lieferte erste Hinweise darauf, daß diese Modelle eine gute Richtschnur für das Verhalten von Singularitäten in realen Schwarzen Löchern darstellen.
40 Eine detaillierte Beschreibung dieser Simulationen findet sich in Shapiro und Teukolsky (1991).
41 Hawkings Ergebnis wurde in Hawking (1992 a) veröffentlicht.

Kapitel 14

Allgemeine Bemerkung zu Kapitel 14: Die historischen Aspekte in diesem Kapitel gründen sich fast ausschließlich auf meine eigenen Erinnerungen als beteiligte Person.

1 Ludwig Flamm (1916) entdeckte, daß die Schwarzschild-Lösung der Einsteinschen Feldgleichung (Schwarzschild, 1916 a) in einer entsprechend gewählten Topologie ein leeres, sphärisches Wurmloch beschreibt.
2 Kruskal (1960).
3 Morris und Thorne (1988).
4 Hawking und Ellis (1973).
5 Hawking schloß dies nur sehr indirekt aus der Entdeckung des Verdampfungsprozesses Schwarzer Löcher. Der Beweis wurde sechs Jahre später von Candelas (1980) erbracht.
6 Siehe Wald und Yurtsever (1991) sowie darin zitierte Literatur.
7 Wheeler (1955, 1957, 1960).
8 Geroch (1967). Friedman, Papastamatiou, Parker und Zhang (1988) haben ein Beispiel für die Entstehung eines Wurmlochs im Sinne von Gerochs Theorem beschrieben.
9 Van Stockum (1937), Gödel (1949), Tipler (1976).
10 Morris, Thorne und Yurtsever (1988).
11 Morris, Thorne und Yurtsever (1988).
12 Friedman und Morris (1991).
13 Echeverria, Klinkhammer und Thorne (1991).
14 Echeverria, Klinkhammer und Thorne (1991).
15 Forward (1992).
16 Eine sorgfältige und recht umfassende Diskussion von Paradoxien im Zusammenhang mit Zeitmaschinen, die auf Wurmlöchern beruhen, findet sich in Friedman et al. (1990).
17 Hall (1989).
18 Hiscock und Konkowski (1982).
19 Frolov (1991).
20 Kim und Thorne (1991).
21 Hawking (1992b).
22 Gott (1991).
23 Eine eher fachsprachliche Beschreibung der Gründe meiner Skepsis gegenüber Zeitmaschinen sowie ein detaillierter Überblick über Forschungarbeiten zu diesem Thema bis zum Frühjahr 1993 findet sich in Thorne (1993).

Bibliographie

Interviews (Bandaufzeichnungen)

Baym, Gordon. 5. September 1985, Champaign/Urbana, Illinois.
Belinski, Wladimir. 27. März 1986, Moskau, UdSSR.
Braginski, Wladimir Borisowitsch. 20. Dezember 1982, Moskau, UdSSR; 27. März 1986, Moskau, UdSSR.
Carter, Brandon. 6. Juli 1983, Padua, Italien.
Chalatnikow, Isaak Markowitsch. 27. März 1986, Moskau, UdSSR.
Chandrasekhar, Subrahmanyan. 3. April 1982, Chicago, Illinois.
Damour, Thibault. 26. Juli 1986, Cargese, Korsika.
Detweiler, Steven. Dezember 1980, Baltimore, Maryland.
DeWitt, Bryce. Dezember 1980, Baltimore, Maryland.
Drever, Ronald W. P. 21. Juni 1982, Les Houches, Frankreich.
Eardley, Doug M. Dezember 1980. Baltimore, Maryland.
Eggen, Olin. 13. September 1985, Pasadena, Kalifornien.
Ellis, George. Dezember 1980, Baltimore, Maryland.
Finkelstein, David. 8. Juli 1983, Padua, Italien.
Forward, Robert. 31. August 1982, Oxnard, Kalifornien.
Fowler, William A. 6. August 1985, Pasadena, Kalifornien.
Geroch, Robert. 2. April 1982, Chicago, Illinois.
Giacconi, Riccardo. 21. April 1983, Greenbelt, Maryland.
Ginsburg, Witali Lasarewitsch. Dezember 1982, Moskau, UdSSR; 3. Februar 1989, Pasadena, Kalifornien.
Greenstein, Jesse L. 9. August 1985, Pasadena, Kalifornien.
Grischtschuk, Leonid P. 26. März 1986, Moskau, UdSSR.
Harrison, B. Kent. 5. September 1985, Provo, Utah.
Hartle, James B. Dezember 1980, Baltimore, Maryland; 2. April 1982, Chicago, Illinois.
Hawking, Stephen W. Juli 1980, Cambridge, England (keine Bandaufzeichnung).

Ipser, James R. Dezember 1980, Baltimore, Maryland.
Israel, Werner. Juni 1982, Les Houches, Frankreich.
Lifschitz, Jewgeni Michailowitsch. Dezember 1982, Moskau, UdSSR.
MacCallum, Malcolm. 30. August 1982, Santa Barbara, Kalifornien.
Misner, Charles W. 10. Mai 1981, Pasadena, Kalifornien.
Nowikow, Igor Dmitrijewitsch. Dezember 1982, Moskau, UdSSR; 28. März 1986, Moskau, UdSSR.
Penrose, Roger. 7. Juli 1983, Padua, Italien.
Press, William H. Dezember 1980. Baltimore, Maryland.
Price, Richard. Dezember 1980, Baltimore, Maryland.
Rees, Martin. Dezember 1980, Baltimore, Maryland.
Sandage, Allan. 13. September 1985. Baltimore, Maryland.
Sciama, Dennis. 8. Juli 1983, Padua, Italien.
Seldowitsch, Jakow Borisowitsch. 17. Dezember 1982, Moskau, UdSSR; 22. und 27. März 1986, Moskau, UdSSR.
Serber, Robert. 5. August 1985, New York City.
Smarr, Larry. Dezember 1980, Baltimore, Maryland.
Teukolsky, Saul A. 27. Januar 1985, Ithaca, New York.
Unruh, William. Dezember 1980, Baltimore, Maryland.
Van Allen, James. 29. April 1973, Greenbelt, Maryland.
Volkoff, George. 11. September 1985, Vancouver, British Columbia.
Wald, Robert M. Dezember 1980, Baltimore, Maryland; 2. April 1982, Chicago, Illinois.
Weber, Joseph. 20. Juli 1982, College Park, Maryland.
Weiss, Rainer. 7. Juli 1983, Padua, Italien.
Wheeler, John. Dezember 1980, Baltimore, Maryland.

Literaturhinweise

Abramovici, A., Althouse, W. E., Drever, R. W. P., Gürsel, Y., Kawamura, S., Raab, F. J., Shoemaker, D., Sievers, L., Spero, R. E., Thorne, K. S., Vogt, R. E., Weiss, R., Whitcomb, S. E. und Zucker, M. E., »LIGO: The Laser Interferometer Gravitational-Wave-Observatory«, *Science* 256 (1992), S. 325–333.

Aleksandrov, A. D., »The Space-Time of the Theory of Relativity«, *Helvetica Physica Acta, Supplement*, 4 (1955), S. 4.

Aleksandrov, A. D., »The Philosphical Implication and Significance of the Theory of Relativity«, *Voprosy Filosofii* No. 1 (1959), S. 67.

Alfvén, H. und Herlofson, N., »Cosmic Radiation and Radio Stars«, *Physical Review* 78 (1950), S. 738.

Anderson, W. »Über die Grenzdichte der Materie und der Energie«, *Zeitschrift für Physik* 56 (1929), S. 851.

Baade, W., »Report of the Commission on Extragalactic Nebulae«, *Transactions of the International Astronomical Union* 8 (1952), S. 397.

Baade, W. und Minkowski, R., »Identification of the Radio Sources in Cassiopeia, Cygnus A, and Puppis«, *Astrophysical Journal* 119 (1954), S. 206.

Baade, W. und Zwicky, F., »Supernovae and Cosmic Rays«, *Physical Review* 45 (1934), S. 138. [1934a]

Baade, W. und Zwicky, F., »On Super-Novae«, *Proceedings of the National Academy of Sciences* 20 (1934), S. 254. [1934b]

Bardeen, J. M., »Kerr Metric Black Holes«, *Nature* 226 (1970), S. 64.

Bardeen, J. M., Carter, B. und Hawking, S. W., »The Four Laws of Black Hole Mechanics«, *Communications in Mathematical Physics* 31 (1973), S. 161.

Bardeen, J. M. und Petterson, J. A., »The Lense-Thirring Effect and Accretion Disks around Kerr Black Holes«, *Astrophysical Journal (Letters)* 195 (1975), L65.

Begelman, M. C, Blandford, R. D und Rees, M. J., »Theory of Extragalactic Radio Sources«, *Reviews of Modern Physics* 56 (1984), S. 255.

Bekenstein, J. D., »Black Holes and the Second Law«, *Lettere al Nuovo Cimento* 4 (1972), S. 737.

Bekenstein, J. D., »Black Holes and Entropy«, *Physical Review* D 7 (1973), S. 2333.

Bekenstein, J. D., »Black Hole Thermodynamics«, *Physics Today*, 24. Januar 1980.

Belinsky, V. A., Khalatnikov, I. M. und Lifshitz, E. M., »Oscillatory Approach to a Singular Point in the Relativistic Cosmology«, *Advances in Physics* 19 (1970), S. 525.

Belinksy, V. A., Khalatnikov, I. M. und Lifshitz, E. M., »Solution of the Einstein Equations with a Time Singularity«, *Advances in Physics* 31 (1982), S. 639.

Bethe, H. A., »Comments on the History of the H-Bomb«, *Los Alamos Science*, Herbst 1982, S. 43.

Bethe, H. A., »Sakharov's H-Bomb«, *Bulletin of the Atomic Scientists*, Oktober 1990. Nachgedruckt in Drell und Kapitsa (1991), S. 149.

Blair, D. (Hg.), *The Detection of Gravitational Waves*, Cambridge, England, 1991.

Blandford, R. D., »Accretion Disk Electrodynamics – A Model for Double Radio Sources«, *Monthly Notices of the Royal Astronomical Society* 176 (1976), S. 465.

Blandford, R. D., »Astrophysical Black Holes«, in *300 Years of Gravitation*, herausgegeben von S. W. Hawking und W. Israel, Cambridge, England, 1987, S. 277.

Blandford, R. D. und Rees, M., »A Twin-Exhaust Model for Double Radio Sources«, *Monthly Notices of the Royal Astronomical Society* 169 (1974), S. 395.

Blandford, R. D. und Znajek, R. L., »Electromagnetic Extraction of Energy from Kerr Black Holes«, *Monthly Notices of the Royal Astronomical Society* 179 (1977), S. 433.

Bohr, N. und Wheeler, J. A., »The Mechanism of Nuclear Fission«, *Physical Review* 56 (1939), S. 426.

Bolton, J. G., Stanley, G. J. und Slee, O. B., »Positions of Three Discrete Sources of Galactic Radio-Frequency Radiation«, *Nature* 164 (1949), S. 101.

Boyer, R. H. und Lindquist, R. W., »Maximal Analytic Extension of the Kerr Metric«, *Journal of Mathematical Physics* 8 (1967), S. 265.

Braginsky, V. B., »Classical and Quantum Restrictions on the Detection of Weak Disturbances of a Macroscopic Oscillator«, *Zhurnal Eksperimentalnoi i Teoreticheskoi Fiziki* 53 (1967) S. 1434. Englische Übersetzung in *Soviet Physics* – JETP 26 (1968), S. 831.

Braginsky, V. B., »The Detection of Gravitational Waves and Quantum Non-disturbtive Measurements«, in *Topics in Theoretical and Experimental Gravitation Physics*, herausgegeben von V. de Sabbata und J. Weber, London 1977, S. 105.

Braginsky, V. B. und Khalili, F. Ya., *Quantum Measurements*, Cambridge, England, 1992.

Braginsky, V. B., Vorontsov, Yu. I. und Khalili, F. Ya., »Optimal Quantum Measurements in Detectors of Gravitational Radiation«, *Pis'ma v Redaktsiyu Zhurnal Eksperimentalnoi i Teoreticheskoi Fiziki* 27 (1978), S. 296. Englische Übersetzung in *JETP Letters* 27 (1978), S. 276.

Braginsky, V. B., Vorontsov, Yu. L. und Thorne, K. S., »Quantum Nondemolition Measurements«, *Science* 209 (1980), S. 547.

Brault, J. W., »The Gravitational Redshift in the Solar Spectrum«, unveröffentlichte Dissertation (1962), Princeton University; erhältlich über University Microfilms, Ann Arbor, Michigan.

Brown, A. C. (Hg.) *DROPSHOT: The American Plan for World War III against Russia in 1957*, New York 1978.

Bunting, G., »Proof of the Uniqueness Conjecture for Black Holes«, unveröffentlichte Dissertation (1983). Department of Mathematics, University of New England, Armidale, N.S.W. Australia.

Burbidge, G. R., »The Theoretical Explanation of Radio Emission«, in *Paris Symposium on Radio Astronomy*, herausgegeben von R. N. Bracewell, Stanford, Kalifornien, 1959.

Candelas, P., »Vacuum Polarization in Schwarzschild Spacetime«, *Physical Review D* 21 (1980), S. 2185.

Cannon, R. C., Eggleton, P. P., Zytkow, A. N. und Podsiadlowski, P., »The Structure and Evolution of Thorne-Zytkow Objects«, *Astrophysical Journal* 386 (1992), S. 206-214.

Carter, B., »Complete Analytic Extension of the Symmetry Axis of Kerr's Solution of Einstein's Equations«, *Physical Review* 141 (1966), S. 1242.

Carter, B., »Global Structure of the Kerr Family of Gravitational Fields«, *Physical Review* 174 (1968), S. 1559.

Carter, B., »The General Theory of the Mechanical, Electromagnetic and Thermodynamic Properties of Black Holes«, in *General Relativity: An Einstein Centenary Survey*, herausgegeben von S. W. Hawking und W. Israel, Cambridge, England, 1979, S. 294.

Caves, C. M., Thorne, K. S., Drever, R. W. P., Sandberg, V. D. und Zimmermann, M., »On the Measurement of a Weak Classical Force Coupled to a Quantum-Mechanical Oscillator. I. Issues of Principle«, *Reviews of Modern Physics* 52 (1980), S. 341.

Chandrasekhar, S., »The Maximum Mass of Ideal White Dwarfs«, *Astrophysical Journal* 74 (1931), S. 81.

Chandrasekhar, S., »The Highly Collapsed Configurations of a Stellar Mass (Second Paper)«, *Monthly Notices of the Royal Astronomical Society* 95 (1935), S. 207.

Chandrasekhar, S., *Eddington: The Most Distinguished Astrophysicist of His Time*, Cambridge, England, 1983. [1983a]

Chandrasekhar, S., *The Mathematical Theory of Black Holes*, New York 1983. [1983b]

Chandrasekhar, S., *Selected Papers of S. Chandrasekhar*, Band I: *Stellar Structure and Stellar Atmospheres*, Chicago 1989.

Chandrasekhar, S. und Hartle, J. M., »On Crossing the Cauchy Horizon of a Reissner-Nordström Black Hole«, *Proceedings of the Royal Society of London* A384 (1982), S. 301.

Christodoulou, D., »Reversible and Irreversible Transformations in Black-Hole Physics«, *Physical Review Letters* 25 (1970), S. 1596.

Clark, R. W., *Einstein: The Life and Times*, New York 1971 (*Albert Einstein: Leben und Werk*, Esslingen 1974).

Cohen, J. M. und Wald, R. M., »Point Charge in the Vicinity of a Schwarzschild Black Hole«, *Journal of Mathematical Physics* 12 (1971), S. 1845.

Colgate, S. A. und Johnson, M. H., »Hydrodynamic Origin of Cosmic Rays«, *Physical Review Letters* 5 (1960), S. 235.

Colgate, S. A. und White, R. H., »Dynamics of a Supernova Explosion«, *Bulletin of the American Physical Society* 8 (1963), S. 306.

Colgate, S. A. und White, R. H., »The Hydrodynamic Behavior of Supernova Explosions«, *Astrophysical Journal* 143 (1966), S. 626.

Collins, H. M., »The Seven Sexes: A Study in the Sociology of a Phenomenon, or the Replication of Experiments in Physics«, *Sociology* 9 (1975), S. 205.

Collins, H. M., »Son of Seven Sexes: The Social Destruction of a Physical Phenomenon«, *Social Studies of Science* 11 (1981), S. 33.

Damour, T., »Black-Hole Eddy Currents«, *Physical Review D* 18 (1978), S. 3598.

Davies, P. C. W., »Scalar Particle Production in Schwarzschild and Rindler Metrics«, *Journal of Physics A* 8 (1975), S. 609.

de la Cruz, V., Chase, J. E. und Israel, W., »Gravitational Collapse with Asymmetries«, *Physical Review Letters* 24 (1970), S. 423.

de Sabbata, V. und Weber, J. (Hg.), *Topics in Theoretical and Experimental Gravitation Physics*, New York 1977.

DeWitt, C. und DeWitt, B. S. (Hg.), *Relativity, Groups, and Topology*, New York 1964.

DeWitt, C. und DeWitt, B. S. (Hg.), *Black Holes*, New York 1973.

Doroshkevich, A. D. und Novikov, I. D., »Space-Time and Physical Fields in Black Holes«, *Zhurnal Eksperimentalnoi i Teoreticheskoi Fiziki* 74 (1978), S. 3. Englische Übersetzung in *Soviet Physics – JETP* 47 (1978), S. 1.

Doroshkevich, A. D., Zel'dovich, Ya. B. und Novikov, I. D., »Gravitational Collapse of Nonsymmetric and Rotating Masses«, *Zhurnal Eksperimentalnoi i Teoreticheskoi Fiziki* 49 (1965), S. 170. Englische Übersetzung in *Soviet Physics – JETP* 22 (1966), S. 122.

Drell, S. und Kapitsa, S. (Hg.), *Sakharov Remembered: A Tribute by Friends and Colleagues*, New York 1991.

Drever, R. W. P., »Fabry-Perot Cavity Gravity-Wave Detectors«, in *The Detection of Gravitational Waves*, herausgegeben von D. Blair, Cambridge, England, 1991, S. 306.

Dyson, F. J., »Gravitational Machines«, in *The Search for Extraterrestrial Life*, herausgegeben von A. G. W. Cameron, New York 1963, S. 115.

Echeverria, F., Klinkhammer, G. und Thorne, K. S., »Billiard Balls in Wormhole Spacetimes with Closed Timelikes Curves. I. Classical Theory«, *Physical Review D* 44 (1991), S. 1077.

ECP-1: Einstein, A., *The Collected Papers of Albert Einstein*, Band 1: *The Early Years, 1879–1902*, herausgeg. von John Stachel, Princeton, New Jersey, 1987.

ECP-2: Einstein, A., *The Collected Papers of Albert Einstein*, Band 2: *The Swiss Years: Writings, 1900-1909*, herausgegeben von John Stachel, Princeton, New Jersey, 1989.

Eddington, A. S., *The Internal Constitution of the Stars*, Cambridge, England, 1926 (*Der innere Aufbau der Sterne*, Berlin 1928).

Eddington, A. S., »Relativistic Degeneracy«, *Observatory* 58 (1935), S. 37. [1935a]

Eddington, A. S., »On Relativistic Degeneracy«, *Monthly Notices of the Royal Astronomical Society* 95 (1935), S. 194. [1935b]

Einstein, A., »Über den Einfluß der Schwerkraft auf die Ausbreitung des Lichtes«, *Annalen der Physik* 35 (1911), S. 898.

Einstein, A., »Feldgleichungen der Gravitation«, *Sitzungsberichte der Preußischen Akademie der Wissenschaften zu Berlin, Klasse für Mathematik, Physik und Technik*, (1915), S. 844.

Einstein, A., »On a Stationary System with Spherical Symmetry Consisting of Many Gravitating Masses«, *Annals of Mathematics* 40 (1939), S. 922.

Einstein, A., »Nekrolog«, in *Albert Einstein als Philosoph und Naturforscher*, herausgegeben von Paul A. Schilpp, Braunschweig 1979.

Einstein, A. und Marić, *M., Albert Einstein/ Mileva Marić: The Love Letters,* herausgegeben von Jürgen Renn und Robert Schulmann, Princeton, New Jersey, 1992 *(Am Sonntag küss' ich Dich mündlich. Die Liebesbriefe 1897–1903*, herausgegeben von Jürgen Renn und Robert Schulmann, München 1994).

Eisenstaedt, J., »Histoire et Singularités de la Solution de Schwarzschild«, *Archive for History of Exact Sciences* 27 (1982), S. 157.

Eisenstaedt, J., »De l'Influence de la Gravitation sur la Propagation de la Lumière en Théorie Newtonienne. L'Archéologie des Trous Noirs«, *Archive for History of Exact Sciences* 42 (1991), S. 315.

Epstein, R. und Clark, J. P. A., »Discussion Session II: Sources of Gravitational Radiation«, in *Sources of Gravitational Radiation*, herausgegeben von L. Smarr, Cambridge, England, 1979, S. 477.

Feynman, R. P., *The Character of Physical Law*, Cambridge, Massachusetts, 1965 (*Vom Wesen physikalischer Gesetze*, München 1990).

Finkelstein, D., »Past-Future Asymmetry of the Gravitational Field of a Point Particle«, *Physical Review* 110 (1958), S. 965.

Finkelstein, D., »Misner, Kinks, and Black Holes«, in *Directions in General Relativity*. Band 1: *Papers in Honor of Charles Misner*, herausgegeben von B. L. Hu, M. P. Ryan Jr. und C. V. Visveshwara, Cambridge, England, 1993, S. 99.

Flamm, L., »Beiträge zur Einsteinschen Gravitationstheorie«, *Zeitschrift für Physik* 17 (1916), S. 448.

Forward, R. L., *Timemaster*, New York 1992.

Fowler, R. H., »On Dense Matter«, *Monthly Notices of the Royal Astronomical Society* 87 (1926), S. 114.

Frank, P., *Einstein: His Life and Times*, New York 1947 (*Einstein – Sein Leben und seine Zeit*, Braunschweig 1979).

Friedman, H., »Rocket Astronomy«, *Annals of the New York Academy of Sciences* 198 (1972), S. 267.

Friedman, J. und Morris, M. S., »The Cauchy Problem for the Scalar Wave Equation is Well Defined on a Class of Spacetimes with Closed Timelike Curves«, *Physical Review Letters* 66 (1991), S. 401.

Friedman, J., Morris, M. S., Novikov, I. D., Echeverria, F., Klinkhammer, G., Thorne, K. S. und Yurtsever, U., »Cauchy Problem in Spacetimes with Closed Timelike Curves«, *Physical Review D* 42 (1990), S. 1915.

Friedman, J., Papastamatiou, N., Parker, L. und Zhang, H., »Non-orientable Foam and an Effective Planck Mass for Point-like Fermions«, *Nuclear Physics* B309 (1988), S. 533, Appendix.

Frolov, V. P., »Vacuum Polarization in a Locally Static Multiply Connected Spacetime and a Time-Machine Problem«, *Physical Review D* 43 (1991), S. 3878.

Gamow, G., *Structure of Atomic Nuclei and Nuclear Transformations*, Oxford 1937, S. 234-238.

Gamow, G., *My World Line*, New York 1970.

Geroch, R. P., »Topology in General Relativity«, *Journal of Mathematical Physics* 8 (1967), S. 782.

Gertsenshtein, M. E. und Pustovoit, V. I., »On the Detection of Low-Frequency Gravitational Waves«, *Zhurnal Eksperimentalnoi i Teoreticheskoi Fiziki*

43 (1962), S. 605. Englische Übersetzung in *Soviet Physics – JETP* 16 (1963), S. 433.

Giacconi, R. und Gursky, H. (Hg.), *X-Ray Astronomy*, Dordrecht, Holland, 1974.

Giacconi, R., Gursky, H., Paolini, F. R. und Rossi, B. B., »Evidence for X-Rays from Sources Outside the Solar System«, *Physical Review Letters* 9 (1962), S. 439.

Gibbons, G., »The Man Who Invented Black Holes«, *New Scientist* 28, 29. Juni 1979, S. 1101.

Gibbons, G. W. und Hawking, S. W., »Action Integrals and Partition Functions in Quantum Gravity«, *Physical Review D* 15 (1977), S. 2752.

Giffard, R., »Ultimate Sensitivity Limit of a Resonant Gravitational Wave Antenna Using a Linear Motion Detector«, *Physical Review D* 14 (1976), S. 2478.

Ginzburg, V. L., »Cosmic Rays as the Source of Galactic Radio Waves«, *Doklady Akademii Nauk SSSR* 76 (1951), S. 377.

Ginzburg, V. L., »The Magnetic Fields of Collapsing Masses and the Nature of Superstars«, *Doklady Akademii Nauk SSR* 156 (1964), S. 43. Englische Übersetzung in *Soviet Physics – Doklady* 9 (1964), S. 329.

Ginzburg, V. L., »Some Remarks on the History of the Development of Radio Astronomy«, in *The Early Years of Radio Astronomy*, herausgegeben von W. J. Sullivan, Cambridge, England, 1984.

Ginzburg, V. L., private Mitteilung an K. S. Thorne, 1990.

Ginzburg, V. L. und Ozernoy, L. M., »On Gravitational Collapse of Magnetic Stars«, *Zhurnal Eksperimentalnoi i Teoreticheskoi Fiziki* 47 (1964), S. 1030. Englische Übersetzung in *Soviet Physics – JETP* 20 (1965), S. 689.

Gleick, J., *Chaos: Making a New Science*, New York 1987 (*Chaos – die Ordnung des Universums: Vorstoß in Grenzbereiche der modernen Physik*, München 1990).

Gödel, K., »An Example of a New Type of Cosmological Solution of Einstein's Field Equations of Gravitation«, *Review of Modern Physics* 21 (1949), S. 447.

Golovin, I. N., *I. W. Kurtschatow: Wegbereiter der sowjetischen Atomforschung*, Leipzig, Jena, Berlin 1976.

Goodchild, P., *J. Robert Oppenheimer, Shatterer of Worlds*, London 1980 (*J. Robert Oppenheimer*, Basel, Boston, Stuttgart 1982).

Gorelik, G. E., »›My Anti-Soviet Activities ...‹ One Year in the Life of L. D. Landau«, *Priroda*, November 1991, S. 93. (In russischer Sprache).

Gott, J. R., »Closed Timelike Curves Produced by Pairs of Moving Cosmic Strings: Exact Solutions«, *Physical Review Letters* 66 (1991), S. 1126.

Graves, J. C. und Brill, D. R., »Oscillatory Character of the Reissner-Nordström Metric for an Ideal Charged Wormhole«, *Physical Review* 120 (1960), S. 1507.

Greenstein, J. L., »Red-shift of the Unusual Radio Source: 3C48«, *Nature* 197 (1963), S. 1041.

Greenstein, J. L., Interview mit Rachel Prud'homme, Februar und März 1982, Archives, California Institute of Technology.

Greenstein, J. L., Oke, J. B. und Shipman, H., »On the Redshift of Sirius B«, *Quarterly Journal of the Royal Astronomical Society* 26 (1985), S. 279.

Grishchuk, L. P., Petrov, A. N. und Popova, A. D., »Exact Theory of the Einstein Gravitational Field in an Arbitrary Background Space-Time«, *Communications in Mathematical Physics* 94 (1984), S. 379.

Hall, S. S., »The Man Who Invented Time Travel: The Astounding World of Kip Thorne«, *California*, Oktober 1989, S. 68.

Hanni, R. S. und Ruffini, R., »Lines of Force of a Point Charge Near a Schwarzschild Black Hole«, *Physical Review D* 8 (1973), S. 3259.

Harrison, B. K., Thorne, K. S., Wakano, M. und Wheeler, J. A., *Gravitation Theory and Gravitational Collapse*, Chicago 1965.

Harrison, B. K., Wakano, M. und Wheeler, J. A., »Matter-Energy at High Density: End Point of Thermonuclear Evolution«, in *La Structure et l'Evolution de l'Univers, Onzième Conseil de Physique Solvay*, Brüssel 1958, S. 124.

Hartle, J. B. und Sabbadini, A. G., »The Equation of State and Bounds on the Mass of Nonrotating Neutron Stars«, *Astrophysical Journal* 213 (1977), S. 831.

Hawking, S. W., »Gravitationally Collapsed Objects of Very Low Mass«, *Monthly Notices of the Royal Astronomical Society* 152 (1971), S. 75. [1971a]

Hawking, S. W., »Gravitational Radiation from Colliding Black Holes«, *Physical Review Letters* 26 (1971), S. 1344. [1971b]

Hawking, S. W., »Black Holes in General Relativity«, *Communications in Mathematical Physics* 25 (1972), S. 152.

Hawking, S. W., »The Event Horizon«, in *Black Holes*, herausgegeben von C. DeWitt und B. S. DeWitt, New York 1973, S. 1.

Hawking, S. W., »Black Hole Explosions?«, *Nature* 248 (1974), S. 30.

Hawking, S. W., »Particle Creation by Black Holes«, *Communications in Mathematical Physics* 43 (1975), S. 199.

Hawking, S. W., »Black Holes and Thermodynamics«, *Physical Review D* 13 (1976), S. 191.

Hawking, S. W., »Quantum Cosmology«, in *300 Years of Gravitation*, herausgegeben von S. W. Hawking und W. Israel, Cambridge, England, 1987, S. 631.

Hawking, S. W., *A Brief History of Time*, Toronto und New York 1988 (*Eine kurze Geschichte der Zeit*, Reinbek bei Hamburg 1991).

Hawking, S. W., »The Chronology Protection Conjecture«, *Physical Review D*46 (1992), S. 603. [1992a]

Hawking, S. W., »Evaporation of Two-Dimensional Black Holes«, *Physical Review Letters* 69 (1992), S. 406. [1992b]

Hawking, S. W. und Ellis, G. F. R., *The Large Scale Structure of Space-Time*, Cambridge, England, 1973.

Hawking, S. W. und Hartle, J. B., »Energy and Angular Momentum Flow into a Black Hole«, *Communications in Mathematical Physics* 27 (1972), S. 283.

Hawking, S. W. und Penrose, R., »The Singularities of Gravitational Collapse and Cosmology«, *Proceedings of the Royal Society of London*, A314 (1970), S. 529.

Hey, J. S., *The Evolution of Radio Astronomy*, New York 1973.

Hirsh, R. F., »Science, Technology, and Public Policy: The Case of X-Ray Astronomy, 1959 to 1972«, unveröffentlichte Dissertation (1979), University of Wisconsin-Madison, erhältlich über University Microfilms, Ann Arbor, Michigan.

Hiscock, W. A. und Konkowski, D. A., »Quantum Vacuum Energy in Taub-NUT (Newman-Unti-Tamburino)-Type Cosmologies«, *Physical Review D* 6 (1982), S. 1225.

Hoffman, B. in Zusammenarbeit mit H. Dukas, *Albert Einstein: Creator and Rebel*, New York 1972 (*Einstein - Schöpfer und Rebell*, Zürich 1976).

Imshennik, V. S. und Nadezhin, D. K., »Gas Dynamical Model of Type II Supernova Outburst«, *Astronomicheskii Zhurnal* 41 (1964). S. 829. Englische Übersetzung in *Soviet Astronomy – AJ* 8 (1965), S. 664.

Israel, W., »Event Horizons in Static Vacuum Spacetimes«, *Physical Review* 164 (1967) S. 1776.

Israel, W., »Third Law of Black Hole Dynamics – A Formulation and Proof«, *Physical Review Letters* 57 (1986), S. 397.

Israel, W., »Dark Stars: The Evolution of an Idea«, in *300 Years of Gravitation*, herausgegeben von S. W. Hawking und W. Israel, Cambridge, England, 1987, S. 199.

Israel, W., Brief an K. S. Thorne vom 28. Mai 1990 mit Anmerkungen zur Rohfassung des vorliegenden Buches.

Jansky, K., »Directional Studies of Atmospherics at High Frequencies«, *Proceedings of the Institute of Radio Engineers* 20 (1932), S. 1920.

Jennison, R. C. und Das Gupta, M. K., »Fine Structure of the Extra-terrestrial Radio Source Cygnus 1«, *Nature* 172 (1953), S. 996.

Kellermann, K. und Sheets, B., *Serendipitous Discoveries in Radio Astronomy*, Green Bank, West Virginia, 1983.

Kerr, R. P., »Gravitational Field of a Spinning Mass as an Example of Algebraically Special Metrics«, *Physical Review Letters* 11 (1963), S. 237.

Kevles, D. J., *The Physicists*, New York 1971.

Khalatnikov, I. M. (Hg.), *Vospominaniya o L. D. Landau*, Moskau 1988. Englische Übersetzung: *Landau, the Physicist and the Man: Recollections of L. D. Landau*, Oxford 1989.

Kiepenheuer, K. O., »Cosmic Rays as the Source of General Galactic Radio Emission«, *Physical Review* 79 (1950), S. 738.

Kim, S.-W. und Thorne, K. S., »Do Vacuum Fluctuations Prevent the Creation of Closed Timelike Curves?«, *Physical Review D* 43 (1991), S. 3939.

Klauder, J. R. (Hg.), *Magic without Magic: John Archibald Wheeler*, San Francisco 1972.

Kruskal, M. D., »Minimal Extension of the Schwarzschild Metric«, *Physical Review* 119 (1960), S. 1743.

Kuhn, T., *The Structure of Scientific Revolutions*, Chicago 1962 (*Die Struktur wissenschaftlicher Revolutionen*, Frankfurt 1973).

Landau, L. D., »On the Theory of Stars«, *Physikalische Zeitschrift der Sowjetunion* 1 (1932), S. 285.

Landau, L. D., »Origin of Stellar Energy«, *Nature* 141 (1938), S. 333.

Landau, L. D. und Lifshitz, E. M., *Lehrbuch der theoretischen Physik*, Band 1–3, Berlin 1962-1965.

Laplace, P. S., *Exposition du Système du Monde*, Band II: *Des Mouvements Réels des Corps Célestes*, Paris 1796 (*Darstellung des Weltsystems durch P. S. Laplace*, Frankfurt 1747)

Laplace, P. S., »Proof of the Theorem, that the Attractive Force of a Heavenly Body Could Be So Large, that Light Could Not Flow Out of It«, *Allgemeine Geographische Ephemeriden*, verfasset von Einer Gesellschaft Gelehrten, Weimar 1799, IV. Band I.

Lifshitz, E. M. und Khalatnikov, I. M., »On the Singularities of Cosmological Solutions of the Gravitational Equations. I.«, *Zhurnal Eksperimentalnoi i Teoreticheskoi Fiziki* 39 (1960), S. 149. Englische Übersetzung in *Soviet Physics – JETP* 12 (1961), S. 108 und 558.

Lifshitz, E. M. und Khalatnikov, I. M., »Investigations in Relativistic Cosmology«, *Advances in Physics* 12 (1963), S. 185.

Livanova, A., *Landau: A Great Physicist and Teacher,* Oxford 1980.

Longair, M. S., Ryle, M. und Scheuer, P. A. G., »Models of Extended Radio Sources«, *Monthly Notices of the Royal Astronomical Society* 164 (1973), S. 243.

Lorentz, H. A., Einstein, A., Minkowski, H. und Weyl, H., *Das Relativitätsprinzip*, Leipzig 1922; Darmstadt 1958.

Lynden-Bell, D., »Galactic Nuclei as Collapsed Old Quasars«, *Nature* 223 (1969), S. 690.

Lynden-Bell, D., »Gravity Power«, *Physica Scripta* 17 (1978), S. 185.

Mazur, P., »Proof of Uniqueness of the Kerr-Newman Black Hole Solution«, *Journal of Physics A* 15 (1982), S. 3173.

May, M. M. und White, R. H., »Hydrodynamical Calculation of General Relativistic Collapse«, *Bulletin of the American Physical Society* 10 (1965), S. 15.

May, M.M. und White, R.H., »Hydrodynamical Calculations of General Relativistic Collapse«, *Physical Review* 141 (1966), S. 1232.

Medvedev, Z. A., *Soviet Science*, New York 1978.

Medvedev, Z. A., *Bericht und Analyse der bisher geheimgehaltenen Atomkatastrophe in der UdSSR, Hamburg 1979.*

Michell, J., »On the Means of Discovering the Distance, Magnitude, Etc., of the Fixed Stars, in Consequence of the Diminution of Their Light, in Case Such a Diminution Should Be Found to Take Place in Any of Them, and Such Other Data Should Be Procured from Observations, as Would Be Further Necessary for That Purpose«, in *Philosophical Transactions of the Royal Society of London* 74 (1784), S. 35. Der Royal Society am 27. November 1783 vorgetragen.

Michelson, P. F. und Taber, R. C., »Can a Resonant-Mass Gravitational-Wave Detector Have Wideband Sensitivity?«, *Physical Review D* 29 (1984), S. 2149.

Misner, C. W., »Mixmaster Universe«, *Physical Review Letters* 22 (1969), S. 1071.

Misner, C. W., Thorne, K. S. und Wheeler, J. A., *Gravitation*, San Francisco 1973.

Mitton, S. und Ryle, M., »High Resolution Observations of Cygnus A at 2,7 GHz and 5 GHz«, *Monthly Notices of the Royal Astronomical Society* 146 (1969), S. 221.

Morris, M. S. und Thorne, K. S., »Wormholes in Spacetime and Their Use for

Interstellar Travel: A Tool for Teaching General Relativity«, *American Journal of Physics* 56 (1988), S. 395.

Morris, M. S., Thorne, K. S. und Yurtsever, U., »Wormholes, Time Machines, and the Weak Energy Condition«, *Physical Review Letters* 61 (1988), S. 1446.

Moss, G. E., Miller, L. R. und Forward, R. L., »Photon Noise Limited Laser Transducer for Gravitational Antenna«, *Applied Optics* 10 (1971), S. 2495.

MTW: Misner, Thorne, and Wheeler (1973).

Newman, E. T., Couch, E., Chinnapared, K., Exton, A., Prakash, A. und Torrence, R., »Metric of a Rotating, Charged Mass«, *Journal of Mathematical Physics* 6 (1965), S. 918.

Novikov, I. D., »The Evolution of the Semi-Closed World«, *Astronomicheskii Zhurnal* 40 (1963), S. 772. Englische Übersetzung in *Soviet Astronomy – AJ* 7 (1964), S. 587.

Novikov, I. D., »Change of Relativistic Collapse into Anticollapse and Kinematics of a Charged Sphere«, *Pis'ma v Redaktsiyu Zhurnal Eksperimentalnoi i Teoreticheskoi Fiziki* 3 (1966), S. 223. Englische Übersetzung in *Soviet Physics – JETP Letters* 3 (1966), S. 142.

Novikov, I. D., »Metric Perturbations When Crossing the Schwarzschild Sphere«, *Zhurnal Eksperimentalnoi i Teoreticheskoi Fiziki* 57 (1969), S. 949. Englische Übersetzung in *Soviet Physics – JETP* 30 (1970), S. 518.

Novikov, I. D., Polnarev, A. G., Starobinsky, A. A. und Zel'dovich, Ya. B., »Primordial Black Holes«, *Astronomy and Astrophysics* 80 (1979), S. 104.

Novikov, I. D. und Zel'dovich, Ya. B., »Physics of Relativistic Collapse«, *Supplemento al Nuovo Cimento* 4 (1966), S. 810; Addendum 2.

Oppenheimer, J. R. und Serber, R., »On the Stability of Stellar Neutron Cores«, *Physical Review* 54 (1938), S. 608.

Oppenheimer, J. R. und Snyder, H., »On Continued Gravitational Contraction«, *Physical Review* 56 (1939), S. 455.

Oppenheimer, J. R. und Volkoff, G., »On Massive Neutron Cores«, *Physical Review* 54 (1939), S. 540.

Ori, A., »The Inner Structure of a Charged Black Hole: An Exact Mass Inflation Solution«, *Physical Review Letters* 67 (1991), S. 789.

Ori, A., »Structure of the Singularity Inside a Realistic Rotating Black Hole«, *Physical Review Letters* 68 (1992), S. 2117.

Page, D. N., »Particle Emission Rates from a Black Hole«, *Physical Review D* 13 (1976), S. 198 und 14 (1976), S. 3260.

Page, D. N. und Hawking, S. W., »Gamma Rays from Primordial Black Holes«, *Astrophysical Journal* 206 (1975), S. 1.

Pagels, H., *The Cosmic Code*, New York 1982 (*Quantenphysik als Sprache der Natur*, Frankfurt/Main 1983).

Pais, A., *»Subtle Is the Lord ...« The Science and the Life of Albert Einstein*, Oxford 1982 (*»Raffiniert ist der Herrgott ...«, Albert Einstein – Eine wissenschaftliche Biographie*, Wiesbaden 1986).

Penrose, R., »Gravitational Collapse and Spacetime Singularities«, *Physical Review Letters* 14 (1965), S. 57.

Penrose, R., »The Structure of Spacetime«, in *Battelle Rencontres: 1967 Lectures in Mathematics and Physics*, herausgegeben von C. M. DeWitt und J. A. Wheeler, New York 1968, S. 565.

Penrose, R., »Gravitational Collapse: The Role of General Relativity«, *Rivista Nuovo Cimento* 1 (1969), S. 252.

Penrose, R., *The Emperor's New Mind*, New York 1989, S. 419-421 (*Computerdenken. Des Kaisers neue Kleider oder Die Debatte um Künstliche Intelligenz, Bewußtsein und die Gesetze der Physik*, Heidelberg 1991).

Phinney, E. S., »Manifestations of a Massive Black Hole in the Galactic Center«, in *The Center of the Galaxy: Proceedings of IAU Symposium 136*, herausgegeben von M. Morris, Dordrecht, Holland, 1989, S. 543.

Pimenov, R. I., *Prostranstva Kinimaticheskovo Tipa [Seminars in Mathematics*], Band 6 (V. A. Steklov Mathematical Institute, Leningrad 1968). Englische Übersetzung: *Kinematic Spaces*, New York 1970.

Podurets, M. A., »The Collapse of a Star with Back Pressure Taken Into Account«, *Doklady Akademi Nauk* 154 (1964), S. 300. Englische Übersetzung in *Soviet Physics - Doklady* 9 (1964), S. 1.

Poisson, E. und Israel, W., »Internal Structure of Black Holes«, *Physical Review D* 41 (1990), S. 1796.

Press, W. H., »Long Wave Trains of Gravitational Waves from a Vibrating Black Hole«, *Astrophysical Journal Letters* 170 (1971), S. 105.

Press, W. H. und Teukolsky, S. A., »Perturbations of a Rotating Black Hole. II. Dynamical Stability of the Kerr Metric«, *Astrophysical Journal* 185 (1973), S. 649.

Price, R. H., »Nonspherical Perturbations of Relativistic Gravitational Collapse«, *Physical Review D* 5 (1972), S. 2419 und 2439.

Price, R. H. und Thorne, K. S., »The Membrane Paradigm for Black Holes«, *Scientific American* 258, No. 4 (1988), S. 69 (»Membran-Modell für Schwarze Löcher«, *Spektrum der Wissenschaften*, Nr. 6, 1988)

Rabi, I. I., Serber, R., Weisskopf, V. F., Pais, A. und Seaborg, G. T., *Oppenheimer*, New York 1969.

Reber, G., »Cosmic Static«, *Astrophysical Journal* 91 (1940), S. 621.
Reber, G., »Cosmic Static«, *Astrophysical Journal* 100 (1944), S. 279.
Reber, G., »Early Radio Astronomy at Wheaton, Illinois«, *Proceedings of the Institute of Radio Engineers* 46 (1958), S. 15.
Rees, M. »New Interpretation of Extragalactic Radio Sources«, *Nature* 229 (1971), S. 312 und 510.
Renn, J. und Schulmann, R. (Hg.), *Albert Einstein/Mileva Marić: The Love Letters,* Princeton, New Jersey, 1992 *(Am Sonntag küss' ich Dich mündlich. Albert Einstein/Mileva Marić: Die Liebesbriefe 1897–1903*, München 1994).
Rhodes, R., *The Making of the Atomic Bomb*, New York 1986 (*Die Atombombe oder Die Geschichte des achten Schöpfungstages*, Nördlingen 1988).
Ritus, V. I., »If Not I, Then Who?«, *Priroda*, August 1990. Englische Übersetzung in Drell und Kapitsa (1991).
Robinson, I., Schild, A. und Schucking, E. L. (Hg.), *Quasi-Stellar Sources and Gravitational Collapse*, Chicago 1965.
Romanov, Yu. A., »The Father of the Soviet Hydrogen Bomb«, *Priroda*, August 1990. Englische Übersetzung in Drell und Kapitsa (1991).
Royal, D., *The Story of J. Robert Oppenheimer*, New York 1969.
Sacharow, A., *Mein Leben*, München 1991.
Sagan, C., *Contact*, New York 1985 (*Contact*, München 1988).
Sacharow, A., *Mein Leben*, München 1991.
Salpeter, E. E., »Accretion of Interstellar Matter by Massive Objects«, *Astrophysical Journal* 140 (1964), S. 796.
Schaffer, S., »John Michell and Black Holes«, *Journal for the History of Astronomy* 10 (1979), S. 42.
Schmidt, M., »3C273: A Star-like Object with Large Red-shift«, *Nature* 197 (1963), S. 1040.
Schwarzschild, K., »Über das Gravitationsfeld eines Massenpunktes nach der Einsteinschen Theorie«, *Sitzungsberichte der Preußischen Akademie der Wissenschaften zu Berlin, Klasse für Mathematik, Physik und Technik*, 1916, S. 189. [1916a]
Schwarzschild, K., »Über das Gravitationsfeld einer Kugel aus inkompressibler Flüssigkeit nach der Einsteinschen Theorie«, *Sitzungsberichte der Preußischen Akademie der Wissenschaften zu Berlin, Klasse für Mathematik, Physik und Technik*, 1916, S. 424. [1916b]
Seelig, C., *Albert Einstein. Leben und Werk eines Genies unserer Zeit*, Zürich 1960.
Serber, R., »The Early Years«, in Rabi et al. (1969); erschienen auch in *Physics Today*, Oktober 1967, S. 35.

Shapiro, S. L. und Teukolsky, S. A., *Black Holes, White Dwarfs, and Neutron Stars*, New York 1983.

Shapiro, S. L. und Teukolsky, S. A., »Formation of Naked Singularities – The Violation of Cosmic Censorship«, *Physical Review Letters* 66 (1991), S. 994.

Smart, W. M., *Celestial Mechanics*, London 1953, (Abschnitt 19.03).

Smith, A. K. und Weiner, C., *Robert Oppenheimer: Letters and Recollections*, Cambridge, Massachusetts, 1980.

Smith, H. J., »Light Variations of 3C273«, in *Quasi-Stellar Sources and Gravitational Collapse*, herausgegeben von I. Robinson, A. Schild und E. L. Schukking, Chicago 1965, S. 221.

Solvay, Onzième Conseil de Physique Solvay, *La Structure et l'Evolution de l'Univers*, Brüssel 1958.

Stoner, E. C., »The Equilibrium of Dense Stars«, *Philosophical Magazine* 9 (1930), S. 944.

Struve, O. und Zebergs, V., *Astronomy of the 20th Century*, New York 1962.

Sullivan, W. J. (Hg.), *Classics in Radio Astronomy*, Dordrecht, Holland, 1982.

Sullivan, W. J. (Hg.), *The Early Years of Radio Astronomy*, Cambridge, England, 1984.

Sunyaev, R. A., »Variability of X-Rays from Black Holes with Accretion Disks«, *Astronomicheskii Zhurnal* 49 (1972), S. 1153. Englische Übersetzung in *Soviet Astronomy – AJ* 16 (1973), S. 941.

Taylor, E. F. und Wheeler, J. A., *Spacetime Physics: Introduction to Special Relativity*, San Francisco 1992.

Teller, E., »The Work of Many People, *Science* 121 (1955), S. 268.

Teukolsky, S. A., »Rotating Black Holes: Separable Wave Equations for Gravitational and Electromagnetic Perturbations«, *Physical Review Letters* 29 (1972), S. 1115.

Thorne, K. S., »Gravitational Collapse«, *Scientific American* 217, No. 5 (1967), S. 96.

Thorne, K. S., »Nonspherical Gravitational Collapse – A Short Review«, in *Magic without Magic: John Archibald Wheeler*, herausgegeben von J. R. Klauder, San Francisco 1972, S. 231.

Thorne, K. S., »The Search for Black Holes«, *Scientific American* 231, No. 6 (1974), S. 32 (»Die Suche nach Schwarzen Löchern«, in *Spektrum der Wissenschaft: Verständliche Forschung, Gravitation*, Heidelberg 1967, S. 118).

Thorne, K. S., »Gravitational Radiation«, in *300 Years of Gravitation*, herausgegeben von S. W. Hawking und W. Israel, Cambridge, England, 1987, S. 330.

Thorne, K. S., »An American's Glimpses of Sakharov«, *Priroda*, Mai 1991, in russischer Sprache. Englische Übersetzung in Drell und Kapitsa (1991), S. 74.

Thorne, K. S., »Closed Timelike Curves«, in *General Relativity and Gravitation 1992*, herausgegeben von R. J. Gleiser, C. N. Kozameh und D. M. Moreschi, Bristol, England, 1993, S. 295.

Thorne, K. S., Drever, R. W. P., Caves, C. M., Zimmermann, M. und Sandberg, V. D., »Quantum Nondemolition Measurements of Harmonic Oscillators«, *Physical Review Letters* 40 (1978), S. 667.

Thorne, K. S., Price, R. H. und Macdonald, D. A. (Hg.), *Black Holes: The Membrane Paradigm*, New Haven, Connecticut, 1986.

Thorne, K. S. und Zurek, W., »John Archibald Wheeler: A Few Highlights of His Contributions to Physics«, *Foundations of Physics* 16 (1986), S. 79.

Thorne, K. S. und Zytkow, A. N., »Stars with Degenerate Neutron Cores. I. Structure of Equilibrium Models«, *Astrophysical Journal* 212 (1977), S. 832.

Tipler, F. J., »Causality Violation in Asymptotically Flat Space-Times«, *Physical Review Letters* 37 (1976), S. 879.

Tolman, R. C., »Static Solutions of Einstein's Field Equations for Spheres of Fluid«, *Physical Review* 55 (1939), S. 364.

Tolman, R. C., *The Richard Chace Tolman Papers*, archiviert in The California Institute of Technology Archives, 1948.

Trimble, V. L. und Thorne, K. S., »Spectroscopic Binaries and Collapsed Stars«, *Astrophysical Journal* 56 (1969), S. 1013.

Uhuru, »Proceedings of the Uhuru Memorial Symposium: The Past, Present and Future of X-Ray Astronomy«, *Journal of the Washington Academy of Sciences* 71, No. 1 (1981).

Unruh, W. G., »Notes on Black-Hole Evaporation«, *Physical Review D* 14 (1976), S. 870.

Unruh, W. G. und Wald, R. M., »Acceleration Radiation and the Generalized Second Law of Thermodynamics«, *Physical Review D* 25 (1982), S. 942.

Unruh, W. G. und Wald, R. M., »What Happens When an Accelerating Observer Detects a Rindler Particle,« *Physical Review D* 29 (1984), S. 1047.

USEAC [United States Atomic Energy Commission], *In the Matter of J. Robert Oppenheimer; Transcript of Hearing before Personnel Security Board, Washington, D. C., April 12, 1954, through May 6, 1954*, Washington, D. C., 1954.

van Stockum, W. J., »The Gravitational Field of a Distribution of Particles Rotating about an Axis of Symmetry«, *Proceedings of the Royal Society of Edinburgh* 57 (1937), S. 135.

Wald, R. M., »The Back Reaction Effect in Particle Creation in Curved Spacetime«, *Communications in Mathematical Physics* 54 (1977), S. 1.

Wald, R. M. und Yurtsever, U., »General Proof of the Averaged Null Energy Condition for a Massless Scalar Field in Two-Dimensional Curved Spacetime«, *Physical Review D* 44 (1991), S. 403.

Wali, K. C., *Chandra: A Biography of S. Chandrasekhar*, Chicago 1991.

Washington, »Washington Conference on Radio Astronomy – 1954«, *Journal of Geophysical Research* 59 (1954), S. 1–204.

Weber, J., »Amplification of Microwave Radiation by Substances Not in Thermal Equilibrium«, *Transactions of the IEEE, PG Electron Devices* – 3, Juni 1953, S. 1.

Weber, J., »Detection and Generation of Gravitational Waves«, *Physical Review* 117 (1960), S. 306.

Weber, J., *General Relativity and Gravitational Waves*, New York 1961.

Weber, J., Unveröffentlichte wissenschaftliche Notizbücher, 1964; ebenfalls dokumentiert in Robert Forwards unveröffentlichtem »Personal Journal« Nr. C1338, S. 66, 13. September 1964.

Weber, J., »Evidence for Discovery of Gravitational Radiation«, *Physical Review Letters* 22 (1969), S. 1320.

Weiss, R., »Electromagnetically Coupled Broadband Gravitational Antenna«, *Quarterly Progress Report of the Research Laboratory of Electronics, MIT*, 105 (1972), S. 54.

Wheeler, J. A., »Geons«, *Physical Review* 97 (1955), S. 511. Nachdruck in Wheeler (1962), S. 131.

Wheeler, J. A., »On the Nature of Quantum Geometrodynamics«, *Annals of Physics* 2 (1957), S. 604.

Wheeler, J. A., »Neutrinos, Gravitation and Geometry«, in *Proceedings of the International School of Physics, »Enrico Fermi«, Course XI*, Bologna 1960. Nachdruck in Wheeler (1962), S. 1.

Wheeler, J. A., *Geometrodynamics*, New York 1962.

Wheeler, J. A., »The Superdense Star and the Critical Nucleon Number«, in *Gravitation and Relativity*, herausgegeben von H. Y. Chiu und W. F. Hoffmann, New York 1964, S. 10. [1964a]

Wheeler, J. A., »Geometrodynamics and the Issue of the Final State« in *Relativity, Groups, and Topology*, herausgegeben von C. DeWitt und B. S. DeWitt, New York 1964, S. 315. [1964b]

Wheeler, J. A., »Our Universe: The Known and the Unknown«, *American Scientist* 56 (1968), S. 1.

Wheeler, J. A., »Some Men and Moments in the History of Nuclear Physics: The Interplay of Colleagues and Motivations«, in *Nuclear Physics in Retrospect*, herausgegeben von Roger H. Stuewer, Minneapolis 1979.

Wheeler, J. A., Brief an K. S. Thorne vom 3. Dezember 1985.

Wheeler, J. A., Wissenschaftliche Notizbücher, archiviert in der American Philosophical Society Library, Philadelphia, Pennsylvania, 1988.

Wheeler, J. A., *A Journey into Gravity and Spacetime*, New York 1990 (*Gravitation und Raumzeit: die vierdimensionale Ereigniswelt der Relativitätstheorie*, Heidelberg 1991).

Whipple, F. L. und Greenstein, J. L., »On the Origin of Interstellar Radio Disturbances«, *Proceedings of the National Academy of Sciences* 23 (1937), S. 177.

White, T. H., *The Once and Future King*, Kapitel 13 von Teil I, »The Sword in the Stone«, London 1939 (*Der König von Camelot*, Kapitel 13 von Teil I, »Das Schwert im Stein«, Stuttgart 1976).

Will, C. M., *Was Einstein Right?*, New York 1986 (... und Einstein hatte doch recht, Berlin, Heidelberg 1989).

York, H., *The Advisors: Oppenheimer, Teller and the Superbomb*, San Francisco 1976.

Zel'dovich, Ya. B., »Semi-closed Worlds in the General Theory of Relativity«, *Zhurnal Eksperimentalnoi i Teoreticheskoi Fiziki* 43 (1962), S. 1037. Englische Übersetzung in *Soviet Physics – JETP* 16 (1963), S. 732.

Zel'dovich, Ya. B., »The Fate of a Star and the Evolution of Gravitational Energy upon Accretion«, *Doklady Akademii Nauk* 155 (1964), S. 67. Englische Übersetzung in *Soviet Physics – Doklady* 9 (1964), S. 195.

Zel'dovich, Ya. B., »The Generation of Waves by a Rotating Body«, *Pis'ma v Redaktsiyu Zhurnal Eksperimentalnoi i Teoreticheskoi Fiziki* 14 (1971), S. 270. Englische Übersetzung in *JETP Letters* 14 (1971), S. 180.

Zel'dovich, Ya. B., *Collected Works: Particles, Nuclei, and the Universe*, Moskau 1985, in russischer Sprache. Englische Übersetzung: *Selected Works of Yakov Borisovich Zel'dovich*, Band II: *Particles, Nuclei, and the Universe*, Princeton 1993.

Zel'dovich, Ya. B. und Guseinov, O. Kh., »Collapsed Stars in Binaries«, *Astrophysical Journal* 144 (1965), S. 840.

Zel'dovich, Ya. B. und Khariton, Yu. B., »On the Issue of a Chain Reaction Based on an Isotope of Uranium«, *Zhurnal Eksperimentalnoi i Teoreticheskoi Fiziki* 9 (1939), S. 1425; siehe auch die weiteren Beiträge derselben Autoren in derselben Zeitschrift, 10 (1940), S. 29 und 10 (1940), S. 477. Nachdruck in Band II von Zel'dovich (1985).

Zel'dovich, Ya. B. und Novikov, I. D., »Relativistic Astrophysics, Part I«, *Uspekhi Fizicheskikh Nauk* 84 (1964), S. 877. Englische Übersetzung in *Soviet Physics – Uspekhi* 7 (1965), S. 763.

Zel'dovich, Ya. B. und Novikov, I. D., »Relativistic Astrophysics, Part II«, *Uspekhi Fizicheskikh Nauk* 86 (1965), S. 447. Englische Übersetzung in *Soviet Physics – Uspekhi* 8 (1966), S. 522.

Zel'dovich, Ya. B. und Starobinsky, A. A., »Particle Production and Vacuum Polarization in an Anisotropic Gravitational Field«, *Zhurnal Eksperimentalnoi i Teoreticheskoi Fiziki* 61 (1971), S. 2161. Englische Übersetzung in *Soviet Physics – JETP* 34 (1972), S. 1159.

Znajek, R., »The Electric and Magnetic Conductivity of a Kerr Hole«, *Monthly Notices of the Royal Astronomical Society* 185 (1978), S. 833.

Zwicky, F., »Stellar Guests«, *Scientific Monthly* 40 (1935), S. 461.

Zwicky, F., »On the Theory and Observation of Highly Collapsed Stars«, *Physical Review* 55 (1939), S. 726.

Danksagung

an Freunde und Kollegen, die dieses Buch beeinflußt haben

Elaine Hawkes Watson hat mich durch ihre grenzenlose Wißbegierde über das Universum zu diesem Buch angeregt. Während der fünfzehn Jahre, die es dauerte, dieses Buch zu vollenden, haben mich Freunde und Familienmitglieder unterstützt und ermutigt: Linda Thorne, Kares Thorne, Bret Thorne, Alison Thorne, Estelle Gregory, Bonnie Schumaker und insbesondere meine Frau, Carolee Winstein.

Ich bin zahlreichen Kollegen aus der Physik, Astrophysik und Astronomie für die Interviews zu Dank verpflichtet, in denen sie mir ihre Erinnerungen an historische Ereignisse und Zusammenhänge mitteilten. Eine Liste der Namen ist der Bibliographie vorangestellt.

Vier meiner Kollegen, Wladimir Braginski, Stephen Hawking, Werner Israel und Carl Sagan, waren so freundlich, das ganze Manuskript durchzulesen und mir wertvolle Ratschläge zu geben. Viele andere lasen ein oder mehrere Kapitel und ergänzten wichtige geschichtliche und fachliche Details: Roger Blandford, Carlton Caves, Isaak Chalatnikow, S. Chandrasekhar, Ronald Drever, Witali Ginsburg, Jesse Greenstein, Igor Nowikow, Roger Penrose, Dennis Sciama, Jakow Borisowitsch Seldowitsch, Robert Serber, Robert Spero, Alexi Starobinski, Rochus Vogt, Robert Wald und John Wheeler. Ohne die Unterstützung dieser Kollegen wäre die Darstellung weitaus weniger präzise. Daraus ist aber natürlich nicht zu schließen, daß meine Kollegen alle in diesem Buch vorgetragenen Auffassungen und Interpretationen teilen; zwangsläufig gibt es in einigen Punkten unterschiedliche Auffassungen. In dem Buch habe ich aus pädagogischen Gründen an meinem eigenen Standpunkt festgehalten (der häufig, wenn auch nicht immer, durch die Kritik von Kollegen beeinflußt wurde). Im Interesse historischer Genauigkeit schildere ich in den Anmerkungen einige der Diskussionen mit Kollegen.

Lydia Obst hat die erste Fassung des Buches kritisch durchgesehen. Dafür danke ich ihr. K. C. Cole überarbeitete die zweite Fassung und gab mir wertvolle Ratschläge für die weiteren Fassungen, so lange bis die Darstellung ausgefeilt genug war; ihm bin ich zu besonderem Dank verpflichtet. Weiterhin danke ich

Debra Makay für die sorgfältige Korrektur des endgültigen Manuskripts; sie ist noch perfektionistischer, als ich es bin.
Verschiedene Nichtphysiker haben durch ihre Kritik zur Verbesserung des Buches wesentlich beigetragen: Ludmila (Lily) Birladeanu, Doris Drücker, Linda Feferman, Rebecca Lewthwaite, Peter Lyman, Deanna Metzger, Phil Richman, Barrie Thorne, Alison Thorne und Carolee Winstein. Dafür gilt ihnen mein herzlicher Dank. Ich danke ferner Helen Knudsen, die zahlreiche Literaturangaben und Fakten recherchiert hat – darunter einige, die unglaublich schwierig zu finden waren.
Durch einen glücklichen Zufall stieß ich auf die wunderbaren Zeichnungen von Matthew Zimet in Heinz Pagels Buch *The Cosmic Code* (dt. *Quantenphysik als Sprache der Natur*) und konnte ihn dazu bewegen, auch mein Buch zu illustrieren. Seine Zeichnungen stellen einen großen Gewinn für das Buch dar.
Schließlich möchte ich dem Commonwealth Fund Book Program und insbesondere Alexander G. Bearn und Antonina W. Bouis – sowie Ed Barber vom Verlag W. W. Norton and Company – für ihren Beistand, ihre Geduld und ihr Vertrauen in meine Fähigkeit als Autor danken. Diese Unterstützung, die ich in all den Jahren bis zur Fertigstellung des Buches erfahren habe, hat mir viel bedeutet.

Register

A
Abraham, M. 127 f.
absolute Entfernung 103
Raumzeit 104 f.
Zeit 69, 74, 79, 91
absoluter Raum 68 f., 71, 73, 79, 91, 94
Adams, W. S. 161
adiabatischer Exponent 169, 226
Akkretionsscheibe 48, 50, 395 ff.
Alexandrow, A. D. 538 f.
Alfvén, H. 387
Allen, J. F. 212
Alpha Centauri 345
Ambarzumjan, W. A. 173, 174
Anderson, C. 196
W. 174, 182
Andromeda 344, 403
Antimaterie 196, 388 f.
Äquivalenzprinzip 49, 112, 115, 117, 122
Aron, W. 259
Astronomen 366, 390
Astrophysiker 364 ff., 390
Äther 70, 79, 87, 90, 94
Atom, Aufbau 193 f.
Atombombe 225, 251, 254 ff., 265
Entwicklung 343
Atomenergiekommission 260, 267
Atomkern, Aufbau 192 ff.
Avni, Y. 362

B
Baade, W. 189 ff., 194 f., 197 f., 234, 378 f., 603
Bahcall, J. 362
Bandbreite 430
Bardeen, J. 395 ff., 490, 603
Bassow, N. G. 419 f.
Beckedorff, D. 280
Bekenstein, J. 323, 485, 488 ff., 507, 511, 603
Belenki, S. 261, 262
Belinski, W. 37, 535, 541
Berger, B. 297
J. 259
Berija, L. P. 256
Beschleunigungsstrahlung 509
Besso, M. A. 78, 79, 91
Bethe, H. 216, 258
Bezugssystem(e) 88 ff., 94, 99, 108 ff., 112, 119, 129 f., 146, 247 f.
Finkelsches 279, 281, 283 ff.
Billardkugel-Problem 581 ff.
Billing, H. 443
Birkhoff, G. 243
BKL-Singularität 535, 541 ff., 546
Blandford, R. 397, 467
Blandford-Znajek-Prozeß 399, 467 f.
Bochner, S. 259
Bohr, N. 182 f., 210, 225, 240, 251, 253 f., 604
Bolton, J. 375, 377, 382
Bondi-Gold-Hoyle-Theorie 528
Border, W. 267
Bowyer, St. 360
Boyer, R. 330
Braes, L. 360
Braginski, W. 424 ff., 431, 435, 441, 604
Brault, J. 147
Breit, G. 251
Brill, D. 325, 526
Bunting, G. 324
Burbidge, G. 362, 387
Byram, E. 360

C

Candelas, Ph. 561
Carr, B. 297
Carter, B. 27, 324, 328 ff., 461, 490, 529, 604
D. 259
Casey, R. 259
Caves, C. 428
Chadwick, J. 194
Chalatnikow, I. M. 37, 521 ff., 533 ff., 541
Chalili, F. 429
Chandrasekhar, S. 159–164, 168–184, 202, 210, 212, 217 ff., 224, 228, 231, 239 f., 295 ff., 336 ff., 365, 374, 575, 604
Chandrasekhar-Grenze 199 ff., 231
Chariton, J. B. 253 ff.
Chase, T. 322
Chester, T. 297
Chinnapared, K. 335
Christensen, St. 297
Christodoulou, D. 485
Chubb, T. 360
Churchill, W. 265
Clendenin, W. 259
Cohen, J. 338, 466
Colgate, S. 272–276
Couch, E. 335
Critchfield, Ch. 216
Crowley, R. 470
Cruz, V. de la 322
Cygnus X-1 25, 359–366, 395

D

Damour, Th. 462, 470
Das Guptas, M. K. 379 f., 393
Davies, P. 507, 509
D'Eath, P. 297
Dehnungskraft 35
Detweiler, St. 336
Deuterium 252, 262 f.
DeWitt, B. 422, 498, 545
Dichte 226
Differentialgeometrie 126 f.
Doppelsternsystem 51, 62, 348 f., 360, 365, 432, 434
Dopplereffekt 348
Dopplerverschiebung 32, 113, 115, 577
Doroschkewitsch, A. 312 f., 317 f., 546
Drehimpuls 27 ff., 31
Drever, R. 428, 436, 441, 443, 446

E

Eardley, D. 557
Echeverria, F. 582, 587
Eckart, C. 172
Eddington, A. 150 f., 160–170, 175, 177–184, 202, 207, 216, 219, 240, 279, 296, 604
Edelstein, L. 335
Ehrenfest, P. 127, 130
Einbettungsdiagramme 142, 145 f., 151, 244, 280 ff., 328, 330, 409 ff., 457, 461, 524 f., 554 f.
Einstein, A. 27, 39 f., 65 ff., 75–80, 83–92, 99, 104–120, 122 f., 125–133, 137, 141, 147, 150–154, 188, 212, 235, 595, 604
Einstein-Röntgenteleskop 357 f., 361
Einsteinsche Feldgleichung 131 f., 141, 146, 301, 305, 325, 334, 396, 411, 461, 463, 502, 522, 526, 541, 555, 557 f.

Elektrodynamik 78, 94
elektromagnetisches Feld 369
elektromagnetische Strahlung 24 f., 400
  Wellen 246, 433
Elektromagnetismus 68, 73, 87
Elektronen 192
Elektronendruck 171
Elektronengas, entartetes 180, 227
Elektronengeschwindigkeit 170 f., 174
Elektronenwolke 165, 193
Elementarteilchen 270
  -Theorie 273
Ellis, G. 529, 533
Endkollaps 518, 556
Entartung der Elektronen 165, 170 f.
Entartungsdruck 166, 168 f., 180, 200, 228, 271, 94
  nichtthermischer 179
Entropie 486 ff.
Ereignishorizont 290
Erhaltungssätze, physikalische 322
Euklid 120
Experimentalphysiker 366
Explosion, thermonukleare 260
Exton, A. 335

F

Feldlinien, magnetische 73 f., 90, 94, 300 ff., 311, 400, 469 f.
Fellows, M. 259
Finkelstein, D. 278 ff., 282, 287, 289
Fitzgerald, G. F. 71, 73 f., 84, 146
Flächenvergrößerungs-Theorem 476, 480, 485, 529
Flanagan, E. 592
Fliehkraft 24, 40
Fluchtgeschwindigkeit 138
  Quasare 385
Ford, K. 259 f.
Forschungsstrukturen, Universitäten 326 ff.
Forward, R. 437, 584
Fowler, R. H. 160, 165–170, 172
  W. 187, 242
Frequenz 147
Friedman, H. 353 ff., 360
  J. 337, 575, 580
Frieman, E. 259
Fuchs, K. 256
Fusion, kalte 71
Fusionsreaktion 209, 252

G

Galaxien 189 f.
Gammastrahlen 25
Gamow, G. 205
Gannon, D. 560
Gas, interstellares 23 f., 28, 274 ff.
Gasstrahlen s. Jets
gefrorener Stern 290
Geigerzähler 357, 369
Geltungsbereich 93
Geodäte 122, 143
Geroch, R. 533, 567, 575, 604
Gerzenstein, M. 437
Gezeiteneffekt 53, 116 ff., 122 ff., 131 f., 415
  Gravitation 244 f., 415, 518
Gezeitenkraft, Schwarzes Loch 36, 38, 283, 415, 518, 520, 541 f., 546
Giacconi, R. 354 ff., 360, 365, 605
Gibbons, H. 511
Ginsburg, W. L. 261 f., 273, 310 ff., 315, 387, 605

Gödel, K. 569
Goerss, R. 259
Gold, Th. 390
Goldberger, M. 446
Gorbatschow, M. 266
Gott, R. 592
Graves, J. 325, 526
Gravitation 301 ff., 389, 530
Gravitationsdruck 163 ff., 200
Gravitationsenergie 395
Gravitationsgesetze 27, 29
Gravitationskollaps 280
Gravitationslinse 43 f., 346, 348, 558
Gravitationsstrahlung 364
Gravitationswellen 51, 53 104, 132, 246, 303, 321, 338 f., 409–453, 494 f., 595
  Formen 449 ff.
  Nachweis 417, 419, 423 ff.
Gravitationswellendetektor, interferometrischer 436 ff.
  zylindrischer 418 ff., 427, 429, 435, 440
Gravitationswellensensor 421
Gravitonen 504
Greenbank-Observatorium 382
Greenstein, J. 187, 189, 372, 374, 381 f., 384, 386, 605
Grossman, M. 76, 126 ff.
Gursky, H. 356, 360
Gussejnow, O. 350

H

Hahn, O. 251
Hanni, R. 465 ff.
Harrison, K. 225, 239, 270, 288
Harrison-Wheeler-Zustandsgleichung 226
Hartle, J. 323, 482, 545, 605
Hausmann, C. 260
Hawking, St. 27, 289, 309, 324, 338, 461, 475 ff., 480, 482 ff., 497 ff., 506 ff., 511, 529, 533, 545, 560 f., 590 ff., 605
Henry, J. 68
Henyey, L. 260
Herlofson, N. 387
Herzfeld, K. 418
Hilbert, D. 128 ff., 132
Hiscock, B. 587
Hitler, A. 205
Hjellming, R. 360
Hoover, E. 267
Horizont 26, 28 f., 290; s.a. Schwarzes Loch
  absoluter 477–482
  scheinbarer 477–482, 530
Hough, J. 443
Hoyle, F. 528
Hulse, R. 448
Huygens, C. 139, 167
Hyperraum 60, 143 ff., 244, 525, 554, 570, 572

I

Imschennik, W. 274
Inertialsystem 88 ff., 108 ff., 119, 122, 127, 283
Interferenz 438
Interferometer 436 ff.
Interferometrie 438 f.
interstellares Gas 23 f., 28, 274 ff.
Isaacson, R. 444
Israel, W. 27, 155, 311, 315, 317 ff., 321, 324, 333, 461, 480 ff., 546, 606
Iwanowna, N. 262

J

Jansky, K. 369 ff., 387
Jennison, R. C. 379 f., 393
Jets 48, 334, 392 ff., 402, 432 f., 469, 471
Jodrell-Bank-Observatorium 375, 380, 383

K

Kalte Sterne 239, 270
Kapiza, P. 211, 235
Keldisch, M. 307
Kellogg, E. 360
Kennedy, J. F. 264
Kent 288
Kernenergie 209, 388
Kernfusion 207 f., 216, 225, 227, 252
Kernkraft 192, 208, 229
Kernphysik 192
Kernreaktionen 208, 271
Kernspaltung 225, 251–254, 277
Kernwaffentest 355
Kerr, R. 329 f., 390 f., 396, 411, 610
Kettenreaktionen 251–254
Kiepenheuer, K. O. 387
Kim, S.-W. 588
Klinkhammer, G. 582 f., 587
kollabierter Stern 290
Kollapsar 290
Kompressionswiderstand 169–174, 176, 182;
s.a. adiabatischer Exponent
Konkowski, D. 588
Konvergenz physikalischer Gesetze 95
kosmische Strahlung 187, 196 f.
Kosmologie 532
kritischer Umfang 139, 153, 244 f., 248, 273, 281 ff., 285–288
Krümmung der Raumzeit 36, 104, 131 f., 148 ff., 242, 244 f., 249
negative, positive 131
Krümmungsgesetz der Allgemeinen Relativitätstheorie 130
Kruskal, M. 556
Kuhn, Th. 460, 465
Kurtschatow, I. W. 255 f.

L

Ladung, elektrische 28
Landau, L. 202 ff., 209–217, 233 ff., 250, 256, 261 f., 266, 271, 278 f., 521, 524, 536 f., 610
Längenkontraktion 72 ff., 78, 87, 93, 146
Laplace, P. S. 139, 141, 148, 155, 286, 610
Larmor, J. 73 ff., 87 ff.
Laser 419
Lauritsen, C. 242
T. 242
Layzer, D. 259
Lee, C. W. 560
Lenin, W. I. 203
Leuchtkraft 190
Levi-Civita, T. 126
Lichtablenkung 130, 132
Lichtgeschwindigkeit, Absolutheit der 80, 83, 85, 87
Annäherung an 92
Lichtkorpuskeln 137 ff., 149, 167
Lifschitz, J. M. 37, 278, 279, 521 ff., 533 ff., 541
LIGO 432 ff., 447 f., 568
Lindquist, R. 330

Linie, geodätische 122 ff., 131
Lithiumdeuterid 262, 264, 277
l'Olivier, D. 260
Longair, M. 392
Lorentz, H. 73 ff., 87 f., 90, 127, 610
Lovell, B. 375, 377
Lynden-Bell, D. 395, 397
Lyon, P. 587

M

Macdonald, D. 470
Macwell, J. C. 68
Magnetfeld 322
Magnetfeldlinien s. Feldlinien, magnetische
Malenkow, G. 264
Maltby, P. E. 382
MANIAC 229
Marcus, Ph. 297
Maric, M. 75 ff.
Maser 419
Masse 91
Massenobergrenze 169, 172 f., 179 f., 239
massereiche Sterne 240 f., 270, 272, 274, 288, 403 f.
Maßstäbe, vollkommene 458
Materie, relativistisch entartete 171
Materiedichte 174
Mathews, T. 382
Maxwell, J. C. 167, 611
Maxwellsche Gesetze 68, 73 f., 78, 87, 90, 94
May, M. 272 f.
Mazur, P. 324
McCarthy 257
McCrae, B. 178
McIntosh, J. 259
Melvin, M. 301 f.
Membran-Paradigma 465, 470 f., 507, 510
Metaprinzip 90 f.
Michell, J. 137 ff., 141, 611
Michelson, A. 69, 611
Michelson-Interferometer 70
Michelson-Morley-Experiment 70–74, 79, 87, 94
Mie, G. 127
Milchstraße 197, 344, 370, 403 ff.
Radioquelle 404
Miley, G. 360
Millikan, R. 187 ff., 196
Milne, A. E. 172, 175, 182
Minkowski, H. 66, 99, 101, 103 ff., 115, 120, 127, 476, 611
Misener, A. D. 212
Misner, C. 280, 318, 337, 422, 497, 534, 542 f., 611
Mitchell, J. 148, 155, 286
Mixmaster-Oszillation 542
Mofett, A. 382
Morley, E. 70
Morris, M. 559 f., 575, 578 ff.
Morse, S. 68
Mount Palomar 379
Mount Wilson 379
-Observatorium 189
Murray, M. 259
St. 360
Muttergestirn 27
Muttermord-Paradoxon 579 ff.
Myonen 92

N

Nadeschin, D. 274

Nernst, W. 128
Nestor, J. 297
Neutrinos 191, 246
Neutronen 192 ff., 197
Neutronendruck 201, 220
Neutronenentartungsdruck 228
Neutronenkern 207 ff., 215 ff., 231, 233
Neutronenstern 132, 187 f., 191 f., 194 ff., 198, 201, 207, 217, 223, 225, 230, 232 ff., 239 ff., 271 f., 274 f., 349, 362 f., 432, 448
  Kollision 433
  Massebestimmung 219 ff.
  Massenobergrenze 218
  Suche nach 344
Newman, T. 335
Newton, I. 26 f., 67, 69, 167, 611
Newtonsches Bewegungsgesetz 67, 90
  Gravitationsgesetz 26, 40, 67, 105–108, 119, 248, 286, 287, 463
Newtonsche Gesetze 67 f., 87 f., 93 f.
  Gravitationstheorie 137
Nichtlinearität 414 f.
Nordrichtung, geographische 81
  magnetische 81, 83
Nordström, G. 127, 325, 526, 541
Novae 189 f., 198
Nowikow, D. 305 f.
  I. 312 f., 315 ff., 328, 351 f., 361, 365, 490, 546, 579, 611
Nukleonen 240, 279
Nullpunkt, absoluter 24

O

Ojala, A. 259
l'Olivier, D. 260
Onnes, H. K. 75
Oppenheimer, R. 202, 212 ff., 219 ff., 231 ff., 239 ff., 254, 257 ff., 266–268, 270–274, 277 ff., 289, 324, 343, 373, 517 f., 520, 540, 608
Orbitale 193
Ori, A. 546
Ostriker, J. 362
Ostwald, W. 75

P

Paczynski, B. 362, 364
Page, D. 499, 511, 560 f.
Palmer, H. 382
Paolini, F. 356
Papapetrou, A. 391
Paradigma 460 ff.
Parker, L. 498, 575
Pasternak, S. 315
Pauli-Prinzip 193
Pawsey, J. L. 375, 377
Peierls, R. 204 f.
Pennington, R. 259
Penrose, R. 37, 279, 319, 330, 334, 422, 477, 480 ff., 527–540, 547 f., 608
Perihelverschiebung, Merkur 106 f., 120, 129 f.
Pernet, J. 66
Perrin, F. 254
Petrowski, I. 307
Petterson, J. 297, 395 f.
Phinney, St. 401
photoelektrischer Effekt 167
Photonen 166 f., 281, 285 ff., 369, 478, 504, 512
  virtuelle 504
Photonenrauschen 495

piezoelektrischer Effekt 421
Pimenow, R. I. 538 f.
Planck, M. 92, 128, 167
Planck-Wheeler-Fläche 489, 507, 511, 564
-Länge 564, 589
-Zeit 589
Plasma 468 ff.
Plutonium 253 ff.
Podurez, M. 274, 344
Poincaré, H. 73 ff., 87 ff.
Poisson, E. 546
Polchinski, J. 580 ff.
Potenzschreibweise 30
Prakash, A. 335
Prendergast, K. 362
Preskill, J. 548
Press, B. 297 f., 335 ff., 490, 608
Price, R. 319, 335, 337, 400, 470, 575, 578, 608
Theorem von 319, 321, 323
Pringle, J. 362
Prochorow, A. M. 418
Proportionalzähler 357
Protonen 192, 325
Pulsare 62, 198, 362 f.
Pustowoit, V. I. 437

Q

Quantenelektrodynamik 496
Quantenfelder 501, 549, 588, 596
Quantenfluktuation 495 f., 503
Quantengesetze 54
Quantengravitation 60, 94 f., 270, 279, 288, 493, 518, 543 ff., 566 ff., 583, 589 ff., 595 ff.
Quantenmechanik 159 f., 165, 167 ff., 182 f., 205, 241, 269, 289, 586
Quantenschaum 544 f., 564 f., 568, 596
Quantenstrategie 564, 568
Quantenwurmlöcher 60
Quantum-Nondemolition-Sensor 428 ff., 441
Quarks 424
Quasare 273, 310 f., 334, 359, 382–405, 453, 519
Energiequellen für 388 f.

R

Radioastronomen 391
Radioastronomie 373, 375, 382, 432
Radiogalaxien 379 ff., 387, 391, 400 ff.
Energiequellen 388 f.
Radiointerferometer 377 ff., 382, 392 ff.
Radiokarten 371, 373
Radioquellen 373, 376, 379 f., 391, 404
Radioteleskop, Auflösungsvermögen 376 f., 391
erstes 373
Radiowellen 24 f., 362, 369–387
kosmische 369–387, 432
Raleigh-Taylor-Instabilität 275 f.
Raum, absoluter 68 ff., 73, 79, 91, 94
gekrümmter 31
Raumkrümmung 244, 281, 325, 520
Raumzeit 99, 103, 122, 336, 457, 520, 532, 543
Auflösung 544
flache 461 ff.
Raumzeitdiagramm 82 ff., 102, 286, 287
Sternkollaps 283 f., 319 f.

Raumzeitkräuselungen 409 ff.
Raumzeitkrümmung 47, 122, 124 f., 303, 317 f., 321, 329, 336, 410, 413, 424, 433, 451, 461, 495, 501, 518, 520, 532, 562, 588, 595
Raumzeitsingularität s. Singularität
Reber, G. 371 ff.
Redmont, I. 470, 557
Rees, M. 309, 362, 364, 391 f., 397, 529, 609
Regge, Th. 313
Reissner, H. 325, 526, 541
Relativisten 364 ff., 390
Relativitätsprinzip 80, 83 f., 87–91, 130
Relativitätstheorie, Allgemeine 27 ff., 36 f., 46, 93, 116, 137, 139, 148, 153, 168, 224, 235, 239, 241, 243, 269, 285, 288 f., 295, 299, 306, 315, 364, 391, 409, 415, 419, 422, 448, 458 f., 480, 501 f., 521, 532, 559, 583
  Spezielle 39, 91 ff., 95, 105, 108, 110, 115, 122, 170 f., 182 f., 283
Resonanzfrequenz 430
Ricci, G. 126
Riemann, B. 126
Rindler, W. 290
Ring-Hypothese 304 f., 326
Robinson, D. 324
  I. 529
Roman, T. 568
Romanow, J. 261, 262
Röntgensatellit 358
Röntgensterne 357
Röntgenstrahlung 25, 275 ff., 352–366, 402, 432
Röntgenteleskop 352
Rosenberg, L. 182 f.
Rossi, B. 356
Rotation, Sterne 246, 249
Rotationsbewegung 27 ff.
rotierende Sterne 329 ff.
Rotverschiebung 32 f., 147–151, 161, 168, 243 ff., 281, 348, 510
Ruffel, D. 259
Ruffini, R. 465 ff.
Russell, H. N. 183
Rutherford, E. 192, 194
Ryle, M. 375, 377 f., 383, 392

S

Sacharow, A. 250, 261–265, 268, 274, 307, 355, 609
Sagan, C. 553 ff., 559 f., 562
Salpeter, E. 351, 389, 395
Sandage, A. 383
Sandberg, V. 428
Schakura, N. 362
Schechter, P. 297
Scheuer, P. 392
Schmidt, M. 383 f.
Schockwellen 245 f., 249, 271 f., 365
Schrier, E. 360
Schrödinger, E. 168
Schrumpfung von Maßstäben 461
Schull, M. 297
Schwarzer Zwerg 200
Schwarzes Loch 83, 94, 104, 132, 137, 139, 141, 151, 155, 183, 188, 198 ff., 215, 217 f., 223, 232 f., 239 ff., 271 ff., 277, 280, 285, 288 f., 291, 295 ff., 304 ff., 311 ff., 317, 321, 381, 433, 595
  Äquatorebene 328, 330, 396

Energiequelle für Quasare 389, 395
Entropie 486 ff., 507, 511
Expansion 475 ff.
Explosion 523 ff.
Formen 312 ff., 317 ff.
Gaseinfang 351
Gezeitenkräfte 36, 38, 283, 415, 518, 520, 541 f., 546
Gravitation 346, 459
Horizont 26, 28 f., 43, 290, 313, 328, 332 f., 344, 400, 457, 465 ff.
Kollision zweier S.L. 433, 449 ff., 475, 596
Kreiselmodell 394 f.
physikalische Eigenschaften 323
primordiales 512
pulsierendes 325, 335 ff.
riesiges 373, 386, 389, 395 ff., 403 ff., 432, 453, 519
rotierendes 325, 330 ff., 362 f., 395 f., 470, 492 ff.
Strahlungsemission 491 ff., 505 f.
Suche nach 343–366
Thermodynamik 485 ff., 500, 511
Verdampfung 500, 502 ff., 511 f., 517, 549, 561
Schwarzschild, K. 140 f., 146, 152, 325, 609
Schwarzschild-Geometrie 242, 279
-Krümmung 145, 461
-Metrik 141 f., 144, 146, 148
-Singularität 137, 152 ff., 277, 285, 289 f.
Sciama 298, 309 ff., 318, 323, 327 f., 338, 528 f., 609
Seldowitsch J. B. 223, 250, 253–256, 261–266, 271, 273–276, 289, 298, 305 ff., 310, 313 ff., 318, 327, 338 f., 344, 347 f., 350 ff., 361, 389, 395, 423, 491 ff., 498 f., 502 f., 507, 534, 609
Semjonow, N. N. 533
Serber, R. 213 ff., 231, 242
Shack, C. 259
Shapiro, St. 305, 548
Sharp, D. 288
Singularität 29 ff., 37, 83, 94, 104, 132, 285 f., 288, 290, 301, 480, 517–527, 530, 533, 540 ff., 547, 556 f., 566, 583
nackte 547 f.
Singularitätstheorem 531 f.
Sirius 180 ff., 199 f., 345
B 161 ff., 168, 170, 177
Sjunjaew, R. 362 ff.
Smarr, L. 297
Smith, G. 378
H. 385
J. 319
Snyder, H. 242–250, 270, 273 f., 277 ff., 289, 324, 373, 518, 520, 540
Sommerfeld, A. 126, 130, 159 f.
Sonnensystem 344
Spin 193
Stalin, J. 203, 205 f., 255 f., 262 ff., 424
Standardquantengrenze 427 ff.
Starobinski, A. 338, 498 f., 502 f., 507
statischer Stern 243 ff., 311 f., 317
Stern, A. 76
Sterne, gefrorene 290
statische 243 ff.
massereiche 240 f., 270, 272, 274, 288, 403 f.
Sternentwicklung 188, 230
Sternimplosion 245

Stockum, W. J. van 569
Stoner, E. 174, 182
Stoner-Anderson-Zustandsgleichung 174
Störungsrechnungen 553
Störungstheorie 313 f., 317, 323, 336
Stoßwellenfront 351
Strahlteiler 439
Straßmann, F. 251
Strauss, L. 266 f.
Strings 592
stroboskopischer Sensor 429, 431
Struve, O. 374
Suen, W.-M. 470
Supernovae 187, 191, 194 ff., 217, 233 f., 274, 378
-Explosion 195, 272, 434
Suprafluidität 211, 235
Supraleitung 262
Synchrotronstrahlung 387

T
Tamm, I. 261 f.
Tananbaum, H. 360
Taylor, J. 86, 448
Teilchenbeschleuniger 92, 270
Teller, E. 257–261, 263 f., 267, 268, 272, 274, 276
Teller-Ulam-Verfahren 264, 277
Tensoranalysis 126
Teukolsky, S. 297 f., 305, 337 ff., 490, 548, 610
Thermodynamik Schwarzer Löcher 485 ff., 500, 511
thermonukleare Reaktion 225
Thorne, K. 337, 425, 610
Tipler, F. 569
Toll, J. 259 f.
Tolman, R. 202, 213, 218 f., 233, 247, 249
Topologie 531, 537 ff., 544, 563 f.
Torrence, R. 335
Townes, Ch. 404, 419 f.
Trägheit 88, 91
Trimble, V. 350
Tritiumkerne 262
Truman 258
Tunneln, quantenmechanisches 288 f.
Tyson, T. 425

U
Uhren, vollkommene 458
Uhuru-Röntgendetektor 354, 357 f.
Ulam, S. 258, 260, 263 f., 267, 274, 276
Umlaufzeit 26
Universum, anderes 540
Expansion 385
Unruh, B. 297
W. 428, 499, 509
Unschärfeprinzip 425 ff.
Uran 253 f., 256, 262
Urknall 306, 434, 512 f., 545
UV-Strahlung 353, 402

V
V-2-Raketen 353
Vakuumfluktuationen 493 ff., 503, 507, 509, 554, 561 f., 564, 587 ff.
Verbrennung 208
Vermischung von Raum und Zeit 85 f., 99
Violettverschiebung 348
VIRGO 448
Vishveshwara, C. V. 335, 337
VLA-Radiointerferometer 392 ff.
VLBI 393 f.

Vogt, R. 445 ff.
Volkoff 218 ff., 228, 233 ff., 239, 241, 246

W

Wade, C. 360
Wahrscheinlichkeitswelle 168
Wakano, M. 228 f., 239, 270, 288
Wald, R. 297, 338, 466, 507, 562, 575, 610
Wasserstoffbombe 209, 225, 227, 257 f., 260–265, 267, 271, 273, 277
Weber, H. 66, 68, 70, 75 f.
 J. 418 ff., 425, 431, 437, 610
Wechselwirkung, starke 192
Weiss, R. 437, 443, 446
Weiße Sterne 160
Weißer Zwerg 163, 165 ff., 169–174, 176 f., 179 ff., 188, 192 ff., 200 f., 217 ff., 223, 225, 228, 230 f., 239, 349
Welle-Teilchen-Dualismus 165, 167, 369, 426, 503
Wellenlänge 147, 150
Weltlinien 82 f., 285
Will, C. 462
Wheeler, J. A. 86, 223 ff., 239 ff., 250 ff., 257–260, 263, 267–273, 279, 287–291, 298–302, 307 ff., 310, 313 f., 327, 337, 343, 418 f., 422, 485, 489, 495, 517 f., 521, 523, 545 ff., 555, 611
Whipple, F. 372, 386
White, R. 272 ff.
 T. H. 154
Whiting, B. 338
Wiita, P. 297
Wilets, L. 259 f.
Will, C. 297
Williams, K. 178
Winstein, C. 359
Witt, G. 297
Woronzow, J. 429
Wurmlöcher 59 f., 83, 104, 132, 553–592, 596

Y

Yasskin, Ph. 297
York, J. 507
Young, T. 139
Yurtsever, U. 562, 575, 578 ff.

Z

Zeit, absolute 69, 74, 79, 91
 Auflösung 544
 Verhalten der 571 ff.
Zeitdehnung s. Zeitdilatation
Zeitdilatation 39, 75, 78, 86, 92 f., 114
 gravitationsbedingte 112 f., 119, 130, 147, 244, 248
Zeitkrümmung 39, 120
Zeitmaschinen 568, 570, 572 ff., 578 ff., 586 ff., 596
Zeitrichtung, Erhaltung der 587
Zentrifugalkraft 24, 28, 40, 245
Zerelli, F. 335
Zimmermann, M. 428
Znajek, R. 399, 467, 470
Zurek, W. 510
Zustandsgleichung 173, 219 ff., 225, 228
Zweiter Hauptsatz der Thermodynamik 485 ff., 511
Zwicky, F. 187–198, 201 f., 207, 217, 233 ff., 272, 274, 379, 611